ANSYS
结构分析单元与应用

ANSYS Jiegou Fenxi Danyuan yu Yingyong

王新敏 李义强 许宏伟 编著

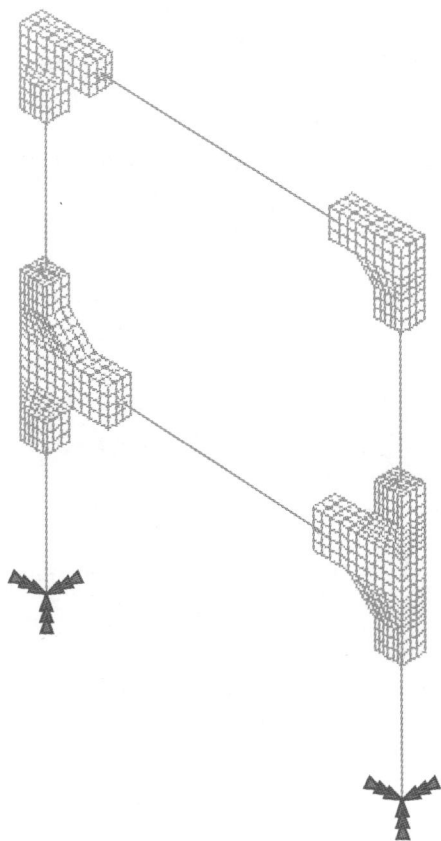

U0649072

人民交通出版社
China Communications Press

内 容 提 要

本书主要介绍了结构分析常用的各类单元,包括单元特点、输入参数、输出数据、单元特性、单元选项及单元使用注意事项。为与有限元基本原理衔接,介绍了典型单元的单元矩阵,如单元刚度矩阵、应力刚度矩阵及质量矩阵等。为说明单元特性和使用方法,每个单元均给出了应用算例及其命令流文件,且这些算例与 ANSYS 的 HELP 算例均不重复,全书有近 200 个应用算例,可供读者参考或套用。

本书可供土木工程、机械工程、力学、材料科学与工程、水利工程、矿业工程、交通运输工程、船舶与海洋工程、航空宇航科学与技术和农林工程等学科的科技人员进行力学分析作参考,也可作为大学本科和研究生学习有限元课程及 AN-SYS 的参考书。

图书在版编目(CIP)数据

ANSYS 结构分析单元与应用/王新敏,李义强,许宏伟编著. —北京:人民交通出版社,2011.9
ISBN 978-7-114-09240-4

I.①A… II.①王…②李…③许… III.①有限元分析—应用程序,ANSYS IV.①O241.82

中国版本图书馆 CIP 数据核字(2011)第 129680 号

书　　名:**ANSYS 结构分析单元与应用**
著 作 者:王新敏　李义强　许宏伟
责任编辑:杜　琛
出版发行:人民交通出版社股份有限公司
地　　址:(100011)北京市朝阳区安定门外外馆斜街 3 号
网　　址:http://www.ccpcl.com.cn
销售电话:(010)59757973
总 经 销:人民交通出版社股份有限公司发行部
经　　销:各地新华书店
印　　刷:北京市密东印刷有限公司
开　　本:880×1230　1/16
印　　张:34
字　　数:1014 千
版　　次:2011 年 9 月　第 1 版
印　　次:2023 年 2 月　第 6 次印刷
书　　号:ISBN 978-7-114-09240-4
印　　数:12001—13000 册
定　　价:85.00 元

(有印刷、装订质量问题的图书,由本公司负责调换)

前　言

ANSYS 软件是国内外较为流行的大型通用商业有限元分析软件,其使用越来越普及,不仅在大专院校和科研院所广泛使用,而且在设计和施工单位也有较大的用户群。目前,市场上关于 ANSYS 软件基本操作方面的书籍很多,但尚无介绍 ANSYS"单元"方面的。

ANSYS 软件功能强大,集结构、流体、电磁等多物理场于一体,单元种类和单元数目众多。事实上,学会使用 ANSYS 软件并不难,获得特定计算模型的计算结果也不难,但计算结果是否与实际模型一致,或者说计算结果是否合理就很难判断了。计算结果合理与否的首要因素是计算模型的正确性,即边界条件和单元的选择。因此必须掌握 ANSYS 各类单元的特点、特性和使用方法,否则不仅劳而无功,也很难保证计算结果的正确性。因 ANSYS 单元庞大且受作者专业所限,本书仅介绍"结构分析"的主要单元。

本书主要介绍了结构分析常用的各类单元,如单元特点、输入与输出、特性与选项、应用注意事项等,同时介绍了典型单元的有限元基础知识,如单元所用形函数、单元矩阵和算法等内容。每个单元均配有算例和命令流文件,全书有近 200 个算例,且与 ANSYS 的 HELP 算例均不重复。本书既适用于 ANSYS 软件的初学者,也可作为 ANSYS 软件熟练应用者的单元手册。

全书共分 14 章,第 1 章介绍结构分析单元与分类;第 2~4 章分别介绍杆、梁及管单元;第 5~6 章分别介绍 2D 和 3D 实体单元;第 7 章介绍壳单元;第 8 章介绍弹簧单元;第 9 章介绍质量单元;第 10 章介绍接触单元与接触技术;第 11 章介绍矩阵单元;第 12 章介绍表面效应单元;第 13 章介绍几个特殊单元;第 14 章介绍 MPC184 单元。本书主要以 ANSYS10.0 为基础,同时结合 ANSYS11.0 增加了相关内容。

本书第 4 章和第 12 章由李义强编写,第 5 章和第 14 章由许宏伟编写,其余各章由王新敏编写。全书由王新敏校阅修正、统稿和编排。

因编者水平所限,书中难免存在缺点和错误,敬请广大读者批评指正。

作者 Email:stywxm@126.com。

作　者

2011 年 3 月

目　　录

第1章 结构分析单元

ANSYS 有七大类单元,分别为结构单元、热单元、电磁单元、耦合场单元、流体单元、网分单元、显式动力分析单元。一般结构分析仅使用结构单元,限于篇幅,本书主要介绍结构单元和网分单元,并将其称为"结构分析单元"。

1.1 单元的一般特性

单元的一般特性包括单元输入,单元结果输出,单元坐标系,节点和单元荷载,三角形、棱柱和四面体单元,壳单元等;至于非线性材料模型及其组合、具有广义平面应变选项的 18x 实体单元、几何非线性、u-P 混合算法单元、自动选择单元技术等内容不在这里介绍,而在各单元介绍中根据需要介绍。

1.1.1 输入参数

单元输入参数主要有单元名称、节点、自由度、常实数、材料性质、荷载、单元特性、KEYOPTS(关键选项)等,简单介绍如下。

(1)单元名称

单元名称由两部分组成,其一是用不超过 8 个字符的名称定义的单元类型,其二是用"唯一"数字定义的单元序号,如 BEAM3=BEAM+3。用 ET 命令定义单元类型时,可采用单元名称或单元序号,如 ET,1,BEAM3 或 ET,1,3 均可。

(2)节点

单元的节点用 I、J、K 等描述,在每个单元的单元几何中标出了节点的顺序和方位,详见本书其他章节。节点序列可在网格划分时自动生成,也可由用户通过 E 命令定义节点序列。节点号必须与单元描述中"Nodes"的列表顺序相符,节点 I 是单元的第一个节点号,节点顺序决定某些单元的单元坐标系方位。

(3)自由度

每种单元类型都有一自由度集,该自由度集构成节点未知量,它们可为位移、转角、温度、压力等。所谓导出结果,如应力和热流等均是根据自由度结果计算得到的。用户不必明确地定义节点上的自由度,而是用与之相关的单元类型确定,因此单元类型的选择在 ANSYS 分析中是很重要的。

位移和转角自由度通常用 UX、UY、UZ、ROTX、ROTY、ROTZ 表示,其意义分别为沿节点坐标系 x、y、z 的平动位移和绕节点坐标系 x、y、z 的转动位移。温度自由度为 TEMP,压力自由度为 PRES。

(4)实常数

实常数用于计算单元矩阵,典型的实常数包括面积、厚度或高度、内径与外径等。实常数的内容由单元决定,每一种单元的实常数可能都不相同。实常数通过命令 R 输入,且输入的实常数顺序和数值必须与单元"实常数"列表相符,否则可能会导致输入不正确。对于杆、梁和壳单元检查实常数比较好的方法是打开单元形状(命令/ESHAPE),然后显示单元。

(5)材料性质

每种单元都具有不同的材料性质,典型的材料性质包括弹性模量、密度、热胀系数等。ANSYS 用标识符定义每种性质,如 EX 表示单元坐标系下 x 方向的弹性模量、DENS 表示密度等。所有的材料性质都可为温度的函数,即随温度的变化而变化。

对正交各向异性材料,通常要输入单元坐标系下的如下材料性质。

①三个方向的弹性模量:EX、EY、EZ,量纲为"力/面积"。

②三个方向的主泊松系数:PRXY、PRYZ、PRXZ(或次泊松系数:NUXY、NUYZ、NUXZ),无单位。

③三个方向的热膨胀正割系数:ALPX、ALPY、ALPZ,(或热膨胀瞬时系数:CTEX、CTEY、CTEZ,或热应变:THSX、THSY、THSZ),热膨胀系数的量纲为"应变/温度",而热应变的量纲为"应变"。

④剪切模量:GXY、GYZ、GXZ,量纲为"力/面积"。

⑤质量密度:DENS,量纲为"质量/体积"。

⑥刚度矩阵阻尼系数:DAMP,无单位,用命令 BETAD 输入。

⑦参考温度:REFT,用命令 TREF 输入。

⑧摩擦系数:MU,无单位。

⑨材料阻尼系数:DMPR,无单位。

以上除明确输入命令外,其余均用命令 MP 输入。

与热无关的某些材料性质是线性的,其求解仅需单步迭代。而类似应力—应变关系的材料性质是非线性的,其求解需要多次迭代。线性材料性质通过 MP 系列命令输入,非线性材料性质通过 TB 系列命令输入。

(6)荷载

不同的单元类型有不同的表面荷载和体荷载。对于结构分析单元,其典型的表面荷载为压力(分布荷载),而体荷载仅为温度。每种单元的表面荷载和体荷载及其施加方法详见各单元介绍。

(7)单元特性

在单元特性列表中给出了单元的附加分析能力,如应力刚化、大变形、塑性、蠕变、膨胀、单元生死等,绝大多数特性导致单元为非线性且需要迭代求解。在使用某个单元时,应查看该单元是否具有某方面的分析能力,如 2D 弹性梁单元 BEAM3 不具有塑性分析能力,因此该单元不能用于塑性分析,初学者经常犯此类错误。

(8)KEYOPTS

KEYOPTS 是 Key Options 的缩写,一般称为单元的关键选项,用于打开或关闭单元的各种选项。KEYOPTS 包括单元刚度矩阵选项、单元输出选项、单元坐标系选项等,在定义单元类型时一并定义。在单元介绍中,KEYOPTS 用序号表达,如 KEYOPT(1)、KEYOPT(2)等,可在命令 ET 中的 6 个顺序位置输入 6 个 KEYOPTS 的值,也可用命令 KEYOPT 单独输入,但 KEYOPT(7)及其以上的值必须采用命令 KEYOPT 输入。

一般地,ANSYS 均会给出 KEYOPTS 的缺省值,如用户不定义 KEYOPTS,则 ANSYS 就采用缺省值计算。若在不同的 ANSYS 产品或版本上运行命令流文件,即使与缺省值相同,也建议明确定义 KEYOPTS,因为不同产品或版本的缺省值可能不同。

1.1.2　结果输出

结果输出包括节点解(也称节点自由度解或基本解)和单元解(也称导出解),这些结果会写入输出文件或打印输出(.OUT)、数据库(.DB)和结果文件(.RST、.RTH、.RMG 或 .RFL)中。输出文件可以通过图形用户界面浏览,而数据库和结果文件的数据用于后处理。

输出文件包括节点自由度解、节点荷载、支承反力及单元解,这些都取决于命令 OUTPR 的设定。单元解主要是各个单元质心的结果,大多数单元的 KEYOPTS 可设置更多的结果输出,如积分点的结果等。

结果文件所包含的数据由命令 OUTRES 定义。在 POST1 中,用命令 SET 读入所需荷载步结果。面单元和体单元的结果通常用命令从数据库中得到,这些命令包括 PRNSOL、PLNSOL、PRESOL 和 PLESOL 等。

(1)节点解

节点解包括节点自由度解(如节点位移和温度)与约束节点的反力解。

节点自由度解指整个模型中所有活动自由度的解,由所有活动单元相关的自由度集决定。命令 OUTPR,NSOL 和命令 OUTRES,NSOL 分别控制打印输出和结果文件输出。

所有约束节点的反力解通过命令 OUTPR,RSOL 和命令 OUTRES,RSOL 控制输出。

在求解过程以及求解完成后(尚未在 POST 中处理),节点自由度解和节点反力解均位于节点坐标系下。若输入时某个节点的节点坐标系被旋转了,则节点解也位于旋转的节点坐标系中。转动位移(ROTX、ROTY、ROTZ)的单位为"弧度",谐分析中相位角的单位为"度"。

(2)单元解

单元解主要指面荷载、质心解、表面解、积分点解、单元节点解、单元节点荷载、非线性解、平面和轴对称解、杆件力解等及其结果项。

单元解的结果项及其定义在各单元介绍中描述,单元输出表格中并没有列出所有的输出结果项。一般地,没有列出的结果项或不适用,或为零解。然而,除耦合场单元 PLANE223、SOLID226 和 SOLID227 外,耦合场力即使计算为零也列出。绝大多数的结果项都列在了单元输出表格中,某些没有列出的也写入了结果文件中。

绝大多数单元用两个表格分别描述输出结果和获取这些结果的方式,即单元输出说明表、单元 ETABLE 和 ESOL 的表项与序号。单元输出说明表(类似表 3-2)描述了单元的可能输出结果,并给出了哪些结果项在打印输出(O 栏)中有效,哪些结果项在结果文件(R 栏)中有效等。单元 ETABLE 和 ES-OL 的表项和序号表(类似表 3-3)描述了命令 ETABLE 和 ESOL 中的表项和结果对应的序号。这里需要说明的是,表项 SMISC(Summable Miscellaneous)和 NMISC(Nonsummable Miscellaneous)分别表示可求和杂项与不可求和杂项。

对结构分析单元而言,表面压力输出的是单元节点上的输入压力。

质心解在列表输出时给出单元质心(或接近中心)的输出结果,如应力、应变和温度等。若使用大变形分析,质心位置会被更新。所输出的质心结果值采用单元积分点的平均值,矢量的分量方向与材料方向一致,分别是单元坐标系的函数,如 SX 的方向与 EX 方向相同。而在后处理中的 ETABLE 命令可利用单元的节点结果计算质心结果。

实体单元的某些自由表面的表面解可列表输出。所谓自由表面,是指与其他单元没有任何联系,并且没有任何自由度约束和节点荷载的表面。表面解输出对非自由表面或非线性材料是无效的,对杀死或激活单元也无效,且表面解输出不包括大应变效应。表面解的精度与位移精度相同,其结果不是从积分点结果外推到表面,而是根据节点位移、面荷载和材料性质等计算得到的。表面的横向剪应力假定为零,表面的正应力等于表面压力。表面解输出不宜为密集面或轴对称模型的零曲率面。

一些单元的积分点解可列表输出。若使用大变形分析,积分点位置会被更新。在各单元介绍中给出了单元积分点的个数与位置。命令 ERESX 可设置积分点数据写入结果文件。积分点是很多单元的求解点,如 2D 和 3D 实体单元、壳单元等。

单元节点解不同于节点解,是指每个单元节点上的结果数据。单元节点解对 2D 和 3D 实体单元、壳单元等都适用,是一种导出结果,如应变、应力等。单元节点解通常是利用单元的积分点结果外推到节点上,特殊情况是单元积分点具有非零塑性、蠕变、膨胀等特性或 ERESX 设为 NO 时,此时单元节点解就是最近的积分点解;单元节点解的输出通常位于单元坐标系下。在"/POST1"中,用命令 PLNSOL 绘制所选择单元和节点的节点应力时,应力的连续云图穿过单元边界,云图采用单元节点解线性内插得到,而所显示的某个节点的某项结果取与该节点相连的所有单元的单元节点解中该节点的某项结果的平均值,因此 PLNSOL 虽然绘制的是节点的某项结果,但实际是通过单元节点解计算得到的。

单元节点荷载指作用在单元每个节点上的荷载或力,包括静荷载、阻尼荷载和惯性荷载等。与支承有关的单元节点荷载的计算,是通过与之相连的所有单元的该节点荷载求和,然后再与该节点外荷载(用

F 或 FK 施加的)相加得到,其值与该支承节点的节点反力相等,但符号相反。

由材料非线性引起的非线性应变采用最近的积分点结果,若存在蠕变,则在塑性校正之后蠕变校正之前计算应力,而弹性应变则在蠕变校正之后计算。

平面和轴对称解:2D 实体分析基于"单位厚度"计算,其结果也多基于单位厚度给出。当然,大多数 2D 实体单元也可以设置"厚度"。2D 轴对称实体分析基于 360°计算,其结果也多基于 360°给出。特别是对于轴对称结构分析,合力是指 360°模型的合力,而 X、Y、Z 和 XY 分别对应径向、轴向、周向和平面内,总体坐标系的 Y 轴必须是对称轴,且应该在 X 轴的正象限建立结构模型。

杆件力解对大多数结构线单元都适用,其输出位于单元坐标系下,并且与单元自由度相对应,如 BEAM3 单元的杆件力有 MFORX、MFORY 和 MMOMZ。对许多梁单元和管单元杆件力,其计算方法为:沿单元长度方向取节点 I 到计算点一段杆,利用该段杆件力的平衡条件,得到计算点的杆件力。在结构矩阵分析中,惯用术语是单元"杆端力",它是单元刚度矩阵与单元节点位移的乘积,单元杆端力的方向与单元坐标系方向相同。而此处"杆件力"实际是"杆件内力"(也包括杆端内力),命令 ETABLE 中指杆件力,所以对于单元的 J 节点而言,J 节点的杆件力与 J 节点的杆端力相等,而 I 节点的杆件力与 I 节点的杆端力数值相等,但符号相反。

1.1.3 坐标系

(1)单元坐标系

单元坐标系用于确定输入或输出参数的方向,如正交各向异性材料的方向、压力荷载方向及应力方向等。每个单元都有缺省的单元坐标系,详见各单元介绍,但一般设置如下。

单元坐标系采用右手正交法则。对于线单元(如 LINK 或 BEAM),缺省的 x 轴方向为单元 I 节点指向 J 节点。对于实体单元(如 PLANE 或 SOLID),缺省的单元坐标系一般平行于总体直角坐标系。对于壳单元,缺省时一般是 x 轴方向沿着单元的 I-J 节点,z 轴方向垂直于壳的表面(即与外法线方向相同,外法线方向以从单元节点 I-J-K 按右手法则确定),y 轴与 x 轴和 z 轴构成的平面垂直。

单元坐标系也可改变,如可通过命令 ESYS 设置面单元和实体单元的单元坐标系与既有局部坐标系平行,或者通过单元 KEYOPTS(如 PLANE42 单元)改变单元坐标系方向;当两个都设置时,以 KEYOPTS 为有效设置。某些单元还可相对于既有单元坐标系利用实常数将其单元坐标系旋转某个角度(如 SHELL63 单元实常数中的 THETA);当没有采用命令 ESYS 或 KEYOPTS 设定方向时,实常数中的角度则相对于缺省的单元坐标系方向。轴对称单元的单元坐标系仅可绕总体坐标系的 Z 轴旋转。

对于壳体单元,命令 ESYS 采用壳表面局部坐标系的投影确定方向。单元 x 轴方向由壳单元表面的局部 x 轴的投影确定,如果投影是一个点(或局部 x 轴与壳的法线夹角为零),则采用局部 y 轴的投影确定单元 x 轴方向,而单元其余两轴采用上述的缺省方向。对无中间节点的单元,投影在单元质心处计算,并假定在单元上其方向不变。对有中间节点的单元,投影在各积分点上计算,且在单元上其方向可能是变化的。对于轴对称单元,仅在 XY 平面的旋转有效。某些单元也允许通过用户子程序定义单元坐标系方向。

层单元用从单元坐标系的 x 轴旋转到各层的某个角度形成层坐标系,层的旋转角度通过命令 SEC-DATA 或 RMORE 输入。层单元的材料性质、应力和应变均基于层坐标系,而不是基于单元坐标系。

在单元介绍中的所有单元坐标系均假定没有执行命令 ESYS,单元坐标系以三轴符号显示,可用命令 PSYMB 或 PNUM 显示单元坐标系。三轴符号的显示不包括任何实常数中的角度效果,但单元 BEAM4 除外。对于大变形分析,单元坐标系以单元的刚体转动量基于初始单元坐标系进行旋转。

(2)在节点坐标系下的单元定义

几个特殊单元需在节点坐标系下定义,如 COMBIN14 单元且 KEYOPT(2)=1~6、MASS21 单元且 KEYOPT(2)=1、MATRIX27 单元、COMBIN37 单元、COMBIN39 单元且 KEYOPT(4)=0、COMBIN40 单元等。这样便于控制单元方向,特别对两节点的单元具有重合节点的情况更为方便。但当单元使用 UX、UY 和 UZ 自由度时，节点就不能重合，且当荷载不是平行于两个节点的连线时，单元因不能传递弯矩而导致弯矩不平衡；特殊情况是采用单元 MATRIX27，在其刚度矩阵中加入适当的弯矩项可包括弯矩行为。

当任一节点的节点坐标系被旋转后（如采用命令 NROTAT 旋转），需要注意：

①若单元节点有一个以上没有被同样旋转，可能造成力的失衡。

②加速度通常在总体直角坐标系中定义，但因节点坐标系与总体直角坐标系之间没有转换，作用于单元质量上的加速度在节点坐标系中仍然有效，这将产生不可预测的结果。因此，当单元有旋转了节点坐标系的节点时，不推荐施加加速度。

③质量和惯性释放的计算将不正确。

1.1.4 线性材料性质

线性材料性质可用命令 MP 输入，除 EX 和 KXX 必须输入非零值外，其余性质在没有输入时均采用缺省值，这里的 X、Y 和 Z 均指单元坐标系的方向。

结构材料性质必须是各向同性、正交各向异性或各向异性的材料。

对于各向同性材料：必须输入弹性模量（EX）。泊松比（PRXY 或 NUXY）缺省值为 0.3；如拟采用零值，需输入 PRXY 或 NUXY 为 0 或空；泊松比不能大于或等于 0.5。剪切模量（GXY）缺省值为 $EX/(2(1+NUXY))$，若要输入 GXY，则必须与 $EX/(2(1+NUXY))$ 相符，即输入 GXY 的唯一原因是确保所输入性质的一致性。

对于正交各向异性材料：若单元需要这些材料性质，则必须输入 EX、EY、EZ（PRXY、PRYZ、PRXZ 或 NUXY、NUYZ、NUXZ）和 GXY、GYZ、GXZ，这些性质没有缺省值。如对平面应力单元，当仅输入 EX 和 EY 且不相等时，程序会给出错误信息，提示因正交各向异性材料需输入 GXY 和 NUXY。

泊松比可用主泊松比（PRXY、PRYZ、PRXZ）或次泊松比（NUXY、NUYZ、NUXZ）输入。无论以何种方式输入，求解时主泊松比均转换为次泊松比，所得解也以次泊松比计算输出。

对于轴对称分析，X、Y 和 Z 标识符分别代表 R、Z 和 θ，此时正交各向异性性质的输入应该遵循：$EX=ER,EY=EZ,EZ=E\theta$。而泊松比需要另外转换，若给定 R、Z 和 θ 性质已列规格化，则 $NUXY=NURZ,NUYZ=NUZ\theta=(ET/EZ)\times NU\theta Z$，且 $NUXZ=NUR\theta$；如果给定的 R、Z 和 θ 已行规格化，则 $NUXY=(EZ/ER)\times NURZ,NUYZ=(E\theta/EZ)\times NUZ\theta=NU\theta Z$，且 $NUXZ=(E\theta/ER)\times NUR\theta$。

各向异性材料性质、非线性材料模型及显示动力分析材料等可参考相关资料。

1.1.5 节点和单元荷载

荷载分节点荷载和单元荷载两种类型。节点荷载施加到节点上，与单元没有直接关系，而与节点自由度直接相关，分别用命令 D 和 F 施加（如节点位移约束和节点集中力荷载）。单元荷载指面荷载、体荷载和惯性荷载，总是与具体单元相关（即使在单元的节点上施加单元荷载）。某些单元也可能有"标记"，而这些标记虽不是荷载但会执行某种计算（如流—固耦合中的标记等）。

面荷载（如结构分析单元的压力、热单元的对流等）可以节点荷载形式施加，也可以单元荷载形式施加，如面荷载可施加到单元的一个面上，或更方便地施加到单元面的节点上。面荷载以节点荷载形式可施加更一般的渐变荷载。某些单元可施加多种面荷载，而有些可在一个单元面上施加多种面荷载。值得注意的是，施加在壳单元边上的面荷载以单位长度而不是单位面积为基础。面荷载用命令 SFE 和 SF 施加，SFE 可直接施加面荷载，而 SF 则以所选择节点构成的单元面施加。

对渐变面荷载，可在单元的节点上定义不同数值，用 SFE 命令施加。渐变面荷载的节点荷载数值顺序与单元输入参数表中所列面及节点顺序相同。

对结构分析单元而言，面荷载主要是压力（标识符 PRES），体荷载为温度。对某些结构分析单元而言，温度虽对单元荷载矢量无影响，但却影响材料特性。体荷载用命令 BF、BFE 和 BFUNIF 输入。

惯性荷载（重力和向心力等）对具有结构自由度和质量的单元适用，典型施加命令有 ACEL 和 OME-

GA。

对下列单元的初应力可设置为常数或者从文件中读取：PLANE2、PLANE42、SOLID45、PLANE82、SOLID92、SOLID95、LINK180、SHELL181、PLANE182、PLANE183、SOLID185、SOLID186、SOL-ID187、SOLSH190、BEAM188、BEAM189、SHELL208 和 SHELL209。可用命令 ISTRESS 对选定的单元施加常初应力，但仅适用于指定材料。也可用命令 ISFILE 读取文件中的初应力，此时可指定施加在单元质心或单元积分点，并且可施加在所选择单元的相同位置（如均为质心位置）或各个单元的不同位置（如分别为质心或单元积分点）。

1.1.6 三角形、棱柱和四面体单元

退化单元的特征面形状为四边形，但是它至少有一个三角形面。例如：三角形 PLANE42 单元、棱柱 SOLID45 单元和四面体 SOLID45 单元都是退化的形状。

退化单元通常用于粗糙网格和精细网格之间的过渡区域，如对不规则和扭曲面建模等。无中间节点的四边形和六面体单元的退化单元，较有中间节点的四边形和六面体单元的退化单元的精度要低，通常不应用于应力梯度较大的区域。

但也有例外情况，对于严重歪斜或扭曲的单元，三角形壳单元则为首选。四边形单元不应歪斜，即两个相邻无中间节点的单元面夹角在 $90°\pm45°$ 范围之外，或有中间节点的单元面夹角在 $90°\pm60°$ 范围之外。当四个节点不在同一平面或发生了大变形时，四边形的 4 节点壳单元就会发生扭曲。扭曲用节点面上法线之间的相对角表达，如一个平面的所有法线平行，则相对角为零。若扭曲在允许值范围之内则发出警告信息，若扭曲超出允许值则求解中断。具有较大扭曲的四边形或六面体单元应用三角形或棱柱体单元替代。

1.1.7 壳单元

壳单元是专门模拟"薄壁结构"的一类单元，只有面内存在剪应力，且采用直线假定（即垂直于壳中面的法线在变形后仍为直线，但不一定垂直中面），因此壳单元在厚度方向上面内应变呈线性变化。厚度方向面内应变线性变化的假定对于具有不同材料性质的复合材料层壳单元的边缘不适用，为得到更为精确的应力分布应采用子模型技术。

何时采用壳单元合适并没有硬性规定，但若结构行为与壳相似，就可采用壳单元。ANSYS 并不检查单元厚度是否超过了宽度，因为这个单元可能是大模型的一个精细网格。如果模型的初始形状为曲面，半径厚度比就很重要，因为在厚度方向上的应变分布随该比率的减小而趋于非线性。除 SHELL51、SHELL61 和 SHELL63 单元外，所有的壳单元都计入剪切变形，这对厚壳单元很重要。

所有壳单元的单元坐标系 z 轴垂直壳面，单元 x 轴位于面内，x 轴的方向由下列之一确定：ESYS 命令、单元的 I-J 边或实常数。

在其计算结果出现疑问之前，各种单元均可发生不同程度的扭翘（用扭翘系数表示），如节点不在同一平面上的 4 节点壳单元就存在扭翘，而 8 节点壳单元可容许更大程度的扭翘，但其中间节点不能取消。

壳单元没有真正的面内转动刚度，为了求解的稳定性，采用几种方法在节点上增加了面内转动刚度，所以面内转动刚度绝不能承受荷载，即此转动刚度为"虚的"。

节点通常位于单元的中面上，可采用其他设置偏置节点，如命令 SECOFFSET、单元 KEYOPTS 或刚性线等。对具有初始曲率的结构，不管采用平面壳单元还是曲面壳单元，采用节点偏置时一定要谨慎。对曲面壳单元，增加周向单元网格的密度会对结果有所改进。

1.2 单元分类

ANSYS 具有许多单元类型，而每种类型又具有众多单元。这里仅将各类单元的特点和分组予以说明，而各单元的详细介绍见本书其后各章。

1.2.1　单元分类

ANSYS 单元分类如表 1-1 所示。

ANSYS 单元分类一览表

表 1-1

单元类型	维数	单 元
结构点单元		MASS21
结构线单元	2D	LINK1
	3D	LINK8,LINK10,LINK11,LINK180
结构梁单元	2D	BEAM3,BEAM23,BEAM54
	3D	BEAM4,BEAM24,BEAM44,BEAM188,BEAM189
结构实体单元	2D	PLANE2,PLANE25,PLANE42,PLANE82,PLANE83,PLANE145,PLANE146,PLANE182,PLANE183
	3D	SOLID45,SOLID64,SOLID65,SOLID92,SOLID95,SOLID147,SOLID148,SOLID185,SOLID186,SOLID187
结构壳单元	2D	SHELL51,SHELL61,SHELL208,SHELL209
	3D	SHELL28,SHELL41,SHELL43,SHELL63,SHELL93,SHELL143,SHELL150,SHELL181,SHELL281
结构实体壳单元	3D	SOLSH190
结构管单元		PIPE16,PIPE17,PIPE18,PIPE20,PIPE59,PIPE60
结构界面单元		INTER192,INTER193,INTER194,INTER195,INTER202,INTER203,INTER204,INTER205
结构多点约束单元		MPC184
结构层合单元		SOLID46,SHELL91,SHELL99,SOLID186,SOLSH190,SOLID191
显式动力单元		LINK160,BEAM161,PLANE162,SHELL163,SOLID164,COMBI165,MASS166,LINK167,SOLID168
黏弹实体单元		VISCO88,VISCO89,VISCO106,VISCO107,VISCO108
热点单元		MASS71
热线单元		LINK31,LINK32,LINK33,LINK34
热实体单元	2D	PLANE35,PLANE55,PLANE75,PLANE77,PLANE78
	3D	SOLID70,SOLID87,SOLID90
热壳单元		SHELL57,SHELL131,SHELL132
热电单元		PLANE67,LINK68,SOLID69,SHELL157
流体单元		FLUID29,FLUID30,FLUID38,FLUID79,FLUID80,FLUID81,FLUID116,FLUID129,FLUID130,FLUID136,FLUID138,FLUID139,FLUID141,FLUID142
电磁单元		PLANE53,SOLID96,SOLID97,INTER115,SOLID117,HF118,HF119,HF120,PLANE121,SOLID122,SOLID123,SOLID127,SOLID128,PLANE230,SOLID231,SOLID232
电路单元		SOURC36,CIRCU94,CIRCU124,CIRCU125
机电单元		TRANS109,TRANS126
耦合场单元		SOLID5,PLANE13,SOLID62,SOLID98,ROM144,PLANE223,SOLID226,SOLID227
接触单元		CONTAC12,CONTAC52,TARGE169,TARGE170,CONTA171,CONTA172,CONTA173,CONTA174,CONTA175,CONTA176,CONTA177,CONTA178
组合单元		COMBIN7,COMBIN14,COMBIN37,COMBIN39,COMBIN40,PRETS179
矩阵单元		MATRIX27,MATRIX50
无限元		INFIN9,INFIN47,INFIN110,INFIN111

单元类型	维数	单　元
表面单元		SURF151,SURF152,SURF153,SURF154,SURF156,SURF251,SURF252
随动荷载单元		FOLLW201
网分单元		MESH200
钢筋单元		REINF265

注:1. 上表止于 V11.0 版本。

　　2. 某些单元类型定义时不能通过 GUI 方式定义,而需用命令 ET 定义。

1.2.2　结构分析单元

从应用角度出发,本书将结构分析单元的单元类型、名称、节点数、特性等说明列于表 1-2,这与 AN-SYS 单元分类略有不同,后文将按表 1-2 的单元分类和顺序进行介绍。

结构分析单元名称及特性　　　　　　　　　　　　　　　　表 1-2

类型	单元名称	单元简称	节点数	节点自由度	特　性
杆单元	LINK1	2D 杆单元	2	Uxy	EPDGBCS
	LINK8	3D 杆单元	2	Uxyz	EPDGBCS
	LINK10	3D 仅拉或仅压杆单元	2	Uxyz	EDGBN
	LINK11	3D 线性调节器	2	Uxyz	EDGB
	LINK180	3D 有限应变杆单元	2	Uxyz	EPDGBCFVI
梁单元	BEAM3	2D 弹性梁单元	2	Uxy,Rz	EDGB
	BEAM4	3D 弹性梁单元	2+1	Uxyz,Rxyz	EDGB
	BEAM23	2D 塑性梁单元	2	Uxy,Rz	EPDGBCSF
	BEAM24	3D 薄壁梁单元	2+1	Uxyz,Rxyz	EPDGBCS
	BEAM44	3D 弹性变截面不对称梁单元	2+1	Uxyz,Rxyz	EDGB
	BEAM54	2D 弹性变截面不对称梁单元	2	Uxy,Rz	EDGB
	BEAM188	3D 一次有限应变梁单元	2+1	Uxyz,Rxyz,Wp	EPDGBCFVI
	BEAM189	3D 二次有限应变梁单元	3+1	Uxyz,Rxyz,Wp	EPDGBCFVI
管单元	PIPE16	弹性直管单元	2+1	Uxyz,Rxyz	EDGB
	PIPE17	弹性 T 管单元	2~4	Uxyz,Rxyz	EDGB
	PIPE18	弹性弯管单元	2+1	Uxyz,Rxyz	EDB
	PIPE20	塑性直管单元	2	Uxyz,Rxyz	EPDGBCS
	PIPE59	沉管或缆单元	2	Uxyz,Rxyz	EDGB
	PIPE60	塑性弯管单元	2+1	Uxyz,Rxyz	EPDBCS
2D 实体单元	PLANE42	4 节点结构实体单元	4	Uxy	EPDGBCSAF
	PLANE82	8 节点结构实体单元	8	Uxy	EPDGBCSAF
	PLANE2	6 节点三角形结构实体单元	6	Uxy	EPDGBCSAF
	PLANE25	4 节点轴对称—谐分析结构实体单元	4	Uxyz	EGB
	PLANE83	8 节点轴对称—谐分析结构实体单元	8	Uxyz	EGB
	PLANE145	8 节点四边形结构实体 p 单元	8	Uxy	E
	PLANE146	6 节点三角形结构实体 p 单元	6	Uxy	E
	PLANE182	4 节点结构实体单元	4	Uxy	EPDGBCFVIHT
	PLANE183	8 节点结构实体单元	8	Uxy	EPDGBCFVIHT

类型	单元名称	单 元 简 称	节点数	节点自由度	特　性
3D 实体 单元	SOLID45	8 节点结构实体单元	8	Uxyz	EPDGBCSFA
	SOLID95	20 节点结构实体单元	20	Uxyz	EPDGBCSFA
	SOLID92	10 节点四面体结构实体单元	10	Uxyz	EPDGBCSFA
	SOLID46	8 节点分层结构实体单元	8	Uxyz	EDG
	SOLID191	20 节点分层结构实体单元	20	Uxyz	EGA
	SOLID64	8 节点各向异性结构实体单元	8	Uxyz	EDGBA
	SOLID65	8 节点混凝土实体单元	8	Uxyz	EPDGBCFAR
	SOLID147	20 节点六面体结构实体 p 单元	20	Uxyz	E
	SOLID148	10 节点四面体结构实体 p 单元	10	Uxyz	E
	SOLID185	8 节点结构实体单元	8	Uxyz	EPDGBCFVIHT
	SOLID186	20 节点结构实体单元	20	Uxyz	EPDGBCFVIHT
	SOLID187	10 节点四面体结构实体	10	Uxyz	EPDGBCFVIHT
	SOLSH190	8 节点分层结构实体壳单元	8	Uxyz	EPDGBCFVIH
壳单元	SHELL63	4 节点弹性壳单元	4	Uxyz,Rxyz	EDGB
	SHELL93	8 节点结构壳单元	8	Uxyz,Rxyz	EPDGBSFA
	SHELL43	4 节点塑性大应变壳单元	4	Uxyz,Rxyz	EPDGBCFA
	SHELL181	4 节点有限应变壳单元	4	Uxyz,Rxyz	EPDGBCFVIHT
	SHELL281	8 节点有限应变壳单元	8	Uxyz,Rxyz	EPDGBCFVIHT
	SHELL91	8 节点非线性分层结构壳单元	8	Uxyz,Rxyz	EPDGSFA
	SHELL99	8 节点线性分层结构壳单元	8	Uxyz,Rxyz	EDG
	SHELL28	4 节点剪切/扭转板单元	4	Uxyz 或 Rxyz	EG
	SHELL41	4 节点膜单元	4	Uxyz	EDGBNA
	SHELL150	8 节点结构壳 p 单元	8	Uxyz,Rxyz	E
	SHELL61	2 节点轴对称—谐分析结构壳单元	2	Uxyz,Rz	EG
	SHELL209	3 节点有限应变轴对称壳单元	3	Uxyz,Rz	EPDGBCFV1HT
	SHELL208	2 节点有限应变对称壳单元	2	Uxyz,Rz	EPDGBCFVIHT
弹簧 单元	COMBIN14	弹簧—阻尼单元	2	UR 可选	EDGBN
	COMBIN40	组合单元	2	URPT 可选	ENA
	COMBIN37	控制单元	2～4	URPT 可选	ENA
	COMBIN39	非线性弹簧单元	2	URPT 可选	EDGN
	COMBIN7	铰连接单元	2+3	Uxyz,Rxyz	EDNA
质量单元	MASS21	结构质量单元	1	UR 可选	EDB

续上表

类型	单元名称	单元简称	节点数	节点自由度	特性
接触单元	CONTA174	3D8 节点面面接触单元	8	UTVM	EDBNO
	CONTA173	3D4 节点面面接触单元	4	UTVM	EDBNO
	CONTA172	2D3 节点面面接触单元	3	UTVA	EDBN
	CONTA171	2D2 节点面面接触单元	2	UTVA	EDBN
	CONTA175	2D/3D 点面接触单元	1	UTVMA	EDBNO
	CONTA176	3D 线线接触单元	2+1	Uxyz	EDBNO
	TARGE169	2D 目标单元	3	UxyRzTVA	EBN
	TARGE170	3D 目标单元	8	UTVM	EBN
	CONTA178	3D 点点接触单元	2	Uxyz	EN
	CONTAC12	2D 点点接触单元	2	Uxy	ENA
	CONTAC52	3D 点点接触单元	2	Uxy	ENA
	CONTA177	3D 线面接触单元	2+1	Uxyz	EDBNO
矩阵单元	MATRIX27	矩阵单元	2	Uxyz,Rxyz	EB
	MATRIX50	超单元	无输入	据单元	ED
表面效应单元	SURF153	2D 结构表面效应单元	2～3	Uxy	EDGB
	SURF154	3D 结构表面效应单元	4～8	Uxyz	EDGB
	SURF156	3D 结构表面线荷载效应单元	3～4	Uxyz	EDG
特殊单元	PRETS179	预紧单元	3	Ux	EN
	MESH200	分网单元	2～20	无	无
	FOLLW201	随动荷载单元	1	Uxyz,Rxyz	EDB
	COMBI214	2D 弹簧—阻尼轴承单元	2+1	U 组合	EDGB
	REINF265	3D 弥散增强单元	据单元	据单元	EPDGBCFVIH
MPC184单元	MPC184	多点约束单元系列	2	Uxyz,Rxyz	ED,仅刚性梁或杆增加 B

注：1. 表中自由度一栏中，Uxy：UX，UY；Uxyz＝U：UX，UY，UZ；Rz：ROTZ；Rxyz＝R：ROTX，ROTY，ROTZ；Wp：Wrap；T——TEMP；P——PRES；V——VOLT；M——MAG；A——AZ。

　2. 表中特性一栏中，E——弹性（Elasticity），P——塑性（Plasticity），D——大变形或大挠度（Large Deflection），G——应力刚化（Stress Stiffness）或几何刚度（Geometric Stiffening），B——单元生死（Birth and Dead），N——非线性（Nonlinear），C——蠕变（Creep），S——膨胀（Swelling），A——自适应下降（Adaptive Descent），F——大应变（Large Strain）或有限应变（Finite Strain），V——黏弹（Viscoelasticity），I——黏塑（Viscoplasticity），H——超弹（Hyperelasticity），T——单元技术自动选择（Automatic Selection of Element Technology），R——开裂和压碎（Cracking，Crushing），O——各向异性或正交各向异性摩擦。

第2章 杆 单 元

ANSYS用于结构分析的杆单元有 LINK1、LINK8、LINK10、LINK11 及 LINK180。显式动力杆单元有 LINK160 和 LINK167。

2.1 LINK1 单元

LINK1 称为 2D 杆单元,可模拟桁架、连杆、索和弹簧等。该单元可承受轴向拉压但不能承受弯矩,每个节点具有 2 个自由度,即沿节点坐标系 x 和 y 方向的平动位移,单元模型如图 2-1 所示。与之对应的 3D 杆单元为 LINK8 单元。

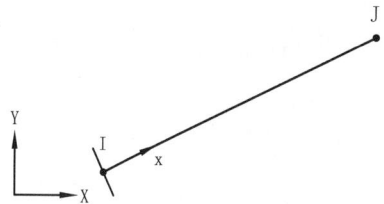

图 2-1 LINK1 单元几何

2.1.1 输入参数与选项

图 2-1 给出了单元几何、节点位置和单元坐标系,通过 2 个节点、横截面面积、初应变和材料属性定义该单元。单元的 x 轴方向为沿单元长度从节点 I 指向节点 J。单元的初应变 ISTRN 通过 Δ/L 给定,Δ 为单元长度 L(由 I 和 J 节点坐标计算)与零应变单元长度之差。

可在节点上输入温度或热流作为单元的体荷载。节点 I 上的温度 T(I) 缺省为 TUNIF,节点 J 上的温度缺省为 T(I)。热流与温度的定义基本相同,但缺省值不再是 TUNIF 而是零。通过命令 LUMPM 定义质量表达形式,此设置对波的传播分析很有用。

LINK1 单元的输入参数与选项如表 2-1 所示。

LINK1 单元输入参数与选项　　　　　　　　　　　　表 2-1

参 数 类 别	参 数 及 说 明
节点	I, J
自由度	UX, UY
实常数	AREA——截面面积,ISTRN——初应变
材料属性	EX,ALPX(或 CETX 或 THSX),DENS,DAMP
面荷载	无
体荷载	温度——T(I),T(J);热流——FL(I),FL(J)
特性	塑性、蠕变、膨胀、应力刚化、大变形、单元生死
KEYOPTS	无

2.1.2 输出数据

计算结果输出有两种形式:节点位移(全部节点解)和单元附加输出。

单元附加输出说明如表 2-2 所示,其中第一列为输出项名称,可通过命令 ETABLE 或 ESOL 定义并获得;第二列是对第一列的详细说明;第三列表示某一输出项是否在输出文件(.OUT 文件)中列出;第四列表示某一输出项是否在结果文件(.RST 文件)中列出。

在第三列和第四列中,"Y"表示可以输出,"数字注释"表示在一定条件下可以输出,"—"表示不能输出。

LINK1 单元输出说明   表 2-2

名　称	说　明	O	R
EL	单元号	Y	Y
NODES	单元节点号(I 和 J)	Y	Y
MAT	单元材料号	Y	Y
VOLU	单元体积	—	Y
XC,YC	单元结果的输出位置(当前坐标系中的坐标)	Y	2
TEMP	节点 I 和 J 的温度	Y	Y
FLUEN	节点 I 和 J 的热流	Y	Y
MFORX	单元坐标系中沿 x 轴方向的杆端力	Y	Y
SAXL	轴向应力	Y	Y
EPELAXL	轴向弹性应变	Y	Y
EPTHAXL	轴向热应变	Y	Y
EPINAXL	轴向初应变	Y	Y
SEPL	等效应力	1	1
SRAT	等效试算应力与屈服面应力比(即应力状态率)	1	1
EPEQ	等效塑性应变	1	1
HPRES	静水压力(即平均正应力)	1	1
EPPLAXL	轴向塑性应变	1	1
EPCRAXL	轴向蠕变应变	1	1
EPSWAXL	轴向膨胀应变	1	1

注:1. 仅当考虑材料非线性时才可输出。

　　2. *GET 命令采用 CENT 项时可得。

命令 ETABLE 和 ESOL 的表项和序号列于表 2-3。

命令 ETABLE 和 ESOL 的表项和序号   表 2-3

输出量名称	项 Item	E	I	J	输出量名称	项 Item	E	I	J
SAXL	LS	1	—	—	SEPL	NLIN	1	—	—
EPELAXL	LEPEL	1	—	—	SRAT	NLIN	2	—	—
EPTHAXL	LEPTH	1	—	—	HPRES	NLIN	3	—	—
EPSWAXL	LEPTH	2	—	—	EPEQ	NLIN	4	—	—
EPINAXL	LEPTH	3	—	—	MFORX	SMISC	1	—	—
EPPLAXL	LEPPL	1	—	—	FLUEN	NMISC	—	1	2
EPCRAXL	LEPCR	1	—	—	TEMP	LBFE	—	1	2

2.1.3　注意事项

(1)假定单元为均质直杆,单元长度必须大于零,即节点 I 和 J 不能重合。

(2)单元必须位于整体坐标系的 XY 平面,且截面面积必须大于零。

(3)温度沿杆长假定为线性变化。

(4)单元应力是均匀的(由位移形函数决定),初应变也用于应力刚度矩阵计算。

2.1.4　应用举例

(1)平面桁架的静力分析[2]

如图 2-2a)所示的平面木桁架,各杆件的截面面积均为 $0.12m \times 0.12m = 0.0144m^2$,材料的弹性模量为 8.5GPa,对其进行静力分析并输出结果。静力分析的内力如图 2-2b)所示,命令流如下。

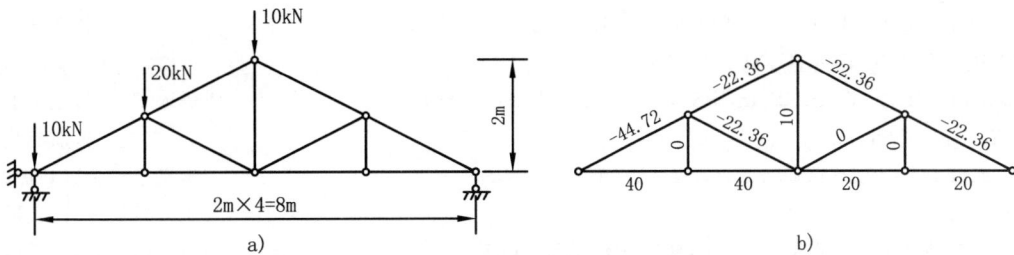

图 2-2　平面桁架结构简图与内力图(单位:kN)

```
!=====================================================================
!EX2.1 平面桁架的静力分析
FINISH$/CLEAR$/PREP7$K,1$K,2,2$K,3,2,1$K,4,4,2$K,5,4$K,6,6$K,7,6,1$K,8,8      !创建关键点
L,1,2$L,2,3$L,3,4$L,4,5$L,5,6$L,6,7$L,7,8$L,1,3$L,2,5$L,4,7$L,6,8$L,3,5$L,5,7  !创建线
ET,1,LINK1$R,1,0.0144$MP,EX,1,8.5E9$MP,PRXY,1,0.2      !定义单元、实常数和材料属性
LATT,1,1,1$LESIZE,ALL,,,1$LMESH,ALL      !定义线属性、网格密度并划分网格
DK,1,UX,,,,UY$DK,8,UY$FK,1,FY,-1E4$FK,3,FY,-2E4$FK,4,FY,-1E4  !施加约束条件和荷载
/SOLU$ANTYPE,0$SOLVE$FINISH      !求解
/POST1$PLDISP      !进入后处理
ETABLE,MFORCE,SMISC,1$ETABLE,MSTRESS,LS,1$ETABLE,MSTR,LEPEL,1      !定义单元表
PLLS,MFORCE,MFORCE,1$PLLS,MSTRESS,MSTRESS,1$PLLS,MSTR,MSTR,1      !绘制力素图形
PRRSOL$MIDF=UY(NODE(4,0,0))      !显示结果并获得节点解
!=====================================================================
```

(2)平面桁架的弹塑性分析[3]

如图 2-3 所示的承受垂直荷载的三杆桁架,$H = 2500mm,\theta = 30°$,各杆件截面面积均为 $A = 50mm^2$,设为理想弹塑性材料,材料的弹性模量为 $E = 210GPa$,屈服强度为 $\sigma_y = 235MPa$。

当中间杆件应力刚达到屈服强度时,结构的弹性极限荷载和 D 点位移分别为:

$$P_e = A\sigma_y(1 + 2\cos^3\theta), f_e = \frac{\sigma_y H}{E}$$

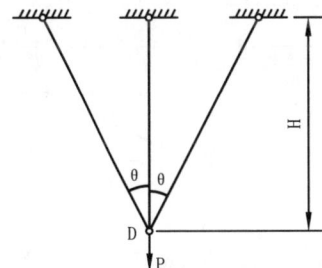

图 2-3　承受垂直荷载的三杆桁架

当所有杆件均达到屈服强度时,结构的极限荷载和 D 点位移分别为:

$$P_u = A\sigma_y(1 + 2\cos\theta), f_u = \frac{f_e}{\cos^2\theta}$$

计算分析当荷载为 P_e 时的应力和变形、当荷载为 P_u 时的变形并查看卸载后的应力。

计算分析的命令流如下。

```
!==========================================================================
!EX2.2 三杆桁架的弹塑性分析
FINISH$/CLEAR$/PREP7$H=2500$THETA=30$A=50$EM=2.1E5$SIGY=235          !定义参数
* AFUN,DEG$PE=A*SIGY*(1+2*COS(THETA)**3)$
PU=A*SIGY*(1+2*COS(THETA))                                          !计算参数
FE=SIGY*H/EM$FU=FE/COS(THETA)**2
ET,1,LINK1$R,1,A$MP,EX,1,EM$TB,BKIN,1$TBDATA,1,SIGY                 !定义单元类型、实常数、材料属性
XLOC=H*TAN(THETA)                                                   !计算水平投影长度
K,1,-XLOC$K,2$K,3,XLOC$K,4,,-H$L,1,4$L,2,4$L,3,4                    !创建关键点和线
LESIZE,ALL,,,1$LMESH,ALL                                            !定义网格并划分网格
DK,1,ALL$DK,2,ALL$DK,3,ALL                                          !施加约束
/SOLU$ANTYPE,0$FK,4,FY,-PE$SOLVE$FINISH                             !弹性阶段的求解
/POST1$PLDISP$PLNSOL,U,Y$FINISH                                     !弹性阶段的后处理
/SOLU$ANTYPE,0$TIME,1$NSUBST,20$OUTRES,ALL,ALL                      !再进入求解层,定义求解参数
FK,4,FY,-PU$SOLVE                                                   !施加荷载并求解
TIME,2$KBC,1$NSUBST,10$FK,4,FY,0$SOLVE$FINISH                       !定义求解参数和荷载,求解
/POST1$SET,LAST                                                     !进入后处理,读入最后结果
ETABLE,STRS,LS,1$PLLS,STRS,STRS$PRETAB,STRS                         !定义单元表,查看残余应力
/POST26$NSOL,2,2,U,Y$PLVAR,2                                        !进入时程后处理,查看荷载—位移曲线
!==========================================================================
```

(3)二力杆的几何非线性分析[4]

如图 2-4a)所示,承受垂直荷载的二力杆桁架,杆件长度为 $L_0=1000mm$,初始夹角为 $\theta_0=20°$,各杆件截面面积均为 $A=50mm^2$,设材料的弹性模量为 $E=210GPa$,对此结构进行特征值屈曲分析和几何非线性分析。

设变形后杆与水平方向的夹角为 θ,顶点竖向位移为 U,则有:

$$\tan\theta=\frac{L_0\sin\theta_0-U}{L_0\cos\theta_0}$$

$$P=2EA\tan\theta(\cos\theta-\cos\theta_0)$$

文献[1]中所给关系式仅适用于初始角度较小的情况,而上式则为精确的理论解。ANSYS 分析结果与理论解的比较如图 2-4b)所示。计算分析的命令流如下。

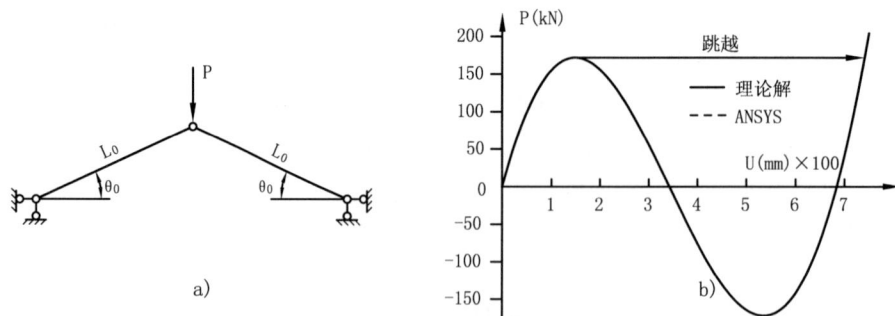

图 2-4 二力杆结构及荷载—位移曲线

```
!==========================================================================
!EX2.3 二力杆特征值屈曲分析与几何非线性分析
FINISH$/CLEAR$/PREP7$L0=1000$THETA=20$ * AFUN,DEG$A=50$EM=2.1E5     !定义参数
L1=2*L0*COS(THETA)$H1=L0*SIN(THETA)                                !计算参数
ET,1,LINK1$MP,EX,1,EM$R,1,A$K,1$K,2,0.5*L1,H1$K,3,L1$L,1,2$L,2,3   !创建几何模型
LESIZE,ALL,,,1$LMESH,ALL                                            !定义网格并划分网格
```

```
DK,1,ALL$DK,3,ALL$SAVE$FINISH                          !施加荷载并保存数据库
/SOLU$ANTYPE,0$FK,2,FY,−2E5$PSTRES,ON$SOLVE$FINISH      !静力分析(打开预应力开关)
/SOLU$ANTYPE,1$BUCOPT,LANB,1$MXPAND,1$SOLVE$FINISH      !特征值屈曲分析及求解选项
/POST1$SET,LIST$PLDISP,1$FINISH                         !进入后处理,查看结果
RESUME                                                  !恢复数据库
/SOLU$ANTYPE,0$NLGEOM,1$NSUBST,100$OUTRES,ALL,ALL       !再次进入求解层,定义求解选项
ARCLEN,ON$FK,2,FY,−2E5$SOLVE                            !打开弧长法,施加荷载并求解
/POST26$NSOL,2,2,U,Y$PROD,3,2,,,,,,,−1$PROD,4,1,,,,,,,2E5  !进入后处理,定义变量并运算
XVAR,3$PLVAR,4                                          !绘制荷载—位移曲线
!
```

2.2　LINK8 单元

LINK8 称为 3D 杆单元,具有广泛的工程应用,可模拟桁架、连杆、索和弹簧等。该单元可承受轴向拉压但不能承受弯矩,每个节点具有 3 个自由度,即沿节点坐标系 x、y 和 z 方向的平动位移,单元模型如图 2-5 所示。与之对应的 2D 杆单元为 LINK1 单元,而 LINK10 为仅受压或仅受拉的 3D 杆单元。

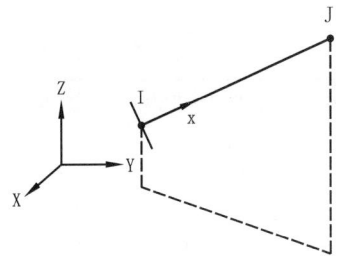

图 2-5　LINK8 单元几何

2.2.1　输入参数与选项

图 2-5 给出了单元几何、节点位置和单元坐标系,通过 2 个节点、横截面面积、初应变和材料属性定义该单元。单元的 x 轴方向为沿单元长度从节点 I 指向节点 J。单元的初应变 ISTRN 通过 Δ/L 给定,Δ 为单元长度 L(由 I 和 J 节点坐标计算)与零应变单元长度之差。

可在节点上输入温度或热流作为单元的体荷载。节点 I 上的温度 T(I) 缺省为 TUNIF,节点 J 上的温度缺省为 T(I)。热流与温度的定义基本相同,但缺省值不再是 TUNIF 而是零。

LINK8 单元的输入参数与选项如表 2-4 所示。

LINK8 单元输入参数与选项　　　　　　　　　表 2-4

参 数 类 别	参 数 及 说 明
节点	I, J
自由度	UX,UY,UZ
实常数	AREA——截面面积,ISTRN——初应变
材料属性	EX,ALPX(或 CETX 或 THSX),DENS,DAMP
面荷载	无
体荷载	温度——T(I),T(J);热流——FL(I),FL(J)
特性	塑性、蠕变、膨胀、应力刚化、大变形、单元生死
KEYOPTS	无

2.2.2　输出数据

计算结果输出有节点位移(全部节点解)和单元附加输出。单元附加输出说明如表 2-5 所示,可通过命令 ETABLE 或 ESOL 定义并获得,表项和序号如表 2-6 所示。

LINK8 单元输出说明　　　　　　　　　　　表 2-5

名 称	说 明	O	R
EL	单元号	Y	Y
NODES	单元节点号(I 和 J)	Y	Y

续上表

名　　称	说　　明	O	R
MAT	单元材料号	Y	Y
VOLU	单元体积	—	Y
XC,YC,ZC	单元结果的输出位置(当前坐标系中的坐标)	Y	2
TEMP	节点 I 和 J 的温度	Y	Y
FLUEN	节点 I 和 J 的热流	Y	Y
MFORX	单元坐标系中沿 X 轴方向的杆端力	Y	Y
SAXL	轴向应力	Y	Y
EPELAXL	轴向弹性应变	Y	Y
EPTHAXL	轴向热应变	Y	Y
EPINAXL	轴向初应变	Y	Y
SEPL	等效应力	1	1
SRAT	应力状态率	1	1
EPEQ	等效塑性应变	1	1
HPRES	静水压力	1	1
EPPLAXL	轴向塑性应变	1	1
EPCRAXL	轴向蠕变应变	1	1
EPSWAXL	轴向膨胀应变	1	1

注:1. 仅当考虑材料非线性时才可输出。

2. ＊GET 命令采用 CENT 项时可得。

命令 ETABLE 和 ESOL 的表项和序号　　　　　　　　　　　　表 2-6

输出量名称	项 Item	E	I	J	输出量名称	项 Item	E	I	J
SAXL	LS	1	—	—	SEPL	NLIN	1	—	—
EPELAXL	LEPEL	1	—	—	SRAT	NLIN	2	—	—
EPTHAXL	LEPTH	1	—	—	HPRES	NLIN	3	—	—
EPSWAXL	LEPTH	2	—	—	EPEQ	NLIN	4	—	—
EPINAXL	LEPTH	3	—	—	MFORX	SMISC	1	—	—
EPPLAXL	LEPPL	1	—	—	FLUEN	NMISC	—	1	2
EPCRAXL	LEPCR	1	—	—	TEMP	LBFE	—	1	2

2.2.3　单元矩阵

单元矩阵均在单元坐标系中描述,通过转换可获得整体坐标下的单元矩阵。

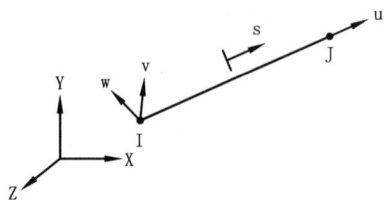

(1)形函数

单元坐标系如图 2-6 所示,形函数如下:

$$u=\frac{1}{2}\left[u_I(1-s)+u_J(1+s)\right] \qquad (2\text{-}1)$$

$$v=\frac{1}{2}\left[v_I(1-s)+v_J(1+s)\right] \qquad (2\text{-}2)$$

图 2-6　LINK8 单元坐标

$$w = \frac{1}{2} \left[w_I(1-s) + w_J(1+s) \right] \tag{2-3}$$

(2)单元刚度矩阵

$$[K_I] = \frac{A\overline{E}}{L} \begin{bmatrix} 1 & 0 & 0 & -1 & 0 & 0 \\ 0 & 0 & 0 & 0 & 0 & 0 \\ 0 & 0 & 0 & 0 & 0 & 0 \\ -1 & 0 & 0 & 1 & 0 & 0 \\ 0 & 0 & 0 & 0 & 0 & 0 \\ 0 & 0 & 0 & 0 & 0 & 0 \end{bmatrix} \tag{2-4}$$

式中：A——单元截面面积，即用命令 R 输入的实常数 AREA；

　　L——单元长度；

　　$\overline{E}$——当进行线性分析时为弹性模量 E，即用命令 MP 输入的材料属性 EX；当进行塑性分析并计算切线刚度矩阵时，为切线模量 E_T。

(3)单元质量矩阵

单元一致质量矩阵和单元集中质量矩阵如式(2-5)和式(2-6)所示。

$$[M_I] = \frac{\rho AL(1-\varepsilon^{in})}{6} \begin{bmatrix} 2 & 0 & 0 & 1 & 0 & 0 \\ 0 & 2 & 0 & 0 & 1 & 0 \\ 0 & 0 & 2 & 0 & 0 & 1 \\ 1 & 0 & 0 & 2 & 0 & 0 \\ 0 & 1 & 0 & 0 & 2 & 0 \\ 0 & 0 & 1 & 0 & 0 & 2 \end{bmatrix} \tag{2-5}$$

$$[M_I] = \frac{\rho AL(1-\varepsilon^{in})}{2} \begin{bmatrix} 1 & 0 & 0 & 0 & 0 & 0 \\ 0 & 1 & 0 & 0 & 0 & 0 \\ 0 & 0 & 1 & 0 & 0 & 0 \\ 0 & 0 & 0 & 1 & 0 & 0 \\ 0 & 0 & 0 & 0 & 1 & 0 \\ 0 & 0 & 0 & 0 & 0 & 1 \end{bmatrix} \tag{2-6}$$

式中：ρ——质量密度，即用命令 MP 输入的材料属性 DENS；

　　ε^{in}——初应变，即用命令 R 输入的实常数 ISTRN。

(4)单元应力刚度矩阵

$$[S_I] = \frac{F}{L} \begin{bmatrix} 0 & 0 & 0 & 0 & 0 & 0 \\ 0 & 1 & 0 & 0 & -1 & 0 \\ 0 & 0 & 1 & 0 & 0 & -1 \\ 0 & 0 & 0 & 0 & 0 & 0 \\ 0 & -1 & 0 & 0 & 1 & 0 \\ 0 & 0 & -1 & 0 & 0 & 1 \end{bmatrix} \tag{2-7}$$

式中：F——单元轴向力，对首次迭代，其值为 $AE\varepsilon^{in}$，对后续迭代步采用上一迭代步(不一定是上一子步)的计算轴向力。

(5)单元荷载列阵

$$\{F_I\} = \{F_I^a\} - \{F_I^{nr}\} \tag{2-8}$$

式中：$\{F_I^a\}$——施加的荷载列阵，如式(2-9)所示；

　　$\{F_I^{nr}\}$——Newton-Raphson 迭代(简称 NR 迭代)的残余力，即 NR 迭代的不平衡力，当无 NR 迭代

时则无此项列阵，如式(2-12)所示。

$$\{F_l^a\} = AE\varepsilon_n^T \begin{bmatrix} -1 & 0 & 0 & 1 & 0 & 0 \end{bmatrix}^T \tag{2-9}$$

其中，当为线性分析或首次 NR 迭代时，ε_n^T 为：

$$\varepsilon_n^T = \varepsilon_n^{th} - \varepsilon^{in} = \alpha_n(T_n - T_{ref}) - \varepsilon^{in} \tag{2-10}$$

当为 NR 迭代的后续迭代步时，ε_n^T 为：

$$\varepsilon_n^T = \Delta\varepsilon_n^{th} = \alpha_n(T_n - T_{ref}) - \alpha_{n-1}(T_{n-1} - T_{ref}) \tag{2-11}$$

上两式中：α_n, α_{n-1}——T_n 和 T_{n-1} 时的热膨胀系数，即用命令 MP 输入的材料属性 ALPX；

T_n, T_{n-1}——单元在当前迭代步和上一迭代步的平均温度；

T_{ref}——参考温度，用命令 TREF 输入。

$$\{F_l^{nr}\} = AE\varepsilon_{n-1}^{el} \begin{bmatrix} -1 & 0 & 0 & 1 & 0 & 0 \end{bmatrix}^T \tag{2-12}$$

式中：ε_{n-1}^{el}——上一迭代步的弹性应变。

（6）单元内力和应力

线性分析或首次 NR 迭代时的弹性应变（输出说明中的 EPELAXL）为：

$$\varepsilon_n^{el} = \varepsilon_n - \varepsilon^{th} + \varepsilon^{in} \tag{2-13}$$

式中：ε_n——总应变，$\varepsilon_n = \dfrac{u}{L}$，u 为单元的轴向位移差，即单元的伸长值；

ε^{th}——热应变（输出说明中的 EPTHAXL）。

非线性分析或 NR 迭代的后续迭代步时的弹性应变为：

$$\varepsilon_n^{el} = \varepsilon_{n-1}^{el} + \Delta\varepsilon - \Delta\varepsilon^{th} - \Delta\varepsilon^{pl} - \Delta\varepsilon^{cr} - \Delta\varepsilon^{sw} \tag{2-14}$$

式中：$\Delta\varepsilon$——应变增量，$\Delta\varepsilon = \dfrac{\Delta u}{L}$，$\Delta u$ 为单元的轴向位移增量差；

$\Delta\varepsilon^{th}$——热应变增量；

$\Delta\varepsilon^{pl}$——塑性应变增量；

$\Delta\varepsilon^{cr}$——蠕变应变增量；

$\Delta\varepsilon^{sw}$——膨胀应变增量。

单元应力（输出说明中的 SAXL）为：

$$\sigma = E\varepsilon^a = E(\varepsilon_n^{el} + \Delta\varepsilon^{cr} + \Delta\varepsilon^{sw}) \tag{2-15}$$

从式(2-15)可知，用于计算应力的应变在子步的开始就包含了蠕变应变和膨胀应变，而不是在子步结束时考虑该效应。

单元内力（输出说明中的 MFORX）为：

$$F = A\sigma \tag{2-16}$$

2.2.4 注意事项

（1）假定单元为均质直杆，单元长度必须大于零，即节点 I 和 J 不能重合。

（2）截面面积必须大于零，单元应力是均匀的（由位移形函数决定）。

（3）温度沿杆长假定为线性变化。

（4）初应变也用于应力刚度矩阵计算。

2.2.5 应用举例

LINK1 中所举例均可用 LINK8 代替，但需约束 Z 方向位移。如无 Z 方向外荷载且仅进行静力分析也可不施加该向约束。下面仅举两例来说明 LINK8 的使用方法。

（1）六角星型形顶的几何非线性分析[5,6]

如图 2-7 所示的六角星形穹顶结构，六个支承均为铰接，按空间桁架结构计算分析的结果如图 2-7 所示，命令流如下。

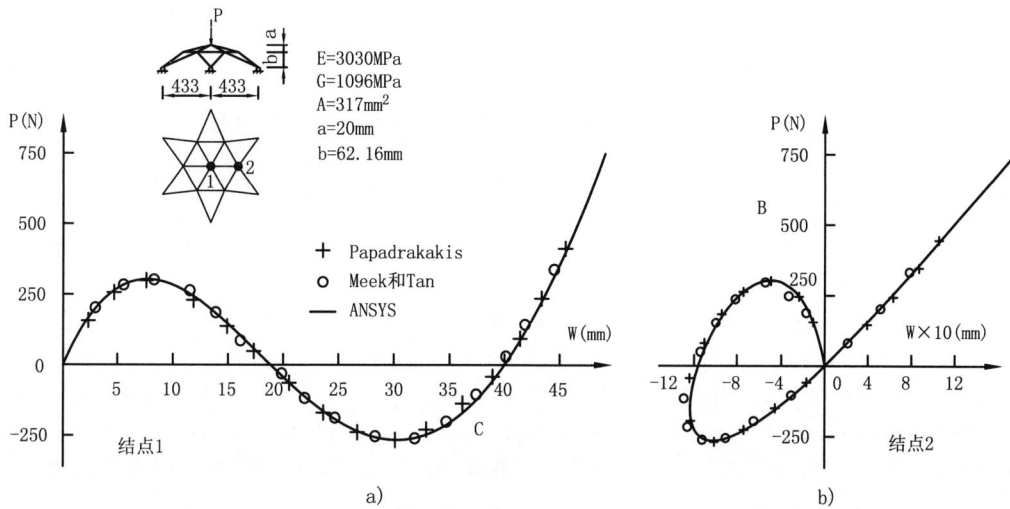

图 2-7　六角星形穹顶结构简图及荷载—位移曲线

```
!=============================================================
!EX2.4 六角星形穹顶的几何非线性分析
FINISH$/CLEAR$/PREP7$AREA=317$EM=3030$R1=500$R2=250$A=20.0$B=62.16$PD=750
                                                    !定义参数
ET,1,LINK8$R,1,AREA$MP,EX,1,EM                      !定义单元类型、实常数及材料性质
CSYS,1$K,1,R1,30$KGEN,6,1,1,,,60                    !激活柱坐标系,创建关键点并自动生成关键点
K,7,R2,,B$KGEN,6,7,7,,,60$K,13,,,A+B$CSYS,0         !激活直角坐标系,创建关键点并自动生成关键点
*DO,I,1,5,1$L,I,I+6$L,I,I+7$*ENDDO                  !循环创建线
L,6,7$L,6,12$*DO,I,7,11,1$L,I,I+1$*ENDDO            !循环创建线
L,12,7$*DO,I,7,12,1$L,I,13$*ENDDO                   !循环创建线
LESIZE,ALL,,,1$LMESH,ALL                            !定义单元尺寸并划分网格
*DO,I,1,6,1$DK,I,ALL$*ENDDO                         !施加约束
FK,13,FZ,-PD$FINISH                                 !施加荷载
/SOLU$ANTYPE,0$NLGEOM,1$OUTRES,ALL,ALL              !定义求解类型,打开大变形,输出所有结果
NSUBST,500$ARCLEN,1$SOLVE$FINISH                    !定义子步数,打开弧长法,求解
/POST26$NSOL,2,13,U,Z,DDUZ$NSOL,3,2,U,Z,D2UZ        !进入时程后处理,定义变量
PROD,4,2,,,,,,,-1,1,1$PROD,5,3,,,,,,,-1,1,1$PROD,6,1,,,,,,PD,1,1    !变量运算
XVAR,4$PLVAR,6$XVAR,5$PLVAR,6                       !绘制荷载—位移曲线
!=============================================================
```

（2）几何瞬变体系分析

如图 2-8a）所示的桁架结构,在铰接点作用垂直荷载 P,设杆件截面面积 A＝10mm²,L₀＝1000mm,材料的弹性模量 E＝195GPa。该桁架结构为几何瞬变体系,可在结构变形后的位置上建立平衡方程,并利用变形条件推得：

$$\tan\theta = \frac{U}{L_0}$$

$$P = 2EA(\tan\theta - \sin\theta)$$

因属几何瞬变体系,如直接进行几何非线性分析,ANSYS 将因结构无刚度而不能求得结果或给出错误信息,因此必须给予结构一定的初始刚度以便迭代计算。其方法是输入很小的初应变,赋予结构一定的刚度,如 1με,相当于施加了 0.19MPa 的初始应力。ANSYS 分析的命令流如下,其结果如图 2-8b）所示。

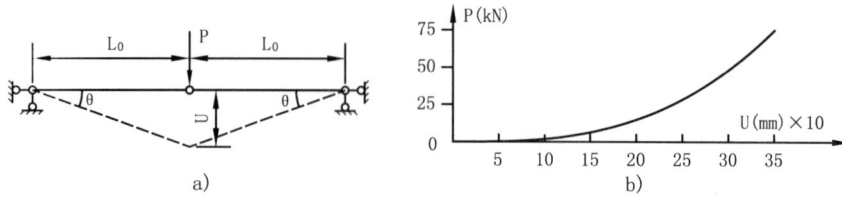

图 2-8 几何瞬变结构及荷载—位移曲线

```
!======================================================
!EX2.5 几何瞬变体系的非线性分析
FINISH$/CLEAR$/PREP7$L0=1000$EM=1.9E5$A0=10$P=75000$ISTR=1E-6          !定义参数
ET,1,LINK8$MP,EX,1,EM$R,1,A0,ISTR$K,1$K,2,L0$K,3,2*L0$L,1,2$L,2,3     !创建几何模型
LESIZE,ALL,,,1$LMESH,ALL$DK,1,ALL$DK,3,ALL$FK,2,FY,-P                 !划分网格并施加约束和荷载
/SOLU$ANTYPE,0$NLGEOM,1$NSUBST,50$OUTRES,ALL,ALL$SOLVE$FINISH         !求解
/POST26$NSOL,2,NODE(L0,0,0),U,Y$PROD,3,2,,,,,,-1$PROD,4,1,,,,,,P$XVAR,3$PLVAR,4   !后处理
!======================================================
```

2.3 LINK10 单元

LINK10 称为 3D 仅拉或仅压单元,是一个轴向仅受拉或仅受压的杆单元,可模拟缆索或间隙等。该单元每个节点有 3 个自由度,即沿节点坐标系 x、y 和 z 方向的平动位移,单元模型如图 2-9 所示。本单元不管是仅受拉还是仅受压都没有弯曲刚度,但如果与具有很小面积的梁单元叠加(双重单元)也可考虑弯曲刚度。

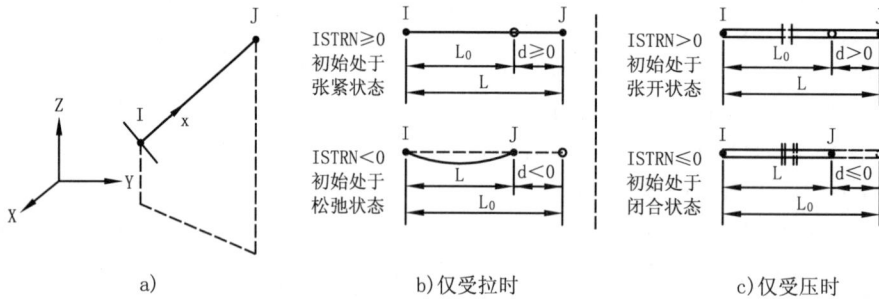

图 2-9 LINK10 单元几何及初始状态

该单元具有双线性刚度矩阵,因此可形成仅受拉或仅受压杆单元。使用仅受拉选项时,如果单元受压,刚度就消失,以此来模拟缆索或链条的松弛。该特性对用一个单元模拟整个缆索时的静力问题非常有用。当需要松弛单元的性能,而不关心松弛单元的运动时,也可用于动力分析(带有惯性或阻尼效应)。该单元是 SHELL41 当 KEYOPT(1)=2 选项(布选项)时的线性化版本。

若拟研究单元的运动(没有松弛单元),则应使用类似于 LINK10 的不能松弛的单元,如 LINK8 或 PIPE59。对于最终收敛结果为绷紧状态的结构,如果迭代过程中可能出现松弛状态,这种静力收敛问题也不能使用 LINK10 单元,此时应采用其他单元。如要采用 LINK10 单元,则需采用"缓慢动力"技术。

2.3.1 输入参数与选项

图 2-9 给出了单元几何、节点位置和单元坐标系,通过 2 个节点、横截面面积、初应变和材料属性定义该单元。单元的 x 轴方向为沿单元长度从节点 I 指向节点 J。单元的初应变 ISTRN 通过 Δ/L 给定,Δ 为单元长度 L(由 I 和 J 节点坐标计算)与零应变单元长度 L_0 之差,即 $\Delta=L-L_0$。

当仅受拉时,如 ISTRN 为正则单元初始处于张紧状态,如 ISTRN 为负则单元初始处于松弛状态。当仅受压时,如 ISTRN 为正则单元间隙初始处于张开状态,即单元在荷载作用下伸长将间隙闭合后才开始受压;而如 ISTRN 为负则单元为负间隙,虽称为初始处于闭合状态,而实际上单元初始状态相当于"伸长了间隙值",即在初始状态时单元就承受了一定的压力。此两种选项的状态可结合后文的举例进行说明。当采用仅受拉选项时,不难理解 ISTRN 就是初应变;当采用仅受压选项时,不是直接输入"间隙值",而是输入单位长度的间隙值,即也以应变的形式输入。

LINK10 单元的输入参数与选项如表 2-7 所示。

LINK10 单元输入参数与选项   表 2-7

参数类别	参 数 及 说 明
节点	I,J
自由度	UX,UY,UZ
实常数	AREA——截面面积,ISTRN——初应变 如 KEYOPT(3)=0 且 ISTRN 小于 0,则缆索初始为松弛状态;如 KEYOPT(3)=1 且 ISTRN 大于 0,则间隙初始为张开状态
材料属性	EX,ALPX(或 CETX 或 THSX),DENS,DAMP
面荷载	无
体荷载	温度——T(I),T(J)
特性	非线性、应力刚化、大变形、单元生死
KEYOPT(2) 松弛缆索 刚度选项	0——无刚度(缺省);1——赋予很小的刚度以便考虑纵向运动;2——赋予很小的刚度以便考虑纵向运动和横向运动(仅应力刚化时)
KEYOPT(3) 拉压选项	0——仅受拉选项(缆索)(缺省);1——仅受压选项(间隙)

可在节点上输入温度作为单元的体荷载。节点 I 上的温度 T(I) 缺省为 TUNIF,节点 J 上的温度缺省为 T(I)。

如果间隙张开或缆索松弛,KEYOPT(2)选项可将很小的刚度 $\left(\frac{AE}{L}\times10^{-6}\right)$ 赋予张开的间隙或松弛的缆索,以防止未受约束的结构"自由漂浮"。

2.3.2 输出数据

计算结果输出有节点位移(全部节点解)和单元附加输出。单元附加输出说明如表 2-8 所示,可通过命令 ETABLE 或 ESOL 定义并获得,表项和序号如表 2-9 所示。在一个子步结束时单元所处的状态(受拉或松弛,受压或间隙)可以通过 STAT 值查看。

LINK10 单元输出说明   表 2-8

名 称	说 明	O	R
EL	单元号	Y	Y
NODES	单元节点号(I 和 J)	Y	Y
MAT	单元材料号	Y	Y
VOLU	单元体积	—	Y
XC,YC,ZC	输出结果的位置(当前坐标系中的坐标)	Y	1
TEMP	节点 I 和 J 的温度	Y	Y
STAT	单元状态(=1,缆索受拉或间隙受压;=2,缆索松弛或间隙张开)	Y	Y
MFORX	单元坐标系中沿 X 轴方向的杆端力	Y	Y
SAXL	轴向应力	Y	Y
EPELAXL	轴向弹性应变	Y	Y
EPTHAXL	轴向热应变	Y	Y
EPINAXL	轴向初应变	Y	Y

注:* GET 命令采用 CENT 项时可得。

命令 ETABLE 和 ESOL 的表项和序号 表 2-9

输出量名称	项 Item	E	I	J	输出量名称	项 Item	E	I	J
SAXL	LS	1	—	—	MFORX	SMISC	1	—	—
EPELAXL	LEPEL	1	—	—	STAT	NMISC	1	—	—
EPTHAXL	LEPTH	1	—	—	OLDST	NMISC	2	—	—
EPSWAXL	LEPTH	3	—	—	TEMP	LBFE	—	1	2

2.3.3 单元矩阵

单元的形函数同式(2-1)~式(2-3),单元的质量矩阵同式(2-5)和式(2-6)。

(1)单元刚度矩阵

$$[K_l] = \frac{AE}{L} \begin{bmatrix} C_1 & 0 & 0 & -C_1 & 0 & 0 \\ 0 & 0 & 0 & 0 & 0 & 0 \\ 0 & 0 & 0 & 0 & 0 & 0 \\ -C_1 & 0 & 0 & C_1 & 0 & 0 \\ 0 & 0 & 0 & 0 & 0 & 0 \\ 0 & 0 & 0 & 0 & 0 & 0 \end{bmatrix} \tag{2-17}$$

式中:A——单元截面面积,即用命令 R 输入的实常数 AREA;

L——单元长度;

E——弹性模量,即用命令 MP 输入的材料属性 EX;

C_1——刚度系数,如表 2-10 所示。

刚度系数 C_1 和 C_2 表 2-10

C_1			C_2		
KEYOPT 选项	拉应变	压应变	KEYOPT 选项	拉应变	压应变
KEYOPT(2)=0 KEYOPT(3)=0	1.0	0.0	KEYOPT(2)<2 KEYOPT(3)=0	1.0	0.0
KEYOPT(2)>0 KEYOPT(3)=0	1.0	1.0×10^{-6}	KEYOPT(2)=2 KEYOPT(3)=0	1.0	$\frac{AE}{F} \times 10^{-6}$
KEYOPT(2)=0 KEYOPT(3)=1	0.0	1.0	KEYOPT(2)<2 KEYOPT(3)=1	0.0	1.0
KEYOPT(2)>0 KEYOPT(3)=1	1.0×10^{-6}	1.0	KEYOPT(2)=2 KEYOPT(3)=1	$\frac{AE}{F} \times 10^{-6}$	1.0

(2)单元应力刚度矩阵

$$[S_l] = \frac{F}{L} \begin{bmatrix} 0 & 0 & 0 & 0 & 0 & 0 \\ 0 & C_2 & 0 & 0 & -C_2 & 0 \\ 0 & 0 & C_2 & 0 & 0 & -C_2 \\ 0 & 0 & 0 & 0 & 0 & 0 \\ 0 & -C_2 & 0 & 0 & C_2 & 0 \\ 0 & 0 & -C_2 & 0 & 0 & C_2 \end{bmatrix} \tag{2-18}$$

式中:C_2——刚度系数,如表 2-10 所示;

F——单元轴向力,对首次迭代,其值为 $AE\varepsilon^{in}$,对后续迭代步采用单元轴向力。

(3)单元外荷列阵

$$\{F_l\} = AE\varepsilon^T [-C_1 \quad 0 \quad 0 \quad C_1 \quad 0 \quad 0]^T \tag{2-19}$$

$$\varepsilon^T = \alpha \Delta T - \varepsilon^{in} \tag{2-20}$$

式中：α——热膨胀系数，即用命令 MP 输入的材料属性 ALPX；

　　　$\Delta T = T_{ave} - T_{ref}$，$T_{ave}$ 为单元的平均温度，T_{ref} 为参考温度，用命令 TREF 输入；

　　　ε^{in}——初应变，即用命令 R 输入的实常数 ISTRN。

其余可参照 LINK8 中的相关内容。

2.3.4　注意事项

（1）单元长度必须大于零，即节点 I 和 J 不能重合；截面面积必须大于零；温度沿杆长假定为线性变化。

（2）单元为非线性时，需要迭代求解，即需要进行非线性分析并设置求解选项。

（3）若 ISTRN＝0.0（不是大于 0 或小于 0），则第一子步中也考虑单元刚度。

（4）求解过程：在第一个子步开始时的单元状态取决于初应变或间隙的输入值，缆索的此值小于零或间隙的此值大于零，则该子步中单元刚度取为 0。若在该子步结束时 STAT＝2，则该"0 值"单元刚度将用于下一子步；若在该子步结束时 STAT＝1，则"非 0"单元刚度将用于下一子步。很小刚度值总是与具有负相对位移的缆索或具有正相对位移的间隙相关。

（5）若在某个子步内单元状态改变了，则在下一个子步考虑其影响。

（6）初应变也用于应力刚度矩阵计算，即使是首次迭代。

（7）应力刚化常用于解决垂索问题的数值稳定。对于某些缆索的求解问题，应力刚化和大变形效应可同时使用。

2.3.5　应用举例

（1）平衡状态缆索的受力分析

在荷载作用下处于平衡状态的缆索如图 2-10 所示，确定支点的反力与缆索的最大张力。本例属于已知位形（如可实测获得），图中位形就是荷载作用下的平衡状态，也就是说是荷载作用下缆索的"终态"，即"结果态"，以此位置直接建模，对缆索施加很小的初应变即可，如 $10^{-6} \sim 10^{-10}$。但因缆索总是要变形，故可采用很大的弹性模量，如可将实际弹性模量放大 10^5 倍，以保持图中位形为终态位形；若采用实际弹性模量将产生一定的变形，误差会略大些，但也可接受。两种结果的比较如表 2-11 所示，计算分析的命令流如下。

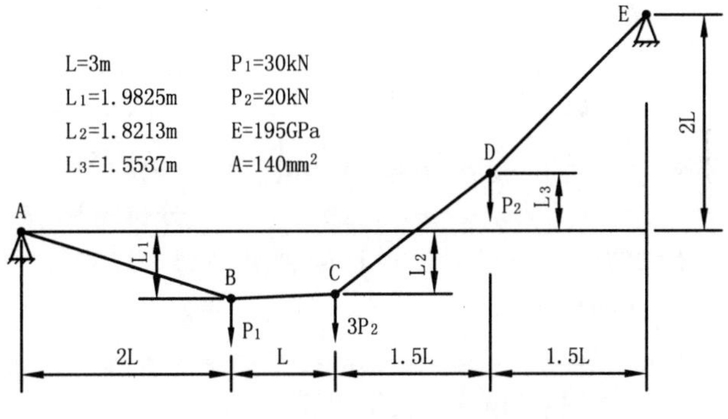

图 2-10　平衡状态缆索的几何模型与参数

（图中参数：L=3m　P_1=30kN　L_1=1.9825m　P_2=20kN　L_2=1.8213m　E=195GPa　L_3=1.5537m　A=140mm²）

```
!================================================================
!EX2.6 缆索荷载作用下的计算
FINISH$/CLEAR$/PREP7$L=3.0$AREA=140E-6                          !定义几何参数
P1=3E4$P2=2E4$L1=1.9285$L2=1.8213$L3=1.5537                     !定义计算参数与几何参数
SIG0=1.0E6$EM=1.95E11*1E5$ISTR=SIG0/EM                          !施加1MPa的初应力,弹性模量扩大10⁵倍
ET,1,LINK10$R,1,AREA,ISTR$MP,EX,1,EM                            !定义单元及材料性质
N,1$N,2,2*L,-L1$N,3,3*L,-L2$N,4,4.5*L,L3$N,5,6*L,2*L$E,1,2$EGEN,4,1,1   !有限元模型
D,1,ALL$D,5,ALL$D,2,UZ,,,4$F,2,FY,-P1$F,3,FY,-3*P2$F,4,FY,-P2$FINISH    !施加约束与荷载
/SOLU$ANTYPE,0$NSUBST,20$OUTRES,ALL,ALL$NLGEOM,1$SOLVE          !求解及定义求解选项
/POST1$PLDISP,1$ETABLE,STRE,LS,1$ETABLE,NF,SMISC,1              !后处理,定义单元表
PLLS,STRE,STRE$PLLS,NF,NF                                       !显示单元应力和轴力
!================================================================
```

两种计算结果比较   表 2-11

	弹性模量放大 10^5 倍时的计算结果						
单元	轴力(N)	水平分力(N)	竖向分力(N)	对节点的合力(N)		外荷载(N)	
AB	88234.4	84002.0	26999.6	—		—	
BC	84055.6	84002.0	3001.7	B	30001.3	30000	
CD	105002.1	84001.7	63001.3	C	59999.6	60000	
DE	118090.9	84002.6	83000.2	D	19998.9	20000	
	实际弹性模量时的计算结果						
单元	轴力(N)	水平分力(N)	竖向分力(N)	对节点的合力(N)		外荷载(N)	
AB	86965.1	82793.5	26611.2	—		—	
BC	82555.4	82502.7	2948.1	B	29559.3	30000	
CD	103539.1	82831.3	62123.5	C	59175.4	60000	
DE	116713.3	83022.6	82031.9	D	19908.5	20000	

从上表可以看出,最大误差在 2% 以内。

除可实测获得图 2-10 的平衡位形外,也可采用直接迭代或找形分析的方法获得。找形时需采用很大的初应变和很小的弹性模量,可在水平位置上建模,具体可参见文献[1]的相关章节。

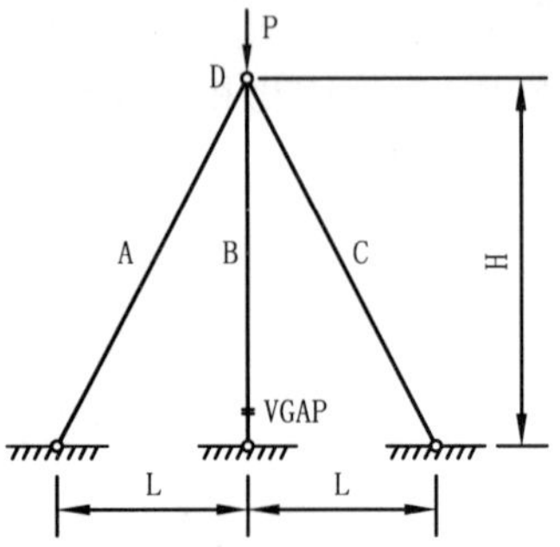

图 2-11 三杆桁架的几何模型与间隙

(2)具有间隙的杆结构

如图 2-11 所示的三杆桁架,因 B 杆销孔与销轴之间存在间隙使得该杆在某个荷载之下不受力,直到荷载大于某个值时才发挥作用。设 L=1500mm,H=2000mm,杆件截面面积均为 200mm²,材料的弹性模量为 200GPa,设间隙 VGAP=1mm,分析当荷载分别为 20480N 和 40000N 时桁架的内力与变形。

用 ANSYS 分析时,A 和 C 杆以一个 LINK8 单元模拟,而 B 杆以一个 LINK10 单元模拟。注意:间隙的输入应为单位长度的数值,本例为 VGAP/H。

分析结果:在 P=20480N 及以下时,B 杆不起作用,此时 D 点的竖向位移为 -1mm,A 和 C 杆的轴力均为 -12800N;当 P=40000N 时,D 点的竖向位移为 -1.506mm,A 和 C 杆的轴力均为 -19276N,B 杆的轴力为 -10119N。计算分析的命令流如下。

```
!=============================================================================
!EX2.7 具有间隙的桁架
FINISH$/CLEAR$/PREP7$L=1500$H=2000$VGAP=1/H$AREA=200$P=20480          !定义计算参数
ET,1,LINK8$ET,2,LINK10,,,1$MP,EX,1,2E5                                !定义单元类型和材料属性
R,1,AREA$R,2,AREA,VGAP                                                !单元实常数
K,1,-L$K,2$K,3,L$K,4,,H$L,1,4$L,2,4$L,3,4                             !创建关键点和线
LESIZE,ALL,,,1$LSEL,S,,,1,3,2$LATT,1,1,1                              !对 A 和 C 杆线定义单元属性
LSEL,S,,,2$LATT,1,2,2$LSEL,ALL$LMESH,ALL                              !对 B 杆线定义单元属性
DK,1,ALL$DK,2,ALL$DK,3,ALL$FINISH                                     !施加约束
/SOLU$ANTYPE,0$NSUBST,20$OUTRES,ALL,ALL                               !定义求解参数
FK,4,FY,-P$SOLVE                                                      !施加第一荷载步的荷载并求解
FK,4,FY,-2*P$SOLVE                                                    !施加第二荷载步的荷载并求解
/POST1$SET,1,LAST$PLDISP,1                                            !读入第一荷载步结果,绘制位移图
ETABLE,NFOR,SMISC,1$PLLS,NFOR,NFOR                                    !定义单元表,绘制内力图
SET,2,LAST$PLDISP,1                                                   !读入第二荷载步结果,绘制位移图
ETABLE,REFL$PLLS,NFOR,NFOR                                            !更新单元表,绘制内力图
!=============================================================================
```

本例中如果间隙输入的为负值,则相当于杆件伸长了 VGAP 值,当无任何外荷载时,通过分析可求得,D 点发生向上的位移,A 和 C 杆均受拉,而 B 杆受压。因此可利用 LINK10 单元计算安装应力,当杆件实际长度较理论长度大时,以带间隙的 LINK10 模拟;当杆件实际长度较理论长度小时,以带初应变的 LINK10 模拟。而如果具有实际间隙(如本例),则杆件在受荷之初不起作用,以带间隙的 LINK10 模拟,但此时与安装应力的计算不同。此几种计算请读者自己练习和体会。

另外,用带间隙的 LINK10 单元还可模拟体系转换。

2.4 LINK11 单元

LINK11 称为线性调节器单元,是一个轴向拉压单元,可模拟液压缸或其他大型转动机构等。该单元每个节点有 3 个自由度,即沿节点坐标系 x、y 和 z 方向的平动位移,单元模型如图 2-12 所示。该单元无弯曲刚度和扭转刚度。

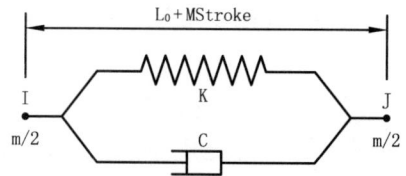

图 2-12 LINK11 单元几何

2.4.1 输入参数与选项

图 2-12 给出了单元几何、节点位置和单元坐标系,通过 2 个节点、刚度、黏滞阻尼系数定义该单元。单元初始长度 L_0 和方向根据节点位置计算。行程通过面荷载施加,行程指相对于单元弹簧力为零时的位置。轴向力的输入方式与行程输入一样,但 LKEY 不同。

LINK11 单元的输入参数与选项如表 2-12 所示。

LINK11 单元输入参数与选项 表 2-12

参数类别	参 数 及 说 明
节点	I,J
自由度	UX,UY,UZ
实常数	K——刚度(力/长度),C——黏滞阻尼系数(力×时间/长度),M——质量(力×时间²/长度)
材料属性	DAMP
面荷载	face1——施加的行程(通过 SFE 施加,LKEY=1),face2——轴向力或弹簧力(通过 SFE 施加,LKEY=2)
体荷载	无
特性	应力刚化、大变形、单元生死
KEYOPTS	无

2.4.2 输出数据

计算结果输出有节点位移(全部节点解)和单元附加输出。单元附加输出说明如表 2-13 所示,可通过命令 ETABLE 或 ESOL 定义并获得,表项和序号如表 2-14 所示。

LINK11 单元输出说明 表 2-13

名 称	说 明	O	R
EL	单元号	Y	Y
NODES	单元节点号(I 和 J)	Y	Y
ILEN	单元初始长度(由 I 和 J 坐标计算)	Y	Y
CLEN	单元当前长度(当前时间步结果)	Y	Y
FORCE	轴向力(弹簧力)	Y	Y
DFORCE	阻尼力	Y	Y
STROKE	施加的行程(属于单元荷载,通过 SFE 施加)	Y	Y
MSTROKE	计算行程或精确行程(因单元变形导致实际发生的行程较施加的行程略有变化)	Y	Y

命令 ETABLE 和 ESOL 的表项和序号 表 2-14

输出量名称	项 Item	E	输出量名称	项 Item	E
FORCE	SMISC	1	STROKE	NMISC	3
ILEN	NMISC	1	MSTROKE	NMISC	4
CLEN	NMISC	2	DFORCE	NMISC	5

2.4.3 单元矩阵

单元的形函数同式(2-1)～式(2-3)。

(1)单元刚度矩阵

$$[K_1] = K \begin{bmatrix} 1 & 0 & 0 & -1 & 0 & 0 \\ 0 & 0 & 0 & 0 & 0 & 0 \\ 0 & 0 & 0 & 0 & 0 & 0 \\ -1 & 0 & 0 & 1 & 0 & 0 \\ 0 & 0 & 0 & 0 & 0 & 0 \\ 0 & 0 & 0 & 0 & 0 & 0 \end{bmatrix} \tag{2-21}$$

式中:K——单元刚度,即用命令 R 输入的实常数 K。

(2)单元质量矩阵(只有集中质量矩阵)

$$[M_1] = \frac{M}{2} \begin{bmatrix} 1 & 0 & 0 & 0 & 0 & 0 \\ 0 & 1 & 0 & 0 & 0 & 0 \\ 0 & 0 & 1 & 0 & 0 & 0 \\ 0 & 0 & 0 & 1 & 0 & 0 \\ 0 & 0 & 0 & 0 & 1 & 0 \\ 0 & 0 & 0 & 0 & 0 & 1 \end{bmatrix} \tag{2-22}$$

式中:M——单元总质量,即用命令 R 输入的实常数 M。

(3)单元阻尼矩阵

$$[C_1] = C \begin{bmatrix} 1 & 0 & 0 & -1 & 0 & 0 \\ 0 & 0 & 0 & 0 & 0 & 0 \\ 0 & 0 & 0 & 0 & 0 & 0 \\ -1 & 0 & 0 & 1 & 0 & 0 \\ 0 & 0 & 0 & 0 & 0 & 0 \\ 0 & 0 & 0 & 0 & 0 & 0 \end{bmatrix} \tag{2-23}$$

式中:C——单元阻尼,即用命令 R 输入的实常数 C。

(4)单元应力刚度矩阵

$$[S_1] = \frac{F}{L} \begin{bmatrix} 0 & 0 & 0 & 0 & 0 & 0 \\ 0 & 1 & 0 & 0 & -1 & 0 \\ 0 & 0 & 1 & 0 & 0 & -1 \\ 0 & 0 & 0 & 0 & 0 & 0 \\ 0 & -1 & 0 & 0 & 1 & 0 \\ 0 & 0 & -1 & 0 & 0 & 1 \end{bmatrix} \tag{2-24}$$

式中:F——单元轴向力或弹簧力(输出说明中的 FORCE);

L——单元当前长度(输出说明中的 CLEN)。

(5)单元荷载列阵

$$\{F_1\} = \{F_1^{ap}\} - \{F_1^{nr}\} \tag{2-25}$$

式中：$\{F_I^{ap}\}$——施加的荷载列阵，为

$$\{F_I^{ap}\}=F^0\begin{bmatrix}-1 & 0 & 0 & 1 & 0 & 0\end{bmatrix}^T \quad (2\text{-}26)$$

其中 F^0——施加的单元力轴向力，即面荷载的 face2 项；

$\{F_I^{nr}\}$——NR 迭代的不平衡力，为

$$\{F_I^{nr}\}=F\begin{bmatrix}-1 & 0 & 0 & 1 & 0 & 0\end{bmatrix}^T \quad (2\text{-}27)$$

其中 F——单元弹簧力，如式(2-28)所示。

(6)单元弹簧力、行程和长度

单元弹簧力(输出说明中的 FORCE)由下式确定：

$$F=K(S_M-S_A) \quad (2\text{-}28)$$

式中：S_A——施加的行程，即输出说明中的 STROKE，通过 SFE 施加的面荷载 face1 项；

S_M——计算行程或精确行程，即输出说明中的 MSTROKE。

初始长度为 L_0，即输出说明中的 ILEN。

当前长度为 L_0+S_M，即输出说明中的 CLEN。

2.4.4 注意事项

(1)单元长度必须大于零，即节点 I 和 J 不能重合。

(2)假定单元为直线，轴向荷载作用在节点。

(3)不考虑绕自身 x 轴的转动。无弯曲刚度，类似两端铰接。

(4)两节点平分质量且作用在节点上，即只有集中质量矩阵方式。

2.4.5 应用举例

(1)结构的翻转

如图 2-13 所示的结构，用液压缸实现翻转(先将其打开，然后再闭合)。设所采用的液压缸为 HSGL01—80/40E—800，液压缸原始长度为 1200mm(缸杆全部缩回时)。分析时用一个 LINK11 单元模拟液压缸，而其单元刚度就是液压缸的线刚度。实际结构中，缸体受力由平衡条件决定，其线刚度对缸体受力影响不大，故可假设缸体和缸杆线刚度相同，则满行程时的线单元刚度为：

$$2.1\times10^5\times0.25\times\pi\times40^2/2000=131947\text{N/m}$$

近似取 1.3×10^5N/m 为单元的线刚度，即实常数输入中的 K 值。油缸最大行程为 800mm，则面荷载中的 STROKE＝800mm(也可根据实际情况小于 800mm)。

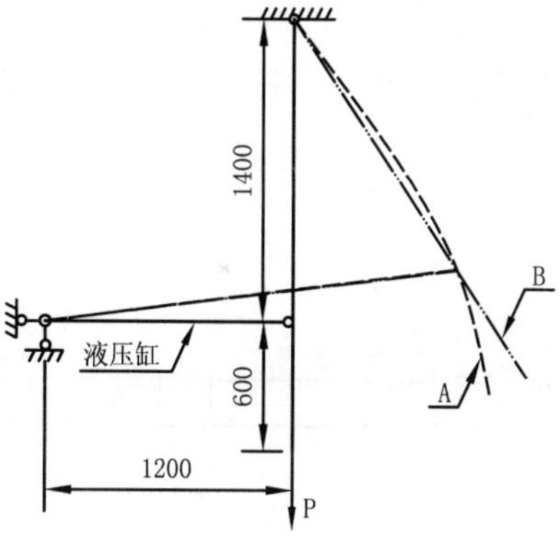

图 2-13 结构几何及变形后位置(尺寸单位：mm)

图中 A 变形位置为竖杆实际刚度时的机构最终位置(B 为将竖杆实际刚度扩大 1000 倍时机构的最终位置)。当打开到施加的行程 STROKE＝800mm 时，由计算结果(第一荷载步)可得：MSTROKE＝799.8834mm，ILEN＝1200mm，CLEN＝1999.8834mm，FORCE＝－15162.0N。读者可校核结构是否满足平衡方程。计算分析的命令流如下。

```
!==========================================================================
!EX2.8 结构的翻转
FINISH$/CLEAR$/PREP7$H1=600$H=2000$P=20000$STROK0=800      !定义几何参数和计算参数
ET,1,BEAM3$ET,2,LINK11$MP,EX,1,2.1E5$MP,PRXY,1,0.3        !定义单元类型和材料属性
R,1,300,22500,30$R,2,1.3E5                  !定义实常数(扩大梁惯性矩 1000 倍即为 B 图)
K,1$K,2,,H1$K,3,,H$K,4,-2*H1,H1$L,1,2$L,2,3$L,4,2        !定义关键点和线，创建几何模型
LSEL,S,,,1,2$LATT,1,1,1$LESIZE,ALL,,,10                   !定义梁线属性和网格密度
LSEL,S,,,3$LATT,1,2,2$LESIZE,ALL,,,1                      !定义液压缸属性和网格密度
LSEL,ALL$LMESH,ALL                                         !选取所有线并划分网格
```

```
IE=ENEARN(NODE(-2*H1,H1,0))                              !获得 LINK11 单元的单元号,以便后续使用
DK,2,UZ$DK,3,UX,,,,UY$DK,4,ALL$FK,1,FY,-P                        !施加约束和荷载
/SOLU$ANTYPE,0$NLGEOM,1$NSUBST,20$OUTRES,ALL,ALL            !定义求解类型和求解选项
SFE,IE,1,PRES,,STROK0$SOLVE                    !翻转——打开求解(施加行程 STROK0=800)
SFE,IE,1,PRES,,0$SOLVE$FINISH                   !翻转——闭合求解(施加行程 STROK0=0)
/POST1$SET,1,LAST$/DSCALE,,1$PLDISP,1        !进入后处理,读入第一荷载步结果,查看变形
*GET,FORCE,ELEM,IE,SMISC,1                            !提取 IE 单元的弹簧力
*GET,ILEN,ELEM,IE,NMISC,1                             !提取 IE 单元的初始长度
*GET,CLEN,ELEM,IE,NMISC,2                             !提取 IE 单元的当前长度
*GET,STROKE,ELEM,IE,NMISC,3                          !提取 IE 单元施加的行程
*GET,MSTROKE,ELEM,IE,NMISC,4$*STAT            !提取 IE 单元的计算行程并显示参数结果
ETABLE,MI,SMISC,6$ETABLE,MJ,SMISC,12              !定义梁单元的单元表(弯矩)
PLLS,MI,MJ                                            !绘制打开时的弯曲图
PLDISP,1$ANTIME,10,0.5,,1,2,0,2                        !变形动画显示
!═══════════════════════════════════════════════════════════════
```

(2)结构的瞬态分析

如图 2-14 所示的结构系统,设梁长度为 2m,截面面积为 0.003m²,惯性矩为 1.0×10^{-7} m⁴,质量密度为 7800kg/m³。液压缸长度为 0.5m,其线刚度为 1×10^4 N/m,黏滞阻尼系数为 12.0N·s/m,质量为 20kg,初始轴向力为 4000N,分析该系统在 t=0~5s 时的振动情况。

计算分析的命令流如下,弹簧力—时程曲线如图 2-15 所示。从该图可以看出,系统的平衡位置是在轴向力作用下的静力位置,而不是在原始位置,因轴向力始终作用,相当于缸杆突然伸出并不缩回,这与用外力拉伸或压缩弹簧后突然卸去不同。读者可通过分析确定静力平衡位置以进行结果比较。

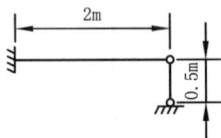

图2-14 结构计算简图

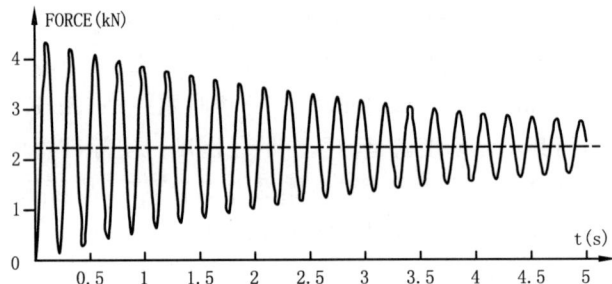

图 2-15 弹簧力—时程曲线

```
!═══════════════════════════════════════════════════════════════
!EX2.9 结构的瞬态分析
FINISH$/CLEAR$/PREP7$FORCE0=4000$K0=1E4                  !定义初始轴向力和弹簧刚度
ET,1,BEAM3$ET,2,LINK11                                !定义两种单元类型
MP,EX,1,2.1E11$MP,PRXY,1,0.3$MP,DENS,1,7800            !定义材料性质
R,1,0.003,1.0E-7,0.3$R,2,K0,12.0,20.0        !定义梁单元的实常数和 LINK11 的实常数
N,1$N,11,2$FILL,,,9$N,12,2,-0.5            !创建节点(也可先定义几何模型再生成)
TYPE,1$REAL,1$MAT,1$E,1,2$EGEN,10,1,1                       !定义梁单元
TYPE,2$REAL,2$E,11,12                                  !定义 LINK11 单元
D,1,ALL$D,12,ALL$D,11,UZ                !施加约束(注意约束 Z 向位移,否则发出警告)
SFE,11,2,PRES,,FORCE0$FINISH                        !施加单元荷载——轴向力
/SOLU$ANTYPE,TRANS$TRNOPT,FULL                     !定义瞬态求解及全 NR 迭代选项
OUTRES,ALL,ALL$TIMINT,ON$AUTOTS,ON$KBC,1      !输出控制,积分效应,自动时间步,阶跃荷载
DELTIM,1.0E-6$TIME,5$SOLVE$FINISH                    !定义时间步长、时间并求解
```

```
/POST26$NSOL,2,11,U,Y,2UY                    !定义节点 11 的 UY 为变量 2
ESOL,3,11,,SMISC,1,FORCE                     !定义单元 11 的弹性力为变量 3
ESOL,4,11,,NMISC,4,MSTROKE                   !定义单元 11 的计算行程为变量 4
ESOL,5,11,,NMISC,5,DFORCE                    !定义单元 11 的阻尼力为变量 5
ESOL,6,1,,SMISC,6,MFORCE                     !定义单元 1 的始端弯矩为变量 6
PLVAR,2$PLVAR,3$PLVAR,4$PLVAR,5$PLVAR,6      !绘制各种时程曲线
!========================================================================
```

2.5 LINK180 单元

LINK180 称为 3D 有限应变杆单元,具有广泛的工程应用,可模拟桁架、连杆、索和弹簧等。该单元可承受轴向拉压但不能承受弯矩,每个节点具有 3 个自由度,即沿节点坐标系 x、y 和 z 方向的平动位移,单元模型如图 2-16 所示。该单元具有塑性、蠕变、旋转、大变形、大应变等功能。缺省并考虑大变形时(NLGEOM,ON),任何分析中 LINK180 单元都包括应力刚化效应。同时,该单元还支持弹性、各向同性强化塑性、随动强化塑性、Hill 各向异性强化塑性、Chaboche 非线性强化塑性及蠕变等。

2.5.1 输入参数与选项

图 2-16 给出了单元几何、节点位置和单元坐标系,通过 2 个节点、横截面面积(质量/长度)和材料属性定义该单元。单元的 x 轴方向为沿单元长度从节点 I 指向节点 J。

可在节点上输入温度作为单元的体荷载。节点 I 上的温度 T(I) 缺省为 TUNIF,节点 J 上的温度缺省为 T(I)。

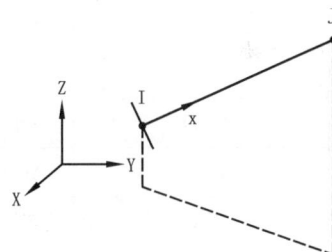

图 2-16　LINK180 单元几何

LINK180 单元可考虑截面面积变化,其变化值为轴向变形的函数。缺省时,即使在变形后,单元的截面面积变化而体积保持不变,该缺省条件适用于弹塑性分析。用户可通过 KEYOPT(2) 设定体积不可压缩或截面面积保持不变。

该单元无初应变输入,但可通过命令 ISTRESS 或 ISFILE 读入初应力,或者通过设置 KEYOPT(10)=1 由用户子程序 USTRESS 读入初应力。

LINK180 单元的输入参数与选项如表 2-15 所示。

LINK180 单元输入参数与选项　　　　　　　　　　　　　　　　　　　表 2-15

参数类别	参 数 及 说 明
节点	I,J
自由度	UX,UY,UZ
实常数	AREA——截面面积,ADDMAS——附加质量(质量/长度)
材料属性	EX(PRXY 或 NUXY),ALPX(或 CETX),DENS,GXY,DAMP
面荷载	无
体荷载	温度——T(I),T(J)
特性	塑性、黏弹性、黏塑性、蠕变、应力刚化、大变形、大应变、初应力输入、单元生死,支持命令 TB 定义的材料模型有:BISO、MISO、NLISO、BKIN、MKINKINH、CHABOCHE、HILL、RATE、CREEP、PRONY、SHIFT、CAS 和 USER 模型等
KEYOPT(2)	仅考虑大变形效应时(NLGEOM,ON): 0——体积不可压缩,截面面积是轴向变形的比例函数(缺省);1——假定截面为刚性,即截面面积保持不变(如 LINK1,LINK8,LINK10)
KEYOPT(10)	0——不通过用户子程序输入初应力(缺省);1——通过用户子程序 USTRESS 输入初应力

2.5.2 输出数据

计算结果输出有节点位移（全部节点解）和单元附加输出。单元附加输出说明如表 2-16 所示，可通过命令 ETABLE 或 ESOL 定义并获得，表项和序号如表 2-17 所示。

LINK180 单元输出说明　　　　　　　　　　　　　　　　　　　表 2-16

名　　称	说　　明	O	R
EL	单元号	Y	Y
NODES	单元节点号（I 和 J）	Y	Y
MAT	单元材料号	Y	Y
VOLU	单元体积	—	Y
XC,YC,ZC	单元中心位置（当前坐标系中的坐标）	Y	3
AREA	截面面积（输入的原始面积）	Y	Y
FORCE	单元坐标系中沿 X 轴方向的杆端力	Y	Y
STRESS	轴向应力	Y	Y
EPEL	轴向弹性应变	Y	Y
TEMP	节点 I 和 J 的温度	Y	Y
EPTH	轴向热应变	Y	Y
EPPL	轴向塑性应变	1	1
PWRK	塑性功	1	1
EPCR	轴向蠕变应变	2	2
CWRK	蠕变功能	2	2

注：1. 仅当考虑材料非线性时才可输出。

　　2. 仅当考虑蠕变非线性时才可输出。

　　3. *GET 命令采用 CENT 项时可得。

命令 ETABLE 和 ESOL 的表项和序号　　　　　　　　　　　　　表 2-17

输出量名称	项 Item	E	I	J	输出量名称	项 Item	E	I	J
STRESS	LS	1	—	—	EPCR	LEPCR	1	—	—
EPEL	LEPEL	1	—	—	FORCE	SMISC	1	—	—
EPTH	LEPTH	1	—	—	TEMP	LBFE	—	1	2
EPPL	LEPPL	1	—	—					

2.5.3 注意事项

（1）假定单元为均质直杆，单元长度必须大于零，即节点 I 和 J 不能重合。

（2）截面面积必须大于零，单元应力是均匀的（由位移形函数决定）。

（3）温度沿杆长假定为线性变化。

（4）在几何非线性分析中（NLGEOM,ON）总是包括应力刚度。在线性分析中（NLGEOM,OFF）则不包括应力刚度，即便打开应力刚化效应（SSTIF,ON）也不考虑应力刚度。预应力效应可通过命令 PSTRES 设置。

（5）在线性分析时，LINK180 与 LINK8 等是一致的。

（6）在非线性分析时，LINK180 与 LINK8 则不一致。LINK180 采用大应变描述，即应变采用真实应变（对数应变，如输出的 EPEL）和真实应力（Cauchy 应力，如输出的 STRESS），求解采用拖动坐标下的增量法,计算过程可考虑体积不可压缩和截面面积不变两种情况,因此其最终计算结果不同(如算例)。但对于工程结构而言,其差异很小,所有结果均可接受。

2.5.4 应用举例

(1)简单拉杆的几何非线性分析

如图 2-17 所示的简单拉杆,设 $L_0=1000mm$,$A_0=2.5mm^2$,材料的弹性模量 $E=20GPa$,通过几何非线性分析的结果说明如下。

在下列表达中,均有 $\sigma=E\varepsilon$ 成立,且设 $e_0=\dfrac{\Delta}{L_0}$

①LINK8:该单元采用工程应变和工程应力,荷载与变形的关系如下。

由 $\varepsilon=\dfrac{\Delta}{L_0}$,得:

$$P=\sigma A_0=EA_0e_0 \tag{2-29}$$

②LINK180 且 KEYOPT(2)=1 时:

由 $\varepsilon=\ln\dfrac{L}{L_0}=\ln(1+e_0)$ 且 $A=A_0$(截面面积不变),得:

$$P=\sigma A=EA_0\ln(1+e_0) \tag{2-30}$$

③LINK180 且 KEYOPT(2)=0 时:

由 $\varepsilon=\ln\dfrac{L}{L_0}=\ln(1+e_0)$ 且 $AL=A_0L_0$(体积不变),得:

$$P=\sigma A=\dfrac{EA_0}{1+e_0}\ln(1+e_0) \tag{2-31}$$

ANSYS 设置不同时的计算结果与式(2-29)~式(2-31)的结果相同,其 P-Δ 曲线如图 2-18 所示。当采用 LINK180 且 KEYOPT(2)=0 时应打开弧长法并设置终止控制条件,否则不能达到终态。就本例而言,从图 2-18 可以看出,同一问题采用不同单元类型或采用同一单元类型而单元设置不同时,其计算结果存在很大差异。实际 P-Δ 曲线是客观且唯一存在的,如果这些理论或计算方法都正确,则其结果应该相等,但现在的计算结果不相等(有研究者认为应采用变化的弹性模量,以使得不同理论或方法的结果相等)。因此,每种单元类型及其设置都有其一定的适用条件,需要针对具体情况进行选择。当然,对于工程结构而言,因其应变常常都比较小,当采用不同单元类型和单元设置时,其计算结果的差异也比较小,均可被工程所接受。计算分析的命令流如下。

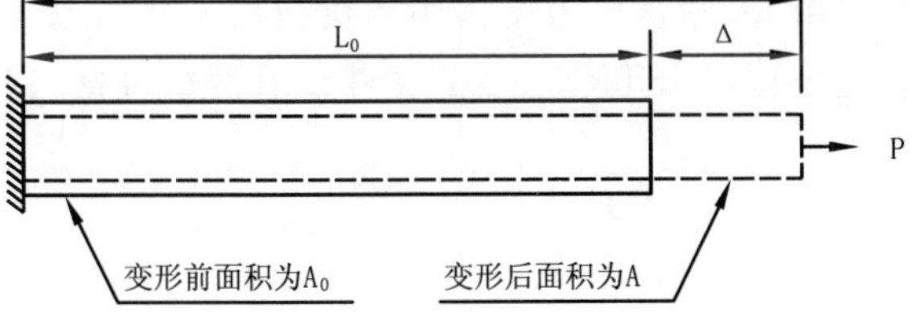

图 2-17 变形前后的拉杆 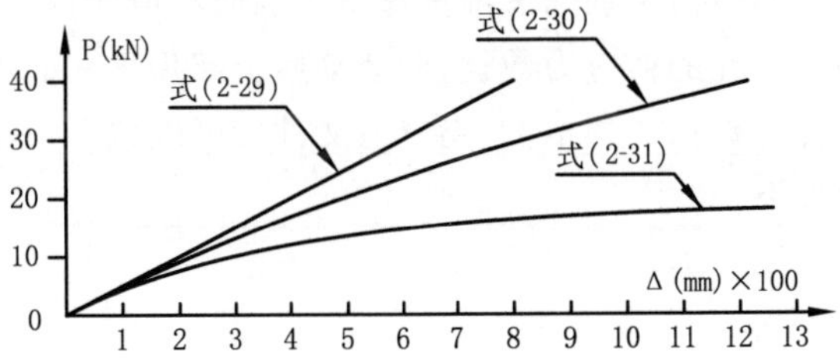　　　　　　　　　图 2-18 P-Δ 曲线

```
!=========================================================
!EX2.10 简单拉杆的几何非线性分析
FINISH$/CLEAR$/PREP7$A0=2.5$EM=2E4$L0=1000$P=40000          !定义几何参数和计算参数
ET,1,LINK8                            !ET,1,LINK180,,1 或 ET,1,LINK180 为 LINK180 及单元选项设置
MP,EX,1,EM$R,1,A0                                     !定义单元类型、材料属性和实常数
N,1$N,2,L0$E,1,2$D,1,ALL$D,2,UY,,,,,UZ$F,2,FX,P          !定义模型、约束及荷载
/SOLU$ANTYPE,0$NLGEOM,1$NSUBST,5$OUTRES,ALL,ALL         !打开大变形并定义求解选项
!ARCLEN,ON$!ARCTRM,U,1200,2,UX                         !打开弧长法并设置终止控制条件
SOLVE$FINISH                                                        !求解
```

```
/POST26$NSOL,2,2,U,X,N2UX$ESOL,3,1,,SMISC,1,FORCE          !定义变量 2 和变量 3
ESOL,4,1,,LS,1,STRESS$ESOL,5,1,,LEPEL,1,EPEL               !定义变量 4 和变量 5
QUOT,6,3,4                                                  !计算变量 3 和变量 4
PRVAR,2,3,4,5,6$PLVAR,2                                     !列表输出及绘制变量曲线
!
```

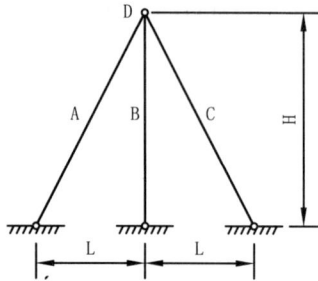

图 2-19　三杆桁架的几何模型

(2)具有初应力的杆结构

如图 2-19 所示的三杆桁架,L=1000mm,H=2000mm,各杆截面面积均为 10mm^2,材料的弹性模量为 210GPa。设杆 B 具有 100MPa 的初应力,分析在此初应力作用下结构内力与变形。

初应力的施加有三种形式,即用命令 ISTRESS 直接施加、从文件读入施加及由用户子程序施加,这里拟采用前两种方式施加。对 LINK180 施加初应力(该单元不能施加初应变)与 LINK8 施加初应变的效果相同,读者可将命令修改并施加 100/210000 初应变进行分析对比。

由分析结果可知,D 点向下的位移为 0.391752mm,A 和 C 杆的轴力为 −329.07N,B 杆的轴力为 588.66N,B 杆的应力为 58.866MPa。计算分析的命令流如下。

```
!
!EX2.11 具有初应力的桁架
FINISH$/CLEAR$/PREP7$L0=1000$H0=2000$EM=2.1E5$SIG0=100$A0=10   !定义几何参数和计算参数
ET,1,LINK180$MP,EX,1,EM$R,1,A0                                !定义单元类型、材料属性和实常数
N,1,-L0$N,2$N,3,L0$N,4,0,H0$E,1,4$E,2,4$E,3,4                 !创建有限元模型
D,1,ALL,,,3$D,4,UZ                                           !施加约束(节点 4 的 UZ 施加为宜)
/SOLU$ESEL,S,,,2                                             !进入求解层,选择施加初应力的单元
ISTRESS,SIG0                                                 !用 ISTRESS 施加初应力
!ISFILE,READ,INSTRE,TXT                                      !或者用 ISFILE 从文件 INSTRE.TXT 中读入数据施加
ESEL,ALL$SOLVE$FINISH                                        !选择所有单元,并求解
/POST1$PLDISP,1                                              !绘制变形图
ETABLE,STRES,LS,1$ETABLE,FORCE,SMISC,1                       !定义单元表
PLLS,STRES,STRES$PLLS,FORCE,FORCE                            !绘制应力和内力图
!
```

初应力施加给当前选择集中的所有单元。如用 ISFILE 而不选择单元,则必须在初应力文件中给出所有单元的初应力数据,即使某些全部为零。而如选择了单元,则初应力文件中可仅包括所选择单元的初应力数据。如本例,初应力文件中可仅包含一个单元的数据,INSTRE.TXT 文件仅有两行数据,其组成如下:

　　EIS,2,1

　　100

本例可设想为先安装 A 和 C 杆后再安装 B 杆,但 B 杆加工尺寸不足,需要机械拉伸后才能正好安装(拉伸引起的 B 杆应力为 100MPa,即初应力),求解结果则为如此安装后的应力和变形。这是已知初应力求解初应力荷载产生的结果,是"正问题"。

将问题反过来,若安装时不知 B 杆的拉伸量或应力,但是通过实测应变知道安装后各杆的应力,则存在两个问题:一是能否求得是什么初应力引起的结果。也就是已知结果求荷载,即荷载识别问题,该"反问题"比较复杂。二是该应力终态(实测结果)对后续荷载的影响。因实测应力是结构处于平衡状态时的应力,所以可将实测应力作为初应力文件施加,然后求解该荷载步,求解结果是杆件中的应力保持为初应力文件中所施加的初应力(可作为"历史应力"),而几乎没有变形,最后再施加其他外荷载继续求解其他荷载步即可。

例如可将上述命令流改为：

```
!========================================================================
!EX2.12 已知安装后实测应力结果的桁架
FINISH$/CLEAR$/PREP7$L0＝1000$H0＝2000$EM＝2.1E5$A0＝10          !定义几何参数和计算参数
ET,1,LINK180$MP,EX,1,EM$R,1,A0                                !定义单元类型、材料属性和实常数
N,1,－L0$N,2$N,3,L0$N,4,0,H0$E,1,4$E,2,4$E,3,4                 !创建有限元模型
D,1,ALL,,,3$D,4,UZ                                            !施加约束(节点 4 的 UZ 施加为宜)
/SOLU                                                         !进入求解层
ISFILE,READ,INSTRE,TXT                                        !从文件 INSTRE.TXT 中读入数据施加
SOLVE                                                         !求解该荷载步
F,4,FY,4000$SOLVE                                             !施加第二荷载步的荷载并求解
/POST1$SET,1,LAST$PLDISP,1                                    !读入第一荷载步并绘制变形图
ETABLE,STRES,LS,1$PLLS,STRES,STRES                           !定义单元表,绘制应力图
SET,2,LAST$PLDISP,1                                           !读入第二荷载步并绘制变形图
ETABLE,REFL$PLLS,STRES,STRES                                 !绘制第二荷载步的应力图
!========================================================================
```

文件 INSTRE.TXT 的数据如下：

```
EIS,1,1
－32.907
EIS,2,1
58.866
EIS,3,1
－32.907
```

第 3 章　梁　单　元

ANSYS 用于结构分析的梁单元有 BEAM3、BEAM4、BEAM23、BEAM24、BEAM44、BEAM54、BEAM188 和 BEAM189。显式动力梁单元为 BEAM161。

3.1　BEAM3 单元

BEAM3 单元称为 2D 弹性梁元,可承受轴向拉压和弯曲,每个节点有 3 个自由度,即沿节点坐标系 x、y 方向的平动位移和绕 z 轴的转动位移。单元模型如图 3-1 所示。除该单元外,塑性梁单元 BEAM23 和非对称变截面梁元 BEAM54 也是 2D 梁元。

3.1.1　输入参数与选项

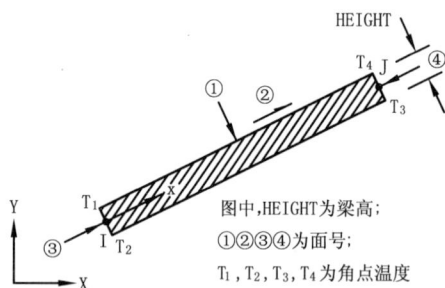

图 3-1 给出了单元几何、节点位置和单元坐标系,通过 2 个节点、横截面面积、横截面惯性矩、截面高度和材料属性定义该单元。单元的初应变 ISTRN 通过 Δ/L 给定,Δ 为单元长度 L(由 I 和 J 节点坐标计算)与零应变单元长度之差。初应变也用于应力刚度矩阵计算,即便是首次迭代亦如此。

若不考虑环向效应,该单元还可用于轴对称分析,如螺栓和细长圆柱等。在轴对称分析时应输入基于 360°截面的面积和惯性矩,而不是基于扇区的面积和惯性矩。

图 3-1　BEAM3 单元几何

剪切变形影响的考虑与否是可选的。若 SHEARZ=0,则忽略剪切变形的影响,而剪切模量 GXY 仅用于计算剪切变形的影响。

该单元可考虑附加质量(单位长度的质量),即实常数中的 ADDMAS。

可在单元上施加面荷载(单元上的分布荷载或集中荷载),面的编号如图 3-1 中所示,图中箭头方向为分布荷载的正方向。横向分布荷载和切向分布荷载的量纲为"力/长度",端点面荷载以集中力形式输入而不是"力/面积"。KEYOPT(10)可控制线性分布荷载相对单元节点的距离。

可在单元四个角点上输入温度值作为单元的体荷载。第一个角点上的温度 T_1 缺省为 TUNIF,若其余角点未输入温度则缺省为 T_1。若仅输入了 T_1 和 T_2,则 T_3 缺省为 T_2,而 T_4 缺省为 T_1。

KEYOPT(9)可控制单元两节点之间其他位置结果的输出,这些结果用单元脱离体按平衡条件求得,但下列情况除外:

(1)考虑应力刚化时(SSTIF,ON);

(2)一个以上的构件施加了角速度时(命令 OMEGA);

(3)通过命令 CGOMGA、DOMEGA 或 DCGOMG 施加了角速度或加速度时。

表 3-1 为 BEAM3 单元的输入参数与选项。

BEAM3 单元输入参数与选项 表 3-1

参数类别	参 数 及 说 明
节点	I,J
自由度	UX,UY,ROTZ
实常数	AREA,IZZ,HEIGHT,SHEARZ,ISTRN,ADDMAS 分别为:截面面积、惯性矩、截面高度、剪切变形系数、初应变、附加质量
材料属性	EX,ALPX(或 CETX 或 THSX),DENS,GXY,DAMP
面荷载	face1——I-J(−y 方向),若面荷载输入负值则与正方向相反,下同;face2——I-J(+x 方向);face3——I(+x 方向);face4——J(−x 方向)
体荷载	温度——T1,T2,T3,T4
特性	应力刚化、大变形、单元生死
KEYOPT(6)	控制杆件弯矩和杆件力的输出: 0——不输出杆件弯矩和杆件力;1——在单元坐标系中输出杆件弯矩和杆件力
KEYOPT(9)	控制 I 和 J 节点之间位置的结果输出: N——输出 N 个中间位置的结果(N=0,1,3,5,7,9 等分点)
KEYOPT(10)	控制线性分布荷载到单元节点距离的输入方式: 0——以长度为单位输入分布荷载到 I 或 J 节点的距离;1——以比值方式(0~1.0)输入分布荷载到 I 或 J 节点的距离

3.1.2 输出数据

计算结果输出有两种形式:节点位移(全部节点解)和单元附加输出。单元附加输出说明如表 3-2 所示,表 3-3、表 3-4 为命令 ETABLE 或 ESOL 中的表项和序号。单元 BEAM3 的输出应力示意如图 3-2 所示。

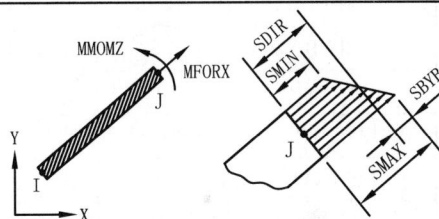

图 3-2 BEAM3 应力结果示意

BEAM3 单元输出说明 表 3-2

名 称	说 明	O	R
EL	单元号	Y	Y
NODES	单元节点号(I 和 J)	Y	Y
MAT	单元材料号	Y	Y
VOLU	单元体积	—	Y
XC,YC	单元结果的输出位置(当前坐标系中的坐标)	Y	3
TEMP	角点温度 T1,T2,T3,T4	Y	Y
PRES	节点 I 和 J 的压力 P1,到节点 I 和 J 的距离 OFFST1 节点 I 和 J 的压力 P2,到节点 I 和 J 的距离 OFFST2 节点 I 的 P3 和节点 J 的 P4	Y	Y
SDIR	轴向直接应力(仅轴向力产生的应力)	1	1
SYBT	单元+y 侧的弯曲应力	1	1
SBYB	单元−y 侧的弯曲应力	1	1
SMAX	最大应力(轴向直接应力+弯曲应力)	1	1
SMIN	最小应力(轴向直接应力−弯曲应力)	1	1
EPELDIR	梁端轴向弹性应变	1	1

名　　称	说　　明	O	R
EPELBYT	单元＋y 侧的弯曲弹性应变	1	1
EPELBYB	单元－y 侧的弯曲弹性应变	1	1
EPTHDIR	梁端轴向热应变	1	1
EPTHBYT	单元＋y 侧的弯曲热应变	1	1
EPTHBYB	单元－y 侧的弯曲热应变	1	1
EPINAXL	单元轴向初应变	1	1
MFOR(X,Y)	单元坐标系下的 x 和 y 向杆件力	2	Y
MMOMZ	单元坐标系下的 z 向杆件弯矩	2	Y

注:1. 每个单元的 I 节点、J 节点和中间位置均输出该项结果。

2. 当 KEYOPT(6)＝1 时。

3. ＊GET 命令采用 CENT 项时可得。

命令 ETABLE 和 ESOL 的表项和序号[KEYOPT(9)＝0]　　　　表 3-3

输出量名称	项 Item	E	I	J	输出量名称	项 Item	E	I	J
SDIR	LS	—	1	4	SMIN	NMISC	—	2	4
SBYT	LS	—	2	5	MFORX	SMISC	—	1	7
SBYB	LS	—	3	6	MFORY	SMISC	—	2	8
EPELDIR	LEPEL	—	1	4	MMOMZ	SMISC	—	6	12
EPELBYT	LEPEL	—	2	5	P1	SMISC	—	13	14
EPELBYB	LEPEL	—	3	6	OFFST1	SMISC	—	15	16
EPTHDIR	LEPTH	—	1	4	P2	SMISC	—	17	18
EPTHBYT	LEPTH	—	2	5	OFFST2	SMISC	—	19	20
EPTHBYB	LEPTH	—	3	6	P3	SMISC	—	21	—
EPINAXL	LEPTH	7	—	—	P4	SMISC	—	—	22
SMAX	NMISC	—	1	3					
TEMP	LBFE	角点 1	角点 2		角点 3		角点 4		
		1	2		3		4		

命令 ETABLE 和 ESOL 的表项和序号[KEYOPT(9)＝1]　　　　表 3-4

输出量名称	项 Item	E	I	ILI	J	输出量名称	项 Item	E	I	ILI	J
SDIR	LS	—	1	4	7	SMIN	NMISC	—	2	4	6
SBYT	LS	—	2	5	8	MFORX	SMISC	—	1	7	13
SBYB	LS	—	3	6	9	MFORY	SMISC	—	2	8	14
EPELDIR	LEPEL	—	1	4	7	MMOMZ	SMISC	—	6	12	18
EPELBYT	LEPEL	—	2	5	8	P1	SMISC	—	19	—	20
EPELBYB	LEPEL	—	3	6	9	OFFST1	SMISC	—	21	—	22
EPTHDIR	LEPTH	—	1	4	7	P2	SMISC	—	23	—	24
EPTHBYT	LEPTH	—	2	5	8	OFFST2	SMISC	—	25	—	26
EPTHBYB	LEPTH	—	3	6	9	P3	SMISC	—	27	—	—

续上表

输出量名称	项 Item	E	I	ILI	J	输出量名称	项 Item	E	I	ILI	J
EPINAXL	LEPTH	10	—	—	—	P4	SMISC	—	—	—	28
SMAX	NMISC	—	1	3	5						
TEMP	LBFE	角点 1		角点 2		角点 3		角点 4			
		1		2		3		4			

注:KEYOPT(9)＝3,5,7,9 等的输出表项详见帮助文件,这里不再列出以节省篇幅。

3.1.3　单元矩阵

单元矩阵均在单元坐标系中描述,通过转换可获得整体坐标下的单元矩阵。

(1)形函数

$$u=\frac{1}{2}\left[u_I(1-s)+u_J(1+s)\right] \tag{3-1}$$

$$v=\frac{1}{2}\left\{v_I\left[1-\frac{s}{2}(3-s^2)\right]+v_J\left[1+\frac{s}{2}(3-s^2)\right]\right\}+\frac{L}{8}\left[\theta_{ZI}(1-s^2)(1-s)+\theta_{ZJ}(1-s^2)(1+s)\right] \tag{3-2}$$

式中:s——以杆件中心作原点,以 x 方向为正的参数坐标,即 $s=\frac{2x}{L}-1$,与常用的形函数是一致的。

(2)单元刚度矩阵

$$[K_I]=\begin{bmatrix} \frac{AE}{L} & 0 & 0 & -\frac{AE}{L} & 0 & 0 \\ 0 & \frac{12EI}{L^3(1+\phi)} & \frac{6EI}{L^2(1+\phi)} & 0 & -\frac{12EI}{L^3(1+\phi)} & \frac{6EI}{L^2(1+\phi)} \\ 0 & \frac{6EI}{L^2(1+\phi)} & \frac{EI(4+\phi)}{L(1+\phi)} & 0 & -\frac{6EI}{L^2(1+\phi)} & \frac{EI(2-\phi)}{L(1+\phi)} \\ -\frac{AE}{L} & 0 & 0 & \frac{AE}{L} & 0 & 0 \\ 0 & -\frac{12EI}{L^3(1+\phi)} & -\frac{6EI}{L^2(1+\phi)} & 0 & \frac{12EI}{L^3(1+\phi)} & -\frac{6EI}{L^2(1+\phi)} \\ 0 & \frac{6EI}{L^2(1+\phi)} & \frac{EI(2-\phi)}{L(1+\phi)} & 0 & -\frac{6EI}{L^2(1+\phi)} & \frac{EI(4+\phi)}{L(1+\phi)} \end{bmatrix} \tag{3-3}$$

式中:A——单元横截面面积,即用命令 R 输入的实常数 AREA;

　　E——弹性模量,即用命令 MP 输入的材料属性 EX;

　　L——单元长度(通过节点坐标计算);

　　I——截面惯性矩,即用命令 R 输入的实常数 IZZ;

　　G——剪切模量,即用命令 MP 输入的材料属性 GXY;

　　ϕ——剪切影响系数,$\phi=\frac{12EI}{GA^sL^2}$;

　　A^s——有效受剪面积,$A^s=\frac{A}{F^s}$,其中 F^s 为剪切变形系数,即用命令 R 输入的实常数 SHEARZ。

(3)单元质量矩阵

单元一致质量矩阵(LUMPM,OFF)如下:

$$[M_I]=(\rho A+m)L(1-\epsilon^{in})\begin{bmatrix} 1/3 & 0 & 0 & 1/6 & 0 & 0 \\ 0 & A & C & 0 & B & -D \\ 0 & C & E & 0 & D & -F \\ 1/6 & 0 & 0 & 1/3 & 0 & 0 \\ 0 & B & D & 0 & A & -C \\ 0 & -D & -F & 0 & -C & E \end{bmatrix} \tag{3-4}$$

式中：ρ——质量密度，即用命令 MP 输入的材料属性 DENS；

　　　ε^{in}——初应变，即用命令 R 输入的实常数 ISTRN；

　　　m——单位长度的附加质量，即用命令 R 输入的实常数 ADDMAS。

矩阵中各符号表达公式如下：

$$A = \frac{\frac{13}{35} + \frac{7}{10}\phi + \frac{1}{3}\phi^2 + \frac{6}{5}(r/L)^2}{(1+\phi)^2}$$

$$B = \frac{\frac{9}{70} + \frac{3}{10}\phi + \frac{1}{6}\phi^2 - \frac{6}{5}(r/L)^2}{(1+\phi)^2}$$

$$C = \frac{\frac{11}{210} + \frac{11}{120}\phi + \frac{1}{24}\phi^2 + \left(\frac{1}{10} - \frac{1}{2}\phi\right)(r/L)^2}{(1+\phi)^2} L$$

$$D = \frac{\frac{13}{420} + \frac{3}{40}\phi + \frac{1}{24}\phi^2 + \left(\frac{1}{10} - \frac{1}{2}\phi\right)(r/L)^2}{(1+\phi)^2} L$$

$$E = \frac{\frac{1}{105} + \frac{1}{60}\phi + \frac{1}{120}\phi^2 + \left(\frac{2}{15} + \frac{1}{6}\phi + \frac{1}{3}\phi^2\right)(r/L)^2}{(1+\phi)^2} L^2$$

$$F = \frac{\frac{1}{140} + \frac{1}{60}\phi + \frac{1}{120}\phi^2 + \left(\frac{1}{30} + \frac{1}{6}\phi - \frac{1}{6}\phi^2\right)(r/L)^2}{(1+\phi)^2} L^2$$

r——回转半径，$r = \sqrt{\dfrac{I}{A}}$。

单元集中质量矩阵（LUMPM,ON）如下：

$$[M_l] = \frac{(\rho A + m)L(1-\varepsilon^{in})}{2} \begin{bmatrix} 1 & 0 & 0 & 0 & 0 & 0 \\ 0 & 1 & 0 & 0 & 0 & 0 \\ 0 & 0 & 0 & 0 & 0 & 0 \\ 0 & 0 & 0 & 1 & 0 & 0 \\ 0 & 0 & 0 & 0 & 1 & 0 \\ 0 & 0 & 0 & 0 & 0 & 0 \end{bmatrix} \tag{3-5}$$

（4）单元应力刚度矩阵

$$[S_l] = \frac{F}{L} \begin{bmatrix} 0 & 0 & 0 & 0 & 0 & 0 \\ 0 & \frac{6}{5} & \frac{L}{10} & 0 & -\frac{6}{5} & \frac{L}{10} \\ 0 & \frac{L}{10} & \frac{2L^2}{15} & 0 & -\frac{L}{10} & -\frac{L^2}{30} \\ 0 & 0 & 0 & 0 & 0 & 0 \\ 0 & -\frac{6}{5} & -\frac{L}{10} & 0 & \frac{6}{5} & -\frac{L}{10} \\ 0 & \frac{L}{10} & -\frac{L^2}{30} & 0 & -\frac{L}{10} & \frac{2L^2}{15} \end{bmatrix} \tag{3-6}$$

式中：F——杆件内力。

（5）单元荷载向量

在单元坐标系中，单元的荷载向量为：

$$\{F_l^{pr}\} = \begin{bmatrix} P_1 & P_2 & P_3 & P_4 & P_5 & P_6 \end{bmatrix}^T \tag{3-7}$$

对于整个单元长度上均布的横向分布荷载有：

$$P_1 = P_4 = 0, P_2 = P_5 = -\frac{PL}{2}, P_3 = -P_6 = -\frac{PL^2}{12}$$

式中:P——均布荷载,量纲为"力/长度",用命令 SFE 施加。

其他荷载形式的计算公式不再列出,如线性变化的分布荷载、单元局部线性变化的分布荷载及跨间集中力等。

(6)应力计算

节点 I 截面重心的应力(输出说明中的 SDIR)为:

$$\sigma_i^{dir} = \frac{F_{X,i}}{A} \tag{3-8}$$

式中:$F_{X,i}$——I 端轴向力(输出说明中的 MFORX)。

节点 I 截面弯曲应力为(输出说明中的 SYBT 或 SBYB):

$$\sigma_i^{bnd} = \frac{M_i t}{2I} \tag{3-9}$$

式中:M_i——I 端弯矩(输出说明中的 MMOMZ);

   t——梁高,即用命令 R 输入的实常数 HEIGHT。

上述弯曲应力的计算依据横截面对称假定,故不对称截面应预先等效梁高,否则应力的计算是不正确的。

(7)单元跨间几种荷载的输入

单元荷载有线性分布荷载、局部线性分布荷载和跨间集中力三种,采用命令 SFBEAM 输入。该命令格式为:SFBEAM,ELEM,LKEY,Lab,VALI,VALJ,VAL2I,VAL2J,IOFFST,JOFFST

图 3-3 为三种荷载的一般形式,其参数及其输入如下。

①线性分布荷载(图 3-3a)的施加命令为:SFBEAM,ELEMNO,1,PRES,Q1,Q2

②局部线性分布荷载(图 3-3b)施加命令为:SFBEAM,ELEMNO,1,PRES,Q1,Q2,,,A1,A2

③跨间集中力(图 3-3c)施加命令为:SFBEAM,ELEMNO,1,PRES,P1,,,,A1,-1

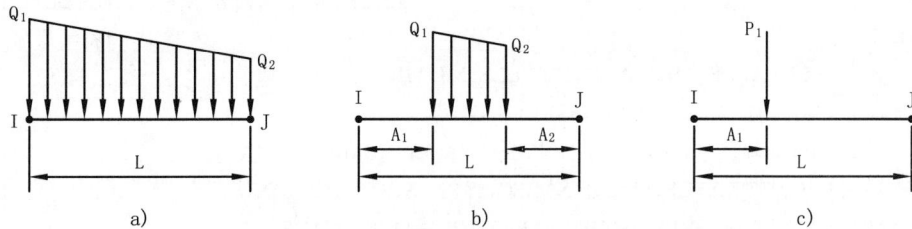

图 3-3 BEAM3 单元跨间荷载

注意集中力施加时 JOFFSET 设为-1,命令中的 ELEMNO 为单元号。

所有荷载均相对于单元坐标系而言,如图 3-1 所示的荷载方向为正方向。单元荷载累加方式无效,即每个单元只能施加一种荷载。若 KEYOPT(10)=1,则根据长度比例确定荷载位置,即命令中的 A1 和 A2 分别改为与长度的比值。

3.1.4 注意事项

(1)单元必须位于整体坐标系的 XY 平面,单元长度和单元截面面积必须大于零。

(2)对任意形状截面,该单元的弯曲应力计算都假定中性轴位于 1/2 梁高,因此对于不对称截面的应力计算需输入等效梁高,这样后处理中显示的应力是按等效梁高计算的,若显示两个最外侧应力则需要一定的计算系数(如命令 PLLS)。

(3)单元高度仅仅用于弯曲应力和热应力的计算。

(4)温度分布假定沿梁长和高度均为线性变化。

（5）当输入材料属性 PRXY 时可不输入 GXY，ANSYS 则采用公式 $G=\dfrac{E}{2(1+\mu)}$ 计算。

（6）KEYOPT(9)＝1 虽可输出中间位置的结果，但仅可通过命令＊GET 提取，命令 PRETAB 或 PLLS 不列表显示或图形显示。

3.1.5 应用举例

（1）多跨梁静力分析

对如图 3-4 所示的多跨梁[2]，进行分析并绘制弯矩和剪力图。具体命令流如下。

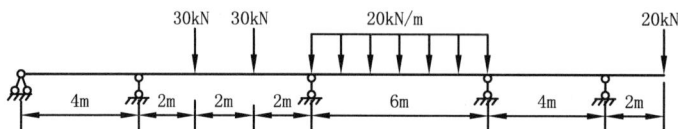

图 3-4 多跨梁结构

```
!══════════════════════════════════════════════════════════════
!EX3.1 多跨梁的静力分析
FINISH$/CLEAR$/PREP7                              !进入前处理，创建模型（注释从略）
ET,1,BEAM3$MP,EX,1,2.1E11$MP,PRXY,1,0.3$R,1,0.4,0.01,0.2$K,1$K,2,4$K,3,6$K,4,8
K,5,10$K,6,16 $ K,7,20$K,8,22$ * DO,I,1,7$L,I,I+1$ * ENDDO
LESIZE,ALL,0.5$LMESH,ALL$DK,1,UX,,,,UY$DK,2,UY$DK,5,UY$DK,6,UY$DK,7,UY
FK,3,FY, $ -30E3
FK,4,FY,-30E3$FK,8,FY,-20E3$LSEL,S,,,5$ESLL,S$SFBEAM,ALL,1,PRES,20E3$ALLSEL,ALL
DTRAN$FTRAN$SFTRAN$/PBC,ALL,,2$/PSF,PRES,NORM,2,0,1$EPLOT
/SOLU$SOLVE$FINISH
/POST1$/PBC,U,,1$PLDISP,1                         !显示支座约束符号，并图形显示变形
PRESOL,ELEM                              !将当前主要结果列表显示（梁、杆单元均可用此命令）
/PNUM,SVAL,1                                       !将结果显示在图形中
ETABLE,MI,SMISC,6$ETABLE,MJ,SMISC,12$PLLS,MI,MJ,-1              !弯矩图
ETABLE,QI,SMISC,2$ETABLE,QJ,SMISC,8$PLLS,QI,QJ,-1              !剪力图
ETABLE,SMAXI,NMISC,1$ETABLE,SMAXJ,NMISC,3$PLLS,SMAXI,SMAXJ     !最大应力图
ETABLE,SMINI,NMISC,2$ETABLE,SMINJ,NMISC,4$PLLS,SMINI,SMINJ     !最小应力图
ETABLE,P1I,SMISC,13$ETABLE,P1J,SMISC,14$ETABLE,OFF1I,SMISC,15  !P1 及位置
ETABLE,OFF1J,SMISC,16$PRETAB,PI,PJ,OFF1I,OFF1J
!══════════════════════════════════════════════════════════════
```

（2）多跨梁的影响线

同图 3-4 所示多跨梁，计算第三个支座的弯矩影响线和第二跨跨中的挠度影响线。命令流如下。

```
!══════════════════════════════════════════════════════════════
!EX3.2 多跨梁的影响线
FINISH$/CLEAR$/PREP7$ET,1,BEAM3$MP,EX,1,2.1E11$MP,PRXY,1,0.3$R,1,0.4,0.01,0.2
K,1$K,2,4$K,3,6$K,4,8$K,5,10$K,6,16$K,7,20$K,8,22$ * DO,I,1,7$L,I,I+1$ * ENDDO
LESIZE,ALL,0.5$LMESH,ALL$DK,1,UX,,,,UY$DK,2,UY$DK,5,UY$DK,6,UY$DK,7,UY
! 获得 P=1 作用点号，且按 X 轴方向顺序编排（初始节点号假设为 1）
N0=1$NMAX=NDINQR(0,13)$ * DIM,P1NODE,,NMAX$ * DIM,NODEX,,NMAX
P1NODE(1)=N0$NODEX(1)=NX(N0)
DO,I,2,NMAX$NI=NNEAR(N0)$P1NODE(I)=NI$NODEX(I)=NX(NI)$NSEL,U,,,N0$N0=NI$ENDDO
/SOLU$ALLSEL,ALL
```

DO,I,1,NMAX$TIME,I$FDELE,ALL,ALL$F,P1NODE(I),FY,−1$SOLVE$ENDDO   !绘制影响线图
/POST26$NF=NODE(7,0,0)$NI=NODE(10,0,0)$EI=ENEARN(NI)$NSOL,3,NF,U,Y$VPUT,NODEX,2
ESOL,4,EI,NI,M,Z$XVAR,2$PLVAR,3$PLVAR,4

!==

（3）铰接固定方形框架的几何非线性分析

铰接固定方形框架[5]在拉力和压力作用下的变形如图 3-5 所示。

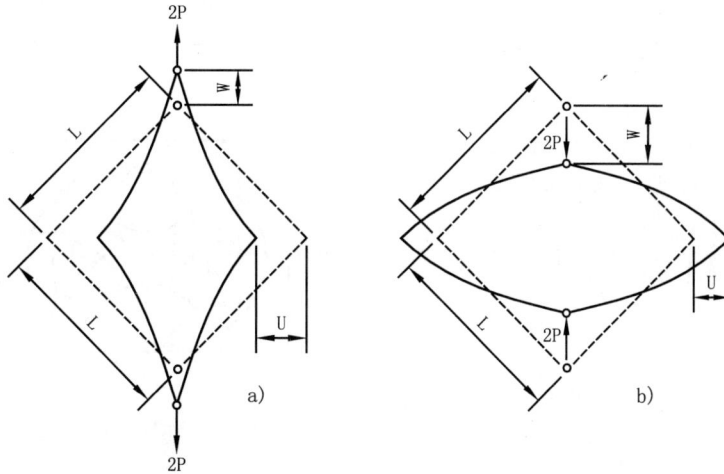

图 3-5　铰接固定方形框架

计算分析结果的无量纲荷载—位移曲线如图 3-6 所示,且 ANSYS 结果与文献[5]结果几乎完全相等。图中仅给出 ANSYS 计算结果,图 3-6a)、b)与图 3-5 中两图相对应。命令如下。

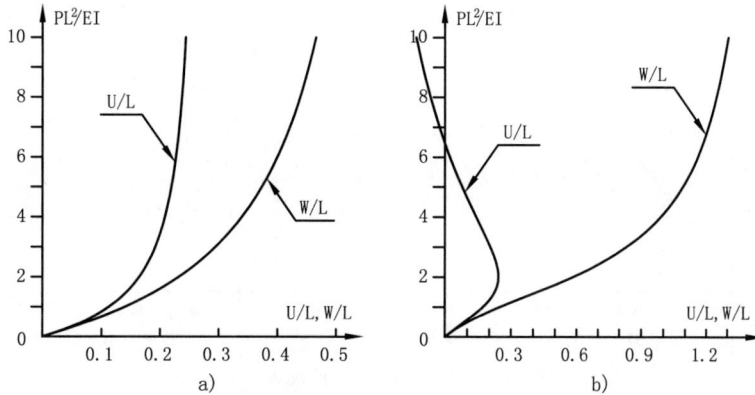

图 3-6　铰接固定方形框架的荷载—位移曲线

!==

!EX3.3 铰接固定方形框架的几何非线性分析（将 P 改为正值即为受拉分析）
FINISH$/CLEAR$/PREP7$B=10$EM=2E5$L=1000$A0=B**2$I0=B**4/12$P=−3400   !定义参数
ET,1,BEAM3$MP,EX,1,EM$MP,PRXY,1,0.3$R,1,A0,I0,B   !单元、材料属性及实常数
AFUN,DEG$X=LCOS(45)$K,1$K,2,X,X$K,3,,2X$K,4$K,5,−X,X$K,6,,2X   !创建关键点
L,1,2$L,2,3$L,4,5$L,5,6$LESIZE,ALL,,,10$LMESH,ALL   !创建线及生成有限元模型
CPINTF,UX$CPINTF,UY   !定义节点自由度约束方程（铰接）
FK,1,FY,−P$FK,3,FY,P$DK,1,UX$DK,2,UY   !施加荷载与约束（消除刚体位移）
/SOLU$ANTYPE,0$NLGEOM,ON$NSUBST,10   !打开大变形,定义子步数
OUTRES,NSOL,ALL$SOLVE$FINISH   !仅输出节点解,并求解
/POST26$N1=NODE(X,X,0)$N2=NODE(0,0,0)   !获得两个位置的节点号
NSOL,2,N1,U,X$NSOL,3,N2,U,Y   !定义节点位移为变量

```
PROD,4,2,,,,,,−P/ABS(P)/L$PROD,5,3,,,,,,−P/ABS(P)/L                !变量运算,U 及 W 化为无量纲量
PROD,6,1,,,,,,0.5 * ABS(P) * L * L/EM/I0                          !变量运算,P 化为无量纲量且除 2
XVAR,6$PLVAR,4,5                                                   !图形显示曲线
!
```

(4)方框架在对边中点受集中荷载的几何非线性分析

如图 3-7 所示的方框架[5],图 3-7a)为对边中点受集中拉力,图 3-7b)为对边中点受集中压力。图 3-8 为对应的荷载—位移图。ANSYS 解与文献结果相等,但需注意当单元数目不足时会引起求解困难或误差,这是因式(3-5)的应力刚度矩阵决定的,故应有一定数目的单元数量。命令流如下。

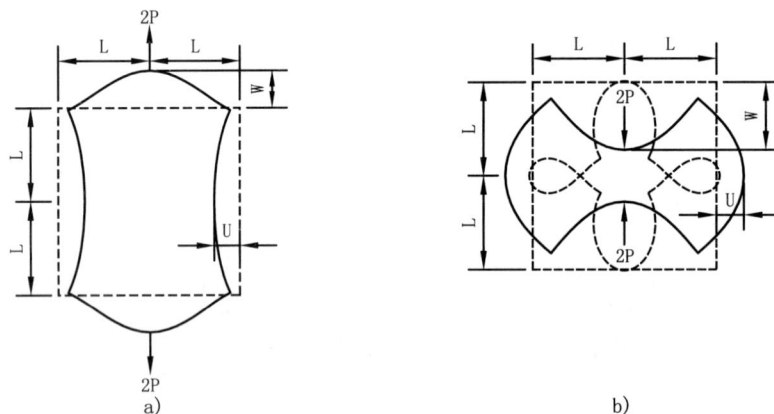

图 3-7 方框架在对边中点受集中荷载

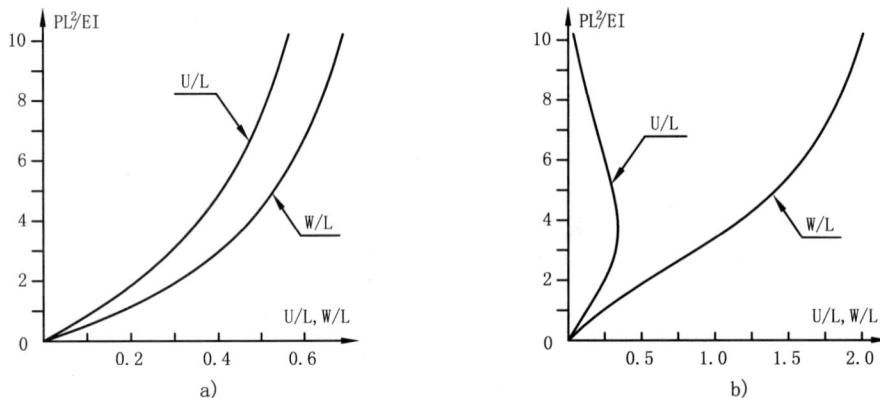

图 3-8 方框架荷载—位移曲线

```
!
!EX3.4 方框架在对边中点受集中荷载的几何非线性分析(将 P 改为负值即为受压分析)
FINISH$/CLEAR$/PREP7$B=10$EM=2E5$L=1000$A0=B * * 2$I0=B * * 4/12$P=3400
ET,1,BEAM3$MP,EX,1,EM$MP,PRXY,1,0.3$R,1,A0,I0,B                    !单元、材料属性及实常数
K,1$K,2,2 * L$K,3,2 * L,2 * L$K,4,0,2 * L$L,1,2$L,2,3$L,3,4$L,1,4   !创建几何模型
LESIZE,ALL,,,20$LMESH,ALL                                         !生成有限元模型
N1=NODE(L,0,0)$N2=NODE(L,2 * L,0)$N3=NODE(2 * L,L,0)               !获得几个关键的节点号
F,N1,FY,−P$F,N2,FY,P$D,NODE(2 * L,L,0),UY$D,NODE(L,0,0),UX         !施加荷载与约束(消除刚体位移)
/SOLU$ANTYPE,0$NLGEOM,ON$NSUBST,20$OUTRES,NSOL,ALL$SOLVE$FINISH    !求解
/POST26$NSOL,2,N1,U,Y$NSOL,3,N3,U,X                                !定义节点位移为变量
PROD,4,2,,,,,,−P/ABS(P)/L$PROD,5,3,,,,,,−P/ABS(P)/L                !变量运算,W 及 U 化为无量纲量
PROD,6,1,,,,,,0.5 * ABS(P) * L * L/EM/I0$XVAR,6$PLVAR,4,5          !P 化为无量纲量,图形显示曲线
!
```

(5)半圆无铰拱的静力分析与比较

半圆无铰拱受集中荷载[6]如图 3-9 所示,设截面为 10mm×10mm,圆弧半径 R＝1000mm,材料的弹性模量 E＝210GPa,泊松系数为 0.3,集中荷载 P＝100N。

根据结构力学的相关知识,不难求得支点 A 的反力如下:

$$H_A = \frac{C_1}{C_2}P, \quad V_A = \frac{P}{2}, \quad M_A = \left(\frac{2}{\pi} \cdot \frac{C_1}{C_2} - \frac{\pi-2}{2\pi}\right)PR \quad (3\text{-}10)$$

其中,$C_1 = \frac{R^2}{EI} \cdot \frac{4-\pi}{\pi} - \frac{1}{EA} + \frac{k}{GA}$

$C_2 = \frac{R^2}{EI} \cdot \frac{\pi^2-8}{\pi} + \frac{\pi}{EA} + \frac{k\pi}{GA}$

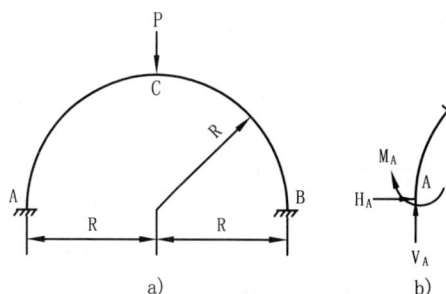

图 3-9　半圆无铰拱计算简图

式中:A——截面面积;

　　I——截面惯性矩;

　　G——剪切模量;

　　k——剪切变形系数,其值与截面形状有关,对于矩形截面 k＝6/5,圆形截面 k＝10/9,薄壁圆环截面 k＝2 等。

用 BEAM3 单元时是"以直代曲",其计算结果与单元尺寸有关,当单元数为 20 时考虑全部影响因素和仅考虑弯曲影响时的计算结果如表 3-5 所示。从表中可知,就本例而言,EA 和 GA(剪切变形影响)影响很小,可忽略不计;而 ANSYS 计算结果和理论计算的误差也很小,也可忽略不计。

理论计算值与 ANSYS(单元数＝20)计算结果的比较　　　　　　　　　　表 3-5

物 理 量	全部考虑[式(3-9)因素]			仅考虑 EI(不计 EA 和 GA 影响)		
	理论	ANSYS	误差(%)	理论	ANSYS	误差(%)
H_A(N)	45.9085	45.9085	0	45.9138	45.9137	0.00
V_A(N)	50.00	50.00	0	50.00	50.00	0.00
M_A(N·m)	11057.25	11025.85	0.28	11060.65	10934.95	1.14
v_C(mm)	−7.0071	−6.9716	0.51	−6.9970	−6.9616	0.14

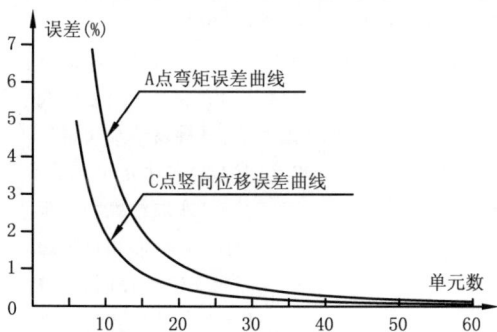

图 3-10　误差百分比—单元数曲线

命令流如下。

而"以直代曲"单元数对计算结果有较大影响。图 3-10 分别给出了 A 点弯矩和 C 点竖向位移与理论值误差的百分比曲线。从图可知当单元数大于 10 后误差均在 5% 之内,当单元数超过 20 后误差均在 1% 之内,当单元数超过 300 后误差就为 0.00%。对于实际结构,一般相邻单元间的夹角在 5°左右便可满足要求,或者经过几次试算确定合适的单元数目,以防误差过大或浪费资源。

从计算和比较结果可以认为,适当的单元密度能够"以直代曲"分析结构静力问题。

```
!═══════════════════════════════════════════════════════

!EX3.5 集中力作用下半圆无铰拱的静力分析
FINISH$/CLEAR$/PREP7$B=10$EM=2E5$R0=1000$A0=B**2$I0=B**4/12          !定义几何与计算参数
ET,1,BEAM3$MP,EX,1,EM$MP,PRXY,1,0.3                                   !定义单元及材料属性
R,1,A0,I0,B,1.2                                                       !将 A0 扩大 10⁵ 倍且 k=0 即可仅考虑 EI 影响
K,1,-R0$K,2,,R0$K,3,R0$CSYS,1$L,1,2$L,2,3                              !定义几何模型
LESIZE,ALL,,,10$LMESH,ALL$CSYS,0                                      !定义单元数目并划分单元
```

```
DK,1,ALL$DK,3,ALL$FK,2,FY,-100                    !施加约束和荷载
/SOLU$SOLVE$FINISH                                !求解
/POST1$PLDISP,1                                   !显示变形
ETABLE,MI,SMISC,6$ETABLE,MJ,SMISC,12$PLLS,MI,MJ,-1   !定义单元表,图形显示弯矩图
N1=NODE(-R0,0,0)$N2=NODE(0,R0,0)                  !获取 A 点及 C 点的节点号
GET,N1FX,NODE,N1,RF,FX$GET,N1FY,NODE,N1,RF,FY     !获取反力
*GET,N1MZ,NODE,N1,RF,MZ$VC2=UY(N2)                !获取反力和位移
!
```

(6)曲梁结构的几何非线性分析

文献[1]中对此进行了分析和比较,说明了 BEAM3 用于曲梁几何非线性分析的有效性和方法,这里再对如图 3-11 所示的结构[7]进行分析和比较。图中 A 点有三条曲线,从上到下分别为 6 个单元、10 个单元和 20 个单元时 ANSYS 的计算结果,若继续增加单元数目其变化很小。不同单元数的荷载—位移曲线在第一个极值点前误差很小,过第一极值点后误差略大,且与其他文献结果都很接近,说明 BEAM3 用于曲梁几何非线性可获得满意的结果。

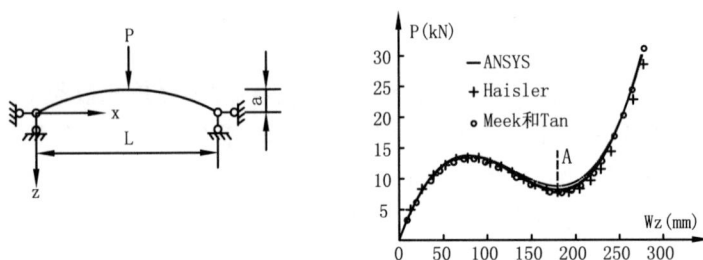

图 3-11　两铰扁拱的荷载—位移曲线

已知图 3-11 中的参数如下:$z=-a\sin(\pi x/L)$,$E=70.3\mathrm{GPa}$,$a=127\mathrm{mm}$,
$$L=2540\mathrm{mm},I=41.6\times10^4\mathrm{mm}^4,A=206\mathrm{mm}^2$$

命令流如下。

```
!
!EX3.6 两铰扁拱的荷载—位移曲线
FINISH$/CLEAR$/PREP7$A=127$L=2540$EM=70300$A0=206$I0=41.6E4$NE=20$P=30E3
DO,I,1,NE+1$X1=L/NE(I-1)$Y1=ASIN(ACOS(-1)X1/L)$K,I,X1,Y1$ENDDO   !创建关键点
DO,I,1,NE$L,I,I+1$ENDDO                              !创建线
ET,1,BEAM3$MP,EX,1,EM$MP,PRXY,1,0.3$R,1,A0,I0,20     !定义单元类型、材料属性及实常数
LESIZE,ALL,,,1$LMESH,ALL                             !划分单元(参数 NE 决定单元数)
DK,1,UX,,,,,UY$DK,NE+1,UX,,,,,UY$FK,NE/2+1,FY,-P     !施加约束和荷载
/SOLU$NLGEOM,1$NSUBST,200$ARCLEN,1                   !打开大变形和弧长法
OUTRES,ALL,ALL$SOLVE                                 !定义输出控制,求解
/POST26$NSOL,2,NE/2+1,U,Y$PROD,3,2,,,,,,,-1          !定义变量及变量运算
PROD,4,1,,,,,,,P/1E3$XVAR,3$PLVAR,4                  !图形显示荷载—位移曲线
!
```

(7)曲梁的线性屈曲分析

如图 3-12 所示圆弧拱[8]承受径向荷载(静水压力)作用,几何参数同(5),先进行线性屈曲分析,然后进行几何非线性分析。

两铰拱的临界荷载 $q_{cr}=3EI/R^3$,无铰拱的临界荷载 $q_{cr}=8EI/R^3$。

通常径向荷载有三种方式,分别为径向力方向保持不变、径向力永远指向圆心和径向力永远垂直圆环。静水压力加载方式即为最后一种,而 ANSYS 的均布荷载为"随动荷载",与静水压力加载方式等同。

两铰拱和无铰拱用 BEAM3 单元（足够多的单元数目）计算的线性屈曲临界荷载分别为 0.5415N/mm 和 1.5N/mm，而理论结果分别为 0.5N/mm 和 $\frac{4}{3}$N/mm，误差分别达到 8.3％和 12.5％，显然其结果的误差太大或说不正确。然而，在线性屈曲分析一阶模态的基础上施加一定的初始缺陷（形成反对称变形趋势），然后进行非线性屈曲分析，则可从荷载—拱顶水平位移曲线（图 3-13）看出，其极限分别为 0.5N/mm 和 1.3333N/mm，与理论解相等。因此可以认为，BEAM3 单元对曲线梁进行线性屈曲分析存在很大的误差（BEAM189 单元则不同），但可进行非线性屈曲分析或几何非线性分析。

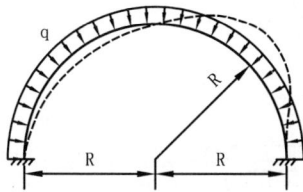

图 3-12 半圆拱在径向荷载下的屈曲

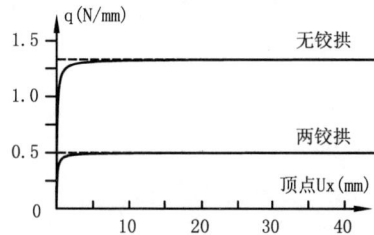

图 3-13 荷载—拱顶水平位移曲线

命令流如下。

```
!========================================================================
!EX3.7 曲梁的线性/非线性屈曲分析
FINISH$/CLEAR$/FILNAME,EX307$/PREP7$B=10$EM=2E5$R0=1000$A0=B**2$I0=B**4/12
ET,1,BEAM3$MP,EX,1,EM$MP,PRXY,1,0.3$R,1,A0,I0,B,1.2          !定义单元类型、材料属性、实常数
K,1,-R0$K,2,R0$CSYS,1$L,1,2$LESIZE,ALL,,,100$LMESH,ALL        !创建模型
CSYS,0$DK,1,ALL$DK,2,ALL  !$DK,1,UX,,,,UY$DK,2,UX,,,,UY       !施加铰约束或无铰约束
N1=NODE(R0,R0,0)$SFBEAM,ALL,1,PRES,1.0                        !获取拱顶节点号，施加荷载
/SOLU$ANTYPE,0$PSTRES,ON$SOLVE$FINISH                         !打开预应力开关进行静力求解
/SOLU$ANTYPE,1$BUCOPT,LANB,2$MXPAND,2$SOLVE                   !线性屈曲分析
*GET,FACT,MODE,1,FREQ$FINISH                                  !获取一阶屈曲系数
/PREP7$UPGEOM,0.1,1,1,EX307,RST$FINISH                        !模型更新，以便非线性屈曲分析
/SOLU$ANTYPE,0$SFBEAM,ALL,1,PRES,1.0*FACT                     !重新施加荷载
NLGEOM,1$NSUBST,100$ARCLEN,1$ARCTRM,U,20,N1,UY                !打开大变形、弧长法及终止条件
OUTRES,ALL,ALL$SOLVE                                          !非线性屈曲分析
/POST26$NSOL,2,N1,U,Y$NSOL,3,N1,U,X                           !定义顶点的 UX 和 UY 为变量
PROD,4,1,,,,,,FACT$XVAR,3$PLVAR,4                             !定义荷载变量，图形显示曲线
!========================================================================
```

3.2 BEAM4 单元

BEAM4 单元称为 3D 弹性梁元，可承受轴向拉压、弯曲和扭转，每个节点有 6 个自由度，即沿节点坐标系 x、y、z 方向的平动位移和绕 x、y、z 轴的转动位移。单元模型如图 3-14 所示。除该单元外，塑性梁单元 BEAM24、非对称变截面梁单元 BEAM44 及 BEAM18x 也是 3D 梁元。

3.2.1 输入参数与选项

图 3-14 给出了单元几何、节点位置和单元坐标系，通过两个或三个节点、横截面面积、两个横截面惯性矩（IZZ 和 IYY）、两个截面高度（TKY 和 TKZ）、绕单元 x 轴的方向角（θ）、扭转惯性矩（IXX）和材料属性定义该单元。若没有输入扭转惯性矩或输入的值为零，则系统缺省为极惯性矩（IZZ+IYY），通常 IXX 小于极惯性矩，故宜输入真实的扭转惯性矩。

单元的 x 轴的方向从 I 节点指向 J 节点。仅两个节点时，单元的 y 轴方向缺省为平行于总体坐标系的 XOY 平面；若单元的 x 轴平行于整体坐标系的 Z 轴（或偏角在 0.01％之内），则单元的 y 轴平行于总体坐标系的 Y 轴。用户可通过给定 θ(THETA)角或定义第三个节点(K)控制单元的 y 轴方向。当 θ 和 K 这两个参数都给定时,则以第三点确定单元坐标系,即单元 x 轴和 z 轴位于由 I、J、K 三点确定的平面之内。对于大变形分析,第三节点或 θ 仅用来确定单元的初始状态。

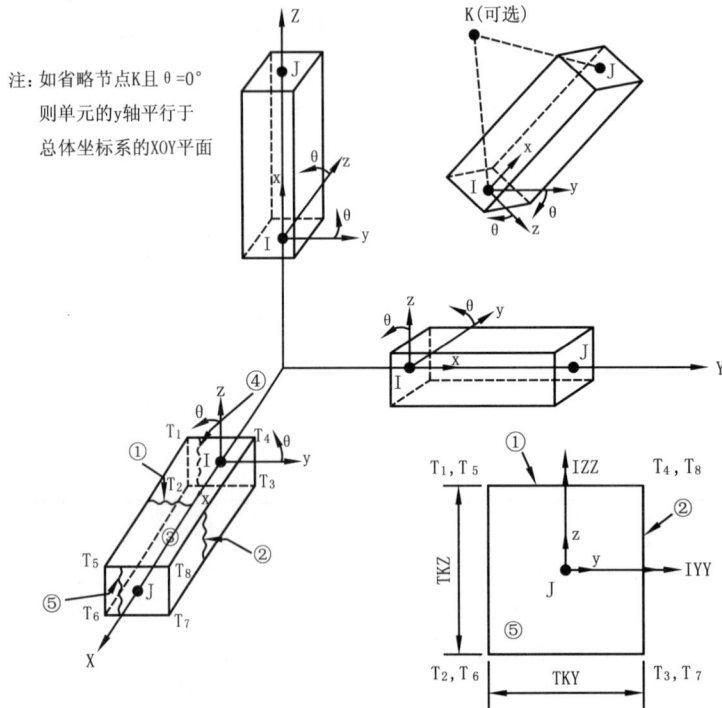

图 3-14　BEAM4 单元几何

单元的初应变 ISTRN 通过 Δ/L 给定,Δ 为单元长度 L(由 I 和 J 节点坐标计算)与零应变单元长度之差。剪切变形影响的考虑与否是可选的,若 SHEARZ=0 或 SHEARY=0 则忽略该方向剪切变形的影响。该单元可考虑附加质量(单位长度的质量),即实常数中的 ADDMAS。

可在单元上施加面荷载(分布荷载),面的编号如图 3-14 中所示,图中箭头方向为分布荷载的正方向。横向分布荷载和切向分布荷载的量纲为"力/长度",端点面荷载以集中力形式输入而不是"力/面积"。KEYOPT(10)可控制线性分布荷载相对于单元节点的距离。

可在单元的八个角点上输入温度值作为单元的体荷载。第一个角点上的温度 T_1 缺省为 TUNIF,若其余角点未输入温度则缺省为 T_1。若仅输入了 T_1 和 T_2,则 T_3 缺省为 T_2,而 T_4 缺省为 T_1。$T_5 \sim T_8$ 缺省方式与 $T_1 \sim T_4$ 相同。

KEYOPT(2)用来控制在大变形分析时(NLGEOM,ON)是否激活一致切线刚度矩阵(即主切线刚度矩阵加上一致应力刚度矩阵)。在几何非线性分析时,如非线性屈曲分析或屈后分析,激活此设置可使收敛更快。但若存在刚性区域或节点耦合时不能激活此项,在刚度急剧变化时也不应激活此项。

KEYOPT(7)用来控制是否计算不对称回转阻尼矩阵(常用于转子动力分析);转动频率(角频率或角速度)为实常数中的 SPIN(量纲为弧度/时间,正方向为单元 x 轴正向),但单元本身必须是对称的(如 IYY=IZZ,SHEARY=SHEARZ)。

KEYOPT(9)可控制单元两节点之间其他位置结果的输出。这些结果用单元脱离体按平衡条件求得,但下列情况除外:

①考虑应力刚化时(SSTIF,ON);

②一个以上的构件施加了角速度时(命令 OMEGA);

③通过命令 CGOMGA、DOMEGA 或 DCGOMG 施加了角速度或加速度时。

表 3-6 为 BEAM4 单元的输入参数与选项。

BEAM4 单元输入参数与选项 表 3-6

参数类别	参 数 及 说 明
节点	I,J,K(方向点 K 是可选的)
自由度	UX,UY,UZ,ROTX,ROTY,ROTZ
实常数	AREA,IZZ,IYY,TKZ,TKY,THETA,ISTRN,IXX,SHEARZ,SHEARY,SPIN,ADDMAS 分别为:截面面积,绕 z 和 y 轴惯性矩,截面沿 z 和 y 轴高度,角度 θ,初应变,扭转惯性矩,两个剪切变形系数,转动频率,附加质量
材料属性	EX,ALPX(或 CETX 或 THSX),DENS,GXY,DAMP
面荷载	face1——I-J(−z 方向),若面荷载输入负值则与正方向相反,下同;face2——I-J(−y 方向);face3——I-J(+x 方向);face4——I(+x 方向);face5——J(−x 方向)
体荷载	温度——T1,T2,T3,T4,T5,T6,T7,T8
特性	应力刚化、大变形、单元生死
KEYOPT(2)	几何非线性分析时的应力刚化选项: 0——当 NLGEOM 打开时仅使用主切线刚度矩阵;1——当 NLGEOM 打开时使用一致切线刚度矩阵(此时 SSTIF,ON 将被忽略),注意若 SOLCONTROL 和 NLGEOM 均打开时,KEYOPT(2)自动设为 1;2——不使用一致切线刚度矩阵。用很大的实常数模拟刚体时则不能使用一致切线刚度矩阵。KEYOPT(2)=0 和 KEYOPT(2)=2 意义相同,区别仅在于 KEYOPT(2)=0 受 SOLCONTROL 控制,而 KEYOPT(2)=2 则不受 SOLCONTROL 控制
KEYOPT(6)	控制杆件弯矩和杆件力的输出: 0——不输出杆件弯矩和杆件力;1——在单元坐标系中输出杆件弯矩和杆件力
KEYOPT(7)	回转阻尼矩阵选项: 0——不计算回转阻尼矩阵;1——计算回转阻尼矩阵,实常数 SPIN 必须大于零,且 IZZ=IYY
KEYOPT(9)	控制 I 和 J 节点之间位置的结果输出: N——输出 N 个中间位置的结果(N=0,1,3,5,7,9 等分点)
KEYOPT(10)	控制线性分布荷载到单元节点距离的输入方式: 0——以长度为单位输入分布荷载到 I 或 J 节点的距离;1——以比值方式(0~1.0)输入分布荷载到 I 或 J 节点的距离

注:①SHEARZ 与 IZZ 相关,若 SHEARZ=0,则忽略单元 y 方向剪切变形的影响。

②SHEARY 与 IYY 相关,若 SHEARY=0,则忽略单元 z 方向剪切变形的影响。

3.2.2 输出数据

单元附加输出说明如表 3-7 所示,可通过命令 ETABLE 或 ESOL 定义并获得,表 3-8、表 3-9 为命令 ETABLE 或 ESOL 中的表项和序号。

单元 BEAM4 的输出应力示意如图 3-15 所示。

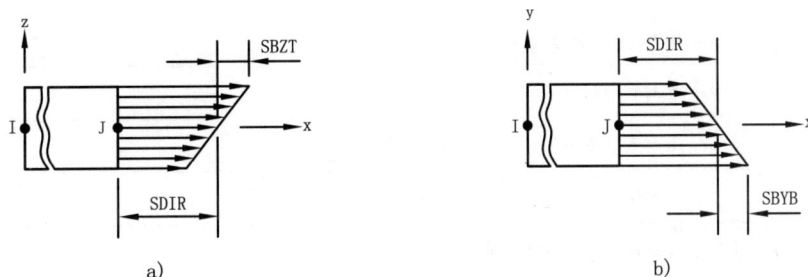

图 3-15 BEAM4 应力结果示意

BEAM4 单元输出说明 表 3-7

名　称	说　明	O	R
EL	单元号	Y	Y
NODES	单元节点号(I 和 J)	Y	Y
MAT	单元材料号	Y	Y
VOLU	单元体积	—	Y
XC,YC,ZC	单元结果的输出位置(当前坐标系中的坐标)	Y	3
TEMP	角点温度 T1,T2,T3,T4,T5,T6,T7,T8	Y	Y
PRES	节点 I 和 J 的压力 P1,到节点 I 和 J 的距离 OFFST1 节点 I 和 J 的压力 P2,到节点 I 和 J 的距离 OFFST2 节点 I 和 J 的压力 P3,到节点 I 和 J 的距离 OFFST3 节点 I 的 P4,节点 J 的 P5	Y	Y
SDIR	轴向直接应力(仅轴向力产生的应力)	1	1
SBYT	单元＋y 侧的弯曲应力	1	1
SBYB	单元－y 侧的弯曲应力	1	1
SBZT	单元＋z 侧的弯曲应力	1	1
SBZB	单元－z 侧的弯曲应力	1	1
SMAX	最大应力(轴向直接应力＋弯曲应力)	1	1
SMIN	最小应力(轴向直接应力－弯曲应力)	1	1
EPELDIR	梁端轴向弹性应变	1	1
EPELBYT	单元＋y 侧的弯曲弹性应变	1	1
EPELBYB	单元－y 侧的弯曲弹性应变	1	1
EPELBZT	单元＋z 侧的弯曲弹性应变	1	1
EPELBZB	单元－z 侧的弯曲弹性应变	1	1
EPTHDIR	梁端轴向热应变	1	1
EPTHBYT	单元＋y 侧的弯曲热应变	1	1
EPTHBYB	单元－y 侧的弯曲热应变	1	1
EPTHBZT	单元＋z 侧的弯曲热应变	1	1
EPTHBZB	单元－z 侧的弯曲热应变	1	1
EPINAXL	单元轴向初应变	1	1
MFOR(x,y,z)	单元坐标系下的杆件 x、y 和 z 向力	2	Y
MMOM(x,y,z)	单元坐标系下的杆件 x、y 和 z 向弯矩	2	Y

注:1. 每个单元的 I 节点、J 节点和中间位置均输出该项结果。

2. 当 KEYOPT(6)＝1 时。

3. ＊GET 命令采用 CENT 项时可得。

命令 ETABLE 和 ESOL 的表项和序号［KEYOPT(9)＝0］ 表 3-8

输出量名称	项 Item	E	I	J	输出量名称	项 Item	E	I	J
SDIR	LS	—	1	6	EPTHBZB	LEPTH	—	5	10
SBYT	LS	—	2	7	EPINAXL	LEPTH	11	—	—
SBYB	LS	—	3	8	MFORX	SMISC	—	1	7
SBZT	LS	—	4	9	MFORY	SMISC	—	2	8
SBZB	LS	—	5	10	MFORZ	SMISC	—	3	9
EPELDIR	LEPEL	—	1	6	MMOMX	SMISC	—	4	10
EPELBYT	LEPEL	—	2	7	MMOMY	SMISC	—	5	11
EPELBYB	LEPEL	—	3	8	MMOMZ	SMISC	—	6	12
EPELBZT	LEPEL	—	4	9	P1	SMISC	—	13	14
EPELBZB	LEPEL	—	5	10	OFFST1	SMISC	—	15	16
SMAX	NMISC	—	1	3	P2	SMISC	—	17	18
SMIN	NMISC	—	2	4	OFFST2	SMISC	—	19	20
EPTHDIR	LEPTH	—	1	6	P3	SMISC	—	21	22
EPTHBYT	LEPTH	—	2	7	OFFST3	SMISC	—	23	24
EPTHBYB	LEPTH	—	3	8	P4	SMISC	—	25	—
EPTHBZT	LEPTH	—	4	9	P5	SMISC	—	—	26
TEMP	LBFE	点 1	点 2	点 3	点 4	点 5	点 6	点 7	点 8
		1	2	3	4	5	6	7	8

命令 ETABLE 和 ESOL 的表项和序号［KEYOPT(9)＝1］ 表 3-9

输出量名称	项 Item	E	I	ILI	J	输出量名称	项 Item	E	I	ILI	J
SDIR	LS	—	1	6	11	EPTHBZB	LEPTH	—	5	10	15
SBYT	LS	—	2	7	12	EPINAXL	LEPTH	16	—	—	—
SBYB	LS	—	3	8	13	MFORX	SMISC	—	1	7	13
SBZT	LS	—	4	9	14	MFORY	SMISC	—	2	8	14
SBZB	LS	—	5	10	15	MFORZ	SMISC	—	3	9	15
EPELDIR	LEPEL	—	1	6	11	MMOMX	SMISC	—	4	10	16
EPELBYT	LEPEL	—	2	7	12	MMOMY	SMISC	—	5	11	17
EPELBYB	LEPEL	—	3	8	13	MMOMZ	SMISC	—	6	12	18
EPELBZT	LEPEL	—	4	9	14	P1	SMISC	—	19	—	20
EPELBZB	LEPEL	—	5	10	15	OFFST1	SMISC	—	21	—	22
SMAX	NMISC	—	1	3	5	P2	SMISC	—	23	—	24
SMIN	NMISC	—	2	4	6	OFFST2	SMISC	—	25	—	26
EPTHDIR	LEPTH	—	1	6	11	P3	SMISC	—	27	—	28

输出量名称	项 Item	E	I	ILI	J	输出量名称	项 Item	E	I	ILI	J
EPTHBYT	LEPTH	—	2	7	12	OFFST3	SMISC	—	29	—	30
EPTHBYB	LEPTH	—	3	8	13	P4	SMISC	—	31	—	—
EPTHBZT	LEPTH	—	4	9	14	P5	SMISC	—	—	—	32
TEMP	LBFE	点 1	点 2	点 3	点 4	点 5	点 6	点 7	点 8		
		1	2	3	4	5	6	7	8		

注：KEYOPT(9)=3,5,7,9 等的输出表项详见帮助文件，这里不再列出以节省篇幅。

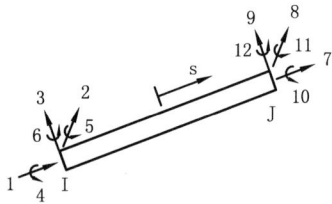

图 3-16 BEAM4 自由度序号示意

3.2.3 单元刚度矩阵

BEAM4 单元有 12 个自由度（表 3-6），每个节点 6 个自由度，分别为 UX、UY、UZ、ROTX、ROTY 及 ROTZ，所对应的单元坐标系中的自由度序号如图 3-16 所示。

（1）形函数

$$u = \frac{1}{2}\left[u_I(1-s) + u_J(1+s)\right] \tag{3-10}$$

$$v = \frac{1}{2}\left\{v_I\left[1 - \frac{s}{2}(3-s^2)\right] + v_J\left[1 + \frac{s}{2}(3-s^2)\right]\right\} + \frac{L}{8}\left[\theta_{ZI}(1-s^2)(1-s) - \theta_{ZJ}(1-s^2)(1+s)\right] \tag{3-11}$$

$$w = \frac{1}{2}\left\{w_I\left[1 - \frac{s}{2}(3-s^2)\right] + w_J\left[1 + \frac{s}{2}(3-s^2)\right]\right\} - \frac{L}{8}\left[\theta_{YI}(1-s^2)(1-s) - \theta_{YJ}(1-s^2)(1+s)\right] \tag{3-12}$$

$$\theta_X = \frac{1}{2}\left[\theta_{XI}(1-s) + \theta_{XJ}(1+s)\right] \tag{3-13}$$

（2）单元刚度矩阵

如式（3-14）所示。

式中：A——单元横截面面积，即用命令 R 输入的实常数 AREA；

E——弹性模量，即用命令 MP 输入的材料属性 EX；

L——单元长度（通过节点坐标计算）；

G——剪切模量，即用命令 MP 输入的材料属性 GXY；

J——扭转惯性矩，如 $I_x = 0$ 则 $J = J_x$，如 $I_x \neq 0$ 则 $J = I_x$；

J_x——极惯性矩，且 $J_x = I_y + I_z$；

I_x——输入的扭转惯性矩，即用命令 R 输入的实常数 IXX；

I_y——绕 y 轴的惯性矩，即用命令 R 输入的实常数 IYY；

I_z——绕 z 轴的惯性矩，即用命令 R 输入的实常数 IZZ；

ϕ_y——y 轴方向的剪切影响系数，$\phi_y = \dfrac{12EI_z}{GA_z^s L^2}$；

ϕ_z——z 轴方向的剪切影响系数，$\phi_z = \dfrac{12EI_y}{GA_y^s L^2}$；

A_z^s——截面沿 z 轴方向的有效受剪面积，$A_z^s = \dfrac{A}{F_z^s}$，其中 F_z^s 为沿 z 轴方向的剪切变形系数，即用命令 R 输入的实常数 SHEARZ；

A_y^s——截面沿 y 轴方向的有效受剪面积，$A_y^s = \dfrac{A}{F_y^s}$，其中 F_y^s 为沿 y 轴方向的剪切变形系数，即用命令 R 输入的实常数 SHEARY。

$$[K_1] = \begin{bmatrix}
\dfrac{EA}{L} \\[4pt]
0 & \dfrac{12EI_z}{L^3(1+\phi_y)} \\[4pt]
0 & 0 & \dfrac{12EI_y}{L^3(1+\phi_z)} \\[4pt]
0 & 0 & 0 & \dfrac{GJ}{L} \\[4pt]
0 & 0 & -\dfrac{6EI_y}{L^2(1+\phi_z)} & 0 & \dfrac{(4+\phi_z)EI_y}{L(1+\phi_z)} \\[4pt]
0 & \dfrac{6EI_z}{L^2(1+\phi_y)} & 0 & 0 & 0 & \dfrac{(4+\phi_y)EI_z}{L(1+\phi_y)} \\[4pt]
-\dfrac{EA}{L} & 0 & 0 & 0 & 0 & 0 & \dfrac{EA}{L} \\[4pt]
0 & -\dfrac{12EI_z}{L^3(1+\phi_y)} & 0 & 0 & 0 & -\dfrac{6EI_z}{L^2(1+\phi_y)} & 0 & \dfrac{12EI_z}{L^3(1+\phi_y)} \\[4pt]
0 & 0 & -\dfrac{12EI_y}{L^3(1+\phi_z)} & 0 & \dfrac{6EI_y}{L^2(1+\phi_z)} & 0 & 0 & 0 & \dfrac{12EI_y}{L^3(1+\phi_z)} \\[4pt]
0 & 0 & 0 & -\dfrac{GJ}{L} & 0 & 0 & 0 & 0 & 0 & \dfrac{GJ}{L} \\[4pt]
0 & 0 & -\dfrac{6EI_y}{L^2(1+\phi_z)} & 0 & \dfrac{(2-\phi_z)EI_y}{L(1+\phi_z)} & 0 & 0 & 0 & \dfrac{6EI_y}{L^2(1+\phi_z)} & 0 & \dfrac{(4+\phi_z)EI_y}{L(1+\phi_z)} \\[4pt]
0 & \dfrac{6EI_z}{L^2(1+\phi_y)} & 0 & 0 & 0 & \dfrac{(2-\phi_y)EI_z}{L(1+\phi_y)} & 0 & -\dfrac{6EI_z}{L^2(1+\phi_y)} & 0 & 0 & 0 & \dfrac{(4+\phi_y)EI_z}{L(1+\phi_y)}
\end{bmatrix}$$

对　称

$$(3\text{-}14)$$

（3）单元质量矩阵

单元一致质量矩阵和集中质量矩阵分别如式（3-15）和式（3-16）所示。

$$[M_1]=M_t\begin{bmatrix} 1/3 & & & & & & & & & & & \\ 0 & A_z & & & & & 对 & & & & & \\ 0 & 0 & A_y & & & & & & & & & \\ 0 & 0 & 0 & J_1 & & & & & & & & \\ 0 & 0 & -C_y & 0 & E_y & & & & & & & \\ 0 & C_z & 0 & 0 & 0 & E_z & & & 称 & & & \\ 1/6 & 0 & 0 & 0 & 0 & 0 & 1/3 & & & & & \\ 0 & B_z & 0 & 0 & 0 & D_z & 0 & A_z & & & & \\ 0 & 0 & B_y & 0 & -D_y & 0 & 0 & 0 & A_y & & & \\ 0 & 0 & 0 & J_1/2 & 0 & 0 & 0 & 0 & 0 & J_1 & & \\ 0 & 0 & D_y & 0 & F_y & 0 & 0 & 0 & -C_y & 0 & E_y & \\ 0 & -D_z & 0 & 0 & 0 & F_z & 0 & C_z & 0 & 0 & 0 & E_z \end{bmatrix} \tag{3-15}$$

其中，$M_t = (\rho A + m)L(1 - \varepsilon^{in})$。

式中：ρ——质量密度，即用命令 MP 输入的材料属性 DENS；

ε^{in}——初应变，即用命令 R 输入的实常数 ISTRN；

m——单位长度的附加质量，即用命令 R 输入的实常数 ADDMAS。

矩阵中各符号表达式如下：

$$A_z = \frac{\frac{13}{35} + \frac{7}{10}\phi_y + \frac{1}{3}\phi_y^2 + \frac{6}{5}(r_z/L)^2}{(1+\phi_y)^2}$$

$$A_y = \frac{\frac{13}{35} + \frac{7}{10}\phi_z + \frac{1}{3}\phi_z^2 + \frac{6}{5}(r_y/L)^2}{(1+\phi_z)^2}$$

$$B_z = \frac{\frac{9}{70} + \frac{3}{10}\phi_y + \frac{1}{6}\phi_y^2 - \frac{6}{5}(r_z/L)^2}{(1+\phi_y)^2}$$

$$B_y = \frac{\frac{9}{70} + \frac{3}{10}\phi_z + \frac{1}{6}\phi_z^2 - \frac{6}{5}(r_y/L)^2}{(1+\phi_z)^2}$$

$$C_z = \frac{\frac{11}{210} + \frac{11}{120}\phi_y + \frac{1}{24}\phi_y^2 + \left(\frac{1}{10} - \frac{1}{2}\phi_y\right)(r_z/L)^2}{(1+\phi_y)^2}L$$

$$C_y = \frac{\frac{11}{210} + \frac{11}{120}\phi_z + \frac{1}{24}\phi_z^2 + \left(\frac{1}{10} - \frac{1}{2}\phi_z\right)(r_y/L)^2}{(1+\phi_z)^2}L$$

$$D_z = \frac{\frac{13}{420} + \frac{3}{40}\phi_y + \frac{1}{24}\phi_y^2 + \left(\frac{1}{10} - \frac{1}{2}\phi_y\right)(r_z/L)^2}{(1+\phi_y)^2}L$$

$$D_y = \frac{\frac{13}{420} + \frac{3}{40}\phi_z + \frac{1}{24}\phi_z^2 + \left(\frac{1}{10} - \frac{1}{2}\phi_z\right)(r_y/L)^2}{(1+\phi_z)^2}L$$

$$E_z = \frac{\frac{1}{105} + \frac{1}{60}\phi_y + \frac{1}{120}\phi_y^2 + \left(\frac{2}{15} + \frac{1}{6}\phi_y + \frac{1}{3}\phi_y^2\right)(r_z/L)^2}{(1+\phi_y)^2}L^2$$

$$E_y = \frac{\frac{1}{105} + \frac{1}{60}\phi_z + \frac{1}{120}\phi_z^2 + \left(\frac{2}{15} + \frac{1}{6}\phi_z + \frac{1}{3}\phi_z^2\right)(r_y/L)^2}{(1+\phi_z)^2}L^2$$

$$F_z = \frac{\frac{1}{140} + \frac{1}{60}\phi_y + \frac{1}{120}\phi_y^2 + \left(\frac{1}{30} + \frac{1}{6}\phi_y - \frac{1}{6}\phi_y^2\right)(r_z/L)^2}{(1+\phi_y)^2}L^2$$

$$F_y = \frac{\frac{1}{140} + \frac{1}{60}\phi_z + \frac{1}{120}\phi_z^2 + \left(\frac{1}{30} + \frac{1}{6}\phi_z - \frac{1}{6}\phi_z^2\right)(r_y/L)^2}{(1+\phi_z)^2}L^2$$

$$J_1 = \frac{J_x}{3A}, \quad r_y = \sqrt{\frac{I_y}{A}}, \quad r_z = \sqrt{\frac{I_z}{A}}$$

$$[M_l] = M_t \begin{bmatrix} 1 & & & & & & & & & & & \\ 0 & 1 & & & & & 对 & & & & & \\ 0 & 0 & 1 & & & & & & & & & \\ 0 & 0 & 0 & 0 & & & & & & & & \\ 0 & 0 & 0 & 0 & 0 & & & 称 & & & & \\ 0 & 0 & 0 & 0 & 0 & 0 & & & & & & \\ 0 & 0 & 0 & 0 & 0 & 0 & 1 & & & & & \\ 0 & 0 & 0 & 0 & 0 & 0 & 0 & 1 & & & & \\ 0 & 0 & 0 & 0 & 0 & 0 & 0 & 0 & 1 & & & \\ 0 & 0 & 0 & 0 & 0 & 0 & 0 & 0 & 0 & 0 & & \\ 0 & 0 & 0 & 0 & 0 & 0 & 0 & 0 & 0 & 0 & 0 & \\ 0 & 0 & 0 & 0 & 0 & 0 & 0 & 0 & 0 & 0 & 0 & 0 \end{bmatrix} \tag{3-16}$$

(4)应力计算

节点 I 截面重心的应力(输出说明中的 SDIR)为:

$$\sigma_i^{dir} = \frac{F_{X,i}}{A} \tag{3-17}$$

式中:$F_{X,i}$——I 端轴向力(输出说明中的 MFOR)。

节点 I 截面弯曲应力(输出说明中的 SBZ 和 SBY 系列)为:

$$\sigma_{zi}^{bnd} = \frac{M_{yi}t_z}{2I_y}, \quad \sigma_{yi}^{bnd} = \frac{M_{zi}t_y}{2I_z} \tag{3-18}$$

式中:M_{yi}、M_{zi}——分别为 I 端绕 y 轴、绕 z 轴的弯矩(输出说明中的 MMOM);

  t_z——z 轴方向的梁高,即用命令 R 输入的实常数 TKZ;

  t_y——y 轴方向的梁高,即用命令 R 输入的实常数 TKY。

最大和最小应力为:

$$\sigma_i^{max} = \sigma_i^{dir} + |\sigma_{zi}^{bnd}| + |\sigma_{yi}^{bnd}|, \quad \sigma_i^{min} = \sigma_i^{dir} - |\sigma_{zi}^{bnd}| - |\sigma_{yi}^{bnd}| \tag{3-19}$$

上述弯曲应力的计算依据横截面对称假定,故不对称截面应预先等效梁高,否则应力的计算是不正确的。

(5)单元应力刚度矩阵及其他

单元应力刚度矩阵如式(3-20)所示。单元回转阻尼矩阵及转换矩阵详见 PIPE16 单元。

当为非线性分析时,ANSYS 采用 NR 迭代,此时单元切线刚度矩阵不同于上述各式,详见 ANSYS 理论手册,此不赘述。

单元跨间有:线性分布荷载、局部线性分布荷载和跨间集中力三种,其荷载的输入方法同 BEAM3 中的介绍,仅 LKEY 有多个而已。

$$[S_1]=\frac{F}{L}\begin{bmatrix}0\\0 & 6/5 & & & & & & & & 对\\0 & 0 & 6/5\\0 & 0 & 0 & J_x/A\\0 & 0 & -L/10 & 0 & 2L^2/15\\0 & L/10 & 0 & 0 & 0 & 2L^2/15\\0 & 0 & 0 & 0 & 0 & 0 & 0 & & & & 称\\0 & -6/5 & 0 & 0 & 0 & -L/10 & 0 & 6/5\\0 & 0 & -6/5 & 0 & L/10 & 0 & 0 & 0 & 6/5\\0 & 0 & 0 & -J_x/A & 0 & 0 & 0 & 0 & 0 & J_x/A\\0 & 0 & -L/10 & 0 & -L^2/30 & 0 & 0 & 0 & L/10 & 0 & 2L^2/15\\0 & L/10 & 0 & 0 & 0 & -L^2/30 & 0 & -L/10 & 0 & 0 & 2L^2/15\end{bmatrix}$$

$$(3\text{-}20)$$

3.2.4 注意事项

(1)单元长度和单元截面面积必须大于零。

(2)对任意形状截面,该单元的弯曲应力计算都假定中性轴位于 1/2 梁高,因此对于不对称截面的应力计算需输入等效梁高,这样后处理中显示的应力是按等效梁高计算的,若显示两个最外侧应力则需要一定的计算系数(如命令 PLLS)。

(3)单元高度仅仅用于弯曲应力和热应力的计算。

(4)温度分布假定沿梁长和高度均为线性变化。

(5)当采用一致切线刚度矩阵[KEYOPT(2)=1]时,注意使用实际的单元实常数。原因是一致应力刚度矩阵基于单元应力计算,如果人为取过大或过小的截面特性,计算的应力可能不正确,导致相应的应力刚度矩阵也不正确(一致应力刚度矩阵的某些元素可能趋于无穷大)。在有预应力的线性分析或线性屈曲分析中,也可能发生此类问题。

(6)在回转模态分析中,特征值的计算对初始转速十分敏感,可能导致特征值的实部或虚部也存在潜在错误。

3.2.5 应用举例

端部作用有集中力的 45°弯梁如图 3-17 所示,初始构形位于 XOY 平面内,半径 R=100,横截面为 1×1 的正方形,端部集中力沿 Z 轴正方向,弹性模量 E=10^7,剪切模量 G=5×10^6。该问题最早由 Bathe 等[9]计算,其后大凡研究杆系结构(直杆或曲杆)非线性问题的学者都与其结果进行对比。

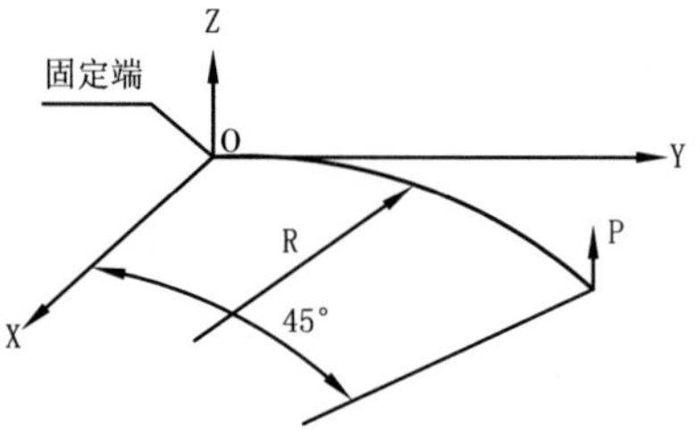

这里用 BEAM4 和 BEAM189 单元分别进行计算,结果如表 3-10 所示。从表中可以看出,ANSYS 采用 BEAM4 和 BEAM189 的计算结果与文献结果非常接近(很难评价谁更精确),采用 8 个单元时的结果也足够好。而如果考虑剪切变形和输入的 IXX 其结果与 BEAM189 更加接近,读者可计算比较。

图 3-17 45°弯梁的初始构形

45°弯梁不同荷载下的构形比较　　　　表 3-10

计算源	初 始 构 形			P=300 时构形			P=600 时构形			单元数
	X	Y	Z	X	Y	Z	X	Y	Z	
Bathe	29.29	70.71	0.00	22.50	59.20	39.50	15.90	47.20	53.40	8
BEAM4	29.29	70.71	0.00	22.24	58.76	40.27	15.65	47.06	53.62	8

续上表

计 算 源	初 始 构 形			P=300 时构形			P=600 时构形			单元数
	X	Y	Z	X	Y	Z	X	Y	Z	
BEAM4	29.29	70.71	0.00	22.25	58.78	40.19	15.68	47.14	53.48	100
BEAM189	29.29	70.71	0.00	22.16	58.58	40.45	15.61	46.91	53.60	8
BEAM189	29.29	70.71	0.00	22.13	58.56	40.45	15.55	46.90	53.61	100

命令流如下。

```
!=======================================
!EX3.8 45°弯梁的几何非线性分析
FINISH$/CLEAR$/PREP7
R=100$TKZ=1$TKY=1$A0=TKZ*TKY$IZZ=1/12$IYY=1/12    !定义参数、计算参数
ET,1,4$MP,EX,1,1E7$MP,GXY,1,5E6$R,1,A0,IZZ,IYY,TKZ,TKY    !定义单元类型、材料属性及实常数
LOCAL,12,1,R$K,1,R,180$K,2,R,135$L,1,2$CSYS,0    !创建几何模型
LESIZE,ALL,,,8$LMESH,ALL$DK,1,ALL    !划分单元并施加约束
/SOLU$NLGEOM,ON$NSUBST,10$OUTRES,BASIC,ALL    !打开大变形,设置求解参数
TIME,300$FK,2,FZ,300$SOLVE$TIME,600$FK,2,FZ,600$SOLVE    !施加荷载并求解
/POST1$*DIM,UU,,6$SET,1,LAST    !定义数组,读入第一荷载步结果
UU(1)=UX(2)+NX(2)$UU(2)=UY(2)+NY(2)$UU(3)=UZ(2)+NZ(2)    !求得构形数据
SET,2,LAST    !读入第二荷载步结果
UU(4)=UX(2)+NX(2)$UU(5)=UY(2)+NY(2)$UU(6)=UZ(2)+NZ(2)    !求得构形数据
!=======================================
```

其他算例可参考文献[1],此不赘述。

3.3 BEAM23 单元

BEAM23 单元称为 2D 塑性梁元,可承受轴向拉压和弯曲单元,每个节点有 3 个自由度,即沿节点坐标系 x、y 方向的平动位移和绕 z 轴的转动位移,单元模型与图 3-1 相同。BEAM3 为 2D 弹性梁单元,而 BEAM54 为 2D 非对称变截面弹性梁元。

3.3.1 输入参数与选项

图 3-1 给出了单元几何、节点位置和单元坐标系。该单元可采用四类截面:矩形截面、薄壁圆管、圆柱和通用截面。对矩形截面可通过两个节点、横截面面积、横截面惯性矩、截面高度和材料属性定义该单元;对圆管可通过外径和壁厚定义,而圆柱截面只需外径。材料属性只能为各向同性材料。

表 3-11 为 BEAM23 单元的输入参数与选项。

BEAM23 单元输入参数与选项　　　　表 3-11

参数类别	参 数 及 说 明
节点	I,J
自由度	UX,UY,ROTZ
实常数	矩形截面[KEYOPT(6)=0]: AREA,IZZ,HEIGHT;分别为:截面面积、绕 z 轴惯性矩、截面高度
	薄壁圆管截面[KEYOPT(6)=1]: OD,WTHK;分别为外径、壁厚
	圆柱截面[KEYOPT(6)=2]: OD,即为外径
	通用截面[KEYOPT(6)=4]: HEIGHT,A(-50),A(-30),A(0),A(30),A(50),SHEARZ;分别为:截面高度,5 个积分点权重面积,剪切变形系数

参数类别	参 数 及 说 明
材料属性	EX,ALPX(或 CETX 或 THSX),DENS,GXY,DAMP
面荷载	face1——I-J(-y 方向),若面荷载输入负值则与正方向相反,下同;face2——I-J(+x 方向);face3——I(+x 方向);face4——J(-x 方向)
体荷载	温度——T1,T2,T3,T4;热流——FL1,FL2,FL3,FL4
特性	塑性、蠕变、膨胀、应力刚化、大变形、大应变、单元生死
KEYOPT(2)	剪切变形影响选项: 0——不计剪切变形影响;1——计入剪切变形影响,同时 KEYOPT(6)=4 且输入 SHEARZ
KEYOPT(4)	控制杆件弯矩和杆件力的输出: 0——不输出杆件弯矩和杆件力;1——在单元坐标系中输出杆件弯矩和杆件力
KEYOPT(6)	横截面形状选项: 0——矩形截面;1——薄壁圆管;2——圆柱截面;4——通用截面
KEYOPT(10)	控制线性分布荷载到单元节点距离的输入方式: 0——以长度为单位输入分布荷载到 I 或 J 节点的距离;1——以比值方式(0~1.0)输入分布荷载到 I 或 J 节点的距离

通用截面需要输入截面高度和 5 个积分点位置的权重面积,详见后文。

剪切变形采用 KEYOPT(2)控制,但剪切变形系数(SHEARZ)仅适用于通用截面,剪切模量 GXY 也仅用于计算剪切变形的影响。

单元上施加面荷载和体荷载同 BEAM3。

3.3.2 输出数据

单元附加输出说明如表 3-12 所示,可通过命令 ETABLE 或 ESOL 定义并获得,表 3-13~表 3-15 为命令 ETABLE 或 ESOL 中的表项和序号。

单元 BEAM23 的输出结果位置示意如图 3-18 所示,该单元在轴向有三组积分点(节点 I、单元中点、节点 J),每组设有 5 个积分点。在输出窗口中仅显示这三组的各 3 个积分点(顶面、中间和底面)的应力和应变,即 9 个结果数据;但在 ETABLE 中则可获取这三组的所有积分点的结果数据,即 15 个结果数据。

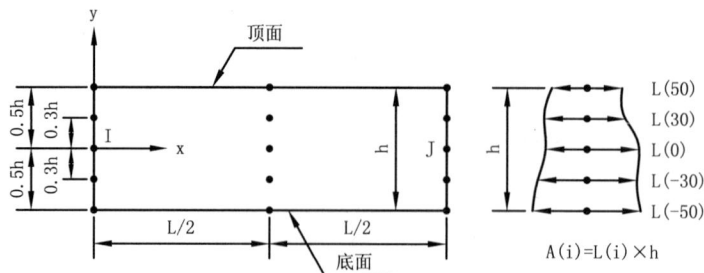

图 3-18　BEAM23 积分点位置

BEAM23 单元输出说明　　　　　　　　　表 3-12

名　称	说　明	O	R
EL	单元号	Y	Y
NODES	单元节点号(I 和 J)	Y	Y
MAT	单元材料号	Y	Y

续上表

名 称	说 明	O	R
VOLU	单元体积	—	Y
XC,YC	单元结果的输出位置	Y	2
TEMP	角点温度 T1,T2,T3,T4	Y	Y
FLUEN	热流 FL1,FL2,FL3,FL4	Y	Y
PRES	节点 I 和 J 的压力 P1,到节点 I 和 J 的距离 OFFST1 节点 I 和 J 的压力 P2,到节点 I 和 J 的距离 OFFST2 节点 I 的 P3,节点 J 的 P4	Y	Y
S(Max,Min)	最大和最小应力	—	Y
SAXL	轴向应力	Y	Y
EPELAXL	轴向弹性应变	Y	Y
EPTHAXL	轴向热应变	Y	Y
EPSWAXL	轴向膨胀应变	Y	Y
EPCRAXL	轴向蠕变应变	Y	Y
EPPLAXL	轴向塑性应变	Y	Y
SEPL	等效应变	Y	Y
SRAT	等效试算应力与屈服面应力比(即应力状态率)	Y	Y
EPEQ	等效塑性应变	Y	Y
HPRES	静水压力	—	Y
MFOR(x,y)	单元坐标系下的杆件 x 和 y 向力	1	Y
MMOMZ	单元坐标系下的杆件 z 向弯矩	1	Y

注:1. 当 KEYOPT(4)＝1 时。

2. ＊GET 命令采用 CENT 项时可得。

命令 ETABLE 和 ESOL 的表项和序号(节点 I)　　　　　　　　　　　　　表 3-13

输出量名称	项 Item	E	%积分点				
			−50	−30	0	30	50
SAXL	LS	—	1	2	3	4	5
EPELAXL	LEPEL	—	1	2	3	4	5
EPTHAXL	LEPTH	—	1	3	5	7	9
EPSWAXL	LEPTH	—	2	4	6	8	10
EPPLAXL	LEPPL	—	1	2	3	4	5
EPCRAXL	LEPCR	—	1	2	3	4	5
SEPL	NLIN	—	1	5	9	13	17
SRAT	NLIN	—	2	6	10	14	18
HPRES	NLIN	—	3	7	11	15	19

续上表

输出量名称	项 Item	E	%积分点				
			−50	−30	0	30	50
EPEQ	NLIN	—	4	8	12	16	20
MFORX	SMISC	1	—	—	—	—	—
MFORY	SMISC	2	—	—	—	—	—
MMOMZ	SMISC	6	—	—	—	—	—
P1	SMISC	13	—	—	—	—	—
P2	SMISC	17	—	—	—	—	—
P3	SMISC	21	—	—	—	—	—
SMAX	NMISC	1	—	—	—	—	—
SMIN	NMISC	2	—	—	—	—	—
			角点 1			角点 2	
TEMP	LBFE		1			2	
FLUEN	NMISC		7			8	

命令 ETABLE 和 ESOL 的表项和序号（单元长度的中点） 表 3-14

输出量名称	项 Item	E	%积分点				
			−50	−30	0	30	50
SAXL	LS	—	6	7	8	9	10
EPELAXL	LEPEL	—	6	7	8	9	10
EPTHAXL	LEPTH	—	11	13	15	17	19
EPSWAXL	LEPTH	—	12	14	16	18	20
EPPLAXL	LEPPL	—	6	7	8	9	10
EPCRAXL	LEPCR	—	6	7	8	9	10
SEPL	NLIN	—	21	25	29	33	37
SRAT	NLIN	—	22	26	30	34	38
HPRES	NLIN	—	23	27	31	35	39
EPEQ	NLIN	—	24	28	32	36	40
SMAX	NMISC	3	—	—	—	—	—
SMIN	NMISC	4	—	—	—	—	—

命令 ETABLE 和 ESOL 的表项和序号（节点 J） 表 3-15

输出量名称	项 Item	E	%积分点				
			−50	−30	0	30	50
SAXL	LS	—	11	12	13	14	15
EPELAXL	LEPEL	—	11	12	13	14	15
EPTHAXL	LEPTH	—	21	23	25	27	29

输出量名称	项 Item	E	%积分点				
			−50	−30	0	30	50
EPSWAXL	LEPTH	—	22	24	26	28	30
EPPLAXL	LEPPL	—	11	12	13	14	15
EPCRAXL	LEPCR	—	11	12	13	14	15
SEPL	NLIN	—	41	45	49	53	57
SRAT	NLIN	—	42	46	50	54	58
HPRES	NLIN	—	43	47	51	55	59
EPEQ	NLIN	—	44	48	52	56	60
MFORX	SMISC	7	—	—	—	—	—
MFORY	SMISC	8	—	—	—	—	—
MMOMZ	SMISC	12	—	—	—	—	—
P1	SMISC	14	—	—	—	—	—
P2	SMISC	18	—	—	—	—	—
P4	SMISC	22	—	—	—	—	—
SMAX	NMISC	5	—	—	—	—	—
SMIN	NMISC	6	—	—	—	—	—
			角点 3			角点 4	
TEMP	LBFE		3			4	
FLUEN	NMISC		9			10	

3.3.3 通用截面参数计算

如表 3-11 所示,当采用通用截面时[KEYOPT(6)=4],需要输入截面高度 HEIGHT 和各积分点的权重面积 A(−50)、A(−30)、A(0)、A(30)和 A(50)等,而 A(i)参数需要用户事先计算或估算。

如前文所述,BEAM23 有三组积分点,分别位于节点 I、单元长度中点和 J 节点;每组设有 5 个积分点,沿截面高度方向其位置分别为 −0.5h、−0.3h、0、0.3h、0.5h 处,每个单元共有 15 个积分点。截面高度方向的积分点有不同的数值积分常数,积分点权重面积应满足下列各式:

$$A = \int_A dA = \sum_{i=1}^5 H(i)A(i) \tag{3-21}$$

$$I_1 = \int_A y\,dA = \sum_{i=1}^5 H(i)A(i)[hP(i)] \tag{3-22}$$

$$I_2 = \int_A y^2\,dA = \sum_{i=1}^5 H(i)A(i)[hP(i)]^2 \tag{3-23}$$

$$I_3 = \int_A y^3\,dA = \sum_{i=1}^5 H(i)A(i)[hP(i)]^3 \tag{3-24}$$

$$I_4 = \int_A y^4\,dA = \sum_{i=1}^5 H(i)A(i)[hP(i)]^4 \tag{3-25}$$

式中:h——截面高度,即用命令 R 输入的实常数 HEIGHT;

H(i)——各积分点的权重系数;

P(i)——各积分点 y 方向位置系数,如表 3-16 所示;

A(i)——各积分点的权重面积,A(i)=hL(i),即用命令 R 输入的实常数 A(−50)、A(−30)等;

L(i)——各积分点的有效宽度,该值没有实质意义;

A——横截面面积;

I_i——横截面的一次、二次、三次和四次矩。

各积分点位置系数和权重系数

表 3-16

数值积分点	位置系数 P(i)	权重系数 H(i)	权重面积 A(i)	
			矩形截面	通用截面
1	-0.5	0.06250000		A(-50)
2	-0.3	0.28935185		A(-30)
3	0	0.29629630	b×h	A(0)
4	0.3	0.28935185		A(30)
5	0.5	0.06250000		A(50)

对任意截面可根据上述五式形成的线性方程组求得各积分点权重面积 A(i),然后以实常数的形式输入。实常数的输入缺省时 A(50)=A(-50),A(30)=A(-30),因此当截面对称时仅输入三个即可,且此时 $I_1=I_3=0$。注意:I_2 与 I_z 不同,前者基于截面高度中心,后者基于截面质心。对通用截面,采用权重面积计算大约会有 6% 的计算误差。

如将已知系数代入式(3-21)~式(3-25)可得:

A=0.06250[A(-50)+A(50)]+0.29351850[A(-30)+A(30)]+0.29629630A(0)

I_1/h=0.031250[-A(-50)+A(50)]+0.08680556[-A(-30)+A(30)]

I_2/h^2=0.0156250[A(-50)+A(50)]+0.02604167[A(-30)+A(30)]

I_3/h^3=0.00781250[-A(-50)+A(50)]+0.00781250[-A(-30)+A(30)]

I_4/h^4=0.00390625[A(-50)+A(50)]+0.00234375[A(-30)+A(30)]

例如,一工字形截面,设截面高度为 300mm,上下翼缘宽度和厚度分别为 200mm 和 20mm,腹板厚度为 16mm。通过计算可得 A=12160mm²,I_2=180501333mm⁴,I_4=3.34228352×10¹² mm⁶代入联立方程可求得:A(-50)=A(50)=18117.17mm²,A(-30)=A(30)=27636.83mm²,A(0)=-20580.75mm²。

3.3.4　注意事项

(1)单元必须位于 XOY 平面内,单元长度和单元截面面积必须大于零。

(2)单元高度用于弯曲应力和热应力的计算,以及确定积分点位置。

(3)温度分布假设沿梁长和高度均为线性变化。

(4)因通用截面采用权重面积会造成"质量偏移",当采用集中质量矩阵时不考虑该效应。

(5)由于权重面积需要用户事先计算或估算,采用 BEAM18x 单元远比 BEAM23 单元方便,且 BEAM18x 单元系列的特性与功能要强于 BEAM23 单元。因此实际应用中,对于通用截面或任意截面建议采用 BEAM18x 系列单元。

(6)弹性刚度矩阵、质量矩阵、应力刚度矩阵及形函数等同 BEAM3 单元,而塑性分析的切线刚度矩阵采用数值积分实现。

3.3.5　应用举例

(1)单层平面框架塑性极限分析

如图 3-19 所示的单层平面框架结构[10],材料的弹性模量为 E=210GPa,泊松系数为 0.3。材料的屈服强度 σ_s=345MPa,采用理想弹塑性模型。该结构进行极限分析的理论结果近似为 q=86.93N/mm,用 ANSYS 的 BKIN 和 BISO 材料模型计算的结果均为 83.89N/mm(命令流如下),两个材料模型的荷载—位移曲线也无差别,主要因为采用理想弹塑性模型,无应力强化效应。与理论结果略小且有一定的误差的原因有二,一是理论计算采用刚塑性模型,二是 ANSYS 依据积分点结果,所以二者不可能完全相等。

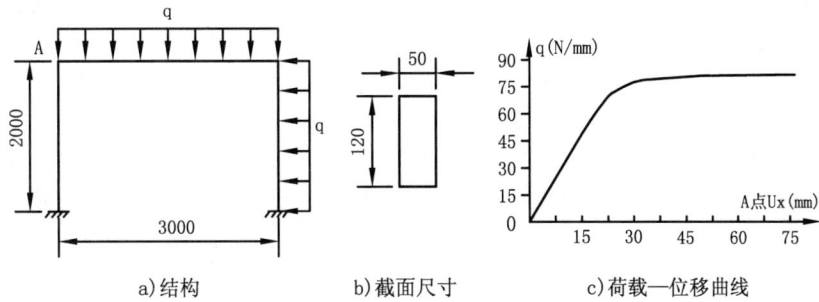

a) 结构　　　　　b) 截面尺寸　　　　　c) 荷载—位移曲线

图 3-19　单层平面框架及荷载—位移曲线(尺寸单位:mm)

```
!EX3.9 单层平面框架塑性极限分析
FINISH$/CLEAR$/PREP7$B＝50$H＝120$L＝1000                          !定义几何参数
A0＝B＊H$IZ＝B＊H＊＊3/12$MP＝0.25＊B＊H＊H＊345$QP＝1.4＊MP/L/L        !定义计算参数
ET,1,BEAM23$MP,EX,1,2.1E5$MP,PRXY,1,0.3$R,1,A0,IZ,H              !定义单元类型、材料属性和实常数
TB,BISO,1,1$TBDATA,1,345,0                                       !定义 BISO 材料模型与数据
K,1$K,2,,2＊L$K,3,3＊L,2＊L$K,4,3＊L$L,1,2$L,2,3$L,3,4             !创建点线,创建几何模型
DK,1,ALL$DK,4,ALL$LESIZE,ALL,100$LMESH,ALL                      !施加约束,定义网格密度,划分网格
LSEL,U,,,1$ESLL,S$CM,ELEMQ,ELEM$ALLSEL,ALL                      !选择施加荷载的单元并定义元件
/SOLU$ANTYPE,0$NSUBST,20$OUTRES,ALL,ALL                         !定义子步数,输出控制选项
CMSEL,S,ELEMQ$SFBEAM,ALL,1,PRES,60$ALLSEL,ALL                   !施加第一荷载步的荷载
SOLVE                                                           !求解第一荷载步
NSUBST,50$CNVTOL,M$CNVTOL,ROT                                   !定义子步数,用弯矩和转角收敛准则
CMSEL,S,ELEMQ$SFBEAM,ALL,1,PRES,90$ALLSEL,ALL                   !施加第二荷载步荷载
SOLVE                                                           !求解第二荷载步
/POST1$＊GET,NSET0,ACTIVE,,SET,NSET                             !获取总的时间点个数
SET,,,,,,,NSET0－1$PLDISP,1                                      !读入最后收敛的结果,绘制变形图
ETABLE,EPI,NLIN,20$ETABLE,EPJ,NLIN,60$PLLS,EPI,EPJ             !定义 I 节点和 J 节点的等效塑性应变
ETABLE,EMZ,SMISC,6$PLETAB,EMZ$PLLS,EMZ,EMZ,－1                 !定义单元弯矩表,并列表和图显结果
/POST26$N1＝NODE(0,2＊L,0)$NSOL,2,N1,U,X$PRVAR,2               !定义节点 UX 并对结果列表
```

(2)两层框架的塑性极限分析

如图 3-20 所示的双层平面框架结构[10],材料的弹性模量为 E＝210GPa,泊松系数为 0.3。材料的屈服强度 σ_s＝345MPa,采用理想弹塑性模型。该结构进行极限分析的理论结果为 P＝1493.12kN,用 AN-SYS 的 BKIN 和 BISO 材料模型计算的结果均为 1416.42kN。命令流如下。

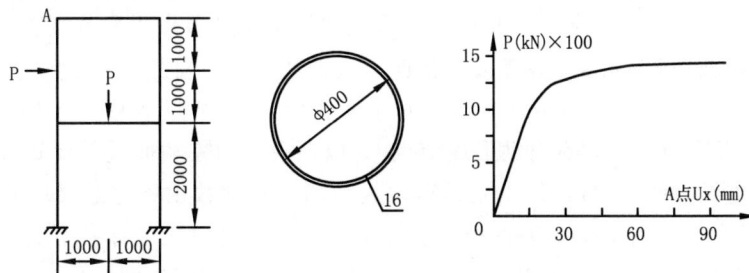

图 3-20　双层平面框架及荷载—位移曲线

```
!EX3.10 双层框架塑性极限分析
FINISH$/CLEAR$/CONFIG,NRES,5000$/PREP7$T＝16$D0＝400$L＝1000        !定义迭代限制、几何参数
```

```
ET,1,BEAM23$KEYOPT,1,6,1$MP,EX,1,2.1E5$MP,PRXY,1,0.3$R,1,D0,T          !定义单元类型、圆管材料等
TB,BKIN,1,1$TBDATA,1,345,0                                            !定义 BKIN 材料模型
K,1$K,2,0,2*L$K,3,0,3*L$K,4,0,4*L$K,5,L,2*L$K,6,2*L$K,7,2*L,2*L       !创建几何模型
K,8,2*L,4*L$L,1,2$L,2,3$L,3,4$L,2,5$L,5,7$L,4,8$L,6,7$L,7,8           !创建几何模型
DK,1,ALL$DK,6,ALL$LESIZE,ALL,100$LMESH,ALL                           !施加约束,划分网格
/SOLU$ANTYPE,0$NSUBST,20$OUTRES,ALL,ALL$P=1.0E6                      !定义求解控制
FK,3,FX,P$FK,5,FY,-P$SOLVE                                           !施加第一荷载步荷载并求解
NSUBST,50$CNVTOL,M$CNVTOL,ROT                                        !定义收敛规则
*DO,I,1.2,1.5,0.1                                                    !循环求解其余荷载步
FK,3,FX,I*P$FK,5,FY,-I*P$SOLVE$*ENDDO                                !施加各荷载步荷载并求解
/POST1$*GET,NSET0,ACTIVE,,SET,NSET                                   !获得总时间点数
SET,,,,,,,NSET0-1$PLDISP,1                                           !查看最后收敛步的结果
ETABLE,EPI,NLIN,20$ETABLE,EPJ,NLIN,60$ETABLE,EMZ,SMISC,6             !定义单元表
PLLS,EPI,EPJ$PLETAB,EMZ$PLLS,EMZ,EMZ,-1                              !显示单元表结果
/POST26$N1=NODE(0,4*L,0)$NSOL,2,N1,U,X$PRVAR,2                       !定义变量,查看结果
!
```

3.4 BEAM24 单元

BEAM24 单元称为 3D 薄壁梁元,是任意截面(开口或闭口)的单轴单元,具有轴向拉压、弯曲及圣文南扭转(也称为自由扭转或纯扭转)功能,适用于任何开口截面或单室闭口截面。每个节点有 6 个自由度,即沿节点坐标系 x、y、z 方向的平动位移和绕 x、y、z 轴的转动位移,单元模型如图 3-21 所示。梁的横截面由一系列的矩形段定义,横截面方位由第三节点确定。

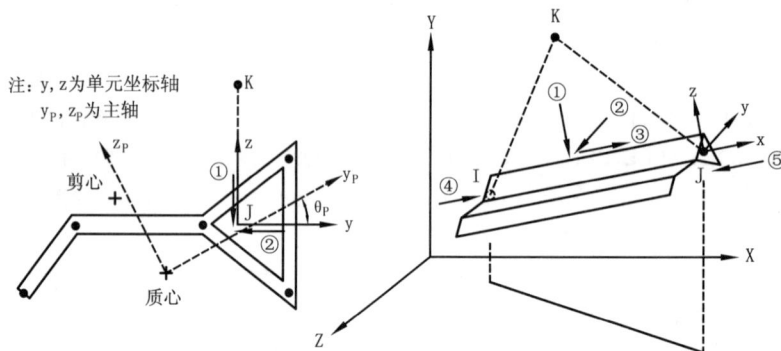

图 3-21　BEAM24 单元几何

3.4.1　输入参数与选项

图 3-21 给出了单元几何、节点位置和单元坐标系。该单元通过节点 I 和节点 J 定义,单元 z 轴位于节点 I、J 和 K 形成的平面内,单元 x 轴由节点 I 指向节点 J 且平行于两截面质心的连线。节点 K 必须定义以确定单元坐标系,且不能与节点 I 和 J 共线。对于大变形分析,节点 K 仅用于确定单元的初始方位。当然也可通过命令 LATT 指定关键点自动形成节点 K,以便由几何模型通过单元划分形成有限元模型。

横截面由一系列连续直线段组成,用单元的实常数描述。实常数由不超过 20 组"段点"坐标及相应段的厚度组成,其格式为(y,z,THK)。系列段点坐标 y、z 为用户自定义坐标系下的坐标(简称输入坐标系),当然段点坐标必然位于单元坐标系的 yoz 平面,该"输入坐标系"据方便由用户任意假定;THK 表示段点厚度。所输入的一系列直段形成横截面轮廓线,该轮廓线为一连续线,即一条线的末段点是下一条线的始段点,可用零厚度直段折返从而形成一连续的轮廓线。输入的厚度 THK 表示该点与前一点所形成直线段的厚度,因此第一组中的厚度无意义且应为 0。横截面输入的相关禁忌详见后文。

除上述实常数外,还可定义节点 I 和 J 的刚臂长度 DXI 和 DXJ,沿单元坐标 x 轴方向为正;还可定义惯性主轴方向的剪切变形系数 SHEARZ 和 SHEARY。一般横截面不会超过 20 个直线段,因此当不足 20 组段点坐标和厚度时,可用无参数命令 RMORE 补足空白数据,然后再定义 DXI 和 DXJ、SHEARZ 和 SHEARY,或者直接采用 RMODIF 定义。

缺省时,输入坐标系的原点位于节点上,也可将截面质心或剪切中心置于节点上[可通过 KEYOPT(3)定义],这样就会形成"截面偏置"(详见 BEAM18x 系列单元)。如上所述,单元坐标系通过节点 I,J 和 K 确定,故此单元坐标系与输入坐标系是否重合要根据 KEYOPT(3)的设置而定。当 KEYOPT(3)=0(缺省)时,输入坐标系的原点置于节点上,此时二者重合;当 KEYOPT(3)=1 时截面质心置于节点,当 KEYOPT(3)=2 时截面剪心置于节点,二者是否重合,要根据输入坐标系原点确定,如果输入坐标系的原点分别位于截面质心和剪心则为重合,否则二者就不重合。因此,单元坐标系和输入坐标系既有区别又有联系。

集中力施加在节点上,但当质心轴与单元 x 轴不重合时,所施加的轴向力会产生弯矩;如剪心轴与单元 x 轴不重合时,所施加的剪力会产生扭矩。因此应将节点置于所期望的集中力作用位置,或集中力的实际位置上。

可在单元上施加面荷载(对 BEAM24 为分布荷载),面的编号如图 3-21 中所示,图中箭头方向为分布荷载的正方向。横向分布荷载和切向分布荷载的量纲为"力/长度",端点面荷载以集中力形式输入而不是"力/面积"。KEYOPT(10)可控制线性分布荷载相对单元节点的距离。

可在单元两个端面的各三个方向输入温度值和热流作为单元的体荷载。如输入温度时,对节点 I 可输入单元 x 轴处的温度 T(0,0)、y 轴方向的单位长度温度 T(1,0)、z 轴方向的单位长度温度 T(0,1)。节点 J 类同。热流的输入方式同温度输入方式。缺省时 T(0,0)为 TUNIF,若除 T(0,0)外均未定义,则全部缺省为 T(0,0);若节点 I 的温度全部定义,但节点 J 的温度未定义,则节点 J 温度缺省为与节点 I 的温度相等。热流的缺省方式同温度,但不是 TUNIF 而是零。

BEAM24 单元输入如表 3-17 所示。

BEAM24 单元输入参数与选项　　　　　　　　　　　　　　　　表 3-17

参 数 类 别	参 数 及 说 明		
节点	I,J,K(方向点 K 用于截面方位)		
自由度	UX,UY,UZ,ROTX,ROTY,ROTZ		
实常数	序号	名　称	说　明
	1	Y1	段点 1 的 y 坐标(输入坐标系下)
	2	Z1	段点 1 的 z 坐标(输入坐标系下)
	3	THK1	段点 1 的厚度(应为零)
	4	Y2	段点 2 的 y 坐标(输入坐标系下)
	5	Z2	段点 2 的 z 坐标(输入坐标系下)
	6	THK2	段点 2 的厚度(表示段点 1—段点 2 的直段厚度)
	7～60	Y3,Z3,THK3…Y20,Z20,THK20	段点 3 到段点 20 的 yn,zn,THKn(输入坐标系下)
	61	DXI	节点 I 的刚臂长度(沿单元 x 轴)
	62	DXJ	节点 J 的刚臂长度(沿单元 x 轴)
	63	SHEARZ	截面主轴 z 方向的剪切变形系数
	64	SHEARY	截面主轴 y 方向的剪切变形系数

续上表

参数类别	参 数 及 说 明
材料属性	EX,ALPX(或 CETX 或 THSX),DENS,GXY,DAMP
面荷载	face1——I-J(−z 方向),若面荷载输入负值则与正方向相反,下同;face2——I-J(−y 方向);face3——I-J(+x 方向);face4——I(+x 方向);face5——J(−x 方向)
体荷载	温度——节点 I 的 T(0,0),T(1,0),T(0,1),节点 J 类同; 热流——节点 I 的 FL(0,0),FL(1,0),FL(0,1),节点 J 类同
特性	应力刚化、大变形、塑性、蠕变、膨胀、单元生死
KEYOPT(1)	附加截面输出选项: 0——不打印截面核查数据;1——打印截面核查数据
KEYOPT(2)	质量矩阵选项: 0——采用一致质量矩阵;1——采用缩减质量矩阵
KEYOPT(3)	节点位置选项: 0——节点置于单元 Y-Z 轴原点;1——节点置于单元质心;2——节点置于剪切中心
KEYOPT(6)	控制杆件弯矩和杆件力的输出: 0——不输出杆件弯矩和杆件力;1——在单元主轴坐标系中输出杆件弯矩和杆件力
KEYOPT(10)	控制线性分布荷载到单元节点距离的输入方式: 0——以长度为单位输入分布荷载到 I 或 J 节点的距离;1——以比值方式(0~1.0)输入分布荷载到 I 或 J 节点的距离

注:①SHEARZ 与 IZP 相关,若 SHEARZ=0 则忽略主轴 y 方向剪切变形的影响。

②SHEARY 与 IYP 相关,若 SHEARY=0 则忽略主轴 z 方向剪切变形的影响。

3.4.2 输出数据

单元附加输出说明如表 3-18 所示,可通过命令 ETABLE 或 ESOL 定义并获得,表 3-19 为命令 ETABLE 或 ESOL 中的表项和序号。可输出每个段点的轴向应力和应变,单元杆端力位于单元主轴坐标系下(原点位于截面质心且其 x 轴与单元坐标系 x 轴平行)。

单元截面性质输出[KEYOPT(1)=1]时,每个单元的截面性质均输出一次。输出参数有段点坐标和厚度、质心、剪心、面积、扭转常数(也称扭转惯性矩)、惯性矩、惯性积、扇性惯性矩(也称翘曲常数)、主惯性矩及主轴与单元 y 轴的夹角。

BEAM24 单元输出说明   表 3-18

名 称	说 明	O	R
EL	单元号	Y	Y
NODES	单元节点号(I,J 和 K)	Y	Y
MAT	单元材料号	Y	Y
VOLU	单元体积	—	Y
XC,YC,ZC	单元结果的输出位置	Y	3

续上表

名 称	说 明	O	R
PRES	节点 I 和 J 的压力 P1;节点 I 和 J 的压力 P2;节点 I 和 J 的压力 P3;节点 I 的 P4;节点 J 的 P5	Y	Y
TEMP	I 节点温度 $T(0,0)$,$T(1,0)$,$T(0,1)$,J 节点温度与 I 类同		
FLUEN	I 节点热流 $FL(0,0)$,$FL(1,0)$,$FL(0,1)$,J 节点热流与 I 类同	Y	Y
S(Max,Min)	单元轴向最大和最小应力	Y	Y
CENTROID	单元质心坐标(y,z)(输入坐标系下)	Y	—
SHEAR CENTER	单元剪切中心坐标(y,z)(输入坐标系下)	Y	—
AREA	横截面面积	Y	—
J	扭转常数(扭转惯性矩)	Y	—
IW	扇形惯性矩(翘曲常数)	Y	—
IYP	绕截面 y_p 主轴的惯性矩	Y	—
IZP	绕截面 z_p 主轴的惯性矩	Y	—
THETAP	单元 y 轴与截面 yp 主轴的夹角	Y	—
END	端点 I 或 J	1	—
PT	段点$(1\sim20)$及其坐标(输入坐标系下)	1	—
TEMP	温度	1	1
SAXL	轴向应力	1	1
EPELAXL	轴向弹性应变	1	1
EPTHAXL	轴向热应变	1	1
EPSWAXL	轴向膨胀应变	1	1
EPCRAXL	轴向蠕变应变	1	1
EPPLAXL	轴向塑性应变	1	1
SEPL	等效应力	1	1
SRAT	应力状态率	1	1
EPEQ	等效塑性应变	1	1
HPRES	静水压力	—	1
MFOR(x,y,z)	单元主轴坐标系下的杆件 x、y 和 z 向力	2	Y
MMOM(x,y,z)	单元主轴坐标系下的杆件 x、y 和 z 向弯矩	2	Y

注:1. 对定义的端点和段点输出结果。

2. 仅 KEYOPT(6)=1 时。

3. *GET 命令采用 CENT 项时可得。

命令 **ETABLE** 和 **ESOL** 的表项和序号 　　表 3-19

输出量名称	项 Item	I	J	输出量名称	项 Item	I	J
SAXL	LS	i	20+i	P1	SMISC	13	14
EPELAXL	LEPEL	i	20+i	P2	SMISC	17	18
EPTHAXL	LEPTH	2×i−1	40+(2×i−1)	P3	SMISC	21	22
EPSWAXL	LEPTH	2×i	40+(2×i)	P4	SMISC	25	—
EPPLAXL	LEPPL	i	20+i	P5	SMISC	—	26
EPCRAXL	LEPCR	i	20+i	SMAX	NMISC	1	3
SEPL	NLIN	4×i−3	80+(4×i−3)	SMIN	NMISC	2	4
SRAT	NLIN	4×i−2	80+(4×i−2)	FL(0,0)	NMISC	5	8
HPRES	NLIN	4×i−1	80+(4×i−1)	FL(1,0)	NMISC	6	9
EPEQ	NLIN	4×i	80+(4×i)	FL(0,1)	NMISC	7	10
MFORX	SMISC	1	7	T(0,0)	LBFE	1	4
MFORY	SMISC	2	8	T(1,0)	LBFE	2	5
MFORZ	SMISC	3	9	T(0,1)	LBFE	3	6
MMOMX	SMISC	4	10				
MMOMY	SMISC	5	11				
MMOMZ	SMISC	6	12				

注：①表中 i 为段点编号，即用户输入截面时的编号，其值范围在 1～20 之间。

②弹性分析不能获取非线性性质的结果，如 NLIN 类。

3.4.3　参数计算

截面特性的计算基于数值积分，积分点为用户输入的段点。

（1）截面面积与质心位置

设第 k 段面积为 $A_k = l_k t_k$，则横截面面积为：

$$A = \sum A_k \tag{3-26}$$

式中：l_k——第 k 段长度，通过命令 R 输入的段点坐标 y，z 直接计算；

t_k——第 k 段厚度，即命令 R 输入的段点厚度 THK。

截面对参考坐标轴（输入坐标轴）的静面矩为：

$$q_y = \frac{1}{2} \sum (z_i + z_j) A_k, q_z = \frac{1}{2} \sum (y_i + y_j) A_k \tag{3-27}$$

式中：y_i，z_i——第 k 段的始段点坐标，即命令 R 输入的段点坐标；

y_j，z_j——第 k 段的末段点坐标，即命令 R 输入的段点坐标。

则基于参考坐标轴（输入坐标轴）原点的质心坐标为：

$$y_c = q_z / A, z_c = q_y / A \tag{3-28}$$

上述两式即为输出说明中的质心 CENTROID。

（2）截面惯性矩

通过质心但平行于参考坐标轴的截面惯性矩为：

$$I_y = \frac{1}{3} \sum (\bar{z}_i^2 + \bar{z}_i \bar{z}_j + \bar{z}_j^2) A_k$$

$$I_z = \frac{1}{3} \sum (\bar{y}_i^2 + \bar{y}_i \bar{y}_j + \bar{y}_j^2) A_k \tag{3-29}$$

其中，$\bar{y}_i = y_i - y_c$，$\bar{z}_i = z_i - z_c$。

截面对参考坐标轴惯性积为：

$$I_{yz} = \frac{1}{3} \sum (\bar{y}_i \bar{z}_i + \bar{y}_j \bar{z}_j) A_k + \frac{1}{6} \sum (\bar{y}_i \bar{z}_j + \bar{y}_j \bar{z}_i) A_k \tag{3-30}$$

惯性主轴与参考坐标轴的夹角为：

$$\theta_p = \frac{1}{2} \tan^{-1} \left(\frac{2I_{yz}}{I_z - I_y} \right) \tag{3-31}$$

输入的横截面及其主轴如图 3-22 所示。

截面对主轴的惯性矩为：

$$I_{yp} = \frac{1}{2}(I_y + I_z) + \frac{1}{2}(I_y + I_z)\cos(2\theta_p) - I_{yz}\sin(2\theta_p) \tag{3-32}$$

$$I_{zp} = I_y + I_z - I_{yp} \tag{3-33}$$

上述两式如输出说明中的 IYP 和 IZP。

开口或单室闭口截面的扭转常数（输出说明中的 J）为：

$$J = \frac{4A_0^2}{\sum\limits^c l_k / t_k} + \frac{1}{3} \sum\limits_1^d l_k t_k^3 \tag{3-34}$$

式中：A_0——闭口部分所围成的面积，$A_0 = \frac{1}{2} \left| \sum\limits^c (z_i + z_j)(y_j - y_i) \right|$；

$\sum\limits^c$——仅闭口部分求和；

$\sum\limits^d$——其余部分求和，不包括闭口部分。

（3）剪切中心位置及扇形惯性矩

基于参考坐标轴（输入坐标轴）的剪心坐标为：

$$y_s = y_c + \frac{I_{yz} I_{\omega y} - I_z I_{\omega z}}{I_{yz}^2 - I_y I_z}$$

$$z_s = z_c + \frac{I_{yz} I_{\omega z} - I_y I_{\omega y}}{I_{yz}^2 - I_y I_z} \tag{3-35}$$

上述二式如输出说明中的 SHEAR CENTER。

式中的扇形惯性积（也称扇形坐标与直角坐标的惯性积）为：

$$I_{\omega y} = \frac{1}{3} \sum (\omega_i \bar{y}_i + \omega_j \bar{y}_j) A_k + \frac{1}{6} \sum (\omega_i \bar{y}_j + \omega_j \bar{y}_i) A_k \tag{3-36}$$

$$I_{\omega z} = \frac{1}{3} \sum (\omega_i \bar{z}_i + \omega_j \bar{z}_j) A_k + \frac{1}{6} \sum (\omega_i \bar{z}_j + \omega_j \bar{z}_i) A_k \tag{3-37}$$

扇形惯性积与式（3-30）的截面惯性积类似，但采用扇形坐标 ω，点 p 的扇形坐标定义为：

$$\omega_p = \int_0^s h \, ds \tag{3-38}$$

式中：h——从某点（这里为质心）到截面中心线的距离（图 3-23）；

s——从任意起始点沿着截面中心线到点 p 的距离。

扇形坐标的绝对值是上述三点所围成面积的 2 倍。

式（3-38）采用辛普森积分规则可写成：

$$\omega_p = \sum_1^s \left[\bar{y}_i (\bar{z}_j - \bar{z}_i) - \bar{z}_i (\bar{y}_j - \bar{y}_i) \right] \tag{3-39}$$

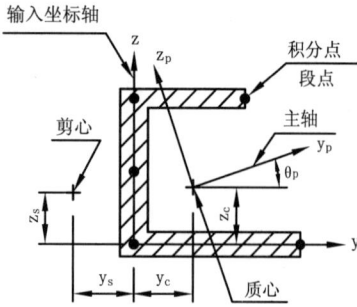

图 3-22　横截面主轴示意

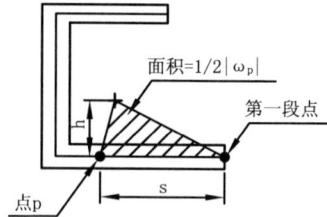

图 3-23　扇形坐标

式中: $\sum_{1}^{s}$——从第一段到包含点 p 的段。

如果此段是闭口的一部分,则扇形坐标为:

$$\omega_p = \sum_{1}^{s}\left[\bar{y}_i(\bar{z}_j - \bar{z}_i) - \bar{z}_i(\bar{y}_j - \bar{y}_i)\right] - \frac{2A_0}{\sum^{c}l_k/t_k} \times \frac{l_k}{t_k} \qquad (3\text{-}40)$$

翘曲常数(也称为扇形惯性矩,即输出说明中的 IW)为:

$$I_\omega = \frac{1}{2}\sum(\omega_{ni}^2 + \omega_{ni}\omega_{nj} + \omega_{nj}^2)A_k \qquad (3\text{-}41)$$

对 BEAM24 单元而言,因不考虑翘曲扭转,故其不参与刚度矩阵计算但列表输出。式中的 ω_{np}(p= i,j)为规则化扇形坐标,即相对于剪切中心的扇形坐标。

单元 BEAM24 的弹性刚度矩阵和质量刚度矩阵同单元 BEAM4,其切线刚度矩阵与 BEAM23 类似。因此单元的弹性行为与 BEAM4 基本相同,即用户不必计算截面特性而只由程序计算,当然还可截面偏置、显示截面形状、获取各段点结果等。

3.4.4　截面输入规则

输入截面的实常数时,应遵循下列规则:

(1)零厚度段必须沿着原始段折返,即不能与原始段围成面。如图 3-24a)、b)所示,虚线为零厚度段,当然该截面正确的输入方法还有很多,此不赘述。

(2)零厚度段不能位于闭口截面的环线上,如图 3-24c)、d)所示。

(3)零厚度段不必与原始段数目相同,如图 3-24e)所示。

(4)不容许仅单一直线段,即便是将直线段划分为多段也不容许。

(5)不容许有多室截面,不管是单箱多室或是多箱单室都不容许。

(6)段点间距小于 1.0×10^{-8} 单位长度时认为段点重合。

输入的截面是否正确,可通过命令/ESHAPE,1 和 EPLOT 打开单元形状显示检查,但要注意显示的截面形状与输入一致时,并不表示输入正确,程序在求解时才检查输入的正确性,即检查是否与上述的六条规则相违。同时还要注意显示截面时不因 KEYOPT(3)的不同而不同,显示位置仅与输入坐标系的原点有关,但程序计算时根据 KEYOPT(3)的设置而异。

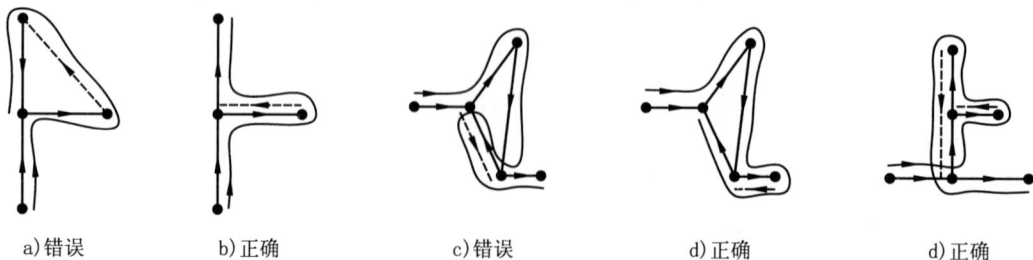

a)错误　　　b)正确　　　c)错误　　　d)正确　　　d)正确

图 3-24　正确与错误的输入

3.4.5 注意事项

(1)单元长度必须大于零,单元的横截面可为开口截面或单室闭口截面。

(2)不计翘曲扭转,翘曲常数不参与刚度矩阵计算。

(3)材料非线性仅在轴向方向,即剪切和扭转不考虑材料的非线性特性。

(4)该单元为基于刚周边假设的薄壁梁(小应变),截面翘曲不受约束,即自由扭转或纯扭转理论,截面扭转角沿长度方向线性变化。当采用集中质量矩阵时,质量偏移效应将被忽略。

(5)横截面温度分布假定按双线性变化。

3.4.6 应用举例

(1)十字形截面悬臂梁

如图 3-25 所示的十字形截面,设悬臂梁长度为 2000mm,悬臂端作用 10kN 的竖向荷载并通过截面质心,材料的弹性模量为 E=210GPa,泊松系数为 0.3。

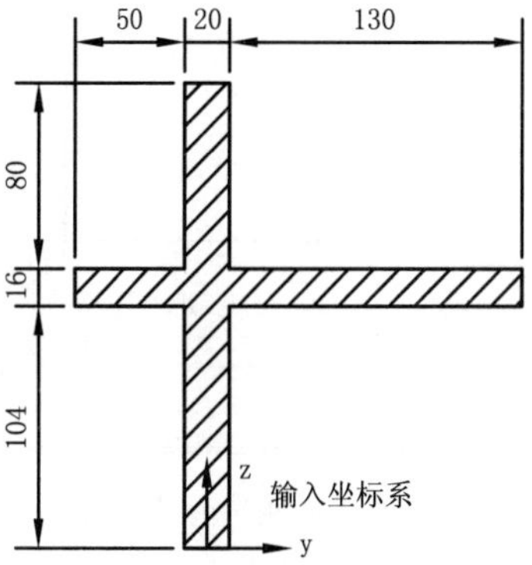

输入截面时的自定义坐标系如图中所示。通过其他手段不难求得截面的质心、剪切中心、绕各轴的惯性矩、惯性积以及主轴和绕主轴的惯性矩等,从而验证 BEAM24 截面特性计算的正确性。

由于单元的弹性行为与 BEAM4 基本相同,读者可利用上述截面特性定义 BEAM4 单元的实常数。注意:对 BEAM4 而言,所输入的实常数基于主轴且质心与剪心重合,因此需要第三点定义截面方向。

当然也可利用 BEAM18x 系列单元进行验证。

命令流如下。

图 3-25　十字形截面尺寸
(尺寸单位:mm)

```
!EX3.11 十字形截面悬臂梁的计算
FINISH$/CLEAR$/PREP7
ET,1,BEAM24$MP,EX,1,2.1E5$MP,PRXY,1,0.3          !定义单元类型和材料属性
KEYOPT,1,1,1$KEYOPT,1,6,1$KEYOPT,1,3,1          !打印截面特性数据,输出杆件内力,质心置于节点
R,1,0,0,0,0,112,20$RMORE,-60,112,16,0,112,0      !输入段点1~4段点坐标和厚度
RMORE,0,200,20,0,112,0$RMORE,140,112,16          !输入段点5~8段点坐标和厚度
K,1$K,2,2000$K,3,1000,1000$L,1,2                !创建几何模型,关键点3用于定义截面方位
LATT,1,1,1,,,3$LESIZE,ALL,,,10$LMESH,ALL         !赋予线属性,定义网格数目,划分网格
DK,1,ALL$FK,2,FY,-1E4                            !施加约束和荷载
/ESHAPE,1$EPLOT                                  !显示截面形状(是否正确 SOLVE 时才能确定)
/SOLU$/OUTPUT,SECPROP,TXT                        !将输出定义到文件,以检查截面特性数据
SOLVE$/OUTPUT$FINISH                             !求解并改变输出定向
/POST1$PLDISP,1$PRESOL,ELEM                      !显示变形图和当前可能获得的单元结果数据
PRNSOL,DOF                                       !列表显示所有节点的自由度结果
ETABLE,SIMAX,NMISC,1$ETABLE,SJMAX,NMISC,3$PLLS,SIMAX,SJMAX   !最大轴向应力表
ETABLE,SIMIN,NMISC,2$ETABLE,SJMIN,NMISC,4$PLLS,SIMIN,SJMIN   !最小轴向应力表
ETABLE,FZI,SMISC,3$ETABLE,FZJ,SMISC,9$ETABLE,FYI,SMISC,2
ETABLE,FYJ,SMISC,8$PLLS,FZI,FZJ$PLLS,FYI,FYJ    !两个方向的内力表
ETABLE,MZI,SMISC,6$ETABLE,MZJ,SMISC,12$ETABLE,MYI,SMISC,5
ETABLE,MYJ,SMISC,11$PLLS,MZI,MZJ$PLLS,MYI,MYJ   !两个方向的弯矩表
I=5                                             !指定段点号,可获取截面上任何段点的结果数据,这里仅示意如下
ETABLE,SAXLI,LS,I$ETABLE,SAXLJ,LS,20+I$PLLS,SAXLI,SAXLJ      !段点应力表
*GET,E1SI5,ELEM,1,ETAB,SAXLI                    !GET 命令获取结果
!
```

（2）双轴对称工字梁刚架分析

如图 3-26 所示的刚架及其截面形式，考虑到柱和梁连接部位刚性较大，假设梁两端各 150mm 范围按带刚臂的 BEAM24 处理。材料参数同上例，对该结构进行弹性分析。命令流如下。

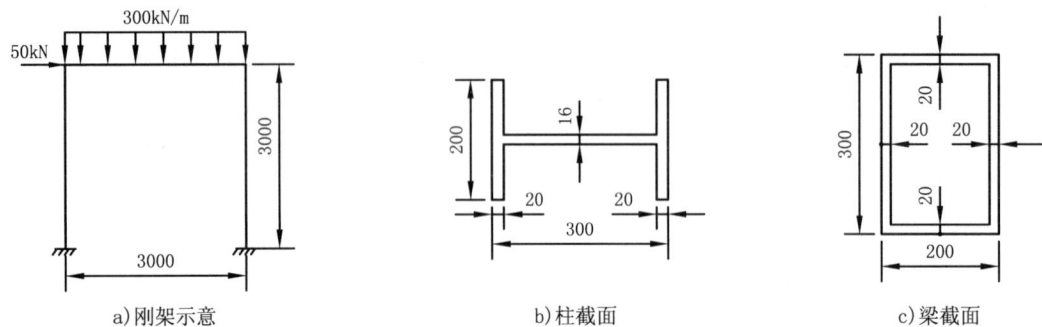

| a)刚架示意 | b)柱截面 | c)梁截面 |

图 3-26　平面刚架及截面尺寸（尺寸单位:mm）

```
!===========================================================================
!EX3.12  平面刚架弹性分析
FINISH$/CLEAR$/PREP7$ET,1,BEAM24$MP,EX,1,2.1E5$MP,PRXY,1,0.3              !定义箱形截面段点数据
R,1,-92,142,0,92,142,20$RMORE,92,-142,20,-92,-142,20$RMORE,-92,142,20
! 定义箱形截面段点数据但左端带刚臂
R,2,-92,142,0,92,142,20$RMORE,92,-142,20,-92,-142,20$RMORE,-92,142,20$RMODIF,2,61,150
! 定义箱形截面段点数据但右端带刚臂
R,3,-92,142,0,92,142,20$RMORE,92,-142,20,-92,-142,20$RMORE,-92,142,20$RMODIF,3,62,-150
! 定义工字形截面段点数据
R,4,-140,-100,0,-140,100,20$RMORE,-140,0,0,140,0,16$RMORE,140,100,0,140,-100,20
L=3000$K,1$K,2,0,L$K,3,L,L$K,4,L$K,10,0,0,L$K,11,L,0,1$K,12,0,2*L         !创建关键点和定位关键点
L,1,2$L,2,3$L,3,4$DK,1,ALL$DK,4,ALL                                      !创建线并施加约束
LSEL,S,,,1$LATT,1,4,1,,,10                                               !选择左立柱线并赋予线属性
LSEL,S,,,2$LATT,1,1,1,,,12                                               !选择梁线并赋予线属性
LSEL,S,,,3$LATT,1,4,1,,,11$LSEL,ALL                                      !选择右立柱线并赋予线属性
LESIZE,ALL,,,10$LMESH,ALL$/ESHAPE,1$EPLOT                                !定义网格尺寸,划分单元并显示形状
NSEL,S,,,NODE(0,L,0)$ESLN,S$ESEL,R,REAL,,1                               !选择左顶节点及相关单元,再选梁的单元
EMODIF,ALL,REAL,2$ALLSEL,ALL                                            !修改该单元的实常数为2——左端刚臂
NSEL,S,,,NODE(L,L,0)$ESLN,S$ESEL,R,REAL,,1                               !选择右顶节点及相关单元,再选梁的单元
EMODIF,ALL,REAL,3$ALLSEL,ALL                                            !修改该单元的实常数为3——右端刚臂
ESEL,U,REAL,,4$SFBEAM,ALL,1,PRES,300$ESEL,ALL                           !选择梁部单元,施加单元荷载
F,NODE(0,L,0),FX,50000                                                  !施加集中荷载
/SOLU$SOLVE$FINISH                                                      !求解
/POST1$PLDISP,1$PLNSOL,S,X$PRNSOL,DOF                                   !显示变形、轴向应力、节点自由度结果
ETABLE,MZI,SMISC,6$ETABLE,MZJ,SMISC,12                                  !定义 MZ 弯矩单元表
ETABLE,MYI,SMISC,5$ETABLE,MYJ,SMISC,11                                  !定义 MY 弯矩单元表
PLLS,MZI,MZJ$PLLS,MYI,MYJ                                               !图形显示 MZ 和 MY
!===========================================================================
```

3.5　BEAM44 单元

BEAM44 单元称为 3D 不对称变截面弹性梁元，具有轴向拉压、弯曲及扭转功能。每个节点有 6 个自由度，即沿节点坐标系 x、y、z 方向的平动位移和绕 x、y、z 轴的转动位移，单元模型如图 3-27 所示。该

单元的两端截面可不相同,且截面也可不对称,也允许截面偏置(即节点不在质心)。若不需要这些特性,可采用均匀对称的 BEAM4 单元,也可选用同类型的 2D 单元 BEAM54。若进行材料非线性分析,可选用 BEAM18x 系列单元。

可选项有剪切变形的影响及输出单元坐标系下的杆件内力。

可用命令 SECTYPE、SECDATA、SECOFFSET、SECWRITE 及 SECREAD 创建任何形状的横截面,以供 BEAM44 单元使用,此时无需实常数,若已定义了实常数则忽略所定义的梁截面。但若没有定义梁截面,就需要输入实常数,此时可输入两截面不同的实常数以实现变截面。当采用梁截面时,只能定义"等截面"而不能定义变截面,而 BEAM18x 系列可在定义梁截面时实现变截面。

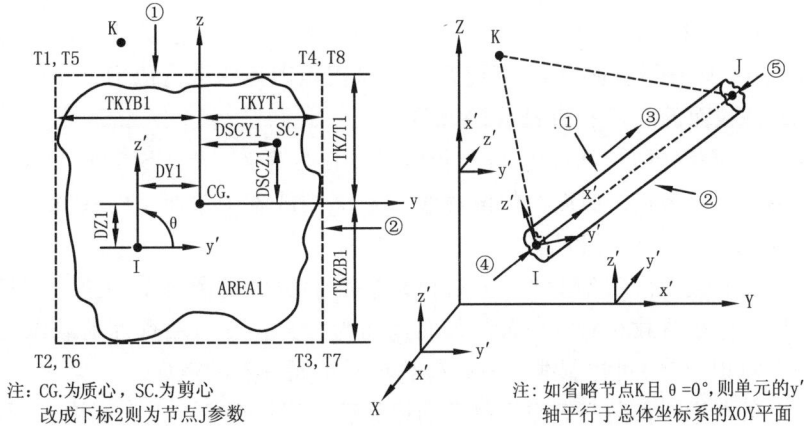

注:CG.为质心,SC.为剪心
改成下标2则为节点J参数

注:如省略节点K且 θ=0°,则单元的y'
轴平行于总体坐标系的XOY平面

图 3-27   BEAM44 单元几何

3.5.1   输入参数与选项

图 3-27 给出了单元几何、节点位置和单元坐标系。单元由参考坐标系(x',y',z')和偏置量定位,此参考坐标系通过节点 I、J 和 K 或方位角 θ 定义。而单元坐标系(x,y,z)则由参考坐标系和偏置常数确定,如若偏置常数均为零,则单元坐标系和参考坐标系相同;如若偏置常数不为零,则以参考坐标系为基础根据偏置常数确定单元坐标系的 x 轴,其 z 轴则平行于 $x'o'z'$ 平面。单元主轴坐标系的 xp 轴与单元坐标系的 x 轴平行,且通过横截面质心,其余两主轴 y_p 和 z_p 则位于单元 yoz 平面内。

单元的 x' 轴的方向从 I(截面 1)节点指向 J(截面 2)节点。仅两个节点时,单元的 y' 轴方向缺省为平行于总体坐标系的 XOY 平面;若单元的 x' 轴平行于整体坐标系的 Z 轴(或偏角在 0.01% 之内),则单元的 y' 轴平行于总体坐标系的 Y 轴。用户可通过给定 θ 角(THETA)或定义第三个节点 K 控制单元的 y' 轴方向。当 θ 和 K 这两个参数都给定时,则以第三点确定单元坐标系,即单元 x' 轴和 z' 轴位于由 I、J、K 三点确定的平面之内。对于大变形分析,第三节点或 θ 仅用来确定单元的初始状态。

单元实常数用以说明梁的横截面,有横截面面积、惯性矩、外边缘到质心的距离、质心偏置常数和剪切变形系数。IZ 和 IY 是对截面主轴的惯性矩,截面 1 的扭转惯性矩 IX1 缺省时等于该截面的极惯性矩(即 IX1=IZ1+IY1)。如不输入截面 2 的惯性矩或空白,则缺省为截面 1 的相应数值。单元的扭转刚度随着 IX 值的减小而降低。

偏置常数 DX、DY 和 DZ 定义质心位置相对于节点的偏移距离,即截面偏置,偏移距离以沿着单元坐标轴(主轴)正方向为正值。截面 2 的实常数如果为零,则全部缺省为截面 1 的实常数,但偏置常数除外。截面 1 的"上部厚度"TKZT1 和 TKYT1 缺省时分别为该截面的"下部厚度"TKZB1 和 TKYB1。截面 2 的 TKZT2 和 TKYT2 缺省时也分别为 TKZB2 和 TKYB2,所谓上部厚度和下部厚度如图 3-27 中所示。

单元的初应变 ISTRN 通过 Δ/L 给定,Δ 为单元长度 L(由 I 和 J 节点坐标计算)与零应变单元长度之差。剪切变形影响考虑与否是可选的,若 SHEARZ=0 或 SHEARY=0 则忽略该方向的剪切变形的影响。该单元可考虑附加质量（单位长度的质量），即实常数中的 ADDMAS。弹性地基刚度 EFSZ 和 EFSY 指基础产生单位法向变形所需的压力，当 EFSZ 或 EFSY 为 0 时，则不考虑该方向的此项性能。

KEYOPT(2)允许使用减缩质量矩阵（删除转动自由度），这样有助于改善细长杆在质量荷载作用下的弯曲应力。

KEYOPT(7)和 KEYOPT(8)允许在单元坐标系中释放单元节点刚度，也就是节点自由度释放。造成自由运动的节点自由度不能释放时，通常会有主元警告和错误信息；应力刚度矩阵的平动自由度也不能进行节点自由度释放。当释放某个自由度后，作用在该自由度上的荷载将不予考虑。对于大变形分析，节点自由度释放跟随单元的方向，因此节点自由度耦合处的自由度不能释放，而采用无释放自由度的柔性梁单元（如可采用较小的 EX）可提高解的稳定性。

剪切面积 ARESZ 和 ARESY 仅仅用于计算剪切应力，其值一般小于横截面的实际面积。扭转应力系数 TSF1 和 TSF2 用于计算扭转剪应力，即此系数乘以扭矩即得扭转剪应力。扭转应力系数一般可在相关手册中查到，如，圆截面的 TSF＝直径/(2×IX)。

对有些梁的截面，剪心和质心不重合。剪心相对于质心的偏移距离 DSCZ 和 DSCY 如图 3-27 所示，该偏移距离以坐标轴的正向为正。截面 2 的偏移值若为 0，则缺省为截面 1 的数值。如果常数 Y1 到 Z4 都指定，则可另外输出梁每端截面上指定的 4 个点的应力。

可在单元上施加面荷载（对 BEAM44 为分布荷载），面的编号如图 3-27 中所示，图中箭头方向为分布荷载的正方向。横向分布荷载和切向分布荷载的量纲为"力/长度"，端点面荷载以集中力形式输入而不是"力/面积"。KEYOPT(10)可控制线性分布荷载相对单元节点的距离。

可在单元的八个角点上输入温度值作为单元的体荷载。第一个角点上的温度 T_1 缺省为 TUNIF，若其余角点未输入温度则缺省为 T_1。若仅输入了 T_1 和 T_2，则 T_3 缺省为 T_2，而 T_4 缺省为 T_1。$T_5 \sim T_8$ 缺省方式与 $T_1 \sim T_4$ 相同。

KEYOPT(7)用来控制是否释放节点自由度以及释放自由度的定义。

KEYOPT(9)可控制单元两节点之间其他位置结果的输出，这些结果用单元脱离体按平衡条件求得，但下列情况除外：

(1)考虑应力刚化时(SSTIF,ON)；

(2)一个以上的构件施加了角速度时（命令 OMEGA）；

(3)通过命令 CGOMGA、DOMEGA 或 DCGOMG 施加了角速度或加速度时。

表 3-20 列出了 BEAM44 单元输入参数与选项。

BEAM44 单元输入参数与选项　　　　　　表 3-20

参数类别	参数及说明
节点	I,J,K（方向点 K 是可选的）
自由度	UX,UY,UZ,ROTX,ROTY,ROTZ
实常数	AREA1,IZ1,IY1,TKZB1,TKYB1,IX1,详见表 3-21 中的说明
材料属性	EX,ALPX（或 CETX 或 THSX）,DENS,GXY 量,DAMP
面荷载	face1——I-J(−z 方向)，若面荷载输入负值则与正方向相反，下同；face2——I-J(−y 方向)；face3——I-J(＋x 方向)；face4——I(＋x 方向)；face5——J(−x 方向)
体荷载	温度——T1,T2,T3,T4,T5,T6,T7,T8
特性	应力刚化、大变形、单元生死
KEYOPT(2)	质量矩阵选项： 0——一致质量矩阵；1——减缩质量矩阵

续上表

参数类别	参 数 及 说 明
KEYOPT(6)	控制杆件弯矩和杆件力的输出： 0——不输出杆件弯矩和杆件力；1——在单元坐标系中输出杆件弯矩和杆件力
KEYOPT(7)	节点 I 自由度释放及其定义： 1——释放单元 z 轴转动自由度；10——释放单元 y 轴转动自由度；100——释放单元 x 轴转动自由度；1000——释放单元 z 轴平动自由度；10000——释放单元 y 轴平动自由度；100000——释放单元 x 轴平动自由度； 多个自由度释放时将被释放的自由度对应的值相加，然后输入总值
KEYOPT(8)	节点 J 自由度释放及其定义，对应的数值同 KEYOPT(7)
KEYOPT(9)	控制 I 和 J 节点之间位置的结果输出： N——输出 N 个中间位置的结果（N＝0,1,3,5,7,9 等分点）
KEYOPT(10)	控制线性分布荷载到单元节点距离的输入方式： 0——以长度为单位输入分布荷载到 I 或 J 节点的距离；1——以比值方式（0～1.0）输入分布荷载到 I 或 J 节点的距离

注：①SHEARZ 与 IZ 相关，若 SHEARZ＝0 则忽略单元 y 方向剪切变形的影响。

②SHEARY 与 IY 相关，若 SHEARY＝0 则忽略单元 z 方向剪切变形的影响。

BEAM44 单元实常数输入与定义　　　　　　　　　　　　　　　　　　表 3-21

序　号	参 数 名 称	参 数 说 明
1	AREA1	截面 1 的面积
2,3	IZ1,IY1	截面 1 绕主轴的惯性矩
4,5	TKZB1,TKYB1	截面 1 的 z 方向和 y 方向的下部厚度
6	IX1	截面 1 的扭转惯性矩
7	AREA2	截面 2 的面积
8,9	IZ2,IY2	截面 2 绕主轴的惯性矩
10,11	TKZB2,TKYB2	截面 2 的 z 方向和 y 方向的下部厚度
12	IX2	截面 2 的扭转惯性矩
13,14,15	DX1,DY1,DZ1	截面 1 的 x、y、z 方向的质心偏置常数
16,17,18	DX2,DY2,DZ2	截面 2 的 x、y、z 方向的质心偏置常数
19,20	SHEARZ,SHEARY	z 方向和 y 方向上的剪切变形系数
21,22	TKZT1,TKYT1	截面 1 的 z 方向和 y 方向的上部厚度
23,24	TKZT2,TKYT2	截面 2 的 z 方向和 y 方向的上部厚度
25,26	ARESZ1,ARESY1	截面 1 的 z 方向和 Y 方向的剪切面积
27,28	ARESZ2,ARESY2	截面 2 的 z 方向和 Y 方向的剪切面积
29,30	TSF1,TSF2	截面 1 和截面 2 的扭转应力系数
31,32	DSCZ1,DSCY1	截面 1 的剪心偏移距离
33,34	DSCZ2,DSCY2	截面 2 的剪心偏移距离
35,36	EFSZ,EFSY	单元 z 和 y 方向的弹性地基刚度
37,38	Y1,Z1	截面 1 应力附加输出点 1 的 y 和 z 坐标
39,40	Y2,Z2	截面 1 应力附加输出点 2 的 y 和 z 坐标
41,42	Y3,Z3	截面 1 应力附加输出点 3 的 y 和 z 坐标

序 号	参 数 名 称	参 数 说 明
43,44	Y4,Z4	截面1应力附加输出点4的y和z坐标
45,46	Y1,Z1	截面2应力附加输出点1的y和z坐标
47,48	Y2,Z2	截面2应力附加输出点2的y和z坐标
49,50	Y3,Z3	截面2应力附加输出点3的y和z坐标
51,52	Y4,Z4	截面2应力附加输出点4的y和z坐标
53	THETA	单元x轴的角度
54	ISTRN	单元初应变
55	ADDMAS	单元附加质量(质量/长度)

注:可用命令 RMODIF 定义某组实常数的某个序号的实常数值,较无参数 RMORE 简便。

3.5.2 输出数据

图 3-28 为 BEAM44 单元应力输出示意。每个截面计算结果包括 1 个轴向直接应力和 4 个弯曲应力,计算时假想为 TKYB+TKYT 和 TKZB+TKZT 定义的矩形截面,由此 5 个应力值的组合计算出最大和最小应力。若输入了 Y1~Z4 的实常数,则指定点的组合应力也可同时计算出来。当 KEYOPT(6)=1 时,在单元主轴坐标系下输出 12 个杆件力(弯矩和力)。如果输入了实常数序号 25~30(表 3-21)对应的值,则输出平均剪应力和扭转应力,而如果这些实常数都为零,则剪应力和扭转应力输出无效。如果 KEYOPT(9)不为零,还可输出两个端点之间其他位置的结果。

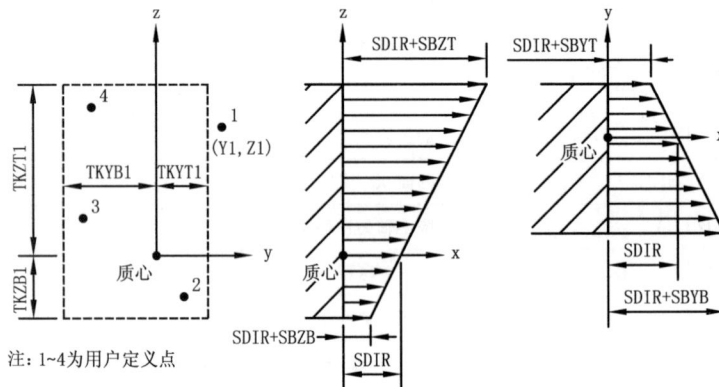

图 3-28 BEAM44 单元应力输出示意

需要注意的是,若执行了命令/ESHAPE,1,则可在前处理器中显示 3D 的 BEAM44 单元,而后处理器仅可显示 3D 变形结果,其余结果则不能用 3D 显示。

单元输出说明如表 3-22 所示,单元 ETABLE 和 NSOL 命令表项和序号如表 3-23、表3-24所示,其中未加说明的相关列同前文。

BEAM44 单元输出说明   表 3-22

名 称	说 明	O	R
EL	单元号	Y	Y
NODES	单元节点号(I 和 J)	Y	Y
MAT	单元材料号	Y	Y
VOLU	单元体积	—	Y
XC,YC,ZC	单元结果的输出位置(当前坐标系中的坐标)	Y	5
TEMP	角点温度 T1,T2,T3,T4,T5,T6,T7,T8	Y	Y

续上表

名 称	说 明	O	R
PRES	节点 I 和 J 的压力 P1,到节点 I 和 J 的距离 OFFST1 节点 I 和 J 的压力 P2,到节点 I 和 J 的距离 OFFST2 节点 I 和 J 的压力 P3,到节点 I 和 J 的距离 OFFST3 节点 I 的 P4,节点 J 的 P5	Y	Y
SDIR	轴向直接应力(仅轴向力产生的应力)	1	1
SBYT	单元+y 侧的弯曲应力	1	1
SBYB	单元-y 侧的弯曲应力	1	1
SBZT	单元+z 侧的弯曲应力	1	1
SBZB	单元-z 侧的弯曲应力	1	1
SMAX	最大应力(轴向直接应力+弯曲应力)	1	1
SMIN	最小应力(轴向直接应力-弯曲应力)	1	1
EPELDIR	梁端轴向弹性应变	1	1
EPELBYT	单元+y 侧的弯曲弹性应变	1	1
EPELBYB	单元-y 侧的弯曲弹性应变	1	1
EPELBZT	单元+z 侧的弯曲弹性应变	1	1
EPELBZB	单元-z 侧的弯曲弹性应变	1	1
EPTHDIR	梁端轴向热应变	1	1
EPTHBYT	单元+y 侧的弯曲热应变	1	1
EPTHBYB	单元-y 侧的弯曲热应变	1	1
EPTHBZT	单元+z 侧的弯曲热应变	1	1
EPTHBZB	单元-z 侧的弯曲热应变	1	1
EPINAXL	单元轴向初应变	1	1
S(XY,XZ,YZ)	y 向和 z 向平均剪应力、扭转应力	2	2
S(AXL1,AXL2, AXL3,AXL4)	用户指定点的组合应力	3	3
MFOR(X,Y,Z)	单元坐标系下的杆件 x、y 和 z 向力	4	Y
MMOM(X,Y,Z)	单元坐标系下的杆件 x、y 和 z 向弯矩	4	Y

注:1. 每个单元的 I 节点、J 节点和中间位置均输出该项结果。

2. 当实常数 25~30 项输入时。

3. 当实常数 37~52 项输入时。

4. 当 KEYOPT(6)=1 时。

5. *GET 命令采用 CENT 项时可得。

命令 ETABLE 和 ESOL 的表项和序号[KEYOPT(9)=0] 表 3-23

输出量名称	项 Item	E	I	J	输出量名称	项 Item	E	I	J
SDIR	LS	—	1	6	MFORZ	SMISC	—	3	9
SBYT	LS	—	2	7	MMOMX	SMISC	—	4	10
SBYB	LS	—	3	8	MMOMY	SMISC	—	5	11
SBZT	LS	—	4	9	MMOMZ	SMISC	—	6	12
SBZB	LS	—	5	10	SXY	SMISC	—	13	16

续上表

输出量名称	项 Item	E	I	J	输出量名称	项 Item	E	I	J
EPELDIR	LEPEL	—	1	6	SXZ	SMISC	—	14	17
EPELBYT	LEPEL	—	2	7	SYZ	SMISC	—	15	18
EPELBYB	LEPEL	—	3	8	P1	SMISC	—	27	28
EPELBZT	LEPEL	—	4	9	OFFST1	SMISC	—	29	30
EPELBZB	LEPEL	—	5	10	P2	SMISC	—	31	32
EPTHDIR	LEPTH	—	1	6	OFFST2	SMISC	—	33	34
EPTHBYT	LEPTH	—	2	7	P3	SMISC	—	35	36
EPTHBYB	LEPTH	—	3	8	OFFST3	SMISC	—	37	38
EPTHBZT	LEPTH	—	4	9	P4	SMISC	—	39	
EPTHBZB	LEPTH	—	5	10	P5	SMISC	—	40	
EPINAXL	LEPTH	11	—	—	SAXL(SP1)	SMISC	—	19	23
SMAX	NMISC	—	1	3	SAXL(SP2)	SMISC	—	20	24
SMIN	NMISC	—	2	4	SAXL(SP3)	SMISC	—	21	25
MFORX	SMISC	—	1	7	SAXL(SP4)	SMISC	—	22	26
MFORY	SMISC	—	2	8						
TEMP	LBFE	点 1	点 2	点 3	点 4	点 5	点 6	点 7	点 8
		1	2	3	4	5	6	7	8

命令 ETABLE 和 ESOL 的表项和序号[KEYOPT(9)＝1]   表 3-24

输出量名称	项 Item	E	I	ILI	J	输出量名称	项 Item	E	I	ILI	J
SDIR	LS	—	1	6	11	MFORZ	SMISC	—	3	9	15
SBYT	LS	—	2	7	12	MMOMX	SMISC	—	4	10	16
SBYB	LS	—	3	8	13	MMOMY	SMISC	—	5	11	17
SBZT	LS	—	4	9	14	MMOMZ	SMISC	—	6	12	18
SBZB	LS	—	5	10	15	SXY	SMISC	—	19	22	25
EPELDIR	LEPEL	—	1	6	11	SXZ	SMISC	—	20	23	26
EPELBYT	LEPEL	—	2	7	12	SYZ	SMISC	—	21	24	27
EPELBYB	LEPEL	—	3	8	13	P1	SMISC	—	40	—	41
EPELBZT	LEPEL	—	4	9	14	OFFST1	SMISC	—	42	—	43
EPELBZB	LEPEL	—	5	10	15	P2	SMISC	—	44	—	45
EPTHDIR	LEPTH	—	1	6	11	OFFST2	SMISC	—	46	—	47
EPTHBYT	LEPTH	—	2	7	12	P3	SMISC	—	48	—	49
EPTHBYB	LEPTH	—	3	8	13	OFFST3	SMISC	—	50	—	51
EPTHBZT	LEPTH	—	4	9	14	P4	SMISC	—	52	—	—
EPTHBZB	LEPTH	—	5	10	15	P5	SMISC	—			53
EPINAXL	LEPTH	16	—	—	—	SAXL(SP1)	SMISC	—	28	32	36
SMAX	NMISC	—	1	3	5	SAXL(SP2)	SMISC	—	29	33	37
SMIN	NMISC	—	2	4	6	SAXL(SP3)	SMISC	—	30	34	38
MFORX	SMISC	—	1	7	13	SAXL(SP4)	SMISC	—	31	35	39
MFORY	SMISC	—	2	8	14						
TEMP	LBFE	点 1	点 2	点 3	点 4	点 5	点 6	点 7	点 8	
		1	2	3	4	5	6	7	8	

注：KEYOPT(9)＝3,5,7,9 等的输出表项详见帮助文件，这里不再列出以节省篇幅。

3.5.3　截面特性与应力

BEAM44 的计算假定主要有：平截面假定、偏置按刚臂处理、角速度或角加速度的相关计算不考虑偏置影响、弹性地基刚度施加在柔性长度部分等。其单元刚度矩阵与单元 BEAM4 相同[式(3-14)]，但对于变截面梁采用平均面积，即：

$$A_{AV} = \frac{A_1 + \sqrt{A_1 A_2} + A_2}{3} \tag{3-42}$$

而三种惯性矩(IZZ、IYY、J)也采用各自平均值，即：

$$I_{AV} = \frac{I_1 + \sqrt[4]{I_1^3 I_2} + \sqrt{I_1 I_2} + \sqrt[4]{I_1 I_2^3} + I_2}{5} \tag{3-43}$$

单元的质量矩阵与 BEAM4 也相同，但采用下述处理：质量矩阵(分为四个区域或象限)的左上区域采用 I 节点截面特性计算，而右下区域采用 J 节点截面特性计算，其余两区域采用二者的平均值计算。例如，若无初应变或附加质量，则质量矩阵中对应轴向位移的元素分别为：$\rho A_1 L/3$ 对应 I 节点，$\rho A_2 L/3$ 对应 J 节点，而非对角元素为 $\rho(A_1 + A_2)L/12$，所以单元的总质量为 $\rho(A_1 + A_2)L/2$。

应力刚度矩阵中则假定单元面积为常量，采用式(3-42)的平均面积。

轴向应力的计算与单元 BEAM4 类似，如节点 I 横截面的最大应力为：

$$\sigma_i^{max} = \begin{cases} \sigma_i^{dir} + \sigma_{zti}^{bnd} + \sigma_{yti}^{bnd} \\ \sigma_i^{dir} + \sigma_{zti}^{bnd} + \sigma_{ybi}^{bnd} \\ \sigma_i^{dir} + \sigma_{zbi}^{bnd} + \sigma_{ybi}^{bnd} \\ \sigma_i^{dir} + \sigma_{zbi}^{bnd} + \sigma_{yti}^{bnd} \end{cases} (\text{取最大值}) \tag{3-44}$$

式中：σ^{dir}——轴向直接应力，即输出数据的 SDIR；

σ_{yt}^{bnd}——单元+y 侧的弯曲应力，即输出数据中的 SBYT；

σ_{yb}^{bnd}——单元-y 侧的弯曲应力，即输出数据中的 SBYB；

σ_{zt}^{bnd}——单元+z 侧的弯曲应力，即输出数据中的 SBZT；

σ_{zb}^{bnd}——单元-z 侧的弯曲应力，即输出数据中的 SBZB。

节点 I 截面的最小应力和 J 节点截面应力计算类似。从式(3-44)可以看出，最大应力取假想矩形截面四个角点应力的最大值，因此这种组合的最大或最小应力很可能不是截面上的真实应力，如非对称截面。所以，当采用实常数定义截面时，应输入 37~52 项数据以求得 4 个任意点的应力；当采用梁截面时(SECTYPE 等命令)因不能再定义实常数，且也不能显示 3D 结果云图，此时无法直接得到截面上某点的应力值(但可用 APDL 计算)，因此建议这种情况下采用 BEAM18x 单元。事实上，该单元除荷载施加方法和可考虑弹性地基刚度强于 BEAM18x 系列单元外，其他功能均较弱。

剪应力的计算如下：

$$\tau_L^y = \frac{F^y}{A_s^y}, \tau_L^z = \frac{F^z}{A_s^z}, \tau_T = M_x C \tag{3-45}$$

式中：τ_L^y、τ_L^z——均为横向剪应力，即输出数据中的 SXY 和 SXZ；

F^y、F^z——均为横向剪力；

τ_T——扭转剪应力，即输出数据中的 SYZ；

M_x——扭矩；

C——输入的实常数 TSF1 和 TSF2。

3.5.4　注意事项

(1)单元长度和单元截面面积必须大于零。

(2)当使用梁截面建立 BEAM44 时，因不计算剪切面积，故无剪应力输出，使用 BEAM18x 系列单元可输出和显示剪应力。

（3）单元厚度用于确定最外边缘应力和温度梯度及温度应力的计算，无论是梁截面或是实常数定义截面，均以假想矩形计算。这点与 BEAM18x 系列单元不同，BEAM18x 是"真正"的梁截面，它考虑截面不同位置的应力。

（4）温度分布假设沿梁长和高度均为线性变化。

（5）若单元为变截面，必须为渐变。若 AREA2/AREA1 或 I2/I1 值不在 0.5～2.0 范围内，程序会发出警告信息；若此比值不在 0.1～10.0 范围内，程序会发出错误信息。单元截面不能渐变到点截面（无厚度）。

（6）梁柔性长度（相对于刚臂而言）可调以考虑偏置效应，此偏置长度即为刚臂长度。两端不等的横向偏置使梁转动，同时引起梁柔性长度的缩短，两端横向偏置之差不能超过单元长度。角速度引起的旋转力基于节点位置而不考虑偏置效应，同样地，角加速度引起的惯性力也不考虑偏置影响。

（7）剪应力的计算基于剪力而不是剪切变形，即不是通过剪应变求得剪应力。

（8）可用命令 SECTYPE、SECDATA、SECOFFSET、SECWRITE 和 SECREAD 为 BEAM44 单元定义任意截面，但只有当没有定义实常数时才有效。

（9）用上述命令定义的不对称截面，通过第三点定义截面方位，输出数据（如应力和内力等）均位于主轴坐标系下。对于规则多边形，很小的变化可能导致主轴较大的转动变化。当采用实常数定义截面时，所输入的数据基于主轴坐标系，如以 THETA 确定截面方位则先以无 THETA 时的方式确定方位，然后再旋转 THETA 度确定截面最终方位；如以第三点确定截面方位，可直接以主轴方位确定截面方位。

（10）与 BEAM18x 单元不同，BEAM44 单元不在截面上采用数值积分。

（11）当用梁截面定义单元而非实常数定义时，执行命令/ESHAPE，1 后，除单元形状及变形后形状可显示外，在后处理中不能显示结果的 3D 云图，但 BEAM18x 系列单元则可。特别地，带形状显示变形时，因截面转动位移的影响将导致与不带截面显示的变形存在差别，尤其是当截面转动位移较大时。因不带截面形状显示时，其变形图依据截面质心的平动位移显示；而当带截面显示时，考虑了转动位移对截面上各点的影响，从而才能正确显示变形后的截面形状。

当用实常数定义截面时，可以假想的矩形截面显示 3D 结果云图。

（12）当释放单元 Y 和 Z 方向的平动自由度时，不能使用集中质量矩阵。另外，当采用集中质量矩阵时不考虑偏置的影响。

3.5.5 应用举例

（1）Z 形截面简支梁应力分析

如图 3-29 所示的简支梁及其横截面[11]，设材料的弹性模量 E＝206GPa，分别采用梁截面和实常数计算的命令流如下。

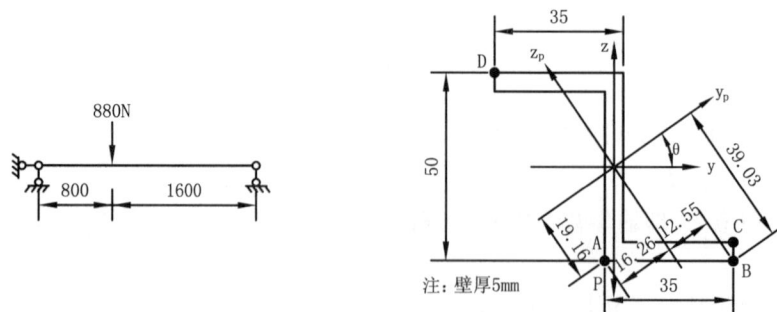

图 3-29　Z 形截面简支梁（尺寸单位：mm）

采用梁截面时的方位点在图中所示的 xoz 平面内定义一点即可，保持梁截面与其实际状态一致。采用命令 SECPLOT 显示截面特性分别如下：

$A=550mm^2$，$I_y=204583.33mm^4$，$I_z=114895.83mm^4$，$I_{yz}=-118125.00mm^4$

利用上述参数可求得主轴惯性矩和方向如下：

$$I_{yp} = \left[I_y + I_z + \sqrt{(I_y - I_z)^2 + 4I_{yz}^2} \right]/2 = 286090.19 mm^4$$

$$I_{zp} = \left[I_y + I_z - \sqrt{(I_y - I_z)^2 + 4I_{yz}^2} \right]/2 = 33388.97 mm^4$$

$$\tan 2\theta = -\frac{2I_{yz}}{I_y - I_z} = 2.63415, \theta = 34.6059°$$

将荷载作用截面的弯矩（梁的最大弯矩）分解到两个主轴平面内，则有：

$$M_{yp} = -386298.0 N \cdot mm, M_{zp} = 266547.6 N \cdot mm$$

从而可求得 A 点和 B 点正应力分别为：

$$\sigma_A = \frac{M_{yp}}{I_{yp}} z p_{Ab} - \frac{M_{zp}}{I_{zp}} y p_{Ab} = \frac{-386298.0}{286090.19} \times (-19.16) - \frac{266547.6}{33388.97} \times (-16.26)$$

$$= 25.87 + 129.81 = 155.68 MPa$$

$$\sigma_B = \frac{M_{yp}}{I_{yp}} z p_{Bb} - \frac{M_{zp}}{I_{zp}} y p_{Bt} = \frac{-386298.0}{286090.19} \times (-39.03) - \frac{266547.6}{33388.97} \times (12.55)$$

$$= 52.70 - 100.19 = -47.49 MPa$$

若采用假想矩形截面，则有 TKYT = −TKYB = 16.26mm，TKZT = −TKBT = 39.03mm，由式(3-44)可得截面最大正应力为：

$$\sigma_{max} = \frac{M_{yp}}{I_{yp}} t p_{zb} - \frac{M_{zp}}{I_{zp}} t p_{yb} = \frac{-386298.0}{286090.19} \times (-39.03) - \frac{266547.6}{33388.97} \times (-16.26)$$

$$= 52.70 + 129.81 = 182.51 MPa$$

显然，此应力不是截面上的真实应力，而真实的最大应力为 A 点的正应力。

可分别求得各主轴平面内的位移，然后矢量求和得荷载作用点最大位移为 16.78mm。

```
!=====================================================================
!EX3.13 Z形截面简支梁——采用 BEAM44 的梁截面计算
FINISH$/CLEAR$/PREP7$L=2400                                          !定义跨度参数
ET,1,BEAM44$MP,EX,1,2.06E5$MP,PRXY,1,0.3                             !定义单元类型和材料属性
SECTYPE,1,BEAM,Z$SECDATA,35,35,50,5,5,5                              !定义截面类型和截面数据(缺省节点在质心)
*GET,IYY0,SECP,1,PROP,IYY                                            !获得绕单元 y 轴惯性矩
*GET,IYZ0,SECP,1,PROP,IYZ                                            !获得绕单元 z 轴惯性矩
*GET,IZZ0,SECP,1,PROP,IZZ                                            !获得绕截面惯性积
K,1$K,2,L$K,10,L/2,L/2$L,1,2                                         !创建关键点、方位点和线
LATT,1,1,1,,,10,1$LESIZE,ALL,100$LMESH,ALL                           !定义线属性、单元尺寸、划分单元网格
DK,1,UX,,,,UY,UZ,ROTX$DK,2,UY,,,,UZ                                  !在关键点上施加约束
F,NODE(L/3,0,0),FY,-880                                              !在节点上施加荷载
/ESHAPE,1$EPLOT                                                      !打开单元形状,带截面显示单元
/SOLU$SOLVE$/POST1$PLDISP,1                                          !求解后进入后处理,显示变形
ETABLE,SM1,NMISC,1$ETABLE,SM2,NMISC,3$PLLS,SM1,SM2                   !定义截面最大应力表并显示
ETABLE,SI1,NMISC,2$ETABLE,SI2,NMISC,4$PLLS,SI1,SI2                   !定义截面最小应力表并显示
ETABLE,SBYTI,LS,2$ETABLE,SBYTJ,LS,7$PLLS,SBYTI,SBYTJ                 !定义截面 YT 应力表并显示
ETABLE,SBYBI,LS,3$ETABLE,SBYBJ,LS,8$PLLS,SBYBI,SBYBJ                 !定义截面 YB 应力表并显示
ETABLE,SBZTI,LS,4$ETABLE,SBZTJ,LS,9$PLLS,SBZTI,SBZTJ                 !定义截面 ZT 应力表并显示
ETABLE,SBZBI,LS,5$ETABLE,SBZBJ,LS,10$PLLS,SBZBI,SBZBJ               !定义截面 ZB 应力表并显示
ETABLE,MZI,SMISC,6$ETABLE,MZJ,SMISC,12$PLLS,MZI,MZJ                  !定义单元 MZ 表并显示
ETABLE,MYI,SMISC,5$ETABLE,MYJ,SMISC,11$PLLS,MYI,MYJ                  !定义单元 MY 表并显示
GET,SYT,ELEM,8,ETAB,SBYTJ$GET,SYB,ELEM,8,ETAB,SBYBJ                  !8 单元 J 截面的 SBYT 和 SBYB
GET,SZT,ELEM,8,ETAB,SBZTJ$GET,SZB,ELEM,8,ETAB,SBZBJ                  !8 单元 J 截面的 SBZT 和 SBZB
```

SIGA=SYB/16.26*16.26+SZB/39.03*19.16　　　　　!荷载作用点截面 A 点应力 155.65
SIGB=SYT/16.26*12.55+SZB/39.03*39.03　　　　　!荷载作用点截面 B 点应力 - 47.46
SIGC=SYT/16.26*15.39+SZB/39.03*34.92　　　　　!荷载作用点截面 C 点应力 - 75.67
SIGD=SYB/16.26*12.55+SZT/39.03*39.03　　　　　!荷载作用点截面 D 点应力 47.46
!

!EX3.14 Z 形截面简支梁——采用 BEAM44 的实常数计算
FINISH$/CLEAR$/PREP7$ET,1,BEAM44$MP,EX,1,2.06E5　　　!定义单元类型及材料属性
R,1,550,33388.97,286090.19,39.03,16.26,4655　　　　　!实常数:面积、惯性矩等
RMODIF,1,37,−16.26,−19.16,12.55,−39.03,15.39,−34.92　　!定义应力点 A、B、C 坐标点对
RMODIF,1,43,−12.55,39.03　　　　　　　　　　　!定义应力点 D 坐标点对
RMODIF,1,53,−(90−34.6059)　　　　　　　　　　　!用 THETA 定义截面方位
L=2400$K,1$K,2,L$L,1,2　　　　　　　　　　　　!创建几何模型
!*AFUN,DEG$K,3,L/2,L/2,L/2*TAN(34.6059)$LATT,1,1,1,,,3　!打开本行,即以第三点定位
LESIZE,ALL,100$LMESH,ALL　　　　　　　　　　　!定义网格大小并划分网格
DK,1,UX,,,,UY,UZ,ROTX$DK,2,UY,,,,UZ　　　　　　!在关键点施加约束
F,NODE(L/3,0,0),FY,−880　　　　　　　　　　　!在节点施加荷载
/SOLU$SOLVE$/POST1$PLDISP,1　　　　　　　　　!求解并在后处理中显示变形
ETABLE,SAI,SMISC,19$ETABLE,SAJ,SMISC,23　　　　　!定义 A 点应力表
ETABLE,SBI,SMISC,20$ETABLE,SBJ,SMISC,24　　　　　!定义 B 点应力表
ETABLE,SCI,SMISC,21$ETABLE,SCJ,SMISC,25　　　　　!定义 C 点应力表
ETABLE,SDI,SMISC,22$ETABLE,SDJ,SMISC,26　　　　　!定义 D 点应力表
PLLS,SAI,SAJ$PLLS,SBI,SBJ$PLLS,SCI,SCJ$PLLS,SDI,SDJ　!显示各点应力分布图
!

(2)L 形截面悬臂梁应力计算

一悬臂梁长为 2000mm,在悬臂端作用荷载 2kN,截面如图 3-30 所示,分别用梁截面和实常数定义截面进行应力计算,命令流如下。

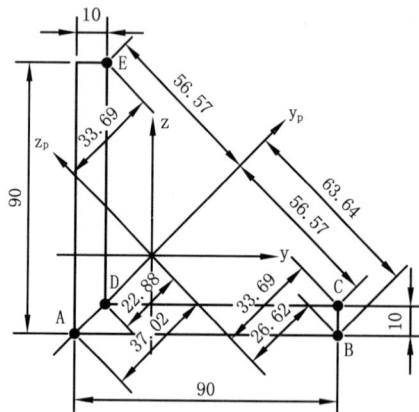

图 3-30　L 形截面尺寸(尺寸单位:mm)

!

!EX3.15 L 形截面悬臂梁应力计算——采用梁截面
FINISH$/CLEAR$/PREP7$ET,1,BEAM44$MP,EX,1,2.1E5　　　!定义单元类型和材料属性
SECTYPE,1,BEAM,L$SECDATA,90,90,10,10　　　　　　!定义截面类型和截面数据
K,1$K,2,2000$L,1,2$K,10,1000,1000　　　　　　　　!创建几何模型和定位点
LATT,1,1,1,,,10,1$LESIZE,ALL,,,50$LMESH,ALL　　　　!定义线属性、网格尺寸、划分网格
DK,1,ALL$FK,2,FY,−2000　　　　　　　　　　　　!施加约束和荷载
/SOLU$SOLVE$/POST1$PLDISP,1　　　　　　　　　　!求解并显示变形图

```
ETABLE,SBYTI,LS,2$ETABLE,SBYBI,LS,3          !定义 I 截面 SBYT 和 SBYB 单元表
ETABLE,SBZTI,LS,4$ETABLE,SBZBI,LS,5          !定义 I 截面 SBZT 和 SBZB 单元表
ETABLE,SBYTJ,LS,7$ETABLE,SBYBJ,LS,8          !定义 J 截面 SBYT 和 SBYB 单元表
ETABLE,SBZTJ,LS,9$ETABLE,SBZBJ,LS,10         !定义 J 截面 SBZT 和 SBZB 单元表
SADD,SIGA,SBYBI                              !通过单元表运算,定义 I 截面 A 点应力单元表
SADD,SIGB,SBYTI,SBZBI,26.62/33.69,1.0        !通过单元表运算,定义 I 截面 B 点应力单元表
SADD,SIGC,SBYTI,SBZBI,1.0,56.57/63.64        !通过单元表运算,定义 I 截面 C 点应力单元表
SADD,SIGD,SBYBI,,22.88/37.02                 !通过单元表运算,定义 I 截面 D 点应力单元表
SADD,SIGE,SBYTI,SBZTI,1.0,56.57/63.64        !通过单元表运算,定义 I 截面 E 点应力单元表
! 下面同上,定义 J 截面各点应力单元表,并图形显示各单元各点应力分布
SADD,SIGAJ,SBYBJ$SADD,SIGBJ,SBYTJ,SBZBJ,26.62/33.69,1.0
SADD,SIGCJ,SBYTJ,SBZBJ,1.0,56.57/63.64$SADD,SIGDJ,SBYBJ,,22.88/37.02
SADD,SIGEJ,SBYTJ,SBZTJ,1.0,56.57/63.64
PLLS,SIGA,SIGAJ$PLLS,SIGB,SIGBJ$PLLS,SIGC,SIGCJ$PLLS,SIGD,SIGDJ$PLLS,SIGE,SIGEJ
!================================================================
!EX3.16 L 形截面悬臂梁应力计算——采用实常数定义截面与方位
FINISH$/CLEAR$/PREP7$ET,1,BEAM44$MP,EX,1,2.1E5     !定义单元类型和材料属性
R,1,1700,529460.79,2054166.67,63.64,37.02,56866    !定义一般实常数
RMODIF,1,21,63.64,33.69                            !定义截面厚度(与下部厚度不同)
RMODIF,1,37,-37.02,0,26.62,-63.64,33.69,-56.57     !定义应力点坐标(A、B、C 三点)
RMODIF,1,43,33.69,56.57$RMODIF,1,53,-45            !定义应力点(E 点)和截面方位
K,1$K,2,2000$L,1,2$LESIZE,ALL,,,50$LMESH,ALL        !创建几何和有限元模型
DK,1,ALL$FK,2,FY,-2000                             !施加约束和荷载
/SOLU$SOLVE$/POST1$PLDISP,1                         !求解并显示变形图
ETABLE,SAI,SMISC,19$ETABLE,SAJ,SMISC,23            !定义 A 点应力表
ETABLE,SBI,SMISC,20$ETABLE,SBJ,SMISC,24            !定义 B 点应力表
ETABLE,SCI,SMISC,21$ETABLE,SCJ,SMISC,25            !定义 C 点应力表
ETABLE,SEI,SMISC,22$ETABLE,SEJ,SMISC,26            !定义 E 点应力表
PLLS,SAI,SAJ$PLLS,SBI,SBJ$PLLS,SCI,SCJ$PLLS,SEI,SEJ  !绘制各单元各点应力分布图
!================================================================
```

（3）变截面悬臂梁计算

如图 3-31 所示的悬臂梁,设材料的弹性模量为 35GPa,密度为 2600kg/m³。根据一般力学原理,可求得固结截面的弯矩为 47.179×10^6 N·m,从而可求得上、下缘正应力为 ± 8.846MPa。因 BEAM44 变截面计算采用平均面积和平均惯性矩,必然与理论解存在一定的误差。通过 ANSYS 计算（命令流如下）,可得固结截面的弯矩为 46.903×10^6 N·m,与理论解的误差为 -0.6%;而上、下缘应力分别为 -8.81MPa 和 8.78MPa,与理论解的误差最大为 -0.7%。因此,BEAM44 变截面计算精度能够满足一般计算要求。

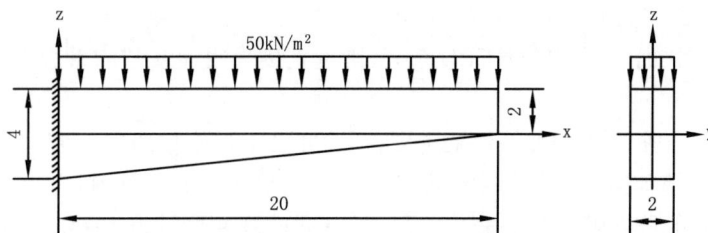

图 3-31　变截面悬臂梁(尺寸单位:m)

建模时采用 APDL 计算各个截面的实常数并赋予各个单元的两个截面,在根部截面质心建立坐标系,其余截面采用偏置处理,以第三点定义截面方位,并直接建立有限元模型。

```
!========================================================
!EX3.17 变截面悬臂梁计算
FINISH$/CLEAR$/PREP7
ET,1,BEAM44$MP,EX,1,3.5E10$MP,DENS,1,2600          !定义单元类型和材料属性
B=2.0$H1=2.0$H2=4.0$L=20.0                          !定义几何参数
NE=20$NJ=NE+1$DX=L/NE                               !拟划分 NE=20 个单元,以便计算实常数
*DIM,RA,,NJ,55                                       !定义数组参数 RA
DO,I,1,NJ$X=(I-1)DX$HX=H2-(H2-H1)X/L                !循环计算各截面特性:X 坐标、截面高度
RA(I,1)=B*HX$RA(I,2)=B**3*HX/12                     !截面面积、惯性矩 IZZ
RA(I,3)=B*HX**3/12                                  !惯性矩 IYY
RA(I,4)=HX/2$RA(I,5)=B/2$*ENDDO                     !截面两个方向的下部厚度
*DO,IE,1,NE$R,IE,RA(IE,1),RA(IE,2),RA(IE,3),RA(IE,4),RA(IE,5)   !循环定义实常数:截面 1
RMORE,RA(IE+1,1),RA(IE+1,2),RA(IE+1,3),RA(IE+1,4),RA(IE+1,5)    !截面 2 实常数
RMODIF,IE,15,H2/2-RA(IE,4)$RMODIF,IE,18,H2/2-RA(IE+1,4)         !两个截面的偏置参数
*ENDDO
DO,IJ,1,NJ$N,IJ,(IJ-1)DX$ENDDO                      !循环定义节点
N,1000,L/2,L                                        !定义方位点
DO,IE,1,NE$REAL,IE$E,IE,IE+1,1000$ENDDO             !定义单元
/SOLU$D,1,ALL$ACEL,,9.8                             !定义约束、施加重力加速度
SFBEAM,ALL,1,PRES,10E4$SOLVE$FINISH                 !施加单元均布荷载、求解
/POST1$PLDISP,1$/ESHAPE,1$PLNSOL,S,X                !显示变形、显示 3D 应力结果
ETABLE,SM1,NMISC,1$ETABLE,SM2,NMISC,3$PLLS,SM1,SM2  !显示各截面最大正应力
ETABLE,SI1,NMISC,2$ETABLE,SI2,NMISC,4$PLLS,SI1,SI2  !显示各截面最小正应力
ETABLE,MZI,SMISC,5$ETABLE,MZJ,SMISC,11$PLLS,MZI,MZJ !显示各截面弯矩
!========================================================
```

(4)弹性地基梁

BEAM44 的实常数中可输入弹性地基刚度 EFSZ 和 EFSY,用此参数可对弹性地基上的梁进行计算,其计算理论基于文克尔(E. Winkler)假定。

文克尔假定认为地基表面任一点的压力与该点的位移成正比,即:

$$p(x,y)=k \cdot w(x,y) \tag{3-46}$$

式中:k——地基基床系数或地基反力系数,其量纲为"力/长度^3"或"(力/长度^2)/长度"。

根据文克尔假定,地基上某点的位移与其他点应力无关,其实质是把地基看作是由许多独立的且互不影响的弹簧组成。按照这一模型,地基的变形只发生在基底范围内,基底之外无变形发生。这显然与实际情况不符,但因该模型计算简单,且只要 k 选择合适,仍可获得满意的结果。ANSYS 的 BEAM44、BEAM54 及 SHELL 单元等均采用此假定考虑弹性地基问题。

BEAM44 为"线单元",其输入的弹性地基刚度应为"单元截面宽度×k",即其量纲为"力/长度^2",而不是"k"(力/长度^3);而对"面单元"如 SHELL 系列,则可直接采用地基基床系数 k 计算弹性地基上的板等问题。

在建模时,若考虑了某个方向的弹性地基刚度,则该方向不再施加约束。可以这样认为:弹性地基刚度是"自带约束"的弹簧,该弹簧负责其长度范围(线单元,面单元为面积范围)内的刚度及约束问题。

如图 3-32 所示的有限长度弹性地基梁[12],已知地基梁的弹性模量为 E=20GPa,截面尺寸为 b×h=1.0m(宽)×0.3m(高),集中荷载 P=400kN,均布荷载为 q=0.4kN/m^2。地基基床系数 k 为 $1.8×10^7$ N/m^3,分析该地基梁的变形与内力。命令流如下。

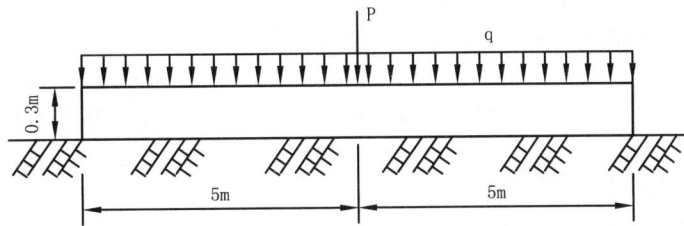

图 3-32 受集中荷载和均布荷载的弹性地基梁

```
!===============================================================
!EX3.18 受集中荷载和均布荷载的弹性地基梁计算
FINISH$/CLEAR$/PREP7
B=1.0$H=0.3$P=400E3$Q=0.4E3$E=20E9$K=1.8E7$L=10        !定义计算参数(注意统一单位)
A0=B*H$I1=H*B**3/12$I2=B*H**3/12                       !计算截面面积和惯性矩
ET,1,BEAM44$MP,EX,1,E$MP,PRXY,1,0.2                    !定义单元类型和材料属性
R,1,A0,I1,I2,H/2,B/2$RMODIF,1,35,K*B                   !定义实常数及地基弹性刚度(注意为K×B)
K,1$K,2,L$K,3,L/2,L$L,1,2                              !创建几何模型并创建定位点
LATT,1,1,1,,,3$LESIZE,ALL,,,20$LMESH,ALL               !设置线属性、单元数目,划分单元
SFBEAM,ALL,1,PRES,Q*B$F,NODE(L/2,0,0),FY,-P            !施加均布荷载Q×B和集中荷载P
DK,1,ROTX                                             !仅施加转动约束,无其余方向约束
/SOLU$SOLVE$/POST1$PLDISP,1                            !求解并显示变形
ETABLE,MYI,SMISC,5$ETABLE,MYJ,SMISC,11                 !定义单元弯矩表
ETABLE,QZI,SMISC,3$ETABLE,QZJ,SMISC,9                  !定义单元剪力表
PLLS,MYI,MYJ$PLLS,QZI,QZJ                              !绘制弯矩图和剪力图
!===============================================================
```

(5)自由度释放举例

BEAM44 单元的自由度释放采用 KEYOPT(7)或 KEYOPT(8)设置,有多少不同的自由度释放就需要定义多少种 BEAM44 单元。BEAM44 单元释放的自由度基于单元坐标系。特别地,采用定位点定义单元截面方位时,其单元坐标系与缺省的坐标系可能不同。

如图 3-33 所示的平面结构[1],对其进行分析的命令流如下。

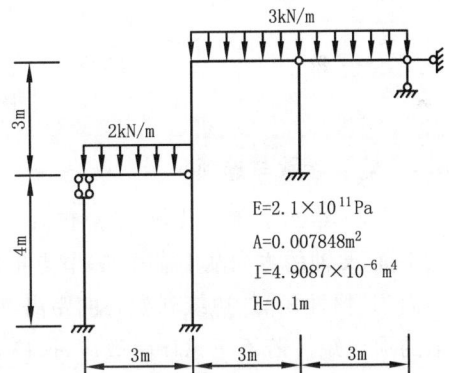

图 3-33 平面框架结构

```
!===============================================================
!EX3.19 平面框架结构分析—自由度释放
FINISH$/CLEAR$/PREP7
ET,1,BEAM44$ET,2,BEAM44$ET,3,BEAM44                   !定义单元类型三种
KEYOPT,2,7,100000                                     !释放第二种单元的I节点的UX
KEYOPT,3,8,10                                         !释放第三种单元的J节点的ROTY
MP,EX,1,2.1E11$MP,PRXY,1,0.3                          !定义材料性质
SECTYPE,1,BEAM,CSOLID$SECDATA,0.05                    !定义梁截面数据
K,1$K,2,0,4$K,3,3,0$K,4,3,4$K,5,3,7$K,6,6,4$K,7,6,7$K,8,9,7  !创建关键点
K,100,-10,110$L,1,2$L,3,4$L,4,5$L,2,4$L,6,7$L,5,7$L,7,8      !创建定位点和线
DK,1,ALL$DK,3,ALL$DK,6,ALL$DK,8,UX,,,,UY              !施加约束
LATT,1,,1,,100,,1$LESIZE,ALL,,,9$LMESH,ALL            !划分单元
```

```
LSEL,S,LOC,Y,4$ESLL$SFBEAM,ALL,1,PRES,2000                    !施加单元荷载
LSEL,S,LOC,Y,7$ESLL$SFBEAM,ALL,1,PRES,3000$ALLSEL            !施加单元荷载
EMODIF,28,TYPE,2                    !将 28 单元修改为单元类型 2,即该单元的 I 节点释放 UX
EMODIF,36,TYPE,3                    !将 36,54,45 单元修改为单元类型 3,即释放这些单元的 J 节点的 ROTY
EMODIF,54,TYPE,3                    !最右边位置上的三个杆件,释放两个即可
EMODIF,45,TYPE,3
FINISH$/SOLU$SOLVE$FINISH$/POST1
PLDISP,1$ETABLE,MI,SMISC,5$ETABLE,MJ,SMISC,11$PLLS,MI,MJ
```

3.6 BEAM54 单元

BEAM54 单元称为 2D 不对称变截面弹性梁元,具有轴向拉压和弯曲功能。每个节点有 3 个自由度,即沿节点坐标系 x 和 y 方向的平动位移和绕 z 轴的转动位移,单元模型如图3-34所示。该单元的两端截面可不相同,且截面可为不对称断面,也允许截面偏置(即节点不在质心)。若不需要这些特性,可采用均匀对称的 BEAM3 单元。

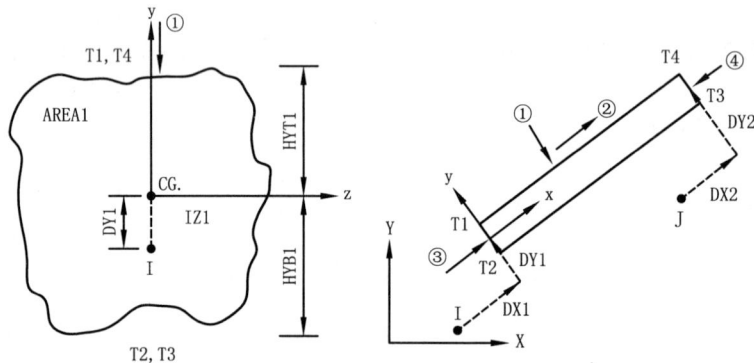

图 3-34   BEAM54 单元几何

3.6.1 输入参数与选项

图 3-34 给出了单元几何、节点位置和单元坐标系,单元的 x 轴位于整体坐标系 XOY 平面内或平行于该平面,x 轴的方向从 I(截面 1)节点指向 J(截面 2)节点。单元实常数用以说明梁的横截面特性,有横截面面积、惯性矩、外边缘到质心的距离、质心偏置常数和剪切变形系数。惯性矩 IZ1 和 IZ2 均是对截面主轴的惯性矩。若不考虑环向效应,该单元还可用于轴对称分析,如螺栓和细长圆柱等。在轴对称分析时应输入基于 360°截面的面积和惯性矩,而不是基本扇区的面积和惯性矩。

单元的初应变 ISTRN 通过 Δ/L 给定,Δ 为单元长度 L(由 I 和 J 节点坐标计算)与零应变单元长度之差。剪切变形影响考虑与否是可选的,若 SHEARZ=0 则忽略剪切变形的影响,GXY 仅用于剪切变形的计算。该单元可考虑附加质量(单位长度的质量),即实常数中的 ADDMAS。弹性地基刚度 EFS 指基础产生单位法向变形所需的压力,当 EFS 为 0 时,则不考虑该方向的此项性能。

偏置常数 DX 和 DY 定义质心位置相对于节点的偏移距离,即截面偏置,偏移距离以沿着单元坐标轴(主轴)正方向为正值。剪切面积 AREAS 仅用于计算剪切应力,其值一般小于横截面的实际面积。

截面 2 的实常数如果为零,则全部缺省为截面 1 的实常数,但偏置常数除外。截面 1 的"上部高度" HTY1 缺省时为该截面的"下部高度"HBY1。截面 2 的 HTY2 和 HBY2 缺省时均为 HBY1,所谓上部高度和下部高度如图 3-34 中所示。

可在单元上施加面荷载(对 BEAM54 为分布荷载),面的编号如图 3-34 中所示,图中箭头方向为分布荷载的正方向。横向分布荷载和切向分布荷载的量纲为"力/长度",端点面荷载以集中力形式输入而

不是"力/面积"。KEYOPT(10)可控制线性分布荷载相对单元节点的距离。

可在单元的四个角点上输入温度值作为单元的体荷载。第一个角点上的温度 T_1 缺省为 TUNIF,若其余角点未输入温度则缺省为 T_1。若仅输入了 T_1 和 T_2,则 T_3 缺省为 T_2,而 T_4 缺省为 T_1。

KEYOPT(9)可控制单元两节点之间其他位置结果的输出,这些结果用单元脱离体按平衡条件求得,但下列情况除外:

(1)考虑应力刚化时(SSTIF,ON);

(2)一个以上的构件施加了角速度时(命令 OMEGA);

(3)通过命令 CGOMGA、DOMEGA 或 DCGOMG 施加了角速度或加速度时。

表 3-25 为 BEAM54 单元输入参数与选项。

BEAM54 单元输入参数与选项

表 3-25

参数类别	参 数 及 说 明
节点	I,J
自由度	UX,UY,ROTZ
实常数	详见表 3-26 中的说明
材料属性	EX,ALPX(或 CETX 或 THSX),DENS,GXY,DAMP
面荷载	face1——I-J(−y 方向),若面荷载输入负值则与正方向相反,下同;Face2——I-J(+x 方向);face3——I(+x 方向);face4——J(−x 方向)
体荷载	温度——T1,T2,T3,T4
特性	应力刚化、大变形、单元生死
KEYOPT(6)	控制杆件弯矩和杆件力的输出: 0——不输出杆件弯矩和杆件力;1——在单元坐标系中输出杆件弯矩和杆件力
KEYOPT(9)	控制 I 和 J 节点之间位置的结果输出: N——输出 N 个中间位置的结果(N=0,1,3,5,7,9 等分点)
KEYOPT(10)	控制线性分布荷载到单元节点距离的输入方式: 0——以长度为单位输入分布荷载到 I 或 J 节点的距离;1——以比值方式(0~1.0)输入分布荷载到 I 或 J 节点的距离

BEAM54 单元实常数输入与定义

表 3-26

序 号	参 数 名 称	参 数 说 明
1	AREA1	截面 1 的面积
2	IZ1	截面 1 绕 z 主轴的惯性矩
3	HYT1	截面 1 的 y 方向的上部高度
4	HYB1	截面 1 的 y 方向的下部高度
5	AREA2	截面 2 的面积
6	IZ2	截面 2 绕 z 主轴的惯性矩
7	HYT2	截面 2 的 y 方向的上部高度
8	HYB2	截面 2 的 y 方向的下部高度
9	DX1	截面 1 的 x 方向的质心偏置常数
10	DY1	截面 1 的 y 方向的质心偏置常数
11	DX2	截面 2 的 x 方向的质心偏置常数

序　号	参 数 名 称	参 　数 　说 　明
12	DY2	截面 2 的 y 方向的质心偏置常数
13	SHEARZ	剪切变形系数
14	AREAS1	截面 1 的剪切面积
15	AREAS2	截面 2 的剪切面积
16	EFS	弹性地基刚度
17	ISTRN	单元初应变
18	ADDMAS	单元附加质量(质量/长度)

注:可用命令 RMODIF 定义某组实常数的某个序号的实常数数值,较无参数 RMORE 简便。

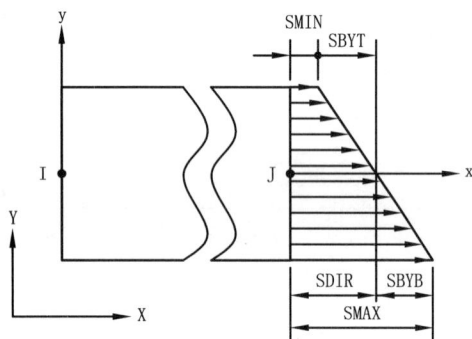

图 3-35　BEAM54 单元应力输出示意

3.6.2　输出数据

图 3-35 为 BEAM54 单元应力输出示意,每个截面计算结果包括 1 个轴向直接应力和 2 个弯曲应力,计算时假想为矩形截面,由此 3 个应力值的组合计算最大和最小应力。当 KEYOPT(6)=1 时,在单元坐标系下(单元 x 轴通过截面质心)输出 6 个杆件力(弯矩和力)。如果 KEYOPT(9)不为零,还可输出两个端点之间其他位置的结果。

单元输出说明如表 3-27 所示,单元 ETABLE 和 NSOL 命令表项和序号如表 3-28、表 3-29 所示,其中未加说明的相关列同前文。

BEAM54 单元输出说明　　　　　　　　　　　　　　　　表 3-27

名　　称	说　　　　　明	O	R
EL	单元号	Y	Y
NODES	单元节点号(I 和 J)	Y	Y
MAT	单元材料号	Y	Y
VOLU	单元体积	—	Y
XC,YC,ZC	单元结果的输出位置(当前坐标系中的坐标)	Y	4
TEMP	角点温度 T1,T2,T3,T4	Y	Y
PRES	节点 I 和 J 的压力 P1,到节点 I 和 J 的距离 OFFST1 节点 I 和 J 的压力 P2,到节点 I 和 J 的距离 OFFST2 节点 I 的 P3,节点 J 的 P4	Y	Y
SDIR	轴向直接应力(仅轴向力产生的应力)	1	1
SBYT	单元+y 侧的弯曲应力	1	1
SBYB	单元-y 侧的弯曲应力	1	1
SMAX	最大应力(轴向直接应力+弯曲应力)	1	1
SMIN	最小应力(轴向直接应力-弯曲应力)	1	1
EPELDIR	梁端轴向弹性应变	1	1
EPELBYT	单元+y 侧的弯曲弹性应变	1	1
EPELBYB	单元-y 侧的弯曲弹性应变	1	1
EPTHDIR	梁端轴向热应变	1	1

续上表

名　　称	说　　明	O	R
EPTHBYT	单元＋y 侧的弯曲热应变	1	1
EPTHBYB	单元－y 侧的弯曲热应变	1	1
EPINAXL	单元轴向初应变	1	1
SXY	y 向平均剪应力	2	2
MFOR(X,Y)	单元坐标系下的杆件 x 和 y 向力	3	Y
MMOMZ	单元坐标系下的杆件弯矩	3	Y

注:1. 每个单元的 I 节点、J 节点和中间位置均输出该项结果。

　　2. 当实常数 AREAS 输入时。

　　3. 当 KEYOPT(6)＝1 时。

　　4. ＊GET 命令采用 CENT 项时可得。

命令 ETABLE 和 ESOL 的表项和序号[KEYOPT(9)＝0]　　　　　　　表 3-28

输出量名称	项 Item	E	I	J	输出量名称	项 Item	E	I	J
SDIR	LS	—	1	4	MFORY	SMISC	—	2	8
SBYT	LS	—	2	5	MMOMZ	SMISC	—	6	12
SBYB	LS	—	3	6	SXY	SMISC	—	13	14
EPELDIR	LEPEL	—	1	4	P1	SMISC	—	15	16
EPELBYT	LEPEL	—	2	5	OFFST1	SMISC	—	17	18
EPELBYB	LEPEL	—	3	6	P2	SMISC	—	19	20
EPTHDIR	LEPTH	—	1	4	OFFST2	SMISC	—	21	22
EPTHBYT	LEPTH	—	2	5	P3	SMISC	—	23	—
EPTHBYB	LEPTH	—	3	6	P4	SMISC	—	—	24
EPINAXL	LEPTH	7	—	—	SMAX	NMISC	—	1	3
MFORX	SMISC	—	1	7	SMIN	NMISC	—	2	4
TEMP	LBFE	点 1		点 2	点 3		点 4		
		1		2	3		4		

命令 ETABLE 和 ESOL 的表项和序号[KEYOPT(9)＝1]　　　　　　　表 3-29

输出量名称	项 Item	E	I	ILI	J	输出量名称	项 Item	E	I	ILI	J
SDIR	LS	—	1	4	7	MFORY	SMISC	—	2	8	14
SBYT	LS	—	2	5	8	MMOMZ	SMISC	—	6	12	18
SBYB	LS	—	3	6	9	SXY	SMISC	—	19	20	21
EPELDIR	LEPEL	—	1	4	7	P1	SMISC	—	22	—	23
EPELBYT	LEPEL	—	2	5	8	OFFST1	SMISC	—	24	—	25
EPELBYB	LEPEL	—	3	6	9	P2	SMISC	—	26	—	27
EPTHDIR	LEPTH	—	1	4	7	OFFST2	SMISC	—	28	—	29
EPTHBYT	LEPTH	—	2	5	8	P3	SMISC	—	30	—	—
EPTHBYB	LEPTH	—	3	6	9	P4	SMISC	—	—	—	31
EPINAXL	LEPTH	10	—	—	—	SMAX	NMISC	—	1	3	5
MFORX	SMISC	—	1	7	13	SMIN	NMISC	—	2	4	6
TEMP	LBFE	点 1			点 2	点 3		点 4			
		1			2	3		4			

注:KEYOPT(9)＝3,5,7,9 等的输出表项详见帮助文件,这里不再列出以节省篇幅。

3.6.3 注意事项

（1）单元长度和单元截面面积必须大于零,且位于整体坐标系的 XOY 面内。

（2）单元高度用于确定最外边缘应力和温度梯度及温度应力的计算,若不输入或为零可能导致不正确的应力或温度梯度。

（3）温度分布假定沿梁长和高度均为线性变化。

（4）若单元为变截面,必须为渐变。若 AREA2/AREA1 或 I2/I1 值不在 0.5～2.0 范围内,程序会发出警告信息;若此比值不在 0.1～10.0 范围内,程序会发出错误信息。单元截面不能渐变到点截面(无高度)。

（5）梁柔性长度(相对于刚臂而言)可调以考虑偏置效应,此偏置长度即为刚臂长度。两端不等的横向偏置使梁转动,同时引起梁柔性长度的缩短,两端横向偏置之差不能超过单元长度。

（6）剪应力的计算基于剪力而不是剪切变形,即不是通过剪应变求得剪应力。

（7）当采用集中质量矩阵时不考虑偏置的影响。

（8）角速度引起的旋转力基于节点位置而不考虑偏置效应,同样地,角加速度引起的惯性力也不考虑偏置影响。

（9）相关计算假定同 BEAM44 单元,此处从略。

3.6.4 应用举例

BEAM44 中的几个例子可用 BEAM54 实现,读者可自己修改。下面仅以一三跨变截面连续梁为例,说明 BEAM54 的用法。

如图 3-36 所示的连续梁,作中跨跨中挠度和弯矩及支座反力的影响线。

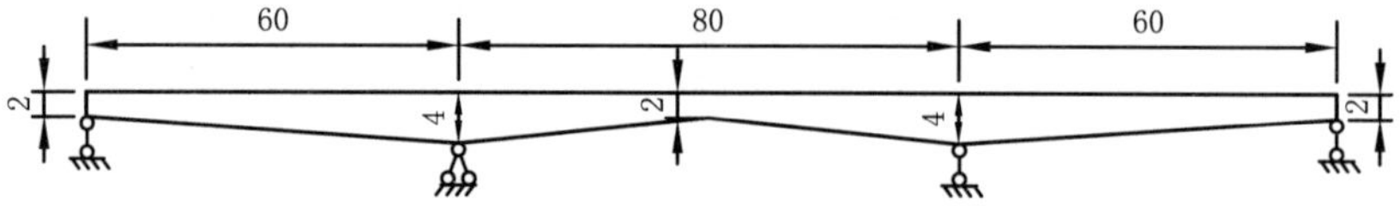

图 3-36 三跨连续梁(尺寸单位:m)

建模时,为方便起见,先设定拟划分的单元数,然后编程计算出一半截面的截面特性,再定义一半单元变截面实常数。建立有限元模型后,再修改各单元实常数即可。命令流如下。

```
!EX3.20 三跨变截面连续梁的影响线
FINISH$/CLEAR$/PREP7$L1=60$L2=80$B=2$H1=2$H2=4                          !定义几何参数
DX=1.0$NE1=L1/DX$NE2=L2/DX$NE=2*NE1+NE2                                  !定义单元长度、单元数目
ET,1,BEAM54$MP,EX,1,3.5E10$MP,PRXY,1,0.2                                 !定义单元类型及材料属性
*DIM,RR,,NE1+NE2/2+1,18$*DIM,XX,,NE+1                                    !定义截面特性和 X 坐标数组
*DO,I,1,NE+1$XX(I)=(I-1)*DX$ENDDO                                       !计算每个节点的 X 坐标,存入数组
*DO,I,1,NE1+1$X=(I-1)*DX$HX=H1+(H2-H1)*X/L1                             !计算边跨各截面的位置及截面高度
RR(I,1)=B*HX$RR(I,2)=B*HX**3/12$RR(I,3)=HX/2$ENDDO                      !各截面的面积、惯性矩及 1/2 高度
*DO,I,1,NE2/2+1$X=(I-1)*DX$HX=H2-(H2-H1)*X/L2*2                         !计算中跨各截面的位置及截面高度
RR(I+NE1,1)=B*HX$RR(I+NE1,2)=B*HX**3/12                                 !截面的面积、惯性矩
RR(I+NE1,3)=HX/2$ENDDO                                                  !截面 1/2 高度,结束循环
*DO,I,1,NE1+NE2/2                                                       !定义各单元实常数
R,I,RR(I,1),RR(I,2),RR(I,3),RR(I,3)                                     !定义 1 截面的实常数
RMODIF,I,5,RR(I+1,1),RR(I+1,2),RR(I+1,3),RR(I+1,3)                      !定义 2 截面的实常数
RMODIF,I,10,-(RR(I,3)-H1/2)                                             !定义 1 截面的偏置实常数
RMODIF,I,12,-(RR(I+1,3)-H1/2)$ENDDO                                     !定义 2 截面的偏置实常数
*DO,I,1,NE+1$N,I,XX(I)$ENDDO                                           !创建所有节点
```

```
* DO,I,1,NE$E,I,I+1$ * ENDDO                                    !创建所有单元
D,NODE(0,0,0),UY$D,NODE(L1,0,0),UX,,,,,UY                       !施加节点约束
D,NODE(L1+L2,0,0),UY$D,NODE(2 * L1+L2,0,0),UY                   !施加节点约束
* DO,I,1,NE1+NE2/2$EMODIF,I,REAL,I                             !修改各单元的实常数
EMODIF,NE1+NE2/2+I,REAL,NE1+NE2/2-I+1$ * ENDDO                 !修改各单元的实常数
/SOLU
* DO,I,1,NE$FDELE,ALL,ALL$F,I,FY,-1$SOLVE$ * ENDDO             !单位荷载作用并求解
/POST26$NSOL,2,NODE(L1+L2/2,0,0),U,Y$VPUT,XX,3                 !定义跨中节点挠度,定义 X 坐标
XVAR,3$PLVAR,2                                                  !绘制挠度影响线
ESOL,4,NE1+NE2/2,NE1+NE2/2+1,M,Z$PLVAR,4                       !定义弯矩并绘制影响线
ESOL,5,NE1,NE1+1,F,Y$PLVAR,5                                    !定义支反力并绘制影响线
!
```

3.7 BEAM188 单元

BEAM188/BEAM189 单元(简称为 BEAM18x 单元)分别称为 3D 线性有限应变梁元和 3D 二次有限应变梁元,适合于分析细长到中等细长的梁结构。单元基于铁摩辛柯梁(Timoshenko)理论,包括剪切变形影响。为节省篇幅,在 3.8 中着重介绍 BEAM189 单元,此处仅介绍 BEAM188 与 BEAM189 不同之处。

BEAM188 单元模型如图 3-37 所示,该单元有 2 个节点,每个节点有 6~7 个自由度,其单元特性和梁截面特性与 BEAM189 相同。单元几何、节点位置和单元坐标系如图中示,该单元由整体坐标系中节点 I、J 和 K 定义,其单元坐标系方向及其定义方法同 BEAM189 单元。

在 ANSYS 高版本(V9.0 之后)中,采用 KEYOPT(3)可以选择线性多项式插值或二次函数插值。当 KEYOPT(3)=0(缺省)时,该单元在梁长方向仅设置一个积分点,因此在采用 SMISC 获取节点 I 和 J 的结果时,以重心的结果表示两节点结果,从而形成锯齿状弯矩图。而当 KEYOPT(3)=2 时,ANSYS 采用增加一个内部节点(用户无法访问该节点)沿梁长设置两个积分点,这样弯矩结果沿梁长线性变化;并且除了 BEAM188 初始几何为直线(不管是否采用二次插值)、不能访问增加的内部节点(不能在该点施加边界条件等)外,其余性质与 BEAM189 相同。

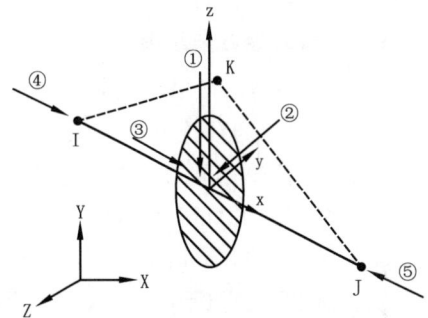

图 3-37 BEAM188 单元几何

KEYOPT(3)=0 与 KEYOPT(3)=2 时的插值函数就不同了,前者如式(3-47)所示,而后者则与 BEAM189 插值函数相同。

$$
\left.
\begin{aligned}
u &= \frac{1}{2}\left[u_I(1-s) + u_J(1+s)\right] \\
v &= \frac{1}{2}\left[v_I(1-s) + v_J(1+s)\right] \\
w &= \frac{1}{2}\left[w_I(1-s) + w_J(1+s)\right] \\
\theta_x &= \frac{1}{2}\left[\theta_{xI}(1-s) + \theta_{xJ}(1+s)\right] \\
\theta_y &= \frac{1}{2}\left[\theta_{yI}(1-s) + \theta_{yJ}(1+s)\right] \\
\theta_z &= \frac{1}{2}\left[\theta_{zI}(1-s) + \theta_{zJ}(1+s)\right]
\end{aligned}
\right\}
\tag{3-47}
$$

根据 BEAM18x 的特性,当采用梁截面时推荐采用 BEAM189 单元。

3.8   BEAM189 单元

BEAM189 单元称为 3D 二次有限应变梁元,适合于分析细长到中等细长的梁结构。单元基于铁摩

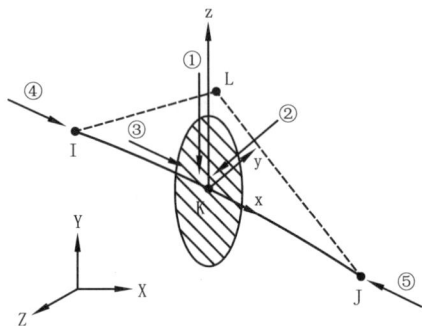

图 3-38   BEAM189 单元几何

辛柯梁理论,包括剪切变形影响。该单元有 3 个节点,每个节点有 6~7 个自由度,自由度数目由 KEYOPT(1)定义。当 KEYOPT(1)=0(缺省)时,每个节点有 6 个自由度,即沿节点坐标系 x、y、z 方向的平动位移和绕各轴的转动位移;当 KEYOPT(1)=1 时,每个节点有 7 个自由度,又增加了第七自由度,即横截面的翘曲,单元模型如图 3-38 所示。该单元特别适合线性、大转动、大应变等问题。

该单元包含应力刚度,缺省时,在所有分析中都设置 NL-GEOM,ON。应力刚度使得该单元可进行弯曲、侧倾和扭转等稳定分析,特征值屈曲分析或破坏(塌毁)分析。

该单元使用命令 SECTYPE、SECDATA、SECOFFSET、SECWRITE 和 SECREAD 可定义任意梁截面,包括变截面梁。该单元支持弹性、蠕变及塑性等材料模型(与横截面形状无关),其梁截面可为不同材料组成的组合截面。该单元从 6.0 版本开始忽略任何实参数,但可用命令 SECCONTROLS 定义横向剪切刚度和附加质量。

3.8.1   输入参数与选项

图 3-38 给出了单元几何、节点位置和单元坐标系,该单元由整体坐标系中节点 I、J 和 K 定义。节点定义单元方位为首选方式,命令 LATT 和 LMESH 也可自动生成该节点。

BEAM189 也可在无方向节点 L 的情况下定义,此时单元 x 轴的方向从 I 节点指向 J 节点,单元的 y 轴方向缺省为平行于整体坐标系的 XOY 平面;若单元的 x 轴平行于整体坐标系的 Z 轴(或偏角在 0.01% 之内),则单元的 y 轴平行于整体坐标系的 Y 轴。用户可通过定义节点 L 控制单元的方向,此时单元 x 轴和 z 轴位于由 I、J、L 三点确定的平面之内。对于大变形分析,节点 L 仅用来确定单元的初始状态。强烈建议设置方向关键点或节点,即使是对称截面,否则会产生意想不到的结果,如压力荷载无法显示问题等。

该单元属于一维空间线单元,截面数据用命令 SECTYPE 和 SECDATA 定义,单元所用截面采用已经定义的截面号 ID 指定,截面号 ID 具有唯一且独立的属性。除等截面之外,还可用命令 SECTYPE 的 TAPER 项定义变截面。

该单元基于铁摩辛柯梁理论,是一阶剪切变形理论,在横截面上的横向剪切应变保持不变(不同位置的剪应变相等),即横截面在变形后仍为平面而不发生扭曲,但不一定垂直于中面。扭转行为的圣文南 (St. Venant)翘曲函数在未变形状态定义,也用于屈服后剪切应变的计算。ANSYS 不支持在分析过程或截面进入塑性后截面上扭转剪应力的重新分布计算,因此由扭转荷载引起的较大非弹性变形应谨慎对待和校核,这种情况下建议采用实体或壳单元建模。

BEAM188/BEAM189 单元支持"约束扭转"分析,它通过节点的第七自由度实现。缺省时 [KEYOPT(1)=0],BEAM18x 单元假定横截面上的翘曲很小可以忽略;设置 KEYOPT(1)=1 激活翘曲自由度,此时每个节点有 7 个自由度,即 UX、UY、UZ、ROTX、ROTY、ROTZ 和 WARP,同时输出双力矩和双曲率。

在实际计算分析中,当两个考虑约束扭转的单元以锐角相交时,需要耦合位移和转角自由度,但不耦合面外的翘曲自由度。可通过在同一物理位置建立两个节点实现,该过程也可用命令 ENDRELEASE 自动实现,且不耦合相交角大于 20° 的单元面外翘曲自由度。

BEAM189 采用轴向伸长的比例函数考虑横截面及截面特性的改变。缺省时,单元横截面的面积可

以改变,但单元体积在变形前后保持不变,此种情况较适合于弹塑性分析。通过 KEYOPT(2)的设置,可使横截面面积保持不变(刚性截面)。广义梁截面不支持比例函数的截面变化。

可输出单元积分位置和截面积分点上的结果,单元高斯积分位置如图 3-39 所示。可获得这些积分位置上截面的应变和力(包括弯矩),而节点结果则通过外推获得。

BEAM18x 可定义两种横截面类型,即广义梁截面(SECTYPE,GENB)、标准梁截面库或用户自定义梁截面。广义梁截面的广义应力和应变关系可直接输入;而标准梁截面库或用户自定义梁截面则通过定义的材料或组合截面材料计算应力或应变。

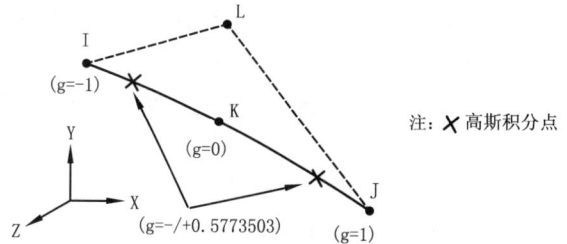

图 3-39　BEAM189 单元积分点位置示意

广义梁截面的几何性质和材料性质均明确定义,对于广义梁截面其广义应力指轴力、弯矩、扭矩和横向剪力,广义应变指轴向应变、弯曲曲率、扭转曲率和横截面剪应变。实质上是采用抽象方法描述梁截面的行为,因此其输出数据多为试验资料或其他分析所得数据。BEAM18x 单元提供了横向剪切力与横向剪切应变的弹性关系,也可用命令 SECCONTROLS 替换缺省的横向剪切刚度。但当采用广义梁截面时,横向剪力与横向剪应变的关系可以是非线性弹性或塑性,特别是模拟焊接弯曲时特别有用,但此时不能再使用命令 SECCONTROLS。

对于标准梁截面库或用户自定义梁截面,BEAM18x 单元截面相关量(如积分面积、位置、泊松比、函数导数等)通过命令 SECTYPE 和 SECDATA 自动计算。每个截面假定由一系列栅格(Cell)组合而成,栅格预先定义了 9 个栅点(Section Nodes),每个栅格设有 4 个积分点,每个栅格可能具有不同的材料种类。图 3-40 为矩形截面和槽形截面的截面、栅格、栅点和积分点示意。

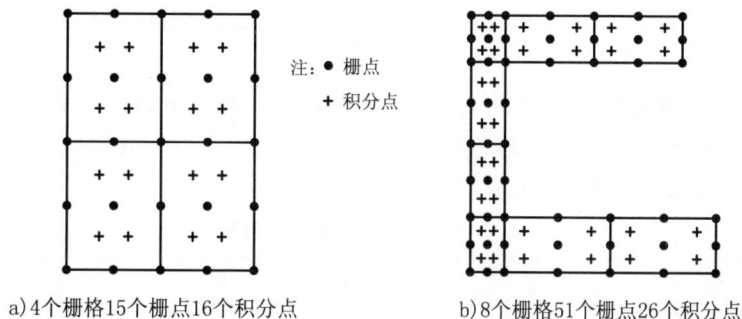

注: ● 栅点
　　+ 积分点

a)4个栅格15个栅点16个积分点　　　b)8个栅格51个栅点26个积分点

图 3-40　截面栅格、栅点和积分点示意

BEAM18x 单元支持截面积分点和栅点的结果输出,也可仅输出边界表面上的结果。命令 PRSSOL 可列表显示截面积分点和栅点的结果,栅点上给出应力和应变结果,而截面积分点上给出塑性应变、塑性功及蠕变应变等。

当单元材料为非弹性或温度沿截面变化时,在截面积分点上进行实际计算。对于一般弹性分析,采用预先计算的单元积分点上的截面属性。不管何种情况,所输出的应力和应变都通过截面积分点计算。

如果截面指定为 ASEC 类,则仅可输出一般的应力和应变(轴力、弯矩、横向剪力、曲率、剪应变等)。此时 3D 云图结果和变形形状不能显示,仅以细长矩形显示梁的方向。

BEAM18x 单元能够对组合梁进行分析,如两种或多种材料组合而成的单个实体梁,不同材料的各部分假设为完全固接在一起,所以组合梁的行为与单一杆件相同。多种材料截面基于"梁行为假定"(铁摩辛柯梁理论或伯努力—欧拉梁理论),换句话讲,即仅支持常规铁摩辛柯梁理论的简单扩展,如可应用于双金属条、金属加固的梁、位于不同材料层上的传感器等分析。

BEAM18x 单元不考虑弯扭耦合效应,同样地,也不考虑横向剪力的耦合效应。当不同材料层的接合处不稳定时,如不考虑上述效应会对层合梁有很大影响。

BEAM18x 单元没有采用高阶理论考虑剪应力分布的变化,可采用实体单元考虑此影响。

BEAM18x 单元特殊功能的应用,应通过试验或其他数值分析验证。组合截面的约束扭转功能宜通过一定的验证后方可使用。

质量矩阵和荷载向量的计算,采用较刚度矩阵更高阶的积分规则。该单元支持一致质量矩阵和集中质量矩阵,BEAM189 较 BEAM188 而言,是高阶单元,故应避免使用集中质量矩阵。缺省时,采用一致质量矩阵。单元附加质量 ADDMAS 可通过截面控制命令输入。

可在节点(这些节点定义了单元的 x 轴)上施加荷载。若质心轴和单元 x 轴不共线,施加的轴力将产生弯矩。若截面质心和剪心不重合,施加的剪力将产生扭转应变和扭矩。因此应将节点设置在施加荷载的位置,可通过命令 SECOFFSET 设置适当 OFFSETY 和 OFFSETZ 考虑此影响。缺省时,ANSYS 使用质心作为单元的参考坐标轴。

可在单元上施加面荷载,面的编号如图 3-38 中所示,图中箭头方向为分布荷载的正方向。横向分布荷载和切向分布荷载的量纲为"力/长度",端点面荷载以集中力形式输入而不是"力/面积"。注意 BEAM18x 单元不能施加单元局部面荷载,因 BEAM189 基于二次多项式插值,这点与基于 Hermitian 多项式的其他单元不同(如 BEAM4 单元)。此外,也不支持非节点集中荷载(单元荷载中的集中荷载),此时可将单元网格细分以便在节点上施加集中荷载。BEAM189 单元计算的有效性和收敛性与单元网格的精细程度有关。例如,具有两个积分点的二次梁单元与 Hermitian 多项式单元的计算精度相同。

可在单元两个端点截面的各三个方向输入温度值作为单元的体荷载。如输入温度时,对节点 I 可输入单元 x 轴处的温度 $T(0,0)$、y 轴方向的单位长度温度 $T(1,0)$、z 轴方向的单位长度温度 $T(0,1)$。缺省时,$T(0,0)$ 为 TUNIF,若除 $T(0,0)$ 外均未定义,则全部缺省为 $T(0,0)$;若节点 I 的温度全部定义,但节点 J 的温度未定义,则节点 J 温度缺省为与节点 I 的温度相等。

通过命令 ISTRESS 和 ISFILE 可施加单元初应力,也可设置 KEYOPT(10)=1,通过用户子程序 USTRESS 读入初应力。

该单元自动包含压力荷载刚度效应,采用命令 NROPT,UNSYM 的设置考虑因压力荷载刚度引起的非对称矩阵。

BEAM189 单元输入如表 3-30 所示。

BEAM189 单元输入参数与选项   表 3-30

参数类别	参 数 及 说 明
节点	I,J,K,L(L 为方向节点,虽是可选的,但建议采用)
自由度	当 KEYOPT(1)=0 时:UX,UY,UZ,ROTX,ROTY,ROTZ;当 KEYOPT(1)=1 时:UX,UY,UZ,ROTX,ROTY, ROTZ,WARP,WARP——翘曲位移
截面控制项	TXZ,TXY,ADDMAS(详见 SECCONTROLS 命令);分别为:横向剪切刚度和附加质量 缺省时 TXZ 和 TXY 分别为 A×GXZ 和 A×GXY,A 为横截面面积
材料属性	EX,ALPX,DENS,DAMP,GXY,GYZ,GXZ(或 PRXY 或 NUXY)
面荷载	face1——I-J(−z 方向),若面荷载输入负值则与正方向相反,下同;face2——I-J(−y 方向);face3——I-J(+x 方向);face4——I(+x 方向);face5——J(−x 方向)
体荷载	温度——每个端面的 $T(0,0)$,$T(1,0)$,$T(0,1)$
特性	塑性、黏弹性、黏塑性、蠕变、应力刚化、大变形、大应变、初应力、单元生死[KEYOPT(11)=1]、单元技术的自动选择、支持多种材料模型
KEYOPT(1)	翘曲自由度控制: 0——六个自由度,自由扭转(缺省);1——七个自由度,考虑翘曲,输出双力矩和双曲率

参数类别	参 数 及 说 明
KEYOPT(2)	截面缩放比例控制： 0——截面为轴向伸长的比例函数(缺省)，仅在 NLGEOM,ON 时适用；1——假定为刚性截面(与经典梁理论相同)
KEYOPT(4)	剪应力输出控制： 0——仅输出扭转剪应力(缺省)；1——仅输出横向剪应力(即弯曲剪应力)；2——输出以上二者的组合值
KEYOPT(6)	单元积分点结果输出控制： 0——输出截面内力、应变及弯矩(缺省)；1——在上述基础上增加当前截面面积的输出；2——在上述基础上增加单元方向(X,Y,Z)输出；3——输出截面力和弯矩以及外推至节点的应变和曲率
KEYOPT(7)	截面积分点输出控制(截面类型 ASEC 无效)： 0——无(缺省)；1——最大、最小应力和应变；2——在上述基础上增加每个积分点的应力和应变输出
KEYOPT(8)	栅点结果输出控制(截面类型 ASEC 无效)： 0——无(缺省)；1——最大、最小应力和应变；2——在 1 的基础上增加截面表面上栅点的应力和应变输出；3——在 1 的基础上增加截面上每个栅点的应力和应变输出
KEYOPT(9)	单元节点和截面栅点外推值的输出控制(截面类型 ASEC 无效)： 0——无(缺省)；1——最大、最小应力和应变；2——在 1 的基础上增加截面表面的应力和应变输出；3——在 1 的基础上增加所有栅点的应力和应变输出
KEYOPT(10)	初应力输入控制： 0——无用户子程序提供的初应力(缺省)；1——通过用户子程序 USTRESS 读入初应力
KEYOPT(11)	设置截面特性： 0——当可采用预积分截面特性时，自动计算截面特性(缺省)；1——采用截面数值积分(使用生死单元功能时)
KEYOPT(12)	变截面处理控制： 0——截面线性变化，计算每个高斯积分点的截面特性(缺省)，此法计算精确但计算量很大；1——采用平均截面，对于变截面单元，仅计算单元质心的截面特性，此法是网格尺寸的近似，但速度快

注：仅当命令 OUTPR 中的 ESOL 项设置时，KEYOPT(6)～KEYOPT(9)才可激活。当 KEYOPT(6)～KEYOPT(9)激活时，单元输出中的应变为总应变(包括热应变)；当单元为塑性材料时，也输出塑性应变和塑性功。使用命令 PRSSOL 也可输出上述结果。

3.8.2　输出数据

单元输出说明如表 3-31 所示，单元 ETABLE 和 NSOL 命令表项和序号如表 3-32 所示，其中未加说明的相关列同前文。

BEAM189 单元输出说明　　　　　　　　　　表 3-31

名　称	说　明	O	R
EL	单元号	Y	Y
NODES	单元节点号	Y	Y
MAT	单元材料号	Y	Y
CG:X,Y,Z	单元重心	Y	Y
AREA	横截面面积	1	Y
SF:Y,Z	截面剪力	1	Y
SE:Y,Z	截面剪切应变	1	Y
S:XX,XZ,XY	截面积分点应力	2	Y
E:X,XZ,XY	截面积分点应变	2	Y
MX	扭转力矩	Y	Y

名　　称	说　　明	O	R
KX	扭转应变	Y	Y
KY,KZ	曲率	Y	Y
EX	轴向应变	Y	Y
FX	轴向力	Y	Y
MY,MZ	弯矩	Y	Y
BM	双力矩	3	3
BK	双曲率(梁扭转引起的截面上轴向应变的变化)	3	3
SDIR	轴向直接应力	—	1
SBYT	单元+y 侧的弯曲应力	—	1
SBYB	单元-y 侧的弯曲应力	—	1
SBZT	单元+z 侧的弯曲应力	—	1
SBZB	单元-z 侧的弯曲应力	—	1
EPELDIR	梁端轴向应变	—	1
EPELBYT	单元+y 侧的弯曲应变	—	1
EPELBYB	单元-y 侧的弯曲应变	—	1
EPELBZT	单元+z 侧的弯曲应变	—	1
EPELBZB	单元-z 侧的弯曲应变	—	1
TEMP	温度 T(0,0),T(1,0),T(0,1)		Y

注:1. 见 KEYOPT(6)说明。

　　2. 见 KEYOPT(7)、KEYOPT(8)、KEYOPT(9)的说明。

　　3. 见 KEYOPT(1)说明。

命令 ETABLE 和 ESOL 的表项和序号　　　　　　　　　表 3-32

输出量名称	项 Item	I	J	输出量名称	项 Item	I	J
FX	SMISC	1	14	BM	SMISC	27	29
MY	SMISC	2	15	BK	SMISC	28	30
MZ	SMISC	3	16	SDIR	SMISC	31	36
MX	SMISC	4	17	SBYT	SMISC	32	37
SFZ	SMISC	5	18	SBYB	SMISC	33	38
SFY	SMISC	6	19	SBZT	SMISC	34	39
EX	SMISC	7	20	SBZB	SMISC	35	40
KY	SMISC	8	21	EPELDIR	SMISC	41	46
KZ	SMISC	9	22	EPELBYT	SMISC	42	47
KX	SMISC	10	23	EPELBYB	SMISC	43	48
SEZ	SMISC	11	24	EPELBZT	SMISC	44	49
SEY	SMISC	12	25	EPELBZB	SMISC	45	50
Area	SMISC	13	26	TEMP	SMISC	51-53	54-56

3.8.3 注意事项

(1)单元长度不能为零。

(2)缺省时[KEYOPT(1)＝0]忽略翘曲约束,即假定翘曲不受约束。

(3)不考虑横截面的失效或叠皱,如因扭转导致横截面各部分重叠在一起等。

(4)若存在偏置,不考虑集中质量矩阵的转动自由度。

(5)土木工程中模拟多层框架结构时,采用一个单元模拟一根杆件非常普遍。因采用位移的三次插值函数,所以 BEAM4 和 BEAM44 等非常适合这种情况。大多数情况下,BEAM189 可提供类似三次插值单元的精度,原因是它的弯矩在单元内是线性变化的;这点与 BEAM188 不同,因 BEAM188 是低阶单元,同样精度的情况下需要多个单元模拟一根杆件。

(6)BEAM189 考虑横向剪力的作用,且考虑梁的初始曲率,即可用于曲梁。

(7)该单元最好采用牛顿—拉普森(NR)求解方法。对大转动的非线性问题,建议不要打开 PRED 开关。

(8)当截面有多种材料时,且使用命令/ESHAPE 显示应力(或其他量)云图时,材料边界上的应力将采用单元应力的平均值。为限制这种行为,可在材料边界上划分更小的栅格。

(9)在几何非线性分析(NLGEOM,ON)中总是包括应力刚度。在线性分析中(NLGEOM,OFF)则不包括应力刚度,即便打开应力刚化效应(SSTIF,ON)也不考虑应力刚度。预应力效应可通过命令 PSTRES 设置。

(10)该单元适合中等细长的梁分析,不能过于粗壮,这是因为它采用一阶剪切变形理论。一般可采用梁的长细比衡量单元的适用性,即 $GAL^2/(EI)$,其中,G 为剪切模量,A 为横截面面积,L 为杆件长度(不是单元长度),EI 为抗弯刚度。ANSYS 建议的长细比为 $GAL^2/(EI) \geqslant 30$。

如,以 b×h 的矩形截面梁为例,且采用 $G=E/[2(1+\mu)]$,则可推得 $L/h \geqslant \sqrt{5(1+\mu)}$,若取 $\mu=0.3$,则 $L/h \geqslant 2.55$。即当长高比在 2.55 以下时,说明此矩形梁"太粗壮"了,其力学行为已不属于梁行为(应按深梁求解),当然不能采用 BEAM18x 单元模拟,此时应采用实体单元模拟。而当长高比大于 2.55 时,可以采用 BEAM18x 单元模拟。

(11)BEAM18x 单元可用三个应力分量表述:一个轴向应力和两个剪应力,剪应力由扭转荷载和横向荷载产生。BEAM18x 单元基于一阶剪切变形理论,也就是众所周知的铁摩辛柯梁理论,其横向剪应变在截面上是常量(即假定剪应力和剪应变在截面上是均匀分布的),因此剪切应变能与横向剪力成线性关系。剪应力通过预先确定的截面剪应力分布系数重新分布,以便于输出。缺省时,ANSYS 仅输出由扭转产生的剪应力,可设置 KEYOPT(4)输出由弯矩或横向荷载产生的剪应力。

横向剪应力分布的精度与横截面栅格密度直接相关,横截面边缘的自由张力状态(零剪应力)仅仅在非常精致的截面模型中才可获得。缺省时,ANSYS 采用的栅格密度对扭转刚度、翘曲刚度、惯性矩及剪切中心等的计算是精确的,对材料非线性分析也是合适的。但是,若要很准确的计算因横向荷载引起的剪应力,就必须对截面栅格进行更精细划分。若为线性分析,增加栅格数量并不会引起太大的计算花费。

横向剪应力的计算忽略泊松比的影响,而泊松比对剪切修正系数和剪应力分布略有影响。

(12)对于静力或瞬态分析,执行命令 OUTRES,MISC 或 OUTRES,ALL,可显示 3D 变形。若要 3D 显示模态形状或屈曲模态形状,应在模态扩展时激活单元结果的计算项,即将命令 MXPAND 的 Elcalc 项设为 YES。

(13)BEAM189 提供的应力计算说明如下:

SDIR＝FX/AREA,其中,FX 为轴向荷载(即 SMISC 的 1 和 14),A 为截面面积。

$SBYT = -MZ \times Y_{max}/I_{zz}$,$SBYB = -MZ \times Y_{min}/I_{zz}$

$SBZT = MY \times Z_{max}/I_{yy}$,$SBZB = MY \times Z_{min}/I_{yy}$

其中,MY 和 MZ 为弯矩(即 SMISC 的 2,15,3,16),Y_{max}、Y_{min} 和 Z_{max}、Z_{min} 分别为截面 y 轴和 z 轴的最大和最小坐标,I_{zz} 和 I_{yy} 分别为截面惯性矩。除 ASEC 截面类型外,ANSYS 均采用截面最大和最小尺寸,而对 ASEC 截面类型,则采用 y 轴和 z 轴最大尺寸的一半计算。

应变计算如下:

EPELDIR=EX,EPELBYT=$-KZ \times Y_{max}$,EPELBYB=$-KZ \times Y_{min}$

EPELBZT=$KY \times Z_{max}$,EPELBZB=$KY \times Z_{min}$

其中,EX,KZ 和 KY 分别为应变和曲率(即 SMISC 的 7,8,9,20,21,22)。

对弹性分析,该单元所输出的应力是准确的。对材料非线性分析,则采用组合应力,此时应力分量做了线性化处理,应谨慎解释。

(14)BEAM189 单元的插值函数与 BEAM4 单元的不同,该单元位移和转角独立插值,如:

$$
\left.
\begin{aligned}
u &= \frac{1}{2}\left[u_I(-s+s^2)+u_J(s+s^2)\right]+u_K(1-s^2) \\
v &= \frac{1}{2}\left[v_I(-s+s^2)+v_J(s+s^2)\right]+v_K(1-s^2) \\
w &= \frac{1}{2}\left[w_I(-s+s^2)+w_J(s+s^2)\right]+w_K(1-s^2) \\
\theta_x &= \frac{1}{2}\left[\theta_{xI}(-s+s^2)+\theta_{xJ}(s+s^2)\right]+\theta_{xK}(1-s^2) \\
\theta_y &= \frac{1}{2}\left[\theta_{yI}(-s+s^2)+\theta_{yJ}(s+s^2)\right]+\theta_{yK}(1-s^2) \\
\theta_z &= \frac{1}{2}\left[\theta_{zI}(-s+s^2)+\theta_{zJ}(s+s^2)\right]+\theta_{zK}(1-s^2)
\end{aligned}
\right\}
\tag{3-48}
$$

3.8.4 应用举例

(1)工字形截面悬臂梁计算与结果列表

为表述各种计算参数和结果输出,采用如图 3-41 所示的工字形截面悬臂梁说明如下。图 3-42a)为缺省时工字形截面的栅格及其编号,图 3-42b)为栅点编号,图 3-42c)为积分点编号,上述三种信息可通过命令 SLIST 列表显示。图 3-42d)为角栅点编号的顺序,该顺序与角栅点的三个应力(表 3-31 中的 Sxx,Sxz,Sxy)相关,利用命令 ETABLE 可获取这些点的应力值。

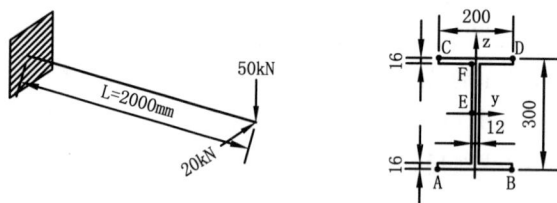

图 3-41 悬臂梁及工字截面尺寸(尺寸单位:mm)

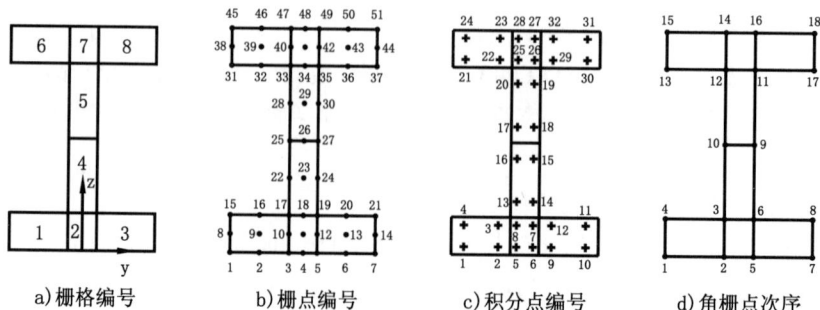

图 3-42 工字截面栅格、栅点、积分点编号及角栅点顺序

ANSYS 与材料力学的计算结果如表 3-33 所示。

ANSYS 与材料力学的计算结果比较   表 3-33

项目与点位		A	B	C	D	E	F
正应力	ANSYS	86.106	−288.209	288.209	−86.106	11.230	101.502
σ_x	理论	86.107	−288.216	288.216	−86.107	11.230	101.505
剪应力	ANSYS	0.036	−0.043	−0.043	0.036	−16.283	−7.613
τ_{xz}	理论	0.000	0.000	0.000	0.000	−15.780	−12.755
剪应力	ANSYS	0.396	1.296	1.296	0.396	−0.362	5.847
τ_{xy}	理论	0.000	0.000	0.000	0.000	0.000	7.110

从 F 点剪应力比较可以看出,此处误差较大,其原因是采用了 ANSYS 缺省的栅格划分,如果采用用户自定义截面且栅格划分较精细时,二者计算结果误差很小。但如果端部作用扭矩,弹性理论推导狭长矩形及其组合截面剪应力计算公式时,忽略了矩形截面两端和连接处的影响,并且在扭矩作用下拐角处存在应力集中现象,因此这些位置的剪应力将会存在较大的误差。

需要注意:命令 PLNSOL 所显示的应力和通过单元表获取的结果等均基于单元坐标系。

本例计算的命令流如下。

```
!============================================================
!EX3.21 悬臂工字梁计算与结果显示
FINISH$/CLEAR$/PREP7$ET,1,BEAM189$KEYOPT,1,4,2                !定义单元及单元选项
MP,EX,1,2.1E5$MP,PRXY,1,0.3                                   !定义材料属性
SECTYPE,1,BEAM,I$SECDATA,200,200,300,16,16,12                 !定义截面类型与截面数据
SECPLOT,1,1$SLIST,1,,,FULL                                    !绘制截面并对截面性质列表
L=2000$K,1$K,2,L$K,10,L/2,L/2$L,1,2                           !创建几何模型
LATT,1,1,1,,,10,1$LESIZE,ALL,,,20$LMESH,ALL                   !创建有限元模型
DK,1,ALL$FK,2,FY,−5E4$FK,2,FZ,−2E4                            !施加边界条件及荷载
FINISH$/SOLU$SOLVE                                            !求解
/POST1$DSCALE,,OFF$ESHAPE,1                                   !进入后处理,关闭变形,打开单元形状
PLNSOL,S,X$PLNSOL,S,XZ$PLNSOL,S,XY                            !显示 sx、sxz、sxy 应力
! 以下获取各点位的应力并写入文本文件中
JSDGS=18                                                      !截面的角栅点个数,如图 3-42d)所示共 18 个角栅点
JDJM=1                                                        !节点截面号,I 节点截面=1,J 节点截面=2,K 节点截面=3
*DIM,JSDXH,,6                                                 !数组,存放 6 个点位的角栅点序号
*DIM,LSXH,,6                                                  !数组,存放 6 个点位的在 LS 中的项目号
*DIM,SXYZ,,6,3                                                !数组,存放 6 个点位的 3 个应力(sx、sxz、sxy)
JSDXH(1)=1,7,15,18,10,12                                      !A,B,C,D,E,F 点角栅点序号,根据图 3-42d)组织数据
*DO,I,1,6                                                     !用循环计算单元各节点截面之各点位在 LS 中的项目编号
LSXH(I)=3*(JDJM−1)*JSDGS+3*(JSDXH(I)−1)                       !对点位而言的基础编号
*ENDDO                                                        !如果为 sx 则+1,如为 sxz 则+2,如为 sxy 则+3
*DO,I,1,6$ETABLE,SIGS%I%,LS,LSXH(I)+1$*ENDDO                  !定义单元各角栅点的 x 方向应力表
*DO,I,1,6$*GET,SXYZ(I,1),ELEM,1,ETAB,SIGS%I%$*ENDDO           !获取单元 1 各角栅点的正应力 sx
*DO,I,1,6$ETABLE,SIGS%I%,LS,LSXH(I)+2$*ENDDO                  !定义单元各角栅点的 xz 方向应力表
*DO,I,1,6$*GET,SXYZ(I,2),ELEM,1,ETAB,SIGS%I%$*ENDDO           !获取单元 1 各角栅点的剪应力 sxz
*DO,I,1,6$ETABLE,SIGS%I%,LS,LSXH(I)+3$*ENDDO                  !定义单元各角栅点的 XY 方向剪应力
*DO,I,1,6$*GET,SXYZ(I,3),ELEM,1,ETAB,SIGS%I%$*ENDDO           !获取单元 1 各角栅点的剪应力 sxy
/ESHAPE,0$ETABLE,FX1,SMISC,1$ETABLE,FX2,SMISC,14              !定义单元表(FX)
```

```
PLLS,FX1,FX2                                                      !绘制 FX 分布图,结果＝0
ETABLE,MY1,SMISC,2$ETABLE,MY2,SMISC,15                            !定义单元表(MY)
PLLS,MY1,MY2                                             !绘制 MY 分布图,最大 1E8＝5E4＊2000
ETABLE,MZ1,SMISC,3$ETABLE,MZ2,SMISC,16                            !定义单元表(MZ)
PLLS,MZ1,MZ2                                             !绘制 MY 分布图,最大 4E7＝2E4＊2000
ETABLE,MX1,SMISC,4$ETABLE,MX2,SMISC,17                            !定义单元表(MX)
PLLS,MX1,MX2                                                     !绘制 MY 分布图,结果＝0
ETABLE,SFZ1,SMISC,5$ETABLE,SFZ2,SMISC,18                          !定义单元表(SFZ)
PLLS,SFZ1,SFZ2                                            !绘制 SFZ 分布图,结果＝－5E4
ETABLE,SFY1,SMISC,6$ETABLE,SFY2,SMISC,19                          !定义单元表(SFY)
PLLS,SFY1,SFY2                                             !绘制 SFY 分布图,结果＝2E4
! 以下绘制 KY、KZ、AREA、BM、BK、SDIR 等分布图
ETABLE,KY1,SMISC,8$ETABLE,KY2,SMISC,21$PLLS,KY1,KY2
ETABLE,KZ1,SMISC,9$ETABLE,KZ2,SMISC,22$PLLS,KZ1,KZ2
ETABLE,AREA1,SMISC,13$ETABLE,AREA2,SMISC,26$PLLS,AREA1,AREA2
ETABLE,BM1,SMISC,27$ETABLE,BM2,SMISC,29$PLLS,BM1,BM2
ETABLE,BK1,SMISC,28$ETABLE,BK2,SMISC,30$PLLS,BK1,BK2
ETABLE,SDIR1,SMISC,31$ETABLE,SDIR2,SMISC,36$PLLS,SDIR1,SDIR2
!以下将应力输出到文本文件(注意该段命令流不能复制到命令行直接执行,应通过/INPUT 命令读入)
* CFOPEN,SXYZ,TXT
* VWRITE
(9X,'STRESS OUTPUT FILE OF THE SECTION NODE POINTS')
* VWRITE
(12X,'A',8X,'B',8X,'C',8X,'D',8X,'E',8X,'F')
* DIM,ZFM,CHAR,3$ZFM(1)＝'SX','SXZ','SXY'
* DO,J,1,3
* VWRITE,ZFM(J),SXYZ(1,J),SXYZ(2,J),SXYZ(3,J),SXYZ(4,J),SXYZ(5,J),SXYZ(6,J)$(A3,3X,6F9.3)
* ENDDO
* CFCLOS
!
```

（2）矩形截面直杆的自由扭转

一矩形截面悬臂梁,自由端承受扭矩作用,按自由扭转计算分析。设截面尺寸为 a×b＝300mm×450mm,悬臂梁长度 L＝2000mm,扭矩 T＝200kN·m,材料的弹性模量为 210GPa,泊松系数为 0.3。

矩形截面自由扭转的理论解[11]为:

$$T=\frac{1}{3}G\theta a^3 b\left(1-\frac{192}{\pi^5}\times\frac{a}{b}\sum_{n=1}^{\infty}\frac{1}{n^5}th\frac{n\pi b}{2a}\right) \tag{3-49}$$

$$\tau_{xz}=\frac{8G\theta a}{\pi^2}\sum_{n=1}^{\infty}\frac{1}{n^2}(-1)^{\frac{n-1}{2}}\times\left(1-\frac{ch\frac{n\pi z}{a}}{ch\frac{n\pi b}{2a}}\right)sin\frac{n\pi y}{a} \tag{3-50}$$

$$\tau_{xy}=-\frac{8G\theta a}{\pi^2}\sum_{n=1}^{\infty}\frac{1}{n^2}(-1)^{\frac{n-1}{2}}\times\left(\frac{sh\frac{n\pi z}{a}}{ch\frac{n\pi b}{2a}}\right)cos\frac{n\pi y}{a} \tag{3-51}$$

上述三式中,n＝1,3,5…,G 为材料的剪切模量,其余符号同前。

从式(3-49)可解得 θ,然后代入式(3-50)和式(3-51)并根据 y 和 z 坐标,即可确定任意点(y,z)处的剪

应力。

在用 ANSYS 计算分析时,如果采用缺省的栅格划分就会产生很大的误差。为获得较好的剪应力分布,本例采用自定义截面以获得较精细的栅格划分,经试算本例采用 10×10 的栅格即可。理论解和 ANSYS 解如表 3-34 所示,从表中可以看出二者误差很小,说明当栅格较精细时计算的剪应力具有良好的精度。根据计算结果,绘制的几条线上的剪应力分布如图 3-43 所示。

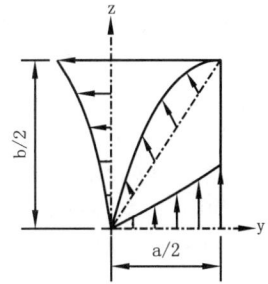

从本例可以看出,在纯扭转荷载作用下,ANSYS 所输出的剪应力方向是错误的,但数值是正确的。如 $z=0$ 且 $y=a/2$ 处的剪应力为 21.422MPa,应为 τ_{xz} 而非 τ_{xy}。因此在横力弯曲剪应力和扭转剪应力组合时,ANSYS 所输出的值是错误的(V11.0 之前版本)。命令流如下。

图 3-43　扭转荷载作用下矩形截面剪应力分布(1/4 截面)

特定线上的剪应力比较　　　　　　表 3-34

$\tau_{xz}(z=0)$			$\tau_{xy}(y=0)$			斜线上 τ_{xz}		斜线上 τ_{xy}	
y	理论	ANSYS	z	理论	ANSYS	理论	ANSYS	理论	ANSYS
150	21.360	21.422	225	−18.374	−18.271	0.280	1.3518	0.000	0.000
120	16.525	16.564	180	−11.871	−11.785	7.561	7.6807	−4.357	−4.150
90	12.029	12.062	135	−7.302	−7.236	8.418	8.4807	−4.494	−4.426
60	7.836	7.860	90	−4.149	−4.107	6.784	6.8159	−3.392	−3.353
30	3.861	3.874	45	−1.871	−1.851	3.731	3.7439	−1.782	−1.762
0	0.000	0.000	0	0.000	0.000	0.000	0.0000	0.000	0.000

```
!==================================================================
!EX3.22 矩形截面悬臂梁自由扭转计算
FINISH$/CLEAR$/PREP7$A=300$B=450$ET,1,PLANE82          !定义参数及平面单元 PLANE82
BLC5,,,A,B$LESIZE,ALL,,,10$AMESH,ALL                   !创建几何模型和有限元模型
SECWRITE,MYSEC$FINISH                                  !生成自定义截面数据文件
/CLEAR$/PREP7$A=300$B=450$EM=2.1E54BOSS=0.3            !定义几何参数及材料参数
TM=2E8$ET,1,BEAM189$MP,EX,1,EM$MP,PRXY,1,BOSS          !定义扭矩、单元类型、材料性质等
SECTYPE,1,BEAM,MESH$SECREAD,MYSEC,,,MESH               !读入截面信息
L=2000$K,1$K,2,L$K,10,L/2,,L/2$L,1,2                   !创建关键点和线
LATT,1,1,1,,,10,1$LESIZE,ALL,,,20$LMESH,ALL            !定义线属性,划分网格
DK,1,ALL$FK,2,MX,TM                                    !施加约束,施加扭矩
/SOLU$SOLVE$/POST1                                     !求解并进入后处理
/DSCALE,,OFF$/ESHAPE,1                                 !关闭变形显示,打开单元形状显示
PLNSOL,S,X$PLNSOL,S,XY$PLNSOL,S,XZ                     !绘制应力云图
!==================================================================
```

(3)变截面的定义

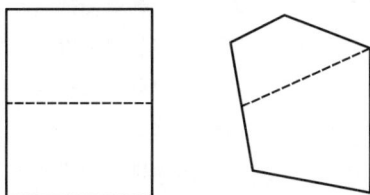

图 3-44　矩形截面变截面定义示意

BEAM18x 单元可定义变截面,但要求两个端截面具有相同的拓扑关系。例如,两个端面应具有相同的关键点数且组成面的顺序相同、两个端面划分的栅格数及栅点数相同,但形状不一定一致,如正方形端面与平行四边形端面或梯形截面等。当端面比较复杂时,如实际的箱形截面,可将两个端面划分为满足拓扑关系的小面,并一一对应。

如图 3-44 所示的两个端截面,为了具有相同的拓扑结构,在定义端截面时按图中虚线将截面分为两部分定义,并且定义相同数量的栅格和栅点,命令流如 EX3.23。

```
!========================================================================
!EX3.23 矩形截面变截面示例
FINISH$/CLEAR$/PREP7$ET,1,PLANE82                                    !定义单元类型
K,1$K,2,,25$K,3,,50$K,4,40$K,5,40,25$K,6,40,50                      !定义关键点
A,1,2,5,4$A,2,3,6,5$LESIZE,ALL,,,5$AMESH,ALL                        !按一定顺序创建面,并划分网格
SECWRITE,MYSEC1                                                      !生成自定义截面1
FINISH$/CLEAR$/PREP7$ET,1,PLANE82                                   !清除当前模型
K,1,5,3$K,2,20$K,3,20,20$K,4,10,25$K,5,2,20                         !定义关键点
K,6,3.5,11.5$A,1,6,3,2$A,6,5,4,3$LESIZE,ALL,,,5                     !按一定顺序创建面
AMESH,ALL$SECWRITE,MYSEC2                                            !生成自定义截面2
FINISH$/CLEAR$/PREP7                                                !清除当前模型
ET,1,BEAM189$MP,EX,1,2.1E5$MP,PRXY,1,0.3                            !定出 BEAM189 及其材料性质
SECTYPE,1,BEAM,MESH$SECREAD,MYSEC1,SECT,,MESH                       !读入自定义截面1
SECTYPE,2,BEAM,MESH$SECREAD,MYSEC2,SECT,,MESH                       !读入自定义截面2
SECTYPE,3,TAPER$SECDATA,1,50$SECDATA,2,150                          !定义变截面类型3
K,1$K,2,50$K,3,150$K,4,200$K,5,100,200$L,1,2$L,2,3$L,3,4            !创建关键点和线
LSEL,S,,,1$LATT,1,,1,,5,,1                                          !定义线1属性,为截面1
LSEL,S,,,3$LATT,1,,1,,5,,2                                          !定义线3属性,为截面2
LSEL,S,,,2$LATT,1,,1,,5,,3$LSEL,ALL                                 !定义线2属性,为变截面
LESIZE,ALL,,,10$LMESH,ALL$/ESHAPE,1$EPLOT                           !划分单元网格,并显示单元形状
!========================================================================
```

　　在实际结构工程中,箱形梁的截面及板件厚度多为变化的,如图 3-45 所示的两个端截面。为了能够建立变截面,在自定义截面时按图中虚线将截面分为多个部分,使两个端面的每个部分都一一对应,且在形成每个部分的"面"时其关键点顺序相同,当然每个部分的栅格也要相同,命令流如 EX3.24 所示。如果采用直接创建"面"或创建整体面后切分,需要保证两个端面的每个部分都一一对应,特别是组成"面"的顺序和方向相同,一般情况下很难保证,因此建议采用"关键点—面"的方法自定义截面。

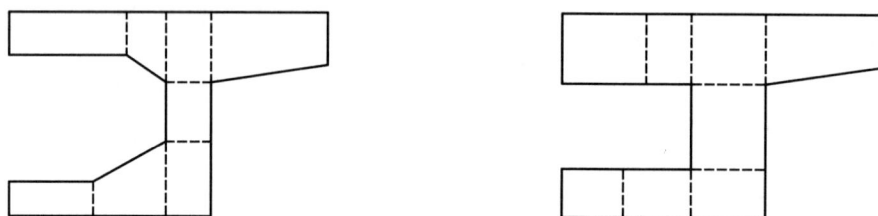

图 3-45　箱形变截面定义示意

```
!========================================================================
!EX3.24 箱形截面变截面示例
FINISH$/CLEAR$/PREP7$ET,1,PLANE82                                   !清空数据库,定义单元类型
K,1$K,2,10$K,3,20$K,4,25$K,5,25,8$K,6,25,15                         !创建关键点
K,7,40,20$K,8,40,25$K,9,25,25$K,10,20,25                            !创建关键点
K,11,15,25$K,12,0,25$K,13,0,20$K,14,15,20                           !创建关键点
K,15,20,15$K,16,20,8$K,17,10,5$K,18,0,5                             !创建关键点
A,1,18,17,2$A,2,17,16,3$A,3,16,5,4$A,16,15,6,5                      !由关键点创建面
A,15,10,9,6$A,6,9,8,7$A,14,11,10,15$A,13,12,11,14                   !由关键点创建面
LESIZE,ALL,,,2$AMESH,ALL$SECWRITE,BOX1                              !定义网格数,划分单元,生成截面1
FINISH$/CLEAR$/PREP7$ET,1,PLANE82                                   !清空数据库,定义单元类型
```

```
K,1$K,2,10$K,3,15$K,4,25$K,5,25,7$K,6,25,15            !创建关键点
K,7,40,20$K,8,40,25$K,9,25,25$K,10,15,25$K,11,10,25    !创建关键点
K,12,0,25$K,13,0,15$K,14,10,15$K,15,15,15              !创建关键点
K,16,15,7$K,17,10,7$K,18,0,7                           !创建关键点
A,1,18,17,2$A,2,17,16,3$A,3,16,5,4$A,16,15,6,5          !由关键点创建面
A,15,10,9,6$A,6,9,8,7$A,14,11,10,15$A,13,12,11,14       !由关键点创建面
LESIZE,ALL,,,2$AMESH,ALL$SECWRITE,BOX2      !定义网格数,划分单元,生成截面2
FINISH$/CLEAR$/PREP7                                    !清空数据库
ET,1,BEAM189$MP,EX,1,2.1E5$MP,PRXY,1,0.3       !定义单元类型、材料性质
SECTYPE,1,BEAM,MESH$SECOFFSET,USER        !定义截面类型1,且偏置于截面原点
SECREAD,BOX1,SECT,,MESH                            !读入自定义截面1
SECTYPE,2,BEAM,MESH$SECOFFSET,USER        !定义截面类型1,且偏置于截面原点
SECREAD,BOX2,SECT,,MESH                            !读入自定义截面2
SECTYPE,3,TAPER$SECDATA,1,50$SECDATA,2,150   !定义变截面类型及其数据
K,1$K,2,50$K,3,150$K,4,200$K,5,100,200    !以下定义结构模型(解释从略)
L,1,2$L,2,3$L,3,4$LESIZE,ALL,,,10$LSEL,S,,,1$LATT,1,,1,,5,,1
LSEL,S,,,3$LATT,1,,1,,5,,2$LSEL,S,,,2$LATT,1,,1,,5,,3$LSEL,ALL
LMESH,ALL$/ESHAPE,1$EPLOT
```

!═══

　　本例仅仅说明箱形变截面梁的定义方法,截面偏置于自定义截面原点。而实际结构宜偏置于截面重心(缺省),此时打开单元形状显示时,可能造成"错台",但不影响计算结果,因 BEAM18x 单元仅仅利用"定义截面"计算截面特性,而不是"实体"单元的计算。消除显示"错台"的方法可根据实际结构,定义"曲线"几何模型而不是"直线"模型。

　　(4)组合截面的定义

　　组合截面或称多种材料截面,在自定义截面时赋予不同的材料号划分单元即可,其余与自定义截面相同。在引用截面时,注意所定义的材料号应与自定义截面时相同。

　　例如,桥梁工程中的钢管混凝土结构,当采用 BEAM18x 单元模拟时,就可采用这种方法。如图 3-46 所示钢管混凝土截面,利用自定义截面分析的命令流如 EX3.25 所示。

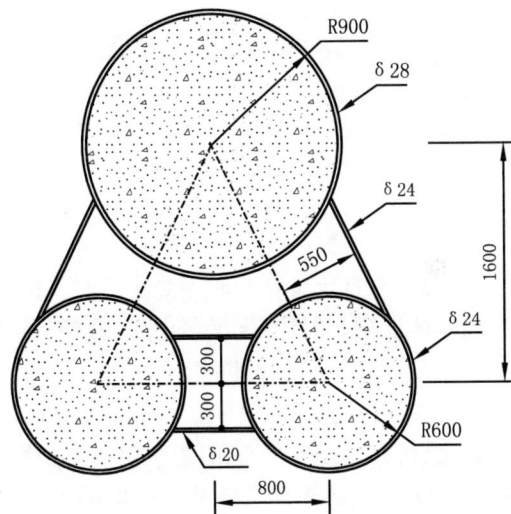

图 3-46　钢管混凝土截面(尺寸左右对称,单位:mm)

　　对自定义截面,栅格数或栅点数有一定的限制,不能将栅格定义的无限小或栅格数很大,否则 ANSYS 将提示错误并退出计算。当出现这种情况时,可适当减少栅格数。

!═══

```
!EX3.25 自定义钢管混凝土截面
FINISH$/CLEAR$/PREP7$RT=900$RB=600$T1=28         !定义几何参数
T2=24$T3=20$A=800$B=300$C=550$H=1600             !定义几何参数
CYL4,,,RT$CYL4,,,RT-T1                            !创建顶管的两个圆面
CYL4,-A,-H,RB$CYL4,-A,-H,RB-T2                  !创建左下管的两个圆面
CYL4,A,-H,RB$CYL4,A,-H,RB-T2                    !创建右下管的两个圆面
$APTN,ALL$NUMCMP,ALL                            !分割各面,压缩图素编号
BLC5,,-(H-B-T3/2),2*B,T3$BLC5,,-(H+B+T3/2),2*B,T3  !创建下管之间的联结板
REFA=ATAN(H/A)*180/ACOS(-1)$WPROTA,-REFA        !求角度并旋转工作平面
```

```
BLC4,685,550,930,T2$ARSYM,X,9$WPCSYS,-1          !创建上、下管之间的联结板
ASEL,U,,,1,3,1$APTN,ALL                          !选择钢管和钢板,并分割各面
ASEL,S,,,16,18,2$ASEL,A,,,23$AADD,ALL            !整理顶管钢管面
ASEL,S,,,12,14,2$ASEL,A,,,17,24,7$AADD,ALL       !整理左下管钢管面
ASEL,S,,,11,13,2$ASEL,A,,,15,25,10$AADD,ALL      !整理右下管钢管面
ALLSEL,ALL$NUMCMP,ALL                            !选择所有图素并压缩编号
WPROTA,,90$ASBW,ALL$WPOFF,,,H$ASBW,ALL           !水平切分各圆面
WPROTA,,,90$ASBW,ALL                             !竖直切分顶管圆面等
WPOFF,,,A$ASEL,S,LOC,X,A$ASBW,ALL                !切分右下管圆面
WPOFF,,,-2*A$ASEL,S,LOC,X,-A$ASBW,ALL            !切分左下管圆面
ALLSEL,ALL$NUMCMP,ALL                            !选择所有图素并压缩编号
ET,1,PLANE82$MP,EX,1,1.0$MP,EX,2,2.0             !定义单元类型及两个材料号
ASEL,S,,,1,4$ASEL,A,,,13,16$ASEL,A,,,5,6         !选择混凝土面
ASEL,A,,,9,10$CM,CONA,AREA                       !选择混凝土面并定义元件
ESIZE,150$AATT,1,,1$MSHKEY,1$AMESH,ALL           !定义网格尺寸,赋属性,划分类型,划分网格
ASEL,INVE$AATT,2,,1$MSHKEY,0$AMESH,ALL           !选择钢面并划分自由网格
SECWRITE,TTSEC                                   !创建自定义截面数据
FINISH$/CLEAR$/PREP7$ET,1,BEAM189                !清空当前数据库并定义单元类型
MP,EX,1,3.5E5$MP,PRXY,1,0.2                       !定义混凝土材料性质
MP,EX,2,2.1E6$MP,PRXY,2,0.3                       !定义钢材材料性质
SECTYPE,1,BEAM,MESH$SECREAD,TTSEC,SECT,,MESH      !读入自定义截面
L=16000$K,1$K,2,L$K,3,L/2,L/2$L,1,2               !创建几何模型(仅为应用自定义截面)
LATT,1,,1,,3,,1$LESIZE,ALL,,,20$LMESH,ALL         !划分单元
DK,1,ALL$FK,2,FX,-20E7                            !施加边界条件和荷载
/SOLU$SOLVE$/POST1$/ESHAPE,1$PLNSOL,S,X           !求解及后处理
!===========================================
```

注意:在自定义截面时不必定义材料的具体性质,只需定义材料号即可。而在引用时可赋予各材料号的具体性质,并且自定义截面中的材料号与引用时的材料号相同。

(5)工字梁的约束扭转分析

如图 3-47 所示的单轴对称工字形截面简支梁[11](在两端支承处,截面不能绕梁轴转动),跨度为 6m,均布垂直荷载 q=82kN/m,距主轴有偏心距 30mm,同时在跨中位置的上翼缘上表面作用有集中水平荷载 P=12kN。已知弹性模量 E=206GPa,剪切模量 G=79GPa,对此梁进行计入约束扭转时的分析。

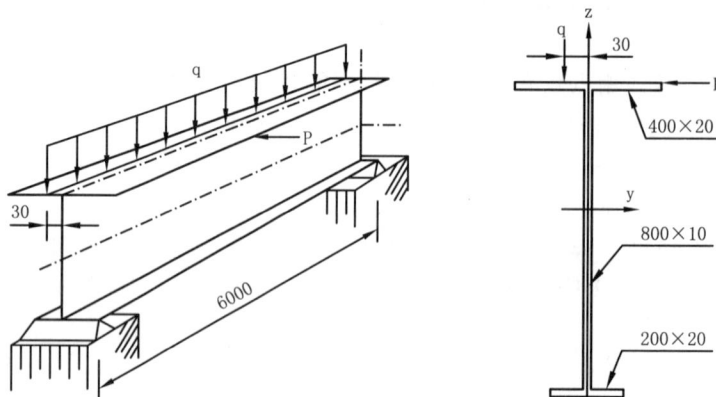

图 3-47 简支梁示意与截面尺寸(尺寸单位:mm)

用 BEAM189 单元模拟该简支梁,均布荷载和集中力产生的扭矩作用于剪切中心,且截面偏置于剪切中心以便比较,对实际结构可根据支承情况施加约束并设置偏置。ANSYS 计算(缺省栅格划分)的最

大正应力与理论结果的误差在 2% 之内,说明 BEAM189 计算约束扭转具有良好的精度。命令流如下。

```
!=========================================================
!EX3.26 工字形截面简支梁的约束扭转等分析
FINISH$/CLEAR$/PREP7$L=6000$Q=82$A0=30$P=12E3          !定义参数
ET,1,BEAM189,1$MP,EX,1,2.06E5$MP,PRXY,1,0.3038         !定义单元类型(考虑翘曲)和材料性质
SECTYPE,1,BEAM,I$SECOFFSET,SHRC                        !定义截面类型及偏置
SECDATA,200,400,840,20,20,10                           !截面数据
*GET,Z0,SECP,1,PROP,SHCZ                               !获取剪切中心坐标
L=6000$K,1$K,2,L/2$K,3,L$K,4,L/2,L/2$L,1,2$L,2,3       !创建几何模型
LATT,1,,1,,4,,1$LESIZE,ALL,,,20$LMESH,ALL              !生成有限元模型
DK,1,UX,,,,UY,UZ,ROTX$DK,3,UY,,,,UZ,ROTX              !施加约束条件
FK,2,FZ,P$FK,2,MX,P*(840-Z0)$SFBEAM,ALL,1,PRES,Q       !施加荷载
NSEL,S,LOC,Y,0$*GET,NODEC,NODE,,COUNT                  !施加均布扭矩
QMX1=Q*A0*L$F,ALL,MX,QMX1/NODEC$ALLSEL,ALL             !施加均布扭矩
/SOLU$SOLVE$/POST1$/ESHAPE,1$PLNSOL,S,X                !求解并查看结果
!=========================================================
```

(6)端点自由度释放

BEAM18x 单元提供了端点自由度释放命令 ENDRELEASE,该命令基于当前选择的节点和单元,释放两个或多个相邻单元的节点自由度,如释放翘曲、转角位移、平动位移等自由度,可很方便地处理单元连接,以模拟球铰和滑动等连接形式。

如图 3-48 所示的平面结构,建模时不考虑连接形式,以完全刚接建模。划分单元后,选择节点和单元,用命令 EN-DRELEASE 释放所需要的自由度。建模及处理过程如命令流 EX3.27 所示。端点自由度释放的实质是自动耦合自由度(当前选择集体),即在同一节点位置创建一个或多个新的节点,保持最小号单元的节点不变而修改其余单元的节点号(此为该命令的限制,需要特别注意,否则虽然释放了自由度,但不一定正确),然后耦合原来节点和各新节点的自由度。对有些情况(图 3-48 中最右边的连接形式),采用命令 ENSRELEASE 释放自由度不能完全达到目的,需要用命令 CP 补充自由度耦合。

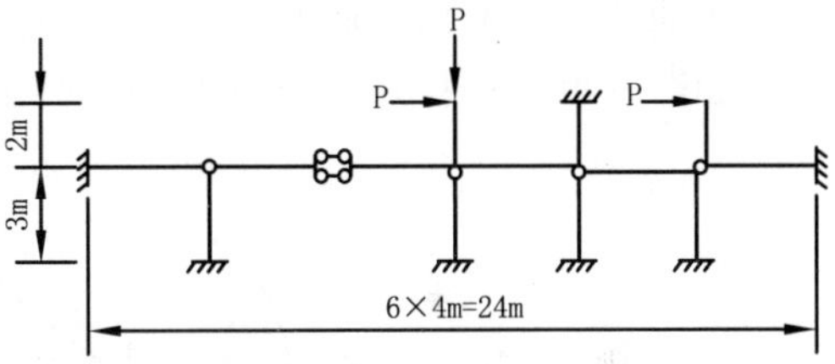

图 3-48　平面结构示意

命令 ENSRELEASE 所生成的自由度耦合方程,可用命令 CPLIST 查看。

```
!=========================================================
!EX3.27 端点自由度释放
FINISH$/CLEAR$/PREP7
ET,1,BEAM189$MP,EX,1,2.1E11$MP,PRXY,1,0.3              !定义单元类型、单元材料性质
SECTYPE,1,BEAM,CSOLID$SECDATA,0.05                     !定义截面及其数据
*DO,I,1,7$K,I,(I-1)*4$*ENDDO                           !创建关键点
K,8,4,-3$K,9,12,-3$K,10,12,2$K,11,16,-3               !创建关键点
K,12,16,2$K,13,20,-3$K,14,20,2                         !创建关键点
*DO,I,1,6$L,I,I+1$*ENDDO                               !创建线
L,2,8$L,4,10$L,4,9$L,5,12$L,5,11$L,6,14$L,6,13         !创建线
ESIZE,1$LSEL,U,,,9,11,2$LMESH,ALL                      !先划分一部分网格
LSEL,INVE$LMESH,ALL$LSEL,ALL                           !再划分一部分网格,后生成的单元号大
DK,1,ALL$DK,7,ALL$DK,8,ALL$DK,9,ALL                   !施加约束
DK,11,ALL$DK,12,ALL$DK,13,ALL                          !施加约束
NSEL,S,LOC,Y,0$NSEL,R,LOC,X,4$ESLN,S                   !选择第一个位置的节点与单元
```

```
ENDRELEASE,,-1,BALL                                    !释放所有转角自由度(等于球铰)
NSEL,S,LOC,Y,0$NSEL,R,LOC,X,8$ESLN,S                   !选择第二个位置的节点与单元
ENDRELEASE,,-1,UY                                      !释放 UY 自由度
NSEL,S,LOC,Y,0$NSEL,R,LOC,X,12$ESLN,S                  !选择第三个位置的节点与单元
ESEL,U,,,12,13 ENDRELEASE,,-1,BALL                     !不选某个单元,然后释放自由度
NSEL,S,LOC,Y,0$NSEL,R,LOC,X,16$ESLN,S                  !选择第四个位置的节点与单元
ESEL,U,,,30$ENDRELEASE,,-1,BALL                        !不选某个单元,然后释放自由度
NSEL,S,LOC,Y,0$NSEL,R,LOC,X,20$ESLN,S                  !选择第五个位置的节点与单元
ENDRELEASE,,-1,BALL                                    !释放自由度(但实际这里不是球铰)
CP,NEXT,ROTX,34,94$CP,NEXT,ROTY,34,94                  !耦合转角自由度
CP,NEXT,ROTZ,34,94$CP,NEXT,ROTX,92,93                  !耦合转角自由度
CP,NEXT,ROTY,92,93$CP,NEXT,ROTZ,92,93                  !耦合转角自由度
P=1000$FK,10,FY,-P$FK,10,FX,P$FK,14,FX,P               !施加荷载
/SOLU$ALLSEL,ALL                                       !进入求解层
SOLVE$/POST1$PLDISP,1                                  !求解,查看结果
```

!===

(7) 曲线单元

BEAM188 即使增加一个积分点[KEYOPT(3)=2]也是直线单元,但 BEAM189 是曲线单元,因此 BEAM189 可很好地模拟曲线梁,如拱结构、平面曲梁、空间曲梁等。通过绘制单元图可得知其二者模拟曲线梁的情况,同时用命令/EFACET 改变显示效果。或者通过节点列表查看节点坐标,可知其中间节点位于曲线上而不是在直线上。

如图 3-49 所示的圆环,荷载作用点弯矩的理论解[6]为 PR/π,且与轴向或剪切刚度等无关。

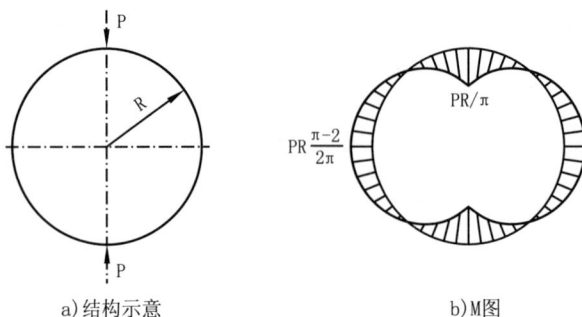

a)结构示意   b)M图

图 3-49 受集中力作用的圆环

设 R=2000mm,P=60000πN,材料的弹性模量 E=210GPa,泊松系数 μ=0.3,矩形截面尺寸为 100mm×300mm。分别采用 BEAM188 和 BEAM189 模拟,每条线(1/4 圆弧)的单元数及与理论解的误差如表 3-35 所示。

BEAM18x 单元个数与误差比较   表 3-35

单元个数	BEAM189 结果	误差%	BEAM188 (3 节点)	误差%	BEAM188 (2 节点)	误差%
1	-94247763.6	-21.46	-94228949.5	-21.48	0.0	-100.0
2	-116355558.0	-3.04	-113761945.0	-5.20	-47121921.6	-60.73
3	-118894923.0	-0.92	-117243505.0	-2.30	-70120627.7	-41.57
4	-119529932.0	-0.39	-118452584.0	-1.29	-82385962.4	-31.35
5	-119758383.0	-0.20	-119010574.0	-0.82	-89886640.0	-25.09
10	-119969632.0	-0.03	-119752951.0	-0.21	-105009382.0	-12.49
20	-119996198.0	0.00	-119938264.0	-0.05	-112543667.0	-6.21

　　从表中可以看出,每条线划分 3 个 BEAM189 单元就具有很高的精度了,而 3 节点的 BEAM188 则需要 5 个单元,2 节点的 BEAM188 则需要 100 个单元以上。因此,对于实际结构,无论是直线还是曲线杆件,建议采用 BEAM189 单元,且每根自然杆划分 3 个以上单元为宜。命令流如下。

```
!══════════════════════════════════════════════════
!EX3.28 受集中力作用的圆环
FINISH$/CLEAR$/PREP7$R=2000$P=60000*ACOS(-1)               !定义几何参数
NELEM=10                                                   !定义每条线划分的单元个数参数
ET,1,BEAM189$MP,EX,1,2.1E5$MP,PRXY,1,0.3                   !定义单元类型及材料性质
SECTYPE,1,BEAM,RECT$SECDATA,100,300                        !定义截面及数据
CYL4,,,R$ADELE,ALL$K,5,,,1000*R                            !创建几何模型及定位关键点
LATT,1,,1,,1,5,,1$LESIZE,ALL,,,NELEM$LMESH,ALL             !划分网格
KSEL,S,LOC,X,0$DK,ALL,UX                                   !施加约束
KSEL,S,LOC,Y,0$DK,ALL,UY$KSEL,ALL                          !施加约束
FK,KP(0,R,0),FY,-P$FK,KP(0,-R,0),FY,P                      !施加荷载
/SOLU$SOLVE$/POST1$PLDISP,1                                !求解并查看结果
!══════════════════════════════════════════════════
```

　　(8)非线性广义梁截面

　　非线性广义梁截面是一种抽象的梁截面类型(所谓宏观单元),可直接定义轴力与轴向应变、弯矩与曲率、扭矩与扭转率、横向剪力与横向剪应变的函数关系,从而确定梁单元的刚度方程。非线性广义梁截面不需输入截面数据,不需输入材料数据,但可考虑质量刚度。该截面形式主要利用由试验或特殊计算获得的结构非线性响应曲线对结构进行分析,也用于横截面具有复杂行为(如扭曲等)时的分析。例如,通过试验可获取弯矩—曲率曲线,然后利用该曲线对结构进行延性或抗震分析等。

　　采用非线性广义梁截面需要注意如下问题:

　　①每种函数关系可定义 6 条随温度变化的不同曲线,每条曲线可定义 20 个点。

　　②广义应力和广义应变的关系可分别定义为弹性(ELASTIC)或弹塑性(PLASTIC)。在定义二者之间的函数关系时,应使最后的广义应变足够大,因 ANSYS 假定一旦超过所定义关系的广义应变时其刚度就不再考虑。定义弹塑性函数关系时,至少要两个点以上;若混合采用弹性和塑性函数关系,如某些广义应力和广义应变的关系为非线性而另外的一些为弹性时,弹性关系也需输入两个点,但符合弹性关系即可。如定义为弹性函数关系时,仅定义一点即可。

　　③只有 BEAM18x 系列才可使用非线性广义梁截面,且广义应力和应变采用其他命令定义。

　　④梁的应力可通过 ETABLE 获得。

　　⑤初应力和截面偏置无效。

　　⑥仅与梁轴温度相关,不考虑类似其他 BEAM18x 的温度输入。

　　⑦质量和膨胀系数可定义为温度的函数,即可随温度变化而变化。

　　⑧式(3-52)中的函数关系必须全部定义,否则主对角线元素会为零。

　　非线性广义梁截面所定义的广义力和广义应变关系如式(3-52)所示。

$$\begin{bmatrix} N \\ M_1 \\ M_2 \\ \tau \\ S_1 \\ S_2 \end{bmatrix} = \begin{bmatrix} A_E(\varepsilon,T) & & & & & \\ & I_1^E(\kappa_1,T) & & & & 0 \\ & & I_2^E(\kappa_2,T) & & & \\ & & & J_G(\chi,T) & & \\ & 0 & & & A_1^G(\gamma_1,T) & \\ & & & & & A_2^G(\gamma_2,T) \end{bmatrix} \begin{bmatrix} \varepsilon \\ \kappa_1 \\ \kappa_2 \\ \chi \\ \gamma_1 \\ \gamma_2 \end{bmatrix} \qquad (3\text{-}52)$$

式中:　　N——轴力;

M_1——XZ 平面内的弯矩；

M_2——XY 平面内的弯矩；

τ——扭矩；

S_1——XZ 平面内的剪力；

S_2——XY 平面内的剪力；

ε——轴向应变；

κ_1——XZ 平面内的曲率；

κ_2——XY 平面内的曲率；

χ——横截面扭转率；

γ_1——XZ 平面内的横向剪应变；

γ_2——XY 平面内的横向剪应变；

$A_E(\varepsilon, T)$——轴向刚度，是轴向应变 ε 和温度 T 的函数；

$I_1^E(\kappa_1, T)$——XZ 平面内的弯曲刚度，是曲率 κ_1 和温度 T 的函数；

$I_2^E(\kappa_2, T)$——XY 平面内的弯曲刚度，是曲率 κ_2 和温度 T 的函数；

$J_G(\chi, T)$——扭转刚度，是扭转率 χ 和温度 T 的函数；

$A_1^G(\gamma_1, T)$——XZ 平面内的横向剪切刚度，是横向剪应变 γ_1 和温度 T 的函数；

$A_2^G(\gamma_2, T)$——XY 平面内的横向剪切刚度，是横向剪应变 γ_2 和温度 T 的函数。

上述六种函数关系分别用命令 BSAX、BSM1、BSM2、BSTQ、BSS1 和 BSS2 定义，截面的质量密度和膨胀系数分别用命令 BSMD 和 BSTE 定义。六种函数关系的命令格式基本相同，其格式如 BSxx，VAL1，VAL2，T(xx 分别表示 AX、M1、M2、TQ、S1、S2)，VAL1 为广义应变，VAL2 为广义应力，T 为温度，详细用法如命令流 EX3.29 中所示。

为说明广义梁截面的用法，假设某梁的截面轴力与轴向应变、XY 平面内的弯矩与曲率、扭矩与扭转率、横向剪力与剪切应变等采用弹性函数关系，仅 XZ 平面内的弯矩与曲率为非线性函数关系，如图 3-50a)所示，对如图 3-50b)所示的结构进行分析，命令流如下。

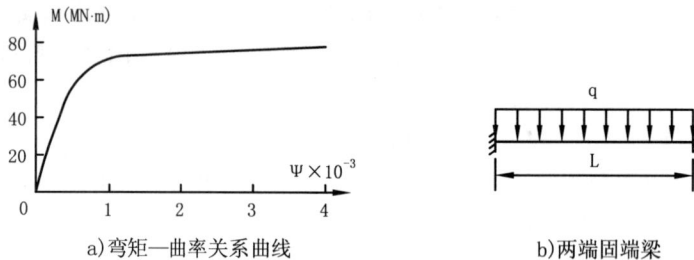

a)弯矩—曲率关系曲线   b)两端固端梁

图 3-50 广义梁截面

```
!=================================================================
!EX3.29 非线性广义梁截面分析
FINISH$/CLEAR$/PREP7$ET,1,BEAM189                          !定义单元类型
SECTYPE,1,GENB,PLASTIC                                     !定义广义梁截面为弹塑性
BSAX,0.1,5.5E8$BSAX,1.0,5.5E9                              !定义轴力与轴向应变的函数关系
BSM1,0.2E−3,2.7140E7$BSM1,0.4E−3,4.8788E7                  !定义弯矩与曲率的函数关系
BSM1,0.6E−3,6.1084E7$BSM1,0.8E−3,6.7736E7                  !定义弯矩与曲率的函数关系
BSM1,1.0E−3,7.1312E7$BSM1,1.2E−3,7.2904E7                  !定义弯矩与曲率的函数关系
BSM1,1.4E−3,7.3232E7$BSM1,2.0E−3,7.4320E7                  !定义弯矩与曲率的函数关系
BSM1,1.0,8.0E7                                             !定义弯矩与曲率的函数关系,最后给较大值
BSM2,0.1,1.0E7$BSM2,1.0,1.0E8                              !定义弯矩与曲率的函数关系(XY 平面)
```

```
BSTQ,0.1,1.7E8$BSTQ,1.0,1.7E9                                    !定义扭矩与扭转率的函数关系
BSS1,0.1,3.0E8$BSS1,1.0,3.0E9                                    !定义横向剪应力与剪应变的函数关系
BSS2,0.1,3.0E8$BSS2,1.0,3.0E9                                    !定义横向剪应力与剪应变的函数关系
K,1$K,2,10$K,3,5,,5$L,1,2$LATT,,,1,,3,,1                         !创建几何模型
LESIZE,ALL,1$LMESH,ALL                                          !生成有限元模型
DK,1,ALL$DK,2,ALL                                              !施加边界条件
SFBEAM,ALL,1,PRES,18E6                                          !施加均布荷载
/SOLU$NLGEOM,ON$OUTRES,ALL,ALL                                  !打开大变形,定义结果输出
NSUBST,20$ARCLEN,ON$SOLVE                                       !设置荷载子步,打开弧长法,求解
/POST1$PLDISP,1$PLNSOL,U,Z                                      !绘制变形图,绘制 UZ 图
ETABLE,MYI,SMISC,2$ETABLE,MYJ,SMISC,15$PLLS,MYI,MYJ             !绘制弯矩图
ETABLE,KYI,SMISC,8$ETABLE,KYJ,SMISC,21$PLLS,KYI,KYJ             !绘制曲率图
ETABLE,SBZTI,SMISC,34$ETABLE,SBZTJ,SMISC,39$PLLS,SBZTI,SBZTJ    !绘制弯曲应力图
/POST26$NSOL,2,NODE(5,0,0),U,Z$PROD,3,2,,,,,,,-1$XVAR,3$PLVAR,1  !绘制荷载—位移图
!====================================================================
```

第4章 管 单 元

ANSYS 用于结构分析的管单元有 PIPE16、PIPE17、PIPE18、PIPE20、PIPE59 及 PIPE60,这些单元即可用于以"管"为构件的结构分析,也可用于"管路"系统的结构分析。

4.1 PIPE16 单元

PIPE16 称为弹性直管单元,可承受轴向拉压、弯曲和扭转,该单元有 2 个节点,每个节点有 6 个自由度,即沿节点坐标系 x、y、z 方向的平动位移和绕 x、y、z 轴的转动位移。该单元以单元 BEAM4 为基础,仅根据管的几何特征进行了适当简化,单元模型如图 4-1 所示。单元 PIPE17 为弹性 T 管单元,单元 PIPE18 为弹性弯管单元,单元 PIPE20 为塑性直管单元,单元 PIPE59 为沉管或沉缆单元,单元 PIPE60 为塑性弯管单元。

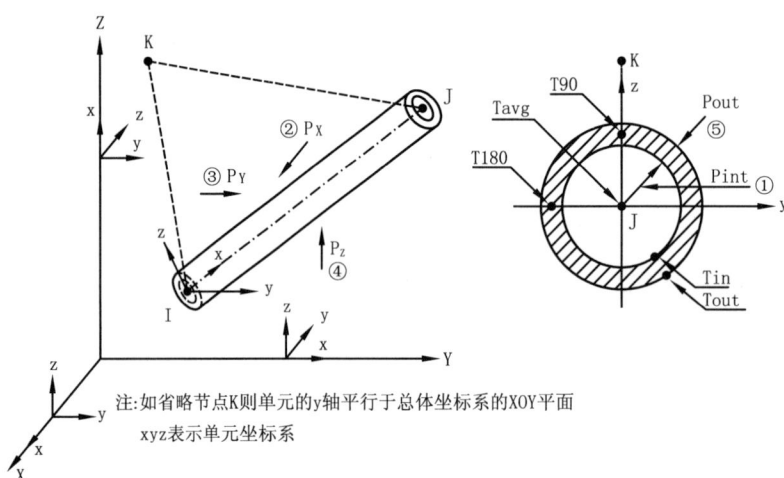

注:如省略节点K则单元的y轴平行于总体坐标系的XOY平面
xyz表示单元坐标系

图 4-1 PIPE16 单元几何

4.1.1 输入参数与选项

图 4-1 给出了单元几何、节点位置和单元坐标系、通过两个或三个节点、管外径、管壁厚度、应力增大系数、柔性系数、内部流体密度、外部隔层密度及厚度、腐蚀裕量、隔层表面积、管壁质量、管轴向刚度、角频率及各向同性材料性质定义。

管外径也可称为管道外径,在工程结构中,常采用圆管作为结构受力构件,此时称为"管"较为合适;然而在管路系统中,称为"管道"较为合适,此管道可为输水、输气、输油等管道。因 PIPE16 可考虑管道内压,即管道内部有"流体",就涉及内部流体材料的密度等。对于各种输送用途的管道,其外部可能有隔热层、防腐层、绝缘层等,此处统称为"隔层",因此也涉及隔层材料的密度和隔层厚度等,内部流体和外部隔层对刚度矩阵无贡献。腐蚀裕量也称腐蚀裕度,为管壁厚度腐蚀程度的度量,与管道用途和所处环境有关,可根据相关专业的规范或经验确定。腐蚀裕量不参与刚度矩阵计算,仅用于应力计算。PIPE16 不考虑管道磨损裕量和管道壁厚偏差。在考虑管道质量时,可直接输入管壁质量,也可由程序根据输入的内部流体密度、外部隔层材料密度与厚度等计算。由于管件(如法兰、膨胀节等)对直管抗弯刚度有影响,为更好地模拟实际情况,采用柔性系数考虑这一影响因素。

单元的 x 轴的方向从 I 节点指向 J 节点。仅两个节点时,单元的 y 轴方向缺省为平行于总体坐标系的 XOY 平面;若单元的 x 轴平行于整体坐标系的 Z 轴(或偏角在 0.01% 之内),则单元的 y 轴平行于总体坐标系的 Y 轴。用户可通过定义第三个节点 K 控制单元的 y 轴方向,单元 x 轴和 z 轴位于由 I、J、K 三点确定的平面之内。沿管环向的输入和输出位置,以从单元 y 轴逆时针旋转的角度度量,如单元 y 轴位置为 0°,单元 z 轴位置为 90°等。

应力增大系数(SIF)是对弯曲应力的修正。若 KEYOPT(2)=0,可分别输入端点 I 和端点 J 的应力增大系数(SIFI 和 SIFJ);若 KEYOPT(2)=1,2 或 3,则由程序按三通接头计算确定;当 SIF 小于 1.0 时其值为 1.0。柔性系数 FLEX 用于修正横截面的惯性矩以计算弯曲行为,FLEX 缺省为 1.0,也可输入一正数进行修正。

单元的质量根据管壁材料、外部隔层和内部流体计算,隔层和流体仅在质量矩阵中予以考虑,不考虑二者对单元刚度的影响。若输入管壁质量这一实常数,此值就替代了根据管壁材料、隔层和内部流体等计算的单元质量。同样,若输入了非零的隔层表面积这一实常数,也就替代了由管外径和长度计算的隔层表面积;而非零管轴向刚度实常数替代计算的管轴向刚度。

可在单元上施加面荷载,面的编号如图 4-1 中所示,图中箭头方向为分布荷载的正方向。内部压力 PINT 与外部压力 POUT 以正值输入,其量纲为"力/面积"。横向压力荷载 PX,PY,PZ(如风荷载或流体拖曳力)以整体直角坐标系方向定义,与坐标方向一致者为正值,其量纲为"力/长度"。通过 KEYOPT(5)的设置,横向压力荷载可仅考虑法向压力(与单元轴线垂直)或所有方向的压力(包括法向和切向压力,切向压力平行于单元轴线)。该单元仅支持均布压力荷载,不支持渐变压力荷载。

该单元可在节点上输入温度体荷载,可考虑壁厚温度梯度和直径温度梯度。θ=0°处的管壁平均温度等于 2×Tavg−T180,θ=−90°处的管壁平均温度等于 2×Tavg−T90。温度分布假定沿单元长度线性变化,节点 I 的第一点温度 Tout(I)或 Tavg(I)缺省为 TUNIF,若输入第一点温度后其余均不输入,则缺省为第一点温度。如输入了节点 I 的温度,而节点 J 的温度没有输入,则节点 J 的温度缺省为节点 I 的温度。对其他输入方式,未输入的温度均缺省为 TUNIF。

对管路系统的分析,在 PREP7 中可用管路命令生成管路系统模型,而不必按照标准的 ANSYS 直接生成方法进行建模;当输入管路命令后,ANSYS 程序内部将管路数据转换成直接生成模型的数据,并将转换的信息存到数据库里,此时便可如直接生成方法建模进行处理。KEYOPT(4)可用于单元类型识别以便输出和后处理操作。

KEYOPT(7)用于计算不对称回转阻尼矩阵,通常用于转子动力分析。角频率以实常数 SPIN 输入,其量纲为"弧度/时间",以单元 x 轴的正方向为正。

表 4-1 为 PIPE16 单元的输入参数与选项。

PIPE16 单元输入参数与选项　　　　　　　　　　　　　　　　　表 4-1

参数类别	参数 及 说明			
节点	I,J,K(方向点 K 是可选的)			
自由度	UX,UY,UZ,ROTX,ROTY,ROTZ			
实常数	序号	名 称	说 明	
	1	OD	管外径	
	2	TKWALL	管壁厚度	
	3	SIFI	I 节点应力增大系数	
	4	SIFJ	J 节点应力增大系数	

参数类别	参 数 及 说 明		
	序号	名　称	说　明
实常数	5	FLEX	柔性系数
	6	DENSFL	内部流体密度
	7	DENSIN	外部隔层密度
	8	TKIN	隔层厚度
	9	TKCORR	腐蚀裕量
	10	AREAIN	隔层表面面积(取代程序计算值)
	11	MWALL	管壁质量(取代程序计算值)
	12	STIFF	管轴向刚度(取代程序计算值)
	13	SPIN	转子动力分析中的角频率[KEYOPT(7)=1]
材料属性	EX,ALPX(或 CETX),PRXY(或 NUXY),DENS,GXY,DAMP		
面荷载	1——PINT,管内径向压力;2——PX,X 方向横向压力;3——PY,Y 方向横向压力;4——PZ,Z 方向横向压力;5——POUT,管外径向压力		
体荷载	温度——若 KEYOPT(1)=0,TOUT(I),TIN(I),TOUT(J),TIN(J);若 KEYOP(1)=1,TAVG(I),T90(I),T180(I),TAVG(J),T90(J),T180(J)		
特性	应力刚化、大变形、单元生死		
KEYOPT(1)	温度梯度选项: 0——壁厚温度梯度;1——直径温度梯度		
KEYOPT(2)	应力增大系数计算方法: 0——由 SIFI 和 SIFJ 确定;1——节点 I 采用三通接头计算;2——节点 J 采用三通接头计算;3——两个节点均采用三通接头计算		
KEYOPT(4)	输出和后处理的单元标识: 0——直管;1——阀门;2——异径管节或异径管;3——法兰;4——膨胀节、伸缩接头或伸缩节;5——斜弯管;6——T 形管或三通		
KEYOPT(5)	PX,PY,PZ 方向控制: 0——仅计入法向压力分量(与单元轴线垂直的压力);1——所有方向的压力(法向和切向分量)		
KEYOPT(6)	杆件内力输出控制: 0——不输出杆件力和弯矩;1——在单元坐标系中输出杆件力和弯矩		
KEYOPT(7)	回转阻尼矩阵: 0——无回转阻尼矩阵;1——计算回转阻尼矩阵,SPIN>0 且 DENSFL=DENSIN=0。注意实常数 MWALL 不用于计算回转阻尼矩阵		

4.1.2　输出数据

单元 PIPE16 的输出应力示意如图 4-2 所示。轴向直接应力 SDIR 包括了内部压力的封闭端影响,但不包括热应力分量 STH。主应力和增大后的应力包括了剪应力分量,并基于中性轴上的两个极点的应力计算。位于外表面的应力不一定与环向上的位置相同,环向用角度 θ 表述。

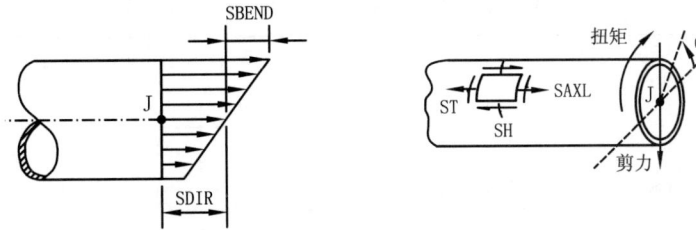

图 4-2　PIPE16 单元应力输出示意

单元附加输出说明如表 4-2 所示,可通过命令 ETABLE 或 ESOL 定义并获得,表 4-3～表 4-5 为命令 ETABLE 或 ESOL 中的表项和序号。

PIPE16 单元输出说明　　　　　　　　　　　　　　　　　　　　　　表 4-2

名　称	说　明	O	R
EL	单元号	Y	Y
NODES	单元节点号(I 和 J)	Y	Y
MAT	单元材料号	Y	Y
VOLU	单元体积	—	Y
XC,YC,ZC	单元结果的输出位置	Y	6
CORAL	腐蚀裕量	1	1
TEMP	TOUT(I),TIN(I),TOUT(J),TIN(J)	2	2
TEMP	TAVG(I),T90(I),T180(I) TAVG(J),T90(J),T180(J)	3	3
PRES	PINT,PX,PY,PZ,POUT	Y	Y
SFACTI,SFACTJ	节点 I 和 J 的应力增大系数	Y	Y
STH	最大壁厚温度梯度产生的应力	Y	Y
SPR2	程序计算的环向压应力	—	Y
SMI,SMJ	程序计算的节点 I 和节点 J 的弯曲应力		Y
SDIR	轴向直接应力	—	Y
SBEND	外表面的最大弯曲应力	—	Y
ST	扭转产生的外表面剪应力		Y
SSF	横向剪力产生的剪应力	—	Y
S:(1MX,3MN,INTMX,EQVMX)	最大主应力、最小主应力、最大增大应力、最大等效应力(均位于外表面)	Y	Y
S:(AXL,RAD,H,XH)	轴向、径向、环向应力及剪应力	4	4
S:(1,3,INT,EQV)	最大主应力、最小主应力、应力强度、等效应力	4	4
EPEL:(AXL,RAD,H,XH)	轴向、径向、环向应变及剪应变	4	4
EPTH:(AXL,RAD,H)	轴向、径向、环向热应变	4	4
MFOR:(X,Y,Z)	单元坐标系下杆件节点 I 和节点 J 的力	5	Y
MMOM:(X,Y,Z)	单元坐标系下杆件节点 I 和节点 J 的弯矩	5	Y

注:1. 当腐蚀裕量大于零时。

　　2. 当 KEYOPT(1)=0 时。

　　3. 当 KEYOPT(1)=1 时。

　　4. 依次为节点 I 的 0°、45°、90°、135°、180°、225°、270°、315°位置,然后为节点 J 相应位置,且均位于外表面上。

　　5. 当 KEYOPT(6)=2 时。

　　6. *GET 命令采用 CENT 项时可得。

命令 ETABLE 和 ESOL 的表项和序号（节点 I）　　　　　　表 4-3

输出量名称	项 Item	E	环向位置(0°~315°)							
			0	45	90	135	180	225	270	315
SAXL	LS	—	1	5	9	13	17	21	25	29
SRAD	LS	—	2	6	10	14	18	22	26	30
SH	LS	—	3	7	11	15	19	23	27	31
SXH	LS	—	4	8	12	16	20	24	28	32
EPELAXL	LEPEL	—	1	5	9	13	17	21	25	29
EPELRAD	LEPEL	—	2	6	10	14	18	22	26	30
EPELH	LEPEL	—	3	7	11	15	19	23	27	31
EPELXH	LEPEL	—	4	8	12	16	20	24	28	32
EPTHAXL	LEPTH	—	1	5	9	13	17	21	25	29
EPTHRAD	LEPTH	—	2	6	10	14	18	22	26	30
EPTHH	LEPTH	—	3	7	11	15	19	23	27	31
MFORX	SMISC	1	—	—	—	—	—	—	—	—
MFORY	SMISC	2	—	—	—	—	—	—	—	—
MFORZ	SMISC	3	—	—	—	—	—	—	—	—
MMOMX	SMISC	4	—	—	—	—	—	—	—	—
MMOMY	SMISC	5	—	—	—	—	—	—	—	—
MMOMZ	SMISC	6	—	—	—	—	—	—	—	—
SDIR	SMISC	13	—	—	—	—	—	—	—	—
ST	SMISC	14	—	—	—	—	—	—	—	—
S1	NMISC	—	1	6	11	16	21	26	31	36
S3	NMISC	—	3	8	13	18	23	28	33	38
SINT	NMISC	—	4	9	14	19	24	29	34	39
SEQV	NMISC	—	5	10	15	20	25	30	35	40
SBEND	NMISC	90	—	—	—	—	—	—	—	—
SSF	NMISC	91	—	—	—	—	—	—	—	—
TOUT	LBFE	—	4	—	1	—	2	—	3	—
TIN	LBFE	—	8	—	5	—	6	—	7	—

命令 ETABLE 和 ESOL 的表项和序号（节点 J）　　　　　　表 4-4

输出量名称	项 Item	E	环向位置(0°~315°)							
			0	45	90	135	180	225	270	315
SAXL	LS	—	33	37	41	45	49	53	57	61
SRAD	LS	—	34	38	42	46	50	54	58	62
SH	LS	—	35	39	43	47	51	55	59	63
SXH	LS	—	36	40	44	48	52	56	60	64
EPELAXL	LEPEL	—	33	37	41	45	49	53	57	61
EPELRAD	LEPEL	—	34	38	42	46	50	54	58	62
EPELH	LEPEL	—	35	39	43	47	51	55	59	63
EPELXH	LEPEL	—	36	40	44	48	52	56	60	64

续上表

输出量名称	项 Item	E	环向位置(0°～315°)							
			0	45	90	135	180	225	270	315
EPTHAXL	LEPTH	—	33	37	41	45	49	53	57	61
EPTHRAD	LEPTH	—	34	38	42	46	50	54	58	62
EPTHH	LEPTH	—	35	39	43	47	51	55	59	63
MFORX	SMISC	7	—	—	—	—	—	—	—	—
MFORY	SMISC	8	—	—	—	—	—	—	—	—
MFORZ	SMISC	9	—	—	—	—	—	—	—	—
MMOMX	SMISC	10	—	—	—	—	—	—	—	—
MMOMY	SMISC	11	—	—	—	—	—	—	—	—
MMOMZ	SMISC	12	—	—	—	—	—	—	—	—
SDIR	SMISC	15	—	—	—	—	—	—	—	—
ST	SMISC	16	—	—	—	—	—	—	—	—
S1	NMISC	—	41	46	51	56	61	66	71	76
S3	NMISC	—	43	48	53	58	63	68	73	78
SINT	NMISC	—	44	49	54	59	64	69	74	79
SEQV	NMISC	—	45	50	55	60	65	70	75	80
SBEND	NMISC	92	—	—	—	—	—	—	—	—
SSF	NMISC	93	—	—	—	—	—	—	—	—
TOUT	LBFE	—	12	—	9	—	10	—	11	—
TIN	LBFE	—	16	—	13	—	14	—	15	—

命令 ETABLE 和 ESOL 的表项和序号　　　表 4-5

输出量名称	项 Item	E	输出量名称	项 Item	E
STH	SMISC	17	SPR2	NMISC	83
PINT	SMISC	18	SMI	NMISC	84
PX	SMISC	19	SMJ	NMISC	85
PY	SMISC	20	S1MX	NMISC	86
PZ	SMISC	21	S3MN	NMISC	87
POUT	SMISC	22	SINTMX	NMISC	88
SFACTI	NMISC	81	SEQVMX	NMISC	89
SFACTJ	NMISC	82			

4.1.3　单元矩阵及应力计算

PIPE16 单元的基础是 BEAM4 单元,因此该单元的形函数、单元刚度矩阵及应力刚度矩阵等与 BEAM4 单元相同。除注明者外,PIPE16 单元假定为"薄壁管"。腐蚀裕量仅用于应力计算,而对刚度矩阵没有影响。

(1)刚度矩阵

刚度矩阵如式(3-14)所示,但式中变量做如下修改:

$$管横截面面积 \ A = A^w = \frac{\pi}{4}(D_o^2 - D_i^2) \tag{4-1}$$

$$抗弯惯性矩 \ I_y = I_z = I = \frac{\pi}{64}(D_o^4 - D_i^4)\frac{1}{C_f} \tag{4-2}$$

$$扭转惯性矩 \ J = \frac{\pi}{32}(D_o^4 - D_i^4) \qquad (4-3)$$

$$剪切面积 \ A_s = \frac{A}{2}, \ 即 \ A_z^s = A_y^s = A_s \qquad (4-4)$$

式中:D_o——管外径,即用命令 R 输入的实常数 OD;

D_i——管内径,$D_i = D_o - 2t_w$;

t_w——管壁厚度,即用命令 R 输入的实常数 TKWALL;

C_f——与柔性系数相关的系数,当柔性系数 $f = 0$ 时 $C_f = 1.0$,当柔性系数 $f > 0$ 时 $C_f = f$;

f——柔性系数,即用命令 R 输入的实常数 FLEX。

当管轴向刚度 STIFF 输入且大于零时,式(3-14)单元刚度矩阵中的轴向刚度项为 $K_l(1,1) = k$(其中,k 为管轴向刚度,即用命令 RMORE 输入的实常数 STIFF),否则如果 STIFF 采用缺省或等于零时,按原矩阵元素计算。

（2）质量矩阵

PIPE16 单元的质量矩阵与 BEAM4 单元相同,但单元总质量 m_e 按下式计算:

$$m_e = m_e^w + (\rho_{fl} A^{fl} + \rho_{in} A^{in}) L \qquad (4-5)$$

式中:m_e^w——管壁质量,当 $m^w = 0.0$ 时 $m_e^w = \rho A^w L$,当 $m^w > 0$ 时 $m_e^w = m^w$,即输入的管壁质量替代计算的管壁质量;

m^w——输入的管壁质量,即用命令 RMORE 输入的实常数 MWALL;

ρ——管壁材料的密度,即用命令 MP 输入的密度 DENS;

L——单元长度;

ρ_{fl}——内部流体密度,即用命令 R 输入的实常数 DENSFL;

A^{fl}——管内横截面面积,$A^{fl} = \frac{\pi}{4} D_i^2$;

ρ_{in}——隔层密度,即用命令 RMORE 输入的实常数 DENSIN;

A^{in}——隔层横截面面积,当 $A^{in} = 0.0$ 时 $A^{in} = \frac{\pi}{4}(D_{o+}^2 - D_o^2)$,当 $A_s^{in} > 0$ 时 $A^{in} = \frac{A_s^{in} t^{in}}{L}$,即输入的隔层表面积替代计算的隔层横截面面积;

D_{o+}——考虑隔层厚度后的总外径 $D_{o+} = D_o + 2t^{in}$;

t^{in}——隔层厚度,即用命令 RMORE 输入的实常数 TKIN;

A_s^{in}——输入的单元的隔层外表面积,即用命令 RMORE 输入的实常数 AREAIN。

质量矩阵中的刚度参数也考虑柔性系数的影响,即用式(4-2)计算。

（3）回转阻尼矩阵

单元回转阻尼矩阵如下式:

$$[C_e] = 2\Omega\rho AL \begin{bmatrix} 0 & & & & & & & & & & & \\ 0 & 0 & & & & & 对 & & & & & \\ 0 & -g & 0 & & & & & & & & & \\ 0 & 0 & 0 & 0 & & & & 称 & & & & \\ 0 & -h & 0 & 0 & 0 & & & & & & & \\ 0 & 0 & -h & 0 & -i & 0 & & & & & & \\ 0 & 0 & 0 & 0 & 0 & 0 & 0 & & & & & \\ 0 & 0 & -g & 0 & -h & 0 & 0 & 0 & & & & \\ 0 & g & 0 & 0 & 0 & -h & 0 & -g & 0 & & & \\ 0 & 0 & 0 & 0 & 0 & 0 & 0 & 0 & 0 & 0 & & \\ 0 & -h & 0 & 0 & 0 & j & 0 & h & 0 & 0 & 0 & \\ 0 & 0 & -h & 0 & -j & 0 & 0 & 0 & 0 & h & 0 & -i & 0 \end{bmatrix} \qquad (4-6)$$

式中:Ω——绕单元 x 轴正向的转动频率(角频率),即用命令 RMORE 输入的实常数 SPIN。

矩阵中各符号表达公式如下:

$$g=\frac{6/5r^2}{L^2\,(1+\phi)^2},h=\frac{-(1/10-1/2\phi)r^2}{L\,(1+\phi)^2}$$

$$i=\frac{(2/15+1/6\phi+1/3\phi^2)r^2}{(1+\phi)^2},j=\frac{-(1/30+1/6\phi-1/6\phi^2)r^2}{(1+\phi)^2}$$

其中,$r=\sqrt{I/A}$,$\phi=\dfrac{12EI}{GA_sL^2}$

G——剪切模量,即用命令 MP 输入的剪切模量 GXY;

A_s——剪切面积,$A_s=A^w/2$。

(4)荷载向量

单元压力荷载向量为:

$$\{F_1\}=[\begin{matrix}F_1 & F_2 & F_3 & F_4 & F_5 & F_6 & F_7 & F_8 & F_9 & F_{10} & F_{11} & F_{12}\end{matrix}]^T \tag{4-7}$$

其中,$F_1=F_A+F_P$,$F_7=-F_A+F_P$,$F_A=A^wE\epsilon_x^{pr}$,若 KEYOPT(5)=0 则 $F_P=0$;若 KEYOPT(5)=1 则 $F_P=P_1LC^A/2$;

$F_2=F_8=P_2LC^A/2$,$F_3=F_9=P_3LC^A/2$,$F_4=F_{10}=0.0$,$F_5=-F_{11}=P_3L^2C^A/12$,$F_6=-F_{12}=P_2L^2C^A/12$。

式中:P_1——单元坐标系下的平行于单元轴线的压力分量(力/长度);

P_2、P_3——单元坐标系下的横向压力分量(力/长度);

C^A——系数,当 KEYOPT(5)=0 时 C^A=1.0;当 KEYOPT(5)=1 时为 P_1、P_2 和 P_3 形成的矢量方向与单元轴线夹角正弦的正值。[注:此处是到目前的 V11 ANSYS 的一个错误,无论 KEYOPT(5)为何值,$C^A\equiv1.0$ 才是正确的。当然施加荷载并设置 KEYOPT(5)=1 时,ANSYS 的计算结果也是错误的,故请慎用!]。

横向压力假定作用于管的中线,而不是外表面或内表面,也即仅与单元长度有关。横向压力在单元坐标系下的计算式为:

$$\begin{Bmatrix}P_1\\P_2\\P_3\end{Bmatrix}=[T]\begin{Bmatrix}P_X\\P_Y\\P_Z\end{Bmatrix} \tag{4-8}$$

式中:[T]——转换矩阵,即整体坐标系与单元坐标系的转换,与 BEAM4 单元的转换矩阵相同,介绍如下文中;

P_X——整体直角坐标系下 X 方向的横向压力,用 SFE 命令输入的面②横向压力荷载;

P_Y——整体直角坐标系下 Y 方向的横向压力,用 SFE 命令输入的面③横向压力荷载;

P_Z——整体直角坐标系下 Z 方向的横向压力,用 SFE 命令输入的面④横向压力荷载;

ϵ_x^{pr}——内部和外部压力产生的无约束轴向应变,用于计算单元荷载向量,且

$$\epsilon_x^{pr}=\frac{1}{E}(1-2\mu)\left(\frac{P_iD_i^2-P_oD_o^2}{D_o^2-D_i^2}\right) \tag{4-9}$$

μ——泊松系数,即用命令 MP 输入的 PRXY 或 NUXY 材料性质;

P_i——内部压力,即用命令 SFE 输入的面①压力荷载;

P_o——外部压力,即用命令 SFE 输入的面⑤压力荷载。

单元热荷载向量计算基于"厚壁管"理论。

(5)应力计算

管外表面的输出应力计算如下:

$$\sigma_{dir} = \frac{F_x + \frac{\pi}{4}(P_i D_i^2 - P_o D_o^2)}{a^w} \tag{4-10}$$

$$\sigma_{bend} = C_\sigma \frac{M_b r_o}{I_r} \tag{4-11}$$

$$\sigma_{tor} = \frac{M_x r_o}{J} \tag{4-12}$$

$$\sigma_h = \frac{2P_i D_i^2 - P_o(D_o^2 + D_i^2)}{D_o^2 - D_i^2} \tag{4-13}$$

$$\sigma_{lf} = \frac{2F_s}{A^w} \tag{4-14}$$

式中:σ_{dir}——轴向直接应力(输出说明中的 SDIR);

F_x——轴向力;

$a^w = \frac{\pi}{4}(d_o^2 - D_i^2)$,$d_o = 2r_o$,$r_o = \frac{D_o}{2} - t_c$

t_c——腐蚀裕量,即用命令 RMORE 输入的实常数 TKCORR;

σ_{bend}——弯曲应力(输出说明中的 SBEND);

M_b——弯矩,$M_b = \sqrt{M_y^2 + M_z^2}$;

$I_r = \frac{\pi}{64}(d_o^4 - D_i^4)$;

σ_{tor}——扭转剪应力(输出说明中的 ST);

M_x——扭矩;

$J = 2I_r$;

σ_h——管外表面的环向压应力(输出说明中的 SH);

$R_i = D_i/2$;

σ_{lf}——横力剪应力(输出说明中的 SSF);

$F_s = \sqrt{F_y^2 + F_z^2}$ 为剪力;

C_σ——应力增大系数,根据 KEYOPT(2)的设置该系数如表 4-6 所示。

应力增大系数取值 表 4-6

KEYOPT(2)	节点 I	节点 J	KEYOPT(2)	节点 I	节点 J
0	$C_{\sigma,I}$	$C_{\sigma,J}$	2	1.0	$C_{\sigma,T}$
1	$C_{\sigma,T}$	1.0	3	$C_{\sigma,T}$	$C_{\sigma,T}$

表中:$C_{\sigma,I}$——直管节点 I 的应力增大系数,即用命令 R 输入的实常数 SIFI;

$C_{\sigma,J}$——直管节点 J 的应力增大系数,即用命令 R 输入的实常数 SIFJ;

$C_{\sigma,T} = \dfrac{0.9}{\left(\dfrac{4t_w}{D_i + d_o}\right)^{2/3}}$[此为 ASME(40)推荐公式];

σ_{th}——由管壁厚温度梯度产生的应力(输出说明中的 STH);若定义为节点温度,则 $\sigma_{th} = 0.0$;若定义为单元温度,则

$$\sigma_{th} = \frac{-E\alpha(T_o - T_a)}{(1-\mu)} \tag{4-15}$$

式中:T_o——管外表面温度;

T_a——壁厚中心的温度。

轴向应力和剪应力的组合结果为:

$$\sigma_x = \sigma_{dir} + A\sigma_{bend} + \sigma_{th} \tag{4-16}$$

$$\sigma_{xh} = \sigma_{tor} + B\sigma_{lf} \tag{4-17}$$

式中:A,B——所求应力位置夹角的正弦和余弦值;

σ_x——管外表面的轴向应力(输出说明中的 SAXL);

σ_{xh}——管外表面的环向应力(输出说明中的 SXH)。

(6)转换矩阵

设单元坐标系与整体直角坐标系的关系为:

$$\{u_l\} = [T_R]\{u\} \tag{4-18}$$

式中:$\{u_l\}$——单元坐标系下的位移向量;

$\{u\}$——整体直角坐标系下的位移向量。

$$[T_R] = \begin{bmatrix} T & 0 & 0 & 0 \\ 0 & T & 0 & 0 \\ 0 & 0 & T & 0 \\ 0 & 0 & 0 & T \end{bmatrix} \tag{4-19}$$

$$[T] = \begin{bmatrix} C_1C_2 & S_1C_2 & S_2 \\ -C_1S_2S_3 - S_1C_3 & -S_1S_2S_3 + C_1C_3 & S_3C_2 \\ -C_1S_2C_3 - S_1S_3 & -S_1S_2C_3 - C_1S_3 & C_3C_2 \end{bmatrix} \tag{4-20}$$

式中: S_1——若 $L_{xy} > d$,$S_1 = \dfrac{Y_2 - Y_1}{L_{xy}}$,若 $L_{xy} < d$,$S_1 = 0.0$;

$S_2 = \dfrac{Z_2 - Z_1}{L}$,$S_3 = \sin\theta$

C_1——若 $L_{xy} > d$,$C_1 = \dfrac{X_2 - X_1}{L_{xy}}$,若 $L_{xy} < d$,$C_1 = 1.0$;

$C_2 = \dfrac{L_{xy}}{L}$;$C_3 = \cos\theta$

X_1,Y_1…——节点 1 的 X 和 Y 等坐标;

L_{xy}——单元在整体直角坐标系 XOY 平面上的投影长度;

d——是否与整体直角坐标系平行的判别误差 d=0.0001L;

θ——用户输入的角度,即用命令 R 输入的实常数 THETA(BEAM4 单元中)。

单元坐标系下和整体坐标系下的单元刚度矩阵按下式计算:

$$[K_e] = [T_R]^T[K_l][T_R] \tag{4-21}$$

若设单元位于整体直角坐标系的 XOY 平面内,式(4-20)经过简化即可得到常用的平面刚架单元的转换矩阵子块:

$$[T] = \begin{bmatrix} \cos\alpha & \sin\alpha & 0 \\ -\sin\alpha & \cos\alpha & 0 \\ 0 & 0 & 1 \end{bmatrix} \tag{4-22}$$

式中:α——单元坐标轴 x 与整体直角坐标轴 X 的夹角,并规定从 X 轴到 x 轴以逆时针为正。

4.1.4 注意事项

(1)单元长度和管壁厚度必须大于零,管外径必须大于零而内径不能小于零,腐蚀裕量必须小于管壁厚度。

(2)单元温度分布假定沿着长度方向线性变化。

(3)单元适用于薄壁管和厚壁管,但基于薄壁管理论计算某些应力。

(4)管单元假定具有封闭端,因此考虑了轴向压力效应。

（5）计入了剪切变形的影响。

（6）在回转模态分析中，特征值的计算对初始转速十分敏感，可能导致特征值的实部或虚部也可能全部都有潜在错误。

4.1.5 应用举例

（1）管路系统建模与分析

ANSYS 管路系统分析可采用三种方式建模，一是采用"管路命令"建模，由 ANSYS 自动生成有限元模型，如自动生成节点、单元类型及单元等；二是直接创建有限元模型，与常规方法相同，即先创建节点，然后利用节点创建单元；三是先创建几何模型，即关键点和线，然后赋予线属性并生成有限元模型。当进行管路系统分析时，采用第一种方法较为方便；当采用管结构时，采用第三种方法较方便，也是常规方法。

管路命令主要有管路数据命令、管路几何命令及施加荷载命令等类型。管路数据命令如单位制命令 PUINT、管路规格命令 PSPEC、管路分析标准命令 POPT 等；管路几何命令如管路起点命令 BRANCH、管路延伸命令 RUN、三通命令 TEE、弯管命令 BEND、斜弯管命令 MITER、异径管节命令 REDUCE、阀门命令 VALVE、波纹管命令 BELLOW、法兰命令 FLANGE 等；施加荷载或边界条件如弹簧约束命令 PSPRNG、弹簧间隙约束命令 PGAP、内部压力命令 PPRES、外部压力命令 PDRAG、温度命令 PTEMP 等。关于这些命令的详细用法参见 ANSYS 帮助文件，此不赘述。注意有限元模型的操作与常规相同，如施加约束、列表命令等。

因本书偏重于结构分析，故对管路系统分析略作介绍，不进行深入探讨。这里给出一管路系统分析示例，采用管路命令创建模型，详细说明见命令流。

```
!======================================================
!EX4.1 管路系统建模示例——采用 ANSYS 的管路命令建模
FINISH$/CLEAR$/PREP7$MP,EX,1,30E6$MP,ALPX,1,8E-6$MP,PRXY,1,0.3    !定义材料性质数据
PUNIT,1                              !采用英制:英尺+英寸+分数英寸,并转换为英寸单位
PSPEC,1,6,STD                                          !6 英寸标准管尺寸
POPT,B31.1                                      !管路系统的规范采用 ANSI B31.1
PTEMP,30,50                               !管壁外部温度 30 度,内部温度 50 度
PPRES,1000                                             !管路内压(PSI)
PDRAG,,,-2.0                        !Y 向所有高度施加-Z 方向外压为 2.0PSI
BRANCH,1                             !在坐标为(0,0,0)的节点 1 开始创建管路
RUN,,6+7+3/5                   !沿+Y 方向长 6FT+7IN+3/5INCH 定义管路
RUN,8+2.5                          !沿+X 方向长 8FT+2.5IN 定义管路
RUN,,,-6+5                         !沿-Z 方向长 6FT+5IN 定义管路
RUN,5+10                          !沿+X 方向长 5FT+10INCH 定义管路
BRANCH,4                                       !在节点 4 开始创建管路
RUN,,7.5                             !沿+Y 方向长 7.5FT 的定义管路
RUN,,3,4                    !沿+Y 方向长 3FT,+Z 方向长 4FT 定义管路
BRANCH,3                                       !在节点 3 开始创建管路
RUN,3+7                           !沿+X 方向长 3FT+7IN 定义管路
RUN,,,-3+8                        !沿-Z 方向长 3FT+8IN 定义管路
TEE,3                                     !在节点 3 定义焊接三通接头
TEE,4                                     !在节点 4 定义焊接三通接头
BEND,1,2,SR                        !在单元 1 和 2 之间插入短半径弯管
BEND,7,8,LR                        !在单元 7 和 8 之间插入长半径弯管
MITER,5,6,LR                      !在单元 5 和 6 之间插入长半径斜弯管
FLANGE,13                    !在节点 13 定义法兰(缺省长度,质量,单元号等等)
REDUCE,11                                   !在节点 11 定义异径接头
```

```
/VIEW,1,1,1,1$/ESHAPE,1$NLIST$EPLOT$ETLIST$SFELIST                !列表显示某些项目
! 在节点 10,29,14,27,14,4 施加弹簧约束,弹簧刚度 1E4,长度为 12IN
PSPRNG,10,TRAN,1E4,,0+12$PSPRNG,29,TRAN,1E4,,0+12$PSPRNG,14,TRAN,1E4,,0+12
PSPRNG,27,TRAN,1E4,,0+12$PSPRNG,14,TRAN,1E4,,0+12$PSPRNG,4,TRAN,1E4,,,-0+12
! 在节点 1,7,5,9 施加位移约束
D,1,UX,,,,,UY,UZ$D,7,UX,,,,,UY,UZ$D,5,UX,,,,,UY,UZ$D,9,UX,,,,,UY,UZ
/SOLU$SOLVE$/POST1$PLDISP,1$PLNSOL,S,X
```

(2)管单元荷载与输出

为说明管单元 PIPE16 的输入与输出项目,以图
4-3 所示结构的静力分析为例说明如下。设管的规格
为 φ600×16mm,管内满水但无压,管外裹有 50mm 的
石棉层。设水的密度为 1000kg/m³,石棉密度为
2500kg/m³,钢管密度为 7800kg/m³,钢材弹性模量为
210GPa。命令流如下。

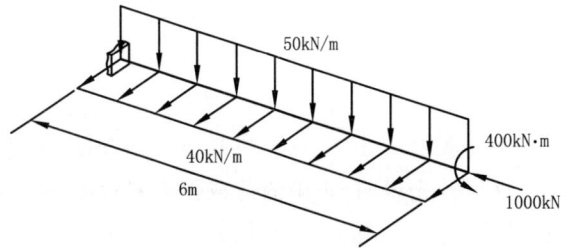

图 4-3 悬臂管结构荷载与尺寸

```
!EX4.2 管结构的输入与输出——悬臂管的静力计算
FINISH$/CLEAR$/PREP7$ET,1,PIPE16                        !定义单元类型
MP,EX,1,2.1E11$MP,PRXY,1,0.3$MP,DENS,1,7800             !定义材料性质
R,1,0.6,0.016,,,,1000                                  !定义实常数:外径、壁厚、内部流体密度
RMORE,2500,0.05                                        !定义实常数:隔层密度、隔层厚度
K,1$K,2,6$L,1,2$ESIZE,0.1$LMESH,ALL$D,1,ALL             !创建几何模型,划分单元,施加约束
SFE,ALL,3,PRES,,-5E4$SFE,ALL,4,PRES,,4E4               !施加横向压力 PY 和 PZ
FK,2,FX,-1E6$FK,2,MX,4E5                               !施加集中力和力矩
/SOLU$ACEL,,,9.8$SOLVE                                 !施加加速度,并求解
/POST1$PLDISP,1$PRRSOL                                 !绘制变形图,列表显示支承反力
ETABLE,SA0I,LS,1$ETABLE,SA0J,LS,33$PLLS,SA0I,SA0J      !各单元 0°位置的轴向应力(顶面)
ETABLE,SA90I,LS,9$ETABLE,SA90J,LS,41$PLLS,SA90I,SA90J  !各单元 90°位置的轴向应力(侧面)
ETABLE,SEI,NMISC,5$ETABLE,SEJ,NMISC,45$PLLS,SEI,SEJ    !各单元 0°位置等效应力
ETABLE,STI,SMISC,14$ETABLE,STJ,SMISC,16$PLLS,STI,STJ   !各单元 0°位置扭转剪应力
ETABLE,FXI,SMISC,1$ETABLE,FXJ,SMISC,7$PLLS,FXI,FXJ     !各单元轴力 FX
ETABLE,FYI,SMISC,2$ETABLE,FYJ,SMISC,8$PLLS,FYI,FYJ     !各单元剪力 FY
ETABLE,FZI,SMISC,3$ETABLE,FZJ,SMISC,9$PLLS,FZI,FZJ     !各单元剪力 FZ
ETABLE,MXI,SMISC,4$ETABLE,MXJ,SMISC,10$PLLS,MXI,MXJ    !各单元弯矩 MX
ETABLE,MYI,SMISC,5$ETABLE,MYJ,SMISC,11$PLLS,MYI,MYJ    !各单元弯矩 MY
ETABLE,MZI,SMISC,6$ETABLE,MZJ,SMISC,12$PLLS,MZI,MZJ    !各单元弯矩 MZ
ETABLE,SEM,NMISC,89$PLLS,SEM,SEM                       !各单元最大等效应力
/VIEW,1,1,1,1$/ESHAPE,1                                !设置视图方向,显示单元形状
PLNSOL,S,X$PLNSOL,S,1$PLNSOL,S,3$PLNSOL,S,EQV          !轴向应力、S1、S3 及效应力分布图
```

(3)管单元错误验证示例

前文中指出当 KEYOPT(5)=1 时,V11.0 之前的版本计算结果是错误的。这里用一简单例子验证
其错误,并说明错误的原因。

如图 4-4 所示的平面悬臂钢管柱,分为三种情况进行分析,KEYOPT(5)=1 且均不计自重:

①仅有荷载 P_X=10N/mm 作用(图 4-4a);
②仅有荷载 P_Y=15N/mm 作用(图 4-4b);

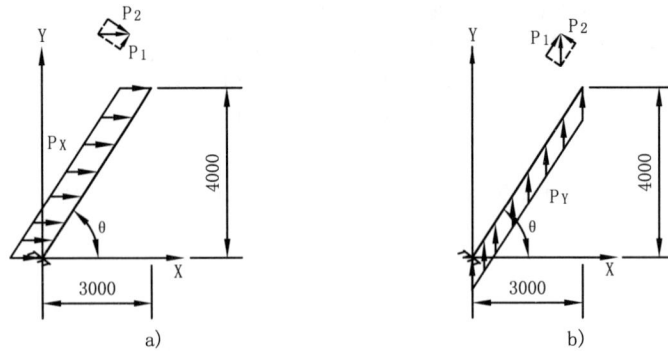

图 4-4　悬臂管柱结构

③荷载 $P_X=10N/mm$ 和 $P_Y=15N/mm$ 共同作用。

这里首先说明,正确的荷载作用图示如图 4-4 所示,即沿着管单元长度均匀分布,而不是沿着"长度投影"均匀分布,这一点可从式(4-8)、式(4-18)～式(4-21)及 P_1、P_2 和 P_3 的定义中看出,也可设置 KEYOPT(5)=0 获得验证。

①仅有荷载 $P_X=10N/mm$ 作用的情况

支承反力的理论结果:$F_X=-50000N,F_Y=0N,M_Z=10^8N\cdot mm$

ANSYS 的计算结果:$F_X=-40000N,F_Y=0N,M_Z=8\times10^7N\cdot mm$

由 C^A 的定义可知,仅 P_X 荷载作用下且 KEYOPT(5)=1 时,P_1 和 P_2 的矢量方向就是 P_X 的方向,因此 $C^A=\sin\theta=0.8$,将 ANSYS 结果除以 0.8 正好与理论结果吻合。因此,ANSYS 不应该存在此 C^A 系数。

②仅有荷载 $P_Y=15N/mm$ 作用的情况

支承反力的理论结果:$F_X=0N,F_Y=-75000N,M_Z=-1.125\times10^8N\cdot mm$

ANSYS 的计算结果:$F_X=0N,F_Y=-45000N,M_Z=-0.675\times10^8N\cdot mm$

仅 P_Y 荷载作用下且 KEYOPT(5)=1 时,P_1 和 P_2 的矢量方向就是 P_Y 的方向,因此 $C^A=\sin(90-\theta)=0.6$,将 ANSYS 结果除以 0.6 正好与理论结果吻合。

③荷载 $P_X=10N/mm$ 和 $P_Y=15N/mm$ 共同作用的情况

根据叠加原理,支承反力的理论结果为:

$F_X=-50000N,F_Y=-75000N,M_Z=-0.125\times10^8N\cdot mm$

然而 ANSYS 的计算结果为:

$F_X=-2773.5N,F_Y=-4160.3N,M_Z=-0.69338\times10^6N\cdot mm$

即便是用 ANSYS 的计算结果,也可看出不满足叠加原理,因此必然存在错误。

根据式(4-8)可求得 P_1 和 P_2 如下:

$$\left\{\begin{matrix}P_1\\P_2\\P_3\end{matrix}\right\}=\left[\begin{matrix}\cos\alpha&\sin\alpha&0\\-\sin\alpha&\cos\alpha&0\\0&0&1\end{matrix}\right]\left\{\begin{matrix}P_X\\P_Y\\P_Z\end{matrix}\right\}=\left[\begin{matrix}0.6&0.8&0\\-0.8&0.6&0\\0&0&1\end{matrix}\right]\left\{\begin{matrix}10\\15\\0\end{matrix}\right\}=\left\{\begin{matrix}18\\1\\0\end{matrix}\right\}$$

故 $C^A=\dfrac{1}{\sqrt{1+18^2}}=\dfrac{1}{5\sqrt{13}}$,将 ANSYS 计算结果除以此值分别有:

$F_X=-49999.98N,F_Y=-75000.87N,M_Z=-0.125\times10^8N\cdot mm$,结果与理论结果完全吻合。

综上所述,ANSYS 在 KEYOPT(5)=1 时且作用有均布荷载时其计算是错误的,敬请读者慎用。风荷载的作用类似 P_X 或 P_Y 或 P_Z 的作用,好在一般均不考虑沿杆轴线方向的 P_1 作用,也就是 KEYOPT(5)=0 时的情况,此种情况下 ANSYS 计算是正确的。

上述计算的命令流如下:

```
!=========================================================
!EX4.3 悬臂钢管柱——验证 ANSYS 的错误示例
FINISH$/CLEAR$/PREP7$ET,1,PIPE16$KEYOPT,1,5,1          !注意设置 KEYOPT(5)=1
MP,EX,1,2.1E5$MP,PRXY,1,0.3$R,1,600,16                 !定义材料性质及实常数
K,1$K,2,3000,4000$L,1,2$LESIZE,ALL,,,20$LMESH,ALL      !创建几何和有限元模型
D,1,ALL$SFE,ALL,2,PRES,,10$SFE,ALL,3,PRES,,15          !施加约束和荷载
/SOLU$SOLVE$/POST1$PLDISP,1$PRRSOL                      !求解并查看结果
!=========================================================
```

4.2 PIPE17 单元

PIPE17 单元称为弹性 T 管单元或弹性三通单元,由三个弹性直管单元 PIPE16 组合而成,可承受轴向拉压、弯曲和扭转,该单元有 2~4 个节点,每个节点有 6 个自由度,即沿节点坐标系 x,y,z 方向的平动位移和绕 x,y,z 轴的转动位移。该单元可考虑柔性系数、应力增大系数、外部隔层、内部流体以及腐蚀裕量等。

单元的分支用始末节点表示,如 I-J 表示分支 1,J-K 表示分支 2,J-L 表示分支 3。

4.2.1 输入参数与选项

图 4-5 给出了单元几何、节点位置和单元坐标系,输入数据包括四个节点、各分支的管外径、管壁厚度、材料号、应力增大系数、柔性系数、内部流体密度、外部隔层密度及厚度、腐蚀裕量及各向同性材料性质。用实常数输入的材料号优于用 MAT 命令指定的单元材料号,缺省时采用单元材料号。当仅输入三个节点时单元退化为 2 个分支,而当仅输入两个节点时单元退化为直管单元。其他分支的实常数(DFL、DIN、TKIN 除外)缺省为分支 1 的实常数。

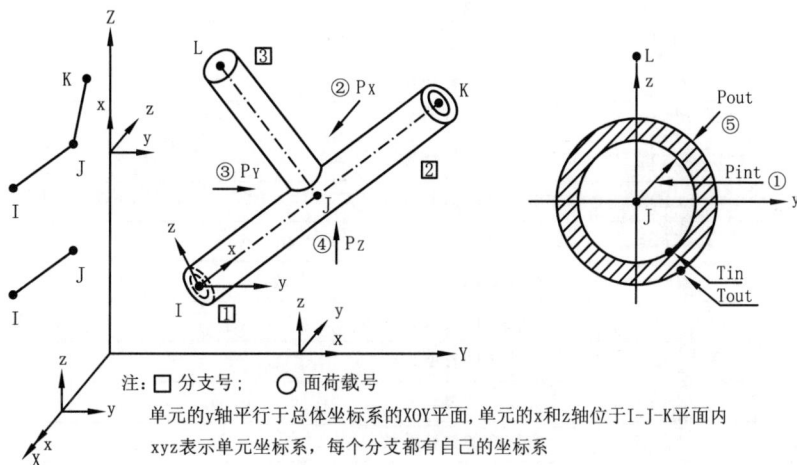

注:□ 分支号; ● 面荷载号
单元的y轴平行于总体坐标系的XOY平面,单元的x和z轴位于I-J-K平面内
xyz表示单元坐标系, 每个分支都有自己的坐标系

图 4-5 PIPE17 单元几何

单元的弯曲刚度类似于 BEAM4 单元,但可用柔性系数修正。单元的每个分支都有自己的坐标系,原点位于各分支的始节点,x 轴为分支的轴线。分支的 y 轴方向缺省为平行于总体坐标系的 XOY 平面;若分支轴线平行于整体坐标系的 Z 轴(或偏角在 0.01% 之内),则分支的 y 轴平行于总体坐标系的 Y 轴。沿管环向的输入和输出位置,以从分支 y 轴逆时针旋转的角度度量,如分支 y 轴位置为 0°,分支 z 轴位置为 90° 等。

可在单元上施加面荷载,面的编号如图 4-5 中所示,图中箭头方向为分布荷载的正方向。内部压力 PINT 与外部压力 POUT 以正值输入,其量纲为"力/面积"。横向压力荷载 PX,PY,PZ(如风荷载或流体拖曳力)以整体直角坐标系方向定义,与坐标方向一致者为正值,其量纲为"力/长度"。该单元仅支持均布压力荷载,不支持渐变压力荷载。

该单元可在节点上输入温度体荷载,可定义各分支的管壁外部和内部温度,且沿着各分支假定为均匀温度。分支 1 的第一个温度 TOUT1 缺省为 TUNIF,若除第一个温度外均未定义,则其余温度荷载缺

省为第一个温度 TOUT1。若定义了分支 1 的温度荷载,而分支 2 和分支 3 未定义,则分支 2 和分支 3 的温度荷载缺省与分支 1 相同。对其他输入方式,未输入的温度均缺省为 TUNIF。

采用命令 BETAD 可定义总体阻尼值,而采用命令 MP 的 DAMP 项可定义与单元材料号相关的阻尼,它取代命令 BETAD 定义的值而用于各个单元。类似地,采用命令 TREF 可定义总体的参考温度,而采用命令 MP 的 REFT 项可定义与单元材料号相关的参考温度,它取代命令 TREF 定义的值而用于各个单元。但是用命令 MP 的 REFT 项可定义与各分支的材料号相关的参考温度,并且它取代总体或单元材料号定义的参考温度。

表 4-7 为 PIPE17 单元的输入参数与选项。

PIPE17 单元输入参数与选项   表 4-7

参数类别	参 数 及 说 明		
节点	I,J,K,L 定义三通,分别为 I-J、J-K 和 J-L 分支; I,J,K 定义两个分支,分别为 I-J 和 J-K 分支; I,J 定义一个分支,即 I-J 分支		
自由度	UX,UY,UZ,ROTX,ROTY,ROTZ		
实常数	序号	名 称	说 明
	1	OD1	分支 1 的管外径
	2	TK1	分支 1 的管壁厚度
	3	MAT1	分支 1 的材料号
	4	FLEX1	分支 1 的柔性系数
	5	SIF1I	分支 1 的 I 节点应力增大系数
	6	SIF1J	分支 1 的 J 节点应力增大系数
	7	OD2	分支 2 的管外径
	8	TK2	分支 2 的管壁厚度
	9	MAT2	分支 2 的材料号
	10	FLEX2	分支 2 的柔性系数
	11	SIF2J	分支 2 的 J 节点应力增大系数
	12	SIF2K	分支 2 的 K 节点应力增大系数
	13	OD3	分支 3 的管外径
	14	TK3	分支 3 的管壁厚度
	15	MAT3	分支 3 的材料号
	16	FLEX3	分支 3 的柔性系数
	17	SIF3J	分支 3 的 J 节点应力增大系数
	18	SIF3L	分支 3 的 L 节点应力增大系数
	19	DFL1	分支 1 的内部流体密度
	20	DIN1	分支 1 的外部隔层密度
	21	TKIN1	分支 1 的隔层厚度
	22	DFL2	分支 2 的内部流体密度
	23	DIN2	分支 2 的外部隔层密度
	24	TKIN2	分支 2 的隔层厚度
	25	DFL3	分支 3 的内部流体密度
	26	DIN3	分支 3 的外部隔层密度
	27	TKIN3	分支 3 的隔层厚度
	28	TKCORR	腐蚀裕量

续上表

参数类别	参 数 及 说 明
材料属性	EX,ALPX(或 CETX 或 THSX),PRXY(或 NUXY),DENS,GXY,DAMP,REFT
面荷载	1——PINT,管内径向压力;2——PX,X 方向横向压力;3——PY,Y 方向横向压力;4——PZ,Z 方向横向压力;5——POUT,管外径向压力
体荷载	温度——TOUT1,TIN1,TOUT2,TIN2,TOUT3,TIN3 各分支的管壁外部和管内温度
特性	应力刚化、大变形、单元生死
KEYOPT(2)	应力增大系数计算方法: 0——由 SIFI 和 SIFJ 确定;1——各分支的第 1 个节点采用三通接头计算;2——各分支的第 2 个节点采用三通接头计算;3——各分支的两个节点均采用三通接头计算
KEYOPT(6)	杆件内力输出控制: 0——不输出杆件力和弯矩;2——在单元坐标系中输出杆件力和弯矩

4.2.2 输出数据

单元 PIPE17 的输出应力与 PIPE16 类似。轴向直接应力 SDIR 包括了内部压力的封闭端影响,但不包括热应力分量 STH。主应力和增大后的应力包括了剪应力分量,并基于中性轴上的两个极点的应力计算。

单元附加输出说明如表 4-8 所示,可通过命令 ETABLE 或 ESOL 定义并获得。

PIPE17 单元输出说明 表 4-8

名 称	说 明	O	R
EL	单元号	Y	Y
NODES	单元节点号(I,J,K,L)	Y	Y
VOLU	单元体积	—	Y
XC,YC,ZC	单元结果的输出位置	Y	4
TEMP	TOUT1,TIN1,TOUT2,TIN2,TOUT3,TIN3	Y	Y
PRES	PINT,PX,PY,PZ,POUT	Y	Y
MFOR(X,Y,Z)	分支坐标系下各分支杆件节点力	1	Y
MMOM(X,Y,Z)	分支坐标系下各分支杆件节点弯矩	1	Y
SFACTI,SFACTJ	节点的应力增大系数	2	2
STH	最大壁厚温度梯度产生的应力	2	2
SPR2	程序计算的环向压应力	—	2
SMI,SMJ	程序计算的节点 I 和节点 J 的弯曲应力	—	2
SDIR	轴向直接应力	—	2
SBEND	外表面的最大弯曲应力	—	2
ST	扭转产生的外表面剪应力	—	2
SSF	横向剪力产生的剪应力	—	2
S:(1MX,3MN,INTMX,EQVMX)	最大主应力、最小主应力、最大增大应力、最大等效应力(均位于外表面)	2	2
S:(1,3,INT,EQV)	最大主应力、最小主应力、应力强度、等效应力	3	3

名　称	说　明	O	R
S:(AXL,RAD,H,XH)	轴向、径向、环向应力及剪应力	3	3
EPEL(AXL,RAD,H,XH)	轴向、径向、环向应变及剪应变	3	3
EPTH(AXL,RAD,H)	轴向、径向、环向热应变	3	3

注:1. 仅当 KEYOPT(6)＝2 时。

2. 依次为每个分支。

3. 依次为各分支节点的 0°、45°、90°、135°、180°、225°、270°、315°位置,均位于外表面。

4. ＊GET 命令采用 CENT 项时可得。

单元的 ETABLE 或 ESOL 项不再给出,需要时可查阅 HELP 文件。

4.2.3　注意事项

(1)分支长度和管壁厚度必须大于零,管外径必须大于零而内径不能小于零,腐蚀裕量必须小于管壁厚度。

(2)单元适用于薄壁管和厚壁管,但基于薄壁管理论计算某些应力。

(3)管单元假定具有封闭端,因此考虑了轴向压力效应。

(4)各分支间的夹角没有限制。

(5)计入了剪切变形的影响。

(6)对每个分支,温度沿着管壁线性变化,沿分支长度保持不变。管的内部和外部压力在各分支的长度方向和环向均相同;横向压应力在各分支的长度上均匀分布。

(7)PIPE17 基于 PIPE16 单元的计算理论,其刚度矩阵和应力计算类似 PIPE16 单元。并且 PIPE17 单元只能通过命令 E 定义,而不能在建立几何模型的基础上通过命令 LMESH 转换为有限元模型。对结构分析而言,由于其功能尚不如 PIPE16 强大,故不建议采用 PIPE17 单元;在需要时,建立 3 个 PIPE16 单元即可,或者定义 PIPE16 的 KEYOPT(6)考虑三通。

4.2.4　应用举例

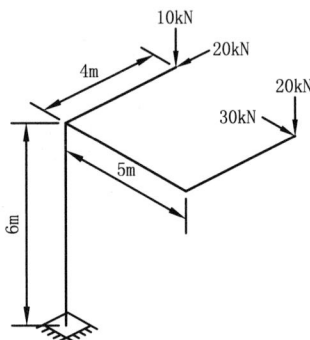

图 4-6　PIPE16 和 PIPE17
比较计算结构

为比较 PIPE16 和 PIPE17 的计算结果,采用如图 4-6 所示的结构进行讨论,设钢管全部为 φ600mm×10mm。分为两种情况模拟,一是先创建几何模型,然后全部用 PIPE16 单元计算;二是直接建立有限元模型,用 PIPE16 模拟直管,用 PIPE17 模拟三通。

从计算结果可以看出,二者的位移和应力完全相等,说明二者等效。但 PIPE17 单元需在有限元模型中定义,不能使用几何模型转化为有限元模型,使用起来极为不便。因此对结构分析而言,使用 PIPE16 单元较 PIPE17 单元更为方便。

当打开单元形状时,使用 PIPE16 单元和 PIPE17 单元的效果相同。

通过命令/PSYMB 可以显示单元坐标系和各分支坐标系。

计算分析的命令流如下。

```
!
!EX4.4A 全部采用 PIPE16 单元
FINISH$/CLEAR$/PREP7$ET,1,PIPE16                                     !定义单元类型
MP,EX,1,2.1E11$MP,PRXY,1,0.3$R,1,0.6,0.01                            !定义材料性质和实常数
K,1$K,2,,6$K,3,,6,-4$K,4,5,6$K,5,5,6,-4$L,1,2$L,2,3$L,2,4$L,4,5      !创建几何模型
LATT,1,1,1$ESIZE,1$LMESH,ALL$DK,1,ALL                                !生成有限元模型并施加约束
FK,3,FY,-1E4$FK,3,FZ,2E4$FK,5,FY,-2E4$FK,5,FX,3E4                    !施加荷载
```

```
/SOLU$SOLVE$/POST1$PLDISP,1                                              !求解并绘制变形图
/ESHAPE,1$PLNSOL,S,X$PLNSOL,S,1                                          !打开单元形状,绘制应力图
!==========================================================================================
!EX4.4B 采用 PIPE16 和 PIPE17 两种单元
FINISH$/CLEAR$/PREP7$ET,1,PIPE16$ET,2,PIPE17                            !定义两种单元类型
MP,EX,1,2.1E11$MP,PRXY,1,0.3$R,1,0.6,0.01                               !定义材料性质和实常数
N,1,0,0,0$N,2,0,6,0$N,3,0,1,0$N,4,0,2,0$N,5,0,3,0$N,6,0,4,0             !定义节点
N,7,0,5,0$N,8,0,6,-4$N,9,0,6,-1$N,10,0,6,-2$N,11,0,6,-3$N,12,5,6,0      !定义节点
N,13,1,6,0$N,14,2,6,0$N,15,3,6,0$N,16,4,6,0$N,17,5,6,-4                 !定义节点
N,18,5,6,-1$N,19,5,6,-2$N,20,5,6,-3                                     !定义节点
TYPE,1$REAL,1$MAT,1$E,1,3$E,3,4$E,4,5$E,5,6$E,6,7$E,9,10                !定义单元 PIPE16
E,10,11$E,11,8$E,13,14$E,14,15$E,15,16$E,18,19$E,19,20$E,20,17          !定义单元 PIPE16
TYPE,2$E,7,2$E,9,13$E,16,12,18                                         !定义单元 PIPE17
D,1,ALL$F,8,FY,-1E4$F,8,FZ,2E4$F,17,FY,-2E4$F,17,FX,3E4                 !施加约束与荷载
/SOLU$SOLVE$/POST1$PLDISP,1$/ESHAPE,1$PLNSOL,S,X                        !求解并后处理
!==========================================================================================
```

4.3　PIPE18 单元

PIPE18 单元称为弹性弯管单元或肘管单元,具有圆弧弯曲形状,可承受轴向拉压、弯曲和扭转,该单元有 2+1(定位节点)个节点,每个节点有 6 个自由度,即沿节点坐标系 x、y、z 方向的平动位移和绕 x、y、z 轴的转动位移。该单元可考虑柔性系数、应力增大系数、外部隔层、内部流体以及腐蚀裕量等。

4.3.1　输入参数与选项

图 4-7 给出了 PIPE18 的单元几何、节点位置和单元坐标系,输入数据包括三个节点、管外径、管壁厚度、曲率半径、应力增大系数、柔性系数、内部流体密度、外部隔层密度及厚度、腐蚀裕量及各向同性材料性质。

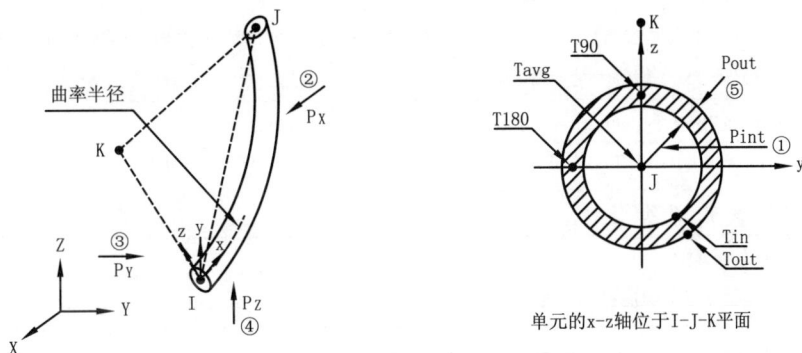

图 4-7　PIPE18 单元几何

该弯管单元实际只有 2 个节点(I 和 J 节点)具有自由度,第 3 个节点 K 用于确定单元所在的平面。节点 K 必须位于弯管所确定的平面,且在弯管轴线的曲率中心侧(不一定在曲率中心点),也可用其他单元的节点定义(类似 BEAM189 的定位节点)。沿管环向的输入和输出位置,以从单元 y 轴逆时针旋转的角度度量,如单元 y 轴位置为 0°,单元 z 轴位置为 90°等。

可在单元上施加面荷载,面的编号如图 4-1 中所示,图中箭头方向为分布荷载的正方向。内部压力 PINT 与外部压力 POUT 以正值输入,其量纲为"力/面积"。横向压力荷载 PX,PY,PZ(如风荷载或流体拖曳力)以整体直角坐标系方向定义,与坐标方向一致者为正值,其量纲为"力/长度"。该单元仅支持均布压力荷载,不支持渐变压力荷载。

该单元可在节点上输入温度体荷载,可考虑壁厚温度梯度和直径温度梯度。θ=0°处的管壁平均温度等于 2×Tavg-T180,θ=-90°处的管壁平均温度等于 2×Tavg-T90。温度分布假定沿单元长度线

性变化,节点 I 的第一点温度 Tout(I) 或 Tavg(I) 缺省为 TUNIF,若输入第一点温度后其余均不输入,则缺省为第一点温度。如输入了节点 I 的温度,而节点 J 的温度没有输入,则节点 J 的温度缺省为节点 I 的温度。对其他输入方式,未输入的温度均缺省为 TUNIF。

表 4-9 为 PIPE18 单元的输入参数与选项。

PIPE18 单元输入参数与选项

表 4-9

参数类别	参 数 及 说 明		
节点	I,J,K(节点 K 位于弯管平面内,且在曲率中心侧)		
自由度	UX,UY,UZ,ROTX,ROTY,ROTZ		
实常数	序号	名 称	说 明
	1	OD	管外径
	2	TKWALL	管壁厚度
	3	RADCUR	弯管轴线的曲率半径
	4	SIFI	I 节点应力增大系数
	5	SIFJ	J 节点应力增大系数
	6	FLXI	面内柔性系数
	7	DENSFL	内部流体密度
	8	DENSIN	外部隔层密度
	9	TKIN	隔层厚度
	10	TKCORR	腐蚀裕量
	11	—	(空,备用参数)
	12	FLXO	面外柔性系数,缺省为 FLXI
材料属性	EX,ALPX(或 CETX),PRXY(或 NUXY),DENS,GXY,DAMP		
面荷载	1——PINT,管内径向压力;2——PX,X 方向横向压力;3——PY,Y 方向横向压力;4——PZ,Z 方向横向压力;5——POUT,管外径向压力		
体荷载	温度——若 KEYOPT(1)=0,TOUT(I),TIN(I),TOUT(J),TIN(J) 若 KEYOP(1)=1,TAVG(I),T90(I),T180(I),TAVG(J),T90(J),T180(J)		
特性	大变形、单元生死		
KEYOPT(1)	温度梯度选项: 0——壁厚温度梯度;1——直径温度梯度		
KEYOPT(3)	当没有输入 FLXI 时,采用该选项控制柔性系数: 0——采用 ANSYS 的柔性系数(无压力时);1——采用 ANSYS 的柔性系数(有压力时);2——采用 KARMAN 柔性系数		
KEYOPT(6)	杆件内力输出控制: 0——不输出杆件力和弯矩;1——在单元坐标系中输出杆件力和弯矩		

4.3.2 输出数据

单元 PIPE18 的输出应力示意如图 4-2 所示。应力计算时管壁外径按减小两倍腐蚀裕量考虑。轴向直接应力 SDIR 包括了内部压力的封闭端影响,但不包括热应力分量 STH。主应力和增大后的应力包括了剪应力分量,并基于中性轴上的两个极点的应力计算。

单元附加输出说明如表 4-10 所示,可通过命令 ETABLE 或 ESOL 定义并获得,表 4-11~表 4-13 为命令 ETABLE 或 ESOL 中的表项和序号。

PIPE18 单元输出说明　　　　　　　　　　表 4-10

名　称	说　明	O	R
EL	单元号	Y	Y
NODES	单元节点号(I 和 J)	Y	Y
MAT	单元材料号	Y	Y
VOLU	单元体积	—	Y
XC,YC,ZC	单元结果的输出位置	Y	6
CORAL	腐蚀裕量	1	1
TEMP	TOUT(I),TIN(I),TOUT(J),TIN(J)	2	2
TEMP	TAVG(I),T90(I),T180(I) TAVG(J),T90(J),T180(J)	3	3
PRES	PINT,PX,PY,PZ,POUT	Y	Y
FFACT	单元柔性系数	—	Y
MFOR(X,Y,Z)	单元坐标系下杆件节点 I 和节点 J 的力	4	Y
MMOM(X,Y,Z)	单元坐标系下杆件节点 I 和节点 J 的弯矩	4	Y
SFACTI,SFACTJ	节点 I 和 J 的应力增大系数	Y	Y
STH	最大壁厚温度梯度产生的应力	Y	Y
SPR2	程序计算的环向压应力	—	Y
SMI,SMJ	程序计算的节点 I 和节点 J 的弯曲应力	—	Y
SDIR	轴向直接应力	—	Y
SBEND	外表面的最大弯曲应力	—	Y
ST	扭转产生的外表面剪应力	—	Y
SSF	横向剪力产生的剪应力	—	Y
S(1MX,3MN,INTMX,EQVMX)	最大主应力、最小主应力、最大增大应力、最大等效应力(均位于外表面)	Y	Y
S(AXL,RAD,H,XH)	轴向、径向、环向应力及剪应力	5	5
S(1,3,INT,EQV)	最大主应力、最小主应力、应力强度、等效应力	5	5
EPEL(AXL,RAD,H,XH)	轴向、径向、环向应变及剪应变	5	5
EPTH(AXL,RAD,H)	轴向、径向、环向热应变	5	5

注:1. 当腐蚀裕量大于零时。

　　2. 当 KEYOPT(1)=0 时。

　　3. 当 KEYOPT(1)=1 时。

　　4. 当 KEYOPT(6)=2 时。

　　5. 依次为节点 I 的 0°、45°、90°、135°、180°、225°、270°、315°位置,然后为节点 J 相应位置,且均位于外表面上。

　　6. *GET 命令采用 CENT 项时可得。

命令 ETABLE 和 ESOL 的表项和序号(节点 I)　　　　表 4-11

输出量名称	项 Item	E	环向位置(0°~315°)							
			0	45	90	135	180	225	270	315
同表 4-3 中的 SAXL,LS,SRAD,SH,SXH,EPELAXL,EPELRAD,EPELH,EPELXH,EPTHAXL,EPTHRAD,EPTHH,MFORX, MFORY,MFORZ,MMOMX,MMOMY,MMOMZ,S1,S3,SINT,SEQV,SDIR,ST,TOUT,TIN										
SBEND	NMISC	91	—	—	—	—	—	—	—	—
SSF	NMISC	92	—	—	—	—	—	—	—	—

命令 ETABLE 和 ESOL 的表项和序号(节点 J)　　　　表 4-12

输出量名称	项 Item	E	环向位置(0°~315°)							
			0	45	90	135	180	225	270	315
同表 4-4 中的 SAXL,LS,SRAD,SH,SXH,EPELAXL,EPELRAD,EPELH,EPELXH,EPTHAXL,EPTHRAD,EPTHH,MFORX, MFORY,MFORZ,MMOMX,MMOMY,MMOMZ,S1,S3,SINT,SEQV,SDIR,ST,TOUT,TIN										
SBEND	NMISC	93	—	—	—	—	—	—	—	—
SSF	NMISC	94	—	—	—	—	—	—	—	—

命令 ETABLE 和 ESOL 的表项和序号　　　　表 4-13

输出量名称	项 Item	E	输出量名称	项 Item	E
同表 4-5 中的 SFACTI,SFACTJ,SPR2,SMI,SMJ,S1MX, S3MN,SINTMX,SEQVMX,STH,PINT,PX,PY,PZ,POUT			FFACT	NMISC	90

4.3.3 单元矩阵及应力计算

该单元没有形函数,其单元刚度矩阵通过单元的节点柔度矩阵求逆获得;应力计算的方法与 PIPE16 单元基本相同。

(1)柔度矩阵和刚度矩阵

平面弯管单元一端的柔度矩阵为:

$$[f] = \begin{bmatrix} f_{11} & 0 & f_{13} & 0 & f_{15} & 0 \\ 0 & f_{22} & 0 & f_{24} & 0 & f_{26} \\ f_{31} & 0 & f_{33} & 0 & f_{35} & 0 \\ 0 & f_{42} & 0 & f_{44} & 0 & f_{46} \\ f_{51} & 0 & f_{53} & 0 & f_{55} & 0 \\ 0 & f_{62} & 0 & f_{64} & 0 & f_{66} \end{bmatrix} \tag{4-23}$$

其中,

$$f_{11} = \frac{R^3 C_{fi}}{EI}\left(\frac{\theta}{2}\cos\theta - \frac{3}{2}\sin\theta + \theta\right) + \frac{R}{2EA^w}(\theta\cos\theta + \sin\theta) + \frac{2R(1+\mu)}{EA^w}(\theta\cos\theta - \sin\theta)$$

$$f_{13} = -f_{31} = \frac{R^3 C_{fi}}{EI}\left(\cos\theta - 1 + \frac{\theta}{2}\sin\theta\right) + \frac{R\theta\sin\theta}{EA^w}\left(\frac{5}{2} + 2\mu\right)$$

$$f_{15} = -f_{51} = \frac{R^2 C_{fi}}{EI}(\sin\theta - \theta)$$

$$f_{22} = \frac{R^3(1+\mu)}{EI}(\theta - \sin\theta) + \frac{R^3}{2EI}(1+\mu+C_{fo})(\theta\cos\theta - \sin\theta) + \frac{4R\theta(1+\mu)}{EA^w}$$

$$f_{24} = f_{42} = \frac{R^2}{2EI}(1+\mu+C_{fo})(\theta\cos\theta - \sin\theta)$$

$$f_{26} = -f_{62} = \frac{R^2}{EI}\left[(1+\mu)\cos(\theta - 1) + \frac{\theta}{2}\sin\theta(1+\mu+C_{fo})\right]$$

$$f_{33} = \left(\frac{\theta}{2}\cos\theta - \frac{1}{2}\sin\theta\right)\left(\frac{R^3 C_{fi}}{EI} + \frac{R}{EA^w}\right) + \left(\frac{\theta}{2}\cos\theta + \frac{1}{2}\sin\theta\right)\frac{4R(1+\mu)}{EA^w}$$

$$f_{35} = -f_{53} = \frac{R^2 C_{fi}}{EI}(\cos\theta - 1)$$

$$f_{44} = \frac{R}{2EI}(1+\mu+C_{fo})\theta\cos\theta + \frac{R}{2EI}(1+\mu-C_{fo})\sin\theta$$

$$f_{46} = -f_{64} = \frac{R}{2EI}(1+\mu+C_{fo})\theta\sin\theta$$

$$f_{55} = \frac{RC_{fi}}{EI}\theta$$

$$f_{66} = \frac{R}{2EI}(1+\mu+C_{fo})\theta\cos\theta - \frac{R}{2EI}(1+\mu-C_{fo})\sin\theta$$

式中:R——曲率半径,即用命令 R 输入的实常数 RADCUR;

θ——单元的包角,即单元所对应的圆心角;

E——弹性模量,即用命令 MP 输入材料的弹性模量 EX;

μ——泊松系数,即用命令 MP 输入材料的泊松系数 PRXY 或 NUXY;

I——横截面的惯性矩,$I = \frac{\pi}{64}(D_o^4 - D_i^4)$;

A^W——横截面面积,$A^W = \frac{\pi}{4}(D_o^2 - D_i^2)$;

D_o——管外径,即用命令 R 输入的实常数 OD;

D_i——管内径,$D_i = D_o - 2t$;

t——管壁厚度,即用命令 R 输入的实常数 TKWALL;

C_{fi}——面内柔度系数,取值如下:

$$C_{fi} = \begin{cases} C_{fi}', & \text{当 } C_{fi}' > 0 \text{ 时} \\ \frac{1.65}{h} \text{ 或 } 1.0(\text{取大值}), & \text{当 } C_{fi}' = 0 \text{ 且 KEYOPT}(3) = 0 \text{ 时} \\ \frac{1.65}{h\left(1+\frac{P_r X_K}{tE}\right)} \text{ 或 } 1.0(\text{取大值}), & \text{当 } C_{fi}' = 0 \text{ 且 KEYOPT}(3) = 1 \text{ 时} \\ \frac{10+12h^2}{1+12h^2}, & \text{当 } C_{fi}' = 0 \text{ 且 KEYOPT}(3) = 2 \text{ 时} \end{cases}$$

C_{fi}'——面内柔度系数,即用命令 R 输入的实常数 FLXI;

$h = \frac{tR}{r^2}, r = \frac{D_o - t}{2}$

$$P = \begin{cases} P_i - P_o, & \text{当 } P_i - P_o > 0 \text{ 时} \\ 0, & \text{当 } P_i - P_o \leqslant 0 \text{ 时} \end{cases}$$

P_i——管内压,即用命令 SFE 输入的①号压力 PINT;

P_o——管外压,即用命令 SFE 输入的⑤号压力 POUT;

$$X_K = \begin{cases} 6\left(\frac{r}{t}\right)^{\frac{4}{3}}\left(\frac{R}{r}\right)^{\frac{1}{3}}, & \text{当 } \frac{R}{r} \geqslant 1.7 \text{ 时} \\ 0, & \text{当 } \frac{R}{r} < 1.7 \text{ 时} \end{cases}$$

$$C_{fo}' = \begin{cases} C_{fo}', & \text{当 } C_{fo}' > 0 \text{ 时} \\ C_{fi}, & \text{当 } C_{fo}' = 0 \text{ 时} \end{cases}, C_{fo}' \text{为面外柔性系数,即命令 RMORE 输入的实常数 FLXO。}$$

当 $\theta_c R < 2r$ 时,不能使用 KEYOPT(3)=1 选项,其中,θ_c 为整个弯管的包角(整个弯管对应的圆心角)而不是单元的包角 θ。

利用式(4-23)的节点柔度矩阵求逆可求得 6×6 的刚度矩阵,将此刚度矩阵再扩展为 12×12 的单元刚度矩阵,最后再利用坐标转换求得整体坐标系下的单元刚度矩阵。

（2）质量矩阵

PIPE18 单元仅集中质量矩阵一种形式,与 BEAM4 单元的式(3-16)相同,但式中:

$$M_t = m_e/2 \tag{4-24}$$

式中:m_e——单元的总质量,$m_e = (\rho A^w + \rho_{fl} A^{fl} + \rho_{in} A^{in})R\theta$;

ρ——管壁材料密度,即命令 MP 输入的密度 DENS;

ρ_{fl}——内部流体材料密度,即命令 RMORE 输入的实常数 DENSFL;

ρ_{in}——外部隔层材料密度,即命令 RMORE 输入的实常数 DENSIN;

$A^{fl} = \frac{\pi}{4}D_i^2, A^{in} = \frac{\pi}{4}(D_{o+}^2 - D_o^2), D_{o+} = D_o + 2t^{in}$;

t^{in}——隔层厚度,即命令 RMORE 输入的实常数 TKIN。

（3）荷载向量

由热荷载和压力荷载产生的单元坐标系下的荷载向量为:

$$\{F_t^{th}\} + \{F^{pr,i}\} = R\varepsilon_x[K_e]\{A\} + \{F^{pr,t}\} \tag{4-25}$$

式中:ε_x——由热荷载、内部压力及外部压力效应[式(4-9)]引起的应变;

$[K_e]$——整体坐标系下的单元刚度矩阵;

$\{A\} = [0\ 0\ 1\ 0\ 0\ 0\ 0\ 0\ 1\ 0\ 0\ 0]^T$;

$\{F^{pr,t}\}$——由横向压力荷载产生的单元荷载向量,用整体直角坐标系下的横向压力计算。

（4）应力计算

PIPE18 单元的应力计算与 PIPE16 单元基本相同,但不同于 PIPE60 单元。

壁厚用腐蚀裕量 t_c(命令 R 输入的实常数 TKCORR)折减。

弯曲应力乘以应力增大系数 C_σ,其取值根据条件如下:

$$C_{\sigma,I} = \begin{cases} C_0, & \text{当 SIFI} < 1.0 \text{ 时} \\ I \text{ 节点应力增大系数(命令 R 输入的实常数 SIFI)}, & \text{当 SIFI} > 1.0 \text{ 时} \end{cases}$$

$$C_{\sigma,J} = \begin{cases} C_0, & \text{当 SIFJ} < 1.0 \text{ 时} \\ J \text{ 节点应力增大系数(命令 R 输入的实常数 SIFJ)}, & \text{当 SIFJ} > 1.0 \text{ 时} \end{cases}$$

$C_0 = \dfrac{0.9}{h_e^{2/3}}$ 或 1.0,取大值;

$h_e = \dfrac{16t_e R}{(D_i + d_o)^2}, t_e = t - t_c, d_o = D_o - 2t_c$。

4.3.4 注意事项

(1)单元长度和管壁厚度必须大于零,管外径必须大于零而内径不能小于零,腐蚀裕量必须小于管壁厚度。

(2)单元轴线必须具有单向曲率且为圆弧线,包角取 0°～90°。

(3)计入了剪切变形的影响。且假定具有封闭端,因此考虑了轴向压力效应。

(4)在大位移分析中,节点 K 仅确定单元的初始几何。

(5)单元温度分布假定沿着长度方向线性变化。

(6)若输入的应力增大系数小于 1.0,ANSYS 则采用 1.0 计算。

(7)单元计算基于薄壁管理论,弯管应具有较大的径厚比,因其假定积分点位于壁厚中心。

(8)该单元只有集中质量矩阵一种形式。

(9)缺省的柔度系数由 ANSYS 计算确定,因此会影响到变形的计算结果。

(10)单元 PIPE18 也只能采用节点定义,而不能使用 LMESH 命令划分网格。

4.3.5　应用举例

如图 4-8 所示钢管柱,悬臂端承受垂直面内的集中力,其他参数详见命令流,采用单元 PIPE18 和单元 BEAM189 对比分析如下。假设柔度系数分别为 1.0 和缺省的 ANSYS 算法。

当柔度系数为 1.0 时,单元 PIPE18 和单元 BEAM189 的计算结果几乎完全相等。当采用缺省的柔度系数算法时,单元 PIPE18 的变形较单元 BEAM189 的大很多,当然对于超静定结构其应力也会存在较大差别。

由于单元 PIPE18 不能使用 LMESH 命令进行网格划分,所以必须直接建立有限元模型,而单元 BEAM189 可从几何模型转化为有限元模型,两者的命令流如下。

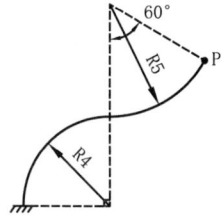

图 4-8　S 曲线钢管结构
（尺寸单位:m）

```
!=====================================================================
!EX4.5A S曲线钢管的受力分析——PIPE18单元
FINISH$/CLEAR$/PREP7$D0=0.4$T0=0.01$R1=4$R2=5                        !定义几何参数
NE1=10$NE2=10$REF1=90/NE1$REF2=60/NE2                                !定义两个弧划分的单元个数
ET,1,PIPE18$MP,EX,1,2.1E11$MP,PRXY,1,0.3                             !定义单元类型和材料性质
R,1,D0,T0,R1,,,1.0$R,2,D0,T0,R2,,,1.0                                !定义实常数,注意曲率半径和柔度系数
CSYS,1$*DO,I,1,NE1+1$N,I,R1,180-(I-1)*REF1$*ENDDO                    !定义R1弧上的节点
LOCAL,11,1,0,R1+R2                                                    !创建圆柱形局部坐标系
*DO,I,1,NE2$N,NE1+1+I,R2,-90+I*REF2$*ENDDO                          !定义R2弧上的节点
CSDELE,11,,1$N,500$N,501,0,R1+R2                                     !删除局部坐标系,定义两个定位节点
REAL,1$*DO,I,1,NE1$E,I,I+1,500$*ENDDO                               !定义R1弧上的单元
REAL,2$*DO,I,NE1+1,NE1+NE2$E,I,I+1,501$*ENDDO                       !定义R2弧上的单元
D,1,ALL$F,NE1+NE2+1,FZ,-1E4                                         !施加约束和荷载
/SOLU$SOLVE$/POST1$PLDISP,1                                          !求解并查看变形
/ESHAPE,1$PLNSOL,S,X                                                 !打开单元形状,绘制应力云图
ETABLE,MFY1,SMISC,2$ETABLE,MFY2,SMISC,8$PLLS,MFY1,MFY2              !绘制单元剪力图
ETABLE,MX1,SMISC,4$ETABLE,MX2,SMISC,10$PLLS,MX1,MX2                 !绘制单元扭矩图
ETABLE,MZ1,SMISC,6$ETABLE,MZ2,SMISC,12$PLLS,MZ1,MZ2                 !绘制单元弯矩MZ图
!=====================================================================
!EX4.5B S曲线钢管的受力分析——BEAM189单元
FINISH$/CLEAR$/PREP7$D0=0.4$T0=0.01$R1=4$R2=5                        !定义几何参数
ET,1,BEAM189$MP,EX,1,2.1E11$MP,PRXY,1,0.3                            !定义单元类型
SECTYPE,1,BEAM,CTUBE$SECDATA,D0/2-T0,D0/2,16                         !定义截面类型及数据
CSYS,1$K,1,R1,180$K,2,R1,90$L,1,2                                    !定义R1弧线
LOCAL,11,1,0,R1+R2$K,3,R2,-30$L,2,3$CSDELE,11,,1                    !用局部坐标系定义R2弧线
K,4$LATT,1,1,1,,,4,1$LESIZE,ALL,,,10$LMESH,ALL                      !建立有限元模型
DK,1,ALL$FK,3,FZ,-1E4                                               !施加约束和荷载
/SOLU$SOLVE$/POST1$PLDISP,1                                          !求解并查看变形
/ESHAPE,1$PLNSOL,S,X                                                 !打开单元形状,绘制应力云图
!=====================================================================
```

4.4　PIPE20 单元

PIPE20 称为塑性直薄壁管单元,可承受轴向拉压、弯曲和扭转,该单元有 2 个节点,每个节点有 6 个自由度,即沿节点坐标系 x、y、z 方向的平动位移和绕 x、y、z 轴的转动位移。该单元以单元 BEAM23 和单元 PIPE16 为基础,单元模型如图 4-9 所示。

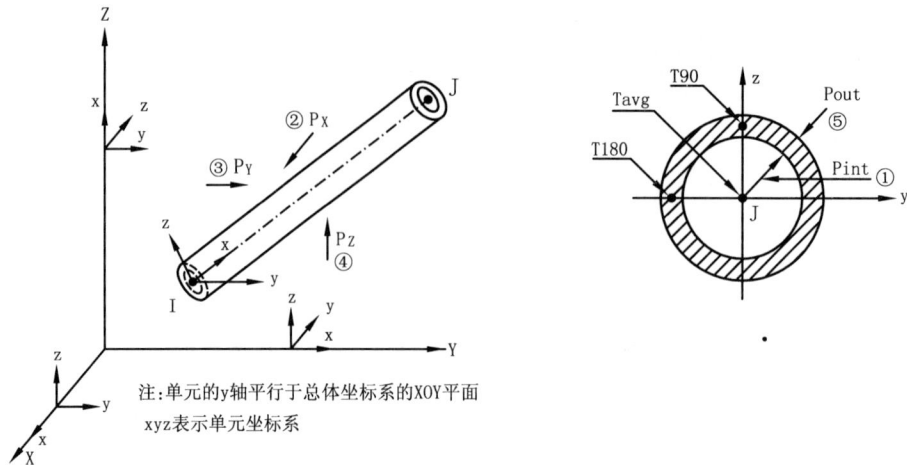

注:单元的y轴平行于总体坐标系的XOY平面
xyz表示单元坐标系

图 4-9　PIPE20 单元几何

4.4.1　输入参数与选项

图 4-9 给出了单元几何、节点位置和单元坐标系,输入数据包括两个节点、管外径、管壁厚度、应力增大系数及各向同性材料性质定义。

单元的 x 轴的方向从 I 节点指向 J 节点,单元的 y 轴方向缺省为平行于总体坐标系的 XOY 平面;若单元的 x 轴平行于整体坐标系的 Z 轴(或偏角在 0.01% 之内),则单元的 y 轴平行于总体坐标系的 Y 轴。沿管环向的输入和输出位置,以从单元 y 轴逆时针旋转的角度度量,如单元 y 轴位置为 0°,单元 z 轴位置为 90°等。

可在单元上施加面荷载,面的编号如图 4-9 中所示,图中箭头方向为分布荷载的正方向。内部压力 PINT 与外部压力 POUT 以正值输入,其量纲为"力/面积"。横向压力荷载 PX,PY,PZ(如风荷载或流体拖曳力)以整体直角坐标系方向定义,与坐标方向一致者为正值,其量纲为"力/长度"。该单元仅支持均布压力荷载,不支持渐变压力荷载。

该单元可在节点上输入温度和热流体荷载,温度分布假定沿单元长度线性变化,节点 I 的第一点温度 Tavg(I)缺省为 TUNIF,若输入第一点温度后其余均不输入,则缺省为第一点温度。如输入了节点 I 的温度,而节点 J 的温度没有输入,则节点 J 的温度缺省为节点 I 的温度。对其他输入方式,未输入的温度均缺省为 TUNIF。热流缺省与此类似,仅 TUNIF 缺省为零。

应力增大系数(SIF)是对弯曲应力的修正。若 KEYOPT(2)=4 可分别输入端点 I 和端点 J 的应力增大系数(SIFI 和 SIFJ),否则不考虑应力修正。

表 4-14 为 PIPE20 单元的输入参数与选项。

PIPE20 单元输入参数与选项　　　　　　　　　　　　　　　　表 4-14

参数类别	参 数 及 说 明			
节点	I,J(节点 I 称为端点 1)			
自由度	UX,UY,UZ,ROTX,ROTY,ROTZ			
实常数	序号	名　称	说　　明	
	1	OD	管外径	
	2	TKWALL	管壁厚度	
	3	SIFI	I 节点应力增大系数[仅用于 KEYOPT(2)=4]	
	4	SIFJ	J 节点应力增大系数[仅用于 KEYOPT(2)=4]	

续上表

参数类别	参数及说明
材料属性	EX,ALPX(或 CETX),PRXY(或 NUXY),DENS,GXY,DAMP
面荷载	1——PINT,管内径向压力;2——PX,X 方向横向压力;3——PY,Y 方向横向压力;4——PZ,Z 方向横向压力; 5——POUT,管外径向压力
体荷载	温度——TAVG(I),T90(I),T180(I),TAVG(J),T90(J),T180(J); 热流——FLAVG(I),FL90(I),FL180(I),FLAVG(J),FL90(J),FL180(J)
特性	塑性、蠕变、膨胀、应力刚化、大变形、单元生死
KEYOPT(2)	应力增大系数控制: 0——不考虑应力增大系数;4——采用输入的考虑应力增大系数的实常数
KEYOPT(6)	杆件内力输出控制: 0——不输出杆件力和弯矩;1——在单元坐标系中输出杆件力和弯矩

4.4.2　输出数据

　　PIPE20 在管两端截面的 8 个环向位置输出非线性解,而线性解类同单元 PIPE16 的输出。当 KEYOPT(2)=4 时,初始弹性弯曲应力 SBEND 乘以应力增大系数,其他应力如塑性应力则不考虑应力增大系数的影响。应力输出位置如图 4-10 所示。

　　单元附加输出说明如表 4-15 所示,可通过命令 ETABLE 或 ESOL 定义并获得,表 4-16～表 4-18 为命令 ETABLE 或 ESOL 中的表项和序号。

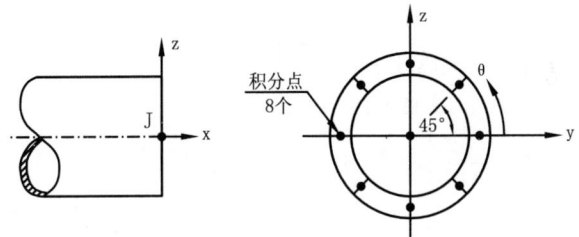

图 4-10　PIPE20 单元输出应力示意

PIPE20 单元输出说明　　　　表 4-15

名　称	说　明	O	R
EL	单元号	Y	Y
NODES	单元节点号(I 和 J)	Y	Y
MAT	单元材料号	Y	Y
VOLU	单元体积	—	Y
XC,YC,ZC	单元结果的输出位置	Y	4
TEMP	TAVG(I),T90(I),T180(I) TAVG(J),T90(J),T180(J)	Y	Y
FLUEN	FLAVG(I),FL90(I),FL180(I) FLAVG(J),FL90(J),FL180(J)	Y	Y
PRES	PINT,PX,PY,PZ,POUT	Y	Y
MFOR(X,Y,Z)	单元坐标系下杆件节点 I 和节点 J 的力	1	1
MMOM(X,Y,Z)	单元坐标系下杆件节点 I 和节点 J 的弯矩	1	1
SDIR	轴向直接应力	—	2
SBEND	外表面的最大弯曲应力	—	2
ST	扭转产生的外表面剪应力	—	2
SSF	横向剪力产生的剪应力	—	2

续上表

名　称	说　明	O	R
S1MX,3MN	最大主应力、最小主应力	2	2
S!NTMX,SEQVMX	增大后的最大应力、最大等效应力	2	2
S(AXL,RAD,H,XH)	轴向、径向、环向应力及剪应力	3	3
S(1,3,INT,EQV)	最大主应力、最小主应力、应力强度、等效应力	3	3
EPEL(AXL,RAD,H,XH)	轴向、径向、环向应变及剪应变	3	3
EPTH(AXL,RAD,H)	轴向、径向、环向热应变	3	3
EPSWAXL	轴向膨胀应变	3	3
EPPL(AXL,RAD,H,XH)	轴向、径向、环向塑性应变及塑性剪应变	3	3
EPCR(AXL,RAD,H,XH)	轴向、径向、环向及剪蠕变应变	3	3
SEPL	从应力应变曲线计算的等效应力	3	3
SRAT	试算应力与屈服面应力比(即应力状态率)	3	3
HPRES	静水压力	—	3
EPEQ	等效塑性应变	3	3

注:1. 当 KEYOPT(6)＝1 时。

　　2. 屈服前的初始弹性解。

　　3. 依次为节点 I 的 0°、45°、90°、135°、180°、225°、270°、315°位置,然后为节点 J 相应位置,且均位于外表面上。

　　4. * GET 命令采用 CENT 项时可得。

命令 ETABLE 和 ESOL 的表项和序号(节点 I)　　　　　　　　　表 4-16

输出量名称	项 Item	E	环向位置(0°～315°)							
			0	45	90	135	180	225	270	315
同表 4-3 中的 SAXL,LS,SRAD,SH,SXH,EPELAXL,EPELRAD,EPELH,EPELXH,MFORX,MFORY,MFORZ,MMOMX, MMOMY,MMOMZ,S1,S3,SINT,SEQV,SDIR,ST,TOUT,TIN										
EPTHAXL	LEPTH	—	1	6	11	16	21	26	31	36
EPTHRAD	LEPTH	—	2	7	12	17	22	27	32	37
EPTHH	LEPTH	—	3	8	13	18	23	28	33	38
EPSWAXL	LEPTH	—	5	10	15	20	25	30	35	40
EPPLAXL	LEPPL	—	1	5	9	13	17	21	25	29
EPPLRAD	LEPPL	—	2	6	10	14	18	22	26	30
EPPLH	LEPPL	—	3	7	11	15	19	23	27	31
EPPLXH	LEPPL	—	4	8	12	16	20	24	28	32
EPCRAXL	LEPCR	—	1	5	9	13	17	21	25	29
EPCRRAD	LEPCR	—	2	6	10	14	18	22	26	30
EPCRH	LEPCR	—	3	7	11	15	19	23	27	31
EPCRXH	LEPCR	—	4	8	12	16	20	24	28	32
SEPL	NLIN	—	1	5	9	13	17	21	25	29
SRAT	NLIN	—	2	6	10	14	18	22	26	30
HPRES	NLIN	—	3	7	11	15	19	23	27	31
EPEQ	NLIN	—	4	8	12	16	20	24	28	32
SBEND	NMISC	81	—	—	—	—	—	—	—	—
SSF	NMISC	82	—	—	—	—	—	—	—	—

续上表

输出量名称	项 Item	E	环向位置(0°~315°)							
			0	45	90	135	180	225	270	315
S1MX	NMISC	101	—	—	—	—	—	—	—	—
S3MN	NMISC	102	—	—	—	—	—	—	—	—
SINTMX	NMISC	103	—	—	—	—	—	—	—	—
SEQVMX	NMISC	104	—	—	—	—	—	—	—	—
FOUT	NMISC	—	88	—	85	—	86	—	87	—
FIN	NMISC	—	92	—	89	—	90	—	91	—

命令 ETABLE 和 ESOL 的表项和序号(节点 J) 表 4-17

输出量名称	项 Item	E	环向位置(0°~315°)							
			0	45	90	135	180	225	270	315
同表 4-4 中的 SAXL, LS, SRAD, SH, SXH, EPELAXL, EPELRAD, EPELH, EPELXH, MFORX, MFORY, MFORZ, MMOMX, MMOMY, MMOMZ, S1, S3, SINT, SEQV, SDIR, ST, TOUT, TIN									
EPTHAXL	LEPTH	—	41	46	51	56	61	66	71	76
EPTHRAD	LEPTH	—	42	47	52	57	62	67	72	77
EPTHH	LEPTH	—	43	48	53	58	63	68	73	78
EPSWAXL	LEPTH	—	45	50	55	60	65	70	75	80
EPPLAXL	LEPPL	—	33	37	41	45	49	53	57	61
EPPLRAD	LEPPL	—	34	38	42	46	50	54	58	62
EPPLH	LEPPL	—	35	39	43	47	51	55	59	63
EPPLXH	LEPPL	—	36	40	44	48	52	56	60	64
EPCRAXL	LEPCR	—	33	37	41	45	49	53	57	61
EPCRRAD	LEPCR	—	34	38	42	46	50	54	58	62
EPCRH	LEPCR	—	35	39	43	47	51	55	59	63
EPCRXH	LEPCR	—	36	40	44	48	52	56	60	64
SEPL	NLIN		33	37	41	45	49	53	57	61
SRAT	NLIN	—	34	38	42	46	50	54	58	62
HPRES	NLIN		35	39	43	47	51	55	59	63
EPEQ	NLIN	—	36	40	44	48	52	56	60	64
SBEND	NMISC	83	—	—	—	—	—	—	—	—
SSF	NMISC	84	—	—	—	—	—	—	—	—
S1MX	NMISC	105	—	—	—	—	—	—	—	—
S3MN	NMISC	106	—	—	—	—	—	—	—	—
SINTMX	NMISC	107	—	—	—	—	—	—	—	—
SEQVMX	NMISC	108	—	—	—	—	—	—	—	—
FOUT	NMISC	—	96	—	93	—	94	—	95	—
FIN	NMISC	—	100	—	97	—	98	—	99	—

命令 **ETABLE** 和 **ESOL** 的表项和序号　　　　　　　表 4-18

输出量名称	项 Item	E	输出量名称	项 Item	E
PINT	SMISC	17	PZ	SMISC	20
PX	SMISC	18	POUT	SMISC	21
PY	SMISC	19			

4.4.3　应力计算

PIPE20 单元的形函数、弹性刚度矩阵和质量矩阵与 BEAM4 单元相同,单元压力作用和弹性应力输出与 PIPE16 单元相同,塑性分析时的切线矩阵与 NR 荷载向量与 BEAM23 相同,此处仅介绍 PIPE20 单元的应力和应变计算。

PIPE20 单元的四个应力分量分别为 $\{\sigma\} = \{\sigma_x \quad \sigma_h \quad \sigma_r \quad \sigma_{xh}\}^T$,在塑性修正前为:

$$\{\sigma\} = \begin{Bmatrix} \sigma_x \\ \sigma_h \\ \sigma_r \\ \sigma_{xh} \end{Bmatrix} = \begin{Bmatrix} E\varepsilon' + \dfrac{\pi}{4A^W}(D_i^2 P_i - D_o^2 P_o) \\ \dfrac{1}{2t}(D_i P_i - D_o P_o) \\ -\dfrac{1}{2}(P_i - P_o) \\ \dfrac{2}{A^W}(F_y \sin\beta_j - F_z \cos\beta_j) + \dfrac{M_x D_m}{2J} \end{Bmatrix} \tag{4-26}$$

式中:　ε'——修正的轴向应变,详见 BEAM23 单元的 HELP;

　　　　E——弹性模量,即用命令 MP 输入材料的弹性模量 EX;

　　　　P_i——内部压力,即用命令 SFE 输入的面①压力荷载;

　　　　P_o——外部压力,即用命令 SFE 输入的面⑤压力荷载;

　　　　D_i——管内径,$D_i = D_o - 2t$;

　　　　D_o——管外径,即用命令 R 输入的实常数 OD;

　　　　t——管壁厚度,即用命令 R 输入的实常数 TKWALL;

　　　　A^W——横截面面积,$A^W = \dfrac{\pi}{4}(D_o^2 - D_i^2)$;

　　　　J——横截面的惯性矩,$J = \dfrac{\pi}{4}D_m^3 t$;

　　　　D_m——平均直径,$D_m = (D_i + D_o)/2$;

　　　　β_j——用角度表示的端点 J 的积分点位置(图 4-10),即输出中的 ANGLE 参数。

F_y、F_z、M_x——分别为通过积分点计算的单元节点力,其计算公式如下:

$$\{F_l\} = [T_R]([K_e]\{\Delta u_e\} - \{F_e\}) \tag{4-27}$$

式中:$\{F_l\}$——杆件力,即输出中的杆件节点的力;

　　　$[T_R]$——整体到局部的转换矩阵;

　　　$[K_e]$——单元刚度矩阵;

　　　$[\Delta u_e]$——单元位移增量列阵;

　　　$[F_e]$——由压力、热及 NR 残余力产生的单元荷载向量。

$\{F_l\}$ 位于单元坐标系下,其余项均位于整体直角坐标系下,式(4-26)中的最后一项根据所计算的应力位置不同,而分别取用节点 I 或节点 J 的力。

轴向修正应变和修正剪应变按下式计算:

$$\varepsilon_x' = \dfrac{1}{E}[\sigma_x - \mu(\sigma_h + \sigma_r)]$$

$$\varepsilon_{xh}' = \dfrac{\sigma_{xh}}{G} \tag{4-28}$$

式中：μ——泊松系数，即用命令 MP 输入的 PRXY 或 NUXY 材料性质；

　　G——剪切模量，即用命令 MP 输入的 GXY 材料性质。

环向和径向修正应变按下式计算：

$$\varepsilon_h' = \varepsilon_{h,n-1} + \Delta\varepsilon_h$$
$$\varepsilon_r' = \varepsilon_{r,n-1} + \Delta\varepsilon_r \tag{4-29}$$

式中：$\varepsilon_{h,n-1}$——上一迭代步的环向应变；

　　$\varepsilon_{r,n-1}$——上一迭代步的径向应变；

　　$\Delta\varepsilon_h$——环向应变增量；

　　$\Delta\varepsilon_r$——径向应变增量。

而上一迭代步的应变分别为：

$$\varepsilon_{h,n-1} = \frac{1}{E}\left[\sigma_h - \mu(\sigma_{x,n-1} + \sigma_r)\right]$$
$$\varepsilon_{r,n-1} = \frac{1}{E}\left[\sigma_r - \mu(\sigma_{x,n-1} + \sigma_h)\right] \tag{4-30}$$

其中，$\sigma_{x,n-1}$ 用再上一步的修正总应变按式（4-26）计算，式（4-29）中的应变增量按下式计算：

$$\Delta\varepsilon_h = \overline{D}_n^h \Delta\varepsilon_x$$
$$\Delta\varepsilon_r = \overline{D}_n^r \Delta\varepsilon_x \tag{4-31}$$

式中：$\Delta\varepsilon_x$——轴向应变增量，$\Delta\varepsilon_x = \varepsilon' - \varepsilon_{n-1}'$；

　　$\overline{D}_n^h$、$\overline{D}_n^r$——分别为环向应变增量、径向应变增量与轴向应变增量的关系系数，这些系数通过 3D 弹塑性应力应变矩阵凝缩为 1D 分量，并用于塑性分析时的切线刚度矩阵。

通过式（4-28）和式（4-29）定义的修正总应变，可求得塑性应变增量，因此弹性应变为：

$$\{\varepsilon^{el}\} = \{\varepsilon'\} - \{\Delta\varepsilon^{pl}\} \tag{4-32}$$

式中：$\{\varepsilon^{el}\}$——弹性应变，即输出中的 EPELAXL、EPELRAD、EPELH 和 EPELXH；

　　$\{\Delta\varepsilon^{pl}\}$——塑性应变增量。

故应力为：

$$\{\sigma\} = [D]\{\varepsilon^{el}\} \tag{4-33}$$

式中：$\{\sigma\}$——应力分量，即输出中的 SAXL、SRAD、SH 和 SXH；

　　$[D]$——弹性应力应变矩阵。

4.4.4 注意事项

（1）管单元假定具有封闭端，因此考虑了轴向压力效应。

（2）该单元刚度矩阵等采用标准的小变形刚度方程，计入了剪切变形的影响。

（3）该单元基于薄壁管理论，因积分点位于壁厚中心，故应具有较大的径厚比。若径厚比小于 5（即 OD/TKWALL=10）将产生错误信息；若径厚比小于 10（即 OD/TKWALL=20）将产生警告信息。

（4）$\theta=0°$ 处的管壁平均温度等于 $2 \times \text{Tavg} - \text{T180}$，$\theta=-90°$ 处的管壁平均温度等于 $2 \times \text{Tavg} - \text{T90}$；温度分布假定沿单元长度线性变化。

（5）当输入的应力增大系数小于 1.0 时，ANSYS 采用 1.0 计算。

4.4.5 应用举例

（1）钢管柱的塑性分析

设钢管柱长度为 3m，钢管为 ϕ200mm×5mm（径厚比为 40＞5），设材料的弹性模量为 210GPa，泊松系数为 0.3，材料的屈服强度为 235MPa，顶端承受竖向和水平集中荷载共同作用，采用理想弹塑性模型对本结构进行材料非线性和双重非线性分析。

图 4-11 为竖向和水平荷载共同比例加载时的荷载—位移曲线。仅考虑材料非线性时，打开弧长法

并设置终止条件 UX2＝0.04,结构所能承受的竖向荷载和水平荷载分别约为 $700 \times 0.68557 = 479.889kN$ 和 $10 \times 0.68557 = 6.8557kN$;双重非线性时,打开弧长法并设置终止条件 UX2＝0.15,结构所能承受的最大竖向荷载和水平荷载分别约为 $700 \times 0.49385 = 345.695kN$ 和 $10 \times 0.49385 = 4.9385kN$。从图中可以看出,两者的差别很大。

图 4-12 为竖向和水平荷载共同比例加载和卸载时的荷载—位移曲线,求解时打开弧长法,但不必设置终止条件,采用 ANSYS 不收敛终止或结果步超过 1000 时自然终止。从图中可以看出考虑几何非线性的影响很大。

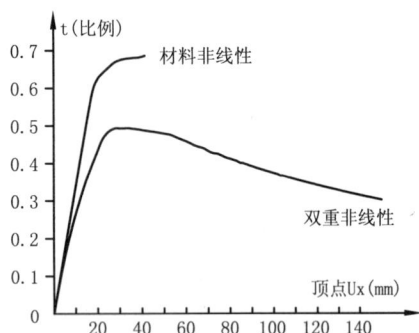

图 4-11　加载时的时间—位移曲线

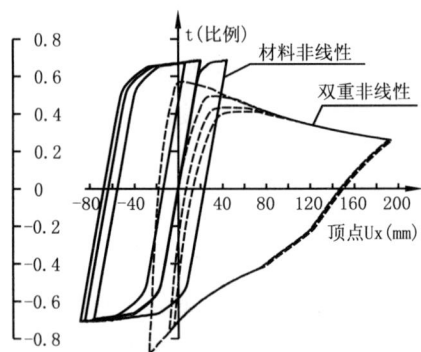

图 4-12　加载和卸载时的时间—位移曲线

上述计算均采用比例加载,图中竖轴为竖向荷载和水平荷载同一时间的同一比例,竖向荷载为 70kN,水平荷载为 10kN。双重非线性分出现的命令流如下,如仅考虑材料非线性将 NLGEOM 关闭即可。

```
!========================================================================
!EX4.6  钢管柱塑性分析(加载及卸载:材料非线性和双重非线性)
FINISH$/CLEAR$/PREP7$P1＝7E5$P2＝1E4              !定义竖向荷载和水平荷载参数
ET,1,PIPE20$MP,EX,1,2.1E11$MP,PRXY,1,0.3        !定义单元类型及材料性质
TB,BKIN,1$TBDATA,1,235E6,0.0$R,1,0.2,0.005      !定义 BKIN 模型及实常数
K,1$K,2,,3.0$L,1,2$ESIZE,0.1$LMESH,ALL          !创建几何和有限元模型
D,1,ALL$F,2,FY,-P1$F,2,FX,P2                     !施加约束和荷载
/SOLU$NLGEOM,ON$NSUBST,50                        !打开大位移开关,定义荷载子步数
ARCLEN,ON,5                                      !打开弧长法,设置最大弧长半径以获得较多数据点
!ARCTRM,U,0.04,2,UX$!ARCTRM,U,0.15,2,UX          !设置弧长法终止条件
OUTRES,ALL,ALL$SOLVE                             !设置结果输出控制并求解
/POST1$SET,LAST$PLDISP,1$/ESHAPE,1$PLNSOL,S,X    !/POTS1 中处理结果
/POST26$NSOL,2,2,U,X$XVAR,2$PLVAR,1              !/POST26 中处理结果
!========================================================================
```

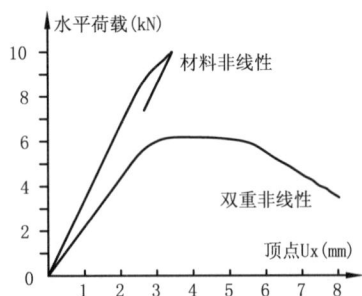

图 4-13　固定竖向荷载下水平荷载—位移曲线

(2)固定压力下钢管柱的水平承载能力分析

同上钢管柱的几何与材料参数,当竖向荷载为 300kN 时施加水平荷载,仅考虑加载情况时对该结构进行材料非线性分析和双重非线性分析。

与前例不同,求解时可分为两个荷载步,第一步先施加竖向荷载,然后再施加水平荷载,可获得在固定竖向荷载作用下结构承受水平荷载的能力。

结果如图 4-13 所示,当竖向荷载一定时水平荷载作用下的变形较小,且双重非线性的变形较仅考虑材料非线性时要大很多。根据上述

示例,可以分析一定轴压比下钢管柱的变形性能,此处不再展开讨论。命令流如下。

```
!══════════════════════════════════════
!EX4.7 固定竖向荷载下钢管柱塑性分析
FINISH$/CLEAR$/PREP7$P1=3E5$P2=1E4
ET,1,PIPE20$MP,EX,1,2.1E11$MP,PRXY,1,0.3
TB,BKIN,1$TBDATA,1,235E6,0.0$R,1,0.2,0.005K,1$K,2,,3.0$L,1,2$ESIZE,0.1$LMESH,ALL
D,1,ALL$/SOLU$NLGEOM,ON$NSUBST,50$OUTRES,ALL,ALL$F,2,FY,-P1$SOLVE
ARCLEN,ON,5$F,2,FX,P2$SOLVE
/POST26$NSOL,2,2,U,X$XVAR,2$PLVAR,1
!══════════════════════════════════════
```

4.5 PIPE59 单元

PIPE59 称为沉管或沉缆单元,可承受轴向拉压、弯曲和扭转,并具内嵌杆件力以模拟海洋波浪和水流的作用,该单元有 2 个节点,每个节点有 6 个自由度,即沿节点坐标系 x、y、z 方向的平动位移和绕 x、y、z 轴的转动位移。除了荷载,包括水的动力和浮力影响;单元质量,包括水和管内部件之外,本单元特性与单元 PIPE16 类似,另外该单元还有沉缆选项(与单元 LINK8 类似,即无弯曲刚度)。

4.5.1 输入参数与选项

图 4-14 给出了单元几何、节点位置和单元坐标系,输入数据包括两个节点、管外径、管壁厚度、某些荷载和惯性信息及各向同性材料性质。外部隔层可用于表示冰荷载或粉尘荷载,材料性质 VISC(材料黏滞系数)仅用于计算管外流体的雷诺数。

单元的 x 轴的方向从 I 节点指向 J 节点,单元的 y 轴方向缺省为平行于总体坐标系的 XOY 平面;若单元的 x 轴平行于整体坐标系的 Z 轴(或偏角在 0.01% 之内),则单元的 y 轴平行于总体坐标系的 Y 轴。沿管环向的输入和输出位置,以从单元 y 轴逆时针旋转的角度度量,如单元 y 轴位置如 0°,单元 z 轴位置为 90° 等。

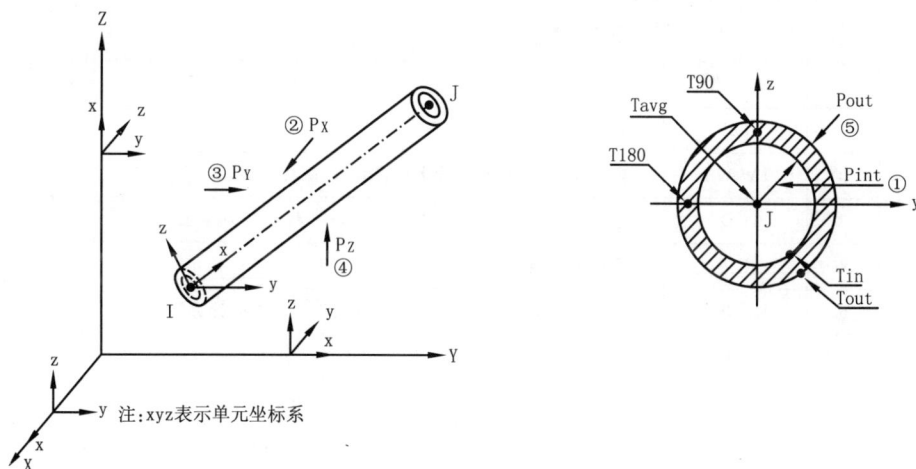

图 4-14 PIPE59 单元几何

KEYOPT(1)用于定义单元的行为,如通过删除弯曲刚度将单元转换为"缆"。若单元力矩失衡可采用扭转—拉伸选项等,可用于螺旋缠绕或铠装结构的拉伸引起的扭曲。KEYOPT(2)用于控制质量刚度矩阵的选择和荷载向量计算表达式,对细长杆件,此表达式有利于抑制大挠度并改善弯曲应力,也经常用于沉缆的扭转—拉伸分析。

通过水流运动表可输入波浪、水流和水密度等参数,水流运动表与材料号关联在一起。若未输入水流运动表,则假定管周围无水而不考虑其作用。特别注意,虽然上文全用"水"描述各种输入量,但实际可用于各种流体。此外,拖曳力系数和温度也通过水流运动表输入。

可在单元上施加面荷载,面的编号如图 4-14 中所示,图中箭头方向为分布荷载的正方向。内部压力 PINT 与外部压力 POUT 以正值输入,其量纲为"力/面积",当然不包括管内外线性变化的流体压力。横向压力荷载 PX,PY,PZ(如风荷载或流体拖曳力)以整体直角坐标系方向定义,与坐标方向一致者为正值,其量纲为"力/长度"。通过 KEYOPT(9)的设置,横向压力荷载可仅考虑法向压力(与单元轴线垂直)或所有方向的压力(包括法向和切向压力,切向压力平行于单元轴线)。

该单元可在节点上输入温度体荷载,可考虑壁厚温度梯度和直径温度梯度,但直径温度梯度不适用于沉缆选项。$\theta=0°$处的管壁平均温度等于 $2\times Tavg-T180$,$\theta=-90°$处的管壁平均温度等于 $2\times Tavg-T90$。温度分布假定沿单元长度线性变化,节点 I 的第一点温度 Tout(I) 或 Tavg(I) 缺省为 TUNIF,若输入第一点温度后其余均不输入,则缺省为第一点温度。如输入了节点 I 的温度,而节点 J 的温度没有输入,则节点 J 的温度缺省为节点 I 的温度。对其他输入方式,未输入的温度均缺省为 TUNIF。

与 8 个不同水深处 Z(j) 相应的 8 个温度 T(j) 用水流运动表中的第 67～74 项常数输入,这些温度替代除 TREF 外的其他任何输入的温度参数,除非单元不在水中或 8 个温度全部输入为零。基于线性内插方法,第 67～74 输入的常数用于计算与温度相关的黏滞系数,也用于计算实体截面(内径为零)的材料性质。

计算质量矩阵时,轴向运动的单位长度质量包括管壁质量(DENS)、外部隔层质量(DENSIN)、内部流体质量和附加质量(CENMPL)。垂直管轴运动的单位长度质量除包括上述所有质量外,还包括附加的外部流体质量(DENSW)。对于圆形截面 CI=1.0,其他形式的横截面可从有关文献中查得。

表 4-19 为 PIPE59 单元的输入参数与选项。

PIPE59 单元输入参数与选项   表 4-19

参数类别	参 数 及 说 明		
节点	I,J		
自由度	当 KEYOPT(1)≠1 时,UX,UY,UZ,ROTX,ROTY,ROTZ 当 KEYOPT(1)=1 时,UX,UY,UZ		
实常数	序号	名　称	说　明
	1	OD	管外径
	2	TWALL	管壁厚度,缺省时为管半径,即实体圆杆
	3	CD	法向拖曳力系数,覆盖水流运动表中 43～54 项常数
	4	CM	惯性力系数
	5	DENSO	内部流体密度(质量/长度^3),仅用于压力效应计算
	6	FSO	管内流体自由表面的 Z 坐标位置
	7	CENMPL	内部流体质量和附加物质量,量纲为质量/长度
	8	CI	外部附加质量,为空或 0 时缺省为 1.0;如使 CI=0 则输入负数
	9	CB	浮力系数,浮力根据管径和水密度计算 为空或 0 时缺省为 1.0;如使 CI=0 则输入负数
	10	CT	切向拖曳力系数,覆盖水流运动表中 55～66 项常数
	11	ISTR	轴向初应变
	12	DENSIN	外部隔层密度
	13	TKIN	外部隔层厚度
	14	TWISTTEN	扭转—拉伸常数[KEYOPT(1)=2 时]

参 数 类 别	参 数 及 说 明
材料属性	EX,ALPX(或 CETX 或 THSX),PRXY(或 NUXY),DENS,GXY,DAMP,VISC——材料黏滞系数
面荷载	1——PINT,管内径向压力;2——PX,X 方向横向压力;3——PY,Y 方向横向压力;4——PZ,Z 方向横向压力;5——POUT,管外径向压力
体荷载	温度——若 KEYOPT(3)=0,TOUT(I),TIN(I),TOUT(J),TIN(J)若 KEYOP(3)=1,TAVG(I),T90(I),T180(I),TAVG(J),T90(J),T180(J)
特性	应力刚化、大变形、单元生死
KEYOPT(1)	单元行为选项: 0——管行为;1——缆行为;2——扭转—拉伸管行为
KEYOPT(2)	荷载向量和质量矩阵的计算方法控制: 0——一致质量矩阵和荷载向量;1——减缩质量矩阵和荷载向量
KEYOPT(3)	温度梯度选项: 0——壁厚温度梯度;1——径向温度梯度
KEYOPT(5)	波浪力修正选项: 0——波浪力作用在单元的实际位置;1——假定单元位于浪峰;2——向上的竖向波速作用于单元;3——向下的竖向波速作用于单元;4——假定单元位于浪谷
KEYOPT(6)	杆件内力输出控制: 0——不输出杆件力和弯矩;1——在单元坐标系中输出杆件力和弯矩
KEYOPT(7)	单元其他输出选项: 0——单元基本输出;1——增加水动力积分点的输出
KEYOPT(9)	PX,PY,PZ 横向压力选项: 0——仅考虑法向分量;1——考虑全部分量(法向与切向均考虑)

4.5.2 水运动信息与水流运动表

水流运动表(Water Motion Table,即表 4-20)的数据采用命令 TB 和 TBDATA 输入,即采用 TB,WATER 打开水流运动表,用 TBDATA 输入达 196 个常数(每次输入 6 个常数。)若无水流运动表则不计管外部水的作用。若不输入常数则假定为零,水流运动表中 ACELZ 必须为正值,且对于所有荷载步保持不变。

水 流 运 动 表 表 4-20

序 号	内 容 与 意 义					
1~5	KWAVE	KCRC	DEPTH	DENSW	θw	
7~12	Z(1)	W(1)	$\theta d(1)$	Z(2)	W(2)	$\theta d(2)$
13~18	Z(3)	W(3)	$\theta d(3)$	Z(4)	W(4)	$\theta d(4)$
19~24	Z(5)	W(5)	$\theta d(5)$	Z(6)	W(6)	$\theta d(6)$
25~30	Z(7)	W(7)	$\theta d(7)$	Z(8)	W(8)	$\theta d(8)$
31~36	Re(1)	Re(2)	Re(3)	Re(4)	Re(5)	Re(6)
37~42	Re(7)	Re(8)	Re(9)	Re(10)	Re(11)	Re(12)
43~48	CD(1)	CD(2)	CD(3)	CD(4)	CD(5)	CD(6)
49~54	CD(7)	CD(8)	CD(9)	CD(10)	CD(11)	CD(12)
55~60	CT(1)	CT(2)	CT(3)	CT(4)	CT(5)	CT(6)
61~66	CT(7)	CT(8)	CT(9)	CT(10)	CT(11)	CT(12)
67~72	T(1)	T(2)	T(3)	T(4)	T(5)	T(6)
73~74	T(7)	T(8)				

续上表

序　号	内　容　与　意　义				
79～82	A(1)	τ(1)	ϕ(1)	WL(1)	当 KWAVE＝0,1 或 2 时,但当 KWAVE＝2 时仅使用 A(1),τ(1) 和 ϕ(1)
85～88	A(2)	τ(2)	ϕ(2)	WL(2)	
……	……	……	……	……	
193～196	A(20)	τ(20)	ϕ(20)	WL(20)	
79～81	X(1)/(H×T×G)	留用	ϕ(1)		当 KWAVE＝3 时
85～86	X(2)/(H×T×G)	DPT/LO			
91～92	X(3)/(H×T×G)	L/LO			
97～98	X(4)/(H×T×G)	H/DPT			
103～104	X(5)/(H×T×G)	Ψ/(G×H×T)			
109	X(6)/(H×T×G)				
……	……				
193	X(20)/(H×T×G)				

表中:KWAVE——波浪理论选择控制参数;

　　　KCRC——波浪/水流相互作用控制参数;

　DEPTH——水面至泥面(如河床或海床的淤泥面)的深度,其量纲为"长度",且 DEPTH >0.0;

　DENSW——水密度,其量纲为"质量/长度^3",且 DENSW>0.0;

　　　θw——波浪方向,如图 4-15 中所示;

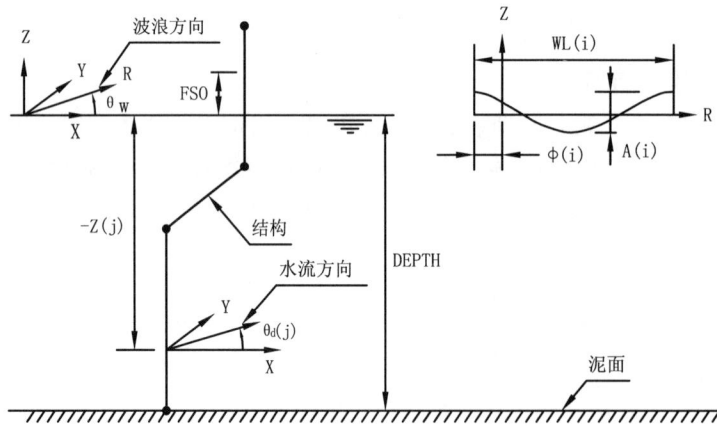

注:整体直角坐标系的原点必须位于水面

图 4-15　PIPE59 几何参数示意

　Z(j)——水流量测点 j 的 Z 坐标位置,位置始于海底终止于波浪表面,即 Z(1)＝－ DEPTH 而 Z(MAX)＝0.0;若水流在深度方向没有改变,则仅需要输入 W(1) 即可;

　W(j)——位置 j 的流速,其量纲为"长度/时间";

　θd(j)——位置 j 的流向,其量纲为"度";

　Re(k)——12 个雷诺数的值,若使用,则全部 12 个雷诺数按升序输入;

　CD(k)——12 个相应的水流法向拖曳力系数,若使用,需输入全部 12 个数值;

　CT(k)——12 个相应的水流切向拖曳力系数,若使用,需输入全部 12 个数值;

　T(j)——Z(j)深处的水温,其量纲为"度";

A(i)——波浪的波峰到波谷的高度,其量纲为"长度",且 $0.0 \leqslant A(i) \leqslant DEPTH$;若
KWAVE=2 则 A(1)为波峰高度,A(2)为波谷高度,A(5)未使用;

$\tau(i)$——波浪周期,其量纲为"时间/周",且 $\tau(i) > 0.0$;

$\phi(i)$——相位角,其量纲为"度";

WL(i)——波浪长度,其量纲为"长度",且 $0.0 \leqslant WL(i) \leqslant 1000.0 \times DEPTH$;

缺省时:$WL(i) = \dfrac{ACELZ [\tau(i)]^2}{2\pi} \tanh \dfrac{2\pi \times DEPTH}{WL(i)}$,但当 KWAVE=2 时的 Stokes 波浪理论则缺省为 0.0。

因水动力效应在管上产生的分布荷载采用 Morison 方程计算,该方程考虑了法向拖曳力系数(与单元 x 轴垂直)和切向拖曳力系数(与单元 x 轴平行),这两个系数都是雷诺数的函数。

雷诺数的确定主要考虑水质点的法向和切向相对速度、水密度、水的黏滞系数等,相对质点速度包括水流运动效应(波浪和水流)和管自身的运动。若 Re(1)和 CD(1)均为正值,则忽略输入的单元实常数 CD,而采用水流运动表中的第 31~54 项常数计算法向拖曳力系数 CD,此时水的黏滞系数、雷诺数和 CD(i)必须输入且不能小于或等于零。

类似地,如果 Re(1)和 CT(1)均为正值,则忽略输入的单元实常数 CT,而采用水流运动表中的第 31~42 项和第 55~56 项常数计算切向拖曳力系数 CT,此时水的黏滞系数、雷诺数和 CT(i)也必须输入且不能小于或等于零。

水流运动表中的常数 KWAVE 用于选择各种波浪理论,分别为:
(1)KWAVE=0:深度衰减经验修正的小振幅波浪理论;
(2)KWAVE=1:无修正的 Airy(爱利)小振幅波浪理论;
(3)KWAVE=2:Stokes(斯托克斯)五阶波浪理论;
(4)KWAVE=3:流函数波浪理论。

通过 KEYOPT(5)的设置可改变波浪荷载,因此水平位置对波浪力没有影响。波浪荷载依赖于重力加速度 ACELZ,其在各荷载步之间保持不变。因此在有多个子步的多荷载步求解时,重力加速度应为"阶跃"而非"斜坡"荷载。

对于流函数波浪理论,通过水流运动表中的第 79~193 项常数描述波浪,详细内容可参考 HELP 中给出的参考文献,此不赘述。

通过水流运动表中的常数 KCRC 可对水流剖面进行调整,通常在波浪振幅大于水深时才调整,这种情况下波浪和水流互相作用显著。分别说明如下:
(1)KCRC=0:采用输入的水流剖面,不考虑波浪低于或高于平均水面的情况;
(2)KCRC=1:延展或压缩水流剖面到波浪顶面;
(3)KCRC=2:同 KCRC=1 但同时调整水剖面以便保持输入的剖面总体上连续。这种情况下,所有的水流方向 $\theta(j)$ 必须相同。

4.5.3 输出数据

单元 PIPE59 的输出应力示意如图 4-2 所示。

单元附加输出说明如表 4-21 所示,可通过命令 ETABLE 或 ESOL 定义并获得,表 4-22~表 4-26 为命令 ETABLE 或 ESOL 中的表项和序号。

PIPE59 单元输出说明 表 4-21

名 称	说 明	O	R
EL	单元号	Y	Y
NODES	单元节点号(I 和 J)	Y	Y

名　称	说　明	O	R
MAT	单元材料号	Y	Y
VOLU	单元体积	—	Y
XC,YC,ZC	单元结果的输出位置	Y	9
LEN	单元长度	Y	—
PRES	PINTE,PX,PY,PZ,POUTE PINTE 和 POUTE 为平均等效内压和外压	Y	Y
STH	最大壁厚温度梯度产生的应力	Y	Y
SPR2	程序计算的环向压应力	—	1
SMI,SMJ	程序计算的节点 I 和节点 J 的弯曲应力	—	1
SDIR	轴向直接应力	—	1
SBEND	外表面的最大弯曲应力	—	1
ST	扭转产生的外表面剪应力	—	1
SSF	横向剪力产生的剪应力	—	1
S(1MX,3MN,INTMX,EQVMX)	最大主应力、最小主应力、最大增大应力、最大等效应力（均位于外表面）	1	1
TEMP	TOUT(I),TIN(I),TOUT(J),TIN(J)	2	2
TEMP	TAVG(I),T90(I),T180(I) TAVG(J),T90(J),T180(J)	3	3
S(AXL,RAD,H,XH)	轴向、径向、环向应力及剪应力	4	4
S(1,3,INT,EQV)	最大主应力、最小主应力、应力强度、等效应力	4	4
EPEL(AXL,RAD,H,XH)	轴向、径向、环向应变及剪应变	4	4
EPTH(AXL,RAD,H)	轴向、径向、环向热应变	4	4
MFOR(X,Y,Z)	单元坐标系下杆件节点 I 和节点 J 的力	7	7
MMOM(X,Y,Z)	单元坐标系下杆件节点 I 和节点 J 的弯矩	5	5
NODE	节点 I 或 J	6	6
FAXL	轴向力（不包括水静力效应）	6	6
SAXL	轴向应力（包括水静力效应）	6	6
SRAD	径向应力	6	6
SH	环向应力	6	6
SINT	应力强度	6	6
SEQV	等效应力（SAXL 减去水静力效应）	6	6
EPEL(AXL,RAD,H)	轴向、径向、环向弹性应变（不包括热应变）	6	6
TEMP	TOUT(I) 和 TOUT(J)	6	6
EPTHAXL	节点 I 和 J 的轴向热应变	6	6
VR,VZ	流体质点的径向和竖向速度（VR 恒大于 0）	8	8
AR,AZ	流体质点的径向和竖向加速度	8	8

续上表

名　称	说　明	O	R
PHDYN	流体的动压力水头	8	8
ETA	积分点上的波浪振幅	8	8
TFLUID	流体温度（若 VISC 非零则输出）	8	8
VISC	黏滞系数	8	8
REN,RET	法向和切向雷诺数	8	8
CT,CD,CM	求雷诺数输入的系数	8	8
CTW,CDW	$CT \times DENSW \times DO/2$ $CD \times DENSW \times DO/2$	8	8
CMW	$CM \times DENSW \times PI \times DO^2/4$	8	8
URT,URN	切向和法向相对速度	8	8
ABURN	法向速度的矢量和	8	8
AN	单元法向加速度	8	8
FX,FY,FZ	相对单元的水动力作用力	8	8
ARGU	积分点的有效位置（弧度）	8	8

注：1. 仅当 KEYOPT(1)＝0 或 2 时。

2. 当 KEYOPT(3)＝0 或 KEYOPT(1)＝1 时。

3. 当 KEYOPT(3)＝1 时。

4. 依次为节点 I 的 0°、45°、90°、135°、180°、225°、270°、315°位置，然后为节点 J 相应位置，且均位于外表面上。

5. 当 KEYOPT(1)＝0 或 2，且 KEYOPT(6)＝2 时。

6. 当 KEYOPT(1)＝1 时。

7. 当 KEYOPT(6)＝2 时。

8. 当 KEYOPT(7)＝1 水动力求解时。

9. *GET 命令采用 CENT 项时可得。

命令 ETABLE 和 ESOL 的表项和序号（节点 I）　　　　表 4-22

输出量名称	项 Item	E	环向位置（0°～315°）							
			0	45	90	135	180	225	270	315
同表 4-3 中的 SAXL,LS,SRAD,SH,SXH,EPELAXL,EPELRAD,EPELH,EPELXH,EPTHAXL,EPTHRAD,EPTHH,MFORX,MFORY,MFORZ,MMOMX,MMOMY,MMOMZ,S1,S3,SINT,SEQV,SDIR,ST,TOUT,TIN										
SBEND	NMISC	88	—	—	—	—	—	—	—	—
SSF	NMISC	89	—	—	—	—	—	—	—	—

命令 ETABLE 和 ESOL 的表项和序号（节点 J）　　　　表 4-23

输出量名称	项 Item	E	环向位置（0°～315°）							
			0	45	90	135	180	225	270	315
同表 4-4 中的 SAXL,LS,SRAD,SH,SXH,EPELAXL,EPELRAD,EPELH,EPELXH,EPTHAXL,EPTHRAD,EPTHH,MFORX,MFORY,MFORZ,MMOMX,MMOMY,MMOMZ,S1,S3,SINT,SEQV,SDIR,ST,TOUT,TIN										
SBEND	NMISC	90	—	—	—	—	—	—	—	—
SSF	NMISC	91	—	—	—	—	—	—	—	—

命令 **ETABLE** 和 **ESOL** 的表项和序号（管）　　　　　　　　　　表 4-24

输出量名称	项 Item	E	输出量名称	项 Item	E
同表 4-5 中的 STH,PX,PY,PZ			SMJ	NMISC	83
PINTE	SMISC	18	S1MX	NMISC	84
POUTE	SMISC	22	S3MN	NMISC	85
SPR2	NMISC	81	SINTMX	NMISC	86
SMI	NMISC	82	SEQVMX	NMISC	87

命令 **ETABLE** 和 **ESOL** 的表项和序号（缆）　　　　　　　　　　表 4-25

输出量名称	项 Item	E	I	J	输出量名称	项 Item	E	I	J
SAXL	LS	—	1	4	SINT	NMISC	—	4	9
SRAD	LS	—	2	5	SEQV	NMISC	—	5	10
SH	LS	—	3	6	FAXL	SMISC	—	1	6
EPELAXL	LEPEL	—	1	4	STH	SMISC	13	—	—
EPELRAD	LEPEL	—	2	5	PINTE	SMISC	14	—	—
EPELH	LEPEL	—	3	6	PX	SMISC	15	—	—
EPTHAXL	LEPTH	—	1	4	PY	SMISC	16	—	—
TOUT	LBFE	—	1	9	PZ	SMISC	17	—	—
TIN	LBFE	—	5	13	POUTE	SMISC	18	—	—

命令 **ETABLE** 和 **ESOL** 的表项和序号［KEYOPT(7)＝1 时］　　　　表 4-26

输出量名称	项 Item	第一积分点	第二积分点
GLOBAL－COORD	NMISC	N＋1,N＋2,N＋3	N＋31,N＋32,N＋33
VR	NMISC	N＋4	N＋34
VZ	NMISC	N＋5	N＋35
AR	NMISC	N＋6	N＋36
AZ	NMISC	N＋7	N＋37
PHDY	NMISC	N＋8	N＋38
ETA	NMISC	N＋9	N＋39
TFLUID	NMISC	N＋10	N＋40
VISC	NMISC	N＋11	N＋41
REN	NMISC	N＋12	N＋42
RET	NMISC	N＋13	N＋43
CT	NMISC	N＋14	N＋44
CTW	NMISC	N＋15	N＋45
URT	NMISC	N＋16	N＋46
FX	NMISC	N＋17	N＋47
CD	NMISC	N＋18	N＋48
CDW	NMISC	N＋19	N＋49
URN	NMISC	N＋20,N＋21	N＋50,N＋51

续上表

输出量名称	项 Item	第一积分点	第二积分点
ABURN	NMISC	N+22	N+52
FY	NMISC	N+23	N+53
CM	NMISC	N+24	N+54
CMW	NMISC	N+25	N+55
AN	NMISC	N+26,N+27	N+56,N+57
FZ	NMISC	N+28	N+58
ARGU	NMISC	N+29	N+59

注:对于管选项[KEYOPT(1)=0 或 2]N=99;对于缆选项[KEYOPT(1)=1]N=10。

4.5.4 单元矩阵及其他计算

PIPE59 与 PIPE16 或 LINK8[当 KEYOPT(1)=1 时]类似,主要是质量矩阵有区别:

①外部流体质量(附加质量,仅作用于单元轴线的法向);

②内部结构分量(仅管选项)及荷载向量:水静力效应和水动力效应。

(1)单元位置与限制

涉及 PIPE59 单元的问题,整体直角坐标系的原点必须位于自由水面(平均海平面),Z 轴始终为竖轴,其方向为离开地心向外。单元可位于水中(或流体,以下相同)或水面之上或既有水中的也有水面之上的。单元是否位于泥面以下,用误差 $D_e/8$ 判断,$D_e=D_o+2t_i$,其中,t_i 为外部隔层厚度(即用命令 RMORE 输入的实常数 TKIN);D_o 为管或缆外径(即用命令 R 输入的实常数 DO)。泥面位置由原点以下的距离 d(即水流运动表中的 DEPTH 参数)确定,用下列条件进行检查:

$$Z(N) > -\left(d+\frac{D_e}{8}\right),\text{则不出现错误信息}$$

$$Z(N) \leqslant -\left(d+\frac{D_e}{8}\right),\text{则给出严重错误信息}$$

(4-34)

式中:Z(N)——节点 N 的竖向位置。

若要在泥面以下建立结构单元,用户需为这些单元创建第二组材料性质,使用大于 d 的参数并删除水动力效应;当然,用户也可直接采用其他单元类型如 PIPE16 来解决此问题。

若为大挠度问题,第二及其后续荷载步则使用更大的误差进行判别,如:

$$Z(N) > -(d+10D_e),\text{则不出现错误信息}$$

$$-(d+10D_e) \geqslant Z(N) > -2d,\text{则给出警告信息}$$

$$-2d \geqslant Z(N),\text{则给出严重错误信息}$$

(4-35)

式中:Z(N)——节点 N 的当前竖向位置。

换句话说,在给出警告信息之前,容许单元浸入泥中 10 倍的直径(包含外部隔层的直径);若某个节点浸入泥中的距离刚好等于水深,则终止运行;若要单元置于海底平面,则必须采用间隙单元。

(2)刚度矩阵

①当为管选项[KEYOPT(1)≠1 时],形函数和单元刚度矩阵与单元 BEAM4 相同,但刚度矩阵中的以下元素及面积和惯性矩除外:

$$K_l(4,1)=K_l(1,4)=K_l(10,7)=K_l(7,10)=T_T$$

且

$$K_l(7,4)=K_l(4,7)=K_l(10,1)=K_l(1,10)=-T_T$$

当 KEYOPT(1)=0 或 1,即力矩平衡的管或缆选项时:

$$T_T=0$$

当 KEYOPT(1)＝2,即力矩失衡的扭转—拉伸管或缆选项时:

$$T_T = \frac{G_T(D_o^3 - D_i^3)}{L}$$

式中:G_T——扭转—拉伸刚度系数,即命令 R 输入的实常数 TWISTEN,此系数受螺旋缠绕式铠装的影响较大(电缆多为铠装);

D_i——管内径,即 $D_i = D_o - 2t_w$;

t_w——管壁厚度,即用命令 R 输入的实常数 TWALL;

L——单元长度。

②面积和惯性矩计算如下:

$$A = \frac{\pi}{4}(D_o^2 - D_i^2), I = \frac{\pi}{64}(D_o^4 - D_i^4), J = 2I$$

③当为缆选项[KEYOPT(1)＝1]时,形函数和单元刚度矩阵与单元 LINK8 相同。

(3)质量矩阵

①当为管选项[KEYOPT(1)≠1 且 KEYOPT(2)＝0]时,单元质量矩阵与单元 BEAM4 相同[式(3-15)],但质量矩阵中的以下的元素需要乘以系数 M_a/M_t:

$$M_l(1,1), M_l(7,7), M_l(1,7), M_l(7,1), M_l(4,4), M_l(10,10), M_l(4,10), M_l(10,4)$$

式中:M_t——单位长度质量,用于垂直单元轴向的运动,$M_t = (m_w + m_{int} + m_{ins} + m_{add})L$;

M_a——单位长度质量,用于平行单元轴向的运动,$M_a = (m_w + m_{int} + m_{ins})L$;

$m_w = (1 - \varepsilon^{in})\rho \frac{\pi}{4}(D_o^2 - D_i^2)$;

$m_{ins} = (1 - \varepsilon^{in})\rho_i \frac{\pi}{4}(D_e^2 - D_o^2)$;

$m_{add} = (1 - \varepsilon^{in})C_i\rho_w \frac{\pi}{4}D_e^2$;

m_{int}——内部流体和附加物的单位长度质量,即用命令 RMORE 输入的实常数 CENMPL;

ρ——管壁密度,即用命令 MP 输入的密度 DENS;

ρ_i——外部隔层密度,即用命令 RMORE 输入的实常数 DENSIN;

ρ_w——流体密度,即水流运动表中的常数 DENSW;

ε^{in}——初应变,即用命令 RMORE 输入的实常数 ISTR;

C_i——外部流体的附加质量系数,即用命令 RMORE 输入的实常数 CI。

②当为缆选项[KEYOPT(1)＝1]或减缩质量矩阵[KEYOPT(1)≠0]时,质量矩阵与单元 LINK8 行相同[式(2-5)],但元素 $M_l(1,1), M_l(4,4), M_l(1,4), M_l(4,1)$ 需乘以系数 M_a/M_t。

(4)荷载向量

单元荷载向量由两部分组成:

①水静力效应(浮力)产生的单位长度分布力 $\{F/L\}_b$ 及管内压和温度产生的节点轴向力 $\{F_x\}$;

②水动力效应(波浪和水流)产生的单位长度分布力 $\{F/L\}_d$。

(5)水静力效应

水静力效应对管内部和外部都有影响,管外压力挤压管道,浮力对管产生上升趋势,管内压力则对管的横截面形状具有稳定趋势。

全部浸入水中单元的 Z 向浮力为:

$$\{F/L\}_b = C_b\rho_w \frac{\pi}{4}D_e^2\{g\} \tag{4-36}$$

式中:$\{F/L\}_b$——浮力产生的单元长度荷载向量;

C_b——浮力系数,即用命令 RMORE 输入的实常数 CB;

$\{g\}$——加速度向量。

节点的挤压压力为：

$$P_o^s = -\rho_w gz + P_o^a \tag{4-37}$$

式中：P_o^s——水动力效应产生的挤压压力；

$\quad$ g——重力加速度；

$\quad$ z——节点的竖向坐标；

$\quad$ P_o^a——输入的外部压力(用命令 SFE 输入)。

管内压力(或爆裂压力)为：

$$P_i = -\rho_o g(z - S_{fo}) + P_i^a \tag{4-38}$$

式中：P_i——管内部压力；

$\quad$ ρ_o——内部流体密度,即用命令 R 输入的实常数 DENSO；

$\quad$ S_{fo}——内部流体自由液面的 Z 坐标,即用命令 R 输入的实常数 FSO；

$\quad$ P_i^a——输入的内部压力(用命令 SFE 输入)。

为保证所求问题具有物理意义,需检查单元中点是否会因水静力效应而造成横截面破坏(截面形状被压扁或被挤压在一起),横截面不稳定的条件为：

$$P_o^s - P_i > \frac{E}{4(1-\mu^2)}\left(\frac{2t_w}{D_o}\right)^3 \tag{4-39}$$

式中：E——管材料的弹性模量,即用命令 MP 输入的参数 EX；

$\quad$ μ——管材料的泊松系数,即用命令 MP 输入的参数 PRXY 或 NUXY。

轴向力修正项按下式计算：

$$F_x = A\varepsilon_x \tag{4-40}$$

式中：ε_x——轴向应变,$\varepsilon_x = \alpha\Delta T + \frac{1}{E}[\sigma_x - \mu(\sigma_h + \sigma_r)]$；

$\quad$ α——热膨胀系数,即用命令 MP 输入的参数 ALPX；

$\quad$ $\Delta T = T_a - T_{REF}$,其中 T_a 为单元平均温度,T_{REF} 为参考温度(用命令 TREF 输入)；

$\quad$ σ_x——轴向应力,假定管具有封闭端,计算如式(4-41a)；

$\quad$ σ_h——环向应力,采用拉蒙应力分布,计算如式(4-41b)；

$\quad$ σ_r——径向应力,采用拉蒙应力分布,计算如式(4-41c)。

$$\sigma_x = \frac{P_i D_i^2 - P_o D_o^2}{D_o^2 - D_i^2} \tag{4-41a}$$

$$\sigma_h = \frac{P_i D_i^2 - P_o D_o^2 + \frac{D_i^2 D_o^2}{D^2}(P_i - P_o)}{D_o^2 - D_i^2} \tag{4-41b}$$

$$\sigma_r = \frac{P_i D_i^2 - P_o D_o^2 - \frac{D_i^2 D_o^2}{D^2}(P_i - P_o)}{D_o^2 - D_i^2} \tag{4-41c}$$

其中,$P_o = P_o^s + P_o^d$。

式中：P_o^d——水动力效应产生的挤压应力,式(4-48)；

$\quad$ D——有待研究的直径。

在单元长度上取 P_i 和 P_o 的均值,并结合式(4-41)可得：

$$\varepsilon_x = \alpha\Delta T + \frac{1-2\mu}{E}\frac{P_i D_i^2 - P_o D_o^2}{D_o^2 - D_i^2} \tag{4-42a}$$

若横截面为实体截面(内径为零),则上式简化为：

$$\varepsilon_x = \alpha\Delta T - \frac{1-2\mu}{E}P_o \tag{4-42b}$$

（6）水动力效应

动力效应的计算参数均为水流运动表中所输入的数据。结构运动而流体静止、结构静止而流体运动、或者结构和流体都运动等都会产生动力效应。流体的运动包括流动和波浪，流动参数以流速和流向定义，即输入的 8 个不同竖向位置 $Z(i)$ 的流速 $W(i)$ 和流向 $\theta(i)$，在各竖向位置之间的流速和流向采用线性内插计算，流体的流动假定仅限于水平面之内；波浪计算可选择四种波浪理论之一，其控制参数为水流运动表中的 KWAVE。

自由波面高度定义为：

$$\eta_s = \sum_{i=1}^{N_w} \eta_i = \sum_{i=1}^{N_w} \frac{H_i}{2} \cos\beta_i \tag{4-43}$$

式中：η_s——总波高；

N_w——组成波浪的分波数，若 $K_w \neq 2$ 则为波数（最多 20 个），若 $K_w = 2$ 则为 5；

K_w——波浪理论控制参数，即水流运动表中的 KWAVE；

η_i——分波 i 的浪高；

H_i——波面系数，若 $K_w = 0$ 或 1 则为波数，若 $K_w = 2$ 则由输入的其他参数导出；

β_i——系数，按下列条件确定：

①若 KEYOPT(5)=0 且 K_w=0 或 1，$\beta_i = 2\pi\left(\frac{R}{\lambda_i} + \frac{t}{\tau_i} + \frac{\phi_i}{360}\right)$；

②若 KEYOPT(5)=0 且 K_w=2 或 3，$\beta_i = 2\pi\left(\frac{R}{\lambda_i} + \frac{t}{\tau_i} + \frac{\phi_i}{360}\right)(i)$；

③若 KEYOPT(5)=1，$\beta_i = 0$；

④若 KEYOPT(5)=2，$\beta_i = \pi/2$；

⑤若 KEYOPT(5)=3，$\beta_i = -\pi/2$；

⑥若 KEYOPT(5)=4，$\beta_i = \pi$；

R——沿着波浪方向，从原点到单元上某点的径向距离在 XOY 平面内的投影；

λ_i——波长，即水流运动表中的 $WL(i)$，若 $WL(i)>0$ 且 K_w=0 或 1 则采用输入的 $WL(i)$，否则由方程导出；

t——时间，即用命令 TIME 指定的时间，一般不宜采用缺省值；

τ_i——波浪周期，若 $K_w \neq 3$ 则采用输入的值，否则采用其他参数的导出值；

ϕ_i——相位角，即输入的 $\phi(i)$。

若未输入 λ_i（即等于零）且 $K_w < 2$，则按下式迭代求得：

$$\lambda_i = \lambda_i^d \tanh\left(\frac{2\pi d}{\lambda_i}\right) \tag{4-44}$$

$$\lambda_i^d = \frac{g\tau_i^2}{2\pi} \tag{4-45}$$

式中：λ_i——小振幅波长，输出量；

λ_i^d——深水波长，输出量；

g——重力加速度（Z 方向），用命令 ACEL 输入；

d——水深，即水流运动表中的 DEPTH 参数。

若 $K_w \neq 3$，每个波高都要满足米西法则（Miche criterion），并进行检查以防止出现破碎波，因几种波浪理论中不包括破碎波。破碎波指水从浪峰飞出而脱离波浪，一般出现在浅水区域。当满足下式时给出警告信息：

$$H_i > H_b = 0.142\lambda_i \tanh\left(\frac{2\pi d}{\lambda_i}\right) \tag{4-46}$$

式中：H_b——破碎浪高。

当考虑波浪荷载时,为保证输入的加速度在第一荷载步后保持不变(该变化会使得在各荷载步之间波浪行为会产生改变),因此程序要进行错误检查。

对于 $K_w = 0$ 或 1 的情况,积分点的水质点速度是水深的函数,按下式计算:

$$\vec{VR} = \sum_{i=1}^{N_w} \frac{\cosh(k_i \overline{Z} f)}{\sinh(k_i d)} \frac{2\pi}{\tau_i} \eta_i + \vec{VD} \tag{4-47a}$$

$$\vec{VZ} = \sum_{i=1}^{N_w} \frac{\sinh(k_i \overline{Z} f)}{\sinh(k_i d)} \frac{2\pi}{\tau_i} \dot{\eta_i} \tag{4-47b}$$

式中:$\vec{VR}$——径向质点速度;

$\quad \vec{VZ}$——竖向质点速度;

$\quad k_i = 2\pi / \lambda_i$;

$\quad \overline{Z}$——海底以上积分点的高度,$\overline{Z} = d + Z$;

$\quad \dot{\eta_i}$——η_i 对时间的导数;

$\quad \vec{VD}$——水流速度,即水流运动表中的 $W(i)$ 参数;

$\quad f$——当 $K_w = 0$ 时,$f = d/(d + \eta_s)$;当 $K_w = 1$ 时,$f = 1.0$。

质点加速度采用式(4-47)对时间求导即可。

水动力效应产生的压力为:

$$P_o^d = \rho_w g \sum_{i=1}^{N_w} \eta_i \frac{\cosh\left(2\pi \dfrac{\overline{Z} d}{\lambda_i d + \eta_s}\right)}{\cosh\left(2\pi \dfrac{d}{\lambda_i}\right)} \tag{4-48a}$$

Stokes 五阶波浪理论的水动力效应压力为:

$$P_o^d = \rho_w g \sum_{i=1}^{5} \eta_i \frac{\cosh\left(2\pi \dfrac{\overline{Z}}{\lambda_i}\right)}{\cosh\left(2\pi \dfrac{d}{\lambda_i}\right)} \tag{4-48b}$$

波流相互作用通过 K_{cr}(即水流运动表中的 KCRC 参数)控制。当 $K_{cr} = 0$ 时,高于平均海平面的所有点,其流速均为 W_0(输入的 $Z = 0.0$ 处的流速),低于平均海平面的点具有速度而无波浪。

当 $K_{cr} = 1$ 时,流速剖面被延展或压缩以适应波浪,量测点的 Z 坐标修正为:

$$Z'(j) = Z(j) \frac{d + \eta_s}{d} \tag{4-49}$$

式中:$Z(j)$——量测点的 Z 坐标,即水流运动表中的 $Z(j)$;

$\quad Z'(j)$——修正后的 $Z(j)$。

当 $K_{cr} = 2$ 时采用 $K_{cr} = 1$ 的修正,考虑连续性同时对流速进行了修正:

$$W'(j) = W(j) \frac{d + \eta_s}{d} \tag{4-50}$$

式中:$W(j)$——量测点的流速,即水流运动表中的 $W(j)$;

$\quad W'(j)$——修正后的 $W(j)$。

最后通过 Morison 方程计算单元上水动力效应产生的分布荷载:

$$\{F/L\}_d = C_D \rho_w \frac{D_e}{2} |\{\dot{u}_n\}| \{\dot{u}_n\} + C_M \rho_w \frac{\pi}{4} D_e^2 \{\dot{v}_n\} + C_T \rho_w \frac{D_e}{2} |\{\dot{u}_t\}| \{\dot{u}_t\} \tag{4-51}$$

式中:$\{F/L\}_d$——水动力效应产生的单位长度上的荷载向量;

$\quad C_D$——法向拖曳力系数,详见下文;

$\quad C_T$——切向拖曳力系数,详见下文;

$\quad \rho_w$——水密度,即水流运动表中的 DENSW 参数,量纲为"质量/长度^3";

D_e——包括隔层的管外径,量纲为"长度";

C_M——惯性力系数,即用命令 R 输入的实常数 CM;

$\{\dot{u}_n\}$——质点法向相对速度向量,量纲为"长度/时间";

$\{\dot{v}_n\}$——质点法向加速度向量,量纲为"长度/时间^2";

$\{\dot{u}_t\}$——质点切向相对速度向量,量纲为"长度/时间"。

沿单元长度的两个积分点用于形成荷载向量,对单元而言,重要的是浸入水中的自由表面,位于泥面以下的积分点则被简化掉,因此积分点沿着单元浸入水中的长度分布。若采用减缩荷载向量[KEYOPT(2)=2 时],弯矩对应的项则为零。

拖曳力系数采用两种方式确定:

①采用实常数输入的固定值,即用命令 R 或 RMORE 输入的 CD 和 CT;

②采用流水运动表中的参数,以雷诺数的函数进行计算。

采用雷诺数的函数计算时,可表示成:

$$C_D = f_D \{R_e\}_D \text{ 和 } C_T = f_T \{R_e\}_T \tag{4-52}$$

式中:f_D——函数关系,由水流运动表中的 RE 和 CD 参数计算;

f_T——函数关系,由水流运动表中的 RE 和 CT 参数计算;

$$\{R_e\}_D = \{\dot{u}_n\}\frac{D_e \rho_w}{\nu}, \{R_e\}_T = \{\dot{u}_t\}\frac{D_e \rho_w}{\nu}$$

式中:ν——黏滞系数,即用命令 MP 输入的 VISC。

当与温度相关时,温度采用水流运动表中的 T(i)。

(7)应力输出与计算

当 KEYOPT(1)≠1 时,管选项的应力输出与单元 PIPE16 相同,平均轴向应力为:

$$\sigma_x = \frac{F_n}{A} + \frac{D_i^2 P_i - D_o^2 P_o}{D_o^2 - D_i^2} \tag{4-53}$$

式中:σ_x——平均轴向应力,即输出中的 SAXL;

F_n——单元轴向反力,即输出中的 FX(正负号进行了调整);

P_i——内部压力,即压力输出中的第一项 PINTE;

P_o——外部压力$=P_o^s+P_o^d$,即压力输出中的第五项 POUTE。

环向应力(即输出中的管表面应力 SH)为:

$$\sigma_h = \frac{2P_i D_i^2 - P_o(D_i^2 + D_o^2)}{D_o^2 - D_i^2} \tag{4-54}$$

当 KEYOPT(1)=1 时,缆选项的应力输出与单元 LINK8 类似,但除考虑内外压除外:

$$\sigma_{xl} = \frac{F_l}{A} + P_o, \sigma_{el} = \frac{F_l}{A}, F_a = A\sigma_{xl} \tag{4-55}$$

式中:σ_{xl}——轴向应力,即输出中的 SAXL;

σ_{el}——等效应力,即输出中的 SEQV;

F_l——节点轴向力,即输出中的 FX;

F_a——单元轴向力,即输出中的 FAXL。

4.5.5 注意事项

(1)单元长度和管壁厚度必须大于零,管外径必须大于零而内径不能小于零。

(2)接近水面的单元长度与波长之比应很小。

(3)单元端点不能在泥面以下,泥面以下的积分点则不考虑水动力效应。

(4)如果单元不在水中,就不输入水流运动表。

（5）在瞬态动力分析的减缩法中应慎用本单元,因其分析忽略单元荷载向量。如果需要,流体阻尼可通过水动力效应形成的荷载向量而不是质量阻尼形成。

（6）单元温度分布假定沿着长度方向线性变化。

（7）当考虑管外附加质量（CI≥0.0）时,PIPE59 不能采用集中质量矩阵形式。

（8）虽然考虑水流及波浪的动力效应,但水流所形成的荷载以静力形式施加,而非顺流而下或冲浪漂流;波浪荷载即可以静力形式施加,也可考虑一定的动力效应,如式（4-43）中与时间有关的项。

4.5.6　应用举例

（1）浮管

设如图 4-16 所示的长为 10m 管子,管直径和厚度为 φ800mm×50mm,其材料密度为 3000kg/m³,弹性模量为 200MPa,泊松系数为 0.4。管外部隔层厚度为 300mm,隔层材料密度为 800kg/m³。水深为 50m,水的密度为 1000kg/m³,水沿着 X 方向具有均匀流速为0.1m/s,法向拖曳力系数为 0.6。假设初始位置如图中的 A 位置,即竖向且水中长度为 2m,求此浮管或浮筒（管单元均具封端）的平衡位置。

建立整体坐标系如图 4-16 所示,考虑到问题的求解目的,不妨设 α 阻尼为 4.0,采用瞬态动力分析并打开大变形效应。当无水流作用时,利用浮力原理不难求得 H1＝5.68367m,ANSYS 计算结果为5.67814m,二者误差仅 0.1％,其平衡位置如图中的 B 位置。当考虑水流作用时,ANSYS 计算结果表明,浮筒会发生较大的倾斜,其最终平衡位置如图中的 C 位置所示,而管底和管顶的位移随时间的变化曲线如图 4-17 所示。

从图 4-17 可以看出,在近 30s 之内,浮筒主要以竖向位移为主,且在 15s 左右达到直立的平衡位置;其后在水流作用下开始倾斜,在约 45s 时 X 方向位移不再增加（曲线近乎水平）,也就是最终的平衡位置（图 4-16 的 C 位置）。命令流如下。

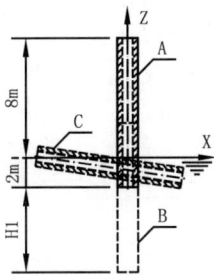

图 4-16　浮管示意图

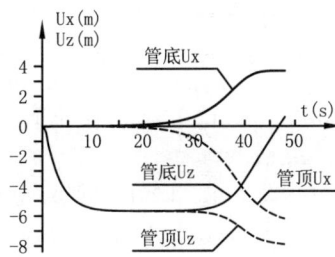

图 4-17　管底和管顶位移—时间曲线

```
!=======================================================

!EX4.8 浮管的平衡位置计算
FINISH$/CLEAR$/PREP7$WV＝0.1$H＝50                              !定义水流速和水深
ET,1,PIPE59$MP,EX,1,2E8$MP,PRXY,1,0.4$MP,DENS,1,3000          !定义单元及管材料性质
R,1,0.8,0.05,0.6$RMORE,,,,,800$RMORE,0.3                      !定义实常数
TB,WATER,1$TBDATA,3,50,1000                                   !定义水流运动表
TBDATA,7,−H,WV,0.0,−0.9 * H,WV,0.0$TBDATA,13,−0.7 * H,WV,0.0,−0.5 * H,WV,0.0
! 不同深度的水速相同
TBDATA ,19,−0.375 * H,WV,0.0,−0.25 * H,WV,0.0$TBDATA ,25,−0.125 * H,WV,0.0,0.0,WV,0.0
K,1,,,8.0$K,2,,,−2.0$L,1,2$ESIZE,0.25$LMESH,ALL               !创建模型
D,ALL,UY$D,ALL,,,,,,ROTX,ROTZ                                 !施加约束
/SOLU$ANTYPE,TRANS$NLGEOM,ON$NSUBST,100                       !定义瞬态求解,打开大变形等
OUTRES,ALL,ALL$KBC,1$ALPHAD,4$ACEL,,,9.8$TIME,48             !定义阶跃荷载,阻尼,加速度及时间
SOLVE$FINISH$/POST1$PLDISP,1                                  !求解并进入后处理
/POST26$NSOL,2,2,U,Z$NSOL,3,2,U,X$NSOL,4,1,U,Z               !时程后处理查看位移随时间情况
```

NSOL,5,1,U,X$XVAR,1$PLVAR,2$PLVAR,3$PLVAR,4$PLVAR,5
!

(2)海水海浪作用下的单桩受力分析

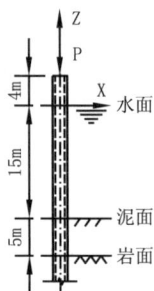

图 4-18 单桩结构示意

近海岸或海中经常需要修建工程结构,如栈桥、钻孔平台、导管架等结构,一般多用钢管做基础,此时钢管需要考虑诸如水流、波浪、海风、浮冰甚至地震等荷载作用。如图 4-18 所示的单桩,设水面以上为 4m,水中长度 15m,泥中长度 5m,嵌入岩石一定的长度。钢管规格为 $\phi600\text{mm} \times 12\text{mm}$,材料参数为:弹性模量 210GPa,泊松系数 0.3,质量密度 7850kg/m^3。海水的密度为 1037kg/m^3,黏滞系数为 1.07×10^{-7},法向拖曳力系数为 1.2,惯性系数为 2.0。水面水流速度为 0.75m/s,随着深度的增加而逐渐减小(详见命令);水面温度为 28℃,随着深度的增加而逐渐减小。浪高为 2.5m,周期 6.5s,波长 75m。

分析时不考虑泥的影响(可采用等效弹簧模拟淤泥或土),钢管嵌入岩石部分不考虑且按固结处理。整个钢管采用两种单元模拟,水中及水面以上用单元 PIPE59,泥中用单元 PIPE16 模拟。由于水流运动表与材料号关联,故材料性质定义两种材料号。

!

```
!EX4.9 海中单桩分析
FINISH$/CLEAR$/PREP7
  $L1=4$L2=15$L3=5$P=100E4$=0.75                              !定义几何参数、荷载参数及水流速度
ET,1,PIPE16$ET,2,PIPE59$KEYOPT,2,5,1$KEYOPT,2,7,1            !定义单元类型及单元KEYOPTS
MP,EX,1,2.1E11$MP,PRXY,1,0.3$MP,DENS,1,7850                  !定义材料性质——材料号1
MP,EX,2,2.1E11$MP,PRXY,2,0.3$MP,DENS,2,7850                  !定义材料性质——材料号2
MP,VISC,2,1.07E-6$R,1,0.6,0.12$R,2,0.6,0.12,1.2,2.0          !定义材料号2的黏滞系数,两种实常数
TB,WATER,2$TBDATA,1,,1,15,1037                              !定义水流运动表——与材料2关联
TBDATA,7,-15,0.2*V,,-12.5,0.51*V$TBDATA,13,-10,0.71*V,,-8,0.83*V  !输入不同深度的水速
TBDATA,19,-6,0.91*V,,-4,0.97*V$TBDATA,25,-2,0.99*V,,0,V     !输入不同深度的水速
TBDATA,67,2,6.3,10.7,14.1,17.6,21.0$TBDATA,73,24.5,28.0     !输入不同深度的水温
TBDATA,79,2.5,6.5,,75                                       !输入浪高、周期及波浪
K,1,0,0,L1$K,2$K,3,0,0,-L2$K,4,0,0,-(L2+L3)$L,1,2$L,2,3$L,3,4  !创建几何模型
LSEL,S,,,1,2$LATT,2,2,2$LESIZE,ALL,0.2                       !定义PIPE59单元属性
LSEL,S,,3$LATT,1,1,1$LESIZE,ALL,1.0                          !定义PIPE16单元属性
LSEL,ALL$LMESH,ALL$FK,1,FZ,-P$DK,4,ALL                      !转换为有限元模型,并施加荷载和约束
/SOLU$ACEL,,,9.8$SOLVE$/POST1$PLDISP,1                       !施加加速度并求解,然后进入后处理
*GET,LELEM,ELEM,2,LENG                                       !利用常规*GET获取各单元长度
ETABLE,SAXI1,LS,9$ETABLE,SAXI2,LS,41$PLLS,SAXI1,SAXI2       !背水面轴向应力
ETABLE,SAXI1,LS,25$ETABLE,SAXI2,LS,57$PLLS,SAXI1,SAXI2      !迎水面轴向应力
ETABLE,MFXI,SMISC,1$ETABLE,MFXJ,SMISC,7$PLLS,MFXI,MFXJ     !轴向力
ETABLE,MFZI,SMISC,3$ETABLE,MFZJ,SMISC,9$PLLS,MFZI,MFZJ     !顺水向剪力
ETABLE,MYI,SMISC,5$ETABLE,MYJ,SMISC,11$PLLS,MYI,MYJ        !水流产生的弯矩
ETABLE,PO,SMISC,22$PLLS,PO,PO$                              !管外部压力
N=99$ETABLE,VR,NMISC,N+4$PLLS,VR,VR                         !波浪产生的积分点速度
ETABLE,AR,NMISC,N+7$PLLS,AR,AR                              !波浪产生的积分点加速度
ETABLE,FZ,NMISC,N+28$PLLS,FZ,FZ                             !波浪产生的积分点力
!
```

4.6 PIPE60 单元

PIPE60 单元称为塑性薄壁弯管单元,具有圆弧弯曲形状,可承受轴向拉压、弯曲和扭转,该单元有 2

＋1(定位节点)个节点,每个节点有 6 个自由度,即沿节点坐标系 x、y、z 方向的平动位移和绕 x、y、z 轴的转动位移。该单元可考虑柔性系数和应力增大系数。若仅考虑弹性分析,可采用单元 PIPE18。

4.6.1　输入参数与选项

图 4-19 给出了 PIPE60 的单元几何、节点位置和单元坐标系,输入数据包括三个节点、管外径、管壁厚度、曲率半径、应力增大系数、柔性系数及各向同性材料性质。

节点定义、单元荷载、温度计算、柔性系数计算、应力增大系数计算以及缺省方式等同单元 PIPE18。但单元 PIPE60 除塑性外,计算的其他因素较单元 PIPE18 要少。因此输入的内容与单元 PIPE18 不同,PIPE60 单元输入参数与选项如表 4-27 所示。

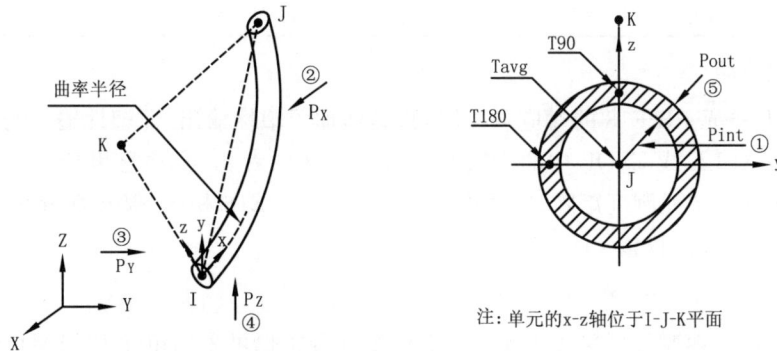

注:单元的 x-z 轴位于 I-J-K 平面

图 4-19　PIPE60 单元几何

PIPE60 单元输入参数与选项　　表 4-27

参数类别	参　数　及　说　明			
节点	I,J,K(节点 K 位于弯管平面内,且在曲率中心侧)			
自由度	UX,UY,UZ,ROTX,ROTY,ROTZ			
实常数	序号	名　称	说　　明	
	1	OD	管外径	
	2	TKWALL	管壁厚度	
	3	RADCUR	弯管轴线的曲率半径	
	4	SIFI	I 节点应力增大系数	
	5	SIFJ	J 节点应力增大系数	
	6	FLXI	面内柔性系数	
	7～11	—	(空,备用参数)	
	12	FLXO	面外柔性系数,缺省为 FLXI	
	当 KEYOPT(2)=0 且 KEYOPT(3)<3 时:输入 OD,TKWALL,RADCUR 当 KEYOPT(2)=4 且 KEYOPT(3)<3 时:输入 OD,TKWALL,RADCUR,SIFI,SIFJ 当 KEYOPT(2)=4 且 KEYOPT(3)=3 时:输入 OD,TKWALL,RADCUR,SIFI,SIFJ,FLXI 和 FLXO				
材料属性	EX,ALPX(或 CETX),PRXY(或 NUXY),DENS,GXY,DAMP			
面荷载	1——PINT,管内径向压力;2——PX,X 方向横向压力;3——PY,Y 方向横向压力;4——PZ,Z 方向横向压力;5——POUT,管外径向压力			
体荷载	温度——TAVG(I),T90(I),T180(I),TAVG(J),T90(J),T180(J); 热流——FLAVG(I),FL90(I),FL180(I),FLAVG(J),FL90(J),FL180(J)			

参数类别	参 数 及 说 明
特性	塑性、蠕变、膨胀、大变形、单元生死
KEYOPT(2)	应力增大系数控制： 0——采用缺省的应力增大系数；4——采用输入的应力增大系数实常数
KEYOPT(3)	柔性系数控制选项： 0——采用 ANSYS 的柔性系数(无压力时)；1——采用 ANSYS 的柔性系数(有压力时)；2——采用 KARMAN 柔性系数；3——采用输入的柔性系数 FLXI 和 FLXO
KEYOPT(6)	杆件内力输出控制： 0——不输出杆件力和弯矩；1——在单元坐标系中输出杆件力和弯矩

4.6.2 输出及其他说明

单元附加输出与单元 PIPE18 的对应项相同,只是增加了塑性输出,而塑性输出与单元 PIPE20 的对应项相同。命令 ETABLE 或 ESOL 中的表项和序号与上述两者相同,注意事项与单元 PIPE18 和单元 PIPE20 对应事项相同。单元刚度矩阵、质量矩阵等与单元 PIPE18 相同,仅塑性分析的 NR 迭代的残余荷载向量不同,此处均不再列出。

4.6.3 应用举例

就结构分析而言,弹性弯管可采用单元 PIPE18,塑性分析也可采用单元 BEAM189。PIPE 系列除可考虑应力增大系数、柔性系数、内压和外压、隔层等外,即除管路系统分析外,其余均可采用其他单元替代。而波浪或水流作用仅单元 PIPE59 可内置考虑,其余则必须以外荷载形式施加。因此对于 PIPE 系列单元的应用举例就从简了。

设一钢管制作的直径为 5m 的圆环,钢管为 $\phi200mm \times 5mm$(径厚比为 40>5),设材料的弹性模量为 210GPa,泊松系数为 0.3,材料的屈服强度为 235MPa,圆环承受一对对称的径向集中力作用,采用理想弹塑性模型对其进行分析。命令流如下。

```
!========================================================================
!EX4.10 圆环管的塑性分析
FINISH$/CLEAR$/PREP7$R0=2.5$NE=2*15$NMID=NE/2+1$P=10E4          !定义几何与荷载等参数
ET,1,PIPE60$KEYOPT,1,2,4$KEYOPT,1,3,3$MP,EX,1,2.1E11$MP,PRXY,1,0.3   !定义单元及材料性质
R,1,0.2,0.005,R0,1.0,1.0,1.0$TB,BKIN,1$TBDATA,1,235E6,0.0        !定义实常数及 BKIN
CSYS,1$*DO,I,1,NE+1$N,I,R0,(I-1)*180/NE$*ENDDO                  !创建节点
N,NE+2$*DO,I,1,NE$E,I,I+1,NE+2$*ENDDO                          !创建单元
D,1,UY,,,,,,UZ,ROTX,ROTY,ROTZ$D,NE+1,UY,,,,,,UZ,ROTX,ROTY,ROTZ  !施加约束
D,NMID,UX$F,NMID,FY,-P                                         !施加位移
/SOLU$NLGEOM,ON$NSUBST,50$ARCLEN,ON,5                          !定义非线性求解选项
ARCTRM,U,0.07,NMID,UY$OUTRES,ALL,ALL$SOLVE                     !求解等
/POST1$SET,LAST$PLDISP,1                                       !以下为后处理
ETABLE,SAI1,LS,25$ETABLE,SAJ1,LS,57$PLLS,SAI1,SAJ1
ETABLE,SHI1,LS,27$ETABLE,SHJ1,LS,59$PLLS,SHI1,SHJ1
ETABLE,SEI1,NMISC,35$ETABLE,SEJ1,NMISC,75$PLLS,SEI1,SEJ1
/POST26$NSOL,2,NMID,U,Y$XVAR,2$PLVAR,1
!========================================================================
```

第 5 章   2D 实体单元

ANSYS 用于结构分析的 2D 实体单元有 PLANE2、PLANE25、PLANE42、PLANE82、PLANE83、PLANE145、PLANE146、PLANE182 及 PLANE183。

5.1   PLANE42 单元

PLANE42 称为 2D 结构实体单元,用于模拟平面实体结构。该单元既可作为平面单元(平面应变或平面应力),也可作为轴对称单元。该单元由 4 个节点定义,每个节点有 2 个自由度,即沿节点坐标系 x 和 y 方向的平动位移,单元模型如图 5-1 所示。

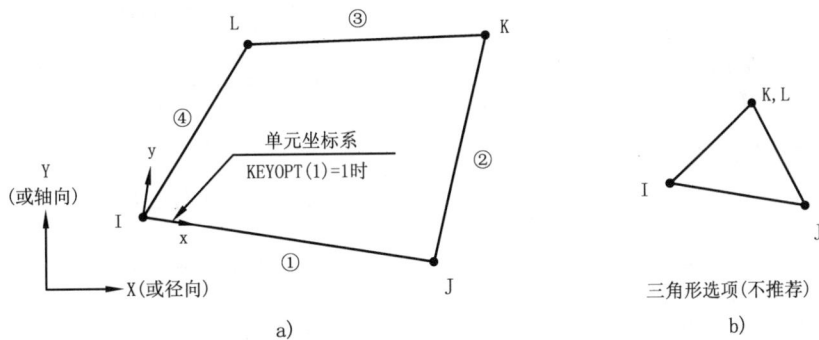

图 5-1   PLANE42 单元几何

5.1.1   输入参数与选项

图 5-1 给出了单元几何、节点位置和单元坐标系,单元输入数据包括 4 个节点、单元厚度〔仅 KEYOPT(3)＝3 时〕和正交各向异性材料属性,正交各向异性材料方向在单元坐标系中定义。

压力荷载可作为单元边界上的面荷载输入,如图 5-1 所示的圆圈内数字,指向单元的压力为正,面荷载量纲均为“力/面积”。单元体荷载包括施加在节点上的温度和热流荷载,节点 I 的温度 T(I) 缺省为 TUNIF,若未定义其余节点温度,则全部缺省为 T(I)。对其他任何形式的输入方式,未定义的温度均缺省为 TUNIF。热流的缺省方式同温度,但以零替代 TUNIF。

除 KEYOPT(3)＝3 外,节点力应以单位厚度上的力输入;对轴对称分析应以 360°为基数,即应输入整个圆周上的总荷载值。KEYOPT(2) 用于抑制形函数的附加项,KEYOPT(5) 和 KEYOPT(6) 用于控制单元输出。

该单元可通过命令 ISTRESS 或 ISFILE 施加初应力,也可设置 KEYOPT(9)＝1 通过用户子例程读入初应力。

在几何非线性分析时,可通过 SOLCONTROL,,,INCP 计入压力刚度效应;在特征值屈曲分析中压力刚度效应自动计入。若计入压力刚度效应后,形成不对称的刚度矩阵时,则需采用命令 NROPT,UNSYM。

PLANE42 单元的输入参数与选项如表 5-1 所示。

PLANE42 单元输入参数与选项 表 5-1

参 数 类 别	参 数 及 说 明
节点	I,J,K,L
自由度	UX,UY
实常数	无——当 KEYOPT(3)=0,1,或 2 时;THK——当 KEYOPT(3)=3 时的厚度
材料属性	EX,EY,EZ,PRXY,PRYZ,PRXZ(或 NUXY,NUYZ,NUXZ),ALPX,PLPY,ALPZ(或 CTEX,CTEY,CTEZ 或 THSX,THSY,THSZ),DENS,GXY,DAMP
面荷载	face1——I-J;face2——K-J;face3——L-K;face4——I-L
体荷载	温度——T(I),T(J),T(K),T(L);热流——FL(I),FL(J),FL(K),FL(L)
特性	塑性、蠕变、膨胀、应力刚化、大变形、大应变、单元生死、自适应下降技术、初应力输入
KEYOPT(1)	单元坐标系定义方式: 0——单元坐标系平行于整体坐标系;1——单元坐标系基于单元 I-J 边定义
KEYOPT(2)	形函数附加项选择 0——计入形函数附加项;1——不计形函数附加项
KEYOPT(3)	单元行为控制: 0—平面应力;1——轴对称;2——平面应变(Z 方向应变=0);3——考虑单元厚度的平面应力
KEYOPT(5)	附加应力输出控制: 0——单元基本解;1——所有积分点的基本解;2——节点应力解
KEYOPT(6)	附加边界解输出控制: 0——单元基本解;1——增加边 I-J 的边界解;2——增加边 I-J 和 K-L 的边界解;3——每个积分点的非线性解; 4——非零压力边的边界解
KEYOPT(9)	初应力输入控制(只能通过 KEYOPT 直接定义): 0——不使用用户子例程输入初应力(缺省);1——使用用户子例程输入初应力

5.1.2 输出数据

单元应力方向与单元坐标系平行。边界应力为平行或垂直边界。例如,对边 I-J,其边界应力分别平行和垂直于该边,且平面分析沿着 Z 轴方向分布,轴对称分析则沿着环向分布。

单元附加输出说明如表 5-2 所示,可通过命令 ETABLE 或 ESOL 定义并获得,表 5-3 和表 5-4 为命令 ETABLE 或 ESOL 中的表项和序号。

PLANE42 单元输出说明 表 5-2

名 称	说 明	O	R
EL	单元号	Y	Y
NODES	单元节点号(I,J,K,L)	Y	Y
MAT	单元材料号	Y	Y
THICK	单元厚度	Y	Y
VOLU	单元体积	Y	Y
XC,YC	单元结果的输出位置	Y	3
PRES	P1——J-I;P2——K-J;P3——L-K;P4——I-L	Y	Y
TEMP	温度 T(I),T(J),T(K),T(L)	Y	Y
FLUEN	热流 FL(I),FL(J),FL(K),FL(L)	Y	Y

续上表

名　称	说　明	O	R
S:X,Y,Z,XY	应力(平面应力单元的 SZ=0)	Y	Y
S:1,2,3	主应力	Y	—
S:INT	应力强度	Y	—
S:EQV	等效应力	Y	Y
EPEL:X,Y,Z,XY	弹性应变	Y	Y
EPEL:1,2,3	弹性主应变	Y	—
EPEL:EQV	等效弹性应变[4]	—	Y
EPTH:X,Y,Z,XY	热应变	Y	Y
EPTH:EQV	等效热应变[4]	—	Y
EPPL:X,Y,Z,XY	塑性应变	1	1
EPPL:EQV	等效塑性应变[4]	—	1
EPCR:X,Y,Z,XY	蠕变应变	1	1
EPCR:EQV	等效蠕变应变[4]	—	1
EPSW	膨胀应变	1	1
NL:EPEQ	等效塑性应变	1	1
NL:SRAT	试算应力与屈服面应力比(即应力状态率)	1	1
NL:SEPL	从应力—应变曲线得到的等效应力	1	1
NL:HPRES	静水压力	—	1
FACE	单元边的序号	2	2
EPEL(PAR,PER,Z)	边界弹性应变(平行,垂直,Z 或环向)	2	2
TEMP	边界平均温度	2	2
S(PAR,PER,Z)	边界应力(平行,垂直,Z 或环向)	2	2
SINT	边界应力强度	2	2
SEQV	边界等效应力	2	2
LOCI:X,Y,Z	积分点位置	—	Y
KEYOPT(5)=1 时积分点解输出	TEMP,SINT,SEQV,EPEL(1,2,3),S(X,Y,Z,XY),S(1,2,3)	Y	—
KEYOPT(5)=2 时节点应力输出	TEMP,SINT,SEQV,S(X,Y,Z,XY),S(1,2,3)	Y	—
KEYOPT(6)=3 时的积分点非线性解	EPPL,EPEQ,SRAT,SEPL,HPRES,EPCR,EPSW	Y	—

注:1. 非线性解,仅当单元为非线性材料时。

　　2. 当 KEYOPT(6)=1,2 或 4 时的边界输出。

　　3. *GET 命令采用 CENT 项时可得。

　　4. 等效应变采用有效泊松系数,弹性和热应变采用输入的泊松系数,塑性和蠕变的泊松系数采用 0.5。

　　5. 注意:对 KEYOPT(1)=0 的轴对称分析,X、Y、Z 和 XY 方向的应力和应变输出对应径向、轴向和环向及面内剪应力和应变。

命令 ETABLE 和 ESOL 的表项和序号　　　　　　　　　　　　　　　　表 5-3

输出量名称	项 Item	E	I	J	K	L
P1	SMISC	—	2	1	—	—
P2	SMISC	—	—	4	3	—
P3	SMISC	—	—	—	6	5

续上表

输出量名称	项 Item	E	I	J	K	L
P4	SMISC	—	7	—	—	8
$S_i 1$	NMISC	—	1	6	11	16
$S_i 2$	NMISC	—	2	7	12	17
$S_i 3$	NMISC	—	3	8	13	18
$S_i INT$	NMISC	—	4	9	14	19
$S_i EQV$	NMISC	—	5	10	15	20
FLUEN	NMISC	—	21	22	23	24
THICK	NMISC	25	—	—	—	—

边界应力的输出不包括在上述表中，其输出用命令 ETABLE 的 SURF 项定义，而序号如表 5-4 所示，该表适用于 2D 单元、3D 单元和轴对称单元。

命令 ETABLE 的 SURF 项的序号

表 5-4

序　号	3D	2D	轴对称	序　号	3D	2D	轴对称
1	FACE	FACE	FACE	11	SZ	SZ	SZ
2	AREA	AREA	AREA	12	SXY	—	—
3	TEMP	TEMP	TEMP	13	—	—	—
4	PRES	PRES	PRES	14	—	—	SSH
5	EPX	EPPAR	EPPAR	15	S1	S1	S1
6	EPY	EPPER	EPPER	16	S2	S2	S2
7	EPZ	EPZ	EPZ	17	S3	S3	S3
8	EPXY	—	EPSH	18	SINT	SINT	SINT
9	SX	SPAR	SPAR	19	SEQV	SEQV	SEQV
10	SY	SPER	SPER				

5.1.3　应力—应变关系及单元矩阵

（1）刚度矩阵的形函数

当不计形函数的附加项时，单元 PLANE42 的形函数为：

$$u = \frac{1}{4}\left[u_I(1-s)(1-t)+u_J(1+s)(1-t)+u_K(1+s)(1+t)+u_L(1-s)(1+t)\right] \tag{5-1}$$

$$v = \frac{1}{4}\left[v_I(1-s)(1-t)+v_J(1+s)(1-t)+v_K(1+s)(1+t)+v_L(1-s)(1+t)\right] \tag{5-2}$$

当计入形函数的附加项且单元有 4 个节点时，单元 PLANE42 的形函数为：

$$u = \frac{1}{4}\left[u_I(1-s)(1-t)+u_J(1+s)(1-t)+u_K(1+s)(1+t)+u_L(1-s)(1+t)\right]+$$
$$u_1(1-s^2)+u_2(1-t^2) \tag{5-3}$$

$$v = \frac{1}{4}\left[v_I(1-s)(1-t)+v_J(1+s)(1-t)+v_K(1+s)(1+t)+v_L(1-s)(1+t)\right]+$$
$$v_1(1-s^2)+v_2(1-t^2) \tag{5-4}$$

当为三角形单元时，单元 PLANE42 的形函数为：

$$u = u_I L_1 + u_J L_2 + u_K L_3 \tag{5-5}$$

$$v = v_I L_1 + v_J L_2 + v_K L_3 \tag{5-6}$$

式中：L_1、L_2、L_3——面积坐标；

u_1、u_2；v_1、v_2——内部自由度，可提高计算精度，但相邻单元之间位移不连续，即"非协调"，在单元计算阶段通过静力凝聚消去这些内部自由度；

s、t——如图 5-2 所示。

质量矩阵和应力刚度矩阵的形函数,当采用四边形单元时同式(5-1)和式(5-2),当采用三角形单元时同式(5-5)和式(5-6)。压力荷载矢量的形函数同质量矩阵。

在形成刚度矩阵、质量矩阵和应力刚度矩阵时,四边形单元有 2×2 个积分点,轴对称分析的三角形单元有 3 个积分点,平面分析的三角形单元有 1 个积分点。而压力荷载矢量有 2 个积分点。

单元温度按双线性变化,在厚度方向或环向为常量。压力沿单元边线性变化。

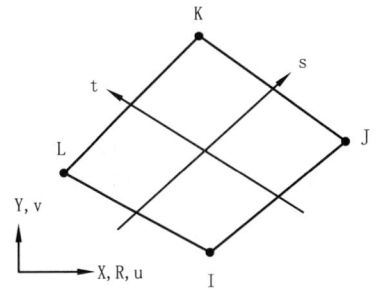

图 5-2　PLANE42 单元形函数描述

(2)应力—应变关系

对于弹性材料,应力应变关系如下:

$$\{\sigma\} = [D]\{\varepsilon^{el}\} \tag{5-7}$$

式中:$\{\sigma\}$——应力列阵,$\{\sigma\} = [\sigma_x \quad \sigma_y \quad \sigma_z \quad \sigma_{xy} \quad \sigma_{yz} \quad \sigma_{xz}]^T$,即输出中的 S;

$[D]$——弹性矩阵,如式(5-10)所示;

$\{\varepsilon^{el}\}$——弹性应变列阵,也是引起应力的应变,$\{\varepsilon^{el}\} = \{\varepsilon\} - \{\varepsilon^{th}\}$,即输出中的 EPEL;

$\{\varepsilon\}$——总应变列阵,$\{\varepsilon\} = [\varepsilon_x \quad \varepsilon_y \quad \varepsilon_z \quad \varepsilon_{xy} \quad \varepsilon_{yz} \quad \varepsilon_{xz}]^T$;

$\{\varepsilon^{th}\}$——热应变列阵,式(5-9)定义,即输出中的 EPTH。

上式中的剪应变 ε_{xy}、ε_{yz} 及 ε_{xz} 均为工程剪应变,它是张量剪应变的 2 倍。虽然 ε_{xy} 等通常用于张量分析中,为了简化输出在这里则表示工程剪应变。

应力矢量如图 5-3 所示,图中均为正方向,即正应力和正应变均为"拉正压负",而剪应变则使得直角减小为正。

式(5-7)也可表示为:

$$\{\varepsilon\} = \{\varepsilon^{th}\} + [D]^{-1}\{\sigma\} \tag{5-8}$$

热应变可表示为:

$$\{\varepsilon^{th}\} = \Delta T [\alpha_x^{se} \quad \alpha_y^{se} \quad \alpha_z^{se} \quad 0 \quad 0 \quad 0]^T \tag{5-9}$$

图 5-3　应力及方向

式中:α_x^{se}、α_y^{se}、α_z^{se}——分别为 x、y、z 方向的热膨胀系数(割线系数)。

$$\Delta T = T - T_{ref}$$

其中,T——计算点的当前温度;

T_{ref}——参考温度(应变不受限制时的温度),即用命令 TREF 输入的温度,或用命令 MP 的 REFT 项输入的温度。

弹性矩阵的逆矩阵可表示为:

$$[D]^{-1} = \begin{bmatrix} 1/E_x & -\mu_{xy}/E_x & -\mu_{xz}/E_x & 0 & 0 & 0 \\ -\mu_{yx}/E_y & 1/E_y & -\mu_{yz}/E_y & 0 & 0 & 0 \\ -\mu_{zx}/E_z & -\mu_{zy}/E_z & 1/E_z & 0 & 0 & 0 \\ 0 & 0 & 0 & 1/G_{xy} & 0 & 0 \\ 0 & 0 & 0 & 0 & 1/G_{yz} & 0 \\ 0 & 0 & 0 & 0 & 0 & 1/G_{xz} \end{bmatrix} \tag{5-10}$$

式中:E_x、E_y、E_z——分别为 x、y、z 方向的弹性模量,即用命令 MP 输入的 EX、EY 和 EZ;

μ_{xy}、μ_{yz}、μ_{xz}——分别为 x、y、z 方向的主泊松系数,即用命令 MP 输入的 PRXY、PRYZ 和 PRXZ;

μ_{yx}、μ_{zy}、μ_{zx}——分别为 x、y、z 方向的次泊松系数,即用命令 MP 输入的 NUXY、NUYZ 和 NUXZ;

G_{xy}、G_{yz}、G_{xz}——分别为 xy 平面、yz 平面、xz 平面内的剪切模量,即用命令 MP 输入的 GXY、GYZ

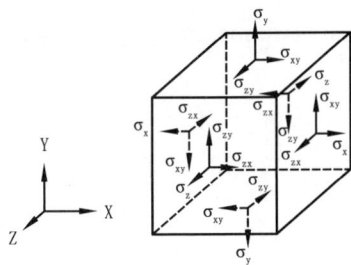

和 GXZ。

又 $[D]^{-1}$ 为对称矩阵,故有:

$$\frac{\mu_{yx}}{E_y}=\frac{\mu_{xy}}{E_x}, \quad \frac{\mu_{zx}}{E_z}=\frac{\mu_{xz}}{E_x}, \quad \frac{\mu_{zy}}{E_z}=\frac{\mu_{yz}}{E_y}$$

由上述三式可知,μ_{xy}、μ_{yz}、μ_{xz}、μ_{yx}、μ_{zy} 及 μ_{zx} 并非独立量,因此用户仅需输入 μ_{xy}、μ_{yz}、μ_{xz} 三个系数(即 PRXY、PRYZ 和 PRXZ)或 μ_{yx}、μ_{zy}、μ_{zx} 三个系数(即 NUXY、NUYZ 和 NUXZ)即可,对于正交各向异性材料容易混乱,因此使用时需谨慎。假定 $E_x>E_y$ 且 $\mu_{xy}>\mu_{yx}$,因此 μ_{xy} 通常称为"主泊松系数",而 μ_{yx} 则称为"次泊松系数"。对于正交各向异性材料,用户需要根据原材料性质数据,决定采用何种泊松系数更接近原材料性质,通常所提供的材料性质为主泊松系数。对各向同性材料,其 $E_x=E_y=E_z$ 且 $\mu_{xy}=\mu_{yz}=\mu_{xz}$,所以采用何种泊松系数都是一样的。

通过式(5-7)和式(5-8)可导出应力和应变的六个显式关系,此处从略。

对于各向同性材料,若剪切模量 G_{xy}、G_{yz} 及 G_{xz} 未输入,则根据下式计算:

$$G_{xy}=G_{yz}=G_{xz}=\frac{E_x}{2(1+\mu_{xy})} \tag{5-11}$$

对于正交各向异性材料,用户必须输入原材料的剪切模量,因为程序没有缺省值。

弹性矩阵 $[D]$ 必须为正定矩阵,程序会对每种单元类型的材料性质进行检查以保证 $[D]$ 为正定矩阵。对于随温度变化的材料性质,程序则在第一子步予以检查。

对于轴对称分析,弹性模量及泊松系数的对应关系如下:

$$E_x=E_R, E_y=E_Z, E_z=E_\theta, \mu_{xy}=\mu_{RZ}, \mu_{yz}=\mu_{Z\theta}, \mu_{xz}=\mu_{R\theta} \tag{5-12}$$

式中均假定为主泊松系数,即 $E_R\geqslant E_Z\geqslant E_\theta$;若非如此,如 $E_\theta\geqslant E_Z$,则:

$$\mu_{\theta Z}=\mu_{Z\theta}\frac{E_\theta}{E_Z}$$

式中:$\mu_{\theta Z}$——主泊松系数,即输入中的 PRYZ。

(3)刚度矩阵

利用虚功原理可得到单元刚度方程如下:

$$([K_e]+[K_e^f])\{u\}-\{F_e^{th}\}=[M_e]\{\ddot{u}\}+\{F_e^{pr}\}+\{F_e^{nd}\} \tag{5-13}$$

式中:$[K_e]$——单元刚度矩阵,$[K_e]=\int_v[B]^T[D][B]dv$;

$[K_e^f]$——单元基础刚度矩阵,$[K_e^f]=k\int_{af}[N_n]^T[N_n]d(a_f)$;

$[F_e^{th}]$——单元热荷载向量,$[F_e^{th}]=\int_v[B]^T[D][\varepsilon^{th}]dv$;

$[M_e]$——单元质量矩阵,$[M_e]=\rho\int_v[N]^T[N]dv$;

$\{\ddot{u}\}$——加速度向量,$\{\ddot{u}\}=\frac{\partial^2}{\partial t^2}\{u\}$;

$[F_e^{pr}]$——单元压力向量,$[F_e^{pr}]=\int_{ap}[N_n]^T[P]d(a_p)$;

$\{F_e^{nd}\}$——单元上的节点力向量;

$[B]$——应变—位移矩阵,即 $\{\varepsilon\}=[B]\{u\}$,该矩阵由形函数确定;

$[N]$——形函数矩阵;

$[N_n]$——基础表面法向变形的形函数矩阵;

k——基础刚度,单位面积发生单位长度变形的力;

a_f——基础面积,即具有基础刚度的面积;

$\{P\}$——所施加的压力向量;

a_p——压力作用面积；

ρ——密度,即用命令 MP 输入的 DENS；

t——时间。

(4)结构应变和应力计算

单元积分点应变和应力计算如下：

$$\{\varepsilon^{el}\} = [B]\{u\} - \{\varepsilon^{th}\}　　　　　　　　　　　　(5\text{-}14)$$

$$\{\sigma\} = [D]\{\varepsilon^{el}\}　　　　　　　　　　　　(5\text{-}15)$$

设主应变分别为 ε_1、ε_2 和 ε_3(输出中 EPEL 的 1、2 和 3 项),则应变强度为：

$$\varepsilon_1 = \max(|\varepsilon_1 - \varepsilon_2|, |\varepsilon_2 - \varepsilon_3|, |\varepsilon_3 - \varepsilon_1|)　　　　　　　　(5\text{-}16)$$

式中：ε_1——应变强度,即输出中 EPEL 的 INT 项。

Mises 或等效应变(输出中 EPEL 的 EQV 项)为：

$$\varepsilon_e = \frac{1}{1+\mu'}\left\{\frac{1}{2}\left[(\varepsilon_1-\varepsilon_2)^2 + (\varepsilon_2-\varepsilon_3)^2 + (\varepsilon_3-\varepsilon_1)^2\right]\right\}^{\frac{1}{2}}　　　　(5\text{-}17)$$

式中：μ'——有效泊松系数,对弹性和热分析为输入的泊松系数,对塑性、蠕变和超弹分析则为 0.5。

设主应力分别为 σ_1、σ_2 和 σ_3(输出中 S 的 1、2 和 3 项),则应力强度为：

$$\sigma_1 = \max(|\sigma_1 - \sigma_2|, |\sigma_2 - \sigma_3|, |\sigma_3 - \sigma_1|)　　　　　　　(5\text{-}18)$$

式中：σ_1——应力强度,即输出中 S 的 INT 项。

Mises 或等效应力(输出中 S 的 EQV 项或 SEQV)为式(5-19)式(5-20)：

$$\sigma_e = \left\{\frac{1}{2}\left[(\sigma_1-\sigma_2)^2 + (\sigma_2-\sigma_3)^2 + (\sigma_3-\sigma_1)^2\right]\right\}^{\frac{1}{2}}　　　　(5\text{-}19)$$

$$\sigma_e = \left\{\frac{1}{2}\left[(\sigma_x-\sigma_y)^2 + (\sigma_y-\sigma_z)^2 + (\sigma_z-\sigma_x)^2 + 6(\sigma_{xy}^2 + \sigma_{yz}^2 + \sigma_{xz}^2)\right]\right\}^{\frac{1}{2}}　　(5\text{-}20)$$

当 $\mu' = \mu$ 时,等效应变和等效应力的关系为：

$$\sigma_e = E\varepsilon_e　　　　　　　　　　　　(5\text{-}21)$$

式中：E——弹性模量,即用命令 MP 输入的 EX。

5.1.4　注意事项

(1)单元面积必须为正。

(2)单元必须位于整体坐标系的 XOY 平面内；对轴对称分析,Y 轴必须为对称轴,且结构必须位于 +X 侧。

(3)当节点 K 和 L 的节点号相等时,可定义三角形单元。

(4)当采用三角形单元时,形函数的附加项自动删除,此时形成常应变单元。

(5)只有在一定条件下才可输出边界应力。

5.1.5　应用举例

(1)变截面悬臂梁

如图 5-4 所示的悬臂梁,悬臂端受集中荷载作用,求长度 1/2 处和根部的纵向应力。设材料的弹性模量为 210GPa,为与梁理论值比较取泊松系数等于零。梁理论上缘纵向应力的计算结果分别为 125MPa 和 111.11MPa,而 ANSYS 计算结果分别为 125.12MPa 和 114.49MPa,最大误差为 3%左右。计算的命令流如下。

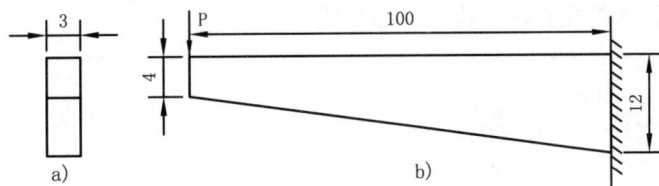

图 5-4　变截面悬臂梁(尺寸单位:mm)

```
!═══════════════════════════════════════════════
!EX5.1 变截面悬臂梁应力分析及后处理
FINISH$/CLEAR$/PREP7
ET,1,PLANE42$KEYOPT,1,3,3$KEYOPT,1,6,2        !定义单元类型、带厚度的平面应力、输出边界应力
MP,EX,1,2.1E5$MP,PRXY,1,0.0$R,1,3             !定义弹性模量、泊松系数,定义实常数
K,1$K,2,100$K,3,100,-12$K,4,,-4$A,1,2,3,4     !创建几何模型
ESIZE,4$MSHKEY,1$AMESH,ALL                     !生成有限元模型
FK,1,FY,-80$DL,2,,ALL                          !施加荷载和约束
/SOLU$SOLVE$/POST1$PLDISP,1                     !求解后进入后处理
MNODE=NODE(50,0,0)                             !获取坐标点(50,0,0)处的节点号(需保证此处有节点)
ENODE=NODE(100,0,0)                            !获取坐标点(100,0,0)处的节点号
*GET,SXE,NODE,ENODE,S,X                        !获取节点 ENODE 的 X 方向应力,并赋予 SXE
*GET,SXM,NODE,MNODE,S,X                        !获取节点 MNODE 的 X 方向应力,并赋予 SXM
*GET,S1,NODE,MNODE,S,1                         !获取节点 MNODE 的主应力 S1,并赋予 S1
*GET,SEQV,NODE,MNODE,S,EQV                     !获取节点 MNODE 的等效应力,并赋予 SEQV
*GET,EEQV,NODE,MNODE,EPEL,EQV                  !获取节点 MNODE 的等效弹性应变,并赋予 EEQV
PLNSOL,S,X$PLNSOL,S,Y                          !绘制 SX 和 SY 的应力云图
*DIM,SEIL,,4                                   !定义一个数组,存放某个单元的各节点的应力
*GET,SEIL(1),ELEM,40,NMISC,5                   !获取单元 40 的 I 节点的等效应力,并存放在 SEIL(1)中
*GET,SEIL(2),ELEM,40,NMISC,10                  !获取单元 40 的 J 节点的等效应力,并存放在 SEIL(2)中
*GET,SEIL(3),ELEM,40,NMISC,15                  !获取单元 40 的 K 节点的等效应力,并存放在 SEIL(3)中
*GET,SEIL(4),ELEM,40,NMISC,20                  !获取单元 40 的 L 节点的等效应力,并存放在 SEIL(4)中
ETABLE,SSX,SURF,9                              !定义单元表,即边界上的 SPAR 方向的应力
ETABLE,SSY,SURF,10                             !定义单元表,即边界上的 SPER 方向的应力
*GET,SSX1,ELEM,1,ETAB,SSX                      !获取单元表 SSX 中单元 1 的 SPAR 向应力
*GET,SSY1,ELEM,1,ETAB,SSY                      !获取单元表 SSY 中单元 1 的 SPER 向应力
*STAT$*STAT,SEIL                               !查看各变量的值
!═══════════════════════════════════════════════
```

（2）具中心圆孔的有限宽板的拉伸

如图 5-5 所示具中心圆孔的有限宽板,A 点的最大应力为[13]：

$$\sigma_{max} = K\sigma_n \tag{5-22}$$

其中,$\sigma_n = \dfrac{P}{t(D-2r)}$,$K = 3.00 - 3.13\left(\dfrac{2r}{D}\right) + 3.66\left(\dfrac{2r}{D}\right)^2 - 1.53\left(\dfrac{2r}{D}\right)^3$。

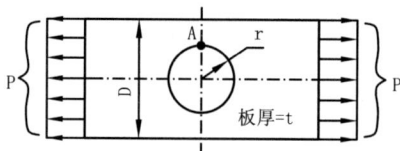

图 5-5　具中心圆孔的有限宽板拉伸

设 $D=100mm$,$r=30mm$,$t=6mm$,$P=24kN$,利用上式计算得 $\sigma_n=100MPa$,$K=2.109$,$\sigma_{max}=210.912MPa$。不妨设弹性模量为 210GPa,泊松系数为 0.3。

根据圣文南原理,建模时长度方向取 2 倍宽度即可,为更加精确地模拟受力情况,本例取 4 倍板宽。因结构和荷载对称,分析时可取 1/4 模型计算,为方便读者本例取整个模型分析。为获得较好的网格划分,本例在切分面后全部采用四边形网格划分。根据对称性,约束施加在两个对称轴上以消除刚体位移,荷载则以均布荷载形式施加在两个边上。命令流如下。

```
!═══════════════════════════════════════════════
!EX5.2 具中心圆孔的有限宽板的拉伸
FINISH$/CLEAR$/PREP7$D=100$R=30$T=6$P=24E3      !定义基本参数
ET,1,PLANE42,,,3$MP,EX,1,2.1E5$MP,PRXY,1,0.3$R,1,T   !定义单元类型、材料性质和实常数
BLC5,,,4*D,D$CYL4,,,R$ASBA,1,2                  !创建几何模型
```

```
WPROTA,,,90$ASBW,ALL$WPOFF,,,2*R$ASBW,ALL                          !切分基本模型
WPOFF,,,−4*R$ASBW,ALL$WPROTA,,90$ASBW,ALL                          !切分基本模型
KWPLAN,,13,12$WPROTA,,90$ASBW,ALL                                  !切分圆面
KWPLANE,,14,11$WPROTA,,90$ASBW,ALL$WPCSYS,−1                       !切分圆面
LSEL,S,LOC,X,0$DL,ALL,,UX$LSEL,S,LOC,Y,0$DL,ALL,,UY                !施加约束
LSEL,S,LOC,X,2*D$LSEL,A,LOC,X,−2*D$SFL,ALL,PRES,−P/(D*T)          !施加荷载
LSEL,ALL$ESIZE,6$MSHKEY,1$AMESH,ALL                                !划分网格
/SOLU$SOLVE$/POST1$NODEA=NODE(0,R,0)                               !求解并进入后处理
*GET,SAX,NODE,NODEA,S,X$*STAT                                      !获取并显示 SAX=210.46MPA
!
```

通过结果分析可知,网格尺寸或网格密度对计算结果影响很大,图 5-6 为 A 点应力随网格尺寸的变化曲线。通过与理论解的对比发现,在某个网格尺寸(非最大网格密度)或某个网格形式时 ANSYS 解与理论解最接近,如 ESIZE=5mm;在一定网格尺寸范围内,ANSYS 解与理论解的误差在 5% 之内,如 ESIZE≤12mm。而通过更多的实例分析便可发现,很难通过控制网格尺寸寻求正确结果,而通过控制能量模误差百分比 SEPC(命令 PRERR 查看)可获得正确解。

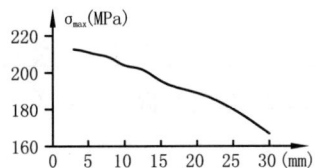

图 5-6　最大应力—网格尺寸曲线

5.2　PLANE82 单元

PLANE82 称为 2D 8 节点结构实体单元,是 4 节点 PLANE42 的高阶单元,对四边形和三角形的混合网格具有较高的精度,即使是不规则形状,其精度降低也很小。该单元采用协调的位移插值函数,因此能很好地适应曲线边界。该单元由 8 个节点定义,每个节点有 2 个自由度,即沿节点坐标系 x 和 y 方向的平动位移,单元模型如图 5-7 所示。该单元可模拟平面实体结构,既可作为平面单元(平面应变或平面应力),也可作为轴对称单元。

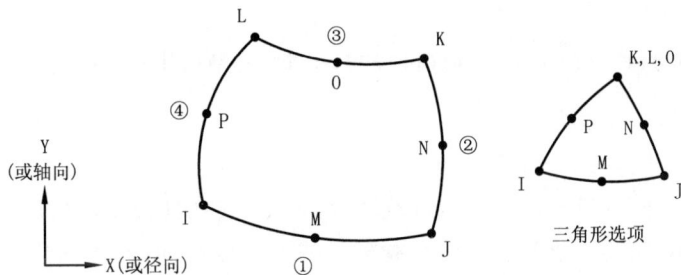

图 5-7　PLANE82 单元几何

5.2.1　输入参数与选项

图 5-7 给出了单元几何、节点位置和单元坐标系(缺省的单元坐标系与总体坐标系平行),单元输入数据包括 8 个节点、单元厚度[仅 KEYOPT(3)=3 时]和正交各向异性材料属性。正交各向异性材料方向在单元坐标系中定义。将节点 K、L 和 O 定义为同一节点号可形成三角形单元,与 6 节点的 PLANE2 单元类似。

该单元除 KEYOPT 外,其余参数与选项同单元 PLANE42。

PLANE82 单元的输入参数与选项如表 5-5 所示。

PLANE82 单元输入参数与选项　　　　　　　　　　　　　　　表 5-5

参数类别	参数及说明
节点	I,J,K,L,M,N,O,P
自由度、实常数、材料性质、面荷载、体荷载、特性同表 5-1	

参 数 类 别	参 数 及 说 明
KEYOPT(3)	单元行为控制: 0——平面应力;1——轴对称;2——平面应变(Z方向应变＝0);3——考虑单元厚度的平面应力
KEYOPT(5)	附加应力输出控制: 0——单元基本解;1——所有积分点的基本解;2——节点应力解
KEYOPT(6)	附加边界解输出控制: 0——单元基本解;1——增加边 I-J 的边界解;2——增加边 I-J 和 K-L 的边界解;3——每个积分点的非线性解;4——非零压力边的边界解
KEYOPT(9)	初应力输入控制(只能通过 KEYOPT 直接定义): 0——不使用用户子例程输入初应力(缺省);1——使用用户子例程输入初应力

5.2.2　输出数据

单元 PLANE82 的输出说明同单元 PLANE42,如表 5-2～表 5-4 所示,仅表 5-3 中的 THICK 序号由 25 变为 29,同时增加了中间节点的 FLUEN 输出,其余相同。

5.2.3　形函数

8 节点四边形单元的形函数为:

$$u = \frac{1}{4}\left[u_I(1-s)(1-t)(-s-t-1)+u_J(1+s)(1-t)(s-t-1)+\right.$$
$$u_K(1+s)(1+t)(s+t-1)+u_L(1-s)(1+t)(-s+t-1)\left.\right]+$$
$$\frac{1}{2}\left[u_M(1-s^2)(1-t)+u_N(1+s)(1-t^2)+u_O(1-s^2)(1+t)+u_P(1-s)(1-t^2)\right] \quad (5\text{-}23)$$

$$v = \frac{1}{4}\left[v_I(1-s)(1-t)(-s-t-1)+v_J(1+s)(1-t)(s-t-1)+\right.$$
$$v_K(1+s)(1+t)(s+t-1)+v_L(1-s)(1+t)(-s+t-1)\left.\right]+$$
$$\frac{1}{2}\left[v_M(1-s^2)(1-t)+v_N(1+s)(1-t^2)+v_O(1-s^2)(1+t)+v_P(1-s)(1-t^2)\right] \quad (5\text{-}24)$$

6 节点三角形单元的形函数为:

$$u = u_I(2L_1-1)L_1+u_J(2L_2-1)L_2+u_K(2L_3-1)L_3+u_L(4L_1L_2)+u_M(4L_2L_3)+u_N(4L_3L_1) \quad (5\text{-}25)$$
$$v = v_I(2L_1-1)L_1+v_J(2L_2-1)L_2+v_K(2L_3-1)L_3+v_L(4L_1L_2)+v_M(4L_2L_3)+v_N(4L_3L_1) \quad (5\text{-}26)$$

刚度矩阵、质量矩阵、应力刚度矩阵和热荷载矢量的形函数相同,当为四边形单元时有 2×2 个积分点,当为三角形单元时有 3 个积分点。单元和节点温度按形函数变化,在厚度方向或环向为常量。压力沿单元边线性变化。

5.2.4　注意事项

(1)单元面积必须为正。

(2)单元必须位于整体坐标系的 XOY 平面内;对轴对称分析,Y 轴必须为对称轴,且结构必须位于 +X 侧。

(3)当删除某边的中间节点时,沿该边的位移不再是二次变化而是线性变化。删除或增加中间节点的命令为 EMID 或 EMODIF。例如,当不同节点数目的单元类型连接时,单元某边删除中间节点可获得更好的效果;再如当 PLANE82 与模拟基础的弹簧单元或接触单元相连时,宜删除与地基相连边的中间节点。

5.2.5　应用举例

(1)变截面拉板的应力分析

如图 5-8 所示的钢板,设弹性模量为 210GPa,泊松系数为 0.3,设 P＝96kN 且以均布荷载的形式作用在板端面,求与板平行的最大应力。考虑到对称性,此处取 1/2 模型计算。

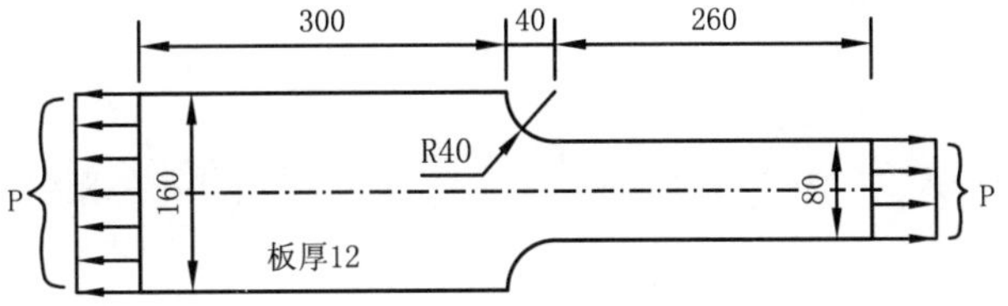

图 5-8　变截面拉板(尺寸单位:mm)

变化网格尺寸,获取不同网格尺寸下的计算结果,观察能量模误差变化,可得到当网格尺寸在 20mm 以下时满足要求,计算的命令流如下。

```
!════════════════════════════════════════════════════════════
!EX5.3 变截面拉板应力分析
FINISH$/CLEAR$/PREP7$P=96E3                                    !定义荷载参数 P
ET,1,PLANE82,,,3$MP,EX,1,2.1E5$MP,PRXY,1,0.3$R,1,12           !定义单元类型、材料性质及实常数
BLC4,,,600,80$BLC4,340,40,260,40$CYL4,340,80,40               !创建几何模型
ASBA,1,2$ASBA,4,3$WPOFF,340$WPROTA,,,90$ASBW,ALL              !面相减及切分面
WPOFF,,,-80$ASBW,ALL$WPROTA,,45$ASBW,ALL                      !切分面,以划分四边形网格
WPCSYS,-1$MSHKEY,1$ESIZE,20$AMESH,ALL                         !划分网格
LSEL,S,LOC,X,0$DL,ALL,,UX$LSEL,S,LOC,Y,0$DL,ALL,,UY           !施加约束条件
LSEL,S,LOC,X,600$SFL,ALL,PRES,-P/80/12$LSEL,ALL               !施加荷载
/SOLU$SOLVE$/POST1$PLDISP,1                                    !求解并进入后处理
NSORT,S,X$*GET,MAXSX,SORT,0,MAX$*STAT                          !应力结果排序,获取最大应力
!════════════════════════════════════════════════════════════
```

(2)铝棒撞击刚性墙非线性瞬态分析

设一半径为 3mm 长度为 24mm 的圆柱形铝棒,以 450m/s 速度撞击刚性墙,分析其撞击后的行为。设铝棒的弹性模量为 70GPa,泊松系数为 0.35,密度为 2700kg/m³,屈服强度为 420MPa,采用双线性等向强化模型,切线刚度按 80MPa 取用。

按轴对称模型考虑,必须以 Y 轴为对称轴,且模型创建在＋X 方向。速度用命令 IC 施加,设为向下运动,刚性墙以底端的 Y 向固定约束模拟。积分时间步长大小应合适,可按与弹性波传播相关的公式确定,设单元长度大约为 0.75mm,则有:

$$\Delta t = \Delta x / (3\sqrt{E/\rho}) = 0.00075 / (3\sqrt{70 \times 10^9 / 2700}) = 4.91 \times 10^{-8}$$

因此可取 $\Delta t = 5 \times 10^{-8}$。为获得撞击后的完整过程,可取时程长度为 5×10^{-5} s,此时程长度可采用试错法确定,即通过查看计算结束时的速度是否接近零而判断所取时程长度是否合适,也可通过查看变形—时间曲线判断时程长度是否合适。

本问题为几何和物理双非线性,其收敛控制较为重要。在打开自动时间步的同时,限制最大时间步步长,如可控制最大时间步长为 $3\Delta t$,具体命令详见下面的命令流。

```
!════════════════════════════════════════════════════════════
!EX5.4 铝棒撞击刚性墙的瞬态分析
FINISH$/CLEAR$/PREP7
RAD=3/1000$L=24/1000$VEL=450$DELT=5E-8                         !定义半径、长度、速度、时间步长参数
ET,1,PLANE82$KEYOPT,1,3,1                                      !定义单元类型、轴对称分析类型
MP,EX,1,70E9$MP,PRXY,1,0.35$MP,DENS,1,2700                     !定义材料性质
TB,BISO,1$TBDATA,1,420E6,80E6                                  !定义屈服强度和切线刚度
BLC4,,,RAD,L                                                   !创建几何模型
```

```
LESIZE,1,,,4$LESIZE,2,,,20$MSHKEY,1$AMESH,1                          !生成有限元模型
NSEL,S,LOC,X,0$D,ALL,UX                                             !施加约束条件
NSEL,S,LOC,Y,0$D,ALL,UY$NSEL,ALL                                    !在底部施加约束条件
IC,ALL,UY,,−VEL                                                     !施加速度条件(向下冲击)
/SOLU$ANTYPE,TRANS$NLGEOM,ON                                        !定义分析类型,打开大变形
AUTOTS,ON$NROPT,FULL$OUTRES,ALL,ALL                                 !打开自动时间步、全 NR 求解、输出控制等
DELTIM,DELT,DELT/10,3*DELT                                          !定义时间步长、最小和最大时间步长
TIME,5E−5$SOLVE$/POST1$PLDISP                                       !定义时间长度,求解并在后处理中查看变形
/POST26$NTOP=NODE(0,L,0)                                            !进入/POST26 并定义顶部的节点号
NSOL,2,NTOP,U,Y$PROD,3,2,,,,,,−1$PLVAR,3                            !绘制顶部节点的变形图
NSOL,4,NTOP,V,Y$PLVAR,4                                             !绘制顶部节点的速度变化图
NSOL,5,NTOP,A,Y$PLVAR,5                                             !绘制顶部节点的加速度变化图
!
```

(3)两端铰支柱屈曲分析

设两端铰支柱长为 20m,截面尺寸为 0.2m×0.2m,材料的弹性模量为 210GPa,泊松系数为 0.3(也可取零以便与欧拉荷载比较,但影响很小),求其屈曲荷载。根据欧拉公式,其一阶和二阶屈曲荷载分别为 690872.308N 和 2763489.232N。

采用单元 PLANE82 计算时,"两端铰支"条件较难模拟。假设以柱轴为竖向创建模型,需约束柱顶节点和柱底节点的水平方向位移,再约束柱底一个节点的竖向位移,若全部约束柱底节点的竖向位移则成为固结约束条件,与"两端铰支"不符。荷载可采用平均施加到柱顶各节点,采用命令 SFL 以面荷载的形式施加,可能会出现意想不到的结果,读者可试算。

ANSYS 计算结果与理论结果的误差很小,分析的命令流如下。

```
!
!EX5.5 两端铰支柱的屈曲分析
FINISH$/CLEAR$/PREP7$P=1$H=0.2$L=20                                 !定义单位荷载、截面尺寸和柱长参数
ET,1,PLANE82,,,3$R,1,H$MP,EX,1,2.1E11$MP,PRXY,1,0.3                  !定义单元类型、实常数、材料性质
BLC4,,,H,L$LESIZE,1,,,2$LESIZE,2,,,60$MSHKEY,1$AMESH,1              !创建几何和有限元模型
/SOLU$NSEL,S,LOC,Y,0$D,ALL,UX                                       !施加柱底节点的 X 方向约束
NSEL,R,LOC,X,0$D,ALL,UY                                             !再选择一个节点施加 Y 方向约束
NSEL,S,LOC,Y,L$D,ALL,UX                                             !选择并施加柱顶节点 X 方向约束
*GET,TOPNUM,NODE,,COUNT$F,ALL,FY,−P/TOPNUM                          !获取柱顶节点总数,并施加荷载
NSEL,ALL$PSTRES,ON$SOLVE$FINISH                                     !打开预应力效应并进行静力分析
/SOLU$ANTYPE,BUCKLE                                                 !定义屈曲分析
BUCOPT,LANB,2$MXPAND,2$SOLVE                                        !定义模态求解控制并求解
/POST1$SET,1,1$PLDISP$SET,12$PLDISP,1                               !绘制各阶屈曲模态
*GET,PCR1,MODE,1,FREQ$*GET,PCR2,MODE,2,FREQ$*STAT                   !获取各阶屈曲荷载
!
```

(4)椭圆杆件的自适应分析

如前所述,不同的网格划分具有不同的误差。ANSYS 通过能量误差估计来评估网格密度是否足够,如网格不够细,程序将自动细化网格以减少误差。这一自动估计网格划分误差并细化网格的过程称之为"自适应网格划分"。很显然,自适应网格划分可自动细化网格并使得能量误差满足误差要求,此时表明求解模型的能量误差较小,但不能说明某点某个应力项与正确结果吻合良好。另外,自适应网格划分(宏文件 ADAPT)不过是将人工划分网格、求解、能量误差估计等多个重复过程自动化,并无其他更多功能,当然也可通过修改宏文件生成用户定制的自适应网格划分宏文件。

自适应网格划分仅适用于单元 PLANE2/25/42/82/83、SOLID45/64/73/92/95、SHELL43/63/93

及部分热单元。分析类型仅适用于线性静力结构分析和线性稳态热分析。模型必须是可以划分网格的，即模型中不能有引起网格划分出错的部分。误差计算根据平均节点应力进行计算，因此模型最好仅使用一种材料类型，且应避免壳厚突变等问题。

自适应网格划分的基本过程：在前处理器中定义单元类型、实常数和材料特性等；创建几何模型，并保证面或体可划分网格，此处不需指定单元大小也不用划分网格，ADAPT 宏会自动划分网格（若要同时划分面和体网格，需生成用户宏）；定义分析类型、分析选项、边界条件和荷载等；调用 ADAPT 宏求解。

下面以图 5-9 所示的椭圆杆件为例说明自适应网格划分的运行过程。设材料的弹性模量为 210GPa，泊松系数为 0.3，分布压力荷载为−10MPa。表达椭圆尺寸的参数分别为：a＝1.75m，b＝1.0m，c＝2.0m，d＝1.25m，杆件厚度 t＝0.1m。计算时取 1/4 模型，施加对称边界条件。自适应网格划分求解参数为容许 10 次求解、能量模误差为 2%、关键点附近单元尺寸变化系数为 1.0。已知图中 A 点的竖向应力为 92.70MPa，ANSYS 最后求得的应力为 92.23MPa，两者误差仅为 0.5%，此时能量模误差为 0.06%。就本例而言，在能量模百分比误差满足一定要求时，应力集中点的计算应力与真实结果的误差很小，但并不一定适用于所有情况。

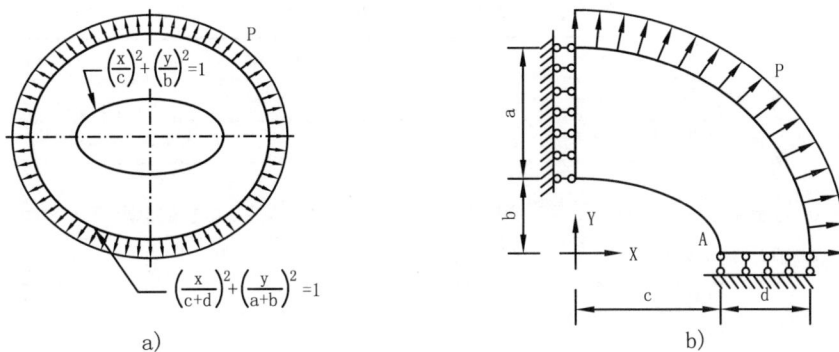

图 5-9　椭圆杆件与计算模型

一般而言，当模型中存在应力集中时，网格尺寸对某点的应力影响很大。那么正确结果（不是准确结果）怎样获得呢？通过理论和大量计算分析验证，通常当能量模误差在 5% 之内时，应力的误差也在 5% 之内。因此，可以通过改变网格划分方式和尺寸，进而控制能量模误差在 5% 之内即可。当模型中存在应力奇异点时，也可通过能量模误差进行控制，但奇异点的应力不可采用，因为应力奇异点在弹性范围内是无解的。命令流如下。

```
!════════════════════════════
!EX5.6 椭圆杆的自适应网格分析
FINISH$/CLEAR$/PREP7
A=1.75$B=1.0$C=2.0$D=1.25$T=0.14P=−10E6                          !定义几何与荷载参数
ET,1,PLANE82,,,3$R,1,T$MP,EX,1,2.1E11$MP,PRXY,1,0.3               !定义单元类型、实常数和材料性质
CYL4,,,B,0,,90$ARSCALE,1,,,C/B,,,,,1                             !创建 1/4 小圆面并缩放为椭圆
CYL4,,,A+B,0,,90$ARSCALE,2,,,(C+D)/(A+B),,,,,1                   !创建 1/4 大圆面并缩放为椭圆
ASBA,2,1$NUMCMP,ALL                                              !两面相减生成椭圆杆件，并压缩编号
LSEL,S,LOC,X,0$DL,ALL,,SYMM                                      !对左边线施加对称边界条件
LSEL,S,LOC,Y,0$DL,ALL,,SYMM                                      !对底边线施加对称边界条件
LSEL,S,LOC,Y,A,A+B$LSEL,U,LOC,X,0$SFL,ALL,PRES,−10E6              !选择线并施加面荷载
LSEL,ALL$MSHKEY,1$FINISH                                         !选择所有线，定义为四边形网格类型
ADAPT,10,2,,,1.0$FINISH                                          !自适应网格划分宏文件及参数
/POST1$EPLOT$/GRAPHICS,OFF$PRERR                                 !后处理显示单元、显示误差百分比
NT=NODE(C,0,0)$*GET,SYNT,NODE,NT,S,Y$*STAT                       !获取 A 点节点号和 Y 向应力
!════════════════════════════
```

5.3 PLANE2 单元

PLANE2 称为 2D 6 节点三角形结构实体单元,与单元 PLANE82 类似,该单元采用二次位移插值,能很好地适应曲线边界,特别适合不规则形状,如从其他 CAD/CAM 系统导入的模型。该单元由 6 个节点定义,每个节点有 2 个自由度,即沿节点坐标系 x 和 y 方向的平动位移,单元模型如图 5-10 所示。该单元可模拟平面实体结构,既可作为平面单元(平面应变或平面应力),也可作为轴对称单元。

5.3.1 输入参数与选项

图 5-10 给出了单元几何、节点位置和单元坐标系(缺省的单元坐标系与总体坐标系平行),单元输入数据包括 6 个节点、单元厚度[仅 KEYOPT(3)=3 时]和正交各向异性材料属性。正交各向异性材料方向在单元坐标系中定义。

单元面荷载仅有①、②和③,体荷载有温度和热流,其规定与单元 PLANE42 相同。单元初应力及压力荷载刚度效应等同单元 PLANE42。

PLANE2 单元的输入参数与选项如表 5-6 所示。

PLANE2 单元输入参数与选项 表 5-6

参 数 类 别	参 数 及 说 明
节点	I,J,K,L,M,N
自由度、实常数、材料性质、面荷载、体荷载、特性同表 5-1	
KEYOPT(3)	单元行为控制: 0——平面应力;1——轴对称;2——平面应变(Z 方向应变=0);3——考虑单元厚度的平面应力
KEYOPT(5)	附加应力输出控制: 0——单元基本解;1——所有积分点的基本解;2——节点应力解
KEYOPT(6)	单元输出控制: 0——单元基本解;3——每个积分点的非线性解;4——非零压力边的边界解
KEYOPT(9)	初应力输入控制(只能通过 KEYOPT 直接定义): 0——不使用用户子例程输入初应力(缺省);1——使用用户子例程输入初应力

5.3.2 输出数据及其他

PLANE2 单元的应力如图 5-11 所示,其输出说明如表 5-7 所示,表 5-8 为命令 ETABLE 或 ESOL 中的表项和序号。

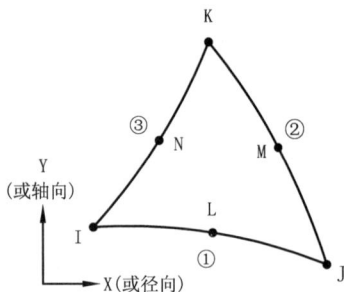

图 5-10 PLANE2 单元几何

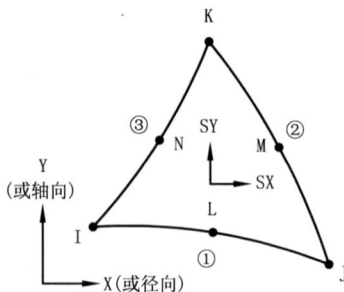

图 5-11 PLANE2 单元应力示意

PLANE2 单元输出说明 表 5-7

名 称	说 明	O	R
同表 5-2 所示,仅下面的单元杂项输出不同			
KEYOPT(6)=3 时积分点非线性解	EPPL,EPEQ,SRAT,SEPL,HPRES,EPCR,EPSW	Y	—
KEYOPT(5)=1 时积分点应力输出	LOCATION,TEMP,SINT,SEQV,EPEL,S	Y	—
KEYOPT(5)=2 时节点应力解	LOCATION,TEMP,S,SINT,SEQV	Y	—

命令 ETABLE 和 ESOL 的表项和序号　　　　　　　　　　　　　表 5-8

输出量名称	项 Item	E	I	J	K	L/M/N
P1	SMISC	—	2	1	—	—
P2	SMISC	—	—	4	3	—
P3	SMISC	—	−5	—	6	—

单元形函数同式(5-25)和式(5-26)所示,单元刚度矩阵同单元 PLANE42 中所述,单元注意事项同单元 PLANE82,此处均不再列出。

5.3.3　应用举例

单元 PLANE2 可由单元 PLANE82 退化获得,一般应用较少,这里仅以一所谓"混合分网"为例说明其使用方法。ANSYS 在网格划分时边界上自动协调,用户无需考虑连接情况。如图 5-12 所示的平面应变问题,设图中上面部分采用单元 PLANE2,而下面部分采用单元 PLANE82,对其进行弹性分析。当然本例也可全部采用单元 PLANE82,此处仅为说明问题才采用两种单元计算。

设材料的弹性模量为 30GPa,泊松系数为 0.2,密度为 2500kg/m³,下底面固结。建模时先创建关键点,然后创建面(不再切分面),再分别划分网格。命令流如下。

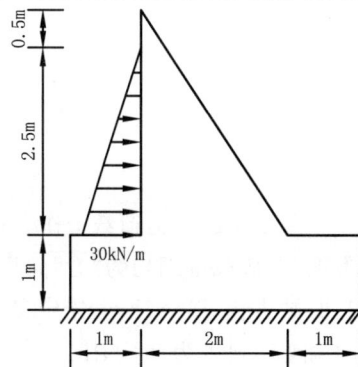

图 5-12　平面应变分析的结构

```
!======================================================
!EX5.7 混合分网的平面应变分析
FINISH$/CLEAR$/PREP7$ET,1,PLANE2,,,2$ET,2,PLANE82,,,2        !定义平面应变的两种单元
MP,EX,1,3E10$MP,PRXY,1,0.2$MP,DENS,1,2500                    !定义材料性质与密度
K,1$K,2,1$K,3,3$K,4,4$K,5,0,1$K,6,1,1$K,7,3,1               !创建关键点
K,8,4,1$K,9,1,3.5$K,10,4/3,3.5$K,11,1,4                      !创建关键点
A,1,2,6,5$A,2,3,7,6$A,3,4,8,7$A,6,7,10,9$A,9,10,11           !由关键点创建面
ASEL,S,,,1,3$AATT,1,,2$ESIZE,0.25$MSHKEY,1$AMESH,ALL         !对下部的面划分网格
ASEL,S,,,4,5$AATT,1,,1$AMESH,ALL$ALLSEL,ALL                  !对上部的面划分网格
SFGRAD,PRES,,Y,3.5,−30000/2.5$SFL,13,PRES,0.0               !定义压力梯度并施加面荷载
LSEL,S,LOC,Y,0$DL,ALL,,ALL$LSEL,ALL                          !施加边界条件
/SOLU$ACEL,,9.8$SOLVE                                        !施加自重并求解
/POST1$PLDISP,1$PLNSOL,S,1                                   !后处理显示变形和主应力
!======================================================
```

5.4　PLANE25 单元

PLANE25 称为 2D 4 节点轴对称—谐结构实体单元,用于轴对称结构上作用有非轴对称荷载的 2D 模型,荷载可以是弯矩、剪力或扭矩。该单元由 4 个节点定义,每个节点有 3 个自由度,即沿节点坐标系 x、y 和 z 方向的平动位移。对非转动节点坐标系,方向相应为径向、轴向和切向。该单元是 PLANE42 轴对称分析的改进型单元,PLANE42 虽可用于轴对称分析,但荷载也必须是轴对称的,而单元 PLANE25 的荷载不必是轴对称的。PLANE25 单元的高阶单元是 PLANE83 单元。对于轴对称结构,2D 的此种单元可代替 3D 单元模型,进而可节约计算成本(如计算时间、内存和外存的要求等),但同时也增加了难度,如谐波数或模态数不同时表示的是何种情况等。

5.4.1　输入参数与选项

图 5-13 给出了单元几何、节点位置和单元坐标系,单元输入数据包括 4 个节点、谐波数目(用命令 MODE 的 MODE 项输入,即沿着圆周的谐波数目)、对称条件(用命令 MODE 的 ISYM 项输入)、正交各向异性材料属性。若 MODE＝0,则单元行为与 PLANE42 单元的轴对称情况相同,参数 MODE 和

ISYM 的解释详见下文。正交各向异性材料的方向在单元坐标系中定义，单元坐标系的定义方式用 KEYOPT(1)控制。谐变化的节点荷载应以 360°基数输入。

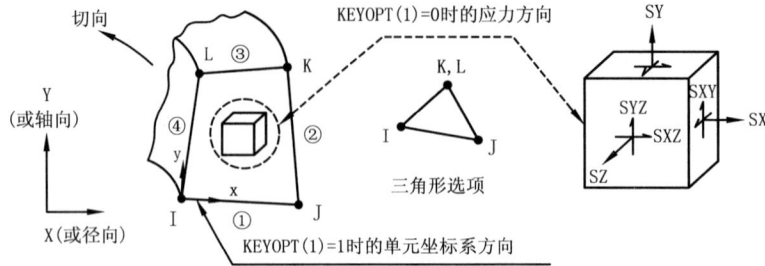

图 5-13 PLANE25 单元几何与应力

谐变化的压力荷载可作为单元边界上的面荷载输入，如图 5-13 所示的圆圈内数字，指向单元的压力为正，面荷载量纲均为"力/面积"。单元体荷载仅有谐变化的温度荷载，可施加在节点上，节点 I 的温度 T(I)缺省为 TUNIF，若未定义其余节点温度，则全部缺省为 T(I)。对其他任何形式的输入方式，未定义的温度均缺省为 TUNIF。

KEYOPT(2)用于控制形函数的附加项，KEYOPT(3)用于控制当 MODE＞0 时的温度荷载和随温度变化的材料性质，KEYOPT(4)、KEYOPT(5)、KEYOPT(6)等用于控制单元输出。

PLANE25 单元的输入参数与选项如表 5-9 所示。

PLANE25 单元输入参数与选项   表 5-9

参数类别	参 数 及 说 明
节点	I,J,K,L
自由度	UX,UY,UZ
实常数	无
材料属性	EX,EY,EZ,PRXY,PRYZ,PRXZ(或 NUXY,NUYZ,NUXZ),ALPX,PLPY,ALPZ(或 CTEX 等或 THSX 等),DENS,GXY,GYZ,GXZ,DAMP
面荷载	face1——I-J;face2——K-J;face3——L-K;face4——I-L
体荷载	温度——T(I),T(J),T(K),T(L)
谐波数	用命令 MODE 输入的谐波数，即命令中的 mode 项
荷载条件	用命令 MODE 输入的 ISYM 项： 1——对称荷载；-1——不对称荷载
特性	应力刚化、单元生死
KEYOPT(1)	单元坐标系定义方式： 0——单元坐标系平行于整体坐标系；1——单元坐标系基于单元 I-J 边定义
KEYOPT(2)	形函数附加项选择： 0——计入形函数附加项；1——不计形函数附加项
KEYOPT(3)	当 MODE＞0 时温度的作用： 0——仅用于热弯曲，材料性质由 TREF 条件确定；1——仅用于确定随温度变化的材料性质，不计算热应变
KEYOPT(4)	附加应力输出控制： 0——单元基本解；1——所有积分点的基本解；2——节点应力解
KEYOPT(5)	组合应力输出控制： 0——无组合应力输出；1——输出质心和节点的组合应力
KEYOPT(6)	附加边界解输出控制(仅对各向同性材料)： 0——单元基本解；1——增加边 I-J 的边界解；2——增加边 I-J 和 K-L 的边界解

5.4.2　输出数据

单元应力如图 5-13 中所示,单元应力方向与单元坐标系平行,在后处理中采用命令 SET 读入结果时,建议采用角度进行控制(命令 SET 的第六项)。

位移 UZ 与 UX 和 UY 异相。例如,当 MODE=1 且 ISYM=1 的荷载情况,UX 和 UY 表示 $\theta=0°$ 时的峰值,而 UZ 则表示 $\theta=90°$ 的峰值,支反力 FX、FY 和 FZ 与位移情况类同。

单元附加输出说明如表 5-10 所示,可通过命令 ETABLE 或 ESOL 定义并获得,表 5-11 为命令 ETABLE 或 ESOL 中的表项和序号。

PLANE25 单元输出说明　　　　　　　　　　　　　　表 5-10

名　称	说　明	O	R
EL,NODES,MAT,VOLU,XC,YC,PRES,TEMP,FACE,EPEL,EPTH 与表 5-2 相同			
MODE	谐波数	Y	—
ISYM	荷载条件	Y	—
PKANG	峰值应力处的角度值:0 或 90/MODE 度 若 MODE=0 则为空	Y	Y
S:X,Y,Z	PKANG 位置的正应力(径向、轴向和环向)	Y	Y
S:XY,YZ,XY	PKANG 位置的剪应力(径——轴向、轴——环向、径——环向)	Y	Y
S:1,2,3	PKANG 位置和极值位置的主应力 若 MODE=0 则仅输出一个位置的主应力	1	1
S:INT	PKANG 位置和极值位置的应力强度 若 MODE=0 则仅输出一个位置的应力强度	1	1
S:EQV	PKANG 位置和极值位置的等效应力 若 MODE=0 则仅输出一个位置的等效应力	1	1
EPEL(PAR,PER,Z,SH)	边界弹性应变(平行,垂直,Z 向,剪应变)	2	2
S(PAR,PER,Z,SH)	边界应力(平行,垂直,Z 或环向,剪应变)	2	2

注:1. 仅 KEYOPT(5)=1 时。

　　2. 当 KEYOPT(6)>0 时。

命令 ETABLE 和 ESOL 的表项和序号　　　　　　　　　　表 5-11

输出量名称	项 Item	I	J	K	L
P1	SMISC	2	1	—	—
P2	SMISC	—	4	3	—
P3	SMISC	—	—	6	5
P4	SMISC	7	—	—	8
$\theta=0$					
S1	NMISC	1	16	31	46
S2	NMISC	2	17	32	47
S3	NMISC	3	18	33	48
SINT	NMISC	4	19	34	49
SEQV	NMISC	5	20	35	50

输出量名称	项 Item	I	J	K	L
$\theta=90/\text{MODE}$					
S1	NMISC	6	21	36	51
S2	NMISC	7	22	37	52
S3	NMISC	8	23	38	53
SINT	NMISC	9	24	39	54
SEQV	NMISC	10	25	40	55
极值位置 EXTR 的值					
S1	NMISC	11	26	41	56
S2	NMISC	12	27	42	57
S3	NMISC	13	28	43	58
SINT	NMISC	14	29	44	59
SEQV	NMISC	15	30	45	60

注：①表中 NMISC 的 1～60 项为 KEYOPT(5)=1 时组合应力。

　　②若 MODE=0，则 $\theta=90/\text{MODE}$ 和 EXTR 处的值为零。

5.4.3　单元形函数及其他

(1)刚度矩阵与热荷载计算的形函数

当为四边形且不计形函数的附加项时，其形函数如下：

$$u=\frac{\cos l\beta}{4}\big[u_I(1-s)(1-t)+u_J(1+s)(1-t)+u_K(1+s)(1+t)+u_L(1-s)(1+t)\big] \tag{5-27}$$

$$v=\frac{\cos l\beta}{4}\big[v_I(1-s)(1-t)+v_J(1+s)(1-t)+v_K(1+s)(1+t)+v_L(1-s)(1+t)\big] \tag{5-28}$$

$$w=\frac{\sin l\beta}{4}\big[w_I(1-s)(1-t)+w_J(1+s)(1-t)+w_K(1+s)(1+t)+w_L(1-s)(1+t)\big] \tag{5-29}$$

当为四边形且计入附加项时，其形函数如下：

$$u=\Big\{\frac{1}{4}\big[u_I(1-s)(1-t)+u_J(1+s)(1-t)+u_K(1+s)(1+t)+u_L(1-s)(1+t)\big]+$$
$$u_1(1-s^2)+u_2(1-t^2)\Big\}\cos l\beta \tag{5-30}$$

$$v=\Big\{\frac{1}{4}\big[v_I(1-s)(1-t)+v_J(1+s)(1-t)+v_K(1+s)(1+t)+v_L(1-s)(1+t)\big]+$$
$$v_1(1-s^2)+v_2(1-t^2)\Big\}\cos l\beta \tag{5-31}$$

$$w=\Big\{\frac{1}{4}\big[w_I(1-s)(1-t)+w_J(1+s)(1-t)+w_K(1+s)(1+t)+w_L(1-s)(1+t)\big]+$$
$$w_1(1-s^2)+w_2(1-t^2)\Big\}\sin l\beta \tag{5-32}$$

式中：l——谐波数，即命令 MODE 的 MODE 项；

　　　β——沿切向或环向的角度。

当为三角形时，其形函数如下：

$$u=(u_IL_1+u_JL_2+u_KL_3)\cos l\beta \tag{5-33}$$

$$v=(v_IL_1+v_JL_2+v_KL_3)\cos l\beta \tag{5-34}$$

$$w=(w_IL_1+w_JL_2+w_KL_3)\sin l\beta \tag{5-35}$$

（2）质量矩阵和应力刚度矩阵计算的形函数

四边形时同式(5-1)和式(5-2)，而 w 类同 u 或 v 的插值表达式。三角形时同式(5-5)和式(5-6)，w 亦类同 u 或 v 的插值表达式。

刚度矩阵、应力刚度矩阵、质量矩阵、热荷载矢量等的积分点，当为四边形单元时有 2×2 个，当为三角形单元时有 3 个。压力荷载矢量形函数同单元刚度矩阵，但积分点为 2 个。单元和节点温度按双线性变化，在环向按谐波规律变化。压力荷载沿单元边线性变化，沿环向按谐波变化。

5.4.4　注意事项

（1）单元面积必须为正。

（2）单元必须位于整体坐标系的 XOY 平面内；对轴对称分析，Y 轴必须为对称轴，且结构必须位于 +X 侧。

（3）当节点 K 和 L 的节点号相等时，可定义三角形单元，且形函数的附加项自动删除，此时形成常应变单元。

（4）单元仅考虑线弹性材料，并假定材料沿切向完全相同，并且不能考虑大变形效应。

（5）只有在一定条件下才可输出边界应力。

（6）扭转应力不大时，可使用对称荷载(MODE=0)获取应力状态以进行有预应力的模态分析。

5.4.5　应用举例

如图 5-14 所示轮与断面，设 R0＝50mm，R1＝110mm，R2＝445mm，R3＝520mm，H1＝160mm，H2＝60mm，H3＝400mm，材料的弹性模量为 210GPa，泊松系数为 0.3，密度为 7850kg/m³。轴处固结，对该轮进行模态分析。

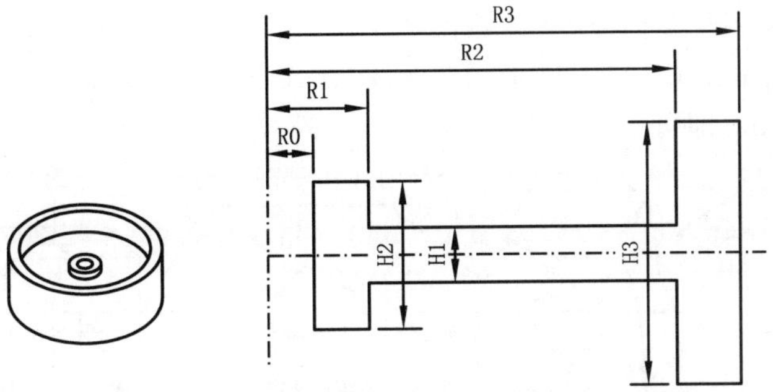

图 5-14　轮示意与断面尺寸

采用单元 PLANE25 模拟，可分别设谐波数 MODE＝0～4 进行计算。当 MODE＝0 时，表示沿圆周无波状变形，模态形状为沿着轴向的变形；当 MODE＝1 时，表示沿圆周有 1 个波状变形，顶底面呈向异侧变形的模态形状；当 MODE＝2 时，表示沿着圆周存在 2 个波状变形，顶底面呈两个方向的椭圆形状的模态；当 MODE＝3 时，顶底面呈两个方向的圆角三角形形状的模态等等。随着谐波数的增加，所对应的模态阶数会越来越高；当 MODE 一定时，所求解高阶模态是在该谐波数下的其他阶模态；因此采用单元 PLANE25 分析时，不易确定是何阶模态，且较难获取模态的直观形状。另外，采用单元 PLANE25 容易丢失模态，如沿着轴向的波形等。因此，当模型不是特别庞大时，建议采用 3D 模型。分析命令流如下。

```
!
!EX5.8 轮的模态计算
FINISH$/CLEAR$/PREP7
R0=0.05$R1=0.11$R2=0.445$R3=0.52$H1=0.16$H2=0.06$H3=0.4                    !定义几何参数
ET,1,PLANE25$MP,EX,1,2.1E11$MP,PRXY,1,0.3$MP,DENS,1,7850                   !定义单元类型及材料性质
```

```
BLC4,R0,－H1/2,(R1－R0),H1$BLC4,R0,－H2/2,R3－R0,H2        !创建两个面
BLC4,R2,－H3/2,R3－R2,H3$APTN,ALL                         !创建面并进行搭接运算
MSHKEY,1$ESIZE,0.01$AMESH,ALL                            !划分网格
LSEL,S,LOC,X,R0$DL,ALL,,ALL$LSEL,ALL                     !施加边界条件
/SOLU$ANTYPE,2$MODOPT,LANB,1$MXPAND,1                    !定义模态提取方法、模态数及模态扩展数
＊DO,I,1,5$MODE,I－1$SOLVE                                 !循环设置谐波数并求解
＊GET,FRE%I－1%,MODE,1,FREQ$＊ENDDO                        !获取不同 MODE 下的模态频率
＊STAT                                                    !显示所有参数值
!
```

5.5　PLANE83 单元

　　PLANE83 称为 2D 8 节点轴对称—谐结构实体单元,用于轴对称结构上作用有非轴对称荷载的 2D 模型,荷载可以是弯矩、剪力或扭矩。该单元由 8 个节点定义,每个节点有 3 个自由度,即沿节点坐标系 x、y 和 z 方向的平动位移。对非转动节点坐标系,方向相应为径向、轴向和切向。该单元是 PLANE25 的高阶单元,对四边形和三角形的混合网格具有较高的精度,即使是不规则形状,其精度降低也很小。该单元是 PLANE82 轴对称分析的改进型单元,PLANE82 虽可用于轴对称分析,但荷载也必须是轴对称的,而单元 PLANE83 的荷载不必是轴对称的。

　　图 5-15 给出了单元几何、节点位置和单元坐标系,单元输入数据包括 8 个节点、谐波数目、对称条件和正交各向异性材料属性。其余输入内容同单元 PLANE25。

　　PLANE83 单元的输入参数与选项与表 5-9 几乎相同,区别仅在于该单元增加了 4 个节点,且无 KEYOPT(2)选项。

　　输出数据和注意事项与单元 PLANE25 相同。

　　该单元的形函数可用单元 PLANE82 形函数表述,在式(5-23)~式(5-26)的基础上,u 和 v 的右边项乘 coslβ,w 的右边项乘 sinlβ 即可。

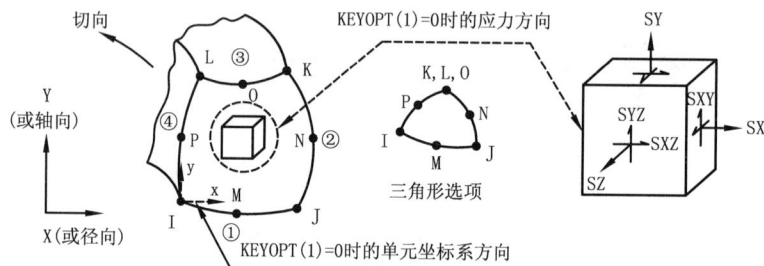

图 5-15　PLANE83 单元几何与应力

5.6　PLANE145 单元

　　PLANE145 称为 2D 8 节点四边形结构实体 p 单元,最高可支持 8 阶多项式的形函数。该单元由 8 个节点定义,每个节点有 2 个自由度,即沿节点坐标系 x 和 y 方向的平动位移。该单元既可作为平面单元(平面应变或平面应力),也可作为轴对称单元。

　　有限元应力分析提高精度的方法有 h 方法、p 方法、r 方法和自适应方法。h 方法最为常用,即不改变各单元的形函数,只逐步提高网格密度使得结果向正确解逼近,且该方法的形函数多采用二次函数。p 方法不需改变网格形式和密度,而是提高形函数的阶次(p 水平)借以提高应力分析的精度。r 方法不改变单元数目即单元的总自由度保持不变,通过移动节点来减小离散误差。自适应方法运用反馈原理,利用上一步的计算结果修正有限元模型,以提高计算精度。ANSYS 中可使用 p 方法的单元称为用 p 单元,有 PLANE145、PLANE146、SOLID147、SOLID148 及 SHELL150 等单元。尽管有同时使用 h 方法和 p

方法的混合方法,但 ANSYS 不能同时使用这两种方法。

p 方法原理:在一定的网格密度下,按照给定的 p 水平求解,然后逐步增大 p 水平,对该网格再次求解;每一次进行迭代后求解,把两个 p 水平的结果误差与收敛准则进行比较;用户可以定义收敛判据中包括模型某一点或某些点的位移、转角、应力、应变以及总体应变能等;p 水平越高,则有限元解越接近真实解。p 方法的优点是不需用户严格地控制网格,就可以使求解提高到合适的精度水平;另外 p 方法提供了比 h 方法更精确的误差评估,可以按局部计算,也可以按总体计算,如用户需要获得在某点上的高精度解则 p 方法是最佳选择。

5.6.1　输入参数与选项

单元几何、节点位置和单元坐标系(缺省的单元坐标系与总体坐标系平行)如图 5-7 所示,中间节点不能去除。将节点 K、L 和 O 定义为同一节点号可形成三角形单元,与 6 节点的 PLANE146 单元类似。输入数据除节点外,还有单元厚度[仅 KEYOPT(3)=3 时]和正交各向异性材料属性。正交各向异性材料方向在整体坐标系中定义。

面荷载及温度同单元 PLANE42,PLANE145 单元的输入参数与选项如表 5-12 所示。

PLANE145 单元输入参数与选项　　　　　　　　　　　　　　表 5-12

参数类别	参 数 及 说 明
自由度、实常数、材料属性、面荷载、体荷载(仅温度)、KEYOPT(3)同表 5-1	
节点	I,J,K,L,M,N,O,P
特性	无(仅用于线性静力分析)
KEYOPT(1)	p 水平的起始值: 0——使用总体起始值(命令 PPRANGE 定义),缺省;N——起始值(2≤N≤8)
KEYOPT(2)	p 水平的最大值: 0——使用总体起始值(命令 PPRANGE 定义),缺省;N——最大值(2≤N≤8)

5.6.2　输出数据与其他

单元输出说明的 EL、MAT、VOLU、XC、YC、TEMP、S(X,Y,Z,XY)、S(1,2,3)、SINT、SEQV、EPEL(X,Y,Z,XY)、EPEL(1,2,3)、EPEL(EQV)等同表 5-2。仅 p 水平不同,可用 ETABLE 或 ESOL 中的表项 NMISC 和序号 1 获取。

单元刚度矩阵等所采用的几何形函数如式(5-23)~式(5-26),而解的形函数采用 2~8 阶的多项式,积分点数是可变的。

单元面积和建模要求等同单元 PLANE42 的要求。除此之外,节点力必须施加在角节点上;支座位移以边长线性变化,任何非线性变化形式均被忽略;该单元不支持惯性释放。

5.6.3　应用举例

(1)具中心圆孔的有限宽板的拉伸——p 单元

如图 5-5 所示的具中心圆孔的板,采用单元 PLANE145 进行分析。这里采用 1/4 模型计算,不进行面的切分,采用缺省设置进行初始网格划分(图 5-16),以 A 点的水平应力进行控制,即当两个不同 p 水平计算的 A 点水平应力满足误差要求时终止求解,本例的收敛误差选为 0.5%,p 水平在 3~6 之间。

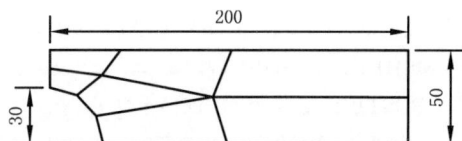

图 5-16　缺省设置时的网格划分
(尺寸单位:mm)

通过求解可知,当 p 水平等于 3 时 $\sigma_{AX}=211.51\mathrm{MPa}$,而当 p 水平等于 4 时 $\sigma_{AX}=212.36\mathrm{MPa}$,二者误差为 0.4%,满足 0.5% 的收敛准则,因此程序在 p 水平等于 4 时求解结束。所求应力与理论结果的误差为 0.7%,也就是说两个 p 水平的计算结果误差仅用于控制程序的行为,而所求结果与正确解的误差不是一个概念。从计算模型可以看出,所划分的网格很粗糙,总自由度很小,但计算结果可令人满意(命令流如下)。为进行比较,下面再采用自适应网格划分技术进行分析。

```
!══════════════════════════════════════════════════
!EX5.9 具中心圆孔的有限宽板的拉伸——p 单元
FINISH$/CLEAR$/PREP7$D=100$R=30$T=6$P=24E3          !定义几何和荷载参数
ET,1,PLANE145,3,6,3$R,1,T                            !定义单元类型和实常数,P 水平设为 3~6 之间
MP,EX,1,2.1E5$MP,PRXY,1,0.3                          !定义材料性质
BLC4,,,2*D,D/2$CYL4,,,R$ASBA,1,2                     !创建几何模型
LSEL,S,LOC,X,0$DL,ALL,,SYMM                          !施加对称边界条件
LSEL,S,LOC,Y,0$DL,ALL,,SYMM                          !施加对称边界条件
LSEL,S,LOC,X,2*D$SFL,ALL,PRES,-P/(D*T)               !施加荷载
LSEL,ALL$AMESH,ALL$FINISH                            !生成有限元网格
/SOLU$PCONV,0.5,S,X,NODE(0,R,0)$SOLVE                !设置节点水平应力求解误差为 0.5%
/POST1$SET,1,1$NODEA=NODE(0,R,0)                     !进入后处理,获取节点号
*GET,SAX,NODE,NODEA,S,X$*STAT                        !获取 A 节点的水平应力并显示
!══════════════════════════════════════════════════
```

(2)具中心圆孔的有限宽板的拉伸——自适应网格划分

同上例子,采用单元 PLANE42 的自适应网格划分技术求解,设能量模误差为 5%,映射网格划分类型,不同的能量模误差时的网格如图 5-17 所示。若采用自由网格划分类型,则求解的迭代次数将很多,且网格密度远大于同误差下的映射网格。在 SEPC=5 收敛条件下,ANSYS 最终得到的 σ_{AX} = 212.488MPa,与理论解的误差为 0.7%。从图 5-17b)可知,其网格密度较图 5-16 要大的多,也即其求解效率要低很多。命令流如下。

a) SEPC=16.1   b) SEPC=3.9

图 5-17   PLANE42 的自适应网格划分

```
!══════════════════════════════════════════════════
!EX5.10 具中心圆孔的有限宽板的拉伸——PLANE42 自适应
FINISH$/CLEAR$/PREP7$D=100$R=30$T=6$P=24E3                !定义几何和荷载参数
ET,1,PLANE42,,,3$MP,EX,1,2.1E5$MP,PRXY,1,0.3$R,1,T        !定义单元类型、材料性质、实常数
BLC4,,,2*D,D/2$CYL4,,,R$ASBA,1,2                          !创建几何模型
WPROTA,,,90$WPOFF,,,2*R$ASBW,ALL                          !切分几何模型的整体
WPLANE,,0,0,0,2*R,D/2$WPROTA,,90$ASBW,ALL                 !切分几何模型的圆面部分
WPCSYS,-1$LSEL,S,LOC,X,0$DL,ALL,,SYMM                     !施加对称边界条件
LSEL,S,LOC,Y,0$DL,ALL,,SYMM                               !施加对称边界条件
LSEL,S,LOC,X,2*D$SFL,ALL,PRES,-P/(D*T)$LSEL,ALL           !施加荷载
MSHKEY,1$ADAPT,10,5,,0.2,2.5$FINISH                       !设置映射网格类型,执行自适应网格划分
/POST1$SET,1,1$NODEA=NODE(0,R,0)                          !进入后处理
*GET,SAX,NODE,NODEA,S,X$*STAT                             !获取应力值并显示
!══════════════════════════════════════════════════
```

(3)具 U 形缺口板拉伸的应力集中分析

如图 5-18a)所示的带 U 形缺口板,设材料的弹性模量为 210GPa,泊松系数为 0.3,板厚度为 4mm,P=12kN。根据文献资料[13],缺口底部水平应力的应力集中系数为 1.87178,可求得理论应力为 187.178MPa。

根据对称性,取 1/4 模型分析,板长度方向取 4 倍板宽。为快速收敛,将板面切分一次,同时虽可采用缺省网格尺寸进行划分,但这里指定一个网格划分尺寸,所划分的网格如图 5-18b)所示。以缺口底部水平应力控制误差,两次计算的误差控制在 1%,p 水平定义为 3~6 之间。

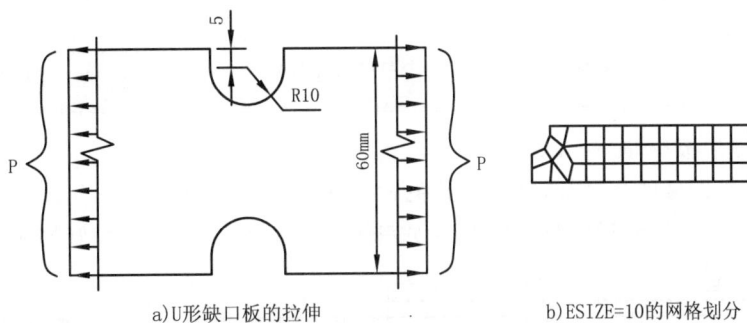

a)U 形缺口板的拉伸　　　　b)ESIZE=10 的网格划分

图 5-18　具 U 形缺口板与 p 单元网格

计算表明,当 p 水平分别为 3、4、5、6 时,水平应力依次为 175.96MPa、180.20MPa、185.42MPa、186.29MPa,循环 4 次后收敛于 p 水平等于 6 时,此时收敛结果与理论解的误差仅为 0.5%,足见 p 单元的求解效率和精度。求解的命令流如 EX5.11。

```
!==============================================================================
!EX5.11 具两个 U 形缺口的矩形板拉伸——p 方法
FINISH$/CLEAR$/PREP7$R=10$H=15$D=60$T=4$P=12000            !定义几何和荷载参数
BLC4,,,2*D,D/2$BLC4,,D/2−(H−R),R,(H−R)$CYL4,,D/2−(H−R),R   !创建三个面
ASEL,U,,,1$CM,A1,AREA$ASEL,ALL$ASBA,1,A1                   !进行面的布尔减运算
WPOFF,2*H$WPROTA,,,90$ASBW,ALL$WPCSYS,−1                   !切分面
LSEL,S,LOC,X,0$DL,ALL,,SYMM                                !施加对称边界条件
LSEL,S,LOC,Y,0$DL,ALL,,SYMM                                !施加对称边界条件
LSEL,S,LOC,X,2*D$SFL,ALL,PRES,−P/(D*T)$LSEL,ALL            !施加荷载
ET,1,PLANE145,3,6,3$MP,EX,1,2.1E5$MP,PRXY,1,0.3$R,1,T      !定义单元类型、P 水平和材料性质等
ESIZE,10$AMESH,ALL$PCONV,1.0,S,X,NODE(0,D/2−H,0)           !定义单元尺寸、划分网格、收敛控制
/SOLU$SOLVE$FINISH$/POST1$SET,1,1                          !求解并进入后处理
*GET,SAX,NODE,NODE(0,D/2−H,0),S,X$*STAT                    !获取 U 形底部水平应力并显示
!==============================================================================
```

为进行比较,本例也采用 PLANE42 单元和自适应网格划分技术进行求解,以比较二者的求解效率和规模。采用 5% 的能量模误差比,经过两次迭代后获得收敛,收敛时的网格如图 5-19 所示,计算的 U 底水平应力为 184.134MPa,与理论解的误差约为 2%。也可进一步减小能量误差百分比,从而可求得更接近理论解的近似解。命令流如下。

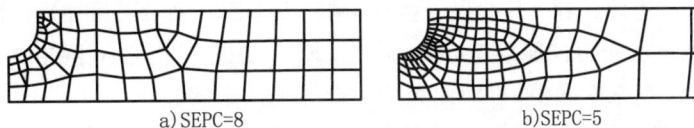

a)SEPC=8　　　　　　　b)SEPC=5

图 5-19　具 U 形缺口板的自适应网格划分

```
!==============================================================================
!EX5.11 具两个 U 形缺口的矩形板拉伸——自适应网格划分
FINISH$/CLEAR$/PREP7$R=10$H=15$D=60$T=4$P=12000            !定义几何和荷载参数
BLC4,,,2*D,D/2$BLC4,,D/2−(H−R),R,(H−R)$CYL4,,D/2−(H−R),R   !创建三个面
ASEL,U,,,1$CM,A1,AREA$ASEL,ALL$ASBA,1,A1                   !进行面的布尔减运算
WPOFF,2*H$WPROTA,,,90$ASBW,ALL$WPCSYS,−1                   !切分面
```

```
LSEL,S,LOC,X,0$DL,ALL,,SYMM                          !施加对称边界条件
LSEL,S,LOC,Y,0$DL,ALL,,SYMM                          !施加对称边界条件
LSEL,S,LOC,X,2 * D$SFL,ALL,PRES,−P/(D * T)$LSEL,ALL   !施加荷载
ET,1,PLANE42,,,3$MP,EX,1,2.1E5$MP,PRXY,1,0.3$R,1,T    !定义单元类型、材料性质和实常数
ADAPT,10,5$FINISH                                    !自适应网格划分求解
/POST1$SET,1,1$ * GET,SAX,NODE,NODE(0,D/2−H,0),S,X    !后处理,获取计算点应力
!============================================================
```

(4)具多孔和凹域的板拉伸

如图 5-20a)所示带凹域的多孔板,材料参数见命令流。凹域角点为应力奇异点,在弹性范围内其数值无法通过有限元方法求得,通过对整个模型的误差估计和控制,可以获得较好的应力分布。

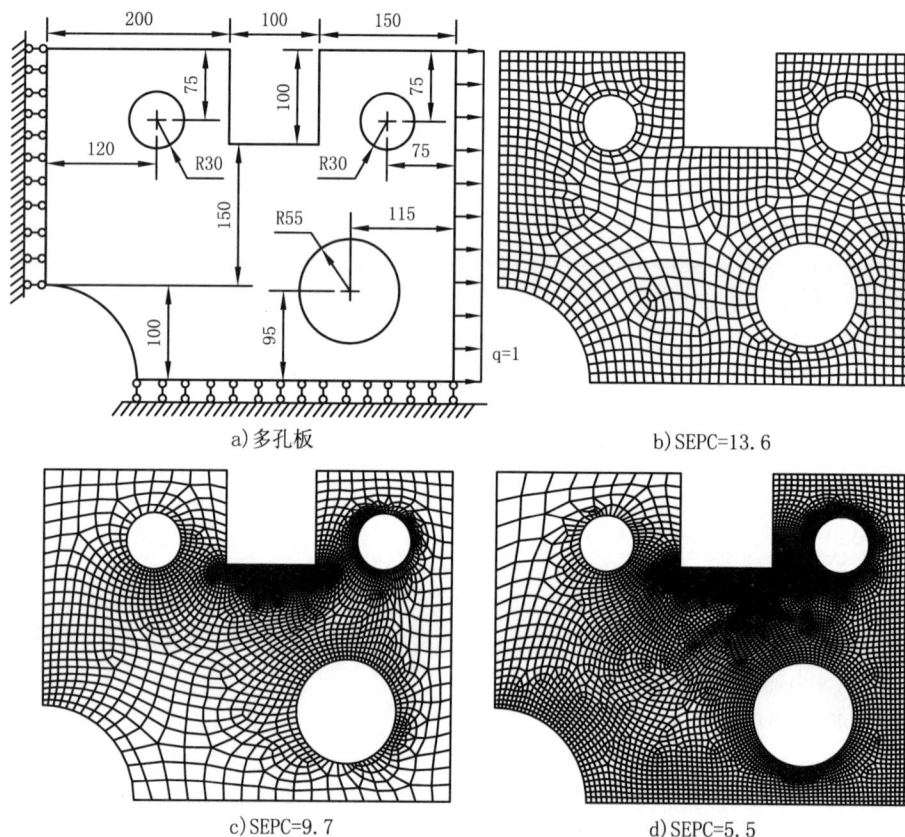

a)多孔板 b)SEPC=13.6 c)SEPC=9.7 d)SEPC=5.5

图 5-20 PLANE42 的多孔板自适应网格划分(尺寸单位:mm)

首先,以单元 PLANE42,设置 KESIZE=10 对第一次网格进行划分,其后按自适应网格划分技术对网格进行再分。经过 3 次迭代达到 6% 的误差控制,网格及 SEPC 如图 5-20b)、c)所示,最终求得的最大位移为 0.015487。凹域角点应力仅能参考,因为随着 SEPC 的进一步减小,网格会进一步加密,其应力数值会不断变化且不会收敛到某个数值,也即此处应力奇异无法求解。

其次,因单元 PLANE2 适于复杂结构,尤其是曲边结构,这里再以此单元为例采用自适应网格划分技术求解,要求同上。经过 2 次迭代达到要求,网格及 SEPC 如图 5-21a)、b)所示,最终求得的最大位移为 0.015499。

再次,采用单元 PLANE145 的 p 方法进行分析,因存在应力奇异,这里不采用应力或位移的误差控制,而采用应变能误差百分比控制。初始网格划分时设置 ESIZE=20 进行控制,误差百分比为 0.1,即当两次 p 水平计算的应变能误差在 0.1% 时终止计算。计算表明,当 p 水平等于 5 时达到误差要求,此时最大位移为 0.01544。

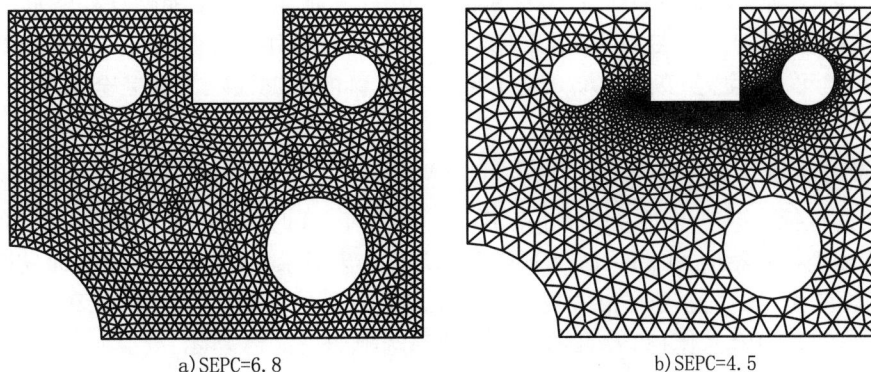

a) SEPC=6.8　　　　　　　　　　　b) SEPC=4.5

图 5-21　PLANE2 的多孔板自适应网格划分

一般地,自适应网格划分的能量模误差百分比≤5 时,计算结果比较可靠。而 p 方法采用应力控制时误差百分比在 2～5 之间,或应变能误差百分比很小时,其计算结果也比较可靠。

上述计算的命令流如 EX5.12～EX5.14 所示。

```
!=================================================================
!EX5.12 多孔板自适应网格划分——PLANE42
FINISH$/CLEAR$/PREP7$BLC4,,,450,350$BLC4,200,250,100,100        !创建两个矩形面
CYL4,,,100$CYL4,335,95,55$CYL4,120,275,30$CYL4,375,275,30       !创建多个圆面
ASEL,U,,,1$CM,A1,AREA$ASEL,ALL$ASBA,1,A1                        !面减运算生成几何模型
LSEL,S,LOC,X,0$DL,ALL,,UX$LSEL,S,LOC,Y,0$DL,ALL,,UY            !施加边界条件
LSEL,S,LOC,X,450$SFL,ALL,PRES,-1.0$LSEL,ALL                    !施加荷载
ET,1,PLANE42,,,3$MP,EX,1,1E5$MP,PRXY,1,0.3$R,1,1.0            !定义单元类型、材料性质和实常数
KESIZE,ALL,10$ADAPT,10,6$FINISH                                !定义第一次网格尺寸并计算
/POST1$SET,1,1$PLNSOL,S,1                                      !后处理
!=================================================================
EX5.13 多孔板自适应网格划分——PLANE2(仅定义单元与 EX5.12 不同,其余完全相同)
!=================================================================
!EX5.14 多孔板自适应网格划分——p 方法
! 创建模型,施加边界条件和荷载,材料性质、实常数等同 EX5.12
ET,1,PLANE145,3,6,3                                            !定义单元类型,p 水平从 3 到 6 变化
ESIZE,20$AMESH,ALL                                             !定义网格尺寸以便加速收敛
PCONV,0.1,SE$FINISH                                            !采用应变能误差百分比控制
/SOLU$SOLVE$/POST1                                             !求解并进入后处理,后处理同前
!=================================================================
```

5.7　PLANE146 单元

PLANE146 称为 2D 三角形结构实体 p 单元,最高可支持 8 阶多项式的形函数。该单元由 6 个节点定义,每个节点有 2 个自由度,即沿节点坐标系 x 和 y 方向的平动位移。该单元既可作为平面单元(平面应变或平面应力),也可作为轴对称单元。

单元几何如图 5-10 和图 5-11 所示。该单元与单元 PLANE145 的功能与用法相同,此处不再介绍。

5.8　PLANE182 单元

PLANE182 称为 2D 4 节点结构实体单元,用于模拟平面实体结构。该单元既可作为平面单元(平面应力、平面应变或广义平面应变),也可作为轴对称单元。该单元由 4 个节点定义,每个节点有 2 个自由

度,即沿节点坐标系 x 和 y 方向的平动位移,单元模型如图 5-1 所示。该单元除具有单元 PLANE42 的塑性、蠕变、应力刚化、大变形、大应变、单元生死、初应力输入等特性外,还具有超弹、黏弹、黏塑和单元技术自动选择等特性,且可利用混合公式模拟几乎不可压缩材料的弹塑性行为和完全不可压材料的超弹行为。该单元的高阶单元为 PLANE183。

5.8.1 输入参数与选项

单元输入数据包括 4 个节点、单元厚度[仅 KEYOPT(3)＝3 时]和正交各向异性材料属性。缺省的单元坐标系与整体坐标系相同,可利用命令 ESYS 定义单元坐标系,以便定义正交各向异性材料的方向。

压力荷载、初应力、压力刚度的相关规定与单元 PLANE42 相同,但本单元无热流荷载。仅某些 KEYOPT 的定义不同。PLANE182 单元的输入参数与选项如表 5-13 所示。

PLANE182 单元输入参数与选项   表 5-13

参 数 类 别	参 数 及 说 明
节点	I,J,K,L
自由度	UX,UY
实常数	THK——当 KEYOPT(3)＝3 时的厚度;HGSTF——当 KEYOPT(1)＝1 时的沙漏刚度比例系数,缺省为 1.0 若输入为 0.0 则采用缺省系数,即 1.0
材料属性	EX, EY, EZ, PRXY, PRYZ, PRXZ(或 NUXY, NUYZ, NUXZ), ALPX, PLPY, ALPZ, DENS, GXY, GYZ, GXZ,DAMP
面荷载	face1——I-J;face2——K-J;face3——L-K;face4——I-L
体荷载	温度——T(I),T(J),T(K),T(L)
特性	塑性、超弹、黏弹、黏塑、蠕变、应力刚化、大变形、大应变、单元生死、初应力输入、单元技术自动选择
KEYOPT(1)	单元技术: 0——完全积分的 B 方法;1——沙漏控制的减缩积分;2——增强应变算法;3——简化增强应变算法
KEYOPT(3)	单元行为: 0—平面应力;1——轴对称;2——平面应变(Z 方向应变＝0);3——考虑单元厚度的平面应力;5——广义平面应变
KEYOPT(6)	单元公式: 0——仅采用位移法(缺省);1——采用 u-P 混合公式法(平面应力无效)
KEYOPT(10)	初应力输入: 0——不使用用户子例程输入初应力(缺省);1——使用用户子例程输入初应力

5.8.2 输出数据

单元输出数据与 PLANE42 类似,单元输出说明如表 5-14 所示,命令 ETABLE 或 ESOL 中的表项和序号与表 5-3 相同,但输出量仅有 P1,P2,P3,P4 及 THICK 参数。

PLANE182 单元输出说明   表 5-14

名 称	说 明	O	R
本表具有项目的说明同表 5-2,但下列除外			
EPTO:X,Y,Z,XY	总机械应变(EPEL＋EPPL＋EPCR,无热应变)	Y	—
EPTO:EQV	总等效机械应变(EPEL＋EPPL＋EPCR)	Y	—
SEND:ELASTIC,PLASTIC,CREEP	应变能密度(仅用于非线性时)	—	Y
SVAR:1,2,…,N	态变数(仅用于 USERMAT 子例程)	—	Y

5.8.3 单元技术

PLANE182 四边形单元的形函数同式(5-1)和式(5-2),三角形单元时同式(5-5)和式(5-6)。

有限元法在形成刚度矩阵时常常采用高斯积分,如 BEAM18x、PLANE、SOLID 及 SHELL 单元等,完全积分在某些情况下会出现"剪切闭锁"、"膜闭锁"或"体积闭锁"问题,现就几个概念和克服闭锁的主要方法介绍如下。

(1)剪切闭锁(Shear Locking)

在受弯为主的线性单元中,当采用完全积分形成单元刚度矩阵时,导致不恰当地夸大了剪切应变能,产生了虚假剪应变,单元性能表现"过于刚硬",使计算变形较真实变形小很多,这种现象就是所谓的"剪切闭锁"。随着单元网格密度的增加,这种现象会逐渐减弱,但会大大增加计算量;或者采用高阶单元也可克服这种现象。目前常用的方法有减缩积分法、选择性减缩积分法、增强应变法、假设剪切应变法、混合公式法、非协调位移法等。

如铁摩辛柯梁单元,当高跨比趋于无限小时,采用完全积分会导致剪切闭锁。因此,ANSYS 的 BEAM18x 系列单元就采用了选择性减缩积分,用户不必考虑剪切闭锁问题,况且实际结构不会存在高跨比无限小的梁结构。

如 2D 单元 PLANE42 无 ESF 时[KEYOPT(2)=1 时],在纯弯曲时会发生剪切闭锁,详见下文讨论。因此该单元缺省时采用了有 ESF(插值函数的附加项)选项,即采用非协调元,以克服剪切闭锁问题。3D 单元 SOLID45 有与此类似的选项。

膜闭锁现象与剪切闭锁类似,在受弯为主的低阶板壳单元中,完全积分夸大了膜应变能,产生了虚假膜应变,从而产生膜闭锁现象。

(2)体积闭锁(Volumetric Locking 或 Volumetric Mesh Locking)

对不可压缩或几乎不可压缩的材料,当采用低阶单元时,完全积分不能保证体积变形为零,即不正确地夸大了体积变形刚度,导致变形过小而失真,即所谓"体积闭锁"现象。采用高阶单元或增加单元网格密度会大大削弱体积闭锁现象,但同时增加了计算量。目前常用的方法也有减缩积分法、选择性减缩积分法、增强应变法、假设剪切应变法、混合公式法、非协调位移法等。但减缩积分会造成低阶单元的"零能模式(Zero Energy Mode)"或称"沙漏现象(Hourglass Effect)",即因降阶积分使单元积分点仅有一个,虽然单元发生了变形,但不能正确计算应变能,甚至引起零刚度,导致结构变形过大而失真,因此在采用减缩积分时常常伴有沙漏控制技术。

体积闭锁的主要特征有:绘制单元的静水压力云图时出现"棋盘状"的交变模式;变形远小于预期结果,特别是非线性分析;单元应力云图和节点应力云图差别巨大,最小和最大应力也差别很大;非线性分析不能收敛等。

沙漏的主要特征有:变形后的网格出现"之"字形形态;位移的绝对值非常大(略加辨识便知),但应变和应力正常;非线性分析不能收敛等。

如对常规的泊松系数材料,采用 3D 单元 SOLID45,当无 ESF 且采用完全积分时,会发生剪切闭锁现象(变形过小);而当有 ESF 且采用完全积分时结果正常。对几乎不可压缩材料(如泊松系数取 0.499),当无 ESF 且采用完全积分时会发生体积闭锁现象(变形过小);当采用减缩积分时又会产生沙漏现象(变形过大)。

(3)几种积分算法

高斯积分阶数等于被积函数所有项次精确积分所需阶数的积分方案,称之为完全积分或精确积分(Full Integration)。如 2D 的 4 节点双线性单元(无 ESF),当单元形状为矩形或平行四边形时,完全积分应采用 2×2 阶高斯积分,而当为任意四边形时,则应采用 3×3 阶高斯积分。高斯积分阶数低于被积函数所有项次精确积分所需阶数的积分方案称之为减缩积分(Reduced Integration),减缩积分实质上是修改了插值函数,它往往不但可取得较完全积分更好的积分精度,且可防止出现完全歪曲的结果。

一点的应力张量可分解为球应力张量和偏应力张量。当质点处于球应力状态下,该点为各向均匀的受力状态,任意方向均为主应力且相等,任何切面上都无剪应力,其状态与承受静水压力相同,它只引起物体的体积变化,而不能使物体发生形状变化。对于一般金属材料,应力球张量所引起的体积变化是弹性的。在应力偏张量中不再包含各向等应力的成分,它不引起物体的体积变化,且因应力偏张量中的剪应力成分与整个应力张量中的剪应力成分完全相等,因此应力偏张量包括了应力张量作用下的形状变化因素。也就是说,物体在应力张量作用下的变形包括体积变形和形状变化两部分,前者取决于应力张量中的球应力张量,后者取决于应力偏张量。

对几乎不可压缩材料和完全不可压缩材料,将刚度矩阵分为两部分,即球应力(静水压力或平均应力)和偏应力对应的两部分,表现"刚性"的球应力部分采用减缩积分,此方法称为"选择性减缩积分"(Selective Reduced Integration)。对于各项同性弹性材料比较容易地将应力分为球应力和偏应力,但对于弹塑性材料就不太容易。为此可将 B 矩阵分成球应力和偏应力对应的两部分,而球应力形成的刚度矩阵采用减缩积分,此法称为 B 方法(B-bar)。B 方法可防止不可压缩材料中的体积闭锁,即用单元的平均体积应变代替高斯点的体积应变,但此法不能防止受弯为主时的剪切闭锁。当体积闭锁和剪切闭锁都可能存在时,应采用增强应变算法。

一致减缩积分法(Uniform Reduced Integration)不再区分体积变形和形状变化,均采用一个积分点的降阶积分以防止体积闭锁,此法较 B 方法具有更高的效率,但由于会出现零能模式,因此引入了控制沙漏的"虚能量",同时又可能会降低计算结果的精度。当采用一致减缩积分时,应检查单元的总能 SENE 和虚能 AENE(可利用 ETABLE 获取),当 AENE/SENE 在 5% 之内时,计算结果是可行的,否则应重新划分网格,可用命令 OUTPR,VENG 监视此比值。

增强应变算法(Enhanced Strain Formulation)既能防止受弯为主时的剪切闭锁,又能防止几乎不可压缩材料的体积闭锁。该算法引入 4 个内部自由度以克服剪切闭锁,如平面应变、轴对称、广义平面应变(用混合 u-P 公式时)和平面应力问题等;对平面应变、轴对称和广义平面应变(用位移有限元时)再增加一个内部自由度(共 5 个)以克服体积闭锁。所有内部自由度均在单元阶段自动引入,并被静力凝聚掉,用户无法获取这些自由度的结果。增强应变法由于引入内部自由度且又凝聚掉,其效率较 B 方法或一致减缩积分低。

简化增强应变算法(Simplified Enhanced Strain Formulation)能够防止受弯为主时的剪切闭锁,是增强应变算法的特例,它仅引入 4 个内部自由度,无法克服几乎不可压缩材料的体积闭锁,但当采用 u-P 公式时除外。因此平面应力和采用 u-P 公式时简化增强应变算法和增强应变算法结果相同,另外平面应力不会发生体积闭锁现象。

ANSYS 程序本身对不可压缩的单元缺省了算法,如高阶单元(PLANE183、SOLID186~187)通常用一致减缩积分,低阶单元(PLANE182、SOLID185)用 B 方法。B 方法和增强应变算法不能用于高阶单元,而混合 u-P 技术独立于其他技术,可以和 B 方法、增强应变算法或一致减缩积分法联合使用。

一般而言,闭锁现象发生在低阶单元的某种情况下,如单元密度过低、约束很少、单元厚度方向单元过少等等,采用高阶单元可克服剪切闭锁,而仅在完全积分时才有可能会发生体积闭锁且无沙漏现象。因此推荐选择高阶单元,并在各方向具有一定的网格密度,就可避免闭锁现象了。

(4)形函数及积分点

刚度矩阵、应力刚度矩阵及热荷载矢量的形函数,当为四边形单元时同式(5-1)和式(5-2),此时若 KEYOPT(1)=0,2,3 则有 2×2 个积分点,若 KEYOPT(1)=1 则仅有 1 个积分点;当为三角形时其形函数同式(5-5)和式(5-6),此时仅有 1 个积分点。

质量矩阵的形函数同刚度矩阵,但当为四边形单元时积分点为 2×2 个,当为三角形单元时积分点仅有 1 个。压力荷载矢量的形函数同刚度矩阵,但积分点为 2 个。

5.8.4　注意事项

(1)单元面积必须为正。

(2)单元必须位于整体坐标系的 XOY 平面内;对轴对称分析,Y 轴必须为对称轴,且结构必须位于 +X 侧。

（3）当节点 K 和 L 的节点号相等时，可定义三角形单元。当采用三角形单元时，可指定采用 B 方法或增强应变算法，以及退化后的形函数和传统的积分方案。

（4）当采用 u-P 混合公式时，必须使用稀疏矩阵求解器（缺省）或波前求解器。

（5）对于循环对称结构模型，ANSYS 推荐使用增强应变算法。

（6）在几何非线性分析（NLGEOM,ON）中总是包括应力刚度。在线性分析中（NLGEOM,OFF）则不包括应力刚度，即便打开应力刚化效应（SSTIF,ON）也不考虑应力刚度。预应力效应可通过命令 PSTRES 设置。

5.8.5 应用举例

（1）多种算法比较

为考察闭锁及其对结果的影响，设一悬臂长度为 150mm 的梁，截面尺寸为 2.5mm×5mm，悬臂端承受 5N 的集中力，材料的弹性模量取 200GPa，泊松系数取 0 以便与梁理论解比较。根据结构力学，不难求得悬臂端的挠度为 −1.080mm，分别采用单元 PLANE42、PLANE82、PLANE182 和 PLANE183 的计算结果如表 5-15 所示，用 PLANE182 单元的命令流如 EX5.15 所示。

不同单元的不同单元选项的悬臂端挠度计算结果（mm）　　表 5-15

单 元	单元选项	1×6	2×12	4×12	4×24	16×192	备 注
PLANE42	无 ESF	−0.080	−0.262	−0.262	−0.607	−1.068	有剪切闭锁
	有 ESF	−1.073	−1.079	−1.079	−1.080	−1.081	
PLANE82		−1.081	−1.081	−1.081	−1.081	−1.081	
PLANE182	B-bar	−0.080	−0.262	−0.262	−0.607	−1.068	有剪切闭锁
	URI	−2288.0	−1.438	−1.151	−1.152	−1.085	有零能模式
	ESF	−1.073	−1.079	−1.079	−1.080	−1.081	
	SESF	−1.073	−1.079	−1.079	−1.080	−1.081	
PLANE183	位移法	−1.081	−1.081	−1.081	−1.081	−1.081	

注：PLANE182 单元选项中，B-bar 为完全积分 B 方法，URI 为带沙漏控制的一致减缩积分法，ESF 为增强应变算法，SESF 为简化增强应变算法。

```
!===============================================
!EX5.15 单元技术与计算结果
FINISH$/CLEAR$/PREP7$L=150$H=5$B=2.5$P=5                          !参数定义
ET,1,PLANE182$KEYOPT,1,3,3$KEYOPT,1,1,3              !单元及单元选项定义,可修改
MP,EX,1,2E5$MP,PRXY,1,0$R,1,B                              !材料性质及实常数
BLC4,,,L,H$LSEL,S,LENGTH,,L$LESIZE,ALL,,,6                 !创建面,并定义水平网格数目
LSEL,S,LENGTH,,H$LESIZE,ALL,,,1                            !定义竖向网格数目
LSEL,ALL$MSHKEY,1$AMESH,ALL                                      !划分网格
LSEL,S,LOC,X,0$DL,ALL,,ALL                                     !施加约束条件
KSEL,S,LOC,X,L$FK,ALL,FY,−P/2$ALLSEL,ALL                          !施加荷载
/SOLU$SOLVE$/POST1$$FD=UY(NODE(L,H,0))             !求解、后处理获取悬臂端挠度
!===============================================
```

（2）橡胶条挤压分析

一半圆形截面的圆环密封垫，受压后压缩 70% 几乎呈片状。按平面应变取截面建模，设截面的半径为 200mm，材料为 Mooney-Rivlin 模型，参数 C10=0.293MPa，C01=0.177MPa，泊松系数为 0.49967。为满足映射网格划分条件，建模时先创建 1/4 圆面，然后对称形成 1/2 圆面；采用接触单元以模拟边界条件，在创建接触对时注意单元的法线方向。采用 PLANE182 单元、u-P 混合算法、缺省的 B 方法等。

命令流如 EX5.16 所示，从收敛过程可知，采用 u-P 混合算法的收敛速度很快，其余算法请读者自行

验证。

```
!=======================================================================
!EX5.16 橡胶垫的压缩分析
FINISH$/CLEAR$/PREP7$R=200$NU1=0.49967                    !定义半径及泊松系数参数
C10=0.293$C01=0.177$DD=2*(1-2*NU1)/(C10+C01)              !定义材料参数
ET,1,PLANE182$KEYOPT,1,3,2$KEYOPT,1,6,1                   !定义单元、平面应变及 U-P 混合算法
ET,2,TARGE169$ET,3,CONTA171                              !定义目标和接触单元
TB,HYPER,1,1,2,MOONEY$TBDATA,1,C10,C01,DD                !输入 M-R 材料参数
CYL4,,,R,,,-90$ARSYM,X,ALL$NUMMRG,ALL                    !创建几何模型
LREVERSE,4                                               !翻转线 4 方向,以改变接触单元的法线方向
TSHAP,LINE$K,10,-4*R,-R$K,11,4*R,-R$L,11,10              !创建目标刚性线
ESIZE,R/4$MSHKEY,1$AATT,1,,1$AMESH,ALL                   !对面划分网格
LSEL,S,LOC,Y,-R$REAL,2$TYPE,2$LMESH,ALL                  !定义接触对的目标单元
LSEL,S,RADIUS,,R$TYPE,3$LMESH,ALL                        !定义接触对的接触单元
/SOLU$ANTYPE,STATIC$NLGEOM,ON$NSUBST,10                  !打开大变形,设置子步数
OUTRES,ALL,ALL$NSEL,S,LOC,X,0$D,ALL,UX                   !定义输出控制、施加边界条件
NSEL,S,LOC,Y,0$D,ALL,UY,-0.7*R$ALLSEL,ALL               !设置压缩量(约束变形的形式施加)
SOLVE$/POST1$PLDISP$PLESOL,U,Y                           !求解后进入后处理,显示单元的变形
ANTIME,30,0.2,,1,2,0,1                                   !创建动画
/POST26$NSOL,2,NODE(R,0,0),U,Y                           !在 POST26 中定义变量 2 为圆心位移
RFORCE,3,NODE(0,0,0),F,Y$XVAR,2$PLVAR,3                  !定义顶点反力,并绘制反力—变形曲线
!=======================================================================
```

5.9　PLANE183 单元

PLANE183 称为 2D 8 节点结构实体单元,是单元 PLANE182 的高阶单元,可更好地适应不规则边界的模型。该单元既可作为平面单元(平面应力、平面应变或广义平面应变),也可作为轴对称单元。该单元由 8 个节点定义,每个节点有 2 个自由度,即沿节点坐标系 x 和 y 方向的平动位移,单元模型如图 5-7 所示。该单元与 PLANE182 特性相同,如具有塑性、蠕变、超弹、黏弹、黏塑、应力刚化、大变形、大应变、单元生死、初应力输入、单元技术自动选择等特性,也可利用混合公式模拟几乎不可压缩材料的弹塑性行为或完全不可压缩材料的超弹行为。

该单元的输入和输出数据基本与 PLANE182 相同,除节点数不同外,无 KEYOPT(1)选项,但 KEYOPT(3)、KEYPOT(6)、KEYPOT(10)与 PLANE182 单元相同。

单元的形函数同式(5-23)～式(5-26),应用注意事项同单元 PLANE82 和 PLANE182。

刚度矩阵、应力刚度矩阵及热荷载矢量的形函数,当为四边形单元时同式(5-23)～式(5-26),四边形单元有 2×2 个积分点,三角形单元有 3 个积分点。

质量矩阵的形函数同刚度矩阵,但当为四边形单元时积分点为 3×3 个,当为三角形单元时积分点有 3 个。压力荷载矢量的形函数同刚度矩阵,但积分点为 2 个。

第 6 章　3D 实体单元

ANSYS 用于结构分析的 3D 实体单元有 SOLID45、SOLID46、SOLID64、SOLID65、SOLID92、SOL-ID95、SOLID147、SOLID148、SOLID185、SOLID186、SOLID187、SOLSH190、SOLID191。显式动力单元有 SOLID164 和 SOLID168。

6.1　SOLID45 单元

SOLID45 称为 3D 8 节点结构实体单元,用于模拟 3D 实体结构。该单元由 8 个节点定义,每个节点有 3 个自由度,即沿节点坐标系 x、y 和 z 方向的平动位移,单元模型如图 6-1 所示,可退化为五面体的棱柱体单元或四面体单元。在 SOLID45 的基础上,SOLD46 为分层单元,SOLID64 为各向异性单元,SOL-ID65 为钢筋混凝土单元,SOLID95 为该单元的高阶单元。

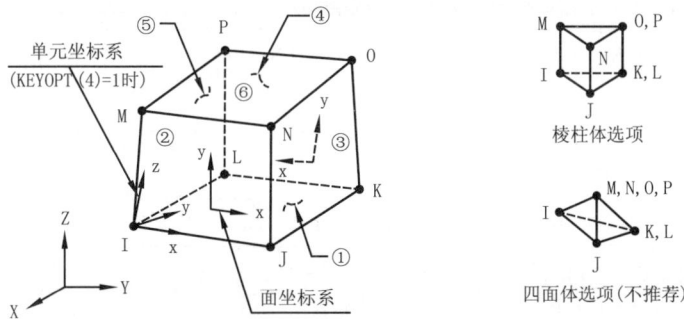

图 6-1　SOLID45 单元几何

6.1.1　输入参数与选项

图 6-1 给出了单元几何、节点位置和单元坐标系,单元输入数据包括 8 个节点和正交各向异性材料属性,正交各项异性材料方向在单元坐标系中定义。

压力荷载可作为单元各面上的面荷载输入,如图 6-1 所示的圆圈内数字,指向单元的压力为正,面荷载量纲均为"力/面积"。单元体荷载包括施加在节点上的温度和热流荷载,节点 I 的温度 T(I) 缺省为 TUNIF,若未定义其余节点温度,则全部缺省为 T(I)。对其他任何形式的输入方式,未定义的温度均缺省为 TUNIF。热流的缺省方式同温度,但以零替代 TUNIF。

KEYOPT(1) 用于控制是否计入形函数附加项(ESF);KEYOPT(5) 和 KEYOPT(6) 用于控制单元输出。该单元可通过命令 ISTRESS 或 ISFILE 施加初应力,也可设置 KEYOPT(9)=1 通过用户子例程读入初应力。

在几何非线性分析时,可通过 SOLCONTROL,,,INCP 计入压力刚度效应;在特征值屈曲分析中压力刚度效应自动计入。若计入压力刚度效应后,形成不对称的刚度矩阵时,则需采用命令 NROPT,UN-SYM。

该单元支持带沙漏控制的一致减缩积分[当 KEYOPT(2)=1 时],因该单元完全积分时有 2×2×2 个积分点,采用一致减缩积分后只有一个积分点。在非线性分析中有如下优点:在相同精度下与完全积分法相比,计算单元刚度和应力应变所花 CPU 时间要少;在相同单元数目时,单元历史记录文件(. ESAV 和. OSAV)的大小仅约为完全积分法的 1/7;非线性收敛性能远优于计入形函数附加项的完全积分法,即 KEYOPT(1)=0 且 KEYOPT(2)=0,均为缺省时的选项;对于塑性或几乎不可压缩材料,此法不存在体积闭锁问题。但同时一致减缩积分又有如下缺点:在相同网格的线性分析中,该方法的计算精度不如完全积分法;当某个方向采用一个单元时,会无法模拟弯曲行为,如悬臂端受集中荷载的悬臂梁高度方向仅划分一个单元的情况,此时建议采用在高度方向划分 4 个单元。

当该单元采用一致减缩积分时[当 KEYOPT(2)=1 时]与单元 SOLID185 的 KEYOPT(2)=1 相同,可通过检查单元的总能 SENE 和虚能 AENE(可利用 ETABLE 获取)之比评价结果的精度,当 AENE/SENE 在 5%之内时,计算结果是可靠的,否则应重新划分网格。可用命令 OUTPR,VENG 监视此比值。

SOLID45 单元的输入参数与选项如表 6-1 所示。

SOLID45 单元输入参数与选项   表 6-1

参 数 类 别	参 数 及 说 明
节点	I,J,K,L,M,N,O,P
自由度	UX,UY,UZ
实常数	HGSTF——仅当 KEYOPT(2)=1 时的沙漏控制系数,此值为正数,缺省为 1.0,建议取值在 1～10
材料属性	EX,EY,EZ,PRXY,PRYZ,PRXZ(或 NUXY,NUYZ,NUXZ),ALPX,ALPY,ALPZ(或 CTEX,CTEY,CTEZ 或 THSX,THSY,THSZ),DENS,DAMP,GXY,GYZ,GXZ
面荷载	face1——J-I-L-K;face2——I-J-N-M;face3——J-K-O-N;face4——K-L-P-O;face5——L-I-M-P;face6——M-N-O-P
体荷载	温度——T(I),T(J),T(K),T(L),T(M),T(N),T(O),T(P);热流——FL(I),FL(J),FL(K),FL(L),FL(M),FL(N),FL(O),FL(P)
特性	塑性、蠕变、膨胀、应力刚化、大变形、大应变、单元生死、自适应下降求解技术、初应力输入
KEYOPT(1)	形函数附加项(ESF)选择: 0——计入形函数附加项;1——不计形函数附加项
KEYOPT(2)	积分方法选择: 0——完全积分法,计或不计 ESF 取决于 KEYOPT(1)的设置;1——带沙漏控制的一致减缩积分法,此时不计 ESF[自动设置 KEYOPT(1)=1]
KEYOPT(4)	单元坐标系定义方式: 0——单元坐标系平行于整体坐标系;1——单元坐标系基于单元 I-J 边定义
KEYOPT(5)	附加应力输出控制: 0——单元基本解;1——所有积分点的基本解;2——节点应力解
KEYOPT(6)	附加面解输出控制: 0——单元基本解;1——增加面 I-J-N-M 的解;2——增加面 I-J-N-M 和 K-L-P-O 的解(仅对非线性材料); 3——每个积分点的非线性解;4——非零压力面的面解
KEYOPT(9)	初应力输入控制(只能通过 KEYOPT 直接定义): 0——不使用用户子例程输入初应力(缺省);1——使用用户子例程输入初应力

6.1.2 输出数据

单元应力方向与单元坐标系平行,面应力在面坐标系中输出[根据 KEYOPT(6)的设置输出面应力],面 IJNM 和面 KLPO 的面坐标系如图 6-1 所示,其余面的面坐标系与此类似,即按定义某个面的节点顺序取前两个节点,其连线就是该面的 X 轴,Y 轴与 X 轴垂直指向另外两点的连线。例如,对边 I-J,其边界应力分别为平行和垂直该边,且对平面分析沿着 Z 轴方向分布,对轴对称分析则沿着环向分布。

单元附加输出说明如表 6-2 所示,表 6-3 为命令 ETABLE 或 ESOL 中的表项和序号。面应力的输出用命令 ETABLE 的 SURF 项定义,而序号如表 5-4 所示。

SOLID45 单元输出说明　　　　　表 6-2

名　称	说　明	O	R
EL	单元号	Y	Y
NODES	单元节点号(I,J,K,L,M,N,O,P)	Y	Y
MAT	单元材料号	Y	Y
VOLU	单元体积	Y	Y
XC,YC,ZC	单元结果的输出位置	Y	3
PRES	P1,P2,P3,P4,P5,P6	Y	Y
TEMP	温度 T(I),T(J),T(K),T(L),T(M),T(N),T(O),T(P)	Y	Y
FLUEN	热流 FL(I),FL(J),FL(K),FL(L),FL(M),FL(N),FL(O),FL(P)	Y	Y
S:X,Y,Z,XY,YZ,XZ	应力	Y	Y
S:1,2,3	主应力	Y	Y
S:INT	应力强度	Y	Y
S:EQV	等效应力	Y	Y
EPEL:X,Y,Z,XY,YZ,XZ	弹性应变	Y	Y
EPEL:1,2,3	弹性主应变	Y	—
EPEL:EQV	等效弹性应变[4]	Y	Y
EPTH:X,Y,Z,XY,YZ,XZ	平均热应变	—	5
EPTH:EQV	等效热应变[4]	—	5
EPPL:X,Y,Z,XY,YZ,XZ	塑性应变	1	1
EPPL:EQV	等效塑性应变[4]	1	1
EPCR:X,Y,Z,XY,YZ,XZ	蠕变应变	1	1
EPCR:EQV	等效蠕变应变[4]	1	1
EPSW	平均膨胀应变	1	1
NL:EPEQ	平均等效塑性应变	1	1
NL:SRAT	试算应力与屈服面应力比(即应力状态率)	1	1
NL:SEPL	从应力—应变曲线得到的平均等效应力	1	1
NL:HPRES	静水压力(三个主应力的平均值)	—	1
FACE	面序号	2	2
AREA	面的面积	2	2
EPEL(X,Y,XY)	面弹性应变	2	2
TEMP	面平均温度	2	2
EPEL	面的弹性应变(X,Y,XY)	2	2
PRESS	面的压力	2	2
S(X,Y,XY)	面应力(坐标系定义如上)	2	2

名　称	说　明	O	R
S(1,2,3)	面主应力	2	2
SINT	面应力强度	2	2
SEQV	面等效应力	2	2
LOCI:X,Y,Z	积分点位置	—	Y
KEYOPT(5)=1 时积分点解输出	TEMP,SINT,SEQV,EPEL,S(X,Y,Z,XY,YZ,XZ)	Y	—
KEYOPT(5)=2 时节点应力输出	TEMP,SINT,SEQV,S(X,Y,Z,XY,YZ,XZ),S(1,2,3)	Y	—
KEYOPT(6)=3 时的积分点非线性解	EPPL,EPEQ,SRAT,SEPL,HPRES,EPCR,EPSW	Y	—

注:1. 非线性解,仅当单元为非线性材料时。

　　2. 当 KEYOPT(6)=1,2 或 4 时的面结果输出。

　　3. *GET 命令采用 CENT 项时可得。

　　4. 等效应变采用有效泊松系数,弹性和热应变采用输入的泊松系数,塑性和蠕变的泊松系数采用 0.5。

　　5. 仅当单元有热荷载时。

命令 ETABLE 和 ESOL 的表项和序号　　　　　　　　　　　表 6-3

输出量名称	项 Item	I	J	K	L	M	N	O	P
P1	SMISC	2	1	4	3	—	—	—	—
P2	SMISC	5	6	—	—	8	7	—	—
P3	SMISC	—	9	10	—	—	12	11	—
P4	SMISC	—	—	13	14	—	—	16	15
P5	SMISC	18	—	—	17	19	—	—	20
P6	SMISC	—	—	—	—	21	22	23	24
S:1	NMISC	1	6	11	16	21	26	31	36
S:2	NMISC	2	7	12	17	22	27	32	37
S:3	NMISC	3	8	13	18	23	28	33	38
S:INT	NMISC	4	9	14	19	24	29	34	39
S:EQV	NMISC	5	10	15	20	25	30	35	40
FLUEN	NMISC	41	42	43	44	45	46	47	48

6.1.3　形函数及积分点

(1)刚度矩阵和热荷载矢量的形函数

当不及形函数的附加项时[KEYOPT(1)=1]:

$$u=\frac{1}{8}[u_I(1-s)(1-t)(1-r)+u_J(1+s)(1-t)(1-r)+u_K(1+s)(1+t)(1-r)+$$
$$u_L(1-s)(1+t)(1-r)+u_M(1-s)(1-t)(1+r)+u_N(1+s)(1-t)(1+r)+$$
$$u_O(1+s)(1+t)(1+r)+u_P(1-s)(1+t)(1+r)] \tag{6-1}$$

$$v=\frac{1}{8}[v_I(1-s)(1-t)(1-r)+v_J(1+s)(1-t)(1-r)+v_K(1+s)(1+t)(1-r)+$$
$$v_L(1-s)(1+t)(1-r)+v_M(1-s)(1-t)(1+r)+v_N(1+s)(1-t)(1+r)+$$
$$v_O(1+s)(1+t)(1+r)+v_P(1-s)(1+t)(1+r)] \tag{6-2}$$

$$w=\frac{1}{8}[w_I(1-s)(1-t)(1-r)+w_J(1+s)(1-t)(1-r)+w_K(1+s)(1+t)(1-r)+$$

$$w_L(1-s)(1+t)(1-r)+w_M(1-s)(1-t)(1+r)+w_N(1+s)(1-t)(1+r)+$$
$$w_O(1+s)(1+t)(1+r)+w_P(1-s)(1+t)(1+r)]\tag{6-3}$$

当计入形函数附加项且具有 8 个不重合节点时[KEYOPT(1)=0,缺省选项]:

$$u=式(6\text{-}1)+u_1(1-s^2)+u_2(1-t^2)+u_3(1-r^2)\tag{6-4}$$
$$v=式(6\text{-}2)+v_1(1-s^2)+v_2(1-t^2)+v_3(1-r^2)\tag{6-5}$$
$$w=式(6\text{-}3)+w_1(1-s^2)+w_2(1-t^2)+w_3(1-r^2)\tag{6-6}$$

当 KEYOPT(2)=0 时单元有 2×2×2 个积分点,当 KEYOPT(2)=1 时单元仅有 1 个积分点。

(2)其他

质量矩阵和应力刚度矩阵的形函数如式(6-1)~式(6-3),积分点与单元刚度矩阵相同。压力荷载矢量的形函数,当为四边形时与式(5-1)和式(5-2)相同,此时积分点个数为 2×2 个;当为三角形时与式(5-5)和式(5-6)相同,此时积分点为 3 个。

单元和节点温度按三线性变化,压力在每个面上双线性变化。

6.1.4　注意事项

(1)单元体积不能为零。

(2)单元的节点顺序如图 6-1 所示,或面 IJKL 与 MNOP 互换。

(3)单元不能扭曲成分离的两块体积,通常在直接创建有限元模型时会因节点顺序不正确而导致这种情况,而采用几何模型生成有限元模型则不存在这种情况。

(4)所有单元必须有 8 个节点。棱柱体单元的节点 K 和 L 重号及 O 和 P 重号。四面体单元用类似的方法定义,如图 6-1 所示,且自动采用无 ESF 的形函数。

应用实例详见 SOLID95 单元,该单元不再列举。

6.2　SOLID95 单元

SOLID95 称为 3D 20 节点结构实体单元,是 SOLID45 的高阶单元,对不规则形状也具有较好的精度;由于采用协调的位移插值函数,可很好地适应曲线边界。该单元由 20 个节点定义,每个节点有 3 个自由度,即沿节点坐标系 x、y 和 z 方向的平动位移,单元模型如图 6-2 所示。可退化为四面体单元、五面体的金字塔单元或宝塔单元、五面体的棱柱体单元。

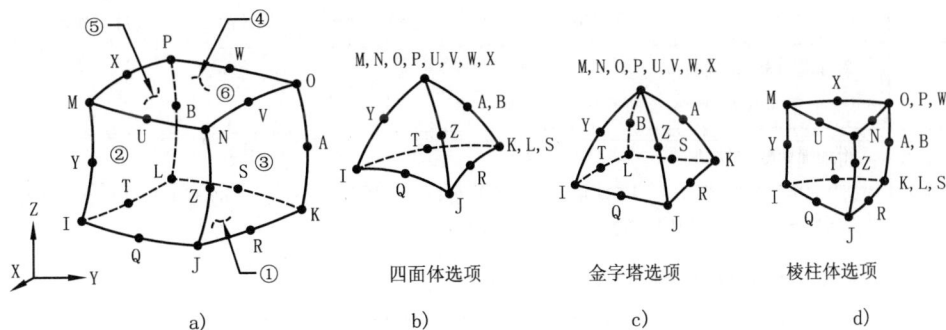

图 6-2　SOLID95 单元几何

6.2.1　输入参数与选项

图 6-2 给出了单元几何、节点位置和单元坐标系,退化的四面体单元、金字塔单元和棱柱体单元如图所示。通过定义同一节点号分别形成不同的退化单元,10 节点的四面体单元与 SOLID92 类似。除节点外,单元输入数据还包括正交各向异性材料属性。正交各项异性材料方向在单元坐标系中定义,缺省的单元坐标系平行于整体坐标系。

压力荷载可作为单元各面上的面荷载输入,如图 6-1 所示的圆圈内数字,指向单元的压力为正,面荷载量纲均为"力/面积"。单元体荷载为施加在节点上的温度荷载,节点 I 的温度 T(I)缺省为 TUNIF,若未定义其余节点温度,则全部缺省为 T(I)。若所有角节点温度均已定义,则中间节点的温度缺省为相邻角节点温度的平均值。对其他任何形式的输入方式,未定义的温度均缺省为 TUNIF。

KEYOPT(1)用于控制单元坐标系。当 KEYOPT(1)＝1 时,该单元在很多方面如同壳单元,在厚度方向设置多个单元可模拟复合材料层合板,材料方向的定义同层壳单元,即通过中间节点 YZAB 平面作为参考平面。单元 z 轴与参考平面垂直,单元 x 轴由命令 ESYS 设置的 x 轴在参考平面上的投影确定,必要时可通过实常数 THETA 调整 x 轴方向,此角度 THETA 在各荷载步之间不能变化。在后处理 POST1 中,即便是仅有一层材料,也需要通过命令 LAYER,1 以获取材料系统的正确结果。

在某些分析中,采用集中质量矩阵是有利的,可通过命令 LUMPM 设置。对大多数分析,采用一致质量矩阵可获得很好的结果,然而在缩减分析的 Guyan 凝聚法中,采用集中质量矩阵可获得更好的结果。

该单元可通过命令 ISTRESS 或 ISFILE 施加初应力,也可设置 KEYOPT(9)＝1 通过用户子例程读入初应力。可通过 SOLCONTROL,,,INCP 计入压力刚度效应,当形成不对称的刚度矩阵时,则需采用命令 NROPT,UNSYM 进行求解设置。

SOLID95 单元的输入参数与选项如表 6-4 所示。

SOLID95 单元输入参数与选项 表 6-4

参 数 类 别	参 数 及 说 明
节点	I,J,K,L,M,N,O,P,Q,R,S,T,U,V,W,X,Y,Z,A,B
自由度	UX,UY,UZ
实常数	THETA——仅当 KEYOPT(1)=1 时的 x 轴调整角
材料属性	EX,EY,EZ,PRXY,PRYZ,PRXZ(或 NUXY,NUYZ,NUXZ),ALPX,ALPY,ALPZ(或 CTEX,CTEY,CTEZ 或 THSX,THSY,THSZ),DENS,DAMP,GXY,GYZ,GXZ
面荷载	face1——J-I-L-K;face2——I-J-N-M;face3——J-K-O-N;face4——K-L-P-O;face5——L-I-M-P;face6——M-N-O-P
体荷载	温度——T(I),T(J),…,T(Z),T(A),T(B)
特性	塑性、蠕变、膨胀、应力刚化、大变形、大应变、单元生死、自适应下降求解技术、初应力输入
KEYOPT(1)	单元坐标系定义方式: 0——缺省,单元坐标系平行于整体坐标系;1——通过中间节点 YZAB 的平面定义材料性质的方向
KEYOPT(5)	附加应力输出控制: 0——单元基本解;1——所有积分点的基本解;2——节点应力解
KEYOPT(6)	附加面解输出控制: 0——单元基本解;1——增加面 I-J-N-M 的解;2——增加面 I-J-N-M 和 K-L-P-O 的解(仅对非线性材料); 3——每个积分点的非线性解;4——非零压力面的面解
KEYOPT(9)	初应力输入控制(只能通过 KEYOPT 直接定义): 0——不使用用户子例程输入初应力(缺省);1——使用用户子例程输入初应力
KEYOPT(11)	积分方法选择: 0——不采用减缩积分(缺省);1——对六面体采用 2×2×2 个积分点的减缩积分

6.2.2 输出数据

单元应力方向与单元坐标系平行,面应力在面坐标系中输出[根据 KEYOPT(6)的设置输出面应力]。单元输出说明如表 6-5 所示,命令 ETABLE 或 ESOL 的表项和序号如表 6-3 所示,但无 FLUEN 输出;表 6-6 为特殊情况下的表项和序号。面应力的输出用命令 ETABLE 的 SURF 项定义,而序号如表 5-4 所示。

SOLID95 单元输出说明　　　　　　　　　　　　　　　　　　　　表 6-5

名　　称	说　　明	O	R
EL,MAT,VOLU,XC,YX,ZC,PRES,TEMP,S,EPEL,EPTH,EPPL,EPCR,EPSW,NL,FACE,AREA,面相关输出,LOCI 等如 表 5-2 所示,唯下述差别			
CORNER NODES	角节点号(I,J,K,L,M,N,O,P)	Y	Y
FC1,…,FC6,FCMAX	失效准则值和每个积分点的最大值	3	—
FC	失效准则号	4	Y
VALUE	各对应准则的最大值(超过 999.999 时就输出 999.999)	4	Y
LN	最大值所在的层号	4	Y
EPELF(X,Y,Z,XY,YZ,XZ)	在单元中产生对应准则的最大值的弹性应变(层坐标系下)	4	Y
SF(X,Y,Z,XY,YZ,XZ)	在单元中产生对应准则的最大值的应力(层坐标系下)	4	Y
KEYOPT(5)=1 时积分点解输出	TEMP,S,SINT,SEQV,EPEL	Y	—
KEYOPT(5)=2 时节点应力输出	TEMP,S,SINT,SEQV,EPEL	Y	—
KEYOPT(6)=3 时的积分点非线性解	EPPL,EPEQ,SRAT,SEPL,HPRES,EPCR	Y	—

注:3. 仅 KEYOPT(1)=1 且 KEYOPT(5)1=1 且用命令 TB,FAIL 指定失效准则时。

　　4. 失效准则计算汇总,输出每个失效准则和所有失效准则极值的弹性应力和应变,条件是指定了失效准则,且 KEYOPT(1)=1。

KEYOPT(1)=1 且 TB,FAIL 时的表项和序号　　　　　　　　　　表 6-6

输出量名称	项 Item	序　　号
FCMAX	NMISC	61
VALUE	NMISC	62
FC	NMISC	$62+15\times(N-1)+1$
VALUE	NMISC	$62+15\times(N-1)+2$
LN(=1)	NMISC	$62+15\times(N-1)+3$
EPELFX	NMISC	$62+15\times(N-1)+4$
EPELFY	NMISC	$62+15\times(N-1)+5$
EPELFZ	NMISC	$62+15\times(N-1)+6$
EPELFXY	NMISC	$62+15\times(N-1)+7$
EPELFYZ	NMISC	$62+15\times(N-1)+8$
EPELFXZ	NMISC	$62+15\times(N-1)+9$
SFX	NMISC	$62+15\times(N-1)+10$
SFY	NMISC	$62+15\times(N-1)+11$
SFZ	NMISC	$62+15\times(N-1)+12$
SFXY	NMISC	$62+15\times(N-1)+13$
SFYZ	NMISC	$62+15\times(N-1)+14$
SFXZ	NMISC	$62+15\times(N-1)+15$

注:N 为失效准则号,N=1 为第一失效准则,N=2 为第二失效准则,依此类推。

6.2.3　形函数与积分点

（1）刚度矩阵、质量矩阵、应力刚度矩阵及热荷载矢量的形函数

当为六面体单元时,其形函数如下:

$$u=\frac{1}{8}\big[u_I(1-s)(1-t)(1-r)(-s-t-r-2)+u_J(1+s)(1-t)(1-r)(s-t-r-2)+$$

$$u_K(1+s)(1+t)(1-r)(s+t-r-2)+u_L(1-s)(1+t)(1-r)(-s+t-r-2)+$$

$$u_M(1-s)(1-t)(1+r)(-s-t+r-2)+u_N(1+s)(1-t)(1+r)(s-t+r-2)+$$
$$u_O(1+s)(1+t)(1+r)(s+t+r-2)+u_P(1-s)(1+t)(1+r)(-s+t+r-2)]+$$
$$\frac{1}{4}[u_Q(1-s^2)(1-t)(1-r)+u_R(1+s)(1-t^2)(1-r)+$$
$$u_S(1-s^2)(1+t)(1-r)+u_T(1-s)(1-t^2)(1-r)+$$
$$u_U(1-s^2)(1-t)(1+r)+u_V(1+s)(1-t^2)(1+r)+$$
$$u_W(1-s^2)(1+t)(1+r)+u_X(1-s)(1-t^2)(1+r)+$$
$$u_Y(1-s)(1-t)(1-r^2)+u_Z(1+s)(1-t)(1-r^2)+$$
$$u_A(1+s)(1+t)(1-r^2)+u_B(1-s)(1+t)(1-r^2)] \tag{6-7}$$

$$v=\frac{1}{8}[v_I(1-s)\cdots\cdots] 与式(6\text{-}7)相似 \tag{6-8}$$

$$w=\frac{1}{8}[w_I(1-s)\cdots\cdots] 与式(6\text{-}7)相似 \tag{6-9}$$

当为四面体单元时,其形函数如下:

$$u=u_I(2L_1-1)L_1+u_J(2L_2-1)L_2+u_K(2L_3-1)L_3+u_L(2L_4-1)L_4+$$
$$4u_ML_1L_2+u_NL_2L_3+u_OL_1L_3+u_PL_1L_4+u_QL_2L_4+u_RL_3L_4 \tag{6-10}$$

$$v=v_I(2L_1-1)L_1\cdots\cdots 与式(6\text{-}10)类似 \tag{6-11}$$

$$w=w_I(2L_1-1)L_1\cdots\cdots 与式(6\text{-}10)类似 \tag{6-12}$$

当为金字塔单元时,其形函数如下:

$$u=\frac{q}{4}[u_I(1-s)(1-t)(-1-qs-qt)+u_J(1+s)(1-t)(-1+qs-qt)+$$
$$u_K(1+s)(1+t)(-1+qs+qt)+u_L(1-s)(1+t)(-1-qs+qt)]+u_M(1-q)(1-2q)+$$
$$\frac{q^2}{2}[u_Q(1-t)(1-s^2)+u_R(1+s)(1-t^2)+u_S(1+t)(1-s^2)+u_T(1-s)(1-t^2)]+$$
$$q(1-q)[u_Y(1-s-t-st)+u_Z(1+s-t-st)+u_A(1+s+t+st)+u_B(1-s+t-st)] \tag{6-13}$$

$$v=\frac{q}{4}[v_I(1-s)\cdots\cdots] 与式(6\text{-}13)类似 \tag{6-14}$$

$$w=\frac{q}{4}[w_I(1-s)\cdots\cdots] 与式(6\text{-}13)类似 \tag{6-15}$$

其中,$q=\frac{1}{2}(1-r)$。

当为棱柱体单元时,其形函数如下:

$$u=\frac{1}{2}\{u_I[L_1(2L_1-1)(1-r)-L_1(1-r^2)]+u_J[L_2(2L_2-1)(1-r)-L_2(1-r^2)]+$$
$$u_K[L_3(2L_3-1)(1-r)-L_3(1-r^2)]+u_M[L_1(2L_1-1)(1+r)-L_1(1-r^2)]+$$
$$u_N[L_2(2L_2-1)(1+r)-L_2(1-r^2)]+u_O[L_3(2L_3-1)(1+r)-L_3(1-r^2)]\}+$$
$$2[u_QL_1L_2(1-r)+u_RL_2L_3(1-r)+u_TL_3L_1(1-r)+$$
$$u_UL_1L_2(1+r)+u_VL_2L_3(1+r)+u_XL_3L_1(1+r)]+$$
$$u_YL_1(1-r^2)+u_ZL_2(1-r^2)+u_AL_3(1-r^2) \tag{6-16}$$

$$v=\frac{1}{2}\{v_I[L_1(2L_1-1)\cdots\cdots]\} 与式(6\text{-}16)相似 \tag{6-17}$$

$$w=\frac{1}{2}\{w_I[L_1(2L_1-1)\cdots\cdots]\} 与式(6\text{-}16)相似 \tag{6-18}$$

当为六面体单元且 KEYOPT(11)=0 时有 14 个积分点,当 KEYOPT(11)=1 时有 2×2×2 个积分点。四面体单元时有 4 个积分点,金字塔单元时有 2×2×2 个积分点,棱柱体单元有 3×3 个积分点。

（2）压力荷载矢量的形函数

当为四边形时，有 3×3 个积分点；当为三角形时有 6 个积分点。

当为四边形时候的形函数如下：

$$u=\frac{1}{4}\left[u_I(1-s)(1-t)(-s-t-1)+u_J(1+s)(1-t)(s-t-1)+\right.$$
$$u_K(1+s)(1+t)(s+t-1)+u_L(1-s)(1+t)(-s+t-1)]+$$
$$\frac{1}{2}\left[u_M(1-s^2)(1-t)+u_N(1+s)(1-t^2)+\right.$$
$$u_O(1-s^2)(1+t)+u_P(1-s)(1-t^2)] \tag{6-19}$$

$$v=\frac{1}{4}\left[u_I(1-s)\cdots\cdots\right]\text{与式}(6\text{-}19)\text{相似} \tag{6-20}$$

当为三角形时的形函数如下：

$$u=u_I(2L_1-1)L_1+u_J(2L_2-1)L_2+u_K(2L_3-1)L_3+u_L(4L_1L_2)+u_M(4L_2L_3)+u_N(4L_3L_1) \tag{6-21}$$

$$v=v_I(2L_1-1)L_1\cdots\cdots\text{与式}(6\text{-}21)\text{相似} \tag{6-22}$$

6.2.4　注意事项

（1）单元体积不能为零。

（2）单元不能扭曲成分离的两块体积。

（3）单元的节点顺序如图 6-2 所示，或面 IJKL 与 MNOP 互换。

（4）消除各边的中间节点意味着线性的位移插值函数。

（5）金字塔形单元应谨慎使用，为降低应力梯度应使用较小的单元。金字塔单元最好用在填充单元或网格过渡区。

6.2.5　应用举例

（1）金字塔单元的应用

金字塔单元用于六面体网格和四面体网格之间的过渡，并由 ANSYS 自动生成。在大多数分析中，结构由比较复杂的几何实体构成，有规则的几何体，也有不规则的几何体。规则的几何体可以采用六面体网格划分，而有些不规则的几何体就只能采用四面体自由网格划分，在两者的过渡区会生成一些金字塔单元。当然，用户无需关心是否生成金字塔单元，也无需关心生成多少金字塔单元，这里仅为说明其应用情况列举一例。

设一矩形截面纯弯梁，截面尺寸为 $B\times H=30mm\times50mm$，梁长度 $L=200mm$，两端承受的弯矩 $M=2kN\cdot m$。设材料的弹性模量为 210GPa，泊松系数取 0.3。实体单元不能直接施加弯矩，因此将两端弯矩等效为纯弯曲应力分布形式的面荷载施加，此面荷载数值上等于梁截面上的最大应力。约束均施加在中面的角点上，以消除刚体位移和刚体转动为原则，并在后处理中查看约束总反力是否为零。分析的命令流如下，其中以 /SHRINK 模式显示了金字塔单元的形状，同时也以透视模式显示。在后处理中，以等值线方式显示了应力分布。

```
!==========================================================
!EX6.1 金字塔单元的应用
FINISH$/CLEAR$/PREP7
ET,1,SOLID95$MP,EX,1,2.1E5$MP,PRXY,1,0.3        !定义单元及材料性质
M=2E6$B=30$H=50$L=200$Q=6*M/B/H/H              !定义几何及荷载参数
BLC4,,,B,H,L$WPOFF,,,L/2$VSBW,ALL              !创建几何模型并切分
WPOFF,,H/2$WPROTA,,90$VSBW,ALL$WPCSYS,-1        !切分几何模型
ESIZE,B/4$MOPT,PYRA,ON$MSHKEY,1$MSHAPE,0        !定义单元尺寸、金字塔单元选项、网格划分选项
VSEL,S,LOC,Z,0,L/2$VMESH,ALL                   !六面体映射网格划分体
MSHKEY,0$MSHAPE,1$VSEL,INVE$VMESH,ALL           !四面体自由网格划分体
```

```
VSEL,ALL$NSEL,S,LOC,Z,L/2$ESLN$NSLE                    !选择分界面上的节点及单元
/VIEW,1,1,1,1$/SHRINK,0.5$EPLOT$/SHRINK,0              !定义视图角度、收缩模式,显示单元
/TRLCY,ELEM,0.9$EPLOT$/TRLCY,ELEM,0                    !透视模式显示单元
ALLSEL,ALL$SFGRAD,PRES,,Y,H/2,2*Q/H                    !设置荷载梯度
ASEL,S,LOC,Z,0$ASEL,A,LOC,Z,L                          !选择两个端面
SFA,ALL,1,PRES,0$ALLSEL,ALL                            !施加荷载
D,NODE(0,H/2,0),UX,,,,,UY,UZ                           !定义约束
D,NODE(B,H/2,0),UY,,,,,UZ$D,NODE(0,H/2,L),UY           !定义约束
/SOLU$SOLVE$/POST1$PLDISP                              !求解,并显示变形
PLNSOL,S,Z$PLESOL,S,Z$PRRSOL                           !显示节点应力和单元应力、支反力
/VIEW,1,1,0,0$/GLINE,1,0$/NUMBER,0                     !设置视图角度等控制
/DEVICE,VECT,ON$/CLABEL,,5$PLNSOL,S,Z                  !设置矢量模式等,显示等值线图
!========================================================================
```

(2)变截面悬臂梁

SOLID95 单元较 SOLID45 单元能更好地适应曲线边界,为此考察一变高度梁的应力分析。如图 6-3 所示的悬臂梁[14],欲使全梁最大弯曲应力相等,则有:

$$\sigma_w = \frac{M}{W} = \frac{6M}{bh^2} = \frac{6Px}{bh^2} = \frac{6PL}{bh_0^2}, \quad \text{故 } h = h_0\sqrt{\frac{x}{L}} \tag{6-23}$$

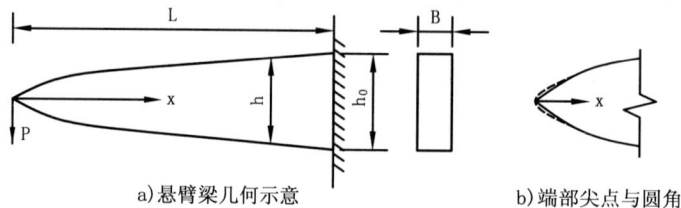

a)悬臂梁几何示意   b)端部尖点与圆角

图 6-3　变截面悬臂梁

实体退化为尖点或退化为一条刃线且作用有荷载时,该点会造成应力奇异而无解,即无论采用何种方法,如自适应网格划分或 p 方法都可能难以收敛到正确结果。该例可通过创建关键点,以样条线创建曲线,再由线创建面而由面创建体的过程创建模型。在创建样条曲线时排除尖点位置的关键点,对称后再形成下边的样条曲线,通过两条曲线的端点和尖点位置的关键点创建第三条样条曲线,从而解决刃线问题,如图 6-3b)所示的虚线。

在划分单元网格时,端部宜划分为一个单元,而不宜划分为多个单元,否则会因单元形状不良造成过大的应力集中。读者可练习创建尖点或刃线的模型、端部划分多个单元的模型等,可观察截面上、下缘(或上、下面)的应力及能量误差百分比。

本例设 $b \times h_0 = 20\text{mm} \times 50\text{mm}$,$P = 5000\text{N}$,$L = 200\text{mm}$,利用式(6-23)可得上、下缘应力均为 120MPa,而本例命令流的 ANSYS 解为 121.641MPa,应力的误差约为 1%,此时能量误差百分比约为 5.6。若采用其他网格形式或尖点模型,会存在不可接受的应力误差。命令流如下。

```
!========================================================================
!EX6.2 曲线变高的变截面悬臂梁分析(兼顾创建模型、单元划分、应力显示等技巧)
FINISH$/CLEAR$/PREP7$B=20$H0=50$L=200                  !定义几何参数
P=5000$SIGX=6*P*L/B/H0/H0                               !定义荷载参数、计算理论应力
NSEG=100$CUTL=L/NSEG*5                                  !拟合样条线关键点数、端部划分单元的范围
*DO,I,1,NSEG+1$X1=(I-1)*L/NSEG                          !循环创建关键点,计算各点的 X 坐标
Y1=H0*SQRT(X1/L)/2$K,I,X1,Y1$*ENDDO                     !计算各点的 Y 坐标,创建关键点
KSEL,U,,,1$BSPLINE,ALL$LSYMM,Y,ALL                      !去掉尖点关键点,创建样条曲线,对称创建下边缘
L,NSEG+1,NSEG+3$BSPLINE,NSEG+2,1,2                      !连接固定端线,创建端部的样条曲线(无尖点)
```

```
WPOFF,CUTL$WPROTA,,,90$LSBW,ALL                        !切分线形成两个区域,即端部区域和主体区域
L,NSEG+4,NSEG+5                                        !连接切分生成的关键点而创建线
LSEL,S,LOC,X,CUTL,L$AL,ALL                             !创建端部区域面
LSEL,S,LOC,X,0,CUTL$AL,ALL$LSEL,ALL                    !创建主体区域面
VOFFST,1,B$VOFFST,2,−B$NUMMRG,ALL                      !创建两个体,并消除重合图素
WPCSYS,−1$WPSTYL                                       !工作平面与总体坐标系一致,并关闭显示
ET,1,SOLID95$MP,EX,1,2.1E5$MP,PRXY,1,0.0               !定义单元类型及材料属性
MSHKEY,1$MSHAPE,0                                      !采用六面体映射网格划分
LSEL,S,LENGTH,,B$LESIZE,ALL,,,4                        !定义宽度方向的线的网格数,可任意数目
LSEL,S,LOC,X,0,CUTL$LESIZE,ALL,,,1                     !定义端部区域线的网格数,最佳为1,或其他数目
                                                       !注意上述命令中的参数无更改已经定义线的网格数目,若更改需设置KFORC参数
VMESH,2                                                !对端部区域体划分单元网格
LSEL,S,LOC,X,CUTL+1,L−1$LESIZE,ALL,,,20                !定义主体长度方向的网格数目,可任意数目
LSEL,S,LOC,X,L$LSEL,R,LENGTH,,H0                       !选择固定端的高度方向的线
LESIZE,ALL,,,5$ALLSEL,ALL$VMESH,1                      !定义上述线的网格数应满足过度映射网格条件
ASEL,S,LOC,X,L$DA,ALL,ALL                              !固定端施加约束
NSEL,S,LOC,X,0$*GET,NNODE,NODE,,COUNT                  !获取端部的节点数目(可能为中间节点)
F,ALL,FY,−P/NNODE                                      !施加节点荷载
/SOLU$ALLSEL,ALL$SOLVE$/POST1                          !求解并进入后处理
PLNSOL,S,X                                             !绘制节点应力云图,可以看出端部网格不够圆滑
/EFACET,4$PLNSOL,S,X                                   !设置显示精度(有中间节点号),再绘制节点应力云图
PLESOL,S,X$PRNSOL,S                                    !绘制单元应力云图,全部节点(含中间节点)应力列表
/GRAPHICS,OFF$PRERR                                    !设置显示模式,能量模误差列表
!
```

(3)旋转轮结构的静力分析

如图 6-4 所示的钢质轮子,其转速为 5000 转/分(rpm),分析该轮在此转速下的结构应力。因该轮为轴对称结构,可取 1/16 创建 3D 模型,其荷载为角速度(rad/s),约束条件应施加对称边界约束条件,并消除轴向刚体位移。为节省篇幅,创建模型时采用实体编号操作;为减少求解自由度,采用 SOLID45 和 SOLID95 两种单元,规则几何体采用 SOLID45 单元,曲线边界的几何体采用 SOLID95 单元;在网格形状和划分方式上,两轮缘采用六面体映射网格划分,轮缘之间带孔的几何体也采用六面体网格,但采用 VSWEEP 划分网格。命令流如下。

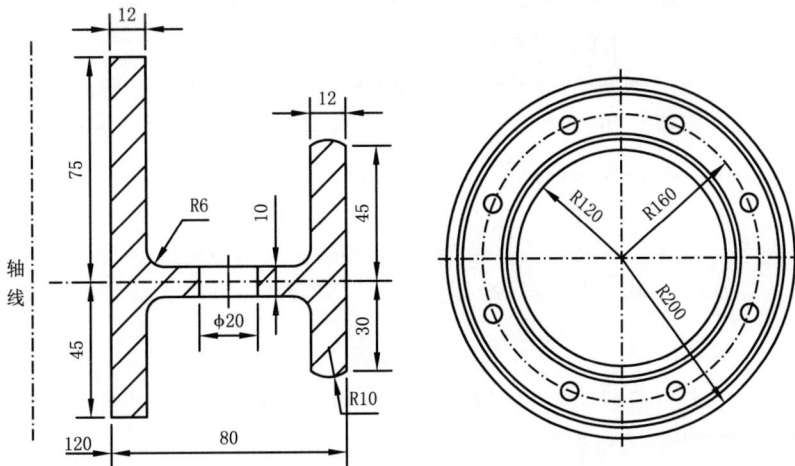

图 6-4　轮的断面及平面示意(尺寸单位:mm)

```
!========================================
!EX6.3 转轮结构的静力分析
FINISH$/CLEAR$/PREP7$ET,1,SOLID45$ET,2,SOLID95          !定义单元类型
MP,EX,1,2.1E5$MP,PRXY,1,0.3$MP,DENS,1,7.8E−9            !定义材料性质和密度(注意单位)
RECTNG,120,132,0,120$RECTNG,132,188,40,50              !创建三个矩形面
RECTNG,188,200,15,90$AADD,ALL                          !将三个矩形面相加
LFILLT,14,7,6$LFILLT,7,16,6$LFILLT,13,5,6$LFILLT,5,15,6 !创建倒角线
LARC,11,12,10,10$LARC,9,10,11,10                       !创建轮缘处的圆弧线
AL,2,6,8$AL,19,20,21$AL,22,23,24$AL,12,17,18            !创建倒角部位的面
AL,11,25$AL,9,26$AADD,ALL$NUMCMP,ALL                   !创建轮缘部位的弧面,面相加,编号压缩
K,50$K,51,120$VROTAT,1,,,,,,50,51,22.5,1               !定义两个关键点,并旋转面创建体
WPROTA,,−90$CYL4,160,,10,,,,60$VSBV,1,2                 !创建圆柱体并相减,创建半圆孔
WPOFF,,,34$VSBW,ALL$WPOFF,,,22$VSBW,ALL                 !移动工作平面,切分体
NUMCMP,ALL                                             !压缩所有图素的编号,以利操作
L,10,14$ADRAG,75,,,,,,41$VSBA,5,37$NUMCMP,ALL           !创建线并拖拉成面,用面切分体
L,11,15$ADRAG,77,,,,,,41$VSBA,6,40$NUMCMP,ALL           !创建线并拖拉成面,用面切分体
VSEL,S,,,1,4                                           !选择轮缘部分的规则体
TYPE,1$ESIZE,6$MSHKEY,1$MSHAPE,0$VMESH,ALL             !划分上述体的六面体映射网格
VSEL,INVE$ACCAT,5,26$ACCAT,15,28$TYPE,2$VMESH,5        !连接面,划分内侧带倒角体
ACCAT,7,30$ACCAT,13,19$VMESH,6                         !连接面,划分外侧带倒角体
ACCAT,37,23$ACCAT,38,42$VSWEEP,7                       !连接面,划分轮缘之间的体
ASEL,S,ACCA$ADELE,ALL$ASEL,ALL$WPCSYS,−1               !删除连接面
LOCAL,11,1,,,,,90                                      !定义 11 号局部柱坐标系并旋转 90°
ASEL,S,LOC,Y,0$DA,ALL,SYMM                             !选择面并施加对称约束
ASEL,S,LOC,Y,−22.5$DA,ALL,SYMM                         !选择面并施加对称约束
LSEL,S,LOC,X,120$LSEL,R,LOC,Z,0$DL,ALL,,UY             !施加轴向约束条件
/SOLU$ALLSEL,ALL                                       !进入求解层,选择所有图素
RPM=5000$RPM=RPM*2*ACOS(−1)/60                         !定义转速并转换为角速度的单位
OMEGA,0,RPM,0$SOLVE                                    !施加荷载,求解
/POST1$/VIEW,1,1,1,1$PLDISP,1$PLNSOL,S,EQV             !进入后处理,观察结果
CSYS,11$/EXPAND,15,LPOLAR,HALF,,22.5                   !激活 11 号坐标系,扩展到大模型中
PLNSOL,S,EQV                                           !在大模型中观察结果
!========================================
```

(4)等直椭圆杆的扭转

如图 6-5 所示的等截面椭圆柱,椭圆的半轴分别为 a 和 b,柱长为 L,两端承受扭矩 M 作用,用实体单元 SOLID95 对其进行分析。

该等直椭圆杆柱体在 A 和 B 点出现最大剪应力,其理论解如下[15]:

$$\tau_A = \tau_B = \frac{2M}{\pi ab^2} \qquad (6\text{-}24)$$

截面上一点(x,y)的纵向位移为:

$$w = \frac{(a^2 - b^2)}{\pi a^3 b^3 G} Mxy \qquad (6\text{-}25)$$

图 6-5　椭圆柱截面示意

通过式(6-25)可知,柱体的横截面不再保持为平面,将发生翘曲而成曲面。只有为等直圆柱体时(a=b)才有 w=0,横截面才保持为平面。

当 $x = a/\sqrt{2}$ 且 $y = b/\sqrt{2}$ 时,有 $w_{max} = \frac{(a^2 - b^2)M}{2\pi a^2 b^2 G}$。

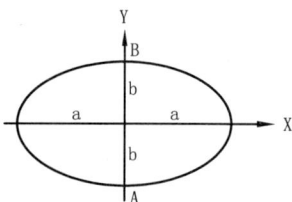

$$\qquad (6\text{-}26)$$

　　用实体单元模拟此柱体的关键是扭矩的施加和边界条件的模拟。因实体单元没有转动自由度,故不能直接施加扭矩或力矩,但可通过引入具有转动自由度的单元施加扭矩或力矩,也可用力偶直接施加集中力实现。在实体单元上施加扭矩或力矩有多种方法,如引入质量单元、梁单元、MPC184 单元等,然后通过耦合或约束方程将两种单元的自由度联系起来。施加力偶比较容易且更加直观,无非将扭矩或力矩等效为两个相反的集中力,但因实体施加集中力会导致应力奇异,局部范围内的结果不宜参考。模拟边界条件时,可以利用圣文南原理,即在两端的局部范围内(通常指一个截面高度)的结果因应力集中可不考虑,如此边界条件的施加就比较容易,否则若要全杆范围内与理论解吻合,边界条件的模拟就很困难。

　　下面命令流给出了四种方法,前三种方法 ANSYS 计算所得的最大剪应力和最大纵向位移分别为55.205MPa 和 0.011mm,而对应的理论解分别为 55MPa 和 0.011mm,结果均与理论解非常吻合。而第四种方法即施加力偶方法,计算结果误差略大,但仍可接受。

```
!======================================================================
!EX6.4 等直杆的扭转分析
FINISH$/CLEAR$/PREP7$A=100$B=60$L=1000                          !定义几何参数
PI=ACOS(-1)$M=99E5*PI$SIGT=2*M/(PI*A*B*B)                       !定义 π、扭矩及理论最大剪应力
G=2.1E5/(2*(1+0.3))                                             !根据弹性模量和泊松系数求得剪切模量
WMAX=(A*A-B*B)*M/(2*PI*A*A*B*B*G)                              !计算理论最大纵向位移
ET,1,SOLID95$MP,EX,1,2.1E5$MP,PRXY,1,0.3                        !定义单元类型与材料性质
CYL4,,,A$ARSCALE,1,,,,B/A,,,,1$VOFFST,1,L                       !创建一圆面并生成椭圆面和椭圆柱
WPROTA,,90$VSBW,ALL$WPROTA,,,90$VSBW,ALL                        !切分椭圆柱以满足映射网格划分条件
WPCSYS,-1$ESIZE,30$MSHKEY,1$MSHAPE,0                            !定义网格尺寸、网格划分形状和方式
LSEL,S,LENGTH,,L$LESIZE,ALL,L/20$LSEL,ALL                       !定义柱长方向单元尺寸
VMESH,ALL                                                       !划分网格
ASEL,S,LOC,Z,0$DA,ALL,ALL$ASEL,ALL$SAVE                         !施加固定端约束,并保存模型
!方法 1——引入 MASS21 单元,并建立约束方程┈┈┈┈┈┈┈┈┈┈┈┈┈┈┈┈
ET,2,MASS21$KEYOPT,2,3,0$R,2,1E-6                               !定义单元类型、选项和实常数
TYPE,2$REAL,2$ENDCENT=NODE(0,0,L)                               !声明单元类型等,获取悬臂端中心的节点号
E,ENDCENT                                                       !在悬臂端截面中心的节点上定义质量单元
NSEL,S,LOC,Z,L$CERIG,ENDCENT,ALL,UXYZ                           !选择悬臂端所有节点,创建约束方程
F,ENDCENT,MZ,M$ALLSEL,ALL                                       !在悬臂端截面中心节点施加扭矩
!方法 2——利用 MPC184 单元,创建多个单元形成刚性区┈┈┈┈┈┈┈┈┈┈
RESUME$/PREP7$ET,2,MPC184$KEYOPT,2,1,1                          !恢复数据库,定义单元类型和选项
*GET,MAXNODE,NODE,,NUM,MAX                                      !获取当前模型的最大节点号
MAXNODE=MAXNODE+1                                               !将最大节点号加1,准备定义新节点
NSEL,S,LOC,Z,L$NSEL,U,,,NODE(0,0,L)                             !选择悬臂端所有节点,但中心节点除外
*GET,NUMNODE,NODE,,COUNT                                        !获取选择集中的节点数目
*GET,INODE,NODE,,NUM,MIN                                        !获取选择集中的最小节点号
N,MAXNODE,,,L$TYPE,2$E,MAXNODE,INODE                            !定义新节点,声明单元类型,定义 1 个单元
*DO,I,2,NUMNODE$INODE=NDNEXT(INODE)                             !利用循环定义多个 MPC184 单元
E,MAXNODE,INODE$*ENDDO                                          !MPC184 单元定义完毕
F,MAXNODE,MZ,M$ALLSEL,ALL                                       !在新节点上施加扭矩
!方法 3——引入 BEAM4 单元,并建立约束方程┈┈┈┈┈┈┈┈┈┈┈┈┈┈┈
RESUME$/PREP7$ET,2,BEAM4$R,2,1E8,1E8,1E8,1,1                    !恢复数据库,定义单元类型和实常数
*GET,MAXNODE,NODE,,NUM,MAX                                      !获取当前模型的最大节点号
ENDCENT=NODE(0,0,L)$N,MAXNODE+1,0,0,1.5*L                       !获取悬臂端截面中心节点号,并定义新节点
TYPE,2$REAL,2$E,MAXNODE+1,ENDCENT                               !声明单元类型等,定义 1 个 BEAM4 单元
```

```
NSEL,S,LOC,Z,L$CERIG,ENDCENT,ALL,UXYZ              !选择悬臂端所有节点,创建约束方程
F,ENDCENT,MZ,M$ALLSEL,ALL                          !在悬臂端截面中心节点上施加扭矩
!方法 4——直接施加力偶(最简单的方法)·····················
RESUME$/PREP7$P=M/(2*(A+B))                        !恢复数据库,根据力偶臂计算力的大小
F,NODE(-A,0,L),FY,-P$F,NODE(A,0,L),FY,P            !施加一对集中力
F,NODE(0,-B,L),FX,P$F,NODE(0,B,L),FX,-P            !施加另外一对集中力
!下面为求解和后处理过程·······································
/SOLU$SOLVE$/POST1$PLNSOL,S,XZ                     !求解并进入后处理,绘制 SXZ 剪应力云图
PLNSOL,S,YZ$PLNSOL,S,Z                             !绘制 SYZ 剪应力云图和正应力云图
NSEL,S,LOC,Z,2*A,L-2*A$ESLN                        !根据圣文南原理,去掉端部各一个梁高范围
PLNSOL,S,Z$PLNSOL,U,Z$PLNSOL,S,XZ                  !绘制正应力、纵向位移及剪应力云图
!=============================================
```

6.3 SOLID92 单元

SOLID92 称为 3D 10 节点四面体结构实体单元,具有二次插值函数,适于不规则形状的网格划分,如从其他 CAD/CAM 导入的模型。该单元由 10 个节点定义,每个节点有 3 个自由度,即沿节点坐标系 x、y 和 z 方向的平动位移,单元模型如图 6-6 所示。20 节点 SOLID95 单元退化形式——四面体选项的单元行为与 SOLID92 一致,当 SOLID95 退化为四面体时可以采用命令 TCHG 转化为 SOLID92 单元,以减少节点自由度。

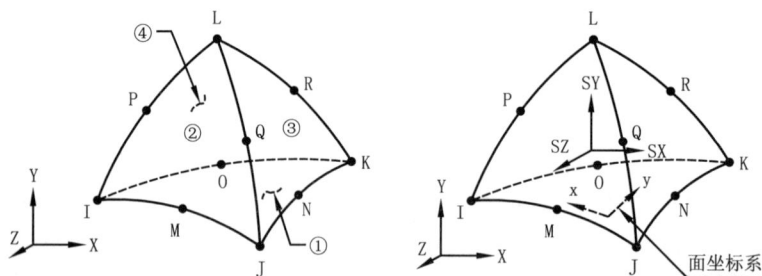

图 6-6 SOLID92 单元几何及输出应力示意

图 6-6 给出了单元几何、节点位置和单元坐标系。除节点外,单元输入数据还包括正交各向异性材料属性,正交各项异性材料方向在单元坐标系中定义,缺省的单元坐标系平行于整体坐标系。

单元面荷载及温度荷载的规定同单元 SOLID95,仅面数和节点数不同。初应力及压力刚度同单元 SOLID95。输入汇总表中的自由度、实常数、材料属性、面荷载、体荷载、特性等均与表 6-4 相同,单元关键选项仅有 KETOPT(5)、KEYOPT(6)(=0 或=4)、KEYOPT(9)等三项,且与表 6-4 相同。

单元输出数据除无失效准则相关部分和节点号外,其余与表 6-5 相同。

单元的形函数如式(6-10)~式(6-12)所示,积分点个数同 SOLID95 的四面体单元。

6.4 SOLID46 单元

SOLID46 称为 3D 8 节点分层结构实体单元,是 SOLID45 单元的分层版本,可模拟分层的厚壳或实体。该单元容许多达 250 个不同材料层,多于 250 层时可采用用户输入定制矩阵选项,将该单元"堆叠"起来使用也可(例如,当为 500 层时,可以在厚度方向分为二层)。该单元由 8 个节点定义,每个节点有 3 个自由度,即沿节点坐标系 x、y 和 z 方向的平动位移,单元模型如图 6-7 所示,可退化为五面体的棱柱体单元或四面体单元。与该单元类似的是 SHELL99 单元,SOLID191 是其高阶单元。

6.4.1 输入参数与选项

图 6-7 给出了单元几何、节点位置和单元坐标系,单元输入数据包括 8 个节点、分层厚度、各层材料

方向角和正交各向异性材料属性,各层剪切模量 GXZ 和 GYZ 之比必须在 10000 之内。

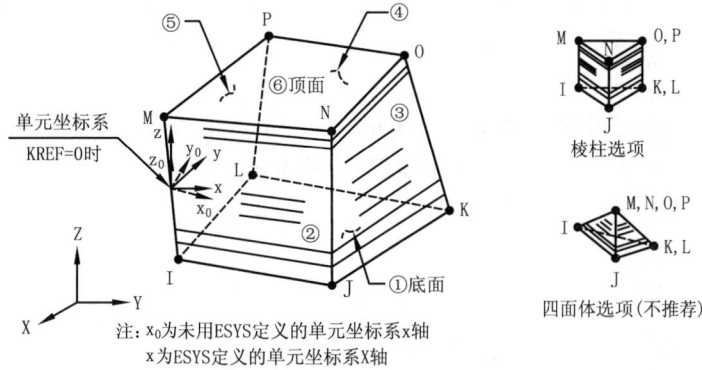

图 6-7　SOLID46 单元几何

单元 z 轴垂直于参考平面(或称基准平面),采用实常数 KREF 定义参考平面的位置(图 6-8),KREF 可取值 0(中面)、1(底面)或 2(顶面)。若节点形成了扭曲的面而不是平面,则采用平均平面作为参考平面。单元缺省的 x 轴位于参考平面内,方向为 I-J 或 M-N 在参考平面内的投影,或二者在参考平面内投影的均值,依据 KREF 值而定。各层平面内的方向也可使用命令 ESYS 改变或定义。

当采用几何模型自动划分网格生成有限元模型时,ANSYS 不知道层的方向,此时自动生成的网格未必是所期望的(可通过/ESHAPE,1 查看)。因此在划分网格前,应先定义局部坐标系(如 LOCAL,19,0),并用命令 ESYS 设置单元坐标系同局部坐标系(如 ESYS,19);自动生成网格后发现单元方向不是所期望的,再使用命令 EORIENT 修改单元方向(如使面 1 的外法线与当前激活的单元坐标系的某个轴平行),使 SOLID46 单元达到预期的方向,或者使其与某个轴线平行。虽然可以改变单元方向达到所期望的层方向,但操作过程比较复杂。

根据 KEYOPT(2)的设置,数据输入可采用矩阵形式或分层形式。对矩阵形式的输入方式,需预先将矩阵各元素计算出来。应变在厚度方向为二次函数变化(不是线性变化)的矩阵,其力—应变和弯矩—曲率关系的定义可参考 8 节点线性层壳单元 SHELL99。对于 SOLID46 而言,相当于忽略了单元 SHELL99 的中面节点。热应变、大多数应力和失效准则等采用矩阵形式时无效。

除各层厚度可以不同外,任一层可以是变厚的(非矩阵形式),但假定在此层的面内按双线性变化,即输入的角节点厚度之间线性变化。若为等厚层,则只需输入 TK(I);若为变厚层,则需输入 4 个角点的厚度且均大于零(零厚度用于模拟叠层复合材料),计算所采用的各层厚度按实常数厚度和节点厚度的比例计算。所定义的节点位置可能导致层倾斜或扭曲,但是各层的局部坐标系均被重新定向到与参考平面平行。层号 LN 的范围为 1~250,其局部坐标系采用右手系,从单元 x 轴到单元 y 轴旋转角度 THETA (LN)定义层局部坐标系的 x′轴。

每层的材料性质在单元的参考平面内可为正交各向异性,实常数 MAT 用于定义各层的材料号而不是单元的材料号,MAT 缺省为 1。材料的 X 轴方向平行于层局部坐标系的 x′轴。

采用命令 TREF 和 BETAD 可输入参考温度和阻尼的全局值,另外也可采用命令 MAT 定义依从单元变化的参考温度(MP,REFT)或阻尼(MP,DAMP),此时忽略层材料号。

分层总数 NL 必须输入,实常数、材料性质、层厚度及失效准则类似单元 SHELL99。

失效准则通过命令 TB 输入,有 3 个既定失效准则可供使用,并且还可通过用户子例程定义 3 个用户失效准则,失效准则也可在 POST1 中通过命令 FC 计算。

压力荷载可作为单元各面上的面荷载输入,如图 6-7 所示的圆圈内数字,指向单元的压力为正,面荷载量纲均为"力/面积"。单元体荷载包括施加在节点上的温度和热流荷载,节点 I 的温度 T(I)缺省为 TUNIF,若未定义其余节点温度,则全部缺省为 T(I);若仅定义了 T(I)和 T(J),则 T(I)用于 T(I)、T(J)、T(K)和 T(L),而 T(J)则用于 T(M)、T(N)、T(O)和 T(P)。对其他任何形式的输入方式,未定义的温度均缺省为 TUNIF。

在几何非线性分析时,可通过 SOLCONTROL,,,INCP 计入压力刚度效应;在特征值屈曲分析中压力刚度效应自动计入。若计入压力刚度效应后,形成不对称的刚度矩阵时,则需采用命令 NROPT,UN-SYM。

SOLID46 单元的输入参数与选项如表 6-7 所示。

SOLID46 单元输入参数与选项 表 6-7

参 数 类 别	参 数 及 说 明
节点	I,J,K,L,M,N,O,P
自由度	UX,UY,UZ。分别为 X、Y、Z 方向的平动位移
实常数	根据 KEYOPT(2)的设置而变化,详见表 6-8
材料属性	当 KEYOPT(2)=0 和 1 时,支持 13×NM 种材料性质,NM 为材料号; EX,EY,EZ,PRXY,PRYZ,PRXZ(或 NUXY,NUYZ,NUXZ),ALPX,ALPY,ALPZ(或 CTEX,CTEY,CTEZ 或 THSX,THSY,THSZ),DENS,DAMP,GXY,GYZ,GXZ 当 KEYOPT(2)=3 时无材料性质; DAMP 和 REFT 只需对单元定义一次(用命令 MAT)
面荷载	face1——J-I-L-K;face2——I-J-N-M;face3——J-K-O-N;face4——K-L-P-O;face5——L-I-M-P;face6——M-N-O-P
体荷载	温度——T(I),T(J),T(K),T(L),T(M),T(N),T(O),T(P),且仅 KEYOPT(2)=0 或 1 当 KEYOPT(2)=3 时无此项
特性	应力刚化、大变形
KEYOPT(1)	形函数附加项(ESF)选择: 0——计入形函数附加项;1——不计形函数附加项
KEYOPT(2)	输入方式选择: 0——等厚层输入(最大 250 层);1——变厚层输入(最大 125 层);3——矩阵方式输入
KEYOPT(3)	附加应力输出控制: 0——单元基本解;1——所有积分点的基本解;2——节点应力解;4——所有以上输出
KEYOPT(4)	单元坐标系定义方式: 0——无用户子例程定义单元坐标系(缺省的 z 轴垂直参考平面);4——单元坐标系的 x 轴通过用户子例程 USERAN 定义;5——单元坐标系的 x 轴通过用户子例程 USERAN 定义,层坐标系通过用户子例程 USANLY 定义
KEYOPT(5)	采用应力或应变选项[KEYOPT(6)]: 0——采用应变结果;1——采用应力结果;2——同时采用应变和应力结果
KEYOPT(6)	输出控制: 0——单元基本解,及所有失效准则最大值的数据;1——增加所有失效准则值汇总、平均横向剪应力及最大的层间剪应力的数据;2——同 1,再增加底层和顶层的积分点解;3——同 1,再增加单元质心所有层的解;4——同 1,再增加角点处所有层的解;5——同 1,再增加所有层积分点的失效准则值
KEYOPT(8)	层数据的存储: 0——仅存储底面、顶面及失效准则最大值的层数据;1——存储所有数据,此时数据文件可能很大
KEYOPT(9)	应力、应变和失效准则值计算[仅 KEYOPT(2)=0 或 1 且 NL>1]: 0——仅计算每层的顶面和底面的应力和应变;1——仅计算每层的厚度中间
KEYOPT(10)	是否输出材料性质矩阵: 0——不输出;1——输出第一个单元的厚度上积分的材料性质矩阵

KEYOPT(2)不同值时的实常数 表 6-8

序 号	名 称	说 明
KEYOPT(2)＝0 或 1 时的基本实常数		
1	NL	层数(最大 250 层)
2	LSYM	对称铺层关键字
3	LP1	输出的第一层
4	LP2	输出的第二层
5,6	—	
7	KREF	参考平面位置
8,…,12	—	
KEYOPT(2)＝0 时再增加的实常数		
13	MAT	层 1 的材料号
14	THETA	层 1 的 X 轴旋转角
15	TK	层 1 的层厚度
16,…,(12＋3×NL)	MAT,THETA,TK,等等	对每层重复 MAT、THETA、TK 等,直到 NL 层
KEYOPT(2)＝1 时再增加的实常数		
13	MAT	层 1 的材料号
14	THETA	层 1 的 X 轴旋转角
15	TK(I)	层 1 的 I 节点层厚度
16	TK(J)	层 1 的 J 节点层厚度
17	TK(K)	层 1 的 K 节点层厚度
18	TK(L)	层 1 的 L 节点层厚度
19,…,(12＋6×NL)	MAT,THETA,TK(I),等等	对每层重复 MAT、THETA、TK(I)、TK(J)、TK(K)、TK(L),直到 NL 层
当 KEYOPT(2)＝3 时的实常数		
1,…,21	A(1),…,A(21)	子矩阵 A
22,…,42	B(1),…,B(21)	子矩阵 B
43,…,63	D(1),…,D(21)	子矩阵 D
64,…,84	E(1),…,E(21)	子矩阵 E
85,…,105	F(1),…,F(21)	子矩阵 F
106,…,111	MT(1),…,MT(6)	MT 数组
112,…,117	BT(1),…,BT(6)	BT 数组
118,…,123	QT(1),…,QT(6)	QT 数组
124	AVDENSE	单元平均密度
125,126,127	—	
128	KREFR	参考平面系数

6.4.2 输出数据

SOLID46 单元输出示意如图 6-8 所示。

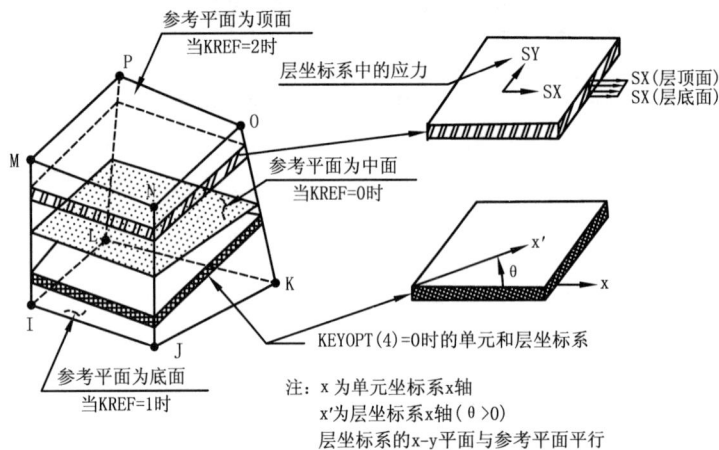

图 6-8 SOLID46 单元输出应力示意

单元应力方向与层坐标系方向相同,输出选项控制各层的输出数据。当输出积分点数据时,积分点的位置分别为:积分点 1 最接近节点 I,积分点 2 最接近节点 J,积分点 3 最接近节点 K,积分点 4 最接近节点 L,失效准则仅在面内积分点上输出。若 KEYOPT(3)＝2 或 4 则在单元坐标系内输出 3 个单元力和 3 个弯矩。在后处理中采用命令 LAYER 或 LAYER26 时,由 KEYOPT(8)选项控制大量的数据输出。

单元输出说明如表 6-9 所示,表 6-10 为命令 ETABLE 或 ESOL 中的表项和序号。

SOLID46 单元输出说明 表 6-9

名　　称	说　　明	O	R
EL	单元号	Y	Y
NODES	单元节点号(I,J,K,L,M,N,O,P)	Y	Y
VOLU	单元体积	Y	Y
TTOP,TBOT	顶面和底面的平均温度	1	—
XC,YC,ZC	单元质心位置	Y	11
PRES	P1,P2,P3,P4,P5,P6	Y	Y
TEMP	温度 T(I),T(J),T(K),T(L),T(M),T(N),T(O),T(P)	Y	Y
INT	面内积分点序号	2	—
POS	单元的顶面、底面和中面厚度	2	—
XI,YI,ZI	整体坐标系中的单元积分点位置	2	—
NUMBER	层号	1,3	—
MAT	该层的材料号(与 NUMBER 对应)	3	—
THETA	该层的材料方向角 THETA	1,3	—
AVE THICK	该层的平均厚度	3	—
ACC AVE THICK	累加平均厚度(从层 1 到当前层累加)	1,3	—
AVE TEMP	该层的平均温度	3	—
POS	该层的顶面、底面和中面厚度[KEYOPT(9)]	3	—
LOC	平均中心位置	1,4	—
NODE	角节点号	1,5	—

名　称	说　明	O	R
INT	积分点号	1,6	—
S:X,Y,Z,XY,YZ,XZ	层坐标系下的应力	1,7	1
S:1,2,3	主应力	1,7	1
S:INT	应力强度	1,7	1
S:EQV	层坐标系下的等效应力	1,7	1
EPEL:X,Y,Z,XY,YZ,XZ	层坐标系下的弹性应变 当 KEYOPT(2)=2 或 3 时为总弹性应变	7	Y
EPEL:EQV	层坐标系下的等效弹性应变[12]	7	Y
EPTH:X,Y,Z,XY,YZ,XZ	层坐标系下的热应变 当 KEYOPT(2)=2 或 3 时为总热应变	7	Y
EPTH:EQV	层坐标系下的等效热应变[12]	7	Y
FC1,…,FC6,FCMAX	失效准则值及在每个积分点的最大值	1,8	—
FC	失效准则号(FC1~FC6,FCMAX)	1,9	1
VALUE	某个失效准则的最大值(与 FC 对应)	1,9	1
LN	发生最大值的层号	9	1
EPELF(X,Y,Z,XY,YZ,XZ)	单元中对应某个准则产生最大值时的层坐标系下的弹性应变	1,9	1
SF(X,Y,Z,XY,YZ,XZ)	单元中对应某个准则产生最大值时的层坐标系下的应力	1,9	1
ILSXZ	界面剪应力 SXZ	—	1
ILSYZ	界面剪应力 SYZ	—	1
ILANG	剪应力合成矢量的方向角 从单元 x 轴到单元 y 轴量测,单位为度	—	1
ILSUM	剪应力合成矢量的值	—	1
LN1,LN2	最大层间剪应力所在的层号	1,10	1
ILMAX	最大层间剪应力	1,10	1
KEYOPT(3)=2 或 4 时节点解	FX,FY,FZ(单元坐标系下,所有节点)	Y	—
KEYOPT(6)≠0 剪应力	平均横向剪应力的分量和矢量	Y	—
KEYOPT(2)=3 且 KEYOPT(6)≠0	沿边的正应力,若 I-M、J-N 等等	Y	—

注:1. 仅 KEYOPT(2)=0 或 1 时。

2. 仅 KEYOPT(3)=1 或 4 时的积分点应变解。

3. 仅 KEYOPT(2)=0 或 1 且 KEYOPT(6)>1 时的层解。

4. 仅 KEYOPT(6)=3 时。

5. 仅 KEYOPT(6)=4 时。

6. 仅 KEYOPT(6)=2 或 5 时。

7. 由 KEYOPT(5)控制应变和应力的输出。

8. 仅 KEYOPT(6)=5 时。

9. 当 KEYOPT(2)=0 或 1 时,失效准则值的计算数据;当 KEYOPT(6)=0 时,仅输出单元的所有失效准则值的最大值;根据 KEYOPT(5)的设置,输出每个失效准则对应的弹性应变和应力,以及所有准则中的最大值。

10. 当 KEYOPT(2)=0 或 1 且 KEYOPT(6)≠0 时,输出较大的剪应力。

11. 仅在质心用 * GET 可得。

12. 等效应变采用有效泊松系数计算,对弹性和热应变采用用户输入的泊松系数(命令 MP,PRXY)。

命令 ETABLE 和 ESOL 的表项和序号   表 6-10a)

输出量名称	项 Item	第 i 层底面	第 NL 层顶面
ILSXZ	SMISC	$(2\times i)-1$	$(2\times NL)+1$
ILSYZ	SMISC	$(2\times i)$	$(2\times NL)+2$
ILSUM	NMISC	$(2\times i)+5$	$(2\times NL)+7$
ILANG	NMISC	$(2\times i)+6$	$(2\times NL)+8$

命令 ETABLE 和 ESOL 的表项和序号   表 6-10b)

输出量名称	项 Item	I	J	K	L	M	N	O	P
P1	SMISC	X+4	X+3	X+6	X+5	—	—	—	—
P2	SMISC	X+7	X+8	—	—	X+10	X+9	—	—
P3	SMISC	—	X+11	X+12	—	—	X+14	X+13	—
P4	SMISC	—	—	X+15	X+16	—	—	X+18	X+17
P5	SMISC	X+20	—	—	X+19	X+21	—	—	X+22
P6	SMISC	—	—	—	—	X+23	X+24	X+25	X+26

注：上表中 $X=2\times NL$

命令 ETABLE 和 ESOL 的表项和序号   表 6-10c)

输出量名称	项 Item	E
FCMAX	NMISC	1 （对所有层）
VALUE	NMISC	2
LN	NMISC	3
ILMAX	NMISC	4
LN1	NMISC	5
LN2	NMISC	6
FCMAX	NMISC	$[2\times(NL+i)]+7$ （第 i 层）
VALUE	NMISC	$[2\times(NL+i)]+8$ （第 i 层）
FC	NMISC	$(4\times NL)+8+15\times(N-1)+1$
VALUE	NMISC	$(4\times NL)+8+15\times(N-1)+2$
LN	NMISC	$(4\times NL)+8+15\times(N-1)+3$
EPELFX	NMISC	$(4\times NL)+8+15\times(N-1)+4$
EPELFY	NMISC	$(4\times NL)+8+15\times(N-1)+5$
EPELFZ	NMISC	$(4\times NL)+8+15\times(N-1)+6$
EPELFXY	NMISC	$(4\times NL)+8+15\times(N-1)+7$
EPELFYZ	NMISC	$(4\times NL)+8+15\times(N-1)+8$
EPELFXZ	NMISC	$(4\times NL)+8+15\times(N-1)+9$
SFX	NMISC	$(4\times NL)+8+15\times(N-1)+10$
SFY	NMISC	$(4\times NL)+8+15\times(N-1)+11$
SFZ	NMISC	$(4\times NL)+8+15\times(N-1)+12$

输出量名称	项 Item	E
SFXY	NMISC	$(4 \times NL) + 8 + 15 \times (N-1) + 13$
SFYZ	NMISC	$(4 \times NL) + 8 + 15 \times (N-1) + 14$
SFXZ	NMISC	$(4 \times NL) + 8 + 15 \times (N-1) + 15$

注：上表中 N 为失效准则号，如采用最大应变失效准则和 Tsai-Wu 失效准则，则 N＝1 和 N＝2。

6.4.3　应力—应变关系及计算

单元 SOLID46 的刚度矩阵和热荷载矢量的形函数同式(6-1)～式(6-3)，当计入形函数附加项且具有 8 个不重合节点时[KEYOPT(1)≠1，缺省选项]同式(6-4)～式(6-6)，积分点数为 $2 \times 2 \times 2$ 个。质量矩阵和应力刚度矩阵的形函数同式(6-1)～式(6-3)，且积分点数为 $2 \times 2 \times 2$ 个。

压力荷载矢量的形函数，当为四边形时与式(5-1)和式(5-2)相同，此时积分点个数为 2×2 个；当为三角形时与式(5-5)和式(5-6)相同，此时积分点为 3 个。单元和节点温度按三线性变化，压力在每个面上双线性变化。

单元 SOLID46 与单元 SHELL99 类似，但本节内容除外。

(1)计算假定

①所有材料方向假定平行于参考平面，即使所定义的节点造成了层扭曲或歪曲。

②考虑厚度影响的积分点方案与 SHELL99 相同。但 SOLID46 单元无法采用"单元的顶表面和底表面横向剪切刚度为零"的假定，如此计算界面剪应力将在单元内产生常值剪应力。

③有效材料性质(下文中带 eff 角标的量)基于探讨和数值试验，而不是严格的理论推导，其困难在于用线性或二次形函数模拟多线性位移场。可通过在层厚方向设置多个单元得到更精确的解。

(2)应力—应变关系

对层 j 在层坐标系下的应力—应变关系，通过展开式(5-8)有：

$$
\begin{Bmatrix} \varepsilon_x \\ \varepsilon_y \\ \varepsilon_z \\ \varepsilon_{xy} \\ \varepsilon_{yz} \\ \varepsilon_{xz} \end{Bmatrix} = \begin{Bmatrix} \alpha_{xj}\Delta T \\ \alpha_{yj}\Delta T \\ \alpha_{zj}\Delta T \\ 0 \\ 0 \\ 0 \end{Bmatrix} + \begin{bmatrix} \frac{1}{E_{xj}} & -\frac{\mu_{xyj}}{E_{yj}} & -\frac{\mu_{xzj}}{E_{zj}} & 0 & 0 & 0 \\ -\frac{\mu_{xyj}}{E_{yj}} & \frac{1}{E_{yj}} & -\frac{\mu_{yzj}}{E_{zj}} & 0 & 0 & 0 \\ -\frac{\mu_{xzj}}{E_{zj}} & -\frac{\mu_{yzj}}{E_{zj}} & \frac{1}{E_{zj}} & 0 & 0 & 0 \\ 0 & 0 & 0 & \frac{1}{G_{xyj}} & 0 & 0 \\ 0 & 0 & 0 & 0 & \frac{1}{G_{yzj}} & 0 \\ 0 & 0 & 0 & 0 & 0 & \frac{1}{G_{xzj}} \end{bmatrix} \begin{Bmatrix} \sigma_x \\ \sigma_y \\ \sigma_z \\ \sigma_{xy} \\ \sigma_{yz} \\ \sigma_{xz} \end{Bmatrix}
$$

(6-27)

式中：α_{xj}、α_{yj}、α_{zj}——分别为层 j 在层坐标系 x、y、z 方向的热膨胀系数，即用命令 MP 输入的材料性质 ALPX、ALPY、ALPZ；

E_{xj}、E_{yj}、E_{zj}——分别为层 j 在层坐标系 x、y、z 方向的弹性模量，即用命令 MP 输入的材料性质 EX、EY、EZ；

G_{xyj}、G_{yzj}、G_{xzj}——分别为层 j 在层坐标系 xy、yz、xz 平面内的剪切模量，即用命令 MP 输入的材料性质 GXY、GYZ、GXZ；

μ_{xyj}、μ_{yzj}、μ_{xzj}——分别为层 j 在层坐标系 xy、yz、xz 平面内的泊松系数，即用命令 MP 输入的材料性质 NUXY、NUYZ、NUXZ；

$$\Delta T = T - T_{ref}$$

其中，T——质点的温度；

T$_{ref}$——参考温度，即用命令 TREF 输入的参考温度 TREP。

为保证层间应力的连续性，式(6-27)修正为：

$$
\begin{Bmatrix} \varepsilon_x \\ \varepsilon_y \\ \varepsilon_z \\ \varepsilon_{xy} \\ \varepsilon_{yz} \\ \varepsilon_{xz} \end{Bmatrix} = \begin{Bmatrix} \alpha_{xj}\Delta T \\ \alpha_{yj}\Delta T \\ \alpha_{zj}\Delta T \\ 0 \\ 0 \\ 0 \end{Bmatrix} + \begin{bmatrix} \dfrac{1}{E_{xj}} & -\dfrac{\mu_{xyj}}{E_{yj}} & -\dfrac{\mu_{xzj}^{eff}}{E_z^{eff}} & 0 & 0 & 0 \\ -\dfrac{\mu_{xyj}}{E_{yj}} & \dfrac{1}{E_{yj}} & -\dfrac{\mu_{yzj}^{eff}}{E_z^{eff}} & 0 & 0 & 0 \\ -\dfrac{\mu_{xzj}^{eff}}{E_z^{eff}} & -\dfrac{\mu_{yzj}^{eff}}{E_z^{eff}} & \dfrac{1}{E_z^{eff}} & 0 & 0 & 0 \\ 0 & 0 & 0 & \dfrac{1}{G_{xyj}} & 0 & 0 \\ 0 & 0 & 0 & 0 & D_{11j}^G & D_{21j}^G \\ 0 & 0 & 0 & 0 & D_{11j}^G & D_{11j}^G \end{bmatrix} \begin{Bmatrix} \sigma_x \\ \sigma_y \\ \sigma_z \\ \sigma_{xy} \\ \sigma_{yz} \\ \sigma_{xz} \end{Bmatrix}
\tag{6-28}
$$

式中：$\alpha_z^{eff} = \dfrac{\sum\limits_{j=1}^{N_l} t_j \alpha_{zj}}{t_{TOT}}$，$E_z^{eff} = \dfrac{t_{TOT}}{\sum\limits_{j=1}^{N_l} \dfrac{t_j}{E_{zj}}}$；

μ_{xzj}^{eff}——当 C<0.45 时，$\mu_{xzj}^{eff}=C$，当 C≥0.45 时，$\mu_{xzj}^{eff}=\mu_{xzj}$，其中 $C = \mu_{xzj}\dfrac{E_z^{eff}}{E_{zj}}$；

$[D^G]_j$——层坐标系内转换的有效剪切模量，$[D^G]_j = \begin{bmatrix} D_{11j}^G & D_{21j}^g \\ D_{12j}^G & D_{22j}^G \end{bmatrix} = ([T]_j^{-1})[d^G][T]_j^{-1}$；

$[d^G] = \dfrac{1}{t_{TOT}}\sum\limits_{j=1}^{N_l} t_j [A_l]_j^{-1}$，$[A_l]_j = [T]_j^T [D_z]_j [T_j]$，$[D_z]_j = \begin{bmatrix} G_{yzj} & 0 \\ 0 & G_{xzj} \end{bmatrix}$

$[T]_j$——层坐标系到单元坐标系的转换矩阵；

t_j——层 j 的平均厚度；

t_{TOT}——单元的总平均厚度；

N_l——层数。

式(6-28)中没有采用 α_z^{eff} 计算热应变，因此当 ΔT 较大时应在厚度方向较好地划分网格。

(3)应力和应变计算

层 j 质点的应变和应力计算按如下步骤进行：

①质点的应变列阵$\{\varepsilon_x \quad \varepsilon_y \quad \varepsilon_z \quad \varepsilon_{xy} \quad \varepsilon_{yz} \quad \varepsilon_{xz}\}$通过应变—位移矩阵求得。

②将应变从单元坐标系转换到层坐标系。

③用 z 向的有效热膨胀系数 α_z^{eff} 修正热应变。

④修正 z 向正应变为 $\varepsilon'_z = \varepsilon_z E_z^{eff}/E_{zj}$。

⑤通过层坐标系中的剪应力求得剪应变。先求得$\begin{Bmatrix} \sigma_{yz} \\ \sigma_{xz} \end{Bmatrix} = [D^G]^{-1}\begin{Bmatrix} \varepsilon_{yz} \\ \varepsilon_{xz} \end{Bmatrix}$，其中 ε_{yz} 和 ε_{xz} 为通过应变—位移求得的剪应变；然后得基于连续剪应力的剪应变，即 $\varepsilon'_{yzj} = \sigma_{yz}/G_{yzj}$ 和 $\varepsilon'_{xzj} = \sigma_{xz}/G_{xzj}$。

⑥最后，通过应力—应变的常规计算得到应力如下：

$$\{\sigma\}_j = [D]_j (\{\varepsilon\}_j - \{\varepsilon^{th}\}_j) \tag{6-29}$$

式中：$[D]_j$——式(6-27)中应力—应变矩阵的逆矩阵。

⑦当单元层数超过一层且任何一层的 μ_{xzj}^{eff} 或 μ_{yzj}^{eff} 超过 0.45 时，正应变则基于节点力计算。

(4)层间剪应力计算

一般地，具有自由表面的层间剪应力不为零，这是因为并不知道单元顶面或底面是否为自由表面层，或者另有其他单元在其上下。计算层间剪应力有两种方法，分别是节点力法和层应力法。

①节点力法

单元体上的剪应力按下式计算：

$$\sigma_{xz} = \frac{1}{4}\left[\frac{F_M^x - F_I^x}{A^{I-M}} + \frac{F_N^x - F_J^x}{A^{J-N}} + \frac{F_O^x - F_K^x}{A^{K-O}} + \frac{F_P^x - F_L^x}{A^{L-P}}\right] \tag{6-30}$$

$$\sigma_{yz} = \frac{1}{4}\left[\frac{F_M^y - F_I^y}{A^{I-M}} + \frac{F_N^y - F_J^y}{A^{J-N}} + \frac{F_O^y - F_K^y}{A^{K-O}} + \frac{F_P^y - F_L^y}{A^{L-P}}\right] \tag{6-31}$$

式中：σ_{xz}、σ_{yz}——平均剪应力；

　　F_i^x、F_i^y——平行于参考平面的节点力，角标 x(y) 表示平行于单元的 x(y) 轴方向，其中 $i = I, J, \cdots, P$；

　　A^{j-M}——节点的附属面积，通过基平面内最近的积分点的雅可比行列式计算，其中 $j = I, J, K, L$，$M = M, N, O, P$。

②层应力法

仅当 KEYOPT(2) = 0 或 1 时，采用层剪应力的简化方法求层间剪应力，单元 x 轴方向的层间剪应力为：

$$\sigma_{xz}^1 = \text{层 1 的底面的 } \sigma_{xz}，\text{在 I-J-K-L 面内} \tag{6-32}$$

$$\sigma_{xz}^{N+1} = \text{层 NL 的顶面的 } \sigma_{xz}，\text{在 M-N-O-P 面内} \tag{6-33}$$

$$\sigma_{xz}^j = \frac{1}{2}(\text{层 } j-1 \text{ 的顶面的 } \sigma_{xz} + \text{层 } j \text{ 的底面的 } \sigma_{xz}) \tag{6-34}$$

上述三式中的 σ_{xz} 项基于式(6-29)计算，但已经转换到单元坐标系下。单元 y 轴方向的层间剪应力与上述类似。合成剪应力按下式计算，且其最大值输出为最大的层间剪应力：

$$\sigma_{il} = \sqrt{(\sigma_{xz})^2 + (\sigma_{yz})^2} \tag{6-35}$$

6.4.4　失效准则

对复合材料单元可定义 6 个失效准则，其中 3 个既定失效准则可供使用，用户可通过子例程定义另外的 3 个。通过命令 TB 或 FC 定义失效准则，但命令 TB(TB,FAIL) 仅适用于 SHELL91、SHELL99、SOLID46 和 SOLID191，而命令 FC 适用于所有的二维、三维结构实体单元和三维壳单元。

失效准则用于正交各向异性材料，因此用户必须输入所有方向上的失效应力或失效应变值（压缩值等于拉伸值时除外），若不需在某个特定方向上检查失效应力或失效应变，则在那个方向上定义一个大值。

失效准则用于每层层内积分点在顶面和底面（或中面）的计算，3 个失效准则分别是最大应变失效准则、最大应力失效准则和 Tsai-Wu（蔡—吴）失效准则。

(1)最大应变失效准则

$$\xi_1 = \max\left\{\left(\frac{\varepsilon_{xt}}{\varepsilon_{xt}^f} \text{ 或 } \frac{\varepsilon_{xc}}{\varepsilon_{xc}^f}\right), \left(\frac{\varepsilon_{yt}}{\varepsilon_{yt}^f} \text{ 或 } \frac{\varepsilon_{yc}}{\varepsilon_{yc}^f}\right), \left(\frac{\varepsilon_{zt}}{\varepsilon_{zt}^f} \text{ 或 } \frac{\varepsilon_{zc}}{\varepsilon_{zc}^f}\right), \frac{|\varepsilon_{xy}|}{\varepsilon_{xy}^f}, \frac{|\varepsilon_{yz}|}{\varepsilon_{yz}^f}, \frac{|\varepsilon_{xz}|}{\varepsilon_{xz}^f}\right\} \tag{6-36}$$

式中：ξ_1——最大应变失效准则值；

　　ε_{it}——取 0 和 ε_i 的较大值，其中 ε_i 为层 x(y 或 z) 方向的应变，$i = x, y, z$；

　　ε_{ic}——取 0 和 ε_i 的较小值，$i = x, y, z$；

　　ε_{it}^f——层 x(y 或 z) 方向受拉失效应变，$i = x, y, z$。

(2)最大应力失效准则

$$\xi_2 = \max\left\{\left(\frac{\sigma_{xt}}{\sigma_{xt}^f} \text{ 或 } \frac{\sigma_{xc}}{\sigma_{xc}^f}\right), \left(\frac{\sigma_{yt}}{\sigma_{yt}^f} \text{ 或 } \frac{\sigma_{yc}}{\sigma_{yc}^f}\right), \left(\frac{\sigma_{zt}}{\sigma_{zt}^f} \text{ 或 } \frac{\sigma_{zc}}{\sigma_{zc}^f}\right), \frac{|\sigma_{xy}|}{\sigma_{xy}^f}, \frac{|\sigma_{yz}|}{\sigma_{yz}^f}, \frac{|\sigma_{xz}|}{\sigma_{xz}^f}\right\} \tag{6-37}$$

式中：ξ_2——最大应力失效准则值；

　　σ_{it}——取 0 和 σ_i 的较大值，其中 σ_i 为层 x(y 或 z) 方向的应力，$i = x, y, z$；

　　σ_{ic}——取 0 和 σ_i 的较小值，$i = x, y, z$；

　　σ_{it}^f——层 x(y 或 z) 方向的受拉失效应力，$i = x, y, z$。

（3）Tsai-Wu 失效准则

该准则基于"Tsai-Wu 失效准则"，但 ANSYS 又做了一定的调整。当采用 Tsai-Hahn 所谓的"强度指标"时，Tsai-Wu 失效准则被定义为：

$$\xi_3 = A + B \tag{6-38}$$

当采用 Tsai 表示"安全富裕的强度比"时，Tsai-Wu 失效准则被定义为：

$$\xi_3 = \frac{1}{\sqrt{\left(\dfrac{B}{2A}\right)^2 + \dfrac{1}{A}} - \dfrac{B}{2A}} \tag{6-39}$$

ANSYS 同时计算这两个值，即 TWSI 和 TWSR，当其值 ≥1 时表示失效。

$$B = \left(\frac{1}{\sigma_{xt}^f} + \frac{1}{\sigma_{xc}^f}\right)\sigma_x + \left(\frac{1}{\sigma_{yt}^f} + \frac{1}{\sigma_{yc}^f}\right)\sigma_y + \left(\frac{1}{\sigma_{zt}^f} + \frac{1}{\sigma_{zc}^f}\right)\sigma_z \tag{6-40}$$

$$A = -\frac{\sigma_x^2}{\sigma_{xt}^f \sigma_{xc}^f} - \frac{\sigma_y^2}{\sigma_{yt}^f \sigma_{yc}^f} - \frac{\sigma_z^2}{\sigma_{zt}^f \sigma_{zc}^f} + \left(\frac{\sigma_{xy}}{\sigma_{xy}^f}\right)^2 + \left(\frac{\sigma_{yz}}{\sigma_{yz}^f}\right)^2 + \left(\frac{\sigma_{xz}}{\sigma_{xz}^f}\right)^2 +$$

$$\frac{C_{xy}\sigma_x\sigma_y}{\sqrt{\sigma_{xt}^f \sigma_{xc}^f \sigma_{yt}^f \sigma_{yc}^f}} + \frac{C_{yz}\sigma_y\sigma_z}{\sqrt{\sigma_{yt}^f \sigma_{yc}^f \sigma_{zt}^f \sigma_{zc}^f}} + \frac{C_{xz}\sigma_x\sigma_z}{\sqrt{\sigma_{xt}^f \sigma_{xc}^f \sigma_{zt}^f \sigma_{zc}^f}} \tag{6-41}$$

式中：C_{xy}、C_{yz}、C_{xz}——分别为 Tsai-Wu 理论的 x-y、y-z、x-z 耦合系数，即失效准则也是耦合的、相互影响的。

从上述失效准则可以看出，ANSYS 仅仅计算了失效准则值，当 $\xi_i \geq 1$ 时表示材料失效，用户可据此判断结构的状态，但失效后并未做进一步处理，即 ANSYS 并不计算材料失效后的行为。这点也可从 SOLID46 单元特性中获知，该单元仅仅考虑了应力刚化和大变形，并未考虑塑性等行为。

6.4.5 广义胡克定律与弹性常数

为说明各向异性、正交各向异性、横观各向同性、各向同性材料的弹性常数，这里就线弹性体的广义胡克定律介绍如下。

对弹性材料，广义胡克定律可表示为：

$$\{\sigma\} = [D]\{\varepsilon\} \ 或 \{\varepsilon\} = [D]^{-1}\{\sigma\} \tag{6-42}$$

（1）各向异性材料（Anisotropic Material）

各向异性材料也称为三斜轴材料或极端各向异性材料，工程上少有。此种材料有 36 个非零弹性常数，但仅有 21 个是独立的。

$$\begin{Bmatrix} \varepsilon_x \\ \varepsilon_y \\ \varepsilon_z \\ \varepsilon_{xy} \\ \varepsilon_{yz} \\ \varepsilon_{xz} \end{Bmatrix} = \begin{bmatrix} C_{11} & C_{12} & C_{13} & C_{14} & C_{15} & C_{16} \\ & C_{22} & C_{23} & C_{24} & C_{25} & C_{26} \\ & & C_{33} & C_{34} & C_{35} & C_{36} \\ & 对 & & C_{44} & C_{45} & C_{46} \\ & & 称 & & C_{55} & C_{56} \\ & & & & & C_{66} \end{bmatrix} \begin{Bmatrix} \sigma_x \\ \sigma_y \\ \sigma_z \\ \sigma_{xy} \\ \sigma_{yz} \\ \sigma_{xz} \end{Bmatrix} \tag{6-43}$$

（2）单斜轴材料（Monoclinic Material）

当材料关于 z=0 平面对称时，称为单斜轴材料，如正长石和云母等。此种材料有 20 个非零弹性常数，但仅有 13 个是独立的。

$$\begin{Bmatrix} \varepsilon_x \\ \varepsilon_y \\ \varepsilon_z \\ \varepsilon_{xy} \\ \varepsilon_{yz} \\ \varepsilon_{xz} \end{Bmatrix} = \begin{bmatrix} C_{11} & C_{12} & C_{13} & 0 & 0 & C_{16} \\ & C_{22} & C_{23} & 0 & 0 & C_{26} \\ & & C_{33} & 0 & 0 & C_{36} \\ & 对 & & C_{44} & C_{45} & 0 \\ & & 称 & & C_{55} & 0 \\ & & & & & C_{66} \end{bmatrix} \begin{Bmatrix} \sigma_x \\ \sigma_y \\ \sigma_z \\ \sigma_{xy} \\ \sigma_{yz} \\ \sigma_{xz} \end{Bmatrix} \tag{6-44}$$

（3）正交各向异性材料（Orthotropic Material）

当材料关于 $z=0$ 平面和 $x=0$ 平面对称时（必然关于 $y=0$ 对称，即关于三个正交平面对称），此材料称为正交各向异性材料，如木材、煤岩、纤维复合材料等。此种材料有 12 个非零弹性常数，但仅有 9 个是独立的。

$$\begin{Bmatrix} \varepsilon_x \\ \varepsilon_y \\ \varepsilon_z \\ \varepsilon_{xy} \\ \varepsilon_{yz} \\ \varepsilon_{xz} \end{Bmatrix} = \begin{bmatrix} C_{11} & C_{12} & C_{13} & 0 & 0 & 0 \\ & C_{22} & C_{23} & 0 & 0 & 0 \\ & & C_{33} & 0 & 0 & 0 \\ & \text{对} & & C_{44} & 0 & 0 \\ & & \text{称} & & C_{55} & 0 \\ & & & & & C_{66} \end{bmatrix} \begin{Bmatrix} \sigma_x \\ \sigma_y \\ \sigma_z \\ \sigma_{xy} \\ \sigma_{yz} \\ \sigma_{xz} \end{Bmatrix} \tag{6-45}$$

若用工程弹性常数表示上式则为：

$$\begin{Bmatrix} \varepsilon_x \\ \varepsilon_y \\ \varepsilon_z \\ \varepsilon_{xy} \\ \varepsilon_{yz} \\ \varepsilon_{xz} \end{Bmatrix} = \begin{bmatrix} 1/E_x & -\mu_{xy}/E_x & -\mu_{xz}/E_x & 0 & 0 & 0 \\ -\mu_{yx}/E_y & 1/E_y & -\mu_{yz}/E_y & 0 & 0 & 0 \\ -\mu_{zx}/E_z & -\mu_{zy}/E_z & 1/E_z & 0 & 0 & 0 \\ 0 & 0 & 0 & 1/G_{xy} & 0 & 0 \\ 0 & 0 & 0 & 0 & 1/G_{yz} & 0 \\ 0 & 0 & 0 & 0 & 0 & 1/G_{xz} \end{bmatrix} \begin{Bmatrix} \sigma_x \\ \sigma_y \\ \sigma_z \\ \sigma_{xy} \\ \sigma_{yz} \\ \sigma_{xz} \end{Bmatrix} \tag{6-46}$$

其中，$\dfrac{\mu_{yx}}{E_y} = \dfrac{\mu_{xy}}{E_x}$，$\dfrac{\mu_{zx}}{E_z} = \dfrac{\mu_{xz}}{E_x}$，$\dfrac{\mu_{zy}}{E_z} = \dfrac{\mu_{yz}}{E_y}$。

因此需要输入 E_x、E_y、E_z，μ_{xy}、μ_{yz}、μ_{xz}（或 μ_{yx}、μ_{zy}、μ_{zx}），G_{xy}、G_{yz}、G_{xz} 9 个弹性常数，分别对应 EX、EY、EZ，PRXY、PRYZ、PRXZ（或 NUXY、NUYZ、NUXZ），GXY、GYZ、GXZ。

（4）横观各向同性材料（Transversely Isotropic Material）

对于正交各向异性材料，当平行于某一平面的各个方向（所谓的横观）都具有相同的弹性时，称为横观各向同性材料，如岩层、纤维、单向复合材料等。此种材料有 9 个非零弹性常数，但仅有 5 个是独立的。若取 x 轴垂直这个平面，即在 yoz 平面内各向同性，则有：

$$\begin{Bmatrix} \varepsilon_x \\ \varepsilon_y \\ \varepsilon_z \\ \varepsilon_{xy} \\ \varepsilon_{yz} \\ \varepsilon_{xz} \end{Bmatrix} = \begin{bmatrix} C_{11} & C_{12} & C_{13} & 0 & 0 & 0 \\ & C_{22} & C_{23} & 0 & 0 & 0 \\ & & C_{22} & 0 & 0 & 0 \\ & \text{对} & & C_{55} & 0 & 0 \\ & & \text{称} & & 2(C_{22}-C_{23}) & 0 \\ & & & & & C_{55} \end{bmatrix} \begin{Bmatrix} \sigma_x \\ \sigma_y \\ \sigma_z \\ \sigma_{xy} \\ \sigma_{yz} \\ \sigma_{xz} \end{Bmatrix} \tag{6-47}$$

若用工程弹性常数表示上式则为：

$$\begin{Bmatrix} \varepsilon_x \\ \varepsilon_y \\ \varepsilon_z \\ \varepsilon_{xy} \\ \varepsilon_{yz} \\ \varepsilon_{xz} \end{Bmatrix} = \begin{bmatrix} 1/E_x & -\mu_{xy}/E_x & -\mu_{xy}/E_x & 0 & 0 & 0 \\ -\mu_{yx}/E_y & 1/E_y & -\mu_{yz}/E_y & 0 & 0 & 0 \\ -\mu_{yx}/E_y & -\mu_{zy}/E_y & 1/E_y & 0 & 0 & 0 \\ 0 & 0 & 0 & 1/G_{xy} & 0 & 0 \\ 0 & 0 & 0 & 0 & \dfrac{2(1+\mu_{yz})}{E_y} & 0 \\ 0 & 0 & 0 & 0 & 0 & 1/G_{xy} \end{bmatrix} \begin{Bmatrix} \sigma_x \\ \sigma_y \\ \sigma_z \\ \sigma_{xy} \\ \sigma_{yz} \\ \sigma_{xz} \end{Bmatrix} \tag{6-48}$$

其中，$\dfrac{\mu_{yx}}{E_y} = \dfrac{\mu_{xy}}{E_x}$，$\mu_{yz} = \mu_{zy}$。

输入时，虽然也需要 E_x、E_y、E_z，μ_{xy}、μ_{yz}、μ_{xz}（或 μ_{yx}、μ_{zy}、μ_{zx}），G_{xy}、G_{yz}、G_{xz} 9 个弹性常数，所对应的同

式(6-46)，但因 $E_y = E_z$、$\mu_{xy} = \mu_{xz}$、$G_{xy} = G_{xz}$ 及 $G_{yz} = 2(1 + \mu_{yz})/E_y$，故仅有 E_x、E_y、μ_{xy}、μ_{yz}、G_{xy} 等 5 个弹性常数。

如对横观各向同性的层合板，假设纵向为 x 轴，横向为 y 轴，垂直层面为 z 轴，且设 $E_1 = E_x$、$E_2 = E_y$、$\mu_{12} = \mu_{xy}$、$G_{12} = G_{xy}$、$G_{23} = \mu_{yz}$，则只需要 E_1、E_2、μ_{12}、G_{12} 和 G_{23}（或 G_{yz}）5 个参数，输入时可根据上述条件编排 9 个弹性常数即可。如已知 $E_1 = 138\text{GPa}$，$E_2 = 8.96\text{GPa}$，$\mu_{12} = 0.3$，$G_{12} = 7.1\text{GPa}$，$G_{23} = 3.98\text{GPa}$，则 $\mu_{23} = E_2/2G_{23} - 1 = 0.126$，对应的输入参数 EX、EY、EZ、PRXY、PRYZ、PRXZ、GXY、GYZ、GXZ 分别为 138、8.96、8.96、0.3、0.126、0.3、7.1、3.98、7.1。

（5）各向同性材料（Isotropic Material）

即材料完全是各向同性时，如大多数金属材料。此种材料有 9 个非零弹性常数，但仅有 2 个是独立。

$$
\begin{Bmatrix} \varepsilon_x \\ \varepsilon_y \\ \varepsilon_z \\ \varepsilon_{xy} \\ \varepsilon_{yz} \\ \varepsilon_{xz} \end{Bmatrix} = \begin{bmatrix} C_{11} & C_{12} & C_{12} & 0 & 0 & 0 \\ & C_{11} & C_{12} & 0 & 0 & 0 \\ & & C_{11} & 0 & 0 & 0 \\ & 对 & & 2(C_{11}-C_{12}) & 0 & 0 \\ & & 称 & & 2(C_{11}-C_{12}) & 0 \\ & & & & & 2(C_{11}-C_{12}) \end{bmatrix} \begin{Bmatrix} \sigma_x \\ \sigma_y \\ \sigma_z \\ \sigma_{xy} \\ \sigma_{yz} \\ \sigma_{xz} \end{Bmatrix} \tag{6-49}
$$

若用工程弹性常数表示上式则为：

$$
\begin{Bmatrix} \varepsilon_x \\ \varepsilon_y \\ \varepsilon_z \\ \varepsilon_{xy} \\ \varepsilon_{yz} \\ \varepsilon_{xz} \end{Bmatrix} = \begin{bmatrix} 1/E & -\mu/E & -\mu/E & 0 & 0 & 0 \\ -\mu/E & 1/E & -\mu/E & 0 & 0 & 0 \\ -\mu/E & -\mu/E & 1/E & 0 & 0 & 0 \\ 0 & 0 & 0 & 1/G & 0 & 0 \\ 0 & 0 & 0 & 0 & 1/G & 0 \\ 0 & 0 & 0 & 0 & 0 & 1/G \end{bmatrix} \begin{Bmatrix} \sigma_x \\ \sigma_y \\ \sigma_z \\ \sigma_{xy} \\ \sigma_{yz} \\ \sigma_{xz} \end{Bmatrix} \tag{6-50}
$$

其中，$G = \dfrac{E}{2(1+\mu)}$。

6.4.6 注意事项

（1）单元体积不能为零，若定义单元的节点顺序不当，通常会发生此现象。

（2）所有单元必须为 8 个节点。

（3）通过重复定义节点 K 和 L、O 和 P 可形成棱柱体单元；四面体单元的生成方式类似，同时删除四面体单元的形函数附加项。

（4）在角节点位置可定义零厚度层，且所有角节点处的厚度必须全为零，不容许逐渐变化到零。单元层间假定无滑动，即层间位移协调。

（5）所有材料方向平行于参考平面，甚至是扭曲层也作为平面层而平行于参考平面。

（6）采用矩阵输入时［KEYOPT(2)＝3］假定单元的厚度一致，厚度通过节点位置和 KREF 计算。

（7）同种材料模量比值超过 1000 时将引起主元最大值和最小值相差很大情况，甚至导致"负主元"问题。当发生这种情况时，应检查材料性质是否真实，即便为了保证求解稳定性而不考虑形函数的附加项还是会发生这种现象。

（8）在每个迭代步都重新形成单元刚度矩阵，除非设置了命令 KUSE,1。

（9）SHELL91 和 SHELL99 单元的层间剪应力计算基于壳外表面无层间或横向剪应力的假定，但该假定不能用于实体单元。因此 SOLID46 的层间剪应力有两种计算方法，即节点力法和层应力法。节点力法求出的是"平均层间剪应力"，而层应力法求出的是"最大层间剪应力"，严格来说二者都不精确，但理论上二者一致，大多数情况下二者相差很小。

（10）在厚度方向划分多个单元会改善层间剪应力的计算精度。

（11）当采用六面体单元时,两种计算方法都将导致单元体的常应力状态。在所有情况下,在层平面内是常量,且表示通过质心。因此应当采用多个实体单元获得自由边界上更加准确的剪应力。

6.4.7　应用举例

（1）组合截面悬臂梁分析

如图 6-9 所示的悬臂梁端部受弯矩作用,截面由三层材料组成,其中上下两种材料相同。

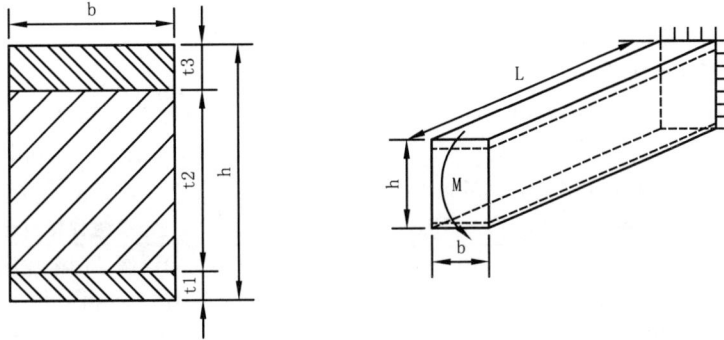

图 6-9　组合截面悬臂梁

设材料均为各向同性,上下两层的弹性模量为 E_1,中间层材料的弹性模量为 E_2,且设两者的弹性模量比 $n=E_1/E_2$。根据材料力学的等效截面原理可分别求得等效截面面积、重心位置、惯性矩、底面和顶面的应力及悬臂端挠度,如下:

$$A=b(nt_1+t_2+nt_3) \tag{6-51}$$

$$y_s=\frac{b}{A}\left(\frac{n}{2}t_1^2+\frac{1}{2}t_2^2+\frac{n}{2}t_3^2+nt_1t_2+nt_1t_3+t_2t_3\right) \tag{6-52}$$

$$y_x=h-y_s \tag{6-53}$$

$$I=\frac{n}{12}bt_1^3+nbt_1\left(y_x-\frac{t_1}{2}\right)^2+\frac{n}{12}bt_3^3+nbt_3\left(y_s-\frac{t_3}{2}\right)^2+\frac{1}{12}bt_2^3+bt_2\left(y_x-t_1-\frac{t_2}{2}\right)^2 \tag{6-54}$$

$$\sigma_s=n\frac{M}{I}y_s \tag{6-55}$$

$$\sigma_x=n\frac{M}{I}y_x \tag{6-56}$$

$$f=\frac{ML^2}{2E_2I} \tag{6-57}$$

设 $b=150\text{mm}$, $t_1=10\text{mm}$, $t_2=200\text{mm}$, $t_3=16\text{mm}$, $h=226\text{mm}$, $L=2000\text{mm}$, $E_1=210\text{GPa}$, $E_2=30\text{GPa}$, $M=100\text{kN}\cdot\text{m}$,代入上述各式可求得悬臂端挠度为 $f=16.530\text{mm}$,各层底面和顶面的应力分别如下。

第一层（t_1 层）: $\sigma_x=-212.479\text{MPa}$, $\sigma_s=-195.123\text{MPa}$;

第二层（t_2 层）: $\sigma_x=-27.875\text{MPa}$, $\sigma_s=21.714\text{MPa}$;

第三层（t_3 层）: $\sigma_x=179.766\text{MPa}$, $\sigma_s=151.997\text{MPa}$。

前面讨论了实体单元施加力矩的问题,此例弯矩用等效力直接施加。采用几何模型自动生成有限元模型时存在单元方向问题,此处暂不涉及（详见下文）,本例只说明单元用法及后处理中如何获取计算结果。从后处理过程可以看出,当泊松系数取零值时,ANSYS 的计算结果与理论结果完全相同。对于层单元,需要采用命令 LAYER 设置层号,以便进行结果处理,否则采用缺省的层号（层 1）结果进行处理。本例命令流如下。

```
!====================================================
!EX6.5 组合截面悬臂梁分析
FINISH$/CLEAR$/PREP7$B=0.15$L=2.0$T1=0.01$T2=0.2        !定义几何参数
```

```
T3＝0.016$H＝T1＋T2＋T3$E1＝2.1E11$E2＝3.0E10$M＝1E5          !定义几何、材料和荷载参数
!以下套用理论解的公式求截面特性、理论应力、挠度等(不加注释)············································
N＝E1/E2$A＝B＊(N＊T1＋T2＋N＊T3)$SS1＝N＊T1＊T1/2＋T2＊T2/2$SS2＝N＊T3＊T3/2
SS3＝N＊T1＊T2＋N＊T1＊T3＋T2＊T3$S＝(SS1＋SS2＋SS3)＊B$YS＝S/A$YX＝H－YS
I1＝N＊B＊T1＊＊3/12＋N＊B＊T1＊(YX－T1/2)＊＊2$I2＝B＊T2＊＊3/12＋B＊T2＊(YX－T1－T2/2)＊＊2
I3＝N＊B＊T3＊＊3/12＋N＊B＊T3＊(YS－T3/2)＊＊2$I＝I1＋I2＋I3$SIG1X＝－M/I＊YX＊N
SIG1S＝－M/I＊(YX－T1)＊N$SIG2X＝－M/I＊(YX－T1)$SIG2S＝M/I＊(YS－T3)
SIG3X＝M/I＊YS＊N$SIG3S＝M/I＊(YS－T3)＊N$F＝M＊L＊L/2/E2/I
```

```
!以下进入建模、求解、后处理过程·········································································
ET,1,SOLID46$KEYOPT,1,3,4$KEYOPT,1,5,2               !定义单元类型、应力输出控制、输出类型
KEYOPT,1,6,4$KEYOPT,1,8,1                           !定义输出控制,进行层应力数据处理
R,1,3$RMORE$RMORE,1,0,T1,2,0,T2$RMORE,1,0,T3        !定义3层及各层实常数
MP,EX,1,E1$MP,NUXY,1,0$MP,EX,2,E2$MP,NUXY,2,0       !定义两种材料性质(泊松系数均取零)
LAYPLOT$LAYLIST                                      !绘制层的组成图及列表显示各层参数
BLC4,,,L,B,H$LSEL,S,LENGTH,,B                        !创建几何模型,选择长度等于宽度的线
LSEL,A,LENGTH,,H$LESIZE,ALL,,,1                      !选择长度等于高度的线,定义网格数量
LSEL,S,LENGTH,,L$LESIZE,ALL,,,20$LSEL,ALL            !选择长度等于跨度的线,定义网格数量
MSHKEY,1$VMESH,ALL                                   !划分映射网格
/VIEW,1,1,1,1$/ANG,1,−120,ZS,1$/ESHAPE,1$EPLOT      !显示单元形状(显示各层的分布)
PNODE＝M/H/2$F,NODE(L,0,0),FX,−PNODE                !在节点上施加集中力
F,NODE(L,B,0),FX,−PNODE                             !在节点上施加集中力
F,NODE(L,0,T1＋T2),FX,PNODE                          !在节点上施加集中力
F,NODE(L,B,T1＋T2),FX,PNODE                          !在节点上施加集中力
ASEL,S,LOC,X,0$DA,ALL,ALL$ASEL,ALL                   !定义约束条件
/SOLU$OUTPR,ALL,ALL$/OUTPUT,S46OUT,TXT             !定义所有输出,并输出到文件 S46OUT.TXT
SOLVE$/OUTPUT$/POST1$PLDISP                          !求解并进入后处理
NT＝NODE(L,0,H)$NB＝NODE(L,0,0)                       !获得悬臂端上、下缘两个节点号
F1＝UZ(NT)$PLNSOL,S,X$PLESOL,EPEL,X                  !悬臂端挠度,绘制应力云图(缺省为 LAYER1)
LAYER,1$PRESOL,S                                     !指定第一层,应力列表
＊GET,SIGT1,NODE,NT,S,X$                              !获取第一层的顶面 X 方向应力
＊GET,SIGB1,NODE,NB,S,X                               !获取第一层的底面 X 方向应力(下缘应力)
LAYER,2$PRESOL,S                                     !指定第二层,应力列表
＊GET,SIGT2,NODE,NT,S,X                               !获取第二层的顶面 X 方向应力
＊GET,SIGB2,NODE,NB,S,X                               !获取第二层的底面 X 方向应力
LAYER,3$PRESOL,S                                     !指定第三层,应力列表
＊GET,SIGT3,NODE,NT,S,X                               !获取第三层的顶面 X 方向应力(上缘应力)
＊GET,SIGB3,NODE,NB,S,X                               !获取第三层的底面 X 方向应力
RSYS,SOLU$PRNSOL,S                                   !在层坐标系下列表显示节点应力
!定义第一层和第二层层间剪应力单元表,并列表显示
I＝1$ETABLE,ILSXZB,SMISC,2＊I−1$ETABLE,ILSYZB,SMISC,2＊I$PRETAB,ILSXZB,ILSYZB
!定义第二层和第三层层间剪应力单元表,并列表显示
I＝2$ETABLE,ILSXZB,SMISC,2＊I−1$ETABLE,ILSYZB,SMISC,2＊I$PRETAB,ILSXZB,ILSYZB
!══════════════════════════════════════════════════════════
```

（2）单元方位及其改变

在创建几何模型并自动划分单元后,单元中的层方位不一定是所期望的,此时必须进行修改。一般在生成有限元网格前,定义一个局部坐标系,此局部坐标系可以任意方向。例如可以与总体坐标系完全相同,但编号要大于 11;用命令 ESYS 设置激活的单元坐标系,将拟生成的单元坐标系与局部坐标系相

同;然后划分网格生成有限元模型,当发现不是所期望的层方位时,再利用命令 EORIENT 进行修改,以达到所期望的层方位。

这里以上面例子为例,给出处理过程。命令流如下。

```
!=============================================================
!EX6.6 层单元方位的改变
!定义几何参数变量、单元、实常数、材料性质、创建几何模型等-------------------------------------
FINISH$/CLEAR$/PREP7$B=0.15$L=2.0$T1=0.01$T2=0.2$T3=0.016$H=T1+T2+T3
E1=2.1E11$E2=3.0E10$M0=1E5$ET,1,SOLID46$KEYOPT,1,5,2$KEYOPT,1,6,4
KEYOPT,1,8,1$R,1,3$RMORE$RMORE,1,0,T1,2,0,T2$RMORE,1,0,T3
MP,EX,1,E1$MP,NUXY,1,0$MP,EX,2,E2$MP,NUXY,2,0$BLC4,,,B,H,L
!定义局部坐标系等划分网格生成有限元模型------------------------------------------------
LOCAL,11$ESYS,11                        !定义与总体直角坐标系相同的局部坐标系11,设置激活的单元坐标系
LSEL,S,LENGTH,,B$LSEL,A,LENGTH,,H$LESIZE,ALL,,,1$LSEL,S,LENGTH,,L$LESIZE,ALL,,,20
LSEL,ALL$MSHKEY,1$VMESH,ALL$/VIEW,1,1,1,1$/ESHAPE,1$EPLOT$/TRLCY,ELEM,0.9
/PSYMB,ESYS,1$EPLOT                              !可以看出不是所预期的单元方位,即层不正确
EORIENT,,NEGY$EPLOT            !将面1(所预期的层平面即为面1)的外法线与11号局部坐标系的Y轴平行
CSYS,0$PNODE=M0/H/2$F,NODE(0,0,L),FZ,-PNODE$F,NODE(B,0,L),FZ,-PNODE
F,NODE(0,H,L),FZ,PNODE$F,NODE(B,H,L),FZ,PNODE$ASEL,S,LOC,Z,0$DA,ALL,ALL$ASEL,ALL
/SOLU$SOLVE$/POST1$PLDISP$PLNSOL,S,Z                       !总体坐标系下的纵向应力
LAYER,2$PLNSOL,S,Z                                         !总体坐标系下的层2的纵向应力
RSYS,SOLU$PLNSOL,S,Y                                       !层坐标系下的层2的节点纵向应力
!=============================================================
```

(3)周边简支层合板的受力分析

一周边简支层合方板,其边长为 6m,铺层为 $[0/+45/-45]_s$,第一层和第六层厚度均为 80mm,其余各层为 50mm。材料弹性常数 $E_1=53.74$GPa,$E_2=17.95$GPa,$G_{12}=8.63$GPa,$\mu_{12}=0.25$,$\mu_{23}=0.5$。材料强度如命令流中。由于 ANSYS 不考虑材料失效后的行为,因此失效与否的计算可在后处理中进行,从后处理结果可知,该层合板的个别部位会失效而破坏。

```
!=============================================================
!EX6.7 周边简支层合板应力分析及失效计算
FINISH$/CLEAR$/PREP7$A=6$H=0.08*2+0.05*4$Q=1E6                    !几何参数及均布荷载
ET,1,SOLID46$KEYOPT,1,3,4$KEYOPT,1,6,4$KEYOPT,1,8,1              !单元及其选项
R,1,6,1$RMODIF,1,13,1,0,0.08,1,45,0.05$RMODIF,1,19,1,-45,0.05    !层数、对称,各层材料、角度与厚度
LAYPLOT$LAYLIST                                                   !层的显示和列表
MP,EX,1,53.74E9$MP,EY,1,17.95E9$MP,EZ,1,17.95E9                  !三个弹性模量
MP,GXY,1,8.63E9$MP,GYZ,1,5.98E9$MP,GXZ,1,8.63E9                  !三个剪切模量
MP,PRXY,1,0.25$MP,PRYZ,1,0.50$MP,PRXZ,1,0.25                    !三个主泊松系数
BLC5,,,A,A,H$LSEL,S,LENGTH,,H$LESIZE,ALL,,,1$LSEL,ALL           !创建几何模型,定义厚度方向网格
ESIZE,A/10$MSHKEY,1$VMESH,ALL                                   !划分网格
/VIEW,1,1,1,1$/ANG,1,-120,ZS,1$/ESHAPE,1$EPLOT                 !带形状显示单元(显示层组成)
LSEL,S,LOC,Z,0$DL,ALL,,UZ$LSEL,ALL                             !施加简支约束
DK,1,ALL$DK,2,UX                                               !施加简支约束
SFE,ALL,6,PRES,,Q                                             !施加单元面荷载
/SOLU$SOLVE$/POST1$/ESHAPE,0$PLDISP,1                         !求解并进入后处理,绘制变形图
FC,1,S,XTEN,767E6$FC,1,S,XCMP,-392E6                          !定义 X 方向拉压强度
FC,1,S,YTEN,20E6$FC,1,S,YCMP,-70E6                            !定义 Y 方向拉压强度
FC,1,S,ZTEN,30E6$FC,1,S,ZCMP,-55E6                            !定义 Z 方向拉压强度
```

```
FC,1,S,XY,41E6$FC,1,S,YZ,30E6$FC,1,S,XZ,41E6                !定义三个抗剪强度
LAYER,1$PRNSOL,S,FAIL$PRNSOL,S                             !显示层1的失效准则值
LAYER,2$PRNSOL,S,FAIL$LAYER,3$PRNSOL,S,FAIL                !显示层2和层3的失效准则值
LAYER,4$PRNSOL,S,FAIL$LAYER,5$PRNSOL,S,FAIL                !显示层4和层5的失效准则值
LAYER,6$PRNSOL,S,FAIL                                      !显示层6的失效准则值
IL=1$ETABLE,ILSXZB,SMISC,2*IL−1                            !定义层1和层2的层间剪应力表
ETABLE,ILSYZB,SMISC,2*IL$PRETAB,ILSXZB,ILSYZB             !列表显示层间剪应力
!
```

（4）层合壳的特征值屈曲和几何非线性分析

设有一内半径为 6m 的壳体，宽度为 3m，所对应的圆心角为 90°。铺层为 $[0/45/90/-45/0]_T$，各层厚度相同，总厚度为 250mm，材料参数同上例。对此壳体进行特征值屈曲分析后，再进行几何非线性分析。命令流如下。

```
!
!EX6.8 层合壳屈曲与几何非线性分析
FINISH$/CLEAR$/FILENAM,EX608$/PREP7                        !定义文件名
R=6$B=3$T=0.05$H=5*T$Q=1E6$ET,1,SOLID46,,,4,,4,,1         !定义参数和单元
R,1,5$RMODIF,1,13,1,0,T,1,45,T$RMODIF,1,19,1,90,T,1,−45,T  !定义实常数
RMODIF,1,25,1,0,T$LAYPLOT$LAYLIST                          !定义实常数并显示层组成
MP,EX,1,53.74E9$MP,EY,1,17.95E9$MP,EZ,1,17.95E9           !定义三个弹性模量
MP,GXY,1,8.63E9$MP,GYZ,1,5.98E9$MP,GXZ,1,8.63E9           !定义三个剪切模量
MP,PRXY,1,0.25$MP,PRYZ,1,0.50$MP,PRXZ,1,0.25             !定义三个主泊松系数
CYL4,,,R,45,R+H,135,B$LOCAL,11,1$ESYS,11                  !创建模型，定义局部坐标系
LSEL,S,LENGTH,,H$LESIZE,ALL,,,1$LSEL,ALL                  !定义厚度方向划分单元数
ESIZE,2*H$MSHKEY,1$VMESH,ALL$/VIEW,1,1,1,1               !划分单元，改变视图模式
/ESHAPE,1$/PSYMB,ESYS,1$EORIENT,,NEGX$EPLOT             !打开单元形状和坐标系，修改层方向
ASEL,S,LOC,X,R+H$SFA,ALL,1,PRES,Q                         !施加荷载
ASEL,S,LOC,Y,45$ASEL,A,LOC,Y,135$DA,ALL,ALL$ALLSEL       !施加约束
/SOLU$PSTRES,ON$SOLVE$FINISH                              !打开预应力效应并求解
/SOLU$ANTYPE,1$BUCOPT,LANB,2$MXPAND,2$SOLVE              !进行特征值屈曲分析
*GET,FR1,MODE,1,FREQ$FINISH                               !获取一阶屈曲荷载系数
/PREP7$ANTYPE,0$UPGEOM,0.05,1,1,EX608,RST$FINISH         !模型更新（一阶模态的5%缺陷）
/SOLU$ANTYE,0$NLGEOM,ON$OUTRES,ALL,ALL                    !打开大变形，输出所有结果
NSUBST,20$ARCLEN,ON$ARCTRM,U,R/2                          !打开弧长法并定义终止条件
Q=Q*FR1*1.2                                               !将特征值屈曲荷载扩大1.2倍
ASEL,S,LOC,X,R+H$SFA,ALL,1,PRES,Q$ASEL,ALL$SOLVE        !重新施加荷载并求解
/POST26$TOPN=NODE(R,90,0)$NSOL,2,TOPN,U,Y                !定义顶点节点号和变量2
NSOL,3,TOPN,U,X$PROD,4,2,,,,,,,−1$PROD,5,1,,,,,,Q/1E3    !定义变量3、4、5
XVAR,4$PLVAR,5$XVAR,3$PLVAR,5                             !绘制荷载—位移曲线
/POST1$SET,LAST$PLNSOL,U,Y$ANTIME,50,0.2,,1,2,0,1        !制作变形动画
!
```

6.5 SOLID191 单元

SOLID191 称为 3D 20 节点分层结构实体单元，是 SOLID95 单元的分层版本，可模拟分层的厚壳或实体。该单元容许多达 100 个不同材料层，多于 100 层时可采用"堆叠"（例如，当为 500 层时，可以在厚度方向分为 5 层）。该单元由 20 个节点定义，每个节点有 3 个自由度，即沿节点坐标系 x、y 和 z 方向的平动位移，单元模型如图 6-10 所示，可退化为五面体的棱柱体单元或四面体单元。与该单元类似的是

SHELL99 单元,SOLID46 是其低阶单元。

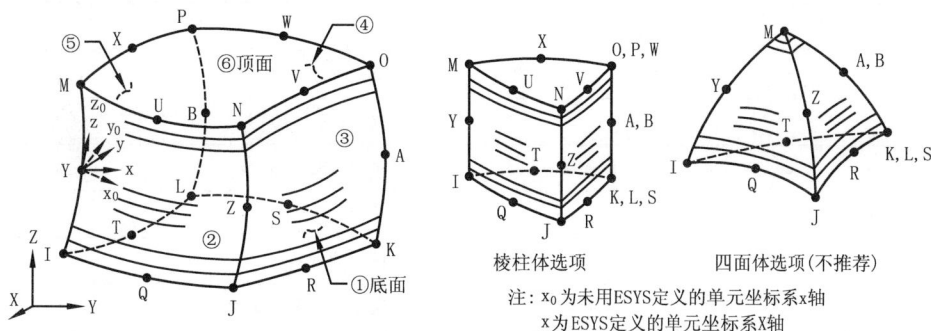

图 6-10 SOLID191 单元几何

6.5.1 输入参数与选项

该单元采用 20 个节点定义,层厚度、材料及其限值与 SOLID46 相同。

单元 z 轴垂直于参考平面,参考平面可为曲面,缺省的 x 轴位于参考平面内,方向为 I-J 和 M-N 在参考平面内投影的均值。同样可采用命令 ESYS 和 EORIENT 修改单元方向。

不同于单元 SOLID46 的 250 层,该单元层数最大为 100 层,也可采用对称层的输入方式。

变厚层、MAT 的应用、TREF 和 BETAD 的相关规定与单元 SOLID46 相同。

失效准则的定义和计算、压力荷载、温度荷载等与单元 SOLID46 相同。

SOLID191 单元的输入参数与选项如表 6-11 所示,SOLID191 单元的实常数输入见表 6-12。

SOLID191 单元输入参数与选项 表 6-11

参数类别	参 数 及 说 明
自由度、材料属性、面荷载、体荷载与表 6-7 相同	
节点	I,J,K,L,M,N,O,P,Q,R,S,T,U,V,W,X,Y,Z,A,B
实常数	详见表 6-12
特性	应力刚化、自适应下降求解技术
KEYOPT(1)	存储的最大层数,缺省为 16。实常数 NL 不能超过此值,且此值不能大于 100
KEYOPT(2)	输入方式选择: 0——等厚层输入;1——变厚层输入
KEYOPT(3)	材料性质的使用: 0——采用输入的材料性质;1——调整材料性质以使单元厚度上 SZ、SXZ 和 SYZ 不变(同 SOLID46)
KEYOPT(4)	单元坐标系定义方式: 0——无用户子例程定义单元坐标系;4——单元坐标系的 x 轴通过用户子例程 USERAN 定义;5——单元坐标系的 x 轴通过用户子例程 USERAN 定义,层坐标系通过用户子例程 USANLY 定义
KEYOPT(5)	每层的输出控制: 0——输出每层距单元节点平面最远面的平均结果;1——输出每层中间的平均结果;2——输出每层底面和顶面的平均结果;3——输出每层底面和顶面 4 个积分点的结果及平均结果和失效准则值;4——输出每层底面和顶面 4 个角点的结果及平均结果
KEYOPT(7)	附加单元输出控制: 0——单元基本解;1——单元坐标系下的节点力
KEYOPT(8)	层数据的存储: 0——仅存储底层底面、顶层顶面及失效准则最大值的层数据;1——存储所有数据,此时数据文件可能很大
KEYOPT(10)	失效准则输出控制: 0——输出所有失效准则最大值;1——输出所有失效准则值

SOLID191 实常数输入　　　　　　　　　　　　　　表 6-12

序　号	名　称	说　明
KEYOPT(2)＝0 时,有 12＋(3×NL)个实常数		
1	NL	层数(最大 100 层)
2	LSYM	对称铺层关键字
3,…,12	—	
13	MAT	层 1 的材料号
14	THETA	层 1 的 X 轴旋转角
15	TK	层 1 的层厚度
16,…,(12＋3×NL)	MAT,THETA,TK,等等	对每层重复 MAT、THETA、TK 等,直到 NL 层
KEYOPT(2)＝1 时,有 12＋(6×NL)个实常数		
1	NL	层数(最大 100 层)
2	LSYM	对称铺层关键字
3,…,12	—	
13	MAT	层 1 的材料号
14	THETA	层 1 的 X 轴旋转角
15	TK(I)	层 1 节点 I 的层厚度
16	TK(J)	层 1 节点 J 的层厚度
17	TK(K)	层 1 节点 K 的层厚度
18	TK(L)	层 1 节点 L 的层厚度
19,…,(12＋6×NL)	MAT,THETA,TK,等等	对每层重复 MAT、THETA、TK(I)、TK(J)、TK(K)、TK(L)等,直到 NL 层

6.5.2　输出及其他

除个别项目没有输出外,其余单元输出与单元 SOLID46 相同。

形函数与单元 SOLID95 相同,但单元 SLOD191 没有宝塔单元选项。

应力与应变、失效准则、注意事项等与单元 SOLID46 相同。

6.6　SOLID64 单元

SOLID64 称为 3D 各向异性结构实体单元,可模拟晶体和复合材料等。该单元由 8 个节点定义,每个节点有 3 个自由度,即沿节点坐标系 x、y 和 z 方向的平动位移,单元模型如图 6-11 所示,可退化为五面体的棱柱体单元或四面体单元。

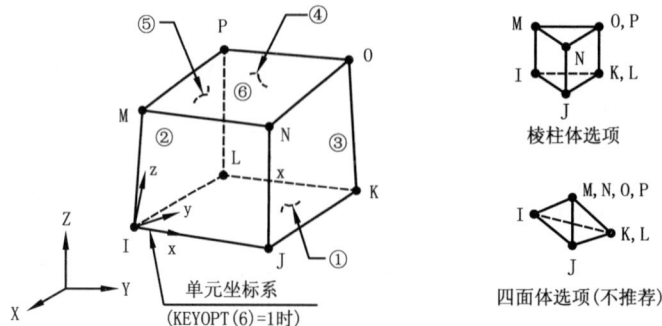

图 6-11　SOLID64 单元几何

6.6.1 输入参数与选项

图 6-11 给出了单元几何、节点位置和单元坐标系,单元输入数据包括 8 个节点和各向异性材料或正交各向异性材料属性,正交各项异性材料的应力—应变关系同单元 SOLID45。

各向异性材料的应力—应变关系通过输入[D]矩阵的数据表定义,若未输入该矩阵,则按正交各向异性材料分析。[D]矩阵为 6×6 的对称矩阵,因此只需输入该矩阵的下三角元素。矩阵元素通过命令 TB 定义,命令中的 TBOPT 定义矩阵采用逆矩阵(应变用应力表示,或称柔度形式)或非逆矩阵(应力用应变表示,或称刚度形式),如式(6-42)所示。输入材料和输出应力的方向与单元坐标系相同。

压力荷载可作为单元各面上的面荷载输入,如图 6-10 所示的圆圈内数字,指向单元的压力为正,面荷载量纲均为"力/面积"。单元体荷载为施加在节点上的温度,节点 I 的温度 T(I)缺省为 TUNIF,若未定义其余节点温度,则全部缺省为 T(I)。对其他任何形式的输入方式,未定义的温度均缺省为 TUNIF。

KEYOPT(1)用于控制是否计入形函数附加项(ESF),KEYOPT(5)用于控制单元输出。

在几何非线性分析时,可通过 SOLCONTROL,,,INCP 计入压力刚度效应;在特征值屈曲分析中压力刚度效应自动计入。若计入压力刚度效应后,形成不对称的刚度矩阵时,则需采用命令 NROPT,UN-SYM。

SOLID64 单元的输入参数与选项如表 6-13 所示。

SOLID64 单元输入参数与选项 表 6-13

参 数 类 别	参 数 及 说 明
节点	I,J,K,L,M,N,O,P
自由度	UX,UY,UZ
实常数	无
材料属性	若通过命令 TB 定义了各向异性材料,则还需输入: ALPX,ALPY,ALPZ,DENS 和 DAMP 否则需要输入: EX,EY,EZ,PRXY,PRYZ,PRXZ(或 NUXY,NUYZ,NUXZ),ALPX,ALPY,ALPZ(或 CTEX,CTEY,CTEZ 或 THSX,THSY,THSZ),DENS,DAMP,GXY,GYZ,GXZ
面荷载	face1——J-I-L-K;face2——I-J-N-M;face3——J-K-O-N;face4——K-L-P-O;face5——L-I-M-P;face6——M-N-O-P
体荷载	温度——T(I),T(J),T(K),T(L),T(M),T(N),T(O),T(P)
特性	应力刚化、大变形、单元生死、自适应下降求解技术
KEYOPT(1)	形函数附加项(ESF)选择: 0——计入形函数附加项;1——不计形函数附加项
KEYOPT(5)	附加应力输出控制: 0——单元基本解;1——所有积分点的基本解;2——节点应力解
KEYOPT(6)	单元坐标系控制: 0——单元坐标系与总体坐标系平行;1——单元坐标系与单元平行,即 x 轴平行 I-J 边,y 轴在 I-J-K 平面内;2——单元 x 轴通过用户子例程 USERAN 指定

6.6.2 输出数据及注意事项

单元应力方向与单元坐标系平行,材料性质矩阵可通过命令 TBLIST 列表输出。

单元附加输出说明如表 6-14 所示,命令 ETABLE 或 ESOL 中的表项和序号见表 6-3。

SOLID64 单元输出说明　　　　　　　　　　　　　　　　　表 6-14

名　称	说　明	O	R
EL、NODES、MAT、VOLU、(XC,YC,ZC)、PRES、TEMP、S(X,Y,Z,XY,YZ,XZ)、S(1,2,3)S(INT,EQV)、EPEL(X,Y,Z,XY,YZ,XZ)、EPEL(1,2,3)、EPTH(X,Y,Z,XY,YZ,XZ)、EPTH(EQV)等如表 6-2			
KEYOPT(5)=2 时节点应力输出	TEMP、SINT、SEQV、S(X,Y,Z,XY,YZ,XZ)		

单元的形函数及注意事项同单元 SOLID45。

6.6.3　应力—应变关系矩阵的输入

各向异性弹性材料需要输入应力—应变关系矩阵[D]，它适用于单元 SOLID64、PLANE182、SOLID185、PLANE183、SOLID186、SOLID187 和 SOLSH190，也适用于耦合单元 SOLID5、PLANE13、SOLID98、PLANE223、SOLID226 和 SOLID227 等。

弹性系数矩阵[D]如式(6-42)，这里设为：

$$[D]=\begin{bmatrix} D_{11} & & & & & \\ D_{21} & D_{22} & & \text{对} & & \\ D_{31} & D_{32} & D_{33} & & \text{称} & \\ D_{41} & D_{42} & D_{43} & D_{44} & & \\ D_{51} & D_{52} & D_{53} & D_{54} & D_{55} & \\ D_{61} & D_{62} & D_{63} & D_{64} & D_{65} & D_{66} \end{bmatrix} \tag{6-58}$$

即，可用刚度形式也可用柔度形式定义，刚度形式就是用应变表示应力时的弹性系数矩阵，实质是[D]矩阵；而柔度形式就是用应力表示应变时的弹性系数矩阵，实质是[D]矩阵的逆矩阵，但这里均用[D]矩阵表达。可通过命令 TB 的 TBOPT 项定义为刚度或柔度形式。

定义[D]矩阵的命令及数据表如下：

TB,ANEL,MAT,NTEMP,-,TBOPT

TBDATA,STLOC,C1,C2,C3,C4,C5,C6

可通过命令 TBTEMP 定义 6 条与温度相关的数据表，但不适用于耦合单元；对于任意温度的弹性常数，则通过各矩阵之间的元素值线性内插计算得到。当 TBOPT=0 时为刚度形式，当 TBOPT=1 时为柔度形式(不适用于显式动力单元)。

TBDATA 的常数与[D]矩阵元素的对应关系如下：

C1～C6 对应：D_{11}、D_{21}、D_{31}、D_{41}、D_{51}、D_{61}

C7～C12 对应：D_{22}、D_{32}、D_{42}、D_{52}、D_{62}、D_{33}

C13～C18 对应：D_{43}、D_{53}、D_{63}、D_{44}、D_{54}、D_{64}

C19～C21 对应：D_{55}、D_{65}、D_{66}

6.7　SOLID65 单元

SOLID65 称为 3D 加筋混凝土实体单元，用于模拟无筋或加筋的 3D 实体结构，具有受拉开裂(拉裂)和受压破碎(压碎)性能。如在钢筋混凝土应用中，单元实体模拟混凝土而加筋模拟钢筋作用。在其他应用中，可模拟加筋复合材料(如玻璃纤维)和地质材料(如岩石)等。该单元由 8 个节点定义，每个节点有 3 个自由度，即沿节点坐标系 x、y 和 z 方向的平动位移，且可定义 3 个方向的加筋情况(为方便表述，以下"加筋"均称为"钢筋")，单元模型如图 6-12 所示，可退化为五面体的棱柱体单元或四面体单元。

该单元与 SOLID45 单元相似，只是增加了开裂与压碎性能。该单元最重要的是对材料非线性的处理，可模拟混凝土开裂(三个正交方向)、压碎、塑性变形及徐变，还可模拟钢筋的拉伸、压缩、塑性变形及蠕变，但不能模拟钢筋的剪切。

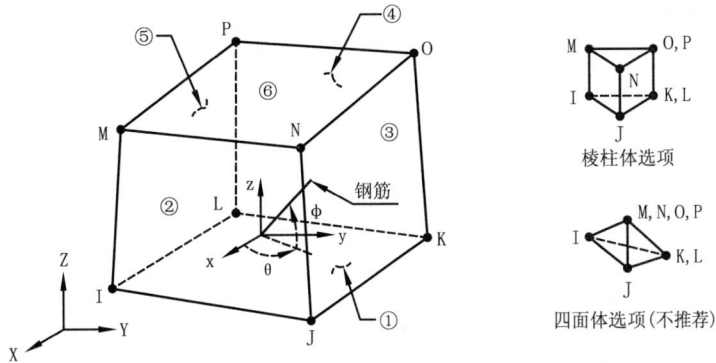

图 6-12　SOLID65 单元几何

6.7.1　输入参数与选项

图 6-12 给出了单元几何、节点位置和单元坐标系,单元输入数据包括 8 个节点和各向同性材料属性,单元包括一种实体材料和 3 种钢筋材料,用命令 MAT 定义混凝土的材料性质,而钢筋则通过实常数定义,包括钢筋的材料号(MAT)、体积配筋率(VR)、方向角(THETA 和 PHI)等,钢筋的方向角可通过命令/ESHAPE 以图显方式校验。

体积配筋率是指钢筋的体积与整个单元体积之比,钢筋的方向通过单元坐标系下的两个角度(单位为度)定义。若钢筋材料号为 0 或等于单元材料号时则不考虑其作用。一般结构中的钢筋分布是不均匀的,ANSYS 又采用钢筋在单元中弥散分布形式,若采用配筋的 SOLID65 单元,则在建模时就应考虑到不同部位有不同的钢筋体积配筋率,以便正确的定义配筋单元。

此外,混凝土材料数据如剪力传递系数、拉压强度等如表 6-16 所示。剪力传递系数取 0～1.0,0 表示光滑裂缝(完全不传递剪力),1.0 表示粗糙裂缝(完全传递剪力),可很好地表示裂缝的张开与闭合。当单元开裂或压碎后,为保证求解的数值稳定性赋予单元很小的刚度,开裂面或压碎单元的刚度系数为CSTIF,其缺省值为 1.0E-6。

压力荷载可作单元各面上的面荷载输入,如图 6-11 所示的圆圈内数字,指向单元的压力为正,面荷载量纲均为"力/面积"。单元体荷载包括施加在节点上的温度和热流荷载,节点 I 的温度 T(I)缺省为TUNIF,若未定义其余节点温度,则全部缺省为 T(I)。对其他任何形式的输入方式,未定义的温度均缺省为 TUNIF。热流的缺省方式同温度,但以零替代 TUNIF。

采用命令 TREF 和 BETAD 可输入参考温度和阻尼的全局值,若用命令 MP,DAMP 对单元材料号(用命令 MAT 指定的)的阻尼进行定义,则取代命令 BETAD 所定义的值。命令 TREF 和 MP,REFT 所定义的全局参考温度与上述类似,即 MP,REFT 所定义的值取代 TREF 定义的值。但是用命令 MP,REFT 对钢筋定义的材料号可取代全局值或单元值,即全局值或单元值可用于钢筋,但钢筋也可单独定义参考温度值。

KEYOPT(1)用于控制是否计入形函数附加项(ESF),KEYOPT(5)和 KEYOPT(6)用于控制单元输出。KEYOPT(7)=1 时的应力释放可帮助开裂时的收敛,应力释放并不表示开裂后应力—应变关系的改变,在计算收敛到开裂状态后,垂直开裂面的释放系数便成为零,从而垂直开裂面的刚度也就为零了。

当无筋单元在所有积分点都压碎时,程序发出警告信息,也可通过 KEYOPT(8)的设置禁止这些警告信息,尤其当这些警告无关紧要时。

当遇到收敛困难时,推荐设置 KEYOPT(3)=2 并采用非常小的荷载增量。

在几何非线性分析时,可通过 SOLCONTROL,,,INCP 计入压力刚度效应;在特征值屈曲分析中压力刚度效应自动计入。若计入压力刚度效应后,形成不对称的刚度矩阵时,则需采用命令 NROPT,UNSYM。

SOLID65 单元的输入参数与选项如表 6-15 所示。

SOLID65 单元输入参数与选项   表 6-15

参数类别	参 数 及 说 明
节点	I,J,K,L,M,N,O,P
自由度	UX,UY,UZ
实常数	MAT1,VR1,THETA1,PHI1,MAT2,VR2,THETA2,PHI2,MAT3,VR3,THETA3,PHI3,CSTIF MATi——钢筋的材料号;VRi——体积配筋率;THETAi 和 PHIi——钢筋的方向角;CSTIF——刚度系数
材料属性	对混凝土:EX,PRXY(或 NUXY),ALPX(或 CTEX 或 THSX),DENS; 对钢筋:EX,ALPX(或 CTEX 或 THSX),DENS; DAMP 对整个单元,REFT 可对单元或每个方向的钢筋
面荷载	face1——J-I-L-K;face2——I-J-N-M;face3——J-K-O-N;face4——K-L-P-O;face5——L-I-M-P;face6——M-N-O-P
体荷载	温度——T(I),T(J),T(K),T(L),T(M),T(N),T(O),T(P); 热流——FL(I),FL(J),FL(K),FL(L),FL(M),FL(N),FL(O),FL(P)
特性	塑性、蠕变、开裂、压碎、大变形、大应变、单元生死、自适应下降技术
KEYOPT(1)	形函数附加项(ESF)选择: 0——计入形函数附加项;1——不计形函数附加项
KEYOPT(3)	无筋单元压碎后的行为: 0——基本行为;1——禁止质量和荷载作用,并发出警告[KEYOPT(8)设置];2——同 1,并采用一致 NR 荷载矢量
KEYOPT(5)	混凝土线性解的输出: 0——输出质心的线性解;1——所有积分点的解;2——节点应力解
KEYOPT(6)	混凝土非线性的输出: 0——输出质心的非线性解;3——同 0,并输出每个积分点的解
KEYOPT(7)	开裂后应力释放控制: 0——不考虑开裂后拉应力释放系数,直接释放拉应力;1——考虑开裂后的拉应力释放系数,慢慢释放拉应力以帮助收敛
KEYOPT(8)	无筋单元压碎后的警告信息控制: 0——发出警告信息;1——禁止发出警告信息

用命令 TB,CONCR 和 TBDATA 输入混凝土材料常数,用命令 TBTEMP 可定义 6 条不同温度下的材料常数,混凝土材料常数如表 6-16 所示。

混凝土材料常数   表 6-16

常 数	名 称	符 号
C1	张开裂缝的剪力传递系数	β_t
C2	闭合裂缝的剪力传递系数	β_c
C3	单轴开裂应力(单轴抗拉强度)	f_t
C4	单轴压碎应力(单轴抗压强度,正值)	f_c
C5	双轴压碎应力(双轴抗压强度,正值)	f_{cb}
C6	围压大小(对应常数 7 和 8)	σ_h^a
C7	围压下的双轴压碎应力(围压下的双轴抗压强度)	f_1
C8	围压下的单轴压碎应力(围压下的单轴抗压强度)	f_2
C9	开裂时拉应力释放系数,仅 KEYOPT(7)=1 时,缺省为 0.6	T_c

注:当常数 C3 或 C4 为 −1 时,表示不考虑开裂或压碎;若仅输入常数 C1~C4,则常数 C5~C8 采用缺省值;若常数 C5~C8 中输入了任一项,表示不采用缺省值,因此其余三项必须输入。

6.7.2 输出数据

SOLID65 应力输出如图 6-13 所示,单元应力的方向平行于单元坐标系。开裂或压碎均在积分点上,用命令 PLCRACK 可显示各积分点的状态。

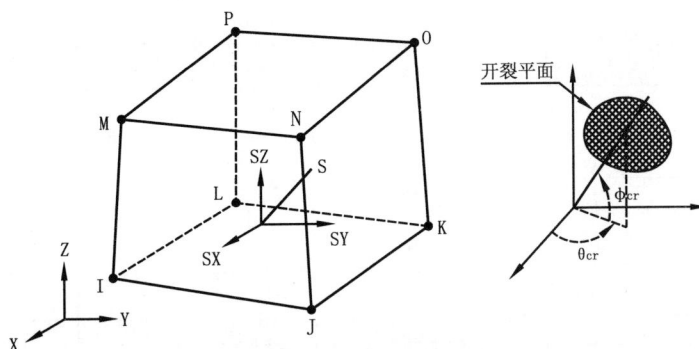

图 6-13 SOLID65 输出示意

单元附加输出说明如表 6-17 所示,表 6-19 为命令 ETABLE 或 ESOL 中的表项和序号。

SOLID65 单元输出说明　　　　　　表 6-17

名　　称	说　　明	O	R
EL、NODES、MAT、VOLU、PRES、TEMP、FLUEN、(XC、YC、ZC)、S、EPEL、EPTH、EPPL、EPCR、NL 等同表 6-2			
NREINF	钢筋数量	Y	Y
THETCR,PHICR	与开裂面垂直的线的方向角	1	1
STATUS	单元状态(表 6-18)	2	2
IRF	钢筋编号	3	—
MAT	钢筋材料号	3	—
VR	体积配筋率	3	—
THETA	X-Y 平面的方向角	3	—
PHI	垂直 X-Y 平面的方向角	3	—
EPEL	钢筋轴向弹性应变	3	—
S	钢筋轴向应力	3	—
EPEL	钢筋平均轴向弹性应变	4	4
EPPL	钢筋平均轴向塑性应变	4	4
SEPL	钢筋平均等效应力(从应力—应变曲线求得)	4	4
EPCR	钢筋平均轴向蠕变应变	4	4
KEYOPT(5)=2 时节点应力输出	TEMP,SINT,SEQV,S(X,Y,Z,XY,YZ,XZ)		

注:1. 混凝土解,当 KEYOPT(5)=1 时输出每个积分点和质心的解。

　2. 单元状态指:Crushed——混凝土压碎,Open——混凝土开裂且裂缝张开,Closed——混凝土开裂,但裂缝闭合,Neither——混凝土既无开裂也未被压碎。

　3. 对每种钢筋都输出这些项。

　4. 当考虑钢筋的非线性时,输出积分点钢筋的非线性解。

SOLID65 单元状态号及其对应关系   表 6-18

状　态	方向 1 的状态	方向 2 的状态	方向 3 的状态
1	Crushed	Crushed	Crushed
2	Open	Neither	Neither
3	Closed	Neither	Neither
4	Open	Open	Neither
5	Open	Open	Open
6	Closed	Open	Open
7	Closed	Open	Neither
8	Open	Closed	Open
9	Closed	Closed	Open
10	Open	Closed	Neither
11	Open	Open	Closed
12	Closed	Open	Closed
13	Closed	Closed	Neither
14	Open	Closed	Closed
15	Closed	Closed	Closed
16	Neither	Neither	Neither

命令 ETABLE 和 ESOL 的表项和序号   表 6-19

输出量名称	项 Item	钢筋 1	钢筋 2	钢筋 3
EPEL	SMISC	1	3	5
SIG	SMISC	2	4	6
EPPL	NMISC	41	45	49
EPCR	NMISC	42	46	50
SEPL	NMISC	43	47	51
SRAT	NMISC	44	48	52

输出量名称	项 Item	I	J	K	L	M	N	O	P
P1	SMISC	8	7	10	9	—	—	—	—
P2	SMISC	11	12	—	—	14	13	—	—
P3	SMISC	—	15	16	—	—	18	17	—
P4	SMISC	—	19	20	—	—	—	22	21
P5	SMISC	24	—	—	23	25	—	—	26
P6	SMISC	—	—	—	—	27	28	29	30
S:1	NMISC	1	6	11	16	21	26	31	36
S:2	NMISC	2	7	12	17	22	27	32	37
S:3	NMISC	3	8	13	18	23	28	33	38
S:INT	NMISC	4	9	14	19	24	29	34	39
S:EQV	NMISC	5	10	15	20	25	30	35	40
FLUEN	NMISC	109	110	111	112	113	114	115	116

输出量名称		项 Item	积　分　点							
			1	2	3	4	5	6	7	8
STATUS		NMISC	53	60	67	74	81	88	95	102
Dir1	THETCR	NMISC	54	61	68	75	82	89	96	103
	PHICR	NMISC	55	62	69	76	83	90	97	104
Dir2	THETCR	NMISC	56	63	70	77	84	91	98	105
	PHICR	NMISC	57	64	71	78	85	92	99	106
Dir3	THETCR	NMISC	58	65	72	79	86	93	100	107
	PHICR	NMISC	59	66	73	80	87	94	101	108

6.7.3　单元行为与计算

单元的刚度矩阵、热荷载矢量、质量矩阵、压力荷载矢量所采用的形函数和积分点与单元 SOLID45 相同,单元温度、节点温度及压力在单元内的变化方式也相同。

(1)基本假定

①在每个积分点的三个垂直方向容许开裂。

②积分点一旦开裂,通过修改材料性质模拟开裂,将裂缝作为"弥散裂缝(或称分布式裂缝)"处理,而不是分离式裂缝,这样就避免了重新形成结构边界,但也无法计算裂缝宽度。

③混凝土初始为各向同性材料。

④只要采用含筋单元,则假定钢筋分布于整个单元,这与分离式模型不同。

⑤除开裂和压碎之外,借助最常用的 DP 破坏准则还可考虑混凝土的塑性,当然也可采用其他塑性材料模型,而塑性发生于开裂和压碎检查之前。

注意:Reinforcement 为增强材料,并不一定是钢筋,如可为 CFRP、GFRP、竹等材料,为方便表述,均用"钢筋"代替"增强材料"一词。

(2)线性行为

该单元的应力应变矩阵[D]为:

$$[D] = \left[1 - \sum_{i=1}^{N_r} V_i^R \right] [D^c] + \sum_{i=1}^{N_r} V_i^R [D^r]_i \qquad (6\text{-}59)$$

式中:　N_r——钢筋材料号,最大为 3。如果 $M_1 = 0$ 则忽略所有钢筋;如果 M_1、M_2 或 M_3 等于混凝土材料号,也忽略该材料号对应的钢筋;

V_i^R——钢筋体积与单元总体积之比,即体积配筋率,即用命令 R 输入的实常数 VRi;

$[D^c]$——混凝土的应力应变矩阵,如式(6-60);

$[D^r]_i$——钢筋 i 的应力应变矩阵,如式(6-61);

M_1、M_2、M_3——钢筋的材料号,即用命令 R 输入的实常数 MAT1、MAT2 和 MAT3。

混凝土的应力—应变矩阵[D^c]可由正交各向异性材料的应力—应变关系式(5-10)推得,考虑到混凝土为各向同性材料,则有:

$$[D^c] = \frac{E}{(1+\mu)(1-2\mu)} \begin{bmatrix} (1-\mu) & \mu & \mu & 0 & 0 & 0 \\ \mu & (1-\mu) & \mu & 0 & 0 & 0 \\ \mu & \mu & (1-\mu) & 0 & 0 & 0 \\ 0 & 0 & 0 & \frac{(1-2\mu)}{2} & 0 & 0 \\ 0 & 0 & 0 & 0 & \frac{(1-2\mu)}{2} & 0 \\ 0 & 0 & 0 & 0 & 0 & \frac{(1-2\mu)}{2} \end{bmatrix} \qquad (6\text{-}60)$$

式中:E——混凝土的弹性模量,即用命令 MP 输入的材料性质 EX。当输入混凝土的应力—应变关系时应采用初始弹性模量,否则应采用割线模量;

μ——混凝土的泊松系数,即用命令 MP 输入的 PRXY 或 NUXY,一般在 $0.15 \sim 0.2$。

式(6-60)也是一般各向同性弹性材料的应力—应变矩阵。

钢筋 i 在单元内的方向如图 6-14 所示,单元坐标系用 X-Y-Z 表示,钢筋 i 的坐标系用 x_i^r-y_i^r-z_i^r 表示,在每个坐标系 x_i^r-y_i^r-z_i^r 下钢筋的应力—应变矩阵为:

$$\begin{Bmatrix} \sigma_{xx}^r \\ \sigma_{yy}^r \\ \sigma_{zz}^r \\ \sigma_{xy}^r \\ \sigma_{yz}^r \\ \sigma_{xz}^r \end{Bmatrix} = \begin{bmatrix} E_i^r & 0 & 0 & 0 & 0 & 0 \\ 0 & 0 & 0 & 0 & 0 & 0 \\ 0 & 0 & 0 & 0 & 0 & 0 \\ 0 & 0 & 0 & 0 & 0 & 0 \\ 0 & 0 & 0 & 0 & 0 & 0 \\ 0 & 0 & 0 & 0 & 0 & 0 \end{bmatrix} \begin{Bmatrix} \varepsilon_{xx}^r \\ \varepsilon_{yy}^r \\ \varepsilon_{zz}^r \\ \varepsilon_{xy}^r \\ \varepsilon_{yz}^r \\ \varepsilon_{xz}^r \end{Bmatrix} = [D^r]_i \begin{Bmatrix} \varepsilon_{xx}^r \\ \varepsilon_{yy}^r \\ \varepsilon_{zz}^r \\ \varepsilon_{xy}^r \\ \varepsilon_{yz}^r \\ \varepsilon_{xz}^r \end{Bmatrix} \tag{6-61}$$

式中:E_i^r——钢筋 i 的弹性模量,即与钢筋材料对应的用命令 MP 输入的 EX。

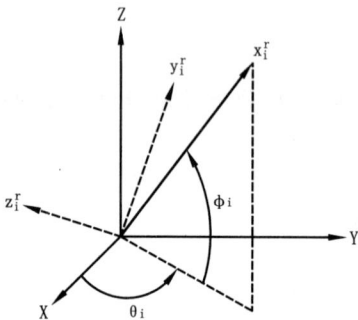

图 6-14 钢筋方向与单元坐标系

从式(6-61)可以看出非零应力分量仅为 σ_{xx}^r,即钢筋 i 的 x_i^r 方向的轴向应力。x_i^r 与单元坐标系的关系为:

$$\begin{Bmatrix} X \\ Y \\ Z \end{Bmatrix} = \begin{Bmatrix} \cos\theta_i & \cos\phi_i \\ \sin\theta_i & \cos\phi_i \\ \sin\phi_i \end{Bmatrix} x_i^r = \begin{Bmatrix} l_1^r \\ l_2^r \\ l_3^r \end{Bmatrix} x_i^r \tag{6-62}$$

式中:θ_i——x_i^r 轴在 XY 面上的投影与 X 轴的夹角,即用命令 R 输入的 THETA1、THETA2 和 THETA3;

ϕ_i——x_i^r 与 XY 面的夹角,即用命令 R 输入的 PHI1、PHI2 和 PHI3;

l_i^r——x_i^r 关于 X-Y-Z 轴的方向余弦。

因所定义的钢筋的应力—应变矩阵的坐标系和钢筋方向一致,为表示钢筋在总体坐标系内的材料行为需构造如下形式的转换矩阵:

$$[D^R]_i = [T^r]^T [D^r]_i [T^r] \tag{6-63}$$

$$[T^r] = \begin{bmatrix} a_{11}^2 & a_{12}^3 & a_{13}^2 & a_{11}a_{12} & a_{12}a_{13} & a_{11}a_{13} \\ a_{21}^2 & a_{22}^2 & a_{23}^2 & a_{21}a_{22} & a_{22}a_{23} & a_{21}a_{23} \\ a_{31}^2 & a_{32}^2 & a_{33}^2 & a_{31}a_{32} & a_{32}a_{33} & a_{31}a_{33} \\ 2a_{11}a_{21} & 2a_{12}a_{22} & 2a_{13}a_{23} & \begin{matrix} a_{11}a_{22}+ \\ a_{12}a_{21} \end{matrix} & \begin{matrix} a_{12}a_{23}+ \\ a_{13}a_{32} \end{matrix} & \begin{matrix} a_{11}a_{23}+ \\ a_{13}a_{21} \end{matrix} \\ 2a_{21}a_{31} & 2a_{22}a_{32} & 2a_{23}a_{33} & \begin{matrix} a_{21}a_{32}+ \\ a_{22}a_{31} \end{matrix} & \begin{matrix} a_{22}a_{33}+ \\ a_{23}a_{32} \end{matrix} & \begin{matrix} a_{21}a_{33}+ \\ a_{13}a_{21} \end{matrix} \\ 2a_{11}a_{31} & 2a_{12}a_{32} & 2a_{13}a_{33} & \begin{matrix} a_{11}a_{32}+ \\ a_{12}a_{31} \end{matrix} & \begin{matrix} a_{12}a_{33}+ \\ a_{13}a_{32} \end{matrix} & \begin{matrix} a_{11}a_{33}+ \\ a_{13}a_{31} \end{matrix} \end{bmatrix} \tag{6-64}$$

其中,

$$a_{ij} = \begin{bmatrix} a_{11} & a_{12} & a_{13} \\ a_{21} & a_{22} & a_{23} \\ a_{31} & a_{32} & a_{33} \end{bmatrix} = \begin{bmatrix} l_1^r & l_2^r & l_3^r \\ m_1^r & m_2^r & m_3^r \\ n_1^r & n_2^r & n_3^r \end{bmatrix} \tag{6-65}$$

向量 $\begin{bmatrix} l_1^r & l_2^r & l_3^r \end{bmatrix}^T$ 由式(6-62)定义,$\begin{bmatrix} m_1^r & m_2^r & m_3^r \end{bmatrix}^T$ 和 $\begin{bmatrix} n_1^r & n_2^r & n_3^r \end{bmatrix}^T$ 是与 $\begin{bmatrix} l_1^r & l_2^r & l_3^r \end{bmatrix}^T$ 相互垂直的单位向量,它们构成的直角坐标系即为钢筋坐标系。将式(6-61)和式(6-64)代入式(6-63)可导出钢筋

在单元坐标系内的应力—应变矩阵：

$$[D^r]_i = E_i^r \{A_d\} \{A_d\}^T \tag{6-66}$$

其中，$\{A_d\} = [\begin{matrix} a_{11}^2 & a_{21}^2 & \cdots & a_{11}^2 & a_{13}^2 \end{matrix}]^T$。

因此，$[D^R]_i$ 中的方向余弦可唯一的由向量 $[\begin{matrix} l_1^r & l_2^r & l_3^r \end{matrix}]^T$ 确定。

（3）裂缝模拟

如前所述，基体材料（例如混凝土）具有塑性、蠕变、开裂和压碎功能，塑性和蠕变的计算与 SOLID45 相同，而混凝土材料的开裂和压碎模型下文中讨论。这种材料模型既可计算弹性行为，也可计算开裂或压碎。如果计算弹性行为，则混凝土以线弹性材料处理；如果计算开裂和压碎行为，上文的弹性应力—应变矩阵针对不同破坏模式应进行调整。

在积分点出现的裂缝可通过调整应力—应变关系描述，即在垂直裂缝面方向引进弱平面，同时引入剪力传递系数 β_t（用命令 TB，CONCR 和 TBDATA 输入的系数 C1）表示后续荷载导致的裂缝面相对滑动时抗剪强度的折减。

仅在一个方向发生开裂的材料应力—应变关系为：

$$[D_c^{ck}] = \frac{E}{(1+\mu)} \begin{bmatrix} \dfrac{R^t(1+\mu)}{E} & 0 & 0 & 0 & 0 & 0 \\ 0 & \dfrac{1}{1-\mu} & \dfrac{\mu}{1-\mu} & 0 & 0 & 0 \\ 0 & \dfrac{\mu}{1-\mu} & \dfrac{1}{1-\mu} & 0 & 0 & 0 \\ 0 & 0 & 0 & \dfrac{\beta_t}{2} & 0 & 0 \\ 0 & 0 & 0 & 0 & \dfrac{1}{2} & 0 \\ 0 & 0 & 0 & 0 & 0 & \dfrac{\beta_t}{2} \end{bmatrix} \tag{6-67}$$

式中，上标 ck 表示应力—应变关系是在平行于主应力方向 x^{ck} 轴坐标系内的，而 x^{ck} 轴垂直于裂缝面。如果 KEYOPT(7)=0，则 $R^t = 0.0$，此时属于脆性开裂模型；如果 KEYOPT(7)=1 则 R^t 为图 6-15 中的斜率（割线模量），在开裂后的求解收敛后，R^t 降至 0.0，此时属于半脆性开裂模型。

在图 6-15 中，f_t 为单轴抗拉强度，即用命令 TB，CONCR 和 TBDATA 输入的常数 C3。T_c 为拉应力释放系数，即用命令 TB，CONCR 和 TBDATA 输入的常数 C9，其缺省值为 0.6。

如果裂缝闭合，则垂直于裂缝面的所有压应力可传递，此时再引入剪力传递系数 β_c（即用命令 TB，CONCR 和 TBDATA 输入的常数 C2）传递一定的剪力，而 $[D_c^{ck}]$ 可表示为：

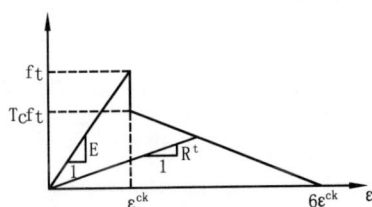

图 6-15　开裂强度与应力释放

$$[D_c^{ck}] = \frac{E}{(1+\mu)(1-2\mu)} \begin{bmatrix} (1-\mu) & \mu & \mu & 0 & 0 & 0 \\ \mu & (1-\mu) & \mu & 0 & 0 & 0 \\ \mu & \mu & (1-\mu) & 0 & 0 & 0 \\ 0 & 0 & 0 & \beta_c\dfrac{(1-2\mu)}{2} & 0 & 0 \\ 0 & 0 & 0 & 0 & \dfrac{(1-2\mu)}{2} & 0 \\ 0 & 0 & 0 & 0 & 0 & \beta_c\dfrac{(1-2\mu)}{2} \end{bmatrix} \tag{6-68}$$

混凝土在两个方向开裂的应力—应变关系为：

$$[D_c^{ck}] = E \begin{bmatrix} \dfrac{R^t}{E} & 0 & 0 & 0 & 0 & 0 \\ 0 & \dfrac{R^t}{E} & 0 & 0 & 0 & 0 \\ 0 & 0 & 1 & 0 & 0 & 0 \\ 0 & 0 & 0 & \dfrac{\beta_t}{2(1+\mu)} & 0 & 0 \\ 0 & 0 & 0 & 0 & \dfrac{\beta_t}{2(1+\mu)} & 0 \\ 0 & 0 & 0 & 0 & 0 & \dfrac{\beta_t}{2(1+\mu)} \end{bmatrix} \tag{6-69}$$

如果在两个方向都重新闭合,则为:

$$[D_c^{ck}] = \frac{E}{(1+\mu)(1-2\mu)} \begin{bmatrix} (1-\mu) & \mu & \mu & 0 & 0 & 0 \\ \mu & (1-\mu) & \mu & 0 & 0 & 0 \\ \mu & \mu & (1-\mu) & 0 & 0 & 0 \\ 0 & 0 & 0 & \beta_c\dfrac{(1-2\mu)}{2} & 0 & 0 \\ 0 & 0 & 0 & 0 & \beta_c\dfrac{(1-2\mu)}{2} & 0 \\ 0 & 0 & 0 & 0 & 0 & \beta_c\dfrac{(1-2\mu)}{2} \end{bmatrix} \tag{6-70}$$

混凝土在三个方向都开裂的应力—应变关系为:

$$[D_c^{ck}] = E \begin{bmatrix} \dfrac{R^t}{E} & 0 & 0 & 0 & 0 & 0 \\ 0 & \dfrac{R^t}{E} & 0 & 0 & 0 & 0 \\ 0 & 0 & \dfrac{R^t}{E} & 0 & 0 & 0 \\ 0 & 0 & 0 & \dfrac{\beta_t}{2(1+\mu)} & 0 & 0 \\ 0 & 0 & 0 & 0 & \dfrac{\beta_t}{2(1+\mu)} & 0 \\ 0 & 0 & 0 & 0 & 0 & \dfrac{\beta_t}{2(1+\mu)} \end{bmatrix} \tag{6-71}$$

如果三个方向的裂缝都重新闭合,应力—应变关系服从式(6-70)。在 SOLD65 单元中,共有 16 种可能的裂缝组合,如表 6-18 所示,也有相应的 16 种应力—应变关系。如果所输入的常数 C1 和 C2 不满足 $1 > \beta_c > \beta_t > 0$,则程序会发出一个提示。

混凝土的应力—应变矩阵 $[D_c^{ck}]$ 转换到单元坐标系中为:

$$[D_c] = [T^{ck}]^T [D_c^{ck}] [T^{ck}] \tag{6-72}$$

式中,$[T^{ck}]$ 与式(6-64)具有相同的形式,但式(6-65)中 $[A]$ 的三列是主应力方向向量,而非钢筋的方向余弦。

积分点裂缝的张开或闭合判据基于所谓的开裂应变 ε_{ck}^{ck},在 x 方向可能开裂时:

$$\varepsilon_{ck}^{ck} = \begin{cases} \varepsilon_x^{ck} + \dfrac{\mu}{1-\mu}(\varepsilon_y^{ck} + \varepsilon_z^{ck}), & \text{无开裂发生} \\ \varepsilon_x^{ck} + \mu\varepsilon_z^{ck}, & \text{y 方向开裂} \\ \varepsilon_x^{ck}, & \text{y 和 z 方向开裂} \end{cases} \tag{6-73}$$

式中：ε_x^{ck}、ε_y^{ck}、ε_z^{ck}——开裂方向的三个垂直应变分量。

向量 ε^{ck} 计算如下：

$$\{\varepsilon^{ck}\} = [T^{ck}]\{\varepsilon'\} \tag{6-74}$$

式中：$\{\varepsilon'\}$——单元坐标系下修正的总应变，而 $\{\varepsilon'\}$ 定义为：

$$\{\varepsilon_n'\} = \{\varepsilon_{n-1}^{el}\} + \{\Delta\varepsilon_n\} - \{\Delta\varepsilon_n^{th}\} - \{\Delta\varepsilon_n^{pl}\} \tag{6-75}$$

式中：n——子步序号；

$\{\varepsilon_{n-1}^{el}\}$——前一子步的弹性应变；

$\{\Delta\varepsilon_n\}$——总应变增量，基于子步间的位移增量 $\{\Delta u_n\}$ 计算；

$\{\Delta\varepsilon_n^{th}\}$——热应变增量；

$\{\Delta\varepsilon_n^{pl}\}$——塑性应变增量。

如果 ε_{ck}^{ck} 小于零，则裂缝假定是闭合的；如果 ε_{ck}^{ck} 大于或等于零，则裂缝假定是张开的。当积分点首次开裂，则在下一迭代步中假定裂缝是张开的。

（4）压碎模拟

如果在积分点处材料在单轴、双轴、三轴受压下破坏，则假定材料在积分点被压碎。在 SOLID65 中，压碎是指材料的结构完整性彻底丧失（例如材料成为碎片），一旦压碎则忽略满足压碎条件的那个积分点对单元刚度的贡献。这样处理压碎后的行为，可能会与实际情况产生差异，使用时需结合具体情况打开或关闭压碎开关。

（5）钢筋的非线性行为

钢筋材料的蠕变和塑性行为与 LINK8 相同。

6.7.4　破坏准则

多轴应力状态下的混凝土破坏准则为：

$$\frac{F}{f_c} - S \geqslant 0 \tag{6-76}$$

式中：　　F——主应力状态 $(\sigma_{xp}, \sigma_{yp}, \sigma_{zp})$ 的函数；

　　　　　S——破坏面，由主应力和输入的 5 个参数确定（见表 6-16 的 C3～C8）；破坏面是指在主应力空间中标出那些破坏状态的应力点，这些应力点连接起来所形成的破坏分界面；表示破坏面的数学表达式称为破坏条件；

　　　　　f_c——单轴抗压强度；

σ_{xp}，σ_{yp}，σ_{zp}——各主方向的主应力，虽然带有 x，y，z 下标但与 x，y，z 轴无直接关系。

如果不满足式（6-76），则混凝土无开裂和压碎发生；若满足该式时，当任一主应力为拉应力时，则材料开裂；当所有主应力均为压应力时，则材料被压碎。

定义破坏面需要五个强度参数（每个均可随温度而变），也可仅用两个常数 f_t 和 f_c 确定，其余三个常数采用缺省，即：

$$f_{cb} = 1.2f_c, \quad f_1 = 1.45f_c, \quad f_2 = 1.725f_c \tag{6-77}$$

但是，上述缺省值仅在满足下述应力状态下才是正确的：

$$|\sigma_h| \leqslant \sqrt{3}f_c \tag{6-78}$$

式中：σ_h——一般称为静水压力或平均应力或围压，$\sigma_h = \dfrac{1}{3}(\sigma_{xp} + \sigma_{yp} + \sigma_{zp})$。

条件式（6-78）适用于平均应力较小的情况。当平均应力较大时，应输入所有的五个参数，否则若采用式（6-77）的缺省值，可能导致不正确的计算结果。

当 $f_c = -1$ 而不考虑压碎时，只要任一主应力超过 f_t 时混凝土就开裂。

函数 F 和破坏面 S 可用主应力 σ_1、σ_2、σ_3（$\sigma_1 \geqslant \sigma_2 \geqslant \sigma_3$）表示，且：

$$\sigma_1 = \max(\sigma_{xp}, \sigma_{yp}, \sigma_{zp}) \tag{6-79}$$

$$\sigma_3 = \min(\sigma_{xp}, \sigma_{yp}, \sigma_{zp}) \tag{6-80}$$

混凝土的破坏可分为四个区域：

① $0 \geqslant \sigma_1 \geqslant \sigma_2 \geqslant \sigma_3$（压—压—压）　　　② $\sigma_1 \geqslant 0 \geqslant \sigma_2 \geqslant \sigma_3$（拉—压—压）

③ $\sigma_1 \geqslant \sigma_2 \geqslant 0 \geqslant \sigma_3$（拉—拉—压）　　　④ $\sigma_1 \geqslant \sigma_2 \geqslant \sigma_3 \geqslant 0$（拉—拉—拉）

函数 F 和破坏面 S 可根据区域不同而单独描述，如 F 可用 F_1、F_2、F_3 和 F_4 四个函数表示，而 S 可用 S_1、S_2、S_3 和 S_4 表示。函数 $S_i (i=1,\cdots,4)$ 所描述的破坏面是连续的，但在任一主应力变号处，破坏面的斜率不连续，如图 6-16 和图 6-17 所示。

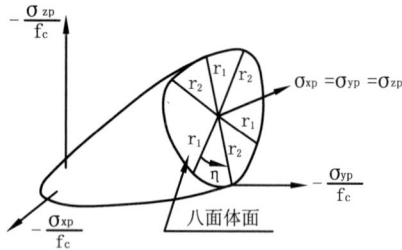

图 6-16　主应力空间的破坏面　　　　图 6-17　主应力空间接近双轴应力时的破坏面

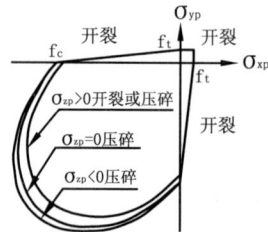

（1）区域 1（$0 \geqslant \sigma_1 \geqslant \sigma_2 \geqslant \sigma_3$）

在压—压—压区域内，采用 W-W 五参数破坏准则，F 和 S 为：

$$F = F_1 = \frac{1}{\sqrt{15}} \sqrt{(\sigma_1 - \sigma_2)^2 + (\sigma_2 - \sigma_3)^2 + (\sigma_3 - \sigma_1)^2} \tag{6-81}$$

$$S = S_1 = \frac{2r_2(r_2^2 - r_1^2)\cos\eta + r_2(2r_1 - r_2)\sqrt{4(r_2^2 - r_1^2)\cos^2\eta + 5r_1^2 - 4r_1 r_2}}{4(r_2^2 - r_1^2)\cos^2\eta + (r_2 - 2r_1)^2} \tag{6-82}$$

其中，$\cos\eta = \dfrac{2\sigma_1 - \sigma_2 - \sigma_3}{\sqrt{2}\sqrt{(\sigma_1 - \sigma_2)^2 + (\sigma_2 - \sigma_3)^2 + (\sigma_3 - \sigma_1)^2}}$，$r_1 = a_0 + a_1\xi + a_2\xi^2$，$r_2 = b_0 + b_1\xi + b_2\xi^2$，$\xi = \sigma_h/f_c$。

σ_h 如式（6-78）所示，未知系数 a_i 和 $b_i (i=0,1,2)$ 可由输入的五个参数根据破坏条件求出。如满足破坏条件，则混凝土被压碎。

（2）区域 2（$\sigma_1 \geqslant 0 \geqslant \sigma_2 \geqslant \sigma_3$）

在拉—压—压范围，F 和 S 为：

$$F = F_2 = \frac{1}{\sqrt{15}} \sqrt{(\sigma_2 - \sigma_3)^2 + \sigma_2^2 + \sigma_3^2} \tag{6-83}$$

$$S = S_2 = \left(1 - \frac{\sigma_1}{f_t}\right) \frac{2p_2(p_2^2 - p_1^2)\cos\eta + p_2(2p_1 - p_2)\sqrt{4(p_2^2 - p_1^2)\cos^2\eta + 5p_1^2 - 4p_1 p_2}}{4(p_2^2 - p_1^2)\cos^2\eta + (p_2 - 2p_1)^2} \tag{6-84}$$

其中，$p_1 = a_0 + a_1\chi + a_2\chi^2$，$p_2 = b_0 + b_1\chi + b_2\chi^2$，$\chi = \dfrac{1}{3}(\sigma_2 + \sigma_3)$，$\cos\eta$ 和系数 a_i、$b_i (i=0,1,2)$ 同前。

如果满足破坏准则，则垂直于主应力 σ_1 的平面开裂。

（3）区域（$\sigma_1 \geqslant \sigma_2 \geqslant 0 \geqslant \sigma_3$）

在拉—拉—压范围，F 和 S 为：

$$F = F_3 = \sigma_i \quad (i=1,2) \tag{6-85}$$

$$S = S_3 = \frac{f_t}{f_c}\left(1 + \frac{\sigma_3}{f_c}\right) \quad (i=1,2) \tag{6-86}$$

如果 $i=1$ 和 $i=2$ 均满足破坏条件，则垂直于 σ_1 和 σ_2 的平面都发生开裂；如果仅 $i=1$ 时满足破坏条件,则仅在垂直于 σ_1 的平面发生开裂。

(4)区域 4($\sigma_1 \geqslant \sigma_2 \geqslant \sigma_3 \geqslant 0$)

在拉—拉—拉范围,F 和 S 为:

$$F = F_4 = \sigma_i \quad (i=1,2,3) \tag{6-87}$$

$$S = S_4 = \frac{f_t}{f_c} \quad (i=1,2,3) \tag{6-88}$$

如果在方向 1、2 和 3 满足破坏条件,则垂直于 σ_1、σ_2、σ_3 的平面都发生开裂;如果在方向 1、2 满足破坏条件,则垂直于 σ_1、σ_2 的平面都发生开裂;如果仅在方向 1 满足破坏条件,则垂直于 σ_1 的平面发生开裂。

图 6-17 表示双轴或接近双轴应力状态时的 3D 破坏面,如果所有的较大非零应力都在 σ_{xp} 和 σ_{yp} 向上,则三个面分别表示 σ_{zp} 稍微大于 0、等于 0、稍微小于 0 的情况。尽管三个面(图中所示为破坏面在 σ_{xp}-σ_{yp} 面上的投影)非常接近,且 3D 破坏面是连续的,破坏形式却是 σ_{zp} 的函数。例如,σ_{xp} 和 σ_{yp} 都为负值,但 σ_{zp} 却为很小的正值,则在垂直于 σ_{zp} 方向将开裂;而如果 σ_{zp} 为 0 或为负,则材料就被压碎。

6.7.5　注意事项

(1)单元体积不能为零。

(2)单元的节点顺序如图 6-12 所示,或面 IJKL 与 MNOP 互换。

(3)单元不能扭曲成分离的两块体积,通常在直接创建有限元模型时会因节点顺序不正确而导致这种情况,而采用几何模型生成有限元模型则不存在这种情况。

(4)所有单元必须有 8 个节点。棱柱体单元的节点 K 和 L 重号,O 和 P 重号。四面体单元用类似的方法定义,如图 6-12 所示,且自动采用无 ESF 的形函数。

(5)当采用含筋单元时,假定钢筋弥散于整个单元中,且所有的钢筋体积配筋率之和不能超过 1.0。

(6)单元是非线性的,因此需要迭代求解。

(7)当同时考虑混凝土的开裂与压碎时,应注意要缓慢加载,以免闭合裂缝传递荷载之前出现混凝土的假压碎现象,此现象因泊松效应常常发生在与大量裂缝垂直的未开裂方向上。此外,若荷载增量较大时,也可能会发生假的不压碎和不开裂现象,从而出现虚假的高承载能力,此时应该限制最大时间步或最小子步数。

(8)在压碎的积分点上,输出的塑性和蠕变应变值是上一子步的结果。产生裂缝后,输出的弹性应变包含了开裂应变。单元开裂或压碎后所丧失的抗剪能力不能传递到钢筋上,因为钢筋没有抗剪能力。

(9)在考虑开裂或压碎的材料非线性分析中,建议不考虑以下两项:

①应力刚化。

②大应变和大变形。否则结果可能不收敛或不正确,特别在大转动情况下。

(10)打开/ESHAPE 且在矢量显示模式下,命令 EPLOT 可显示配筋单元的钢筋,其中红色钢筋为最大配筋方向,绿色钢筋为其次,蓝色钢筋为最小配筋方向。

(11)命令 PLACARK 显示裂缝和压碎时,可选择积分点或单元质心,也可选择所有裂缝或首次开裂、第二次开裂或第三次开裂等。开裂的表示方法是在开裂平面内显示圆圈,而压碎则用一个八面体轮廓显示。如果裂缝开裂后又闭合,则在圆内打上交叉符号。每个积分点最多在 3 个平面上开裂,因此在积分点上的第 1 条裂缝用红色圆圈表示,第 2 条裂缝用绿色圆圈表示,第 3 条裂缝则用蓝色圆圈表示。

当显示在单元质心时,程序根据单元积分点的状态确定。如单元中所有积分点都已压碎,则压碎显示在单元质心;如单元所有积分点都已开裂或开裂后又闭合,则开裂符号也显示在单元质心;但多于 5 个积分点开裂时,开裂符号也显示在单元质心;如果多于 1 个积分点开裂,则在单元质心处圆圈中显示出开裂平面的平均方位。

6.7.6　应用举例

(1)混凝土立方体试件受压破坏

边长为 150mm 的混凝土立方体试件,上、下钢板厚度均为 50mm,如图 6-18a)所示。设钢板和混凝土之间不涂油,即假定混凝土和钢板接触面无滑动。设混凝土单轴受压曲线如图 6-18b)所示,此应力—应变关系假定为本构关系 1,将下降段直线延至应变为 99×10^{-4} 时为本构关系 2。无论采用 MKIN 或 MISO 模拟此应力—应变关系,最后一个应力和应变点之后,ANSYS 都假定应力—应变曲线为直线。为考察其影响,分别采用本构关系 1 和本构关系 2 进行分析。

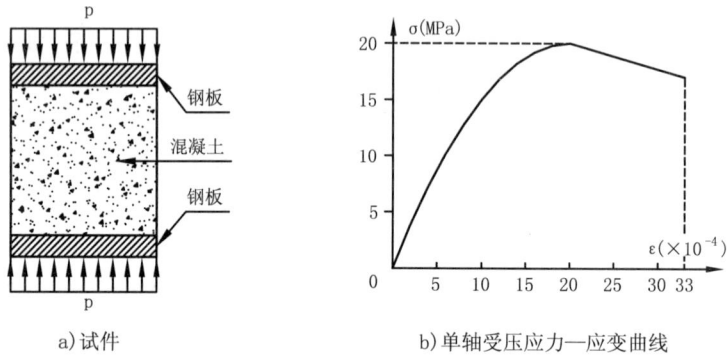

图 6-18　混凝土立方体试件

另外设混凝土抗拉强度为 2.0MPa,泊松系数为 0.2。

分别采用 MKIN 和 MISO 两种非线性模拟混凝土的应力—应变曲线,同时分别考虑本构关系 1 和 2、关闭压碎和打开压碎等六种情况进行分析,结果如图 6-19 所示。

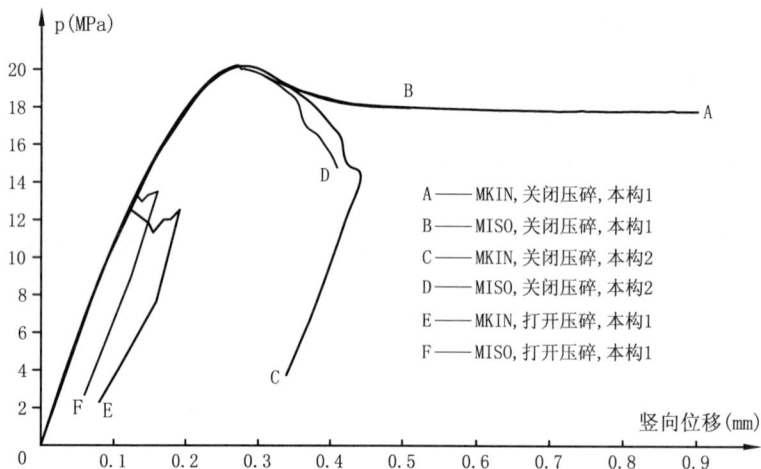

图 6-19　混凝土立方体受压破坏荷载—位移曲线

由上图可知,MKIN 和 MISO 在达到极限荷载之前差别不大,而在极限荷载之后,也就是下降段差别较大,且 MKIN 较 MISO 的收敛性更稳健。就单轴受压而言,打开压碎时的承载能力较关闭压碎时小很多,且与实际不符,这也是一般建议关闭压碎的原因。本构关系 1 和 2 在 $\varepsilon=0.0033$ 之后出现差别。因为本构关系 1 在 $\varepsilon=0.0033$ 之后为水平直线,而本构关系 2 在 $\varepsilon=0.0033$ 之后继续下降,直到 $\varepsilon=0.0099$ 之后才是水平直线。

综上分析,建议输入混凝土的应力—应变关系曲线,并且关闭压碎。采用 MKIN 更容易收敛,但只能输入 5 个点对模拟整条曲线,而 MISO 可多达 20 个点对模拟整条曲线。不管采用何种模拟方法或措施,当混凝土应变或变形很大时,ANSYS 收敛计算将会很困难,因此能够得到极限荷载或其后的一小段行为已属不易。命令流如下。

!===
!EX6.9 混凝土立方体试件受压模拟——MKIN、关闭压碎、本构关系 1
FINISH$/CLEAR$/CONFIG,NRES,5000$/PREP7　　　　　　　　　　　　!设置最大结果点数

```
A＝150$FC＝20$FT＝2.0$ET,1,SOLID65$ET,2,SOLID45        !定义参数及单元类型
KEYOPT,1,1,0$KEYOPT,1,3,2$KEYOPT,1,7,1              !定义单元 SOLID65 的 KEYOPT
MP,EX,1,FC＊0.44/0.0005$MP,PRXY,1,0.2               !定义第一组材料性质(混凝土)
MP,EX,2,2.1E5$MP,PRXY,2,0.3                         !定义第二组材料性质(钢材)
TB,CONCR,1$TBDATA,,0.5,0.95,FT,－1                  !定义混凝土及参数,关闭压碎
TB,MKIN,1$TBTEMP,,STRAIN                            !定义 MKIN 曲线
TBDATA,1,0.0005,0.001,0.0015,0.002,0.0033$TBTEMP,0  !5 个应变点
TBDATA,1,0.44＊FC,0.75＊FC,0.94＊FC,FC,0.85＊FC      !与应变对应的应力
BLC4,,,A,A,A/3＋A＋A/3$WPOFF,,,A/3$VSBW,ALL          !创建几何模型并切分
WPOFF,,,A$VSBW,ALL$WPCSYS,－1$ESIZE,25              !再次切分模型,定义单元尺寸
VSEL,S,LOC,Z,A/3,A＋A/3$VATT,1,,1                   !赋混凝土属性
VSEL,INVE$VATT,2,,2$VSEL,ALL$VMESH,ALL              !赋钢材属性,划分单元
P0＝25$ASEL,S,LOC,Z$DA,ALL,ALL                      !底面施加约束
ASEL,S,LOC,Z,A＋2＊A/3$DA,ALL,UX$DA,ALL,UY          !顶面施加约束
SFA,ALL,1,PRES,P0$ALLSEL,ALL                        !顶面施加压力荷载
/SOLU$ANTYPE,0$NSUBST,500,,300$OUTRES,ALL,ALL       !定义荷载步及结束输入控制
NEQIT,50$CNVTOL,F,,0.05                             !迭代次数、力收敛控制条件
ARCLEN,ON$ARCTRM,U,0.9$SOLVE                        !打开弧长法及终止求解条件,求解
/POST1$/VIEW,1,1,1,1$/ANG,1,－120,ZS,1              !后处理中定义视图
SET,LAST$PLDISP,1$/DEVICE,VECTOR,ON$PLCRACK         !显示位移和开裂图
/POST26$NSOL,2,93,U,Z$PROD,3,2,,,,,,,－1            !定义变量,变量计算
PROD,4,1,,,,,,,P0$XVAR,3$PLVAR,4                    !变量计算,绘制曲线
!如定义 MISO 可用如下语句
!TB,MISO,1,,11$TBPT,,0.0002,FC＊0.19$TBPT,,0.0004,FC＊0.36$TBPT,,0.0006,FC＊0.51
!TBPT,,0.0008,FC＊0.64$TBPT,,0.001,FC＊0.75$TBPT,,0.0012,FC＊0.84$TBPT,,0.0014,FC＊0.91
!TBPT,,0.0016,FC＊0.96$TBPT,,0.0018,FC＊0.99$TBPT,,0.002,FC$TBPT,,0.0033,FC＊0.85
!
```

（2）钢筋混凝土简支梁——分离式模型

如图 6-20 所示的钢筋混凝土简支梁,混凝土采用 C30,主筋采用 HRB335,箍筋和架立钢筋采用 HPB235。在三分点的刚性垫板上作用两个集中荷载 P,垫板尺寸为 150mm×100mm。

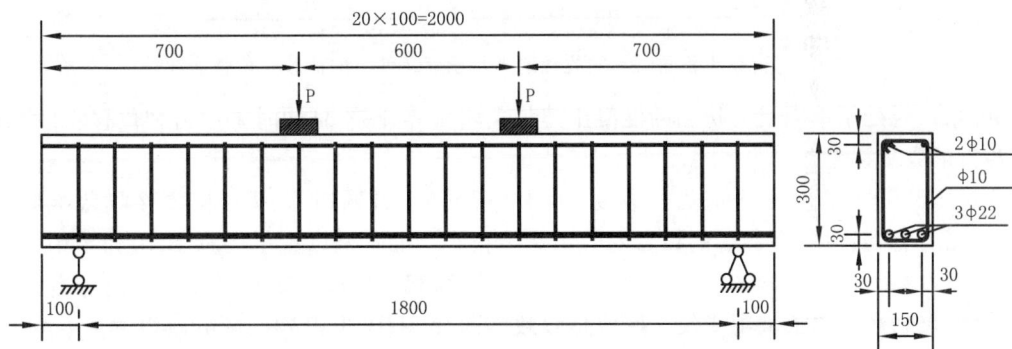

图 6-20　钢筋混凝土梁构造(尺寸单位:mm)

分离式有限元模型中混凝土采用无筋的 SOLID65 单元,钢筋采用 LINK8 单元。创建分离式模型时,将几何实体在钢筋位置切分,划分网格时将钢筋位置的实体边线定义为钢筋即可。加载点以均布荷载近似代替钢垫板,支座处则采用线约束。考虑到模型的对称性,采用 1/4 模型,单元尺寸以 50mm 左右为宜。

本例进行弯曲破坏分析,材料强度均取用标准强度而非设计强度。混凝土强度等级为 C30,其轴心

抗压强度标准值 $f_{ck}=20.1MPa$，轴心抗拉强度标准值 $f_{tk}=2.01MPa$，张开裂缝的剪力传递系数 $\beta_t=0.5$，闭合裂缝的剪力传递系数 $\beta_c=0.95$，弹性模量根据应力—应变曲线的原点切线模量确定，泊松比 $\nu_c=0.2$，拉应力释放系数采用缺省值 $T_c=0.6$。

混凝土单轴应力—应变关系上升段采用如下公式，即：

当 $\varepsilon_c\leqslant\varepsilon_0$ 时：
$$\sigma_c=f_{ck}\left[1-\left(1-\frac{\varepsilon_c}{\varepsilon_0}\right)^2\right]\tag{6-89}$$

当 $\varepsilon_0<\varepsilon_c\leqslant\varepsilon_{cu}$时：
$$\sigma_c=f_{ck}\left[1-0.15\left(\frac{\varepsilon_c-\varepsilon_0}{\varepsilon_{cu}-\varepsilon_0}\right)\right]\tag{6-90}$$

其中，$\varepsilon_0=0.002$，$\varepsilon_{cu}=0.0033$。

上述曲线可用一系列数据点拟合以便输入，此处采用多线性等向强化模型 MISO 模拟。

HRB335 钢筋强度标准值 335MPa，HPB235 钢筋强度标准值采用 235MPa。钢筋的弹性模量均为 200GPa，泊松比取为 0.3。钢筋的应力—应变关系采用理想弹塑性模型，这里采用双线性等向强化模型 BISO 模拟。

混凝土的计算分析受求解参数的影响较大，如荷载步大小、收敛准则与误差设置、压碎开关打开与否、材料应力—应变曲线及上述因素的不同组合等都会产生影响。现结合本例计算结果讨论如下：

①当荷载步（采用 NSUBST,400,,200）和混凝土应力—应变（0.0033 为输入数据的终点，其后为水平段）相同时，考虑压碎打开与关闭及三种收敛准则（误差均为 5%）的组合，计算了六种情况，结果如图 6-21 所示。从图中可以看出，仅采用位移收敛准则就放松了力收敛性要求，位移很大时还能收敛（图中截断了位移曲线，以便观察）；当打开压碎开关时，曲线过早地表现出较小斜率；而当关闭压碎开关时，计算结果偏大甚至以一定的斜率继续上升，远远大于极限荷载。当仅采用力收敛准则时，又不能保证变形的正确性。当同时采用力和位移收敛准则时，打开压碎时结果明显偏小，而关闭压碎时结果比较令人满意。

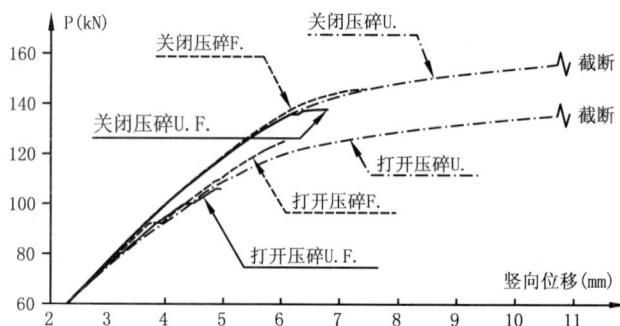

图 6-21 荷载步相同时不同收敛准则及压碎条件下的荷载—位移曲线

就本例而言，对处于单向受力状态的混凝土建议关闭压碎开关，且同时采用力和位移收敛准则，但可适当调整各自的收敛误差。

②当关闭压碎开关和混凝土应力—应变（同上）相同时，且同时采用力和位移收敛准则（U.2%，F.6%），在正常计算范围内，荷载步的设置对收敛影响很小。如本例设置了 NSUBST 命令中的前三项分别为(100,,50)、(200,,100)、(400,,200)、(800,,500)等，荷载—位移曲线几乎重合。但是当仅采用一个收敛准则时，如仅采用力收敛准则或仅采用位移收敛准则，NSUBST 设置的影响就很大。

另外，当仅采用位移收敛准则时，除 NSUBST 设置、压碎关闭与否等对结果有影响外，输入的应力—应变曲线的最后一点也有影响，即缺省的水平段从何处开始对荷载—位移曲线有较大影响；但收敛误差在一定范围内时，对计算结果影响较小。

本例计算的命令流如下（仅一种求解情况）。

```
!EX6.10 钢筋混凝土简支梁——分离式模型
FINISH$/CLEAR$/CONFIG,NRES,5000$/PREP7$ET,2,LINK8          !设置迭代结果数限制、单元类型
```

```
ET,1,SOLID65$KEYOPT,1,1,1$KEYOPT,1,3,2$KEYOPT,1,7,1          !定义混凝土单元及 KEYOPT 选项
MP,EX,1,19095$MP,PRXY,1,0.2$FCK=20.1$FTK=2.01               !定义弹性模量及抗压和抗拉强度参数
TB,CONCR,1$TBDATA,,0.5,0.95,FTK,-1                          !定义混凝土及参数
TB,MISO,1,,11$TBPT,,0.0002,FCK*0.19$TBPT,,0.0004,FCK*0.36   !定义混凝土应力—应变曲线数据点
TBPT,,0.0006,FCK*0.51$TBPT,,0.0008,FCK*0.64$TBPT,,0.001,FCK*0.75$TBPT,,0.0012,FCK*0.84
TBPT,,0.0014,FCK*0.91$TBPT,,0.0016,FCK*0.96$TBPT,,0.0018,FCK*0.99$TBPT,,0.002,FCK
TBPT,,0.0033,FCK*0.85
MP,EX,2,2.0E5$MP,PRXY,2,0.3$TB,BISO,2$TBDATA,,335,0         !定义纵筋的材料参数
MP,EX,3,2.0E5$MP,PRXY,3,0.3$TB,BISO,3$TBDATA,,235,0         !定义箍筋等的材料参数
PI=ACOS(-1)$R,1,0.25*PI*22*22$R,2,0.25*PI*22*22/2           !定义 5 种实常数
R,3,0.25*PI*10*10$R,4,0.25*PI*10*10/2$R,5
!创建几何模型并切分
BLC4,,,150/2,300,2000/2$*DO,I,1,2$WPOFF,,,100$VSBW,ALL$*ENDDO
*DO,I,1,4$WPOFF,,,50$VSBW,ALL$*ENDDO$*DO,I,1,5$WPOFF,,,100$VSBW,ALL$*ENDDO
WPCSYS,-1$WPROTA,,-90$WPOFF,,,30$VSBW,ALL$WPOFF,,,240$VSBW,ALL
WPCSYS,-1$WPOFF,30$WPROTA,,,90$VSBW,ALL$WPCSYS,-1$ELEMSIZ=50
!赋钢筋单元属性并划分网格
LSEL,S,LOC,X,30$LSEL,R,LOC,Y,30$CM,ZJ,LINE$LATT,2,1,2$LESIZE,ALL,ELEMSIZ
LSEL,S,LOC,X,75$LSEL,R,LOC,Y,30$CM,ZJB,LINE$LATT,2,2,2$LESIZE,ALL,ELEMSIZ
LSEL,S,LOC,X,30$LSEL,R,LOC,Y,270$CM,JLJ,LINE$LATT,3,3,2$LESIZE,ALL,ELEMSIZ
LSEL,S,TAN1,Z$LSEL,R,LOC,Y,30,270$LSEL,R,LOC,X,30,70$LSEL,U,LOC,Z,250
LSEL,U,LOC,Z,350$CM,GJ,LINE$LATT,3,3,2$LESIZE,ALL,ELEMSIZ
LSEL,S,LOC,Z,0$LSEL,R,LOC,Y,30,270$LSEL,R,LOC,X,30,70$CM,GJB,LINE$LATT,3,4,2
LESIZE,ALL,ELEMSIZ$LSEL,ALL$CMSEL,S,ZJ$CMSEL,A,ZJB$CMSEL,A,JLJ$CMSEL,A,GJ
CMSEL,A,GJB$CM,GJ,LINE$LMESH,ALL$LSEL,ALL
!划分混凝土单元网格
VATT,1,5,1$MSHKEY,1$ESIZE,ELEMSIZ$VMESH,ALL$ALLSEL,ALL
!施加荷载和约束
LSEL,S,LOC,Y,0$LSEL,R,LOC,Z,900$DL,ALL,,UY$ASEL,S,LOC,Z,0$DA,ALL,SYMM
ASEL,S,LOC,X,75$DA,ALL,SYMM
P0=180E3$Q0=P0/150/100$ASEL,S,LOC,Z,250,350$ASEL,R,LOC,Y,300$SFA,ALL,1,PRES,Q0$ALLSEL
!求解控制设置
/SOLU$ANTYPE,0$OUTRES,ALL,ALL$AUTOTS,ON$NEQIT,40
NSUBST,400,,200$CNVTOL,U,,0.05$CNVTOL,F,,0.05$SOLVE
!进入时程后处理
/POST26$NODE1=NODE(75,0,0)$NSOL,2,NODE1,U,Y$PROD,3,1,,,,,,P0/1000
PROD,4,2,,,,,,-1$XVAR,4$PLVAR,3
```

!==

6.8　SOLID147 单元

SOLID147 称为 3D 20 节点六面体结构实体 p 单元,最高可支持 8 阶多项式的形函数。该单元由 20 个节点定义,每个节点有 3 个自由度,即沿节点坐标系 x、y 和 z 方向的平动位移,单元模型如图 6-22 所示。单元 SOLID148 也是实体 p 单元,但为 10 节点的四面体单元。

6.8.1　输入参数与选项

图 6-22 给出了单元几何、节点位置和单元坐标系,中间节点不可或缺,单元输入数据包括 20 个节点和正交各项异性材料属性,正交各项异性材料方向在总体坐标系中定义。通过定义同号节点可形成棱柱

体单元和金字塔单元。

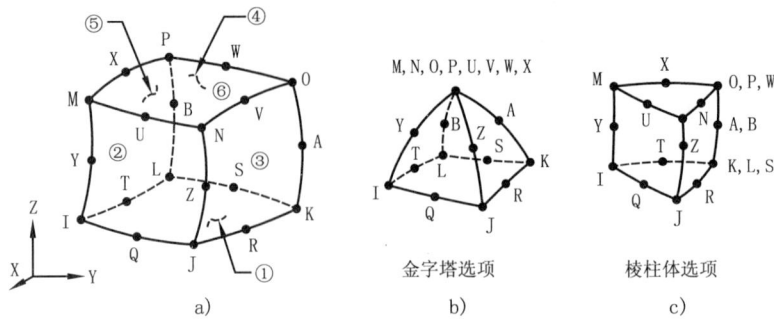

图 6-22 SOLID147 单元几何

压力荷载可作为单元各面上的面荷载输入,如图 6-22 所示的圆圈内数字,指向单元的压力为正,面荷载量纲均为"力/面积"。单元体荷载为施加在节点上的温度荷载,节点 I 的温度 T(I)缺省为 TUNIF,若未定义其余节点温度,则全部缺省为 T(I)。若所有角节点温度均已定义,则中间节点的温度缺省为相邻角节点温度的平均值。对其他任何形式的输入方式,未定义的温度均缺省为 TUNIF。

SOLID147 单元的输入参数与选项如表 6-20 所示。

SOLID147 单元输入参数与选项　　　　　　　　　　　　表 6-20

参数类别	参 数 及 说 明
节点	I,J,K,L,M,N,O,P,Q,R,S,T,U,V,W,X,Y,Z,A,B
自由度	UX,UY,UZ
实常数	无
材料属性	EX,EY,EZ,PRXY,PRYZ,PRXZ(或 NUXY,NUYZ,NUXZ),ALPX,ALPY,ALPZ(或 CTEX,CTEY,CTEZ 或 THSX,THSY,THSZ),DENS,DAMP,GXY,GYZ,GXZ
面荷载	face1——J-I-L-K;face2——I-J-N-M;face3——J-K-O-N;face4——K-L-P-O;face5——L-I-M-P;face6——M-N-O-P
体荷载	温度——T(I),T(J),……,T(Z),T(A),T(B)
特性	无(仅用于线性静力分析)
KEYOPT(1)	p 水平的起始值: 0——使用总体起始值(命令 PPRANGE 定义),缺省;N——起始值(2≤N≤8)
KEYOPT(2)	p 水平的最大值: 0——使用总体起始值(命令 PPRANGE 定义),缺省;N——最大值(2≤N≤8)

6.8.2 输出数据及其他

单元输出说明如表 6-21 所示。

SOLID147 单元输出说明　　　　　　　　　　　　表 6-21

名　称	说　明	O	R
EL	单元号	—	Y
NODES	单元节点号(I,J,K,L,…,A,B)	—	Y
MAT	单元材料号	—	Y
VOLU	单元体积	—	Y
XC,YC,ZC	单元结果的输出位置	Y	1
TEMP	温度 T(I),T(J),…,T(Z),T(A),T(B)	—	Y
S:X,Y,Z,XY,YZ,XZ	应力		Y

名　称	说　明	O	R
S：1，2，3	主应力	—	Y
S：INT	应力强度	—	Y
S：EQV	等效应力	—	Y
EPEL：X，Y，Z，XY，YZ，XZ	弹性应变	—	Y
EPEL：1，2，3	弹性主应变	Y	—
EPEL：EQV	等效弹性应变	—	Y
P-LEVEL	p 水平	—	Y

注：1．＊GET 命令采用 CENT 项时可得。

命令 ETABLE 或 ESOL 的表项和序号，可输出 p 水平值，用表项 NMISC 和序号 1 获取。

单元刚度矩阵等所采用的几何形函数如式(6-7)～式(6-12)，而解的形函数采用 2～8 阶的多项式，积分点数是可变的。

单元面积和建模要求等同单元 SOLID95 的要求。除此之外，节点力必须施加在角节点上；支座位移沿边长或面线性变化，任何非线性变化形式均被忽略；该单元不支持惯性释放。

6.8.3　应用举例

为说明 SOLID147 使用方法，以变截面悬臂梁为例给出命令流，变截面之间采用圆弧过度，计算的命令流如下。

```
!========================================================================
!EX6.11 变截面悬臂梁——p 单元
FINISH$/CLEAR$/PREP7
L1=300$R=120$L2=200$H=150$T=140                    !定义几何参数变量
ET,1,SOLID147$MP,EX,1,2.1E5$MP,PRXY,1,0.3           !定义单元类型和材料性质
BLC4,,,L1+R+L2,R+H,T$BLC4,L1+R,H,L2,R,T             !创建两个长方体
CYL4,L1+R,R+H,R,,,,T$VSEL,S,,,2,3$CM,V1,VOLU        !创建圆柱体并定义元件
VSEL,ALL$VSBV,1,V1                                   !体相减生成几何模型
WPOFF,L1-R$WPROTA,,,90$VSBW,ALL                      !切分实体
WPOFF,,,R+R$VSBW,ALL$WPCSYS,-1                       !切分实体
WPOFF,L1-R$WPROTA,,,90$WPROTA,,45$VSBW,ALL           !切分实体
WPCSYS,-1$ASEL,S,LOC,X,0$DA,ALL,ALL                 !施加约束
ASEL,S,LOC,Y,H$SFA,ALL,1,PRES,10$ALLSEL,ALL         !施加面荷载
MSHKEY,1$ESIZE,T/4$VMESH,ALL$PCONV,1.0,SE           !划分网格并定义收敛条件
/SOLU$SOLVE$/POST1$SET,1,1$PLDISP,1$PLNSOL,S,X       !求解并查看结果
!========================================================================
```

6.9　SOLID148 单元

SOLID148 称为 3D 10 节点四面体结构实体 p 单元，最高可支持 8 阶多项式的形函数。该单元由 10 个节点定义，每个节点有 3 个自由度，即沿节点坐标系 x、y 和 z 方向的平动位移，单元模型如图 6-23 所示。

SOLID148 除节点数目与 SOLID147 不同外，其余输入参数、输出参数、注意事项等均相同，此处不再赘述。

6.10　SOLID185 单元

SOLID185 称为 3D 8 节点结构实体单元，用于模拟 3D 实体结构。该单元由 8 个节点定义，每个节

点有 3 个自由度,即沿节点坐标系 x、y 和 z 方向的平动位移,单元模型如图 6-24 所示。可退化为五面体的棱柱体单元或四面体单元。该单元除具有单元 SOLID45 的塑性、蠕变、应力刚化、大变形、大应变、单元生死、初应力输入等特性外,还具有超弹、黏弹、黏塑和单元技术自动选择等特性,且可利用混合公式模拟几乎不可压缩材料的弹塑性行为和完全不可压缩材料的超弹行为。该单元的高阶单元为 SOLID186。

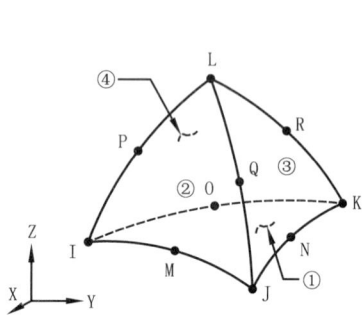

图 6-23　SOLID148 单元几何

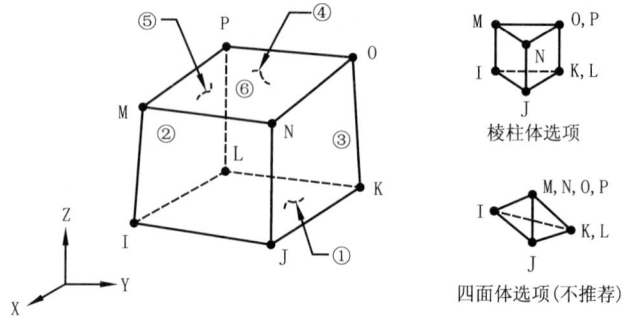

图 6-24　SOLID185 单元几何

6.10.1　输入参数与选项

图 6-24 给出了单元几何、节点位置和单元坐标系,单元输入数据包括 8 个节点和正交各向异性材料属性,正交各项异性材料方向在单元坐标系中定义。缺省的单元坐标系与总体坐标系方向相同,也可通过命令 ESYS 定义单元坐标系。

压力荷载可作为单元各面上的面荷载输入,如图 6-24 所示的圆圈内数字,指向单元的压力为正,面荷载量纲均为"力/面积"。单元体荷载为可施加在节点上的温度荷载,节点 I 的温度 T(I) 缺省为 TUNIF,若未定义其余节点温度,则全部缺省为 T(I)。对其他任何形式的输入方式,未定义的温度均缺省为 TUNIF。

KEYOPT(6)=1 可采用混合公式模式。可通过命令 ISTRESS 或 ISFILE 施加初应力,也可设置 KEYOPT(10)=1 通过用户子例程读入初应力。

该单元自动计入压力刚度效应;若计入压力刚度效应后,形成不对称的刚度矩阵时,则需采用命令 NROPT,UNSYM。

可使用命令 ESYS 定义材料方向和输出的应力—应变方向,使用命令 RSYS 选择在材料坐标系或是在总体坐标系中输出。对于超弹材料,应力和应变的输出总是在总体直角坐标系下,而不是材料或单元坐标系。

SOLID185 单元的输入参数与选项如表 6-22 所示。

SOLID185 单元输入参数与选项　　　　　　　　　　　　　　表 6-22

参数类别	参 数 及 说 明
节点	I,J,K,L,M,N,O,P
自由度	UX,UY,UZ
实常数	无——当 KEYOPT(2)=0; HGSTF——当 KEYOPT(2)=1 时的沙漏刚度比例系数,缺省为 1.0;若输入为 0.0 则采用缺省系数,即 1.0
材料属性	EX,EY,EZ,PRXY,PRYZ,PRXZ(或 NUXY,NUYZ,NUXZ),ALPX,ALPY,ALPZ(或 CTEX,CTEY,CTEZ 或 THSX,THSY,THSZ),DENS,DAMP,GXY,GYZ,GXZ
面荷载	face1——J-I-L-K;face2——I-J-N-M;face3——J-K-O-N;face4——K-L-P-O;face5——L-I-M-P;face6——M-N-O-P
体荷载	温度——T(I),T(J),T(K),T(L), T(M),T(N),T(O),T(P)
特性	塑性、超弹、黏弹、黏塑、蠕变、应力刚化、大变形、大应变、单元生死、初应力输入、单元技术自动选择

参数类别	参　数　及　说　明
KEYOPT(2)	单元技术： 0——完全积分的 B 方法；1——沙漏控制的减缩积分；2——增强应变算法；3——简化增强应变算法
KEYOPT(6)	单元公式： 0——仅采用位移法(缺省)；1——采用 u-P 混合公式法
KEYOPT(10)	初应力输入： 0——不使用用户子例程输入初应力(缺省)；1——使用用户子例程输入初应力

关于单元技术的内容详见单元 PLANE182 中的介绍。

6.10.2　输出数据及形函数

单元附加输出说明如表 6-24 所示，表 6-25 为命令 ETABLE 或 ESOL 中的表项和序号。

刚度矩阵、应力刚度矩阵及热荷载矢量的形函数，同式(6-7)～式(6-9)，若 KEYOPT(2)=0,2,3 则有 $2 \times 2 \times 2$ 个积分点，若 KEYOPT(2)=1 则仅有 1 个积分点。质量矩阵的形函数同刚度矩阵，且有 $2 \times 2 \times 2$ 个积分点。压力荷载矢量的形函数同单元 SOLID45。

6.10.3　注意事项

(1)单元体积不能为零。

(2)单元的节点顺序如图 6-24 所示，或面 IJKL 与 MNOP 互换。单元不能扭曲成分离的两块体积，通常在直接创建有限元模型时会因节点顺序不正确而导致这种情况，而采用几何模型生成有限元模型则不存在这种情况。

(3)所有单元必须有 8 个节点。棱柱体单元的节点 K 和 L 重号，O 和 P 重号。四面体单元用类似的方法定义，如图 6-24 所示。

(4)当退化为四面体或棱柱体单元时，且指定 B 方法或增强应变算法时，采用相应的退化形函数及其常规积分点设置。

(5)当采用 u-P 混合公式时，必须使用稀疏矩阵求解器(缺省)或波前求解器。

(6)对于循环对称结构模型，ANSYS 推荐使用增强应变算法。

(7)在几何非线性分析(NLGEOM,ON)中总是包括应力刚度。在线性分析中(NLGEOM,OFF)则不包括应力刚度，即便打开应力刚化效应(SSTIF,ON)也不考虑应力刚度。预应力效应可通过命令 PSTRES 设置。

6.11　SOLID186 结构实体单元

SOLID186 称为高阶 3D 20 节点实体单元，因其采用二次位移插值函数对不规则形状具有较好的精度，可很好地适应曲线边界。该单元由 20 个节点定义，每个节点有 3 个自由度，即沿节点坐标系 x、y 和 z 方向的平动位移，单元模型同图 6-2，可退化为四面体单元、五面体的金字塔单元或宝塔单元、五面体的棱柱体单元等。该单元除具有塑性、蠕变、应力刚化、大变形、大应变、单元生死、初应力输入等特性外，还具有超弹、黏弹、黏塑和单元技术自动选择等特性，且可利用混合公式模拟几乎不可压缩材料的弹塑性行为和完全不可压缩材料的超弹行为。

SOLID186 具有两种形式：结构实体和分层实体，通过 KEYOPT(3) 设置，本节介绍前者。

6.11.1　输入参数与选项

图 6-2 给出了单元几何、节点位置和单元坐标系，退化的四面体单元、金字塔单元和棱柱体单元如图所示，通过定义同一节点号分别形成退化单元，10 节点的四面体单元与 SOLID187 类似。除节点外，单元输入数据还包括各向异性材料属性，各项异性材料方向在单元坐标系中定义，缺省的单元坐标系平行

于整体坐标系。

压力荷载可作为单元各面上的面荷载输入,如图 6-2 所示的圆圈内数字,指向单元的压力为正,面荷载量纲均为"力/面积"。单元体荷载为施加在节点上的温度荷载,节点 I 的温度 T(I)缺省为 TUNIF,若未定义其余节点温度,则全部缺省为 T(I)。若所有角节点温度均已定义,则中间节点的温度缺省为相邻角节点温度的平均值。对其他任何形式的输入方式,未定义的温度均缺省为 TUNIF。

可使用命令 ESYS 定义材料方向和输出的应力、应变方向,使用命令 RSYS 选择在材料坐标系或是在总体坐标系中输出。对于超弹材料,应力和应变的输出总是在总体直角坐标系下,而不是材料或单元坐标系。

KEYOPT(6)=1 可采用混合公式模式。可通过命令 ISTRESS 或 ISFILE 施加初应力,也可设置 KEYOPT(10)=1 通过用户子例程读入初应力。

该单元自动计入压力刚度效应;若计入压力刚度效应后,形成不对称的刚度矩阵时,则需采用命令 NROPT,UNSYM。

SOLID186 结构实体单元的输入参数与选项如表 6-23 所示。

SOLID186 单元输入参数与选项   表 6-23

参数类别	参 数 及 说 明
节点	I,J,K,L,M,N,O,P,Q,R,S,T,U,V,W,X,Y,Z,A,B
自由度	UX,UY,UZ
实常数	无
材料属性	EX,EY,EZ,PRXY,PRYZ,PRXZ(或 NUXY,NUYZ,NUXZ),ALPX,ALPY,ALPZ(或 CTEX,CTEY,CTEZ 或 THSX,THSY,THSZ),DENS,DAMP,GXY,GYZ,GXZ
面荷载	face1——J-I-L-K；face2——I-J-N-M；face3——J-K-O-N；face4——K-L-P-O；face5——L-I-M-P；face6——M-N-O-P
体荷载	温度——T(I),T(J),T(K),T(L),…,T(Y),T(Z),T(A),T(B)
特性	塑性、超弹、黏弹、黏塑、蠕变、应力刚化、大变形、大应变、单元生死、初应力输入、单元技术自动选择
KEYOPT(2)	单元技术： 0——一致减缩积分(缺省)；1——完全积分
KEYOPT(3)	单元性能控制： 0——结构实体单元,无分层(缺省)；1——分层实体单元,不适用于结构实体单元
KEYOPT(6)	单元公式： 0——仅采用位移法(缺省)；1——采用 u-P 混合公式法
KEYOPT(10)	初应力输入： 0——不使用用户子例程输入初应力(缺省)；1——使用用户子例程输入初应力

6.11.2 输出数据

单元应力方向平行于单元坐标系。单元附加输出说明如表 6-24 所示,表 6-25 为命令 ETABLE 或 ESOL 中的表项和序号。

SOLID185 结构实体单元输出说明   表 6-24

名 称	说 明	O	R
EL	单元号	—	Y
NODES	单元节点号(I,J,K,L,M,N,O,P)	—	Y
MAT	单元材料号	—	Y
VOLU	单元体积	—	Y

名　称	说　明	O	R
XC,YC,ZC	单元结果的输出位置	Y	3
PRES	P1,P2,P3,P4,P5,P6	—	Y
TEMP	温度 T(I),T(J),…,T(A),T(B)	—	Y
S:X,Y,Z,XY,YZ,XZ	应力	Y	Y
S:1,2,3	主应力	—	Y
S:INT	应力强度	—	Y
S:EQV	等效应力	—	Y
EPEL:X,Y,Z,XY,YZ,XZ	弹性应变	Y	Y
EPEL:1,2,3	弹性主应变	Y	—
EPEL:EQV	等效弹性应变[6]	Y	Y
EPTH:X,Y,Z,XY,YZ,XZ	热应变	2	2
EPTH:EQV	等效热应变[6]	2	2
EPPL:X,Y,Z,XY,YZ,XZ	塑性应变[7]	1	1
EPPL:EQV	等效塑性应变[6]	1	1
EPCR:X,Y,Z,XY,YZ,XZ	蠕变应变	1	1
EPCR:EQV	等效蠕变应变[6]	1	1
EPTO:X,Y,Z,XY,YZ,XZ	总机械应变(EPEL+EPPL+EPCR)	Y	—
EPTO:EQV	总等效机械应变(EPEL+EPPL+EPCR)	Y	—
NL:EPEQ	平均等效塑性应变	1	1
NL:SRAT	试算应力与屈服面应力比(即应力状态率)	1	1
NL:SEPL	从应力—应变曲线得到的平均等效应力	1	1
NL:HPRES	静水压力	1	1
SEND:ELASTIC,PLASTIC,CREEP	应变能密度	—	1
LOCI:X,Y,Z	积分点位置	—	4
SVAR:1,2,…,N	态变数(仅用于 USERMAT 子例程)	—	5

注:1. 非线性解,仅当单元为非线性材料时。

2. 当存在热荷载时才有结果输出。

3. *GET 命令采用 CENT 项时可得。

4. 当 OUTRES,LOCI 设置时输出。

5. 当 USERMAT 子例程和 TB,STATE 设置时输出。

6. 等效应变采用有效泊松系数,弹性和热应变采用输入的泊松系数,塑性和蠕变的泊松系数采用 0.5。

7. 对形状记忆合金材料,相变应变以塑性应变 EPPL 输出。

命令 ETABLE 和 ESOL 的表项和序号　　　　　　表 6-25

输出量名称	项 Item	I	J	K	L	M	N	O	P
P1	SMISC	2	1	4	3	—	—	—	—
P2	SMISC	5	6	—	—	8	7	—	—
P3	SMISC	—	9	10	—	—	12	11	—
P4	SMISC	—	—	13	14	—	—	16	15
P5	SMISC	18	—	—	17	19	—	—	20
P6	SMISC	—	—	—	—	21	22	23	24

注:Q,…,B 无输出。

6.11.3 形函数与积分点

刚度矩阵、应力刚度矩阵及热荷载矢量的形函数及积分点同单元 SOLID95,质量矩阵的形函数同刚度矩阵,但当为六面体单元时为 3×3×3 个积分点,其余单元形式与刚度矩阵的积分点相同。

压力荷载矢量的形函数及积分点同单元 SOLID95。

6.11.4 注意事项

(1)单元体积不能为零。单元不能扭曲成分离的两块体积,通常在直接创建有限元模型时会因节点顺序不正确而导致这种情况。

(2)去掉中间节点意味着位移插值函数为线性而非二次函数。

(3)当采用 KEYOPT(2)=0 时的一致减缩积分,则需在每个方向上至少使用 2 个单元以避免沙漏模式。

(4)当退化为四面体、棱柱体或金字塔单元时,则采用相应的退化形函数。金字塔单元宜谨慎使用,单元尺寸应尽量小以减少应力梯度,且用于模型内部或不同单元连接处。

(5)当采用 u-P 混合公式时[KEYOPT(6)=1],不能移去中间节点,且不推荐退化的单元形式。求解时,必须使用稀疏矩阵求解器(缺省)或波前求解器。

(6)在几何非线性分析(NLGEOM,ON)中总是包括应力刚度;在线性分析中(NLGEOM,OFF)则不包括应力刚度,即便打开应力刚化效应(SSTIF,ON)也不考虑应力刚度。预应力效应可通过命令 PSTRES 设置。

6.11.5 应用举例

SOLID186 结构实体单元除功能特性较 SOLID95 多外,使用方法差别不大。下面以一悬臂空心圆柱体为例进行说明,设圆柱体外径为 300mm,内径为 160mm,悬臂长度为 3000mm,在悬臂端作用一 10kN 的集中荷载。设材料的弹性模量为 210GPa,泊松系数为 0.3。根据一般力学知识,可求得悬臂端挠度为 1.1728mm,而 ANSYS 解为 1.1893mm。命令流如下。

```
!========================================================
!EX6.12 循环对称结构静力分析(SOLID186)
FINISH$/CLEAR$/PREP7$R0=150$R1=80$L=3000                    !几何参数定义
ET,1,SOLID186$KEYOPT,1,2,1                                   !定义单元类型并设置 KEYOPT
MP,EX,1,2.1E5$MP,PRXY,1,0.3                                  !定义材料特性
CSYS,1$CYL4,,,R0,0,R1,30,L$ESIZE,20                          !设置柱坐标系并定义 30°圆柱体
LSEL,S,LENGTH,,L$LESIZE,ALL,100$LSEL,ALL                     !定义长度方向的单元尺寸
VMESH,ALL$CYCLIC$CYCOPT,LDSECT,12                            !划分网格,定义循环对称结构参数
ASEL,S,LOC,Z,0$DA,ALL,ALL$ASEL,ALL                          !施加约束
NSEL,S,LOC,Z,L$NSEL,R,LOC,X,R0                               !选择节点并施加荷载
NSEL,R,LOC,Y,0$F,ALL,FX,-1.0E4$ALLSEL,ALL                    !施加 10kN 集中荷载
/SOLU$SOLVE$/POST1                                           !求解并进入后处理
/CYCEXPAND,,ON$SET,FIRST$PLNSOL,U,SUM                        !扩展解,查看结果
!========================================================
```

6.12 SOLID186 分层实体单元

SOLID186 分层实体单元可模拟分层的厚壳或实体。该单元容许多达 250 个不同材料层,多于 250 层时可"堆叠"起来使用(例如,当为 500 层时,可以在厚度方向分为 2 层)。单元模型如图 6-25 所示,可退化为五面体的棱柱体单元。

6.12.1 输入参数与选项

图 6-25 给出了单元几何、节点位置和坐标系,单元输入数据包括 20 个节点和各向异性材料属性,材

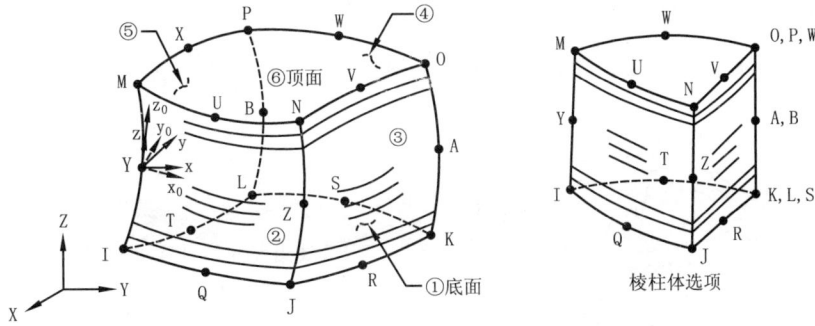

图 6-25　SOLID186 分层实体单元几何

料属性方向与单元坐标系一致。坐标系与 SHELL 单元坐标系的定义方法相同,即单元 z 轴垂直于壳面,节点顺序遵循壳底面为 I-J-K-L 及顶面为 M-N-O-P。可通过命令 ESYS 采用类似壳单元的方法修改层材料方向;也可在划分网格之前,用命令 VEORENT 指定所期望的方向;或者使用命令 EORIENT 修改网格划分后的单元方向。

该单元无实常数,采用截面命令 SECTYPE 定义层截面数据,包括层厚度、材料、方向、厚度方向上的积分点个数等。

该单元 S1 轴(壳表面坐标)的缺省方向与单元中心的第一参考方向一致,缺省第一表面的 S1 方向可通过命令 ESYS 修改,也可通过命令 SECDATA 输入 THETA 角,以创建分层坐标系。

压力荷载可作为单元各面上的面荷载输入,如图 6-25 所示的圆圈内数字,指向单元的压力为正,面荷载量纲均为“力/面积”。对温度荷载,若未定义单元体荷载,SOLID186 分层实体单元将采用层状单元温度模式,此时仅需要输入 8 个角节点的温度值。节点 I 的温度 T(I) 缺省为 TUNIF,若未定义其余节点温度,则全部缺省为 T(I);若定义了全部角节点的温度值,缺省的中节点温度取相邻角节点温度的平均值。对其他任何形式的输入方式,未定义的温度均缺省为 TUNIF。各层界面上的温度按节点温度内插计算。

也可通过定义体荷载输入温度,需定义单元表面的角点和各层界面(1～1024 层)的温度值,此时单元采用分层模式。T1、T2、T3、T4 表示层 1 底面的温度,而 T5、T6、T7、T8 表示层 1 和层 2 界面角点的温度值,依次类推至其他各层直到层 NL 的顶面。当严格输入了 N+1 层温度时,这些温度值表示每层底面四个角点的温度,最后一组表示顶层顶面的四个角点温度。第一角点温度 T1 缺省为 TUNIF,若未定义其余角点温度,则全部缺省为 T1。

可使用命令 ESYS 定义材料方向和输出的应力、应变方向,使用命令 RSYS 选择在材料坐标系或是在总体坐标系中输出。对于超弹材料,应力和应变的输出总是在总体直角坐标系下,而不是材料或单元坐标系。

KEYOPT(6)=1 可采用混合公式模式。可通过命令 ISTRESS 或 ISFILE 施加初应力,也可设置 KEYOPT(10)=1 通过用户子例程读入初应力。

该单元自动计入压力刚度效应;若计入压力刚度效应后,形成不对称的刚度矩阵时,则需采用命令 NROPT,UNSYM。

SOLID186 分层实体单元的输入参数与选项如表 6-26 所示。

SOLID186 分层实体单元输入参数与选项　　　　　　　　　　　表 6-26

参数类别	参　数　及　说　明
节点、自由度、实常数、材料属性、面荷载、特性、KEYOPT(3)、KEYOPT(6)、KEYOPT(10)等同表 6-23	
体荷载	温度——T1,T2,T3,T4 为层 1 底面角点温度,T5,T6,T7,T8 为层 1～2 界面温度,以此类推,最多为 4×(N+1)组数据
KEYOPT(2)	单元技术: 0——一致减缩积分(缺省)
KEYOPT(8)	层数据存储: 0——仅存储底层底面和顶层顶面的数据(缺省);1——存储所有层的底面和顶面数据(数据文件很大)

6.12.2 输出数据

SOLID186 分层实体单元的单元应力平行于单元坐标系,应力示意如图 6-26 所示。

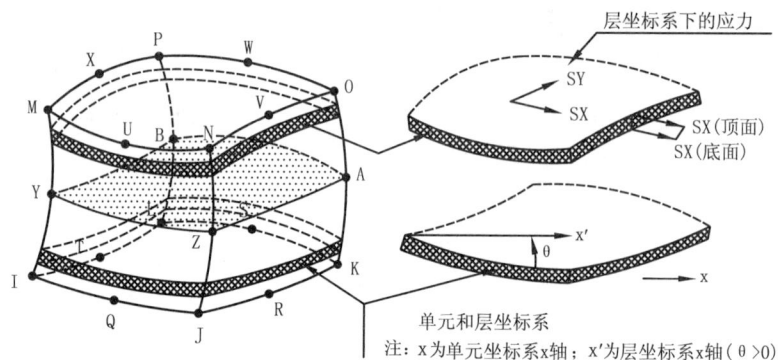

图 6-26 SOLID186 分层实体单元应力示意

输出说明如表 6-24 及表 6-25 所示,仅体荷载的温度如表 6-26 所示。各层应力的输出如表 6-27 所示。

命令 ETABLE 和 ESOL 的表项和序号 表 6-27

输出量名称	项 Item	层 i 的底面	层 NL 的顶面
ILSXZ	SMISC	8×(i−1)+41	8×(NL−1)+42
ILSYZ	SMISC	8×(i−1)+43	8×(NL−1)+44
ILSUM	SMISC	8×(i−1)+45	8×(NL−1)+46
ILANG	SMISC	8×(i−1)+47	8×(NL−1)+48

6.12.3 注意事项

(1)单元形函数同 SOLID186 结构实体单元,仅积分点设置不同。

(2)最大层数为 250 层。

(3)若为超弹材料,不能设置层材料的方向角。

(4)其余事项与 SOLID186 结构实体单元相同。

6.13 SOLID187 单元

SOLID187 称为高阶 3D 10 节点四面体结构实体单元,除下列不同外,其余与 SOLID186 结构实体单元均相同:

(1)节点数目不同,该单元仅 10 个节点。

(2)单元压力和温度荷载不同,该单元为四面体,自然与六面体存在差别。

(3)单元 KEYOPT 不同,该单元仅有 KEYOPT(6)和 KEYOPT(10);KEYOPT(6)不同于 SOL-ID186 结构实体单元,其值可分别取 0、1、2。

(4)单元 ETABLE 和 ESOL 的序号不同。

(5)单元形函数不同,而与 SOLID92 的形函数相同。

6.14 SOLSH190 单元

SOLSH190 为 8 节点层实体壳单元,可模拟各种厚度的壳体结构(从薄壳到中厚度壳)。该单元的拓扑和特性表现为连续介质实体单元,每个节点处有 3 个自由度,即沿节点坐标系 x、y 和 z 方向的平动位移,单元模型如图 6-27 所示。该单元无需另外设置就可与其他连续介质单元直接连接。该单元可以退化为棱柱体单元,但只能在网格划分时当作填充单元使用。单元具有塑性、超弹性、应力刚化、蠕变、大变形和大应变等分析特性,同时为了模拟几乎不可压缩和完全不可压缩的弹塑性材料行为,还具有 u-P 混合公式法。单元的相关计算采用对数应变和真实应力。

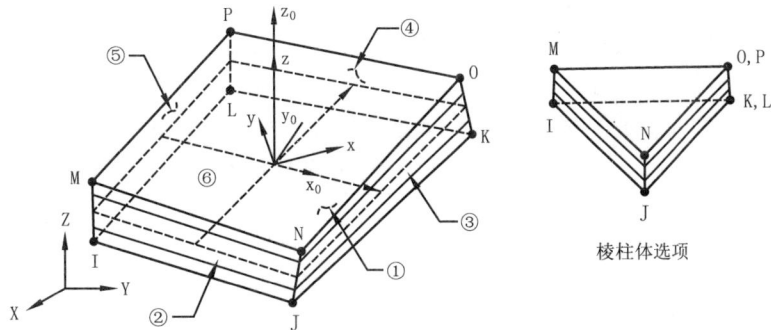

图 6-27　SOLSH190 单元几何

SOLSH190 可模拟分层的复合材料壳或实体结构(类"三明治"构造),层截面通过命令 SECTYPE 定义。该单元容许多达 250 个不同材料层,其计算理论基于一阶剪切变形理论(Mindlin-Reissner 理论)。

6.14.1　输入参数与选项

图 6-27 给出了单元几何、节点位置和单元坐标系,单元由 8 个节点定义。坐标系与 SHELL 单元坐标系的定义方法相同,即单元 z 轴垂直于壳面,节点顺序遵循壳底面为 I-J-K-L 及顶面为 M-N-O-P。可通过命令 ESYS 采用类似壳单元的方法修改层材料方向;也可在划分网格之前,用命令 VEORENT 指定所期望的方向;或者使用命令 EORIENT 修改网格划分后的单元方向。

该单元无实常数,采用截面命令 SECTYPE 定义层截面数据,包括层厚度、材料、方向、厚度方向上的积分点个数等。

该单元 S1 轴(壳表面坐标)的缺省方向与单元中心的第一参考方向一致,即:

$$S_1 = \frac{\partial \{x\}}{\partial s} \bigg/ \left| \frac{\partial \{x\}}{\partial s} \right| \tag{6-91}$$

式中:$\dfrac{\partial \{x\}}{\partial s} = \left(\dfrac{1}{8}\right) \left[-\{x\}^I + \{x\}^J + \{x\}^K - \{x\}^L - \{x\}^M + \{x\}^N + \{x\}^O - \{x\}^P \right]$;

$\{x\}^I, \{x\}^J, \cdots, \{x\}^P$——总体坐标系下的节点坐标。

缺省第一表面 S1 的方向可通过命令 ESYS 修改,也可通过命令 SECDATA 输入每层的 THETA 角,以创建分层坐标系。

压力荷载可作为单元各面上的面荷载输入,如图 6-25 所示的圆圈内数字,指向单元的压力为正,面荷载量纲均为"力/面积"。对温度荷载,SOLSH190 单元将采用层状单元温度模式,此时仅需要输入 8 个角节点的温度值。节点 I 的温度 T(I)缺省为 TUNIF,若未定义其余节点温度,则全部缺省为 T(I);各层界面上的温度按节点温度内插计算。

也可通过定义体荷载输入温度,需定义单元表面的角点和各层界面(1~1024 层)的温度值,此时单元采用分层模式。T1、T2、T3、T4 表示层 1 底面的温度,而 T5、T6、T7、T8 表示层 1 和层 2 界面角点的温度值,依次类推至其他各层直到层 NL 的顶面。当严格输入了 N+1 层温度时,这些温度值表示每层底面四个角点的温度,最后一组表示顶层顶面的四个角点温度。第一角点温度 T1 缺省为 TUNIF,若未定义其余角点温度,则全部缺省为 T1。

可使用命令 MP 定义各向同性或正交各向异性材料性质,使用命令 ANEL 定义各向异性弹性材料性质,以及包括密度、阻尼比、热膨胀系数等的其他材料性质。使用命令 TB 定义非线性材料性质,如塑性、超弹、黏弹、蠕变及黏塑等。

可使用命令 ESYS 定义材料方向和输出的应力、应变方向,使用命令 RSYS 选择在材料坐标系或是在总体坐标系中输出。对于超弹材料,应力和应变的输出总是在总体直角坐标系下,而不是材料或单元坐标系。

KEYOPT(6)=1 可采用混合公式模式。可通过命令 ISTRESS 或 ISFILE 施加初应力,也可设置 KEYOPT(10)=1 通过用户子例程读入初应力。

该单元自动计入压力刚度效应;若计入压力刚度效应后,形成不对称的刚度矩阵时,则需采用命令 NROPT,UNSYM。

SOLSH190 单元的输入参数与选项如表 6-28 所示。

SOLSH190 单元输入参数与选项   表 6-28

参数类别	参 数 及 说 明
节点	I,J,K,L,M,N,O,P
自由度	UX,UY,UZ
实常数	无
材料属性	EX,EY,EZ,PRXY,PRYZ,PRXZ(或 NUXY,NUYZ,NUXZ),ALPX,ALPY,ALPZ(或 CTEX,CTEY,CTEZ 或 THSX,THSY,THSZ),DENS,DAMP,GXY,GYZ,GXZ
面荷载	face1——J-I-L-K;face2——I-J-N-M;face3——J-K-O-N;face4——K-L-P-O;face5——L-I-M-P;face6——M-N-O-P
体荷载	温度: 单元分层模式(非体荷载):T1~T8 为 8 个节点的温度,各层界面温度内插; 分层模式(体荷载):T1~T4 为层 1 底面温度,T5~T8 为层 1 和层 2 界面温度,其余类推,直到顶层 NL 的顶面温度[4×(NL+1)个]
特性	塑性、超弹、黏弹、黏塑、蠕变、应力刚化、大变形、大应变、单元生死、初应力输入
KEYOPT(6)	单元公式: 0——仅采用位移法(缺省);1——采用 u-P 混合公式法
KEYOPT(8)	多层数据存储: 0——仅存储底层底面和顶层顶面的数据(缺省);1——存储所有层的底面和顶面数据(数据文件很大)
KEYOPT(10)	初应力输入: 0——不使用用户子例程输入初应力(缺省);1——使用用户子例程输入初应力

6.14.2 输出数据

单元应力输出如图 6-28 所示,单元输出说明如表 6-29 所示,表 6-30 为命令 ETABLE 或 ESOL 中的表项和序号。

SOLSH190 结构实体单元输出说明   表 6-29

名　称	说　明	O	R
EL,NODES,MAT,VOLU,(XC,YC,ZC),PRES,(S:X,Y,Z,XY,YZ,XZ),(S:1,2,3),(S:INT),(S:EQV),(EPEL:X,Y,Z,XY,YZ,XZ),(EPEL:1,2,3),(EPEL:EQV),(EPTH:X,Y,Z,XY,YZ,XZ),(EPTH:EQV),(EPPL:X,Y,Z,XY,YZ,XZ),(EPPL:EQV),(EPCR:X,Y,Z,XY,YZ,XZ),(EPCR:EQV),(EPTO:X,Y,Z,XY,YZ,XZ),(EPTO:EQV),(NL:EPEQ),(NL:SRAT),(NL:SEPL),(NL:HPRES),(SEND:ELASTIC,PLASTIC,CREEP),(LOCI:X,Y,Z),(SVAR:1,2,…,N)等与表 6-24 相同			
TEMP	T1~T4 为层 1 底面温度,T5~T8 为层 1 和层 2 界面温度,其余类推,直到顶层 NL 的顶面温度[4×(NL+1)个]	—	Y
N11,N22,N12	面内内力(单位长度)	—	Y
M11,M22,M12	面外弯矩(单位长度)	—	Y
Q13,Q23	横向剪力(单位长度)	—	Y

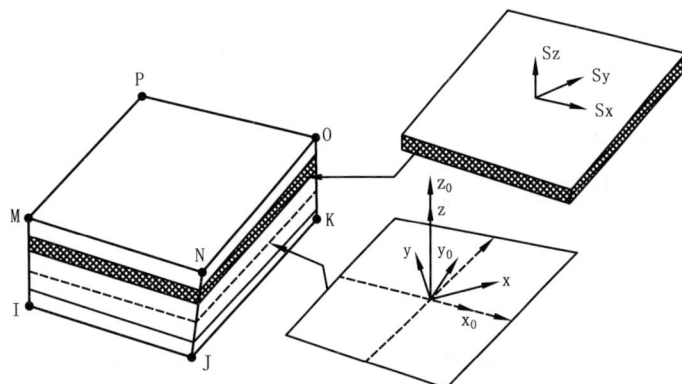

注：x_0 为单元坐标系 x 轴，未用 ESYS 命令
　　x 为单元坐标系 x 轴，使用 ESYS 命令

图 6-28　SOLSH190 单元几何

命令 ETABLE 和 ESOL 的表项和序号　　　　　　　　　　　　　　表 6-30

输出量名称	项 Item	E	I	J	K	L	M	N	O	P
P1,P2,P3,P4,P5,P6 同表 6-25										
THICK	SMISC	27	—	—	—	—	—	—	—	—
N11	SMISC	28	—	—	—	—	—	—	—	—
N22	SMISC	29	—	—	—	—	—	—	—	—
N12	SMISC	30	—	—	—	—	—	—	—	—
M11	SMISC	31	—	—	—	—	—	—	—	—
M22	SMISC	32	—	—	—	—	—	—	—	—
M12	SMISC	33	—	—	—	—	—	—	—	—
Q13	SMISC	34	—	—	—	—	—	—	—	—
Q23	SMISC	35	—	—	—	—	—	—	—	—

6.14.3　形函数及积分点

刚度矩阵、应力刚度矩阵、质量矩阵、热荷载矢量的形函数如式(6-1)～式(6-3)。面内积分点为 2×2 个；若不采用壳截面定义时，厚度方向为 2 个积分点；若采用壳截面定义时每层的积分点数可分别为 1、3、5、7、9 个。

压力荷载矢量的形函数，当为四边形时如式(5-1)和式(5-2)，此时积分点个数为 2×2 个；当为三角形时如式(5-5)和式(5-6)，此时积分点为 3 个。

单元和节点温度按三线性变化，压力在每个面上双线性变化。

SOLSH190 单元在弯曲为主时无锁死问题，且与一般 3D 实体单元可直接连接。而一般壳单元因自由度问题不能直接和实体单元连接，需要建立耦合或约束方程。SOLSH190 单元采用一系列的运动分析模型，以及防止壳极薄时锁死的假定应变法。采用增强应变算法改善面内弯曲的精度，也满足面内分片检验；采用不协调的形函数以克服厚度锁死。

SOLSH190 可用于各种壳体的模拟，当需要与其他实体单元混合使用时，因可直接与实体单元连接，故较一般 SHELL 单元方便；且该单元为 3×8＝24 个自由度，与 4 节点壳单元自由度数目相同，少于 8 节点壳单元的 48 个自由度，因此混合建模时建议采用 SOLSH190 单元。

6.14.4　注意事项

(1)单元体积不能为零。单元不能扭曲成分离的两块体积，通常在直接创建有限元模型时会因节点顺序不正确而导致这种情况。

（2）当采用 u-P 混合公式［KEYOPT（6）＝1］求解时，必须使用稀疏矩阵求解器（缺省）或波前求解器。

（3）在几何非线性分析（NLGEOM,ON）中总是包括应力刚度；在线性分析中（NLGEOM,OFF）则不包括应力刚度，即便打开应力刚化效应（SSTIF,ON）也不考虑应力刚度。预应力效应可通过命令 PSTRES 设置。

6.14.5　应用举例

（1）悬臂板对比分析

设悬臂板的长度为 1000mm，宽度为 300mm，板厚为 16mm；材料的弹性模量为 210GPa，为与初等理论对比设泊松系数为 0；其顶面作用有 0.01N/mm^2 的均布荷载。分别采用 SOLSH190 单元、SOLID45 单元、SHELL63 单元分析，采用相同的网格尺寸。悬臂端挠度分别为 17.442mm、17.442mm 和 17.454mm，初等理论解为 17.439mm，与理论解的误差均极小，说明 SOLSH190 单元具有良好的精度。计算分析的命令流如下。

```
!=========================================================
!EX6.13 悬臂板对比分析
FINISH$/CLEAR$/PREP7$L＝1000$B＝300$T＝16$Q＝0.01          !定义几何与荷载参数
MP,EX,1,2.1E5$MP,PRXY,1,0$BLC4,,,L,B,T                   !定义材料参数并创建几何模型
ET,1,SOLSH190$ESIZE,50$VMESH,ALL                        !定义单元类型并划分单元
ASEL,S,LOC,X,0$DA,ALL,ALL                               !施加约束
ASEL,S,LOC,Z,T$SFA,ALL,1,PRES,Q$ALLSEL                  !施加荷载
/SOLU$SOLVE$/POST1$PLDISP                               !求解并查看位移结果
!=========================================================
```

（2）单箱单室等截面简支箱梁静力分析

箱梁空间分析时多采用壳单元模拟，这是因为箱梁顶、底板及腹板的行为更接近板壳行为。但箱梁角隅刚度一般很大，直接采用板壳单元及其连接，将造成此处应力与实际不符。若角隅部分采用实体单元，而顶板、底板及腹板采用一般壳单元，又存在因单元自由度不同而引起的节点自由度耦合问题，而 SOLSH190 正好解决了此问题。它既可模拟板壳行为，又可与实体单元直接连接。下面以单箱单室等截面简支箱梁说明问题及用法。

设等截面简支箱梁长度为 32.6m，计算跨度为 32.0m，截面尺寸如图 6-29 所示。箱梁采用四个盆式橡胶支座，固定铰支座端分别为双向固定和横向活动支座，滑动铰支座端分别为纵向活动和双向活动支座，支座平面尺寸均为 1.0m×1.0m，因仅进行静力分析，可用一钢板及橡胶板代替支座本身，再结合约

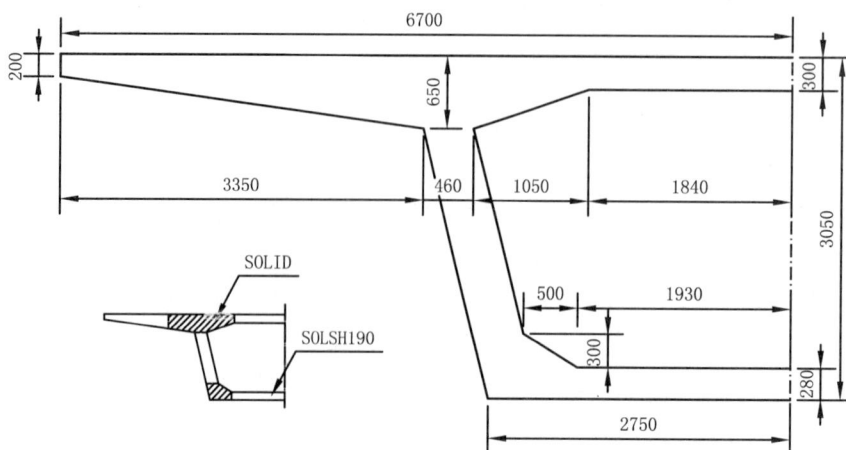

图 6-29　1/2 箱形截面及单元类型示意（尺寸单位：mm）

束条件从而实现滑动与转动等。此例中的荷载与支座材料等均为假定值,对工程结构应根据实际盆式橡胶支座的构造获取支座相关材料数据和荷载。

　　建模时角隅部分划分多个单元,而板厚度方向仅划分一个单元,可大大减小模型规模,且结果的精度并无损失;板厚方向也可划分多个单元,但此时就失去了采用 SOLSH190 实体壳单元的意义,这种情况与直接采用一般实体单元基本没有差别。命令流如下。

```
!===============================================================
!EX6.14 等截面箱梁静力分析——采用 SOLID45 和 SOLSH190 单元
FINISH$/CLEAR$/PREP7
!1. 创建 1/2 断面,采用关键点—线—面的方法
K,1$K,2,2.75$K,3,3.35,2.4$K,4,6.7,2.85$K,5,6.7,3.05$K,6,0,3.05$K,7,0,2.75$K,8,1.84,2.75
K,9,2.89,2.4$K,10,2.43,0.58$K,11,1.93,0.28$K,12,0,0.28$*DO,I,1,11$L,I,I+1$*ENDDO
L,1,12$AL,ALL
!2. 切分面,将整个面切分为均由四边形组成的面,以便划分六面体网格
KWPAVE,3$WPROTA,,90$ASBW,ALL$KWPAVE,10$ASBW,ALL$ASEL,S,LOC,X,0,2.75
WPROTA,,,90$ASBW,ALL$KWPAVE,11$ASBW,ALL$ASEL,S,LOC,Y,2.75,3.05$KWPAVE,8
ASBW,ALL$KWPAVE,9$ASBW,ALL$KWPAVE,3$ASBW,ALL$WPOFF,,,1.0$ASBW,ALL
ALLSEL,ALL$NUMCMP,ALL$WPCSYS,-1
!3. 将各线的划分数目定义,拟在划分体网格时角隅部分密,而板厚方向仅一个单元
LSEL,S,LENGTH,,0.2$LSEL,A,LENGTH,,0.3$LSEL,A,LENGTH,,0.28$LSEL,A,LOC,X,4.35
LSEL,A,LENGTH,,0.46,0.465$LSEL,U,LOC,Y,3.05$LESIZE,ALL,,,1$CM,L1,LINE
LSEL,S,LENGTH,,0.65$LESIZE,ALL,,,5$LSEL,S,LENGTH,,0.46$CMSEL,U,L1$LESIZE,ALL,,,5
LSEL,S,LENGTH,,0.58$LESIZE,ALL,,,5$LSEL,S,LOC,Y,0$LSEL,R,LOC,X,1.93,2.75$LESIZE,ALL,,,3
!4. 拖拉面创建体,并对称生成全部模型,消除重合图素
LSEL,ALL$K,100,,,32.6$L,1,100$L2=_RETURN$VDRAG,ALL,,,,,,L2$LDELE,L2
VSYMM,X,ALL$NUMMRG,ALL$NUMCMP,ALL
!5. 切分体创建支座体,支座采用钢板和橡胶板模拟
WPOFF,,,1$VSBW,ALL$WPOFF,,,30.6$VSBW,ALL$NUMCMP,ALL
WPCSYS,-1$WPROTA,,90$BLC4,1.93,,0.82,1.0,0,0.03$WPOFF,,,0.03$BLC4,1.93,,0.82,1.0,0,0.06
WPOFF,2.43$WPROTA,,,90$*GET,V1,VOLU,,NUM,MAX$VSEL,S,,,V1-1,V1$VSBW,ALL
VSYMM,X,ALL$VGEN,2,ALL,,,0,0,31.6$WPCSYS,-1$ALLSEL,ALL
NUMMRG,ALL$NUMCMP,ALL
!6. 定义单元及材料性质:混凝土材料、钢材、盆式橡胶
ET,1,SOLID45$ET,2,SOLSH190$MP,EX,1,3.3E10$MP,PRXY,1,0.167$MP,DENS,1,2600
MP,EX,2,2.1E11$MP,PRXY,2,0.3$MP,EX,3,6.5E8$MP,PRXY,3,0.47
!7. 划分网格:分别是角隅网格、板网格、钢板网格、橡胶支座网格等
ESIZE,0.2$VSEL,S,LOC,X,1.84,4.35$VSEL,A,LOC,X,-4.35,-1.84$VSEL,U,LOC,Y,0.58,2.4
VSEL,U,LOC,Y,-0.09,0$CM,VS1,VOLU$VATT,1,,1
LSEL,S,LENGTH,,30.6$LESIZE,ALL,0.5$LSEL,ALL$VSWEEP,ALL
VSEL,INVE$VSEL,U,LOC,Y,-0.09,0$CM,VS2,VOLU$VATT,1,1,2$VSWEEP,ALL
VSEL,S,LOC,Y,0,-0.03$VATT,2,,1$VSWEEP,ALL
VSEL,S,LOC,Y,-0.03,-0.09$VATT,3,,1$VSWEEP,ALL$ALLSEL,ALL
!8. 施加荷载和约束条件
ASEL,S,LOC,X,1.84,3.35$ASEL,A,LOC,X,-3.35,-1.84$ASEL,R,LOC,Y,3.05$SFA,ALL,1,PRES,20000
ASEL,S,LOC,Y,-0.09$DA,ALL,UY$DK,KP(-2.75,-0.09,32.6),UX$DK,KP(-2.75,-0.09,0),UZ,,,UX
DK,KP(2.75,-0.09,0),UZ$ALLSEL,ALL
!9. 求解并查看结果:普通查看及路径查看
```

```
/SOLU$ACEL,,9.8$SOLVE
/POST1$/VIEW,1,1,1,1$CMSEL,S,VS1$CMSEL,A,VS2$ESLV
PLNSOL,U,Y$PLNSOL,S,Z
PATH,KZSZ,2$PPATH,1,,-6.7,3.05,16.3$PPATH,2,,6.7,3.05,16.3$PDEF,SZ,S,Z$PLPATH,SZ
PATH,XDND,2$PPATH,1,,0,0,0$PPATH,2,,0,0,32.6$PDEF,ND,U,Y$PLPATH,ND
```

!══

第7章 壳 单 元

ANSYS 用于结构分析的壳单元有 SHELL28、SHELL41、SHELL43、SHELL61、SHELL63、SHELL91、SHELL93、SHELL99、SHELL150、SHELL181、SHELL208、SHELL209、SHELL281。显式动力单元为 SHELL163。

7.1 SHELL63 单元

SHELL63 称为 4 节点弹性壳单元,具有弯曲和膜特性,能承受面内和法向荷载。该单元的每个节点有 6 个自由度,即沿节点坐标系 x、y 和 z 方向的平动位移和绕各轴的转动位移,单元模型如图 7-1 所示。类似的单元有 SHELL43 和 SHELL181,高阶单元为 SHELL93。

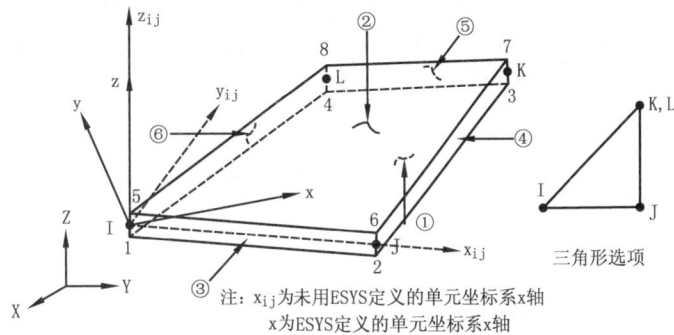

注:x_{ij}为未用ESYS定义的单元坐标系x轴
x为ESYS定义的单元坐标系x轴

图 7-1 SHELL63 单元几何

7.1.1 输入参数与选项

图 7-1 给出了单元几何、节点位置和坐标系,单元输入数据包括 4 个节点、4 个厚度、1 个弹性地基刚度和正交各向异性材料属性,正交各向异性材料方向在单元坐标系中定义。单元坐标系的 x 轴可以旋转一个角度 THETA(度数)。

若单元厚度不变,只需输入 TK(I);若单元厚度变化,则需输入 4 个节点的厚度,且假定单元内的厚度均匀变化。

弹性地基刚度 EFS 指基础产生单位法向变形所需的压力,当 EFS≤0 时则不考虑该方向的弹性地基刚度。对弹性地基上的板进行受力分析时,此特性具有很大的优越性。

对不均匀或夹芯壳,该单元可提供以下实常数:RMI,是壳弯曲刚度与所输入厚度的比值,RMI 缺省为 1.0;CTOP 和 CBOT,是从单元中面到上、下表面的距离,这两个实常数(均为正值)用于计算应力,计算应力时假定中面位于上、下表面中间,若无输入 CTOP 和 CBOT,应力则根据输入厚度计算;ADM-SUA,为单位面积上的附加质量。

压力荷载可作为单元各面上的面荷载输入,如图 7-1 所示的圆圈内数字,指向单元的压力为正。①和②面上压力荷载(也称横向荷载)量纲均为"力/面积",其余侧边(③、④、⑤和⑥)上的压力荷载量纲为"力/长度"。横向压力荷载可以等效单元荷载的方式施加在节点上[KEYOPT(6)=0],也可分布在整个单元面上[KEYOPT(6)=2]。在以平面单元代替曲面或支承在弹性地基上时,因为消除了壳单元中的虚假弯曲应力,故等效单元荷载方式可得到更为精确的结果。

单元体荷载为施加在角点1~8上的温度荷载,第一个角点的温度 T1 缺省为 TUNIF,若未定义其余角点温度,则全部缺省为 T1;若仅定义了 T1 和 T2,则 T1 表示 T1、T2、T3 和 T4,而 T2 表示 T5、T6、T7 和 T8;对其他任何形式的输入方式,未定义的温度均缺省为 TUNIF。

KEYOPT(1)用于控制是否考虑弯曲刚度或膜刚度。当不考虑弯曲刚度时,面外质量矩阵将采用减缩形式。

KEYOPT(2)用于控制在大变形分析中的应力刚度矩阵组成,即是否激活一致切线刚度矩阵(激活时,刚度矩阵由主切线刚度矩阵和一致应力刚度矩阵组成)。在几何非线性分析,如非线性屈曲分析或后屈曲分析中,激活这个选项可加快收敛;但是在有刚性杆或一组耦合节点时的分析中,不宜激活该选项,因为一致应力刚度矩阵不适合结构刚度急剧变化时的情况。

KEYOPT(3)用于控制是否计入形函数附加项及面内转动刚度类型的选择。

KEYOPT(7)用于控制质量矩阵的形式。当采用减缩质量矩阵时删除转动自由度的影响,该选项可改善薄壁结构在质量荷载作用下的弯曲应力。

KEYOPT(8)用于控制应力刚度矩阵的形式。当采用减缩应力刚度矩阵时删除转动自由度的影响,该选项在曲壳结构的特征值屈曲分析时,有助于改善模态和提高特征值屈曲系数的精度。

KEYOPT(11)=2 时可在结果文件中保存单层或多层壳单元的中面结果。如果采用命令 SHELL,MID 查看结果,将采用计算得到的中面结果,而不是采用 TOP 和 BOTTOM 结果的平均值。当不适合用 TOP 和 BOTTOM 结果的平均值时,应该用此命令去获取正确的中面结果,例如非线性材料分析时的中面应力和应变,以及谱分析中涉及平方操作的模态组合时的中面结果等。

SHELL63 单元的输入参数与选项如表 7-1 所示。

SHELL63 单元输入参数与选项   表 7-1

参 数 类 别	参 数 及 说 明		
节点	I,J,K,L		
自由度	UX,UY,UZ,ROTX,ROTY,ROTZ		
实常数	序 号	符 号	说 明
	1	TK(I)	节点 I 的壳厚度
	2	TK(J)	节点 J 的壳厚度
	3	TK(K)	节点 K 的壳厚度
	4	TK(L)	节点 L 的壳厚度
	5	EFS	弹性地基刚度,量纲:(力/长度^2)/长度
	6	THETA	单元 x 轴转角(度)
	7	RMI	弯曲刚度比
	8	CTOP	从中面到顶面的距离
	9	CBOT	从中面到底面的距离
	10,…,18	—	(空,待用)
	19	ADMSUA	附加质量(质量/面积)
材料属性	EX,EY,EZ,PRXY,PRYZ,PRXZ(或 NUXY,NUYZ,NUXZ),ALPX,ALPY,ALPZ(或 CTEX,CTEY,CTEZ 或 THSX,THSY,THSZ),DENS,DAMP,GXY		
面荷载	face1——I-J-K-L(底面,+Z 方向);face2——I-J-K-L(顶面,-Z 方向);face3——J-I;face4——K-J;face5——L-K;face6——I-L		

参数类别	参 数 及 说 明
体荷载	温度——T1、T2、T3、T4、T5、T6、T7、T8
特性	应力刚化、大变形、单元生死
KEYOPT(1)	单元刚度控制： 0——考虑弯曲和膜刚度；1——仅考虑膜刚度；2——仅考虑弯曲刚度
KEYOPT(2)	应力刚度矩阵选项： 0——当打开 NLGEOM 时,仅采用主切线刚度矩阵；1——当打开 NLGEOM 且 KEYOPT(1)＝0 时,激活一致切线刚度矩阵(即主切线刚度矩阵＋一致应力刚度矩阵)；当 KEYOPT(2)＝1,该单元忽略 SSTIF 打开；当 SOL-CONTROL 和 NLGEOM 打开时,KEYOPT(2)自动设为 1,即自动激活一致应力刚度矩阵；2——当 SOLCON-TROL 打开时,关闭一致应力刚度矩阵。某些情况下不能采用一致切线刚度矩阵,如模拟刚体；KEYOPT(2)＝2与 KEYOPT(2)＝0 相同,但 KEYOPT(2)＝0 时依赖于 SOLCONTROL 的打开与关闭,而 KEYOPT(2)与 SOL-CONTROL 是彼此独立控制的
KEYOPT(3)	形函数附加项控制： 0——计入形函数附加项,且绕单元 z 轴使用弹簧型面内转动刚度[对非扭翘单元且 KEYOPT(1)＝0 时,程序自动给予很小刚度以防数值不稳定]；1——不计入形函数附加项,且绕单元 z 轴使用弹簧型面内转动刚度[对非扭翘单元且 KEYOPT(1)＝0 时,程序自动给予很小刚度以防数值不稳定]；2——计入形函数附加项,且绕单元 z 轴使用 Allman 型面内转动刚度(Allman 转动刚度即程序使用缺省的罚参数,d1＝1E－6,d2＝1E－3),采用 Allman 转动刚度可增强平面壳结构在大转动时的收敛性
KEYOPT(5)	附加应力输出控制： 0——基本单元解；2——节点应力解
KEYOPT(6)	压力荷载控制： 0——减缩压力荷载,即施加在节点上的等效单元荷载[必须 KEYOPT(1)＝1]；2——均匀压力荷载,即分布在面上
KEYOPT(7)	质量矩阵形式： 0——一致质量矩阵；1——减缩质量矩阵(对薄壳可改善精度)
KEYOPT(8)	应力刚度矩阵选项： 0——与一致应力刚度矩阵极接近(缺省)；1——减缩应力刚度矩阵：取消了转动自由度所对应的刚度,可改善曲壳的特征值屈曲精度
KEYOPT(9)	单元坐标系定义： 0——不采用用户子例程定义单元坐标系；4——采用用户子例程 UDERAN 定义单元坐标系；缺省的单元坐标系如图 7-1 所示
KEYOPT(11)	数据存储控制： 0——仅存储顶面和底面数据；2——存储顶面、底面和中面数据

7.1.2　输出参数

　　单元输出如图 7-2 所示,单元应力平行于单元坐标系,内力包括垂直 x 轴面上的弯矩 MX 和张力 TX(也称拉压内力),垂直 y 轴面上的弯矩 MY 和张力 TY,以及扭矩 MXY 和剪力 TXY。这些内力均位于单元坐标系下,在单元任一边上内力相同,且均为单元单位长度上的内力,如弯矩 MX 则为"力×长度/长度",若求该单元的总弯矩则需要乘以单元边长。单元 SHELL63 的输出应力和内力较单元 SHELL93 为少,如横向剪力和剪应力等。

　　单元输出说明如表 7-2 所示,表 7-3 为命令 ETABLE 或 ESOL 中的表项和序号。

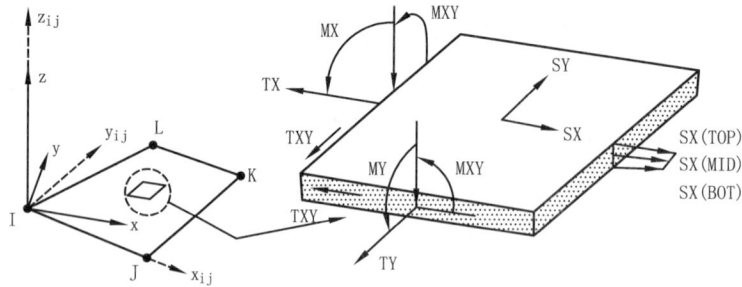

图 7-2　SHELL63 单元应力和内力输出

SHELL63 单元输出说明　　　　　　　　　　　　　　　　　表 7-2

名　称	说　明	O	R
EL	单元号	Y	Y
NODES	单元节点号(I,J,K,L,M,N,O,P)	Y	Y
MAT	单元材料号	Y	Y
AREA	单元面积	Y	Y
XC,YC,ZC	单元结果的输出位置	Y	1
PRES	P1,P2,P3,P4,P5,P6	Y	Y
TEMP	温度 T1,T2,T3,T4,T5,T6,T7,T8	Y	Y
T(X,Y,XY)	面内内力	Y	Y
M(X,Y,XY)	单元矩(弯矩和扭矩)	Y	Y
FOUND. PRESS	地基压力	Y	—
LOC	顶面、中面和底面坐标	Y	Y
S:X,Y,Z,XY	膜应力和弯曲应力相加后的应力	Y	Y
S:1,2,3	主应力	Y	Y
S:INT	应力强度	Y	Y
S:EQV	等效应力	Y	Y
EPEL:X,Y,Z,XY	弹性应变	Y	Y
EPEL:EQV	等效弹性应变[2]	—	Y
EPTH:X,Y,Z,XY	平均热应变	Y	Y
EPTH:EQV	等效热应变[2]	—	Y
KEYOPT(5)=2 时节点应力输出	TEMP,S(X,Y,Z,XY),SINT,SEQV		

注:1. * GET 命令采用 CENT 项时可得。

2. 等效应变采用有效泊松系数,弹性和热应变采用输入的泊松系数。

命令 ETABLE 和 ESOL 的表项和序号　　　　　　　　　　　表 7-3

输出量名称	项 Item	E	I	J	K	L
TX	SMISC	1	—	—	—	—
TY	SMISC	2	—	—	—	—
TXY	SMISC	3	—	—	—	—
MX	SMISC	4	—	—	—	—
MY	SMISC	5	—	—	—	—

输出量名称	项 Item	E	I	J	K	L
MXY	SMISC	6	—	—	—	—
P1	SMISC	—	9	10	11	12
P2	SMISC	—	13	14	15	16
P3	SMISC	—	18	17	—	—
P4	SMISC	—	—	20	19	—
P5	SMISC	—	—	—	22	21
P6	SMISC	—	23	—	—	24
顶面 TOP						
$S_:1$	NMISC	—	1	6	11	16
$S_:2$	NMISC	—	2	7	12	17
$S_:3$	NMISC	—	3	8	13	18
$S_:INT$	NMISC	—	4	9	14	19
$S_:EQV$	NMISC	—	5	10	15	20
底面 BOT						
$S_:1$	NMISC	—	21	26	31	36
$S_:2$	NMISC	—	22	27	32	37
$S_:3$	NMISC	—	23	28	33	38
$S_:INT$	NMISC	—	24	29	34	39
$S_:EQV$	NMISC	—	25	30	35	40

7.1.3 形函数及积分点

(1)刚度矩阵和热荷载矢量的形函数

①四边形膜

$$u=\frac{1}{4}\left[u_I(1-s)(1-t)+u_J(1+s)(1-t)+u_K(1+s)(1+t)+u_L(1-s)(1+t)\right] \tag{7-1}$$

$$v=\frac{1}{4}\left[v_I(1-s)(1-t)+v_J(1+s)(1-t)+v_K(1+s)(1+t)+v_L(1-s)(1+t)\right] \tag{7-2}$$

w 未明确定义,四个三角形覆盖。

当 KEYOPT(3)＝0 时,计入形函数附加项如下:

$$u=式(7-1)+u_1(1-s^2)+u_2(1-t^2) \tag{7-3}$$

$$v=式(7-2)+v_1(1-s^2)+v_2(1-t^2) \tag{7-4}$$

从上述各式可以看出,u 和 v 的插值函数与单元 PLANE42 的相同。

单元内的积分点数为 2×2 个。

②三角形膜

$$u=u_I L_1+u_J L_2+u_K L_3 \tag{7-5}$$

$$v=v_I L_1+v_J L_2+v_K L_3 \tag{7-6}$$

w 未明确定义,采用 DKT 单元。

单元仅有 1 个积分点。

③弯曲

w、θ_x 和 θ_y 采用 3 节点三角形 DKT(离散 Kirchhoff 理论的板单元),形成四边形单元的刚度矩阵。

（2）质量矩阵、基础刚度矩阵及应力刚度矩阵

① 四边形膜

u 和 v 同式（7-1）和式（7-2）。

$$w=\frac{1}{4}\left[w_I(1-s)(1-t)+w_J(1+s)(1-t)+w_K(1+s)(1+t)+w_L(1-s)(1+t)\right] \qquad (7-7)$$

单元内的积分点数为 2×2 个。

② 三角形膜

u 和 v 同式（7-5）和式（7-6）。

$$w=w_I L_1+w_J L_2+w_K L_3 \qquad (7-8)$$

单元仅有 1 个积分点。

③ 弯曲

采用 3 节点三角形（3 个积分点）形成四边形单元的相关矩阵。w 的具体形式可参考 O. C. Zienkiewicz（O. C. 监凯维奇）的"The Finite Element Method"（有限单元法）。

（3）横向压力荷载（面①和面②）

当 KEYOPT(6)=0 时采用减缩压力荷载，即（压力×单元面积）/4 施加到每个节点上。

当 KEYOPT(6)=2 时采用一致压力荷载，此时插值函数和积分点同刚度矩阵。

（4）侧向压力荷载（面③～面⑥）

四边形时，同式（7-1）和式（7-2），积分点为 2 个。

三角形时，同式（7-5）和式（7-6），积分点为 2 个。

单元温度按双线性变化，在厚度方向按线性变化；节点温度也按双线性变化，在厚度方向为常量。压力在面内按双线性变化，沿单元边线性变化。

（5）地基刚度

当输入地基刚度时，面外刚度矩阵增加 3 个或 4 个与大地相连的弹簧，弹簧数目等于独立的节点数，如四边形单元为 4 个，三角形单元为 3 个等，弹簧的方向垂直于单元面。每个弹簧的刚度为：

$$K_{f,i}=\frac{\Delta\times K_f}{N_d} \qquad (7-9)$$

式中：$K_{f,i}$——节点 i 的法向刚度，$i=I\sim L$；

　　　Δ——单元面积；

　　　K_f——地基刚度，即命令 R 输入的 EFS 实常数；

　　　N_d——独立的节点数目。

输出的地基压力计算式如下：

$$\sigma_p=\frac{K_f}{4}(w_I+w_J+w_K+w_L) \qquad (7-10)$$

式中：σ_p——地基压力，即输出中的 FOUND. PRESS 项；

　　　w_i——节点 i 的横向位移，$i=I\sim L$。

（6）面内转动刚度

众所周知，板壳单元可基于 2D 平面单元和板弯曲单元确定其单元行为，其单元节点自由度需要 2+3=5 个即可，故面内转动自由度 DDOF 无对应的刚度。当 KEYOPT(1)=0 或 1 时，为防止非扭翘单元求解时的数值不稳定，增加一很小的刚度；当 KEYOPT(3)=2 时则采用 Allman 型转动刚度。

（7）扭翘（Warping）

若单元的 4 个节点不在一个平面或因大变形而导致 4 个节点不在初始的平面，单元 SHELL63 在求解时需附加计算，其目的是将单元矩阵和荷载向量从单元平面上点转换到实际节点，物理意义可认为是在单元平面和实际节点之间增加了一短刚臂。经过计算和判断，当需要此短刚臂时，就意味着单元不是

"平面"而是"扭翘"（这里采用扭翘以区别于扭曲、翘曲等,是几何问题）。为计算和判断是否扭翘,首先通过节点 I 到 K 矢量和节点 J 到 L 矢量的矢量积求得单元法线,然后比较单元四个角点法线与单元法线是否一致,单元角点法线通过两个相邻边矢量的矢量积求得,所有矢量均规格化处理。若每个角点法线在总体坐标系下的三个分量之一与单元法线分量的差别大于 0.0001,则该单元就可判定为"扭翘"。

扭翘系数按下式定义:

$$\phi = \frac{D}{t} \qquad (7\text{-}11)$$

式中:D——从第一节点到第四节点平行于单元法线的矢量分量;

　　　t——单元平均厚度。

若 $\phi \leqslant 0.1$ 则无警告信息;若 $0.1 \leqslant \phi \leqslant 1.0$ 则发出警告信息;若 $\phi > 1.0$ 则发出"建议采用三角形单元"的信息并停止运行。

扭翘的影响可通过下列矩阵对单元矩阵和荷载矢量进行修正:

$$[W] = \begin{bmatrix} [w_1] & 0 & 0 & 0 \\ 0 & [w_2] & 0 & 0 \\ 0 & 0 & [w_3] & 0 \\ 0 & 0 & 0 & [w_4] \end{bmatrix}, [w_i] = \begin{bmatrix} 1 & 0 & 0 & 0 & Z_i^0 & 0 \\ 0 & 1 & 0 & Z_i^0 & 0 & 0 \\ 0 & 0 & 1 & 0 & 0 & 0 \\ 0 & 0 & 0 & 1 & 0 & 0 \\ 0 & 0 & 0 & 0 & 1 & 0 \\ 0 & 0 & 0 & 0 & 0 & 1 \end{bmatrix} \qquad (7\text{-}12)$$

式中:Z_i^0——节点 i 偏离平均平面的距离。

为保证平均平面通过单元中面,应该满足下式:

$$Z_1^0 + Z_2^0 + Z_3^0 + Z_4^0 = 0 \qquad (7\text{-}13)$$

(8)非均匀板材选项

对于非均匀板材,单元 SHELL63 可通过近似方法给予修正。对于均匀板材,就单元 x 轴方向的荷载与位移关系如下:

$$T_x = t E_x \varepsilon_x \qquad (7\text{-}14)$$

$$M_x = -\frac{t^3 E_x}{12 \left[1 - \nu_{xy}^2 \left(\frac{E_y}{E_x} \right) \right]} \kappa_x \qquad (7\text{-}15)$$

式中:T_x——垂直 x 轴的面上的张力（单位长度上的力）;

　　　t——厚度,即命令 R 输出的实常数 TK(I)、TK(J)、TK(K) 和 TK(L);

　　　E_x——x 轴方向的弹性模量,即命令 MP 输入的 EX;

　　　E_y——y 轴方向的弹性模量,即命令 MP 输入的 EY;

　　　ε_x——中面纤维 x 轴方向的应变;

　　　M_x——垂直 x 轴的面上的弯矩（单位长度上的弯矩）;

　　　ν_{xy}——泊松系数,即命令 MP 输出的 PRXY;

　　　κ_x——x 轴方向的曲率。

当为不均匀板材时,式(7-15)修改为:

$$M_x = -C_r \frac{t^3 E_x}{12 \left[1 - \nu_{xy}^2 \left(\frac{E_y}{E_x} \right) \right]} \kappa_x \qquad (7\text{-}16)$$

式中:C_r——弯矩刚度比,即命令 RMORE 输入的 RMI 实常数。

需要说明的是,上述修正仅对刚度矩阵,也就是在形成刚度矩阵并求解位移时的修改,而输出中的 MX、MY 和 MXY 不是根据式(7-16)得到的,而是根据应力计算求得的。因此若输入 RMI 时,不仅会影响位移和应力,而且也会影响到内力（此时的内力仅仅是表征内力,若根据此单元内力计算截面内力结果将不正确)。

类似地,对均匀板材的应力计算如下:

$$\sigma_x^{top} = E\left(\epsilon_x + \frac{t}{2}\kappa_x\right) \tag{7-17}$$

$$\sigma_x^{bot} = E\left(\epsilon_x - \frac{t}{2}\kappa_x\right) \tag{7-18}$$

式中:σ_x^{top}——顶面纤维 x 方向的应力;

σ_x^{bot}——底面纤维 x 方向的应力。

对非均匀板材,应力按下式计算:

$$\sigma_x^{top} = E(\epsilon_x + c_t\kappa_x) \tag{7-19}$$

$$\sigma_x^{bot} = E(\epsilon_x - c_b\kappa_x) \tag{7-20}$$

式中:c_t——中面到顶面纤维的距离,即命令 ROMRE 输入的实常数 CTOP;

c_b——中面到底面纤维的距离,即命令 ROMRE 输入的实常数 CBOT。

CTOP 和 CBOT 仅仅用于应力计算,不影响结构刚度(不影响位移结果),但由于 MX、MY 和 MXY 的计算基于单元应力,因此也不能采用这些内力计算截面内力。

计算壳单元截面内力应采用命令 FSUM 计算。

(9)结果外推

积分点结果根据要求复制到节点(命令 ERESX,NO)。对四边形单元,系用子三角形的弯曲结果的平均值并复制到四边形单元的节点上。

7.1.4   注意事项

(1)单元面积必须为正。当直接建立有限元模型时,若节点号顺序不正确易出现此问题。

(2)单元厚度不能为零,变厚度时,单元任何角点也不能渐变至零。

(3)对于曲壳的模拟,采用相互间夹角不超过 15°的平面壳单元可获得较好的结果。单元 SHELL63 属于平面壳单元,也可模拟曲壳,更适合曲壳分析的是高阶壳单元。

(4)单元 SHELL63 基于薄壳理论,不考虑剪切变形的影响。

(5)三角形单元可通过定义节点 K 和 L 重复的节点号实现,对三角形单元自动删除形函数附加项,也即成为常应变单元。对膜单元的大变形分析[KEYOPT(1)=1]必须采用三角形单元。

(6)当 KEYOPT(1)=0 或 2 时,单元的四个节点尽可能位于一个平面内以获得最好的计算精度,但也容许适度扭翘。对于 KEYOPT(1)=1 的膜壳,有非常严格的扭翘限制。在任何情况下,过度的扭翘会产生警告或错误信息,当产生错误信息时应采用三角形单元。不同壳单元的扭翘有不同的限值,可参考 ANSYS 帮助文件。

(7)若采用集中质量矩阵(LUMPM,ON),单元 SHELL63 不考虑扭翘产生的节点偏离距离对质量矩阵的影响。

(8)命令 SHELL 可定义显示壳顶面、中面和底面的结果,且节点结果和单元节点结果存在差别,使用时应予以注意。

7.1.5   应用举例

(1)两端固定单向板的静力分析

设一两端固定单向板如图 7-3 所示,根据初等力学理论,固定端弯矩和应力、跨中弯矩和应力及最大挠度的数值分别为:

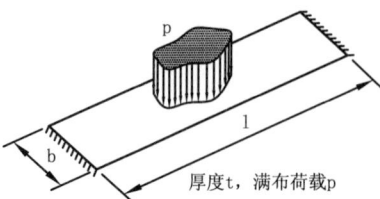

图 7-3   两端固结的单向板

$$M_{fe} = \frac{1}{12}ql^2 \ ,\ \sigma_{fe} = \frac{M_{fe}}{W}\ ;\ M_{ms} = \frac{1}{24}ql^2 \ ,\ \sigma_{ms} = \frac{M_{ms}}{W}\ ;\ f = \frac{ql^4}{384EI}$$

其中,$q = pb$,$I = bt^3/12$,$W = 2I/t$。

设 $l=2000mm,b=400mm,t=16mm,p=0.02N/mm^2,E=210GPa,\mu=0.0$。理论解和 ANSYS 解的比较如表 7-4 所示,由表可知二者的计算误差除固端应力略大外,其余均很小。命令流中同时给出了几种查看结果的方法,如应力、挠度、内力等,如下。

理论解和 ANSYS 解的比较　　　　　　　　　　　　表 7-4

项目	固端弯矩	固端应力	跨中弯矩	跨中应力	挠度
理论解	2666666.67	156.250	1333333.33	78.125	11.6257
ANSYS 解	2665000.00	153.882	1335000.00	78.164	11.6278
误差(%)	0.06	1.52	−0.13	−0.05	−0.02

```
!
!EX7.1 两端固结的单向板在均布荷载下的静力分析
FINISH$/CLEAR$/PREP7                                      !定义几何和材料参数等
L=2000$B=400$T=16$EM=2.1E5$Q=2E-2                         !定义单元类型、材料常数及实常数
ET,1,SHELL63$MP,EX,1,EM$MP,PRXY,1,0.0$R,1,T               !创建模型并显示单元坐标系
BLC4,,,L,B$ESIZE,B/8$AMESH,ALL$PSYMB,ESYS,1               !施加约束条件
LSEL,S,LENGTH,,B$DL,ALL,,ALL$LSEL,ALL                     !施加荷载并求解
SFA,ALL,1,PRES,-Q$/SOLU$SOLVE                             !进入后处理,改变视图方式
/POST1$/VIEW,1,1,1,1$/ANG,1,-120,ZS,1                     !绘制 UZ,SX 和 SEQV 云图
PLNSOL,U,Z$PLNSOL,S,X$PLNSOL,S,EQV                        !节点位移排序,并获得其值
NSORT,U,Z,1$*GET,UZMIN,SORT,,MIN                          !定义两个单元表
ETABLE,MXE,SMISC,4$ETABLE,S1,NMISC,6                      !绘制单元内力和 S1 应力云图
PLETAB,MXE$PLETAB,S1
*GET,GDDM,ETAB,1,ELEM,1                                   !获得单元1的第一个 ETABLE(MXE)结果
*GET,GDDM1,ELEM,1,SMISC,4                                 !直接获得单元1的 MX 结果(结果相同)
NSEL,S,LOC,X,0$FSUM                                       !固端内力计算
NSEL,S,LOC,X,L/2,L/2+50$ESLN,S,1$NSEL,R,LOC,X,L/2         !跨中截面内力计算
SPOINT,,L/2,B/2$FSUM                                      !指定合力点位置
!
```

(2)充气包充气过程的非线性分析

设有一气包不断充压,对其过程进行模拟分析,结构尺寸和材料条件等详见命令流。根据结构对称性,建立 30°的扇形模型,采用静态非线性分析或瞬态非线性分析。SHELL63 的静态非线性分析的命令流如下。

```
!
!EX7.2 充气结构的充气过程分析
FINISH$/CLEAR$/PREP7$R0=0.5$T=0.003$REF=30               !定义几何参数,如半径、厚度及扇形角度
EM=2.1E9$NU=0.40$MDENS=1100$PRE=0.28E5                    !定义材料特性参数等
ET,1,SHELL63$MP,EX,1,EM$MP,PRXY,1,NU$                     !定义单元类型及材料常数
MP,DENS,1,MDENS$R,1,T                                     !定义材料及实常数
CYL4,,,R0,REF$LESIZE,1,0.005$LESIZE,2,,,50,4              !创建几何模型,定义网格尺寸
LESIZE,3,,,50,1/4$AMESH,ALL                               !划分网格
CSYS,1$NROTAT,ALL                                         !设置柱坐标系并旋转节点自由度
NSEL,S,LOC,Y,0$NSEL,A,LOC,Y,REF$DSYM,SYMM,Y,1             !选择节点并施加对称约束
NSEL,S,LOC,X,R0$D,ALL,UZ$D,ALL,ROTX$ALLSEL               !选择节点并施加约束
SFE,ALL,1,PRES,,PRE                                      !施加面荷载
/SOLU$ANTYPE,0$NLGEOM,ON$AUTOTS,ON$NEQIT,40               !设置大变形、自动时间步与迭代限值
```

```
NSUBST,400,,100$OUTRES,ALL,ALL                                  !设置荷载子步、结果输出控制
CNVTOL,U,,0.01$CNVTOL,F,,0.02$TIME,1$SOLVE$FINI                 !设置收敛控制,求解
/POST1$SET,LAST$/VIEW,1,1,1,1$/ANG,1,−120,ZS,1                  !设置视图方式及控制
PLDISP,1$RSYS,1$PLNSOL,S,X$PLNSOL,S,Y                           !显示结果
/POST26$N1=NODE(0,0,0)$NSOL,2,N1,U,Z$PLVAR,2                    !绘制荷载—位移曲线
```

(3)周边固支矩形板的静力分析

如图 7-4 所示的周边固支板,设 a=1200mm,b=1000mm,t=20mm;弹性模量和泊松系数分别为 210GPa 和 0.3,承受均布荷载 q=0.4N/mm²。其理论解如下[13]。

板中心挠度:$f=0.0188q\dfrac{b^4}{Et^3}=4.4762mm$

长边中心应力:$\sigma_b=0.3834q\left(\dfrac{b}{t}\right)^2=383.40MPa$

板中心应力:$\sigma_b=0.1794q\left(\dfrac{b}{t}\right)^2=179.40MPa$

按整个模型建模及计算的命令流如下。

```
!EX7.3 周边固支板的静力分析
FINISH$/CLEAR$/PREP7$A=1200$B=1000$T=20$Q=0.4$EM=2.1E5$BOSS=0.3        !参数定义
ET,1,SHELL63$MP,EX,1,EM$MP,PRXY,1,BOSS$R,1,T                          !定义单元类型、材料常数和实常数
BLC4,,,A,B$MSHKEY,1$ESIZE,50$AMESH,ALL                                !创建几何模型并划分网格
DL,ALL,,ALL$SFA,ALL,1,PRES,Q                                         !施加约束条件和荷载
/SOLU$SOLVE$/POST1$PLDISP,1$PLNSOL,U,Z                               !求解并进入后处理,绘制变形云图
MIDN0=NODE(A/2,B/2,0)$*GET,MIDSY,NODE,MIDN0,S,Y                      !获取板中心节点号及 SY
MIDUZ=UZ(MIDNODE)$*STAT                                              !获取板中心位移 UZ
```

(4)钢制牛腿的静力和特征值屈曲分析

很多结构中都会有牛腿,其构造形式各异。如图 7-5 所示的钢制牛腿,水平面板局部作用均布荷载,加劲肋采用两块变宽度钢板并与面板焊接。建模时,先创建 1/2 面板和一块加劲肋,且将二者黏接在一起;然后根据荷载位置将上述面切分,以便于划分映像网格;最后对称形成另外的 1/2 模型,消除重合图素形成整个模型。采用壳单元建模时,一般采用板件中面代表其几何位置,特殊情况下可考虑单元偏置(不是所有单元都支持偏置,如单元 SHELL63 就不支持偏置)。命令流如下。

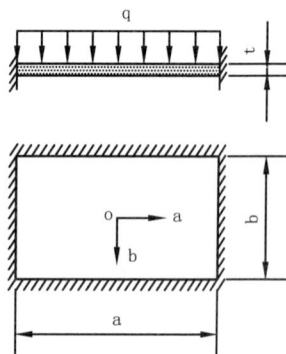

图 7-4　周边固支板

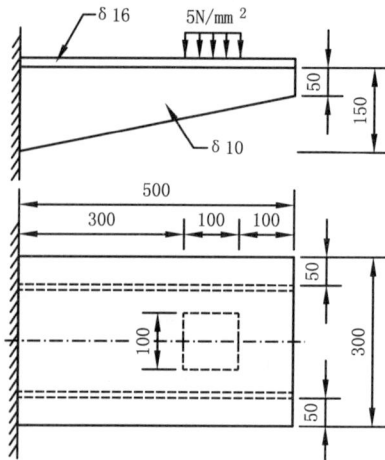

图 7-5　钢牛腿构造(尺寸单位:mm)

```
!════════════════════════════════════════════════════════════
!EX7.4 钢制牛腿的静力和特征值屈曲分析
FINISH$/CLEAR$/PREP7$ET,1,SHELL63                                    !定义单元类型
MP,EX,1,2.1E5$MP,PRXY,1,0.3$R,1,16$R,2,10                            !定义材料常数和实常数
WPROTA,,,90$BLC4,,,150,500                                          !创建面板
K,10,95$K,11,95,-158$K,12,95,-58,500$K,13,95,0,500                  !创建肋板的关键点
A,10,11,12,13$AGLUE,ALL$WPCSYS,-1                                   !创建肋板,并将面板与其黏接在一起
WPOFF,,,300$ASBW,ALL$WPOFF,,,100$ASBW,ALL                           !切分面
WPOFF,50$WPROTA,,,90$ASBW,ALL$WPCSYS,-1                             !切分面形成加载面
ARSYM,X,ALL$NUMMRG,ALL$NUMCMP,ALL                                  !对称创建另外一半模型,消除重合图素
ASEL,S,LOC,Y,0$AATT,1,1,1                                          !赋予面板单元、材料、实常数等属性
ASEL,R,LOC,X,-50,50$$ASEL,R,LOC,Z,300,400                           !再选择加载的面
SFA,ALL,1,PRES,5$ASEL,ALL                                          !施加荷载
ASEL,U,LOC,Y,0$AATT,1,2,1                                          !赋予肋板单元、材料、实常数等属性
LSEL,S,LOC,Z,0$DL,ALL,,ALL$ALLSEL,ALL                              !施加约束条件
ESIZE,10$MSHKEY,1$AMESH,ALL                                        !划分单元
/SOLU$PSTRES,ON$SOLVE                                              !打开预应力开关并进行静力求解
/POST1$/VIEW,1,1,1,1$PLDISP,1$PLNSOL,U,Y                           !绘制变形图
PLNSOL,S,X$PLNSOL,S,Y$PLNSOL,S,Z                                   !绘制各向应力云图
PLNSOL,S,1$PLNSOL,S,3$PLNSOL,S,EQV                                 !绘制第一、第三主应力和等效应力云图
FINISH$/SOLU$ANTYPE,1$BUCOPT,LANB,5                                !进行特征值屈曲分析,定义求五阶模态
MXPAND,5$SOLVE                                                     !模态扩展定义,求解
/POST1$SET,LIST$SET,1,1$PLNSOL,U,SUM                               !列表显示模态结果并绘制第一阶模态变形图
SET,1,5$PLNSOL,U,SUM                                               !绘制第五阶模态变形图
!════════════════════════════════════════════════════════════
```

不像杆件大多以单向应力为主,板壳模型的板件通常处于多向应力状态,宜根据主应力或等效应力进行应力校核,用等效应力校核时应根据相应的规范采用不同的容许值。由于节点结果和单元结果存在差异,一般采用节点结果进行校核,保守时采用单元结果亦可。

(5)正交异性桥面板局部静力分析

钢桥主梁(如连续梁、斜拉桥或悬索桥的加劲梁等)为箱形时,多采用正交异性桥面板。如图7-6所示为某钢箱连续梁桥面板的局部构造。因全桥模型太大,这里取位于腹板之间和两横隔板之间的一块顶

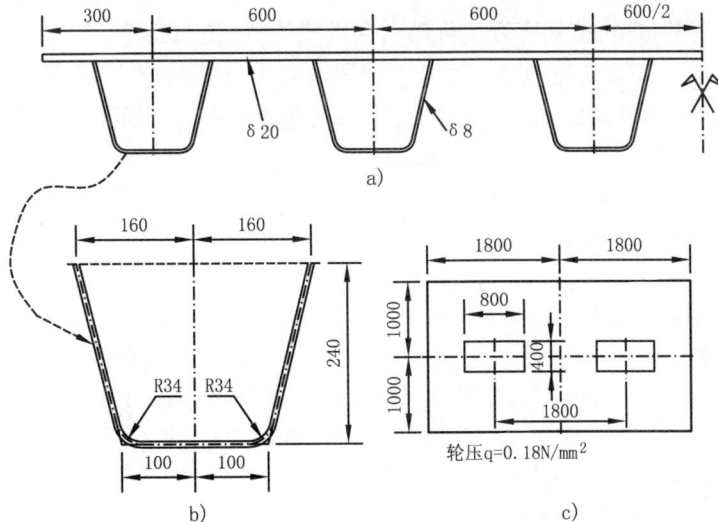

图7-6　某正交异性桥面板局部构造(尺寸单位:mm)

板进行分析,并设周边固结,如图 7-6c)所示;图 7-6a)为所取顶板的一半,图 7-6b)为 U 肋细部构造。假设轮压为 0.18N/mm²,作用位置如图 7-6c)所示。

从计算结果可以看出,仅就桥面板受轮压而言,其应力和变形都很小。实际设计时可布置不同的轮压荷载位置进行多任务况计算,并应考虑全桥模型计算。命令流如下。

```
!========================================================================
!EX7.5 正交异性钢桥面板局部分析
FINISH$/CLEAR$/PREP7$L=2000$K,1,,-250$K,2,100,-250$K,3,162.5        !创建 1/2U 肋关键点
L,1,2$L,2,3$LFILLT,1,2,34$KDELE,2$LSYMM,X,ALL                       !创建 U 形之线
NUMMRG,ALL$CM,LU,LINE$K,100,,-250,L$L,1,100$L1=_RETURN             !定义组件,创建拖拉线
ADRAG,LU,,,,,,L1$LDELE,L1,,,1$NUMCMP,ALL$CM,AU,AREA               !创建 U 肋面并定义面组件
AGEN,1,AU,,,300,,,,,1$AGEN,3,AU,,,600$ARSYM,X,ALL                 !移动、复制、对称创建所有 U 肋
WPROTA,,90$BLC4,,,1800,L$BLC4,,,-1800,L$APTN,ALL                  !创建顶板面,并做分割运算
NUMCMP,ALL$WPCSYS,-1$WPOFF,,,800$ASBW,ALL                         !用工作平面切分面,以便于加载
WPOFF,,,400$ASBW,ALL$WPOFF,,-1300$WPROTA,,,90$ASBW,ALL$WPOFF,,,800$ASBW,ALL
WPOFF,,,1000$ASBW,ALL$WPOFF,,,800$ASBW,ALL$WPCSYS,-1              !模型创建完毕
ET,1,SHELL63$MP,EX,1,2.06E5$MP,PRXY,1,0.3$MP,DENS,1,7850E-12     !定义单元类型、材料常数
R,1,20$R,2,8$ASEL,S,LOC,Y,0$AATT,1,1,1$ASEL,INVE$AATT,1,2,1       !定义实常数、赋单元属性
ASEL,ALL$MSHKEY,1$ESIZE,50$AMESH,ALL                             !划分单元网格
LSEL,S,LOC,Z,0$LSEL,A,LOC,Z,L$DL,ALL,,ALL                        !施加两端约束条件
LSEL,S,LOC,X,-1800$LSEL,A,LOC,X,1800$DL,ALL,,ALL$LSEL,ALL         !施加两边约束条件
ASEL,S,LOC,Y,0$ASEL,R,LOC,Z,800,1200$ASEL,R,LOC,X,-1300,1300      !选择拟施加荷载的面
ASEL,U,LOC,X,-500,500$SFA,ALL,1,PRES,0.18$ASEL,ALL               !施加荷载
/SOLU$ACEL,,9800$SOLVE                                           !施加自重加速度,并求解
/POST1$PLNSOL,U,SUM$PLNSOL,S,1$PLNSOL,S,3$PLNSOL,S,EQV           !绘制各种云图
!========================================================================
```

(6)弹性地基板静力分析

弹性地基板的计算假定与前文中单元 BEAM44 相同,通过土性获得地基刚度后,可采用单元 SHELL63 方便地计算。设有一板(长)4.5m×(宽)3.0m×(厚)0.6m,在其顶面(长)2.5m×(宽)1.0m 的居中范围内作用均布荷载,荷载集度为 100kN/m²。设地基刚度为 18MN/m³,板的弹性模量为 35GPa,泊松系数取 0.2,对此板进行静力分析并绘制地基压力云图。

此例建模比较简单,可仅在一个关键点上施加三向平动位移约束,以防止出现刚体位移。板的各种结果与上述 SHLL63 完全相同,地基压力仅可输出到本文文件,通过命令 OUTPR 和命令 OUTPUT 可获得各个单元的地基压力,而要绘制地基压力云图需另行解决。

单元的平均地基压力通过式(7-12)求得,而某个节点的地基压力可通过下式求得:

$$\sigma_{pi} = w_i \times k_f$$

式中符号意义同式(7-10)。因此可获取各点横向位移后,乘以弹性地基刚度,再利用命令 DNSOL 修改数据库中的横向位移,从而间接将地基压力云图绘出。也可获取单元平均地基压力,利用施加压力荷载及显示的方法绘制,这里采用前者方法的命令流如下。

```
!========================================================================
!EX7.6 弹性地基板的静力分析
FINISH$/CLEAR$/PREP7$A=3.0$B=4.5$T=0.6$AQ=1.0$BQ=2.5$Q=1.0E5$EFS0=1.8E7   !参数定义
ET,1,SHELL63$MP,EX,1,3.5E10$MP,PRXY,1,0.2$R,1,T,,,,EFS0                !定义单元类型及材料等常数
BLC4,,,A,B$WPOFF,,(A-AQ)/2$WPROTA,,,90$ASBW,ALL                       !创建地基板并切分
WPOFF,,,AQ$ASBW,ALL$WPOFF,,,(B-BQ)/2$WPROTA,,,90                      !继续切分面
ASBW,ALL$WPOFF,,,-BQ$ASBW,ALL$WPCSYS,-1                               !继续切分面
```

```
AATT,1,1,1$MSHKEY,1$ESIZE,0.2$AMESH,ALL                !赋面单元属性并划分网格
SFA,12,1,PRES,−Q$DK,1,UX,,,,UY                         !施加面荷载和约束条件
/SOLU$OUTPR,ALL,ALL$/OUTPUT,LS,TXT$SOLVE$/OUTPUT        !输出结果到文件 LS.TXT 中
/POST1$/VIEW,1,1,1,1$/ANG,1,−120,ZS,1                  !改变视图角度
PLNSOL,U,Z$PLNSOL,S,X$PLNSOL,S,Y$PLNSOL,S,EQV           !绘制结果云图
/GRAPHICS,FULL$ * GET,TNODE,NODE,,COUNT                 !改变图形模式并获取节点总数
* DO,I,1,TNODE$PI=UZ(I) * EFS0$DNSOL,I,U,Z,PI$ * ENDDO  !修改 UZ 结果为地基压力
PLNSOL,U,Z                                              !绘制地基压力云图
!════════════════════════════════════════════════════
```

(7)小球在大板上弹跳的瞬态分析

小球从高处落下冲击方板并随之被弹起,由于板面变形导致小球弹起时方向发生变化,在不断冲击和弹起的过程中,小球逐渐向方板中心移动;越过方板中心后又被反方向弹起,从而形成围绕方板中心的冲击和弹起过程。该瞬态分析需考虑点面接触、大变形、四种单元类型等,小球的初始平面位置和高度对过程有较大影响,分析的命令流如下。

```
!════════════════════════════════════════════════════
!EX7.7 小球连续冲击方板并被弹起的瞬态分析
FINISH$/CLEAR$/CONFIG,NRES,5000$/PREP7$H=1.0$A=5.0          !定义结果组最大数目限值
ET,1,MASS21,,,2$ET,2,SHELL63$ET,3,CONTA175,,1$ET,4,TARGE170 !定义单元类型
R,1,10$R,2,0.006$R,3,,,−350000,,,−1.2                      !定义几种实常数
MP,EX,1,2.1E11$MP,PRXY,1,0.3$MP,DENS,1,7800                 !定义材料常数
N,1,A/4,−A/4,H$TYPE,1$REAL,1$E,1$TYPE,3$REAL,3$E,1          !定义 1 节点、质量和接触单元
BLC5,,,A,A$AATT,1,2,2$MSHKEY,1$ESIZE,0.2$AMESH,ALL          !创建方板几何和有限元模型
ESLA$TYPE,4$REAL,3$ESURF$ALLSEL,ALL$DL,ALL,,ALL             !定义目标单元、施加约束条件
/SOLU$ANTYPE,TRANS$NLGEOM,ON$TIMINT,OFF                     !瞬态分析、大变形、积分效应开关
TIME,0.001$D,1,ALL$ACEL,,,9.8$NSUBST,2$KBC,1$SOLVE          !定义时间、约束节点 1、加速度并求解
TIMINT,ON$ALPHAD,0.1$OUTRES,NSOL,ALL                        !打开积分效应,定义阻尼,控制输出
DELTIM,0.001,,0.1$AUTOTS,ON                                 !设置时间步,打开自动时间步
TIME,10$DDELE,1,ALL$SOLVE$FINISH                            !设置终了时间,删除节点 1 约束并求解
/POST26$NSOL,2,401,U,Z$NSOL,3,1,U,X$NSOL,4,1,U,Y            !定义 2、3、4 号变量
NSOL,5,1,U,Z$PLVAR,2$PLVAR,3,4,5                            !定义 5 号变量,并绘制曲线
/POST1$/VIEW,1,1,1,1$/ANG,1,−120,ZS,1$SET,LAST             !进入后处理并改变视图角度
PLDISP$ANTIME,100,0.5,,,10,0,2                              !生成变形动画
ESEL,S,TYPE,,2$PLNSOL,U,Z$ANTIME,100,0.5,,,10,0,2           !生成方板 UZ 变形动画
!════════════════════════════════════════════════════
```

7.2 SHELL93 单元

SHELL93 称为 8 节点弹性壳单元,可很好地模拟曲壳。该单元的每个节点有 6 个自由度,即沿节点坐标系 x、y 和 z 方向的平动位移和绕各轴的转动位移,单元在面内各方向具有二次形函数,单元模型如图 7-7 所示。

7.2.1 输入参数与选项

图 7-7 给出了单元几何、节点位置和坐标系,单元输入数据包括 8 个节点、4 个厚度和正交各向异性材料属性。该单元的中间节点不能移除,通过为节点 K、L 和 O 定义相同的节点号可退化为三角形单元。正交各向异性材料方向在单元坐标系中定义,单元坐标系的 x 轴和 y 轴位于单元面内,但 x 轴可以旋转一个角度 THETA(度数)。

若单元厚度不变,只需输入 TK(I);若单元厚度变化,则需输入 4 个节点的厚度,且假定单元内的厚

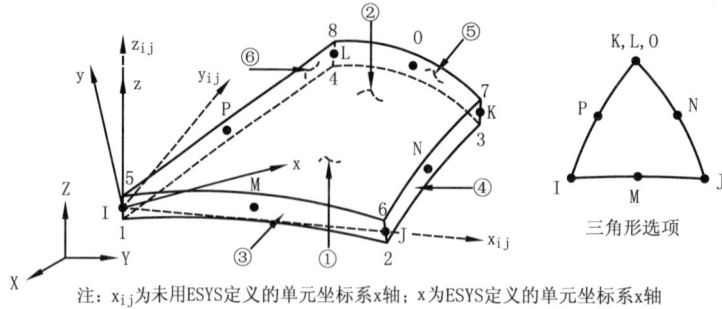

注：x_{ij}为未用ESYS定义的单元坐标系x轴；x为ESYS定义的单元坐标系x轴

图 7-7 SHELL93 单元几何

度均匀变化,中间节点厚度取相邻角点厚度的平均值。当任何一个单元的总厚度大于曲率半径 2 倍时,ANSYS 将给出错误信息;当总厚度大于 1/4 但小于 2 倍曲率半径时,ANSYS 将给出警告信息。

该单元可考虑附加质量,实常数 ADMSUA 为单位面积上的附加质量。质量矩阵仅有集中质量矩阵一种形式,该单元不能采用一致质量矩阵。

压力荷载可作为单元各面上的面荷载输入,如图 7-7 所示的圆圈内数字,指向单元的压力为正,①和②面上压力荷载(也称横向荷载)量纲均为"力/面积",其余侧边(③、④、⑤和⑥)上的压力荷载量纲为"力/长度"。

单元体荷载为施加在角点 1~8 上的温度荷载,第一个角点的温度 T1 缺省为 TUNIF,若未定义其余角点温度,则全部缺省为 T1;若仅定义了 T1 和 T2,则 T1 表示 T1、T2、T3 和 T4,而 T2 表示 T5、T6、T7 和 T8;对其他任何形式的输入方式,未定义的温度均缺省为 TUNIF。

KEYOPT(8)＝2 时可在结果文件中保存单层或多层壳单元的中面结果。如果采用命令 SHELL,MID 查看结果,将采用计算得到的中面结果,而不是采用 TOP 和 BOTTOM 结果的平均值。当不适合用 TOP 和 BOTTOM 结果的平均值时,应该用此命令去获取正确的中面结果,例如非线性材料分析时的中面应力和应变,以及谱分析中涉及平方操作的模态组合时的中面结果等。SHELL93 单元的输入参数与选项如表 7-5 所示。

SHELL93 单元输入参数与选项   表 7-5

参 数 类 别	参 数 及 说 明		
节点	I,J,K,L,M,N,O,P		
自由度	UX,UY,UZ,ROTX,ROTY,ROTZ		
实常数	序 号	符 号	说 明
	1	TK(I)	节点 I 的壳厚度
	2	TK(J)	节点 J 的壳厚度
	3	TK(K)	节点 K 的壳厚度
	4	TK(L)	节点 L 的壳厚度
	5	THETA	单元 x 轴转角(度)
	6	ADMSUA	附加质量(质量/面积)
材料属性	EX,EY,EZ,(PRXY,PRYZ,PRXZ 或 NUXY,NUYZ,NUXZ),ALPX,ALPY,ALPZ(或 CTEX,CTEY,CTEZ 或 THSX,THSY,THSZ),DENS,DAMP,GXY,GYZ,GXZ		
面荷载	face1——I-J-K-L(底面,＋Z 方向);face2——I-J-K-L(顶面,－Z 方向);face3——J-I;face4——K-J;face5——L-K;face6——I-L		
体荷载	温度——T1、T2、T3、T4、T5、T6、T7、T8		
特性	塑性、应力刚化、大变形、大应变、单元生死、自适应下降技术、膨胀		

参 数 类 别	参 数 及 说 明
KEYOPT(4)	单元坐标系定义: 0——不采用用户子例程定义单元坐标系;4——采用用户子例程 UDERAN 定义单元坐标系;缺省的单元坐标系如图 7-7 所示
KEYOPT(5)	附加应力输出控制: 0——基本单元解;1——顶面、中面和底面所有积分点的基本解;2——节点应力解
KEYOPT(6)	非线性分析的积分点输出控制: 0——基本单元解;1——积分点解
KEYOPT(8)	数据存储控制: 0——仅存储顶面和底面数据;2——存储顶面、底面和中面数据

7.2.2 输出数据

单元输出如图 7-8 所示,单元应力和内力均位于单元坐标系下,单元各边同类内力相同,且均为单元单位长度上的内力,单元 SHELL93 的输出应力和内力较单元 SHELL63 为多。单元基本输出为单元顶面中心、单元质心、单元底面中心的结果。

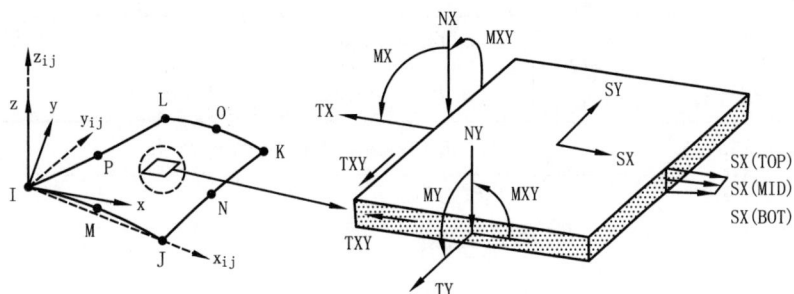

注:x_{ij} 为未用 ESYS 定义的单元坐标系 x 轴; x 为 ESYS 定义的单元坐标系 x 轴

图 7-8　SHELL93 单元应力和内力输出

单元输出说明如表 7-6 所示,表 7-7 为命令 ETABLE 或 ESOL 中的表项和序号。

SHELL93 单元输出说明　　　　　　　　　　　　　表 7-6

名 称	说 明	O	R
EL	单元号	Y	Y
NODES	单元节点号(I,J,K,L,M,N,O,P)	Y	Y
MAT	单元材料号	Y	Y
THICK	单元平均厚度	Y	Y
VOLU	单元体积	Y	Y
XC,YC,ZC	单元结果的输出位置	Y	3
PRES	P1,P2,P3,P4,P5,P6	Y	Y
TEMP	温度 T1,T2,T3,T4,T5,T6,T7,T8	Y	Y
LOC	顶面、中面和底面坐标	1	1
S:X,Y,Z,XY,YZ,XZ	应力	1	1
S:1,2,3	主应力	1	1

续上表

名　称	说　明	O	R
S:INT	应力强度	1	1
S:EQV	等效应力	1	1
EPEL:X,Y,Z,XY,YZ,XZ	弹性应变	1	1
EPEL:1,2,3	主应变	1	1
EPEL:EQV	等效弹性应变[4]	—	1
EPTH:X,Y,Z,XY,YZ,XZ	平均热应变	Y	Y
EPTH:EQV	等效热应变[4]	—	Y
EPPL:X,Y,Z,XY,YZ,XZ	平均塑性应变	2	2
EPEL:EQV	等效塑性应变[4]	—	2
EPCR:X,Y,Z,XY,YZ,XZ	平均蠕变应变	2	2
EPSW:	膨胀应变	—	2
NL:EPEQ	平均等效塑性应变	2	2
NL:SRAT	试算应力与屈服面应力比(即应力状态率)	2	2
NL:SEPL	从应力—应变曲线得到的平均等效应力	2	2
T(X,Y,XY)	面内内力	Y	Y
M(X,Y,XY)	单元矩(弯矩和扭矩)	Y	Y
N(X,Y)	面外 X 和 Y 向剪力	Y	Y
KEYOPT(5)=2 时角节点应力	TEMP,S,SINT,SEQV		
材料非线性且 KEYOPT(6)=1 积分点结果输出	EPPL,EPEQ,SRAT,SEPL		

注:1. 顶面、中面和底面的应力结果,当 KEYOPT(5)=1 时包括所有积分点。

　　2. 只有材料非线性时才有此结果。

　　3. * GET 命令采用 CENT 项时可得。

　　4. 等效应变采用有效泊松系数,弹性和热应变采用输入的泊松系数,塑性和蠕变假定为 0.5。

命令 ETABLE 和 ESOL 的表项和序号　　　　　　　　　　表 7-7

输出量名称	项 Item	E	I	J	K	L
NX	SMISC	7	—	—	—	—
NY	SMISC	8	—	—	—	—
THICK	NMISC	49	—	—	—	—
其余同表 7-3						

7.2.3　形函数及应力应变矩阵

(1)刚度矩阵和热荷载矢量的形函数

①四边形单元

$$\left\{\begin{matrix} u \\ v \\ w \end{matrix}\right\} = \sum_{i=1}^{8} N_i \left\{\begin{matrix} u_i \\ v_i \\ w_i \end{matrix}\right\} + \sum_{i=1}^{8} N_i \frac{rt_i}{2} \begin{bmatrix} a_{1i} & b_{1i} \\ a_{2i} & b_{2i} \\ a_{3i} & b_{3i} \end{bmatrix} \left\{\begin{matrix} \theta_{xi} \\ \theta_{yi} \end{matrix}\right\} \tag{7-21}$$

式中：u_i，v_i，w_i——节点 i 的平动位移，位于总体坐标系下；

　　　　r——厚度坐标，如 r＝1 表示顶面，而 r＝0 则表示中面等，如图 7-9 所示；

　　　　t_i——节点 i 的厚度；

　　　　$\{a\}$——s 方向的单位矢量；

　　　　$\{b\}$——单元面内垂直$\{a\}$的单位矢量；

　　　　θ_{xi}——节点 i 绕$\{a\}$的转动位移，位于 s-t 坐标系中；

　　　　θ_{yi}——节点 i 绕$\{b\}$的转动位移，位于 s-t 坐标系中。

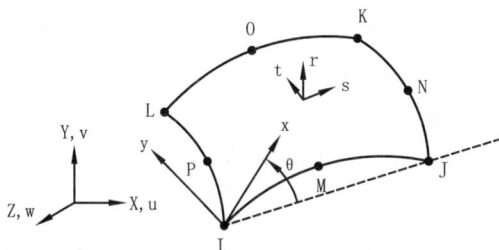

图 7-9　SHELL93 单元局部坐标系

N_i 与单元 PLANE82 给出的形函数相同，如式(5-23)～式(5-24)。

积分点设置：线性分析时厚度方向为 2 个积分点，材料非线性分析时为 5 个积分点；面内均为 2×2 个积分点。

②三角形单元

$$\left\{\begin{matrix} u \\ v \\ w \end{matrix}\right\} = \sum_{i=1}^{6} N_i \left\{\begin{matrix} u_i \\ v_i \\ w_i \end{matrix}\right\} + \sum_{i=1}^{6} N_i \frac{rt_i}{2} \begin{bmatrix} a_{1i} & b_{1i} \\ a_{2i} & b_{2i} \\ a_{3i} & b_{3i} \end{bmatrix} \left\{\begin{matrix} \theta_{xi} \\ \theta_{yi} \end{matrix}\right\} \tag{7-22}$$

N_i 与单元 PLANE82 给出的形函数相同，如式(5-25)～式(5-26)，其余符号同式(7-21)。

积分点设置：线性分析时厚度方向为 2 个积分点，材料非线性分析时为 5 个积分点；面内均为 3 个积分点。

(2)质量矩阵和应力刚度矩阵

①四边形单元

$$u = \frac{1}{4}[u_I(1-s)(1-t)(-s-t-1) + u_J(1+s)(1-t)(s-t-1) +$$
$$u_K(1+s)(1+t)(s+t-1) + u_L(1-s)(1+t)(-s+t-1)] +$$
$$\frac{1}{2}[u_M(1-s^2)(1-t) + u_N(1+s)(1-t^2) + u_O(1-s^2)(1+t) + u_P(1-s)(1-t^2)] \tag{7-23}$$

$$v = \frac{1}{4}[u_I(1-s)\cdots\cdots] \text{与式}(7\text{-}23)\text{相似} \tag{7-24}$$

$$w = \frac{1}{4}[w_I(1-s)\cdots\cdots] \text{与式}(7\text{-}23)\text{相似} \tag{7-25}$$

积分点设置与刚度矩阵相同。

②三角形单元

$$u = u_I(2L_1-1)L_1 + u_J(2L_2-1)L_2 + u_K(2L_3-1)L_3 +$$
$$u_L(4L_1L_2) + u_M(4L_2L_3) + u_N(4L_3L_1) \tag{7-26}$$

$$v = v_I(2L_1-1)L_1\cdots\cdots \text{与式}(7\text{-}26)\text{相似} \tag{7-27}$$

$$w = w_I(2L_1-1)L_1\cdots\cdots \text{与式}(7\text{-}26)\text{相似} \tag{7-28}$$

积分点设置与刚度矩阵相同。

(3)横向压力荷载矢量

四边形时同式(7-25)，设置 2×2 个积分点；三角形单元同式(7-28)，设置 3 个积分点。

(4)侧边压力荷载矢量

与面内质量矩阵的形函数相同,积分点设置为 2 个。

单元温度按双线性变化,在厚度方向按线性变化;节点温度也按双线性变化,在厚度方向为常量。压力在面内按双线性变化,沿单元边线性变化。

(5)基本假定

①直法线假定:垂直中面的法线在变形后还是直线,但不必垂直于中面。

②一致方向假定:厚度方向的每对积分点假定具有相同的单元或材料方向。

③面内转动自由度假定:面内转动刚度无意义,同单元 SHELL63 一样赋予很小值以防出现节点的自由转动。

(6)应力—应变矩阵

$$[D] = \begin{bmatrix} BE_x & B\mu_{xy}E_x & 0 & 0 & 0 & 0 \\ B\mu_{xy}E_x & BE_y & 0 & 0 & 0 & 0 \\ 0 & 0 & 0 & 0 & 0 & 0 \\ 0 & 0 & 0 & G_{xy} & 0 & 0 \\ 0 & 0 & 0 & 0 & \dfrac{G_{yz}}{f} & 0 \\ 0 & 0 & 0 & 0 & 0 & \dfrac{G_{xz}}{f} \end{bmatrix} \tag{7-29}$$

式中:$B = \dfrac{E_y}{E_y - \mu_{xy}^2 E_x}$;

E_x——单元 x 轴方向的弹性模量,即用命令 MP 输入的实常数 EX;

E_y——单元 y 轴方向的弹性模量,即用命令 MP 输入的实常数 EY;

μ_{xy}——单元 x-y 面内的泊松系数,即命令 MP 输入的实常数 NUXY;

G_{xy}——单元 x-y 面内的剪切模量,即命令 MP 输入的实常数 GXY;

$f = \left\{ \begin{array}{l} 1.2 \\ 1.0 + 0.2 \dfrac{A}{25t^2} \end{array} \right\}$ 取大值,以避免剪切锁死;

A——单元面积(s-t 面内);

t——单元平均厚度。

7.2.4　注意事项

(1)单元面积必须为正。当直接建立有限元模型时,若节点号顺序不正确易出现此问题。

(2)单元厚度不能为零,变厚度时,单元任何角点也不能渐变至零。

(3)单元 SHELL93 基于厚壳理论,考虑剪切变形的影响。

(4)横向热梯度荷载假定沿厚度方向线性变化。

(5)单元面外应力(可称为"法向正应力")假定沿厚度方向线性变化,如 SZ。

(6)横向剪应力如 SYZ 和 SXZ 则假定沿厚度方向不变,且假定大应变分析中横向剪应变很小。

(7)在热荷载作用下,双曲率单元或扭翘单元的应力有可能是错误的。

(8)单元初始曲率半径与单元厚度之比小于 5.0 时发出警告信息。

7.2.5　应用举例

(1)圆柱壳非线性屈曲分析

如图 7-10a)所示柱壳,整个模型几何非线性屈曲过程如图 7-10b)所示,从结果可知壳也存在跳跃屈曲。命令流如下。

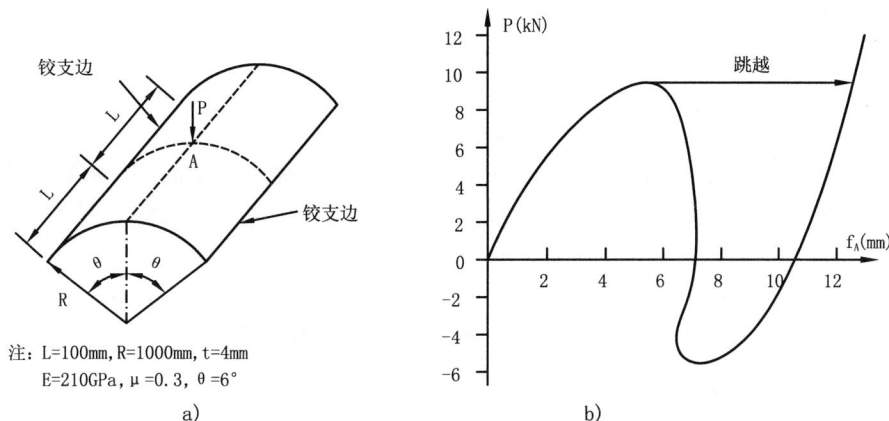

图 7-10 圆柱壳结构及荷载—位移曲线

```
!═══════════════════════════════════════════════════════════════
!EX7.8 柱壳的几何非线性屈曲分析
FINISH$/CLEAR$/PREP7$R0＝1000$L0＝100$T＝3$THETA＝6$P＝3000＊4          !定义参数
ET,1,SHELL93$MP,EX,1,2.1E5$MP,PRXY,1,0.3$R,1,T                      !定义单元及材料常数等
CSYS,1$K,1,R0,90$K,2,R0,90－THETA$K,3,R0,90－THETA,L0$K,4,R0,90,L0   !创建关键点
A,1,2,3,4$CSYS,0$ARSYM,X,ALL$ARSYM,Z,ALL$NUMMRG,ALL                  !创建面
ESIZE,10$MSHAPE,0$MSHKEY,1$AMESH,ALL$CSYS,1                          !生成有限元模型
LSEL,S,LOC,Y,90－THETA$LSEL,A,LOC,Y,90＋THETA                        !选择线施加约束条件
DL,ALL,,UX$DL,ALL,,UY$DL,ALL,,UZ$LSEL,ALL                            !施加约束条件
NODE1＝NODE(R0,90,0)$F,NODE1,FY,－P$FINISH                           !施加荷载
/SOLU$NLGEOM,ON$NSUBST,100$ARCLEN,ON,10$OUTRES,ALL,ALL              !定义求解控制参数
SOLVE$/POST26                                                       !求解并进入时程后处理
NSOL,2,NODE1,U,Y$PROD,3,2,,,,,,,－1$PROD,4,1,,,,,,,P$XVAR,3$PLVAR,4  !绘制荷载—位移曲线
/POST1$/VIEW,1,1,1,1$SET,LAST$PLNSOL,U,SUM$ANTIME,50,0.2,,1,2,0,1   !生成动画
!═══════════════════════════════════════════════════════════════
```

（2）两端简支轴向受压柱壳屈曲分析

两端简支轴向受压圆柱壳屈曲的经典解[16]为：

$$\sigma_{cr}＝\frac{1}{\sqrt{3(1-\mu^2)}}\frac{Et}{R} \tag{7-30}$$

式中：E——材料的弹性模量；

　　t——壳厚度；

　　R——圆柱壳中面的曲率半径；

　　μ——泊松系数。

式（7-32）的基本假定是薄壳、径向挠度很小、材料均匀各向同性且符合虎克定律、直法线假设、理想圆柱、横截面的荷载均匀分布，在两端的边界条件为无径向位移和切向位移。

从式（7-32）可知其屈曲临界荷载与柱长无关。理论分析还表明，两端简支轴向受压圆柱壳可发生两种屈曲模态，即轴对称屈曲和非轴对称屈曲，但其屈曲临界荷载相同。所谓轴对称屈曲模态是仅沿轴向形成屈曲波形，而周向保持圆形；而非轴对称屈曲模态不仅沿轴向形成屈曲波形，且沿周向也形成屈曲波形。

当为轴对称屈曲模态时，沿轴向屈曲波形的半波数为：

$$m＝\frac{\sqrt[4]{12(1-\mu^2)}}{\pi}\sqrt{\frac{L^2}{Rt}} \tag{7-31}$$

当为非轴对称屈曲模态时,轴向屈曲波形半波数和周向全波数需估算,如假定屈曲波形为正方形(实际为菱形)等才能求得,因此这里不再列出。

设 E＝200GPa,t＝2mm,R＝0.4m,μ＝0.3,L＝1m,可分别求得 σ_{cr}＝605.2MPa,m＝21。

ANSYS 分析结果表明,网格尺寸影响到屈曲模态形式。对于本例所给几何尺寸,如当网格尺寸大于 R/15 时屈曲模态为轴对称形式,如小于 R/15 则屈曲模态为非轴对称形式,且屈曲波形波数与理论值相同。对于非轴对称屈曲模态,轴向屈曲波形半波数和周向全波数可从屈曲模态图中获得,此值或许与试验观察结果更接近。而屈曲特征值与屈曲临界荷载的误差都很小,均在 1% 之内。

众所周知,圆柱壳受压屈曲的试验结果与特征值屈曲结果相差很大,有很多学者致力于此研究且取得了丰硕成果。用 ANSYS 对上述圆柱壳施加缺陷可进行大挠度屈曲分析,屈曲临界荷载将显著降低,读者可自行分析计算。命令流如下。

```
!=========================================================
!EX7.9 两端简支轴向受压圆柱壳屈曲分析
FINISH$/CLEAR$/PREP7$T=0.002$R=0.4$L=1.0$XIGM=1.0E8          !定义参数
ET,1,SHELL93$MP,EX,1,2.0E11$MP,PRXY,1,0.3$R,1,T             !定义单元类型和材料常数、实常数
CYL4,,,R$ADELE,1$K,5,R,,L$L,1,5$ADRAG,1,2,3,4,,,5          !创建几何模型
LDELE,5,,,1$ESIZE,R/15$MSHKEY,1$AMESH,ALL                   !生成有限元模型
CSYS,1$NROTAT,ALL                                           !旋转节点坐标系
LSEL,S,LOC,Z,L$SFL,ALL,PRES,XIGM*T                          !顶截面线上施加荷载
DL,ALL,,UX$DL,ALL,,UY                                       !顶截面线上施加约束
LSEL,S,LOC,Z,0$DL,ALL,,UX$DL,ALL,,UY$DL,ALL,,UZ            !底部施加约束
ALLSEL,ALL$/SOLU$ANTYPE,0$PSTRES,ON$SOLVE$FINISH            !静力求解
/SOLU$ANTYPE,1$BUCOPT,LANB,1$MXPAND,1$SOLVE                 !模态求解
*GET,FRQ1,MODE,1,FREQ$FINISH                                !获得屈曲荷载系数
/POST1$SET,LIST$SET,1,1$PLDISP,1$RSYS,1$PLNSOL,U,X          !后处理,查看结果
!=========================================================
```

7.3 SHELL43 单元

SHELL43 称为 4 节点塑性大应变壳单元,适用于模拟线性、扭翘、中等厚度壳结构。该单元的每个节点有 6 个自由度,即沿节点坐标系 x、y 和 z 方向的平动位移和绕各轴的转动位移,单元模型如图 7-1 所示,面内两个方向采用线性插值,而面外混合插值。对薄壳且不考虑塑性和蠕变时可采用单元 SHELL63,用单元 SHELL43 进行大应变分析收敛困难时可采用单元 SHELL181。

7.3.1 输入参数与选项

图 7-1 给出了单元几何、节点位置和坐标系,单元输入数据包括 4 个节点、4 个厚度和正交各向异性材料属性,正交各向异性材料方向在单元坐标系中定义。单元坐标系的 x 轴可以旋转一个角度 THETA (度数)。若单元厚度不变,只需输入 TK(I);单元厚度变化,则需输入 4 个节点的厚度,且假定单元内的厚度均匀变化。

KEYOPT(3)用于控制是否计入形函数附加项及面内转动刚度类型的选择。更真实的转动刚度可通过 KEYOPT(3)＝2 定义 Allman 转动,此时实常数 ZSTIF1 和 ZSTIF2 用于控制 Allman 转动中的两种零能模式,其缺省值分别为 1.0E−6 和 1.0E−3。ADMSUA 为单位面积上的附加质量。

压力荷载可作为单元各面上的面荷载输入,如图 7-1 所示的圆圈内数字,指向单元的压力为正,①和②面上压力荷载量纲均为"力/面积",其余侧边(③、④、⑤和⑥)上的压力荷载量纲为"力/长度"。

单元体荷载为施加在角点 1～8 上的温度荷载,第一个角点的温度 T1 缺省为 TUNIF,若未定义其余角点温度,则全部缺省为 T1;若仅定义了 T1 和 T2,则 T1 表示 T1、T2、T3 和 T4,而 T2 表示 T5、T6、T7

和 T8；对其他任何形式的输入方式，未定义的温度均缺省为 TUNIF。

SHELL43 单元的输入参数与选项如表 7-8 所示。

SHELL43 单元输入参数与选项　　　　　　　　　　　　表 7-8

参数类别	参　数　及　说　明			
节点	I，J，K，L			
自由度	UX，UY，UZ，ROTX，ROTY，ROTZ			
实常数	序　号	符　号	说　　明	
	1	TK(I)	节点 I 的壳厚度	
	2	TK(J)	节点 J 的壳厚度	
	3	TK(K)	节点 K 的壳厚度	
	4	TK(L)	节点 L 的壳厚度	
	5	THETA	单元 x 轴转角(度)	
	6	ZSTIF1	Allman 转动控制常数[仅当 KEYOPT(3)=2]	
	7	ZSTIF2	Allman 转动控制常数[仅当 KEYOPT(3)=2]	
	8	ADMSUA	附加质量(质量/面积)	
材料属性	EX，EY，EZ，(PRXY，PRYZ，PRXZ 或 NUXY，NUYZ，NUXZ)，ALPX，ALPY，ALPZ(或 CTEX，CTEY，CTEZ 或 THSX，THSY，THSZ)，DENS，DAMP，GXY，GYZ，GXZ			
面荷载	face1——I-J-K-L(底面，+Z 方向)；face2——I-J-K-L(顶面，-Z 方向)；face3——J-I；face4——K-J；face5——L-K；face6——I-L			
体荷载	温度——T1、T2、T3、T4、T5、T6、T7、T8； 热流——FL1、FL2、FL3、FL4、FL5、FL6、FL7、FL8			
特性	塑性、蠕变、应力刚化、大变形、大应变、单元生死、自适应下降技术			
KEYOPT(3)	形函数附加项控制： 0——计入形函数附加项；1——不计入形函数附加项；2——使用 Allman 型面内转动刚度，采用实常数 ZSTIF1 和 ZSTIF2			
KEYOPT(4)	单元坐标系定义： 0——不采用用户子例程定义单元坐标系；4——采用用户子例程 UDERAN 定义单元坐标系			
KEYOPT(5)	附加应力输出控制： 0——基本单元解；1——顶面、中面和底面所有积分点的基本解；2——节点应力解			
KEYOPT(6)	非线性时积分点输出控制： 0——单元基本解；1——积分点解			

7.3.2　输出数据

单元输出如图 7-8 所示，单元应力和内力平行于单元坐标系，单元结果的位置为顶面中心、单元质心和底面中心，三角形单元时中心和质心采用平均值。

单元输出说明及 ETABLE 或 ESOL 中的表项和序号如表 7-6 和表 7-7 所示，不同之处为节点数目、热流和膨胀应变。

7.3.3　形函数及应力应变矩阵

（1）刚度矩阵和热荷载矢量的形函数

①四边形单元

$$\begin{Bmatrix} u \\ v \\ w \end{Bmatrix} = \sum_{i=1}^{4} N_i \begin{Bmatrix} u_i \\ v_i \\ w_i \end{Bmatrix} + \sum_{i=1}^{4} N_i \frac{rt_i}{2} \begin{bmatrix} a_{1i} & b_{1i} \\ a_{2i} & b_{2i} \\ a_{3i} & b_{3i} \end{bmatrix} \begin{Bmatrix} \theta_{xi} \\ \theta_{yi} \end{Bmatrix} \tag{7-32}$$

式中：u_i、v_i、w_i——节点 i 的平动位移，位于总体坐标系下；

r——厚度坐标，如 r＝1 表示顶面，而 r＝0 则表示中面等，如图 7-9 所示；

t_i——节点 i 的厚度；

$\{a\}$——s 方向的单位矢量；

$\{b\}$——单元面内垂直$\{a\}$的单位矢量；

θ_{xi}——节点 i 绕$\{a\}$的转动位移，位于 s-t 坐标系中；

θ_{yi}——节点 i 绕$\{b\}$的转动位移，位于 s-t 坐标系中。

N_i 与单元 PLANE42 给出的形函数相同，如下式：

$$u = \frac{1}{4}\left[u_I(1-s)(1-t) + u_J(1+s)(1-t) + u_K(1+s)(1+t) + u_L(1-s)(1+t)\right] \tag{7-33}$$

$$v = \frac{1}{4}\left[v_I(1-s)(1-t) + v_J(1+s)(1-t) + v_K(1+s)(1+t) + v_L(1-s)(1+t)\right] \tag{7-34}$$

$$w = \frac{1}{4}\left[w_I(1-s)(1-t) + w_J(1+s)(1-t) + w_K(1+s)(1+t) + w_L(1-s)(1+t)\right] \tag{7-35}$$

若计入形函数的附加项则为：

$$u = \frac{1}{4}\left[u_I(1-s)(1-t) + u_J(1+s)(1-t) + u_K(1+s)(1+t) + u_L(1-s)(1+t)\right] +$$
$$u_1(1-s^2) + u_2(1-t^2) \tag{7-36}$$

$$v = \frac{1}{4}\left[v_I(1-s)(1-t)\cdots\cdots\right] 与式(7-36)相似 \tag{7-37}$$

$$w = \frac{1}{4}\left[w_I(1-s)(1-t)\cdots\cdots\right] 与式(7-36)相似 \tag{7-38}$$

积分点设置：线性分析时厚度方向为 2 个积分点，材料非线性分析时为 5 个积分点；面内均为 2×2 个积分点。

②三角形单元

$$\begin{Bmatrix} u \\ v \\ w \end{Bmatrix} = \sum_{i=1}^{3} N_i \begin{Bmatrix} u_i \\ v_i \\ w_i \end{Bmatrix} + \sum_{i=1}^{3} N_i \frac{rt_i}{2} \begin{bmatrix} a_{1i} & b_{1i} \\ a_{2i} & b_{2i} \\ a_{3i} & b_{3i} \end{bmatrix} \begin{Bmatrix} \theta_{xi} \\ \theta_{yi} \end{Bmatrix} \tag{7-39}$$

N_i 与单元 PLANE2 给出的形函数相同，如式(7-40)～式(7-42)所示，其余符号同式(7-32)。

$$u = u_I L_1 + u_J L_2 + u_K L_3 \tag{7-40}$$
$$v = v_I L_1 + v_J L_2 + v_K L_3 \tag{7-41}$$
$$w = w_I L_1 + w_J L_2 + w_K L_3 \tag{7-42}$$

积分点设置：线性分析时厚度方向为 2 个积分点，材料非线性分析时为 5 个积分点；面内均为 1 个积分点。

(2)质量矩阵和应力刚度矩阵

四边形单元时与式(7-33)～式(7-35)相同，积分点设置与刚度矩阵相同。

三角形单元时与式(7-40)～式(7-42)相同，积分点设置与刚度矩阵相同。

(3)横向压力荷载矢量

四边形时同式(7-38)，设置 2×2 个积分点；三角形单元同式(7-42)，设置 1 个积分点。

(4)侧边压力荷载矢量

四边形时同式(7-33)和式(7-34)，积分点设置为 2 个。

三角形时同式(7-40)和式(7-41),积分点设置为 1 个。

单元温度按双线性变化,在厚度方向按线性变化;节点温度也按双线性变化,在厚度方向为常量。压力在面内按双线性变化,沿单元边线性变化。

(5)基本假定

①直法线假定:垂直中面的法线在变形后还是直线,但不必垂直于中面。

②一致方向假定:厚度方向的每对积分点假定具有相同的单元或材料方向。

③质量矩阵形式:该单元不支持一致质量矩阵,仅采用集中质量矩阵形式。

④形函数:该单元基本基于 SHELL93 的形函数,但横向剪切变形有所改变以避免剪切锁死,其结果是对于平坦单元和无薄膜力的曲单元,弹性矩形单元给出常曲率结果,此时节点应力与质心应力相同。单元 SHELL63 和 SHLL93 可给出曲率线性变化的结果。

⑤伪模式或零能模式:采用 Allman 转动刚度控制两种零能模式,即等转动模式(各节点绕 z 轴转角相等)和沙漏模式(各节点绕 z 轴转角的值相等,但方向依次相反),分别采用两个实常数 ZSTIF1 和 ZSTIF2 避免零能模式。

⑥扭翘:扭翘系数大于 1.0 时,系统发出警告信息。

⑦应力计算:单元中心的应力采用某个面(顶面、底面和中面)上四个积分点的平均值。

(6)应力—应变矩阵

$$[D]=\begin{bmatrix} BE_x & B\mu_{xy}E_x & 0 & 0 & 0 & 0 \\ B\mu_{xy}E_x & BE_y & 0 & 0 & 0 & 0 \\ 0 & 0 & 0 & 0 & 0 & 0 \\ 0 & 0 & 0 & G_{xy} & 0 & 0 \\ 0 & 0 & 0 & 0 & \frac{G_{yz}}{1.2} & 0 \\ 0 & 0 & 0 & 0 & 0 & \frac{G_{xz}}{1.2} \end{bmatrix} \tag{7-43}$$

式中:$B=\dfrac{E_y}{E_y-\mu_{xy}^2 E_x}$;

E_x——单元 x 轴方向的弹性模量,即用命令 MP 输入的实常数 EX;

E_y——单元 y 轴方向的弹性模量,即用命令 MP 输入的实常数 EY;

μ_{xy}——单元 x-y 面内的泊松系数,即命令 MP 输入的实常数 NUXY;

G_{xy}——单元 x-y 面内的剪切模量,即命令 MP 输入的实常数 GXY;

G_{yz}——单元 y-z 面内的剪切模量,即命令 MP 输入的实常数 GYZ;

G_{xz}——单元 x-z 面内的剪切模量,即命令 MP 输入的实常数 GXZ。

7.3.4 注意事项

(1)单元面积必须为正。当直接建立有限元模型时,若节点号顺序不正确易出现此问题。

(2)单元厚度不能为零,变厚度时,单元任何角点也不能渐变至零。

(3)在弯曲荷载作用下,变厚度单元会导致不良的应力结果,应保证优良的网格划分。

(4)四角形单元的应力解较三角形单元优良,然而在热荷载作用下,当单元具有双曲率(扭翘)时采用三角形单元可获得更准确的结果,而四边形单元的解可能不正确。

(5)横向热梯度荷载假定沿厚度方向线性变化。

(6)单元面外应力(可称为"法向正应力")假定沿厚度方向线性变化,如 SZ。横向剪应力如 SYZ 和 SXZ 则假定在厚度方向上不变。

(7)单元考虑剪切变形的影响。

(8)无薄膜力的弹性矩形单元给出常曲率解,即节点应力等于质心应力。不考虑剪切变形影响的

SHELL63 和有中间节点且计入剪切变形影响的 SHELL93 单元则给出线性变化解。

(9)三角形单元并非几何不变,且产生常曲率解。

(10)仅可采用集中质量矩阵(LUMPM,ON)。

7.4 SHELL181 单元

SHELL181 称为 4 节点有限应变壳单元,适用于模拟薄壳至中等厚度壳结构。该单元的每个节点有 6 个自由度,即沿节点坐标系 x、y 和 z 方向的平动位移和绕各轴的转动位移(若采用薄膜选项则仅有平动自由度),单元模型如图 7-11 所示,退化三角形仅在作为充填单元进行网格划分时才会用到。

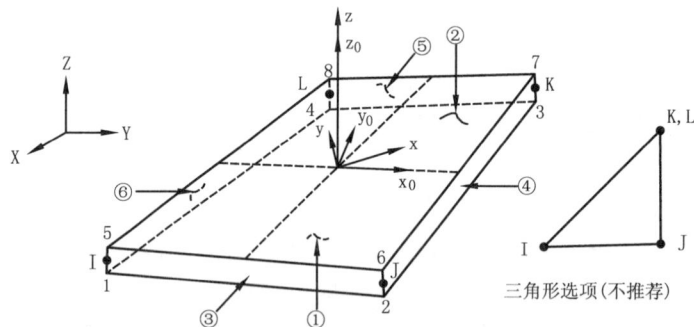

注:x₀为未用ESYS定义的单元坐标系x轴;x为ESYS定义的单元坐标系x轴

图 7-11 SHELL181 单元应力和内力输出

单元 SHELL181 非常适用于线性分析及大转动、大应变的非线性分析。在非线性分析中计入壳体厚度的变化。该单元支持完全积分和减缩积分。该单元考虑压力荷载的随动效应,即荷载刚度。

单元 SHELL181 可用于分层结构,如复合材料壳体结构或者夹芯结构等。在复合材料分析中,其精度是由一阶剪切变形理论(通常指 Mindlin-Reissner 壳理论)决定的。在有收敛困难的很多问题中,单元 SHELL181 可取代单元 SHELL43。

7.4.1 输入参数与选项

图 7-11 给出了单元几何、节点位置和坐标系,单元由 4 个节点定义。单元公式基于对数应变和真实应力描述。该单元支持有限薄膜应变(伸展),但假定在一定时间增量内的曲率变化很小。单元厚度或其他参数可通过实常数或"壳截面"(对应梁截面)定义,实常数定义参数仅限于单层壳,若同时存在实常数和壳截面定义参数,则忽略实常数所定义的参数。

单元 SHELL181 也可采用"预积分广义壳截面"。当采用 GENS 定义时,不需定义厚度或材料常数。

采用实常数定义厚度:若单元厚度不变,只需输入 TK(I);若单元厚度变化,则需输入 4 个节点的厚度,且假定单元内的厚度均匀变化。

采用壳截面定义参数:壳厚度和其他参数也可用壳截面定义,是较实常数定义更为普遍的方法。壳截面可定义分层复合壳,可定义各层厚度、材料、材料方向和各层厚度上的积分点数目。单层壳也可用壳截面定义,并提供更灵活的选项,如利用 ANSYS 函数编辑器定义厚度、总体坐标函数以及积分点数目等。

在壳截面定义时,可定义各层在其厚度上的积分点数目(1、3、5、7 或 9),若仅有 1 个积分点,则该点总位于该层的顶面和底面的中间位置;若为 3 个或更多积分点时,两个点分别位于顶面和底面,其余点则均匀分布于这两点之间;特殊情况是 5 个积分点时,为与实常数输入时积分点位置一致,位于四分点位置的积分点向其最近面移动 5%。缺省时,壳截面每层有 3 个积分点,实常数定义时则为 5 个积分点。因此,对单层等厚度壳用壳截面定义时,缺省为 3 个积分点,为获得与实常数定义时相等的解,可用命令 SECDATA 定义壳截面为 5 个积分点。

其他参数输入如下。

该单元默认方向是 S_1（壳表面坐标）轴与位于单元中心的单元第一参考方向一致，单元第一参考方向为边 LI 中点到边 JK 中点的连线。更为一般地，S_1 轴可定义为：

$$S_1 = \frac{\partial\{x\}}{\partial s} \bigg/ \left| \frac{\partial\{x\}}{\partial s} \right|, \frac{\partial\{x\}}{\partial s} = \frac{1}{4}\left[-\{x\}^I + \{x\}^J + \{x\}^K - \{x\}^L \right]$$

式中：$\{x\}^I$，$\{x\}^J$，$\{x\}^K$，$\{x\}^L$——总体坐标系下节点的坐标。

第一表面方向 S_1 可通过实常数中的 THETA 旋转指定的角度，也可通过命令 SECDATA 输入每层的 THETA 角。对某个单元，可在单元平面内指定单一旋转角度值，当采用壳截面时可指定每层的方向。还可通过命令 ESYS 定义单元方向。

该单元支持退化的三角形单元。然而，除非被用做分网填充单元或薄膜分析，否则建议不要采用三角形单元形式。通常在大挠度薄膜分析时三角形单元才更为可靠。

单元 SHELL181 采用罚函数法建立独立转动自由度（绕面法线的转动自由度）和面内位移分量的关系，缺省时 ANSYS 选择一个合适的罚刚度。但若需要，可用第十个实常数（转动刚度系数）改变缺省值，其值是缺省罚刚度的比例系数。采用较高值时，会在模型中产生较大的非物理能（虚能量），因此慎重改变缺省值。当采用壳截面定义时，转动刚度系数可通过命令 SECCONTROLS 设定。

压力荷载可作为单元各面上的面荷载输入，如图 7-11 所示的圆圈内数字，指向单元的压力为正，面上压力荷载量纲均为"力/面积"，侧边上的压力荷载量纲为"力/长度"。

单元体荷载为施加在单元表面角点及层间角点温度（1～1024），第一个角点的温度 T1 缺省为 TUNIF，若未定义其余角点温度，则全部缺省为 T1。若 KEYOPT(1)＝0 且正确地输入了 NL＋1 组温度，第一组温度表示底层底面四个角点的温度，最后一组温度表示顶层顶面四个角点的温度；若 KEYOPT(1)＝1 且正确地输入了 NL 组温度，每组温度表示一层四个角点的温度。若仅定义了 T1 和 T2，则 T1 表示 T1、T2、T3 和 T4，而 T2 表示 T5、T6、T7 和 T8；对其他任何形式的输入方式，未定义的温度均缺省为 TUNIF。

KEYOPT(3)控制选择一致减缩积分和非协调的完全积分方案，考虑到非线性分析的性能，缺省时采用一致减缩积分方案。尽管限制很小，但带沙漏控制的减缩积分还是有些使用限制，如悬臂梁或带肋悬臂梁的弯曲问题，在厚度方向（不是单元或板厚方向，如图 7-12 所示）必须有一定的单元数量（不能仅用一个单元），采用一致减缩积分方案所获得的单元性能足以达到划分更多单元时的性能。在相对细化的网格中，很大程度上与沙漏问题无关。若采用了缩减积分选项，可通过比较总能量（ETABLE 中的 SENE）和沙漏控制产生的伪能量（ETABLE 中的 AENE）检测结果的正确性，若伪能量与总能量之比小于 5％，一般来说结果可以接受，总能量和伪能量也可在求解阶段用 OUTPR,VENG 监控。

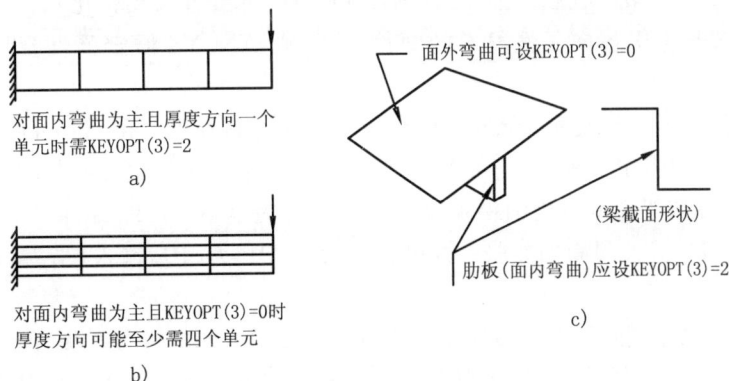

图 7-12 SHELL181 典型弯曲应用

当采用完全积分时，双线性单元（4 节点单元）的面内弯曲会显得很"刚硬"，单元 SHELL181 则采用非协调模式以提高弯曲为主时精度，此方法也称"形函数附加项法"或"泡函数法"，采用这些计算列式满足分片检验。当采用非协调模式时,也必须使用完全积分法,KEYOPT(3)=2 时意味着包含了非协调模式和完全积分法。

当 KEYOPT(3)=2 时,单元 SHELL181 不会产生任何伪机械能,即便是粗糙的网格,这种特殊形式也具有很高的精度。当采用缺省设置并遇到与沙漏相关的困难问题时,建议采用 KEYOPT(3)=2 选项。若网格粗糙且面内弯曲为主时,也必须设置 KEYOPT(3)=2。ANSYS 建议对于层单元也用该选项。

KEYOPT(3)=2 选项具有最少的使用限制条件,可一直选择该选项。当然可选择最适合问题类型的选项以改善单元性能,此问题将在如下的"典型弯曲应用"中介绍。

用壳单元模拟悬臂梁和薄壁截面形式梁是面内弯曲为主的典型例子,在这些情况下最有效的选择就是 KEYOPT(3)=2。减缩积分需要优良的网格质量,如悬臂梁则需要在厚度方向上划分四个单元,而采用完全积分的非协调模式在厚度方向上便可采用一个单元。

对带肋壳结构,壳采用 KEYOPT(3)=0 而肋采用 KEYOPT(3)=2 是最有效的。

当 KEYOPT(3) = 0 时,对薄膜和弯曲模式,单元 SHELL181 会采用某种沙漏控制法。缺省情况下,单元 SHELL181 会对应用金属材料和超弹材料的问题计算沙漏参数。可用实常数 11 和 12 覆盖缺省值,也可增加网格密度或采用完全积分[KEYOPT(3)=2]而不改变沙漏刚度参数的缺省值。当采用壳截面定义时,可通过命令 SECCONTROLS 设置沙漏刚度比例系数。

单元 SHELL181 计入了横向剪切变形影响,采用 Bathe-Dvorkin 的假设剪切应变法避免剪切锁死。单元横向剪切刚度为如下的 2×2 矩阵:

$$E = \begin{bmatrix} E_{11} & E_{12} \\ E_{12} & E_{22} \end{bmatrix} = \begin{bmatrix} R7 & R9 \\ R9 & R8 \end{bmatrix}$$

上述矩阵中,R7、R8 和 R9 为实常数中的 7、8、9 项,可通过赋予这些实常数不同值而覆盖缺省的横向剪切刚度值,对分析夹芯结构同样有效。采用命令 SECCONTROLS 也可定义横向剪切刚度。

对各向同性单层壳,缺省的横向剪切刚度为:

$$E = \begin{bmatrix} kGh & \\ & kGh \end{bmatrix}$$

上述矩阵中,k=5/6;G 为剪切模量;h 为壳厚度。

单元 SHELL181 可应用线弹、弹塑、蠕变或超弹等材料进行分析。对弹性分析,只有各向同性、各向异性和正交各向异性的线弹性材料性质可以输入。Mises 等向强化塑性模型可用于 BISO(双线性等向硬化)、MISO(多线性等向强化)、NLISO(非线性等向强化);随动强化塑性模型可用于 BKIN(双线性随动强化)、MKIN 和 KINH(多线性随动强化)、CHABOCHE(非线性随动强化)。塑性分析假定弹性性质各向同性,也就是说若是正交各向异性材料的塑性分析,则 ANSYS 假定弹性模量为 EX、泊松系数为 NUXY 的各向同性。

超弹材料性质(包括 2、3、5 或 9 参数的 Mooney-Rivlin 材料模型,Neo-Hookean 模型,多项式模型,Arruda-Boyce 模型及用户自定义模型)均可采用该单元,泊松系数用于定义材料的压缩性,若小于 0 则泊松系数设定为 0,若大于或等于 0.5 则泊松系数设定为 0.5(完全不可压缩材料)。

各向同性和正交各向异性材料的热胀系数可使用命令 MP,ALPX 输入,当为超弹材料时,假定为各向同性膨胀系数。

命令 BETAD 定义全局阻尼,若命令 MP,DAMP 定义了单元材料号并赋予单元,则取代命令 BETAD 定义的全局阻尼值。类似地,命令 TREF 定义全局参考温度,若命令 MP,REFT 定义了单元材料号并赋予单元,则取代命令 TREF 定义的全局参考温度值;但若用 MP,REFT 定义了层材料号,则取代全局或单元的参考温度值。

采用缩减积分和沙漏控制[KEYOPT(3)=0]时,如果所采用的质量矩阵与求积规则不一致,就会产生低频伪模态。单元 SHELL181 采用影射法有效地筛掉惯性对单元沙漏模态的贡献，为达到有效性，必须使用一致质量矩阵。在使用该单元进行模态分析时，建议设置 LUMPM，OFF（关闭集中质量形式），但在完全积分［KEYOPT(3)＝2］中可采用集中质量形式。

KEYOPT(8)＝2 时可在结果文件中保存单层或多层壳单元的中面结果。如果采用命令 SHELL，MID 定义了输出结果位置，将采用计算得到中面结果，而不是采用 TOP 和 BOTTOM 结果的平均值。当不适合用 TOP 和 BOTTOM 结果的平均值时，应该用此命令去获取正确的中面结果，例如非线性材料分析时的中面应力和应变，以及谱分析中涉及平方操作的模态组合时的中面结果等。

KEYOPT(9)＝1 用于从用户子例程读入初始厚度。

该单元可通过命令 ISTRESS 或 ISFILE 施加初应力，也可设置 KEYOPT(10)＝1 通过用户子例程读入初应力。

该单元自动计入压力刚度效应。若计入压力刚度效应后，形成不对称的刚度矩阵时，则需采用命令 NROPT，UNSYM。

SHELL181 单元的输入参数与选项如表 7-9 所示。

SHELL181 单元输入参数与选项　　　　　　　　　　　　　　　　　　　　表 7-9

参 数 类 别	参　数　及　说　明		
节点	I，J，K，L		
自由度	KEYOPT(1)＝0：UX，UY，UZ，ROTX，ROTY，ROTZ KEYOPT(1)＝1：UX，UY，UZ		
实常数	序　号	符　号	说　　明
	1	TK(I)	节点 I 的壳厚度
	2	TK(J)	节点 J 的壳厚度
	3	TK(K)	节点 K 的壳厚度
	4	TK(L)	节点 L 的壳厚度
	5	THETA	单元 x 轴转角(度)
	6	ADMSUA	附加质量(质量/面积)
	7	E11	横向剪切刚度[2]
	8	E22	横向剪切刚度[2]
	9	E12	横向剪切刚度[2]
	10	转动刚度系数	面内转动刚度[1,2]
	11	薄膜 HG 系数	薄膜沙漏控制系数[1,2]
	12	弯曲 HG 系数	弯曲沙漏控制系数[1,2]
材料属性	EX，EY，EZ 或 PRXY，PRYZ，PRXZ 或 NUXY，NUYZ，NUXZ)，ALPX，ALPY，ALPZ(或 CTEX，CTEY，CTEZ 或 THSX，THSY，THSZ)，DENS，GXY，GYZ，GXZ，DAMP 对单元仅需定义一次(命令 MAT 指定材料组)；REFT 对单元可仅定义一次，也可基于各层定义		
面荷载	face1——I-J-K-L(底面，＋Z 方向)；face2——I-J-K-L(顶面，－Z 方向)；face3——J-I；face4——K-J；face5——L-K；face6——I-L		
体荷载	①当 KEYOPT(1)＝0 时(薄膜和弯曲刚度)： T1，T2，T3，T4 为层 1 底面角点温度，T5，T6，T7，T8 为层 1～2 角点温度，以此类推，最后为 NL 层顶面温度；最多 4×(NL＋1)个温度值。单层单元为 8 个温度值 ②当 KEYOPT(1)＝1 时(仅膜刚度)： T1，T2，T3，T4 为层 1 的角点温度，T5，T6，T7，T8 为层 2 角点温度，依次类推，最后为 NL 层角点温度；最多 4×NL 个温度值。单层单元为 4 个温度值		

参数类别	参 数 及 说 明
特性	塑性、超弹、黏弹、黏塑、蠕变、应力刚化、大变形、大应变、初应力、单元生死、自动选择单元技术、壳截面及预积分壳截面、沙漏刚度输入
KEYOPT(1)	单元刚度控制： 0——考虑弯曲和膜刚度(缺省)；1——仅考虑膜刚度
KEYOPT(3)	积分选项： 0——带沙漏控制的减缩积分(缺省)；2——非协调模式的完全积分
KEYOPT(8)	数据存储控制： 0——仅存储多层单元的顶层顶面和底层底面数据(缺省)；1——存储多层单元的所有层的顶面和底面数据(数据量很大)；2——存储单层或多层单元的所有层的顶面、底面和中面数据
KEYOPT(9)	用户厚度选项： 0——不采用用户子例程定义初始厚度(缺省)；1——采用用户子例程 UTHICK 读入初始厚度
KEYOPT(10)	初应力输入控制(只能通过 KEYOPT 直接定义)： 0——不使用用户子例程输入初应力(缺省)；1——使用用户子例程 USTRESS 读入初应力

注:1. 这些实常数的有效值为任意正数,但建议在 1～10 之间,若为 0 则缺省为 1.0。

　　2. ANSYS 均提供了缺省值。

7.4.2　输出数据

　　单元 SHELL181 应力输出如图 7-13 所示。KEYOPT(8)控制输出到结果文件的数据(可用命令 LAYER 处理),层间剪应力如 SYZ 和 SXZ 可在各层接触面获得,但必须设置 KEYOPT(8)＝1 或 2 才能在 POST1 中输出。

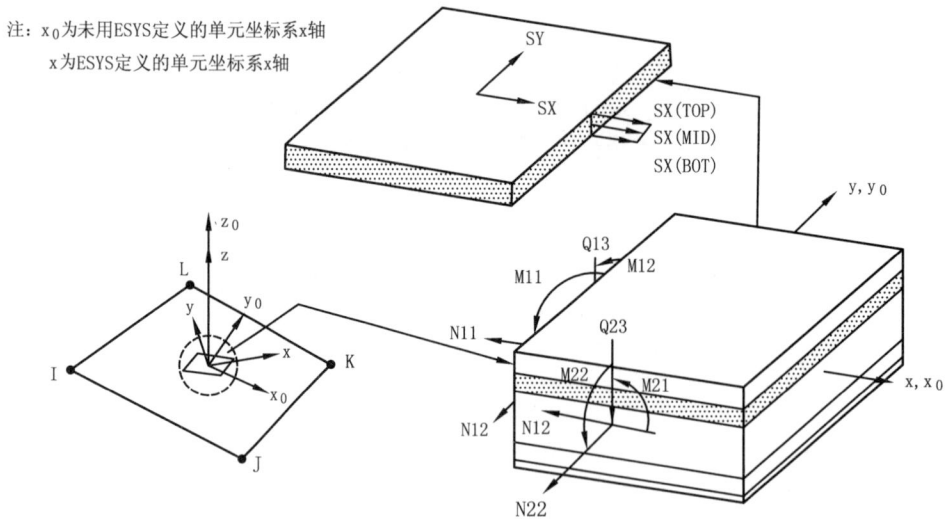

注: x_0 为未用 ESYS 定义的单元坐标系 x 轴
　　x 为 ESYS 定义的单元坐标系 x 轴

图 7-13　SHELL181 输出示意

　　由于薄膜应变和单元曲率的原因,单元内力(如 N11、M11、Q13 等)平行于单元坐标系,而这些广义应变仅可通过单元表项 SMISC 获得质心处的结果。横向剪力 Q13 和 Q23 仅有合成型式,即通过 SMISC 的 7 或 8 获得;同样地,在厚度上为常数的横向剪应变 γ_{13} 和 γ_{23} 也需通过 SMISC 获得。

　　单元 SHELL181 不支持单元基本解的大量输出(指 OUTPR 控制),建议通过命令 OUTRES 保证所需要的结果输出到结果文件。

　　单元输出说明如表 7-10 所示,表 7-11 为命令 ETABLE 或 ESOL 中的表项和序号。

SHELL181 单元输出说明 表 7-10

名 称	说 明	O	R
EL,NODES,MAT,THICK,VOLU,(XC,YC,ZC),PRES,LOC,S 同表 7-6			
TEMP	温度,与输入类似	—	Y
EPEL:X,Y,Z,XY	弹性应变	3	1
EPEL:EQV	等效弹性应变[7]	3	1
EPTH:X,Y,Z,XY	平均热应变	3	1
EPTH:EQV	等效热应变[7]	3	1
EPPL:X,Y,Z,XY	平均塑性应变	3	2
EPEL:EQV	等效塑性应变[7]	3	2
EPCR:X,Y,Z,XY	平均蠕变应变	3	2
EPCR:EQV	等效蠕变应变[7]	3	2
EPTO:X,Y,Z,XY	总机械应变(EPEL+EPPL+EPCR)	Y	—
EPTO:EQV	总等效机械应变(EPEL+EPPL+EPCR)	Y	—
NL:EPEQ	累积等效塑性应变	—	2
NL:CREQ	累计等效蠕变应变		
NL:SRAT	塑性屈服点(1=已屈服,0=未屈服)	—	2
NL:PLWK	塑性功	—	2
NL:HPRES	静水压力	—	2
SEND:EL,PL,CR	弹性、塑性、蠕变应变能密度	—	2
N11,N22,N12	面内内力(单位长度上)	—	Y
M11,M22,M12	面外单元矩(单位长度上)	—	8
Q13,Q23	横向剪力(单位长度上)	—	8
$\varepsilon 11,\varepsilon 22,\varepsilon 12$	膜应变	—	Y
$\kappa 11,\kappa 22,\kappa 12$	曲率	—	8
$\gamma 13,\gamma 23$	横向剪应变	—	8
LOCI:X,Y,Z	积分点位置	—	5
SVAR:1,2,…,N	状态变量		6

注:1. 顶面、中面和底面的应力结果。

2. 只有材料非线性时才有此结果。

3. 单元坐标系下的应力、总应变、塑性应变、弹性应变、蠕变应变和热应变均可输出(厚度上的 5 个积分点均可)。

4. *GET 命令采用 CENT 项时可得。

5. 仅 OUTPR,LOCI 时才可输出。

6. 仅 USERMAT 自例程且 TB,STATE 才可输出。

7. 等效应变采用有效泊松系数,弹性和热应变采用输入的泊松系数,塑性和蠕变假定为 0.5。

8. 若仅有膜刚度时无此结果[KEYOPT(1)=1]。

命令 ETABLE 和 ESOL 的表项和序号   表 7-11

输出量名称	项 Item	E	I	J	K	L
N11	SMISC	1	—	—	—	—
N22	SMISC	2	—	—	—	—
N12	SMISC	3	—	—	—	—
M11	SMISC	4	—	—	—	—
M22	SMISC	5	—	—	—	—
M12	SMISC	6	—	—	—	—
Q13	SMISC	7	—	—	—	—
Q23	SMISC	8	—	—	—	—
$\varepsilon 11$	SMISC	9	—	—	—	—
$\varepsilon 22$	SMISC	10	—	—	—	—
$\varepsilon 12$	SMISC	11	—	—	—	—
k11	SMISC	12	—	—	—	—
k22	SMISC	13	—	—	—	—
k12	SMISC	14	—	—	—	—
$\gamma 13$	SMISC	15	—	—	—	—
$\gamma 23$	SMISC	16	—	—	—	—
THICK	SMISC	17	—	—	—	—
P1	SMISC	—	18	19	20	21
P2	SMISC	—	22	23	24	25
P3	SMISC	—	27	26	—	—
P4	SMISC	—	—	29	28	—
P5	SMISC	—	—	—	31	30
P6	SMISC	—	32	—	—	33

7.4.3 形函数及其他

刚度矩阵和热荷载矢量的形函数同式(7-32),面内积分点设置:当 KEYOPT(3)=0 时为 1×1 个,当 KEYOPT(3)=2 时为 2×2 个积分点。厚度方向上积分点设置:实常数定义时为 5 个;KEYOPT(1)=0 且用壳截面定义时每层可为 1、3、5、7、9 个;KEYOPT(1)=1 且用壳截面定义时每层 1 个。

质量矩阵和应力刚度矩阵、横向压力荷载矢量、侧边压力荷载矢量与单元 SHELL43 相同。

单元温度按双线性变化,在厚度方向按线性变化;节点温度也按双线性变化,在厚度方向为常量。压力在面内按双线性变化,沿单元边线性变化。

直法线假定仍然使用。且扭翘系数大于 1.0 时,系统发出警告信息。

7.4.4 注意事项

(1)单元面积必须为正。当直接建立有限元模型时,若节点号顺序不正确易出现此问题。

(2)单元厚度不能为零,变厚度时,单元任何角点也不能渐变至零;但容许零厚度层。

(3)在非线性分析中,任何积分点的非零厚度变为零厚度则终止求解。

(4)建议不要采用三角形单元。

(5)该单元采用完全牛顿—拉普森法求解性能最好(NROPT,FULL,ON)。对以大转动为主的非线性分析,建议不要采用 PRED,ON。

(6)若采用减缩积分[KEYOPT(3)=0],当采用不平衡分层结构时,该单元将忽略旋转惯性效应。

同时,假定所有惯性效应均在节点平面内,例如不平衡分层材料结构和偏置将不考虑单元的质量特性效应。

(7)假定单元层间无滑动。单元计入剪切变形,但仍采用直法线假定。

(8)当采用多荷载步求解时,在各荷载步之间单元层数不能改变。

(9)在复合材料定义时,壳截面可使用超弹模型和弹塑性模型,但解的精确程度由所采用壳理论的基本假定决定。

(10)壳的横向剪切刚度通过能量等效估算(广义内力和广义应变——材料应力和应变),若相邻层材料的弹性模量之比很高将大大影响计算精度。

(11)层间剪应力的计算基于各方向弯曲不耦合及简化的单向假定。若需要精确的层间剪应力,可采用壳—实体子模型技术进行分析。

(12)最大层数为 250。

(13)对大多数复杂分析,建议采用 KEYOPT(3)=2,尤其是需捕捉应力梯度时。

(14)超弹材料的层方向角无效。

(15)若壳截面仅有一层且截面积分点数为 1,或 KEYOPT(1)=1 则因壳无弯曲刚度可能引起求解困难,或导致收敛问题。

(16)在几何非线性分析(NLGEOM,ON)中总是包括应力刚度。在线性分析中(NLGEOM,OFF)则不包括应力刚度,即便打开应力刚化效应(SSTIF,ON)也不考虑应力刚度。预应力效应可通过命令 PSTRES 设置。

(17)单元厚度方向的应力 SZ 总是零,即法向正应力为零。而单元 SHELL63、SHELL93 和 SHELL43 均为沿厚度方向线性变化。

(18)预积分壳截面使用限制从略。

7.4.5　应用举例

(1)悬臂梁比较分析

一悬臂梁长度为 L=2000mm,截面尺寸如图 7-14 所示,在其顶面作用均布荷载 p=20kN/m²,设材料的弹性模量为 200GPa,为与初等力学解比较,设泊松系数为 0。用壳单元模拟这种结构时,会在固端截面产生一定程度的应力集中,且由于剪切应变的影响会在板件交界处造成剪应力的应力集中或不连续,因此取沿梁长距离约束处 200mm 的截面进行应力纵向比较,取截面中性轴处的剪应力进行比较(板件交界处的剪应力可能会大于中性轴处的剪应力)。考虑到获取应力的方便性,在建模时对模型进行了切分。

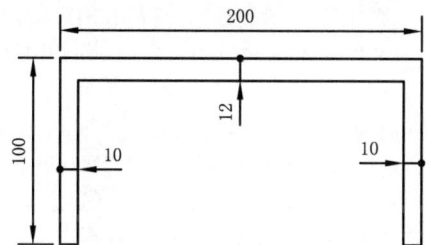

图 7-14　悬臂梁截面构造(尺寸单位:mm)

计算结果如表 7-12 所示,从结算结果可以看出,在网格尺寸一定并相同的情况下,除单元 SHELL181 缺省设置外,其余与理论解的误差均在 5% 之内,因此建议单元 SHELL181 采用 KEYOPT(3)=2 非协调模式的完全积分。

最大挠度及所取截面应力比较表　　　　　　　　　　　　表 7-12

初等理论解		f(mm)	σ_s(MPa)	σ_x(MPa)	τ_{xz}(MPa)
		−10.802	47.517	−127.474	−5.159
SOLID95	计算值	−10.875	47.386	−127.654	−5.201
	误差(%)	−0.7	0.3	−0.1	−0.8
SHELL63	计算值	−10.765	45.637	−125.798	−5.034
	误差(%)	0.3	4.0	1.3	2.4

初等理论解		f(mm)	σ_s(MPa)	σ_x(MPa)	τ_{xz}(MPa)
		−10.802	47.517	−127.474	−5.159
SHELL43	计算值	−10.765	45.517	−125.800	−5.035
	误差(%)	0.3	4.2	1.3	2.4
SHELL93	计算值	−10.766	46.043	−127.222	−5.219
	误差(%)	0.3	3.1	0.2	−1.2
SHELL181 缺省	计算值	−10.918	46.157	−111.28	−5.041
	误差(%)	−1.1	2.9	12.7	2.3
SHELL181(K3=2)	计算值	−10.765	45.517	−125.800	−5.034
	误差(%)	0.3	4.2	1.3	2.4

　　命令流仅给出采用单元 SHELL181 的,采用其余 SHELL 单元时仅修改数字和 KEYOPT 选项即可,单元 SOLID95 的命令流请读者自行编写。

```
!=========================================================================
!EX7.10 π型截面悬臂梁静力分析与比较
FINISH$/CLEAR$/PREP7$L=2000$A=200$B=100$T1=12$T2=10          !定义几何参数
BLC4,,,L,A$WPROTA,,−90$WPOFF,,,T2/2$BLC4,,,L,B−T1/2          !创建部分几何模型
AGEN,2,2,,,,0,A−T2$AGLUE,ALL$WPCSYS,−1                       !复制、黏接创建整个几何模型
WPOFF,A$WPROTA,,,90$ASBW,ALL                                 !在所求截面位置切分模型
WPOFF,27.15−T1/2$WPROTA,,,90$ASBW,ALL$WPCSYS,−1              !在中性相轴切分模型
ET,1,SHELL181$KEYOPY,1,3,2                                   !定义单元类型和 KEYOPT 选项
MP,EX,1,2E5$MP,PRXY,1,0.0$R,1,T1$R,2,T2                      !定义材料常数和实常数
ASEL,S,LOC,Z,0$AATT,1,1,1$SFA,ALL,2,PRES,0.02               !顶面赋属性、施加荷载
ASEL,INVE$AATT,1,2,1$ASEL,ALL                               !肋板赋属性
MSHKEY,1$ESIZE,20$AMESH,ALL                                 !生成有限元模型
LSEL,S,LOC,X,0$DL,ALL,,ALL$ALLSEL,ALL                       !施加约束条件
/SOLU$SOLVE$/POST1$/VIEW,1,1,1,1$/ANG,1,−120,ZS            !求解并进入后处理
PLNSOL,U,Z$ASEL,S,LOC,X,A,L$ESLA$PLNSOL,S,X                 !绘制 UZ 和部分模型的 SX 云图
SHELL,MID$PLNSOL,S,XZ                                       !绘制中面的 SXZ 云图
!=========================================================================
```

　　(2)圆筒静力分析与比较

　　在弹性力学或弹性理论的相关文献中都介绍了如图 7-15 所示的轴向很长圆筒[15] 的计算分析,其内外半径分别为 a 和 b,内外表面分别受内压力 q_i 和 q_e 作用,其理论解如下:

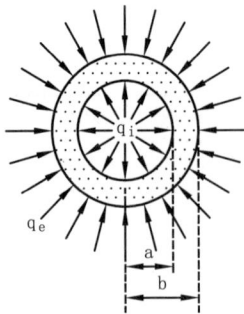

图 7-15　圆筒截面

$$\sigma_r = -\frac{\left(\frac{b}{r}\right)^2 - 1}{\left(\frac{b}{a}\right)^2 - 1} q_i - \frac{1 - \left(\frac{a}{r}\right)^2}{1 - \left(\frac{a}{b}\right)^2} q_e$$

$$\sigma_\theta = \frac{\left(\frac{b}{r}\right)^2 + 1}{\left(\frac{b}{a}\right)^2 - 1} q_i - \frac{1 + \left(\frac{a}{r}\right)^2}{1 - \left(\frac{a}{b}\right)^2} q_e$$

$$\tau_{r\theta} = \tau_{\theta r} = 0$$

　　根据上述计算公式可求得,r=a、r=b 及 r=(a+b)/2 处的应力并与 ANSYS 解对比。设 a=500mm,b=520mm,q_i=10MPa,q_e=2MPa,E=210GPa,μ=0.3。

建模采用部分筒体、施加对称边界条件,筒体长度取 5 倍中面半径,采用不同单元时网格尺寸相同。除 SHELL93 单元因筒体两端应力略有不同而取中间单元查看应力外,其余单元应力在模型上应力一致。计算结果如表 7-13 所示。

不同单元应力比较(MPa)　　　　　　　　　　表 7-13

应　　力		σ_r			σ_θ		
位　　置		内表面	中　面	外表面	内表面	中　面	外表面
理　论　解		−10.00	−5.882	−2.000	202.078	197.961	194.078
SOLID95	计算值	−9.946	—	−1.947	202.097	—	194.095
	误差(%)	0.5	—	2.7	0.0	—	0.0
SHELL63 SHELL43	计算值	−9.879	−5.881	−1.883	203.826	203.823	203.821
	误差(%)	1.2	0.0	5.9	−0.9	−3.0	−5.0
SHELL93	计算值	−9.958	−5.958	−1.959	208.531	204.036	199.492
	误差(%)	0.4	−1.3	2.1	−3.2	−3.1	−2.8
SHELL181	计算值		0.115			203.827	
	误差(%)	101.2	102.0	105.8	−0.9	−3.0	−5.0
SOLSH190 (单层)	计算值	−5.782	—	−5.771	203.734	—	191.800
	误差(%)	42.2	—	−188.6	−0.8	—	1.2
SOLSH190 (10 层)	计算值	−9.465	—	−2.273	202.147	—	193.807
	误差(%)	5.4	—	−13.7	0.0	—	0.1

从表 7-13 可知,单元 SOLID95 的计算结果误差较小。单元 SHELL93 的计算结果误差在 5% 之内,单元 SHELL63 和 SHELL43 个别应力(单元的法向正应力)误差较大,这与单元性能有关;单元 SHELL93 为高阶单元,而单元 SHELL63 和 SHELL43 为低阶单元,其单元法线正应力均假定沿厚度方向线性变化,因此该应力的误差均较大,尤其是厚度较大时。单元 SHELL181 法向正应力为零,计算结果也近似为零,面内应力误差也在 5% 之内。实体—壳单元 SOLSH190 厚度方向为一个单元时法向正应力误差很大,但面内应力误差较小;多层时可提高法向正应力的计算精度但误差仍较大。

就本例而言,SHELL 系列单元中 SHELL93 精度最好,SHELL43 和 SHELL63 次之,SHELL181 再次之。因此不同壳结构应选择不同的壳单元模拟。

众所周知,各种类型的单元都有其适用范围,尤其是 SHELL 系列单元更加突出。一般认为,普通板壳结构受壳单元类型的影响不大,但对于曲壳结构如压力容器应慎重选择。为说明问题,对图 7-15 所示结构进行大量计算分析,面内应力计算误差随中面半径与厚度之比(r/t)的曲线如图 7-16 所示。从图中可以看出,对低阶单元 r/t>25、高阶单元 r/t>15 时计算误差在 5% 之内,因此对压力容器采用壳单元分析时必须注意 r/t 之值,并采用其他单元加以验证,否则可能导致错误的计算结果。

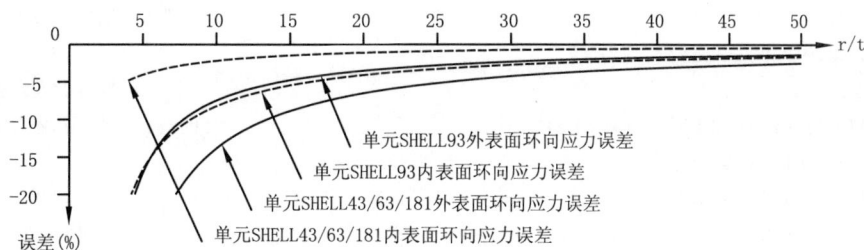

图 7-16　单元面内应力误差随中面半径与厚度比曲线

具体命令流如下。

```
!========================================================================
!EX7.11 承受内外压力圆筒的应力分析(此处仅给出单元 SHELL181 的命令流)
FINISH$/CLEAR$/PREP7$A=500$B=520$QI=10E6$QE=2E6$L=5*B$REFL=30
ET,1,SHELL181$MP,EX,1,2.0E11$MP,PRXY,1,0.3$R,1,(B-A)          !定义单元类型、材料常数及实常数
K,1,(A+B)/2$K,2,(A+B)/2,,L$K,50$K,51,,,L$L,1,2                !创建关键点、线并定义旋转轴
AROTAT,1,,,,,,50,51,REFL,1                                   !旋转线创建角度为 REFL 的圆弧面
LSEL,S,LENGTH,,L$LESIZE,ALL,0.2*A                            !定义轴方向的网格尺寸
LSEL,INVE$LESIZE,ALL,0.05*A$LSEL,ALL                         !定义其他线网格尺寸
MSHKEY,1$AMESH,ALL$CSYS,1                                    !划分映射网格
SFE,ALL,1,PRES,,QI$SFE,ALL,2,PRES,,QE                        !施加内外表面压力
DK,1,UZ$LSEL,S,LENGTH,,L$DL,ALL,,SYMM$LSEL,ALL               !施加约束
/SOLU$SOLVE$/POST1$/GFORMAT,E,15,6$PLDISP                    !求解并进入后处理
RSYS,1$PLNSOL,S,X$PLNSOL,S,Y                                 !设定柱结果坐标系,绘制应力云图
SHELL,MID$PLNSOL,S,X$PLNSOL,S,Y                              !绘制中面结果云图
!========================================================================
```

(3)壳截面及其应用

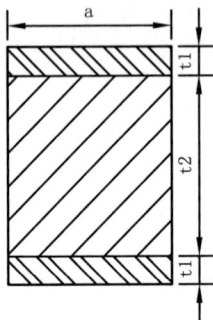

图 7-17   组合截面悬
臂梁(板)

壳截面的定义与梁截面类似,如命令 SECTYPE、SECDATA、SECOFFSET、SECCONTROLS 等,所不同的是具体的命令项。命令 SECDATA 输入各层的层厚度、层材料号、层角、积分点数及层名称,每个 SECDATA 命令对应一层数据,各层顺序输入。

如图 7-17 为悬臂梁(板)的横截面,采用 6.4.7 中介绍的等效截面法,可求得初等力学的精确解。计算表明,ANSYS 解与精确解的误差在 2% 之内。此例中各层材料均匀,故层角(层坐标系与单元坐标系的夹角)为 0;此例所用数据实质上为"梁",但用层壳模拟也具有很高的精度,说明层壳单元的应用范围很广。如除复合材料外,也可用于钢筋混凝土结构,将钢筋采用"弥散"钢筋层,但对本单元而言,虽然可输入混凝土或钢筋的材料本构,但不能考虑混凝土的压碎与开裂。命令流如下。

```
!========================================================================
!EX7.12 壳截面定义及应用
FINISH$/CLEAR$/PREP7$L=1000$A=40$T1=6$T2=60                   !定义几何参数
ET,1,SHELL181$KEYOPT,1,3,2$KEYOPT,1,8,1                       !定义单元类型、单元技术及存储控制选项
MP,EX,1,2E5$MP,PRXY,1,0.0                                     !定义材料号1的材料常数,用于第一和第三层材料
MP,EX,2,2E4$MP,PRXY,2,0.0                                     !定义材料号2的材料常数,用于第二层材料
SECTYPE,1,SHELL                                              !定义壳截面
SECDATA,T1,1,,3,STEEL1                                       !输入第一层的厚度、材料号、层角、积分点数及层名称
SECDATA,T2,2,,9,OTHER2                                       !输入第二层的厚度、材料号、层角、积分点数及层名称
SECDATA,T1,1,,3,STEEL3                                       !输入第三层的厚度、材料号、层角、积分点数及层名称
SECOFFSET,MID                                               !单元偏置定义(采用缺省设置)
SECCONTROLS,0,0,0,0,1,1,1                                    !截面控制(采用缺省设置)
SECPLOT,1$SLIST,1                                            !绘制分层截面、截面列表
BLC4,,,L,A$MSHKEY,1$ESIZE,10$AMESH,ALL                       !创建几何模型,不生成有限元模型
DL,4,,ALL$SFA,ALL,2,PRES,0.1                                 !施加约束和荷载
/SOLU$SOLVE$/POST1$/VIEW,1,1,1,1$/ANG,1,-120,ZS              !求解并进入后处理
PLDISP,1$PLNSOL,S,X                                          !绘制变形云图和 SX 应力云图
LAYER,2$PLNSOL,S,X                                           !设置层 2,绘制 SX 应力云图
NSEL,S,LOC,X,0$ESLN,S$/ESHAPE,1$PLNSOL,S,X                   !显示一列单元的 SX 应力云图
!========================================================================
```

（4）壳截面偏置和应力计算

如图 7-18a)所示的变截面悬臂板,由三个结构层组成(各层参数均可不同),悬臂端作用有竖向荷载和水平均布荷载。采用单元 SHELL181 模拟时,定义三种壳截面,各截面均偏置到壳截面底面。采用单元 SOLID95 模拟时,按实际构造创建模型。由于结构中存在凹域和截面突变,必然产生应力奇异(SOLID95)或应力不连续(SHELL181),为便于比较计算结果,两种单元计算时采用相近的 SEPC 控制(SOLID95 实为 9.6,SHELL181 实为 9.8);同时仅比较底面应力和结构变形。

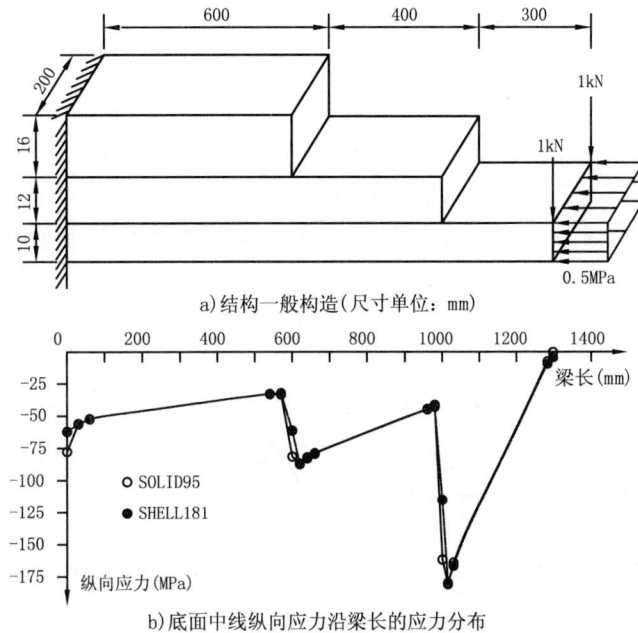

a)结构一般构造(尺寸单位：mm)

b)底面中线纵向应力沿梁长的应力分布

图 7-18 壳截面偏置和应力对比

单元 SOLID95 计算的最大挠度为 -18.242mm,单元 SHELL181 的最大挠度为 -17.979mm,二者相差 1.5%,说明计算结果正确。

取底面中心线为路径,纵向应力沿梁长的分布如图 7-18b)所示,除约束截面外,两种单元计算结果的分布曲线吻合良好,各应力峰值和峰值位置非常接近,但在变截面处(如 600mm 截面和 1000mm 截面)两种单元的计算结果相差很大,其原因是壳单元采用了两侧不同厚度单元结果的均值,而实体单元则为不然。命令流如下。

就本例而言,若壳截面不偏置,其计算结果与截面偏置相差不大,读者可自行验证。

```
!══════════════════════════════════════════════════════
!EX7.13 壳截面偏置与应力比较
FINISH$/CLEAR$/PREP7
L1＝600$L2＝400$L3＝300$T1＝10$T2＝12$T3＝16$A＝200                    !定义几何参数
BLC4,,,L1,A$BLC4,L1,,L2,A$BLC4,L1+L2,,L3,A$NUMMRG,ALL               !创建几何模型
ET,1,SHELL181$KEYOPT,1,3,2$MP,EX,1,2E5$MP,PRXY,1,0.3               !定义单元类型和材料常数
SECTYPE,1,SHELL$SECOFFSET,BOT                                      !定义壳截面 1 和偏置位置
  $SECDATA,T1,1$SECDATA,T2,1$SECDATA,T3,1                          !壳截面 1 数据
SECTYPE,2,SHELL$SECOFFSET,BOT                                      !定义壳截面 2 和偏置位置
SECDATA,T1,1$SECDATA,T2,1                                          !壳截面 2 数据
SECTYPE,3,SHELL$SECOFFSET,BOT$SECDATA,T1,1                         !定义壳截面 3 及数据
ASEL,S,,,1$AATT,,,1,,1$ASEL,S,,,2$AATT,,,1,,2                      !赋予面 1 和面 2 单元属性
ASEL,S,,,3$AATT,,,1,,3$ALLSEL,ALL                                  !赋予面 3 单元属性
MSHKEY,1$ESIZE,10$AMESH,ALL                                        !生成有限元模型
```

```
KSEL,S,LOC,X,L1+L2+L3$FK,ALL,FZ,-1000                          !施加集中力荷载
LSEL,S,LOC,X,L1+L2+L3$SFL,ALL,PRES,0.5*T1                      !施加面荷载
LSEL,S,LOC,X,0$DL,ALL,,ALL$ALLSEL,ALL                          !施加约束
/SOLU$SOLVE$/POST1$/VIEW,1,1,1,1$/ANG,1,-120,ZS               !求解并进入后处理
SHELL,BOT$PATH,BOTMID,4$PPATH,1,,0,A/2$PPATH,2,,L1,A/2        !定义底面结果和路径参数
PPATH,3,,L1+L2,A/2$PPATH,4,,L1+L2+L3,A/2$PDEF,SX,S,X          !继续定义路径参数和结果映射
PLPATH,SX$PRPATH,SX                                            !绘制曲线和列表显示结果
!
```

7.5 SHELL281 单元

SHELL281 称为 8 节点有限应变壳单元,适用于模拟薄壳至中等厚度壳结构。该单元的每个节点有 6 个自由度,即沿节点坐标系 x、y 和 z 方向的平动位移和绕各轴的转动位移(若采用薄膜选项则仅有平动自由度),单元模型如图 7-19 所示。建议采用四边形单元,慎重使用退化三角形单元。

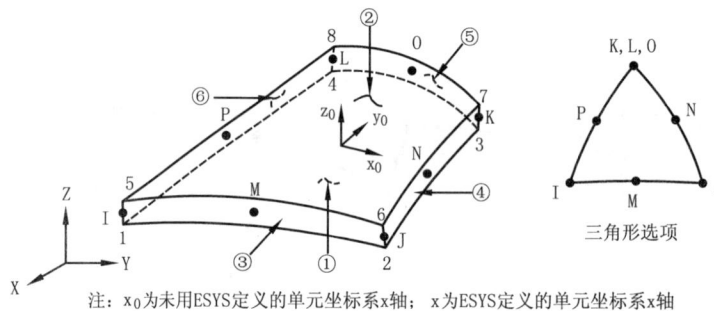

注:x_0 为未用 ESYS 定义的单元坐标系 x 轴; x 为 ESYS 定义的单元坐标系 x 轴

图 7-19 SHELL281 单元几何

单元 SHELL281 与单元 SHELL181 功能和特点相同,且在大多数情况下可取代单元 SHELL91、SHELL93 和 SHELL99。其输入和输出项目大多数与单元 SHELL181 相同,但需增加层间应力的 ETABLE 输出,此不赘述。

7.6 SHELL91 单元

SHELL91 称为 8 节点非线性结构壳单元,适用于模拟多层壳结构或厚夹芯结构。该单元的每个节点有 6 个自由度,即沿节点坐标系 x、y 和 z 方向的平动位移和绕各轴的转动位移,单元模型如图 7-20 所示。当关闭厚夹芯选项时可定义多达 100 个不同特性层。单元 SHELL99 通常具有更高的效率(当小于 3 层时单元 SHELL91 效率更高),且可定义更多层材料,但 SHELL99 不能使用非线性材料。多层实体单元可参考 SOLID46。

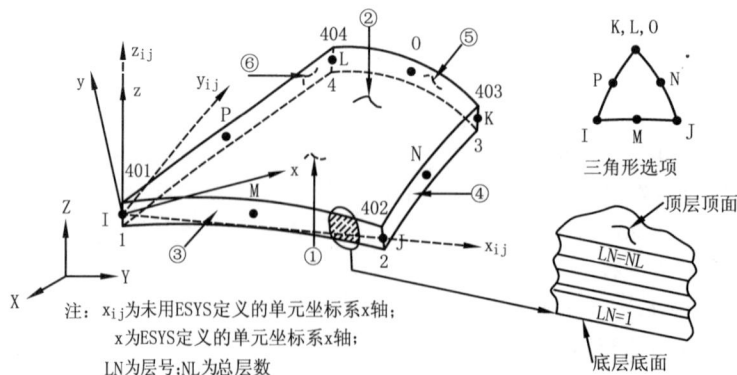

注:x_{ij} 为未用 ESYS 定义的单元坐标系 x 轴;
x 为 ESYS 定义的单元坐标系 x 轴;
LN 为层号;NL 为总层数

图 7-20 SHELL91 单元几何

7.6.1 输入参数与选项

图 7-20 给出了单元几何、节点位置和坐标系,单元输入数据包括 8 个节点、各层厚度、层材料方向角和正交各向异性材料属性。该单元的中间节点不能移除,通过为节点 K、L 和 O 定义相同的节点号可退化为三角形单元。层坐标系如图 7-21 所示,其中 x 轴可以旋转一个角度 THETA(度数)。

单元总层数 NL(最多 100 层)必须定义,若各层材料关于单元厚度对称(LSYM=1),可仅输入一半层材料性质直到中间层(偶数层无中间层,奇数层则包括中间层);相反的(LSYM=0)必须输入所有层的材料性质。

实常数 ADMSUA 为单位面积上的附加质量。

每层材料在单元平面内可为正交各向异性,实常数 MAT 用于定义层材料号而不是命令 MAT 所定义的单元材料号,若未输入则 MAT 缺省为 1。材料的 X 轴平行于层坐标系的 x 轴。

命令 BETAD 定义全局阻尼,若命令 MP,DAMP 定义了单元材料号并赋予单元,则取代命令 BE-TAD 定义的全局阻尼值。类似地,命令 TREF 定义全局参考温度,若命令 MP,REFT 定义了单元材料号并赋予单元,则取代命令 TREF 定义的全局参考温度值;但若用 MP,REFT 定义了层材料号,则取代全局或单元的参考温度值。

各层的层厚均可为变厚度,假定根据输入的角节点位置的厚度,在层的面上双线性变化。若某层厚度不变,只需输入 TK(I);若层厚度变化,则需输入 4 个角点的厚度。对非线性材料,任何一层的厚度不能超过单元厚度的 1/3。任何一个层壳单元的总厚度不得大于曲率半径 2 倍,且宜小于 1/4 曲率半径。

若夹芯选项打开[KEYOPT(9)=1],单元采用所谓"三明治逻辑(Sandwich Logic)",即两薄面板夹弱性能厚芯板的三明治结构,假定芯板承受全部横向剪力而面板不承受剪力,面板承受全部或几乎全部的弯矩;假定两面板具有相同的层数,且各面板最多可达 7 层;芯为 1 层,其厚度不小于总厚度的 5/6。夹芯选项时建议采用 KEYOPT(5)=1,以便获得中面的最佳结果。

KEYOPT(11)用于定义节点偏置,利用节点偏置和两个节点之间定义两个单元可模拟特殊构造的壳结构,如削层制成的变厚度层壳等。

KEYOPT(10)用于控制失效准则的输出。失效准则通过命令 TB 输入,有 3 个既定失效准则可供使用,并且还可通过用户子例程定义 3 个用户失效准则。失效准则也可在 POST1 中通过命令 FC 计算。

压力荷载可作为单元各面上的面荷载输入,如图 7-20 所示。单元体荷载为施加在单元表面 8 个角点的温度和层间界面的角点温度(1~404 个),第一个角点的温度 T1 缺省为 TUNIF,若未定义其余角点温度,则全部缺省为 T1;若明确输入了 NL+1 组温度,则 1~NL 组分别表示各层底面的 4 个角点温度,最后一组表示顶层顶面的 4 个角点温度,即 T1 表示 T1、T2、T3 和 T4,而 T2 表示 T5、T6、T7 和 T8 等;对其他任何形式的输入方式,未定义的温度均缺省为 TUNIF。

SHELL91 单元的输入参数与选项如表 7-14 所示。

SHELL91 单元输入参数与选项 表 7-14

参 数 类 别	参 数 及 说 明		
节点	I,J,K,L,M,N,O,P		
自由度	UX,UY,UZ,ROTX,ROTY,ROTZ		
实常数	序 号	符 号	说 明
	1	NL	总层数(最大 100 层)
	2	LSYM	对称铺层关键字
	3,…,5	空	
	6	ADMSUA	附加质量(质量/面积)
	7,…,12	空	

参 数 类 别	参 数 及 说 明		
	序　号	符　号	说　明
实常数	13	MAT	层 1 的材料号
	14	THETA	层 1 的 x 轴旋转角度(度)
	15	TK(I)	层 1 节点 I 的壳厚度
	16	TK(J)	层 1 节点 J 的壳厚度
	17	TK(K)	层 1 节点 K 的壳厚度
	18	TK(L)	层 1 节点 L 的壳厚度
	19,…,12+6×NL	MAT,THETA 等	重复 13~18 项,直到 NL 层
材料属性	EX,EY,EZ,(PRXY,PRYZ,PRXZ 或 NUXY,NUYZ,NUXZ),ALPX,ALPY,ALPZ(或 CTEX,CTEY,CTEZ 或 THSX,THSY,THSZ),DENS,GXY,GYZ,GXZ 上述材料常数对层 1 到层 NL 可各不相同。DAMP 对单元仅需定义一次(命令 MAT 指定材料组);REFT 对单元可仅定义一次,也可基于各层定义		
面荷载	face1——I-J-K-L(底面,+Z 方向);face2——I-J-K-L(顶面,−Z 方向);face3——J-I;face4——K-J;face5——L-K;face6——I-L		
体荷载	T1,T2,T3,T4 为层 1 底面角点温度,T5,T6,T7,T8 为层 1~2 角点温度,依次类推,最后为 NL 层顶面温度;最多 4×(NL+1)个温度值。单层单元为 8 个温度值		
特性	塑性、应力刚化、大变形、大应变、自适应下降技术、膨胀		
KEYOPT(1)	在文件 ESAV 和 OSAV 中保存的层数,缺省为 16;NL 不能大于此值,最大值不能大于 100		
KEYOPT(4)	单元坐标系定义: 0——无用户子例程定义单元坐标系;4——单元 x 轴由用户子例程 USERAN 定义;5——同 4 且层 x 轴由用户子例程 USANLY 定义		
KEYOPT(5)	各层输出数据控制 0——输出远离单元节点面的层面的平均结果;1——输出各层中面的平均结果;2——输出各层顶面和底面的平均结果;3——输出各层顶面和底面的失效准则、4 个积分点结果及平均结果;4——输出各层顶面和底面的 4 个角点结果及平均结果		
KEYOPT(6)	层间剪力输出控制: 0——不输出层间剪力;1——输出层间剪力		
KEYOPT(8)	层数据存储控制: 0——仅存储顶层顶面和底层底面数据(缺省);1——存储所有层数据(数据量很大)		
KEYOPT(9)	夹芯选项: 0——不采用夹芯选项;1——采用夹芯选项		
KEYOPT(10)	失效准则输出控制: 0——输出所有失效准则最大值的汇总数据(缺省);1——输出所有失效准则值汇总数据		
KEYOPT(11)	节点偏置控制: 0——节点位于中面;1——节点位于底面;2——节点位于顶面		

7.6.2　输出数据

单元 SHELL91 应力输出如图 7-21 所示。单元应力方向平行于层坐标系方向,KEYOPT(5)控制各层的输出数据。积分点结果输出时,距离节点 I 最近的为积分点 1,距离节点 J 最近的为积分点 2,距离节点 K 最近的为积分点 3,距离节点 L 最近的为积分点 4,仅对积分点进行失效准则计算。面内力和弯矩的输出为整个单元的,且位于单元坐标系下,是所有层的合成值。KEYOPT(8)控制输出到结果文件的数据(可用命令 LAYER 处理)。

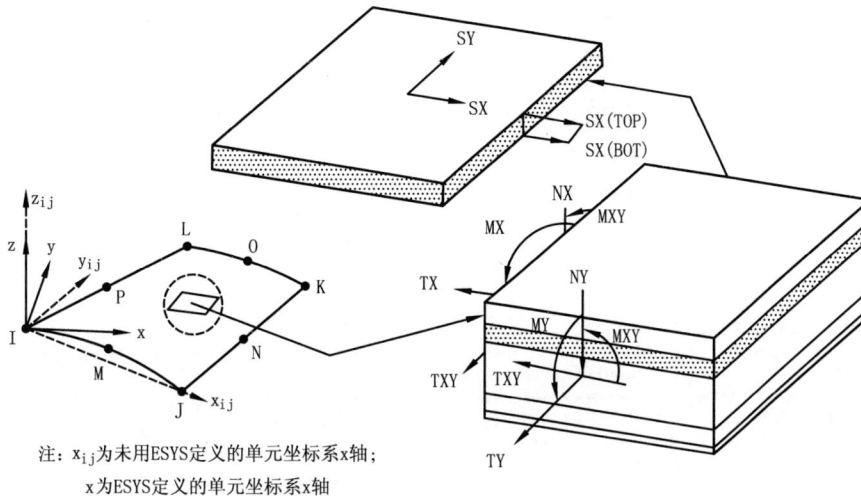

注:x_{ij}为未用ESYS定义的单元坐标系x轴;
　　x为ESYS定义的单元坐标系x轴

图 7-21　SHELL91 单元输出示意

单元输出说明如表 7-15 所示,表 7-16 为命令 ETABLE 或 ESOL 中的表项和序号。

SHELL91 单元输出说明　　　　　　　　　　　　　　　　表 7-15

名　称	说　明	O	R
EL	单元号	Y	Y
NODES	角节点号(I,J,K,L)	Y	Y
VOLU	单元体积	Y	Y
XC,YC,ZC	单元结果的输出位置	Y	6
PRES	P1,P2,P3,P4,P5,P6	Y	Y
TEMP	温度 T1,T2,T3,T4,T5,T6,T7,T8,T9,…	Y	Y
LN	层号	Y	—
POS	层的顶面、中面和底面	Y	—
LOC	层解的位置	1	—
MAT	层的材料号	Y	—
S:X,Y,Z,XY,YZ,XZ	应力(位于层坐标系下)	Y	Y
S:1,2,3	主应力	Y	Y
S:INT	应力强度	Y	Y
S:EQV	等效应力	Y	Y
EPEL:X,Y,Z,XY,YZ,XZ	弹性应变	Y	Y
EPEL:1,2,3	主应变	Y	Y
EPEL:EQV	等效弹性应变[7]	—	Y
EPTH:X,Y,Z,XY,YZ,XZ	平均热应变	Y	Y
EPTH:EQV	等效热应变[7]	—	Y
EPPL:X,Y,Z,XY,YZ,XZ	平均塑性应变	2	2
EPEL:EQV	等效塑性应变[7]	—	Y

续上表

名　称	说　明	O	R
EPCR:X,Y,Z,XY,YZ,XZ	平均蠕变应变	Y	Y
EPCR:EQV	等效蠕变应变[7]	—	Y
EPSW	膨胀应变	—	Y
NL:EPEQ	平均等效塑性应变	2	2
NL:SRAT	试算应力与屈服面应力比(即应力状态率)	2	2
NL:SEPL	从应力—应变曲线得到的平均等效应力	2	2
XC,YC,ZC	层质心在总体坐标系下的坐标	Y	—
FC1,…,FC6,FCMAX	失效准则值及在每个积分点的最大值	3	—
FC	失效准则号(FC1~FC6,FCMAX)	3	Y
VALUE	某个失效准则的最大值(与 FC 对应)	3	Y
LN	发生最大值的层号	3	Y
EPELF(X,Y,Z,XY,YZ,XZ)	单元中对应某个准则产生最大值时的层坐标系下的弹性应变	3	Y
SF(X,Y,Z,XY,YZ,XZ)	单元中对应某个准则产生最大值时的层坐标系下的应力	3	Y
LAYERS	界面位置	4	—
ILSXZ	界面剪应力 SXZ	4	Y
ILSYZ	界面剪应力 SYZ	4	Y
ILANG	剪应力合成矢量的方向角 从单元 x 轴到单元 y 轴量测,单位为度	4	Y
ILSUM	剪应力合成矢量的值	4	Y
LN1,LN2	最大层间剪应力(ILMAX)所在的层号	5	Y
ILMAX	最大层间剪应力(在层 LN1 和 LN2 之间)	5	Y
T(X,Y,XY)	单位长度上的面内内力(单元坐标系下)	Y	Y
M(X,Y,XY)	单位长度上的单元矩(弯矩和扭矩)	Y	Y
N(X,Y)	面外 X 和 Y 向剪力	Y	Y

注:1. 层解位置:

　　　平均——中心位置[KEYOPT(5)=0,1,2];

　　　1,2,3,4——积分点位置[KEYOPT(5)=3];

　　　NL——角节点[KEYOPT(5)=4]。

2. 只有材料非线性时才有此结果[KEYOPT(5)=3]。

3. 仅 KEYOPT(5)=3 时。对每个失效准则和所有失效准则最大值输出弹性应变和应力。

4. 层间应力解[KEYOPT(6)=1]。

5. 仅 KEYOPT(6)≠0 时且剪应力较大时。

6. *GET 命令采用 CENT 项时可得。

7. 等效应变采用有效泊松系数,弹性和热应变采用输入的泊松系数,塑性和蠕变假定为 0.5。

命令 ETABLE 和 ESOL 的表项和序号 表 7-16a)

输出量名称	项 Item	第 i 层底面	第 NL 层顶面
ILSXZ	SMISC	(2×i)+7	(2×NL)+9
ILSYZ	SMISC	(2×i)+8	(2×NL)+10
ILSUM	NMISC	(2×i)+5	(2×NL)+7
ILANG	NMISC	(2×i)+6	(2×NL)+8

命令 ETABLE 和 ESOL 的表项和序号 表 7-16b)

输出量名称	项 Item	I	J	K	L	M	N	O	P
P1	SMISC	X+11	X+12	X+13	X+14				
P2	SMISC	X+15	X+16	X+17	X+18				
P3	SMISC	X+20	X+19	—	—				
P4	SMISC	—	—	X+22	X+21				
P5	SMISC	—	—	X+24	X+23				
P6	SMISC	X+25	—	—	X+26				

注:上表中 $X=2\times NL$。

命令 ETABLE 和 ESOL 的表项和序号 表 7-16c)

输出量名称	项 Item	E
TX	SMISC	1
TY	SMISC	2
TXY	SMISC	3
MX	SMISC	4
MY	SMISC	5
MXY	SMISC	6
NX	SMISC	7
NY	SMISC	8
FCMAX	NMISC	1 （对所有层）
VALUE	NMISC	2
LN	NMISC	3
ILMAX	NMISC	4
LN1	NMISC	5
LN2	NMISC	6
FCMAX	NMISC	$[2\times(NL+i)]+7$ （第 i 层）
VALUE	NMISC	$[2\times(NL+i)]+8$ （第 i 层）
FC	NMISC	$(4\times NL)+8+15\times(N-1)+1$
VALUE	NMISC	$(4\times NL)+8+15\times(N-1)+2$
LN	NMISC	$(4\times NL)+8+15\times(N-1)+3$
EPELFX	NMISC	$(4\times NL)+8+15\times(N-1)+4$
EPELFY	NMISC	$(4\times NL)+8+15\times(N-1)+5$
EPELFZ	NMISC	$(4\times NL)+8+15\times(N-1)+6$
EPELFXY	NMISC	$(4\times NL)+8+15\times(N-1)+7$
EPELFYZ	NMISC	$(4\times NL)+8+15\times(N-1)+8$
EPELFXZ	NMISC	$(4\times NL)+8+15\times(N-1)+9$
SFX	NMISC	$(4\times NL)+8+15\times(N-1)+10$
SFY	NMISC	$(4\times NL)+8+15\times(N-1)+11$

输出量名称	项 Item	E
SFZ	NMISC	$(4\times NL)+8+15\times(N-1)+12$
SFXY	NMISC	$(4\times NL)+8+15\times(N-1)+13$
SFYZ	NMISC	$(4\times NL)+8+15\times(N-1)+14$
SFXZ	NMISC	$(4\times NL)+8+15\times(N-1)+15$

注:上表中 N 为失效准则号,如采用最大应变失效准则和 Tsai-Wu 失效准则,则 N=1 和 N=2。

7.6.3 形函数及应力和内力计算

(1)形函数及积分点

①刚度矩阵和热荷载矢量

四边形单元时的形函数同式(7-21),厚度方向每层 3 个积分点,面内 2×2 个积分点。

三角形单元时的形函数同式(7-22),积分点设置同刚度矩阵。

②质量矩阵和应力刚度矩阵

四边形单元时的形函数同式(7-23)～式(7-25),积分点设置同刚度矩阵。

三角形单元时的形函数同式(7-26)～式(7-28),积分点设置同刚度矩阵。

③横向压力荷载矢量

四边形单元时的形函数同式(7-25),2×2 个积分点。

三角形单元时的形函数同式(7-28),3 个积分点。

④侧边压力荷载矢量

与面内质量矩阵的形函数相同,积分点设置为 2 个。

单元温度按双线性变化,在层厚方向按线性变化;节点温度也按双线性变化,在厚度方向为常量。压力在面内按双线性变化,沿单元边线性变化。

(2)基本假定

①直法线假定:垂直中面的法线在变形后还是直线,但不必垂直于中面。

②一致方向假定:厚度方向的 3 个积分点假定具有相同的单元或材料方向。

③面内转动自由度假定:面内转动刚度无意义,采用监凯维奇方法引入刚度值以防出现节点的自由转动。

(3)应力—应变关系

层 j 的材料性质矩阵为:

$$[D]_j = \begin{bmatrix} BE_{xj} & B\mu_{xyj}E_{xj} & 0 & 0 & 0 & 0 \\ B\mu_{xyj}E_{xj} & BE_{yj} & 0 & 0 & 0 & 0 \\ 0 & 0 & 0 & 0 & 0 & 0 \\ 0 & 0 & 0 & G_{xyj} & 0 & 0 \\ 0 & 0 & 0 & 0 & \dfrac{G_{yzj}}{f} & 0 \\ 0 & 0 & 0 & 0 & 0 & \dfrac{G_{xzj}}{f} \end{bmatrix} \quad (7\text{-}44)$$

式中:$B=\dfrac{E_{yj}}{E_{yj}-\mu_{xyj}^2 E_{xj}}$;

E_{xj}——层 j 的层坐标系 x 轴方向的弹性模量,即用命令 MP 输入的实常数 EX;

E_{yj}——层 j 的层坐标系 y 轴方向的弹性模量,即用命令 MP 输入的实常数 EY;

μ_{xyj}——层 j 的层坐标系 x-y 面内的泊松系数,即命令 MP 输入的实常数 NUXY;

G_{xyj}——层 j 的层坐标系 x-y 面内的剪切模量,即命令 MP 输入的实常数 GXY;

$$f = \left\{ \begin{matrix} 1.2 \\ 1.0 + 0.2\,\dfrac{A}{25t^2} \end{matrix} \right\} \text{取大值,以避免剪切锁死;}$$

A——单元面积(s-t 面内);

t——单元平均总厚度。

与其他大多数单元不同,该单元计算面内每个积分点上随温度变化的材料性质,而不是仅计算质心位置。

(4)剪应力修正

在上述形函数中假定横向剪应变在厚度方向为常量,然而在自由表面该剪应变必须为零,因此除非线性材料和夹芯选项打开外,修正如下:

$$\sigma'_{xzj} = \frac{3}{2}(1 - r^2)\sigma_{xzj} \tag{7-45}$$

$$\sigma'_{yzj} = \frac{3}{2}(1 - r^2)\sigma_{yzj} \tag{7-46}$$

式中:σ'_{xzj}——修正后的横向剪应力;

σ_{xzj}——根据应力—应变关系计算得到的横向剪应力;

r——法向坐标,其值在 -1(底面)~ $+1.0$(顶面),如图 7-9 所示。

尽管按上述方法做了修正,但因材料性质沿厚度方向的变化而使得这些剪应变也不是精确的。然而对于薄壳,剪应变和剪应力相对 x、y、xy 应力分量很小,层间剪应力与横向剪应力相当,并根据平衡条件计算层间剪应力,因此在大多数情况下还是够精确的。

(5)内力和内力距计算

面内的内力计算如下:

$$T_x = \sum_{j=1}^{N_l} t_j \left(\frac{\sigma^t_{xj} + \sigma^b_{xj}}{2} \right) \tag{7-47}$$

$$T_y = \sum_{j=1}^{N_l} t_j \left(\frac{\sigma^t_{yj} + \sigma^b_{yj}}{2} \right) \tag{7-48}$$

$$T_{xy} = \sum_{j=1}^{N_l} t_j \left(\frac{\sigma^t_{xyj} + \sigma^b_{xyj}}{2} \right) \tag{7-49}$$

式中:T_x——单位长度上的面内 x 方向内力(即输出中的 TX);

N_l——总层数;

σ^t_{xj}——层 j 顶面在单元 x 方向的应力;

σ^b_{xj}——层 j 底面在单元 x 方向的应力;

t_j——层 j 的厚度。

面外内力矩计算如下:

$$M_x = \frac{1}{6}\sum_{j=1}^{N_l} t_j \left[\sigma^b_{xj}(2z^b_j + z^t_j) + \sigma^t_{xj}(2z^t_j + z^b_j) \right] \tag{7-50}$$

$$M_y = \frac{1}{6}\sum_{j=1}^{N_l} t_j \left[\sigma^b_{yj}(2z^b_j + z^t_j) + \sigma^t_{yj}(2z^t_j + z^b_j) \right] \tag{7-51}$$

$$M_{xy} = \frac{1}{6}\sum_{j=1}^{N_l} t_j \left[\sigma^b_{xyj}(2z^b_j + z^t_j) + \sigma^t_{xyj}(2z^t_j + z^b_j) \right] \tag{7-52}$$

式中:M_x——单位长度上的 x 弯矩(即输出中的 MX);

z^b_j——层 j 底面的 z 坐标;

z_j^t——层 j 顶面的 z 坐标；

z——垂直壳面的坐标，z＝0 表示中面。

横向剪力计算如下：

$$N_x = \sum_{j=1}^{N_1} t_j \sigma_{xzj} \tag{7-53}$$

$$N_y = \sum_{j=1}^{N_1} t_j \sigma_{yzj} \tag{7-54}$$

式中：N_x——单位长度上的 x 剪力（即输出中的 NX）；

σ_{xzj}——单元 x-z 面内，层 j 的平均横向剪应力，采用调整前的平均应力。

（6）层间剪应力计算

当无体力时，微单元体的面内平衡方程如下：

$$\frac{\partial \sigma_x}{\partial x} + \frac{\partial \sigma_{xy}}{\partial y} + \frac{\partial \sigma_{xz}}{\partial z} = 0 \tag{7-55}$$

$$\frac{\partial \sigma_{yx}}{\partial x} + \frac{\partial \sigma_y}{\partial y} + \frac{\partial \sigma_{yz}}{\partial z} = 0 \tag{7-56}$$

写成增量形式为：

$$\Delta \sigma_{xz} = -\Delta z \left(\frac{\Delta \sigma_x}{\Delta x} + \frac{\Delta \sigma_{xy}}{\Delta y} \right) \tag{7-57}$$

$$\Delta \sigma_{yz} = -\Delta z \left(\frac{\Delta \sigma_{yx}}{\Delta x} + \frac{\Delta \sigma_y}{\Delta y} \right) \tag{7-58}$$

对层 j 则可写成：

$$\Delta \sigma_{xzj} = -t_j \left(\frac{\Delta \sigma_{xj}}{\Delta x} + \frac{\Delta \sigma_{xyj}}{\Delta y} \right) \tag{7-59}$$

$$\Delta \sigma_{yzj} = -t_j \left(\frac{\Delta \sigma_{yxj}}{\Delta x} + \frac{\Delta \sigma_{yj}}{\Delta y} \right) \tag{7-60}$$

式中：$\Delta \sigma_{xj} = (\sigma_{xj}^2 + \sigma_{xj}^3 - \sigma_{xj}^1 - \sigma_{xj}^4)/2.0$；

$\Delta \sigma_{xyj} = (\sigma_{xyj}^3 + \sigma_{xyj}^4 - \sigma_{xyj}^1 - \sigma_{xyj}^2)/2.0$；

$\Delta \sigma_{yxj} = (\sigma_{xyj}^2 + \sigma_{xyj}^3 - \sigma_{xyj}^1 - \sigma_{xyj}^4)/2.0$；

$\Delta \sigma_{yj} = (\sigma_{yj}^3 + \sigma_{yj}^4 - \sigma_{yj}^1 - \sigma_{yj}^2)/2.0$；

σ_{xj}^3——层 j 的积分点 3 在单元 x 方向的应力；

$\Delta x, \Delta y$ 如图 7-22 所示。

层间剪应力为：

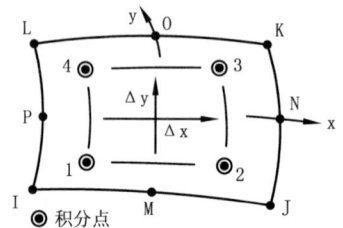

图 7-22　积分点位置

$$\tau_x^k = \sum_{j=1}^{k} \Delta \sigma_{xzj} - S_x \sum_{j=1}^{k} t_j \tag{7-61}$$

$$\tau_y^k = \sum_{j=1}^{k} \Delta \sigma_{yzj} - S_y \sum_{j=1}^{k} t_j \tag{7-62}$$

式中：τ_x^k——层 k 和层 k+1 间的层间剪力（输出中的 ILSXZ）；

S_x——修正项，$S_x = \dfrac{\sum\limits_{j=1}^{N} \Delta \sigma_{xzj}}{t}$；

t——单元总厚度。

（7）夹芯选项

当 KEYOPT(9)＝1 采用夹芯选项时，计算时有如下设置：

①对中间层的芯材，式(7-44)中的 f＝1.0。

②对顶面板和底面板，剪切模量 $G_{xz} = G_{yz} = 0$。

③面板(非芯材)中的横向剪切应变和应力为零。

④芯材中的剪切应变和应力不再采用式(7-45)和式(7-46)修正。

7.6.4　注意事项

(1)单元面积必须为正。当直接建立有限元模型时,若节点号顺序不正确易出现此问题。

(2)层厚可以为零,但需所有角点厚度为零。对非线性材料,任一层厚不大于 1/3 的单元平均厚度。

(3)惯性效应假定作用于节点平面,即不考虑不平衡的复合材料结构或节点偏置等质量效应。

(4)假定单元层间无滑动。单元计入剪切变形,但仍采用直法线假定。

(5)当采用多荷载步求解时,在各荷载步之间单元层数不能改变。

(6)对壳体的非平坦区域,热荷载作用下的计算结果可能不正确。

(7)横向热梯度荷载假定沿每层线性变化,在单元面内按双线性变化。

(8)应力在各层厚度上线性变化。

(9)层间剪应力计算基于单元顶面和底面的表面无剪应力的假定。此外,仅计算质心的层间剪应力,而沿单元边界则不计算,若需要精确的边界层间剪应力,可采用壳—实体子模型计算。

(10)该单元仅可采用集中质量矩阵形式,且假定作用于节点平面。

(11)当采用夹芯选项时,限制如下:

①芯材厚度与总厚度之比宜大于 5/6,且必须大于 5/7。

②面板弹性模量与芯材弹性模量之比宜大于 100 且必须大于 4。另外,宜小于 10000 且必须小于 1000000。

③对曲壳,曲率半径与总厚度之比宜大于 10 且必须大于 8。

(12)当存在节点偏置时[KEYOPT(11)≠0]:

①不能采用壳—实体子模型(CBDOF)或温度内插(BFINT)技术。

②当采用共用节点定义重合的两个不同设置的单元时[KEYOPT(11)不同],横向剪应力无效;同时,在/POST1 中的节点结果应从顶上或底下单元获取,因为当单元在节点平面具有两个边时,不能取节点结果的平均值。这种使用方法详见例题中。

7.6.5　应用举例

(1)周边简支层合板的受力分析

周边简支层合板的铺层为[0/+45/-45]$_s$,结构与材料如 EX6.07 例,该例原采用单元 SOLID46 模拟,这里采用单元 SHELL91 模拟。因实体边界条件和壳边界条件不完全相同,从计算结果可以看出,二者相差在 2% 左右。命令流如下。

```
!========================================================
!EX7.14 周边简支层合板应力分析及失效计算(参见 EX6.7)
FINISH$/CLEAR$/PREP7$A=6$Q=1E6                        !定义参数
ET,1,SHELL91$KEYOPT,1,5,3$KEYOPT,1,6,1$KEYOPT,1,8,1  !定义单元类型及 KEYOPT 选项
MP,EX,1,53.74E9$MP,EY,1,17.95E9$MP,EZ,1,17.95E9      !定义三向弹性模量
MP,GXY,1,8.63E9$MP,GYZ,1,5.98E9$MP,GXZ,1,8.63E9      !定义三向剪切模量
MP,PRXY,1,0.25$MP,PRYZ,1,0.50$MP,PRXZ,1,0.25         !定义三向泊松系数
R,1,6,1$RMODIF,1,13,1,0,0.08$RMODIF,1,19,1,45,0.05   !实常数:6层,对称,第1和第2层
RMODIF,1,25,1,-45,0.05$LAYPLOT$LAYLIST               !第3实常数,绘图和列表检查
BLC5,,,A,A$ESIZE,A/20$MSHKEY,1$AMESH,ALL             !创建模型
SFA,ALL,2,PRES,Q$DL,ALL,,UZ$DK,1,UX,,,,UY$DK,2,UX    !施加荷载和约束条件
/VIEW,1,1,1,1$/ANG,1,-120,ZS,1$ESHAPE,1$EPLOT        !打开单元形状,检查单元
/SOLU$SOLVE$/POST1$ESHAPE,0$PLDISP,1                 !求解并进入后处理
FC,1,S,XTEN,767E6$FC,1,S,XCMP,-392E6$FC,1,S,YTEN,20E6 !定义失效准则
```

```
FC,1,S,YCMP,-70E6$FC,1,S,ZTEN,30E6$FC,1,S,ZCMP,-55E6              !定义失效准则
FC,1,S,XY,41E6$FC,1,S,YZ,30E6$FC,1,S,XZ,41E6                      !定义失效准则
LAYER,1$PRNSOL,S,FAIL$PRNSOL,S                                   !显示层1的失效准则值
LAYER,2$PRNSOL,S,FAIL$LAYER,3$PRNSOL,S,FAIL                      !显示层2和层3的失效准则值
LAYER,4$PRNSOL,S,FAIL$LAYER,5$PRNSOL,S,FAIL                      !显示层4和层5的失效准则值
LAYER,6$PRNSOL,S,FAIL                                            !显示层6的失效准则值
IL=2$ETABLE,ILSXZB,SMISC,2*IL+7                                  !定义层1和层2的层间剪应力表
ETABLE,ILSYZB,SMISC,2*IL+8$PRETAB,ILSXZB,ILSYZB                  !列表显示层间剪应力
!===========================================================================
```

(2)夹芯结构静力分析

在 50mm 厚木板的上、下表面可靠连接厚 3mm 的钢板,设该板为周边固结的 1m 方板,顶面承受 400kN/m² 的均布荷载。木材通常用顺纹—径向—切向(LRT)表达其材料特性。假定木板材料特性如下:弹性模量(XYZ)分别为 11600MPa、1100MPa 和 500MPa,剪切模量分别为 790MPa、690MPa 和 120MPa,泊松系数分别为 0.37、0.47 和 0.43。钢材的弹性模量取 210GPa,泊松系数取 0.3。

适用条件检查:芯材厚度/总厚度=50/56>5/6,满足该条要求;面板弹性模量/芯材弹性模量=18.1~420,不满足大于 100 的要求,但大于 4,可以求解但会有较多警告信息。

若钢板和木板通过剪力键连接,一如钢板和混凝土叠合结构的连接形式,且要分析剪力键的受力情况,此时就不宜采用分层壳单元,而是采用实体单元并用其他单元模拟连接情况,因为这种情况中需要考虑剪力键、层间滑动等因素。命令流如下。

```
!===========================================================================
!EX7.15 夹芯方板的静力分析
FINISH$/CLEAR$/PREP7
ET,1,SHELL91$KEYOPT,1,5,1$KEYOPT,1,6,1$KEYOPT,1,8,1$KEYOPT,1,9,1    !定义单元类型及选项
MP,EX,1,2.1E5$MP,PRXY,1,0.3$MP,EX,2,11600$MP,EY,2,1100$MP,EZ,2,500  !定义两种材料常数
MP,PRXY,2,0.37$MP,PRXZ,2,0.47$MP,PRYZ,2,0.43$MP,GXY,2,790$MP,GXZ,2,690$MP,GYZ,2,120
R,1,3$RMODIF,1,13,1,,3.0$RMODIF,1,19,2,,50.0$RMODIF,1,25,1,,3        !定义实常数
LAYLIST$LAYPLOT                                                    !层列表和图显
BLC4,,,1000,1000$MSHKEY,1$ESIZE,50$AMESH,ALL                       !创建模型
/VIEW,1,1,1,1$/ANG,1,-120,ZS$/ESHAPE,1                             !设置视图角度和模式
DL,ALL,,ALL$SFA,ALL,2,PRES,0.4                                    !施加约束和荷载
SFTRAN$DTRAN$/PSF,PRES,NORM,2,0,1$EPLOT                           !转换荷载和约束,显示荷载符号,显示单元
/SOLU$SOLVE$/POST1$/ESHAPE,0$PLNSOL,U,SUM                          !求解并进入后处理显示变形、显示结果等
LAYER,1$PLNSOL,S,X$PLNSOL,S,Y$PLNSOL,S,XZ$PLNSOL,S,YZ$PLNSOL,S,XY
LAYER,2$PLNSOL,S,X$PLNSOL,S,Y$PLNSOL,S,XZ$PLNSOL,S,YZ$PLNSOL,S,XY
SHELL,MID$PLNSOL,S,X$PLNSOL,S,Y
!===========================================================================
```

(3)共用节点重合单元模型

如图 7-23 所示的悬臂梁,梁体由两种不同材料组成,采用共用节点的重合单元[KEYOPT(11)不同]模拟。为便于与初等理论解比较,这里假设材料的弹性模量为 200GPa,泊松系数为 0。根据初等理论,

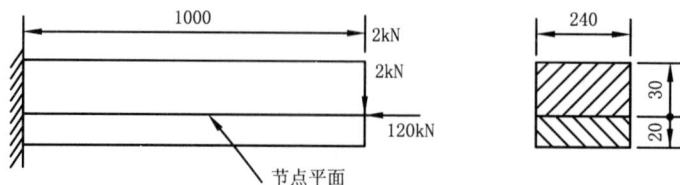

图 7-23 共用节点的重合单元(尺寸单位:mm)

悬臂根部截面的内力和特性及上、下缘纵向应力如下：

弯矩 M＝120000×5＋2000×1000＝2600000N·m，轴力 N＝−120000N，剪力 Q＝2000N；

面积 A＝240×50＝12000mm^2，惯性矩 I＝240×50^3/6＝2500000mm^4，抗弯截面模量 W＝100000mm^3。

$$\sigma_s = \frac{N}{A} + \frac{M}{W} = \frac{-120000}{12000} + \frac{2600000}{100000} = -10 + 26 = 16\text{MPa}$$

$$\sigma_x = \frac{N}{A} - \frac{M}{W} = -10 - 26 = -36\text{MPa}$$

$$f = -\frac{PL^3}{3EI} - \frac{M_dL^2}{2EI} = -\frac{1000^2}{EI}\left(\frac{2000 \times 1000}{3} + \frac{120000 \times 5}{2}\right) = -1.9333\text{mm}$$

在计算分析时，定义两种 SHELL91 单元，节点分别偏置于单元底面和顶面；先在同一几何位置创建两个"面"（该面为节点平面），然后分别赋予单元属性并划分相同的网格；此时两层重合单元的节点没有共用而是重合，为共用节点采用命令 NUMMRG 将重合节点消掉，此时就形成了共用节点的重合单元；在节点上施加荷载和约束条件即可求解。

从求解结果可知，ANSYS 解与初等理论解完全相等，说明共用节点的重合单元与多层单元效果相同，也说明共用节点的重合单元是"一体"的，而非两个无关的层壳。命令流如下。

```
!═══════════════════════════════════════════════
!EX7.16 共用节点的重合单元分析
FINISH$/CLEAR$/PREP7$L=1000$A=240$T1=30$T2=20                      !定义几何参数
ET,1,SHELL91$KEYOPT,1,6,1$KEYOPT,1,8,1$KEYOPT,1,11,1              !定义单元类型1,偏置到单元底面
ET,2,SHELL91$KEYOPT,2,6,1$KEYOPT,2,8,1$KEYOPT,2,11,2              !定义单元类型2,偏置到单元顶面
MP,EX,1,2E5$MP,PRXY,1,0$MP,EX,2,2E5$MP,PRXY,2,0                   !定义两种材料常数
R,1,1$RMODIF,1,13,1,0,T1                                          !实常数1:1层,材料号1,厚度T1
R,2,1$RMODIF,2,13,2,0,T2                                          !实常数2:1层,材料号2,厚度T2
BLC4,,,L,A$BLC4,,,L,A                                            !同一位置创建两个面
ASEL,S,,,1$AATT,,1,1                                             !赋予第一个面实常数1、单元类型1
ASEL,S,,,2$AATT,,2,2$ASEL,ALL                                    !赋予第二个面实常数2、单元类型2
MSHKEY,1$ESIZE,50$AMESH,ALL                                      !划分单元网格(同时划分了两个面的网格)
NUMMRG,NODE                                                      !消除重合节点——形成共用节点的重合单元
NSEL,S,LOC,X,L$*GET,NT,NODE,,COUNT                               !选择悬臂端节点并获取节点数
F,ALL,FZ,-2E3/NT$F,ALL,FX,-12E4/NT                               !在节点上施加竖向和水平荷载
NSEL,S,LOC,X,0$D,ALL,ALL$NSEL,ALL                               !施加约束
/SOLU$SOLVE$/POST1$/VIEW,1,1,1,1$/ANG,1,-120,ZS                  !求解并进入后处理
/ESHAPE,1$PLNSOL,U,Z$PLNSOL,S,X$PLNSOL,S,XZ                      !绘制变形、SX及SXZ应力云图
ESEL,S,,,1                                                       !悬臂根部某位置的上层单元
SHELL,TOP$*GET,ESSXT,NODE,1,S,X                                  !获取节点1的顶面应力(上层单元的),值为16MPa
SHELL,BOT$*GET,ESSXB,NODE,1,S,X                                  !获取节点1的底面应力(上层单元的)
ESEL,S,,,101                                                     !悬臂根部同一位置的下层单元
SHELL,TOP$*GET,EXSXT,NODE,1,S,X                                  !获取节点1的顶面应力(下层单元的)
SHELL,BOT$*GET,EXSXB,NODE,1,S,X                                  !获取节点1的底面应力(下层单元的),值为−36MPa
!═══════════════════════════════════════════════
```

7.7　SHELL99 单元

SHELL99 称为 8 节点线性结构壳单元，与单元 SHELL91 相比，除不具有非线性材料性能和夹芯性能外，其他性能类似，适用于模拟多层壳结构的线性、几何非线性分析。该单元的每个节点有 6 个自由

度,即沿节点坐标系 x、y 和 z 方向的平动位移和绕各轴的转动位移,单元模型如图 7-20 所示,但顶层角点的温度点号分别为 5、6、7 和 8。可定义多达 250 不同特性层,当大于 250 层时,可采用用户输入定制矩阵选项。单元 SHELL99 通常较单元 SHELL91 具有更高的求解效率,因其单刚形成和单元应力计算所花时间较少。

7.7.1 输入参数与选项

图 7-20 给出了单元几何、节点位置和坐标系,单元输入数据包括 8 个节点、各层平均或角点厚度、层材料方向角和正交各向异性材料属性。该单元的中间节点不能移除,通过为节点 K、L 和 O 定义相同的节点号可退化为三角形单元。

ANSYS 求解器主要包括数据预处理、单刚形成、组集总刚、求解方程、计算单元应力等,通过比较单元 SHELL91 和 SHELL99 在单刚形成和计算单元应力所花时间,当 3 层以下时单元 SHELL91 效率高,而当层数大于或等于 3 层时,单元 SHELL99 效率高。通常单元层数大于 3 层,因此可以说单元 SHELL99 效率更高。

该单元也可考虑弹性地基刚度 EFS,当 EFS≤0 时则不考虑该方向的弹性地基刚度。实常数 ADM-SUA 为单位面积上的附加质量。

根据 KEYOPT(2) 的设置,数据输入可采用矩阵形式,但需预先将矩阵各元素计算出来。当 KEYOPT(2)=2 时,应变在厚度方向线性变化,其力—应变和弯矩—曲率关系可定义如下:

$$\begin{Bmatrix} N \\ M \end{Bmatrix} = \begin{bmatrix} A & B \\ B & D \end{bmatrix} \begin{Bmatrix} \varepsilon \\ \kappa \end{Bmatrix} - \begin{Bmatrix} MT \\ BT \end{Bmatrix} \tag{7-63}$$

其中,子矩阵 [A] 由实常数定义,且为:

$$[A]_{6\times6} = \begin{bmatrix} A_1 & A_2 & A_3 & A_4 & A_5 & A_6 \\ A_2 & A_7 & A_8 & A_9 & A_{10} & A_{11} \\ A_3 & A_8 & A_{12} & A_{13} & A_{14} & A_{15} \\ A_4 & A_9 & A_{13} & A_{16} & A_{17} & A_{18} \\ A_5 & A_{10} & A_{14} & A_{17} & A_{19} & A_{20} \\ A_6 & A_{11} & A_{15} & A_{18} & A_{20} & A_{21} \end{bmatrix} \quad \text{或} \quad [A]_{3\times3} = \begin{bmatrix} A_1 & A_2 & A_3 \\ A_2 & A_4 & A_5 \\ A_3 & A_5 & A_6 \end{bmatrix}$$

其中,子矩阵 [B] 和 [D] 类似于子矩阵 [A],且所有子矩阵都为对称矩阵。{MT} 和 {BT} 用于计算热效应。

这些实常数中还包括单元平均密度(AVDENS)和单元平均厚度(THICK)。当 KEYOPT(2)=2 或 4 时,平面壳单元得到的结果较曲壳单元更好,且中间节点会被重新定义到连接角节点直线的中点;当 KEYOPT(2)=3 时,还要用矩阵 [E]、[F] 和 {QT} 计入二次效应,此时中间节点位置不再重新定义。当 KEYOPT(2)=4 时,横向剪力为 $A_6 \times$ TRSHEAR,其中 TRSHEAR 为输入实常数。当采用矩阵形式输入数据时,应力、热应变及失效准则等无结果输出。

当不采用矩阵形式输入时,单元坐标系和各层坐标系与单元 SHELL91 相同(图 7-21)。层号 NL 范围为 1～250,即最大层数 NL=250,层坐标系可以旋转 THETA 度。

单元总层数 NL(最多 250 层)必须定义,单元铺层是否对称可用实常数 LSYM 定义。若铺层关于单元厚度中心对称(LSYM=1),可仅输入一半层材料性质直到中间层(偶数层无中间层,奇数层则包括中间层);而当不对称铺层时(LSYM=0)必须输入所有层的材料性质。虽然输出时可能输出全部层,但可明确选择两个层输出(层 LP1 和层 LP2,通常 LP1<LP2)。

每层材料在单元平面内可为正交各向异性,实常数 MAT 用于定义层材料号而不是命令 MAT 所定义的单元材料号,若未输入则实常数 MAT 缺省为 1。材料的 X 轴平行于层坐标系的 x 轴。

除可通过实常数定义各层数据外,还可结合 FiberSIM 的 .xml 文件输入。单元 SHELL181 也可利用 FiberSIM 借口定义壳截面。FiberSIM 是 Vistagy 公司的产品,本书不做介绍。

命令 BETAD 定义全局阻尼,若命令 MP,DAMP 定义了单元材料号并赋予单元,则取代命令 BE-TAD 定义的全局阻尼值。类似地,命令 TREF 定义全局参考温度,若命令 MP,REFT 定义了单元材料号并赋予单元,则取代命令 TREF 定义的全局参考温度值;而层材料号中通过 MP,DAMP 定义的阻尼或 MP,REFT 定义的参考温度无效,这点与单元 SHELL91 不同。

各层的层厚均可为变厚度[KEYOPT(2)=1],假定根据输入的角节点位置的厚度,在层的面上双线性变化。若某层厚度不变,只需输入 TK(I);若层厚度变化,则需输入 4 个角点的厚度。任何一个层壳单元的总厚度不得大于曲率半径 2 倍,且宜小于 1/4 曲率半径。

KEYOPT(11)用于定义节点偏置,即节点可位于单元的顶面、中面或底面。当然也可共用节点而定义重合单元,而这重合的两个单元具有不同的 KEYOPT(11)值。同时利用节点偏置可模拟削层复合材料结构等。

失效准则通过命令 TB 输入,也可在 POST1 中通过命令 FC 计算。

压力荷载可作为单元各面上的面荷载输入,如图 7-20 所示。质量矩阵假定作用在节点平面,根据 KEYOPT(11)的设置,节点平面可位于单元中面、顶面或底面。

单元体荷载为施加在单元表面 8 个角点(1~8)的温度,第一个角点的温度 T1 缺省为 TUNIF,若未定义其余角点温度,则全部缺省为 T1;若仅输入了 T1 和 T2,则 T1 表示 T1、T2、T3 和 T4,而 T2 表示 T5、T6、T7 和 T8。对其他任何形式的输入方式,未定义的温度均缺省为 TUNIF。

SHELL99 单元的输入参数与选项如表 7-17 所示。

SHELL99 单元输入参数与选项

表 7-17

参数类别	参 数 及 说 明
节点	I,J,K,L,M,N,O,P
自由度	UX,UY,UZ,ROTX,ROTY,ROTZ
实常数	见表 7-18
材料属性	当 KEYOPT(2)=0 或 1 时,支持 13×NL 个材料数据; EX,EY,EZ(或 PRXY,PRYZ,PRXZ 或 NUXY,NUYZ,NUXZ),ALPX,ALPY,ALPZ(或 CTEX,CTEY,CTEZ 或 THSX,THSY,THSZ),DENS,GXY,GYZ,GXZ,这些材料常数对层 1 到层 NL 可各不相同; 当 KEYOPT(2)=2,3 或 4 时,不需上述参数
面荷载	face1——I-J-K-L(底面,+Z 方向);face2——I-J-K-L(顶面,−Z 方向);face3——J-I;face4——K-J;face5——L-K;face6——I-L
体荷载	当 KEYOPT(2)=0 或 1 时:T1,T2,T3,T4,T5,T6,T7,T8;当 KEYOPT(2)=2,3 或 4 时,不需上述参数
特性	应力刚化、大变形
KEYOPT(2)	输入方式: 0——等厚度层输入,最大 250 层;1——变厚度层输入,最大 125 层;2——6×6 矩阵输入,线性逻辑方法;3——6×6 矩阵输入,二次逻辑方法;4——3×3 矩阵输入,线性逻辑方法
KEYOPT(3)	单元附加输出: 0——基本单元解;1——积分点应变输出;2——单元坐标系下的节点力和力矩输出;3——单位长度上的力和力矩输出[仅 KEYOPT(2)=0 或 1];4——上述三个选项的组合
KEYOPT(4)	单元坐标系定义: 0——无用户子例程定义单元坐标系;4——单元 x 轴由用户子例程 USERAN 定义;5——同 4 且层 x 轴由用户子例程 USANLY 定义
KEYOPT(5)	采用应力或应变选项[KEYOPT(6)]: 0——采用应变结果;1——采用应力结果;2——同时采用应变和应力结果

续上表

参 数 类 别	参 数 及 说 明
KEYOPT(6)	单元附加输出控制： 0——单元基本解，及所有失效准则最大值的数据；1——增加所有失效准则值汇总及最大的层间剪应力的数据； 2——同1，再增加底层（或LP1）和顶层（或LP2）的积分点解；3——同1，再增加单元质心所有层的解及层间剪应力； 4——同1，再增加角点处所有层的解及层间剪应力；5——同1，再增加所有层积分点的失效准则值及层间剪应力
KEYOPT(8)	层数据存储控制： 0——存储顶层顶面（或LP2）和底层底面（或LP1）及最大失效准则层数据；1——存储所有层数据（数据量很大）
KEYOPT(9)	确定应变、应力及失效准则的计算位置[仅KEYOPT(2)=0或1且NL>1]： 0——每层的顶面和底面；1——每层的厚度中间
KEYOPT(10)	材料性质矩阵的输出： 0——无；1——若单元编号为1的单元是SHELL99，则输出在厚度上积分后的材料性质矩阵；2——同1，但若KEYOPT(2)=0或1时类似KEYOPT(2)=2时命令RMODIF那样输出矩阵；3——同1，但若KEYOPT(2)=0或1再类似KEYOPT(2)=3时命令RMODIF那样输出矩阵
KEYOPT(11)	节点偏置控制： 0——节点位于中面；1——节点位于底面；2——节点位于顶面

SHELL99 单元实常数输入表   表 7-18

编 号	名 称	描 述
KEYOPT(2)=0,需12+3×NL个实常数		
1	NL	层数，最大250层
2	LSYM	层对称性关键字
3	LP1	输出的第一层
4	LP2	输出的第二层
5	EFS	弹性地基刚度
6	ADMSUA	单位面积上的附加质量
7,…,12	空	
13	MAT	层1的材料号
14	THETA	层1的x轴旋转角度
15	TK	层1的厚度
16	MAT	层2的材料号
17	THETA	层2的x轴旋转角度
18	TK	层2的厚度
19,…,12+(3×NL)	MAT,THETA等	重复16~18，直到NL层
KEYOPT(2)=1,需12+6×NL个实常数		
1	NL	层数，最大125层
2	LSYM	层对称性关键字
3	LP1	输出的第一层
4	LP2	输出的第二层
5	EFS	弹性地基刚度
6	ADMSUA	单位面积上的附加质量
7,…,12	空	
13	MAT	层1的材料号

编 号	名 称	描 述
14	THETA	层 1 的 x 轴旋转角度
15	TK(I)	层 1 节点 I 的厚度
16	TK(J)	层 1 节点 J 的厚度
17	TK(K)	层 1 节点 K 的厚度
18	TK(L)	层 1 节点 L 的厚度
$19, \cdots, 12+(6 \times NL)$	MAT, THETA	重复 13~18，直到 NL 层
KEYOPT(2)=2，需 79 个实常数		
$1, \cdots, 21$	$A(1), \cdots, A(21)$	子矩阵 A
$22, \cdots, 42$	$B(1), \cdots, B(21)$	子矩阵 B
$43, \cdots, 63$	$D(1), \cdots, D(21)$	子矩阵 D
$64, \cdots, 69$	$MT(1), \cdots, MT(6)$	MT 数组
$70, \cdots, 75$	$BT(1), \cdots, BT(6)$	BT 数组
76	AVDENS	单元平均密度
77	THICK	单元平均厚度
78	EFS	弹性地基刚度
79	ADMSUA	单位面积上的附加质量
KEYOPT(2)=3，需 127 个实常数		
$1, \cdots, 21$	$A(1), \cdots, A(21)$	子矩阵 A
$22, \cdots, 42$	$B(1), \cdots, B(21)$	子矩阵 B
$43, \cdots, 63$	$D(1), \cdots, D(21)$	子矩阵 D
$64, \cdots, 84$	$E(1), \cdots, E(21)$	子矩阵 E
$85, \cdots, 105$	$F(1), \cdots, F(21)$	子矩阵 F
$106, \cdots, 111$	$MT(1), \cdots, MT(6)$	MT 数组
$112, \cdots, 117$	$BT(1), \cdots, BT(6)$	BT 数组
$118, \cdots, 123$	$QT(1), \cdots, QT(6)$	QT 数组
124	AVDENS	单元平均密度
125	THICK	单元平均厚度
126	EFS	弹性地基刚度
127	ADMSUA	单位面积上的附加质量
KEYOPT(2)=4，需 30 个实常数		
$1, \cdots, 6$	$A(1), \cdots, A(6)$	子矩阵 A
$7, \cdots, 12$	$B(1), \cdots, B(6)$	子矩阵 B
$13, \cdots, 18$	$D(1), \cdots, D(6)$	子矩阵 D
$19, \cdots, 21$	$MT(1), \cdots, MT(3)$	MT 数组
$22, \cdots, 24$	$BT(1), \cdots, BT(3)$	BT 数组
25	AVDENS	单元平均密度
26	THICK	单元平均厚度
27	EFS	弹性地基刚度
28	ADMSUA	单位面积上的附加质量
29	空	
30	TRSHEAR	横向剪力系数，缺省值为 1000.0

7.7.2 输出数据

单元 SHELL99 应力输出如图 7-21 所示,单元应力方向平行于层坐标系方向。应力和内力输出控制详见表 7-17。单元输出说明如表 7-19 所示,表 7-16 为命令 ETABLE 或 ESOL 中的表项和序号。

SHELL99 单元输出说明   表 7-19

名　　称	说　　　　　明	O	R
EL	单元号	Y	Y
NODES	角节点号(I,J,K,L,M,N,O,P)	Y	Y
VOLU	单元体积	Y	Y
TTOP,TBOT	单元底面和顶面的平均温度	1	—
XC,YC,ZC	单元质心位置	Y	11
PRES	P1,P2,P3,P4,P5,P6	Y	Y
TEMP	温度 T1,T2,T3,T4,T5,T6,T7,T8,T9,…	Y	Y
INT	积分点号	2	—
POS	单元顶面、中面和底面的位置	2	—
XI,YI,ZI	积分点的总体坐标	2	—
NUMBER	层号 NL	1,3	—
MAT	层 NL 的材料号	1,3	—
THETA	层 NL 的方向角	1,3	—
AVE THICK	层 NL 的平均厚度	3	—
ACC AVE THICK	累加平均厚度(从层 1 到层 NL)	1,3	—
AVE TEMP	层 NL 的平均温度	3	—
POS	层 NL 的顶面、中面和底面的位置	3	—
LOC	层 NL 平均中心位置[KEYOPT(6)=3]	1,3	—
NODE	角节点号[KEYOPT(6)=2 或 5]	1,3	—
INT	层 NL 的积分点号[KEYOPT(6)=2 或 5]	1,3	—
S:X,Y,Z,XY,YZ,XZ	应力(位于层坐标系下)	1,4	Y
S:1,2,3	主应力	1,4	Y
S:INT	应力强度	1,4	Y
S:EQV	等效应力	1,4	Y
EPEL:X,Y,Z,XY,YZ,XZ	层坐标系的弹性应变,K2=2/3 时为总应变	4	Y
EPEL:EQV	等效弹性应变[12]	4	—
EPTH:X,Y,Z,XY,YZ,XZ	层坐标系的热应变,K2=2/3 为总应变	4	Y
EPTH:EQV	层坐标系的等效热应变[12]	4	—
EPTO:X,Y,Z,XY,YZ,XZ	单元坐标系下的总应变(无热应变)	2	—
EPTO:EQV	层坐标系下的等效总应变(无热应变)	2	—
FC1,…,FC6,FCMAX	失效准则值及在每个积分点的最大值 仅在 KEYOPT(6)=5 时	1,4	—
FC	失效准则号(FC1~FC6,FCMAX)	1,5	1
VALUE	某个失效准则的最大值(与 FC 对应)	1,5	1

名　　称	说　　明	O	R
LN	发生最大值的层号	1,5	1
EPELF(X,Y,Z,XY,YZ,XZ)	单元中对应某个准则产生最大值时的层坐标系下的弹性应变	1,5	1
SF(X,Y,Z,XY,YZ,XZ)	单元中对应某个准则产生最大值时的层坐标系下的应力	1,5	1
LAYERS	界面位置	1,6	—
ILSXZ	界面剪应力 SXZ	1,6	1
ILSYZ	界面剪应力 SYZ	1,6	1
ILANG	剪应力合成矢量的方向角 从单元 x 轴到单元 y 轴量测,单位为度	1,6	1
ILSUM	剪应力合成矢量的值	1,6	1
LN1,LN2	最大层间剪应力(ILMAX)所在的层号	1,7	1
ILMAX	最大层间剪应力(在层 NL1 和 NL2 之间)	1,7	1
T(X,Y,XY)	单位长度上的面内内力(单元坐标系下)	8	—
N(X,Y)	面外 X 和 Y 向剪力	8	—
M(X,Y,XY)	单位长度上的单元矩(弯矩和扭矩)	9	—
MFOR(X,Y,Z)	单元坐标系下的节点内力	10	—
MMOM(X,Y,Z)	单元坐标系下的节点内力矩	10	—

注:1. 当 KEYOPT(2)=0 或 1 时。

　　2. 当 KEYOPT(3)=1 或 4 时,积分点应变解。

　　3. 当 KEYOPT(6)>1 时,层解。

　　4. 输出项由 KEYOPT(5)控制。

　　5. 失效准则汇总:当 KEYOPT(6)=0 时仅单元中所有失效准则的最大值输出;依据 KEYOPT(5)的设置,对每个失效准则和所有失效准则最大值输出弹性应变和应力。

　　6. 层间应力解(当 KEYOPT(6)>2 时)。

　　7. 仅 KEYOPT(6)≠0 时输出。

　　8. 仅当 KEYOPT(3)=3 或 4 时输出角节点的内力。

　　9. 仅当 KEYOPT(3)=3 或 4 且 KEYOPT(9)≠1 时输出角节点的力矩。

　　10. 仅当 KEYOPT(3)=2 或 4 时输出。

　　11. *GET 命令采用 CENT 项时可得。

　　12. 等效应变采用有效泊松系数,弹性和热应变采用输入的泊松系数。

7.7.3 形函数及应力和内力计算

(1)形函数、积分点及假定

形函数与单元 SHELL91 相同,仅积分点不同。刚度矩阵和热荷载矢量在厚度方向的积分点为 2,其余完全相同。

基本假定与单元 SHELL91 相同。

(2)矩阵形式输入

单元 SHELL99 可直接输入内力与应变及力矩与曲率的关系等矩阵,可利用试验资料或用户程序的结果以突破 ANSYS 层数的限制。

当 KEYOPT(3)=3 时,需输入 5 个子矩阵$[E_k]$(k=0,1,2,3,4)和 3 个热荷载矢量$[S_i]$(i=0,1,2),分别对应输入的实常数中 A、B、D、E、F 子矩阵和 MT、BT、QT 矢量;子矩阵$[E_3]$、$[E_4]$和矢量$\{S_2\}$仅当 KEYOPT(2)=3 且为曲壳时才使用。各子矩阵在理论上可表示为:

$$[E_k] = \sum_{j=1}^{N_1} \int_{r_j^{bt}}^{r_j^{tp}} r^k [T_m]_j^T [D]_j [T_m]_j dr \quad (k=0,1,2,3,4) \tag{7-64}$$

$$[S_i] = \sum_{j=1}^{N_1} \int_{r_j^{bt}}^{r_j^{tp}} r^i [T_m]_j^T [D]_j [\varepsilon^{th}]_j dr \quad (i=0,1,2) \tag{7-65}$$

式中:N_1——层数;

$[D]_j$——层 j 某点的应力应变关系矩阵;

$[T_m]$——层坐标系与单元坐标系的转换矩阵。

当 KEYOPT(2)=2 时,平壳单元的内力与应变及力矩与曲率关系和式(7-65)相同,若用式(7-66)和式(7-67)的符号,可写成:

$$\left\{ \begin{matrix} [N] \\ \| M \| \end{matrix} \right\} = \begin{bmatrix} [E_0] & [E_1] \\ [E_1] & [E_2] \end{bmatrix} \left\{ \begin{matrix} \{\varepsilon\} \\ \{\kappa\} \end{matrix} \right\} - \left\{ \begin{matrix} \{S_0\} \\ \{S_1\} \end{matrix} \right\} \tag{7-66}$$

当 KEYOPT(2)=3 时,考虑曲壳的附加效应,上式可扩展为:

$$\left\{ \begin{matrix} \{N\} \\ \{M\} \\ \{L\} \end{matrix} \right\} = \begin{bmatrix} E_0 & E_1 & \\ E_1 & E_2 & E_3 \\ & E_3 & E_4 \end{bmatrix} \left\{ \begin{matrix} \{\varepsilon\} \\ \{\kappa\} \\ \{\omega\} \end{matrix} \right\} - \left\{ \begin{matrix} \{S_0\} \\ \{S_1\} \\ \{S_2\} \end{matrix} \right\} \tag{7-67}$$

式中:$\{N\}$——单位长度上的内力;

$\{M\}$——单位长度上的力矩(弯矩和扭矩);

$\{\varepsilon\}$——应变;

$\{\kappa\}$——曲率;

$\{L\}$——力矩的空间导数;

$\{\omega\}$——曲率的空间导数。

上述各子矩阵和荷载矢量分别为 6×6 和 6×1 矩阵,而薄壳通常采用 3×3 和 3×1 矩阵。当仅有 3×3 矩阵数据可用时[KEYOPT(2)=4],程序将转换为 6×6 的矩阵,以 $[E_0]$ 为例如下:

$$[E_0] = \begin{bmatrix} G_{11} & G_{12} & 0 & G_{13} & 0 & 0 \\ G_{12} & G_{22} & 0 & G_{23} & 0 & 0 \\ 0 & 0 & L & 0 & 0 & 0 \\ G_{13} & G_{23} & 0 & G_{33} & 0 & 0 \\ 0 & 0 & 0 & 0 & H & 0 \\ 0 & 0 & 0 & 0 & 0 & H \end{bmatrix} \tag{7-68}$$

式中:G——ANSYS 程序之外的 3×3 矩阵元素,$L=10^{-8}G_{11}$,$H=CG_{33}$;

C——横向剪力系数,即输入中的实常数 TRSHEAR。

计算应力刚度所需的应力矢量为:

$$\{N_c\} = ([E_0][B_0] + [E_1][B_1])\{\delta\} + \{S_0\} \tag{7-69}$$

其中,$\{\delta\} = \{u_e\}$ 为上一迭代步中的位移向量。

(3)应力计算

当 KEYOPT(9)=0 时计算层顶面和底面的应力和应变,当 KEYOPT(9)=1 时计算中面的应力和应变。层 j 的应变和应力按下式计算:

$$\{\varepsilon\}_j = [T_m]_j [B]\{u_e\} \tag{7-70}$$

$$\{\sigma\}_j = [D]_j (\{\varepsilon\}_j - \{\varepsilon^{th}\}_j) \tag{7-71}$$

式中:$\{u_e\}$——单元位移向量;

$\{\varepsilon^{th}\}_j$——层 j 的热应变向量。

（4）内力和力矩计算

按下式将层坐标系下的应力转换到单元坐标系下：

$$\{\sigma_e\}_j = [T_m]_j^T \{\sigma\}_j \tag{7-72}$$

内力和力矩的计算同式（7-47）～式（7-54）。

（5）剪应力修正及层间剪应力

剪应力修正同式（7-45）、式（7-46）。

层间剪应力的计算同式（7-59）～式（7-66），但在单元 SHELL91 的介绍中未给出层间合成剪应力（输出中的 ILSUM），其计算公式如下：

$$\tau^k = \sqrt{(\tau_x^k)^2 + (\tau_y^k)^2} \tag{7-73}$$

各层之间所有的 τ^k 的最大值为 τ_{max}^k（输出中的 ILMAX），若 $\tau_{max}^k < \beta$ 则不输出层间剪应力并赋予零，β 值如下：

$$\beta = 10^{-8}(|\sigma_x| + |\sigma_y| + |\tau_{xy}|) \tag{7-74}$$

可通过 R 检查层间剪应力的有效性，若 R>0.1 则输出此值且发出警告信息，其计算公式为：

$$R = \frac{t \sqrt{S_x^2 + S_y^2}}{\tau_{max}^k} \tag{7-75}$$

上述各式中的符号意义同式（7-45）～式（7-62）。

7.7.4　注意事项

（1）单元面积必须为正。

（2）层厚可以为零，但需所有角点厚度为零。变厚度层不容许渐变为零。

（3）当 KEYOPT(11)＝0 时，所有节点假定位于单元中面。惯性效应假定作用于节点平面，即不考虑不平衡的复合材料结构或节点偏置等质量效应。

（4）假定单元层间无滑动。单元计入剪切变形，但仍采用直法线假定。

（5）对壳体的非平坦区域，热荷载作用下的计算结果可能不正确。

（6）横向热梯度荷载假定沿每层线性变化，在单元面内按双线性变化。

（7）应力在各层厚度上线性变化。

（8）层间剪应力计算基于单元顶面和底面的表面无剪应力的假定。此外，仅计算质心的层间剪应力，而沿单元边界则不计算，若需要精确的边界层间剪应力，可采用壳—实体子模型计算。

（9）单元矩阵在每个迭代步都重新形成，除非命令 KUSE 设置为 1。该单元仅可采用集中质量矩阵形式，且假定作用于节点平面。

（10）单元 SHELL99 大挠度分析的收敛性不如单元 SHELL91，因此包含大挠度分析时宜选用单元 SHELL91。

（11）当存在节点偏置时[KEYOPT(11)≠0]：

①不能采用壳—实体子模型（CBDOF）或温度内插（BFINT）技术。

②不能采用矩阵形式输入[即 KEYOPT(2)=2 或 30]。

③当采用共用节点定义重合的两个不同设置的单元时[KEYOPT(11)不同]，横向剪应力无效；同时，在/POST1 中的节点结果应从顶上或底下单元获取，因为当单元在节点平面具有两个边时，不能取节点结果的平均值。

7.7.5　应用举例

单元 SHELL99、SHELL91、SHELL181 及 SHELL281 等均可模拟层壳结构，这里仅就复合材料的层壳分析予以讨论。一般认为单层复合材料为正交各向异性材料且横向同性，所以通常给出 6 个工程常数，再利用 $E_3 = E_2$、$\mu_{13} = \mu_{12}$ 和 $G_{23} = E_3/[2(1+\mu_{23})]$，即可解决 ANSYS 需要的 9 个材料实常数。表 7-20 给出了两种复合材料的材料常数[19]。

碳纤维/环氧树脂复合材料性质　　　　　　　　　　　　　　　　　表 7-20

性　　质	单　　位	AS4D/9310	T300/5208
E_1	GPa	133.86	136.00
$E_2 = E_3$	GPa	7.706	9.80
$G_{12} = G_{13}$	GPa	4.306	4.70
G_{23}	GPa	2.76	5.20
$\mu_{12} = \mu_{13}$		0.301	0.280
μ_{23}		0.396	0.150
ρ	kg/m³	1520	1540
F_{1t}	MPa	1830	1550
F_{1c}	MPa	1096	1090
$F_{2t} = F_{3t}$	MPa	57	59
$F_{2c} = F_{3c}$	MPa	228	59
F_6	MPa	71	75

（1）复合材料简支方板的静力分析——层输入方式

设周边简支方板的边长为 2m，承受 0.1MPa 的面荷载，方板为碳纤维/环氧树脂层合板 $[0/90]_5$，单层材料厚度设为 5mm，材料性质如表 7-19 所示。

该方板为不对称铺层，需输入 10 层的实常数。根据结构对称性，建模时取 1/4 模型计算，同时输出 ABD 矩阵，计算分析的命令流如下。

```
!=============================================================================
!EX7.17 简支层合方板的静力分析——层输入方式[0/90]₅
FINIHS$/CLEAR$/PREP7$ET,1,SHELL99                              !定义单元类型
KEYOPT,1,2,1$KEYOPT,1,8,1                              !采用变厚度层输入，存储所有层结果
KEYOPT,1,10,2                                          !输出 ABD 矩阵，文件名为 FILE.ABD
UIMP,1,EX,EY,EZ,133.86E3,7.706E3,7.706E3                  !定义材料常数，三个弹性模量
UIMP,1,GXY,GYZ,GXZ,4.306E3,2.76E3,4.306E3                 !定义材料常数，三个剪切模量
UIMP,1,PRXY,PRYZ,PRXZ,0.301,0.396,0.301                   !定义材料常数，三个泊松系数
TH=5.0$R,1,10,0                                       !单层厚度，定义 10 层不对称铺层
RMODIF,1,13,1,0,TH$RMODIF,1,19,1,90,TH              !定义第 1 层和第 2 层材料号、角度和厚度
RMODIF,1,25,1,0,TH$RMODIF,1,31,1,90,TH              !定义第 3 层和第 4 层材料号、角度和厚度
RMODIF,1,37,1,0,TH$RMODIF,1,43,1,90,TH              !定义第 5 层和第 6 层材料号、角度和厚度
RMODIF,1,49,1,0,TH$RMODIF,1,55,1,90,TH              !定义第 7 层和第 8 层材料号、角度和厚度
RMODIF,1,61,1,0,TH$RMODIF,1,67,1,90,TH              !定义第 9 层和第 10 层材料号、角度和厚度
LAYPLOT$LAYLIST                                      !铺层绘图和列表显示，检查输入数据
BLC4,,,1000,1000$ESIZE,100$MSHKEY,1$AMESH,ALL              !创建几何和有限元模型
DL,2,,UZ$DL,3,,UZ$DL,1,,SYMM$DL,4,,SYMM                    !施加约束条件
SFA,1,2,PRES,0.1                                            !施加荷载
/SOLU$SOLVE$/POST1$PLDISP,1$PLNSOL,U,Z               !求解并进入后处理，绘制变形云图
LAYER,1$PLNSOL,S,X                                    !绘制第 1 层材料的 SX 应力云图
!=============================================================================
```

（2）复合材料简支方板的静力分析——矩阵输入方式

如前所述，矩阵输入方式中的几个矩阵及其元素可经试验或材料的微观力学计算获得。为说明使用方法，这里采用上例中的输出矩阵 ABD 重新计算。在上例中输出的矩阵数据存放在文件 FILE.ABD 中，且已按 ANSYS 的输入格式形成命令流，直接复制到相应的计算命令流中即可。这里，对上述文件数

据略加改动,仅为了说明输入方法,两种方法的计算相等。命令流如下。

```
!==========================================================================
!EX7.18 简支层合方板的静力分析——矩阵输入方式
FINISH$/CLEAR$/PREP7$ET,1,SHELL99$KEYOPT,1,2,2                    !定义单元类型及矩阵输入方式
!以下输入矩阵 ABD 的元素,可与 FILE.ABD 进行对比,这里不再注释
R,1,3557705.9,116583.4$RMODIF,1,7,3557705.9$RMODIF,1,16,215300.0,,,147208.3
RMODIF,1,21,147208.3,−7925964.3$RMODIF,1,28,7925964.3$RMODIF,1,40,80520.8,,−80520.8
RMODIF,1,43,741188722.0,24288200.4$RMODIF,1,49,741188722.0$RMODIF,1,58,44854166.7
RMODIF,1,61,30668402.8,,30668402.8$RMODIF,1,77,50.0
BLC4,,,1000,1000$ESIZE,100$MSHKEY,1$AMESH,ALL                     !创建几何和有限元模型
DL,2,,UZ$DL,3,,UZ$DL,1,,SYMM$DL,4,,SYMM$SFA,1,2,PRES,0.1          !施加边界条件
/SOLU$SOLVE$/POST1$PLDISP,1$PLNSOL,U,Z                            !求解并查看结果
!==========================================================================
```

(3)削层层合板的计算

在制作复合材料层合板时,通过削层(Dropped layer 或 Ply drop-off,即在内部不同位置中断一层或几层)形成变厚度层合板。单元 SHELL91、SHELL99、SHELL181 和 SHELL281 等均可模拟此类复合材料结构,对削层过渡段一般采用厚度突变方法,也可采用层厚度渐变至零模拟过渡段。

如图 7-24 所示削层层合板的悬臂板,材料及性质同上例,各层编号及削层如图所示。A 区[0/90/−45/45/0]为 5 层,B 区[0/90/45/0]为 4 层,而 C 区[0/90/0]为 3 层。采用单元 SHELL99 模拟时,定义 3 组实常数,分别表示 A 区、B 区和 C 区,且节点均偏置到单元底面。

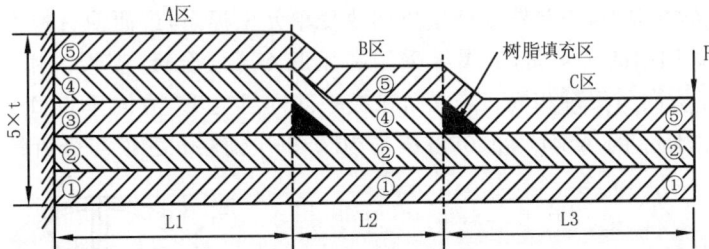

图 7-24　削层层合板

3 组实常数可用两种方法输入,第一种各组的层数分别为 5、4 和 3,按实际铺层输入;第二种各组层数均为 5 层,但对削层其厚度输入为零,如下文的命令流。

```
!==========================================================================
!EX7.19 削层层合方板的静力分析——悬臂板
FINISH$/CLEAR$/PREP7$T=2.0$L1=600$L2=300$L3=500$B=300                !几何参数
ET,1,SHELL99$KEYOPT,1,8,1$KEYOPT,1,11,1                     !存储各层结果、节点偏置到单元底面
UIMP,1,EX,EY,EZ,133.86E3,7.706E3,7.706E3                            !定义材料常数,三个弹性模量
UIMP,1,GXY,GYZ,GXZ,4.306E3,2.76E3,4.306E3                           !定义材料常数,三个剪切模量
UIMP,1,PRXY,PRYZ,PRXZ,0.301,0.396,0.301                             !定义材料常数,三个泊松系数
R,1,5                                        !定义第 1 组实常数为 5 层,A 区[0/90/−45/45/0]
RMODIF,1,13,1,0,T$RMODIF,1,16,1,90,T                         !定义第 1 层和第 2 层的材料号、层角和厚度
RMODIF,1,19,1,−45,T$RMODIF,1,22,1,45,T                       !定义第 3 层和第 4 层的材料号、层角和厚度
RMODIF,1,25,1,0,T                                            !定义第 5 层的材料号、层角和厚度
R,2,4                                            !定义第 2 组实常数为 4 层,B 区[0/90/45/0]
RMODIF,2,13,1,0,T$RMODIF,2,16,1,90,T                         !定义第 1 层和第 2 层的材料号、层角和厚度
RMODIF,2,19,1,45,T$RMODIF,2,22,1,0,T                         !定义第 3 层和第 4 层的材料号、层角和厚度
R,3,3                                               !定义第 3 组实常数为 3 层,C 区[0/90/0]
```

```
RMODIF,3,13,1,0,T$RMODIF,3,16,1,90,T                              !定义第1层和第2层的材料号、层角和厚度
RMODIF,3,19,1,0,T                                                 !定义第3层的材料号、层角和厚度
BLC4,,,L1,B$BLC4,L1,,L2,B$BLC4,L1+L2,,L3,B$NUMMRG,ALL             !创建几何模型
ASEL,S,,,1$AATT,1,1,1$ASEL,S,,,2$AATT,1,2,1$ASEL,S,,,3$AATT,1,3,1 !赋予面单元属性
ASEL,ALL$ESIZE,50$MSHKEY,1$AMESH,ALL                              !生成有限元模型
LAYPLOT,1$LAYPLOT,100$LAYPLOT,150                                 !查看铺层信息
LSEL,S,LOC,X,0$DL,ALL,,ALL                                        !施加约束条件
LSEL,S,LOC,X,L1+L2+L3$NSLL,S,1$F,ALL,FZ,-10.0$ALLSEL,ALL          !施加节点荷载
/SOLU$SOLVE$/POST1$PLDISP,1$PLNSOL,U,Z$LAYER,1$PLNSOL,S,X         !求解并查看结果
```

若3组实常数的层数均输入为5,削层厚度输入零即可,实常数定义如下。

```
R,1,5$RMODIF,1,13,1,0,T$RMODIF,1,16,1,90,T                        !A区
RMODIF,1,19,1,-45,T$RMODIF,1,22,1,45,T$RMODIF,1,25,1,0,T
R,2,5$RMODIF,2,13,1,0,T$RMODIF,2,16,1,90,T                        !B区,第3层层厚为零
RMODIF,2,19,1,-45,0$RMODIF,2,22,1,45,T$RMODIF,2,25,1,0,T
R,3,5$RMODIF,3,13,1,0,T$RMODIF,3,16,1,90,T                        !C区,第3和第4层层厚为零
RMODIF,3,19,1,-45,0$RMODIF,3,22,1,45,0$RMODIF,3,25,1,0,T
```

(4) 复合材料工字梁分析

在复合材料层合结构中,材料方向由单元坐标系确定,而单元坐标系可由命令 ESYS 等改变。例如在弧面、缠绕容器和复杂结构中,需要根据铺层方向改变单元坐标系,进而使材料方向与实际方向相同。

如图7-25所示两端固结的工字梁,上翼缘采用圆弧形4层层合板,腹板采用3层层合板,下翼缘采用4层层合板,材料 E_1 方向与梁轴相同,E_2 方向在板平面内且与 E_1 方向垂直,E_3 为板的法线方向。设层合板的材料如表7-19所示的 AS4D/9310,各板均为 $[0/90]_s$ 铺层。建模与分析的命令流如下。

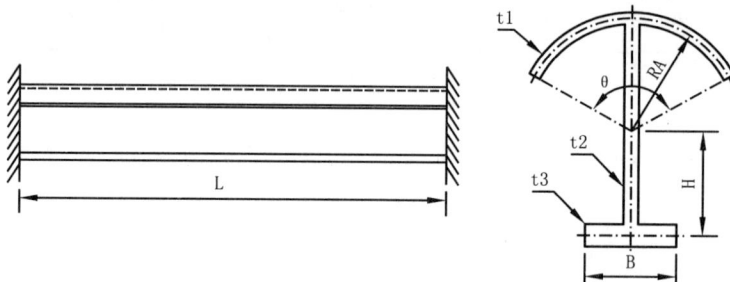

图 7-25 两端固结梁和截面构造

```
!EX7.20 复合材料工字梁的分析——材料方向的确定
FINISH$/CLEAR$/PREP7$T1=20$T2=15$T3=25                            !总厚度参数
LSP=2000$RA=150$CTA=120$H=140$B=120                               !几何参数
ET,1,SHELL99$KEYOPT,1,8,1                                         !定义单元类型、输出控制
UIMP,1,EX,EY,EZ,133.86E3,7.706E3,7.706E3                          !定义弹性模量
UIMP,1,GXY,GYZ,GXZ,4.306E3,2.76E3,4.306E3                         !定义剪切模量
UIMP,1,PRXY,PRYZ,PRXZ,0.301,0.396,0.301                           !定义泊松系数
R,1,4,1$RMODIF,1,13,1,0,T1/4$RMODIF,1,16,1,90,T1/4                !定义实常数组1,4层对称铺层及各层数据
R,2,3,1$RMODIF,2,13,1,0,T2/3$RMODIF,2,16,1,90,T2/3                !定义实常数组2,3层对称铺层及各层数据
R,3,5,1$RMODIF,3,13,1,0,T3/5$RMODIF,3,16,1,90,T3/5                !定义实常数组3,5层对称铺层及各层数据
RMODIF,3,19,1,0,T3/5
```

```
K,1,−B/2,−H$K,2,0,−H$K,3,B/2,−H$K,4,,RA$L,1,2$L,2,3$L,2,4$CSYS,1          !创建关键点
K,5,RA,90+CTA/2$K,6,RA,90−CTA/2$L,5,4$L,4,6$CSYS,0$K,10,,−H,LSP            !创建关键点和线
L,2,10$ADRAG,1,2,,,,,6$ADRAG,3,,,,,,6$ADRAG,4,5,,,,,6$NUMMRG,ALL          !拖拉生成面
ESIZE,40$MSHKEY,1$ASEL,S,LOC,Y,−H$AATT,1,3,1                              !定义单元网格尺寸,赋下翼缘单元属性
ASEL,S,LOC,X,0$AATT,1,2,1$ASEL,A,LOC,Y,−H                                 !赋腹板单元属性,并选择下翼缘和腹板面
LOCAL,11,,,,,0,0,90$ESYS,11$AMESH,ALL                                     !建 11 号局部坐标系并与单元坐标系,划分网格
ASEL,INVE$AATT,1,1,1                                                     !选择圆弧部分的面
LOCAL,12,1,,,,0,0,90$ESYS,12$AMESH,ALL                                   !建 12 号局部坐标系并与单元坐标系,划分网格
CSYS,0$LSEL,S,LOC,Z,0$LSEL,A,LOC,Z,LSP$DL,ALL,,ALL                       !施加约束条件
ASEL,S,LOC,Y,−H$SFA,ALL,1,PRES,1.0$ALLSEL,ALL                           !施加面荷载
/PSYMN,ESYS,1$EPLOT$ESHAPE,1$EPLOT                                       !查看单元坐标系和单元形状
/SOLU$SOLVE$/POST1$PLDISP,1                                              !求解并查看结果
!
```

在本例中,因层间剪应力的有效性不能满足要求,故会存在较多警告信息。

7.8　SHELL28 单元

SHELL28 称为 4 节点剪切—扭转嵌板单元,该单元的每个节点有 3 个自由度,即沿节点坐标系 x、y 和 z 方向的平动位移或绕各轴的转动位移,单元模型如图 7-26 所示。可用于如机翼和机身、木屋的墙和楼板、金属板梁、高层建筑中的框架—剪力筒结构等,在其中作为剪力构件。

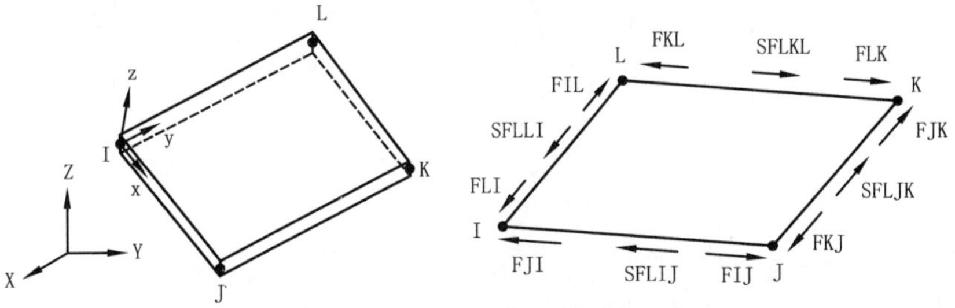

图 7-26　SHELL28 单元几何及输出示意

7.8.1　输入参数与选项

图 7-26 给出了单元几何、节点位置和坐标系,单元输入数据包括 4 个节点、一个厚度参数和材料属性。该单元实际仅用到 GXY 和 DENS,GXY 可直接输入或通过输入的 EX 和 NUXY(或 PRXY)求得,因 EX 必须输入,GXY 输入与否均可。实常数 SULT 为极限剪应力或剪应力的最大容许值,以便计算安全富裕。实常数 ADMSUA 为单位面积上的附加质量,该单元只有集中质量矩阵一种形式。KEYOPT(1)用于选择剪切嵌板或扭转嵌板的控制。

该单元无面荷载。温度可施加在节点上,节点 I 的温度缺省为 TUNIF,若未定义其余节点温度,则全部缺省为节点 I 的温度。对其他任何形式的输入方式,未定义的温度均缺省为 TUNIF。温度不作为荷载,而是仅用于随温度变化的材料性质计算。

SHELL28 单元的输入参数与选项如表 7-21 所示。

SHELL28 单元输入参数与选项　　　　　　　　　　　　　　　　　　　　表 7-21

参 数 类 别	参 数 及 说 明
节点	I,J,K,L
自由度	KEYOPT(1)=0 时:UX,UY,UZ KEYOPT(1)=1 时:ROTX,ROTY,ROTZ
实常数	THCK——板厚;SULT——极限剪应力;ADMSUA——附加质量

参 数 类 别	参 数 及 说 明
材料属性	EX,PRXY(或 NUXY),DENS,DAMP,GXY
面荷载	无
体荷载	温度——T(I),T(J),T(K),T(L),仅用于计算材料性质
特性	应力刚化
KEYOPT(1)	单元行为控制: 0——剪切板;1——扭转板

7.8.2 输出数据

单元输出说明如表 7-22 所示,表 7-23 为命令 ETABLE 或 ESOL 中的表项和序号。

SHELL28 单元输出说明   表 7-22

名　称	说　明	O	R
EL	单元号	Y	Y
NODES	节点号(I,J,K,L)	Y	Y
MAT	材料号	Y	Y
VOLU	单元体积	Y	Y
SXY	4 个节点的平均剪应力	Y	Y
XC,YC,ZC	单元结果的输出位置	Y	3
TEMP	温度 T(I),T(J),T(K),T(L)	Y	Y
SXY(I,J,K,L)	各节点的剪应力	Y	Y
SXY(MAX)	4 个节点剪应力的最大值	Y	Y
SMARGN	安全富裕	Y	Y
FDIK,FDJL	沿对角线 IK 和 JL 的力	1	1
FLI,FJI	从节点 L 和 J 指向 I 的节点 I 上的力	1	1
FIJ,FKJ	从节点 I 和 K 指向 J 的节点 J 上的力	1	1
FJK,FLK	从节点 J 和 L 指向 K 的节点 K 上的力	1	1
FKL,FIL	从节点 K 和 I 指向 L 的节点 L 上的力	1	1
SFLIJ	边 IJ 上的剪力流	1	1
SFLJK	边 JK 上的剪力流	1	1
SFLKL	边 KL 上的剪力流	1	1
SFLLI	边 LI 上的剪力流	1	1
FZI	节点 I 处 Z 向力	1	1
FZJ	节点 J 处 Z 向力	1	1
FZK	节点 K 处 Z 向力	1	1
FZL	节点 L 处 Z 向力	1	1
MDIK,MDJL	对角线 IK 和 JL 的力矩	2	2

注:1. 仅当 KEYOPT(1)=0 时。

　　2. 仅当 KEYOPT(1)=1 时。

　　3. *GET 命令采用 CENT 项时可得。

命令 ETABLE 和 ESOL 的表项和序号 表 7-23

输出量名称	项 Item	E	输出量名称	项 Item	E
FDIK(MDIK)	SMISC	1	FZL	SMISC	14
FDJL(MDJL)	SMISC	2	SXY	SMISC	15
FLI	SMISC	3	SXYI	SMISC	16
FJI	SMISC	4	SXYJ	SMISC	17
FIJ	SMISC	5	SXYK	SMISC	18
FKJ	SMISC	6	SXYL	SMISC	19
FJK	SMISC	7	SXYMAX	SMISC	20
FLK	SMISC	8	SMARGN	SMISC	21
FKL	SMISC	9	SFLIJ	SMISC	22
FIL	SMISC	10	SFLJK	SMISC	23
FZI	SMISC	11	SFLKL	SMISC	24
FZJ	SMISC	12	SFLLI	SMISC	25
FZK	SMISC	13			

7.8.3 计算假定与输出

该单元没有形函数,直接利用均匀剪力流假定和对角线上的节点力描述其剪力效应,且该单元只能承受剪应力,而不能承受其他应力,如面内轴向应力等。剪切板则假定剪应力沿着单元边,而扭转板则假定仅有扭矩而无弯矩等。

均匀剪力流的假定用于矩形单元是正确的,但对如梯形或平行四边形等则不存在均匀剪力流。

当 4 个节点在一个平面内时,剪力流和节点剪力的关系为:

$$S_{IJ}^{fl} = \frac{F_{JI} - F_{IJ}}{l_{IJ}} \tag{7-76}$$

式中:S_{IJ}^{fl}——沿 IJ 边的剪力流,即输出中的 SFLIJ;

F_{JI}——节点 I 处从节点 J 指向节点 I 的剪力,即输出中的 FJI;

F_{IJ}——节点 J 处从节点 I 指向节点 J 的剪力,即输出中的 FIJ;

l_{IJ}——IJ 边的长度。

对平板,单元 z 方向的力(即输出中的 FZI,FZJ,FZK,FZL)为零,当为矩形单元时,所有边的剪力流相等,则单元应力为:

$$\sigma_{xy} = \frac{S_{IJ}^{fl}}{t} \tag{7-77}$$

式中:σ_{xy}——剪应力,即输出中的 SXY;

t——单元厚度,即输出中的实常数 THCK。

对于 4 个节点不在一个平面或单元形状不为矩形时,应力计算相当复杂,此处不再介绍。

安全富裕计算采用下述公式:

$$M_S = \begin{cases} \dfrac{\sigma_{xy}^U}{\sigma_{xy}^m} - 1.0, & \text{当} \ \sigma_{xy}^m \text{和} \ \sigma_{xy}^U \text{均不等于零时} \\ 0.0, & \text{当} \ \sigma_{xy}^m = \sigma_{xy}^U = 0 \end{cases} \tag{7-78}$$

式中:M_S——安全富裕度,即输出中的 SMARGN;

σ_{xy}^m——节点剪应力最大值,即输出中的 SXY(MAX);

σ_{xy}^U——极限剪应力,或称剪应力的最大容许值,即输入中的实常数 SULT。

7.8.4 注意事项

(1)单元面积必须为正。

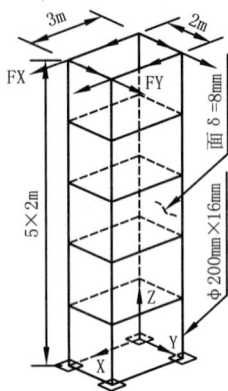

图 7-27　框架—嵌板
筒体结构

(2)该单元常用于梁格的"格"或机翼中的"剪力板"(与机翼平行的连接各个翼截面部件的板件)。由于该单元仅能承受剪力荷载不能承受拉压,若独立使用该单元则大多数情况下结构是不稳定的,或者说是几何可变体系。

(3)该单元作为单元历史而存在,一般不使用,建议采用其他 SHELL 单元,如 SHELL41、SHELL63 和 SHELL181 等,这些单元能够自动具拉压、弯曲、剪切和扭转等效应。

(4)该单元基于沿边长仅有剪力而无正应力的假设,这对矩形单元成立,但非矩形单元时会降低精度。

7.8.5　应用举例

如图 7-27 所示结构,各柱和横梁均为 φ200mm×16mm 的钢管,在柱和横梁之间镶嵌 8mm 厚的钢板,柱底固结,柱顶作用各向集中荷载。计算分析的命令流如下。

```
!══════════════════════════════════════════
!EX7.21 框架—嵌板筒体结构的计算分析
FINISH$/CLEAR$/PREP7$PI=ACOS(-1)$D0=0.2                         !参数变量
D1=0.2-0.016*2$A0=PI*(D0**2-D1**2)                             !计算截面面积
I0=PI*(D0**4-D1**4)                                            !计算截面惯性矩
ET,1,SHELL28$ET,2,BEAM4                                       !定义两种单元
MP,EX,1,2.0E11$MP,PRXY,1,0.0                                  !定义材料常数
R,1,0.008$R,2,A0,I0,I0,D0,D0                                  !定义梁单元的实常数
K,1$K,2,3.0$K,3,3.0,2.0$K,4,,2.0                              !定义关键点
L,1,2$L,2,3$L,3,4$L,1,4$K,5,,,10.0$L,1,5                      !定义线及拖拉路径线
ADRAG,1,2,3,4,,,5$LDELE,5                                     !拖拉创建面
*DO,I,1,4$WPOFF,,,2$ASBW,ALL$*ENDDO                           !切分模型,生成各层框线
LATT,1,2,2$AATT,1,1,1$LESIZE,ALL,,,1                          !赋线、面单元属性
LMESH,ALL$AMESH,ALL                                           !划分线和面
KSEL,S,LOC,Z,0$DK,ALL,ALL                                     !施加约束
KSEL,S,LOC,Z,10.0                                            !选择顶面关键点
FK,ALL,FY,1E5$FK,ALL,FX,1E6$ALLSEL,ALL                        !施加荷载
/SOLU$SOLVE$/POST1$PLDISP,1                                   !求解并进入后处理查看变形
PLNSOL,S,XZ$PLNSOL,S,YZ                                       !绘制剪应力云图
ESEL,S,TYPE,,2$ETABLE,IZM,SMISC,6                             !选择梁单元,定义单元弯矩表
ETABLE,JZM,SMISC,12$PLLS,IZM,JZM                              !绘制弯矩图
ETABLE,IYM,SMISC,5$ETABLE,JYM,SMISC,11$PLLS,IYM,JYM
!══════════════════════════════════════════
```

7.9　SHELL41 单元

SHELL41 称为 4 节点膜壳或膜单元,仅具有面内膜刚度而无面外的弯曲刚度。该单元的每个节点有 3 个自由度,即沿节点坐标系 x、y 和 z 方向的平动位移,单元模型如图 7-28 所示。单元 SHELL63 也具有"仅膜刚度"选项。

7.9.1　输入参数与选项

图 7-28 给出了单元几何、节点位置和坐标系,单元输入数据包括 4 个节点、4 个厚度、材料方向角、弹性地基刚度和正交各向异性材料属性,正交各向异性材料方向在单元坐标系中定义。单元坐标系的 x 轴可以旋转一个角度 THETA(度数)。

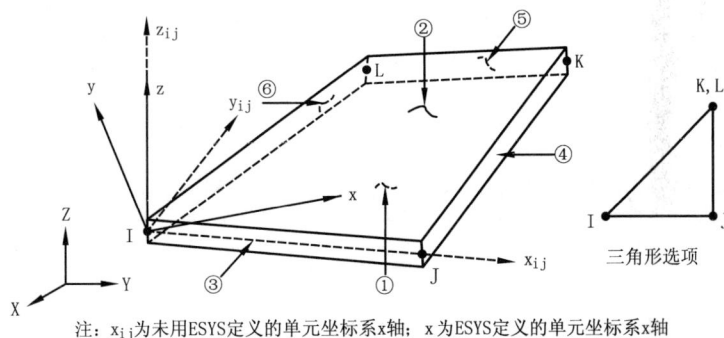

注：x_{ij}为未用ESYS定义的单元坐标系x轴；x为ESYS定义的单元坐标系x轴

图 7-28　SHELL41 单元几何

若单元厚度不变，只需输入 TK(I)；若单元厚度变化，则需输入 4 个节点的厚度，且假定单元内的厚度均匀变化。弹性地基刚度同前文，且 EFS≤0 时则不予考虑。ADMSUA 为单位面积上的附加质量。

压力荷载可作为单元各面上的面荷载输入，如图 7-28 所示。压力荷载转化为单元等效荷载施加在节点上。温度可作为体荷载施加，节点 I 的温度 T(I)缺省为 TUNIF，若未定义其余节点温度，则全部缺省为 T(I)；对其他任何形式的输入方式，未定义的温度均缺省为 TUNIF。

KEYOPT(1)用于控制单元的拉压行为，缺省时单元可承受拉或压应力，当 KEYOPT(1)=2 时单元仅承受拉应力，也称"布"选项。"仅拉"行为的作用类似布或织物，即可承受拉应力而不能承受压应力，受压时将导致单元发生"褶皱"。该选项与单元 LINK10 的"仅拉"选项类似。

用户不应使用布选项模拟织物材料或布，因为真实织物或布具有一定的弯曲刚度，但使用该选项可有效地模拟褶皱可被近似看作的某个区域，如飞机结构的剪力嵌板等，这种褶皱可在一个或两个正交方向发生。若要模拟真实的织物材料或布，可采用布选项模拟荷载引起的受拉部分，但需增加一非常薄的包含弯曲效应的常规壳单元（即重合单元），同时也可提高解的稳定性。

节点位置的出单元平面或舍入误差都会引起位移解的不稳定，为削弱其影响，通常可采用实常数 EFS 为单元增加一微小的法向刚度。KEYOPT(2)用于控制是否计入形函数的附加项，KEYOPT(4)控制单元结果的附加输出等。

SHELL41 单元的输入参数与选项如表 7-24 所示。

SHELL41 单元输入参数与选项　　　　表 7-24

参数类别	参数及说明			
节点	I,J,K,L			
自由度	UX,UY,UZ			
实常数	序号	符号	说明	
	1	TK(I)	节点 I 的壳厚度	
	2	TK(J)	节点 J 的壳厚度	
	3	TK(K)	节点 K 的壳厚度	
	4	TK(L)	节点 L 的壳厚度	
	5	THETA	单元 x 轴转角（度）	
	6	EFS	弹性地基刚度，量纲：(力/长度²)/长度	
	7	ADMSUA	附加质量（质量/面积）	
材料属性	EX,EY,PRXY 或 NUXY,ALPX,ALPY(或 CTEX,CTEY 或 THSX,THSY),DENS,DAMP,GXY			

参 数 类 别	参 数 及 说 明
面荷载	face1——I-J-K-L(底面,+Z 方向);face2——I-J-K-L(顶面,－Z 方向);face3——J-I;face4——K-J;face5——L-K;face6——I-L
体荷载	温度——T(I),T(J),T(K),T(L)
特性	应力刚化、大变形、非线性[KEYOPT(1)＝2]、单元生死、自适应下降技术
KEYOPT(1)	单元刚度行为控制: 0——拉压刚度;2——仅考虑受拉刚度,受压塌溃,即所谓"布"选项
KEYOPT(2)	形函数附加项控制: 0——计入形函数附加项;1——不计入形函数附加项
KEYOPT(4)	附加应力输出控制: 0——基本单元解;1——积分点基本解;2——节点应力解
KEYOPT(5)	膜力输出控制: 0——不输出;1——输出单元坐标系下的膜力
KEYOPT(6)	边结果输出控制(仅对各向同性材料): 0——无输出;1——输出 IJ 边中点的结果;2——输出 IJ 边和 KL 边中点的结果

7.9.2 输出数据

单元应力平行于单元坐标系,边上的应力平行于单元边界。

单元输出说明如表 7-25 所示,表 7-26 为命令 ETABLE 或 ESOL 中的表项和序号。

SHELL41 单元输出说明　　　　　　　　　　　　　　　表 7-25

名　称	说　明	O	R
EL	单元号	Y	Y
NODES	单元节点号(I,J,K,L,M,N,O,P)	Y	Y
MAT	单元材料号	Y	Y
AREA	单元面积	Y	Y
XC,YC,ZC	单元结果的输出位置	Y	4
PRES	P1,P2,P3,P4,P5,P6	Y	Y
TEMP	温度 T(I),T(J),T(K),T(L)	Y	Y
S:X,Y,Z,XY	应力	Y	Y
S:1,2,3	主应力	Y	Y
S:INT	应力强度	Y	Y
S:EQV	等效应力	Y	Y
EPEL:X,Y,Z,XY	弹性应变	Y	Y
EPEL:EQV	等效弹性应变	Y	Y
EPTH:X,Y,Z,XY	平均热应变	Y	Y
EPTH:EQV	等效热应变	Y	Y
ANGLES	拉应力方向与 x 轴的夹角(度)	1	1
CURRENT STATS	当前子步结束时单元的状态	2	2

名　　称	说　　明	O	R
OLD STATUSES	上一子步结束时单元的状态	2	2
TEMP	边上的平均温度	3	3
EPEL(PAR,PER,Z)	边弹性应变(平行、垂直及 Z 方向)	3	3
S(PAR,PER,Z)	边应力(平行、垂直及 Z 方向)	3	3
SINT	边应力强度	3	3
SEQV	边等效应力	3	3
FX,FY,FZ	节点力	—	Y
积分点应力解[KEYOPT(4)=1]	TEMP,S(X,Y,Z,XY),SINT,SQEV	—	—
节点应力解[KEYOPT(4)=2]	TEMP,S(X,Y,Z,XY),SINT,SQEV	—	—
边 KL 解[KEYOPT(6)=2]	TEMP,EPEL(PAR,PER,Z)S,SINT,SQEV	—	—
膜力[KEYOPT(5)=1]	FX,FY,FZ 单元坐标系下	—	—

注:1. 仅当 KEYOPT(1)=2 即 STAT=1 时在积分点输出。

2. 仅当 KEYOPT(1)=2 时输出积分点状态,单元状态如下:

　　0——双向受拉(正交方向);

　　1——单项受拉,另外方向塌溃;

　　2——双向塌溃。

3. 当 KEYOPT(6)>0 时边 IJ 输出。

4. *GET 命令采用 CENT 项时可得。

命令 ETABLE 和 ESOL 的表项和序号　　　　　　　　　　　表 7-26

输出量名称	项 Item	E	I	J	K	L
FX	SMISC	—	1	4	7	10
FY	SMISC	—	2	5	8	11
FZ	SMISC	—	3	6	9	12
P1	SMISC	—	13	14	15	16
P2	SMISC	—	17	18	19	20
P3	SMISC	—	22	21	—	—
P4	SMISC	—		24	23	—
P5	SMISC	—		—	26	25
P6	SMISC	—	27	—	—	28
S:1	NMISC	—	1	6	11	16
S:2	NMISC	—	2	7	12	17
S:3	NMISC	—	3	8	13	18
S:INT	NMISC	—	4	9	14	19
S:EQV	NMISC	—	5	10	15	20
	角点位置	—	1	2	3	4
ANGLE	NMISC	—	21	23	25	27
STAT	NMISC	—	22	24	26	28

7.9.3   假定和褶皱选项

（1）形函数及积分点

刚度矩阵、热荷载矢量及垂直压力荷载矢量的形函数和积分点，与单元 SHELL63 的膜选项相同，即分别为式(7-1)～式(7-6)。弹性基地刚度矩阵的形函数同式(7-7)、式(7-8)。质量和应力刚度矩阵的形函数和积分点与单元 SHELL63 相同。边荷载矢量、单元温度、节点温度及压力等与单元单元 SHELL63 也相同。

（2）假定和限制条件

①假定无面外弯曲刚度。

②当 4 个节点不在一个绝对平面内时称为扭翘，此时会引起不平衡力矩从而导致单元失去平衡。扭翘系数定义如下：

$$\phi = \frac{D}{\sqrt{A}} \tag{7-79}$$

式中：D——从第一个节点到第四个节点平行于单元法线的距离；

A——单元面积。

若 $\phi > 0.00004$ 系统发出警告信息，若 $\phi > 0.04$ 系统发出严重错误信息。

（3）褶皱选项

当采用褶皱选项时[KEYOPT(1)＝2]，若上一迭代步受压则除去单元刚度。处理方法类似间隙单元，首先将各积分点上的膜应力分解到主应力方向，如此可不直接考虑剪应力；然后考虑三种可能性：

第一种：两个主应力均为拉应力，积分点按通常的全刚度处理；

第二种：两主应力均为压应力，则忽略该积分点对刚度的贡献；

第三种：两主应力分别为一拉一压，则积分点按正交异性材料处理，即受压方向无刚度，而受拉方向按全刚度处理，并通过张量变换将材料性质转换到单元坐标系中。

7.9.4   注意事项

（1）4 个节点应在一个绝对的平面内，但也容许微小的扭翘；当扭翘很严重时，建议采用三角形单元。当然，若有扭翘则系统会根据扭翘系数发出相应的信息。

（2）单元面积必须大于零；厚度 TK(I) 必须大于零，且角点厚度不能渐变至零。

（3）通过重复的节点号可定义三角形单元，其形函数附加项自动删除，从而形成常应变单元。

（4）大变形分析中应采用三角形单元，因四边形单元在分析过程中可能会发生较大的扭翘。

（5）当该单元模拟非绝对平面时，在垂直平面的方向可能导致奇异。可采用很弱的杆单元 LINK8 与平面内的节点相连，以提供很小的法向刚度；或者采用实常数 EFS 提供很小的法向刚度，从而解决奇异问题。当采用该单元近似模拟曲面时，单元尺寸不能超过 $15°$ 的弧面，否则会产生过大的误差。

7.9.5   应用举例

（1）马鞍形索膜结构找形分析

找形分析的有限元方法有支座位移提升法、近似曲面逼近法、小弹性模量曲面自平衡迭代法，这三种方法无本质差别，仅初始有限元模型和初始应力不同。利用 ANSYS 可综合支座提升法和小弹性模量法，具体方法和步骤如下：

①根据索膜结构的平面投影创建几何模型。

②弹性模量和初应力：假定索和膜的小弹性模量，采用实际弹性模量的 $10^{-3} \sim 10^{-5}$ 倍为宜，太小不易收敛，太大则膜面应力均匀性较差。索的初应力采用初应变法施加，若根据初应力、索面积及索假定弹模计算的初应变大于 1.0，则初应变可设为 0.99，且在实常数中定义。膜单元采用降温法，根据膜初应力和膨胀系数计算温度值，且在实常数中输入膨胀系数。泊松系数可输入真实值，也可输入零值，对找形影响很小。

③定义边界条件,并根据控制点位置设定其提升位移(支座位移)。

④打开大变形选项,进行第一次找形分析,然后更新坐标,并将控制点的支座位移重新设置为零。

⑤恢复索和膜的真实弹性模量,以及真实的预应力分布状态。

⑥进行多次自平衡迭代求解,求解后更新模型,直到满足误差要求。该误差可为膜面应力分布误差、每次求解后的变形值、索应力分布误差等。

⑦最终的求解结果便是初始形态,即找形结果。

设膜投影边长为 8m×8m 的正方形,四个角点固定,四边为索边界,角点高差为 4m。膜弹性模量为 250MPa,泊松系数为 0.34,膜厚度为 1mm;索弹性模量为 150GPa,泊松系数为 0.3,索面积为 200mm²。假定膜初始张拉应力为 2MPa,索初始张拉力为 36kN,确定此索膜结构的形态。根据上述步骤,在完成第一次找形并进行 5 次自平衡迭代后,结构的不平衡位移仅为 0.0014m,膜面面积为 56.6921m²,膜面等效应力为 1.89~1.99MPa,最大和最小应力仅相差 5%左右,远小于 20%的经验值;索张力为 36.45~36.65kN,其最小和最大张力仅相差 0.5%,可以认为曲面为平衡的最小曲面。分析时不必严格按照上述七个步骤进行,某些步骤可根据习惯调整,计算分析的命令流如下。

```
!==============================================================================
!EX7.22 马鞍形膜结构找形分析——小弹性模量支座提升并自平衡迭代
FINISH$/CLEAR$/PREP7$ET,1,SHELL41,2$ET,2,LINK10            !定义两种单元类型
MP,EX,1,2.5E5$MP,PRXY,1,0.34$MP,ALPX,1,1.0          !定义膜的材料常数:弹模降低、任意膨胀系数
MP,EX,2,1.5E11/1.0E3$MP,PRXY,2,0.3                     !定义索的材料常数:弹模降低 1000 倍
R,1,0.001$R,2,2E-4,0.99                      !定义膜和索实常数,索的初应变采用 0.99<1.0
BLC4,,,8,8$MSHAPE,1$MSHKEY,1$ESIZE,0.3         !创建几何模型,并定义单元形状和单元尺寸
AATT,1,1,1$AMESH,ALL                             !赋予面单元属性并划分单元网格
LATT,2,2,2$LMESH,ALL                             !赋予线单元属性并划分单元网格
DK,ALL,ALL$DK,1,UZ,4$DK,3,UZ,4                  !施加边界条件,并设定拟提升的支座位移
BFA,ALL,TEMP,-(1-0.34)*2E6/(2.5E5*1.0)        !施加温度模拟面初应力,温度按双向应力相等计算
/SOLU$ANTYPE,0$NLGEOM,ON$SSTIF,ON             !进入求解层,打开大变形、应力刚度开关
NSUBST,50$OUTRES,ALL,ALL                          !定义子步数,输出所有结果
CNVTOL,F,,0.01$SOLVE$FINISH                      !定义力收敛准则和误差,求解
!/POST1$PLDISP$PLNSOL,S,EQV$FINISH                !观察结果,也可不进入后处理层
/PREP7$UPCOORD,1$EPLOT                            !进入前处理层,更新模型坐标,显示单元
MP,EX,1,2.5E8$MP,ALPX,1,0.01               !恢复膜真实的材料常数,弹性模量和线胀系数
MP,EX,2,1.5E11$R,2,2E-4,36E3/(1.5E11*2E-4)    !恢复索的真实弹性模量,修改实常数中的初应变
BFA,ALL,TEMP,-(1-0.34)*2E6/(2.5E8*0.01)      !修改膜的温度荷载,施加真实的初应力
DK,ALL,ALL$FINISH                             !将所有支座位移变为零,即不再提升支座
*DO,I,1,5$/SOLU$ANTYPE,0$NLGEOM,ON             !循环 5 次进行自平衡迭代求解
SSTIF,ON$NSUBST,50$CNVTOL,F,,0.01$SOLVE         !设定求解参数,也可继承前述设置
FINISH$/PREP7$UPCOORD,1$FINISH                    !进入前处理进行模型更新
*ENDDO                                            !循环结束
/POST1$/VIEW,1,1,1,1$/ANG,1,60,ZS,1$/ANG,1,30,XS,1   !进入后处理,改变试图角度
PLDISP$PLNSOL,S,EQV                               !绘制变形图、等效应力云图
ESEL,S,TYPE,2$ETABLE,SL,SMISC,1$PLLS,SL,SL          !绘制索的张力云图
ESEL,S,TYPE,1$*GET,ETOL,ELEM,,COUNT              !选择膜单元,获取单元数
*GET,EMIN,ELEM,,NUM,MIN$ATOL=0.0                 !获取最小单元号,设定累加值
*DO,I,1,ETOL$*GET,AI,ELEM,EMIN,AREA              !对单元循环,获取当前面积
ATOL=ATOL+AI$EMIN=ELNEXT(EMIN)$*ENDDO            !将面积累加,并获取下一个单元号
!*STAT                          !可列表查看 ATOL 值,也可采用 GUI 方式查看各单元的面积及总和
!==============================================================================
```

(2)带脊索和边索的索膜结构找形分析

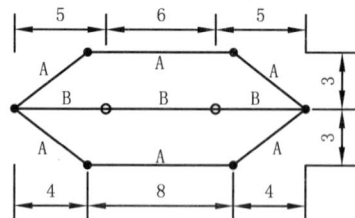

注：A-边索；　B-脊索；●-固定；○-提升4m

图 7-29　索膜结构的初始几何
（尺寸单位：m）

如图 7-29 所示的索膜结构，周边为边索，中间为脊索，周边角点固定，脊索中间的两点用桅杆提升 4m。膜厚度为 9mm，弹性模量为 7MPa，泊松系数为 0.38；边索和脊索截面面积均为 500mm²，弹性模量为 2GPa，泊松系数为 0.3。假定膜面初始应力为 20kPa，边索初始张力为 1kN，脊索初始张力为 1.3kN。建模时按图所示的平面投影创建几何模型，施加边界条件和支座位移后进行第一次找形分析，通过观察结果发现膜面应力均匀性较差，恢复真实的材料常数和初始应力后自平衡迭代 20 次，再次观察结果表明，最小和最大膜面应力相差 10% 左右，边索张力相差不足 1%，而脊索张力相差 1.5% 左右，不平衡位移仅 6.2mm，故可认为此时的形态即为所求。命令流如下。

```
!═══════════════════════════════════════════════════
!EX7.23 带边索和脊索的膜结构找形分析
FINISH$/CLEAR$/PREP7
!创建几何模型,由点创建1/2面,由面对称生成全部模型,并消除重合图素
K,1$K,2,4,-3$K,3,12,-3$K,4,16$K,5,5$K,6,11$A,1,2,5$A,2,3,6,5$A,3,4,6$ARSYM,Y,ALL$NUM-
MRG,ALL
!定义单元类型、小弹性模量、索的初应变等
ET,1,SHELL41,2$ET,2,LINK10$MP,EX,1,7E6/1E3$MP,PRXY,1,0.38$MP,ALPX,1,1.0
MP,EX,2,2E9/1E3$MP,PRXY,2,0.3$R,1,0.0009$R,2,5E-4,0.99$R,3,5E-4,0.99
!生成有限元模型,SHELL41采用三角形单元便于收敛,边索和脊索采用不同的实常数
MSHAPE,1$MSHKEY,1$ESIZE,0.5$AATT,1,1,1$AMESH,ALL$LSEL,S,LOC,Y,0$LATT,2,3,2$LMESH,ALL
LSEL,INVE$LSEL,U,LOC,X,4,5$LSEL,U,LOC,X,11,12$LATT,2,2,2$LMESH,ALL$ALLSEL,ALL
!施加约束条件,周边角点固定,中间两个关键点提升4m;施加温度荷载
DK,ALL,ALL$DK,KP(5,0,0),UZ,4$DK,KP(11,0,0),UZ,4$BFA,ALL,TEMP,-(1-0.38)*2E4/(7E3*1.0)
!第一次求解,并观察结果
/SOLU$ANTYPE,0$NLGEOM,ON$SSTIF,ON$NSUBST,50$SOLVE$FINISH
/POST1$/VIEW,1,,,1$/ANG,1,-30,XS,1$/ANG,1,30,YS,1$/ANG,1,30,ZS,1$PLDISP$PLNSOL,S,EQV
ESEL,S,TYPE,,2$ETABLE,SL,SMISC,1$PLLS,SL,SL$ALLSEL,ALL
!更新模型;恢复真实的材料常数和初始应力状态
FINISH$/PREP7$UPCOORD,1$EPLOT$MP,EX,1,7E6$MP,ALPX,1,0.01$MP,EX,2,2E9$
R,2,5E-4,1E3/(2E9*5E-4)$R,3,5E-4,1.3E3/(2E9*5E-4)$BFA,ALL,TEMP,-(1-0.38)*2E4/(7E6*0.01)
DK,ALL,ALL$FINISH
!自平衡迭代,设定迭代次数为20次,形成求解—模型更新的循环过程
ZDDS=20$*DO,I,1,ZDDS$/SOLU$ANTYPE,0$NLGEOM,ON$SSTIF,ON$NSUBST,50
OUTRES,ALL,ALL$CNVTOL,F,,0.01$SOLVE$FINISH
*IF,I,NE,ZDDS,THEN$/PREP7$UPCOORD,1$FINISH$*ENDIF$*ENDDO
!进入后处理,观察结果
/POST1$PLDISP$ESEL,S,TYPE,,1$PLNSOL,S,EQV
ESEL,S,REAL,,2$ETABLE,SL,SMISC,1$PLLS,SL,SL
ESEL,S,REAL,,3$ETABLE,SL,SMISC,1$PLLS,SL,SL
!═══════════════════════════════════════════════════
```

对于复杂索膜结构的找形分析，当不收敛时可适当调整"假定"的弹性模量和初始应力，也可仅采用"力"收敛准则并适当降低误差要求。在第一次找形成功后，恢复材料的真实常数和初始应力，可进行多次迭代，直到达到应力或不平衡位移的要求，从而获得满意的初始形态。虽然 ANSYS 可实现找形，但由

于通用软件的特点,建议采用专用索膜结构软件,可方便地进行找形、荷载分析、裁剪等,以提高设计效率。

7.10 SHELL150 单元

SHELL150 称为 8 节点结构壳 p 单元,最高可支持 8 阶多项式的形函数,该单元可很好地模拟曲壳。该单元每个节点有 6 个自由度,即沿节点坐标系 x、y 和 z 方向的平动位移和绕各轴的转动位移,单元模型如图 7-7 所示。

7.10.1 输入参数与选项

单元几何、节点位置和单元坐标系如图 7-7 所示,单元输入数据有 8 个节点、4 个厚度和正交各向异性材料性质。单元的中间节点不能去除,正交各项异性材料方向在单元坐标系中定义。

若单元厚度不变,只需输入 TK(I);若单元厚度变化,则需输入 4 个节点的厚度,且假定单元内的厚度均匀变化,中间节点厚度取相邻角点厚度的平均值。任何一个单元的总厚度须小于曲率半径 2 倍,且小于 1/4 曲率半径。

该单元可考虑附加质量,实常数 ADMSUA 为单位面积上的附加质量。压力荷载可作为单元各面上的面荷载输入,如图 7-7 所示的圆圈内数字。单元体荷载为施加在角点 1~8 上的温度荷载,第一个角点的温度 T1 缺省为 TUNIF,若未定义其余角点温度,则全部缺省为 T1;若仅定义了 T1 和 T2,则 T1 表示 T1、T2、T3 和 T4,而 T2 表示 T5、T6、T7 和 T8;对其他任何形式的输入方式,未定义的温度均缺省为 TUNIF。

SHELL150 单元的输入参数与选项如表 7-27 所示。

SHELL150 单元输入参数与选项　　　　　表 7-27

参数类别	参数及说明
节点、自由度、实常数(无 THETA)、材料常数、面荷载、体荷载等同表 7-5	
特性	无(仅用于线性静力分析)
KEYOPT(1)	p 水平的起始值: 0——使用总体起始值(命令 PPRANGE 定义),缺省;N——起始值(2≤N≤8)
KEYOPT(2)	p 水平的最大值: 0——使用总体起始值(命令 PPRANGE 定义),缺省;N——最大值(2≤N≤8)

7.10.2 输出数据

单元输出说明如表 7-28 所示,表 7-29 为命令 ETABLE 或 ESOL 中的表项和序号。

SHELL150 单元输出说明　　　　　表 7-28

名称	说明	O	R
EL,NODES,MAT,VOLU,(Xc,YC,ZC),TEMP,(S:X,Y,Z,XY,YZ,XZ),(S:1,2,3),(S:INT),(S:EQV),(EPEL:X,Y,Z,XY,YZ,XZ),(EPEL:1,2,3),(EPEL:EQV)同表 7-6		Y	Y
p 水平	所采用的 p 水平级	1	1

命令 ETABLE 和 ESOL 的表项和序号　　　　　表 7-29

输出量名称	项 Item	E	I	J	K	L
p 水平	NMISC	1	—			

7.10.3　形函数、假定及注意事项

（1）形函数

刚度矩阵、热荷载矢量、惯性荷载矢量的形函数，当为四边形单元时同式（7-21），当为三角形单元时同式（7-22），形函数的阶次 2～8；在厚度方向设置 2 个积分点，面内积分点个数可变。

横向压力荷载的形函数，当为四边形单元时同式（7-25），当为三角形单元时同式（7-28），但形函数的阶次 2～8，积分点个数可变。侧边压力荷载与面内刚度矩阵的形函数相同。

单元温度按双线性变化，在厚度方向按线性变化；节点温度也按双线性变化，在厚度方向为常量。压力在面内按双线性变化，沿单元边线性变化。

单元的应力应变矩阵同式（7-29）。

（2）基本假定

① 直法线假定。

② 厚度上的各对积分点材料方向相同。

③ 面内转动刚度无意义。

④ 仅考虑集中惯性荷载矢量，即仅考虑平动位移自由度。

（3）注意事项

① 单元面积必须为正。

② 单元厚度不能为零，变厚度时，单元任何角点也不能渐变至零。

③ 单元考虑剪切变形的影响。

④ 横向热梯度荷载假定沿厚度方向线性变化。

⑤ 单元不支持惯性释放。

7.10.4　应用举例

如图 7-30 所示的无限长矩形板，中心开一圆孔，承受单向弯矩作用，求 A 点的应力集中系数。根据对称性，创建 1/4 模型，板总长度取 2 倍板宽；施加对称边界条件，弯矩荷载施加在两个节点，且将荷载边的面外位移耦合。因采用 p 单元，可采用较大的单元尺寸，且采用自由网格形式。定义单元类型时设定 p 水平从 2～8，求解时以不同 p 水平时 A 点的应力误差进行控制，如本例给出 0.5% 的误差要求。

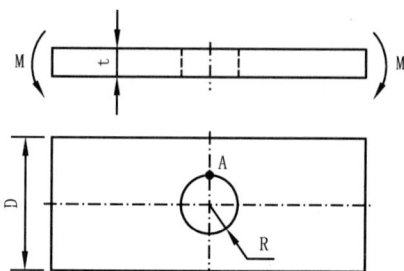

图 7-30　具孔有限宽板的面外弯曲

设 D=300mm，R=25mm，t=10mm，M=0.5kN·m，材料的弹性模量为 210GPa，泊松系数取 0.3，则理论应力集中系数为 1.6053。根据 ANSYS 结果，当 p 水平为 6 时满足收敛条件，此时应力集中系数为 1.6143，与理论结果的误差仅为 0.6%。命令流如下。

```
!=====================================
!EX7.24 具中心圆孔的有限宽板的弯曲——p 单元
FINISH$/CLEAR$/PREP7
D=300$R=25$T=10$M0=5E5$ET,1,SHELL150,2,8        !定义几何参数及单元类型,设置2～8阶水平
MP,EX,1,2.1E5$MP,PRXY,1,0.3$R,1,T               !定义材料常数与实常数
BLC4,,,D,D/2$CYL4,,,R$ASBA,1,2                  !创建1/4几何模型
LSEL,S,LOC,X,0$DL,ALL,,SYMM                     !施加对称约束条件
LSEL,S,LOC,Y,0$DL,ALL,,SYMM                     !施加对称约束条件
LSEL,ALL$ESIZE,25$AMESH,ALL                     !生成有限元网格
NSEL,S,LOC,X,D$CP,1,UZ,ALL                      !耦合荷载边节点的自由度 UZ
F,NODE(D,0,0),MY,M0/4$F,NODE(D,D/2,0),MY,M0/4   !在两个节点上施加荷载 M/4
```

```
NSEL,ALL$FINISH                                                    !选择所有节点
/SOLU$PCONV,0.5,S,X,NODE(0,R,0)$SOLVE                       !定义求解控制并求解
/POST1$SET,1,1$NODEA=NODE(0,R,0)               !进入后处理,获得 A 点的节点号
*GET,SAX,NODE,NODEA,S,X                                    !获取 A 点的 SX
SIG0=6*M0/(T*T*(D-2*R))                                   !计算基准应力
K=SAX/SIG0$*STAT                        !计算应力集中系数并查看 K=1.6143
!======================================================================
```

7.11 SHELL61 单元

SHELL61 称为 2 节点轴对称谐波结构壳单元,每个节点有 4 个自由度,即沿节点坐标系 x、y 和 z 方向的平动位移和绕 z 轴的转动位移,荷载可为轴对称或非轴对称,单元模型如图 7-31 所示。SHELL51 为具有材料非线性的轴对称锥壳单元,已在较高版本中用单元 SHELL208 取代。

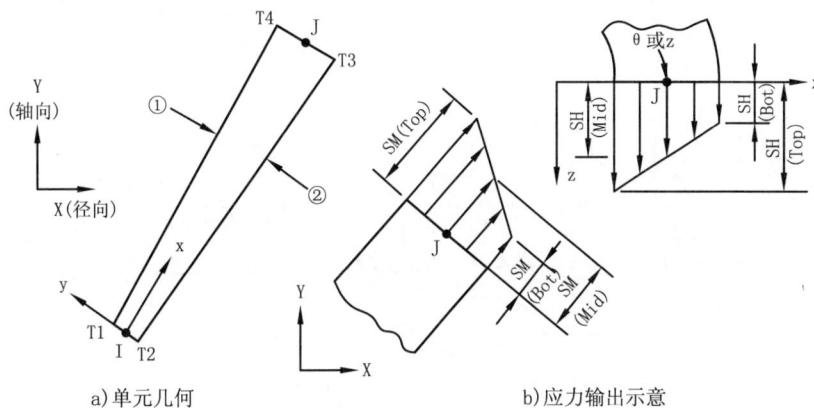

图 7-31 单元 SHELL61

a) 单元几何   b) 应力输出示意

采用平面单元模型分析轴对称结构(轴向沿总体坐标系的 Y 轴,而径向平行于总体坐标系的 X 轴),较 3D 模型相比,可大大减小模型的规模和计算时间。ANSYS 中此类轴对称容许非轴对称荷载,典型单元有 PLANE25、SHELL61、PLANE75、PLANE78 和 PLANE83 等。

荷载由一系列谐函数组成,如荷载 F 的傅里叶系列为:

$$F(\theta) = A_0 + A_1 \sin\theta + B_1 \sin\theta + A_2 \cos 2\theta + B_2 \sin 2\theta + A_3 \cos 3\theta + B_3 \sin 3\theta + \cdots\cdots$$

荷载系数为 A^l 和 B^l,对称条件为 $\cos\theta$ 或 $\sin\theta$,l 为谐波数(当 l=0 时表示对称荷载)。根据 MODE 和 ISYM 可组合很多荷载情况,ANSYS 的帮助文件中进行了详细介绍。

虽然轴对称谐结构单元有其优点,但此类单元与非谐波单元共存时,不能进行大变形或接触等非线性分析,且该单元使用时有也诸多不便,实际应用范围受到很大限值,因此本书不对该单元深入介绍。

图 7-31a)给出了单元几何、节点位置和坐标系,单元输入数据包括 2 个节点、2 个端点厚度、谐波数、对称条件和正交各向异性材料属性。单元坐标系如图 7-31b)所示,θ 为切线方向(环向),参数谐波数 MODE 和对称条件 ISYM 均通过命令 MODE 输入。

单元荷载可为谐变化的温度和压力的组合,谐变化的节点荷载应以 360°基数输入。

若单元厚度不变,只需输入 TK(I);若单元厚度变化,则需输入 2 个节点的厚度,且假定单元内的厚度均匀变化。实常数 ADMSUA 为单位面积上的附加质量。

谐变化的压力荷载可作为单元面荷载输入,如图 7-31 所示的圆圈内数字,指向单元的压力为正。压力施加在单元表面而不是重心面,因此可考虑某些厚度效应。单元体荷载为施加在 4 个角点上的谐变化温度。

7.12 SHELL209 单元

SHELL209 称为 3 节点轴对称有限应变壳单元,适用于模拟薄壳至中等厚度壳结构。该单元有 3 个节点,每个节点有 3 个自由度,即沿整体坐标系 X 和 Y 方向的平动位移及绕 Z 轴的转动位移,单元模型如图 7-32a)所示。该单元可用于线性、大转动、大应变等非线性分析,在非线性分析中考虑了随动压力效应和厚度变化(类似 BEAM18x 的截面变化),也可模拟多层复合材料壳或夹芯板。SHELL208 为 2 节点轴对称有限应变壳单元,是 SHELL209 的低阶单元。

7.12.1 输入参数与选项

图 7-32a)给出了单元几何、节点位置和坐标系,单元输入数据包括 3 个节点、厚度和材料属性。材料属性的 x 方向为单元的径向,y 向为环向或周向,z 向为单元厚度方向。单元列式基于对数应变和真实应力,可考虑单元膜面的拉伸,但假定曲率的改变量很小。

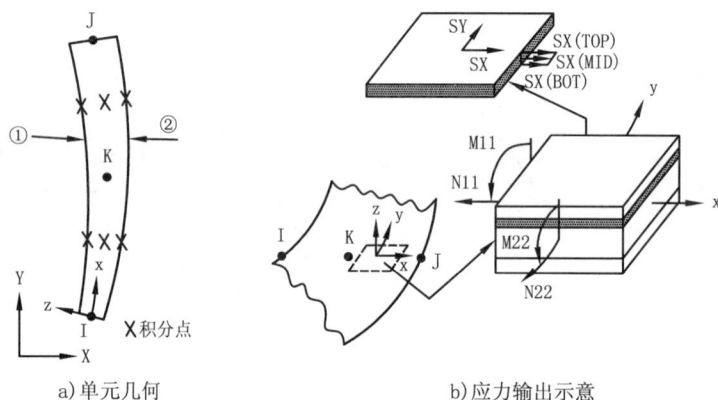

a) 单元几何   b) 应力输出示意

图 7-32   单元 SHELL209

该单元可采用变厚度。单元厚度和其他性质可通过命令 SECTYPE、SECDATA 和 SECCONTROLS 定义,壳截面可定义单层或多层材料,可定义每层厚度上的积分点数,如可定义 1、3、5、7、9 等个积分点,缺省的积分点数为 3。

压力荷载可作为单元各面上的面荷载输入,如图 7-32a)所示的圆圈内数字,指向单元的压力为正,压力量纲均为"力/面积"。

单元体荷载为施加在单元表面角点的温度和层间界面的角点温度,第一个角点的温度 T1 缺省为 TUNIF,若未定义其余角点温度,则全部缺省为 T1;若明确输入了 NL+1 组温度,则 1~NL 组分别表示各层底面角点温度,最后一组表示顶层顶面角点温度,即 T1 表示 T1、T2 和 T3,而 T2 表示 T4、T5 和 T6 等;对其他任何形式的输入方式,未定义的温度均缺省为 TUNIF。

节点荷载以 360°为基数输入,即应输入整个圆周上的总荷载值。

单元 SHELL209 考虑了横向剪切变形的影响,可通过命令 SECCONTROLS 定义横向剪切刚度 E11。对各向同性单层壳,缺省的横向剪切刚度为 kGh,其中 k=5/6,G 为剪切模量,h 为壳厚度。

KEYOPT(8)=2 时可在结果文件中保存单层或多层壳单元的中面结果。如果采用命令 SHELL,MID 查看结果,将采用计算得到的中面结果,而不是采用 TOP 和 BOTTOM 结果的平均值。当不适合用 TOP 和 BOTTOM 结果的平均值时,应该用此命令去获取正确的中面结果,例如非线性材料分析时的中面应力和应变,以及谱分析中涉及平方操作的模态组合时的中面结果等。KEYOPT(9)=1 可从用户子例程读入初始厚度,KEYOPT(10)控制初应力的读入。

该单元自动计入压力刚度效应。若计入压力刚度效应后,形成不对称的刚度矩阵时,则需采用命令 NROPT,UNSYM。SHELL209 单元的输入参数与选项如表 7-30 所示。

SHELL209 单元输入参数与选项　　　　　　　　　　　　　　　　表 7-30

参 数 类 别	参 数 及 说 明
节点	I，J，K
自由度	UX，UY，ROTZ
实常数	无
壳截面控制	E11，ADMSUA
材料属性	EX，EY，EZ，PRXY，PRYZ，PRXZ（或 NUXY，NUYZ，NUXZ），ALPX，ALPY，ALPZ（或 CTEX，CTEY，CTEZ 或 THSX，THSY，THSZ），DENS，DAMP，GXY，GYZ，GXZ
面荷载	face1——I-J-K（顶面，−N 方向）；face2——I-J-K（底面，+N 方向）；
体荷载	T1，T2，T3 为层 1 底面角点温度，T5，T6，T7 为层 1～2 角点温度，依次类推，最后为 NL 层顶面温度；最多 3×（NL+1）个温度值。单层单元为 6 个温度值
特性	塑性、超弹、黏弹、蠕变、应力刚化、大变形、大应变、初始应力、自适应下降技术、单元生死
KEYOPT(8)	数据存储控制： 0——仅存储底层底面和顶层顶面数据；1——存储各层的顶面和底面数据；2——存储各层的顶面、底面和中面数据
KEYOPT(9)	用户厚度定义选项： 0——无用户子例程读入初始厚度；1——用户子例程 UTHICK 读入初始厚度
KEYOPT(10)	用户初应力选项： 0——无用户子例程读入初应力；1——用户子例程 USTRESS 读入初应力数据

7.12.2　输出数据

单元 SHELL209 应力输出如图 7-32b)所示，KEYOPT(8)控制输出到结果文件的数据（可用命令 LAYER 处理），可输出层间剪应力。内力、膜应变和曲率位于单元坐标系下，可通过 SMISC 项获得单元质心的这些广义应变。该单元不支持单元的基本输出，建议采用命令 OUTRES 设置输出结果，以保证所需结果全部输出。

单元输出说明如表 7-31 所示，表 7-32 为命令 ETABLE 或 ESOL 中的表项和序号。

SHELL209 单元输出说明　　　　　　　　　　　　　　　　表 7-31

名　　称	说　　明	O	R
EL	单元号	—	Y
NODES	节点号(I，J，K)	—	Y
MAT	材料号	—	Y
THICK	平均厚度	—	Y
VOLU	单元体积	—	Y
XC，YC	单元结果的输出位置	Y	4
PRES	P1，P2	—	Y
TEMP	同输入	—	Y
LOC	顶面、中面和底面或积分点的位置	—	1
S：X，Y，Z，XY，YZ，XZ	应力	3	1
S：INT	应力强度	—	1
S：EQV	等效应力	—	1
EPEL：X，Y，Z，XY	弹性应变	3	1
EPEL：EQV	等效弹性应变	3	1
EPTH：X，Y，Z，XY	热应变	3	1
EPTH：EQV	等效热应变	3	1

名　称	说　明	O	R
EPPL：X，Y，Z，XY	平均塑性应变	3	2
EPEL：EQV	等效塑性应变	3	2
EPCR：X，Y，Z，XY	平均蠕变应变	3	2
EPCR：EQV	等效蠕变应变	3	2
EPTO：X，Y，Z	总机械应变（EPEL＋EPPL＋EPCR）	—	2
EPTO：EQV	总等效机械应变	—	2
NL：EPEQ	累积等效塑性应变	—	2
NL：CREQ	累积等效蠕变应变	—	2
NL：SRAT	屈服状态（1＝屈服，0＝未屈服）	—	2
NL：PLWK	塑性功	—	2
NL：HPRES	静水压力	—	2
SEND：Elastic，Plastic，Creep	应变能密度	—	2
N11，N22	面内内力（单位长度上）	—	Y
M11，M22	面外单元矩（单位长度上）	—	Y
Q13	横向剪力（单位长度上）	—	Y
$\epsilon 11，\epsilon 22$	膜应变	—	Y
$\kappa 11，\kappa 22$	曲率	—	Y
$\gamma 13$	横向剪应变	—	Y
LOCI：X，Y，Z	积分点位置	—	5
SVAR：1，2，…，N	状态变量	—	6

注：1. 按顶面、中面及底面输出这些应力解。

　　2. 只有材料非线性时才有此结果。

　　3. 应变均位于单元坐标系下。

　　4. *GET 命令采用 CENT 项时可得。

　　5. 仅 OUTRES，LOCI 时可得。

　　6. 仅 USERMAT 子例程和 TB，STATE 时可得。

命令 ETABLE 和 ESOL 的表项和序号　　表 7-32

输出量名称	项 Item	E	I	J	K
N11	SMISC	1	—	—	—
N22	SMISC	2	—	—	—
M11	SMISC	3	—	—	—
M22	SMISC	4	—	—	—
Q13	SMISC	5	—	—	—
$\epsilon 11$	SMISC	6	—	—	—
$\epsilon 22$	SMISC	7	—	—	—
k11	SMISC	8	—	—	—
k22	SMISC	9	—	—	—
$\gamma 13$	SMISC	10	—	—	—
THICK	SMISC	11	—	—	—
P1	SMISC	—	12	13	14
P2	SMISC	—	15	16	17

7.12.3　注意事项

(1) 轴对称壳单元必须位于总体坐标系的 XY 平面,且 Y 轴为对称轴。

(2) 单元长度不能为零。

(3) 单元厚度不能为零,变厚度时,单元任何角点也不能渐变至零,但层厚可以为零。在非线性分析中,若积分点的非零厚度变为零厚度(或满足一定的容差)则终止求解。

(4) 在非线性分析中,该单元采用全 NR 法较好(NROPT,FULL,ON)。

(5) 假定单元层间无滑动。单元计入剪切变形,但仍采用直法线假定。

(6) 当采用多荷载步求解时,在各荷载步之间单元层数不能改变。

(7) 壳截面定义时,复合材料可采用超弹材料模型或弹塑材料模型,但解的精度受一阶剪切变形理论的限制。

(8) 横向剪切刚度基于能量相等原理,各层之间的材料模量之比越高,则解的精度越低。

(9) 层间剪应力计算基于各方向弯曲不耦合且为单向的假定。若需要精确的自由边层间剪应力,可采用壳—实体子模型计算。

(10) 在几何非线性分析(NLGEOM,ON)中总是包括应力刚度。在线性分析中(NLGEOM,OFF)则不包括应力刚度,即便打开应力刚化效应(SSTIF,ON)也不考虑应力刚度。预应力效应可通过命令 PSTRES 设置。

(11) 对复合材料,最大层数为 250 层。

7.12.4　应用举例

(1) 橡胶圆板的非线性分析

如图 7-33a) 所示的周边固结圆板,半径为 R,厚度为 T,受均布压力 q 作用,分别采用单元 SHELL208、SHELL209、SHELL181(扇形和全模型)进行计算。

单元 SHELL208 和 SHELL209 取径向一条长度为 R 的线建模,在圆周线上的端点固结,圆心除面外位移外全部约束,如图 7-33b) 所示。单元 SHELL181 的扇形模型,取一定角度的扇形面,环线固结而径线施加对称约束条件,采用三角形和四边形混合单元形状,如图 7-33c) 所示。单元 SHELL181 的全模型,取整个圆面为模型,圆周线固结,采用与扇形模型类似的半人工划分的单元网格,放松收敛准则,单元示意如图 7-33d) 所示。

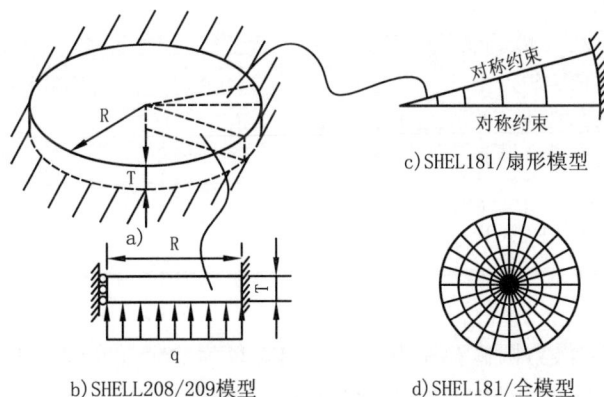

图 7-33　圆板构造和计算模型

取圆心位移和圆心处的厚度(单元厚度随荷载改变),对上述几种单元结果进行比较,从圆心位移随荷载的变化曲线可以看出结果吻合较好,但在最大荷载时误差略大;从单元厚度随荷载的变化曲线可以看出结果吻合很好,单元厚度从初始的 12mm 变化为 0.6mm 左右,由于压力荷载的随动效应,其变形结果类似吹泡泡。下面仅给出单元 SHELL209 和单元 SHELL181(全模型)分析的命令流。

```
!======================================================================
!EX7.25A 橡胶圆板的非线性分析——单元 SHELL209/208(仅需将 209 和 208 互换即可)
FINISH$/CLEAR$/PREP7$R=200$T=12.0$Q=0.4                    !定义几何和荷载参数
ET,1,SHELL209$MP,EX,1,7000$MP,NUXY,1,0.5                   !定义单元类型和材料常数
TB,HYPER,1,,,MOONEY$TBDATA,1,0.55,0.15                     !定义超弹材料常数
SECTYPE,1,SHELL$SECDATA,T                                  !定义壳截面(SHELL208/209 无实常数)
K,1$K,2,R$L,1,2$LATT,1,1,1$ESIZE,20$LMESH,ALL              !创建几何模型并生成有限元模型
DK,1,UX,,,ROTZ$DK,2,UX,,,,UY$SFL,1,PRES,-Q                 !施加约束和荷载
/SOLU$NLGEOM,ON$NSUBST,400,1200,25                         !打开大变形,定义荷载步参数
NROPT,FULL,,ON$OUTRES,ALL,ALL$SOLVE$FINI                   !采用全 NR 法,输出结果控制,求解
/POST1$PLDISP,1                                            !进入 POST1 绘制变形图
/POST26$NSOL,2,1,U,Y$ESOL,3,1,,SMISC,11                    !节点 1 的 UY 为变量 2,单元 3 的厚度为变量 3
PROD,4,1,,,,,,Q$XVAR,2$PLVAR,4                             !时间*Q 为变量 4,并绘制荷载—位移曲线
XVAR,3$PLVAR,4                                             !并绘制荷载—厚度曲线
!======================================================================
!EX7.25B 橡胶圆板的非线性分析——单元 SHELL181 全模型
FINISH$/CLEAR$/PREP7$R=200$T=12.0$Q=0.4$REF=7.5           !定义几何、荷载和角度参数
ET,1,SHELL181$MP,EX,1,7000$MP,NUXY,1,0.5                   !定义单元类型和材料常数
TB,HYPER,1,,,MOONEY$TBDATA,1,0.55,0.15$R,1,T              !定义超弹材料常数和实常数
CYL4,,,R$CYL4,,,R/40$AOVLAP,ALL$NUMCMP,ALL                 !创建两个同心圆,做搭接运算
WPROTA,,90                                                 !旋转工作平面,准备切分圆面
*DO,I,1,180/REF$ASBW,ALL$WPROTA,,,REF$*ENDDO              !以 REF=7.5 度将圆面循环切分
CSYS,1$LSEL,S,LOC,X,0,R/40                                 !选择小圆的径线与环线
LSEL,A,RADIUS,,R$LESIZE,ALL,,,1                            !选择大圆的环线,定义所选择线均划分一个单元
LSEL,INVE$LREVERSE,10$LREVERSE,11                          !反选线,并将 10 号和 11 号线反向
LREVERSE,95$LREVERSE,96                                    !将 95 号和 96 号线反向
LESIZE,ALL,,,30,6.5                                        !定义径线按 SPACE=6.5 划分网格(内密外疏)
LSEL,ALL$AMESH,ALL                                         !选择所有线,划分面网格
SFA,ALL,1,PRES,Q                                           !施加面荷载
LSEL,S,RADIUS,,R$DL,ALL,,ALL$ALLS                          !选择大圆环线,施加固结约束
/SOLU$NLGEOM,ON$NSUBST,400,,25                             !打开大变形,定义荷载步参数
OUTRES,ALL,ALL$NROPT,FULL,,ON                              !采用全 NR 法,控制输出结果
CNVTOL,F,,0.03$SOLVE$FINISH                                !采用 F 收敛准则且误差为 3%,求解
/POST1$/VIEW,1,1,1,1$/ANG,1,-120,ZS,1$PLNSOL,U,Z          !绘制变形云图
/POST26$NCEN=NODE(0,0,0)$NSOL,2,NCEN,U,Z                   !获取圆心节点号,定义变量 2
ESOL,3,1,,SMISC,17$PROD,4,1,,,,,,Q                         !定义变量 3 和变量 4
XVAR,2$PLVAR,4$XVAR,3$PLVAR,4                              !绘制变形和厚度曲线
!======================================================================
```

(2)压力容器的简化计算

两端密封的圆柱形压力容器,圆筒壁厚为 t,圆筒内直径为 d,且 t≪d,如图 7-34a)和 b)所示。容器承受的内压力为 p,分析圆柱中间范围的应力。假设 d=1.5m,t=0.02m,p=3.5MPa,则理论近似解分别如下[20]:

$$\sigma_y = \frac{pd}{4t} = 131.25\text{MPa}, \sigma_z = \frac{dp}{2t} = 260.75\text{MPa}$$

在用单元 SHELL209 建模时,整体坐标系的 Y 轴必须为对称轴,计算模型如图 7-34c)所示,长度方向取单位长度即可,到对称轴的距离采用 d/2 或(d+t)/2 均可,注意节点荷载为 360°的总荷载,如命令流中的计算公式。如直接创建有限元模型,需用命令 EMID 增加中间节点,否则会导致错误。

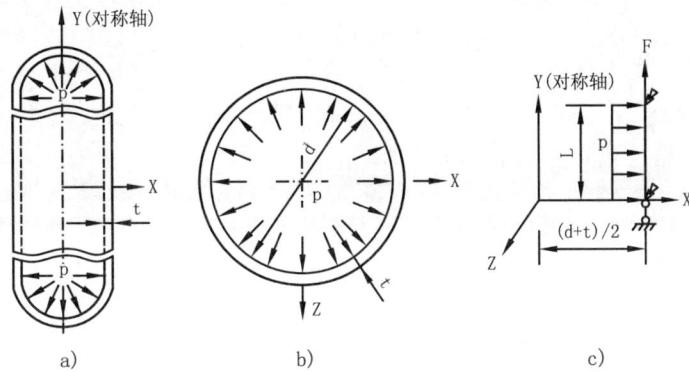

图 7-34 压力容器与计算模型

```
!=========================================================
!EX7.26 圆柱形压力容器应力计算
FINISH$/CLEAR$/PREP7$R=1.5$T=0.02$P=3.5E6$L=1.0          !定义几何和荷载参数
ET,1,SHELL209$MP,EX,1,2.1E11$MP,PRXY,1,0.3               !定义单元类型和材料常数
SECTYPE,1,SHELL$SECDATA,T                                !定义壳截面
K,1,R+T/2$K,2,R+T/2,L$L,1,2                              !创建几何模型
LATT,1,,1,,,,1$LESIZE,1,,,1$LMESH,1                      !生成有限元模型
D,1,UY,,,,,ROTZ$D,2,ROTZ$CP,1,UX,1,2                     !施加约束,耦合自由度 UX
F,2,FY,ACOS(-1)*R*R*P$SFE,1,1,PRES,,P                    !施加节点荷载和单元面荷载
/SOLU$SOLVE$POST1$PRNSOL,S                               !求解并查看应力结果
*GET,SY,NODE,1,S,Y$*GET,SZ,NODE,1,S,Z                    !获取节点1的 SY 和 SZ 应力
!=========================================================
```

7.13 SHELL208 单元

SHELL208 称为 2 节点轴对称有限应变壳单元,其功能特性与单元 SHELL209 基本相同,但该单元有 2 个节点,也可通过 KEYOPT(3)增加内部节点(此时与单元 SHELL209 精度相同,但不可访问内部节点的结果),单元模型如图 7-35 所示。

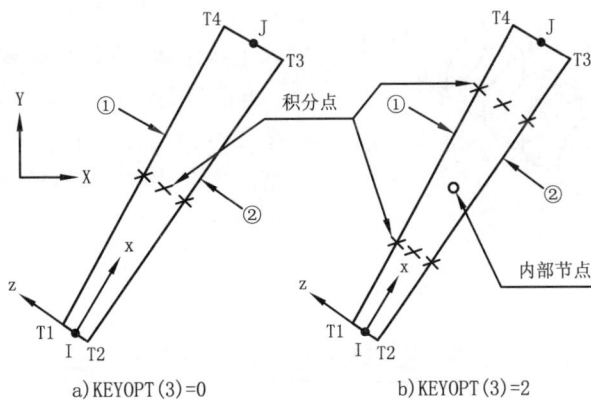

a) KEYOPT(3)=0 　　　　b) KEYOPT(3)=2

图 7-35 SHELL208 单元几何

单元输入数据除为 2 个节点和增加 KEYOPT(3)外,其余与单元 SHELL209 相同。单元 SHELL208 输出说明同单元 SHELL209,仅压力输出为 2 个节点(序号不同)。

注意事项同单元 SHELL209,但单元 SHELL208 带内部节点时不能用于子结构分析中。

因单元 SHELL208 和 SHELL209 在很多方面基本相同,此处不再进一步介绍。

第8章 弹簧单元

ANSYS 弹簧单元共有 COMBIN7、COMBIN14、COMBIN37、COMBIN39、COMBIN40 五个。

8.1 COMBIN14 单元

COMBIN14 称为弹簧—阻尼器单元,具有 1D、2D、3D 的轴向或扭转能力。轴向弹簧—阻尼器为单轴拉压行为,每个节点自由度可达 3 个,即沿节点坐标系 x、y 和 z 方向的平动位移,此时无弯曲和扭转能力。而扭转弹簧—阻尼器为纯扭转行为,每个节点 3 个自由度,即绕节点坐标系 x、y 和 z 方向的转动位移,此时无弯曲和轴向拉压能力。

COMBIN14 单元无质量特性,可通过其他方式添加(如 MASS21 单元),弹簧和阻尼可仅考虑其中之一。一般弹簧或阻尼特性也可通过矩阵 MATRIX27 考虑,COMBIN40 单元是弹簧—阻尼器的另外一个单元。

8.1.1 输入参数与选项

图 8-1 给出了单元几何、节点位置和坐标系,单元输入数据包括 2 个节点、弹簧常数 K、阻尼常数 CV1 和 CV2,静态分析或无阻尼模态分析不能考虑阻尼特性。当为轴向弹簧—阻尼器时,弹簧常数的量纲为"力/长度",阻尼常数的量纲为"力×时间/长度";当为扭转弹簧—阻尼器时,弹簧常数的量纲为"力×长度/弧度",阻尼常数的量纲为"力×长度×时间/弧度"。对 2D 轴对称分析,上述输入数据均以 360°为基数。对 2D 模型,该单元必须位于 z 为常数的平面内。

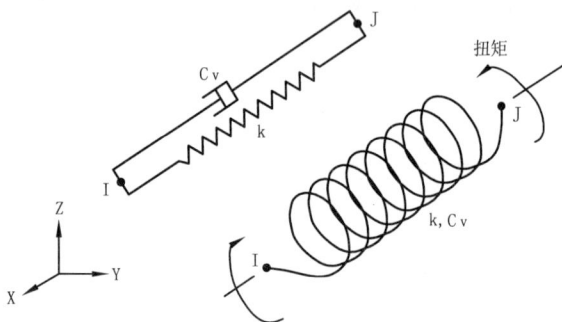

图 8-1　COMBIN14 单元几何

该单元的阻尼部分仅仅是利用阻尼常数形成单元的阻尼矩阵,可输入阻尼常数 CV1 和线性阻尼常数 CV2。CV2 仅用于液态环境下非线性阻尼响应,若输入了实常数 CV2,则必须设置 KEYOPT(1)=1。

KEYOPT(2)=1~6 用于定义 1D 单元特性,此时单元行为均位于节点坐标系下,即由 KEYOPT(2) 的值决定自由度方向。KEYOPT(2)=7 和 8 用于热分析或压力分析。

COMBIN14 单元的输入参数与选项如表 8-1 所示。

COMBIN14 单元输入参数与选项　　　　　　　　　表 8-1

参数类别	参 数 及 说 明
节点	I, J
自由度	若 KEYOPT(3)=0,UX,UY,UZ; 若 KEYOPT(3)=1,ROTX,ROTY,ROTZ; 若 KEYOPT(3)=2,UX,UY; 若 KEYOPT(2)>0,见下文

续上表

参数类别	参　数　及　说　明			
实常数	序　号	符　号	说　　明	
	1	K	弹簧常数	
	2	CV1	阻尼常数	
	3	CV2	线性阻尼常数,且必须 KEYOPT(1)＝1	
材料属性	DAMP			
面荷载	无			
体荷载	无			
特性	非线性(CV2≠0)、应力刚化、大变形、单元生死			
KEYOPT(1)	求解类型: 0——线性分析;1——非线性分析(CV2≠0)			
KEYOPT(2)	1D 行为的自由度控制[KEYOPT(2)优先或覆盖 KEYOPT(3)选项]: 0——由 KEYOPT(3)控制;1——1D 轴向弹簧—阻尼器(UX 自由度);2——1D 轴向弹簧—阻尼器(UY 自由度);3——1D 轴向弹簧—阻尼器(UZ 自由度);4——1D 扭转弹簧—阻尼器(ROTX 自由度);5——1D 扭转弹簧—阻尼器(ROTY 自由度);6——1D 扭转弹簧—阻尼器(ROTZ 自由度);7——压力自由度(用于流体分析);8——温度自由度(用于热分析)			
KEYOPT(3)	2D 和 3D 自由度控制: 0——3D 轴向弹簧—阻尼器;1——3D 扭转弹簧—阻尼器;2——2D 轴向弹簧阻尼(必须位于 XY 平面内)			

8.1.2　输出参数

单元输出如图 8-2 所示,单元输出说明如表 8-2 所示,表 8-3 为命令 ETABLE 或 ESOL 中的表项和序号。

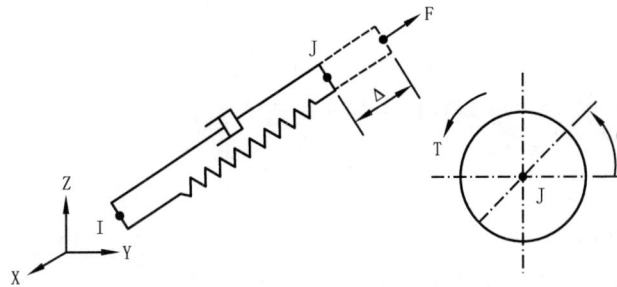

图 8-2　COMBIN14 单元输出

COMBIN14 单元输出说明　　　　　　　　　　　　　　　　表 8-2

名　　称	说　　明	O	R
EL	单元号	Y	Y
NODES	单元节点号(I,J)	Y	Y
XC,YC,ZC	单元结果的输出位置	Y	1
FORC 或 TORQ	弹簧轴力或扭矩	Y	Y
Δ 或 θ	弹簧轴向变形或扭转角(弧度)	Y	Y
RATE	弹簧常数	Y	Y
VELOCITY	速度	—	Y
DAMPING FORCE 或 DAMPING TORQUE	阻尼力或扭矩(除非瞬态分析且计入阻尼,否则为零)	Y	Y

注: * GET 命令采用 CENT 项时可得。

命令 ETABLE 和 ESOL 的表项和序号 表 8-3

输出量名称	项 Item	E	输出量名称	项 Item	E
FORC 或 TORQ	SMISC	1	VELOCITY	NMISC	2
Δ 或 θ	NMISC	1	DAMPING FORCE	NMISC	4

8.1.3 刚度矩阵及输出数据计算

（1）形函数

刚度矩阵和阻尼矩阵的形函数，轴向弹簧—阻尼器同式（2-1）；扭转弹簧—阻尼器同式（3-13）。应力刚度矩阵的形函数同式（2-2）和式（2-3）。该单元无积分点设置。当每个节点仅有一个自由度时［KEYOPT(2)＞0 的情况］，因单元的两个节点可能重合，故无形函数。

（2）作用方向

每个节点仅为单自由度时［KEYOPT(2)＞0］，单元作用方向由 KETOPT(2) 的值确定，且均位于节点坐标系下。一般情况下单元的两个节点重合，但若不重合（会发出两个节点不重合的提示），单元作用方向与两节点连线方向也无关。

每个节点为多自由度时［KEYOPT(2)＝0］，单元作用方向由两个节点的连线方向确定，因此两个节点必须不重合（重合时会发出错误信息）。此时 KEYOPT(3) 确定单元为 2D 或 3D 行为，无论是 2D 或 3D 的轴向弹簧—阻尼器［KEYOPT(3)＝0 或 2］，COMBIN14 的作用方向均为轴向（或纵向）。即虽然其节点可能与其他单元的节点相连，并随结构产生节点位移，但能否在弹簧中产生内力（或导致弹簧伸缩），由节点位移差在单元轴向上的投影确定，参见式（8-4）中 KEYOPT(2)＝0 时的计算表达式。

（3）单自由度时的刚度矩阵

刚度矩阵和阻尼矩阵如下：

$$[K_e] = k \begin{bmatrix} 1 & -1 \\ -1 & 1 \end{bmatrix}, [C_e] = C_v \begin{bmatrix} 1 & -1 \\ -1 & 1 \end{bmatrix} \tag{8-1}$$

式中：k——刚度，即用命令 R 输入的实常数 K；

$C_v = C_{v1} + C_{v2} |v|$

其中 C_{v1}——阻尼常数，即用命令 R 输入的实常数 CV1，

C_{v2}——线性阻尼常数，即用命令 R 输入的实常数 CV2，

v——两节点的相对速度，上一子步求得的节点的 Newmark 速度。

（4）多自由度时的刚度矩阵

这里仅讨论每个节点 3 个自由度时的情况，2 个自由度的情况可通过简化获得。单元坐标系中的刚度矩阵、阻尼矩阵和应力刚度矩阵如下：

$$[K_l] = k \begin{bmatrix} 1 & 0 & 0 & -1 & 0 & 0 \\ 0 & 0 & 0 & 0 & 0 & 0 \\ 0 & 0 & 0 & 0 & 0 & 0 \\ -1 & 0 & 0 & 1 & 0 & 0 \\ 0 & 0 & 0 & 0 & 0 & 0 \\ 0 & 0 & 0 & 0 & 0 & 0 \end{bmatrix}, [C_l] = C_v \begin{bmatrix} 1 & 0 & 0 & -1 & 0 & 0 \\ 0 & 0 & 0 & 0 & 0 & 0 \\ 0 & 0 & 0 & 0 & 0 & 0 \\ -1 & 0 & 0 & 1 & 0 & 0 \\ 0 & 0 & 0 & 0 & 0 & 0 \\ 0 & 0 & 0 & 0 & 0 & 0 \end{bmatrix} \tag{8-2}$$

$$[S_l] = \frac{F}{L} \begin{bmatrix} 1 & 0 & 0 & -1 & 0 & 0 \\ 0 & 0 & 0 & 0 & 0 & 0 \\ 0 & 0 & 0 & 0 & 0 & 0 \\ -1 & 0 & 0 & 1 & 0 & 0 \\ 0 & 0 & 0 & 0 & 0 & 0 \\ 0 & 0 & 0 & 0 & 0 & 0 \end{bmatrix} \tag{8-3}$$

式中:下标 l——单元坐标系;

　　　F——上一迭代步计算得到的单元内力;

　　　L——两节点之间的距离。

从上述刚度矩阵分析可知,3D 轴向弹簧—阻尼器的刚度矩阵与 LINK8 单元类似。

扭转弹簧—阻尼器[KEYOPT(3)=1]特点如下:

①转角简单地以矢量处理,无位移影响。

②在大转动分析中(NLGEOM,ON),因节点仅有转动而无坐标更新,因此也就不能考虑大转动效应。COMBIN14 单元的节点可能与其他单元相连,但也不影响 KEYOPT(3)=1 时的单元行为。

③因不计算轴向力,因此也就不计算应力刚度矩阵。

(5)输出数据

伸长值(输出中的 Δ)计算如下:

$$
\varepsilon_0 = \begin{cases}
A/L & KEYOPT(2)=0 \\
u'_J - u'_I & KEYOPT(2)=1 \\
v'_J - v'_I & KEYOPT(2)=2 \\
w'_J - w'_I & KEYOPT(2)=3 \\
\theta'_{xJ} - \theta'_{xI} & KEYOPT(2)=4 \\
\theta'_{yJ} - \theta'_{yI} & KEYOPT(2)=5 \\
\theta'_{zJ} - \theta'_{zI} & KEYOPT(2)=6 \\
P_J - P_I & KEYOPT(2)=7 \\
T_J - T_I & KEYOPT(2)=8
\end{cases}
\tag{8-4}
$$

式中:$A=(X_J-X_I)(u_J-u_I)+(Y_J-Y_I)(v_J-v_I)+(Z_J-Z_I)(w_J-w_I)$

　　其中　X,Y,Z——整体直角坐标系下的坐标;

　　　　　u,v,w——整体直角坐标系下的位移;

　　　　　u',v',w'——节点直角坐标系下的平动位移,即 UX、UY、UZ;

　　　　　$\theta'_x,\theta'_y,\theta'_z$——节点直角坐标系下的转动位移,即 ROTX、ROTY、ROTZ;

　　　　　P——压力;

　　　　　T——温度。

对 KEYOPT(3)=1 时的扭转弹簧—阻尼器,表达式 A 中的平动位移用转动位移替代,而 ε_0 用 θ 替代即可。

相应的轴力或扭矩(输出中的 FORC 或 TORQ)计算如下:

$$
F_S = k\varepsilon_0 \tag{8-5}
$$

非线性瞬态动力分析时的阻尼力(输出中的 DAMPING FORCE 或 DAMPING TORQUE)计算如下:

$$
F_D = C_v v \tag{8-6}
$$

相对速度的计算采用式(8-4),但用节点 Newmark 速度 $\dot{u}$、$\dot{v}$、$\dot{w}$ 代替 u、v、w 等。

8.1.4　注意事项

(1)若 KEYOPT(2)=0,弹簧—阻尼器的单元长度不能为零,即单元的两个节点不能重合,因节点位置决定弹簧作用方向。

(2)轴向弹簧仅在其长度方向具有刚度,扭转弹簧仅绕其长度具有刚度。弹簧中的内力均匀分布。在热分析或流体分析中,温度或压力自由度与位移自由度类似。

(3)只有 KEYOPT(2)=0 时才支持应力刚化或大变形,并且当 KEYOPT(3)=1 时用于大变形分析,将不更新坐标。

（4）弹簧或阻尼特性可以分别定义 K 或 CV 为零,从而取消相应行为。

（5）若 CV2≠0,单元具有非线性行为,此时需迭代求解[KEYOPT(1)= 1]。

（6）KEYOPT(2)>0 时单元每个节点仅有 1 个自由度,自由度位于节点坐标系中,即单元作用方向由 KEYOPT(2)值确定,与两节点连线方向无关。若两个节点的节点坐标系发生了相对旋转,这两个节点的自由度可能方向不同(可能导致无法预期的结果)。假定单元为 1D 行为,因此节点 I 和 J 可以在空间任意位置(最好重合)。

（7）KEYOPT(2)>0 时,单元位移的正方向为节点 J 相对于节点 I 伸长;节点重合时,若节点 I 和 J 互换,就使得弹簧压缩。但若不重合时互换节点号,即使弹簧伸长其弹簧力也可能为负。

（8）1 个 3D 弹簧的行为不能用 3 个独立的 1D 弹簧替代(各向刚度进行等效)。因为 3 个 1D 弹簧是各自独立的,某个弹簧的变形与另外两个弹簧的变形无关;但 1 个 3D 弹簧发生的变形,可能是一个方向发生变形的结果,也可能是两个方向或三个方向都发生变形的结果。

8.1.5 应用举例

（1）1D 弹簧分析示例

对 1D 弹簧,其作用方向由 KEYOPT(2)的值确定,与两个节点连线方向无关(故两个节点可重合,也可在空间任意位置),且在大变形分析中无大变形效应。

设 6 个 1D 弹簧分别为 UX、UY、UZ、ROTX、ROTY、ROTZ 方向,刚度依次为 100N/m、200N/m、300N/m、400N・m/rad、500 N・m/rad、600 N・m/rad。弹簧的 2 个节点不重合,一端固定,另一端依次作用有 1N、2N、3N、4 N・m、5 N・m、6 N・m 的荷载。按线弹性理论,弹簧各方向位移为 F/K=0.01m 或 0.01rad。计算分析的命令流如下。

```
!
!EX8.1 1D 弹簧分析示例
FINISH$/CLEAR$/PREP7
!利用循环定义 6 种弹簧单元,分别为 UX、UY、UZ、ROTX、ROTY、ROTZ 单向弹簧
!刚度分别为 100 N/m、200 N/m、300 N/m、400 N・m/rad、500 N・m/rad、600 N・m/rad
* DO,I,1,6$ET,I,COMBIN14$KEYOPT,I,2,I$R,I,I * 100$ * ENDDO$E TLIST
N,1$N,2,1.0$ * DO,I,1,6$TYPE,I$REAL,I$E,1,2$ * ENDDO        !定义节点和 6 个单元
D,1,ALL$F,2,FX,1$F,2,FY,2$F,2,FZ,3$F,2,MX,4$F,2,MY,5$F,2,MZ,6   !施加约束和荷载
/SOLU$SOLVE$/POST1$PRNSOL,DOF                                 !求解并查看结果
* DO,I,1,6$ * GET,FC%I%,ELEM,I,SMISC,1                        !获取各单元的内力
* GET,DT%I%,ELEM,I,NMISC,1$ * ENDDO                          !获取各单元的位移
!
```

（2）3D 弹簧及其作用

对于 3D 轴向弹簧—阻尼器[KEYOPT(2)=0 且 KEYOPT(3)=0],其作用方向由两节点位置确定(两节点不能重合),弹簧内力采用式(8-4)和式(8-5)计算。

设在一个平面内有两根水平悬臂梁 BA(左下)和 BB(右上),两个悬臂端在高度和水平位置上有一定距离,用一个 3D 轴向弹簧—阻尼器连接。在梁 BA 的悬臂端施加竖向和面外集中荷载,计算此系统的变形和内力。梁采用 BEAM4 模拟,弹簧采用 COMBIN14 模拟。

从线性计算结果可知(基于模型的坐标方向),FY=−200kN 和 FZ=−100kN 作用下,梁 BB 中并无 MY 产生,说明 FZ 虽可使弹簧的节点发生 UZ 位移,但并没有引起弹簧的轴向位移,故并没有将 Z 方向的力传给悬臂梁 BB;也可从式(8-4)中的 A 表达式看出,因弹簧两个节点的 Z 坐标相等,故弹簧节点的 UZ 无论如何变化均不产生轴向内力。对大变形分析,因轴向弹簧—阻尼器坐标不断更新,则可以在梁 BB 中产生 MY。计算分析的命令流如下。

```
!════════════════════════════════════════════════════
!EX8.2 3D弹簧及其作用计算示例
FINISH$/CLEAR$/PREP7$ET,1,BEAM4$ET,2,COMBIN14                          !定义两种单元
MP,EX,1,2.1E11$MP,PRXY,1,0.3$A=0.06$SA=A*A$SI=A**4/12                  !定义材料常数及截面特性计算
R,1,SA,SI,SI,A,A$R,2,1E6                                               !定义实常数
K,1$K,2,1.0$K,3,1.2,0.5$K,4,2.2,0.5$L,1,2,10$L,2,3,1$L,3,4,10         !创建几何模型并设置划分单元数
LSEL,S,,,1,3,2$LATT,1,1,1$LSEL,INVE$LATT,,2,2$LSEL,ALL               !赋予线的单元属性
LMESH,ALL$DK,1,ALL$DK,4,ALL$FK,2,FY,-2E5$FK,2,FZ,-1E5                 !划分网格,施加约束条件和荷载
FINISH$/SOLU$SOLVE$/POST1                                             !求解并进入后处理
/VIEW,1,1,1,1$/ANG,1,60,YS,1$/ANG,1,30,ZS,1$PLDISP,1                 !绘制变形图
ETABLE,MZ1,SMISC,6$ETABLE,MZ2,SMISC,12$PLLS,MZ1,MZ2                  !绘制MZ弯矩图
ETABLE,MY1,SMISC,5$ETABLE,MY2,SMISC,11$PLLS,MY1,MY2                  !绘制MY弯矩图
ESEL,S,TYPE,,2$ETABLE,SPRF,SMISC,1$PLETAB,SPRF                       !绘制弹簧单元内力图
!════════════════════════════════════════════════════
```

(3)弹性地基

梁单元 BEAM44、BEAM54 和壳单元 SHELL41、SHELL63、SHELL99 及表面效应单元 SURF153 和 SURF154 均可考虑弹性地基刚度,极大地方便了弹性地基上的结构分析。另外,也可使用杆单元 LINK8、LINK10 及 COMBIN 系列单元等模拟弹性地基(文克尔地基),且某些单元本身可设置仅压选项或利用生死单元等实现地基"不受拉"分析。

弹性地基刚度 k_0(力/长度^3)一般可根据土性确定,设在地基面积 A_i 上设置一个弹簧单元,则可根据 $F = k\Delta = k_0 A_i \Delta$ 求得弹簧刚度 $k = k_0 A_i$。因此,用 COMBIN14 模拟弹性地基与弹簧疏密或个数有关,且若单元尺寸不同,各弹簧刚度也不尽相同。

利用 EX7.6 弹性地基板的例子,这里用 COMBIN14 模拟。地基板划分单元后,先获取与基地相连的节点和单元总数,然后将每个单元的面积平均分配到各个节点,再乘以地基刚度得到各个弹簧刚度。而后定义弹簧刚度实常数,创建对应的节点(也可仅创建一个节点)并定义弹簧单元,施加约束条件等。计算分析的命令流如下。

```
!════════════════════════════════════════════════════
!EX8.3 弹性地基板的 COMBIN14 模拟——三角形和四边形网格,节点号和单元号可不连续
!创建模型基本同前,但设置了三角形网格,节点和单元编号做了偏置(模拟不连续)
FINISH$/CLEAR$/PREP7$A=3.0$B=4.5$T=0.6$AQ=1.0$BQ=2.5$Q=1.0E5$EFS0=1.8E7
ET,1,SHELL63$MP,EX,1,3.5E10$MP,PRXY,1,0.2$R,1,T
BLC4,,,A,B$WPOFF,(A-AQ)/2$WPROTA,,,90$ASBW,ALL$WPOFF,,,AQ$ASBW,ALL
WPOFF,,(B-BQ)/2$WPROTA,,,90$ASBW,ALL$WPOFF,,,-BQ$ASBW,ALL$WPCSYS,-1
AATT,1,1,1$MSHKEY,1$ESIZE,0.2$ASEL,U,,,1,3,2$AMESH,ALL$ASEL,INVE$MSHAPE,1
NUMOFF,ELEM,10$NUMOFF,NODE,50$AMESH,ALL$ASEL,ALL
SFA,12,1,PRES,-Q$DK,1,UX,,,,UY                               !施加荷载与单点约束,地基板建模完毕
!获取控制参数,定义数组────────────────────────────
*GET,TMMAX,NODE,,NUM,MAX                                      !获取整个模型的最大节点号,以便创建弹簧节点时用
NSEL,S,LOC,Z,0$ESLN,S,1,ALL                                  !选择与地基相连的节点与单元,形成当前节点和单元选择集
*GET,NTOL,NODE,,COUNT                                         !获取当前选择集(下同)中的节点总数,即与地基相连的节点数
*GET,ETOL,ELEM,,COUNT                                         !获取单元总数,即与地基相连的单元数
*GET,NMAX,NODE,,NUM,MAX                                       !获取最大节点号,因节点号可能不连续,与节点数可能不等
*DIM,NODNO,,NTOL                                              !定义数组,存储各个节点号
*DIM,NODK,,NMAX                                               !定义数组,存储各节点面积、弹簧刚度(以节点号为数组下标)
*DIM,ELENO,,ETOL                                             !定义数组,存储各个单元号
!利用循环获取当前选择集中的各个单元号,并存放在 ELENO 数组中────────────────────
```

```
* GET,E1,ELEM,,NUM,MIN                                    !首先获取最小的单元编号
ELENO(1)=E1$ * DO,I,2,ETOL$E1=ELNEXT(E1)$ELENO(I)=E1$ * ENDDO
!利用循环获取当前选择集中的各个节点号,并存放在 NODNO 数组中
* GET,N1,NODE,,NUM,MIN                                    !首先获取最小的节点编号
NODNO(1)=N1$ * DO,I,2,NTOL$N1=NDNEXT(N1)$NODNO(I)=N1$ * ENDDO
!求各个节点对应的面积
* DO,I,1,ETOL$EI=ELENO(I)                     !对单元数循环,并提取第 I 个单元的单元号 EI
N1=NELEM(EI,1)$N2=NELEM(EI,2)                    !获得单元 EI 的第 1 和第 2 个节点号
N3=NELEM(EI,3)$N4=NELEM(EI,4)                    !获得单元 EI 的第 3 和第 4 个节点号
* GET,AI,ELEM,EI,AREA                                     !获取单元 EI 的面积
* IF,N3,NE,N4,THEN                           !4 个不同节点时平均分配单元面积到 4 个节点
AI=AI/4.0$NODK(N1)=NODK(N1)+AI$NODK(N2)=NODK(N2)+AI
NODK(N3)=NODK(N3)+AI$NODK(N4)=NODK(N4)+AI
* ELSE                                       !当为三个节点时平均分配单元面积到 3 个节点
AI=AI/3.0$NODK(N1)=NODK(N1)+AI$NODK(N2)=NODK(N2)+AI
NODK(N3)=NODK(N3)+AI$ * ENDIF                                  !结束 IF 块
* ENDDO                                  !循环结束,所有节点分配面积计算完毕
!求得弹簧刚度(弹簧刚度=面积×地基系数)
* DO,I,1,NMAX$NODK(I)=NODK(I) * EFS0$ * ENDDO
!定义弹簧单元及 NTOL 个实常数(每个弹簧的刚度可不同)
ET,2,COMBIN14,,3$ * DO,I,1,NTOL$NI=NODNO(I)$R,I+1,NODK(NI)$ * ENDDO
!创建弹簧单元:这里创建重合节点可不出现提示信息(也可仅创建一个节点)
TYPE,2 $ * DO,I,1,NTOL$NI=NODNO(I)$N,TMMAX+I,NX(NI),NY(NI)
REAL,I+1$E,NI,TMMAX+I$ * ENDDO
!对弹簧新建节点施加约束
NSEL,S,,,TMMAX+1,TMMAX+NTOL$D,ALL,ALL$ALLSEL,ALL
!求解并查看结果
/SOLU$SOLVE$/POST1$/VIEW,1,1,1,1$/ANG,1,-120,ZS,1
ESEL,S,TYPE,,1$PLNSOL,U,Z$PLNSOL,S,X$PLNSOL,S,Y$PLNSOL,S,EQV
ESEL,S,TYPE,,2$ETABLE,SPRF,SMISC,1$PLETAB,SPRF
!若网格与 EX7.6 相同时,结果完全相等
!=================================================================
```

（4）质量弹簧系统模态分析

如图 8-3 所示的质量弹簧系统[17]，系统前三阶的自振频率分别为：

$$f_i=\frac{1}{2\pi\sqrt{\lambda_i}},\lambda_1=\frac{2+\sqrt{2}}{2}\frac{m}{k},\lambda_2=\frac{1}{2}\frac{m}{k},\lambda_3=\frac{2-\sqrt{2}}{2}\frac{m}{k}$$

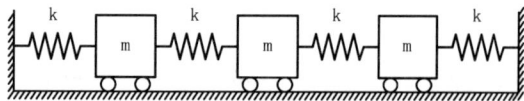

本例建模时，用 MASS21 单元的 2D 功能模拟质量块，用 1D 轴向弹簧模拟各个弹簧，采用不重合的弹簧节点建模，并且也使用先创建几何模型然后生成有限元模型的方法。从计算结果可知，ANSYS 结果与理论解完全相等。计算分析的命令流如下。

图 8-3 质量弹簧系统

```
!=================================================================
!EX8.4 质量弹簧系统的自振频率
FINISH$/CLEAR$/PREP7$M0=400$K0=1E5                            !定义质量和弹簧刚度
ET,1,COMBIN14,,1$ET,2,MASS21,,,4$R,1,K0$R,2,M0           !定义单元类型和实常数
K,1$K,2,1.0$K,3,2.0$K,4,3.0$K,5,4.0                     !创建关键点,距离任意假定
```

```
L,1,2$L,2,3$L,3,4$L,4,5$LATT,,1,1                    !创建线并赋予线弹簧单元属性
LESIZE,ALL,,,1.0$LMESH,ALL                           !定义线划分为一个单元,划分单元
KSEL,S,,,2,4$KATT,,2,2$KMESH,ALL                     !选择质量块的关键点,赋予单元属性,划分单元
DK,ALL,UY$ALLSEL,ALL                                 !对上述关键点施加约束
DK,1,ALL$DK,5,ALL                                    !施加约束条件
/SOLU$ANTYPE,MODAL$MODOPT,LANB,3                     !定义模态求解类型,求解方法
MXPAND,3$SOLVE$/POST1$SET,LIST                       !定义扩展阶数,求解并查看结果
KF2=SQRT(2)$PI=ACOS(-1)$LAM1=(2+KF2)/2*M0/K0$LAM2=M0/K0/2$LAM3=(2-KF2)/2*M0/K0
F1=1/(2*PI*SQRT(LAM1))$F2=1/(2*PI*SQRT(LAM2))$F3=1/(2*PI*SQRT(LAM3))$*STAT
!
```

（5）质量弹簧系统的自由振动响应

在图 8-3 中,去掉第三质量块右侧的弹簧,并作用一水平方向力 P,然后突然放松,求该系统的振动响应。该系统自由振动时各质量块的位移如下[17]：

$$\begin{bmatrix} u_1 \\ u_2 \\ u_3 \end{bmatrix} = \frac{P}{k} \begin{bmatrix} 1.220\cos(2\pi f_1 t) - 0.280\cos(2\pi f_2 t) + 0.060\cos(2\pi f_3 t) \\ 2.199\cos(2\pi f_1 t) - 0.125\cos(2\pi f_2 t) - 0.074\cos(2\pi f_3 t) \\ 2.742\cos(2\pi f_1 t) + 0.225\cos(2\pi f_2 t) + 0.033\cos(2\pi f_3 t) \end{bmatrix}$$

式中符号意义同上例,但各阶频率与上例中的数值不同。通过上式求导可得到各质量块的运动速度、加速度等,此处不再给出表达式。

ANSYS 结果与理论结果的比较如图 8-4 和图 8-5 所示,图中仅给出了第三质量块的结果位移和加速度结果,实线为理论解,而虚线为 ANSYS 解。计算分析的命令流如下。

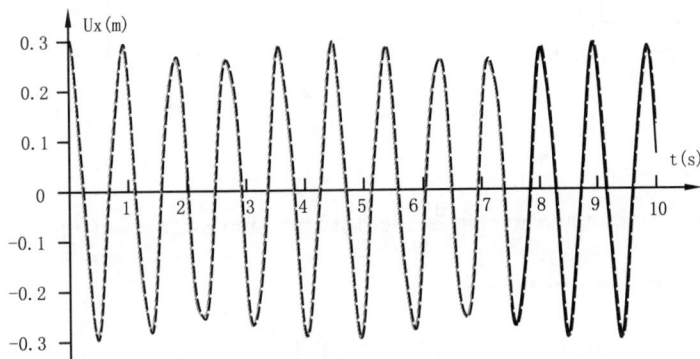

图 8-4 第三质量块位移—时间曲线

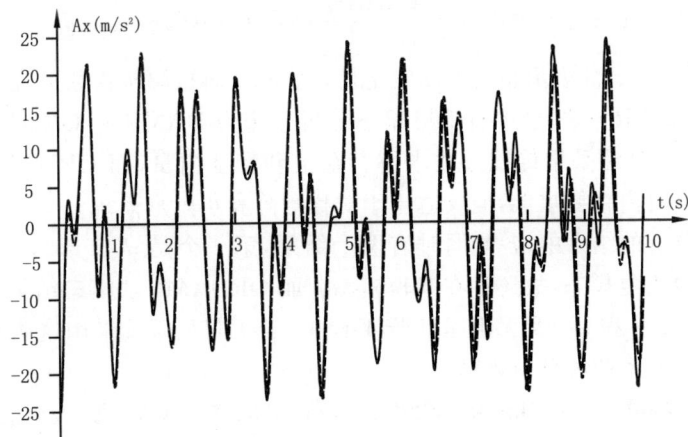

图 8-5 第三质量块加速度—时间曲线

```
!=======================================================
!EX8.5 质量弹簧系统自由振动的瞬态分析
FINISH$/CLEAR$/CONFIG,NRES,5000$/PREP7                          !定义结果组数目
M0=400$K0=1E5$P=10000                                           !定义质量、刚度系数及荷载参数
ET,1,COMBIN14,,1$ET,2,MASS21,,,4$R,1,K0$R,2,M0                  !定义单元类型和实常数
K,1$K,2,1.0$K,3,2.0$K,4,3.0$L,1,2$L,2,3$L,3,4                   !创建几何模型
LATT,,,1,1$LESIZE,ALL,,,1.0$LMESH,ALL                           !划分弹簧单元
KSEL,S,,,2,4$KATT,,2,2$KMESH,ALL                                !划分质量单元
D,ALL,UY$ALLSEL,ALL$D,1,ALL                                     !施加约束条件
/SOLU$ANTYPE,TRANS$TRNOPT,FULL$OUTRES,ALL,ALL                   !定义完全法瞬态分析和结果输出控制
TIMINF,OFF$F,4,FX,P$TIME,1.0$SOLVE                              !关闭积分效应,施加荷载,定义时间,求解
TIME,11.0$KBC,1$FDELE,4,ALL$TIMINT,ON                           !定义时间,阶跃荷载,删除力,打开积分效应
AUTOTS,ON$DELTIM,0.0001,,0.01$SOLVE                             !打开自动时间步,定义时间步长,求解
!进入时程后处理,定义各质量块的位移、速度和加速度,并绘制时程曲线
/POST26$NUMVAR,20$NSOL,2,2,U,X$NSOL,3,3,U,X$NSOL,4,4,U,X$PLVAR,2,3,4
PRVAR,2,3,4$NSOL,5,2,V,X$NSOL,6,3,V,X$NSOL,7,4,V,X$PLVAR,5,6,7
NSOL,8,2,A,X$NSOL,9,3,A,X$NSOL,10,4,A,X$PLVAR,8,9,10
!=======================================================
```

（6）有阻尼模态分析

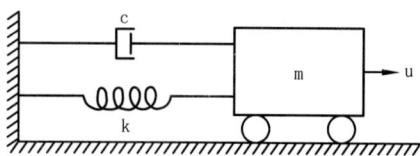

图 8-6 单自由度体系

如图 8-6 所示的单自由度质量弹簧系统[18]，系统的自由振动方程为：

$$m\ddot{u}(t)+c\dot{u}(t)+ku(t)=0 \tag{8-7}$$

当 c=0 时，无阻尼系统的自振频率，也称圆频率或角频率（rad/s）为 $\omega=\sqrt{\dfrac{k}{m}}=2\pi f$，其中 f 为工程频率（1/s 或 Hz），也称自振频率。式（8-7）的解为：

$$u(t)=\frac{\dot{u}(0)}{\omega}\sin\omega t+u(0)\cos\omega t \tag{8-8}$$

当 c≠0 时，设临界阻尼为 c_c，阻尼比为 ξ，则有：

$$c_c=2m\omega=2\sqrt{km},\ \xi=\frac{c}{c_c} \tag{8-9}$$

当 ξ<1 时，系统的阻尼自振频率为 $\omega_D=\omega\sqrt{1-\xi^2}$，式（8-7）的解为：

$$u(t)=e^{-\xi\omega t}\left[\frac{\dot{u}(0)+u(0)\xi\omega}{\omega_D}\sin\omega_D t+u(0)\cos\omega_D t\right] \tag{8-10}$$

设 $e^{-\xi\omega t}=e^{2\pi\sigma t}$，其中 $\sigma=-\xi f$ 表示系统振动稳定性，当 σ<0 时振幅按指数形式衰减。

ANSYS 有 7 种模态提取方法，其中有阻尼模态分析方法为 DAMP 和 QRDAMP 两种，二者均不可进行后续的谱分析。DAMP 法采用传统方法求解特征值和特征向量，而 QRDAMP 法则采用模态坐标法求解，其求解速度快且对内存要求低，但仅适用于对称矩阵和小阻尼系统。

在 DAMP 法模态分析的结果中，各阶同时有两个结果，第一个是 σ（实部），第二个是阻尼自振频率 ω_D（虚部）；有阻尼时结果为复模态，故还存在共轭模态。而 QRDAMP 法模态结果中，在某阶模态结果中同时给出共轭模态的参数（σ 和 ω_D）及无阻尼自振频率 ω。若无阻尼系统采用这两种方法，则结果中的实部为零，而虚部就是无阻尼系统的自振频率。

对图 8-6 所示的结构，设 m=200kg，k=3200π^2N/m，阻尼常数 CV1 取 0.4 倍的临界阻尼，即 $\xi_c=0.4c_c=2010.6193$N·s/m。相应的理论结果分别为：无阻尼时，ω=4πrad/s，f=2Hz；有阻尼时，$\omega_D=3.6661\pi$rad/s，$f_D=1.8330$Hz，σ=-0.8。ANSYS 分别用 DAMP 法和 QRDAMP 法分析的结果与理论

解相等。计算分析的命令流如下。

```
!═══════════════════════════════════════════════════════════
!EX8.6 有阻尼模态分析
FINISH$/CLEAR$/PREP7$M0=200$K0=3200*ACOS(-1)**2        !定义质量和刚度参数
CV1=2*M0*SQRT(K0/M0)*0.4                               !定义阻尼常数
ET,1,COMBIN14$ET,2,MASS21,,,4$R,1,K0,CV1$R,2,M0        !定义单元类型及实常数
K,1$K,2,1.0$L,1,2,1$LATT,,1,1$LMESH,1                  !创建几何模型并划分弹簧单元网格
KSEL,S,,,2$KATT,,2,2$KMESH,2$ALLSEL,ALL                !划分质量单元网格
DK,1,ALL$DK,2,UY                                       !施加约束条件
/SOLU$ANTYPE,MODAL$MODOPT,DAMP,4                       !用 DAMP 法求解模态参数
MXPAND,4$SOLVE$/POST1$SET,LIST                         !模态扩展并求解,然后结果列表
!═══════════════════════════════════════════════════════════
```

(7)梁上移动质量弹簧系统

如图 8-7 所示的质量弹簧系统在梁上匀速移动,分析梁跨中挠度变化曲线(图 8-8)。

图 8-7 梁上移动质量弹簧系统

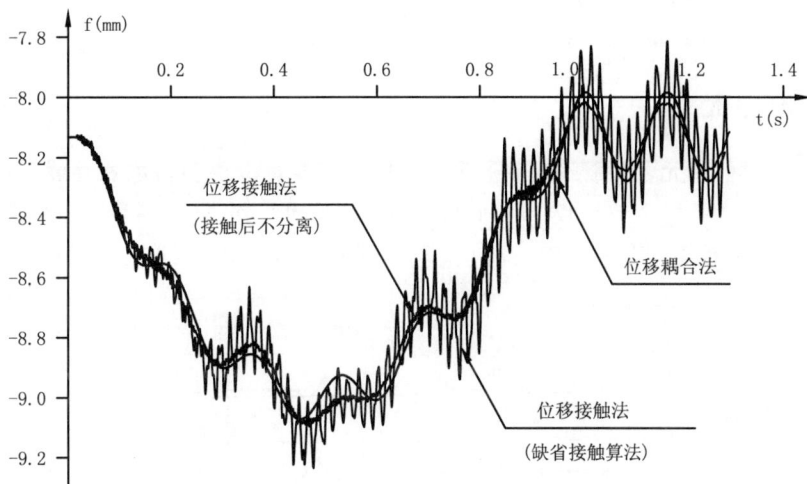

建模采用 2D 模型,梁用 BEAM3 模拟,质量用 MASS21 的 2D 无旋转自由度模拟,弹簧用 1D 的 COMBIN14 模拟,但考虑阻尼的影响。质量弹簧的移动采用位移耦合法[1]实现,并在质量弹簧系统移出后再求解一段时间的振动;也可采用位移—接触方法分析,即"位移"按速度计算各时刻到达的位置,"接触"采用点线接触单元实现移动部分与梁体的接触,但接触参数和接触算法对计算结果有一定的影响。用位移耦合法计算分析的命令流如下。

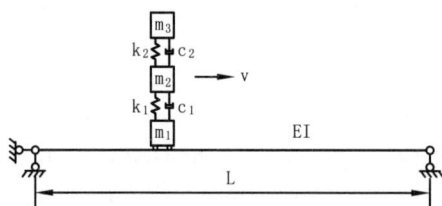

图 8-8 梁跨中挠度随时间的变化曲线

```
!═══════════════════════════════════════════════════════════
!EX8.7 移动质量弹簧系统的动力分析——位移耦合法
!定义结果步数为 5000
FINISH$/CLEAR$/CONFIG,NRES,5000$/PREP7
!定义几何参数、质量参数、弹簧刚度、质量、阻尼常数、梁材料常数和实常数、单元数和节点数等
SPANL=32$M1=5000$M2=6000$M3=14000$K1=1E7$K1C1=500$K1C2=70$K2=1E8$K2C1=200
K2C2=400$SPEEDV=120*1E3/3600$EM=3.5E10$AREA=4.5$IM=5.5$DENG=2600$GRA=9.8
NE=100$NN=NE+1$NN1=NN+1$DL=SPANL/NE$DT=DL/SPEEDV
!根据上述参数计算梁的自振周期(这里仅为移出梁后的时间,也可不用此值)
```

F1＝ACOS(−1)/2/SPANL/SPANL * SQRT(EM * IM/(AREA * DENG))

!定义三种单元类型、材料组及材料常数、实常数等

ET,1,BEAM3$ET,2,MASS21,,,4$ET,3,COMBIN14,1,2$MP,EX,1,EM$MP,NUXY,1,0.2$MP,DENS,1,DENG

R,1,AREA,IM,3.5$R,2,M1$R,3,M2$R,4,M3$R,5,K1,K1C1,K1C2$R,6,K2,K2C1,K2C2

!创建梁的节点和梁单元(也可创建几何模型生成有限元模型,这里采用了直接生成有限元模型)

* DO,I,1,NN$N,I,(I−1) * DL$ * ENDDO$TYPE,1$REAL,1$ * DO,I,1,NE$E,I,I+1$ * ENDDO

!创建三个质量单元和相关节点,并创建两个弹簧单元

N,NN1$TYPE,2$REAL,2$E,NN1$N,NN1+1,,0.5$REAL,3$E,NN1+1$N,NN1+2,,1.0

REAL,4$E,NN1+2$TYPE,3$REAL,5$E,NN1,NN1+1$REAL,6$E,NN1+1,NN1+2

!施加约束

D,1,UX,,,,,UY$D,NN,UY$D,NN1,ALL$FINISH

!求解,先进行静力求解设置初始条件,然后进行动力求解

/SOLU$ANTYPE,4$SSTIF,ON$TIMINT,OFF$TIME,1E−5$ACEL,,GRA$NSUBST,2$KBC,1$SOLVE

TIMINT,ON$OUTRES,ALL,ALL$DELTIM,0.05 * DT,,0.1 * DT$KBC,1$AUTOTS,ON

DDELE,NN1,UY$ * DO,I,1,NN　　　　　　　　　　　　　　　　　!删除质量的约束,循环求解

CPDELE,ALL$CDIST＝(I−1) * DL　　　　　　　　　　　　　　　!删除耦合方程,计算支座位移值

D,NN1+1,UX,CDIST$D,NN1+2,UX,CDIST$D,NN1,UX,CDIST　　　!施加节点的水平位移

CP,NEXT,UY,I,NN1$TIME,I * DT$SOLVE$ * ENDDO　　　　　　　!耦合自由度,定义时间并求解

CPDELE,ALL$D,NN1,UX,SPANL+1$D,NN1+1,UX,SPANL+1　　　　!移出梁后的动力分析

D,NN1+2,UX,SPANL+1$D,NN1,UY　　　　　　　　　　　　　　!方法同上

TIME,SPANL/SPEEDV+2/F1$SOLVE$FINISH　　　　　　　　　　!时长为两个周期,求解

/POST26$NC＝NODE(SPANL/2,0,0)$NSOL,2,NC,U,Y　　　　　　!获取跨中节点号,定义变量

DERIV,3,2,1$DERIV,4,3,1$PLVAR,2$PLVAR,4　　　　　　　　　!变量求导并绘制曲线

/POST1$SET,LAST$/DSCALE,,1$PLNSOL,U,Y$ANTIME,100,0.2,,1,2　　!生成动画

!＝＝＝

8.2　COMBIN40 单元

　　COMBIN40 称为组合单元,适用于各种分析,它用弹簧、弹簧滑块和阻尼器并联,用串联方式再与间隙耦合形成组合体。该单元每个节点仅有 1 个自由度,为平动位移、转动位移、压力或温度等自由度之一。根据不同 KEYOPT 设置,质量、弹簧、滑块、阻尼器和间隙等功能可从单元中移去。单元几何如图 8-9 所示。

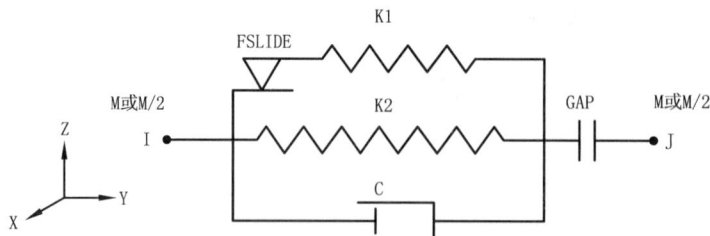

图 8-9　COMBIN40 单元几何

8.2.1　输入参数与选项

　　单元输入数据包括 2 个节点、两个弹簧常数 K1 和 K2(力/长度)、阻尼常数 C(力×时间/长度)、质量 M(力×时间²/长度)、间隙大小 GAP(长度)和极限滑动力 FSLIDE(力),上述括弧中的单位仅用于 KEYOPT(3)＝0～3 时。

　　对轴对称分析,上述输入数据(除 GAP 外)均以 360°为基数。弹簧常数为零(K1 或 K2 为零,二者不可同时为零)或阻尼系数为零时,表示单元不考虑相应的功能。质量可位于节点 I 或节点 J,也可平均分

配到两个节点。

　　间隙大小通过单元的第 4 个实常数定义。若实常数 GAP 为正值,表示存在大小为 GAP 的间隙;若实常数 GAP 为负值,表示存在大小为|GAP|的过盈;若实常数 GAP 为零,表示不考虑间隙功能。实常数 FSLIDE 为极限滑动力,即弹簧力必须超过此值才能滑动;若 FSLIDE 为零,表示单元无滑动功能,相当于刚结连接。

　　滑动具有"分离"特性,即一旦弹簧力达到极限滑动力|FSLIDE|,允许弹簧刚度 K1 降至零。考虑"分离"特性时,极限滑动力以－|FSLIDE|输入,适用于拉断和压坏。滑动还具有"锁死"特性[KEYOPT(1)控制],即一旦间隙闭合则不能再次打开。

　　该单元在无阻尼器时的力—变形关系如图 8-11 所示。若初始间隙为零,则单元为具有拉压能力的弹簧—阻尼器—滑动的组合。若初始间隙不为零,当弹簧力(F1＋F2)为负(弹簧受压)时,则间隙保持闭合,单元为弹簧—阻尼器并联的组合;随着弹簧力 F1 的增加,当其超过 FSLIDE 时,单元滑动且弹簧力 F1 保持不变;若 FSLIDE 以负值输入(考虑分离特性),则 K1 弹簧刚度降至零且弹簧力 F1 不复存在;若弹簧力变为正值(弹簧受拉),则间隙打开且无力的传递。在热分析或流体分析中,压力和温度自由度的行为与变形类似。

　　COMBIN40 单元的输入参数与选项如表 8-4 所示。

COMBIN40 单元输入参数与选项

表 8-4

参数类别	参数及说明		
节点	I,J		
自由度	UX,UY,UZ,ROTX,ROTY,ROTZ,PRES,TEMP,由 KEYOPT(3)确定		
实常数	序 号	符 号	说 明
	1	K1	弹簧 1 的弹簧常数
	2	C	阻尼常数
	3	M	质量
	4	GAP	间隙大小
	5	FSLIDE	极限滑动力
	6	K2	弹簧 2 的弹簧常数
材料属性	无		
面荷载	无		
体荷载	无		
特性	非线性(除非 GAP 和 FSLIDE 均为零)、自适应下降技术		
KEYOPT(1)	间隙行为: 0——常规间隙功能;1——锁死,即一旦闭合后将保持闭合		
KEYOPT(3)	单元自由度控制: 0,1——UX(仅沿节点坐标系 X 轴发生位移);2——UY(仅沿节点坐标系 Y 轴发生位移);3——UZ(仅沿节点坐标系 Z 轴发生位移);4——ROTX(仅沿节点坐标系 X 轴发生转动);5——ROTY(仅沿节点坐标系 Y 轴发生转动);6——ROTZ(仅沿节点坐标系 Z 轴发生转动);7——压力自由度;8——温度自由度		
KEYOPT(4)	单元输出控制: 0——输出单元所有状态时的结果;1——若间隙打开(STAT=3),则禁止输出单元结果		
KEYOPT(6)	质量位置: 0——质量位于节点 I;1——质量平均分配到节点 I 和节点 J 上;2——质量位于节点 J		

8.2.2　输出数据

　　单元行为如图 8-10 所示,KEYOPT(3)确定的位移方向与节点坐标系相同。STR＝U(J)－U(I)＋

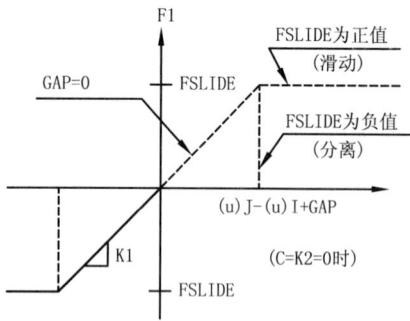

图 8-10 COMBIN40 单元行为

GAP—SLIDE 是当前子步结束时的弹簧位移,用于计算弹簧力,轴对称分析时扩展成以 360°为基数的单元力;SLIDE 为当前子步结束时,相对于起始位置的累计滑动量。

STAT 用来描述当前子步结束时的单元状态,以便用于下一子步的分析。若 STAT=1,则间隙闭合且无滑动发生;若 STAT=3,则间隙打开,用于下一子步的单元刚度将降至零;若 STAT=2,则发生滑动,节点 J 沿 I→J 方向移动;若 STAT=−2,则发生反向滑动,节点 J 沿 J→I 方向移动。

单元输出说明如表 8-5 所示,表 8-6 为命令 ETABLE 或 ESOL 中的表项和序号。

COMBIN40 单元输出说明 表 8-5

名　称	说　明	O	R
EL	单元号	Y	Y
NODES	单元节点号(I,J)	Y	Y
XC,YC,ZC	单元结果的输出位置	Y	2
SLIDE	滑动量	Y	Y
F1	弹簧1的弹簧力	Y	Y
STR1	弹簧1的相对位移	Y	Y
STAT	单元状态	1	1
OLDST	上一子步的单元状态	1	1
UI	节点I的位移	Y	Y
UJ	节点J的位移	Y	Y
F2	弹簧2的弹簧力	Y	Y
STR2	弹簧2的相对位移	Y	Y

注:1. STAT 值的意义:=1,间隙闭合且无滑动;=2,向右滑动,即节点 J 向节点 I 的右侧方向移动;=−2,向左滑动,即节点 J 向节点 I 的左侧方向移动;=3,间隙打开。

2. *GET 命令采用 CENT 项时可得。

命令 ETABLE 和 ESOL 的表项和序号 表 8-6

输出量名称	项 Item	E	输出量名称	项 Item	E
F1	SMISC	1	STR2	NMISC	4
F2	SMISC	2	UI	NMISC	5
STAT	NMISC	1	UJ	NMISC	6
OLDST	NMISC	2	SLIDE	NMISC	7
STR1	NMISC	3			

8.2.3 刚度矩阵与弹簧力计算

(1)单元力—变形关系

该单元无形函数和积分点设置。

无阻尼时,组合单元的力—变形关系如图 8-11 所示。

图中:F_1——弹簧1的弹簧力,即输出中的 F1;

F_2——弹簧2的弹簧力,即输出中的 F2;

K_1——弹簧1的刚度,即用命令 R 输入的实常数 K1;

K_2——弹簧2的刚度,即用命令 R 输入的实常数 K2;

U_{gap}——初始间隙,即用命令 R 输入的实常数 GAP;

U_I——节点 I 的位移;

U_J——节点 J 的位移;

F_S——弹簧 1 滑动所需弹簧力,也就是极限滑动力,即用命令 R 输入的实常数 FSLIDE。

(2)结构分析的单元矩阵

单元质量矩阵如下:

当 KEYOPT(6)=0 时,$[M_e] = M \begin{bmatrix} 1 & 0 \\ 0 & 0 \end{bmatrix}$;

当 KEYOPT(6)=1 时,$[M_e] = \dfrac{M}{2} \begin{bmatrix} 1 & 0 \\ 0 & 1 \end{bmatrix}$;

当 KEYOPT(6)=2 时,$[M_e] = M \begin{bmatrix} 0 & 0 \\ 0 & 1 \end{bmatrix}$。

图 8-11 COMBIN40 单元 力—变形关系

其中,M 为单元质量,即用命令 R 输入的实常数 M。

若在上一迭代步中间隙打开,则所有其余矩阵(阻尼和刚度矩阵)和荷载矢量均为零;否则单元阻尼矩阵、刚度矩阵和 NR 荷载矢量分别为:

$$[C_e] = C \begin{bmatrix} 1 & -1 \\ -1 & 1 \end{bmatrix} \tag{8-11}$$

$$[K_e] = k \begin{bmatrix} 1 & -1 \\ -1 & 1 \end{bmatrix} \tag{8-12}$$

$$\{F_e^{nr}\} = (F_1 + F_2) \begin{Bmatrix} -1 \\ 1 \end{Bmatrix} \tag{8-13}$$

式中:C——阻尼常数,即用命令 R 输入的实常数 C;

k——刚度,当上一迭代步无滑动发生时 $k = K_1 + K_2$,当上一迭代步发生滑动时 $k = K_2$;

K_1——弹簧 1 的刚度,即用命令 R 输入的实常数 K1;

K_2——弹簧 2 的刚度,即用命令 R 输入的实常数 K2;

F_1,F_2——当前迭代步中弹簧 1 和 2 的弹簧力。

(3)结构分析时 F_1 和 F_2 的计算

①当间隙打开时,

$$F_1 + F_2 = 0$$

若无滑动发生,则 $F_1 = F_2 = 0$,且有 $U_2 = U_J - U_I + U_{gap} = U_{gap}$,$U_1 = U_2 - U_S = U_2$。

若正在发生滑动,则 $F_1 = \dfrac{U_S K_1 K_2}{K_1 + K_2}$,$F_2 = -F_1$,基于当前迭代中间隙打开。

其中,U_S 为滑动量,即输出中的 SLIDE;$U_2 = U_J - U_I + U_{gap}$,即输出中的 STR2;$U_1 = U_2 - U_S$,即输出中的 STR1。

②当间隙闭合且正在发生滑动时,

$$F_1 = \pm F_S, \quad F_2 = K_2 U_2$$

$$U_2 = U_J - U_I + U_{gap}, \quad U_1 = \frac{\pm F_S}{K_1}, \quad U_S = U_2 - U_1$$

③当间隙闭合且当前无滑动,但以前发生过滑动时,

$$F_1 = K_1 U_1, \quad F_2 = K_2 U_2$$

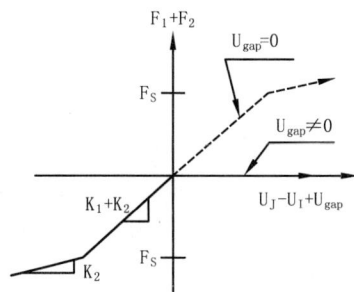

$$U_2 = U_J - U_1 + U_{gap}, U_1 = U_2 - U_S$$

④当既无间隙也无滑动功能时,成为两个并联弹簧:

$$F_1 = K_1 U_1, F_2 = K_2 U_2, U_1 = U_2 = U_J - U_1$$

8.2.4　注意事项

(1)单元每个节点仅有一个自由度,且该自由度位于节点坐标系中。

(2)单元的两个节点可位于空间的任意位置,也可重合,即节点位置不决定单元的作用方向。

(3)当节点 J 相对节点 I 发生正的位移时,间隙趋于打开;在特定条件下,若节点 I 和节点 J 互换,带间隙的单元就成为"吊钩单元",即节点趋于分离但间隙趋于闭合。

(4)不能用修改单元实常数的方法改变实常数初值。

(5)不能用命令 EKILL 杀死该类型单元。

(6)该单元的非线性选项仅适用于静态和非线性瞬态动力分析(TRNOPT,FULL)。

(7)若该单元用于其他分析类型,在整个分析过程中单元保持其初始状态。

(8)实常数 GAP 或 FSLIDE 为零时,单元无相应的间隙或滑动功能。只要 GAP 或 FSLIDE 之一不为零,就需要迭代求解。

(9)假定单元仅 1D 作用;若有质量,质量也是 1D 的,且仅有集中质量矩阵一种形式。

(10)若考虑间隙功能,则必须定义刚度(K1 或 K2),但应避免不合理的高刚度值。

(11)收敛速度随刚度的增加而降低。如 FSLIDE 不等于零,单元属于非保守系统,因此需要按实际加载历程、正确的加载顺序(多荷载步时)缓慢加载。

8.2.5　应用举例

(1)间隙单元的简单应用

如图 8-12a)所示的结构,面积为 A 的圆杆上端固定,下端与弹簧之间有一间隙 Δ,弹簧下端固定,弹簧刚度为 K。在圆杆中间作用一向下的力 P,设圆杆的弹性模量为 E,分析圆杆变形及与弹簧接触后的受力情况。

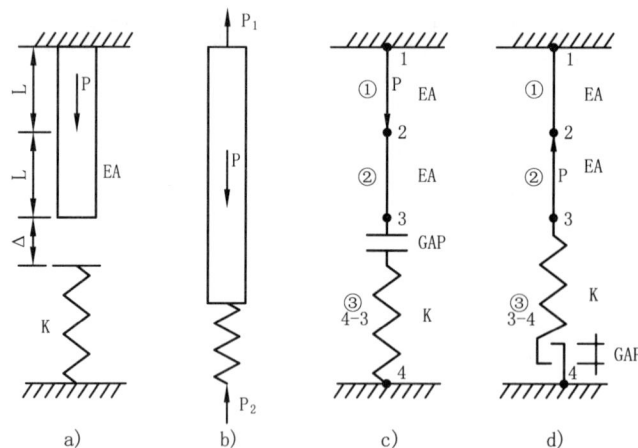

图 8-12　间隙单元的简单应用

取隔离体如图 8-12b)所示,圆杆上半部分受拉,圆杆下半部分及弹簧受压,根据初等力学原理,力的平衡方程和位移协调方程如下:

$$\begin{cases} P_1 + P_2 = P \\ \dfrac{P_1 L}{EA} - \dfrac{P_2 L}{EA} - \dfrac{P_2}{K} = \Delta \end{cases}$$

从而可求得:

$$\begin{cases} P_2 = \dfrac{P - \dfrac{EA\Delta}{L}}{2 + \dfrac{EA}{KL}} \\ P_1 = P - P_2 \end{cases} \tag{8-14}$$

从上式可知:

当 $P = \dfrac{EA\Delta}{L}$ 时,间隙刚刚闭合,此时弹簧既无变形也无力,即 $P_2 = 0$,$P_1 = P$。

当 $P > \dfrac{EA\Delta}{L}$ 时,间隙闭合后,弹簧发生变形,其内力按式(8-14)求得。

当 K 无限大时,弹簧不发生变形,此时相当于圆杆下端仅仅存在间隙 Δ,在荷载 P 作用下发生接触。

分析此类问题,ANSYS 有多种实现方法,此处仅采用 COMBIN40 模拟。圆杆采用 BEAM3 模拟,弹簧及间隙采用 COMBIN40 模拟。COMBIN40 组合时,其运动以单元末节点 J 相对于单元始节点 I 描述,因此当有间隙时,应注意单元的始末节点编号(间隙在末节点侧),一旦节点互换,就成为"吊钩单元"(图 8-12d)而非"间隙单元",也就达不到预期的结果。此外,COMBIN40 的作用方向由 KEYOPT(3)决定,与节点位置无关,因此该单元的节点 I 和 J 的位置可任意设置,即便重合也不影响结果。

假设圆杆的面积 $A = 0.01\text{m}^2$,弹性模量为 200MPa,长度 $L = 2\text{m}$,间隙 $\Delta = 0.2\text{m}$,弹簧刚度 $K = 1\text{MN/m}$,荷载 $P = 500\text{kN}$,则当 $P = 200\text{kN}$ 时,间隙闭合,此时节点 3 发生了 -0.2m 的位移,弹簧力为零,单元状态 STAT=3;随着 P 的增大,间隙闭合,弹簧开始受压并变形,当 $P = 500\text{kN}$ 时,节点 3 的位移达到了 -0.3m,即弹簧被压缩了 0.1m,此时弹簧力为 -100kN,单元状态 STAT=1。节点 3 位移、弹簧力、状态 STAT 随荷载的变化曲线如图 8-13 所示。计算分析的命令流如下。

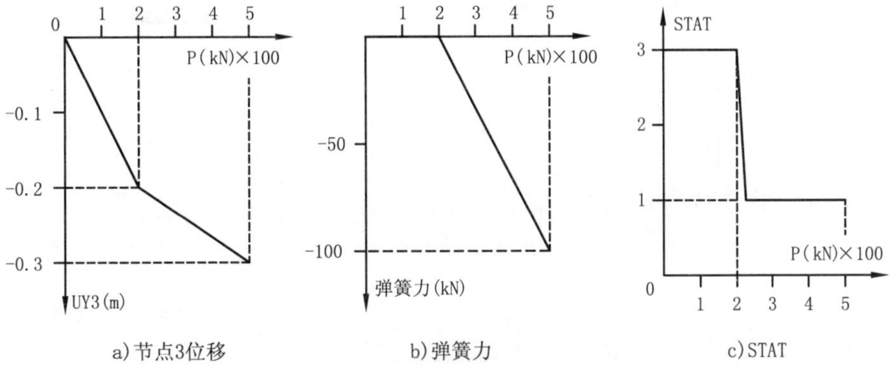

图 8-13 几种结果随荷载变化曲线

a) 节点3位移   b) 弹簧力   c) STAT

```
!=========================================================
!EX8.8 间隙单元的简单应用
FINISH$/CLEAR$/PREP7$ET,1,BEAM3                          !定义 BEAM3 单元类型
ET,2,COMBIN40$KEYOPT,2,3,2                !定义 COMBIN40 单元且 K3 为 2 为 UY 方向自由度
MP,EX,1,2E8$MP,PRXY,1,0.3$R,1,0.01,1E−4,0.1      !定义材料常数和 BEAM3 的实常数
R,2,1E6,,,0.2                    !定义弹簧刚度和间隙(若刚度为 1E14,则与无限大结果相同)
N,1,,4$N,2,,2$N,3$N,4,0,−1.0   !创建节点,弹簧的两个节点没有重合(给出提示信息,也可创建重合节点)
TYPE,1$REAL,1$E,1,2$E,2,3                                 !创建两个 BEAM3 单元
TYPE,2$REAL,2$E,4,3                    !创建一个弹簧单元,注意单元始末节点(读者可比较互换后的结果)
F,2,FY,−5E5$D,1,ALL$D,4,UY                             !施加荷载和边界条件
/SOLU$NSUBST,20,,20            !有间隙即为非线性分析(此 NSUBST 仅为得到 TIME=0.4 的结果)
OUTRES,ALL,ALL$SOLVE                                !输出所有子步的所有结果,求解
/POST1$PLDISP,1$ESEL,S,,,3                          !绘制变形图并选择弹簧单元
```

```
ETABL,F1,SMISC,1$PLETAB,F1                                    !定义单元表,绘制单元内力图
/POST26$NSOL,2,3,U,Y                                          !定义节点 3 的 UY 位移为变量 2
ESOL,3,3,,SMISC,1                                            !定义弹簧 1 的弹簧力为变量 3
ESOL,4,3,,NMISC,1                                            !定义单元状态 STAT 为变量 4
ESOL,5,3,,NMISC,3                                            !定义弹簧 1 的变形 STR1 为变量 5
PROD,6,1,,,,,,500                                            !将时间变量换算为荷载(kN)
XVAR,6$PLVAR,2$PLVAR,3                                        !以荷载为 X 轴,绘制变量 2 和 3 的变化曲线
PLVAR,4$PLVAR,5                                              !绘制变量 4 和 5 的变化曲线
!==========================================================================================
```

　　互换单元③的始末节点号就成为"吊钩单元"(图 8-12d)。若荷载方向不变,节点 3 向节点 4 移动,间隙会越来越大,永远"钩"不住,此时与无弹簧单元结果一致;若荷载方向反向,节点 3 向上移动而远离节点 4,此时间隙会越来越小,直到间隙闭合而"钩"住,此后随荷载的增加弹簧开始受压(不是受拉)。读者可将单元③节点互换,荷载方向不变或反向进行计算,并对上述三种情况进行比较。

　　(2)间隙单元在时变结构中的应用

　　当结构随时间发生变化时,为达到"后续荷载步在前步的基础上计算"的效果,可以采用约束位移法和生死单元法[1],但采用组合单元 COMBIN14 可更容易地达到此效果。如图 8-14 所示的结构(各参数详见命令流),荷载按三个阶段施加,相应地分为三个荷载步。第一步施加荷载 P_1,在 P_1 不断增大的过程中,间隙 Δ_2 闭合→间隙 Δ_1 闭合→间隙 Δ_2 又打开;第二步施加荷载 P_2,在 P_2 不断增加的过程中,间隙 Δ_2 又闭合→间隙 Δ_1 又打开;第三步施加荷载 P_3,在 P_3 不断增加的过程中,间隙 Δ_1 又闭合,直到荷载施加完毕(可从单元 STAT 或 F1 获知)。

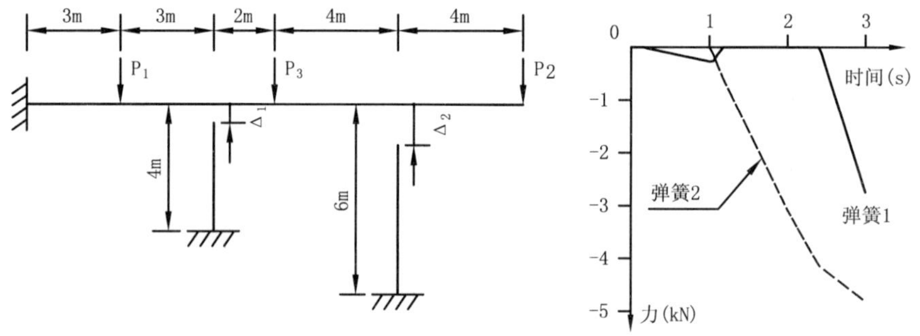

a)结构简图　　　　　　　　　　　　　b)弹簧内力变化曲线

图 8-14　间隙在时变结构中的应用

　　通过本例可知,利用间隙单元可很容易地实现边界变化或结构变化的分析过程。此例由于仅利用COMBIN40 的间隙功能,弹簧刚度初始可任意假定,然后通过试算直到结果不再变化为止。计算分析的命令流如下。

```
!==========================================================================================
!EX8.9 间隙单元在时变结构中的应用
FINISH$/CLEAR$/PREP7$ET,1,BEAM3$ET,2,COMBIN40$KEYOPT,2,3,2           !定义单元类型及 KEYOPT
MP,EX,1,3E10$MP,PRXY,1,0.2$R,1,0.03,1E-5,0.2$R,2,0.008,0.5E-5,0.1   !定义材料常数和实常数
R,3,1E20,,,0.01$R,4,1E20,,,0.02                                     !定义弹簧 1 和弹簧 2 的实常数
K,1$K,2,3$K,3,6$K,4,8$K,5,12$K,6,16$K,7,6,-4                        !创建关键点
K,8,6,-0.01$K,9,12,-6$K,10,12,-0.02                                !创建关键点,注意柱顶的坐标位置
L,1,2$L,2,3$L,3,4$L,4,5$L,5,6$L,7,8$L,9,10                          !创建线
LSEL,S,LOC,Y,0$LATT,1,1,1                                           !赋予水平线单元属性
LSEL,INVE$LATT,1,2,1$LSEL,ALL                                       !赋予柱线单元属性
ESIZE,1.0$LMESH,ALL                                                 !将线划分单元,生成有限元模型
```

```
NODE1＝NODE(KX(8),KY(8),KZ(8))                                    !获取第一个柱底的节点号
NODE2＝NODE(KX(3),KY(3),KZ(3))                                    !获取第一个柱顶的节点号
TYPE,2$REAL,3$E,NODE1,NODE2                                      !定义单元弹簧1,注意节点顺序
NODE1＝NODE(KX(10),KY(10),KZ(10))                                 !获取第二个柱底的节点号
NODE2＝NODE(KX(5),KY(5),KZ(5))                                    !获取第二个柱顶的节点号
TYPE,2$REAL,4$E,NODE1,NODE2                                      !定义单元弹簧2,注意节点序号
DK,1,ALL$DK,7,ALL$DK,9,ALL                                       !施加约束条件
/SOLU$NSUBST,20,,10$OUTRES,ALL,ALL                               !定义求解选项
TIME,1$FK,2,FY,－1E3$SOLVE                                        !施加第一荷载步的荷载并求解
TIME,2$FK,6,FY,－2E3$SOLVE                                        !施加第二荷载步的荷载并求解
TIME,3$FK,4,FY,－5E3$SOLVE                                        !施加第三荷载步的荷载并求解
/POST26$ESOL,2,27,,SMISC,1                                       !定义弹簧1的F1单元表
ESOL,3,28,,SMISC,1$PLVAR,2,3                                     !定义弹簧2的F1单元表,绘制内力曲线
ESOL,4,27,,NMISC,1$ESOL,5,28,,NMISC,1                            !定义弹簧1和弹簧2的STAT
PLVAR,4,5                                                        !绘制STAT曲线
!
```

（3）跌落物体冲击弹簧系统的分析

如图 8-15a)所示的结构[21]，质量块 A 从一定高度跌落至质量块 B 上，假定质量块 A 在冲击过程中不反弹(即一旦接触后不再分离)，用组合单元 COMBIN40 分析此过程。设 $m_A＝4kg$，$m_B＝9kg$，质量块 B 下弹簧刚度 $K_1＝1500N/m$，阻尼常数 $C_1＝230N \cdot s/m$，高度 $H＝0.8m$，重力加速度取 $9.81m/s^2$。

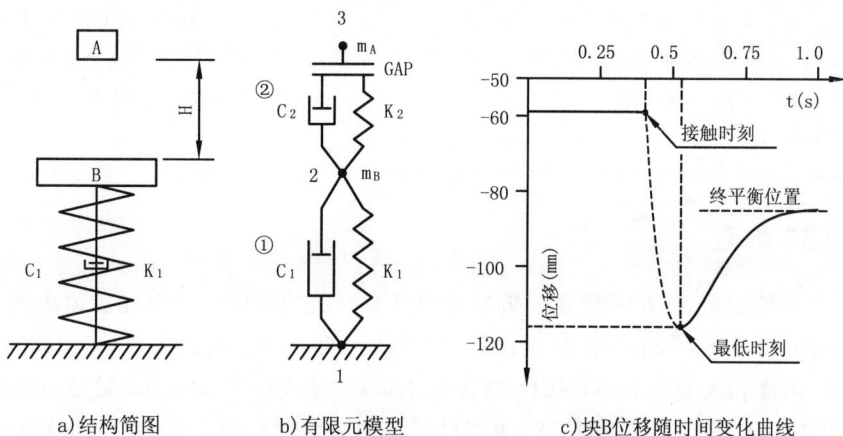

a)结构简图 b)有限元模型 c)块B位移随时间变化曲线

图 8-15　跌落物体冲击弹簧系统的分析

有限元模型如图 8-15b)所示，质量块 B 下的弹簧用带阻尼和刚度功能的 COMBIN40 模拟(单元①)，质量块 A 跌落并冲击质量块 B 用带有间隙、阻尼和刚度的 COMBIN40 模拟(单元②)，即用间隙单元模拟冲击接触过程。单元①的实常数直接采用已知参数输入，而单元②的实常数说明如下：

因静止时弹簧被质量块 B 压缩，故单元的实常数间隙 $GAP＝\dfrac{H－m_B g}{K_1}＝0.8m－0.05886m$。

弹簧刚度也就是接触刚度可设为任意值，如可设 $K_2＝100000N/m$。

为防止弹簧②本身在冲击后振荡，需设置一定形式的阻尼，如可设为临界阻尼值；因间隙闭合(接触频率)的自然频率 $f_2＝\dfrac{\sqrt{K_2/m_A}}{2\pi}＝25.1646Hz$，故弹簧阻尼可设为 $C_2＝\dfrac{K_2}{\pi f}＝1264.91N \cdot s/m$。

对于冲击问题的瞬态动力分析，一般时间步长应小于 $\dfrac{1}{30f_2}$，即荷载子步数应大于 $30f_2＝754.93$，本例取 1000。

上述参数的计算结果如图 8-15c)所示,与理论结果曲线完全重合。当间隙闭合时,也就是块 A 在经过自由落体,即 $\sqrt{2H/g}=0.4039s$ 后,块 A 和块 B 变形一致;在时刻 0.5292s 时弹簧 1 被压缩至最短,也就是块 B 的最大变形位置(即冲击接触后的 0.1253s 达到最大值);随后,块 A 和块 B 一起被弹簧 1 向上反弹,因阻尼作用,最终趋于平衡,且平衡位置为块 A 和块 B 致弹簧 1 压缩变形的位置,即 $\frac{(m_A+m_B)g}{K_1}=$ 85.02mm。读者可试着改变弹簧 1 的参数,如无阻尼、弹簧 2 无阻尼、间隙闭合后可打开等,可获得不同的结果。计算分析的命令流如下。

```
!=====================================================
!EX8.10 刚体跌落冲击弹簧系统的瞬态动力分析
FINISH$/CLEAR$/PREP7$MA=4$MB=9$K1=1500$C1=230$H0=0.8$K2=1E5$GRA=9.81
F2=SQRT(K2/MA)/(2*ACOS(-1))$C2=K2/F2/ACOS(-1)$NDT=(30*F2)          !参数定义和计算
ET,1,COMBIN40$KEYOPT,1,3,2$KEYOPT,1,6,2                           !单元类型1,UY自由度,质量位于节点J
ET,2,COMBIN40$KEYOPT,2,1,1$KEYOPT,2,3,2                           !单元类型2,间隙闭合后锁死,UY自由度
KEYOPT,2,6,2                                                       !质量位于节点J
R,1,K1,C1,MB$R,2,K2,1265,MA,H0-MB*GRA/K1                          !实常数组1和2,注意阻尼常数和间隙
N,1,,-1$N,2$N,3,,H0$TYPE,1$REAL,1$E,1,2                           !创建节点和单元
TYPE,2$REAL,2$E,2,3$D,1,UY$D,3,UY                                 !创建单元并施加约束
/SOLU$ANTYPE,TRANS$TIME,1E-8$KBC,1                                !定义瞬态分析、时间、荷载类型
ACEL,,GRA$NSUBST,2$TIMINT,OFF$SOLVE                               !施加加速度、两个荷载步、关闭时间积分,求解
TIMINT,ON$DDELE,3,UY$AUTOTS,ON                                    !打开时间积分,删节点3的约束,打开自动时间步
NSUBST,1000$OUTRES,ALL,ALL$TIME,1.0$SOLVE                         !定义子步数、输出控制、时间,求解
/POST26$NSOL,2,2,U,Y$NSOL,3,3,U,Y                                 !定义块B和块A位移分别为变量2和3
ESOL,4,2,,SMISC,1$ESOL,5,2,,NMISC,1                               !定义弹簧2的F1和STAT分别变量4和5
PLVAR,2,3$PLVAR,4,5                                               !绘制变量随时间的变化曲线
!=====================================================
```

8.3   COMBIN37 单元

COMBIN37 称为控制单元,是一种在分析过程中具有开关功能的单向单元。该单元每个节点仅有 1 个自由度,为节点坐标系下的平动位移、转动位移、压力或温度等自由度之一。COMBIN7 单元具有更多的控制功能(6 个自由度和大变形);COMBIN14、COMBIN39 和 COMBIN40 单元是与该单元类似的单向单元,但无远程控制功能。该单元用途广泛,例如可用温度的函数控制热流(温度调节器)、用速度的函数控制阻尼(机械减振器)、用压力的函数控制流动阻力(减压阀)、用位移的函数控制摩擦(摩擦离合器)、用时间直接控制开关等。

8.3.1   输入参数与选项

COMBIN37 单元功能如图 8-16 所示,单元输入数据包括 2 对节点,即活动节点 I 和 J、可选的控制节点 K 和 L。当活动节点的自由度为平动位移时,通常建议两个活动节点重合以消除可能的弯矩不平衡问题,但若节点 J 和节点 I 的坐标稍微不同将更加直观。该单元定义节点 J 相对节点 I 的正位移将拉伸弹

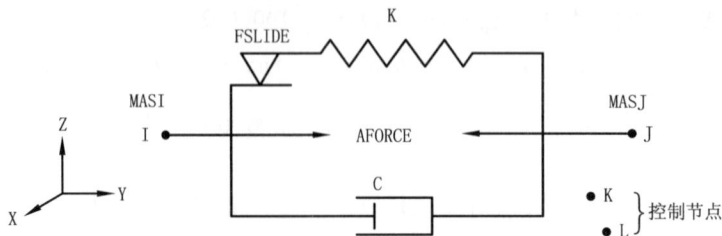

图 8-16   COMBIN37 单元几何

簧,因此在节点位置重合时,若将节点 I 及节点 J 互换,将压缩弹簧。但若节点位置不重合(弹簧有一定长度),节点 J 相对节点 I 的正位移也将拉伸弹簧,但此时若将节点号互换,虽然弹簧伸长但其弹簧力为负,故当弹簧的节点 I 和节点 J 位置不重合时不宜用弹簧力判断弹簧伸长或压缩。

特定参数结合控制节点可确定该单元与结构的关系,即"开(ON)"则是结构的一部分、"关(OFF)"则与结构脱离,因而可随时间或迭代分析进行控制以便脱离模型区域。其他输入数据为刚度(STIF)、阻尼常数(DAMP)、节点集中质量(MASI 和 MASJ)、开关控制值(ONVAL 和 OFFVAL)、单元荷载(AFORCE:正值时,节点 I 沿节点坐标系正向移动,而节点 J 沿节点坐标系反向移动)、初始开关状态(START:-1 为关,1 为开,0 由控制参数的起始值确定)、4 个非线性常数(C1、C2、C3、C4)和极限滑动力(FSLIDE)。

极限滑动力 FSLIDE 与 COMBIN40 单元中的相同,但不具有分离和锁死功能。对结构分析,刚度量纲为"力/长度"或"力矩/转角",阻尼常数量纲为"力×时间/长度"或"力矩×时间/转角",质量量纲为"力×时间²/长度"或"力矩×时间²/角度",荷载量纲为"力"或"力矩"。对以温度为自由度的热分析,刚度表示热传导系数,其量纲为"热/(时间×度)";质量表示热容,其量纲为"热/度";单元荷载表示热流,其量纲为"热/时间"。对以压力为自由度的分析,刚度表示流导,其量纲为"长度²/时间"。对轴对称分析,刚度、阻尼常数、质量及单元荷载均以 360° 为基数。

活动节点的自由度由 KEYOPT(3)确定。控制节点(K 和 L)可与活动节点自由度相同,也可通过 KEYOPT(2)定义不相同的自由度。KEYOPT(1)指定控制节点的控制参数,这些控制参数可为控制节点的自由度值、一次或二次自由度值的导数、自由度值的积分或时间之一。控制节点无需与其他任何单元相连,若未定义节点 L,则控制参数仅由节点 K 确定;若控制参数为时间[KEYOPT(1)=5],就无需定义节点 K 和 L。

当该单元用于结构分析时,单元行为与其他弹簧、阻尼和质量单元(如 COMBIN14、MASS21 和 COMBIN40)类似。此外,该单元根据函数 RVMOD 具有非线性行为,RVMOD＝RVAL＋C1|CPAR|^{C2}＋C3|CPAR|^{C4} 是实常数 RVAL 的修正值,C1～C4 也为实常数,而 CPAR 为控制参数。RVMOD 也可通过用户子例程 USERRC 定义。当 FSLIDE 修正为负时则设为零。当为场分析时,温度或压力自由度与位移自由度的修正方法类似。

当 KEYOPT(4)和 KEYOPT(5)与 ONVAL 和 OFFVAL 组合时,单元具有不同的控制行为,如图 8-17 所示,单元"开"或"关"由控制参数与 ONVAL 和 OFFVAL 的相对位置关系确定。当 KEYOPT(4)＝0 且控制参数位于 ONVAL 和 OFFVAL 之间时,单元状态则由控制参数 CPAR 的方向和上一子步状态确定。若 ONVAL＝OFFVAL＝0.0 或为空,则忽略单元的开关功能而永远为活动状态(即单元一直起作用)。

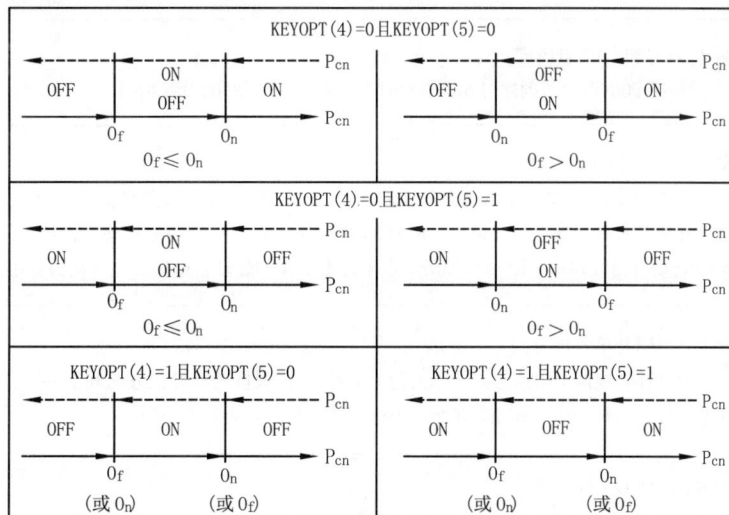

图 8-17 COMBIN37 随控制参数的单元行为

COMBIN37 单元的输入参数与选项如表 8-7 所示。

COMBIN37 单元输入参数与选项 表 8-7

参数类别	参 数 及 说 明		
节点	I, J, K, L 或 I, J, K 或 I, J		
自由度	UX, UY, UZ, ROTX, ROTY, ROTZ, PRESS, TEMP, 由 KEYOPT(2) 和 (3) 确定		
实常数	序 号	符 号	说 明
	1	STIF	弹簧常数
	2	DAMP	阻尼
	3	MASJ	节点 J 处的质量
	4	ONVAL	"ON"控制值,与控制参数相对应
	5	OFFVAL	"OFF"控制值,与控制参数相对应
	6	AFORCE	单元荷载
	7	MASI	节点 I 处的质量
	8	START	单元的初始开/关状态(1 为开,−1 为关)
	9～12	C1～C4	RVMOD 方程中的常数
	13	FSLIDE	极限滑动力
材料属性	DAMP		
面荷载	无		
体荷载	无		
特性	非线性、自适应下降技术		
KEYOPT(1)	控制参数: 0,1——UK-UL 为控制值,若 L 未定义则为 UK;2——控制值对时间的一次导数控制;3——控制值对时间的二次导数控制;4——控制值对时间的一次积分控制(假设初始条件为零);5——时间值控制,此时忽略 KEYOPT(2) 的定义,忽略节点 K 和 L		
KEYOPT(2)	控制节点(K 和 L)的自由度: N——与 KEYOPT(3) 所列序号相同,缺省时与 KEYOPT(3) 的设置相同		
KEYOPT(3)	活动节点(I 和 J)的自由度: 0,1——UX,即沿节点坐标系 X 轴的平动自由度;2——UY,即沿节点坐标系 Y 轴的平动自由度;3——UZ,即沿节点坐标系 Z 轴的平动自由度;4——ROTX,即沿节点坐标系 X 轴的转动自由度;5——ROTY,即沿节点坐标系 Y 轴的转动自由度;6——ROTZ,即沿节点坐标系 Z 轴的转动自由度;7——压力自由度;8——温度自由度		
KEYOPT(4)	ON-OFF 范围与单元行为: 0——交替范围,在两个限值之间的单元行为不唯一,需根据控制参数方向和上一子步状态确定(必须越过限值才可能改变行为);1——单一范围,在两个限值之间的单元行为是唯一的		
KEYOPT(5)	ON-OFF 位置与单元行为: 0——OFF-或-ON(若为单一范围,则为 OFF-ON-OFF);1——ON-或-OFF(若为单一范围,则为 ON-OFF-ON)		

参数类别	参数及说明
KEYOPT(6)	拟通过 RVMOD 函数(C1 或 C3 不能为零)修正的实常数： 0,1——STIF 为非线性(STIF 和 FSLIDE 不能为零)；2——DAMP；3——MASJ；4——ONVAL；5——OFFVAL；6——AFORCE；7——MASI；8——FSLIDE
KEYOPT(9)	实常数修正方法： 0——通过 RVMOD 公式修正实常数；1——通过用户子例程 USERRC 修正实常数

8.3.2　输出数据

活动节点的位移和力与 KEYOPT(3)确定的自由度一致。在子步末单元的相对位移用 STRETCH (UJ-UI-SLIDE)表示，当前子步末和上一子步的单元状态用 STAT 和 OLDST 表示。单元输出说明如表 8-8 所示，表 8-9 为命令 ETABLE 或 ESOL 中的表项和序号。

COMBIN37 单元输出说明　　　　表 8-8

名称	说明	O	R
EL	单元号	Y	Y
ACTIVE NODES	活动节点号(I,J)	Y	Y
CONTROL NODES	控制节点号(K,L)	Y	Y
XC,YC,ZC	单元结果的输出位置	Y	5
CONTROL PARAM	控制节点的控制参数 CPAR 值	Y	Y
STAT	单元状态	1	1
OLDST	上一子步的单元状态	1	1
UI	节点 I 的位移	2	2
UJ	节点 J 的位移	2	2
UK	节点 K 的位移	2	2
UL	节点 L 的位移	2	2
STRETCH	相对位移	2	2
SFORCE	单元的弹簧力	2	2
AFORCE	单元施加的荷载	2	2
ALSTAT	滑动状态	3	3
OLDSLS	上一子步的滑动状态	3	3
SLIDE	滑动量值	4	4

注：1. STAT 值的意义：=0,关；=1,开。

2. 对热分析和流体分析,输出量与表中类似,应用温度和压力等分别代替之。

3. 仅当 FSLIDE 大于零时输出,且=0 表示无滑动,=1 表示向右滑动,=-1 向左滑动(同 COMBIN40)。

4. 仅当 FSLIDE 大于零时才输出。

5. *GET 命令采用 CENT 项时可得。

命令 ETABLE 和 ESOL 的表项和序号 表 8-9

输出量名称	项 Item	E	输出量名称	项 Item	E
SFORCE	SMISC	1	UI	NMISC	6
AFORCE	SMISC	2	UJ	NMISC	7
STAT	NMISC	1	UK	NMISC	8
OLDST	NMISC	2	UL	NMISC	9
SLSTAT	NMISC	3	CPAR	NMISC	10
OLDSLS	NMISC	4	SLIDE	NMISC	11
STRETCH	NMISC	5			

8.3.3 单元行为与控制参数

（1）单元行为

单元行为通过 KEYOPT(4) 和 KEYOPT(5)、控制参数（CPAR）和开关限值（ONVAL 和 OFFVAL）的相对位置关系确定；当控制参数位于开关限值之间时，需根据控制参数方向和上一子步的单元状态确定，且只有控制参数达到或越过开关限值时才可能改变单元状态，如控制参数仅在开关限值之间反复变化（未达到开关限值），则单元状态不会改变。

单元行为的组合情况如图 8-17 所示，控制参数的实线和虚线仅说明 P_{cn} 的方向。图 8-18 为图 8-17 的形象表示，即随时间变化的 P_{cn} 和相应的单元行为，图中 0 表示"关"，1 表示"开"，六种情况与图 8-16 中的六种情况一一对应。

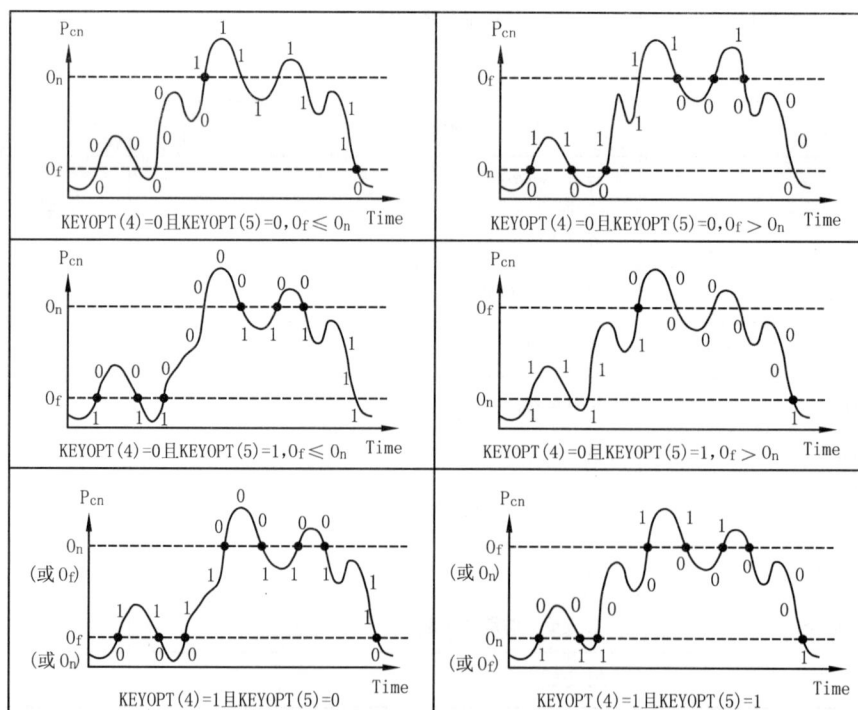

图 8-18 COMBIN37 单元行为

在图 8-16 和图 8-17 中，O_n 为输入的实常数 ONVAL，O_f 为输入的实常数 OFFVAL，P_{cn} 为控制参数，即输出中的 CPAR。

（2）单元矩阵

当单元状态为"开(ON)"时,单元的刚度矩阵、质量矩阵和阻尼矩阵如下:

$$[K_e]=k_0\begin{bmatrix} 1 & -1 \\ -1 & 1 \end{bmatrix}, \quad [M_e]=\begin{bmatrix} M_I & 0 \\ 0 & M_J \end{bmatrix}, \quad [C_e]=C_0\begin{bmatrix} 1 & -1 \\ -1 & 1 \end{bmatrix} \tag{8-15}$$

式中:k_0——刚度,即用命令 R 输入的实常数 STIF;

M_I——节点 I 的质量,即用命令 R 输入的实常数 MASI;

M_J——节点 J 的质量,即用命令 R 输入的实常数 MASJ;

C_0——阻尼常数,即用命令 R 输入的实常数 DAMP。

当单元状态为"关(OFF)"时,所有的单元矩阵均为零。

(3)实常数修正

若 KEYOPT(6)>0,实常数可作为控制参数的函数修正如下:

当 KEYOPT(6)=0 或 1 时,$k_0'=k_0+D$;

当 KEYOPT(6)=2 时,$C_0'=C_0+D$;

当 KEYOPT(6)=3 时,$M_J'=M_J+D$;

当 KEYOPT(6)=4 时,$O_n'=O_n+D$;

当 KEYOPT(6)=5 时,$O_f'=O_f+D$;

当 KEYOPT(6)=6 时,$F_A'=F_A+D$;

当 KEYOPT(6)=7 时,$M_I'=M_I+D$;

当 KEYOPT(6)=8 时,$F_s'=F_s+D$。

其中,当 KEYOPT(9)=0 时,$D=C_1|P_{cn}|^{C_2}+C_3|P_{cn}|^{C_4}$;当 KEYOPT(9)=1 时,$D=f_1(C_1,C_2,C_3,C_4,P_{cn})$;$F_A$ 为单元荷载,即用命令 R 输入的实常数 AFORCE;F_s 为极限滑动力,即用命令 RMORE 输入的实常数 FSLIDE;$C_1\sim C_4$ 为四个常数,即用命令 RMORE 输入的实常数 C1、C2、C3 及 C4;f_1 为用户子例程 USERRC 定义的函数。

若 $F_s'<0$ 或当 KEYOPT(6)≠8 时的 $F_s<0$,则将其置零。

(4)控制参数的计算

控制参数按下式定义:

当 KEYOPT(1)=0 或 1 时,$P_{cn}=V$;

当 KEYOPT(1)=2 时,$P_{cn}=\dfrac{dV}{dt}$;

当 KEYOPT(1)=3 时,$P_{cn}=\dfrac{d^2V}{dt^2}$;

当 KEYOPT(1)=4 时,$P_{cn}=\displaystyle\int_0^t Vdt$;

当 KEYOPT(1)=5 时,$P_{cn}=t$。

其中,若定义了节点 L 则 $V=u(K)-u(L)$,若未定义节点 L 则 $V=u(K)$;t 为时间,即用命令 TIME 定义的时间值;u 为由 KEYOPT(2)定义的自由度,如可为 UX、UY、UZ 等。

在第一迭代步中,假定控制参数 P_{cn}^1 为:

若 $S^t=1$ 或 -1,则 $P_{cn}^1=\dfrac{O_n+O_f}{2}$;

若 $S^t=0$ 且 KEYOPT(2)=8,则 $P_{cn}^1=T_{UNIF}$;

其他所有情况下,$P_{cn}^1=0$。

其中,S^t 为单元定义时输入的初始状态值,即用命令 R 输入的实常数 START;T_{UNIF} 为均匀温度值,用命令 BFUNIF 输入。

8.3.4 注意事项

(1)单元每个节点仅有一个自由度,该自由度位于节点坐标系中,且假定单元是 1D 行为。

(2)单元的两个节点可位于空间的任意位置,也可重合,即节点位置不决定单元的作用方向。

(3)该单元的非线性选项仅适用于静态和非线性瞬态动力分析。若用于其他分析类型,在整个分析过程中单元保持其初始状态。

(4)不能用修改单元实常数的方法改变实常数初值。

(5)不能用命令 EKILL 杀死该类型单元。

(6)仅有集中质量矩阵一种形式。

(7)控制参数可远程控制开关的状态,一旦为开状态,则单元矩阵立即为式(8-18);而一旦为关状态,则刚度矩阵立即变为零,因此该单元的开关行为与单元生死是有差别的。一般该单元的控制行为用于结构状态的突然变化,而不是结构状态的连续变化。

8.3.5 应用举例

(1)悬臂梁的时间开关与行为

如图 8-19a)所示的悬臂梁,用时间开关弹簧支承,悬臂端作用一集中荷载。设弹簧刚度为 1000kN/m,梁的面积为 $0.1m^2$、惯性矩为 $0.001m^4$、弹性模量为 210GPa。在 $0\sim1s$ 时间内施加的集中力为 30kN,并在时刻 1s 时打开弹簧;在 $1\sim2s$ 时间内荷载不变;在 $2\sim3s$ 时间内将荷载增加到 70kN。对此情况下的结构变形和弹簧的行为进行静态分析。

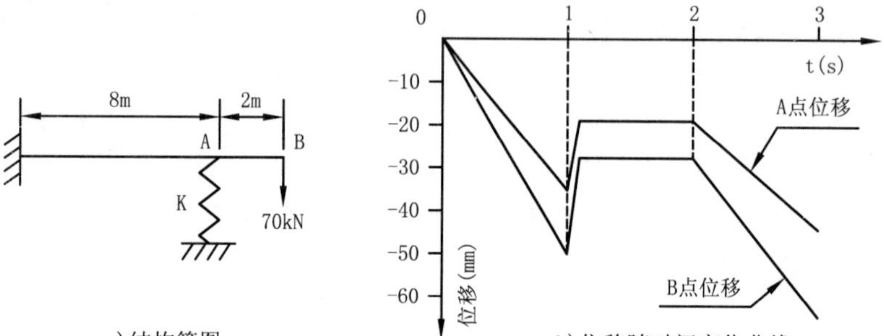

图 8-19 悬臂梁的时间开关与行为

弹簧的自由度可设为 UY,为直观方便设其具有一定长度,其实常数除刚度外,ONVAL 值为 1.0 且 OFFVAL＝0.0。根据控制参数为时间则 KEYOPT(1)＝5,根据自由度方向则 KEYOPT(3)＝2,根据开关范围则 KEYOPT(4)＝0,根据开始为关状态则 KEYOPT(5)＝0。

从计算结果图 8-19b)可知,在 $0\sim1s$ 时间内弹簧处于关状态,结构行为与没有弹簧相同。在略大于 1s 的时刻弹簧被打开,因弹簧在上一子步结束时节点发生了相对位移,其 STRETCH $\neq$0,弹簧中也就存在弹簧力(在单元生死中,单元从初始状态出生),致使结构在该弹簧力(荷载未发生变化)作用下回弹。其结果与"悬臂梁和正常弹簧支承"时的情况一样,显然不是"后续荷载步在前步的基础上计算",而是弹簧被打开的同时,在弹簧力和荷载作用下结构重新寻求平衡状态,改变了前面荷载步的应力历史。在 $2\sim3s$ 时间段,弹簧仍处于打开状态,此时与"悬臂梁和正常弹簧支承"的结果相同。计算分析的命令流如下。

```
!═══════════════════════════════════════════════════════════════════
!EX8.11 时间开关弹性支承悬臂梁的计算
FINISH$/CLEAR$/PREP7$ET,1,BEAM3$ET,2,COMBIN37          !定义两种单元类型
KEYOPT,2,1,5$KEYOPT,2,3,2$KEYOPT,2,4,0$KEYOPT,2,5,0    !定义单元类型 2 的 KEYOPT 项
MP,EX,1,2E11$MP,PRXY,1,0.3$R,1,0.1,0.001,0.2           !定义材料常数和实常数
R,2,1E6,,,1.0,0.0                       !STIF=1E10,ONVAL=1.0,OFFVAL=0.0
K,1$K,2,8$K,3,10$L,1,2$L,2,3$LATT,1,1,1$ESIZE,1$LMESH,ALL   !创建梁几何和有限元模型
N1=NODE(8,0,0)$N2=NODE(10,0,0)                         !获得 A 和 B 点的节点号
N,100,8,−1$TYPE,2$REAL,2$E,100,N1           !创建节点,定义控制单元,其 I=100,J=N1
```

```
DK,1,ALL$D,100,UY                                          !施加约束
/SOLU$NSUBST,10$OUTRES,ALL,ALL                             !定义求解选项
TIME,1$F,N2,FY,−3E4$SOLVE                                  !施加30kN荷载,时间0~1s,求解
TIME,2$SOLVE                                               !荷载不变,但通过时间控制打开弹簧,求解
TIME,3$F,N2,FY,−7E4$SOLVE                                  !荷载增加到70kN,时间2~3s
/POST1$SET,LIST$SET,1$PLDISP,1                             !进入POST1,绘制各时间的变形图
SET,2$PLDISP,1$SET,3$PLDISP,1
/POST26$NSOL,2,N1,U,Y,UYN1                                 !进入POST26,定义单元的J节点位移为变量2
NSOL,3,N2,U,Y,UYN2$PLVAR,2,3                               !定义悬臂端位移为变量3,绘制时间—位移曲线
ESOL,4,11,,NMISC,1,STAT                                    !定义控制单元状态STAT为变量4
ESOL,5,11,,SMISC,1,SFOR                                    !定义控制单元弹簧力为变量5
ESOL,6,11,,NMISC,5,STRE                                    !定义控制单元相对位移为变量6
ESOL,7,11,,NMISC,6,UI                                      !定义控制单元I节点位移为变量7
ESOL,8,11,,NMISC,7,UJ                                      !定义控制单元J节点位移为变量8
PRVAR,2,4,5,6,7,8                                          !变量结果列表
```

(2)梁体张拉过程模拟

如图8-20所示的梁体,在台座上预制完成且达到了张拉强度,在张拉过程中梁体逐渐上拱并脱离台座,试对此张拉过程进行分析。

此例仅为说明方法和过程,因此梁体采用单元BEAM3模拟,其材料的弹性模量设为30GPa,质量密度设为2600kg/m³。预应力钢筋的作用采用等效

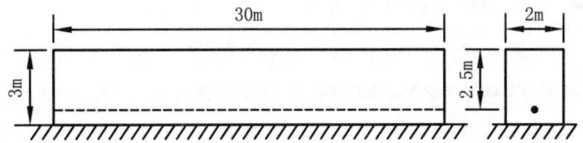

图8-20 梁体构造

荷载法实现,也可采用实体力筋耦等方法实现,设预应力筋的张拉力为6MN,则在端部的等效荷载为轴向力6MN,弯矩15MN·m。台座采用控制单元COMBIN37模拟,其刚度可通过地基系数换算得到,设为10000MN/m;在张拉过程中一旦梁体脱离台座则弹簧状态就为"关",这样随着弹簧逐渐关闭梁体逐渐脱离台座,最终达到张拉完成后的受力状态;因此OFFVAL可取很小的向上位移值,这里取$1×10^{-10}$ m。计算分析的命令流如下。

```
!EX8.12 梁体张拉过程模拟分析
FINISH$/CLEAR$/PREP7
ET,1,BEAM3$ET,2,COMBIN37                                   !定义两种单元类型
KEYOPT,2,1,1$KEYOPT,2,2,2                                  !控制单元的控制参数为UK-UL,UK自由度为UY方向
KEYOPT,2,3,2$KEYOPT,2,4,0                                  !活动节点自由度为UY,交替范围
KEYOPT,2,5,1                                               !ON-OFF,即状态随控制参数从ON到OFF变化
MP,EX,1,3E10$MP,PRXY,1,0.2$MP,DENS,1,2600                  !定义梁体的材料常数
R,1,6.0,4.5,3.0$R,2,1E10,,,1E−30,1E−10                     !定义梁体的质量密度和组合单元的实常数
*DO,I,1,31$N,I,I−1$*ENDDO                                  !创建梁体的节点
TYPE,1$REAL,1$*DO,I,1,30$E,I,I+1$*ENDDO                    !创建梁单元
*DO,I,101,131$N,I,I−101,−1.0$*ENDDO                        !创建控制单元的一组节点(也可重合)
TYPE,2$REAL,2$*DO,I,1,31$E,I+100,I,I$*ENDDO                !创建控制单元
D,15,UX$NSEL,S,LOC,Y,−1$D,ALL,UY$NSEL,ALL                  !施加约束条件
/SOLU$NLGEOM,ON$NSUBST,20$OUTRES,ALL,AL                    !定义求解控制参数(非线性分析)
TIME,1$ACEL,,9.8$SOLVE                                     !第一步为自重作用下的分析
TIME,2$NSUBST,100,,50$F,1,MZ,1.5E7$F,1,FX,6E6              !施加张拉力的等效荷载
F,31,MZ,−1.5E7$F,31,FX,−6E6$SOLVE                          !施加另一端的等效荷载并求解
```

```
/POST1$SET,LAST                                    !进入后处理,读入最终求解步结果
ESEL,S,TYPE,,2$ETABLE,SF,SMISC,1$PLETAB,SF         !选择组合单元并绘制内力图
ESEL,INVE$ETABLE,MI,SMISC,6                         !选择梁单元,定义单元表
ETABLE,MJ,SMISC,12$PLLS,MI,MJ                       !定义单元表,并绘制弯矩图
/DSCALE,,AUTO$PLDISP,1$ANTIME,50,0.2,,1,2,1,2       !创建变形动画
!=====
```

8.4　COMBIN39 单元

COMBIN39 称为非线性弹簧单元,是一种具有非线性的广义力—变形曲线(简称 F-D 曲线)的单向单元,适用于各种分析。在 1D、2D 和 3D 应用中,该单元具有轴向或扭转功能。轴向弹簧为单轴拉压行为,每个节点自由度可达 3 个,即沿节点坐标系 x、y 和 z 方向的平动位移,此时无弯曲或扭转能力。而扭转弹簧为纯扭转行为,每个节点也可达 3 个自由度,即绕节点坐标系 x、y 和 z 方向的转动位移,此时无弯曲和轴向拉压能力。

该单元仅在每个节点有 2 个以上自由度时才具有大位移能力。

该单元无质量和热容功能,可通过添加其他单元实现。而 COMBIN40 单元是具有线性力—变形能力的单元,且具有阻尼和间隙等功能。

8.4.1　输入参数与选项

图 8-21 给出了单元几何、节点位置和坐标系,单元输入数据包括 2 个节点(可重合)和 F-D 曲线。对结构分析,曲线上的点(D1,F1)表示力—平动位移关系或弯矩—转角位移关系;对热分析或流体分析,则为热率—温度关系或流导—压力关系。对轴对称分析,荷载均以 360°为基数计算。

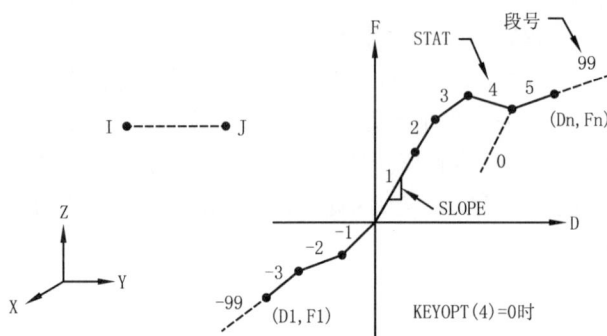

图 8-21　COMBIN39 单元几何

定义 F-D 曲线时,变形必须从第三象限(压区)增至第一象限(拉区),相邻点的变形增量不应小于 $1E-7$ 倍的总变形量(定义该曲线时输入的总变形量),最后输入的变形必须为正;应避免近乎竖直的线段;在输入的数据点之外,按最后段的斜率延展,且单元状态与最后段状态相等。若 F-D 曲线的压区明确输入(即不是通过拉区的镜像而定义的),则必须在(0,0)处定义且第一象限内至少定义一个点。当 KEYOPT(2)=1 时(不能承受压力),F-D 曲线不得延伸至第三象限内。值得注意的是,这种"仅拉"行为可导致收敛困难,克服措施基本与接触收敛困难时类似。特别地,使用"镜像"选项可使所定义的曲线点数翻番,即若不用镜像选项,最多可定义 20 个点,但若用镜像选项则点数可达 40 个。

各段的斜率可正可负,但过原点段的斜率必须为正,且当 KEYOPT(1)=1 时最末段的斜率也不能为负。同时,当 KEYOPT(1)=1 时,F-D 曲线不能在第二和第四象限定义,且其他各段的斜率不能大于同象限过原点段的斜率。

KEYOPT(1)用于卸载路径选择,可选择与加载相同的路径卸载,也可按平行于原点段的路径卸载(即与原点段的斜率相等),后一种可用于模拟滞回效应。KEYOPT(2)则提供了几种不同性能的加载曲线,如图 8-22 所示。

KEYOPT(3)用于定义 1D 自由度,即每个节点仅有一个自由度的情况。KEYOPT(4)>0 用于定义 2D 或 3D 自由度,此时单元的两个节点不能重合,因为荷载方向与节点连线共线。轴向弹簧[KEYOPT (4)=1 或 3]为轴向拉压单元,每个节点具有 2 个或 3 个平动位移自由度,不考虑弯曲和扭转。扭转弹簧 [KEYOPT(4)=2]为纯扭单元,每个节点具有 3 个转动位移自由度,不考虑弯曲和轴向荷载。应力刚化 可用于力荷载,但不能用于扭转荷载。

当单元的每个节点具有 2 个以上自由度[即 KEYOPT(4)=1 或 3],并将命令 NLGEOM 设为 ON 时,单元才具有大位移功能。当 F-D 曲线的斜率变化过快时,可能导致收敛困难,打开线性搜索(LN-SRCH,ON)常常会有所帮助。

COMBIN39 单元的输入参数与选项如表 8-10 所示。

COMBIN39 单元输入参数与选项 表 8-10

参 数 类 别	参 数 及 说 明		
节点	1,J		
自由度	UX,UY,UZ,ROTX,ROTY,ROTZ,PRES,TEMP; 1D 通过 KEYOPT(3)定义,2D 或 3D 通过 KEYOPT(4)定义		
实常数	序 号	符 号	说 明
	1	D1	F-D 曲线第 1 点的 D 值
	2	F1	F-D 曲线第 1 点的 F 值
	3	D2	F-D 曲线第 2 点的 D 值
	4	F2	F-D 曲线第 2 点的 F 值
	5,…,40	D3,F3 等	连续输入的 D 和 F,最多 20 个点
材料属性	DAMP		
面荷载	无		
体荷载	无		
特性	非线性、应力刚化、大变形		
KEYOPT(1)	卸载路径: 0——卸载路径与加载路径相同;1——卸载路径与加载路径的原点段平行,即与原点段斜率相等		
KEYOPT(2)	压力荷载时单元的行为: 0——按照受压曲线施加压力荷载,若为定义压区曲线,则采用拉区镜像;1——单元不能承受压力荷载;2——初始按拉区曲线加载,屈曲后(零或负刚度)按压区曲线加载		
KEYOPT(3)	1D 行为的自由度控制[KEYOPT(4)优先或覆盖 KEYOPT(3)选项]: 0,1——UX,即沿节点坐标系 X 轴的平动自由度;2——UY,即沿节点坐标系 Y 轴的平动自由度;3——UZ,即沿节点坐标系 Z 轴的平动自由度;4——ROTX,即沿节点坐标系 X 轴的转动自由度;5——ROTY,即沿节点坐标系 Y 轴的转动自由度;6——ROTZ,即沿节点坐标系 Z 轴的转动自由度;7——压力自由度;8——温度自由度		
KEYOPT(4)	2D 和 3D 自由度控制: 0——采用 KEYOPT(3)选项;1——3D 轴向单元(UX,UY,UZ);2——3D 扭转单元(ROTX,ROTY,ROTZ);3——2D 轴向单元(UX,UY,单元必须位于 XY 平面内)		
KEYOPT(6)	单元输出控制: 0——单元基本输出;1——同时输出每个单元的 F-D 曲线表(仅在第一迭代步)		

8.4.2 输出数据

单元的输出量 STRETCH 为当前子步结束时的相对变形,如 UX(J)-UX(I)-UORIG 等。STAT 和 OLDST 为当前子步和上一子步结束时,在 F-D 曲线上所处位置对应线段的段号;当 STAT=0 或 OLD-ST=0 时,则表示非保守性卸载[KEYOPT(1)=1];若为 99 或-99,则表示当前 F-D 曲线的活动点在所输入的曲线点之外,此时采用相应最后一段的斜率。

单元输出说明如表 8-11 所示,表 8-12 为命令 ETABLE 或 ESOL 中的表项和序号。

COMBIN39 单元输出说明 表 8-11

名　　称	说　　　　明	O	R
EL	单元号	Y	Y
NODES	节点号(I,J)	Y	Y
XC,YC,ZC	单元结果的输出位置	Y	4
UORIG	反向加载后的原点漂移	1	1
FORCE	单元的内力	Y	Y
STRETCH	相对位移(包括原点漂移)	Y	Y
STAT	当前子步结束时的单元状态	2	2
OLDST	上一子步的单元状态	2	2
UI	节点 I 的位移	Y	Y
UJ	节点 J 的位移	Y	Y
CRUSH	屈服后使用的 F-D 曲线的状态	3	—
SLOPE	当前斜率	Y	—

注:1. 当 KEYOPT(1)=1 时。

2. STAT=0 表示非保守性卸载;1~20 表示当前时间步所用的曲线上的段号;99 表示在最后点之外;−99 表示在第 1 点之外。

3. 当 KEYOPT(2)=2 时,CRUSH=0 表示使用拉区曲线,CRUSH=1 表示使用拉区镜像的压区曲线。

4. * GET 命令采用 CENT 项时可得。

命令 ETABLE 和 ESOL 的表项和序号 表 8-12

输出量名称	项 Item	E	输出量名称	项 Item	E
FORCE	SMISC	1	UORIG	NMISC	4
STRETCH	NMISC	1	STAT	NMISC	5
UI	NMISC	2	OLDST	NMISC	6
UJ	NMISC	3			

8.4.3 单元刚度与行为选择

(1)形函数

刚度矩阵的形函数,当为轴向单元时同式(3-10),当为扭转单元时同式(3-13)。应力刚度矩阵同式(2-2)和式(2-3)。该单元无积分点设置。

当单元每个节点仅有一个自由度时,因两个节点可能重合,故无形函数。

(2)输入数据与说明

如前所述,可用一系列的离散点明确定义 F-D 曲线。这些离散点通过实常数输入,最多可达 20 个数据点。变形必须以升序顺序输入,且变形增量必须满足下式:

$$u_{i+1} - u_i > \Delta u_{min} \qquad (i = 1, 2, \cdots, 19) \qquad (8\text{-}16)$$

式中:u_i——输入的变形,即用命令 R 或 RMORE 输入的实常数 D1,D2,…,D20;

$\Delta u_{min} = \dfrac{u_{max} - u_{min}}{10^7}$,其中 u_{max} 和 u_{min} 分别为输入变形的最大值和最小值。

(3)单元刚度矩阵和荷载矢量

因刚度与迭代过程相关,COMBIN39 单元需用前一迭代步的结果来确定 F-D 曲线所用何段,因此单元刚度矩阵和荷载矢量如下:

$$[K_e] = K^{tg} \begin{bmatrix} 1 & -1 \\ -1 & 1 \end{bmatrix} \qquad (8\text{-}17)$$

$$\{F_e^{nr}\} = F_1 \begin{Bmatrix} 1 \\ -1 \end{Bmatrix} \tag{8-18}$$

式中：K^{tg}——上一迭代步所用段的斜率，即输出中的 SLOPE；

F_1——上一迭代步中的单元力，即输出中的 FORCE。

当 KEYOPT(4)>0 时，式(8-30)和式(8-31)相应扩为 2 维或 3 维。

(4)单元行为的选择

KEYOPT(1)和 KEYOPT(2)不同组合下的单元行为如图 8-22a)~f)所示。

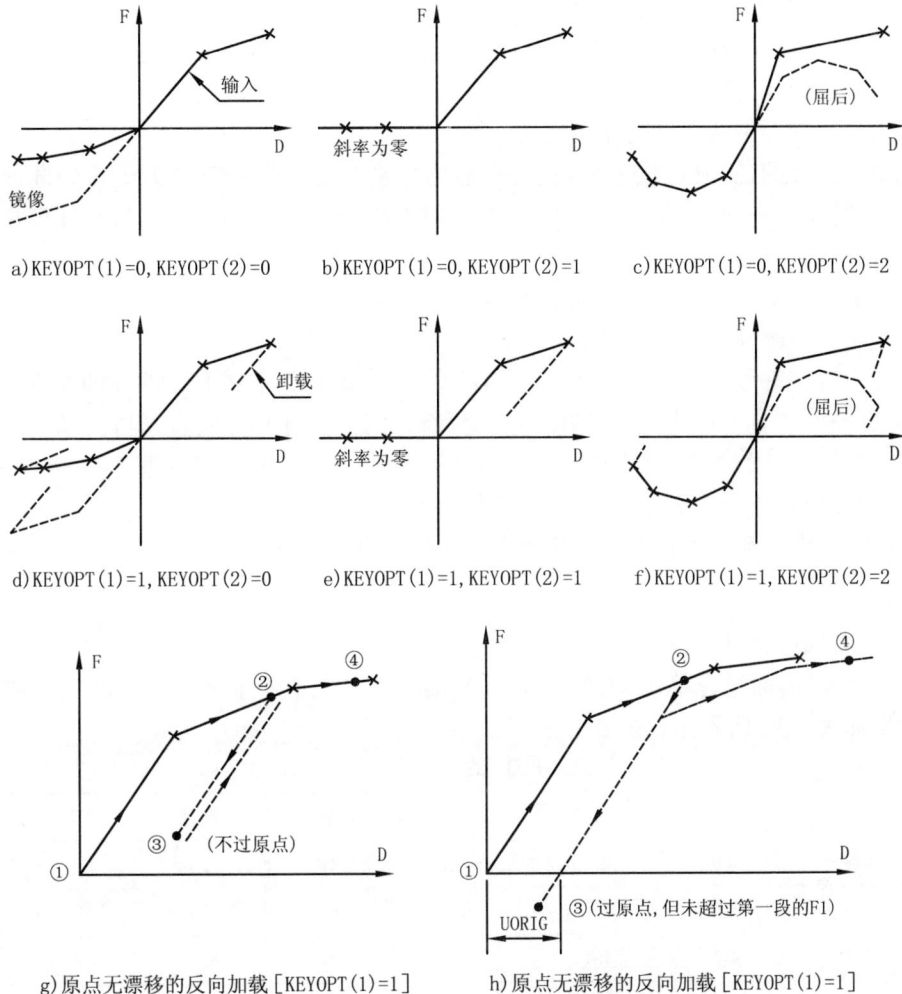

a) KEYOPT(1)=0, KEYOPT(2)=0 b) KEYOPT(1)=0, KEYOPT(2)=1 c) KEYOPT(1)=0, KEYOPT(2)=2

d) KEYOPT(1)=1, KEYOPT(2)=0 e) KEYOPT(1)=1, KEYOPT(2)=1 f) KEYOPT(1)=1, KEYOPT(2)=2

g) 原点无漂移的反向加载 [KEYOPT(1)=1] h) 原点无漂移的反向加载 [KEYOPT(1)=1]

图 8-22 COMBIN39 单元行为

当 KEYOPT(2)=0 时，若压区无输入点定义 F-D 曲线，则压区均采用第一象限的镜像曲线，如图 8-22a)和 d)中的所镜像的虚线；若直接定义了压区曲线，就不再采用镜像曲线。

当 KETOPT(2)=1 时，压区斜率为零，即当单元受压时其刚度为零，如图 8-22b)和 e)所示。

当 KEYOPT(2)=2 时，可考虑压溃或屈后行为，即刚度为零或负刚度时的行为。当单元未压溃时，采用拉区曲线；否则就采用压区的镜像曲线。如图 8-22c)和 f)所示。

对于 KEYOPT(1)所定义的两种卸载路径，当 KEYOPT(1)=0 时加载和卸载路径相同，与荷载反向次数无关，即所谓保守系统，与加载路径无关，这种情况下没有能量损失。但当 KEYOPT(1)=1 时，单元就成为非保守的，此时存在能量损失，也就与路径相关了。卸载路径与单元行为如图 8-22d)~f)所示。

当 KEYOPT(1)=1 时，卸载若不过原点（荷载不反向），如图 8-22g)所示，从①加载至②时卸载，沿与原点段平行的路径卸载至③，然后沿原卸载路径再加载至②，其后沿原输入的曲线加载。若卸载过原点(荷载反向),其加载和卸载路径要复杂得多,图 8-22h)所示仅为压区采用拉区镜像曲线且反向荷载未超出原点段的情况,从②卸载至③发生一次荷载反向,而从③加载至④又发生一次荷载反向;每发生一次荷载反向就会发生一次原点漂移,由于条件特殊,两次荷载反向时的原点漂移相等;从③加载刚刚反向时,加载路径为向右漂移的原输入的拉区曲线。更为复杂的情况详见例题。

8.4.4　注意事项

(1)若 KEYOPT(4)＝0,则该单元每个节点仅有一个自由度,该自由度由 KEYOPT(3)确定,且位于节点坐标系中,KEYOPT(3)同时也确定力的方向。

(2)该单元的行为相当于是一维的。节点 I 和 J 可在空间的任何位置(也可重合)。

(3)节点 J 相对于节点 I 的正位移使单元有受拉的趋势,也就是 I 与 J 的顺序对单元坐标有影响。

(4)若 KEYOPT(4)≠0,则该单元的每个节点有 2 个或 3 个自由度,此时单元的两个节点位置不可重合,因为单元力的方向要由两节点的连线定义。

(5)该单元是非线性的,需要迭代求解,且仅在静力分析和非线性瞬态动力分析中才能有非线性行为。与大多数非线性单元一样,该单元必须逐步加载和卸载。当单元为非保守时,必须严格按照实际加载路径和适当的加载顺序加载。

(6)该单元不能由 EKILL 命令杀死,即不能用于单元生死。

(7)求解过程中不可改变该单元的实常数。

(8)只要单元力改变符号,原点漂移 UORIG 值就会重设,即相当于将 F-D 曲线的原点移到变号点位置。若 KEYOPT(2)＝1 且力即将为负,则该单元会"断开"且无力的传递,直到再次承受正向的力时才会恢复受力的特性。

(9)若 KEYOPT(1)＝1 时,该单元为非线性和非保守单元。

(10)在热分析中,温度和压力自由度的作用方式与位移自由度类似。

8.4.5　应用举例

(1)复杂加载和卸载的应用

设一水平放置(X 轴)的组合单元 COMBIN39,一端固定一端承受水平荷载。设压区和拉区 F-D 曲线不同,各点数据如表 8-13 所示。

F-D 数 据 表　　　　　　　　　　　　　　　　　　　　　表 8-13

点号	D(m)	F(N)	点号	D(m)	F(N)	点号	D(m)	F(N)
1	−0.8	−960	8	−0.1	−190	15	0.6	1140
2	−0.7	−910	9	0	0	16	0.7	1260
3	−0.6	−840	10	0.1	240	17	0.8	1360
4	−0.5	−750	11	0.2	460	18	0.9	1440
5	−0.4	−640	12	0.3	660	19	1.0	1500
6	−0.3	−510	13	0.4	840			
7	−0.2	−360	14	0.5	1000			

设加载过程分为三个荷载步:从零加载至 1200N,然后卸载至−600N,再加载至 1800N,ANSYS 计算的荷载位移曲线如图 8-23 所示。图中 G-O-A-H 曲线为输入的 F-D 曲线,用 19 个数据点定义。

从荷载位移曲线可知,0~1200N 的加载过程为 O→A,按输入曲线加载,A 点坐标为(0.65,1200)。卸载至−600N 的过程为 A→B→C,A→B 按与拉区原点段斜率相同的直线卸载,在 B 点荷载为零且即将反向,此时的原点漂移 UORIG1＝OB＝0.15m,B 点坐标为(0.15,0);B→C 则按水平漂移 UORIG1 的压区曲线加负向荷载,C 点坐标为(−0.219231,−600)。再加载至 1800N 的过程为 C→D→E→F,C→D 为压区卸载,按与压区原点段斜率相同的直线卸载,在 D 点荷载为零且即将反向,此时的原点漂移

UORIG2＝OD＝0.0965587m,D 点坐标为(0.0965587,0);D→E 按水平漂移 UORIG2 的拉区曲线加载,
E 点坐标为(1.09656,1500);E→F 已超出所定义的 F-D 曲线,按最后一段的斜率延展(线性段),F 点坐
标为(1.59656,1800)。

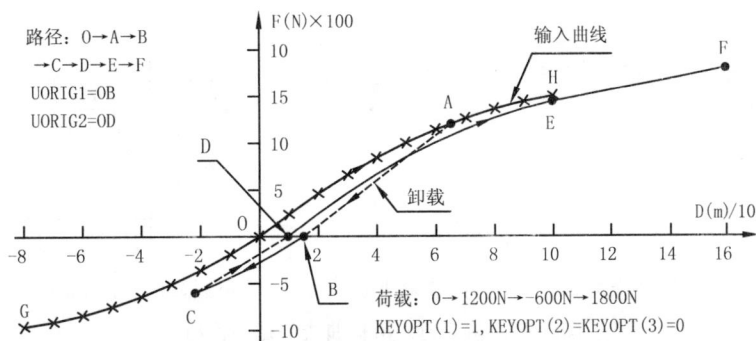

图 8-23　COMBIN39 的加载与卸载过程曲线

上述过程相当于一个滞回,若继续加载和卸载就形成了反复荷载作用下的滞回曲线。计算分析的命
令流如下。

```
!EX8.13 复杂加载和卸载分析
FINISH$/CLEAR$/PREP7$ET,1,COMBIN39                              !定义单元类型
KEYOPT,1,1,1$KEYOPY,1,2,0$KEYOPT,1,3,1          !定义卸载路径、压区行为、UX 自由度
R,1,-0.8,-960,-0.7,-910,-0.6,-840$RMORE,-0.5,-750,-0.4,-640,-0.3,-510
RMORE,-0.2,-360,-0.1,-190,0,0$RMORE,0.4,840,0.5,1000,0.6,1140$RMORE,0.7,1260,0.8,1360,
0.9,1440
RMORE,1,1500                                    !输入 F-D 数据,定义 F-D 曲线
N,1$N,2,10$E,1,2$D,1,UX                          !创建有限元模型,施加约束
/SOLU$NSUBST,100,,50$OUTRES,ALL,ALL              !定义求解选项
TIME,1$F,2,FX,1200$SOLVE                         !第一荷载步加载并求解
TIME,2$F,2,FX,-600$SOLVE                         !第二荷载步加载并求解
TIME,3$F,2,FX,1800$SOLVE                         !第三荷载步加载并求解
/POST26$NSOL,2,2,U,X$RFORCE,3,1,F,X       !定义节点 2 的 UX 为变量 2,定义反力为变量 3
PROD,4,3,,,,,,,-1$XVAR,2$PLVAR,4                 !将变量 3 反号后定义为变量 4,绘制曲线
ESOL,5,1,,NMISC,4$XVAR,1$PLVAR,5                 !定义单元的原点漂移为变量 5,绘制曲线
```

(2)黏结滑移的模拟

钢筋混凝土中钢筋和混凝土的黏结滑移已有大量理论和试验研究成果,在试验的基础上提出了多种
黏结应力—滑移关系曲线,如适用于变形钢筋的 Houde 经验公式为:

$$\tau=(5.3\times10^2s-2.52\times10^4s^2+5.86\times10^5s^3-5.47\times10^6s^4)\sqrt{\frac{f_c}{40.7}} \qquad (8-19)$$

式中:s——滑移量,mm;

　　f_c——混凝土抗压强度,MPa;

　　τ——黏结应力,MPa。

式(8-19)乘以钢筋表面积(弹簧所对应的长度与钢筋周长之积)即为黏结力—滑移关系曲线,可利用
COMIN39 单元的 F-D 曲线予以定义。因此,若已知钢筋或型钢与混凝土之间的黏结滑移关系,便可利
用该单元进行模拟,而多向(纵向、横向和竖向)的黏结滑移计算,无非多创建几个 COMBIN39 单元即可。
为说明模拟方法,下面给出的简单模型仅考虑纵向黏结滑移,其他方向按变形协调条件处理(耦合自

由度）。

已知混凝土强度等级为 C40,其抗压设计强度 $f_c = 19.1$MPa,抗拉设计强度 $f_t = 1.71$MPa,若设钢筋单元的长度采用 50mm,则 F-D 曲线中的 F 值为 $50\pi d\tau(N)$,F-D 曲线如图 8-24 所示。

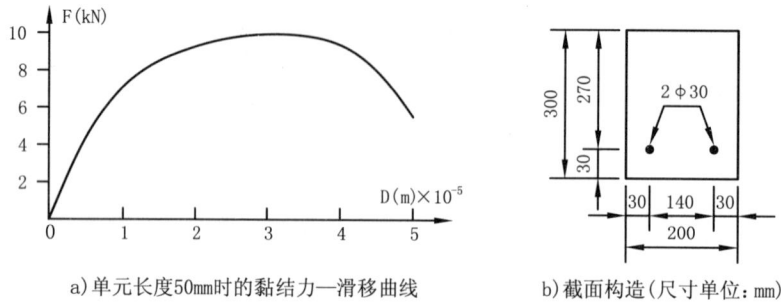

a) 单元长度50mm时的黏结力—滑移曲线   b) 截面构造(尺寸单位:mm)

图 8-24　黏结力—滑移曲线与截面构造

为保证钢筋位置准确,且钢筋单元节点与混凝土单元节点一一对应,先在钢筋位置将梁体切分,然后对梁体划分 SOLID65 混凝土单元;在钢筋位置处重新创建线并划分为 LINK8 单元,且保证 LINK8 单元的节点与 SOLID65 单元的某个节点对应;对重合节点的变形需一致的某个方向建立耦合自由度集,然后根据自由度集中的节点号创建 COMBIN39 单元,最后再创建其他方向的耦合自由度集。过程与方法详见命令流。

```
!==============================================================
!EX8.14 考虑黏结滑移的钢筋混凝土梁分析
FINISH$/CLEAR$/PREP7$ET,1,SOLID65$ET,2,LINK8                        !定义单元类型
ET,3,COMBIN39$KEYOPT,1,7,1$KEYOPT,3,3,3                             !定义单元类型及单元选项
MP,EX,1,3.25E10$MP,PRXY,1,0.2$MP,DENS,1,2600                        !定义混凝土材料常数
TB,CONCR,1$TBDATA,,0.5,0.95,1.71E6,19.1E6                           !定义混凝土非线性常数
MP,EX,2,2.1E11$MP,PRXY,2,0.3$MP,DENS,2,7850                         !定义钢筋材料常数
R,1$R,2,0.25*ACOS(-1)*0.03*0.03                                     !定义实常数组 1 和 2
R,3,0,0,0.5E-5,6746.40,1.0E-5,10689.54                              !定义实常数组 3
RMORE,1.5E-5,12850.92,2.0E-5,13987.15,2.5E-5,14589.96              !定义后续的 F-D 点数据
RMORE,3.0E-5,14886.20,3.5E-5,14837.88,4.0E-5,14142.10              !定义后续的 F-D 点数据
RMORE,4.5E-5,12231.11,5.0E-5,8272.27                               !定义后续的 F-D 点数据
BLC4,,,0.2,0.3,4.0$WPOFF,,0.03$WPROTA,,90$VSBW,ALL                  !切分梁体
WPOFF,,0.03$WPROTA,,,90$VSBW,ALL$WPOFF,,,0.14$VSBW,ALL             !切分梁体
WPCSYS,-1$LSEL,S,LENGTH,,4.0$LESIZE,ALL,,,4.0/0.05$LSEL,ALL        !定义线的网格数
ESIZE,0.05$MSHKEY,1$VMESH,ALL                                      !划分 SOLID65 单元网格
LSEL,NONE$K,50,0.03,0.03$K,51,0.03,0.03,4.0$K,52,0.17,0.03         !创建钢筋线的关键点
K,53,0.17,0.03,4.0$L,50,51$L,52,53$LESIZE,ALL,,,4.0/0.05           !创建钢筋线,定义网格尺寸
LATT,2,2,2$LMESH,ALL                                               !划分钢筋单元
CPINTF,UX                                      !创建重合节点的耦合自由度 UX(先仅创建一个方向)
*GET,CPMAX,CP,,MAX                                      !获取耦合组总数(每组仅两个节点)
TYPE,3$REAL,3                                           !定义创建单元的类型和实常数组
*DO,I,1,CPMAX                                                      !对耦合组总数循环
*GET,N1,CP,I,TERM,1,NODE                                       !获取第 I 组的第一个节点号
*GET,N2,CP,I,TERM,2,NODE                                       !获取第 I 组的第二个节点号
E,N1,N2$*ENDDO                                                !创建 COMBIN39 单元
CPINTF,UY                                      !创建重合节点其他方向的耦合自由度 UY
LSEL,S,LOC,Z,0$LSEL,R,LOC,Y,0$DL,ALL,,UY                           !施加约束
```

```
LSEL,S,LOC,Z,4.0$LSEL,R,LOC,Y,0$DL,ALL,,UY$LSEL,ALL          !施加约束
DK,5,UX,,,,UZ$DK,2,UX                                        !施加约束
ASEL,S,LOC,Y,0.3$SFA,ALL,1,PRES,5E4$ALLSEL,ALL              !施加荷载
/SOLU$NSUBST,500,,100$CNVTOL,U,,0.05$SOLVE$/POST1$PLDISP     !求解并查看结果
!
```

从计算结果可知,考虑黏结滑移与不考虑黏结滑移在破坏前基本一致。限于篇幅,此处不再展开讨论,本例仅限于创建模型和使用方法。

对于其他方面的应用,如桩基荷载—沉降曲线、地基荷载—压缩曲线、地基扭矩—转角曲线等,只要能够获得荷载—位移曲线,就可很方便地采用 COMBIN39 单元模拟。另外,利用该单元的 F-D 曲线,也可定义适用于特殊情况下的仅拉或仅压弹簧。

8.5 COMBIN7 单元

COMBIN7 称为 3D 销轴单元,也称 3D 销钉或 3D 旋转销轴单元,可用于在公共节点上连接模型的两个或多个部分。单元功能包括连接柔度(或刚度)、摩擦、阻尼及一定的控制功能等,大变形是其中的重要功能之一,且在大变形时单元坐标系固定于销轴单元并随之移动。该单元适用于运动学静力分析和运动学动力分析。

与其他相关单元相比较,COMBIN37 单元为单向远程控制,但功能少。COMBIN14、COMBIN39、COMBIN40 及 MASS21 等单元则无远程控制功能。

8.5.1 输入参数与选项

图 8-25a)给出了单元几何、节点位置和坐标系。该单元由 5 个节点在 3D 空间定义,其中节点 I 和 J 为活动节点,节点 K 用于定义初始旋转轴,节点 L 和 M 为控制节点。活动节点应重合,它们表示连接件 A 和件 B 的实际销轴。件 A 可以是单个单元,也可以是多个单元的组合。若未定义节点 K,则总体直角坐标系的 Z 轴作为初始旋转轴(即单元坐标系与总体直角坐标系相同);若定义了节点 K,则初始旋转轴就为 I-K,也就是单元坐标系的 z 轴,而 xy 平面与 z 轴垂直。当计入大变形时,单元坐标系随节点 I 和 J 的平动位移和转动位移的平均值而转动。单元坐标系随销轴而发生平移和转动,故在首次迭代后,节点 K 就无意义了。控制结点的目的是引入单元反馈行为。

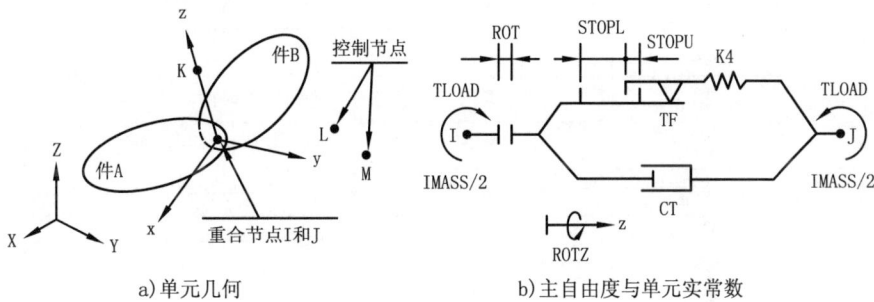

a)单元几何   b)主自由度与单元实常数

图 8-25　COMBIN7 单元几何与主自由度

活动节点 I 和 J 各有 6 个自由度,销轴的 5 个自由度(UX、UY、UZ、ROTX 和 ROTY)均对应一定的刚度,并由输入的 3 个刚度值 K1、K2 和 K3 定义其大小,其中 K1 是在 xy 平面内的平动刚度,K2 是 z 方向的平动刚度,K3 是绕 x 和 y 轴的转动刚度。输入的销轴质量 MASS 和质量惯性矩 IMASS 平均分配到节点 I 和 J 上。

旋转运动或主自由度(图 8-25b)包括极限摩擦力矩 TF、转动黏滞摩擦力 CT、转动刚度 K4、预加力矩 TLOAD、过盈转动 ROT、两个不同的转动限值 STOPL 和 STOPU。若 TF 为空则为无摩擦转动(或自由转动),若 TF 为负值则去除摩擦功能。一旦去除摩擦功能,销轴就被 K4 锁定,当转动达到一定条件被停止时也可被 K4 锁定。转动停止上限 STOPU 表示正向转动(节点 J 转离节点 I)的容许值,转动停止下限

STOPL 表示反向转动(节点 J 转向节点 I)的容许值。当此二限值为空时,表示去除锁定作用,此时仅由极限摩擦力矩 TF 和转动黏滞摩擦力 CT 抑制转动。

如果销轴被锁定(TF<0)且 K4>0,则过盈转动 ROT 对应销轴的局部强迫转动。用起始状态实常数 START 定义销轴的初始行为,START=0 表示没有转动(锁定),START=1 或 -1 分别表示正向和反向转动。若 START=1,STOPU=0 且 STOPL≠0 或者 START=-1,STOPL = 0 且 STOPU≠0,则初始状态实常数(START=1 或 -1)将不起作用。

实常数的单位需一致。K1 和 K2 的量纲为"力/长度";K3 和 K4 的量纲为"长度×力/弧度";CT 的量纲为"长度×力×时间/弧度";TF 和 TLOAD 的量纲为"力×长度";MASS 的量纲为"力×时间^2/长度";IMASS、ROT、STOPL 和 STOPU 的量纲为"长度×力×时间^2/弧度"。

反馈控制与控制节点(L 和 M)相关,KEYOPT 值用于确定控制值 CVAL。KEYOPT(3)用于选择控制节点的自由度,KEYOPT(4)为所选择的控制节点自由度指定坐标系,KEYOPT(7)用于指定在非线性分析中拟修正的实常数。KEYOPT(1)用于指定控制节点的控制参数,这些控制参数可为控制节点的自由度值、一次或二次自由度值的导数、自由度值的积分或时间之一。

KEYOPT(2)确定转动过程中停止时自由度的转动行为。若 KEYOPT(2)=0,则销轴可脱离停止位(或反向转回);若 KEYOPT(2)=1,则销轴锁定。

该单元根据函数 RVMOD 具有非线性行为。RVMOD=RVAL+C1|CPAR|^{C2}+C3|CPAR|^{C4} 是实常数 RVAL 的修正值[由 KEYOPT(7)定义],C1~C4 为其他实常数,而 CVAL 为控制参数。RVMOD 也可通过用户子例程 USERRC 定义。在当前子步中计算的控制值用于下一子步,控制节点不必与任何其他单元相连,如果没有定义控制节点 M,则控制值仅基于节点 L 计算。

COMBIN7 单元的输入参数与选项如表 8-14 所示。

COMBIN7 单元输入参数与选项　　　　　　　　　　　表 8-14

参数类别	参数及说明		
节点	I, J, K, L, M(K, L, M 为可选)		
自由度	UX,UY,UZ,ROTX,ROTY,ROTZ		
实常数	序号	符号	说明
	1	K1	xy 面内的平动刚度
	2	K2	z 向平动刚度
	3	K3	绕 x 和 y 轴的转动刚度
	4	K4	锁死后绕销轴的转动刚度
	5	CT	转动黏滞摩擦力
	6	TF	极限摩擦力矩
	7	MASS	销轴质量
	8	IMASS	质量惯性矩
	9	TLOAD	预加力矩
	10	START	起始状态
	11	STOPL	转动下限(反向转动)
	12	STOPU	转动上限(正向转动)
	13	ROT	过盈转动
	14~17	C1,C2,C3,C4	RVMOD 函数中的计算常数
材料属性	DAMP		

续上表

参数类别	参 数 及 说 明
面荷载	无
体荷载	无
特性	大变形、非线性(设置停止或摩擦时)、自适应下降技术
KEYOPT(1)	控制参数： 0,1——UL-UM 为控制值,若 M 未定义则为 UL;2——控制值对时间的一次导数控制;3——控制值对时间的二次导数控制;4——控制值对时间的一次积分控制;5——时间值控制,此时忽略 KEYOPT(3)的定义
KEYOPT(2)	达到停止条件时的行为： 0——当达到转动限值后,不限制销轴的反向转动;1——当达到转动限值后,锁定销轴(首次迭代后)
KEYOPT(3)	控制节点(L 和 M)的自由度[坐标系由 KEYOPT(4)控制]： 0,1——UX,即沿 X 轴的平动自由度;2——UY,即 Y 轴的平动自由度;3——UZ,即 Z 轴的平动自由度;4——ROTX,即 X 轴的转动自由度;5——ROTY,即 Y 轴的转动自由度;6——ROTZ,即 Z 轴的转动自由度
KEYOPT(4)	控制节点的坐标系： 0——控制节点的自由度位于节点坐标系下;1——控制节点的自由度位于单元坐标系下(是移动的)
KEYOPT(7)	拟通过 RVMOD 函数(C1 或 C3 不能为零)修正的实常数： 0,1——K1 为非线性;2——K2;3——K3;4——K4;5——CT;6——TF;7——MASS;8——IMASS;9——TLOAD;10——START;11——STOPL;12——STOPU;13——ROT
KEYOPT(9)	实常数修正方法： 0——通过 RVMOD 公式修正实常数;1——通过用户子例程 USERRC 修正实常数

8.5.2　输出数据

该单元很重要的一点是,单元力和位移均位于单元坐标系下(单元坐标系是移动的)。转动变化量 ROTATE 与销接柔性绕局部销轴的总转动差 DRZ 不同,STAT 和 OLDST 则是销轴的当前和以前状态。

单元输出说明如表 8-15 所示,表 8-16 为命令 ETABLE 或 ESOL 中的表项和序号。

COMBIN7 单元输出说明　　　　　　　　　　　　　　表 8-15

名　称	说　明	O	R
EL	单元号	Y	Y
NODES	活动节点号(I,J)	Y	Y
XC,YC,ZC	单元结果的输出位置	Y	2
ROTATE	销轴转动变化量	Y	Y
CVAL	控制节点的控制值[参见 KEYOPT(1)]	Y	Y
STAT	单元状态	1	1
OLDST	上一子步的单元状态	1	1
DUX,DUY,DUZ,DRX,DRY,DRZ	单元坐标系下销轴位移和转动的差值,如 DUX=UXJ−UXI	Y	Y
RVMOD	修正的实常数	Y	Y
FORCE(X,Y,Z)	单元坐标系下的弹簧力	Y	Y
MOMENT(X,Y,Z)	单元坐标系下的弹簧力矩	Y	Y
RVOLD	上一子步修正的实常数	Y	Y

注:1. STAT 值的意义:=0,无转动(不是转动停止);=1,正向转动;=−1,反向转动;=2,正向转动停止;=−2,反向转动停止。

2. * GET 命令采用 CENT 项时可得。

命令 ETABLE 和 ESOL 的表项和序号   表 8-16

输出量名称	项 Item	E	输出量名称	项 Item	E
FORCEX	SMISC	1	DUY	NMISC	4
FORCEY	SMISC	2	DUZ	NMISC	5
FORCEZ	SMISC	3	DRX	NMISC	6
MOMENTX	SMISC	4	DRY	NMISC	7
MOMENTY	SMISC	5	DRZ	NMISC	8
MOMENTZ	SMISC	6	ROTATE	NMISC	9
STAT	NMISC	1	RVMOD	NMISC	10
OLDST	NMISC	2	CVAL	NMISC	11
DUX	NMISC	3			

8.5.3 单元矩阵与实常数修正

(1)单元行为

销轴单元可用 5 个节点定义,活动节点(I 和 J)每个节点有 6 个自由度,即平动位移 u、v、w 和转动位移 θ_x、θ_y、θ_z,其中 θ_z 称为销轴的主自由度。输入的实常数用符号表示如下:

K_1——xy 面内的平动刚度,即命令 R 输入的实常数 K1;

K_2——z 向的平动刚度,即命令 R 输入的实常数 K2;

K_3——绕 x 轴和 y 轴的转动刚度,即命令 R 输入的实常数 K3;

K_4——销轴锁死后绕销轴的转动刚度,即命令 R 输入的实常数 K4;

C_t——转动黏滞摩擦(阻尼),即命令 R 输入的实常数 CT;

T_f——极限摩擦力矩,即命令 R 输入的实常数 TF;

M——销轴质量,即命令 RMORE 输入的实常数 MASS;

I_m——质量惯性矩,即命令 RMORE 输入的实常数 IMASS;

T_i——预加力矩或强迫力矩,即命令 RMORE 输入的实常数 TLOAD;

θ_u——转动上限值(正向转动),即命令 RMORE 输入的实常数 STOPU;

θ_l——转动下限值(反向转动),即命令 RMORE 输入的实常数 STOPL;

θ_i——强迫转动值,即命令 RMORE 输入的实常数 ROT;

$C_1 \sim C_4$——RVMOD 函数中的计算常数。

当 $K_4 = 0$ 而 $K_i > 0 (i=1,2,3)$ 时,单元行为就是一简单的销轴;或者虽然 $K_4 > 0$ 但 $T_f = 0$(无摩擦限值,可自由转动),此时单元行为也是一简单销轴。

销轴的总转动差(即输出中的 DRZ)可表示为:

$$\theta_t = \theta_{zJ} - \theta_{zI} \qquad (8-20)$$

当存在摩擦时($T_f \neq 0$),上式可写成:

$$\theta_t = \theta_f + \theta_K \qquad (8-21)$$

式中:θ_f——与摩擦对应的转动角,即输出中的 ROTATE;

θ_K——与弹簧对应的转动角,即 $\theta_K = \dfrac{\text{绕 z 轴的弹簧力矩}}{K_4}$。

式(8-21)的几种情况如下:

①当 $T_f = 0$ 时,因无摩擦可自由转动,则 $\theta_K = 0$,故 $\theta_f = \theta_t$。

②当弹簧力矩小于 T_f(可设置很大的值)时,因不能自由转动,则 $\theta_f = 0$,故 $\theta_K = \theta_t$。

③当 $T_f < 0$ 时,因取消摩擦功能而销轴被 K_4 锁定(或固定,仅 K_4 抑制转动),故 $\theta_K = \theta_t$。

④当达到转动上限或下限(即 $\theta_f \geq \theta_u$ 或 $\theta_f \leq -\theta_l$)时,销轴也可被 K_4 锁定。例如,就上限而言且 $T_f =$

0 时,若未达到限值,因可自由转动则 $\theta_K=0$,故 $\theta_f=\theta_K$;若达到及超过限值,则 $\theta_f=\theta_u$,故 $\theta_K=\theta_t-\theta_u$。当 $\theta_u=\theta_1=0$ 时,取消此功能。

⑤一般地,当 $T_f\neq0$ 且 $\theta_u=\theta_1=0$ 时,若弹簧力矩未达到 T_f,因可自由转动则 $\theta_f=0$,故 $\theta_K=\theta_t$;若弹簧力矩达到及超过 T_f,则 $\theta_K=T_f/K_4$,故 $\theta_f=\theta_t-\theta_K=\theta_t-T_f/K_4$。

⑥当 $T_f\neq0$ 且 $\theta_u\neq\theta_1\neq0$ 时,达到何种限值就按何种情况分析。

若输入了 T_i 或 θ_i 则该单元就存在自平衡的强迫力矩。若输入了 T_i,则活动节点的荷载力矩为:

$$T_J=-T_1=T_i \tag{8-22}$$

若输入了 θ_i,且建议 $T_f<0$、$K_4>0$、$T_i=0$,则活动节点的荷载力矩为:

$$T_J=-T_1=K_4\theta_i \tag{8-23}$$

(2)单元矩阵

当存在滑动摩擦、停止、控制特性或大变形等时,该单元行为就是非线性的。其单元刚度、质量矩阵、阻尼矩阵和荷载矢量如下列各式所示。

单元刚度矩阵为:

$$[K]=\begin{bmatrix} K_1 & 0 & 0 & 0 & 0 & 0 & -K_1 & 0 & 0 & 0 & 0 & 0 \\ & K_1 & 0 & 0 & 0 & 0 & 0 & -K_1 & 0 & 0 & 0 & 0 \\ & & K_2 & 0 & 0 & 0 & 0 & 0 & -K_2 & 0 & 0 & 0 \\ & & & K_3 & 0 & 0 & 0 & 0 & 0 & -K_3 & 0 & 0 \\ & & & & K_3 & 0 & 0 & 0 & 0 & 0 & -K_3 & 0 \\ & & & & & K_p & 0 & 0 & 0 & 0 & 0 & -K_p \\ & & & & & & K_1 & 0 & 0 & 0 & 0 & 0 \\ & & & & & & & K_1 & 0 & 0 & 0 & 0 \\ \text{对} & & & & & & & & K_2 & 0 & 0 & 0 \\ & & & & & & & & & K_3 & 0 & 0 \\ & & & \text{称} & & & & & & & K_3 & 0 \\ & & & & & & & & & & & K_p \end{bmatrix} \tag{8-24}$$

式中: $K_p=\begin{cases} K_4 & \begin{cases}\text{当 } \theta_f\geqslant\theta_u \text{ 或 } \theta_f\leqslant-\theta_1,\text{且 } \theta_u\neq0、\theta_1\neq0\text{(停止自由转动)} \\ \text{或 } T_f<0\text{(去除锁死)} \\ \text{或 } K_4\theta_K<T_f\text{(不自由转动)时}\end{cases} \\ 0 & \text{当 }-\theta_1<\theta_f<\theta_u \text{ 且 } K_4\theta_K\geqslant T_f\geqslant0 \text{ 时(自由转动)} \end{cases}$

质量矩阵为:

$$[M]=\frac{1}{2}\begin{bmatrix} M & 0 & 0 & 0 & 0 & 0 & 0 & 0 & 0 & 0 & 0 & 0 \\ & M & 0 & 0 & 0 & 0 & 0 & 0 & 0 & 0 & 0 & 0 \\ & & M & 0 & 0 & 0 & 0 & 0 & 0 & 0 & 0 & 0 \\ & & & I_m & 0 & 0 & 0 & 0 & 0 & 0 & 0 & 0 \\ & & & & I_m & 0 & 0 & 0 & 0 & 0 & 0 & 0 \\ & & & & & I_m & 0 & 0 & 0 & 0 & 0 & 0 \\ & & & & & & M & 0 & 0 & 0 & 0 & 0 \\ & & & & & & & M & 0 & 0 & 0 & 0 \\ \text{对} & & & & & & & & M & 0 & 0 & 0 \\ & & & & & & & & & I_m & 0 & 0 \\ & & & \text{称} & & & & & & & I_m & 0 \\ & & & & & & & & & & & I_m \end{bmatrix} \tag{8-25}$$

阻尼矩阵为：

$$[C]=C_t \begin{bmatrix} 0 & 0 & 0 & 0 & 0 & 0 & 0 & 0 & 0 & 0 & 0 & 0 \\ & 0 & 0 & 0 & 0 & 0 & 0 & 0 & 0 & 0 & 0 & 0 \\ & & 0 & 0 & 0 & 0 & 0 & 0 & 0 & 0 & 0 & 0 \\ & & & 0 & 0 & 0 & 0 & 0 & 0 & 0 & 0 & 0 \\ & & & & 0 & 0 & 0 & 0 & 0 & 0 & 0 & 0 \\ & & & & & 1 & 0 & 0 & 0 & 0 & 0 & -1 \\ & & & & & & 0 & 0 & 0 & 0 & 0 & 0 \\ & & & & & & & 0 & 0 & 0 & 0 & 0 \\ \text{对} & & & & & & & & 0 & 0 & 0 & 0 \\ & & & & & & & & & 0 & 0 & 0 \\ & & \text{称} & & & & & & & & 0 & 0 \\ & & & & & & & & & & & 1 \end{bmatrix} \tag{8-26}$$

外荷载矢量矩阵：

$$\{F\}=[0 \quad 0 \quad 0 \quad 0 \quad 0 \quad -(T_i+K_4\theta_i) \quad 0 \quad 0 \quad 0 \quad 0 \quad 0 \quad (T_i+K_4\theta_i)]^T \tag{8-27}$$

（3）实常数修正

在瞬态动力分析（ANTYPE,TRAN 且 TRNOPT,FULL）时，当 $C_1 \neq 0$ 或 $C_3 \neq 0$ 时，其余实常数可按下式修正：

$$R'=R+M \tag{8-28}$$

式中：R'——修正的实常数；

R——原始实常数，即输入的实常数值；

M——修正值，当 KEYOPT(9)=0 时，$M=C_1|C_V|^{C_2}+C_3|C_V|^{C_4}$；当 KEYOPT(9)=1 时，通过用户子例程 USERRC 定义，即 $M=f_1(C_1,C_2,C_3,C_4,C_V)$。

根据 KEYOPT(7)的定义，R 分别为：

当 KEYOPT(7)=0 或 1 时，$R=K_1$；

当 KEYOPT(7)=2 时，$R=K_2$；

当 KEYOPT(7)=3 时，$R=K_3$；

当 KEYOPT(7)=4 时，$R=K_4$；

当 KEYOPT(7)=5 时，$R=C_t$；

当 KEYOPT(7)=6 时，$R=T_f$；

当 KEYOPT(7)=7 时，$R=M$；

当 KEYOPT(7)=8 时，$R=I_m$；

当 KEYOPT(7)=9 时，$R=T_i$；

当 KEYOPT(7)=10 时，$R=S_t$；

当 KEYOPT(7)=11 时，$R=\theta_l$；

当 KEYOPT(7)=12 时，$R=\theta_u$；

当 KEYOPT(7)=13 时，$R=\theta_i$；

当 R 分别为 T_f、θ_u、θ_l 时，若计算的 $R'<0$，则 $R'=0$。

控制参数 C_V 依据控制节点 L 和 M、KEYOPT(1)、KEYOPT(3)和 KEYOPT(4)计算：

当 KEYOPT(1)=0 或 1 时，$C_V=\Delta u$；

当 KEYOPT(1)=2 时，$C_V=\dfrac{d(\Delta u)}{dt}$；

当 KEYOPT(1)=3 时,$C_V = \dfrac{d^2(\Delta u)}{dt^2}$;

当 KEYOPT(1)=4 时,$C_V = \displaystyle\int_0^t (\Delta u)dt$;

当 KEYOPT(1)=5 时,$C_V = t$。

其中,Δu 依据 KEYOPT(3)的定义分别为:

当 KEYOPT(3)=0 或 1 时,$\Delta u = u_L - u_M$;

当 KEYOPT(3)=2 时,$\Delta u = v_L - v_M$;

当 KEYOPT(3)=3 时,$\Delta u = w_L - w_M$;

当 KEYOPT(3)=4 时,$\Delta u = \theta_{xL} - \theta_{xM}$;

当 KEYOPT(3)=5 时,$\Delta u = \theta_{yL} - \theta_{yM}$;

当 KEYOPT(3)=6 时,$\Delta u = \theta_{zL} - \theta_{zM}$。

若 KEYOPY(4)=0,则单元自由度均位于节点坐标系下,若 KEYOPT(4)=1,则单元自由度均位于移动的单元坐标系下,在使用时应特别注意此 KEYOPT 的设置。

8.5.4　注意事项

(1)销轴单元仅可用于结构分析。

(2)单元的两个活动节点必须重合。节点 K 不能与活动节点重合,但可不定义。控制节点 L 和 M 可为模型中的任意节点,包括节点 I、J 和 K。

(3)该单元的非线性选项仅适用于静态分析和非线性瞬态动力分析。若用于其他分析类型,则在整个分析过程中单元保持其初始状态。当为非线性分析时,需要迭代求解。

(4)无论是线性或非线性,单元行为的准确性由输入的参数确定。

(5)停止限值 STOPU 和 STOPL 必须大于等于零。当转动可能达到限值而停止时,必须定义弹簧刚度 K4。

(6)不能用命令 EKILL 杀死该类型单元。

(7)求解过程中不可改变该单元的初始实常数。

(8)该单元仅有集中质量矩阵一种形式。

8.5.5　应用举例

(1)COMBIN7 的简单应用

如图 8-26 所示的两悬臂梁,悬臂端通过一销轴连接,在销轴处分别作用竖向荷载和水平荷载。假定不同的弹簧转动刚度、极限摩擦力矩、转动上限等时,可考察式(8-33)结果及单元各种行为。下面仅给出命令流,不对各种组合情况的结果进行分析,请读者假设条件并进行验证,以掌握 COMBIN7 单元的实常数定义及行为。

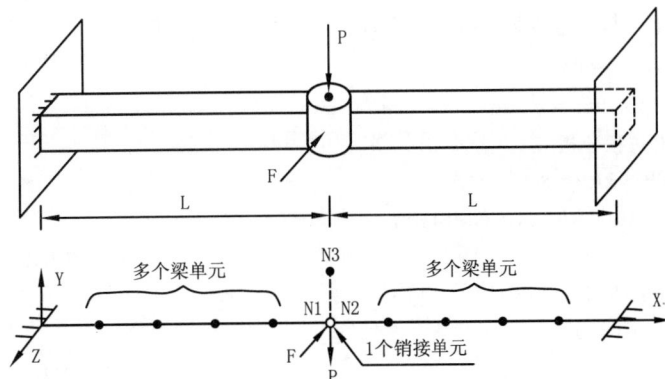

图 8-26　COMBIN7 的简单应用

```
!========================================================
!EX8.15 COMBIN7 单元的简单应用
FINISH$/CLEAR$/PREP7$L=2$P=2000$F=4000          !定义几何与荷载参数
K1=1E10$K2=K1$K3=K14K4=1E5                        !定义 K1~K4 参数
TF=1000$CITAU=0.035                               !定义参数 TF 值和 STOPU 值
ET,1,BEAM4$ET,2,COMBIN7                           !定义单元类型
MP,EX,1,2.1E11$MP,PRXY,1,0.3                      !定义材料常数组 1
R,1,2E-3,3E-7,3E-7,0.05,0.05                      !定义实常数组 1(梁单元)
R,2,K1,K2,K3,K4,,TF$RMODIF,2,12,CITAU             !定义实常数组 2(COMBIN7 单元)
K,1$K,2,L$K,3,L$K,4,2*L$L,1,2$L,3,4               !创建几何模型
LATT,1,1,1$ESIZE,0.5$LMESH,ALL                    !划分梁单元
LSEL,S,,,1$NSLL,S,1$N1=NODE(L,0,0)                !获取销轴位置处的第一个节点号
LSEL,S,,,2$NSLL,S,1$N2=NODE(L,0,0)                !获取销轴位置处的第二个节点号
ALLSEL,ALL                                        !选择所有图素
*GET,N3,NODE,,NUM,MAX                             !获取模型的最大节点号
*GET,ENUM,ELEM,,NUM,MAX                           !获取模型的最大单元号
N3=N3+1$ENUM=ENUM+1                               !将最大节点号和单元号分别增加 1
N,N3,L,L                                          !定义 COMBIN7 单元的 K 节点
TYPE,2$REAL,2$EN,ENUM,N1,N2,N3                    !以 N1、N2 和 N3 定义 COMBIN7 单元的 ENUM
DK,1,ALL$DK,4,ALL$F,N1,FY,-P$F,N1,FZ,F           !施加约束和荷载
/SOLU$NSUBST,50,,20$OUTRES,ALL,ALL$SOLVE         !非线性求解
/POST1$ETABLE,MZI,SMISC,6$ETABLE,MZJ,SMISC,12$PLLS,MZI,MZJ   !绘制 MZ 图
ETABLE,MYI,SMISC,5$ETABLE,MYJ,SMISC,11$PLLS,MYI,MYJ          !绘制 MY 图
/POST26$NSOL,2,N1,ROT,Y,UYN1$NSOL,3,N2,ROT,Y,UYN2$PLVAR,2,3  !绘制活动节点 ROT 曲线
ESOL,4,ENUM,,NMISC,8,DRZ$ESOL,5,ENUM,,NMISC,9,ROTA          !定义单元输出变量
ESOL,6,ENUM,,SMISC,6,MZ$PLVAR,4,5$PLVAR,6        !绘制变量曲线
!========================================================
```

(2)折叠结构的打开过程

如图 8-27 所示的折叠结构,收起状态如图中实线(O-A-B),使用状态如图中虚线(O-A'-B),设在 A 点荷载 P 作用下打开此结构,直到 OA 杆水平并自动锁定不能再转动,对此打开过程进行分析。建模时杆件 OA 可用梁单元模拟,弹簧可用 COMBIN14 模拟,而 O 点销轴用 COMBIN7 模拟,其转动限值为 α,但需注意旋转角度的方向和单元 KEYOPT 设置。各种计算参数详见命令流,从计算结果可知,在荷载较小时(与弹簧刚度有关)就达到了转动限值,其后就被销轴的转动刚度锁死(类似于刚接或半刚性连接,与销轴转动刚度有关)。因存在大转动,在分析计算过程中应打开大变形开关。

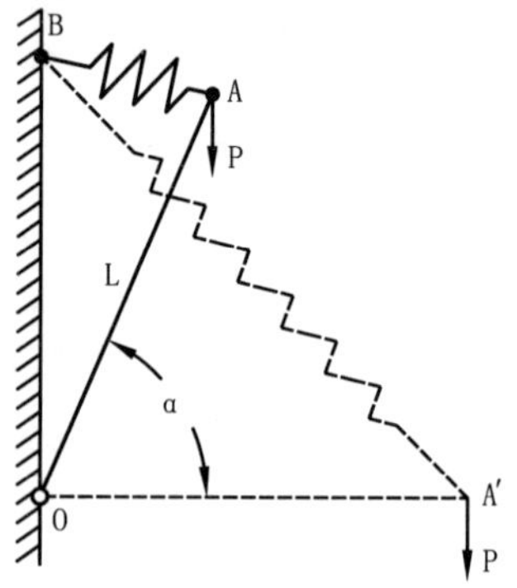

图 8-27 折叠结构的打开过程

```
!========================================================
!EX8.16 折叠结构的打开过程分析
FINISH$/CLEAR$/PREP7$REF=80$L=1.0                !设 α=80°,杆长 L=1m
ET,1,BEAM4$ET,2,COMBIN7$ET,3,COMBIN14           !定义三种单元类型
KEYOPT,2,2,1                                      !COMBIN7 单元转动达到限值后锁死
MP,EX,1,2.1E11$MP,PRXY,1,0.3                      !定义材料常数(梁单元)
R,1,2E-3,3E-7,3E-7,0.05,0.05                      !定义梁单元实常数
R,2,1E8,1E8,1E8,1E8                               !定义 COMBIN7 单元的 K1,K2,K3,K4
RMODIF,2,12,REF/180*ACOS(-1)                      !定义 COMBIN7 单元的 STOPU
```

```
R,3,100.0$*AFUN,DEG                         !定义 COMBIN14 单元的实常数,设置角度单位
N,1$N,11,L*COS(REF),L*SIN(REF)$FILL,1,11             !创建梁单元的节点(11 个节点)
TYPE,1$REAL,1$MAT,1$E,1,2$EGEN,10,1,1,2,1            !创建梁单元(10 个单元)
N,12,0,L$TYPE,3$REAL,3$EN,11,12,11                   !创建 B 点的节点及弹簧单元
N,13$N,14,,,-L$TYPE,2$REAL,2$EN,12,13,1,14         !创建销轴节点、定位节点及销轴单元
D,12,ALL$D,13,ALL$F,11,FY,-1000                      !施加约束条件和荷载
/SOLU$NLGEOM,ON$NSUBST,20                            !打开大变形开关,定义子步数
OUTRES,ALL,ALL$SOLVE                                 !输出全部子步的结果,求解
/POST1$/DSCALE,,1$PLNSOL,U,SUM                       !绘制最终变形图
ANTIME,50,0.5,,1,2,0,1                               !制作变形动画
/POST26$NSOL,2,1,ROT,Z,ROTZ1                         !定义节点 1 的 ROTZ 为变量 2
ESOL,3,12,,NMISC,8,DRZ                               !定义销轴单元的 DRZ 为变量 3
ESOL,4,12,,NMISC,9,ROTA                              !定义销轴单元的 ROTATE 为变量 4
ESOL,5,12,,SMISC,6,MZ$PLVAR,2,3,4$PLVAR,5            !定义销轴单元的 MZ 为变量 5,绘制曲线
!=============================================
```

第9章 质量单元

ANSYS 用于结构分析的质量单元仅有 MASS21。

9.1 MASS21 单元

MASS21 称为结构质量单元,每个节点可多达 6 个自由度,即沿节点坐标系 x、y 和 z 方向的平动位移和转动位移。每个坐标轴方向可以有不同的质量和转动惯量。另一个带有一致质量矩阵(非对角线元素)的单元是 MATRIX27。图 9-1 所示为 MASS21 的单元几何。

9.1.1 输入参数与选项

MASS21 单元通过一个节点定义,输入数据还包括单元坐标系下的集中质量分量和转动惯量。其中,集中质量的量纲为"力×时间²/长度",转动惯量的量纲为"力×长度×时间²"。初始单元坐标系可平行于总体直角坐标系或平行于节点坐标系[由 KEYOPT(2) 定义]。在大变形分析中,单元坐标系随节点坐标系转动。通过 KEYOPT(3)设置,可定义是否考虑转动惯量效应和 2D 或 3D 的功能选择。若仅输入了一个质量参数,则假定其他坐标方向也为此值。

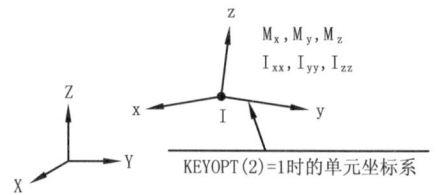

图 9-1 MASS21 单元几何

MASS21 单元的输入参数与选项如表 9-1 所示。

MASS21 单元输入参数与选项 表 9-1

参数类别	参　数　及　说　明
节点	I
自由度	若 KEYOPT(3)=0,UX,UY,UZ,ROTX,ROTY,ROTZ; 若 KEYOPT(3)=2,UX,UY,UZ; 若 KEYOPT(3)=3,UX,UY,ROTZ; 若 KEYOPT(3)=4,UX,UY; 以上自由度均位于节点坐标系下
实常数	若 KEYOPT(3)=0,则为 MASSX,MASSY,MASSZ,IXX,IYY,IZZ; 若 KEYOPT(3)=2,则为 MASS; 若 KEYOPT(3)=3,则为 MASS,IZZ; 若 KEYOPT(3)=4,则为 MASS(MASSX、MASSY、MASSZ 为单元坐标系中的质量分量,IXX,IYY,IZZ 为绕单元坐标轴的转动惯量)
材料属性	DENS[仅 KEYOPT(1)=1 时]
面荷载	无
体荷载	无
特性	大变形、单元生死

续上表

参数类别	参 数 及 说 明
KEYOPT(1)	实常数解释： 0——实常数为质量和转动惯量；1——实常数为体积和$\dfrac{\text{转动惯量}}{\text{密度}}$（在材料性质中必须输入密度）
KEYOPT(2)	初始单元坐标系： 0——初始单元坐标系平行于总体直角坐标系；1——初始单元坐标系平行于节点坐标系
KEYOPT(3)	转动惯量控制： 0——考虑转动惯量的 3D 质量；2——不考虑转动惯量的 3D 质量；3——考虑转动惯量的 2D 质量；4——不考虑转动惯量的 2D 质量

9.1.2　输出参数

除节点解外无单元输出。

9.1.3　质量矩阵

该单元无形函数和积分点设置。

该单元的质量矩阵如下：

$$[M_e]=\begin{bmatrix} a & 0 & 0 & 0 & 0 & 0 \\ 0 & b & 0 & 0 & 0 & 0 \\ 0 & 0 & c & 0 & 0 & 0 \\ 0 & 0 & 0 & d & 0 & 0 \\ 0 & 0 & 0 & 0 & e & 0 \\ 0 & 0 & 0 & 0 & 0 & f \end{bmatrix} \tag{9-1}$$

式中：当 KEYOPT(1)=0 时，$\begin{Bmatrix} a \\ b \\ c \\ d \\ e \\ f \end{Bmatrix}=\begin{Bmatrix} a' \\ b' \\ c' \\ d' \\ e' \\ f' \end{Bmatrix}$，当 KEYOPT(1)=1 时，$\begin{Bmatrix} a \\ b \\ c \\ d \\ e \\ f \end{Bmatrix}=\rho\begin{Bmatrix} a' \\ b' \\ c' \\ d' \\ e' \\ f' \end{Bmatrix}$；

其中　　　ρ——密度，即命令 MP 输入的材料常数 DENS；

a',b',c',d',e',f'——用命令 R 输入的实常数，与输入位置的对应关系如表 9-2 所示。

实常数与输入位置对应关系表 表 9-2

实常数	KEYOPT(3)=0	KEYOPT(3)=2	KEYOPT(3)=3	KEYOPT(3)=4
a'	1	1	1	1
b'	2	1	1	1
c'	3	1	—	—
d'	4	—	—	—
e'	5	—	—	—
f'	6	—	2	—

9.1.4 注意事项

（1）2D 单元假定位于总体直角坐标系的 Z 轴为常数的平面，即与 XOY 平面平行。

（2）质量单元在静态分析中无效应，除非施加了加速度、旋转或惯性释放。

（3）当 KEYOPT(3)=0 时，质量汇总输出采用各坐标方向质量分量的平均值。例如，当 KEYOPY(3)=0 时仅输入了 MASSX=m，而 MASSY=MASSZ=0，则在质量汇总输出中给出的是 m/3 的值，而不是 m 值。

（4）在惯性释放分析中，采用一致质量矩阵。

（5）由于物体的质量是不变的，也没有方向性，因此各坐标轴的质量分量（MASSX、MASSY、MASSZ）没有物理意义，只在计算技巧方面有意义，如可防止某些方向产生惯性力或可使各个方向具有不同的惯性反应。

9.1.5 应用举例

（1）质量弹簧系统与模态

如图 9-2 所示的质量弹簧系统，系统的自由振动频率为：

$$T=\frac{1}{2\pi}\sqrt{\frac{k}{m}} \tag{9-2}$$

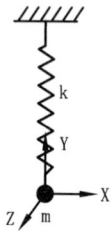

为考虑各坐标轴质量的影响，用 COMBIN14 的 3D 功能模拟弹簧（KEYOPT 采用缺省值），用 MASS21 的 3D 带转动惯量功能模拟质量（KEYOPT 采用缺省值）。

若定义 MASSX≠0、MASSZ≠0 且 MASSY=m，则一阶和二阶振动模态频率为零，即结构自由摆动，这不是所需的振动模态。为消除零频模态，应定义 MASSX=MASSZ=0 且 MASSY=m，此时一阶振动模态频率同式（9-2）的计算结果，结构在 Y 向上下振动。

图 9-2 质量弹簧系统

上述内容仅为考察各坐标轴质量分量的影响，也可直接约束质量节点的 UX 和 UZ 自由度得到所求振型和振动频率。但在仅约束弹簧上端时，无论如何设置两个单元的 KEYOPT，只有采用 MASSX=MASSZ=0 才能消除零频模态。模拟分析的命令流如下。

```
!════════════════════════════════════════════
!EX9.1 质量弹簧系统与模态
FINISH$/CLEAR$/PREP7$K=1200.0$M=5.0                !定义弹簧刚度 1200N/m,质量 5.0kg
TNF=SQRT(K/M)/(2*ACOS(-1))                         !竖向振动自然频率的理论解
ET,1,COMBIN14$ET,2,MASS21                          !定义两类单元,全部采用缺省的 KEYOPT
R,1,1200.0$R,2,0,M,0                               !定义弹簧实常数和质量实常数
N,1$N,2,,1.0$TYPE,1$REAL,1$E,1,2                   !创建节点并定义弹簧单元
TYPE,2$REAL,2$E,1$D,2,ALL                          !创建质量单元并施加约束
/SOLU$ANTYPE,MODAL                                 !定义求解类型为模态分析
MODOPT,LANB,3$MXPAND,3$SOLVE                       !定义模态提取方法和模态扩展,求解
/POST1$SET,LIST                                    !结果列表
!════════════════════════════════════════════
```

（2）质点的斜抛射运动

对如图 9-3 所示的质点在真空中的斜抛射运动，根据初等力学[13]有如下公式成立。

运动规律为：

$$x=v_0t\cos\alpha, \quad y=v_0t\sin\alpha-\frac{1}{2}gt^2 \tag{9-3a}$$

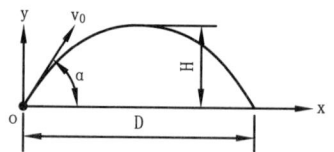

图 9-3 质点的斜抛射运动

轨道抛物线为：

$$y = x\tan\alpha - \frac{g}{2v_0^2\cos^2\alpha}x^2 \tag{9-3b}$$

射高和射程为：

$$H = \frac{v_0^2}{2g}\sin^2\alpha, \quad D = \frac{v_0^2}{g}\sin 2\alpha \tag{9-3c}$$

从式(9-3)可知,其运动规律与质量无关,因此在模拟时可任意设置质量。模拟时采用瞬态动力分析(线性或非线性对结果无影响),模拟的关键是施加初始速度。可用命令 IC 施加两个方向的初始速度。模拟分析的命令流如下。

```
!=======================================================
!EX9.2 质点的斜抛射运动
FINISH$/CLEAR$/PREP7$V0=300$M=45$REF=30          !设初速度300s/m,质量45kg,抛射角30°
G=9.81$PI0=ACOS(-1)/180                           !设置重力加速度(m/s²)、角度换算系数
TEND=2*V0*SIN(REF*PI0)/G                          !计算空中飞行时间
ET,1,MASS21$KEYOPT,1,3,4$R,1,M$N,1$E,1            !定义单元、实常数、创建节点和单元
/SOLU$ANTYPE,TRANS$OUTRES,ALL,ALL                 !定义瞬态分析、输出结果控制
TIME,32$NSUBST,200,,50                            !定义时间和子步
IC,ALL,UX,V0*COS(REF*PI0)                         !施加 X 方向初速度
IC,ALL,UY,V0*SIN(REF*PI0)$ACEL,,G$SOLVE           !施加 Y 向初速度、重力加速度并求解
/POST26$NSOL,2,1,U,X$NSOL,3,1,U,Y                 !定义 UX 和 UY 分别为变量 2 和 3
XVAR,2$PLVAR,3$*GET,H,VARI,3,EXTREM,VMAX          !绘制曲线并获取变量 3 的最大值(射高)
/POST1$SET,,,,,TEND$D=UX(1)                       !获取射程 D
!=======================================================
```

（3）起重机工作时的运动分析

如图 9-4 所示的起重机[21],臂长 AB 为 5m,其起升速度为 $\omega_1 = d\theta/dt = 0.25$rad/s;机体绕竖轴 C-C' 逆时针旋转,转动速率为 $\omega_2 = 0.15$rad/s,确定 $\theta = 20°$ 时 B 点的加速度。根据初等力学,B 点三个方向的加速度为(0.3814m/s²,0.1069m/s²,-0.1283m/s²)。

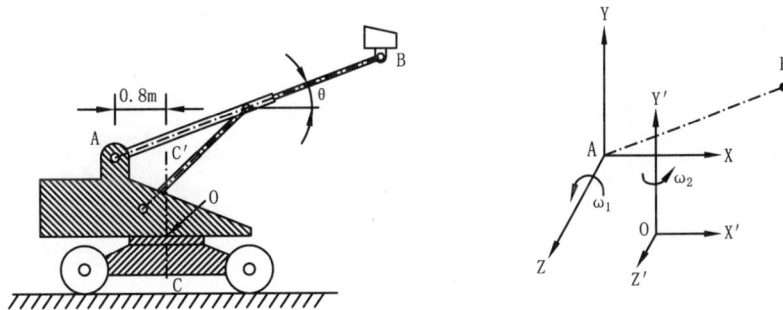

图 9-4　起重机及计算模型

设 A 点为总体直角坐标系 XYZ 的原点,则加速度坐标系(或参考坐标系)的原点 O 在总体直角坐标系中的坐标为(0.8,H,0)(本例中 H 可任意设置,如可设 H=1.2m)。在 B 点创建单位质量的 MASS21 单元(在总体直角坐标系 XYZ 中创建节点)。加速度坐标系的原点用命令 CGLOC 指定,ω_1 和 ω_2 分别用命令 OMEGA 和命令 CGOMGA 施加,将 B 点自由度全部约束,采用静力分析即可获得支点反力,因采用单位质量,故支点反力即为加速度值。计算分析的命令流如下。

```
!=======================================================
!EX9.3 起重机工作时的运动分析
FINISH$/CLEAR$/PREP7$PI=ACOS(-1)                              !定义参数 π
```

```
ET,1,MASS21,,,2$R,1,1                          !定义无转动惯量的 3D 质量单元及实常数
N,1,5 * COS(20/180 * PI),5 * SIN(20/180 * PI)              !创建节点(在总体直角坐标系下)
E,1$D,1,ALL                                          !创建单元并施加约束
CGLOC,0.8,-1.2$OMEGA,,,0.25          !定义加速度坐标系的原点,施加绕 Z 轴的角速度
CGOMGA,,0.15                        !施加绕加速度坐标系 Y' 轴的角速度
/SOLU$SOLVE$/POST1$FSUM                              !求解并查看结果
!==============================================================
```

第 10 章 接 触 单 元

ANSYS 用于结构分析的接触单元有 CONTAC12（2D 点点）、CONTAC52（3D 点点）、TARGE169（2D 目标）、TARGE170（3D 目标）、CONTA171（2D2 节点面面）、CONTA172（2D3 节点面面）、CON-TA173（3D4 节点面面）、CONTA174（3D8 节点面面）、CONTA175（2D/3D 点面）、CONTA176（3D 线线）、CONTA177（3D 线面）、CONTA178（3D 点点）等单元。

10.1 接触概述

本节主要介绍接触分析中的一些概念、算法及相关技术，以减少各个单元介绍中的内容。

10.1.1 接触分类与功能

接触问题是一种高度非线性行为，其分析存在两个难点：其一是在用户求解问题之前，通常不知道接触区域；随荷载、材料、边界条件和其他因素的变化，表面之间可以接触或分开，这往往在很大程度上难以预料，并可能是突然变化的。其二是大多数的接触问题需要考虑摩擦作用，有几种摩擦定律和模型可供选择；摩擦效应可能是无序的，所以摩擦使问题的收敛性成为一个难点。如果不考虑摩擦且物体之间总是保持接触，则可用约束方程或自由度耦合代替接触。

接触问题分为两种基本类型：刚体—柔体（简称"刚—柔"）接触和柔体—柔体（简称"柔—柔"）接触。在刚—柔接触问题中，包含接触面的一个或多个体被当做刚体；通常一种软材料和一种硬材料接触时，可以假定为刚—柔接触，如金属成型问题。柔—柔接触是一种更普遍的类型，两个接触体都是变形体（刚度相近），如栓接法兰等。

ANSYS 支持三种接触方式：点—点（简称"点点"）接触、点—面（简称"点面"）接触、面—面（简称"面面"）接触，每种接触方式使用不同的接触单元集，并适用于某一特定类型的问题。ANSYS接触分析功能如表 10-1 所示。

ANSYS 接触分析功能 表 10-1

接触方式 单元：T——TARGE C——CONTAC(12/52)或 CONTA	点点			点面	面面		线线
	C12	C52	C178	C175,T169,T170	C171,C172,T169	C173,C174,T170	C176,T170
点点	Y	Y	Y	—	—	—	—
点面	—	—	—	Y	—	—	—
面面	—	—	—	Y	Y	Y	—
3D 梁梁	—	—	—	—	—	—	Y
2D	Y	—	Y	Y	Y	—	—
3D	—	Y	Y	Y	—	Y	Y
滑动	小	小	小	大	大	大	大

接触方式	点点			点面	面面		线线
圆柱间隙	Y	—	Y	—	—	—	—
纯拉格朗日乘子法	—	—	Y	Y	Y	Y	Y
扩展拉格朗日乘子法	—	—	Y	Y	Y	Y	Y
混合法	—	—	Y	Y	Y	Y	Y
MPC 法	—	—	—	Y	Y	Y	Y
接触刚度	定义	定义	半自动	半自动	半自动	半自动	半自动
自动网格工具	EINTF	EINTF	EINTF	ESURF	ESURF	ESURF	ESURF
低阶	Y	Y	Y	Y	Y	Y	Y
高阶	—	—	—	Y(2D)	Y	Y	Y
刚—柔	Y	Y	Y	Y	Y	Y	Y
柔—柔	Y	Y	Y	Y	Y	Y	Y
热接触	—	—	—	Y	Y	Y	—
电接触	—	—	—	Y	Y	Y	—
磁接触	—	—	—	Y	Y	Y	—

10.1.2 接触分析的相关概念

（1）接触对

在研究两个物体之间的接触时,一个物体的表面被认为是接触面,另一个物体的表面被认为是目标面,接触面和目标面构成了一个接触对,而构成接触对的接触单元和目标单元通过共享实常数组联系起来。不同的接触对必须通过不同的实常数组定义,即使实常数没有变化也要定义不同的组号,但一组实常数可对应多个面。

接触面和目标面的选择原则一般为:

①如凸面可能与一个平面或凹面接触,则平面或凹面应当为目标面。

②如两个面的网格疏密不同,则较密网格的面应为接触面,而较粗网格的面为目标面。

③如一个面比另一个面刚,则较柔的面应为接触面,而较刚的面为目标面。

④如果高阶和低阶单元位于不同的面,则高阶为接触面,低阶为目标面。

⑤如果一个面明显的比另一个面大,则较大的面应指定为目标面。

（2）接触检测点与位置

接触面和目标面是否处于接触状态,需要通过一系列接触检测点的状态才能确定,而接触检测点位于何处可由单元 KEYOPT 定义。

接触检测点位于接触单元的积分点上,积分点有节点积分和高斯积分两种方案(图 10-1)。接触单元的积分点不能侵入目标面,但是原则上目标面可以侵入接触面。高斯积分点(面面接触缺省的检测点)通常会比节点本身做积分点使方案产生更精确的结果。节点本身做积分点(检测点)的缺点是,在受到均布压力时,节点等效力不具代表性,且在角接触问题中会产生"滑脱"(节点滑出目标面的边界,如图 10-2 所示)而造成收敛困难。

（3）侵入距离

侵入(Penetration,也称为穿透或嵌入)距离是指沿着接触面上积分点法向到目标面的距离,如图 10-3 所示。即使目标面不是光滑曲面,侵入距离也是唯一的。这种不连续特性是因目标面上的拐角或数值离

a)检测点位于高斯积分点上   b)检测点位于节点上

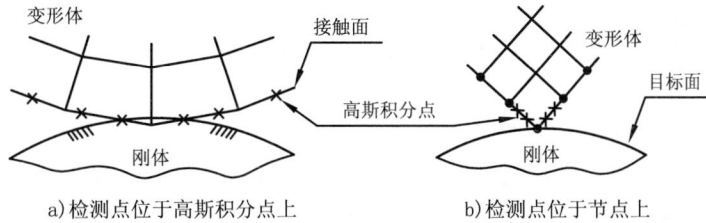

图 10-1　接触检测点的位置

散化过程而产生的。目前计算侵入距离的方法没有限制刚性目标面的形状。对有凹角的目标面,光滑并不一定是必要条件;对有凸角的目标面,在曲率急剧变化的区域建议做光滑处理。

当采用拉格朗日乘子法时,应当为该算法定义容许的最大侵入,即侵入容差。侵入容差用实常数FTOLN 定义,可定义比例系数(正值)或绝对值(负值)。比例系数 FTOLN 一般小于 1.0,通常小于 0.2,缺省值为 0.1,容许侵入距离则由"下覆单元深度"与比例系数之积确定。如果程序发现侵入大于此值时,即使不平衡力和位移增量已经满足了收敛准则,求解仍被视为不收敛处理。如果此值太小,可能会造成迭代次数太多或者不收敛。

(4)Pinball 运算

Pinball 区域是以接触单元积分点为中心的圆(2D)或球(3D),描述接触单元周围"远"或"近"场边界(图 10-4),可影响接触状态的确定和其他许多接触特性。接触单元相对于目标面的运动和位置决定了接触单元的状态,程序检测每个接触单元并给出其状态(STAT=0、1、2 或 3),STAT=0 表示分离的远场接触,STAT=1 表示分离的近场接触,STAT=2 表示滑动接触,STAT=3 表示黏合接触。当目标面进入 Pinball 区域后,接触单元就被当作分离的近场接触。检查接触的计算时间依赖于 Pinball 区域的大小,远场接触单元的计算简单且省时,近场接触单元的计算较慢且复杂,当单元已经接触时,计算最为复杂。如果目标面有好几个凸形区域,应设置合适的 Pinball 区域以防止伪接触;然而对于大多数问题,缺省值是比较合适的。

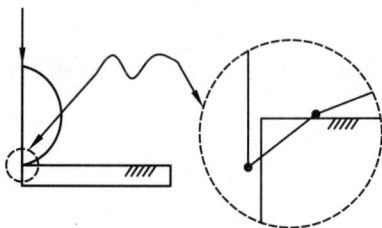

图 10-2　节点滑脱示意   图 10-3　侵入距离   图 10-4　Pinball 半径

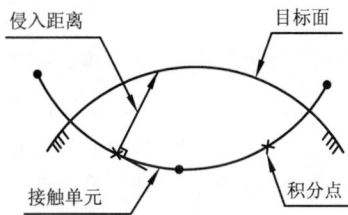

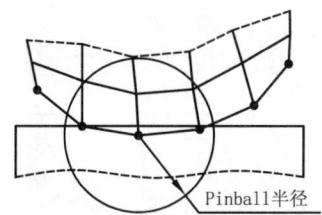

实常数 PINB 用于定义 Pinball 区域的大小,PINB 为正值时表示比例系数,负值表示绝对值。当为大变形时,缺省的 Pinball 半径为"4×下覆单元深度(刚—柔接触)"或"2×下覆单元深度(柔—柔接触)";当大变形关闭时,缺省的 Pinball 半径为大变形打开时的一半。"下覆单元深度 Depth(Depth of the Underlying Element)"是计算多个参数的基值,如实常数 ICONT、FTOLN、PINB、PMAX、PMIN 等。当下覆单元为大块实体时,"下覆单元深度"就是实体单元厚度;当下覆单元为壳或梁单元时,"下覆单元深度"为单元厚度的 4 倍;当下覆单元为超单元时,则"下覆单元深度"就是接触单元的最小长度。

如果模型中的单元尺寸变化很大,而且在实常数如 ICONT、FTOLN、PINB、PMAX、PMIN 中采用比例系数,则可能会出现问题。因为此时 Pinball 半径取决于比例系数和下覆单元深度,这就可能引起大、小单元之间的重大变化。如果出现这一问题,应采用绝对值代替比例系数。

(5)接触刚度

接触问题大多需要定义接触刚度,它决定了两个表面之间侵入量的大小。过大的接触刚度可能会引起总刚矩阵的病态,从而造成收敛困难。一般来说,应该选取足够大的接触刚度以保证接触侵入小到可以接受,同时又应该让接触刚度足够小以不致引起总刚矩阵的病态而保证收敛性。

　　法向接触刚度用实常数 FKN 定义,可定义比例系数(正值)或绝对值(负值)。比例系数一般在 0.01～10 之间(缺省为 1.0),ANSYS 根据下覆柔体单元的材料特性,估计一个缺省的接触刚度值。对于大多数实体问题,缺省的比例系数是适用的;而对弯曲为主的问题,比例系数通常为 0.01～0.1。FTOLN 和 FKN 在荷载步之间均可修改,也可在重启动中修改,但必须定义 KEYOPT(10)=1 或 2。

　　切线接触刚度用实常数 FKT(个别单元用 FKS)定义,ANSYS 缺省的切线接触刚度为 MU×FKN,与缺省情况对应的 FKT=1.0。正值 FKT 为比例系数,而负值 FKT 为切线接触刚度的绝对值。

　　接触刚度(法向和切线)的量纲一般为"力/长度^3",但对基于力的接触模型其量纲为"力/长度"[如 CONTA175 单元的 KEYOPT(3)=0 时,以及 CONTA176 单元]。

　　为确定一个较好的接触刚度值,除具经验之外,可按下面的步骤进行试算:

　　①开始时取一个较低的值。因较低的接触刚度导致的侵入问题,比过高的接触刚度导致的收敛问题更容易解决。

　　②对前几个子步进行计算分析,直到最终荷载的一个比例(刚好完全建立接触)。

　　③检查每一子步中的侵入量和平衡迭代次数。如果收敛困难是由过大的侵入引起的,那么可能是定义的 FKN 值低了,或者是定义的 FTOLN 值太小。如果收敛困难是由于不平衡力和位移增量达到收敛值时需要过多的迭代次数,而不是由于过大的侵入量引起的,那么所定义的 FKN 值可能大了。

　　④按需要调整 FKN 或 FTOLN 的值,重新进行分析。

　　在分析过程中,可以修正法向和切向接触刚度。可以自动修正(由改变下覆单元刚度的大应变效应产生),也可以显式地修正(由用户重新指定 FKN 或 FKT 值)。KEYOPT(10)控制法向和切向接触刚度如何修正,KEYOPT(10)=0 表示禁止那些已经处于"闭合"状态的单元的接触刚度修正;对于从"分离"变化到"闭合"状态的单元,将在每一个子步上修正接触刚度。KEYOPT(10)=1 表示允许已处于"闭合"状态的单元的接触刚度,在荷载步之间或在重启动期间改变;对于从"分离"变化到"闭合"状态的单元,将在每一个子步上修正接触刚度。KEYOPT(10)=2 与 KEYOPT(10)=1 相同,只是对所有单元(不考虑所处状态)将在每一个子步上,由程序自动修正。

　　(6)接触方向

　　接触面的外法线方向与目标面的外法线方向必须互指(图 10-5),即接触面的外法线方向必须指向目标面,同时目标面的外法线方向也必须指向接触面,否则在开始分析计算时,程序可能会认为有过度侵入,而很难找到初始解,一般情况下程序会立即停止执行。

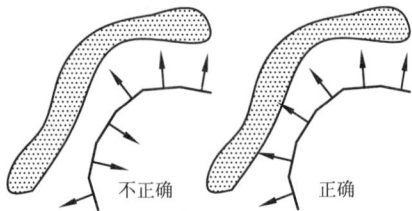

图 10-5　外法线方向

　　法线方向可用命令/PSYMB 显示单元坐标系进行检查(/PSYMB,ESYS,1),如果单元法向不指向对应面,选择该单元并采用命令 ESURF 反转表面法线的方向(ESURF,,REVE),或采用命令 ENORM 重新定义单元方向(ENORM)。

　　(7)接触面行为

　　面—面接触单元支持多种力学表面作用模式,通过 KEYOPT(12)选择接触面行为。

　　①KEYOPT(12)=0 代表标准接触模式,即法向单向接触。在接触分离时,法向压力等于 0。

　　②KEYOPT(12)=1 代表理想粗糙接触模式,用来模拟无滑动、表面完全粗糙的摩擦接触问题,这种模式对应摩擦系数无限大,因此忽略输入的摩擦系数 MU。

　　③KEYOPT(12)=2 代表不分离接触模式,接触面和目标面一旦接触,在其后的分析中就连在一起,但容许相对滑动。

　　④KEYOPT(12)=3 代表绑定接触模式,目标面和接触面一旦接触,随后就在所有方向上绑定。

　　⑤KEYOPT(12)=4 代表不分离接触模式,接触积分点初始在 Pinball 区域内或一旦接触,就总是沿接触面的法线方向将目标面和接触面连在一起,但容许滑动。

⑥KEYOPT(12)=5代表绑定接触模式,接触积分点初始在Pinball区域内或一旦接触,就总是沿接触面的法向和切线方向将目标面和接触面绑定在一起。

⑦KEYOPT(12)=6代表绑定接触模式,初始处于接触的接触积分点保持与目标面接触,而初始处于分离状态的接触积分点,在整个分析期间保持分离状态。这个选项与在初始接触的区域应用CEINTF类似。

对于模拟不分离或绑定接触,用户可能需要设置FKOP实常数。这会在接触分离时提供一个刚度系数。如果FKOP为正值,则真正的接触分离刚度等于FKOP乘以接触闭合时施加的刚度。如果FKOP为负值,则该值作为接触分离刚度的绝对值。缺省的FKOP值为1。

不分离或绑定接触,在接触发生分离时,产生"回拉"力,这个力可能不足以阻止分离。为了减小分离,定义一个较大的FKOP值。有些时候,希望接触面分离,但需要在接触面之间建立联系来阻止刚体运动,在这种情况下,可以指定较小的FKOP值,以使接触面之间保持联系(这就是"软弹簧"效应)。

(8)初始接触条件

在动力分析中,刚体运动一般不会引起问题。然而在静力分析中,当物体没有足够的约束时会产生刚体运动,有可能引起错误而终止计算。在仅通过接触而约束刚体运动时,必须保证在初始几何体中接触对是接触的,即所建立的模型中接触对"刚好接触"。但即便建模时刚好接触,仍可能会遇到下列问题:

①刚体常常具有复杂的外形,很难决定第一个接触点发生在何处;

②即使几何模型在初始时处于接触状态,因网格划分时的数值舍入误差,两个面的单元网格之间也可能会产生小缝隙;

③接触单元的积分点和目标单元之间可能有小缝隙。

同上原因,目标面和接触面之间可能发生过大的初始侵入,此时接触单元可能会高估接触力,导致不收敛或接触面之间脱开接触关系。

因此,定义初始接触也许是建立接触分析模型时最重要的一步。ANSYS提供了几种方法调整接触对的初始接触条件,这几种方法可单独或联合使用。

①采用实常数CNOF定义接触面偏移

正值CNOF可使接触面移向目标面,负值CNOF可使接触面离开目标面。ANSYS能够自动提供刚好闭合间隙或减少初始侵入的CNOF值,通过KEYOPT(5)设置如下。

KEYOPT(5)=1:闭合间隙;

KEYOPT(5)=2:减少初始侵入;

KEYOPT(5)=3:闭合间隙或减少初始侵入。

如果定义KEYOPT(5)>0,则ICONT缺省值为0。若同时输入了CNOF和PINB,必须保证PINB>CNOF,否则将忽略CNOF。但若仅输入了CNOF而PINB为空,则PINB由ANSYS调整到大于CNOF。

②采用实常数ICONT定义一个小的初始接触环

初始接触环是指沿着目标面的"调整环"的深度。如果ICONT无输入值,程序则根据几何尺寸为ICONT提供一个有意义的小值,同时输出那些值被指定的警告信息(也可采用命令CNCHECK查看接触对的初始状态)。正值ICONT表示相对于下覆单元深度Depth的比例因子;负值ICONT表示接触环的绝对值。任何落在"调整环"区域内的接触检测点被自动移到目标面上(图10-6a)。建议使用一个十分小的ICONT值,否则可能会发生严重不连续(图10-6b)。

CNOF与ICONT的区别是前者把整个接触面移动CNOF距离,而后者把所有初始分离的(位于调整环ICONT之内)接触点向目标面移动。

如果用户用其他方法平衡初始未约束的自由体(如FTOLN、PINB、PMAX和PMIN),会是较好的方法,它能基本上消除ICONT的影响(赋予很小的值,如1E-20)。但若设置ICONT=0,并不会关闭它,而是采用缺省值,当与其他约束自由体的方法联用时,未必能达到预期效果。

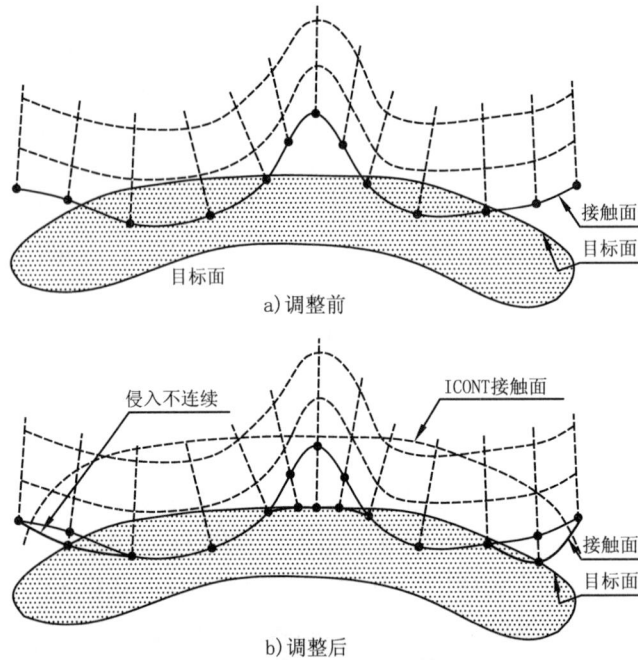

a) 调整前

b) 调整后

图 10-6　用 ICONT 调整接触面

③采用实常数 PMIN 和 PMAX 定义初始容许的侵入范围

当输入 PMAX 或 PMIN 后,在开始分析时,程序会将目标面移到初始接触状态,如图 10-7 所示。如果初始侵入大于 PMAX,程序会调整目标面以减少侵入;如果初始侵入小于 PMIN 并在 Pinball 范围之内,程序会调整目标面以保证初始接触。接触状态的初始调整仅通过平移实现。

对给定荷载或给定位移的刚性目标面,程序将会执行初始接触状态的初始调整。对没有指定边界条件的目标面,也同样可以进行初始接触的调整。当目标面上的所有节点有给定的零位移值时,将不执行采用 PMAX 和 PMIN 的初始调整。

需要注意的是,ANSYS 独立地处理目标面上节点的自由度。例如,如果用户指定自由度 UX 值为 "0",则沿着 X 方向就没有初始调整,然而在 Y 和 Z 方向仍然会激活 PMAX 和 PMIN 选项并进行初始调整。

初始状态调整是一个迭代过程,程序最多进行 20 次迭代。如果目标面不能进入可接受的侵入范围(即 PMIN 和 PMAX 范围),程序将在原始几何实体上操作,这时程序会给出一个警告信息,用户可能需要调整初始几何模型。

图 10-8 给出了一个初始接触调整迭代失败的例子,其中目标面的 UY 被约束,故初始接触唯一容许的调整在 X 方向上,但是在此问题中,刚性目标面在 X 方向的任何运动都不会引起初始接触。

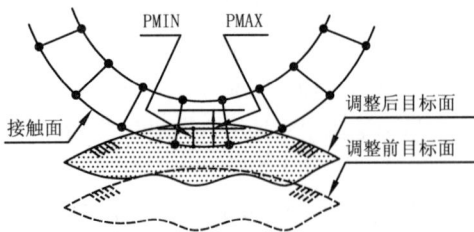

图 10-7　用 PMIN 和 PMAX 调整接触面

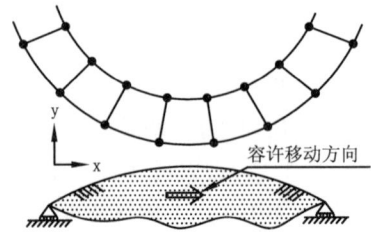

图 10-8　初始调整失败的例子

对于柔—柔接触,这种方法不仅移动整个目标面,还同时移动与目标面相连的整个柔体,因此应保证没有其他接触面或目标面与柔体相连。

④定义 KEYOPT(9)调整初始侵入或间隙

图 10-9 所示为 KEYOPT(9)＝1 时不考虑初始侵入时的情况。

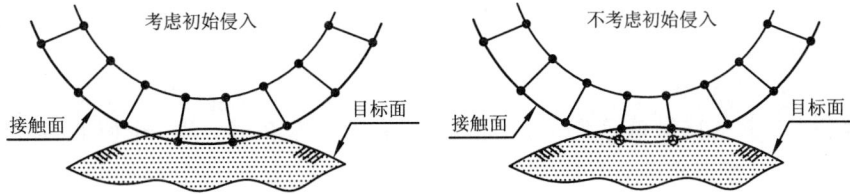

图 10-9 KEYOPT(9)＝1 时忽略初始侵入

真正的初始侵入包括两部分:几何模型产生的侵入或间隙及用户定义的接触面偏移(CNOF)产生的侵入或间隙,如图 10-10 所示。KEYOPT(9)可以提供下列功能:

KEYOPT(9)＝0(缺省),包括由几何和接触面偏移产生的初始侵入。

KEYOPT(9)＝1,忽略上面两者引起的初始侵入。在 KEYOPT(12)＝4 或 5 时,这样设置将忽略间隙弹簧的初始力,从而建立一个初始"理想的"接触面,即在接触截面上没有初始力的作用。

KEYOPT(9)＝3,包括定义的接触面偏移(CNOF),但忽略由于几何模型引起的初始侵入。在 KEYOPT(12)＝4 或 5 时,这样设置也将忽略间隙弹簧的初始力,从而建立一个初始"理想的"接触面,即在接触截面上没有初始力的作用。

在某些情况下,例如过盈装配问题,则期望有过度的侵入。如在第一个荷载步施加阶跃初始侵入,可能造成收敛困难。为了缓解收敛困难,在第一个荷载步中设置渐变的初始侵入(图 10-11)。下面的 KEYOPT(9)设置用来提供渐变功能:

KEYOPT(9)＝2,施加渐变的初始侵入(CNOF＋由于几何模型造成的偏移)。

KEYOPT(9)＝4,施加渐变的初始侵入 CNOF,但忽略由于几何模型造成的侵入。

对 KEYOPT(9)＝2 或 4,还应定义 KBC,0,并在第一个荷载步中不施加任何其他外荷载,还要确保 Pinball 区域足够大以捕捉到初始过盈。

用户可以联合采用上面的各种调整措施。例如,若希望设置十分精确的初始侵入或间隙,但有限元节点的初始坐标可能无法提供足够的精度,此时可采用如下方法:

采用 ICONT 移动初始分离的接触点刚好碰到目标面;采用 CNOF 指定侵入(正值)或间隙(负值);采用 KEYOPT(9)＝3 在第一个子步求解初始侵入,或采用 KEYOPT(9)＝4 逐渐求解初始侵入。

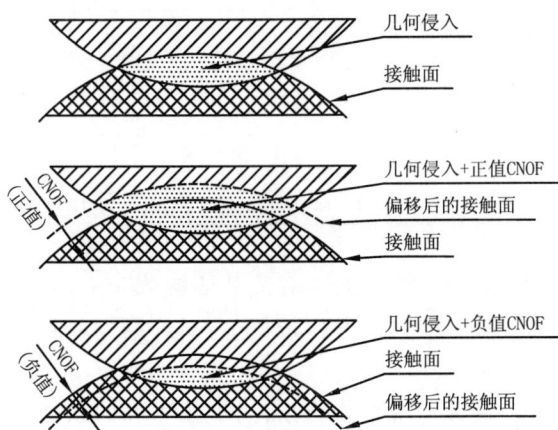

图 10-10 初始侵入组成

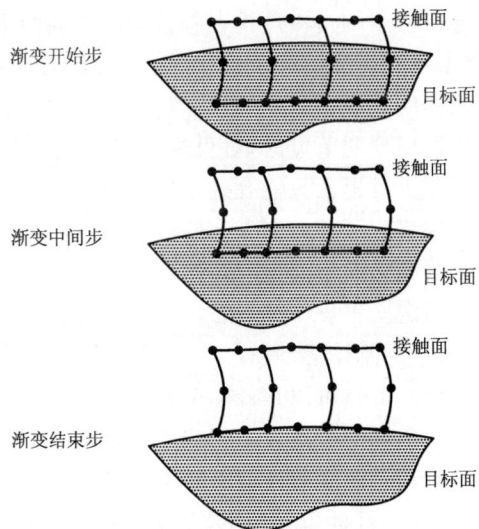

图 10-11 渐变初始过盈

在开始分析时,程序会给出每个目标面的初始接触状态的输出信息(输出窗口或输出文件中),这个信息有助于决定每个目标面的最大侵入或最小间隙。

对于给定的目标面,如果没有发现接触,可能是目标面离接触面太远(超出了 Pinball 区域)或者是接触单元、目标单元已经被杀死。

(9)不对称接触和对称接触

不对称接触是指所有的接触单元在一个面上,而所有的目标单元在另一个面上的情况,也称"单向接触"。不对称接触在模拟面—面接触时最为有效,但是在某些情况下,不对称接触不能满足要求,此时可把任意一个面既定义为目标面又定义为接触面,然后在接触的面之间生成两组接触对(或仅是一个接触对,如自接触情况),这就是对称接触,也称"双向接触"。显然,对称接触不如非对称接触效率高,因为对称接触算法比非对称接触算法在更多的面上施加了接触约束条件。许多分析要求应用对称接触(目的是为了减少侵入),采用对称接触的情况有:

①接触面和目标面区分不十分清楚;

②两个面的网格都十分粗糙。

(10)刚性目标面及导向节点

刚性目标面一般可采用命令 TSHAP 创建目标单元。在 2D 情况下,刚性目标面的形状可以通过一系列直线、圆弧和抛物线描述(可用 TARGE169 单元表示),当然也可以使用它们的任意组合来描述复杂的目标面。在 3D 情况下,目标面的形状可以通过三角面、圆柱面、圆锥面和球面描述(可用 TARGE170 单元表示)。

刚性目标面可用"导向节点(Pilot Node)"控制整个目标面的运动,导向节点实际上是一个只有一个节点的单元,因此可以把导向节点作为刚性目标的控制器。整个目标面的力或力矩、转动或位移只通过导向节点表述,导向节点可能是目标单元中的一个节点,也可能是一个任意位置的节点。只有当需要转动或力矩荷载时,导向节点的位置才重要。如果用户定义了导向节点,则 ANSYS 程序只在导向节点上检查边界条件,而忽略其他节点上的任何约束。

为控制整个目标面的边界条件和运动,在下列情况时必须使用导向节点:

①目标面上作用着给定的外力;

②目标面发生旋转;

③目标面和其他单元相连,如结构质量单元 MASS21 等;

④目标面的运动有平衡条件调节。

导向节点的自由度代表着整个刚性面的运动,在 2D 中有 2 个平移和 1 个转动自由度,或在 3D 中有 3 个平移和 3 个转动自由度。可以在导向节点上施加边界条件(位移、初速度)、集中荷载、转动等。为了考虑刚体的质量,可在导向节点上定义一个质量单元。

当使用导向节点时,对目标面有如下一些限制:

①每个目标面只能有一个控制节点。

②忽略除了导向节点外的所有节点上的边界条件。

③只有导向节点能与其他单元相连。

④当定义了导向节点后,不能使用约束方程或节点耦合控制目标面的自由度。如果没有使用控制节点,则只能有刚体运动。

⑤导向节点可以是目标单元上的一个节点,或者任意位置的节点,但不应该是接触单元上的节点。对于每一个导向节点,ANSYS 将自动定义一个内节点及一个内部约束方程,通过内部约束方程将导向节点的转动自由度与内节点的平移自由度联系起来。

缺省时,目标单元的 KEYOPT(2)=0,ANSYS 对每个目标面检查边界条件,如果下面的条件都满足,则程序将目标面做固定处理:

①在目标面节点上没有明确定义边界条件或给定力;

②目标面上的节点没有和其他单元相连；

③没有在目标面上的节点使用约束方程或节点耦合。

(11)自接触与伪接触

在自接触问题的角点处，ANSYS 可能错误地认为在十分接近的几何位置上的接触面和目标面之间发生接触。它可能是由单元的初始几何位置引起的，也可能是在分析时通过变形而引起的。在两个面均位于 Pinball 区域内，且它们之间夹角小于 90°时，会产生这一问题，在这种情况下，ANSYS 程序认为发生了十分大的侵入，并会发出警告信息。

(12)目标单元与接触单元的生成

生成目标单元有 ESURF 法、直接生成法（又分 TSHAP 法和常规法）和网格工具法，而生成接触单元有 EINTF 或 ESURF 法、直接生成法（仅有常规法）和网格工具法。EINTF 是生成两节点单元的命令，而 ESURF 是在既有面或单元上覆盖生成单元的命令。直接生成法中的 TSHAP 是生成刚性目标面的工具命令，常规法是先定义节点（N 命令）再创建单元（E 命令）的方法。网格工具法是利用分网工具（KMESH、LMESH、AMESH 命令）等生成目标单元或接触单元。这几种方法各有特色，一般采用 ESURF 法。

对柔性目标面一般采用命令 ESURF 沿现有网格的边界生成目标单元，而对刚性目标面一般采用直接法中的命令 TSHAP。命令 TSHAP 可通过实常数 R1 和 R2 定义目标单元（TARGE169 和 TARGE170）的形状。

接触单元一般采用命令 EINTF 或 ESURF 生成，直接生成法中的常规法显然应用不便，而采用网格工具生成接触单元也不如 ESURF 方便。

(13)厚度影响

当采用壳单元（2D 或 3D）或梁单元（2D 梁，不能用于 3D 梁—梁接触）时，可用 KEYOPT(11)考虑厚度的影响。对刚—柔接触，ANSYS 将自动移动接触面到壳或梁的底面或顶面；对柔—柔接触，ANSYS 将自动移动与壳或梁单元相连的接触面和目标面。缺省时，程序不考虑单元厚度，用中面表示壳或梁，而侵入距离从中面计算。当设置 KFTOPT(11)=1 时，则考虑壳或梁的厚度，从指定的底面或顶面计算侵入距离。

对于壳或梁单元这里仅指节点位于中面的单元，如 SHELL91 的 KEYOPT(11)=0 的情况，才可采用 KEYOPT(11)=1 考虑厚度影响。而当壳或梁单元存在节点偏置时，则不能考虑接触时的厚度影响。

建模时如要考虑厚度，偏置可能来自接触面、目标面或两者。当 KEYOPT(11)=1 且定义接触偏移 CNOF 时，CNOF 从壳或梁的底面或顶面计算，而不是从中面计算。当壳单元为 SHELL181、SHELL208、SHELL209 时，还需考虑变形过程中的厚度变化。

(14)时间步长控制

时间步长控制是一个自动时间步长特征，它可预测何时接触单元的状态将发生变化，或者二分当前时间步。使用 KEYOPT(7)可选择四种行为之一来控制时间步长。

KEYOPT(7)=0（缺省）代表无控制。时间步大小不受预测影响，当自动时间步长激活，且允许一个很小的时间步长时，这个设置对大多数情况是合适的。

KETOPT(7)=1 代表如果一次迭代期间产生太大的侵入，或者接触状态急剧变化，则进行时间步长二分。

KEYOPT(7)=2 代表对下一个子步预测一个合理的时间增量。

KETOPT(7)=3 代表对下一个子步预测一个最小的时间增量。

(15)单元生死选项

面面接触的接触单元和目标单元允许激活或杀死，而且也跟随其下覆单元的死活状态。该选项可用于模拟复杂的金属成型过程，在不同的分析阶段，有多个刚性目标面需要和接触面相互作用，回弹模拟常常需要在成型过程的后期移走刚性工具。该选项不能用于不分离或绑定接触。

10.1.3 摩擦模型

（1）库仑摩擦

在基本的库仑摩擦模型中，两个接触面在开始相互滑动之前，其界面上可承受某一大小的剪应力，这种状态称为黏合状态（Sticking）。库仑摩擦模型定义了一个极限剪应力 τ_{lim}，当界面上的等效剪应力 τ 达到 τ_{lim} 时，表面开始滑动，这种状态称为滑动状态（Sliding）。黏合和滑动计算决定了什么时候一个点从黏合状态变到滑动状态，或从滑动状态变到黏合状态。

库仑摩擦模型如下：

$$\tau_{lim} = \mu P + b \tag{10-1}$$

$$|\tau| \leqslant \tau_{lim} \tag{10-2}$$

式中：τ_{lim}——极限剪应力；

τ——等效剪应力；

P——法向接触压力；

b——接触黏聚力，即用命令 R 输入的实常数 COHE（即便 P＝0，黏聚力也可存在）；

μ——当为各向同性摩擦时，为摩擦系数，$\mu = \mu_{iso}$，即用命令 TB 输入的项 Lab＝FRIC 或用命令 MP 输入的材料常数 MU 计算；当为正交各向异性摩擦时，为等效摩擦系数，即 $\mu = \mu_{eq}$，该系数通过命令 TB 输入的 MU1 和 MU2 计算，且 $\mu = \mu_{eq} = \sqrt{\dfrac{\mu_1^2 + \mu_2^2}{2}}$。

摩擦系数可以是任一非负值，缺省值为表面之间无摩擦。对于粗糙或绑定接触[KEYOPT(12)＝1、3、5、6]，无论输入的 MU 多大，ANSYS 都认为摩擦阻力无限大。

也可认为无论接触压力多大，只要等效剪应力 τ 达到定义的最大接触摩擦应力 τ_{max} 就发生滑动。接触界面上的最大接触摩擦应力 τ_{max} 用实常数 TAUMAX（缺省为 1.0E20）输入。τ_{max} 通常用于接触压力非常大（如金属成型）的时候，以至于用库仑理论计算出的界面等效剪应力超过了材料的屈服应力。经验数据有助于决定 TAUMAX 值，其合理估值为 $\sigma_y/\sqrt{3}$，σ_y 为表面附近材料的屈服应力。

（2）静摩擦系数和动摩擦系数

摩擦系数依赖于接触面的相对滑动速度，通常静摩擦系数高于动摩擦系数。

ANSYS 提供了如下指数衰减摩擦模型：

$$\mu = MU \times [1 + (FACT - 1) \exp(-DC \times V_{rel})] \tag{10-3}$$

式中：μ——摩擦系数；

MU——动摩擦系数；

FACT——静摩擦系数与动摩擦系数之比，缺省为最小值 1.0；

DC——衰减系数，缺省值为零，量纲为"时间/长度"，因此时间在静态分析中也有意义；

V_{rel}——ANSYS 计算的滑移速度。

若已知静摩擦系数、动摩擦系数和一个数据点（μ_1，V_{rel1}），就可确定摩擦衰减系数为：

$$DC = \frac{1}{V_{rel1}} \times \ln \frac{\mu_1 - MU}{(FACT - 1) \times MU} \tag{10-4}$$

如不指定衰减系数且 FACT 大于 1.0，当接触进入滑动状态时，摩擦系数会从静摩擦系数突变到动摩擦系数，这会导致收敛困难，所以不建议采用。

对无摩擦、粗糙和绑定接触，接触单元刚度矩阵是对称的，而涉及摩擦的接触问题则产生一个不对称的刚度。在每次迭代中使用不对称的求解器，比使用对称的求解器需要更多的计算时间。因此 ANSYS 程序采用对称化算法，且大多数摩擦接触问题能够使用对称系统的求解器来求解。如果摩擦应力在整个位移场内有相当大的影响，并且摩擦应力的大小高度依赖于求解过程，则对刚度矩阵的任何对称近似都可能导致收敛性降低。在这种情况下，可以选择不对称求解选项（NROPT，UNSYM）来改善收敛性。

10.1.4 接触算法

两个接触物体除保证各自内部变形协调外,还应保证它们之间在接触边界上的变形协调。而接触算法无非解决两个接触面的接触协调——几何和力学关系协调。

对面面接触单元,ANSYS 提供了如下几种算法。

KEYOPT(2)=0:扩展拉格朗日算法(缺省);

KEYOPT(2)=1:罚函数法;

KEYOPT(2)=2:多点约束法(MPC);

KEYOPT(2)=3:接触法向用拉格朗日乘子法,切向用罚函数法;

KEYOPT(2)=4:纯拉格朗日乘子法,即接触法向和切向都用拉格朗日乘子法。

(1)罚函数法

罚函数法采用一个接触"弹簧"在两个面之间建立关系,如图 10-12 所示,这个弹簧的刚度称为接触刚度,当面分离时弹簧不起作用,而当面开始相互侵入时弹簧才起作用。对 KEYOPT(10) 的任何值,罚函数法需要的实常数有 FKN 和 FKT,当 KEYOPT(10)=1 或 2 时还需要 FTOLN 和 SLTO。

在力 F 的作用下,弹簧被压缩 Δ(侵入数值),且满足平衡方程

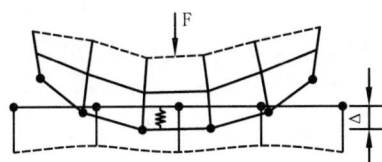

图 10-12 罚函数法的接触弹簧

F=kΔ,其中 k 为接触刚度。在数学上只有有限的侵入量 Δ 才能产生接触力,才能维持平衡;但在物理上接触体不能相互侵入。因此为了提高精度,应使接触面间的侵入量 Δ 最小,即接触刚度应当很大,但太大时又会引起收敛困难,故应采用前文介绍的试算方法。例如接触刚度太大时,一个微小的侵入量就会造成过大的接触力,在下一个迭代步中将会"推开"接触面而导致分离(图 10-13),但在后续的迭代步中修正刚度后又会产生接触,从而导致收敛振荡或发散。

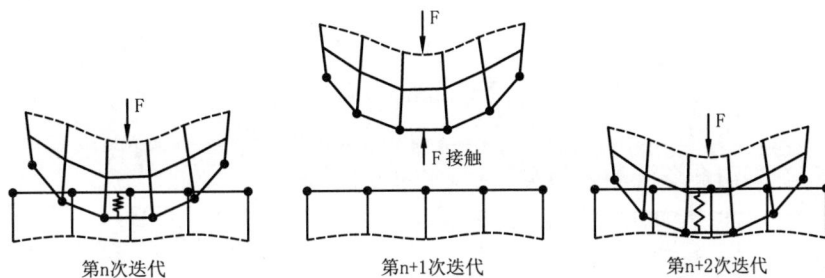

图 10-13 接触刚度太大时的迭代过程

设接触面应力矢量为 $[P \quad \tau_y \quad \tau_z]^T$,其中 P 为法向接触压力,$\tau_y$ 为 y 向接触切应力,τ_z 为 z 向接触切应力。接触压力 P 为:

$$P=\begin{cases}0, & \text{当 } u_n>0 \\ K_n u_n, & \text{当 } u_n \leqslant 0\end{cases} \tag{10-5}$$

式中:K_n——法向接触刚度;

u_n——接触间隙大小。

根据库仑法则,摩擦应力如下(τ_z 类同):

$$\tau_y=\begin{cases}K_S u_y, & \text{当 } \tau=\sqrt{\tau_y^2+\tau_z^2}-\mu P<0(\text{黏合}) \\ \mu K_n u_n, & \text{当 } \tau=\sqrt{\tau_y^2+\tau_z^2}-\mu P=0(\text{滑动})\end{cases} \tag{10-6}$$

式中:K_S——切向接触刚度;

u_y——y 向接触滑动距离;

μ——摩擦系数。

（2）纯拉格朗日乘子法

纯拉格朗日乘子法是指当接触闭合时强迫零侵入及黏合时零滑动，它不需接触刚度 FKN 和 FKT，而是需要振荡控制参数 FTOLN 和 TNOP。该方法在模型中增加"接触力（压力和摩擦应力）"作为附加自由度，且需要额外迭代以保持接触条件的稳定性，与扩展拉格朗日算法比较增加了计算时间。

纯拉格朗日乘子法的刚度矩阵有零对角元，只能使用直接法求解器（如波前法或稀疏矩阵求解器），而 PCG 或 AMG 等类的迭代求解器不能用于有零主元时的求解。此外，当接触状态发生变化时，如从接触到分离或从分离到接触，导致接触力突变，产生接触状态的振荡变化，因此需要振荡控制参数 FTOLN 和 TNOP。

（3）扩展拉格朗日算法

扩展拉格朗日算法是将纯拉格朗日乘子法和罚函数法结合起来，并满足接触协调。该方法在迭代开始时采用罚函数法，即基于罚函数法的接触刚度达到接触协调，一旦达到平衡条件就检查侵入容差，若发现侵入大于侵入容差，则修正接触刚度（再增加接触力与拉格朗日乘子之积的数值）并继续迭代，直到满足侵入容差为止。因此，扩展拉格朗日算法是为了找到精确的拉格朗日乘子（即接触力），而对罚函数的接触刚度进行一系列迭代修正。

与纯拉格朗日乘子法相比，扩展拉格朗日算法的侵入不为零，也没有零对角元，求解器的选择范围较大；与罚函数法相比，该法对接触刚度的敏感性小，但可能需要更多的迭代，特别是在变形后网格高度扭曲时。

扩展拉格朗日算法还需要实常数 FTOLN，如果程序发现侵入大于此值时，即使不平衡力和位移增量已经满足了收敛准则，总的求解仍被视为不收敛处理。注意如果此值太小，可能会造成迭代次数太多或者不收敛。

接触压力定义如下：

$$P=\begin{cases} 0, & \text{当 } u_n > 0 \\ K_n u_n + \lambda_{i+1}, & \text{当 } u_n \leqslant 0 \end{cases} \tag{10-7}$$

$$\lambda_{i+1}=\begin{cases} \lambda_i + K_n u_n, & \text{当 } |u_n| > \varepsilon \\ \lambda_i, & \text{当 } |u_n| < \varepsilon \end{cases} \tag{10-8}$$

式中：ε——侵入容差，即用命令 R 输入的实常数 FTOLN；

λ_i——第 i 迭代步的拉格朗日乘子构成的分量，此量以每个迭代单元计算。

（4）混合算法

混合算法是指接触法向采用拉格朗日乘子法，而摩擦面则采用罚函数法（切向接触刚度）。这种方法能够保证零侵入但又容许一定的滑动，此法需要振荡控制参数 FTOLN 和 TNOP，以及最大容许弹性滑移 SLTO。

（5）MPC 算法

MPC 算法为多点约束算法，可以有效解决不协调网格之间的连接问题，且自动处理实体、壳和梁之间任意的装配连接，具体介绍详见后文。

10.2　CONTA174 单元

CONTA174 称为 3D8 节点面面接触单元，用于描述 3D 目标面（TARGE170 单元）和该单元所定义的变形面（柔性面）之间的接触和滑移状态，适用于 3D 结构和耦合场的接触分析。该单元位于有中间节点的实体单元或壳单元表面，如单元 SOLID87、SOLID90、SOLID92、SOLID95、SOLID98、SOLID122、SOLID123、SOLID186、SOLID187、SOLID191、SOLID226、SOLID227、SOLID231、SOLID232、SHELL91、SHELL93、SHELL99、SHELL132 和 MATRIX50 等，并与其下覆的实体单元面或壳单元面具有相同的几何特性。该单元支持库仑和剪应力摩擦。

10.2.1　输入参数与选项

图 10-14 给出了单元几何、节点位置和坐标系,该单元通过 8 个节点定义(下覆的实体单元或壳单元有中间节点),根据下覆实体单元或壳单元可退化为 6 节点的单元,若下覆实体单元或壳单元无中间节点,应采用 CONTA173 单元(也可采用 CONTA174 单元,但将取消中间节点)。CONTA174 单元的节点顺序与下覆实体单元或壳单元的节点顺序一致,单元法线方向沿单元节点采用右手规则确定,并指向下覆实体单元或壳单元的外法线方向。对壳单元,壳单元和接触单元具有相同的节点顺序时,定义壳单元的顶面接触;否则,表示壳单元的底面接触。

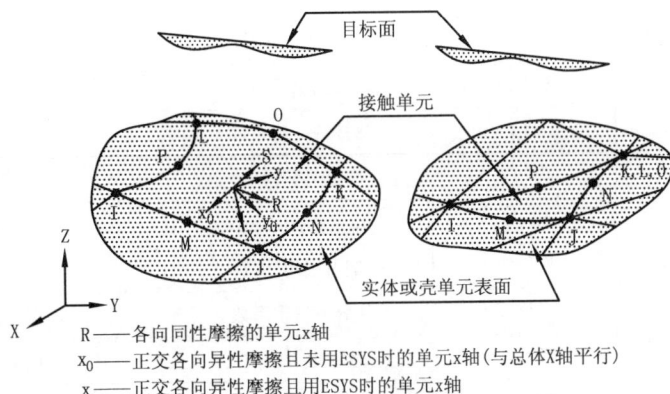

R——各向同性摩擦的单元x轴
x_0——正交各向异性摩擦且未用ESYS时的单元x轴(与总体X轴平行)
x——正交各向异性摩擦且用ESYS时的单元x轴

图 10-14　CONTA174 单元几何

CONTA174 单元支持各向同性和正交各向异性库仑摩擦,对各向同性摩擦,采用命令 TB 或 MP 输入单一摩擦系数 MU 即可;而对于正交各向异性摩擦,需采用命令 TB 输入两个主轴方向的摩擦系数 MU1 和 MU2。

对各向同性摩擦,摩擦坐标系缺省为单元坐标系(图 10-14 中的 R 轴和 S 轴)。

对正交各向异性摩擦,主轴方向定义如下:缺省时采用总体坐标系(未使用命令 ESYS 定义单元坐标系,图 10-14 中的 x 轴)或用命令 ESYS 定义单元局部坐标系(图 10-14 中的 x_0 轴)。第一主轴方向由所选坐标系的第一个坐标轴在接触面上的投影确定,第二主轴方向由第一主轴方向和接触单元法线的矢量积确定。主轴方向随接触单元的刚体转动而改变,以正确模拟摩擦方向。应谨慎选择坐标系(总体或局部),使所选坐标系的第一方向在目标面和接触面的 45° 范围之内。

接触单元均通过共用实常数组与目标单元相关联。

CONTA174 单元的输入参数与选项如表 10-2 所示。

CONTA174 单元输入参数与选项　　　　　　　　　表 10-2

参数类别	参 数 及 说 明			
节点	I,J,K,L,M,N,O,P			
自由度	UX,UY,UZ,TEMP,VOLT,MAG,依 KEYOPT(1)值而定			
实常数	序号	符 号	说 明	作 用
	1	R1	目标圆半径	定义目标面几何形状
	2	R2	超单元厚度	定义目标面几何形状
	3	FKN	法向接触刚度系数	确定接触刚度和侵入
	4	FTOLN	侵入容差系数	确定接触刚度和侵入
	5	ICONT	初始闭合系数	调整初始接触状态
	6	PINB	Pinball 区域	确定接触状态和 Pinball 区域

续上表

参 数 类 别	参 数 及 说 明			
	序 号	符 号	说 明	作 用
实常数	7	PMAX	初始容许侵入上限	调整初始接触状态
	8	PMIN	初始容许侵入下限	调整初始接触状态
	9	TAUMAX	最大接触摩擦应力	选择摩擦模型
	10	CNOF	接触面偏移量	调整初始接触状态
	11	FKOP	接触分离刚度	选择接触面作用模式
	12	FKT	切向刚度系数	确定接触刚度
	13	COHE	接触黏聚力	选择摩擦模型
	14	TCC	热接触传导系数	模拟热传导
	15	FHTG	摩擦热转换率	模拟摩擦生热
	16	SBCT	Stefan-Bolt. 常数	模拟热辐射
	17	RDVF	辐射视角系数	模拟热辐射
	18	FWGT	热分布权重系数	模拟摩擦生热或电流生热
	19	ECC	接触电导系数	模拟接触面相互作用
	20	FHEG	焦耳耗散权重系数	计算电流生热
	21	FACT	静动摩擦系数比	计算静力和动力摩擦系数
	22	DC	指数衰减系数	计算静力和动力摩擦系数
	23	SLTO	容许弹性滑动	用 FKT 和 SLTO
	24	TNOP	最大容许接触拉力	振荡控制参数
	25	TOLS	目标边缘扩展系数	接触检测的选择定位
	26	MCC	接触磁导	模拟磁接触
材料属性	DAMP,MU,EMIS			
面荷载	对流——Face1(I-J-K-L),热通量—— Face1(I-J-K-L)			
体荷载	无			
特性	非线性、大变形、单元生死、各向同性和正交各向异性摩擦			
KEYOPT(1)	自由度选择: 0——UX, UY, UZ;1——UX, UY, UZ, TEMP;2——TEMP;3——UX, UY, UZ, TEMP, VOLT;4——TEMP, VOLT;5——UX, UY, UZ, VOLT;6——VOLT;7——MAG			
KEYOPT(2)	接触算法: 0——扩展拉格朗日算法(缺省);1——罚函数法;2——多点约束法(MPC 法);3——混合法(接触法向用拉格朗日乘子法,切向用罚函数法);4——纯拉格朗日乘子法,即接触法向和切向都用拉格朗日乘子法			
KEYOPT(4)	接触检测点的位置: 0——高斯点(一般情况均是);1——接触面法向节点;2——目标面法向节点。 只有点面接触才能使用节点检测点。当采用 MPC 法时,KEYOPT(4)=1 为分布力面,KEYOPT(4)=2 为刚性约束面			

续上表

参 数 类 别	参 数 及 说 明
KEYOPT(5)	CNOF/ICONT 自动调整: 0——不自动调整;1——用自动 CNOF 闭合间隙;2——用自动 CNOF 降低侵入;3——用自动 CNOF 闭合间隙/降低侵入;4——自动 ICONT
KEYOPT(6)	接触刚度变化[当 KEYOPT(10)>0 时用于刚度更新]: 0——用缺省范围更新刚度;1——为容许刚度范围产生一个名义值;2——为容许刚度范围产生一个强壮值
KEYOPT(7)	单元级时间步长控制: 0——不控制;1——自动采用二分法,即自动将步长二分;2——接触预测器维持合理的时间步长或荷载增量;3——当接触状态改变时,接触预测器预测一最小的时间步长或荷载增量。 当 KEYOPT(7)=2 或 3 时自动包括二分法。程序级步长控制仅需激活 SOLCONTROL,ON,ON
KEYOPT(8)	对称接触选项: 0——无作用;1——在求解层,ANSYS 内部采用非对称接触对(仅当使用对称接触)
KEYOPT(9)	初始侵入或间隙影响: 0——包括初始几何侵入或间隙及偏移;1——不包括初始几何侵入或间隙及偏移;2——包括初始几何侵入或间隙及偏移,但考虑渐变效应;3——仅包括偏移(不包括初始几何侵入或间隙);4——仅包括偏移(不包括初始几何侵入或间隙),但考虑渐变效应。 对 KEYOPT(9)=1,3 或 4,仅当 KEYOPT(12)=4 或 5 时才考虑初始间隙影响
KEYOPT(10)	接触刚度更新: 0——若在荷载步中 FKN 被重新定义,则在每一荷载步中更新接触刚度;1——根据下覆单元的前一子步的平均应力,在每一子步中更新;2——根据下覆单元的当前平均应力,在每一迭代步中更新;3,4,5——分别同0,1,2,但基于独立的接触单元。 KEYOPT(10)=0,1,2 基于接触对更新,即刚度和 ICONT、FTOLN、PINB、PMAX、PMIN 采用接触对中所有单元的平均值。KEYOPT(10)=3,4,5 基于独立的接触单元,即刚度和 ICONT、FTOLN、PINB、PMAX、PMIN 基于每个独立的接触单元进行更新(几何和材料行为)
KEYOPT(11)	壳厚度影响: 0——不考虑;1——考虑
KEYOPT(12)	接触面行为: 0——标准接触,即单向接触;1——粗糙接触,即理想粗糙接触;2——不分离(容许滑动);3——绑定;4——不分离(永远);5——绑定(永远);6——绑定(初始接触)

10.2.2 输出参数

CONTA174 单元输出说明如表 10-3 所示,表 10-4 为命令 ETABLE 或 ESOL 中的表项和序号。

CONTA174 单元输出说明 表 10-3

名 称	说 明	O	R
EL	单元号	Y	Y
NODES	节点号 I,J,K,L,M,N,O,P	Y	Y
XC,YC,ZC	单元结果的输出位置	Y	5
TEMP	温度 T(I)~T(P)	Y	Y

续上表

名　　称	说　　　　　明	O	R
VOLU	面积	Y	Y
NPI	积分点数	Y	—
ITRGET	目标面号（由 ANSYS 指定）	Y	—
ISOLID	下覆实体单元或壳单元号	Y	—
CONT:STAT	当前接触状态	1	1
OLDST	以前接触状态	1	1
ISEG	当前目标面号	Y	Y
OLDSEG	以前目标面号	Y	—
CONT:PENE	当前侵入（gap＝0；侵入为正）	Y	Y
CONT:GAP	当前间隙（gap 为负；侵入＝0）	Y	Y
NGAP	新的或当前间隙（gap 为负；侵入为正）	Y	—
OGAP	以前间隙（gap 为负；侵入为正）	Y	—
IGAP	初始间隙（gap 为负；侵入为正）	Y	Y
CONT:PRES	法向接触压力	Y	Y
TAUR/TAUS7	切向接触压力	Y	Y
KN	当前法向接触刚度（力/长度^3）	Y	Y
KT	当前切向接触刚度（力/长度^3）	Y	Y
MU8	摩擦系数	Y	—
TASS/TASR7	在 S 和 R 方向的总滑动量（代数和）	3	3
AASS/AASR7	在 S 和 R 方向的总滑动量（绝对值之和）	3	3
TOLN	侵入容差	Y	Y
CONT:SFRIC	摩擦应力 SQRT(TAUR^2＋TAUS^2)	Y	Y
CONT:STOTAL	总应力 SQRT(PRES^2＋TAUR^2＋TAUS^2)	Y	Y
CONT:SLIDE	总滑动 SQRT(TASS^2＋TASR^2)	Y	Y
DBA	侵入变化量	Y	Y
PINB	Pinball 区域	—	Y
CNFX	接触单元力 X 分量	—	4
CNFY	接触单元力 Y 分量	—	Y
CNFZ	接触单元力 Z 分量	—	Y
CONV	对流系数	Y	Y
RAC	辐射系数	Y	Y
TEMPS	接触点温度	Y	Y
TEMPT	目标面温度	Y	Y
FXCV	对流引起的热通量	Y	Y

续上表

名　称	说　明	O	R
FXRD	辐射引起的热通量	Y	Y
FDDIS	摩擦能量耗散	6	6
FLUX	接触面的总热通量	Y	Y
FXNP	通量输入	—	Y
CNFH	接触单元热流	—	Y
CNOS	在上下子步中接触状态改变的总数	Y	Y
TNOP	最大容许接触拉应力	Y	Y
SLTO	容许弹性滑移量	Y	Y
ELSI	一个子步内黏性接触弹性滑移距离	—	Y

注：1. STAT 和 OLDST 的可能值：＝0，分离的远场接触；＝1，分离的近场接触；＝2，滑动接触；＝3，黏合接触。

2. ANSYS 将评估模型以探测初始接触。

3. 一旦发生接触，仅累计滑移量。

4. 接触单元力在总体直角坐标系中定义。

5. ＊GET 命令采用 CENT 项时可得。

6. $FDDIS = \dfrac{接触应力 \times 子步中的滑移距离}{子步时间增量}$。

7. 对正交各向异性摩擦，在总体直角坐标系中定义各分量，或通过命令 ESYS 在单元局部坐标系中定义。

8. 对正交各向异性摩擦，输出等效摩擦系数。

若使用 ETABLE 定义 CONT 项，则其数据为接触单元的平均值。

命令 ETABLE 和 ESOL 的表项和序号　　　　　　　　　　　　　　　表 10-4

输出量名称	项 Item	E	I	J	K	L
PRES	SMISC	13	1	2	3	4
TAUR	SMISC	—	5	6	7	8
TAUS	SMISC	—	9	10	11	12
FLUX	SMISC	—	14	15	16	17
FDDIS	SMISC	—	18	19	20	21
FXCV	SMISC	22	23	24	25	—
FXRD	SMISC	—	26	27	28	29
FXCD	SMISC	—	30	31	32	33
FXNP	SMISC	—	34	35	36	37
HJOU	SMISC	—	42	43	44	45
MFLUX	SMISC	—	46	47	48	49
STAT[1]	NMISC	41	1	2	3	4
OLDST	NMISC	—	5	6	7	8
PENE[2]	NMISC	—	9	10	11	12
DBA	NMISC	—	13	14	15	16
TASR	NMISC	—	17	18	19	20
TASS	NMISC	—	21	22	23	24

输出量名称	项 Item	E	I	J	K	L
KN	NMISC	—	25	26	27	28
KT	NMISC	—	29	30	31	32
TOLN	NMISC	—	33	34	35	36
IGAP	NMISC	—	37	38	39	40
PINB	NMISC	42	—	—	—	—
CNFX	NMISC	43	—	—	—	—
CNFY	NMISC	44	—	—	—	—
CNFZ	NMISC	45	—	—	—	—
ISEG	NMISC	—	46	47	48	49
AASR	NMISC	—	50	51	52	53
AASS	NMISC	—	54	55	56	57
AREA	NMISC	—	58	59	60	61
MU	NMISC	—	62	63	64	65
TEMPS	NMISC	—	78	79	80	81
TEMPT	NMISC	—	82	83	84	85
CONV	NMISC	—	86	87	88	89
RAC	NMISC	—	90	91	92	93
TCC	NMISC	—	94	95	96	97
CNFH	NMISC	98	—	—	—	—
CNOS	NMISC	—	112	113	114	115
TNOP	NMISC	—	116	117	118	119
SLTO	NMISC	—	120	121	122	123
ELSI	NMISC	—	136	137	138	139

注：1. 单元状态为单元的所有积分点的最高状态值。

　　2. 侵入为正，间隙为负。

同时可在/POST1 中通过一系列命令使接触结果列表或显示，用命令 PLNSOL、PLESOL、PRNSOL 和 PRESOL 可对如下接触结果进行处理：接触状态 STAT、侵入 PENE、接触压力 PRES、接触摩擦应力 SFRIC、接触总应力 STOT（压力与摩擦之和）、接触滑动距离 SLIDE、接触间隙距离 GAP、接触面的总热通量 FLUX、子步之间接触状态改变的总数。

10.2.3　注意事项

（1）该单元是非线性时，无论大变形或小变形，均需要采用完全牛顿法求解。

（2）法向接触刚度 FKN 不宜太大，以防止数值不稳定。

（3）FTOLN、PINB 和 FKOP 可在荷载步之间或重启动时修改。

（4）当涉及拉格朗日乘子法时，FKN 的值宜小些，且必须使用 FTOLN。

（5）该单元可用于非线性静态和完全法非线性瞬态分析。也可以用于模态分析、特征值屈曲分析和谐分析，但程序假定单元的初始状态（例如在完成静态预应力分析之后的状态）不变。

（6）该单元可用于单元生死，并且随下覆单元或目标单元的生死而生死。

10.2.4　应用举例

(1)具间隙两等长方体的接触分析

如图 10-15 所示的两个长方体,两者之间具有几何间隙,下长方体底面竖向支承,在上长方体顶面作用均布荷载。为消除两个长方体的转动,在三个角点分别施加平面简支约束,这样既能防止长方体转动,又不会产生约束反力。上长方体竖向无约束,故会发生刚体位移,可由接触初始调整解决。

该模型的实体部分采用 SOLID95 单元,接触单元和目标单元分别采用CONTA174 和 TARGE170。接触分析的 KEYOPT 和实常数设置很关键,但也可采用缺省设置,本例除 KEYOPT(5)设置外,其余均采用缺省设置,CONTA174 单元的相关 KEYOPT 设置及用命令 CNCHECK 检查后的结果如下:

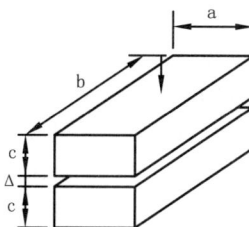

图 10-15　两长方体接触

KEYOPT(1)=0 定义自由度为 UX,UY,UZ。

KEYOPT(2)=0 定义接触算法为扩展拉格朗日算法。

KEYOPT(4)=0 定义接触检测点位置为高斯点。

KEYOPT(5)=4 定义初始接触调整为自动 ICONT 调整。

KEYOPT(12)=0 定义接触面行为为标准接触。

FKN 系数缺省为 1.0,实际接触刚度=8E5。

FTOLN 系数缺省为 0.1,实际侵入容差=0.5

Pinball 系数缺省为 1.0,实际 Pinball 半径=5.0

ICONT 系数缺省为 0.03,实际初始接触闭合值=0.15

其中平均接触面长度为 5.0,平均接触对深度为 5.0。

计算分析的命令流如下,对接触法线方向检查、接触分析结果的显示、接触面压力的合力等问题进行了说明。

```
!=================================================================
!EX10.1 具间隙两等长方体的接触分析
FINISH$/CLEAR$/PREP7$A=20$B=10$C=40$Q=100$DG=0.1          !定义几何参数、均布荷载、几何间隙
ET,1,SOLID95$ET,2,CONTA174$ET,3,TARGE170$KEYOPT,2,5,4            !定义单元类型
R,1$R,2$MP,EX,1,2E5$MP,PRXY,1,0.3                     !实常数为空(全部采用缺省值),定义材料常数
BLC4,,,A,B,C$VGEN,2,1,,,,B+DG                            !创建几何模型
ESIZE,5$MSHKEY,1$VATT,1,1,1$VMESH,ALL                       !对几何实体划分网格
/VIEW,1,1,1,1$/PSYMB,ESYS,1                         !显示单元坐标系,检查法线方向
NSEL,S,LOC,Y,B+DG$TYPE,2$REAL,2$ESURF                      !选择节点,定义接触单元
NSEL,S,LOC,Y,B$TYPE,3$ESURF$ALLSEL,ALL                      !选择节点,定义目标单元
ASEL,S,LOC,Y,2*B+DG$SFA,ALL,1,PRES,Q                        !施加面荷载
ASEL,S,LOC,Y,0$DA,ALL,UY$DK,2,UX,,,,UZ                     !施加约束:竖向全约束
DK,4,UZ$DK,5,UX$DK,10,UX,,,,UZ$DK,13,UX           !在几个关键点施加不同自由度约束,防止长方体转动
DK,12,UZ$ALLSEL,ALL                               !(在结果中可查看关键点上的支反力,其值很小)
/SOLU$CNCHECK$NSUBST,10$SOLVE                         !接触状态检查并求解
/POST1$ESEL,S,TYPE,,2                              !选择全部接触单元
PLNSOL,CONT,PRES$PLNSOL,CONT,PENE                     !绘制接触应力和侵入云图
PLNSOL,CONT,STAT$PLNSOL,CONT,GAP                      !绘制接触状态和接触间隙云图
PLNSOL,CONT,SLIDE$PLNSOL,CONT,STOT                    !绘制接触滑动和接触总应力云图
PLESOL,CONT,STAT                                  !绘制单元的接触状态云图
ETABLE,PENEI,NMISC,9$ETABLE,PENEJ,NMISC,10               !定义单元 I/J 节点的侵入单元表
```

```
ETABLE,PENEK,NMISC,11$ETABLE,PENEL,NMISC,12          !定义单元 K/L 节点的侵入单元表
PLETAB,PENEI$PLETAB,PENEJ                             !绘制上述单元表云图
```
!求接触合力,可采用如下 5 种方法,推荐第 3 种方法·············
```
ESEL,S,TYPE,,2                                       !首先将求和的接触单元选为当前子集
```
!1. 根据"单元接触应力和单元面积"求得法向合力·············
```
ETABLE,E_CPRESS,SMISC,13$ETABLE,E_AREA,VOLU          !定义单元接触应力表和单元面积表
SMULT,FORCE1,E_CPRESS,E_AREA,1,1$SSUM                !将两单元表相乘,并汇总单元表
 * GET,SFORCE1,SSUM,0,ITEM,FORCE1                    !获取汇总结果,存入 SFORCE1 中
```
!2. 根据"实际单元各节点接触面积和接触应力"求得法向合力···········
```
ETABLE,CPREI,SMISC,1$ETABLE,CPREJ,SMISC,2            !定义单元节点 I/J 的接触应力单元表
ETABLE,CPREK,SMISC,3$ETABLE,CPREL,SMISC,4            !定义单元节点 K/L 的接触应力单元表
ETABLE,AREAI,NMISC,58$ETABLE,AREAJ,NMISC,59          !定义单元节点 I/J 的接触面积单元表
ETABLE,AREAK,NMISC,60$ETABLE,AREAL,NMISC,61          !定义单元节点 K/L 的接触面积单元表
SMULT,FORCEI,CPREI,AREAI,1,1                         !I 节点接触应力和 I 节点接触面积乘积
SMULT,FORCEJ,CPREJ,AREAJ,1,1                         !J 节点接触应力和 I 节点接触面积乘积
SMULT,FORCEK,CPREK,AREAK,1,1                         !K 节点接触应力和 I 节点接触面积乘积
SMULT,FORCEL,CPREL,AREAL,1,1                         !L 节点接触应力和 I 节点接触面积乘积
SADD,FORCE2,FORCEI,FORCEJ,1,1                        !FORCE2＝FORCEI＋FORCEJ
SADD,FORCE2,FORCE2,FORCEK,1,1                        !FORCE2＝FORCE2＋FORCEK
SADD,FORCE2,FORCE2,FORCEL,1,1                        !FORCE2＝FORCE2＋FORCEL
SSUM$ * GET,SFORCE2,SSUM,0,ITEM,FORCE2               !汇总单元表,获取汇总结果并存入 SFORCE2 中
```
!3. 根据"单元接触合力"求得合力·············
```
ETABLE,FXI,NMISC,43                                  !定义 X 方向的单元接触合力的单元表
ETABLE,FYI,NMISC,44                                  !定义 Y 方向的单元接触合力的单元表
ETABLE,FZI,NMISC,45$SSUM                             !定义 Z 方向的单元接触合力的单元表并汇总这三个单元表
 * GET,SFOR3X,SSUM,0,ITEM,FXI                        !获取 X 方向的接触合力,存放在 SFORX3 中
 * GET,SFOR3Y,SSUM,0,ITEM,FYI                        !获取 Y 方向的接触合力,存放在 SFORY3 中
 * GET,SFOR3Z,SSUM,0,ITEM,FZI                        !获取 Z 方向的接触合力,存放在 SFORZ3 中
```
!合力矩计算,不再详细解释
```
ETABLE,CENTX,CENT,X$ETABLE,CENTY,CENT,Y$ETABLE,CENTZ,CENT,Z
SMULT,TMX1,FYI,CENTZ,−1,1$SMULT,TMX2,FZI,CENTY,1,1$SADD,TMX,TMX1,TMX2
SMULT,TMY1,FXI,CENTZ,1,1$SMULT,TMY2,FZI,CENTX,−1,1$SADD,TMY,TMY1,TMY2
SMULT,TMZ1,FXI,CENTZ,−1,1$SMULT,TMZ2,FYI,CENTX,1,1$SADD,TMZ,TMZ1,TMZ2
 * GET,MX,SSUM,0,ITEM,TMX$ * GET,MY,SSUM,0,ITEM,TMY$ * GET,MZ,SSUM,0,ITEM,TMZ
```
!4. 根据"单元接触合力"累加,通过每个单元的接触合力进行计算·············
```
 * GET,ECNTOL,ELEM,,COUNT$ * GET,EMIN,ELEM,,NUM,MIN
ATFX=0$ATFY=0$ATFZ=0$ATMX=0$ATMY=0$ATMZ=0
 * DO,I,1,ECNTOL$ * GET,FXI,ELEM,EMIN,NMISC,43$ * GET,FYI,ELEM,EMIN,NMISC,44
 * GET,FZI,ELEM,EMIN,NMISC,45$ * GET,XI,ELEM,EMIN,CENT,X$ * GET,YI,ELEM,EMIN,CENT,Y
 * GET,ZI,ELEM,EMIN,CENT,Z$ATFX=ATFX+FXI$ATFY=ATFY+FYI$ATFZ=ATFZ+FZI
ATMX＝ATMX−FYI * ZI+FZI * YI$ATMY＝ATMY+FXI * ZI−FZI * XI$ATMZ＝ATMZ−FXI * ZI+FYI * XI
EMIN=ELNEXT(EMIN)$ * ENDDO
```
!5. 根据"接触节点力"列表获取·············
```
ALLSEL,ALL                                           !选择所有图素
FSUM,,CONT                                           !仅接触节点力
FSUM                                                 !不包括接触节点力
!====================================================
```

（2）两平行圆柱体的接触分析

如图 10-16 所示的两平行圆柱体[13]，其赫兹理论解为：

$$接触半宽\ b=\sqrt{\frac{8P(1-\mu^2)}{\pi E}\cdot\frac{R_1 R_2}{R_1+R_2}} \tag{10-9}$$

$$接触最大应力\ \sigma_{max}=\sqrt{\frac{PE}{2\pi(1-\mu^2)}\cdot\frac{R_1+R_2}{R_1 R_2}} \tag{10-10}$$

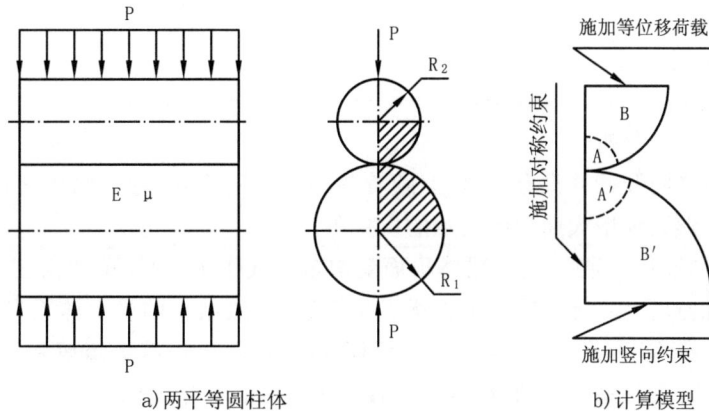

a）两平等圆柱体　　　　b）计算模型

图 10-16　平行两圆柱体的接触

设 $R_1=10mm$，$R_2=5mm$，$E=2.1\times10^5 MPa$，$\mu=0.3$，所施加的竖向位移为 $-0.03mm$，则对应的荷载 $P=1238.24N/mm$。据此根据式（10-9）和式（10-10）可求得 $\sigma_{max}=3693.70MPa$。

　　ANSYS 接触分析的结果受很多因素影响，就本例而言，主要因素为网格样式和网格密度，而接触刚度和侵入容差对结果的影响很小。一般而言，通过调整网格样式和网格密度，当整个模型的能量误差模百分比（命令 PRERR）小于 5% 时，计算结果是可信的。对于本例，在建模时将模型划分为两种区域，即接触部分（A 和 A'）的网格密度较大，而其余区域（B 和 B'）的网格密度较小，以减少计算花费。当接触部分的网格尺寸为 0.1mm 时，能量误差模百分比为 1.7%，此时最大接触应力为 3734.6MPa，与赫兹理论解的误差在 1% 左右。计算分析的命令流如下。

```
!================================================================
!EX10.2 两平行圆柱体的接触分析
FINISH$/CLEAR$/PREP7
R1=10$R2=5$D1=R1/5$D2=R2/5                              !定义参数,D1 和 D2 为 A 和 A'区域的半径
ET,1,SOLID95$ET,2,CONTA174$ET,3,TARGE170               !定义单元类型
KEYOPT,2,5,4$R,1$R,2                                   !自动将 ICONT 调整到初始接触,实常数为缺省
MP,EX,1,2.1E5$MP,PRXY,1,0.3$/VIEW,1,1,1,1              !定义材料常数
CYL4,,,R1,90,,,1$CYL4,,R1,D1,-90,,,1                   !创建下圆柱 B'及 A'
VOVLAP,1,2$VDELE,4,,,1$NUMCMP,ALL                      !布尔运算,删除无用的图素并压缩编号
CYL4,,R1+R2,R2,-90,,,1$CYL4,,R1,D2,90,,,1              !创建上圆柱 B 及 A
VOVLAP,3,4$VDELE,6,,,1$NUMCMP,ALL                      !布尔运算,删除无用的图素并压缩编号
VATT,1,1,1$LSEL,S,LENGTH,,1$LSEL,U,TAN1,Z              !选择厚度方向的所有线
LESIZE,ALL,,,4$LSEL,ALL                                !定义厚度方向每线划分的单元数为 4
MSHKEY,1$VSEL,S,,,1,3,2$ESIZE,0.1$VMESH,ALL            !划分 A 及 A'区域的单元网格
VSEL,INVE$ESIZE,1.0$VMESH,ALL                          !划分 B 及 B'区域的单元网格
ASEL,S,,,15$NSLA,S,1$TYPE,2$REAL,2$ESURF               !选择节点定义接触单元
ASEL,S,,,5$NSLA,S,1$TYPE,3$ESURF$ALLSEL,ALL            !选择节点定义目标单元
ASEL,S,LOC,Y,R1+R2$DA,ALL,UY,-0.03                     !施加非零位移约束
ASEL,S,LOC,Y,0$DA,ALL,UY$ASEL,S,LOC,X,0$DA,ALL,SYMM    !施加竖向约束及对称约束
```

```
ASEL,S,LOC,Z,0$ASEL,A,LOC,Z,1$DA,ALL,UZ$ALLSEL,ALL          !施加厚度方向的约束
/SOLU$TIME,1$NSUBST,10$SOLVE                                 !定义求解选项并求解
/POST1$ESEL,S,TYPE,,2$PRESOL,CONT$PLNSOL,CONT,PRES           !单元接触结果及应力云图
PLNSOL,CONT,PENE$PLNSOL,CONT,STAT$PLNSOL,CONT,GAP            !绘制侵入、状态、间隙云图
ESEL,S,TYPE,,2$ETABLE,FXI,NMISC,43$ETABLE,FYI,NMISC,44       !定义单元表
ETABLE,FZI,NMISC,45$SSUM$*GET,SFOR3X,SSUM,0,ITEM,FXI         !求得接触合力
*GET,SFOR3Y,SSUM,0,ITEM,FYI$*GET,SFOR3Z,SSUM,0,ITEM,FZI      !获得接触合力
ALLSEL,ALL$PRERR                                             !选择所有单元,列表输出能量误差模百分比
/EXPAND,2,RECT,HALF,1E-8                                     !结果扩展
!========================================================
```

（3）变形过程中的接触分析

很多情况下，物体之间开始并没有接触，但随着各种条件的变化，使得物体之间发生了接触，如随着荷载的增加，结构的变形逐渐增大而导致接触的发生等。

如图 10-17 所示的两根悬臂梁，上根梁体顶面受均布荷载作用，两根梁在高度方向具有一定的间隙。在均布荷载不断增加的过程中，上根梁与下根梁发生接触，导致结构的受力体系发生改变。用 SOLID95 单元模拟梁体，用 CONTA174 和 TARGE170 单元模拟接触，不考虑接触摩擦和结构自重作用。因接触区域可大约预见，故在建模时将梁体切分，以减少接触单元和目标单元，并可减少计算花费。

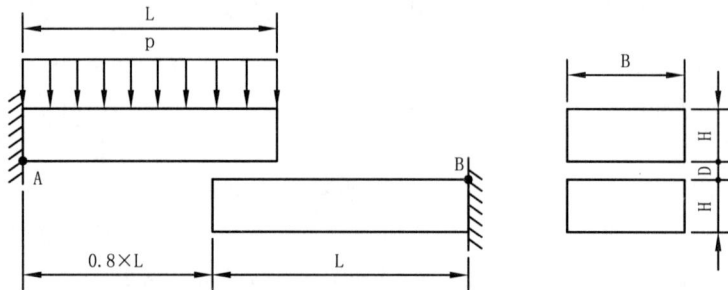

图 10-17 两悬臂梁的变形接触

缺省的接触刚度虽然适用于大多数情况，然而对弯曲为主或有滑动的情况未必适用，其标志是收敛曲线几乎平行收敛模或多次远离收敛模，此时可选择较小的接触刚度以便帮助收敛（又可能因较大侵入而不收敛），大多数情况下计算结果是可接受的；也可通过设置 KEYOPT(10)＝1 在每一子步中更新接触刚度而帮助收敛。

几何参数和材料参数详见命令流中，在其他求解参数一定时，仅改变接触刚度和设置 KEYOPT(10)与否的计算结果如表 10-5 所示。从表中可知，当 KEYOPT(10)＝0 时，较小的接触刚度也可获得较精确的计算结果，且迭代次数很少；若再结合 KEYOPT(10)＝1，迭代次数将进一步减小。对本例而言，当接触刚度相差 500 倍时，计算结果几乎相同，然而计算花费却增加了 12 倍，这对大规模的模型计算是不可想象的。计算分析的命令流如下。

KEYOPT(10)和接触刚度改变时的计算结果对比   表 10-5

	FKN	最大竖向位移	A 点应力	B 点应力	迭代次数
KEYOPT(10)＝0	0.01	−7.234	−962.526	291.518	24
	0.05	−7.233	−962.463	291.570	48
	0.1	−7.233	−962.458	291.573	57
	0.5	−7.233	−962.452	291.578	125
	1（缺省）	−7.233	−962.452	291.578	168
	5	−7.233	−962.451	291.579	288

续上表

	FKN	最大竖向位移	A 点应力	B 点应力	迭代次数
KEYOPT(10)＝1	0.01	−7.241	−963.195	291.009	16
	0.05	−7.234	−962.610	291.508	19
	0.1	−7.234	−962.526	291.518	24
	0.5	−7.233	−962.463	291.570	48
	1(缺省)	−7.233	−962.458	291.573	57
	5	−7.233	−962.452	291.578	125

```
!════════════════════════════════════════
!EX10.3 两悬臂梁的变形接触
FINISH$/CLEAR$/PREP7$B＝20$H＝10$L＝200$DT＝5          !定义几何参数,间隙设为 5mm
ET,1,SOLID95$ET,2,CONTA174$ET,3,TARGE170             !定义单元类型
KEYOPT,2,10,1$R,1$R,2$RMODIF,2,3,0.01                !刚度更新设置,实常数及接触刚度定义
MP,EX,1,2.1E5$MP,PRXY,1,0.3                          !定义材料常数
BLC4,,,B,H,L$VGEN,2,1,,,0,H＋DT,0.8＊L                !创建两个梁体
WPOFF,,,0.7＊L$VSBW,ALL$WPOFF,,,0.4＊L                !切分梁体,切出近似接触区域
VSBW,ALL$WPCSYS,−1                                   !该接触区域为估计
VATT,1,1,1$ESIZE,5$MSHKEY,1$VMESH,ALL                !对梁体划分单元
NSEL,S,LOC,Z,0.8＊L,1.2＊L$NSEL,R,LOC,Y,H＋DT         !选择上根梁底面接触区域的节点
TYPE,2$REAL,2$ESURF                                  !创建接触单元
NSEL,S,LOC,Z,0.7＊L,L$NSEL,R,LOC,Y,H                 !选择下根梁顶面接触区域的节点
TYPE,3$ESURF$NSEL,ALL                                !创建目标单元
ASEL,S,LOC,Z,0$ASEL,A,LOC,Z,1.8＊L$DA,ALL,ALL        !两悬臂根部施加固定约束
ASEL,S,LOC,Y,2＊H＋DT$SFA,ALL,1,PRES,1.0              !在上根梁顶面施加面荷载
/SOLU$NLGEOM,ON$OUTRES,ALL,ALL$TIME,1                !打开大变形,定义输出选项,定义时间
NSUBST,20$ALLSEL,ALL$SOLVE                           !定义荷载子步,求解
＊GET,NCMIT,ACTIVE,0,SOLU,NCMIT                       !获取总迭代次数
/POST1$PLNSOL,U,Y$PLNSOL,S,Z                         !绘制变形及应力云图
ESEL,S,TYPE,,2$ETABLE,FXI,NMISC,43                   !选择接触单元
ETABLE,FYI,NMISC,44$ETABLE,FZI,NMISC,45              !定义单元合力表
SSUM$ALLSEL,ALL                                      !汇总单元表,列表显示接触合力
ANTIME,10,0.5,,1                                     !制作动画
/POST26$N1＝NODE(0,H＋DT,0.8＊L)$NSOL,2,N1,U,Y        !定义悬臂端竖向位移为变量 2
PROD,3,2,,,,,,−1$XVAR,3$PLVAR,1                      !变量变号,绘制位移—时间曲线
!════════════════════════════════════════
```

(4)轴的过盈装配

在机械设备中的轴与轴承、轴与齿轮、轴与盘等,因不同情况各具不同的连接形式,但大多数存在过盈配合。如前文所述,初始侵入或间隙可能由几何模型造成,也可能由有限元的网格造成,还可能是接触检测点的设置位置造成等。例如两个平行圆柱体在几何上刚好接触,但因有限元网格产生初始间隙 Δ(图 10-18a),或虽节点接触但因检测点位置而存在间隙 Δ(图 10-18b)。对于初始侵入,其影响亦然,因此要精确确定过盈量,必须考虑该影响。

前文中介绍了设置十分精确的初始侵入或间隙的方法,即采用 ICONT 移动初始分离的接触点刚好碰到目标面,再采用 CNOF 设置侵入或间隙,最后设置 KEYOPT(9)＝3 或 KEYOPT(9)＝4 求解,下面以实例介绍具体过程。

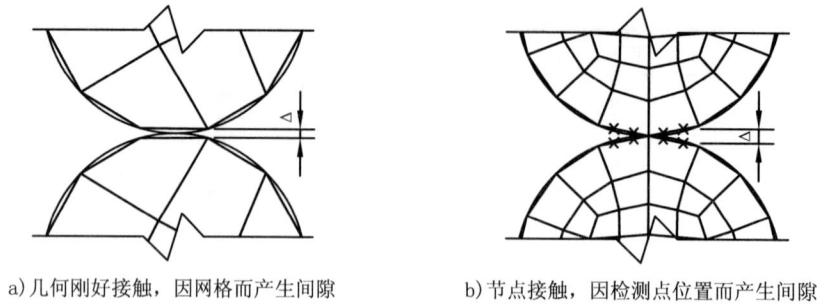

a) 几何刚好接触，因网格而产生间隙　　　　b) 节点接触，因检测点位置而产生间隙

图 10-18　网格或检测点产生初始间隙

如图 10-19 所示的轴和圆盘的过盈连接，二者过盈量为 0.09mm，分析其安装后的应力分布及将轴拔出过程的应力分布。设轴和盘材料的弹性模量均为 210GPa，泊松系数为 0.3，二者之间的摩擦系数为 0.2。

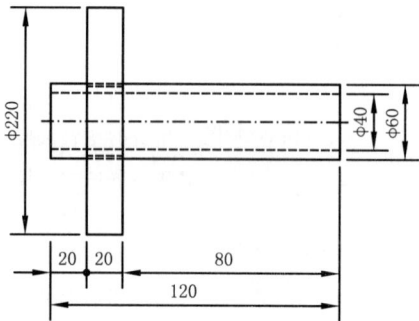

图 10-19　轴和盘的装配结构(尺寸单位:mm)

根据模型与边界条件的对称性，创建 1/4 模型进行分析。考虑到过盈量本身很小，因此侵入容差以绝对值方式设置，ICONT 也采用绝对值方式设置，接触刚度系数 FKN 设置为 1.0。轴和盘采用实体 SOLID186 单元模拟，也可采用 SOLID95 单元模拟；接触单元和目标单元分别采用 CONTA174 和 TARGE170 模拟。计算表明，改变接触刚度或侵入容差，会导致迭代次数的改变，但结果变化很小；提高网格密度必然会增加计算花费，同等密度条件下改变网格样式也会改变计算花费，但结果变化很小。因此一般情况下，通过改变网格密度和接触刚度能够得到合理的结果。计算分析的命令流如下。

```
!===================================================
!EX10.4 轴和盘的过盈装配接触分析
FINISH$/CLEAR$/PREP7$AR1＝30$AR2＝20$PR1＝110$PR2＝30        !定义轴和盘的几何参数
L1＝20$L2＝20$L3＝80$INFE＝0.045                            !定义各部长度及过盈量
ET,1,SOLID95$ET,2,CONTA174$ET,3,TARGE170$KEYOPT,2,9,4      !定义单元及渐变的初始侵入 CNOF
MP,EX,1,2.1E5$MP,PRXY,1,0.3$MP,MU,2,0.2$R,1                !定义材料常数
R,2,,,1,−0.001$RMODIF,2,5,−0.3$RMODIF,2,10,INFE            !FKN＝1,FTOLN 和 ICONT 均用绝对值
/VIEW,1,1,1,1$CYL4,0,0,PR2,90,PR1,180,L2                   !创建盘的几何模型
CYL4,0,0,AR2,90,AR1,180,L1＋L2＋L3$VGEN,,2,,,,,−L1,,,1      !创建轴的几何模型并移动到位
VATT,1,1,1$LSEL,S,LENGTH,,L1$LESIZE,ALL,,,4                !盘厚度方向划分 4 个单元
LSEL,S,LENGTH,,AR1−AR2$LESIZE,ALL,,,2$LSEL,ALL             !轴厚度方向划分 2 个单元
MSHKEY,1$VSEL,S,,,1$ESIZE,20$VMESH,1                       !对盘定义单元尺寸并划分单元
VSEL,S,,,2$ESIZE,4$VMESH,2$VSEL,ALL                        !对轴定义单元尺寸并划分单元
CSYS,1                                                     !设置柱坐标系以方便选择
NSEL,S,LOC,X,AR1$REAL,2$TYPE,2$MAT,2$ESURF                 !生成接触单元
NSEL,S,LOC,X,PR2$TYPE,3$ESURF$NSEL,ALL                     !生成目标单元
ASEL,S,LOC,Y,90$DA,ALL,SYMM                               !90°面上施加对称约束
ASEL,S,LOC,Y,180$DA,ALL,SYMM                              !180°面上施加对称约束
ASEL,S,LOC,X,PR1$DA,ALL,ALL$ALLSEL,ALL                    !对盘外表面施加约束
/SOLU$NLGEOM,ON$OUTRES,ALL,ALL                            !打开大变形,定义输出控制
TIME,1$NSUBST,10$SOLVE                                    !第一荷载步求解
TIME,2$ASEL,S,LOC,Z,L2＋L3$DA,ALL,UZ,50                    !施加约束位移,将轴拔出
NSUBST,200,,50$ALLSEL,ALL$SOLVE                           !设置子步数,选择所有图素,求解
```

!进入后处理绘制等效应力云图,绘制接触参量分布,扩展结果,制作动画等
/POST1$SET,1,LAST$PLNSOL,S,EQV$ESEL,S,TYPE,,2$PLNSOL,CONT,PRES$PLNSOL,CONT,PENE
PLNSOL,CONT,STAT$PLNSOL,CONT,GAP$ESEL,ALL$/EXPAND,3,POLAR,,,90
SET,2,LAST$PLNSOL,S,EQV$ANTIME,50,0.2,,1,2,1,2$FINISH
!进入时程后处理,计算拔出力,绘制拔出力与时间的曲线等
/POST26$NSEL,S,LOC,Z,L2+L3$*GET,RNN,NODE,,COUNTS$*GET,NMIN,NODE,,NUM,MIN
RFORCE,2,NMIN,F,Z$NMIN=NDNEXT(NMIN)$RFORCE,3,NMIN,F,Z$ADD,2,2,3
*DO,I,3,RNN$NMIN=NDNEXT(NMIN)$RFORCE,4,NMIN,F,Z$ADD,2,2,4$*ENDDO
PLVAR,2

!══

（5）螺栓连接

如图 10-20 所示的梁柱的端板连接,取柱和梁适当的长度进行建模,梁、柱及螺栓均采用实体单元模拟。端板和梁焊接后与柱拴接在一起,端板与柱采用标准接触,螺栓头与柱采用绑定接触(也可采用标准接触),螺母与端板采用标准接触,栓杆与栓孔采用标准接触。柱与梁的屈服强度假定为 235MPa,螺栓屈服强度假定为 400MPa,端板屈服强度假定 325MPa,材料模型均采用理想弹塑性材料模型,具体定义详见命令流。

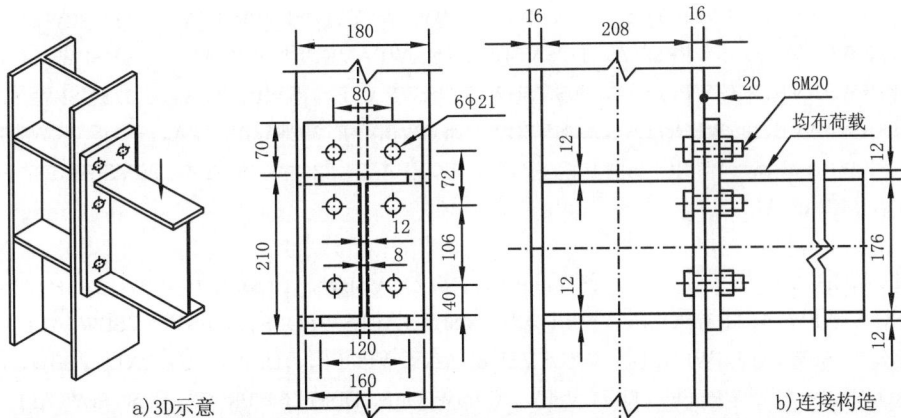

图 10-20 梁柱的端板连接(尺寸单位:mm)

假定螺栓与栓孔存在间隙,建模时螺栓组中心位于栓孔中心,采用自动闭合间隙设置以消除刚体位移。边界条件为柱下底面和上顶面固结,梁为悬臂梁且在其顶面施加均布荷载。从计算结果分析可知,端板上部与柱分离且有弯曲,而下部与柱相抵,与常规试验结果相吻合。计算分析的命令流如下。

!══

!EX10.5 梁柱的端板连接分析(1/2 模型)
FINISH$/CLEAR$/PREP7
!1. 定义几何参数 ··
BT1=12$BT2=8$BH=200$BW=120$BL=2*BH   !梁翼缘和腹板厚度、高度和宽度,梁长度取两个梁高
CT1=16$CT2=12$CH=240$CW=180   !柱翼缘和腹板厚度、柱高度和柱宽度
EPT=20$EPW=160$EPH=280$CL=2*CH+EPH   !端板厚度、宽度和高度,柱长取端板外各一个柱高
BHD=21$BD=20$BHT=13$NT=18$BHND=33   !栓孔和螺栓直径、栓头和螺母厚度、栓头和螺母直径
DISH=80$DISV1=72$DISV2=106$DISV3=40   !栓孔水平距、两个栓孔竖向距、栓孔定位尺寸
DISPP1=10$NTX1=CH+EPT+NT   !端板与梁定位尺寸及第一个栓孔螺母外侧中心 X 坐标
NTY1=DISH/2$NTZ1=CH+DISPP1+BT1+DISV3   !第一个栓孔螺母外侧中心 Y 和 Z 坐标
!2. 创建几何模型 ··
!柱
/VIEW,1,1,1,1$/ANG,1,-120,ZS,1$BLC4,,,CT1,CW/2,CL$VGEN,2,1,,,,CH-CT1$BLC4,,,CH,CT2/2,CL

WPOFF,,,CH+DISPP1\$BLC4,,,CH,CW/2,BT1\$VGEN,2,4,,,,,BH-BT1\$VOVLAP,ALL\$NUMCMP,ALL

!梁与端板

VSEL,NONE\$WPCSYS,-1\$WPOFF,CH,,CH+DISPP1\$BLC4,,,BL+EPT,BW/2,BT1\$V1=VLINQR(0,14)

VGEN,2,V1,,,,,BH-BT1\$BLC4,,,BL+EPT,BT2/2,BH\$WPOFF,,,-DISPP1\$BLC4,,,EPT,EPW/2,EPH

VOVLAP,ALL\$NUMCMP,ALL

!螺栓孔

VSEL,NONE\$WPCSYS,-1\$WPOFF,CH-2*CT1,DISH/2,NTZ1\$WPROTA,,,90\$CYL4,,,BHD/2,,,,BL

V1=VLINQR(0,14)\$VGEN,2,V1,,,,,DISV2\$VGEN,2,V1,,,,,DISV2+DISV1\$CM,HVOLU,VOLU

VSEL,S,LOC,X,CH-CT1,CH+EPT\$CM,VLS,VOLU\$VSEL,ALL

VSBV,VLS,HVOLU\$VSEL,ALL\$NUMCMP,ALL\$VPLOT

!切分柱(目的是划分映射网格,若是自由网格划分则可不必切分)

VSEL,S,LOC,X,0,CH\$WPCSYS,-1\$WPOFF,,,CH-CT1\$VSBW,ALL\$WPOFF,,,NTZ1-CH+CT1\$VSBW,ALL

WPOFF,,,DISV2/2\$VSBW,ALL\$WPOFF,,,DISV2/2\$VSBW,ALL\$WPOFF,,,DISV1\$VSBW,ALL

WPCSYS,-1\$WPOFF,,,CH+EPH+CT1\$VSBW,ALL\$WPOFF,,DISH/2\$WPROTA,,90\$VSBW,ALL

NUMCMP,ALL

!切分柱的有孔部分(此处使用图素号,以减少篇幅)

WPCSYS,-1\$KWPAVE,27\$WPROTA,,143\$VSBW,84\$KWPAVE,174\$WPROTA,,-23\$VSBW,82

WPCSYS,-1\$KWPAVE,59\$WPROTA,,51\$VSBW,81\$KWPAVE,179\$WPROTA,,-4\$VSBW,85

WPCSYS,-1\$KWPAVE,179\$WPROTA,,133\$VSBW,88\$KWPAVE,69\$WPROTA,,7\$VSBW,83

WPCSYS,-1\$KWPAVE,174\$WPROTA,,60\$VSBW,86\$KWPAVE,31\$WPROTA,,-32\$VSBW,87

WPCSYS,-1\$KWPAVE,35\$WPROTA,,152\$VSBW,92\$KWPAVE,222\$WPROTA,,-32\$VSBW,91

WPCSYS,-1\$KWPAVE,54\$WPROTA,,40\$VSBW,89\$KWPAVE,223\$WPROTA,,9\$VSBW,90

VSEL,ALL\$NUMCMP,ALL

!切分梁

VSEL,S,LOC,X,CH,2*BL\$WPCSYS,-1\$WPOFF,,,NTZ1\$VSBW,ALL\$QXD=(BW-DISH)/2

WPOFF,,,QXD\$VSBW,ALL\$WPOFF,,,-2*QXD\$VSBW,ALL\$WPOFF,,,DISV2\$VSBW,ALL

WPOFF,,,QXD\$VSBW,ALL\$WPOFF,,,QXD\$VSBW,ALL\$WPOFF,,,DISV1-2*QXD\$VSBW,ALL

WPOFF,,,QXD\$VSBW,ALL\$WPOFF,,,QXD\$VSBW,ALL\$WPOFF,,DISH/2\$WPROTA,,90\$VSBW,ALL

WPOFF,,,-QXD\$VSBW,ALL\$WPOFF,,,2*QXD\$VSBW,ALL

!切分端板

VSEL,S,LOC,X,CH,CH+EPT\$WPCSYS,-1\$WPOFF,,,CH+DISPP1\$VSBW,ALL

WPOFF,,,BT1\$VSBW,ALL\$WPOFF,,,BH-2*BT1\$VSBW,ALL\$WPOFF,,,BT1\$VSBW,ALL

WPOFF,,BT2/2\$WPROTA,,90\$VSBW,ALL\$NUMCMP,ALL

!再切分端板有孔部分

LSEL,S,RADIUS,,BHD/2\$ASLL,S\$VSLA,S\$LSEL,ALL\$ASEL,ALL\$VSEL,R,LOC,X,CH,CH+EPT

WPCSYS,-1\$KWPAVE,438\$WPROTA,,45\$VSBW,ALL\$KWPAVE,440\$VSBW,ALL

KWPAVE,444\$VSBW,ALL\$WPCSYS,-1\$KWPAVE,432\$WPROTA,,-45\$VSBW,ALL

KWPAVE,436\$VSBW,ALL\$KWPAVE,416\$VSBW,ALL\$WPCSYS,-1\$ALLSEL,ALL

NUMCMP,ALL

!定义组件——柱、梁与端板

VSEL,S,LOC,X,0,CH\$CM,VCOLU,VOLU

VSEL,S,LOC,X,CH,CH+EPT\$CM,VEP,VOLU

VSEL,S,LOC,X,CH+EPT,2*BL\$CM,VBEAM,VOLU

!螺栓

VSEL,NONE\$WPOFF,NTX1,NTY1,NTZ1\$WPROTA,,,-90\$CYL4,,,BHND/2,,,,NT

CYL4,,,BD/2,,,,NT+EPT+CT1+BHT\$WPOFF,,,NT+EPT+CT1\$CYL4,,,BHND/2,,,,BHT

\$VOVLAP,ALL

WPROTA,,,90$VSBW,ALL$WPROTA,,,,90$VSBW,ALL$CM,VBOLT,VOLU$VGEN,2,VBOLT,,,,,DISV2
VGEN,2,VBOLT,,,,,DISV2+DISV1$CM,VBOLT,VOLU$ALLSEL,ALL
NUMCMP,ALL$WPCSYS,−1

!3. 定义实体单元类型和材料常数,划分单元网格⋯⋯⋯⋯⋯⋯⋯⋯⋯⋯⋯⋯⋯⋯⋯⋯⋯⋯⋯⋯⋯⋯⋯⋯⋯⋯⋯⋯⋯
ET,1,SOLID185$MP,EX,1,2.1E5$MP,PRXY,1,0.3$TB,BKIN,1$TBDATA,1,235   !梁和柱
MP,EX,2,2.2E5$MP,PRXY,2,0.25$TB,BKIN,2$TBDATA,1,400   !螺栓组
MP,EX,3,2.1E5$MP,PRXY,3,0.28$TB,BKIN,3$TBDATA,1,325$R,1$R,2$R,3   !端板
CMSEL,S,VBOLT$VATT,2,2,1$MSHKEY,1$ESIZE,8$VMESH,ALL
CMSEL,S,VEP$VATT,3,3,1$ESIZE,10$VMESH,ALL
CMSEL,S,VBEAM$VATT,1,1,1$LSEL,S,LENGTH,,BL$LESIZE,ALL,50$LSEL,ALL
ESIZE,10$VMESH,ALL
CMSEL,S,VCOLU$LSEL,S,LENGTH,,CH−CT1$LESIZE,ALL,30$LSEL,S,LENGTH,,CH−2∗CT1
LESIZE,ALL,40$LSEL,ALL$ESIZE,10$VMESH,ALL$ALLSEL,ALL

!4. 定义接触单元和目标单元⋯⋯⋯
ET,2,CONTA174$ET,3,TARGE170$ET,4,CONTA174$ET,5,CONTA174
KEYOPT,4,12,3$KEYOPT,5,5,3   !绑定接触和自动闭合间隙两种单元设置
DFKN=1.0$DFTO=0.01   !接触刚度和侵入的比例系数

!5. 创建接触对⋯⋯
!端板与立柱之间(标准接触)
R,4,,,DFKN,DFTO$CMSEL,S,VEP$NSLV,S,1$NSEL,R,LOC,X,CH$REAL,4$TYPE,2$ESURF
CMSEL,S,VCOLU$NSLV,S,1$NSEL,R,LOC,X,CH$NSEL,R,LOC,Z,CH−CT1,CH+EPH+CT1
TYPE,3$ESURF
!螺栓接触,采用循环定义各个螺栓的接触对
NTZ2=NTZ1+DISV2$NTZ3=NTZ2+DISV1   !第二个栓孔位置和第三个栓孔位置
∗DO,IBOLT,1,3$NTZI=NTZ%IBOLT%   !循环并获得第 I 个螺栓位置
MNI1=2+3∗IBOLT$MNI2=3+3∗IBOLT$MNI3=4+3∗IBOLT   !定义实常数号
!螺母与端板之间(标准接触)
R,MNI1,,,DFKN,DFTO$LSEL,S,RADIUS,,BHND/2$LSEL,R,LOC,Z,NTZI−BHND/2,NTZI+BHND/2
LSEL,R,LOC,X,NTX1−NT$ASLL,S$ASEL,R,LOC,X,NTX1−NT$LSEL,ALL
NSLA,S,1$REAL,MNI1$TYPE,2$ESURF
LSEL,S,RADIUS,,BHD/2$LSEL,R,LOC,Z,NTZI−BHD/2,NTZI+BHD/2$LSEL,R,LOC,X,NTX1−NT
ASLL,S$ASEL,R,LOC,X,NTX1−NT$LSEL,ALL$NSLA,S,1$TYPE,3$ESURF
!栓杆与孔壁之间(标准接触)
R,MNI2,,,DFKN,DFTO$LSEL,S,RADIUS,,BD/2$LSEL,R,LOC,Z,NTZI−BD/2,NTZI+BD/2
ASLL,S$ASEL,R,LOC,X,CH−CT1,CH+EPT$ASEL,U,LOC,X,CH−CT1$ASEL,U,LOC,X,CH+EPT
LSEL,ALL$NSLA,S,1$REAL,MNI2$TYPE,5$ESURF
LSEL,S,RADIUS,,BHD/2$LSEL,R,LOC,Z,NTZI−BHD/2,NTZI+BHD/2$ASLL,S$LSEL,ALL
ASEL,U,LOC,X,CH$ASEL,U,LOC,X,CH+EPT$ASEL,U,LOC,X,CH−CT1$NSLA,S,1$TYPE,3$ESURF
!栓头与立柱之间(绑定接触)
R,MNI3,,,DFKN,DFTO$LSEL,S,RADIUS,,BHND/2$LSEL,R,LOC,Z,NTZI−BHND/2,NTZI+BHND/2
LSEL,R,LOC,X,CH−CT1$ASLL,S$ASEL,R,LOC,X,CH−CT1$LSEL,ALL
NSLA,S,1$REAL,MNI3$TYPE,4$ESURF
LSEL,S,RADIUS,,BHD/2$LSEL,R,LOC,Z,NTZI−BHD/2,NTZI+BHD/2$LSEL,R,LOC,X,CH−CT1
ASLL,S$ASEL,R,LOC,X,CH−CT1$LSEL,ALL$NSLA,S,1$TYPE,3$ESURF$∗ENDDO

!6. 施加约束和荷载⋯⋯⋯
ALLSEL,ALL
ASEL,S,LOC,Z,0$ASEL,A,LOC,Z,2∗CH+EPH$DA,ALL,ALL

```
ASEL,S,LOC,Y,0$DA,ALL,SYMM
ASEL,S,LOC,Z,CH+DISPP1+BH$ASEL,R,LOC,X,CH+EPT,2*BL$SFA,ALL,1,PRES,6.5$ALLSEL,ALL
!7.定义求解参数并求解······················································································
/SOLU$NLGEOM,ON$OUTRES,ALL,ALL$TIME,1$NSUBST,50$PRED,OFF$SOLVE
!8.进入后处理查看结果······················································································
/POST1$!/EXPAND,2,RECT,HALF,,1E-6$PLDISP,1
CMSEL,S,VBEAM$ESLV$PLNSOL,S,X
CMSEL,S,VBOLT$ESLV$PLNSOL,S,EQV$PLNSOL,EPPL,EQV
CMSEL,S,VEP$ESLV$PLNSOL,S,EQV$PLNSOL,EPPL,EQV
CMSEL,S,VCOLU$ESLV$PLNSOL,S,EQV$PLNSOL,EPPL,EQV$ALLSEL,ALL
```

!==

(6)拉板的销轴接触分析

如图 10-21 所示的销轴连接,在拉板长度方向各取一定的长度创建整体模型。销轴一般均设锥头以便安装,且设较大销头以防脱落,这些构造对销轴受力影响均不大,故在创建销轴模型时按等直径创建。拉板之间不考虑接触,仅考虑销轴与各拉板的接触,且从实际和简单方便出发,销轴的半圆面分别与拉板接触。创建模型时,销轴位于销孔中心,为防止因销孔间隙产生的刚体位移而难以收敛,采用自动闭合间隙设置。在边界条件方面,将两块板的拉板端部固定,单块拉板端部施加均布面荷载,在销轴纵轴方向施加单点约束。

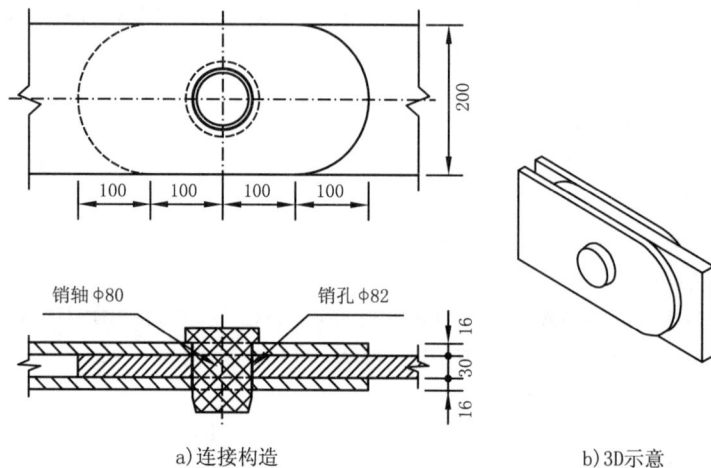

a)连接构造   b)3D示意

图 10-21 销接拉板(尺寸单位:mm)

为直观起见,假设单块拉板施加应力为 100MPa,按常规方法可求得单板销孔中心截面上的正应力为 169.5MPa,而销轴的最大剪切应力为 79.6MPa。由于销孔接触必然造成局部发生塑性变形,故材料均采用理想弹塑性模型,拉板屈服强度取 345MPa,销轴屈服强度取 760MPa。从计算结果可以看出,该连接的拉板和销轴多处处于塑性状态,与常规方法的计算结果有较大差别,因此规范中多用较大的安全系数处理销轴连接问题。计算分析的命令流如下。

!==

!EX10.6 拉板的销轴接触分析
FINISH$/CLEAR$/PREP7
!1.定义参数(板宽、两个板厚、端半径、孔中心到端圆中心距、板中心到另端长度、销孔和销轴半径)·····
PB=200$PT1=30$PT2=16$PR=PB/2$PL0=100$PL=2*PB$PHR=41$PINR=40
!2.创建中拉板模型——先创建 1/2 板面,切分此板面以便划分映射网格,最后拖拉成体···············
CYL4,-PL0,,PR,90,,180$BLC4,-PL0,,PL0+PL,PB/2$CYL4,,,PHR,,,180$ASBA,2,3
WPROTA,,,90$ASBW,ALL$WPOFF,,,PL0$ASBW,ALL$WPCSYS,-1$KWPAVE,KP(-PL0,PB/2,0)

WPROTA,,,90$REF1＝ATAN(2＊PL0/PB)＊180/ACOS(−1)$WPROTA,,−REF1$ASBW,ALL

KWPAVE,KP(PL0,PB/2,0)$WPROTA,,2＊REF1$ASBW,ALL$WPCSYS,−1

AGEN,1,ALL,,,,,−PT1/2,,,1$ARSYM,Y,ALL$NUMMRG,ALL$NUMCMP,ALL

K,100$K,101,,,PT1$L,100,101$L1＝_RETURN$VDRAG,ALL,,,,,,L1$LDELE,L1,,,1$CM,VP1,VOLU

!3. 创建边拉板模型——利用中拉板板面复制和移动创建,最后拖拉成体

VSEL,NONE$ASEL,S,LOC,Z,PT1/2$AGEN,2,ALL,,,,,PT2$ASEL,U,LOC,Z,PT1/2$CM,A1,AREA

ARSYM,X,ALL$ADELE,A1,,,1$K,100$K,101,,,PT2$L,101,100$L1＝_RETURN$VDRAG,ALL,,,,,,L1

LDELE,L1,,,1$CM,VP2A,VOLU$VGEN,2,ALL,,,,,−PT1−PT2$CMSEL,U,VP2A$CM,VP2B,VOLU

!4. 创建销轴模型——切分以划分映射网格

VSEL,NONE$WPOFF,,,−PT1/2−PT2−15$CYL4,,,PINR,,,,30+2＊PT2+PT1$WPROTA,,90$VSBW,ALL

WPROTA,,,90$VSBW,ALL$CM,VPIN,VOLU$WPCSYS,−1$CMSEL,ALL$ALLSEL,ALL

!5. 定义单元类型与材料常数

ET,1,SOLID186$ET,2,CONTA174$ET,3,TARGE170$KEYOPT,2,5,3   !单元类型,自动闭合间隙

MP,EX,1,2.1E5$MP,PRXY,1,0.3$TB,BKIN,1$TBDATA,1,345   !拉板材料

MP,EX,2,2.1E5$MP,PRXY,2,0.28$TB,BKIN,2$TBDATA,1,760   !销轴材料

R,1$R,2$R,3,,,0.1,0.01$R,4,,,0.1,0.01

!6. 生成实体单元模型

ESIZE,10$LSEL,S,LENGTH,,PL−PL0$LESIZE,ALL,40$LSEL,ALL$CMSEL,S,VPIN

VATT,2,2,1$VSEL,INVE$VATT,1,1,1$VSEL,ALL$CMSEL,ALL$VMESH,ALL

!7. 创建中拉板接触和目标单元

CMSEL,S,VP1$ASLV$ASEL,R,LOC,X,0,−PHR$ASEL,R,LOC,Y,−PHR,PHR

NSLA,S,1$TYPE,2$REAL,3$ESURF

CMSEL,S,VPIN$ASLV$ASEL,R,LOC,X,0,−PINR$ASEL,U,LOC,X,0$ASEL,U,LOC,Y,0

ASEL,U,LOC,Z,−(15+PT1/2+PT2)$ASEL,U,LOC,Z,15+PT1/2+PT2$NSLA,S,1$TYPE,3$ESURF

!8. 创建边拉板接触与目标单元

CMSEL,S,VP2A$CMSEL,A,VP2B$ASLV$ASEL,R,LOC,X,0,PHR$ASEL,R,LOC,Y,−PHR,PHR

NSLA,S,1$TYPE,2$REAL,4$ESURF

CMSEL,S,VPIN$ASLV$ASEL,R,LOC,X,0,PINR$ASEL,U,LOC,X,0$ASEL,U,LOC,Y,0

ASEL,U,LOC,Z,−(15+PT1/2+PT2)$ASEL,U,LOC,Z,15+PT1/2+PT2$NSLA,S,1$TYPE,3$ESURF

ALLSEL,ALL

!9. 施加约束和荷载

ASEL,S,LOC,X,−PL$DA,ALL,ALL$ASEL,S,LOC,X,PL$SFA,ALL,1,PRES,−100$ALLSEL,ALL

DK,KP(0,0,15+PT1/2+PT2),UZ

!10. 求解

/SOLU$NLGEOM,ON$OUTRES,ALL,ALL$TIME,1$NSUBST,100,,20$PRED,OFF$SOLVE

!11. 进入后处理查看结果

/POST1$PLDISP$CMSEL,S,VP1$ESLV$PLNSOL,S,X$PLNSOL,S,EQV$PLNSOL,EPPL,EQV

CMSEL,S,VPIN$ESLV$PLNSOL,S,EQV$PLNSOL,S,XZ

CMSEL,S,VP2A$ESLV$PLNSOL,S,X$PLNSOL,S,EQV$PLNSOL,EPPL,EQV$ALLSEL,ALL

!12. 时程后处理

/POST26$N1＝NODE(0,0,15+PT1/2+PT2)$NSOL,2,N1,U,X$XVAR,2$PLVAR,1

!

（7）放置式接触

在实际结构中有众多物体之间没有机械连接,仅是直接接触式连接,如橡胶支座与墩台或梁、基础与地基、车轮与钢轨、钢轨与枕木、轮胎与桥面、架桥机支撑与梁体等,它们之间多是仅传递压力和摩擦力。当可能存在刚体位移时,可根据实际情况施加适当约束。

为说明问题,以图 10-22 所示的梁、支座和墩体系为例,平板支座放在墩身顶面,而梁体放在支座顶面,在梁的顶面施加均布荷载。本例仅为说明接触过程与方法,建模时采用 1/2 模型,且全部采用弹性材料。从计算结果可以看出,支座并非均匀受压,其变形符合规律;因墩顶作用偏心压力,墩底也出现了拉应力,这与常规墩底均匀受压的概念不同,其原因是橡胶支座不均匀受压造成了墩柱偏心受压。计算分析的命令流如下。

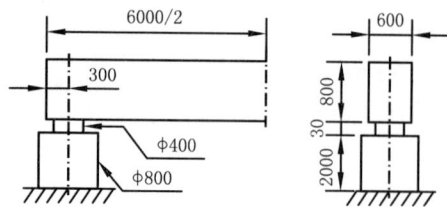

图 10-22 简支梁(尺寸单位:mm)

```
!============================================
!EX10.7 梁—支座—墩接触分析
!定义几何参数、单元类型、材料常数等
FINISH$/CLEAR$/PREP7$H1=2000$H2=30$H3=800$R1=400$R2=200$B=600$LSP=3000$LS1=300
ET,1,SOLID95$ET,2,CONTA174$ET,3,TARGE170$KEYOPT,2,5,4
MP,EX,1,3.3E4$MP,PRXY,1,0.2$MP,DENS,1,2300E-12
MP,EX,2,360$MP,PRXY,2,0.47$MP,DENS,2,1230E-12$MP,MU,3,0.35
!创建几何模型并切分,生成有限元模型
CYL4,,,R1,,,,H1$WPOFF,,,H1$CYL4,,,R2,,,,H2$WPROTA,,,90$VSBW,ALL$WPROTA,,,90$VSBW,ALL
WPCSYS,-1$WPOFF,,,H1+H2$BLC4,LS1,-B/2,-LSP,B,H3$VSEL,S,LOC,Z,0,H1$VATT,1,,1
LSEL,S,LENGTH,,H1$LESIZE,ALL,,,10$LSEL,ALL$ESIZE,R1/3$VMESH,ALL
VSEL,S,LOC,Z,H1,H1+H2$VATT,2,,1$LSEL,S,LENGTH,,H2$LESIZE,ALL,,,2$LSEL,ALL
ESIZE,R2/4$VMESH,ALL$VSEL,S,LOC,Z,H1+H2,H1+H2+H3$VATT,1,,1$LSEL,S,LENGTH,,LSP
LESIZE,ALL,,,15$LSEL,ALL$ESIZE,B/6$VMESH,ALL$ALLSEL,ALL
!生成接触单元和目标单元
MAT,3$VSEL,S,LOC,Z,0,H1$NSLV,S,1$NSEL,R,LOC,Z,H1$TYPE,3$REAL,3$ESURF
VSEL,S,LOC,Z,H1,H1+H2$NSLV,S,1$NSEL,R,LOC,Z,H1$TYPE,2$ESURF
VSEL,S,LOC,Z,H1,H1+H2$NSLV,S,1$NSEL,R,LOC,Z,H1+H2$TYPE,2$REAL,4$ESURF
VSEL,S,LOC,Z,H1+H2,H1+H2+H3$NSLV,S,1$NSEL,R,LOC,Z,H1+H2$NSEL,R,LOC,X,-LS1,LS1
TYPE,3$ESURF$ALLSLL,ALL
!施加荷载和边界条件
ASEL,S,LOC,Z,0$DA,ALL,ALL$ASEL,S,LOC,X,-(LSP-LS1)$DA,ALL,SYMM
ASEL,S,LOC,Z,H1+H2+H3$SFA,ALL,1,PRES,0.2$ASEL,ALL
!求解并查看结果
/SOLU$NLGEOM,ON$OUTRES,ALL,ALL$TIME,1$NSUBST,100,,20$ACEL,,,9800$SOLVE
/POST1$PLDISP$VSEL,S,LOC,Z,H1,H1+H2$ESLV$PLNSOL,U,SUM
ESEL,S,TYPE,,2$ETABLE,PRES,SMISC,13$PLETAB,PRES
VSEL,S,LOC,Z,0,H1$ESLV$PLNSOL,S,Z
VSEL,S,LOC,Z,H1+H2,H1+H2+H3$ESLV$PLNSOL,S,X
!============================================
```

(8)弹性球体跌落反弹分析

一弹性小球体从某一高度自由下落,与刚性地面碰撞后反弹,观察其运动规律。设小球外径为 5cm,其弹性模量为 7.8MPa,泊松系数为 0.47,密度为 930kg/m³,小球中心距离地面高度为 1m,不考虑阻尼、空气阻力及碰撞的能量损失,该球体应呈"自由落体—碰撞反弹"反复运动。本例考虑大变形与否对结果影响不大,考虑阻尼会使小球的反弹高度越来越低,最终趋于停止。读者可根据是否是空心小球、有否内压、是否考虑大变形、是否考虑阻尼等不同条件进行计算,以掌握跌落物体的碰撞分析。下面是本例的命令流。

!━━━

!EX10.8 弹性球体跌落至刚性面碰撞反弹分析

命令	注释
FINISH$/CLEAR$/CONFIG,NRES,20000$/PREP7$H=1.0$R=0.05	!设置结果数、高度与小球半径
ET,1,SOLID95$ET,2,CONTA174$ET,3,TARGE170	!定义单元类型
MP,EX,1,7.8E6$MP,PRXY,1,0.47$MP,DENS,1,930$R,1	!定义小球材料常数
R,2,,,0.1,0.1$RMODIF,2,6,−H	!定义接触实常数
SPH4,,0,R$VSBW,ALL$WPROTA,,,90$VSBW,ALL	!创建球体并切分
WPROTA,,90$VSBW,ALL$VGEN,,ALL,,,,,H,,,1$WPCSYS,−1	!继续切分并移动球体至 H 高度
ESIZE,R/3$VATT,1,1,1$VMESH,ALL	!对球体划分网格
NSLA,S,1$TYPE,2$REAL,2$ESURF	!在球体外表面定义接触单元
TYPE,3$TSHAP,QUA8$ALLSEL,ALL	!定义目标单元形状
*GET,N1,NODE,,NUM,MAX$A=2*R	!获得当前最大节点号,定义参数
N,N1+1,−A,A$N,N1+2,A,A$N,N1+3,A,−A$N,N1+4,−A,−A	!创建 4 个节点号
E,N1+4,N1+3,N1+2,N1+1$N2=NODE(0,0,H)	!定义接触单元并获得球体中心节点号
/SOLU$ANTYPE,TRANS$OUTRES,ALL,ALL$NROPT,FULL	!瞬态分析,输出所有结果,全 NR 法
CNVTOL,F,1,0.01$TIMINT,ON$NLGEOM,ON	!收敛准则,打开积分效应和大变形
TIME,1E−8$NSUBST,2$ACEL,,,9.8$SOLVE	!在很短时间内施加重力加速度并求解
TIME,0.43$DELTIM,0.01,,0.05$SOLVE	!不同运动过程的求解——接触前跌落
TIME,0.46$DELTIM,0.0001,,0.0005$SOLVE	!接触过程
TIME,1.31$DELTIM,0.01,,0.05$SOLVE	!反弹与跌落到再次碰撞前
TIME,1.34$DELTIM,0.0001,,0.0005$SOLVE	!再次碰撞过程
TIME,1.8$DELTIM,0.01,,0.05$SOLVE	!再次反弹
/POST1$/VIEW,1,1$/ANG,1,−90,ZS,1$/DSCALE,,1	!后处理设置视角,设置变形比例
PLNSOL,U,SUM$ANTIME,60,0.2,,1,2,0,1.8	!绘制变形图并生成动画文件
/POST26$NSOL,2,N2,U,Z$PLVAR,2	!绘制变形规律曲线

!━━━

(9)壳单元接触定义与摩擦

当下覆单元为壳单元时,根据实际接触情况,可将接触单元或目标单元定义在壳单元的顶面或底面,即壳单元的顶面和底面均可上覆接触单元或目标单元,通过命令 ESURF 的第二项定义。如图 10-23 所示的三块板,C 板底面(图中几何位置)竖向约束,A 板顶面作用均布荷载,B 板置于两者之间,同时 A板和 C 板后端约束,将 B 板沿图中方向移动一定距离,分析此过程中的应力和接触变化情况。建模时板采用壳单元 SHELL181,接触单元采用 CONTA174

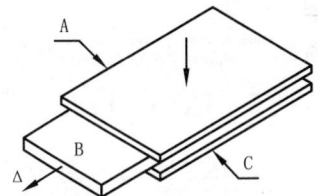
图 10-23　叠置板接触滑移

和 TARGE170,考虑板面之间的摩擦和壳单元厚度影响。设动摩擦系数为 0.20,静摩擦系数与动摩擦系数之比为 1.25,衰减系数为 0.6,其余参数如几何尺寸、边界条件、荷载、移动距离等详见如下命令流。

!━━━

!EX10.9 叠置板接触滑移分析

!定义 A 和 C 板长度和宽度、B 板长度和宽度、A 和 B 板厚度

FINISH$/CLEAR$/PREP7$A1=300$B1=200$A2=400$B2=160$T1=10$T2=20

!定义单元类型,接触单元采用 CNOF 降低侵入并考虑厚度影响

ET,1,SHELL181$ET,2,CONTA174$ET,3,TARGE170$KEYOPT,2,5,2$KEYOPT,2,11,1

!定义材料常数及壳单元实常数,接触单元实常数,且 FACT=1.25,DC=0.6

MP,EX,1,2E5$MP,PRXY,1,0.3$MP,MU,2,0.20$R,1,T1$R,2,T2

R,3,,,1,0.001$RMODIF,3,21,1.25,0.6$R,4,,,1,0.001$RMODIF,4,21,1.25,0.6

!创建几何模型并生成有限元模型

BLC4,,,A2,B2$WPOFF,,,T2/2+T1/2$BLC4,,−(B1−B2)/2,A1,B1$AGEN,2,2,,,,,,−(T1+T2)

ASEL,S,,,1$AATT,1,2,1$ASEL,S,,,2,3$AATT,1,1,1$ASEL,ALL
ESIZE,20$AMESH,ALL
!生成接触单元——B 与 A 板之间的接触对
ASEL,S,,,1$NSLA,S,1$TYPE,2$MAT,2$REAL,3$ESURF,,TOP$
ASEL,S,,,2$NSLA,S,1$TYPE,3$ESURF,,BOTTOM
!生成接触单元——B 与 C 板之间的接触对
ASEL,S,,,1$NSLA,S,1$TYPE,2$MAT,2$REAL,4$ESURF,,BOTTOM
ASEL,S,,,3$NSLA,S,1$TYPE,3$ESURF,,TOP$ALLSEL,ALL
!施加边界条件,设置求解参数,第一荷载步施加压力,第二荷载步滑移
DL,8,,UX$DL,12,,UX$DA,3,,UZ$DK,5,,UY$DK,9,,UY
/SOLU$ANTYPE,0$NROPT,UNSYM$OUTRES,ALL,ALL
TIME,1$NSUBST,10$SFA,2,1,PRES,-1.0$SOLVE
TIME,21$NSUBST,100,,20$DL,2,,UX,100$SOLVE
!进入后处理,查看结果
/POST1$/VIEW,1,1,1,1$/ANG,1,-120,ZS,1$/DSCALE,,1$PLNSOL,U,X$PLNSOL,S,X$ESEL,S,TYPE,,2
ETABLE,PRES,SMISC,13$PLETAB,PRES   !接触压力
ETABLE,TAURI,SMISC,5$PLETAB,TAURI   !单元 I 点 R 向切向接触应力
ETABLE,TASRI,NMISC,17$PLETAB,TASRI   !单元 I 点 R 向总滑动量
ETABLE,CNFX,NMISC,43$ETABLE,CNFY,NMISC,44   !X 和 Y 方向单元接触力
ETABLE,CNFZ,NMISC,45$PRETAB,CNFX,CNFY,CNFZ   !Z 方向单元接触力并列表显示
SSUM   !求和,FX 为 F 方向总接触力=摩擦力
ETABLE,MUI,NMISC,62$PLETAB,MUI   !摩擦系数
!进入时程后处理查看结果
!50 节点的接触状态、接触压力、滑动量、接触总应力、摩擦系数的变化曲线及节点 2 的支反力曲线
/POST26$NUMVAR,20$ESOL,2,601,50,CONT,STAT$ESOL,3,601,50,CONT,PRES
ESOL,4,601,50,CONT,SLIDE$ESOL,5,601,50,CONT,STOT$ESOL,6,601,50,NMISC,62
PLVAR,2$PLVAR,3$PLVAR,4$PLVAR,5$PLVAR,6$RFORCE,7,2,F,X$PLVAR,7
!==

10.3 CONTA173 单元

CONTA173 称为 3D4 节点面面接触单元,用于描述 3D 目标面(TARGE170 单元)和该单元所定义的变形面(柔性面)之间的接触和滑移状态,适用于 3D 结构和耦合场的接触分析。该单元位于无中间节点的实体单元或壳单元表面,如单元 SOLID5、SOLID45、SOLID46、SOLID64、SOLID65、SOL-ID69、SOLID70、SOLID96、SOLID185、SOLSH190、VISCO107、SHELL28、SHELL41、SHELL43、

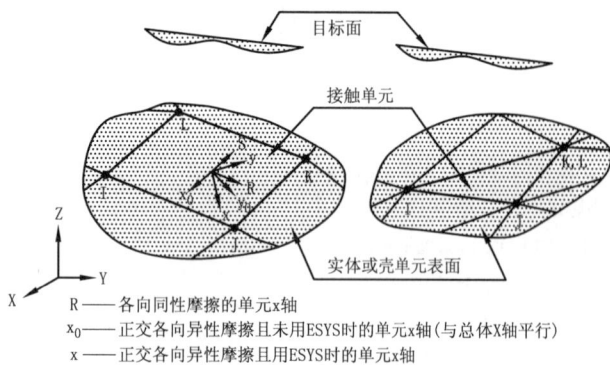

图 10-24 CONTA173 单元几何

SHELL57、SHELL63、SHELL131、SHELL143、SHELL157、SHELL181 和 MATRIX50 等,并与其下覆的实体单元面或壳单元面具有相同的几何特性。该单元支持库仑和剪应力摩擦。

图 10-24 给出了单元几何、节点位置和坐标系。CONTA173 单元由 4 个节点定义,除输出中 ETABLE 和 ESOL 的表项和序号与 CONTA174 单元略有差别外,其余相同,故不再重复介绍,也不再给出计算示例。

R——各向同性摩擦的单元x轴
x₀——正交各向异性摩擦且未用ESYS时的单元x轴(与总体X轴平行)
x——正交各向异性摩擦且用ESYS时的单元x轴

10.4 CONTA172 单元

CONTA172 称为 2D3 节点面面接触单元,用于描述 2D 目标面(TARGE169 单元)和该单元所定义的变形面(柔性面)之间的接触和滑移状态,适用于 2D 结构和耦合场的接触分析。该单元位于有中间节点的 2D 实体单元表面,如单元 PLANE2、PLANE121、PLANE183、SHELL209、PLANE82、VISCO88、VISCO108、PLANE35、PLANE77、PLANE53、PLANE223、PLANE230 和 MATRIX50 等,并与其下覆的实体单元面具有相同的几何特性。该单元支持库仑和剪应力摩擦。

10.4.1 输入参数与选项

图 10-25 给出了单元几何、节点位置和坐标系,该单元通过 3 个节点定义(下覆的实体单元有中间节点),若下覆实体单元无中间节点,应采用 CONTA171 单元(也可采用 CONTA172 单元,但将取消中间节点)。单元的 x 轴沿着 I-J 方向,接触单元正确的节点顺序对接触检测是非常重要的,当从接触单元的第一个节点移向第二个节点时,必须使目标单元位于接触单元的右侧。CONTA172 单元的输入参数与选项如表 10-6 所示。

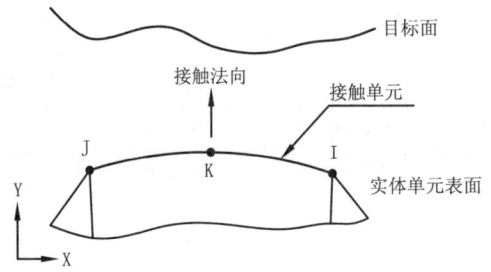

图 10-25 CONTA172 单元几何

CONTA172 单元输入参数与选项　　　　　表 10-6

参数类别	参 数 及 说 明
实常数、材料属性、面荷载、体荷载、KEYOPT(2)、KEYOPT(4)、KEYOPT(5)、KEYOPT(6)、KEYOPT(7)、KEYOPT(9)、KEYOPT(8)、KEYOPT(10)、KEYOPT(11)、KEYOPT(12)等同表 10-2 的对应栏	
节点	I,J,K
自由度	UX,UY,TEMP,VOLT,AZ,依 KEYOPT(1)值而定
特性	非线性、大变形、单元生死
KEYOPT(1)	自由度选择: 0——UX, UY;1——UX, UY, TEMP;2——TEMP;3——UX, UY, TEMP, VOLT;4——TEMP, VOLT;5——UX, UY, VOLT;6——VOLT;7——AZ
KEYOPT(3)	当下覆单元为超单元时的应力状态定义: 0——采用 h 单元(非超单元);1——轴对称(仅使用超单元);2——平面应力或平面应变(仅使用超单元);3——输入厚度的平面应力(仅使用超单元)

该单元支持多种 2D 应力状态,包括平面应力、平面应变和轴对称,应力状态则根据下覆实体单元的应力状态自动探测。但若下覆实体单元是超单元,则必须用 KEYOPT(3)说明应力状态。

接触单元均通过共用实常数组与目标单元相关联。

10.4.2 输出参数

CONTA172 单元输出说明如表 10-7 所示,表 10-8 为命令 ETABLE 或 ESOL 中的表项和序号。

CONTA172 单元输出说明　　　　　表 10-7

名　称	说　明	O	R
EL、(XC,YC)、VOLU、NPI、ITRGET、ISOLID、(CONT:STAT)、OLDST、ISEG、OLDSEG(CONT:PENE)、(CONT:GAP)、NGAP、OGAP、IGAP、(CONT:PRES)、KN、KT、MU、TOLN、DBA、PINB、CNFX、CNFY、CONV、RAC、TEMPS、TEMPT、FXCV、FXRD、FDDIS、FLUX、FXNP、CNFH、CNOS、TNOP、SLTO、ELSI同表 10-3 的对应栏			
NODES	节点号 I,J	Y	Y

续上表

名 称	说 明	O	R
TEMP	温度 T(I) 和 T(J)	Y	Y
LENGTH	单元长度	Y	—
NX,NY	面法线矢量的分量	Y	—
CONT:SFRIC	切向接触压力	Y	Y
CONT:SLIDE	总的累计滑动量(代数和)	Y	Y
CONT:ASLIDE	总的累计滑动量(绝对值之和)	Y	Y
CONT:STOTAL	总应力 SQRT(PRES^2+SFRIC^2)	Y	Y

命令 ETABLE 和 ESOL 的表项和序号　　　　　　　　表 10-8

输出量名称	项 Item	E	I	J	输出量名称	项 Item	E	I	J
PRES	SMISC	5	1	2	CNFX	NMISC	21	—	—
SFRIC	SMISC	—	3	4	CNFY	NMISC	22	—	—
FLUX	SMISC	—	6	7	ISEG	NMISC	—	23	24
FDDIS	SMISC	—	8	9	CAREA	NMISC	—	27	28
FXCV	SMISC	—	10	11	MU	NMISC	—	29	30
FXRD	SMISC	—	12	13	TEMPS	NMISC	—	37	38
FXCD	SMISC	—	14	15	TEMPT	NMISC	—	39	40
FXNP	SMISC	—	16	17	CONV	NMISC	—	41	42
JCONT	SMISC	—	18	19	RAC	NMISC	—	43	44
CCONT	SMISC	—	18	19	TCC	NMISC	—	45	46
HJOU	SMISC	—	20	21	CNFH	NMISC	47	—	—
STAT[1]	NMISC	19	1	2	ECURT	NMISC	48	—	—
OLDST	NMISC	—	3	4	ECHAR	NMISC	48	—	—
PENE[2]	NMISC	—	5	6	ECC	NMISC	—	49	50
DBA	NMISC	—	7	8	VOLTS	NMISC	—	51	52
SLIDE	NMISC	—	9	10	VOLTT	NMISC	—	53	54
KN	NMISC	—	11	12	CNOS	NMISC	—	55	56
KT	NMISC	—	13	14	TNOP	NMISC	—	57	58
TOLN	NMISC	—	15	16	SLTO	NMISC	—	59	60
IGAP	NMISC	—	17	18	ELSI	NMISC	—	67	68
PINB	NMISC	20	—	—					

注:1. 单元状态为单元的所有积分点的最高状态值。

2. 侵入为正,间隙为负。

3. 单元接触力位于整体直角坐标系中。

与 CONTA174 单元相同,也可在/POST1 中通过一系列命令将接触结果列表或显示,用命令 PLN-SOL、PLESOL、PRNSOL 和 PRESOL 可对如下接触结果进行处理:接触状态 STAT、侵入 PENE、接触压力 PRES、接触摩擦应力 SFRIC、接触总应力 STOT(压力与摩擦之和)、接触滑动距离 SLIDE、接触间隙距离 GAP、接触面的总热通量 FLUX、子步之间接触状态改变的总数。

10.4.3　注意事项

(1)该 2D 接触单元必须位于 XY 平面内,且 Y 轴必须是对称轴或轴对称轴。

(2)轴对称的结构必须在+X 象限建模,但当有轴对称谐单元时不能使用该单元。

(3)该 2D 接触单元可以和 3D 模型共同工作。

(4)节点编号必须与下覆实体单元表面节点编号一致,或者与超单元的原始单元一致。

(5)该单元是非线性时,无论大变形或小变形,均需要采用完全牛顿法求解。

(6)法向接触刚度 FKN 不宜太大,以防止数值不稳定。

(7)FTOLN、PINB 和 FKOP 可在荷载步之间或重启动时修改。

(8)当涉及拉格朗日乘子法时,FKN 的值宜小些,且必须使用 FTOLN。

(9)该单元可用于非线性静态和完全法非线性瞬态分析。也可以用于模态分析、特征值屈曲分析和谐分析,但程序假定单元的初始状态(例如在完成静态预应力分析之后的状态)不变。

(10)当采用节点检测且接触节点在轴对称分析的对称轴上时,这个节点上的接触压力是不准确的,原因是这个节点的面积为零,但接触力是正确的。

(11)该单元可用于单元生死,并且随下覆单元或目标单元的生死而生死。

10.4.4　应用举例

(1)块体沿斜坡滑动

一方形块体因自重沿斜坡滑动,假定斜坡为刚性体,而方块为可变形体,并考虑二者之间的摩擦。分析类型为瞬态分析,在很短时间内施加自重,然后沿斜坡向下滑动。除接触刚度设为 0.1 和侵入容差设为 0.001 外,其余接触参数采用缺省设置。计算分析的命令流如下。

```
!═══════════════════════════════════════════════
!EX10.10 块体斜坡滑动接触分析
FINISH$/CLEAR$/PREP7$A=50$REF=30$LH=1000                !定义块体尺寸、斜坡角度、斜坡长度
* AFUN,DEG$K,1$K,2,LH,LH * TAN(REF)$L,2,1                !创建斜坡线
X1=LH−A$Y1=X1 * TAN(REF)$WPOFF,X1,Y1$WPROTA,REF$BLC4,,,A,A      !创建块体几何模型
ET,1,PLANE82$ET,2,CONTA172$ET,3,TARGE169$R,1$R,2,,,0.1,0.001    !定义单元类型及实常数
MP,EX,1,2E5$MP,PRXY,1,0.3$MP,DENS,1,7800E−12$MP,MU,2,0.3        !定义材料实常数
AATT,1,,1$ESIZE,5$MSHKEY,1$AMESH,ALL                    !划分实体单元
LSEL,S,,,2$NSLL,S,1$TYPE,2$REAL,2$MAT,2$ESURF           !创建接触单元
LSEL,S,,,1$TSHAP,QUA8$TYPE,3$LMESH,ALL$ALLSEL,ALL       !创建目标单元
/SOLU$ANTYPE,TRANS$NLGEOM,ON                            !定义瞬态分析,打开大变形
OUTRES,ALL,ALL$TIMINT,ON$NROPT,FULL              !输出频度控制,打开时间积分效应,设置 NR 法
TIME,1E−8$NSUBST,2$ACEL,,9800$SOLVE                     !第一荷载步施加自重并求解
TIME,1.0$DELTIM,0.01,,0.05$SOLVE                        !第二荷载步求解
/POST1$DSCALE,,1$PLNSOL,U,SUM$ANTIME,50,0.2,,1,2,0,1.0    !变形与动画生成
!定义 101 单元的接触压力和状态、节点 1 的侵入、滑动量、切向应力等
!节点 1 的 X 和 Y 向速度
/POST26$ESOL,2,101,,SMISC,5$ESOL,3,101,,NMISC,19
ESOL,4,101,1,NMISC,5$ESOL,5,101,1,NMISC,9
ESOL,6,101,1,SMISC,3$NSOL,7,1,V,X$NSOL,8,1,V,Y$PLVAR,2,3,4,5,6,7,8
!═══════════════════════════════════════════════
```

(2)密封条的压缩接触

如图 10-26 所示的超弹密封条,根据对称性创建 1/2 模型,上下设置刚性目标单元,并采用导向节点控制刚性目标面的运动,具体参数详见命令流。改变接触算法和接触参数可观察收敛性能、接触压力分布、侵入量等,读者可进行调整并考察结果。计算分析的命令流如下。

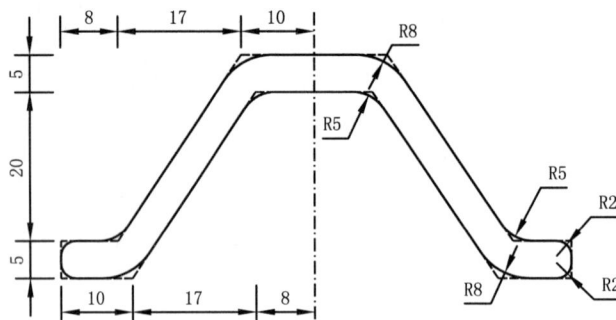

图 10-26   密封条(尺寸单位:mm)

```
!
!EX10.11 密封条的压缩接触
FINISH$/CLEAR$/PREP7
ET,1,PLANE182$ET,2,TARGE169$ET,3,CONTA172$KEYOPT,3,2,4                    !定义单元类型
TB,HYPER,1,1,2,MOON$TBDATA,,80,20$MP,MU,2,0                               !定义材料常数
R,1$R,2,,,0.1,0.01$R,3,,,0.1,0.01                                        !定义实常数
K,1$K,2,10,0$K,3,27,25$K,4,35,25$K,5,35,30$K,6,25,30$K,7,8,5$K,8,0,5      !创建密封条的关键点
L,1,2$*REPEAT,7,1,1$L,8,1$LFILLT,1,2,8$LFILLT,2,3,5$LFILLT,5,6,8          !创建线并倒角
LFILLT,6,7,5$LFILLT,7,8,2$LFILLT,8,1,2$AL,ALL                            !倒角后创建密封条面
K,98,-30,0$K,99,35,0$L,99,98$K,100,-30,30$K,101,35,30$L,100,101          !创建上下两条直线
ESIZE,1.0$AATT,1,1,1$AMESH,ALL                                           !对面划分网格(自由网格)
NSEL,S,LOC,X,35$D,ALL,UX$NSEL,ALL$ALLSEL                                 !对对称线施加约束
LSEL,S,,,15$LATT,2,2,2$LESIZE,ALL,,,1$LMESH,ALL                          !对下线划分目标单元(接触对1)
LSEL,S,,,1,3$LSEL,A,,,8,10$LSEL,A,,,13,14$NSLL,S,1                       !选择线及节点
TYPE,3$REAL,2$ESURF                                                      !定义接触单元(接触对1)
LSEL,S,,,16$LATT,2,3,2$LESIZE,ALL,,,1$LMESH,ALL                          !对上线划分目标单元(接触对2)
TYPE,2$REAL,3$KMESH,100                                                  !创建导向节点
LSEL,S,,,5,7$LSEL,A,,,11,13$LSEL,A,,,8,14,6$NSLL,S,1                     !选择线及节点
TYPE,3$REAL,3$ESURF$ALLSEL,ALL                                           !定义接触单元(接触对2)
/SOLU$NLGEOM,ON$TIME,26.5$NSUBST,30,,10$OUTRES,ALL,ALL                   !定义求解控制选项
NNOD=NODE(-30,30,0)$D,NNOD,UY,-26.5$SOLVE                                !对导向节点施加约束位移并求解
/POST1$/DSCALE,,1$PLNSOL,U,SUM$ANTIME,50,0.2,,1,2,0,26.5                 !显示变形并制作动画
PLESOL,CONT,PRES$PLNSOL,CONT,PENE$PLNSOL,EPTO,EQV                        !绘制其他结果云图
/POST26$RFORCE,2,NNOD,F,Y$PLVAR,2                                        !绘制反力—时间曲线
!
```

10.5   CONTA171 单元

CONTA171 称为 2D2 节点面面接触单元,用于描述 2D 目标面(TARGE169 单元)和该单元所定义的变形面(柔性面)之间的接触和滑移状态,适用于 2D 结构和耦合场的接触分析。该单元位于无中间节

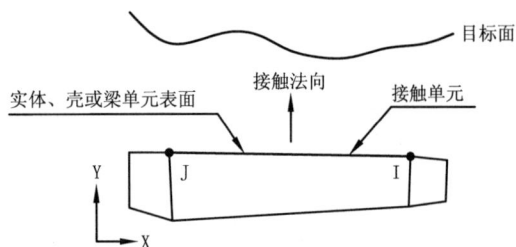

图 10-27   CONTA171 单元几何

点的 2D 实体单元、壳单元及梁单元表面,如单元 PLANE42、PLANE67、PLANE182、VISCO106、SHELL51、SHELL208、BEAM3、BEAM23、PLANE13、PLANE55 和 MATRIX50 等,并与其下覆的实体单元、壳单元和梁单元表面具有相同的几何特性。该单元支持库仑和剪应力摩擦。

图 10-27 给出了单元几何和节点位置,该单元通过 2

个节点定义(下覆实体、壳和梁单元无中间节点),若下覆实体单元有中间节点,应采用 CONTA172 单元。

CONTA171 单元的输入参数与选项、输出数据及注意事项等与 CONTA172 单元相同。

10.6　CONTA175 单元

CONTA175 称为 2D/3D 点面接触单元,用于描述 2D 或 3D 的两个面、一个节点与一个面、一根线与一个面等之间的接触和滑移状态,适用于 2D 或 3D 结构和耦合场的接触分析。该单元位于实体单元、壳单元及梁单元的表面,但不支持有中间节点的 3D 实体单元。与 CONTA175 单元相对应的目标单元为 TARGE169 和 TARGE170,该单元也支持库仑和剪应力摩擦。

10.6.1　输入参数与选项

图 10-28 给出了单元几何和节点位置,该单元通过 1 个节点定义,下覆单元可为 2D 或 3D 的实体单元、壳单元或梁单元,3D 下覆实体单元和壳单元必须为无中间节点的单元。CONTA175 单元依据目标单元的维数决定是 2D 或 3D,如目标单元为 TARGE169 则为 2D 的,如目标单元为 TARGE170 则为 3D 的。特别地,仅当 2D 或 3D 目标单元的外法线方向指向接触单元时才会产生接触。

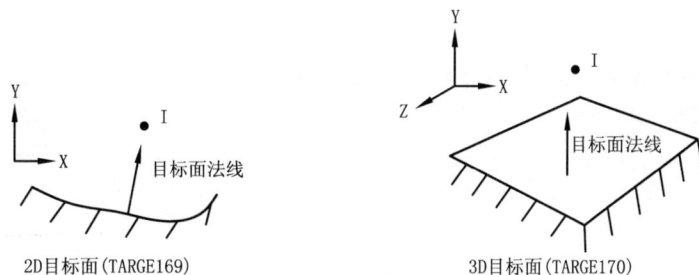

图 10-28　CONTA175 单元几何

CONTA175 单元支持各向同性和正交各向异性库仑摩擦,对各向同性摩擦,采用命令 TB 或 MP 输入单一摩擦系数 MU 即可;而对于正交各向异性摩擦,需采用命令 TB 输入两个主轴方向的摩擦系数 MU1 和 MU2。各向同性和正交各向异性摩擦的坐标轴与 CONTA174 单元相同。

CONTA175 单元的输入参数与选项如表 10-9 所示。

CONTA175 单元输入参数与选项　　　　　　　　　　　　　　　　表 10-9

参数类别	参 数 及 说 明
自由度、实常数、特性、材料属性、KEYOPT(1)、KEYOPT(2)、KEYOPT(5)、KEYOPT(6)、KEYOPT(7)、KEYOPT(8)、KEYOPT(9)、KEYOPT(10)、KEYOPT(11)、KEYOPT(12)等同表 10-2 的对应栏	
节点	I
KEYOPT(3)	接触模式: 0——接触力模型(缺省);1——接触压力模型
KEYOPT(4)	接触法向: 0——垂直目标面(缺省);1——垂直接触节点;2——垂直接触节点(当考虑壳或梁厚度时,用于壳或梁的底面); 3——垂直目标面(当考虑壳或梁厚度时,用于壳或梁的底面)

CONTA175 单元的输出说明与表 10-3 基本相同,但因可用于 2D 和 3D,故增加了某些输出结果;命令 ETABLE 或 ESOL 中的表项和序号不同与其他单元,但使用方法相同,故不再列出。因 CONTA175 单元为点单元,需注意"接触压力"与"接触力"相同。

10.6.2　应用举例

(1)平面梁变形过程中的接触分析

如图 10-29 所示的梁结构,采用平面梁单元 BEAM3 模拟,在 A 点施加向下的约束位移且创建接触单元 CONTA175,在下面一根梁端部的一定范围建立目标单元 TARGE169。因 CONTA175 单元可考虑壳单元或梁单元的厚度影响,故采用考虑厚度与不考虑厚度两种情况分析;不考虑厚度时所建两根线的竖向坐标相差 D,而考虑厚度时则竖向坐标相差 $D+\dfrac{H1}{2}$。具体计算参数详见如下命令流,且通过参数 TYN 控制是否考虑厚度影响。

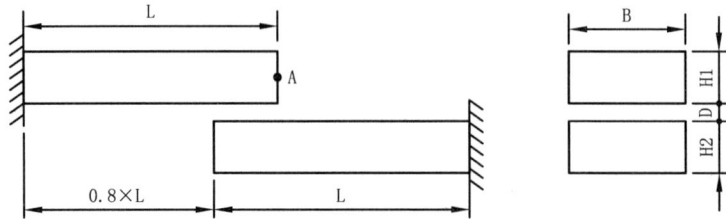

图 10-29 平面梁构造

```
!═══════════════════════════════════════════════════════════
!EX10.12 平面梁变形过程中的接触分析
FINISH$/CLEAR$/PREP7$TYN=1                              !=0 时不考虑厚度影响,=1 时考虑
B=20$H1=10$H2=8$L=2000$DT=100$DY=450                    !定义几何参数、间隙、位移值
ET,1,BEAM3$ET,2,CONTA175$ET,3,TARGE169$KEYOPT,2,10,1    !定义单元类型及单元选项
*IF,TYN,EQ,1,THEN$KEYOPT,2,4,3$KEYOPT,2,11,1            !考虑厚度影响时设置 KEYOPT
DT=DT+H1/2$*ENDIF                                       !考虑厚度影响时将间隙增大
MP,EX,1,2.1E5$MP,PRXY,1,0.3$R,1,B*H1,B*H1**3/12,H1      !定义材料常数、实常数组 1
R,2,B*H2,B*H2**3/12,H2$R,3,,,0.01                       !定义实常数组 2 及 3
K,1$K,2,L$K,3,0.8*L,−DT$K,4,1.8*L,−DT$L,1,2$L,3,4       !创建关键点和线
LSEL,S,,,1$LATT,1,1,1$LSEL,S,,,2$LATT,1,2,1$LSEL,ALL    !赋予线不同的单元属性
LESIZE,ALL,,,35$LMESH,ALL                               !划分单元网格
DK,1,ALL$DK,4,ALL$DK,2,UY,−DY                           !施加边界条件和位移
TYPE,2$REAL,3$E,NODE(L,0,0)$LSEL,S,,,2$ESLL,S$NSLL,S,1  !创建接触单元并选择线
NSEL,R,LOC,X,0.8*L,1.2*L$TYPE,3$ESURF,ALL$ALLSEL,ALL    !选择节点并创建目标单元
/SOLU$NLGEOM,ON$NSUBST,100,,40$OUTRES,ALL,ALL$TIME,DY$SOLVE  !求解
/POST1$DSCALE,,1$ESHAPE,1$PLNSOL,U,Y$ANTIME,50,0.2,1    !生成动画
ETABLE,MI,SMISC,6$ETABLE,MJ,SMISC,12$PLLS,MI,MJ         !绘制弯矩图
/POST26$N1=NODE(1.8*L,0,0)$RFORCE,2,N1,F,Y$PLVAR,2      !绘制右端反力一时间曲线
!═══════════════════════════════════════════════════════════
```

(2)温度导致杆件变形的接触分析

升温导致杆件伸长后与刚性体接触,在杆件内产生压应力。杆件采用 BEAM3 单元模拟,接触对采用 CONTA175 和 TARGE169 单元模拟。计算分析的命令流如下。

```
!═══════════════════════════════════════════════════════════
!EX10.13 杆件温度变形的接触分析
FINISH$/CLEAR$/PREP7
ET,1,BEAM3$ET,2,CONTA175$ET,3,TARGE169                  !定义单元类型
MP,EX,1,2E11$MP,PRXY,1,0.3$MP,ALPX,1,1.2E−5             !定义材料常数
R,1,0.1,0.01,0.5$R,2,,,1.0,1E−8                         !定义实常数
K,1$K,2,0.998$K,3,1.0,0.5$K,4,1.0,−0.5$L,1,2$L,3,4      !创建几何模型
LSEL,S,,,1$LATT,1,1,1$ESIZE,0.1$LMESH,ALL               !划分梁单元
TYPE,2$REAL,2$E,NODE(0.998,0,0)                         !创建接触单元
TYPE,3$LSEL,S,,,2$LMESH,ALL$LSEL,ALL                    !创建目标单元,形成接触对
```

```
DK,1,ALL$TREF,20$BFUNIF,TEMP,200                              !施加约束和温度荷载
/SOLU$OUTRES,ALL,ALL$NSUBST,10$SOLVE                          !求解
/POST1$PLNSOL,CONT,PRES$PRRSOL                                !进入后处理查看结果
!━━━━━━━━━━━━━━━━━━━━━━━━━━━━━━━━━━━━━━━━━━━━━━━━━━━━━━━━━━━━
```

10.7　CONTA176 单元

CONTA176 称为 3D 线线接触单元,用于描述 3D 线段(TARGE170 单元)和可变形线段之间的接触和滑移状态,适用于 3D 梁—梁结构接触分析。该单元位于 3D 梁单元或管单元的表面,可支持有中间节点或无中间节点的单元,如 BEAM4、BEAM24、BEAM188、BEAM189、PIPE16、PIPE20 等。该单元也支持库仑和剪应力摩擦。

10.7.1　输入参数与选项

图 10-30 给出了单元几何和节点位置。当下覆梁单元无中间节点时,该单元通过 2 个节点定义;当下覆梁单元有中间节点时,该单元通过 3 个节点定义。单元的 x 轴沿着 I-J 方向,接触单元正确的节点顺序对接触检测是非常重要的,按节点编号的顺序必须形成连续的线。

CONT176 单元可模拟如下三种不同情形。

①内部接触:梁或管在另一根梁或管的内部滑动,如图 10-31 所示。

②外部接触:两根大致平行梁的叠置,如图 10-32 所示。

③外部接触:两根十字交叉梁的叠置,如图 10-33 所示。

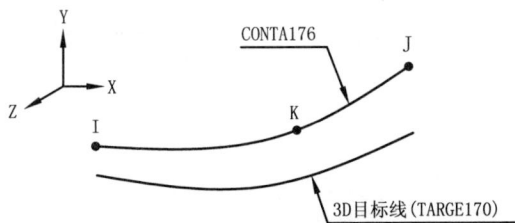

图 10-30　CONTA176 单元几何

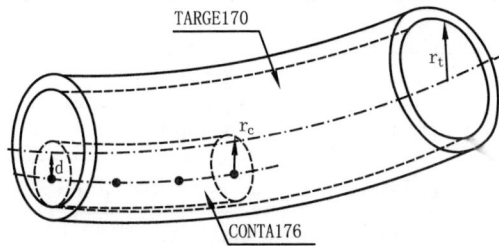

图 10-31　梁在梁内滑动

采用 KEYOPT(3)=0 定义前两种情形,即梁在梁内和平行梁的接触,此时仅检测接触节点的接触条件。采用 KEYOPT(3)=1 定义交叉梁情形,此时沿梁全长检测接触条件,且假定梁具有圆截面,采用"逐点"接触,每个接触单元仅与某个目标单元接触。

3D 线线接触单元中,接触单元与目标线单元(TARGE170 的 LINE 或 PARA)通过共享实常数构成接触对,并假定接触面为圆柱面。实常数 R1 定义目标边半径(目标半径 r_t),实常数 R2 定义接触边半径(接触半径 r_c)。对一般梁截面,采用等效圆截面梁(图 10-34),沿梁轴最小横截面的最大内嵌圆即为等效圆截面。

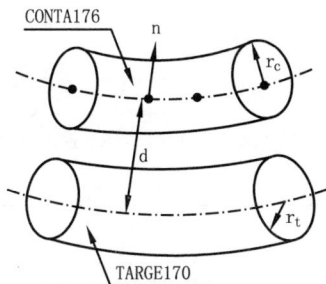

图 10-32　平行梁

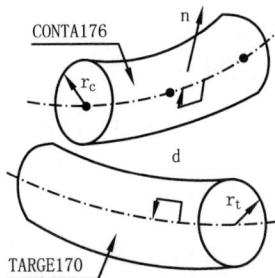

图 10-33　交叉梁

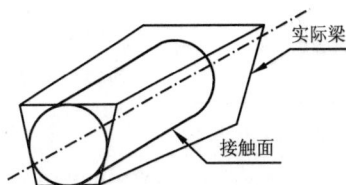

图 10-34　等效圆截面

目标半径可输入负值或正值,当模拟内部接触时(梁在梁内或管在管内滑动)输入负值,其值等于外梁的内径;当模拟外部接触时输入正值,其值等于目标梁的外径。对内部接触情况,内梁通常为接触面,外梁为目标面;仅当内梁远刚于外梁时才用内梁做目标面。

圆截面梁无侵入时接触条件如下:

内部接触

$$g=|r_t-r_c|-d\leqslant 0$$

外部接触

$$g=d-(r_t-r_c)\leqslant 0$$

式中:r_c,r_t——分别为接触梁的半径和目标梁的半径;

　　　d——两梁接触法线方向的最小距离。

同样地,线线接触也通过相同的实常数组定义接触对。对刚—柔接触或柔—柔接触,接触单元必须为可变形面。若相同边界的梁单元接触时多于一个目标面,必须定义几个接触单元,这些接触单元虽具有相同的几何特性,但分别对应独立的目标(实常数组不同);也可将目标面合二为一(相同的实常数组)。

CONTA174 单元支持各向同性和正交各向异性库仑摩擦,对各向同性摩擦,采用命令 TB 或 MP 输入单一摩擦系数 MU 即可;而对于正交各向异性摩擦,需采用命令 TB 输入两个主轴方向的摩擦系数 MU1 和 MU2。基于节点连通域的单元局部坐标系作为主轴方向,命令 ESYS 定义的单元局部坐标系在此无效。

CONTA176 单元的输入参数与选项如表 10-10 所示。

CONTA176 单元输入参数与选项　　　　　　　　　　表 10-10

参数类别	参 数 及 说 明
节点	I,J,(K)
自由度	UX,UY,UZ
实常数	无热电磁等实常数,其余与表 10-2 的对应栏相同
材料属性	DAMP,MU
面荷载	无
体荷载	无
特性	非线性、大变形、单元生死、各向同性和正交各向异性摩擦
KEYOPT(1)	自由度选择,当前版本仅有缺省的有效: 0——UX,UY,UZ
KEYOPT(2)	接触算法同表 10-2 的对应栏
KEYOPT(3)	梁接触类型: 0——平行梁或梁在梁内;1——交叉梁
KEYOPT(4)	基于面的约束类型: 0——刚性约束面;1——分布力面
其他	KEYOPT(5)、KEYOPT(6)、KEYOPT(7)、KEYOPT(8)、KEYOPT(9)、KEYOPT(10)、KEYOPT(12)同表 10-2 的对应栏

10.7.2　输出参数

CONTA176 单元输出说明与表 10-3 的对应部分相同,而命令 ETABLE 或 ESOL 中的表项和序号如表 10-11 所示。

命令 ETABLE 和 ESOL 的表项和序号　　　　　表 10-11

输出量名称	项 Item	E	I	J	K
PRES	SMISC	13	1	2	3
TAUR	SMISC	—	5	6	7
TAUS	SMISC	—	9	10	11
FDDIS	SMISC	—	18	19	20
STAT[1]	NMISC	41	1	2	3
OLDST	NMISC	—	5	6	7
PENE[2]	NMISC	—	9	10	11
DBA	NMISC	—	13	14	15
TASR	NMISC	—	17	18	19
TASS	NMISC	—	21	22	23
KN	NMISC	—	25	26	27
KT	NMISC	—	29	30	31
TOLN	NMISC	—	33	34	35
IGAP	NMISC	—	37	38	39
PINB	NMISC	42	—	—	—
CNFX	NMISC	43	—	—	—
CNFY	NMISC	44	—	—	—
CNFZ	NMISC	45	—	—	—
ISEG	NMISC	—	46	47	48
AASR	NMISC	—	50	51	52
AASS	NMISC	—	54	55	56
VOLU	NMISC	—	58	59	60
MU	NMISC	—	62	63	64
CNOS	NMISC	—	112	113	114
TNOP	NMISC	—	116	117	118
SLTO	NMISC	—	120	121	122
ELSI	NMISC	—	136	137	138

注:1. 单元状态为单元的所有积分点的最高状态值。

　2. 侵入为正,间隙为负。

10.7.3　注意事项

(1)单元截面假定为圆形等截面,接触对中的所有接触单元假定具有相同的接触半径。

(2)交叉梁为逐点接触,每个接触单元仅与一个目标单元接触。

(3)该单元是非线性时,无论大变形或小变形,均需要采用完全牛顿法求解。

(4)法向接触刚度 FKN 不宜太大,以防止数值不稳定。

(5)FTOLN、PINB 和 FKOP 可在荷载步之间或重启动时修改。

(6)当涉及拉格朗日乘子法时,FKN 的值宜小些,且必须使用 FTOLN。

(7)该单元可用于非线性静态和完全法非线性瞬态分析。也可以用于模态分析、特征值屈曲分析和谐分析,但程序假定单元的初始状态(例如在完成静态预应力分析之后的状态)不变。

(8)该单元可用于单元生死,并且随下覆单元或目标单元的生死而生死。

10.7.4　应用举例

(1)管在管内滑动的接触分析

细管(梁)在粗管(梁)内的滑动问题在工业管道中经常遇到,而土木工程中如预应力筋和管道、抗振锚栓和梁体、系杆及其杆套等亦可用此类方法计算。仅为说明问题与方法,以图 10-35 所示结构为例,外管两端固结,但跨中有竖向约束,内管(或棒)两端固结,初始位置两管轴线重合,材料特性均为假设参数。在第一荷载步中仅承受自重,内管在自重作用下跨中一定范围与外管底部接触;第二荷载步张拉内管(施加周向位移),使其脱离外管底部并逐渐向上移动,最后跨中一定范围与外管顶部接触。用此方法可模拟预应力筋张拉过程中的应力分布,如径向压应力和沿管道摩擦力分布等。计算分析的命令流如下。

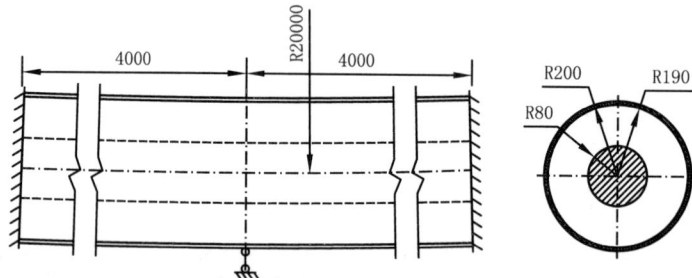

图 10-35　管在管内的结构构造

```
!======================================================================
!EX10.14 管在管内滑动接触分析
FINISH$/CLEAR$/PREP7
!定义管轴半径、管水平长度、外管外径、外管内径(目标半径)、内管外径(接触半径),计算圆心角
R0=20$L0=8$RO=200E-3$RT=190E-3$RC=80E-3$REF=ASIN(0.5*L0/R0)$REF=REF*180/ACOS(-1)
!定义单元及单元选项、外管和内管材料实常数、接触实常数
ET,1,BEAM189$ET,2,CONTA176$ET,3,TARGE170$KEYOPT,2,10,1
MP,EX,1,2.1E11$MP,PRXY,1,0.3$MP,DENS,1,7800
MP,EX,2,6E7$MP,PRXY,2,0.3$MP,DENS,2,3000$MP,MU,3,0.25$R,3,-RT,RC
!定义梁截面:1-外管,2-内管
SECTYPE,1,BEAM,CTUBE$SECDATA,RT,RO,32$SECTYPE,2,BEAM,CSOLID$SECDATA,RC,16
!在柱坐标下创建关键点和线,然后复制该线(注意是两条重合的线),创建定位关键点 10
CSYS,1$K,1,R0,-(90+REF)$K,2,R0,-90$K,3,R0,-(90-REF)$L,1,2$L,2,3$CSYS,0$LGEN,2,ALL$K,10
!划分梁单元网格
LSEL,S,,,1,2$LATT,1,,1,,,,10,1$ESIZE,0.05*L0$LMESH,ALL$
LSEL,S,,,3,4$LATT,2,,1,,,,10,2$LMESH,ALL$LSEL,ALL
!施加约束:外管三点,内管两点(注意内管无中间约束)
CSYS,1$NSEL,S,LOC,Y,-(90+REF)$NSEL,A,LOC,Y,-(90-REF)$D,ALL,ALL
ESEL,S,MAT,,1$NSLE,S$NSEL,R,LOC,Y,-90$D,ALL,UY
!得到内管两个端节点号码,并旋转其节点坐标系,以便施加第二荷载步的约束位移
ESEL,S,MAT,,2$NSLE,S$NSEL,R,LOC,Y,-(90+REF)$*GET,N1,NODE,,NUM,MIN
ESEL,S,MAT,,2$NSLE,S$NSEL,R,LOC,Y,-(90-REF)$*GET,N2,NODE,,NUM,MIN$ALLSEL,ALL
NROTAT,N1,N2,N2-N1
!创建接触对:用材料号或截面号选择单元,然后再选择节点,用命令创建接触对
TYPE,2$REAL,3$MAT,3$ESEL,S,MAT,,2$NSLE,S$ESURF
TYPE,3$ESEL,S,MAT,,1$NSLE,S$ESURF$ALLSEL,ALL
!求解分为两个荷载步,先求自重作用下的接触,然后再张拉滑动接触
/SOLU$NLGEOM,ON$OUTRES,ALL,ALL$TIME,1$ACEL,,9.8$NSUBST,50,,10$SOLVE
```

```
TIME,2$D,N1,UY,−8*ACOS(−1)/180$D,N2,UY,8*ACOS(−1)/180$SOLVE
```
!进入后处理查看部分结果,选择几个单元制作变形动画
```
/POST1$/DSCALE,,1$PLNSOL,U,Y$/VIEW,1,1,1,1$/ESHAPE,1
NSEL,S,LOC,Y,−90$ESLN,S$PLNSOL,U,Y$ANTIME,50,0.2,,1,2,0,2
ESEL,S,TYPE,,2$ETABLE,PRES,SMISC,13$PLETAB,PRES
ETABLE,TAURI,SMISC,5$ETABLE,TAURJ,SMISC,6$PLLS,TAURI,TAURJ
```
!时程后处理查看结果,如 56 号单元的接触应力、摩擦力、间隙等及张拉端 FX 和 FY
```
/POST26$ESOL,2,56,,CONT,PRES$ESOL,3,56,,CONT,SFRIC$ESOL,4,56,,CONT,GAP
RFORCE,5,N2,F,X$RFORCE,6,N2,F,Y$PLVAR,2$PLVAR,3$PLVAR,4$PLVAR,5,6
```
!━━

(2)"羽线结"结构的接触分析——交叉梁应用之一

　　羽毛球拍的羽线在线的交叉处呈上下穿越方式,不妨称之为"羽线结",这种羽线结在结构中也多有应用。以图 10-36 所示结构为例给出分析方法和过程,创建模型时整个网线位于同一平面内,纵线和横线之间创建接触对,纵横线与球体之间创建接触对。

分析时首先杀死所有接触单元,通过在交叉点施加"力对"使网线变形,形成羽线结形状;然后激活纵线和横线之间的接触单元,删除"力对"荷载,真正形成羽线结结构;最后激活球与纵横网线之间的接触单元,向下移动球体,使整个网线受力变形。本例有两个关键问题:一是在交叉位置的重合节点上施加"力对",二是纵横线形成羽线结后不能再改变,即必须设置"可滑动的不分离接触"选项。计算分析的命令流如下。

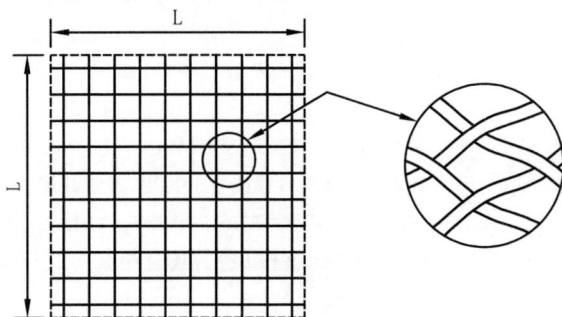

图 10-36　网状结构与羽线结示意

!━━

!EX10.15 "羽线结"结构的接触分析
```
FINISH$/CLEAR$/PREP7
```
!定义线半径、线长度、线间距、球体半径等参数,计算线根数
```
BRO=0.8$BL=100$BS=10$SR=20$NBEAM=BL/BS
```
!定义单元类型,BEAM188 定义两种单元类型是为便于选择操作,而接触单元的 KEYOPT 不同
!定义单元实常数和材料常数、线线摩擦系数和球线摩擦系数、线截面
```
ET,1,BEAM188$ET,2,BEAM188$ET,3,CONTA176$ET,4,TARGE170$ET,5,CONTA176
ET,6,TARGE170$KEYOPT,3,3,1$KEYOPT,3,12,2$KEYOPT,5,3,1
R,1$R,2,BRO,BRO,0.1$R,3,SR,BRO,0.1$MP,EX,1,10$MP,PRXY,1,0.4$MP,MU,2,0.1$MP,MU,3,0.32
SECTYPE,1,BEAM,CSOLID$SECDATA,BRO
```
!创建梁模型:此种方法可保证线方向一致,而布尔运算则不一定
!圆截面可不设方位点,但设置方位点可保证变形后的单元形状显示正确
```
K,1,,,BS/2$*DO,I,2,NBEAM+1$K,I,BS/2+(I−2)*BS,,BS/2$*ENDDO
K,NBEAM+2,BL,,BS/2$*DO,I,1,NBEAM+1$L,I,I+1$*ENDDO
LGEN,NBEAM,ALL,,,,,BS$CM,CML1,LINE$LSEL,NONE$KMAX=KPINQR(0,14)$K,KMAX+1,BS/2
*DO,I,2,NBEAM+1$K,KMAX+I,BS/2,,BS/2+(I−2)*BS$*ENDDO
K,KMAX+NBEAM+2,BS/2,,BL$*DO,I,1,NBEAM+1$L,KMAX+I,KMAX+I+1$*ENDDO
LGEN,NBEAM,ALL,,,,BS$CM,CML2,LINE$LSEL,ALL$KMAX=KPINQR(0,14)+1$K,KMAX,0,1000*B
LSEL,S,TAN1,X$LATT,1,1,1,,,KMAX,1$LSEL,S,TAN1,Z$LATT,1,1,2,,,KMAX,1$LSEL,ALL
ESIZE,BS/4$LMESH,ALL
```
!创建纵线和横线之间的接触对,通过实常数组 2 识别
```
TYPE,3$REAL,2$MAT,2$ESEL,S,TYPE,,1$NSLE$ESURF$ESEL,S,TYPE,,2$NSLE$TYPE,4$ESURF
```

!创建球体与纵横线之间的接触对,通过实常数组 3 识别;注意刚性目标单元和导向节点的创建

TYPE,5$REAL,3$MAT,3$ESEL,S,TYPE,,1,2$NSLE$ESURF

NSEL,NONE$N,,BL/2,SR+2 * BRO,BL/2$NPILOT=NDNEXT(0)

TYPE,6$TSHAP,SPHE$E,NPILOT$TSHAP,PILO$E,NPILOT$D,NPILOT,ALL

!施加边界约束

NSEL,S,LOC,X,0$NSEL,A,LOC,X,BL$NSEL,A,LOC,Z,0$NSEL,A,LOC,Z,BL$D,ALL,ALL

CM,DNODE1,NODE$ALLSEL,ALL

!在交叉处的重合节点施加反向力对,使其发生上下穿越变形;此力可略大些,可先脱空穿越

* DO,I,1,NBEAM$ * DO,J,1,NBEAM

* IF,MOD(I+J,2),EQ,0,THEN$FTEMP=0.6$ * ELSE$FTEMP=−0.6$ * ENDIF

ESEL,S,TYPE,,1$NSLE,S$F,NODE(BS/2+(I−1) * BS,0,BS/2+(J−1) * BS),FY,FTEMP

ESEL,S,TYPE,,2$NSLE,S$F,NODE(BS/2+(I−1) * BS,0,BS/2+(J−1) * BS),FY,−FTEMP$ * ENDDO$ * ENDDO

!进入求解层,设置求解选项;第一荷载步杀死全部接触对并求解

/SOLU$NLGEOM,ON$OUTRES,ALL,ALL$NSUBST,20,,5$TIME,1

ESEL,S,TYPE,,3,6$EKILL,ALL$ALLSEL,ALL$SOLVE

!第二荷载步定义收敛准则及荷载子步,激活纵横梁之间的接触对,将力对设为零值,求解

TIME,2$CNVTOL,F,,0.05$NSUBST,100,,20$ESEL,S,TYPE,,3,4$EALIVE,ALL

ESEL,S,TYPE,,1,2$NSLE,S$CMSEL,U,DNODE1$F,ALL,FY,0$ALLSEL,ALL$SOLVE

!第三荷载步求解球体与纵横线接触过程,激活球体与纵横线之间的接触对,注意施加导向点位移约束

TIME,3$ESEL,S,TYPE,,5,6$EALIVE,ALL$D,NPILOT,UY,−10 * BRO$ALLSEL,ALL$SOLVE

!进入后处理查看结果,制作 3 个动画过程

/POST1$SET,LAST$DSCALE,,1$PLNSOL,U,Y$/ESHAPE,1$PLNSOL,U,Y

/VIEW,1,1,1,1$ANTIME,60,0.2,,1,2,0,1$ANTIME,60,0.2,,1,2,1,2$ANTIME,50,0.2,,1,2,2,3

!==

(3)叠置井字梁的接触分析

如图 10-37 所示的叠置井字梁,纵梁和横梁之间无连接但存在摩擦,横梁为多跨连续梁。此类结构
形式多用于施工支架中,且纵梁之上直接铺设底模板。在施工结构设计中,按初等力学原理计算,不采用
接触分析,这里仅为接触分析示例。计算分析的命令流如下。

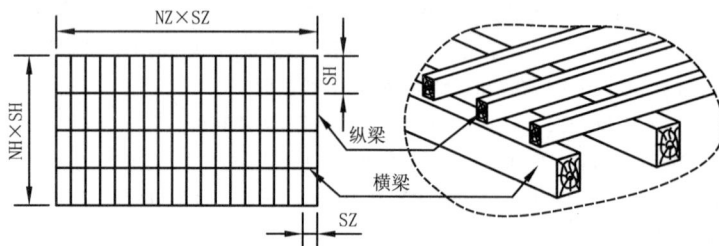

图 10-37 叠置井字梁结构

!==

!EX10.16 叠置井字梁的接触分析

FINISH$/CLEAR$/PREP7

!定义几何参数、单元类型与选项、材料常数、实常数、梁截面等

NH=10$NZ=30$SH=1.2$SZ=0.5$BH=0.2$HH=0.3$BZ=0.1$HZ=0.12

ET,1,BEAM189$ET,2,CONTA176$ET,3,TARGE170$KEYOPT,2,3,1$KEYOPT,2,12,1

MP,EX,1,10E9$MP,PRXY,1,0.4$MP,DENS,1,780$R,1$R,2,HH/2,HZ/2,0.1,0.1

SECTYPE,1,BEAM,RECT$SECDATA,BH,HH$SECTYPE,2,BEAM,RECT$SECDATA,BZ,HZ

!创建几何模型、划分单元网格等

* DO,I,1,NH+1$K,I,(I−1) * SH,0.5 * (HH+HZ)$ * ENDDO

```
* DO,I,1,NH$L,I,I+1$ * ENDDO
LGEN,NZ+1,ALL,,,,SZ$LSEL,NONE$KMAX=KPINQR(0,14)
* DO,I,1,NZ+1$K,KMAX+I,,(I-1) * SZ$ * ENDDO
* DO,I,1,NZ$L,KMAX+I,KMAX+I+1$ * ENDDO
LGEN,NH+1,ALL,,,,SH$LSEL,ALL$KMAX=KPINQR(0,14)+1$K,KMAX,,,1000 * NH * SH
ESIZE,0.5 * SZ$LSEL,S,TAN1,X$LATT,1,,1,,,KMAX,1$LMESH,ALL$CM,ELECMH,ELEM
LSEL,INVE$LATT,1,,1,,,KMAX,2$LMESH,ALL
```
!创建接触对,施加消除刚体位移的约束,施加纵梁荷载
```
TYPE,3$REAL,2$CMSEL,S,ELECMH$NSLE,S$ESURF$NSEL,R,LOC,Y,0$D,ALL,UX,,,,,UY,ROTY
TYPE,2$ESEL,INVE$SFBEAM,ALL,1,PRES,2000$NSLE,S$ESURF
NSEL,R,LOC,X,0$D,ALL,UX,,,,,UY,ROTX
```
!施加横梁的支撑,横梁为两跨连续梁
```
CMSEL,S,ELECMH$NSLE,S$CM,HNODECM,NODE$NSEL,R,LOC,Y,0$D,ALL,UZ
CMSEL,S,HNODECM$NSEL,R,LOC,Y,NZ * SZ$D,ALL,UZ
CMSEL,S,HNODECM$NSEL,R,LOC,Y,NZ * SZ/2$D,ALL,UZ$ALLSEL,ALL
```
!求解并查看结果,如接触应力、纵横梁弯矩等
```
/SOLU$NLGEOM,ON$OUTRES,ALL,ALL$NSUBST,20,,5$TIME,1$ACEL,,,9.8$SOLVE
/POST1$/VIEW,1,1,1,1$/ANG,1,-120,ZS,1$PLNSOL,U,SUM$/ESHAPE,1$PLNSOL,S,X$/ESHAPE,0
ESEL,S,TYPE,,2$ETABLE,PRESI,SMISC,1$ETABLE,PRESJ,SMISC,2$PLLS,PRESI,PRESJ
ESEL,S,TYPE,,1$ETABLE,MYI,SMISC,2$ETABLE,MYJ,SMISC,15$PLLS,MYI,MYJ
```
!

10.8 TARGE169 单元

TARGE169 称为 2D 目标单元,用于描述与接触单元(CONTA171、CONTA172 和 CONTA175 单元)相关的各种 2D 目标面。接触单元覆盖在变形体边界的实体单元上,并可能与目标面发生接触。目标面离散为一系列的目标单元 TARGE169,通过共享实常数号与相应的接触单元构成接触对。在目标单元上可施加平动和转动位移、温度、电压、磁势等,也可施加力和力矩。TARGE170 单元用于 3D 目标面。对于刚性目标,TARGE169 和 TARGE170 单元可方便地模拟复杂的目标形状;对柔性目标,这些单元将覆盖在变形目标体边界的实体单元上。

10.8.1 输入参数与选项

图 10-38 给出了单元几何和节点位置。目标面通过一组目标单元模拟,而多组目标单元可构成复杂的目标面。目标面可为刚体或柔体,当模拟刚—柔接触时,刚性面总是目标面;当模拟柔—柔接触时,其中一个变形体表面必须用目标面覆盖。目标面和接触面通过共享实常数号构成接触对,该组实常数包括了目标单元和接触单元的所有实常数。

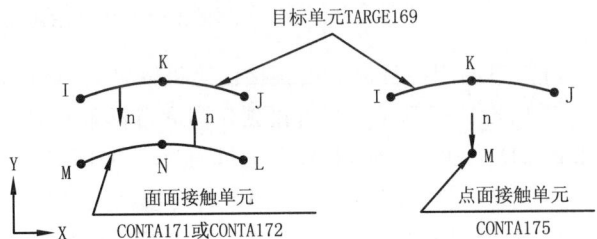

图 10-38　TARGE169 单元几何

每个目标面可仅对应一个接触面,反之亦然。然而多个接触单元组成的接触面却可与同一个目标面发生接触;同样地,多个目标单元组成的目标面也可与同一个接触面发生接触。无论目标面还是接触面,在单个面上均可设置多个单元,但这样做可能会增加计算花费。更有效的方法是将较大的目标面或接触面分成较小的目标面或接触面,进而使每个较小的目标面或接触面包含很少的单元。

若一个接触面与多个目标面发生接触,则必须定义多个相同的接触面,这些接触面虽具有相同的几何特性但对应不同的目标面,即各自的实常数号不同。在定义目标面时,目标单元的节点顺序是正确检

测接触的关键。对 2D 接触问题,当从目标单元的节点 I 到节点 J 时,对应的接触单元(CONTA171、CONTA172 和 CONTA175 单元)必须位于目标面的右侧;对刚性的 2D 整圆(非部分圆弧),接触必须发生在圆的外部,不允许在圆的内部发生接触。

(1)刚性目标面需考虑的问题

每个刚性目标面都是具有特定形状的单一单元,或称"片段形式(Segment Type)",由 1 个、2 个或 3 个节点、目标形状代码等定义。命令 TSHAP 指定单元的几何形状,实常数 R1 定义单元的尺寸,而片段位置则由节点位置确定。ANSYS 的 TARGE169 单元支持六种片段形式,如表 10-12 和图 10-39 所示。

TARGE169 单元的 2D 片段形式　　　　　　　　　　　　　　　表 10-12

TSHAP	Segment Type	节点自由度			R1	R2
		I	J	K		
LINE	直线	(UX,UY),(TEMP),(VOLT),(AZ)	同 I	—	—	—
ARC	顺时针圆弧	(UX,UY),(TEMP),(VOLT),(AZ)	同 I	同 I	—	—
CARC	逆时针圆弧	(UX,UY),(TEMP),(VOLT),(AZ)	同 I	同 I	—	—
PARA	抛物线	(UX,UY),(TEMP),(VOLT),(AZ)	同 I	同 I	—	—
CIRC	圆	(UX,UY),(TEMP),(VOLT),(AZ)	—	—	半径	—
PILO	导向节点	(UX, UY, ROTZ),(TEMP),(VOLT),(AZ)	—	—	—	—

注:1. 节点有效自由度由对应接触单元的 KEYOPT(1)确定。

　　2. 当直接创建圆时,创建单元之前定义实常数 R1。

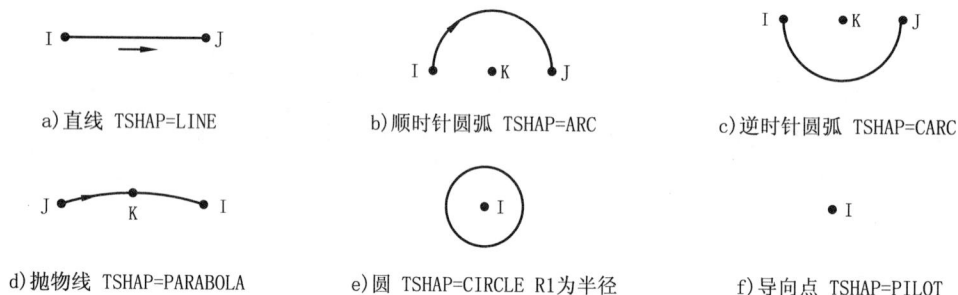

a)直线 TSHAP=LINE　　　　b)顺时针圆弧 TSHAP=ARC　　　　c)逆时针圆弧 TSHAP=CARC

d)抛物线 TSHAP=PARABOLA　　　　e)圆 TSHAP=CIRCLE R1为半径　　　　f)导向点 TSHAP=PILOT

图 10-39　TARGE169 单元的片段形式

对简单的刚性目标面可直接创建目标单元,但应首先用命令 TSHAP 指定目标单元的形状,然后用命令 E 创建目标单元。当直接创建圆形目标单元时,还须先行定义实常数 R1 以确定目标圆的半径。对一般的 2D 刚性目标面,目标单元可通过命令 LMESH 生成,导向节点可通过命令 KMESH 生成,此时命令 TSHAP 将被忽略而由 ANSYS 自动选择正确的形状。

导向节点提供了一种既便捷又强大的方法为整个刚体目标面定义边界条件,如转动、平移、力矩、温度和电压等,用户只需为导向节点定义边界条件,而不需要为各个节点再定义边界条件,如此也减少了出错机率。导向节点与其他片段形式不同,它用来定义整个目标面的自由度。该节点可为目标面上的任一节点,但并不是必需的。目标面所有可能的刚体运动均为绕导向节点的平动和转动的组合,整个目标面的边界条件(包括位移、转动、力、力矩、温度、电压和磁势)只需在导向节点上定义。

刚性面的约束转动仅需绑定刚—柔接触对的导向节点,并采用 MPC 算法或面约束,此种情况下若采用罚函数算法可能会产生不希望的转动能。

缺省情况下,若没有明确定义自由度[KEYOPT(2)=0],ANSYS 自动约束刚性目标面的节点自由度。也可通过设置 KEYOPT(2)=1 由用户定义边界条件,而不采用 ANSYS 施加的自动边界条件。温度缺省值为 TUNIF,但当 TUNIF 无确定值时则缺省为零。对辐射和对流模型的热接触分析,热接触面行为(无论是"近场"面或"自由"面)通常由接触状态决定,接触状态对接触面行为的影响如下:

①若接触面在 Pinball 半径之外,则为"远场"的自由面,此时与环境发生对流和辐射。

②若接触面在 Pinball 半径之内,则为"近场"接触行为。

但当 KEYOPT(3)＝1 时,将忽略热接触面的状态,并总是以"自由"面处理目标面。

(2)柔性目标面需考虑的问题

对一般柔性面,通常利用命令 ESURF 在已划分单元的边界上生成目标单元。此种情况下,不能使用命令 TSHAP。

TARGE169 单元的输入参数与选项如表 10-13 所示。

TARGE169 单元输入参数与选项　　　　　　　　　　　　　　表 10-13

参数类别	参 数 及 说 明
节点	I, J, K(J 和 K 不总是必需的)
自由度	UX,UY,ROTZ,TEMP,VOLT,AZ(ROTZ 仅对导向节点)
实常数	R1——圆半径,其余则通过接触单元定义
材料属性	无
面/体荷载	无
特性	非线性、单元生死
KEYOPT(2)	刚性目标节点的边界条件: 0——由 ANSYS 自动施加;1——由用户定义
KEYOPT(3)	热接触面行为: 0——根据接触状态决定;1——以自由面处理
KEYOPT(4)	MPC 方程中被约束自由度(在多点约束方程中出现的自由度),仅用于目标单元采用一个导向节点的约束面情况。 n——输入三个数字表示被约束的自由度。第一个到第三个数字分别表示 ROTZ、UY、UX 的约束信息。数字 1 表示自由度被激活,数字 0 表示不被激活。如 011 表示在 MPC 中激活 UX 和 UY。可忽略前导 0,如输入 1 表示仅 UX 被激活。若 KEYOPT(4)＝0(缺省)或者 111,则所有自由度均被约束

10.8.2　输出参数

TARGE169 单元输出说明如表 10-14 所示。

TARGE169 单元输出说明　　　　　　　　　　　　　　表 10-14

名　称	说　明	O	R
EL	单元号	Y	Y
NODES	节点号 I,J,K	Y	Y
ITRGET	目标面号(由 ANSYS 定义)	Y	Y
TSHAP	片段形式	Y	Y
ISEG	片段编号(由 ANSYS 确定输出与否)	Y	Y

10.8.3　注意事项

(1)2D 目标单元必须在 XY 平面内。

(2)对圆弧形片段形式,第三节点必须位于圆心且在生成单元时必须精确定义,在变形过程中也必须与其他节点一起连续运动,否则圆弧形状将发生变化。为确保正确的运动行为,在导向节点上施加所有的边界条件。

（3）对抛物线片段形式，第三节点必须在抛物线中点。

（4）对刚性目标面，除导向节点外，没有外力作用在目标面的其他节点上。若目标面定义了导向节点，ANSYS 将忽略目标面上其他节点的边界条件。对每个导向节点，ANSYS 自动定义一个内部节点和内部约束方程，内部约束方程将导向节点的转动自由度与内部节点的平动自由度联系起来。用户不能利用导向节点创建约束方程或耦合自由度。

（5）一般而言，在荷载步之间或重启动时，用户不应该改变实常数 R1，否则 ANSYS 将认为在荷载步之间圆的半径是变化的。若定义了多个刚性圆，每个圆具有不同的半径，则它们必须定义为不同的目标面。

10.8.4 应用举例

（1）刚性压辊滚压钢板成型分析

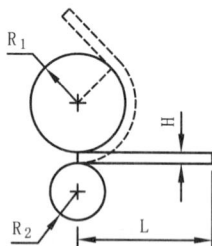

如图 10-40 所示的钢板成型示意，设两个压辊均为刚性，半径分别为 R_1 和 R_2，钢板厚度为 H，板条长度为 L。分析时考虑钢板的材料非线性，假设钢板和压辊的摩擦系数为 0.3，具体参数详见如下命令流。建模时约束板条左端的水平位移和左端顶点的竖向位移，固定 R_1 压辊，R_2 压辊绕 R_1 压辊中心转动，从而迫使板条呈图中虚线所示。需要说明的是，因刚性目标面绕其导向节点而动，故需在 R_1 压辊中心创建 R_2 压辊（接触对）的导向节点。

图 10-40　压辊滚压钢板成型

```
!════════════════════════════════════
!EX10.17  刚性压辊滚压钢板成型分析
FINISH$/CLEAR$/PREP7$R1=0.6$R2=0.15$H=0.1$L=2.0                          !几何参数及其定义
ET,1,PLANE82 $ ET,2,TARGE169 $ ET,3,CONTA172                             !定义单元类型
MP,EX,1,2.1E11$MP,PRXY,1,0.3$TB,BKIN,1$TBDATA,1,235E6,2.1E9              !定义材料常数(钢板)
MP,MU,2,0.3$R,1$R,2,R1$R,3,R2                                            !定义材料常数和实常数
BLC4,,,L,H$AATT,1,1,1$LSEL,S,LENGTH,,H$LESIZE,ALL,0.01                   !创建几何模型并定义网格尺寸
LSEL,S,LENGTH,,L$LESIZE,ALL,0.025$LSEL,ALL$AMESH,ALL                     !继续定义网格尺寸并划分网格
NSEL,S,LOC,X,0$D,ALL,UX$D,NODE(0,H,0),UY$NSEL,ALL                        !施加板条约束
!直接创建目标单元 R1 圆,并与板条顶面形成接触对(实常数 2)
TYPE,2$MAT,2$REAL,2$NMAX=NDINQR(0,14)+1                                  !指定单元组、材料和实常数号,获得最大节点号
N,NMAX,0,H+R1$TSHAP,CIRCLE$E,NMAX                                        !创建节点,指定片段形式,定义目标单元
NSEL,S,LOC,Y,H$TYPE,3$ESURF                                             !选择节点,定义接触单元形成接触对
!直接创建目标单元 R2 圆,并与板条底面形成接触对(实常数 3),同时定义该目标单元的导向节点
TYPE,2$MAT,2$REAL,3$NMAX=NDINQR(0,14)+1                                  !指定单元组、材料和实常数号,获得最大节点号
N,NMAX,0,-R2$TSHAP,CIRCLE$E,NMAX                                        !创建节点,指定片段形式,定义目标单元
PINODE=NMAX+1$N,PINODE,0,H+R1                                           !在 R1 圆圆心定义一个节点,节点号为 PINODE
TSHAP,PILOT$E,PINODE                                                   !指定为导向节点,创建单元(导向节点)
NSEL,S,LOC,Y,0$TYPE,3$ESURF$ALLSEL,ALL                                 !选择板条底面节点,定义接触单元形成接触对
/SOLU$NLGEOM,ON$NSUBST,200,,50$OUTRES,ALL,ALL$TIME,1                    !定义求解选项
D,PINODE,ROTZ,0.75*ACOS(-1)$SOLVE                                     !施加导向节点的转动位移约束并求解
/POST1$PLNSOL,U,SUM$ANTIME,30,0.2,1                                     !进入后处理,制作动画
ESEL,S,TYPE,,1$PLNSOL,S,EQV$PLNSO,EPPL,EQV                              !选择板条单元,绘制结果云图
ESEL,S,REAL,,2$PLNSOL,CONT,PRES                                         !选择接触单元,绘制接触压力云图
!════════════════════════════════════
```

（2）多刚体的接触分析

如图 10-41 所示的多个刚性压辊滚压钢板成型，存在单个接触面与多个刚性目标面发生接触的情形，利用导向节点对刚性目标面施加边界条件极其方便。计算分析的命令流如下。

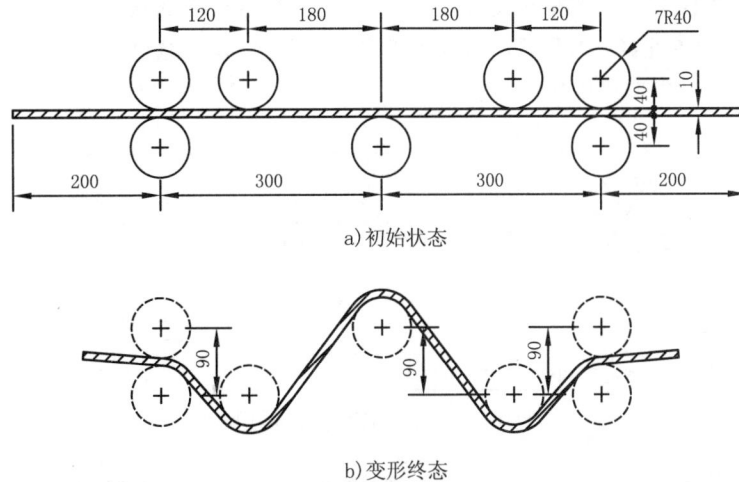

a)初始状态

b)变形终态

图 10-41 多刚体的接触分析

```
!======================================================================
!EX10.18 多刚体的接触分析
!定义几何参数,定义各刚性圆的圆心坐标(从左到右先下后上编号)
FINISH$/CLEAR$/PREP7 $ R1=40$H=10$L=1000$X1=-300$Y1=-R1$X2=0$Y2=Y1$X3=-X1$Y3=Y1
X4=X1$Y4=H+R1$X5=-180$Y5=Y4$X6=-X5$Y6=Y5$X7=X3$Y7=Y5
!定义单元类型、材料常数、实常数(利用循环定义7个实常数用于接触对识别)等
ET,1,PLANE82$ET,2,TARGE169$ET,3,CONTA172$MP,EX,1,2.1E5$MP,PRXY,1,0.3
TB,BKIN,1$TBDATA,1,235,0.0$MP,MU,2,0.1$R,1$ * DO,I,2,8$R,I,R1,,0.1$ * ENDDO
!创建横梁几何模型,定义单元尺寸,划分网格,施加对称线约束
BLC4,-L/2,L,H$WPROTA,,,90$ASBW,ALL$AATT,1,1,1$LSEL,S,LENGTH,,H$LESIZE,ALL,H/4
LSEL,S,LENGTH,,L/2$LESIZE,ALL,H/2$LSEL,ALL$AMESH,ALL$NSEL,S,LOC,X,0$D,ALL,UX
!创建接触单元,在底面同一节点群上利用循环创建3组接触单元
TYPE,3$MAT,2$NSEL,S,LOC,Y,0$ * DO,I,2,4$REAL,I$ESURF$ * ENDDO
!继续创建接触单元,在顶面同一节点群上利用循环创建4组接触单元
NSEL,S,LOC,Y,H$ * DO,I,5,8$REAL,I$ESURF$ * ENDDO
!直接创建目标单元和导向节点,注意实常数号与接触单元对应关系;对导向节点施加约束位移
TYPE,2$TPO=NDINQR(0,14)$ * DO,I,2,8$REAL,I
N,TPO+I,X%I-1%,Y%I-1%$TSHAP,CIRCLE$E,TPO+I$TSHAP,PILOT$E,TPO+I$ * ENDDO
DUY=2 * R1+H$D,TPO+3,UY,DUY$D,TPO+6,UY,-DUY$D,TPO+7,UY,-DUY$ALLSEL,ALL
!求解并进入后处理查看结果
/SOLU$NLGEOM,ON$NSUBST,200,,20$OUTRES,ALL,ALL$TIME,1$SOLVE
/POST1$/DSCALE,,1$PLNSOL,U,SUM$ANTIME,50,0.2,1
ESEL,S,TYPE,,1$PLNSOL,S,EQV$PLNSOL,EPPL,EQV$ESEL,S,TYPE,,3$PLNSOL,CONT,PRES
!======================================================================
```

10.9 TARGE170 单元

TARGE170 称为 3D 目标单元,用于描述与接触单元(CONTA173、CONTA174、CONTA175 和 CONTA176 单元)相关的各种 3D 目标面,其使用方法与单元 TARGE169 类似。

10.9.1 输入参数与选项

TARGE170 单元的单元几何如图 10-42 所示,其创建目标单元和接触对的基本要求与 TARGE169 单元相同,但"片段形式"不同,TARGE170 单元的片段形式如图 10-43 所示。其中 3 节点和 6 节点三角形、4 节点和 8 节点四边形及基本片段形式（球、圆柱、锥台）等用于面面接触单元（CONTA173 和 CON-TA174 单元）及点面接触单元（CONTA175 单元），2 节点线及 3 节点抛物线片段形式用于 3D 线线接触单元（CONTA176 单元）以模拟梁梁接触。

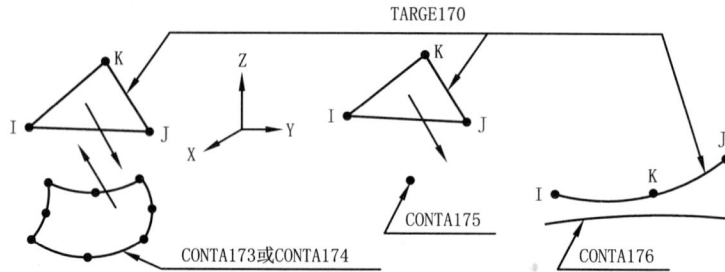

图 10-42   TARGE170 单元几何

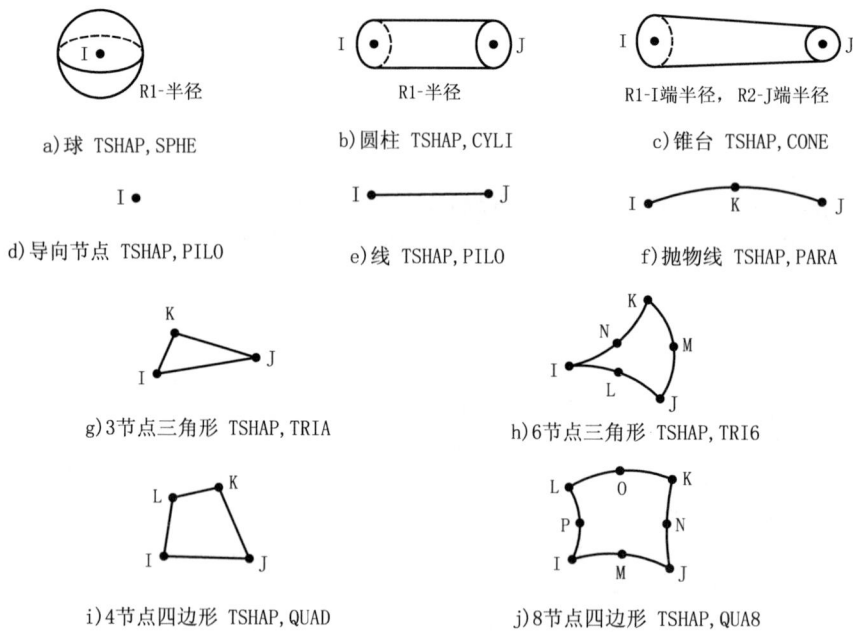

a) 球 TSHAP, SPHE　　　　　b) 圆柱 TSHAP, CYLI　　　　　c) 锥台 TSHAP, CONE

d) 导向节点 TSHAP, PILO　　　　e) 线 TSHAP, PILO　　　　f) 抛物线 TSHAP, PARA

g) 3 节点三角形 TSHAP, TRIA　　　　h) 6 节点三角形 TSHAP, TRI6

i) 4 节点四边形 TSHAP, QUAD　　　　j) 8 节点四边形 TSHAP, QUA8

图 10-43   TARGE170 单元的片段形式

　　与 TARGE169 单元定义刚体目标单元类似，可采用直接法创建目标单元，命令 TSHAP 指定单元的几何形状，实常数 R1 和 R2 定义单元的尺寸，而片段位置则由节点位置确定；但对于如三角形和四边形单元，采用直接法创建时命令 TSHAP 也没有意义。ANSYS 的 TARGE170 单元支持十种片段形式（图 10-43），说明如表 10-15 所示。对 3D 刚性面或刚性线，也可采用命令 AMESH 和 LMESH 生成目标单元，低阶或高阶单元由 KEYOPT(1) 控制；命令 KMESH 可生成导向节点。当采用命令 AMESH、LMESH、KMESH 生成目标单元时，将忽略命令 TSHAP 的作用，ANSYS 自动选择正确的单元形状。不管是直接法创建的目标单元还是用上述三个命令生成的目标单元，若无下覆单元，ANSYS 均按刚性单元对待。

TARGE170 单元的 3D 片段形式　　　　　　　　　　　　　　　　表 10-15

TSHAP	Segment Type	节点自由度[1]	R1	R2
TRIA	3 节点 三角形	第 1～3 节点为角点 (UX,UY,UZ),(TEMP),(VOLT),(MAG)	—	—
QUAD	4 节点 四边形	第 1～4 节点为角点 (UX,UY,UZ),(TEMP),(VOLT),(MAG)	—	—

续上表

TSHAP	Segment Type	节点自由度[1]	R1	R2
TRI6	6 节点 三角形	第 1～3 节点为角点,第 4～6 节点为中间节点 (UX,UY,UZ),(TEMP),(VOLT),(MAG)	—	—
QUA8	8 节点 四边形	第 1～4 节点为角点,第 5～8 节点为中间节点 (UX,UY,UZ),(TEMP),(VOLT),(MAG)	—	—
LINE	2 节点 直线	第 1～2 节点为线端点(UX,UY,UZ)	目标半径[4]	接触半径[5]
PARA	3 节点 抛物线	第 1～2 节点为线端点,第 3 节点为中点 (UX,UY,UZ)	目标半径[4]	接触半径[5]
CYLI	圆柱[2]	第 1～2 节点为轴线端点 (UX,UY,UZ),(TEMP),(VOLT),(MAG)	半径	—
CONE	锥台[2]	第 1～2 节点为轴线端点 (UX,UY,UZ),(TEMP),(VOLT),(MAG)	半径 1	半径 2
SPHE	球[2]	球心点(UX,UY,UZ),(TEMP),(VOLT),(MAG)	半径	—
PILO	导向节点[3]	第一点(UX,UY,UZ,ROTX,ROTY,ROTZ), (TEMP),(VOLT),(MAG)		

注:1. 节点有效自由度由对应接触单元的 KEYOPT(1)确定。

2. 当直接创建圆柱、锥台或球时,创建单元之前定义实常数 R1。

3. 仅导向节点具有转动自由度(ROTX,ROTY,ROTZ)。

4. 当模拟管在管内接触时,输入的半径为负值;当为外部接触时,输入的为正值。

5. 当模拟管在管内接触或 3D 梁梁外部接触时,输入的为正值。

对于柔性目标面,也可采用直接法创建目标单元(以下覆单元的节点生成),但采用命令 ESURF 生成目标单元更为方便。另外,采用命令"ESURF,,,TRI"可将目标面以"三角形小平面"形式生成目标单元,但不推荐这种方式。圆柱、球、锥台和导向节点不能用于柔性目标面。

TARGE170 单元的输入参数与选项如表 10-16 所示。

TARGE170 单元输入参数与选项　　　　　　　　　　　表 10-16

参 数 类 别	参 数 及 说 明
节点	I,J,K,L,M,N,O,P(J～P 不总是必需的)
自由度	UX,UY,UZ,TEMP,VOLT,MAG(ROTX,ROTY,ROTZ 仅对导向节点)
实常数	R1,R2——半径,其余则通过接触单元定义
材料属性	无
面/体荷载	无
特性	非线性、单元生死
KEYOPT(1)	低阶和高阶单元选择(仅对 AMESH 和 LMESH 有效): 0——低阶单元(无中间节点);1——高阶单元(有中间节点)
KEYOPT(2)	刚性目标节点的边界条件: 0——由 ANSYS 自动施加;1——由用户定义
KEYOPT(3)	热接触面行为: 0——根据接触状态决定;1——以自由面处理

参数类别	参数及说明
KEYOPT(4)	MPC 方程中被约束自由度,仅用于目标单元采用一个导向节点的约束面情况。 n——输入六个数字表示被约束的自由度,使用方法同 TARGE169 单元
KEYOPT(5)	采用 MPC 算法且不分离或绑定行为时所使用的自由度: 0——自动约束类型(缺省);1——实体—实体约束(无转动自由度约束);2——壳—壳约束(包括平动和转动自由度);3——在接触法向的壳—实体约束,壳包括平动和转动自由度约束,而实体仅平动自由度约束;4——在所有方向的壳—实体约束。若发现从接触法线到目标面相交时,此选项等同于 KEYOPT(5)＝3 选项

10.9.2　输出参数

TARGE170 单元输出说明如表 10-17 所示。

TARGE170 单元输出说明　　　　　　　　　表 10-17

名　称	说　明	O	R
EL	单元号	Y	Y
NODES	节点号 I,J,K	Y	Y
ITRGET	目标面号(由 ANSYS 定义)	Y	Y
TSHAP	片段形式	Y	Y
ISEG	片段编号(由 ANSYS 确定输出与否)	Y	Y

10.9.3　注意事项

(1)一般而言,在荷载步之间或重启动时,用户不应该改变实常数 R1 和 R2,否则 ANSYS 将认为在荷载步之间半径是变化的。若定义了某种基本片段形式(球、圆柱和锥台)的多个刚性目标面,它们具有不同的半径,则必须定义为不同的目标面。

(2)对刚性目标面,除导向节点外,没有外力作用在目标面的其他节点上。若目标面定义了导向节点,ANSYS 将忽略目标面上其他节点的边界条件。对每个导向节点,ANSYS 自动定义一个内部节点和内部约束方程,内部约束方程将导向节点的转动自由度与内部节点的平动自由度联系起来。

(3)ANSYS 不建议用户利用导向节点建立约束方程或自由度耦合。若是如此,可能会造成自由度冲突而导致不正确的结果。命令 CE 和 CP 不能用于目标面的其他节点,因为目标面不具有自由度,即使没有定义导向节点。

10.10　CONTA178 单元

CONTA178 称为 3D 点点接触单元,用于描述任意类型单元的任意 2 个节点之间的接触和滑移状态,该单元有 2 个节点,每个节点有 3 个自由度(平动)。约束 UZ 自由度时,也适用于 2D 和轴对称结构。该单元支持接触法向受压和切向库仑摩擦,并支持法向的初始预紧力或间隙,也包括轴向阻尼。

10.10.1　输入参数与选项

图 10-44 给出了单元几何、节点位置和坐标系,该单元通过 2 个节点定义,输入数据包括初始间隙或过盈 GAP、初始单元状态 START、阻尼系数 CV1 和 CV2 等。

CONTA178 单元的输入参数与选项如表 10-18 所示。

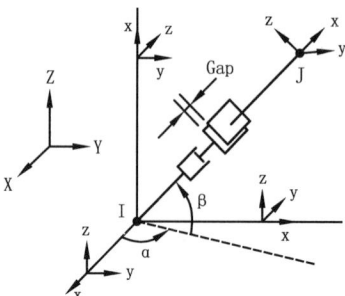

图 10-44　CONTA178 单元几何

CONTA178 单元输入参数与选项 表 10-18

参 数 类 别	参 数 及 说 明			
节点	I,J			
自由度	UX,UY,UZ			
实常数	序号	符 号	说 明	作 用
	1	FKN	法向接触刚度系数	确定接触刚度
	2	GAP	初始间隙	初始间隙或过盈
	3	START	初始接触状态	可减少迭代次数
	4	FKS	黏性刚度	确定切线刚度
	5	REDFACT	KN/KS 换算系数	确定弱弹簧刚度
	6	NX	GAP 法线的 X 分量	指定接触法线方向
	7	NY	GAP 法线的 Y 分量	指定接触法线方向
	8	NZ	GAP 法线的 Z 分量	指定接触法线方向
	9	TOLN	侵入容差系数	确定侵入量
	10	FTOL	最大接触拉应力	振荡控制参数
	11	SLTOL	最大弹性滑移量	滑动量限值
	12	CV1	阻尼系数	常阻尼
	13	CV2	非线性阻尼系数	非线性阻尼
材料属性	DAMP,MU			
面荷载	无			
体荷载	温度:T(I),T(J)			
特性	非线性间隙			
KEYOPT(1)	间隙类型: 0——单向间隙;1—— 圆柱间隙			
KEYOPT(2)	接触算法: 0——扩展拉格朗日算法(缺省);1——罚函数法;3——混合法(接触法向用拉格朗日乘子法,切向用罚函数法);4——纯拉格朗日乘子法,即接触法向和切向都用拉格朗日乘子法			
KEYOPT(3)	弱弹簧作用选项: 0——不使用;1——接触分离时(仅对刚度有贡献);2——接触分离或自由滑动时(仅对刚度有贡献);3——接触分离时(对刚度和接触内力有贡献);4——接触分离或自由滑动时(对刚度和接触内力有贡献)			
KEYOPT(4)	间隙量值的确定: 0——间隙=实常数间隙 GAP+初始节点位置的几何间隙;1——间隙=实常数间隙(忽略节点位置的几何间隙)			
KEYOPT(5)	接触法线的确定依据: 0——节点位置或实常数 NX,NY,NZ;1——节点坐标系的 X 方向余弦(两接触节点平均);2——节点坐标系的 Y 方向余弦(两接触节点平均);3——节点坐标系的 Z 方向余弦(两接触节点平均);4——所定义的单元坐标系的 X 方向余弦(ESYS);5——所定义的单元坐标系的 Y 方向余弦(ESYS);6——所定义的单元坐标系的 Z 方向余弦(ESYS)			
KEYOPT(7)	单元级时间步长控制: 0——不控制;1——接触预测器维持合理的时间步长或荷载增量;2——当接触状态改变时,接触预测器预测一最小的时间步长或荷载增量,包括自动二分,仅在程序级"SOLCONTROL,ON,ON"时才激活			

参 数 类 别	参 数 及 说 明
KEYOPT(9)	初始间隙在荷载步中的施加方法： 0——初始间隙在第一荷载步中按阶跃方式施加；1——初始间隙在第一荷载步中按渐变方式施加
KEYOPT(10)	接触面行为同表 10-2 中的 KEYOPT(12)
KEYOPT(12)	接触状态监控： 0——不输出接触状态；1——监控并输出接触状态和接触刚度

（1）接触法线方向

CONTA178 单元的接触方向由节点位置（节点 I 和 J）确定或由用户指定接触法向，且假定接触面垂直于 I-J 连线或指定的间隙方向。单元坐标系的原点位于节点 I，其 x 轴指向节点 J 或指向用户指定的间隙方向，接触面平行于单元坐标系的 yz 平面。可采用命令 EINTF 生成单元及其单元方向。在单元坐标系下节点 J 相对于节点 I 的正位移使间隙张开，在下列情况下必须指定接触法线方向：

①节点 I 和节点 J 的初始坐标相同；

②模型中存在初始过盈使得下覆单元相互重叠；

③初始张开间隙非常小。

接触法线可采用 KEYOPT(5)设置，对于 KEYOPT(5)=1(2 或 3)，接触法线由节点 I 和节点 J 坐标的 X 轴(Y 或 Z)方向余弦平均值确定，当然节点 I 和节点 J 的方向余弦应很接近；也可采用命令 NORA 和 NORL 旋转节点坐标系的 X 轴，使其与实体模型的面法线一致。

（2）接触状态

初始间隙 GAP 正值时定义了间隙量值，负值时则定义了过盈量值。若 KEYOPT(4)=0，则间隙量值根据实常数 GAP 和节点位置（从节点 I 到节点 J 的矢量在接触法线上的投影）自动计算，即考虑 GAP 和几何间隙效应的叠加。若 KEYOPT(4)=1，则间隙量值就是 GAP 而忽略几何位置的影响。缺省时 KEYOPT(9)=0，初始间隙在第一荷载步施加。若要在第一荷载步施加渐变的初始间隙（如模拟过盈问题），可设置 KEYOPT(9)=1 和"KBC,0"，且在第一荷载步内不施加其他外荷载。

接触单元的接触力—位移关系可分为法向和切向，当法向接触力 FN 为负值时，接触状态保持闭合（STAT=2 或 3）；当法向接触力 FN<0 且切向接触力 FS 的绝对值小于 $\mu|FN|$ 时，接触黏合(STAT=3)；当 FN<0 且 FS=$\mu|FN|$ 时，产生接触滑动(STAT=2)；当 FN 为正值时，接触分离(STAT=1)且无力的传递(FN=FS=0)。

第一子步开始的接触条件可用参数 START 确定，单元初始接触状态(START)用于定义第一子步开始时接触面的"事前"接触条件，其值覆盖其他参数确定的接触条件，这在能够预测最终接触状态时非常有用，可减少迭代次数。当然，若定义不切实际的 START 值有时会降低收敛性。若 START=0.0 或为空，则单元的初始状态由 GAP 或 KEYOPT(4)的设置而确定；若 START=3.0，则初始接触状态为闭合且不滑动($\mu\neq0$)或滑动($\mu\neq0.0$)；若 START=2.0，则初始接触状态为闭合且滑动；若 START=1.0，则初始接触状态为分离。

（3）摩擦

接触面的摩擦系数 μ 用材料性质 MU 定义，零值表示无摩擦接触。可在节点上定义温度，但仅用于计算材料性质（如随温度变化的摩擦系数），计算摩擦系数时的温度取 2 个节点温度的平均值。节点 I 温度 T(I)缺省值为 TUNIF，节点 J 缺省值为 T(I)。在有摩擦的分析中，对法向和切向运动耦合较强的问题，采用"NROPT,UNSYM"求解选项较有效（在 $\mu>0.2$ 时常常需要）。

（4）弱弹簧

KEYOPT(3)可在分离或自由滑动的接触面间定义"弱弹簧"，这对防止静态分析中的刚体运动很有效。弱弹簧刚度由实常数 REDFACT 确定，当 REDFACT 为正时（缺省值为 10^{-6}），弱弹簧刚度等于法向刚度 KN 与 REDFACT 之积;当 REDFACT 为负时,其值就为弱弹簧刚度。正如 CONTAC52 单元那样,当 KEYOPT(3)=1 或 2 时,弱弹簧仅对整体刚度有贡献,以防止在求解过程中出现"奇异"情况;而当 KEYOPT(3)=3 或 4 时,弱弹簧不仅对整体刚度有贡献,而且产生节点内力以拉住分离的节点。当然,弱弹簧选项不能与不分离或绑定接触行为联用。

(5)圆柱间隙

圆柱间隙选项[KEYOPT(1)=1]用于在求解过程中接触法向不固定的情况,如同心管接触(图 10-45)。用此选项时,实常数 NX、NY、NZ 以圆柱轴线 $\vec{N}$ 在整体直角坐标系下的方向余弦输入,接触法线位于横截面内且垂直于圆柱轴线,程序计算节点 I 和节点 J 的当前位置在横截面内投影的相对距离 |XJ−XI|。NX、NY、NZ 的缺省值为(0,0,1),即 2D 圆间隙的情况。采用圆柱间隙选项时,将忽略 KEYOPT(4)和 KEYOPT(5)的设置,并且此时节点顺序可以任意。实常数 GAP 不再是初始间隙,且不容许为零值,此时实常数 GAP 将作为判断是否接触的条件参数(图 10-45)。

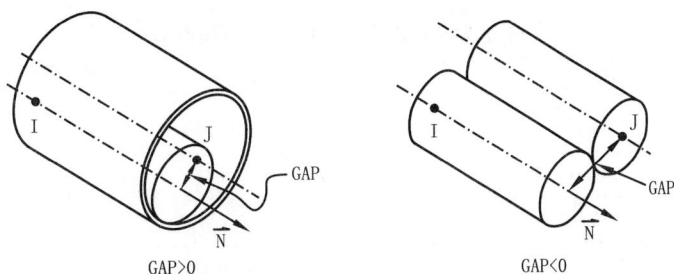

图 10-45 圆柱间隙和节点

正值的 GAP 模拟小直径圆柱位于平行的大直径圆管之内的接触,GAP 等于两圆柱半径之差 |RJ−RI|,其值表示在横截面上投影的最大容许值,接触约束条件为 |XJ−XI|≤|GAP|。

负值的 GAP 模拟两平行圆柱的表面接触,GAP 等于两圆柱半径之和 |RJ+RI|,其值表示在横截面上投影的最大容许值,接触约束条件为 |XJ−XI|≥|GAP|。

(6)阻尼

阻尼仅用于模态分析和瞬态分析,缺省时该单元不考虑阻尼,当接触闭合时仅在接触法向才可考虑阻尼,阻尼系数的量纲为"力×时间/长度"。对 2D 轴对称分析,该系数按 360°考虑。

阻尼力的计算公式为 $F_x = -C_v \dfrac{du_x}{dt}$,其中 $C_v = C_{v1} + C_{v2} \times V$,V 为上一子步计算的速度,$C_{v1}$ 和 C_{v2} 为实常数 CV1 和 CV2。

10.10.2 输出参数

CONTA178 单元输出说明如表 10-19 所示,表 10-20 为命令 ETABLE 或 ESOL 中的表项和序号。

CONTA178 单元输出说明　　　　　　　　　　　　表 10-19

名　称	说　明	O	R
EL	单元号	Y	Y
NODES	节点号 I,J	Y	Y
XC,YC,ZC	单元结果的输出位置	Y	3
TEMP	温度 T(I)、T(J)	Y	Y
USEP	间隙值	Y	Y
FN	法向力(沿 I-J 连线)	Y	Y
STAT	单元接触状态	1	1

名　称	说　明	O	R
OLDST	以前接触状态	1	1
ALPHA,BETA	单元方位角	Y	Y
MU	摩擦系数	2	2
UT(Y,Z)	单元坐标系 y 和 z 方向的位移	2	2
FS(Y,Z)	单元坐标系 y 和 z 方向的切向力(摩擦)	2	2
ANGLE	单元坐标系 yz 平面内的摩擦力方向角	2	2

注:1. STAT 值说明如下:=1,接触分离;=2,滑动接触;=3,黏合接触(无滑动)。

2. 仅当 MU>0 时。

3. *GET 命令采用 CENT 项时可得。

命令 ETABLE 和 ESOL 的表项和序号 　　　　　　　　　表 10-20

输出量名称	项 Item	E	输出量名称	项 Item	E
FN	SMISC	1	UTZ	NMISC	7
FSY	SMISC	2	MU	NMISC	8
FSZ	SMISC	3	ANGLE	NMISC	9
STAT	NMISC	1	KN	NMISC	10
OLDST	NMISC	2	KS	NMISC	11
USEP	NMISC	3	TOLN	NMISC	12
ALPHA	NMISC	4	FTOL	NMISC	13
BETA	NMISC	5	SLTOL	NMISC	14
UTY	NMISC	6			

上表中 USEP 为在子步结束时接触节点之间的间隙值,位于单元坐标系下的 x 方向,此值用于确定法向接触力 FN。UT(Y,Z)表示单元坐标系下 Y 和 Z 方向的总位移。切向力 FS 最大值为 $\mu|FN|$,在单元坐标系的 Y 和 Z 方向均可能产生滑动。

单元坐标系的方位角 α 和 β(图 10-44)根据节点位置计算,即输出中的 ALPHA 和 BETA。α 角从 $0\sim360°$,而 β 角从 $-90°\sim+90°$。沿整体坐标轴 Z 方向的单元,$\alpha=0°$ 且 $\beta=\pm90°$,其余方向的单元坐标系如图 10-44 所示。

10.10.3　注意事项

(1)该单元仅在静态分析中为双线性,在瞬态动力分析中为非线性。当用于其他分析类型时,在整个分析过程该单元保持其初始状态。

(2)除非用实常数(NX,NY,NZ)或 KEYOPT(5)定义了接触法向,否则节点 I 和节点 J 不能重合,因为此时需用节点位置确定接触法向。由节点位置确定接触法向时,节点顺序无关紧要,否则节点顺序就很重要。可使用命令"/PSYMB,ESYS"查看并验证接触法线,若发现法线方向不正确,可使用命令"EINTF,,,REVE"翻转法线方向。为确定接触面哪些边包含节点,可采用命令"ESEL,ENAM,,178"和"NSLE,POS,1"查看和验证。

(3)在小变形或大变形分析中,单元保持其原始方位,除非采用了圆柱间隙设置选项。

(4)实常数 FKN、REDFACT、TOLN、FTOL、SLTOL 和 FKS 均可输入正值或负值,ANSYS 认为正值是比例系数,而负值是该参数的绝对值。这些实常数在荷载步之间或重启动时可以修改。

(5)该单元不能用于单元生死。

10.10.4　应用举例

(1)叠梁分析

叠梁在实际工程中较为常见,所谓叠梁是指一根梁自然叠放在另一根梁上而形成的组合结构,上部的梁受到外荷载的作用而产生变形,从而将一部分力传递到下部的梁上,形成梁间的接触力(法向和切向力)。

如图 10-46 所示的简支梁叠梁,上部梁承受均布荷载,采用点点接触单元 CONTA178 对此进行分析。建模时各梁位于其几何中心,然后在两梁之间创建接触单元,计算模型如图 10-46b)所示。因接触单元的节点 I 和节点 J 不重合,形成几何间隙(H1+H2)/2,但实际两梁不存在间隙,故不应考虑该几何间隙,可通过 KEYOPT(4)=1 实现。当然,若不在各自几何中心建模,也可在同一位置创建两梁,这时就无几何间隙存在。两梁之间的摩擦通过输入摩擦系数实现,但对结果影响不大。

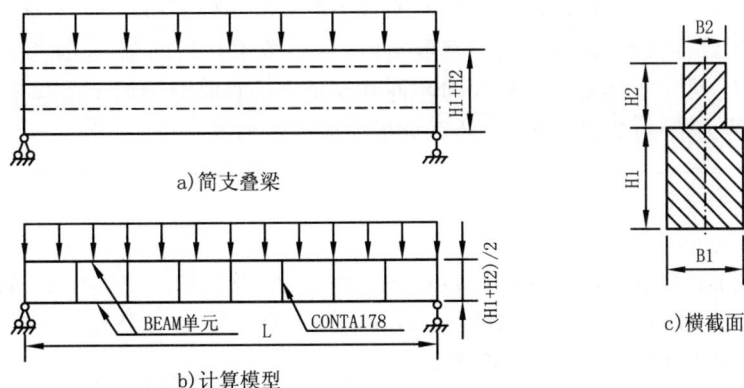

a)简支叠梁

b)计算模型

c)横截面

图 10-46　叠梁构造与计算模型

根据初等力学原理和两梁曲率相等的假定,可推导出两梁弯矩分别为:

$$M_1 = \frac{E_1 I_1}{E_1 I_1 + E_2 I_2} M$$

$$M_2 = \frac{E_2 I_2}{E_1 I_1 + E_2 I_2} M$$

(10-11)

式中:M——总荷载作用下单根梁的弯矩;

E,I——分别为各梁的材料和抗弯惯矩。

在给定的几何和材料参数、荷载等条件下,可通过式(10-11)和 ANSYS 分别计算出两梁的内力和变形,经比较二者结果的误差不足 1%(读者可自行验证)。计算分析的命令流如下。

```
!========================================
!EX10.19 叠梁的接触分析
FINISH$/CLEAR$/PREP7
B1=0.3$H1=0.4$B2=0.2$H2=0.3$L=20.0$FC=0.5          !定义几何参数和摩擦系数
ET,1,BEAM189$ET,2,CONTA178$KEYOPT,2,4,1           !定义单元类型和单元选项(不考虑几何间隙)
MP,EX,1,2E11$MP,PRXY,1,0.3$MP,MU,2,FC             !定义材料常数
SECTYPE,1,BEAM,RECT$SECDATA,B1,H1                !定义下部梁的截面
SECTYPE,2,BEAM,RECT$SECDATA,B2,H2                !定义上部梁的截面
R,1$R,2,0.1$H0=(H1+H2)/2                          !定义实常数及参数量(创建模型时的坐标)
K,1$K,2,L$K,3,,H0$K,4,L,H0$K,5,5,5$L,1,2$L,3,4    !创建几何模型
LSEL,S,,,1$LATT,1,,1,,,5,1$LSEL,S,,,2$LATT,1,,1,,,5,2  !定义线单元属性
LSEL,ALL$LESIZE,ALL,,,50$LMESH,ALL                !划分梁单元网格
TYPE,2$REAL,2$MAT,2$EINTF,,,LOW,,,H0              !创建接触单元
DK,1,UX,,,,UY,UZ,ROTX$DK,2,UY,,,,UZ              !施加下梁约束
DK,3,UZ,,,,ROTX$DK,4,UZ                          !施加上梁约束
```

```
LSEL,S,,,2$ESLL,S$SFBEAM,ALL,1,PRES,1E5$ALLSEL,ALL          !对上梁施加均布荷载
/SOLU$TIME,1$NSUBST,10$OUTRES,ALL,ALL$SOLVE                 !求解
/POST1$PLDISP$ESEL,S,TYPE,,1                                !绘制变形图,选择梁单元
ETABLE,MYI,SMISC,2$ETABLE,MYJ,SMISC,15$PLLS,MYI,MYJ         !绘制弯矩图
ETABLE,KYI,SMISC,8$ETABLE,KYJ,SMISC,21$PLLS,KYI,KYJ         !绘制曲率图
ESEL,S,TYPE,,2$ETABLE,FN,SMISC,1$PLETAB,FN                  !绘制接触压力图
ETABLE,FSY,SMISC,2$PLETAB,FSY                               !绘制摩擦力图
ETABLE,UTY,NMISC,6$PLETAB,UTY                               !绘制滑动量图
!
```

(2) 索的提升

索初始平放在地面,然后慢慢提升它的一端,随着不断提升,索也在地面上滑动。索采用 LINK10 单元模拟,提升采用约束位移;接触法线通过实常数指定,且不考虑几何间隙,这样接触节点位置可任意定义;考虑到滑动量很大,可设置实常数中较大的容许滑动量。计算时分为两个荷载步,第一荷载步施加自重,第二荷载步施加约束位移(提升高度)。计算分析的命令流如下。

```
!
!EX10.20 索的提升过程分析
FINISH$/CLEAR$/PREP7
L=100$ET,1,LINK10$ET,2,CONTA178$KEYOPT,2,4,1                !定义单元类型和选项
MP,EX,1,1.7E11$MP,PRXY,1,0.32$MP,DENS,1,7500$MP,MU,2,0.26   !定义材料常数
R,1,0.0028$R,2,0.1$RMODIF,2,7,1$RMODIF,2,11,-L              !定义实常数
K,1$K,2,L$L,1,2$LATT,1,1,1$LESIZE,ALL,0.2$LMESH,ALL         !创建索几何和有限元模型
NMAX=NDINQR(0,14)+1$N,NMAX,L/2,-10$TYPE,2$REAL,2$MAT,2      !定义新节点并指定单元类型等
*DO,I,1,NMAX-1$E,NMAX,I$*ENDDO                              !创建接触单元
D,NMAX,ALL$D,1,UX,,,,,UY                                    !施加约束
/SOLU$NLGEOM,ON$OUTRES,ALL,ALL                             !打开大变形,定义输出频度
TIME,1$NSUBST,10$ACEL,,9.8$SOLVE                            !第一荷载步施加自重并求解
TIME,2$NSUBST,200$D,1,UY,50.0$SOLVE                         !第二荷载步施加提升高度并求解
/POST1$PLNSOL,U,Y$ANTIME,50,0.2,,1,2,1,2                    !绘制变形图并制作动画
ESEL,S,TYPE,,1$ETABLE,SAXL,LS,1$PLETAB,SAXL                 !绘制索应力云图
ESEL,S,TYPE,,2$ETABLE,UTY,NMISC,6$PLETAB,UTY                !绘制接触单元的 Y 向滑动位移
/POST26$NSOL,2,1,U,Y$RFORCE,3,1,F,Y$XVAR,2$PLVAR,3          !绘制提升高度和提升力曲线
!
```

(3) 作为间隙单元的应用

ANSYS 中可考虑间隙的单元除接触单元外,还有 LINK10、COMBIN39 和 COMBIN40 等,而 CONTA178 单元用做间隙单元也很方便,只要利用其节点位置产生的几何间隙即可,即"间隙"本身就作为单元处理,使用起来更为直观。以 EX8.9 为例,不使用弹簧单元,而使用 CONTA178 单元,直接用该单元将"间隙"连接起来,计算结果与该例相等,命令流如下。

```
!
!EX10.21 作为间隙单元在时变结构中的应用(同 EX8.9)
!定义单元类型、材料常数、实常数等
FINISH$/CLEAR$/PREP7$ET,1,BEAM3$ET,2,CONTA178
MP,EX,1,3E10$MP,PRXY,1,0.2$R,1,0.03,1E-5,0.2$R,2,0.008,0.5E-5,0.1$R,3
!创建梁柱几何模型并生成有限元模型,施加约束条件等
K,1$K,2,3$K,3,6$K,4,8$K,5,12$K,6,16$K,7,6,-4$K,8,6,-0.01$K,9,12,-6$K,10,12,-0.02
L,1,2$L,2,3$L,3,4$L,4,5$L,5,6$L,7,8$L,9,10$DK,1,ALL$DK,7,ALL$DK,9,ALL
LSEL,S,LOC,Y,0$LATT,1,1,1$LSEL,INVE$LATT,1,2,1$LSEL,ALL$ESIZE,1.0$LMESH,ALL
```

!先获得节点号,然后创建接触单元 1 和接触单元 2
TYPE,2$REAL,3$NODE1=NODE(KX(8),KY(8),KZ(8))
NODE2=NODE(KX(3),KY(3),KZ(3))$E,NODE1,NODE2
NODE1=NODE(KX(10),KY(10),KZ(10))$NODE2=NODE(KX(5),KY(5),KZ(5))$E,NODE1,NODE2
!按荷载步施加荷载并求解,进入后处理查看结果
/SOLU$TIME,1$NSUBST,20,,10$OUTRES,ALL,ALL$FK,2,FY,-1E3$SOLVE
TIME,2$FK,6,FY,-2E3$SOLVE$TIME,3$FK,4,FY,-5E3$SOLVE
/POST1$PLDISP,1$/POST26$ESOL,2,27,,SMISC,1$ESOL,3,28,,SMISC,1$PLVAR,2,3
!==

10.11　CONTAC52 和 CONTAC12 单元

CONTAC52 称为 3D 点点接触单元,该单元类似于 CONTA178,具体异同如下:

(1)均为 3D 点点接触单元,单元都有 2 个节点,每个节点都为 3 个平动自由度。约束 UZ 时均可用于 2D 点点接触分析,但 CONTAC52 不能用于轴对称接触分析。

(2)CONTAC52 的实常数少于 CONTA178,无控制振荡的接触拉应力和滑动限值等,且无侵入控制参数。

(3)均支持摩擦,但 CONTA178 仅支持弹性摩擦,而 CONTAC52 除支持弹性摩擦外,还支持刚性库仑摩擦。均可施加弱弹簧,但 CONTAC52 的弱弹簧仅对刚度有贡献,而 CONTA178 的选项要丰富得多。

(4)均考虑间隙或过盈,但 CONTAC52 仅为输入的 GAP 或几何位置确定,不能同时考虑二者的叠加,而 CONTA178 则可实现。CONTA178 可考虑圆柱间隙类型,而 CONTAC52 则不可考虑此项。在间隙的施加方式上,CONTA178 可施加渐变的间隙,显然对过盈分析更为有效和准确。

(5)CONTA178 可考虑阻尼,而 CONTAC52 不支持阻尼功能。

(6)CONTA178 有丰富的接触算法,CONTAC52 仅有罚函数算法,且必须输入接触刚度,而 CONTA178 则为接触刚度提供了"半自动"设置。

(7)CONTA178 可考虑各种接触行为,而 CONTAC52 仅可考虑标准的接触行为。

CONTAC12 为 2D 点点接触单元,其性能与 CONTAC52 基本相同。实际上,CONTA178 单元比 CONTAC12 及 CONTAC52 单元提供了更多的特性,使用范围也更加广泛,ANSYS 之所以保留这两个单元,更多的是考虑向前兼容问题。

10.12　CONTA177 单元

CONTA177 称为 3D 线面接触单元,用于描述 3D 柔性线与目标面等之间的接触和滑移状态,适用于 3D 梁—实体、3D 壳边—实体的接触分析。该单元位于 3D 梁或管单元上,支持有中间节点或无中间节点的梁单元,如 BEAM4、BEAM24、BEAM188、BEAM189、PIPE16 和 PIPE20 等;还可位于 3D 壳单元的边上,同样支持有中间节点或无中间节点的壳单元,如 SHELL181 和 SHELL281 单元。与 CONTA177 单元相对应的目标单元为 TARGE170,该单元支持库仑和剪应力摩擦。该单元支持绑定接触的分离行为,以模拟分层界面的剥离行为。

10.12.1　输入参数与选项

图 10-47 给出了单元几何和节点位置,该单元通过 2 个节点(下覆的梁或壳单元无中间节点)或 3 节点(下覆的梁或壳单元有中间节点)定义,单元的 x 轴沿着 I-J 方向,接触单元正确的节点顺

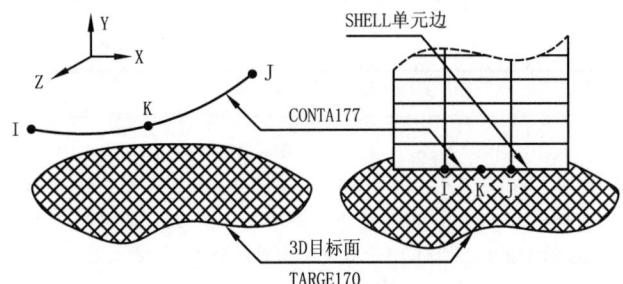

图 10-47　CONTA177 单元几何

序对接触检测是非常重要的,按节点编号的顺序必须形成连续的线。

　　线面接触也通过相同的实常数组定义接触对,且该单元也支持各向同性和正交各向异性库仑摩擦,其余与线线接触单元 CONTA176 相同。

　　CONTA177 单元的输入参数与选项如表 10-21 所示。

CONTA177 单元输入参数与选项 表 10-21

参数类别	参数及说明			
节点	I,J,(K)			
自由度	UX,UY,UZ			
实常数	序号	符号	说明	
	1	R1	目标圆柱、圆锥及球体半径	
	2	R2	目标圆锥的第二个半径	
	3～13 13～25	FKNFTOLN,ICONT,PINB,PMAX,PMIN,TAUMAX,CNOF,FKOP,FKT,COHE, FACT,DC,SLTOTNOP,TOLS 等同表 10-2 的相应栏		
材料属性	DAMP,MU;TB 命令的 FRIC 和 CZM 材料			
面荷载	无			
体荷载	无			
特性	非线性、大变形、单元生死、各向同性和正交各向异性摩擦、剥离			
KEYOPT(1)	自由度选择,当前仅有: 0——UX,UY,UZ			
KEYOPT(2)	接触算法,同表 10-2 的相应栏			
KEYOPT(4)	基于面约束的类型: 0——刚性面约束;1——分布力约束			
KEYOPT(5)	CNOF/ICONT 自动调整同表 10-2 的相应栏			
KEYOPT(6)	接触刚度变化同表 10-2 的相应栏			
KEYOPT(7)	单元级时间步长控制同表 10-2 的相应栏			
KEYOPT(9)	初始侵入或间隙影响同表 10-2 的相应栏			
KEYOPT(10)	接触刚度更新同表 10-2 的相应栏			
KEYOPT(11)	壳厚度影响同表 10-2 的相应栏			
KEYOPT(12)	接触面行为同表 10-2 的相应栏			

10.12.2 　输出参数

　　CONTA177 单元输出说明如表 10-22 所示,命令 ETABLE 或 ESOL 中的表项和序号同表 10-4,但减少了某些项输出,同时又增加了相关剥离与能量损耗等项的输出。

CONTA177 单元输出说明 表 10-22

名　称	说　明	O	R
EL,NODES,(XC,YC,ZC),TEMP,NPI,ITRGET,ISOLID,(CONT:STAT),OLDST,ISEG,OLDSEG,(CONT: PENE),(CONT:GAP),NGAP,OGAP,IGAP,(CONT:PRES),(TAUR/TAUS),KN,KT,MU,(TASS/TASR), (AASS/AASR),TOLN,(CONT:SFRIC),(CONT:STOTAL),(CONT:SLIDE),DBA,PINB,CNFX,CNFY,CNFZ, CNOS,TNOP,SLTO,ELSI 同表 10-3 的相应栏		Y	Y
VOLU	长度	Y	Y

名 称	说 明	O	R
CAREA	接触面积	—	Y
FDDIS	摩擦能量损耗	Y	Y
DTSTART	剥离过程的荷载步时间	Y	Y
DPARM	剥离参数	Y	Y
DENERⅠ	Ⅰ型剥离的法向分离造成的能量释放	Y	Y
DENERⅡ	Ⅱ型剥离的法向分离造成的能量释放	Y	Y

注:1. 法向和切向接触力的单位量纲为"力";刚度的量纲为"力/长度"。

  2. $RDDIS = \dfrac{接触摩擦应力 \times 该子步的滑动距离}{时间步增量}$。

10.12.3 注意事项

(1)下覆梁单元高度对接触边的影响可通过定义接触面偏置 CNOF 计入。

(2)下覆壳单元厚度对目标边的影响可通过定义设置 KEYOPT(11)=1 计入。

(3)该单元是非线性时,无论大变形或小变形,均需要采用完全牛顿法求解。

(4)法向接触刚度 FKN 不宜太大,以防止数值不稳定。

(5)FTOLN、PINB 和 FKOP 可在荷载步之间或重启动时修改。

(6)当涉及拉格朗日乘子法时,FKN 的值宜小些,且必须使用 FTOLN。

(7)该单元可用于非线性静态和完全法非线性瞬态分析。也可以用于模态分析、特征值屈曲分析和谐分析,但程序假定单元的初始状态(例如在完成静态预应力分析之后的状态)不变。

(8)该单元可用于单元生死,并且随下覆单元或目标单元的生死而生死。

10.13 多点约束(MPC)与装配

装配问题在 ANSYS 可通过多种途径实现,如 MPC184 单元、约束方程或自由度耦合、MPC 接触装配等方法,这里主要介绍 MPC 接触装配。MPC(Multipoint Constraints)方法是指利用接触单元和技术,由 ANSYS 根据接触运动自动建立约束方程(即 ANSYS 内部建立的多点约束方程)。采用 MPC 方法 [KEYOPT(2)=2],并与绑定或不分离接触[KEYOPT(12)=4,5,6]等选项结合,可定义各种装配接触和运动约束,这种功能非常适于 CONTA171~CONTA177 单元。

采用 MPC 方法可实现不连续且自由度不协调的网格之间的连接、不同单元类型之间的连接、施加荷载或约束条件等目的,具体可模拟如下装配接触和面运动约束。

①实体—实体装配:接触面和目标面覆在实体单元面上。

②壳—壳装配:接触面和目标面覆在壳单元面上。

③壳—实体装配:接触面覆在壳单元面上,而目标面覆在实体单元面上。

④梁—实体和梁—壳装配:梁端节点作为导向节点,而导向节点与实体面或壳面连接。

⑤刚性约束面:接触节点受导向节点定义的刚体运动所约束(类似命令 CERIG),即通过多点约束方程形成刚性面,而刚性面的运动通过导向节点实现。

⑥荷载分配约束面:在导向节点上施加荷载或位移,通过形函数分配到接触节点上(类似于命令 RBE3),即通过多点约束方程形成一个可施加荷载的面,在该面的导向节点上施加荷载或位移,如某种情况下荷载无法直接施加到有限元模型上,可通过此种方式施加。

MPC 方法克服了传统接触算法和其他多点约束工具的缺点,其特点如下:

①取消了接触单元的节点自由度(采用下覆单元的节点自由度,传统接触算法中接触单元的节点是另外的),减小了系统方程求解器的波前数。

②不需输入接触刚度,对小变形问题,它表示真实的线性接触行为,求解系统方程时不需迭代求解;对大变形问题,MPC 方程在每个迭代步中都更新,克服了传统约束方程只适用小变形的限制条件。

③在 MPC 中可建立平动位移和转动位移自由度的约束方程。

④因采用接触对定义,故内部 MPC 方程比较容易生成。

⑤自动采用不同的形函数,当使用高阶单元或轴对称单元时,荷载分配约束面的多点约束方程无权重系数;除荷载之外,还可在导向节点上施加位移。

在使用 MPC 方法时应注意如下问题:

①位移约束条件和其他约束方程或耦合方程不能施加在实体—实体、壳—壳、壳—实体及刚性约束面等的接触节点上,否则会因内部 MPC 方程已将接触节点的自由度取消而导致过约束。

②求解带有约束方程的模型时,推荐采用 SPARSE、PCG 和 AMG 求解器,在某些情况下,波前求解器不能求解。

③对 CONTA171~CONTA174 单元,MPC 算法必须采用节点检测[KEYOPT(4)=1 或 2]。若未设置节点检测,ANSYS 将发出警告信息并自动设置 KEYOPT(4)=2。

④当采用简单的刚性面时(如圆、圆柱、圆锥或球体等),MPC 方法不支持刚—柔体接触。

⑤壳—实体装配通常用于实体网格尺寸小于壳单元厚度的情况。壳—实体界面应位于壳理论能够近似适用的结构区域,不能任意设定二者的界面。在壳—实体界面附近(至少在壳单元厚度范围内),不能保证局部应力的正确性,建议在界面的层厚方向上至少包含两层实体单元。

⑥大量接触节点采用荷载分配约束面的 MPC 时,将导致整体刚度矩阵的波前值很大,从而在组装单元刚度过程中极大地增加峰值内存需求。若物理内存或虚拟内存受到限制,可考虑减少接触节点数。

⑦荷载分配约束面所创建的内部约束方程使导向节点的运动为接触节点的平均值,对转动位移则通过接触节点的平动位移,采用最小二乘法定义导向节点的"平均转动"。若接触节点共线,则与共线方向平行的导向节点的转动位移无法通过接触节点的平动位移确定,因此,导向节点在该方向上的对应力矩也就不能传递,出现此种情况时 ANSYS 会发出警告信息。

⑧在采用 MPC 法的后处理中,不支持接触单元的 ETABLE 或"PRESOL,CONT"等。因 MPC 法仅生成内部多点约束方程,不计算单元力和刚度矩阵,因此在后处理中的命令 PRNLD、NFORCE 和 FSUM 等的 ITEM=CONT 项也无效。

⑨可采用命令 CELIST 将 MPC 方法生成的多点约束方程列表,也可通过该命令将内部约束方程转换为外部约束方程。但应注意命令 CELIST 在对内部多点方程列表时,必须在求解后(即执行命令 Solve 后),在有限元模型上显示 MPC 方程时亦然。

10.13.1 实体—实体和壳—壳装配

采用 MPC 方法实现实体—实体或壳—壳装配,必须定义如表 10-23 所示的接触单元设置。

实体—实体和壳—壳装配的接触单元设置 表 10-23

KEYOPT 及其他设置	说 明 及 适 用 单 元
KEYOPT(2)=2	采用 MPC 算法
KEYOPT(12)=4、5 或 6	采用不分离、永远绑定或初始绑定;不分离行为仅用于实体—实体装配,表示滑动线或滑动面
KEYOPT(4)=0 或 1	适用于 CONTA175 的接触法向
KEYOPT(4)=1 或 2	适用于 CONTA171~CONTA174 的节点检测接触
KEYOPT(8) 和 KEYOPT(10)	忽略其设置,实际上内部设置 KEYOPT(8)=2
实常数	仅需输入 R1,R2,ICONT,PINB,CNOF,PMAX,PMIN,TOLS,忽略其余实常数

小变形分析(NLGEOM,OFF)时,MPC 法功能类似于命令 CEINTF 的作用。

接触对的接触面必须定义在可变形体上,目标面必须定义在另外的可变形体或刚体上。为防止过约束,仅支持不对称接触而不支持对称接触和自接触。若定义了对称接触对,ANSYS 将自动选择一个接触对而忽略另外的接触对[等同于 KEYOPT(8)=2]。

若模型中的温度自由度[KEYOPT(1)=1 或 2]也是活动的,ANSYS 不仅建立结构自由度的 MPC方程,也建立温度自由度的 MPC 方程,这种情况下,忽略实常数 TCC。若仅定义了温度自由度[KEYOPT(1)=2]及其他求解选项(如 ANTYPE,TRANS;THOPT,QUASI;EQSLV,JCG/ICCG),MPC 法可支持热瞬态分析及接触面间的热交换。

对于"永远绑定"选项[KEYOPT(12)=5]及不分离选项[KEYOPT(12)=4],一旦探测到接触法线与目标面相交,任何落入 Pinball 区域内的接触节点都是 MPC 方程中的约束节点,这在变形之始以及变形过程中都是确切的。相对较小的 PINB 值可防止伪接触,当 KEYOPT(12)=5 或 4 时,小变形分析的PINB 缺省值为 0.25(即下覆单元深度的 25%),大变形分析的缺省值为 0.5。

对于初始绑定选项[KEYOPT(12)=6],只有初始接触或很小间隙但落入调整范围(ICONT)的节点,才是 MPC 方程中永远的约束节点;初始分离的接触节点将永远不是 MPC 方程中的约束节点,即使在随后的变形过程中这些节点侵入了目标面。为捕捉接触,应定义适当的 ICONT 或 CNOF。在初始构形且不引起任何应变时,使用命令 CNCHECK 移动在 ICONT 范围之内的所有接触节点到目标面。当采用"初始绑定"选项且 KEYOPT(5)=0 或 4 时,ICONT 缺省为 0.05。

在大多数情况下,ANSYS 自动约束实体—实体装配的平动自由度以及壳—壳装配的平动和转动自由度,但也可采用目标单元 TARGE170 的 KEYOPT(5)严格定义约束类型。

当采用 MPC 方法且无分离选项[接触单元的 KEYOPT(12)=4]模拟实体—实体装配时,仅对目标单元的 KEYOPT(5)=0 或 1 选项(自动确定或实体—实体约束类型)有效。若采用自动确定约束类型,而程序发现存在壳—壳或壳—实体约束时,则求解会终止。

若采用 MPC 方法且在绑定的壳—壳装配中存在过约束,可采用罚函数法或扩展拉格朗日法。

在壳—壳装配中,若在接触面和目标面之间存在间隙或侵入,则会存在伪转动能,并对解的精度造成影响。在这种情况下,建议采用壳—实体约束类型,即设置目标单元的 KEYOPT(5)=3 实现。采用壳—实体约束类型的一个缺点是,在求解过程中一直保持初始间隙或侵入[类似于接触单元的 KEYOPT(9)=1]。

下面举例说明 MPC 方法在实体—实体或壳—壳装配中的应用。

(1)2D 实体模型的装配

在复杂的模型中,经常根据需要采用不同阶单元且网格疏密也不同,以便采用较小求解花费而获得满意的结果。虽然将几何体切分,采用不同的单元类型和网格尺寸控制,也可达到目的,但采用 MPC 方法会更加方便。如图 10-48 所示的 2D 模型,为得到应力集中区域的满意结果,将面分为两部分,分别采用两种单元和疏密不同的网格,然后采用 MPC 方法连接起来。注意几何模型的装配边界重合但不共线,即装配边界上的关键点和线是重合的,这样才能创建接触单元和目标单元而形成接触对。

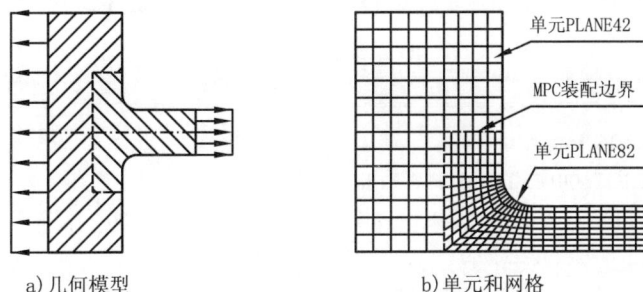

a)几何模型　　　　　　　　b)单元和网格

图 10-48 不同单元和网格之间的装配

与仅用 PLANE82 单元的结果比较,MPC 方法的应力云图在装配边界上略显不连接,但最大水平拉应力几乎无差别,读者可自行验证。计算分析的命令流如下。

```
!========================================
!EX10.22  不同单元和网格之间的装配
FINISH$/CLEAR$/PREP7
ET,1,PLANE42$ET,2,PLANE82$ET,3,CONTA172$ET,4,TARGE169                    !定义单元类型
KEYOPT,3,2,2$KEYOPT,3,4,1$KEYOPT,3,12,5                          !设置接触单元的 KEYOPT
MP,EX,1,2.1E5$MP,PRXY,1,0.3$R,1$R,2                           !定义材料常数和实常数
!创建单元 PLANE42 部分的几何模型——由关键点直接创建面
K,1$K,2,30$K,3,30,40$K,4,50,40$K,5,50,80$K,6,30,80$K,7,0,80$K,8,0,40
A,1,2,3,8$A,3,4,5,6$A,8,3,6,7
!创建 PLANE82 单元的几何模型并切分面,以便控制此部分的网格划分
ASEL,NONE$LSEL,NONE$K,9,30$K,10,100$K,11,100,15$K,12,50,15$K,13,50,40$K,14,30,40
*DO,I,9,13$L,I,I+1$*ENDDO$L,9,14$LFILLT,13,14,10$AL,ALL$KWPAVE,15$WPROTA,,,90$ASBW,ALL
KWPAVE,16$WPROTA,,90$ASBW,ALL$KWPAVE,9$WPROTA,,-35$ASBW,ALL$WPCSYS,-1
!划分 PLANE82 单元网格及 PLANE42 单元网格
AATT,1,1,2$ESIZE,4$MSHKEY,1$AMESH,ALL$ASEL,INVE$AATT,1,1,1$ESIZE,6$AMESH,ALL
!定义目标和接触单元,形成接触对,注意选择节点位于不同的单元边
LSEL,S,,,2,5,3$NSLL,S,1$TYPE,4$REAL,2$ESURF
LSEL,S,,,11,15,4$LSEL,A,,,22$NSLL,S,1$TYPE,3$ESURF
!施加荷载与约束,求解并对约束方程列表,并在图上绘制约束方程示意
LSEL,S,LOC,X,0$DL,ALL,,UX$LSEL,S,LOC,Y,0$DL,ALL,,UY
LSEL,S,LOC,X,100$SFL,ALL,PRES,-100$ALLSEL,ALL
/SOLU$SOLVE$CELIST,ALL,,,INTE$EPLOT
/POST1$PLNSOL,S,X
!========================================
```

(2)3D 实体模型的装配——变截面悬臂梁

如图 10-49 所示的变截面悬臂梁,分别创建三个独立的体,在两个变截面处采用 MPC 装配在一起。划分网格时分别采用 SOLID45 和 SOLID95 单元,并且网格疏密不同。ANSYS 计算结果与初等力学结果几乎无差别,也可通过仅采用一种单元且无 MPC 时进行验证。计算分析的命令流如下。

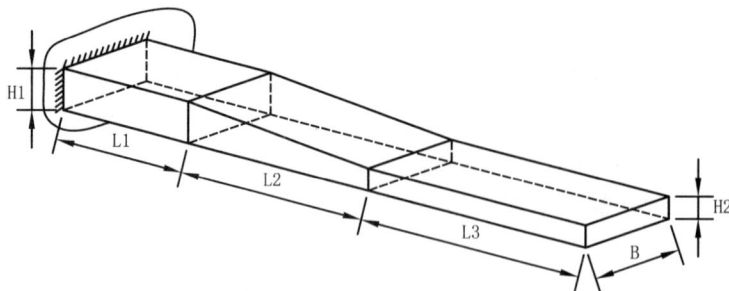

图 10-49　3D 变截面悬臂梁的实体装配

```
!========================================
!EX10.23  3D 变截面悬臂梁的实体装配
!定义几何参数、单元类型及 KEYOPT 设置、材料常数和实常数等
FINISH$/CLEAR$/PREP7$L1=80$L2=120$L3=60$B=80$H1=50$H2=20
ET,1,SOLID45$ET,2,SOLID95$ET,3,CONTA174$ET,4,TARGE170
KEYOPT,3,2,2$KEYOPT,3,4,1$KEYOPT,3,12,5$MP,EX,1,2.1E5$MP,PRXY,1,0.0$R,1$R,2$R,3
!创建独立的三个几何体,变截面处存在重合的面,但各自独立
```

```
BLC4,,,L1,H1$BLC4,L1+L2,,L3,H2$K,9,L1$K,10,L1,H1$K,11,L1+L2,H2$K,12,L1+L2
A,12,11,10,9$VOFFST,1,B$VOFFST,2,B$VOFFST,3,B
!最厚和最薄体划分为SOLID45单元,变截面体划分为SOLID95单元
VSEL,S,,,1,2$VATT,1,1,1$ESIZE,15$VMESH,ALL$VSEL,S,,,3$VATT,1,1,2$ESIZE,10$VMESH,ALL
!定义目标和接触单元,形成接触对1;然后用同样的方法形成接触对2
VSEL,S,,,1$ASLV,S$ASEL,R,LOC,X,L1$NSLA,S,1$TYPE,4$REAL,2$ESURF
VSEL,S,,,3$ASLV,S$ASEL,R,LOC,X,L1$NSLA,S,1$TYPE,3$ESURF
VSEL,S,,,2$ASLV,S$ASEL,R,LOC,X,L1+L2$NSLA,S,1$TYPE,4$REAL,3$ESURF
VSEL,S,,,3$ASLV,S$ASEL,R,LOC,X,L1+L2$NSLA,S,1$TYPE,3$ESURF
!施加荷载与约束,然后求解并显示MPC连接,再进入后处理查看结果
ASEL,S,LOC,X,0$DA,ALL,ALL$ASEL,S,LOC,Y,H2$SFA,ALL,1,PRES,5$ALLSEL,ALL
/SOLU$SOLVE$CELIST,ALL,,,INTE$/PSF,PRES,NORM,2,0,1$EPLOT$/POST1$PLNSOL,S,X
!============================================================
```

(3)3D 壳单元模型的装配——带悬臂板的曲壳

如图 10-50 所示的结构,在曲壳上焊接一平板,曲壳上下边固定,平板上作用均布荷载,采用 MPC 方法对此结构进行分析。从分析过程可以看出,采用 MPC 方法时,各面独立划分单元网格,对网格控制更加容易。否则,若要单元网格比较规整就需要切分,对复杂模型而言比较不便。

与全部采用 SHELL181 单元常规分析比较,竖向最大位移误差很小,但连接处的应力相差较大。其原因一是 MPC 方法近装配线附近的应力本身误差就较大;二是这种 T 形连接外形突变类似凹域问题,此处应力本身不能计算准确,除非连接处有圆弧过渡。计算分析的命令流如下。

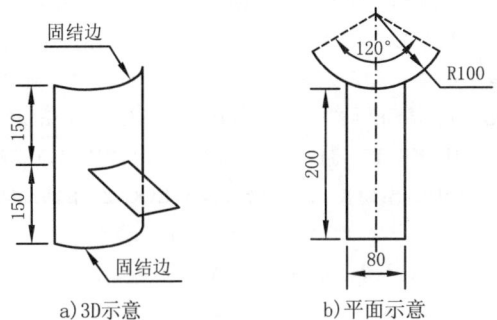

图 10-50 带悬臂板的曲壳(尺寸单位:mm)

```
!============================================================
!EX10.24 3D壳单元模型的装配——带悬臂板的曲壳
!定义几何参数,创建几何模型(注意是两个独立的面)
FINISH$/CLEAR$/PREP7$R=100$REF=120$H=300$B=80$L=200$T1=16$T2=12
CYL4,,,R,,,REF,H$VDELE,ALL$ASEL,U,,,3$ADELE,ALL,,,1$ASEL,ALL$NUMCMP,ALL
WPOFF,,,H/2$WPROTA,REF/2$BLC4,,-B/2,R+L,B$ASBA,2,1,,,KEEP$ADELE,4,,,1$NUMCMP,ALL
!定义单元类型、单元KEYOPT、材料常数、实常数等,划分SHELL单元网格
ET,1,SHELL181$ET,2,CONTA175$ET,3,TARGE170$KEYOPT,2,2,2$KEYOPT,2,12,5$KEYOPT,3,5,2
MP,EX,1,2.1E5$MP,PRXY,1,0.3$R,1,T1$R,2,T2$R,3$ASEL,S,,,1$AATT,1,1,1$ESIZE,15$MSHKEY,1
AMESH,ALL$ASEL,INVE$AATT,1,2,1$ASEL,ALL$ESIZE,10$AMESH,ALL
!创建目标单元和接触单元,形成接触对(注意接触单元位于壳单元边上)
ASEL,S,,,1$NSLA,S,1$TYPE,3$REAL,3$ESURF$LSEL,S,,,8$NSLL,S,1$TYPE,2$ESURF
!施加荷载和约束,然后求解,并对MPC方程列表和显示;进入后处理查看结果
LSEL,S,LOC,Z,0$LSEL,A,LOC,Z,H$DL,ALL,,ALL$ASEL,S,,,2$SFA,ALL,1,PRES,-1$ALLSEL,ALL
/SOLU$SOLVE$CELIST,ALL,,,INTE$EPLOT
/POST1$PLNSOL,U,Z$PLNSOL,S,EQV
!============================================================
```

(4)3D 壳单元模型的装配——箱形截面框架

如图 10-51 所示的结构,各构件截面尺寸已给出。以板厚中心创建几何模型,用 SHELL181 单元模拟,构件连接之处采用 MPC 方法,此模型有 4 处 MPC 装配,命令流如下。

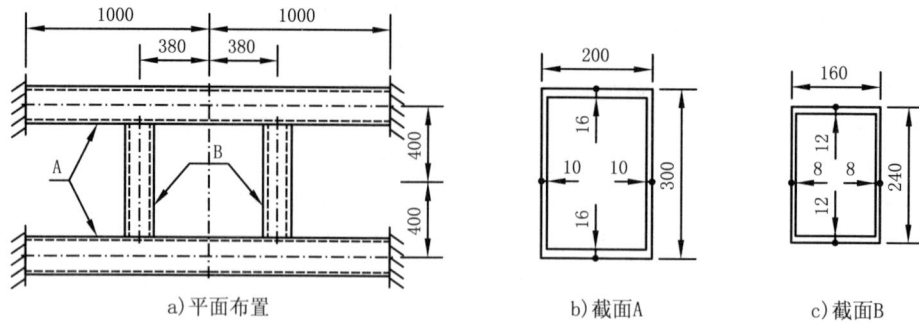

图 10-51　箱形截面框架(尺寸单位:mm)

a) 平面布置　　　　b) 截面A　　　　c) 截面B

```
!=======================================================
!EX10.25 3D壳单元模型的装配——箱形截面框架
!创建几何模型:采用创建体—删除体保留面—再删除不需要的面—复制面方法
FINISH$/CLEAR$/PREP7$BLC5,,-400,2000,190,284$VDELE,1$ASEL,S,LOC,X,-1000
ASEL,A,LOC,X,1000$ADELE,ALL,,,1$ASEL,ALL$AGEN,2,ALL,,,,800$CM,BOXA,AREA
WPOFF,,,28$BLC5,-380,,152,610,228$VDELE,1$ASEL,S,LOC,Y,-305$ASEL,A,LOC,Y,305
CMSEL,U,BOXA$ADELE,ALL,,,1$ASEL,ALL$CMSEL,U,BOXA$AGEN,2,ALL,,,760$CM,BOXB,AREA
!定义单元类型和KEYOPT,定义材料常数和实常数,划分SHELL单元网格
ET,1,SHELL181$ET,2,CONTA175$ET,3,TARGE170$KEYOPT,2,2,2$KEYOPT,2,12,5$KEYOPT,3,5,2
MP,EX,1,2.1E5$MP,PRXY,1,0.3$R,1,16$R,2,10$R,3,12$R,4,8$R,5$R,6$R,7$R,8
ASEL,S,LOC,Z,0$ASEL,A,LOC,Z,284$AATT,1,1,1$ESIZE,50$MSHKEY,1$AMESH,ALL
ASEL,S,LOC,Y,-495$ASEL,A,LOC,Y,-305$ASEL,A,LOC,Y,305$ASEL,A,LOC,Y,495
AATT,1,2,1$AMESH,ALL
ASEL,S,LOC,Z,28$ASEL,A,LOC,Z,256$AATT,1,3,1$ESIZE,40$AMESH,ALL
ASEL,S,LOC,X,-456$ASEL,A,LOC,X,-304$ASEL,A,LOC,X,304$ASEL,A,LOC,X,456$AMESH,ALL
!创建接触对1~4的目标单元,注意实常数用于识别接触对
TYPE,3$ASEL,S,LOC,Y,-305$NSLA,S,1$REAL,5$ESURF$REAL,6$ESURF
ASEL,S,LOC,Y,305$NSLA,S,1$REAL,7$ESURF$REAL,8$ESURF$TYPE,2
!创建接触对1~4接触单元,注意指定实常数组
REAL,5$CMSE,S,BOXB$LSLA,S$LSEL,R,LOC,Y,-305$LSEL,R,LOC,X,304,456$NSLL,S,1$ESURF
REAL,6$CMSE,S,BOXB$LSLA,S$LSEL,R,LOC,Y,-305$LSEL,R,LOC,X,-304,-456$NSLL,S,1$ESURF
REAL,7$CMSE,S,BOXB$LSLA,S$LSEL,R,LOC,Y,305$LSEL,R,LOC,X,-304,-456$NSLL,S,1$ESURF
REAL,8$CMSE,S,BOXB$LSLA,S$LSEL,R,LOC,Y,305$LSEL,R,LOC,X,304,456$NSLL,S,1$ESURF
!施加约束条件和荷载
LSEL,S,LOC,X,-1000$LSEL,A,LOC,X,1000$DL,ALL,,ALL
ASEL,S,LOC,Z,256$SFA,ALL,2,PRES,5$ALLSEL,ALL
!静力分析,进入后处理查看结果
/SOLU$PSTRES,ON$SOLVE$EPLOT
/POST1$/VIEW,1,1,1,1$/ANG,1,-120,ZS,1$ESEL,S,TYPE,,1$PLNSOL,U,Z$PLNSOL,S,EQV$FINISH
!特征值屈曲分析,进入后处理查看屈曲模态
/SOLU$ANTYPE,BUCKLE$BUCOPT,LANB,5$MXPAND,5$ALLSEL,ALL$SOLVE
/POST1$SET,LIST$ESEL,S,TYPE,,1$SET,1,1$PLNSOL,U,SUM
!=======================================================
```

10.13.2　壳—实体装配

　　3D壳—实体装配提供壳单元区域到实体单元区域的过渡。在结构局部需要网格精细的实体单元而结构其余部分可采用壳单元时,这种方法极为有效,实体单元网格和壳单元网格也无需对齐。接触面必

须建立在壳单元上,目标面必须建立在实体单元上。

要采用内部 MPC 方法实现壳—实体装配,必须定义如表 10-24 所示的接触单元设置。

壳—实体装配的接触单元设置 表 10-24

KEYOPT 及其他设置	说 明 及 适 用 单 元
KEYOPT(2)=2	采用 MPC 算法
KEYOPT(12)=5 或 6	永远绑定或初始绑定
KEYOPT(4)=0 或 1	适用于 CONTA175 的接触法向
KEYOPT(4)=1 或 2	适用于 CONTA171~CONTA174 的节点检测接触
其他 KEYOPT	忽略 KEYOPT(8) 和 KEYOPT(10) 的设置,但 KEYOPT(1)>0
实常数	仅需输入 ICONT、FTOLN、PINB、CNOF、PMAX、PMIN、TOLS,忽略其余实常数

在大多数情况下,ANSYS 自动约束壳—实体装配的平动和转动自由度,但是也可采用目标单元 TARGE170 的 KEYOPT(5) 严格定义约束类型(注意与边界的"约束条件"意义不同),这里有必要将目标单元的 KEYOPT(5)[此处采用 TKEYOPT(5) 以区别接触单元的 KEYOPT(5)]设置重复描述如下。

①TKEYOPT(5)=0:自动约束类型(缺省)。

②TKEYOPT(5)=1:实体—实体约束类型,约束方程中无转动自由度,仅有平动自由度。

③TKEYOPT(5)=2:壳—壳约束类型,约束方程中包括平动和转动自由度。

④TKEYOPT(5)=3:壳—实体约束类型,约束方程中包括壳的平动和转动自由度,而实体仅平动自由度。

⑤TKEYOPT(5)=4:在所有方向的壳—实体约束类型。若发现接触法线与目标面相交时,此选项等同于 TKEYOPT(5)=3。此外,只要接触节点和目标面落入 PINB 范围,都将建立约束方程。

壳—实体装配可采用不同的约束类型[TKEYOPT(5)设置]实现,不同约束类型实现壳—实体装配的原理不同,分述如下。

①采用实体—实体约束类型实现壳—实体装配

实体—实体约束类型[TKEYOPT(5)=1]在装配界面可能会需要附加壳单元,可通过普通的建模方法定义或采用命令 SHSD 自动生成这些附加壳单元。

SHSD 是采用实体—实体和壳—壳约束类型实现壳—实体装配的网格工具,该命令仅适用于 CONTA175 单元和 TARGE170 单元形成的接触对。通过命令 SHSD 可自动创建附加壳单元(SHELL181)和(或)接触单元(CONTA175)。当采用壳—实体约束类型实现壳—实体装配时,无需特殊的网格工具。

对实体—实体约束类型,除既有的接触单元和目标单元外,命令 SHSD 会产生附加壳单元和附加接触单元。附加壳单元的范围受"壳单元厚度"控制,附加接触单元 CONTA175 生成附加节点,附加壳单元就利用既有接触单元的节点和附加接触单元的附加节点生成,此时附加壳单元与既有壳单元为一体。然后利用接触单元的既有节点和附加节点,与既有目单元的节点(实体单元的节点)建立多点约束方程。并不是既有目标单元的所有节点都建立约束方程,而仅仅是在接触单元的节点(既有节点和附加节点)附近的目标单元节点建立约束方程。其原理与常规壳—实体连接一致,其本质就是在壳单元边上再创建壳单元(无缝连接),然后对新建壳单元的节点与实体单元的节点建立约束方程,且仅考虑平动自由度。

②采用壳—壳约束类型实现壳—实体装配

壳—壳约束类型[TKEYOPT(5)=2]在装配界面也需要附加壳单元,也可通过普通的建模方法定义或采用命令 SHSD 自动生成这些附加壳单元。

对壳—壳约束类型,除既有的接触单元和目标单元外,命令 SHSD 会产生附加壳单元,但不产生附加接触单元和附加节点。附加壳单元的范围受 FTOLN 控制,附加壳单元利用实体单元的既有节点创建,即在实体单元的表面"铺"上一层壳单元(与实体单元共用节点),然后利用既有接触单元的节点与附加壳单元的某些节点建立多点约束方程。其原理的本质就是在装配界面的实体单元表面先铺上一层壳单元(无缝连接),然后对既有接触单元的节点和新铺壳单元的某些节点建立约束方程,既然是壳—壳之间的约束方程,当然包括平动和转动自由度。

以上两种方法的原理在文献[1]中早有应用。

③采用壳—实体约束类型实现壳—实体装配

对壳—实体约束类型[TKEYOPT(5)=3],ANSYS 在壳单元边上的节点和实体单元的表面节点之间自动建立荷载分配约束面集,ANSYS 根据 Pinball 区域 PINB、初始调整环 ICONT 和影响距离 FTOLN 确定某些节点建立约束方程,这些节点是壳单元边上的节点和实体单元表面节点中的一部分而不是全部。壳单元的节点为主节点,而实体单元的节点为从节点,类似命令 RBE3。

对永远绑定行为[KEYOPT(12)=5],若检测到接触法向与目标面相交,任何落入 Pinball 区域的壳单元节点都将与实体单元节点建立约束方程,这在变形之初和变形过程中都是真实的。相对较小的 PINB 值可防止虚假接触,小变形时缺省的 PINB 值为 0.25,即 25%的下覆单元深度;大变形时缺省的 PINB 值为 0.5,当输入 CNOF 时缺省的 PINB 会有所不同。

对初始绑定行为[KEYOPT(12)=6],只有初始落入初始调整环 ICONT 内的壳单元节点才与实体单元节点建立约束方程,而初始调整环之外的壳单元节点不与实体单元节点建立约束方程。缺省的 ICONT 值为 0.05,即 5%的下覆单元深度。

影响距离 FTOLN 用于壳—实体约束类型[TKEYOPT(5)=3],任何实体单元节点到壳单元节点的垂直距离小于 FTOLN 时,这些实体单元的节点都在约束方程中。FTOLN 缺省值为壳单元厚度的一半,正值 FTOLN 则是壳单元半个厚度的比例系数,而负值则为绝对影响距离。

壳—实体装配也可用于子结构分析中,但应输入 FTOLN 的绝对值。

在上述约束类型中,壳—壳约束类型[TKEYOPT(5)=2]常常获得良好的结果;实体—实体约束类型[TKEYOPT(5)=1]在界面处的附加壳和实体表面之间会产生较高的局部应力;壳体—实体约束类型[TKEYOPT(5)=3 或 4]也不总能传递壳单元节点的力矩,原因是壳单元存在剪切锁死问题,如平行于实体单元的表面法线的力矩就是典例。当实体单元和壳单元既不重叠也不相交(二者有一定的间隙)时,推荐壳—实体约束类型的 TKEYOPT(5)=4 选项,可在接触法线和切线方向建立约束方程。

对实体—实体约束类型和壳—壳约束类型[TKEYOPT(5)=1 或 2],若 KEYOPT(9)=0,任何初始侵入或间隙都被闭合;然而,对壳—实体约束类型[TKEYOPT(5)=3 或 4],将忽略 KEYOPT(9)的设置,初始侵入或间隙将保持常量,如要闭合初始侵入或间隙,在分析之处采用命令"CNCHECK,AD-JUST"予以完成。

下面就壳—实体装配的几种方法举例说明。

(1)悬臂梁壳—实体装配的三种约束类型分析

如图 10-52 所示的等截面悬臂梁,悬臂端作用有荷载 P,用初等力学理论很容易求得悬臂端挠度和固端应力。为对比分析,该悬臂梁一半用壳单元模拟,一半用实体单元模拟,如 SHELL63 单元和 SOLID45 单元,当然此两部分没有公共节点等,为与初等理论比较将泊松系数设为零。本例采用三种约束类型实现壳—实体装配,分析结果如表 10-25 所示。计算分析的命令流如下。

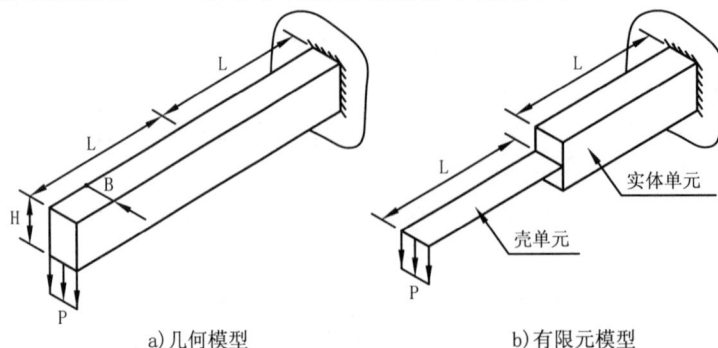

a)几何模型　　　　　　　　　　b)有限元模型

图 10-52　悬臂梁的几何和部分有限元模型

三种约束类型的壳—实体装配分析结果比表　　　　　　　表 10-25

项　目	理论结果	实体—实体约束类型	误差(%)	壳—壳约束类型	误差(%)	壳—实体约束类型	误差(%)
悬臂端位移(mm)	−30.0	−31.395	4.7	−30.374	1.2	−30.092	0.3
根部应力(MPa)	150.0	150.875	0.6	150.875	0.6	150.875	0.6
过渡区应力分布		差		良好		一般	

```
!=======================================================================
!EX10.26 三种约束类型实现壳—实体装配的悬臂梁分析
!0. 创建实体和壳体几何模型并生成有限元模型,施加约束和荷载,然后分三种约束类型进行分析······
FINISH$/CLEAR$/PREP7$B=400$H=600$L=3000$P=600000$ET,1,SOLID45$ET,2,SHELL63
MP,EX,1,2E5$MP,PRXY,1,0.0$R,1$R,2,H$R,3$BLC4,,,B,H,L$WPOFF,,H/2$WPROTA,,,90$BLC4,,,L,B,L
WPCSYS,−1$VATT,1,1,1$ESIZE,B/4$VMESH,ALL
ASEL,S,LOC,Z,1.1*L,2*L$AATT,1,2,2$ESIZE,B/5$AMESH,ALL
NSEL,S,LOC,Z,2*L$*GET,NNUM,NODE,,COUNT$F,ALL,FY,−P/NNUM
NSEL,S,LOC,Z,0$D,ALL,ALL$ALLSEL,ALL$SAVE,GFMOD,DB
!1. 用实体—实体约束类型实现壳—实体装配,需要 SHSD 工具······
!定义接触单元和目标单元类型,设置 KEYOPT(实体—实体约束类型、MPC 方法、永远绑定)
ET,3,TARGE170$ET,4,CONTA175$KEYOPT,3,5,1$KEYOPT,4,2,2$KEYOPT,4,12,5
!定义接触对,用命令 SHSD 创建附加壳单元和附加接触单元等
NSLV,S,1$NSEL,R,LOC,Z,L$TYPE,3$REAL,3$ESURF
ESEL,S,TYPE,,2$NSLE,S$NSEL,R,LOC,Z,L$TYPE,4$ESURF$ALLSEL,ALL
SHSD,3,CREAT
!求解后可查看约束方程等情况,进入后处理查看结果
/SOLU$SOLVE$CELIST,,,,INTE$/POST1$PLNSOL,U,Y$PLNSOL,S,Z
!2. 用壳—壳约束类型实现壳—实体装配,需要 SHSD 工具······
!恢复数据库,定义接触和目标单元类型,设置 KEYOPT(壳—壳约束类型、MPC 方法、永远绑定)
RESUME,GFMOD,DB$/PREP7
ET,3,TARGE170$ET,4,CONTA175$KEYOPT,3,5,2$KEYOPT,4,2,2$KEYOPT,4,12,5
!定义接触对,用命令 SHSD 创建附加壳单元
NSLV,S,1$NSEL,R,LOC,Z,L$TYPE,3$REAL,3$ESURF
ESEL,S,TYPE,,2$NSLE,S$NSEL,R,LOC,Z,L$TYPE,4$ESURF$ALLSEL,ALL
SHSD,3,CREAT
!求解后可查看约束方程等情况,进入后处理查看结果
/SOLU$SOLVE$CELIST,,,,INTE$/POST1$PLNSOL,U,Y$PLNSOL,S,Z
!3!用壳—实体约束类型实现壳—实体装配······
!恢复数据库,定义接触和目标单元类型,设置 KEYOPT(壳—实体约束类型、MPC 方法、永远绑定)
RESUME,GFMOD,DB$/PREP7
ET,3,TARGE170$ET,4,CONTA175$KEYOPT,3,5,3$KEYOPT,4,2,2$KEYOPT,4,12,5
NSLV,S,1$NSEL,R,LOC,Z,L$TYPE,3$REAL,3$ESURF
ESEL,S,TYPE,,2$NSLE,S$NSEL,R,LOC,Z,L$TYPE,4$ESURF$ALLSEL,ALL
/SOLU$SOLVE$CELIST,,,,INTE$/POST1$PLNSOL,U,Y$PLNSOL,S,Z
!=======================================================================
```

本例中,可修改单元尺寸与壳单元厚度等,查看附加壳单元、附加接触单元及多点约束方程等情况。因接触问题必须在求解后才能得到接触数据,故约束方程也是在求解后才能查看,但附加壳单元和附加接触单元在执行命令 SHSD 之后即可查看。

（2）焊接结构局部精细模型及其装配

如图 10-53 所示，焊接 T 形截面的悬臂构件。图 10-53a)中阴影部分需精细的实体单元模拟(假设角焊缝已焊透)，其余部分可采用壳单元模拟，如此可模拟焊缝的应力分布情况。

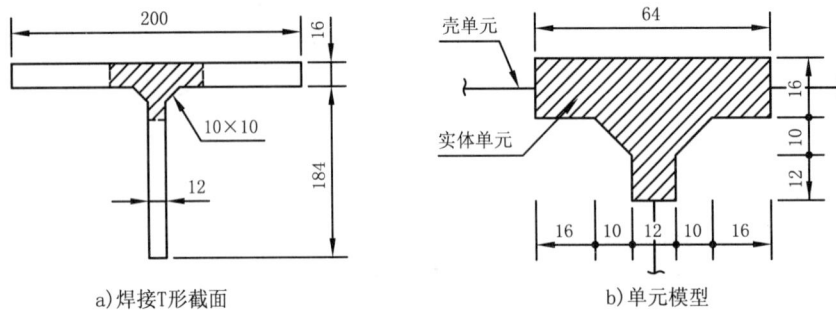

a)焊接T形截面　　　　　　　　　　b)单元模型

图 10-53　焊接 T 形截面构造与模型(尺寸单位：mm)

建模时，先创建实体部分的面几何模型，然后拖拉为体；其次创建 3 根独立线并拖拉成面；并各自划分实体和壳单元，最后建立 3 组壳—实体装配界面，命令流如下，后处理中的应力分析请读者自行完成。

```
!=====================================================================
!EX10.27 T 形截面的悬臂构件的壳—实体装配
!定义单元类型及 KEYOPT、材料常数、实常数等
FINISH$/CLEAR$/PREP7$ET,1,SOLID45$ET,2,SHELL63$ET,3,CONTA175$ET,4,TARGE170
KEYOPT,3,2,2$KEYOPT,3,12,5$KEYOPT,4,5,2$MP,EX,1,2.1E5$MP,PRXY,1,0.3
R,1$R,2,16$R,3,12$R,4$R,5$R,6
!创建几何模型：先创关键点和线，由关键点创建面，由面拖拉成体；由线拖拉成面
K,1$K,2,16$K,3,32$K,4,32,−16$K,5,16,−16$K,6,6,−26$K,7,6,−38$K,8,0,−38$K,9,0,−26$K,10,0,−16
A,1,2,5,10$A,2,3,4,5$A,10,5,6,9$A,9,6,7,8$ARSYM,X,ALL$NUMMRG,ALL$NUMCMP,ALL
K,50,−100,−8$K,51,−32,−8$K,52,32,−8$K,53,100,−8$K,54,0,−38
K,55,0,−200$L,50,51$L,52,53$L,54,55
K,100,,,600$L,1,100$L1=_RETURN$VDRAG,ALL,,,,,,L1
ADRAG,24,,,,,,L1$ADRAG,25,,,,,,L1$ADRAG,26,,,,,,L1$LDELE,L1,,,1
!划分实体单元和壳单元网格
VATT,1,1,1$ESIZE,6$MSHKEY,1$VMESH,ALL
ASEL,S,,,40,41$AATT,1,2,2$ESIZE,10$AMESH,ALL$ASEL,S,,,42$AATT,1,3,2$AMESH,ALL
!生成接触对，形成壳—实体装配，有三个装配界面
ASEL,S,,,40$ESLA,S$NSLE,S$NSEL,R,LOC,X,−32$TYPE,3$REAL,4$ESURF$ALLSEL,ALL
ASEL,S,LOC,X,−32$NSLA,S,1$TYPE,4$ESURF$SHSD,4,CREAT
ASEL,S,,,41$ESLA,S$NSLE,S$NSEL,R,LOC,X,32$TYPE,3$REAL,5$ESURF$ALLSEL,ALL
ASEL,S,LOC,X,32$NSLA,S,1$TYPE,4$ESURF$SHSD,5,CREAT
ASEL,S,,,42$ESLA,S$NSLE,S$NSEL,R,LOC,Y,−38$TYPE,3$REAL,6$ESURF$ALLSEL,ALL
ASEL,S,LOC,Y,−38$NSLA,S,1$TYPE,4$ESURF$SHSD,6,CREAT
!施加约束和荷载，求解后进入后处理
ASEL,S,LOC,Y,0$ASEL,A,,,40,41$SFA,ALL,1,PRES,1.0$ASEL,S,LOC,Z,0$DA,ALL,ALL
LSEL,S,,,24,26$DL,ALL,,ALL$ALLSEL,ALL
/SOLU$SOLVE$/POST1$PLNSOL,S,Z$PLNSOL,U,Y
!=====================================================================
```

10.13.3　约束面与梁—实体和梁—壳装配

基于面的约束类型可耦合接触面的节点与目标面上导向节点的运动，MPC 方法可定义两类约束面，即刚性约束面和荷载分配约束面。刚性约束面就是将所有接触节点定义为刚体，而该刚体的运动通过目

标单元的导向节点定义,如可在导向节点上施加位移等。当然该刚性约束面在结构变形后其形状不变,因为定义的接触节点就是刚体,此种方法与命令 CERIG 定义约束方程类似。荷载分配约束面就是将施加在目标面导向节点上的位移或荷载通过形函数(具有平均意义)分配到接触单元的节点上,而接触面不再是刚性而是可变形的,此种方法类似命令 RBE3 所定义的约束方程。

接触单元可采用命令 ESURF 生成,导向节点为目标面上的唯一目标节点。在约束面的 MPC 方程中,接触面上的接触节点为从节点,导向节点为主节点,荷载或位移边界条件可施加在导向节点上。特别地,缺省时导向节点的自由度约束由 ANSYS 自动施加,若导向节点施加荷载或位移,则应设置目标单元的 KEYOPT(2)=1,即用户施加约束边界条件。

约束面类型可用于下列情况:

①在导向节点上施加荷载或位移边界条件,如扭矩或转动位移等。

②模拟刚性端部条件,如在 3D 实体模型中模拟刚性端板、刚性平板或刚性截面。

③定义实体单元与结构单元之间的过渡,如梁单元与实体单元的连接。

(1)约束面的定义

对荷载分配约束面,必须定义如表 10-26 所示的接触单元设置。

荷载分配约束面的接触单元设置 表 10-26

KEYOPT 及其他设置	说 明 及 适 用 单 元
KEYOPT(2)=2	采用 MPC 算法
KEYOPT(12)=5 或 6	永远绑定或初始绑定(两种情况相同)
KEYOPT(4)=1	适用于 CONTA171～CONTA176
忽略的 KEYOPT	KEYOPT(8),KEYOPT(5),KEYOPT(7),KEYOPT(10)
KEYOPT(1)>0	忽略,因荷载分配约束面仅包括结构自由度
实常数	除 PINB 外的实常数全部忽略

对刚性约束面,必须定义如表 10-27 所示的接触单元设置。

刚性约束面的接触单元设置 表 10-27

KEYOPT 及其他设置	说 明 及 适 用 单 元
KEYOPT(2)=2	采用 MPC 算法
KEYOPT(12)=5 或 6	永远绑定或初始绑定(两种情况相同)
KEYOPT(4)=2	适用于 CONTA171～CONTA174
KEYOPT(4)=0	适用于 CONTA175 和 CONTA176
忽略的 KEYOPT	KEYOPT(8),KEYOPT(5),KEYOPT(7),KEYOPT(10)
KEYOPT(1)>0	可以,可与其他场自由度建立约束方程
实常数	除 PINB 外的实常数全部忽略

从上述两个表中可以看出,刚性约束面和荷载分配约束面的唯一区别是接触单元的 KEYOPT(4)设置不同,即 KEYOPT(4)=1 为荷载分配约束面,而其余是刚性约束面。

可在局部坐标系定义约束面,对刚性约束面可旋转接触节点到局部坐标系,对荷载分配约束面可旋转导向节点到局部坐标系。

采用目标单元(TARGE169 或 TARGE170)的 KEYOPT(4)可设置局部坐标系或整体坐标系的自由度集,并施加到约束面上。例如:对 3D 目标面的 TARGE170 其自由度有 ROTZ、ROTY、ROTX、UZ、UY、UX,但可仅指定 UX、UY 和 ROTZ 在约束方程中应用,则 KEYOPT(4)=100011。

同时,荷载分配约束面在应用中尚应注意如下问题。

①导向节点是从属节点，即该节点的自由度被删除；而接触节点则是独立节点，即其节点自由度被保留。但若在导向节点上施加了约束条件，MPC 方程中就包含了导向节点，则导向节点的自由度就不再是从属自由度了。

②导向节点的自由度数可通过目标单元 TARGE169 或 TARGE170 的 KEYOPT(4)控制，2D 时导向节点可具有 3 个自由度(UX,UY,ROTZ)，3D 时导向节点可具有 6 个自由度(UX,UY,UZ,ROTX,ROTY,ROTZ)。缺省时为全部结构自由度。

③MPC 方程数等于目标单元 KEYOPT(4)定义的自由度数。

刚性约束面在应用中尚应注意如下问题。

①导向节点是独立节点(保留自由度)，而接触节点是从属节点(删除自由度)，不能在接触节点上施加位移边界条件、耦合(命令 CP 中)、约束方程(命令 CE 中)。

②导向节点有 3 个自由度或 6 个自由度(用上)。

③目标单元 TARGE169 或 TARGE170 的 KEYOPT(4)控制 MPC 方程中接触节点的自由度。

④MPC 方程数等于接触节点数乘以接触节点的自由度[目标单元的 KEYOPT(4)]。

⑤接触面无需下覆单元。

(2)梁—实体或梁—壳装配

约束面技术可用于实体和结构单元之间的过渡，如梁单元与壳单元或实体单元的连接。梁端节点为导向节点，而壳或实体节点为接触节点。刚性约束面通常适用于"实体梁"与实体面连接情况，而荷载分配约束面适用于"柔性梁"(如薄壁梁)与实体或壳表面连接情况。

下面举例说明约束面及其用法。

①远距离加载

所谓"远距离加载"，就是不在有限元模型上直接加载，而是通过与有限元模型很远的导向节点施加荷载，当然也考虑了荷载的"空间位置"影响。

如图 10-54 所示的悬臂圆柱体，荷载作用位置已给出，采用 MPC 方法施加荷载并计算。该圆柱体分析结果与初等理论解吻合良好，读者可自行验证。计算分析的命令流如下。

```
!===================================================================
!EX10.28 悬臂圆柱体的远距离加载
!参数定义,定义单元类型及 KEYOPT、材料常数
FINISH$/CLEAR$/PREP7$R0=100$L0=2000$B=500$P=10000
ET,1,SOLID95$ET,2,TARGE170$ET,3,CONTA174
KEYOPT,2,2,1                    !导向节点约束条件由用户施加(目标单元),这是重要设置
KEYOPT,3,2,2$KEYOPT,3,4,1$KEYOPT,3,12,5$MP,EX,1,2E5$MP,PRXY,1,0.0
!创建几何模型,划分实体网格,定义接触单元,定义目标单元的导向节点
CYL4,,,R0,,,,L0$WPROTA,,90$VSBW,ALL$WPROTA,,,90$VSBW,ALL
VATT,1,1,1$ESIZE,R0/2$MSHKEY,1$VMESH,ALL
ASEL,S,LOC,Z,L0$NSLA,S,1$TYPE,3$REAL,2$ESURF
NMAX=NDINQR(0,14)+1$N,NMAX,B,0,L0$TYPE,2$TSHAP,PILO$E,NMAX
!施加荷载和约束条件,求解并查看结果
F,NMAX,FY,-P$NSEL,S,LOC,Z,0$D,ALL,ALL$ALLSEL,ALL
/SOLU$SOLVE$CELIST,,,,INTE$/POST1$PLNSOL,U,SUM$PLNSOL,S,Z$PLNSOL,S,XZ
!===================================================================
```

②2D 实体施加扭矩

如图 10-55 所示的带孔平板，在孔中心承受扭矩 T 作用，采用两种约束面分析。通过 KEYOPT(4)=1 或 2 的设置选择不同的约束面类型，可以看出其结果差别很大。在结构变形后，刚性约束面形状不变，即大大提高了结构刚度；而荷载分配约束面可变形，对结构的刚度无影响。

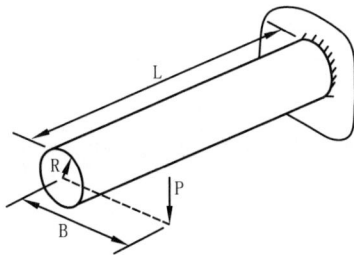

图 10-54 悬臂圆柱体的远距离加载

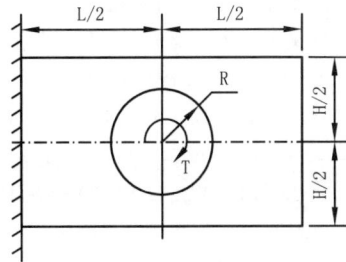

图 10-55 2D 实体施加扭矩

```
!=========================================================================
!EX10.29 2D 实体施加扭矩
!参数定义,定义单元类型及 KEYOPT,定义材料常数等
FINISH$/CLEAR$/PREP7$R0=210$L0=1600$H=500$T=8E6
ET,1,PLANE42$ET,2,TARGE169$ET,3,CONTA171$KEYOPT,2,2,1$KEYOPT,3,2,2
KEYOPT,3,4,1$KEYOPT,3,12,5$MP,EX,1,2E4$MP,PRXY,1,0.3
!创建模型,划分单元网格,创建接触单元及目标单元的导向节点等
BLC5,,,L0,H$CYL4,,,R0$ASBA,1,2$SMRT,3$AATT,1,1,1$AMESH,ALL
LSEL,S,RADIUS,,R0$NSLL,S,1$TYPE,3$REAL,2$ESURF
NMAX=NDINQR(0,14)+1$N,NMAX$TYPE,2$TSHAP,PILO$E,NMAX
!施加荷载和边界条件,求解并查看结果等
F,NMAX,MZ,-T$NSEL,S,LOC,X,-L0/2$D,ALL,ALL$ALLSEL,ALL
/SOLU$NLGEOM,ON$NSUBST,20$OUTRES,ALL,ALL$SOLVE$CELIST,,,,INTE
/POST1$PLNSOL,U,SUM$PLNSOL,S,EQV
!=========================================================================
```

③悬臂梁的梁—实体和梁—壳装配

以图 10-56 所示的悬臂圆筒为例,其端部承受集中荷载作用,根部固定。分别采用梁—实体和梁—壳装配分析,各装配分析又分别采用荷载分配约束面和刚性约束面两种类型。根据假定的几何、材料和荷载等条件,分析结果如表 10-28 所示,命令流见 EX10.30 和 EX10.31。

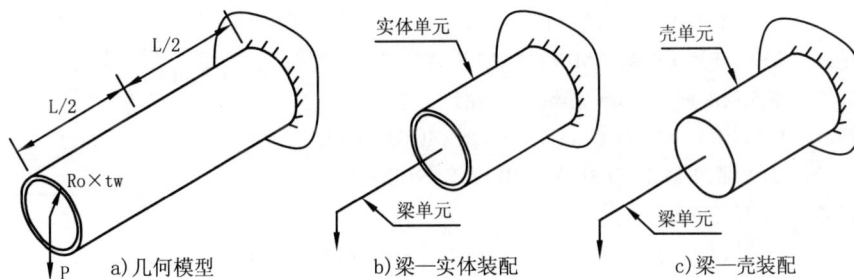

图 10-56 悬臂梁的梁—实体和梁—壳装配

悬臂梁不同装配不同约束面类型的计算结果 表 10-28

项　目	初等理论解	梁—实体装配		梁—壳装配	
		荷载面	刚性面	荷载面	刚性面
根部应力(MPa)	120.188	120.099	120.100	121.801	121.801
端部挠度(mm)	−9.539	−9.633	−9.631	−9.677	−9.675

```
!=====================================
!EX10.30 悬臂梁的梁—实体装配
!定义参数,定义单元类型及 KEYOPT,定义材料常数,定义梁截面等
FINISH$/CLEAR$/PREP7$RO=80$TW=10$RI=RO−TW$L=2000$P=1E4
ET,1,SOLID45$ET,2,BEAM189$ET,3,CONTA173$ET,4,TARGE170
KEYOPT,3,2,2$KEYOPT,3,4,1$KEYOPT,3,12,5$MP,EX,1,2.1E5$MP,PRXY,1,0.0
SECTYPE,1,BEAM,CTUBE$SECDATA,RI,RO
!创建几何模型,划分实体和梁单元网格
CYL4,,,RO,,RO−TW,,L/2$WPROTA,,90$VSBW,ALL$WPROTA,,,90$VSBW,ALL$WPCSYS,−1$VATT,
1,1,1
MSHKEY,1$ESIZE,TW/2$LSEL,S,LENGTH,,L/2$LESIZE,ALL,5*TW$LSEL,ALL$VMESH,ALL
K,100,,,L/2$K,101,,,L$K,102,,L,L$L,100,101$L1=_RETURN$LSEL,S,,,L1$LATT,1,1,2,,102,,1
ESIZE,5*TW$LMESH,ALL$ALLSEL,ALL
!定义接触单元和目标单元的导向节点,形成梁—实体装配
NSLV,S,1$NSEL,R,LOC,Z,L/2$TYPE,3$REAL,3$ESURF$ALLSEL,ALL
NBEAM=NODE(0,0,L/2)$TYPE,4$TSHAP,PILO$E,NBEAM
!施加荷载和边界条件,求解并查看结果
F,NODE(0,0,L),FY,−P$ASEL,S,LOC,Z,0$DA,ALL,ALL$ASEL,ALL
/SOLU$SOLVE$CELIST,,,,INTE$/POST1$PLNSOL,U,Y$PLNSOL,S,Z
!=====================================
!EX10.31 悬臂梁的梁—壳装配
!定义参数,定义单元类型及 KEYOPT,定义材料常数,定义梁截面等
FINISH$/CLEAR$/PREP7$RO=80$TW=10$RI=RO−TW$L=2000$P=1E4
ET,1,SHELL63$ET,2,BEAM189$ET,3,CONTA175$ET,4,TARGE170
KEYOPT,3,2,2$KEYOPT,3,4,2$KEYOPT,3,12,5$MP,EX,1,2.1E5$MP,PRXY,1,0.0
R,1,RO−RI$R,2$SECTYPE,1,BEAM,CTUBE$SECDATA,RI,RO
!创建几何模型,划分壳单元和梁单元网格
CYL4,,,RO−TW/2,,,,L/2$VDELE,1$ASEL,S,LOC,Z,0$ASEL,A,LOC,Z,L/2$ADELE,ALL$ALLSEL,ALL
WPROTA,,,90$ASBW,ALL$WPCSYS,−1$AATT,1,1,1$MSHKEY,1$ESIZE,TW
LSEL,S,LENGTH,,L/2$LESIZE,ALL,5*TW$LSEL,ALL$AMESH,ALL
K,100,,,L/2$K,101,,,L$K,102,,L,L$L,100,101$L1=_RETURN$LSEL,S,,,L1
LATT,1,1,2,,102,,1$ESIZE,5*TW$LMESH,ALL$ALLSEL,ALL
!定义接触单元和目标单元的导向节点,形成梁—壳装配
NSLA,S,1$NSEL,R,LOC,Z,L/2$TYPE,3$REAL,2$ESURF$ALLSEL,ALL
NBEAM=NODE(0,0,L/2)$TYPE,4$TSHAP,PILO$E,NBEAM
!施加荷载和边界条件,求解并查看结果
F,NODE(0,0,L),FY,−P$LSEL,S,LOC,Z,0$DL,ALL,,ALL$LSEL,ALL
/SOLU$SOLVE$CELIST,,,,INTE$/POST1$PLNSOL,U,Y$PLNSOL,S,Z
!=====================================
```

④梁—实体装配在框架中的应用

在较复杂结构中,常常会根据需要采用不同的单元类型模拟不同的结构部位。例如:大型节点需要精细的实体单元模拟,以精确掌握节点的应力情况;而构件接近梁单元行为时采用梁单元模拟以减少计算花费。如在预应力混凝土结构中,配筋区域可采用实体单元模拟,而其他部位可采用梁单元或壳单元模拟;在桥塔与主梁的连接部位可采用实体单元模拟,而塔柱等可采用梁单元模拟;在桩基—承台—桥墩系统中,桩基和桥墩可采用梁单元模拟,而承台可采用实体单元模拟等。对任何大型的实际工程结构,单一单元很难完全模拟整个结构的受力状态,应采用适合构件结构行为的单元进行模拟,这就必然产生各

种单元的连接或过渡问题,幸好采用 MPC 装配技术可解决此类问题。

如图 10-57a)所示的框架结构,可以全部采用梁单元模拟,理论上也可全部采用实体单元模拟。为说明梁—实体装配的应用,采用两种单元模拟此框架结构,如图 10-57b)所示,实体单元区域应在节点之外再延长至少一个梁高。

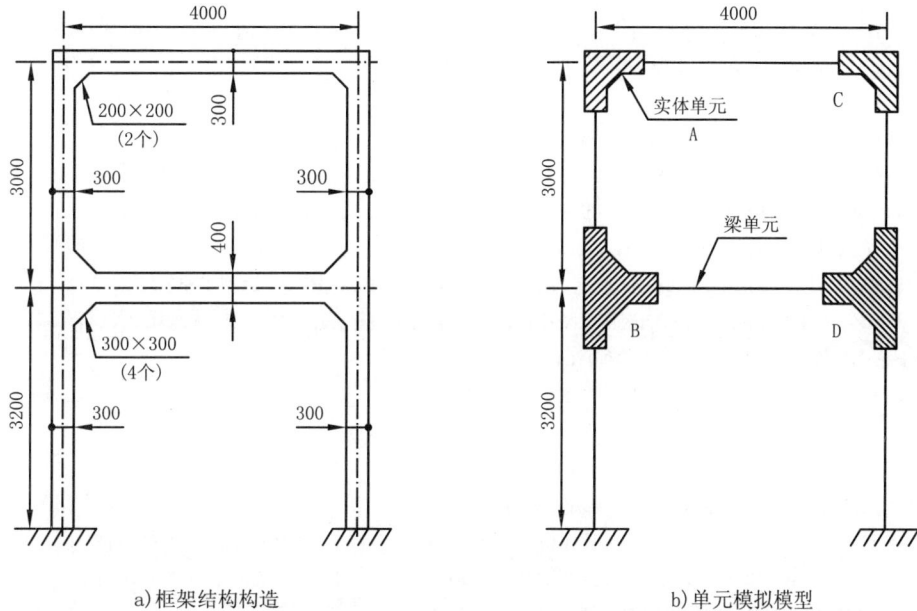

a)框架结构构造　　　　　　　　　b)单元模拟模型

图 10-57　梁—实体装配的框架(尺寸单位:mm)

建模时可考虑结构对称性,为便于表述本例创建完整的结构模型。从图 10-57 中也可看出,此例装配界面有 10 处,可采用刚性约束面类型或荷载分配约束面类型实现梁—实体装配,二者结果的差别很小。计算分析的命令流如下,由于命令流篇幅较长,此处尽量减少注释和说明。

```
!===============================================================
!EX10.32 梁—实体装配的框架
!定义参数,定义单元类型及 KEYOPT,定义材料常数,定义梁截面等
FINISH$/CLEAR$/PREP7$WB=0.25$ET,1,SOLID45$ET,2,BEAM189$ET,3,CONTA173$ET,4,TARGE170
KEYOPT,3,2,2$KEYOPT,3,4,1$KEYOPT,3,12,5$MP,EX,1,3.0E10$MP,PRXY,1,0.167$MP,DENS,,2600
SECTYPE,1,BEAM,RECT$SECDATA,WB,0.3$SECTYPE,2,BEAM,RECT$SECDATA,WB,0.4
!创建实体部分的几何模型,划分单元网格
WPOFF,,5.55$BLC4,,,0.3,0.3$BLC4,,,0.5,0.5,0.3$BLC4,0.5,0.5,0.3,0.3$A,3,6,5,4
NUMMRG,ALL$NUMCMP,ALL
WPCSYS,−1$WPOFF,,2.4$BLC4,,,0.3,0.3$BLC4,,0.6,0.6,0.4$BLC4,,1.3,0.3,0.3$BLC4,0.6,0.6,0.4,0.4
A,13,16,15,14$A,17,20,19,18$NUMMRG,ALL$NUMCMP,ALL
K,100$K,101,,,WB$L,100,101$L1=_RETURN$VDRAG,ALL,,,,,,L1$LDELE,L1,,,1
VGEN,,ALL,,,−2.15,,,,,1$VATT,1,1,1$ESIZE,0.1$MSHKEY,1$VMESH,ALL$VSYMM,X,ALL
!创建梁线几何模型,划分梁单元网格
CSYS,0$LMAX=LSINQR(0,14)$K,500,2,,WB/2$K,501,2,2.4,WB/2$K,502,2,4.0,WB/2
K,503,2,5.55,WB/2$K,504,0,3.2,WB/2$K,505,1.15,3.2,WB/2$K,506,0,6.2,WB/2$K,507,1.35,6.2,WB/2
L,500,501$L,502,503$L,504,505$L,506,507$LSEL,S,,,LMAX+1,LMAX+4
LSYM,X,ALL$NUMMRG,KP$CM,L1CM,LINE$LSEL,U,LOC,Y,3.2$K,510,,,WB/2$LATT,1,,2,,,510,1
CMSEL,S,L1CM$LSEL,R,LOC,Y,3.2$LATT,1,,2,,,510,2$CMSEL,S,L1CM
LESIZE,ALL,WB$LMESH,ALL$ALLSEL,ALL
!创建装配:B 区域下端面、上断面、右断面,D 区域下端面、上断面、左断面
```

NSLV,S,1$NSEL,R,LOC,Y,2.4$NSEL,R,LOC,X,0,−3.0$TYPE,3$REAL,10$ESURF

KP1=KP(−2.0,2.4,WB/2)$KSEL,S,,,KP1$NSLK,S$*GET,ND1,NODE,,NUM,MIN

TYPE,4$TSHAP,PILO$E,ND1$ALLSEL,ALL

NSLV,S,1$NSEL,R,LOC,Y,4.0$NSEL,R,LOC,X,0,−3.0$TYPE,3$REAL,11$ESURF

KP1=KP(−2.0,4.0,WB/2)$KSEL,S,,,KP1$NSLK,S$*GET,ND1,NODE,,NUM,MIN

TYPE,4$TSHAP,PILO$E,ND1$ALLSEL,ALL

NSLV,S,1$NSEL,R,LOC,X,−1.15$TYPE,3$REAL,12$ESURF

KP1=KP(−1.15,3.2,WB/2)$KSEL,S,,,KP1$NSLK,S$*GET,ND1,NODE,,NUM,MIN

TYPE,4$TSHAP,PILO$E,ND1$ALLSEL,ALL

NSLV,S,1$NSEL,R,LOC,Y,2.4$NSEL,R,LOC,X,0,3.0$TYPE,3$REAL,13$ESURF

KP1=KP(2.0,2.4,WB/2)$KSEL,S,,,KP1$NSLK,S$*GET,ND1,NODE,,NUM,MIN

TYPE,4$TSHAP,PILO$E,ND1$ALLSEL,ALL

NSLV,S,1$NSEL,R,LOC,Y,4.0$NSEL,R,LOC,X,0,3.0$TYPE,3$REAL,14$ESURF

KP1=KP(2.0,4.0,WB/2)$KSEL,S,,,KP1$NSLK,S$*GET,ND1,NODE,,NUM,MIN

TYPE,4$TSHAP,PILO$E,ND1$ALLSEL,ALL

NSLV,S,1$NSEL,R,LOC,X,1.15$TYPE,3$REAL,15$ESURF

KP1=KP(1.15,3.2,WB/2)$KSEL,S,,,KP1$NSLK,S$*GET,ND1,NODE,,NUM,MIN

TYPE,4$TSHAP,PILO$E,ND1$ALLSEL,ALL

!创建装配：A 区域下端面、右断面，C 区域下端面、左端面

NSLV,S,1$NSEL,R,LOC,Y,5.55$NSEL,R,LOC,X,0,−3.0$TYPE,3$REAL,16$ESURF

KP1=KP(−2.0,5.55,WB/2)$KSEL,S,,,KP1$NSLK,S$*GET,ND1,NODE,,NUM,MIN

TYPE,4$TSHAP,PILO$E,ND1$ALLSEL,ALL

NSLV,S,1$NSEL,R,LOC,X,−1.35$NSEL,R,LOC,Y,5.55,6.35$TYPE,3$REAL,17$ESURF

KP1=KP(−1.35,6.2,WB/2)$KSEL,S,,,KP1$NSLK,S$*GET,ND1,NODE,,NUM,MIN

TYPE,4$TSHAP,PILO$E,ND1$ALLSEL,ALL

NSLV,S,1$NSEL,R,LOC,Y,5.55$NSEL,R,LOC,X,0,3.0$TYPE,3$REAL,18$ESURF

KP1=KP(2.0,5.55,WB/2)$KSEL,S,,,KP1$NSLK,S$*GET,ND1,NODE,,NUM,MIN

TYPE,4$TSHAP,PILO$E,ND1$ALLSEL,ALL

NSLV,S,1$NSEL,R,LOC,X,1.35$NSEL,R,LOC,Y,5.55,6.35$TYPE,3$REAL,19$ESURF

KP1=KP(1.35,6.2,WB/2)$KSEL,S,,,KP1$NSLK,S$*GET,ND1,NODE,,NUM,MIN

TYPE,4$TSHAP,PILO$E,ND1$ALLSEL,ALL

!施加约束与荷载：侧向均布荷载和梁上均布荷载

NSEL,S,LOC,Y,0D,ALL,ALLNSEL,ALL

PC0=200$PCA0=200/WB$PS1=1E3$PSA1=1E3/WB$PS2=2E4$PSA2=2E4/WB

LSEL,S,LOC,X,−2.0$ESLL,S$SFBEAM,ALL,1,PRES,−PC0

ASEL,S,LOC,X,−2.15$SFA,ALL,1,PRES,PCA0

CMSEL,S,L1CM$LSEL,R,LOC,Y,6.2$ESLL,S$SFBEAM,ALL,1,PRES,−PS1

ASEL,S,LOC,Y,6.35$SFA,ALL,1,PRES,PSA1

CMSEL,S,L1CM$LSEL,R,LOC,Y,3.2$ESLL,S$SFBEAM,ALL,1,PRES,−PS2

ASEL,S,LOC,Y,3.4$ASEL,R,LOC,X,−1.55,1.55$SFA,ALL,1,PRES,PSA2$ALLSEL,ALL

!求解并查看结果

/SOLU$ACEL,,9.8$SOLVE$EPLOT$/POST1$PLNSOL,U,SUM

ESEL,S,TYPE,,2$ETABLE,MYI,SMISC,2$ETABLE,MYJ,SMISC,15$PLLS,MYI,MYJ

ESEL,ALL$/ESHAPE,1$PLNSOL,S,EQV

!===

10.14 点焊

传统的模拟点焊方法要求不同部件在点焊处的网格具有一致性,这将导致自动网格划分困难,而不

得不采取手动网格划分。此外,传统方法没有考虑点焊半径(范围)的影响,当点焊半径与网格尺寸具有相同或更小的数量级时,往往低估了点焊连接的强度。

ANSYS 新的点焊功能可以很容易地模拟由点焊、铆钉、紧固件连接的薄板构件,这个功能基于多点约束(MPC)接触算法。点焊可以在结构的任何位置,无需考虑网格和节点位置的协调,每个点焊可以连接两个或两个以上的面(简称"被焊面")。其主要优点如下。

①可以独立划分每个结构部件的网格。

②通过指定两个拟连接的面和其附近的"点焊节点",很容易定义"基本点焊集"。点焊节点确定了点焊的位置。

③可以考虑点焊半径的影响,点焊半径由用户输入。ANSYS 通过定义两个接触对,创建内部多点约束方程(即 MPCs),而每个被焊面上各设一个接触对。MPCs 采用荷载分配约束面类型,将点焊节点的运动和被焊面的运动耦合起来。

④点焊直接用梁单元连接,当然该连接可设置为刚性(缺省)或柔性,但梁单元须在创建点焊之前定义。

⑤每个点焊上梁的内力、弯矩和应力在后处理中可以查看。

创建点焊集一般通过下属两个步骤进行:

①用命令 SWGEN 定义点焊基集(基础点焊集的简称);

②用命令 SWADD 向既有点焊集中添加其他被焊面。

此外,可通过命令 SWLIST 和 SWDEL 对点焊集列表和删除。创建点焊集的方法实质上就上述两个命令,这里解释如下。

10.14.1　创建点焊基集

命令 SWGEN 用于创建点焊基集,其命令格式如下:

SWGEN,Ecomp,SWRD,NCM1,NCM2,SND1,SND2,SHRD,DIRX,DIRY,DIRZ,ITTY,ICTY

命令项解释如下:

Ecomp——点焊集名称。Ecomp 用于为新点焊基集设定名称,是一个由梁、目标和接触单元构成的组件,列表、删除、输出或向点焊集添加新被焊面都使用该名称。缺省时该名称以"SW+编号"命令,如第一次采用 SWGEN 定义点焊集的缺省命令为 SW1。

SWRD——点焊半径。假定点焊在被焊面上的投影为圆形,而该圆的半径就为点焊半径。对每个点焊集的每个被焊面,ANSYS 通过一个接触对创建 6 个约束方程(荷载分配约束面类型),而点焊半径确定了约束方程中的节点范围,每个点焊节点都与对应的被焊面上的且在点焊半径之内的节点进行耦合。点焊半径必须输入,此参数无缺省值。

NCM1,NCM2——定义被焊面。每个点焊基集都包括两个面,面 1 和面 2 将用点焊连接方式连接起来。这两个参数可为已经定义的节点组件名称,也可为已经划分单元的被焊面号。当未发现与 NCM1 和 NCM2 相匹配的节点组件名称时,NCM1 和 NCM2 就被认为是被焊面号。节点组件的坐标范围应包围住点焊节点,且能够形成"面",如不能采用共线的节点组件。

SND1,SND2——点焊节点号。必须定义第一个点焊节点 SND1,它确定每个点焊的位置。若定义了第二个点焊节点 SND2,可确定点焊投影方向,即沿着点焊节点连线方向,将点焊节点投影到被焊面上。若未定义第二个点焊节点 SND2,则由程序自动生成。SND1 和 SND2 应尽可能接近相应的被焊面,点焊节点可为被焊面上的节点,也可以是在空间独立的节点。

若点焊节点不在对应的被焊面上,点焊节点 1 将移到对应的被焊面 1 上,点焊节点 2 将移动到被焊面 2 上,当然沿着投影方向移动。

缺省时,投影方向为点焊节点 1 沿着被焊面 1 的法线方向指向被焊面 1。若定义了点焊节点 2,投影方向就为两点焊节点之连线;若未定义点焊节点 2,也可通过参数(DIRX,DIRY,DIRZ)定义投影方向。

若采用点焊节点 1 缺省的投影方向，ANSYS 则沿着投影方向确定被焊面 2 的点焊节点 2 的位置。

　　SHRD——搜索半径。ANSYS 为每个被焊面创建接触对，即点焊节点定义的接触单元和覆盖在对应被焊面上的目标单元形成接触对，目标单元可覆盖全部或部分被焊面。搜索半径的作用是以点焊节点 1 的初始位置（不是投影位置）定义半径为 SHRD 的球体，只有落入该球体之内的被焊面上的节点才形成目标单元。搜索半径必须大于点焊半径，缺省时 ANSYS 采用 4 倍的点焊半径作为搜索半径。若是定义不当，ANSYS 可能因搜索不到被焊面而无法创建点焊集。

　　ITTY,CTTY——目标单元和接触单元类型。缺省时，程序自动为点焊集创建目标单元和接触单元类型，但用户可通过 ITTY 和 CTTY 参数指定目标单元和接触单元类型。若用户定义单元类型，则必须设置一些 KEYOPT；如指定了 ITTY 参数，则需目标单元的 KEYOPT(4)＝4；如指定了 CTTY 参数，则需接触单元的 KEYOPT(2)＝2 和 KEYOPT(12)＝5。

　　命令 SWGEN 中的 SWRD、NCM1、NCM2 和 SND1 必须定义，而 Ecomp、SND2、SHRD、DIRX、DIRY、DIRZ、ITTY、ICTY 等可采用缺省值。若定义了 SND2，则参数 DIRX、DIRY、DIRZ 就不用定义了。

　　采用命令 SWGEN 定义的每个新点焊集，包括梁单元和两个点面 MPC 接触对。每个点面接触对将创建 6 个约束方程，连接被焊面的梁单元可选择刚性单元 MPC184（缺省）或柔性单元 BEAM188。

　　两个点面接触对中，一个是点焊节点 1 和被焊面 1 的接触对，另一个是点焊节点 2 和被焊面 2 的接触对。每个接触对中仅有一个接触单元，即在点焊节点上的单元 CONTA175（缺省）；目标单元为 TARGE170（缺省），它由落入搜索半径之内的被焊面节点形成。ANSYS 为每个接触对创建独立的实常数号和适当的单元类型号。当然，单元类型也可由用户指定。

　　对每个接触对，ANSYS 以荷载分配约束面类型创建内部多点约束方程，将点焊节点（也就是接触节点）上的内力分布到落入搜索半径以内的被焊面节点（也就是目标节点）。

　　梁单元用于连接被焊面 1 和被焊面 2，梁单元的两端节点为点焊节点 1 和点焊节点 2，缺省时 ANSYS 创建刚性梁单元，即 MPC184 单元且其 KEYOPT(1)＝1。但如当前指定的单元类型是 BEAM188 且为实心圆截面（即执行了命令 TYPE、SECNUM 等），ANSYS 将采用柔性点焊集且创建 BEAM188 单元，当然需先采用命令 MP 输入材料常数，命令 SECTYPE 和 SECDATA 定义梁截面以及命令 ET 定义单元类型（详见例题）。

10.14.2　向点焊基集添加被焊面

　　一旦创建了点焊基集，便可利用命令 SWADD 向基集中添加被焊面，其命令格式如下：

SWADD,Ecomp,SHRD,NCM1,NCM2,NCM3,NCM4,NCM5,NCM6,NCM7,NCM8,NCM9

命令项解释如下：

　　Ecomp——既有点焊集名称，即通过命令 SWGEN 定义的点焊集名称。

　　SHRD——所添加被焊面的搜索半径，缺省时为 4 倍点焊半径（在命令 SWGEN 中定义）。

　　NCM1～NCM9——拟添加的被焊面面号或节点组件名称，二者可混合使用。每个点焊集不能超过 11 个被焊面，即最多添加 9 个被焊面，当然可重复命令 SWADD 逐个添加。

　　对每个新添加的被焊面，ANSYS 将新创建一个点焊节点、一个接触对和一个梁单元。沿着投影方向从最近的既有点焊节点向新增被焊面投影，进而确定新点焊节点的位置。新点面接触对包括新点焊节点位置的接触单元和在搜索半径（命令 SWADD 中的 SHRD）之内的被焊面节点形成的目标单元。每个新接触对也将创建 6 个荷载分配约束面类型的 MPC 方程。新的梁单元通过点焊节点将新添被焊面和最近既有被焊面连接起来，整个构成如图 10-58 所示。

　　当创建所有点焊节点之后，梁单元的节点可能会根据相邻点焊节点重新调整。无论所添加被焊面的顺序如何（如先添加被焊面 3，然后又在被焊面 3 和被焊面 2 之间添加被焊面 4），梁单元调整的最终结果就是连接最近的被焊面。

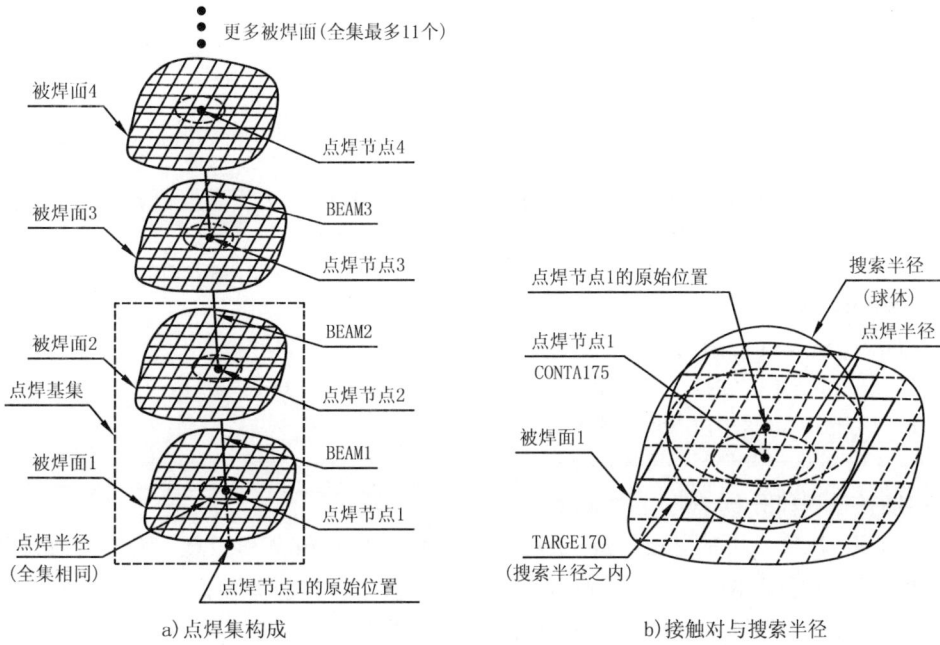

a) 点焊集构成　　b) 接触对与搜索半径

图 10-58　点焊集构成示意

10.14.3　应用举例

（1）点焊连接的两块悬臂板

在钢结构中常常会采用塞焊连接,如钢箱梁的受压翼缘补强板除正常焊接连接外,还会采用塞焊以防止出现局部失稳,这种塞焊连接便可采用点焊模拟。如图 10-59 所示的两块悬臂板,采用 4 个塞焊点连接,设点焊模拟时采用刚性连接,板件的材料和几何参数详见命令流。

在该模型中,若不考虑两块板件之间的接触,在荷载作用下板件 1 的挠度大于板件 2 的挠度,板件 1 在悬臂端附近会侵入板件 2,这显然与实际情况不符,因此应该考虑板件 1 和板件 2 之间的正常接触,然后再考虑点焊连接。命令流如下,读者可将两板件间的接触对删除,仅考虑点焊连接,并查看计算结果进行验证。

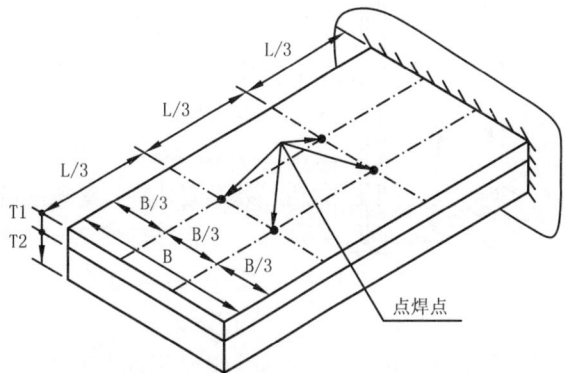

图 10-59　点焊连接的两块悬臂板

```
!======================================================
!EX10.33 点焊连接的两块悬臂板
!定义几何参数、单元类型和 KEYOPT、材料常数、实常数等
FINISH$/CLEAR$/PREP7$T1=10$T2=20$L=900$B=300
ET,1,SHELL63$ET,2,CONTA173$ET,3,TARGE170$KEYOPT,2,5,1$KEYOPT,2,11,1
MP,EX,1,2.1E5$MP,PRXY,1,0.3$MP,MU,2,0.25$R,1,T1$R,2,T2$R,3,,,0.1
!创建几何模型并划分 SHELL 单元网格
/VIEW,1,1,1,1$/ANG,1,-120,ZS,1$!/ESHAPE,1$BLC4,,,L,B$WPOFF,,,-(T1+T2)/2$BLC4,,,L,B
ASEL,S,,,1$AATT,1,1,1$ESIZE,50$MSHKEY,1$AMESH,ALL
ASEL,S,,,2$AATT,1,2,1$ESIZE,40$AMESH,ALL$ASEL,ALL
!创建两板件间的面面接触对
ASEL,S,,,1$NSLA,S,1$TYPE,2$REAL,3$MAT,2$ESURF,,BOTTOM
```

```
ASEL,S,,,2$NSLA,S,1$TYPE,3$ESURF$ALLSEL,ALL
!创建点焊节点1~4,然后创建点焊集(点焊半径均采用10)
N1=NDINQR(0,14)+1$N2=N1+1$N3=N2+1$N4=N3+1
N,N1,L/3,B/3$N,N2,L/3,2*B/3$N,N3,2*L/3,B/3$N,N4,2*L/3,2*B/3
SWGEN,SW1,10,1,2,N1$SWGEN,SW2,10,1,2,N2
SWGEN,SW3,10,1,2,N3$SWGEN,SW4,10,1,2,N4$ETLIST$SWLIST
!施加边界条件和荷载,求解后进入后处理查看变形及正常接触结果、板件应力等
LSEL,S,LOC,X,0$DL,ALL,,ALL$ASEL,S,,,1$SFA,ALL,2,PRES,0.05$ALLSEL,ALL
/SOLU$SOLVE$EPLOT$CELIST,,,,INTE
/POST1$PLNSOL,U,SUM$PLNSOL,S,X
ESEL,S,TYPE,,2$PLNSOL,CONT,PRES$PLNSOL,CONT,STAT$PLNSOL,CONT,STOT
ESEL,S,TYPE,,1$/ESHAPE,1$PLNSOL,S,X
```

(2)螺栓连接柱的屈曲分析

如图10-60所示,柱由三块独立板组成(从前向后分别为板1、板2和板3),三块板通过N个螺栓连接在一起,螺栓位于板件宽度中线上,沿着高度方向等距离分布。在板2顶面作用有均布荷载,板1和板2顶面无荷载作用,板件下端固结,分析此类结构的特征值屈曲荷载。

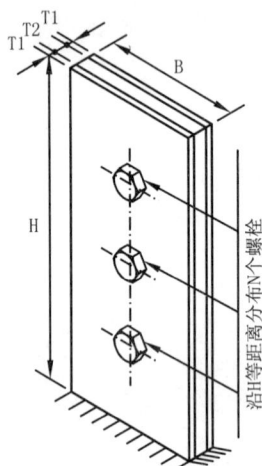

图10-60 螺栓连接板柱

分析时用实体单元模拟板件,并考虑板件之间的接触,螺栓采用点焊模拟。创建每个点焊集时有三种方案:第一种是板1顶面和板3地面创建点焊基集,此方案跨越板2,板间作用采用常规接触传递;第二种方案是板1顶面和板2底面创建点焊基集,然后向该基集中增加板3底面;第三种方案是创建两个基集,即板1顶面和板2顶面创建点焊基集,板2底面和板3底面创建点焊基集。三种方案中,第三种方案连接最强,第一种最弱,第二种介于两种之间但更接近第三种。从螺栓连接的真实情况考虑,因栓孔存在间隙,使得板件之间可以发生相对滑动,因此第一种方案更接近实际,也偏于安全。就命令流中所用数据而言,第一种方案的屈曲荷载与第三种方案相差不足10%,随着螺栓数量的增加,二者的屈曲荷载趋于相等。

命令流采用第一种方案计算,随着螺栓数量的增加,屈曲荷载增长趋于缓慢,最终趋于三块板完全连接时(相当于 $T2+2\times T1$ 厚的板件)的屈曲荷载。

需要注意的是,在 ANSYS 中面荷载为随动荷载,若要荷载方向固定(例如竖向)就不能施加面荷载,而是施加集中荷载(节点荷载)。

```
!EX10.34 螺栓连接柱的屈曲分析
!定义几何参数、单元类型和KEYOPT、材料常数;创建几何模型并划分网格,然后定义常规接触对
FINISH$/CLEAR$/PREP7$T1=10$T2=20$H=800$B=200$ET,1,SOLID45$ET,2,CONTA173
ET,3,TARGE170$KEYOPT,2,5,1$MP,EX,1,2.1E5$MP,PRXY,1,0.0
BLC4,,,B,H,T2$WPOFF,,,T2$BLC4,,,B,H,T1$VGEN,2,2,,,,,,-(T1+T2)
VATT,1,,1$ESIZE,T1/2$LSEL,S,LENGTH,,B$LESIZE,ALL,2*T1
LSEL,S,LENGTH,,H$LESIZE,ALL,3*T1$LSEL,ALL$VMESH,ALL
REAL,2$VSEL,S,,,1$ASLV,S$ASEL,R,LOC,Z,0$NSLA,S,1$TYPE,2$ESURF
VSEL,S,,,3$ASLV,S$ASEL,R,LOC,Z,0$NSLA,S,1$ESURF
REAL,3$VSEL,S,,,1$ASLV,S$ASEL,R,LOC,Z,T2$NSLA,S,1$TYPE,2$ESURF
VSEL,S,,,2$ASLV,S$ASEL,R,LOC,Z,T2$NSLA,S,1$TYPE,3$ESURF$ALLSEL,ALL
!施加荷载和边界条件
```

NSEL,S,LOC,Y,0D,ALL,ALLVSEL,S,,,1$NSLV,S,1$NSEL,R,LOC,Y,H

*GET,NTNOD,NODE,,COUNT$F,ALL,FY,-1/NTNOD$ALLSEL,ALL

!假定有 N＝NBO 个螺栓连接(φ20),梁单元采用 BEAM188,定义 BEAM188 的截面数据

NBO=3$ET,4,BEAM188$SECTYPE,1,BEAM,CSOLID$SECDATA,20

!指示连接采用柔性梁单元,编排 2*NBO 个节点编号(也可不预先编排,直接生成即可)

TYPE,4$MAT,1$SECNUM,1$SWN1=NDINQR(0,14)+1

*DO,I,2,NBO*2$SWN%I%=SWN%I-1%+1$*ENDDO

!创建 2*NBO 个点焊节点,两两一组对应,以便创建点焊集

*DO,I,1,NBO$YI=H/(NBO+1)*I$N,SWN%2*I-1%,B/2,YI,T1+T2$N,SWN%2*I%,B/2,YI,-T1$*ENDDO

!创建点焊集,点焊半径取 20,搜索半径取 40(太大则与实际差别较大)

*DO,I,1,NBO$SWGEN,SW%I%,20,8,13,SWN%2*I-1%,SWN%2*I%,40$*ENDDO

!静力求解,屈曲特征值求解,进入后处理查看结果

/SOLU$ANTYPE,0$PSTRES,ON$SOLVE$FINISH

/SOLU$ANTYPE,1$BUCOPT,LANB,5$MXPAND,5$SOLVE

/POST1$SET,LIST$SET,1,1$PLDISP

!═══

第 11 章　矩 阵 单 元

本章仅包括 MATRIX27 和 MATRIX50 两个单元，MATRIX27 单元需用户输入数据定义，而 MATRIX50 单元在程序中生成，无需用户输入数据。

11.1　MATRIX27 单元

MATRIX27 称为矩阵单元，包括刚度、阻尼或质量矩阵。MATRIX27 单元可表示任意单元，它虽无几何特性，但其弹性运动响应可用刚度、阻尼或质量矩阵定义。该矩阵单元假定有 2 个节点，每个节点有 6 个自由度，即沿节点坐标系的 3 个平动位移自由度和 3 个转动位移自由度。与该单元类似的有弹簧—阻尼器单元 COMBIN14 和质量单元 MASS21。

11.1.1　输入参数与选项

图 11-1 给出了单元示意，该单元通过两个节点和矩阵元素定义。刚度、阻尼或质量矩阵中的元素以实常数输入，刚度常数的量纲为"力/长度"或"力×长度/弧度"，阻尼常数的量纲为"力×时间/长度"或

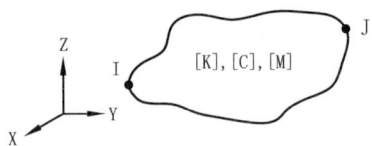

图 11-1　MATRIX27 单元示意

"力×长度×时间/弧度"，质量常数的量纲为"力×时间^2/长度"或"力×长度×时间^2/弧度"。

该单元所定义的所有矩阵均为 12×12 维，自由度顺序为 I 节点的 UX、UY、UZ、ROTX、ROTY、ROTZ 及 J 节点的 6 个相同的自由度，其自由度顺序与 BEAM4 单元相同。若有一个节点未使用（如仅用一个节点定义该单元），则与其对应的行和列元素全部缺省为零。

MATRIX27 单元的输入参数与选项如表 11-1 所示。

MATRIX27 单元输入参数与选项　　　　　　　　　　　　表 11-1

参 数 类 别	参 数 及 说 明
节点	I,J
自由度	UX,UY,UZ,ROTX,ROTY,ROTZ
实常数	C1,C2,…,C78——矩阵上三角元素； C79,C80,…,C144——非对称矩阵的下三角元素[仅当 KEYOPT(2)=1 时]。 各元素如式(11-1)和式(11-2)所示
材料属性	DAMP
面荷载	无
体荷载	无
特性	单元生死
KEYOPT(2)	矩阵形式： 0——对称矩阵；1——非对称矩阵

续上表

参 数 类 别	参 数 及 说 明
KEYOPT(3)	输入的实常数用于定义何种矩阵： 2——定义 12×12 的质量矩阵；4——定义 12×12 的刚度矩阵；5——定义 12×12 的阻尼矩阵
KEYOPT(4)	单元矩阵输出： 0——不输出；1——求解阶段输出单元矩阵

11.1.2　输出数据

该单元输出所有的节点位移解，但不输出单元解。单元矩阵的输出由 KEYOPT(4) 控制。单元矩阵元素如式(11-1)和式(11-2)所示。

对称矩阵[KEYOPT(2)＝0]：

$$
\begin{bmatrix}
C1 & C2 & C3 & C4 & C5 & C6 & C7 & C8 & C9 & C10 & C11 & C12 \\
 & C13 & C14 & C15 & C16 & C17 & C18 & C19 & C20 & C21 & C22 & C23 \\
 & & C24 & C25 & C26 & C27 & C28 & C29 & C30 & C31 & C32 & C33 \\
 & & & C34 & C35 & C36 & C37 & C38 & C39 & C40 & C41 & C42 \\
 & & & & C43 & C44 & C45 & C46 & C47 & C48 & C49 & C50 \\
 & & & & & C51 & C52 & C53 & C54 & C55 & C56 & C57 \\
 & & & & & & C58 & C59 & C60 & C61 & C62 & C63 \\
 & & \text{对} & & & & & C64 & C65 & C66 & C67 & C68 \\
 & & & & & & & & C69 & C70 & C71 & C72 \\
 & & & \text{称} & & & & & & C73 & C74 & C75 \\
 & & & & & & & & & & C76 & C77 \\
 & & & & & & & & & & & C78
\end{bmatrix} \tag{11-1}
$$

非对称矩阵[KEYOPT(2)＝1]：

$$
\begin{bmatrix}
C1 & & & & & & & & & & & \\
C79 & C13 & & & & \text{同} & \text{对} & \text{称} & \text{矩} & \text{阵} & \text{的} & \\
C80 & C81 & C24 & & & & & & & & & \\
C82 & C83 & C84 & C34 & & & & \text{上} & \text{三} & \text{角} & \text{元} & \\
C85 & . & . & C88 & C43 & & & & & & & \\
C89 & . & . & . & C93 & C51 & & & & \text{素} & \text{顺} & \\
C94 & . & . & . & . & C99 & C58 & & & & & \\
C100 & . & . & . & . & . & C106 & C64 & & & \text{序} & \\
C107 & . & . & . & . & . & . & C114 & C69 & & & \\
C115 & . & . & . & . & . & . & . & C123 & C73 & & \\
C124 & . & . & . & . & . & . & . & . & C133 & C76 & \\
C134 & . & . & . & . & . & . & . & . & . & C144 & C78
\end{bmatrix} \tag{11-2}
$$

11.1.3　注意事项

(1)单元的两个节点可重合，也可不重合。

(2)单元矩阵在正常情况下不应是负定矩阵，但当较易便检测到负定矩阵时，将会发出提示信息。

(3)当采用集中质量矩阵时(LUMPM,ON)，所有非对角元素必须为零。

(4)矩阵元素与节点自由度对应，并假定作用方向沿节点坐标系。

(5)该单元只能用于小变形分析，即不能用于"NLGEOM,ON"时。

11.1.4 应用举例

(1)各向刚度不同的 3D 弹簧

当三个方向具有不同刚度时,需定义 3 个独立的弹簧单元。而采用 MATRIX27 只需一个单元即可实现,假设沿坐标轴方向的三个刚度分别为 kx、ky 和 kz,则对应的刚度矩阵为:

$$\begin{bmatrix} kx & 0 & 0 & 0 & 0 & 0 & -kx & 0 & 0 & 0 & 0 & 0 \\ & ky & 0 & 0 & 0 & 0 & 0 & -ky & 0 & 0 & 0 & 0 \\ & & kz & 0 & 0 & 0 & 0 & 0 & -kz & 0 & 0 & 0 \\ & & & 0 & 0 & 0 & 0 & 0 & 0 & 0 & 0 & 0 \\ & & & & 0 & 0 & 0 & 0 & 0 & 0 & 0 & 0 \\ & & & & & 0 & 0 & 0 & 0 & 0 & 0 & 0 \\ & & & & & & kx & 0 & 0 & 0 & 0 & 0 \\ 对& & & & & & & ky & 0 & 0 & 0 & 0 \\ & & & & & & & & kz & 0 & 0 & 0 \\ 称& & & & & & & & & 0 & 0 & 0 \\ & & & & & & & & & & 0 & 0 \\ & & & & & & & & & & & 0 \end{bmatrix} \quad (11\text{-}3)$$

显然应设置 KEYOPT(3)=4 及缺省的 KEYOPT(2)=0,输出单元刚度可设置 KEYOPT(4)=1;C1=C58=kx,C7=−kx;C13=C64=ky,C19=−ky;C24=C69=kz,C30=−kz。计算分析的命令流如下。

```
!==============================================================
!EX11.1 三向刚度不同的一个弹簧
FINISH$/CLEAR$/PREP7
ET,1,MATRIX27$KEYOPT,1,3,4$KEYOPT,1,4,1                !定义单元类型及 KEYOPT
KX=1E4$KY=2E4$KZ=3E4                                   !参数定义
R,1,KX$RMODIF,1,7,−KX$RMODIF,1,58,KX                   !输入 KX 元素项
RMODIF,1,13,KY$RMODIF,1,19,−KY$RMODIF,1,64,KY          !输入 KY 元素项
RMODIF,1,24,KZ$RMODIF,1,30,−KZ$RMODIF,1,69,KZ          !输入 KZ 元素项
N,1$N,2,1,1,1$E,1,2$D,1,ALL                            !创建有限元模型并施加约束条件
F,2,FX,100$F,2,FY,200$F,2,FZ,300                       !施加荷载,各向位移均等于 0.01
/SOLU$SOLVE$/POST1$PLDISP,1                            !求解并绘制变形图
!==============================================================
```

(2)变刚度支承体系的受力分析

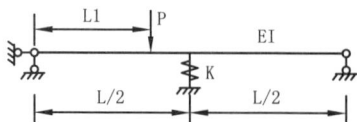

图 11-2 变刚度支承体系

如图 11-2 所示的平面梁结构,两端简支,跨中竖向支承刚度是跨中位移的非线性函数,分析在一定荷载作用下结构的变形。此类情况可以采用非线性弹簧模拟,也可采用 MATRIX27 单元模拟。实际工程中如橡胶支座的受力情况、随结构变化的激励荷载等,都类似这种受力情况。计算分析的命令流如下。

```
!==============================================================
!EX11.2 变刚度支承体系的受力分析
FINISH$/CLEAR$/PREP7$L=16$P=1E5$L1=7.0$KY=0.1          !参数定义,假定刚度 KY=0.1
ET,1,BEAM3$ET,2,MATRIX27$KEYOPT,2,3,4$KEYOPT,2,4,1     !定义单元类型及 KEYOPT 选项
MP,EX,1,2.1E11$MP,PRXY,1,0.3$R,1,0.1,5E−5,0.3          !定义材料常数和梁单元实常数
R,2$RMODIF,2,13,KY$RMODIF,2,19,−KY$RMODIF,2,64,KY      !定义 MATRIX27 刚度矩阵
K,1$K,2,L1$K,3,L/2$K,4,L$L,1,2$L,2,3$L,3,4             !创建几何模型
```

```
LATT,1,1,1$ESIZE,0.5$LMESH,ALL                                    !划分梁单元
N1=NODE(L/2,0,0)$N2=NODE(L1,0,0)$N3=NDINQR(0,14)+1                !获取 3 个节点号
TYPE,2$REAL,2$N,N3,L/2,-1$E,N3,N1                                 !定义新节点和 MATRIX27 单元
DK,1,UX,,,,UY$DK,4,UY$D,N3,ALL$F,N2,FY,-P                         !施加边界条件和荷载
!循环迭代求解,以最终刚度误差小于等于 5% 为目标,其间不断修改 MATRIX27 的刚度矩阵
*DO,I,1,50$FINISH$/SOLU$SOLVE$FINISH                              !进入循环体,求解
UY=ABS(UY(N1))$KYI=1E4*UY+5E5*UY*UY                               !获得位移值,根据函数关系计算刚度系数
KYERR=ABS((KYI-KY)/KY)                                            !计算刚度误差
*IF,KYERR,LE,0.05,THEN$*EXIT                                      !若满足 5% 误差要求就退出循环
*ELSE$/PREP7$KY=KYI$$RMODIF,2,13,KY                               !否则进入/PREP7 修改刚度系数
RMODIF,2,19,-KY$RMODIF,2,64,KY$*ENDIF                             !结束判断语句
*ENDDO                                                           !结束循环体
FINISH$/POST1$PLNSOL,U,Y                                          !进入后处理,绘制变形图
ETABLE,MI,SMISC,6$ETABLE,MJ,SMISC,12                              !定义单元弯矩表
PLLS,MI,MJ                                                        !绘制弯矩图
!
```

11.2 MATRIX50 单元

MATRIX50 称为超单元或子结构单元,能将一组普通单元预先装配成一个单元,大大节省分析的计算花费。超单元一旦产生,就包含在 ANSYS 模型中,可以用于该单元适用的任何分析类型。超单元矩阵存放在文件中,与其他 ANSYS 单元的使用方式相同。多荷载矢量也可存储在超单元矩阵中,故可使用多种荷载。

11.2.1 输入参数与选项

图 11-3 给出了单元示意,该单元是任意结构的数学矩阵表示,没有固定的几何特性。超单元自由度称为"主自由度",用于超单元与模型中其他单元的边界,在生成超单元的过程中定义。

超单元名称是 MATRIX50,单元类型也通过命令 ET 定义(50 或 MATRIX50 均可)。命令 SE 用于定义超单元,它从工作路径下的文件 Jobname.SUB(缺省文件名 .SUB)中读入超单元。可用命令 MAT 定义材料组号,但仅用于命令 MP 定义阻尼 DAMP 或介电常数 PERX。该单元无实常数,因此命令 REAL 对该单元无效。然而,命令 TYPE 可用于指定单元类型号。

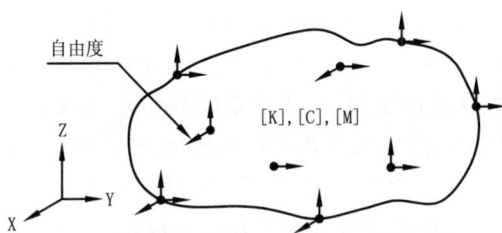

图 11-3 MATRIX50 单元示意

超单元一般分为生成部分、使用部分和扩展部分。在超单元生成部分,每个荷载步都可生成一个单元荷载矢量,最多可生成 31 个单元荷载矢量。在使用部分,单元荷载矢量可按比例缩放使用,比例因子通过命令 SFE 输入,SFE 命令项 Lkey 指定为超单元荷载矢量号,SFE 命令项 Lab 指定为 SELV,SFE 命令项 KVAL 为单元荷载矢量的实部或虚部,SFE 命令项 VAL1 为比例因子;单元荷载矢量号由对应的超单元生成部分的荷载矢量号确定。若超单元荷载矢量比例因子为零,则分析中就不考虑超单元荷载矢量;在超单元使用部分,可用任意数目的比例因子组合。

KEYOPT(1)选项用于一些特殊情况,如辐射的 T^4 非线性问题,在此种情况下,矩阵文件可由用户直接构造或通过 AUX12 生成。

MATRIX50 单元的输入参数与选项如表 11-2 所示。

MATRIX50 单元输入参数与选项   表 11-2

参 数 类 别	参 数 及 说 明
节点	无节点输入
自由度	由所包含的单元类型决定,但不允许包含多场自由度
实常数	无
材料属性	DAMP,PERX
面荷载	通过荷载矢量和比例因子考虑荷载作用,即用命令 SFE 施加
体荷载	同面荷载的施加
特性	大转动、辐射[KEYOPT(1)＝1]
KEYOPT(1)	单元行为: 0——正常子结构;1——特殊的辐射子结构
KEYOPT(6)	节点力输出: 0——不输出;1——输出

11.2.2 输出及注意事项

在超单元使用部分,可输出结构超单元每个主自由度的节点位移和节点力。在超单元扩展部分,可得到超单元中的应力分布和节点位移的扩展解(非主自由度)。此外,在超单元的生成部分,所生成的数据库和子结构文件必须保存,因为在使用部分和扩展部分要读入。

MATRIX50 的注意事项如下。

(1)超单元中可包括任何类型的单元,但基于拉格朗日乘子法的单元除外,如单元 MPC184、KE-TOPT(6)＝1 时的 PLANE182 单元、KEYOPT(2)＝3 时的 CONTA171 单元。

(2)不同场类型的超单元可在超单元使用部分混合使用。

(3)忽略超单元中任何单元的非线性部分,任何双线性单元在整个分析过程中将保持其初始状态。也就是说,超单元中所包含的单元是线性的,当然也不考虑单元的材料非线性。

(4)超单元中可包含其他超单元,即超单元可嵌入。超单元矩阵类型可通过命令 SEOPT 定义,如可仅生成刚度矩阵、质量矩阵或阻尼矩阵等。此外,可利用既有超单元创建新的超单元,其命令为 SET-RAN,以便指定新超单元名称、节点编号、几何位置等参数。

(5)PCG 求解器不支持超单元 MATRIX50。

(6)超单元和模型中的非超单元部分应连接正确,即要保证连接部分的几何位置与初始超单元几何位置相符。也就是说,一旦生成了超单元,其几何位置是确定的(在生成部分的几何位置),在用命令 SE 定义(在使用部分)时就依据超单元的初始几何位置直接将超单元定位。所以,在多个超单元或与非超单元连接时,就必须考虑超单元的几何位置;各超单元的节点编号是独立的,因此当相连部位的节点号不等时,可用命令 CP 耦合自由度连接起来。

(7)若超单元包含质量矩阵,在使用部分用命令 ACEL 给超单元施加加速度。

(8)若超单元包含惯性效应,在使用部分同时施加命令 ACEL 和荷载矢量。

(9)类似地,若超单元包括阻尼矩阵,在使用部分通过命令 ALPHA 和 BETA 施加阻尼系数。

(10)应避免重复加速度和阻尼影响。

(11)压力和热效应只有通过超单元荷载矢量才可考虑。

(12)超单元维数与生成部分所有单元的最大维数一致,2D 超单元只能用于 2D 分析,而 3D 超单元只能用于 3D 分析。

(13)定义超单元主自由度时应考虑以下因素:

①作为超单元与非超单元的边界,即连接边界上的节点自由度都必须为主自由度;

②若在使用部分施加约束(D 命令)或集中荷载(F 命令),则这些节点的自由度也必须为主自由度。

11.2.3　应用举例

如图 11-4 所示的桁架结构,三角结构为刚性连接,各三角之间为铰接,下弦均采用杆单元模拟。将三角结构定义为超单元,周边杆件采用梁单元模拟,中间腹杆采用杆单元模拟,主自由度如图 11-4c)所示。杆单元面积详见命令流。

在超单元的生成部分定义两个荷载矢量,其数值均为 1.0,而在使用部分利用比例因子施加真正的荷载;各超单元之间的荷载在使用部分施加。整个命令流分为三大部分,分别为超单元生成部分、使用部分和扩展部分。在使用部分求解时,分为三个荷载步进行,即自重、三角中间荷载和其余荷载,因无荷载删除,故荷载是累加的,也就是说最后荷载步的荷载为全部荷载作用。读者可通过创建全部模型并多荷载步求解来验证子模型计算的正确性。

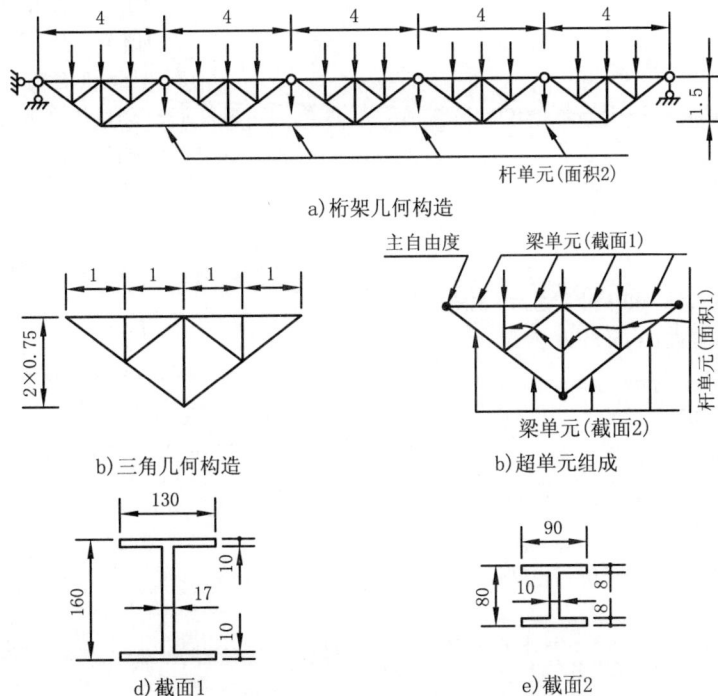

a)桁架几何构造

b)三角几何构造

b)超单元组成

d)截面1

e)截面2

图 11-4　桁架几何及子结构(尺寸单位:m)

```
!=================================================================

!EX11.3 超单元(生成、使用及扩展部分)求解桁架结构

!1. 超单元生成部分·············································
FINISH$/CLEAR$/PREP7$ET,1,BEAM189$ET,2,LINK8                    !定义单元类型
MP,EX,1,2.1E11$MP,PRXY,1,0.3$MP,DENS,1,7800                     !定义材料常数
R,1$R,2,960.6E-6                                                !定义实常数
SECTYPE,1,BEAM,I$SECDATA,0.13,0.13,0.16,0.01,0.01,0.017         !定义梁截面 1
SECTYPE,2,BEAM,I$SECDATA,0.09,0.09,0.08,0.008,0.008,0.01        !定义梁截面 2
K,1$K,2,1.0$K,3,2.0$K,4,3.0$K,5,4.0                             !创建关键点
K,6,1.0,-0.75$K,7,2.0,-1.5$K,8,3.0,-0.75                        !创建关键点
L,1,2$L,2,3$L,3,4$L,4,5$LATT,1,,1,,,,7,1$LSEL,NONE              !创建上弦线并定义单元属性(截面1)
L,1,6$L,6,7$L,7,8$L,8,5$LATT,1,,1,,,,3,2$LSEL,NONE              !创建外斜杆并定义单元属性(截面2)
L,2,6$L,3,7$L,4,8$L,6,3$L,3,8$LATT,1,2,2                        !创建腹杆并定义单元属性(面积1)
LSEL,S,TYPE,,1$ESIZE,0.25$LMESH,ALL                             !划分梁单元
LSEL,S,TYPE,,2$LESIZE,ALL,,,1$LMESH,ALL                         !划分杆单元
LSEL,ALL
/SOLU$ANTYPE,SUBSTR$SEOPT,SJ,2,1                                !定义分析类型为子结构,超单元名称为 SJ.SUB
```

```
NODE1＝NODE(0,0,0)$NODE2＝NODE(4,0,0)          !获取主节点位置的节点号
NODE3＝NODE(2,－1.5,0)                          !获取主节点位置的节点号
M,NODE1,ALL$M,NODE2,ALL$M,NODE3,ALL            !定义主节点
PARSAV,,MNODE,PARM                             !保存主自由度节点号,以便在使用部分应用
F,14,FY,－1.0$SAVE,SJMOD,DB$SOLVE              !施加荷载,保存超单元数据库,生成第一个荷载矢量
F,2,FY,－1.0$F,26,FY,－1.0$SOLVE               !生成第二个荷载矢量
!2. 超单元使用部分········································································
FINISH$/CLEAR$/FILENAME,TRUSS$/PREP7            !清空数据库,定义作用文件名为 TRUSS
ET,1,MATRIX50$ET,2,LINK8                       !定义单元类型(MRTRIX50 和 LINK8)
MP,EX,1,2.0E11$MP,PRXY,1,0.3$MP,DENS,1,7850    !定义材料常数(用于杆单元)
R,2,0.0498                                     !定义实常数、杆单元的面积(面积 2)
NMT＝5$TYPE,1                                   !超单元有 NMT 个,指定超单元类型
＊DO,I,1,NMT                                    !利用循环创建超单元,节点编号增加 200
SETRAN,SJ,,(I－1)＊200,SJ%I%,,,4＊(I－1)         !由超单元 SJ 创建超单元 SJ1～SJ5,偏移各增 4m
SE,SJ%I%$＊ENDDO                                !定义或读入刚刚生成的超单元,循环结束
PARRES,CHANGE,MNODE,PARM                       !读入在超单元生成时候的主节点号参数
TYPE,2$REAL,2$MAT,1                            !指定单元类型、实常数及材料号
＊DO,I,1,NMT－1                                 !利用循环定义下弦杆的杆单元
E,(I－1)＊200＋NODE3,I＊200＋NODE3$＊ENDDO        !定义杆单元
CPINTF,UX$CPINTF,UY$CPINTF,UZ                  !耦合自由度(形成铰接)
D,NODE1,UX,,,,,UY,UZ                           !最左节点三向约束
D,(NMT－1)＊200＋NODE2,UY,,,,,UZ                !最右节点两向约束
/SOLU$ACEL,,9.8$SOLVE                          !施加自重并求解(第一荷载步)
ESEL,S,TYPE,,1$SFE,ALL,1,SELV,,5E4             !第一荷载矢量因子 5E4
ESEL,ALL$SFELIST$SOLVE                         !求解第二荷载步
ESEL,S,TYPE,,1$SFE,ALL,2,SELV,,1E4            !第二荷载矢量因子 1E4
ESEL,ALL$SFELIST                              !单元荷载列表
＊DO,I,1,NMT－1$F,(I－1)＊200＋38,FY,－7E4$＊ENDDO !施加铰接点的集中荷载
SOLVE                                         !求解第三荷载步
/POST1$FILE,TRUSS,RST$SET,LIST                 !进入后处理并查看各荷载步位移
SET,1$PLNSOL,U,Y$SET,2$PLNSOL,U,Y$SET,3$PLNSOL,U,Y
!3. 扩展部分·············································································
FINISH$/CLEAR$RESUME,SJMOD,DB                  !清空数据库并恢复超单元数据库
/SOLU$EXPASS,ON                               !进入求解层,打开扩展
!扩展子结构 1 的第一荷载步结果,并进入后处理绘制变形和应力云图
SEEXP,SJ1,TRUSS$EXPSOL,1,1$SOLVE$FINISH$/POST1$PLDISP,1$/ESHAPE,1$PLNSOL,S,X
!扩展子结构 2 的第二荷载步结果,并进入后处理绘制变形云图
FINISH$/SOLU$SEEXP,SJ2,TRUSS$EXPSOL,2,1$SOLVE$FINISH$/POST1$PLDISP
!扩展子结构 3 的第一、第二和第三荷载步结果,并绘制变形云图
FINISH$/SOLU$SEEXP,SJ3,TRUSS$EXPSOL,1,1$SOLVE$FINISH$/POST1$PLDISP
FINISH$/SOLU$SEEXP,SJ3,TRUSS$EXPSOL,2,1$SOLVE$FINISH$/POST1$PLDISP
FINISH$/SOLU$SEEXP,SJ3,TRUSS$EXPSOL,3,1$SOLVE$FINISH$/POST1$PLDISP
!===============================================================================
```

第 12 章 表面效应单元

本章包括单元 SURF153、SURF154 和 SURF156，表面效应单元主要用于施加复杂荷载和表面效应。单元 SURF153 用于 2D 结构，SURF154 用于 3D 实体或壳单元，而 SURF156 用于 3D 实体单元或壳单元的边线。

12.1 SURF153 单元

SURF153 称为 2D 结构表面效应单元，用于施加各种荷载和表面效应，可覆盖在任何 2D 结构实体单元表面（但单元 PLANE25 和 PLANE83 除外）。

12.1.1 输入参数与选项

图 12-1 给出了单元几何、节点位置和坐标系，该单元通过 2 或 3 个节点定义，并可定义某些材料常数。单元坐标系的 x 轴沿着节点 I 和 J 的连线，并从节点 I 指向节点 J。

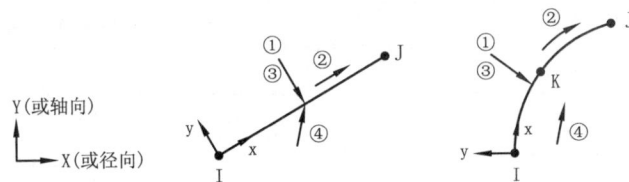

图 12-1 SURF153 单元几何

单元质量和体积通过节点 I 和节点 J 的面内单元厚度计算，节点 I 和节点 J 的面内厚度分别用实常数 TKI 和 TKJ 定义（TKJ 缺省为 TKI），缺省时面内厚度为 1.0。若 KEYOPT(3)=3，则通过实常数 TKPS 定义面外厚度，缺省时 TKPS=1.0。计算质量所用密度，采用命令 MP 的 DENS 项定义，附加质量采用实常数 ADMSUA（质量/单位面积）定义。该单元也可考虑刚度，通过实常数 SURT 定义面内刚度（力/单位长度），通过实常数 EFS 定义弹性地基刚度 [力/（长度×面积）]。弹性地基刚度可考虑阻尼，可通过命令 MP 的 DAMP 项（刚度矩阵乘以该系数）定义，也可通过 VISC 项直接定义。

单元面荷载的编号如图 12-1 所示，该单元支持复压力荷载。对面②，正值的压力荷载为单元坐标系的正向；对面①和面③，正值的压力荷载为单元坐标系 y 轴的负向，也可通过 KEYOPT(6) 删除正值或负值的压力荷载，以模拟流体自由面的不连续特性。

对面③，各积分点压力荷载的数值等于 $P_I+XP_J+YP_K$，其中 $P_I \sim P_K$ 分别为命令 SFE 的 VAL1~VAL3 项的值，X 和 Y 为点在整体直角坐标系下的当前位置坐标，命令 SFFUN 和 SFGRAD 对此面荷载无效。例如，对于 I 点，压力荷载为 $P_I+X_IP_J+Y_IP_K$，而对于 J 点，压力荷载则为 $P_I+X_JP_J+Y_JP_K$ 等，利用此面可施加随坐标渐变的压力荷载。

对面④，压力荷载的数值等于 P_I，其方向为 $(P_Ji+P_Kj)/\sqrt{P_J^2+P_K^2}$，其中 i 和 j 为整体直角坐标系下的单位向量（非输入），可通过设置 KEYOPT(11) 和 KEYOPT(12) 对压力荷载值进行调整。当采用命令 SFFUN 和 SFGRAD 时，荷载方向不能改变，但采用的是角节点荷载值的均值。

温度可作为单元的体荷载施加在节点上，但不施加在与相同节点的其他单元上（覆盖单元）。节点 I

的温度 T(I)缺省为 TUNIF,节点 J 的温度 T(J)缺省为 T(I)。但温度仅仅用于确定随温度变化的材料性质。

若 KEYOPT(4)＝1 则无中间节点,即位移变化是线性的而非二次的。

若 SURF153 下覆在单一类型的 PLANE 单元上,采用 KEYOPT(3)＝10 则自动设置单元行为(平面应力、轴对称、平面应变或带厚度的平面应力)为下覆实体单元的行为。例如 SURF153 下覆在共用节点的 PLANE77(热)和 PLANE82(结构)上,ANSYS 就不能将荷载施加到单元上,但对此会发出警告信息。

该单元自动包括压力荷载刚度效应。

SURF153 单元的输入参数与选项如表 12-1 所示。

SURF153 单元输入参数与选项　　　　　　　　　　表 12-1

参数类别	参 数 及 说 明		
节点	KEYOPT(4)＝0 时为 I,J,K;KEYOPT(4)＝1 时为 I,J		
自由度	UX,UY		
实常数	序号	符 号	说 明
	1~3	空	—
	4	EFS	弹性地基刚度
	5	SURT	表面张力(表面刚度,力/长度)
	6	ADMSUA	附加质量(质量/单位面积)
	7	TKI	节点 I 的面内厚度(缺省为 1.0)
	8	TKJ	节点 J 的面内厚度(缺省为 TKI)
	9~11	空	—
	12	TKPS	KEYOPT(3)＝3 时的面外厚度(缺省为 1.0)
材料属性	DENS,VISC,DAMP		
面荷载	面①为－y 方向,面②为＋x 方向,面③为－y 方向的渐变荷载,面④为任意方向(通过单位矢量定义方向)		
体荷载	温度——T(I),T(J)及 KEYOPT(4)＝0 时的 T(K)		
特性	应力刚度、大变形、单元生死		
KEYOPT(2)	面①和面②压力荷载的坐标系: 0——单元坐标系;1——局部坐标系		
KEYOPT(3)	单元行为控制: 0——平面应力;1——轴对称;2——平面应变;3——考虑单元厚度的平面应力;5——广义平面应变;10——单元行为与下覆单元行为相同		
KEYOPT(4)	中间节点: 0——有中间节点(与下覆实体单元匹配);1——无中间节点		
KEYOPT(6)	法向压力选项,仅对面①和面③: 0——采用正值和负值压力;1——仅采用正值压力(负值设置为零);2——仅采用负值压力(正值设置为零)		
KEYOPT(11)	采用向量施加的压力荷载选项,仅对面④: 0——作用在投影面(与压力矢量垂直的面)并包括切线分量;1——作用在投影面(与压力矢量垂直的面),不包括切线分量;2——作用在整个面(压力直接作用面,非投影面)且包括切线分量		
KEYOPT(12)	单元法线方向影响(单元 y 轴),仅对面④: 0——不考虑单元法线方向,按单位向量施加压力荷载;1——若单元法线与压力矢量方向相同,则不施加任何压力荷载		

12.1.2 输出数据

SURF153 单元输出说明如表 12-2 所示，表 12-3 为命令 ETABLE 或 ESOL 中的表项和序号。

SURF153 单元输出说明　　　　　　　　　　　　　　　　　　　　　表 12-2

名　称	说　明	O	R
EL	单元号	Y	Y
SURFACENODES	节点号 I, J	Y	Y
EXTRA NODE	附加节点号	Y	Y
MAT	材料号	Y	Y
AREA	表面面积	Y	Y
VOLU	体积	Y	Y
XC, YC	单元结果的输出位置（* GET 获取）	Y	Y
VN(X,Y)	单元中心法线的单位向量	—	Y
PRES	节点 I 和 J 的压力 P1～P4	Y	—
PY, PX	单元坐标系的节点压力	—	Y
AVG FACE PRESSURE	平均法向压力（P1AVG），平均切向压力（P2AVG），平均渐变法向压力（P3AVG），矢量压力有效值（P4EFF）	Y	Y
DVX, DVY	P4 压力矢量方向	Y	Y
TEMP	温度 T(I)～T(K)	Y	Y
DENSITY	密度	Y	Y
MASS	单元质量	Y	Y
FOUNDATION STIFFNESS	地基刚度（EFS 输入）	Y	Y
FOUNDATION PRESSURE	地基压力	Y	Y
SURFACE TENSION	表面张力（SURT 输入）	Y	Y

命令 ETABLE 和 ESOL 表项和序号　　　　　　　　　　　　　　　表 12-3

输出量名称	项 Item	E	I	J	输出量名称	项 Item	E	I	J
PY（实部）	SMISC	—	1	2	FOUNPR	SMISC	21	—	—
PX（实部）	SMISC	—	3	4	AREA	NMISC	1	—	—
PY（虚部）	SMISC	27	28	—	VNX	NMISC	2	—	—
PX（虚部）	SMISC	29	30	—	VNY	NMISC	3	—	—
P1AVG（实部）	SMISC	13	—	—	EFS	NMISC	5	—	—
P2AVG（实部）	SMISC	14	—	—	SURT	NMISC	6	—	—
P3AVG（实部）	SMISC	15	—	—	DENS	NMISC	7	—	—
P4EFF（实部）	SMISC	16	—	—	MASS	NMISC	8	—	—
P1AVG（虚部）	SMISC	39	—	—	DVX	NMISC	9	—	—
P2AVG（虚部）	SMISC	40	—	—	DVY	NMISC	10	—	—
P3AVG（虚部）	SMISC	41	—	—					
P4EFF（虚部）	SMISC	42	—	—					

12.1.3 注意事项

(1)单元的两个节点不可重合,即单元长度不能为零。

(2)表面张力矢量施加在节点 I 和 J 的连线上,以寻求最短线长施加节点力。

(3)对大变形分析,以当前单元尺寸(单元尺寸有改变)施加荷载,而不是以初始尺寸。

(4)对先杀死然后再激活的单元,表面输出和地基刚度无效。表面输出不包括大应变效应。

12.1.4 应用举例

较复杂的例题详见单元 SURF154,这里仅列出如图 12-2 所示的四种压力荷载形式,采用 SURF153 单元分别施加荷载和计算。命令流如下。

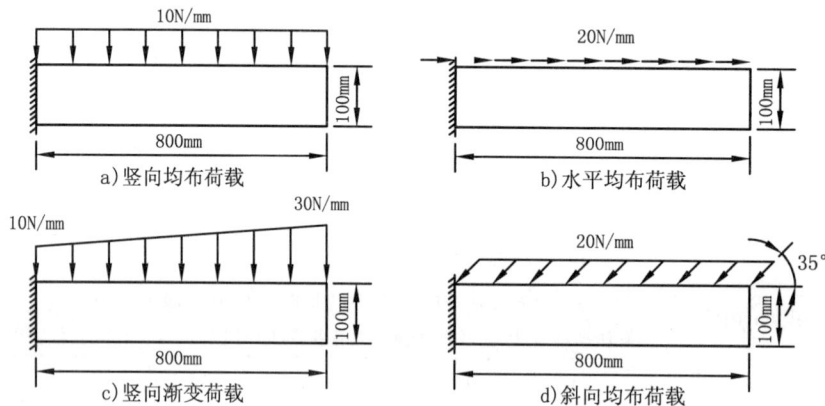

图 12-2 2D 悬臂梁的四种荷载

```
!=====================================================
!EX12.1 2D悬臂梁的四种荷载
FINISH$/CLEAR$/PREP7
!定义单元类型与KEYOPT,定义材料常数,创建几何模型和有限元模型,施加约束等
ET,1,PLANE42$ET,2,SURF153$KEYOPT,2,11,2$MP,EX,1,2E5$MP,PRXY,1,0.3
BLC4,,,800,100$AATT,1,,1$MSHKEY,1$ESIZE,25$AMESH,ALL$NSEL,S,LOC,X,0$D,ALL,ALL
NSEL,S,LOC,Y,100$TYPE,2$ESURF$NSEL,ALL
!进入求解层,施加四种荷载并分别求解(每种荷载都是独立的)
/SOLU
!施加竖向均布荷载10,显示荷载并求解
ESEL,S,TYPE,,2$SFE,ALL,1,PRES,,10$ESEL,ALL$/PSF,PRES,NORM,2$EPLOT$SOLVE
!删除原来所有荷载,施加水平均布荷载20,显示荷载并求解
SFEDELE,ALL,ALL,ALL$ESEL,S,TYPE,,2$SFE,ALL,2,PRES,,20$ESEL,ALL
/PSF,PRES,TANX,2$EPLOT$SOLVE
!删除原来所有荷载,施加竖向10~30渐变荷载并求解
SFEDELE,ALL,ALL,ALL$ESEL,S,TYPE,,2$SFE,ALL,3,PRES,,10,0.0375$ESEL,ALL$SOLVE
!删除原来所有荷载,施加斜向均布荷载20(注意荷载方向)并求解
SFEDELE,ALL,ALL,ALL$REF=35*ACOS(-1)/180$ESEL,S,TYPE,,2
SFE,ALL,4,PRES,,20,-COS(REF),-SIN(REF)$ESEL,ALL$SOLVE
!进入后处理查看第四种荷载的结果
/POST1$SET,LIST$SET,4$PLNSOL,U,Y$ESEL,S,TYPE,,2
ETABLE,PYI,SMISC,1$ETABEL,PYJ,SMISC,2$PRETAB,PYI,PYJ
ETABLE,PXI,SMISC,3$ETABEL,PXJ,SMISC,4$PRETAB,PXI,PXJ
ETABLE,DVX,NMISC,9$ETABEL,DVY,NMISC,10$PRETAB,DVX,DVY
!=====================================================
```

12.2　SURF154 单元

SURF154 称为 3D 结构表面效应单元,用于施加各种荷载和表面效应,可覆盖在 3D 单元面积表面,如 SOLID 和 SHELL 系列单元表面。

12.2.1　输入参数与选项

图 12-3 给出了单元几何、节点位置和单元坐标系,该单元通过 4～8 个节点和材料性质定义,三角形单元可通过定义 K 和 L 两个相同的节点号实现,缺省单元坐标系的 x 轴与节点 I 和 J 连线平行。

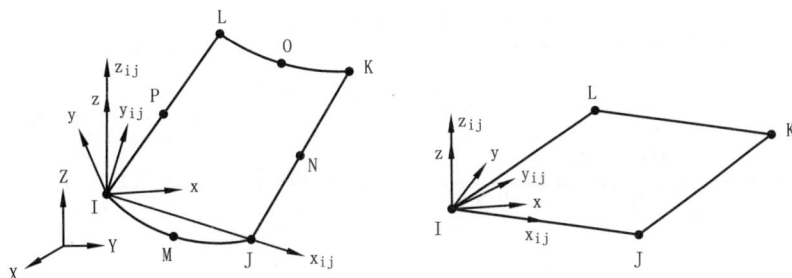

图 12-3　SURF154 单元几何

单元质量和体积采用单元厚度(实常数 TKI、TKJ、TKK、TKL)计算,TKJ、TKK 和 TKL 缺省为 TKI,缺省时这些厚度为 1.0。计算质量所用密度采用命令 MP 的 DENS 项定义,附加质量采用实常数 ADMSUA(质量/单位面积)定义。该单元也可考虑刚度,通过实常数 SURT 定义面内刚度(力/单位长度),通过实常数 EFS 定义弹性地基刚度[力/(长度×面积)]。弹性地基刚度可考虑阻尼,可通过命令 MP 的 DAMP 项(刚度矩阵乘该系数)定义,也可通过 VISC 项直接定义。

单元面荷载的编号如图 12-4 所示,该单元支持复压力荷载。

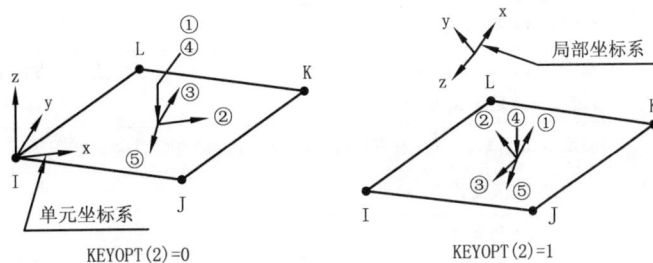

图 12-4　SURF154 单元压力荷载方向

当 KEYOPT(2)=0 时,面①的正值压力荷载为单元坐标系 z 的反向,而面②和面③的正值压力荷载为单元坐标系的正向。面①的压力荷载可通过 KEYOPT(6)删除正值或负值,以模拟流体自由面的不连续特性。单元坐标系方向控制面②和面③的压力荷载方向,因此常常需要通过命令 ESYS 控制单元坐标系的方向。

当 KEYOPT(2)=1 时,根据局部坐标系施加压力荷载,面①为局部坐标系 x 轴方向,面②为局部坐标系 y 轴方向,面③为局部坐标系 z 轴方向。当然,必须定义局部坐标系,然后通过命令 ESYS 将单元设置到局部坐标系下。当 KEYOPT(2)=1 时,KEYOPT(6)无效。

面④的压力荷载方向为单元法向,在每个积分点的荷载值等于 $P_I+XP_J+YP_K+ZP_L$,其中 $P_I\sim P_L$ 分别为命令 SFE 的 VAL1～VAL4 项的值,X、Y 和 Z 为点在整体直角坐标系下的当前位置坐标。KEYOPT(6) 对正值或负值取舍同样有效,但命令 SFFUN 和 SFGRAD 对此面荷载无效。

面⑤的压力荷载值等于 P_I,其方向为 $(P_J i+P_K j+P_L k)/\sqrt{P_J^2+P_K^2+P_L^2}$,其中 i、j 和 k 为整体直角坐标系下的单位向量,可通过设置 KEYOPT(11) 和 KEYOPT(12) 对压力荷载值进行调整。当采用命令 SFFUN 和 SFGRAD 时,荷载方向不能改变,但采用的是角节点荷载值的均值。方向表达式中的 $P_J\sim P_L$ 分别为命令 SFE 的 VAL2～VAL4 项的值,与单位矢量相乘后确定荷载方向,实际上仅输入小于 1.0 的数值即可。

温度可作为单元的体荷载施加在节点上,但不施加在与相同节点的其他单元上(覆盖单元)。节点 I 的温度 T(I)缺省为 TUNIF,若未输入其他节点温度,则全部缺省为 T(I)。若定义了全部角节点的温度,则中间节点的温度采用相邻角节点的均值。温度仅仅用于确定随温度变化的材料性质。

若 KEYOPT(4)＝1 则无中间节点,即位移变化是线性的而非二次的。

该单元自动包括压力荷载刚度效应。

SURF154 单元的输入参数与选项如表 12-4 所示。

SURF154 单元输入参数与选项　　　　　　　　　　　　　　　　　表 12-4

参数类别	参数及说明		
节点	KEYOPT(4)＝0 时为 I,J,K,L,M,O,P;KEYOPT(4)＝1 时为 I,J,K,L		
自由度	UX,UY,UZ		
实常数	序号	符号	说明
	1～3	空	—
	4	EFS	弹性地基刚度
	5	SURT	表面张力(表面刚度,力/长度)
	6	ADMSUA	附加质量(质量/单位面积)
	7	TKI	节点 I 的厚度(缺省为 1.0)
	8	TKJ	节点 J 的厚度(缺省为 TKI)
	9	TKK	节点 K 的厚度(缺省为 TKI)
	10	TKL	节点 L 的厚度(缺省为 TKI)
材料属性	DENS,VISC,DAMP		
面荷载	面①为－z 方向,面②为＋x 方向,面③为＋y 方向,面④为－z 方向的渐变荷载,面⑤为任意方向(通过单位向量定义方向)		
体荷载	温度——T(I)～T(J)及 KEYOPT(4)＝0 时的 T(M)～T(P)		
特性	应力刚度、大变形、单元生死		
KEYOPT(2)	面①、面②和面③压力荷载的坐标系: 0——单元坐标系;1——局部坐标系		
KEYOPT(4)	中间节点: 0——有中间节点(与下覆实体单元匹配);1——无中间节点		
KEYOPT(6)	法向压力选项,仅对面①和面④,且 KEYOPT(2)＝0: 0——采用正值和负值压力;1——仅采用正值压力(负值设置为零);2——仅采用负值压力(正值设置为零)		
KEYOPT(11)	采用向量施加的压力荷载选项,仅对面⑤: 0——作用在投影面(与压力矢量垂直的面)并包括切线分量;1——作用在投影面(与压力矢量垂直的面),不包括切线分量;2——作用在整个面(压力直接作用面,非投影面)且包括切线分量		
KEYOPT(12)	单元法线方向影响(单元 z 轴),仅对面⑤: 0——不考虑单元法线方向,按单位向量施加压力荷载;1——若单元法线与压力矢量方向相同,则不施加任何压力荷载		

12.2.2　输出数据

SURF154 单元输出说明如表 12-5 所示,表 12-6 为命令 ETABLE 或 ESOL 中的表项和序号。

SURF154 单元输出说明　　　　表 12-5

名　称	说　明	O	R
EL	单元号	Y	Y
SURFACE NODES	节点号 I,J,K,L	Y	Y
EXTRA NODE	附加节点号	Y	Y
MAT	材料号	Y	Y
AREA	表面面积	Y	Y
VOLU	体积	Y	Y
XC,YC	单元结果的输出位置(＊GET 获取)	Y	Y
VN(X,Y,Z)	单元中心法线的单位向量	—	Y
PRES	节点 I~L 的压力 P1~P5	Y	—
PZ,PY,PX	单元坐标系的节点压力	—	Y
AVG FACE PRESSURE	平均法向压力(P1AVG),平均 X 切向压力(P2AVG),平均 Y 切向压力(P3AVG),平均渐变法向压力(P4AVG),矢量压力有效值(P5EFF)	Y	Y
DVX,DVY,DVZ	P5 压力矢量方向	Y	Y
TEMP	温度 T(I)~T(P)	Y	Y
DENSITY	密度	Y	Y
MASS	单元质量	Y	Y
FOUNDATION STIFFNESS	地基刚度(EFS 输入)	Y	Y
FOUNDATION PRESSURE	地基压力	Y	Y
SURFACE TENSION	表面张力(SURT 输入)	Y	Y

命令 ETABLE 和 ESOL 的表项和序号　　　　表 12-6

输出量名称	项 Item	E	I	J	K	L
PZ(实部)	SMISC	—	1	2	3	4
PX(实部)	SMISC	—	5	6	7	8
PY(实部)	SMISC	—	9	10	11	12
PZ(虚部)	SMISC		27	28	29	30
PX(虚部)	SMISC		31	32	33	34
PY(虚部)	SMISC	—	35	36	37	38
P1AVG(实部)	SMISC	13	—	—	—	—
P2AVG(实部)	SMISC	14	—	—	—	—
P3AVG(实部)	SMISC	15	—	—	—	—
P4AVG(实部)	SMISC	16	—	—	—	—
P5EFF(实部)	SMISC	17	—	—	—	—
P1AVG(虚部)	SMISC	39	—	—	—	—
P2AVG(虚部)	SMISC	40	—	—	—	—
P3AVG(虚部)	SMISC	41	—	—	—	—
P4AVG(虚部)	SMISC	42				

输出量名称	项 Item	E	I	J	K	L
P5EFF(虚部)	SMISC	43	—	—	—	—
FOUNPR	SMISC	21	—	—	—	—
AREA	NMISC	1				
VNX	NMISC	2	—	—	—	—
VNY	NMISC	3	—	—	—	—
VNZ	NMISC	4	—	—	—	—
EFS	NMISC	5	—	—	—	—
SURT	NMISC	6	—	—	—	—
DENS	NMISC	7	—	—	—	—
MASS	NMISC	8	—	—	—	—
DVX	NMISC	9	—	—	—	—
DVY	NMISC	10	—	—	—	—
DVZ	NMISC	11	—	—	—	—

12.2.3 注意事项

(1)单元面积不能为零。

(2)表面张力以常量施加在单元节点上,并以表面的最小面积计算。

(3)对大变形分析,以当前单元尺寸(单元尺寸有改变)施加荷载,而不是以初始尺寸。

(4)对先杀死然后再激活的单元,表面输出和地基刚度无效。表面输出不包括大应变效应。

12.2.4 应用举例

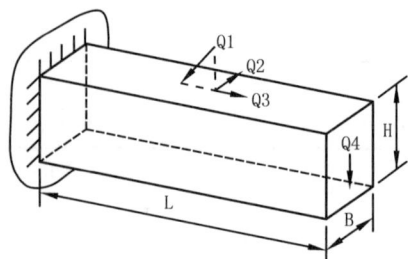

图 12-5 多种均布荷载作用下的悬臂梁

(1)多种均布荷载作用下的悬臂梁

如图 12-5 所示的悬臂梁,承受四种均布荷载作用。实体采用 SOLID95 单元模拟,顶面和端面创建表面效应单元 SURF154,并施加各种均布荷载。SURF154 的单元坐标系采用缺省设置,因面荷载与单元坐标系密切相关,可通过命令 ESYS 显示查看单元坐标系的方向。面⑤的斜向面荷载采用整个面而非投影面施加。命令流如下。

```
!========================================
!EX12.2 多种均布荷载作用下的悬臂梁
!定义参数、单元类型、材料常数等,创建模型和单元等
FINISH$/CLEAR$/PREP7$L=800$B=100$H=200$Q1=3$Q2=2$Q3=6$Q4=0.5$REF=40*ACOS(-1)/180
ET,1,SOLID95$ET,2,SURF154$KEYOPT,2,11,2$MP,EX,1,2.1E5$MP,PRXY,1,0.3
BLC4,,,L,H,B$VATT,1,,1$ESIZE,25$VMESH,ALL$NSEL,S,LOC,X,0$D,ALL,ALL
NSEL,S,LOC,Y,H$TYPE,2$ESURF$NSEL,S,LOC,X,L$ESURF$ALLSEL,ALL
!施加顶面的各种荷载,注意单元坐标系方向和荷载方向
NSEL,S,LOC,Y,H$ESLN,S,1$SFE,ALL,2,PRES,,-Q3$SFE,ALL,3,PRES,,-Q2
SFE,ALL,5,PRES,,Q1,-COS(REF),-SIN(REF),0
!施加端面的切向荷载,也要注意单元坐标系方向和荷载方向
NSEL,S,LOC,X,L$ESLN,S,1$SFE,ALL,2,PRES,,-Q4$ALLSEL,ALL
/SOLU$SOLVE$/POST1$PLNSOL,U,SUM$PLNSOL,S,X
!========================================
```

（2）柱体切向荷载的施加

如图 12-6 所示的圆柱体，柱面上作用切向均布压力，用 SURF154 单元施加并计算。建模时柱体采用 SOLID95 单元模拟，然后定义局部柱坐标系并采用命令 ESYS 将单元坐标系设置在局部坐标系下，根据单元坐标系的方向施加面②荷载。本例未设置 KEYOPT(2)＝1，也就是未根据局部坐标系施加荷载。此圆柱仅受扭转荷载，因此无轴向应力（约束部位除外），可通过后处理查看各种结果进行验证。

上述两例除可通过命令 ESURF 创建 SURF154 单元以外，也可通过命令 AATT 设置单元属性，然后再通过命令 AMESH 创建表面效应单元。命令流如下。

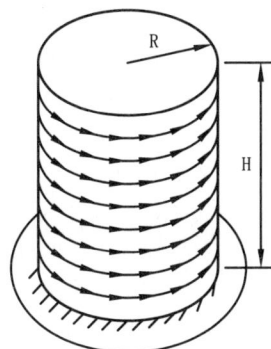

图 12-6 柱体的切向荷载

```
!===================================================================
!EX12.3 圆柱切向荷载的施加
FINISH$/CLEAR$/PREP7$L=400$R=50                              !定义参数
ET,1,SOLID95$ET,2,SURF154$MP,EX,1,2.1E5$MP,PRXY,1,0.0        !定义单元和材料常数
CYL4,,,R,,,,L$WPROTA,,90$VSBW,ALL$WPROTA,,,90$VSBW,ALL       !创建几何模型并切分
VATT,1,,1$ESIZE,15$VMESH,ALL$NSEL,S,LOC,Z,0$D,ALL,ALL        !划分体单元并施加约束
CSYS,1$NSEL,S,LOC,X,R$LOCAL,11,1                             !在柱坐标系下选择节点,定义局部柱坐标系
ESYS,11$TYPE,2$ESURF                                         !将单元坐标系指定在局部坐标系,创建单元
ESEL,S,TYPE,,2$SFE,ALL,2,PRES,,10                            !选择 SURF154 并施加荷载
/PSF,PRES,,2$EPLOT$ALLSEL,ALL                                !显示荷载
/SOLU$SOLVE$/POST1$PLNSOL,U,SUM                              !求解后绘制变形云图
PLNSOL,S,EQV$PLNSOL,S,X                                      !绘制等效应力和 X 方向应力云图
PLNSOL,S,Y                                                   !绘制 Y 方向应力云图
RSYS,1$PLNSOL,U,Y$PLNSOL,U,SUM                               !改变结果坐标系,绘制切向变形和总变形云图
PLNSOL,S,X$PLNSOL,S,Y                                        !绘制径向和切向正应力云图
PLNSOL,S,XZ$PLNSOL,S,YZ                                      !绘制径向和切向剪应力云图
!===================================================================
```

（3）按不同作用面施加定向定值荷载

图 12-7 所示为轴向具有一定长度的圆筒结构[2]，Q1 和 Q2 均为定值定向均布荷载，但 Q1 为水平均布荷载，Q2 为沿曲面均布荷载。二者均采用面⑤施加，通过设置 KEYOPT(11)确定荷载的施加方式，如缺省的 KEYOPT(11)＝0 为按投影面施加，而 KEYOPT(11)＝2 时则按整个面施加，因此计算命令流仅 KEYOPT(11)设置不同，其余均相同。命令流如下。

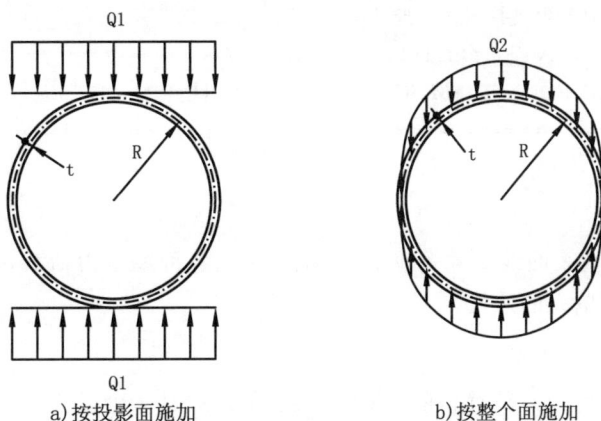

a）按投影面施加   b）按整个面施加

图 12-7 按不同作用面施加定向定值荷载

```
!========================================================
!EX12.4 按不同作用面施加定向定值荷载(采用 1/4 模型分析)
FINISH$/CLEAR$/PREP7$L=1000$R=150$T=10                        !定义参数
ET,1,SHELL63$ET,2,SURF154$KEYOPT,2,11,2                       !定义单元类型和 KEYOPT
MP,EX,1,2E5$MP,PRXY,1,0.0$R,1,T                               !定义材料常数和实常数
CSYS,1$K,1,R,0$K,2,R,90$L,1,2$CSYS,0                          !创建 1/4 圆曲线
K,3$K,4,,,L$L,3,4$ADRAG,1,,,,,,2$LDELE,2,,,1                  !创建拖拉路径并拖拉成柱面
AATT,1,1,1$ESIZE,2*T$AMESH,ALL                                !划分壳网格
TYPE,2$ESURF                                                  !创建 SURF154 单元
ESEL,R,TYPE,,2$SFE,ALL,5,PRES,,10,0,−1.0,0                    !选择 SURF154 单元并施加面⑤荷载
/PSF,PRES,2$EPLOT                                             !绘制荷载云图
NSEL,S,LOC,Y,0$D,ALL,UY,,,,,UZ,ROTX,ROTY,ROTZ                 !施加约束
NSEL,S,LOC,X,0$D,ALL,UX,,,,,UZ,ROTX,ROTY,ROTZ$ALLSEL,ALL     !施加约束
/SOLU$SOLVE$/POST1$ESEL,S,TYPE,,1$PRNSOL,U,SUM                !绘制变形云图
$ETABLE,MX,SMISC,4$PLETAB,MX$PRRSOL                           !绘制弯矩云图和支反力列表
!========================================================
```

(4)弹性地基刚度的应用

在 ANSYS 的结构分析单元中,单元 BEAM44、BEAM54、SHELL63、SHELL41 和 SHELL99 支持弹性地基刚度,其余单元则不支持此项,而利用表面效应单元 SURF153 和 SURF154 可使很多单元能够考虑弹性地基刚度,尤其是 SOLID 系列单元。

以 EX7.6 为例,创建 3D 几何模型并划分为 SOLID95 单元,在底面创建 SURF154 单元,在定义单元实常数时输入地基刚度。与 EX7.6 所不同的是,SURF154 单元可直接输出单元的弹性地基压力。命令流如下。

```
!========================================================
!EX12.5 弹性地基刚度的应用(同 EX7.6)
!定义单元类型,定义材料常数和实常数
FINISH$/CLEAR$/PREP7$ET,1,SOLID45$ET,2,SURF154
MP,EX,1,3.5E10$MP,PRXY,1,0.2$R,1$R,2$RMODIF,2,4,1.8E7
!创建几何模型并切分体,划分 3D 实体单元网格;创建 SURF154 单元;施加约束
BLC4,,,3.0,4.5,0.6$WPOFF,2.0$WPROTA,,,90$VSBW,ALL$WPOFF,,,−1.0$VSBW,ALL$WPOFF,,,1.0
WPROTA,,90$VSBW,ALL$WPOFF,,,−2.5$VSBW,ALL$VATT,1,1,1$ESIZE,0.2$VMESH,ALL
NSEL,S,LOC,Z,0$TYPE,2$REAL,2$ESURF$ASEL,S,LOC,Z,0.6$ASEL,R,LOC,X,1,2
ASEL,R,LOC,Y,1,3.5$SFA,ALL,1,PRES,1.0E5$ALLSEL,ALL
!施加约束并求解,进入后处理绘制变形云图和地基压力云图
/SOLU$D,1,UX$D,1,UY$SOLVE$/POST1$PLNSOL,U,Z
ESEL,S,TYPE,,2$ETABLE,FOUNPR,SMISC,21$PLETAB,FOUNPR
!========================================================
```

12.3   SURF156 单元

SURF156 称为 3D 结构表面线荷载效应单元,用于施加各种线压力荷载,可覆盖在 3D 单元边线上,如 SOLID 和 SHELL 系列单元的边线。

12.3.1   输入参数与选项

图 12-8 给出了单元几何、节点位置和单元坐标系,该单元通过 2 个或 4 个节点[KEYOPT(4)=0 或 1]定义,附加节点(如节点 K 或 L)用于确定单元荷载方向并位于单元坐标系的 xz 平面内,单元坐标系的 x 轴与节点 I 和 J 连线平行。附加节点不能与节点 I 或 J 重合,且节点 I 和 J 也不能重合,即单元长度不能为零。

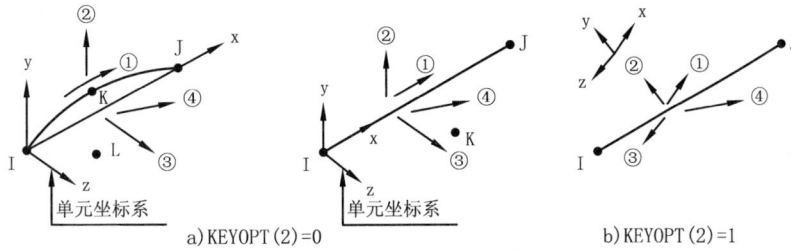

图 12-8　SURF156 单元几何与荷载方向

单元面荷载的编号如图 12-8 所示,该单元也支持复压力荷载,因该单元用于在 3D 实体边线上施加荷载,故其荷载单位为"力/长度"。

当 KEYOPT(2)＝0 时,面①、面②和面③的正值压力荷载为单元坐标系的正向,而单元坐标系又用附加节点确定,因此命令 ESYS 对此单元无效。当打开大变形时(NLGEOM,ON),荷载方向根据变形后的节点位置而发生改变;若附加节点是其他单元的节点,则荷载方向会随该节点运动而运动;若附加节点不与其他单元相关,则附加节点位置不变,当然荷载方向也不变。

当 KEYOPT(2)＝1 时,面①、面②和面③的正值压力荷载为局部坐标系的正向,此时必须定义局部坐标系,且通过命令 ESYS 必须将单元坐标系设置在局部坐标系下。

面④压力荷载的数值等于 P_I,其方向为 $(P_J i+P_K j+P_L k)/\sqrt{P_J^2+P_K^2+P_L^2}$,其中 i、j 和 k 为整体直角坐标系下的单位向量。当采用命令 SFFUN 和 SFGRAD 时,荷载方向不能改变,但采用的是角节点荷载值的均值。

该单元自动包括压力荷载刚度效应。

当以力的形式描述荷载时,KEYOPT(7)是非常有用的选项。当 KEYOPT(7)＝0 时,力是压力荷载与单位长度的乘积,但因大变形效应使长度发生改变,导致力会发生变化;而当 KEYOPT(7)＝1 时,即使长度发生变化,力也不会改变。

SURF156 单元的输入参数与选项如表 12-7 所示。

SURF156 单元输入参数与选项　　　　表 12-7

参　数　类　别	参　数　及　说　明
节点	KEYOPT(4)＝0 时为 I,J,K,L;KEYOPT(4)＝1 或 2 时为 I,J,K
自由度	UX,UY,UZ
实常数	无
材料属性	无
面荷载	面①平行于 x 方向,面②平行于 y 方向,面③平行于 z 方向,面④为任意方向(通过单位向量定义方向)
体荷载	无
特性	应力刚度、大变形
KEYOPT(2)	面①、面②和面③压力荷载的坐标系: 0——单元坐标系;1——局部坐标系
KEYOPT(4)	中间节点: 0——有附加节点和中间节点;1——有附加节点,但无中间节点;2——无附加节点,但可选中间节点,仅对面①和面④荷载有效
KEYOPT(7)	大变形时荷载的作用长度: 0——采用变形后的长度;1——采用原始长度

12.3.2　输出数据

SURF156 单元输出说明如表 12-8 所示,表 12-9 为命令 ETABLE 或 ESOL 中的表项和序号。

SURF156 单元输出说明   表 12-8

名　称	说　明	O	R
EL	单元号	Y	Y
NODES	节点号 I,J,K	Y	Y
EXTRA NODE	附加节点号	Y	Y
PRES	节点 I~L 的压力 P1~P4	Y	—
VECTOR DIRECTION	压力 P4 方向	Y	Y

命令 ETABLE 和 ESOL 的表项和序号   表 12-9

输出量名称	项 Item	E	I	J	K	L
P1(实部)	SMISC	—	1	2	—	—
P2(实部)	SMISC	—	3	4	—	—
P3(实部)	SMISC	—	5	6	—	—
P4(实部)	SMISC	7	—	—	—	—
P1(虚部)	SMISC	—	8	9	—	—
P2(虚部)	SMISC	—	10	11	—	—
P3(虚部)	SMISC	—	12	13	—	—
P4(虚部)	SMISC	14	—	—	—	—
P4 方向(实部)	SMISC	1~3	—	—	—	—
P4 方向(虚部)	SMISC	4~6	—	—	—	—

12.3.3　应用举例

（1）线均布荷载作用下的悬臂梁

如图 12-9 所示的悬臂梁,其悬臂端截面上缘分别作用有三种不同的荷载。这种荷载可采用节点集中力的方式施加,但 3D 实体单元施加节点集中力会引起加载点的应力矩阵奇异,而采用 SURF156 则可避免此问题。

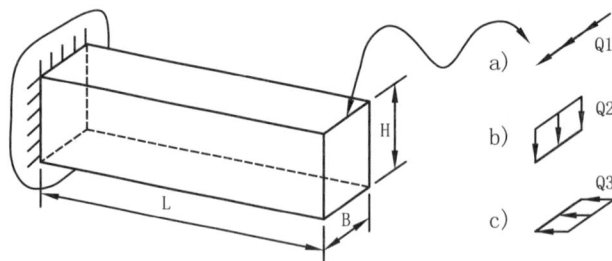

图 12-9　线均布荷载作用下的悬臂梁

分析时实体单元采用 SOLID95 模拟,线荷载通过创建 SURF156 单元用命令 SFE 施加。在本例中采用命令 LATT 定义单元属性和方位,采用 LMESH 创建 SURF156 单元。创建单元后,可通过命令"/PSYMB,ESYS,1"查看单元坐系,然后根据单元坐标系方向施加线荷载(在较低版本中,荷载面号及方向有错误,如V10.0)。读者可通过施加集中力与本例计算结果比较,以验证结果的正确性。命令流如下。

```
!========================================================
!EX12.6 线均布荷载作用下的悬臂梁
!定义参数、单元类型、材料常数,创建几何模型并划分 SOLID95 单元网格,施加约束条件
FINISH$/CLEAR$/PREP7$L=800$H=120$B=60$Q1=10$Q2=12$Q3=15
```

```
ET,1,SOLID95$ET,2,SURF156$MP,EX,1,2E5$MP,PRXY,1,0.3
BLC4,,,L,H,B$ESIZE,20$VMESH,ALL$DA,5,ALL
```

!定义悬臂端截面上缘线的单元属性和方位,然后生成 SURF156 单元

```
LSEL,S,LOC,X,L$LSEL,R,LOC,Y,H$LATT,,,2,,,1$LMESH,ALL$LSEL,ALL
```

!分别施加各种线荷载并求解

```
/SOLU$/VIEW,1,1,1,1$/PSF,PRES,,2
ESEL,S,TYPE,,2$SFE,ALL,1,PRES,,Q1$ALLSEL,ALL$EPLOT$SOLVE
SFEDELE,ALL,ALL,ALL$ESEL,S,TYPE,,2$SFE,ALL,2,PRES,,Q2$ALLSEL,ALL$EPLOT$SOLVE
SFEDELE,ALL,ALL,ALL$ESEL,S,TYPE,,2$SFE,ALL,3,PRES,,Q3$ALLSEL,ALL$EPLOT$SOLVE
```

!分别查看各种荷载作用下的变形

```
/POST1$SET,1$PLDISP,1$SET,2$PLDISP,1$SET,3$PLDISP,1$PLNSOL,S,X
```

!==

(2)线均布荷载作用下的圆柱壳

一圆柱壳受线均布荷载作用(图 12-10),壳采用 SHELL63
单元模拟,通过命令 LATT 和 LMESH 生成 SURF156 单元,并
采用 SFE 命令施加线均布荷载。命令流如下。

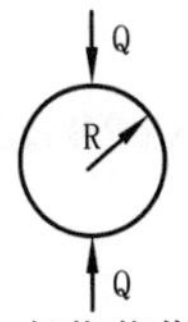

图 12-10　线均布荷载作用下的圆柱壳

!==

!EX12.7 线均布荷载作用下的圆柱壳
!定义参数、单元类型、材料常数和实常数,创建圆柱面并划分网格

```
FINISH$/CLEAR$/PREP7$R=100$L=200$Q=10
ET,1,SHELL63$ET,2,SURF156$KEYOPT,2,4,1$MP,EX,1,2E5
MP,PRXY,1,0.3$R,1,10
CYL4,,,R,,,,L$VDELE,1$ASEL,S,LOC,Z,0$ASEL,A,LOC,Z,L$ADELE,ALL,,,1$ASEL,ALL
WPROTA,,,90$ASBW,ALL$AATT,1,1,1$ESIZE,10$MSHKEY,1$AMESH,ALL
```

!定义关键点、线的单元属性,生成 SURF156 单元

```
K,100,L,R$K,101,L,−R$LSEL,S,LOC,Y,R$LATT,,,2,,,100$LMESH,ALL
LSEL,S,LOC,Y,−R$LATT,,,2,,,101$LMESH,ALL
```

!施加约束条件和荷载

```
DK,4,UZ$KSEL,S,LOC,X,0$DK,ALL,UX$KSEL,S,LOC,Y,0$DK,ALL,UY$ALLSEL,ALL
LSEL,S,LOC,Y,R$ESLL,S$SFE,ALL,2,PRES,,−Q
LSEL,S,LOC,Y,−R$ESLL,S$SFE,ALL,2,PRES,,Q$ALLSEL,ALL
```

!求解并查看结果

```
/SOLU$SOLVE$/POST1$PLNSOL,U,SUM$ETABLE,MX,SMISC,4$PLETAB,MX
```

!==

第13章 特殊单元

ANSYS 用于结构分析的特殊单元有 PRETS179、MESH200、FOLLW201、COMBI214 和 RE-INF265,当然某些单元也可归入其他类型。单元 MPC184 也可纳入本章,但因该单元复杂且内容较多,故在第 14 章介绍。

13.1 PRETS179 单元

PRETS179 称为预紧单元,用于定义已划分网格的 2D 或 3D 结构预紧截面(Pretension Section,也称预紧区),2D 或 3D 结构可为任意结构单元,如 SOLID、BEAM、SHELL、PIPE 和 LINK 等系列的结构单元。单元 PRETS179 仅有 1 个平动自由度 UX(UX 代表预紧方向,ANSYS 内部转换问题的几何条件,使预紧力施加在指定的预紧荷载方向,而与模型如何定义无关)。预紧单元可通过命令 PS-MESH(也可采用命令 EINTF)自动生成,单元数据可通过命令 SECTYPE 和 SECDATA 输入,预紧荷载采用命令 SLOAD 施加。求解时,命令 SLOAD 施加的荷载会覆盖命令 F 或 D 施加在该节点的荷载。该单元仅承受拉伸荷载,忽略弯曲或扭转荷载。创建单元 PRETS179 时,需特别注意预紧荷载方向与面 A 相关。

13.1.1 输入参数与选项

一个预紧截面可包含多个预紧单元。图 13-1 给出了单元几何、节点位置和坐标系,该单元通过 3 个节点 I,J 和 K 及预紧截面数据 NX、NY 和 NZ 定义,预紧截面数据通过命令 SECDATA 输入并定义,该数据用于确定与面 A 相关的预紧荷载方向。预紧荷载方向是固定的,即使是大变形分析也不变化;尽管不推荐,但预紧荷载方向在荷载步之间可以改变(通过修改预紧截面数据而改变),因此对大变形分析,可追踪变形并改变预紧荷载方向。

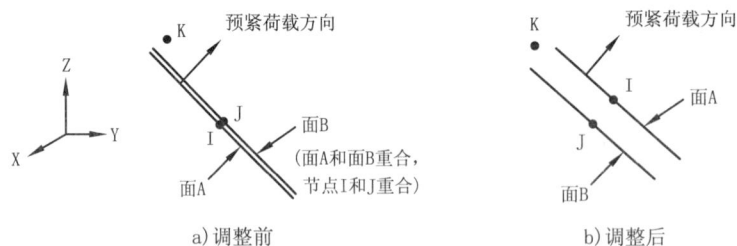

图 13-1 PRETS179 单元几何

节点 I 和 J 初始重合且应位于相同的节点坐标系,不能在节点 J 上施加任何边界条件。对每个预紧截面,PRETS179 单元的节点顺序都十分重要,所有节点 I 必须在面 A 上,而所有节点 J 必须在面 B 上。

节点 K 称为预紧节点,利用此预紧节点可便利地在整个预紧截面(或预紧区)上施加边界条件。预紧节点 K 可位于任何空间位置,但其节点坐标系必须是整体直角坐标系。每个预紧截面(或预紧区)的预紧节点是唯一的,预紧节点 K 仅与同号预紧截面的预紧单元相连(通过命令 SECTYPE 定义预紧区号)。

预紧节点 K 仅有 1 个平动自由度 UX,它定义面 A 和面 B 在预紧荷载方向的相对位移,程序自动避免滑动。若预紧节点和被拴接结构无合适的约束,可能会产生刚体运动,因此在每一荷载步之始应仔细检查被拴接结构的约束条件。

PRETS179 单元的输入参数与选项如表 13-1 所示。

PRETS179 单元输入参数与选项

表 13-1

参数类别	参　数　及　说　明
节点	I,J,K
自由度	UX(预紧截面的紧固调节)
实常数	无
材料属性	DAMP
面荷载	无
体荷载	无
特性	非线性
KEYOPS	无

13.1.2　输出数据

PRETS179 单元可输出节点位移,但无单元结果输出。ANSYS 自动确定被拴接结构的变形,在预紧荷载作用下,两个被连接切表面的单元会发生重叠。预紧节点的位移给出预紧调节量,可用命令 PRNSOL 列出此调节量。预紧节点的反作用力提供预紧截面的全部法向力,可用命令 PRRSOL 或 PRRFOR 列出此预紧力。用下覆单元的应力分布评估预紧截面应力的分布。

13.1.3　注意事项

(1)预紧节点 K 的节点坐标系必须是整体直角坐标系。

(2)在预紧单元的节点上不能创建约束方程或耦合自由度。

(3)命令 NROTAT 不能用于预紧节点 K,但可用于节点 I 和 J,且只能旋转到相同的节点坐标系中。若节点 K 错误地旋转到其他坐标系,ANSYS 将发出警告信息,并自动旋转回整体直角坐标系。类似地,若节点 I 和 J 旋转到不同的坐标系,ANSYS 也将发出警告信息,并自动旋转节点 J 与节点 I 的节点坐标系一致。

(4)预紧法向数据 NX、NY 和 NZ 必须通过 SECDATA 输入,在荷载步之间或重启动过程中不应改变预紧截面数据,否则 ANSYS 会假定在荷载步之间预紧法向是变化的。

(5)该单元可用于超单元,但预紧节点必须设为主节点。

(6)该单元不能用于单元生死,即命令 EKILL 不能杀死预紧单元。

(7)该单元仅用于结构分析。

(8)该单元不支持循环对称结构分析。

(9)命令 PSMESH 将已划分网格的结构切割成两部分,然后插入预紧单元生成与预紧荷载方向垂直的预紧截面;该命令的使用条件是施加预紧力的构件必须作为"一个零件(一个体)"划分网格,例如不能是两个体(尽管两个体为无缝连接)划分的网格。而命令 EINTF 要求施加预紧力的构件必须是两个独立的零件并进行网格划分,且要求两个零件的节点匹配。

(10)预紧单元必须位于"紧固件"单元中,不能独立地使用预紧单元。例如螺栓连接的两个零件,必须在两个零件中建立"螺栓",然后再在螺栓中创建预紧单元,从而施加预紧力;螺栓可以用 LINK、BEAM 或 SOLID 系列单元模拟。

（11）在命令 SLOAD 中设定哪些荷载步预紧及哪些荷载步锁定。实际螺栓有拧紧过程，即用扳手开始拧至一定位置撤去扳手（类似张拉过程），ANSYS 的预紧荷载步对应实际的"开始拧"，而锁定荷载步对应"拧到位（撤掉扳手）"。对某个螺栓而言，从预紧到锁定时刻该螺栓中的内力必为"所施加的预紧力"，也就是说该预紧力为"拧到位"结构变形终了时的结果。当某个螺栓锁定后，随着外荷载的变化或其他螺栓的预紧，该螺栓的内力也会发生变化，这与实际受力情况相符。

13.1.4　应用举例

（1）预紧单元施加预紧力的验证

施加预紧力的构件有多种形式，如螺栓、可调丝杆或螺杆、倒链、预应力筋及铆钉等。本例以图 13-2a)所示的结构为例，首先对预紧单元、预紧力施加及求解等进行验证性分析，以期加深对 PRETS179 单元的理解。本例是一外部静定的框架结构，用螺栓预紧方式对上下梁对拉，假定螺栓与框架为铰接，螺栓和框架均采用梁单元模拟，结构尺寸、截面形状与材料常数等详见命令流。

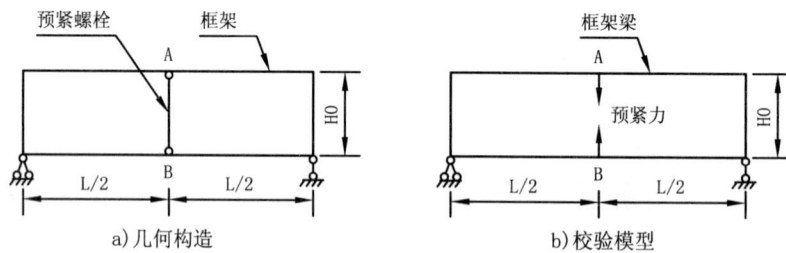

图 13-2　单螺栓拉紧的框架

设预紧力为 10kN，则 ϕ20mm 螺栓的栓杆中应力为 $10000/(\pi \times 10^2) = 31.831$MPa。设螺栓弹性模量为 210GPa，则长度为 500mm 的螺栓压缩量为 $31.831 \times 500/(2.1 \times 10^5) = 0.0758$mm。采用预紧单元计算时，螺栓应力为 31.855MPa；A 点和 B 点竖向变形分别为 1.1329mm 和 -1.1364mm，命令 PRNSOL 给出预紧节点的 UX=2.3451mm，即 1.1329+1.1364+0.0758 之和；A 点和 B 点的弯矩绝对值为 3×10^7N·mm；第一荷载步为预紧，第二荷载步为锁定，锁定时螺栓中的内力为 10kN。

因预紧力为变形终了时的螺栓内力，故采用如图 13-2b)所示的模型进行校验，在此模型中用一对集中力代替预紧力，且不再创建螺栓单元。A 点和 B 点的竖向变形和弯矩值与采用预紧单元的计算结果完全相等。命令流如下。

```
!========================================================
!EX13.1A 单螺栓拉紧的框架——采用预紧单元
!定义参数(梁长、两梁中心距、梁宽和梁高、螺栓半径)和单元类型
FINISH$/CLEAR$/PREP7$L=2000$H0=500$A=100$BR=10$ET,1,BEAM189$ET,2,BEAM188
!定义框架和螺栓的材料常数及截面数据
MP,EX,1,7.2E4$MP,PRXY,1,0.32$MP,EX,2,2.1E5$MP,PRXY,2,0.3
SECTYPE,1,BEAM,RECT$SECDATA,A,A$SECTYPE,2,BEAM,CSOLID$SECDATA,BR
!创建框架几何与有限元模型,创建螺栓几何与有限元模型,施加约束,自由度耦合
K,1$K,2,L/2$K,3,L$L,1,2$L,2,3$LGEN,2,ALL,,,,H0$L,1,4$L,3,6$K,7,L/2,L/2
LATT,1,,1,,,7,1$ESIZE,100$LMESH,ALL
K,8,L/2$K,9,L/2,H0$L,8,9$LSEL,S,,,7$LATT,2,,2,,,1,2$LMESH,ALL$LSEL,ALL
DK,1,UX,,,,UY,UZ,ROTX$DK,3,UY,,,,UZ$CPINTF,UX$CPINTF,UY$CPINTF,UZ
!创建预紧单元
ESEL,S,TYPE,,2$PSMESH,3,BOLT1,,ALL,,,Y,H0/2$ESEL,ALL
!求解:在第一荷载步施加预紧力,在第二荷载步锁死,两个SOLVE
/SOLU$SLOAD,3,9,LOCK,FORC,1E4,1,2$SOLVE$SOLVE
!查看计算结果:变形、螺栓内力、弯矩图、螺栓应力等
```

/POST1$SET,LIST$SET,1$PLNSOL,U,Y$PRRSOL

SET,2$ESEL,S,TYPE,,1$PLNSOL,U,Y$PRRSOL

ETABLE,MYI,SMISC,2$ETABLE,MYJ,SMISC,15$PLLS,MYI,MYJ

ESEL,S,TYPE,,2$/ESHAPE,1$PLNSOL,S,X

!━━

!EX13.1B 单螺栓拉紧的框架——施加外力

!基本过程同 EX13.1A,但无螺栓模型

FINISH$/CLEAR$/PREP7$L=2000$H0=500$A=100$BR=10$ET,1,BEAM189

MP,EX,1,7.2E4$MP,PRXY,1,0.32$SECTYPE,1,BEAM,RECT$SECDATA,A,A

K,1$K,2,L/2$K,3,L$L,1,2$L,2,3$LGEN,2,ALL,,,,H0$L,1,4$L,3,6$K,7,L/2,L/2

LATT,1,,1,,,7,1$ESIZE,100$LMESH,ALL$DK,1,UX,,,,UY,UZ,ROTX$DK,3,UY,,,,UZ

/SOLU$FK,2,FY,1E4$FK,5,FY,−1E4$SOLVE

/POST1$SET,LIST$PLNSOL,U,Y$PRNSOL,U$PRRSOL

ETABLE,MYI,SMISC,2$ETABLE,MYJ,SMISC,15$PLLS,MYI,MYJ

!━━

(2)多螺栓拉紧的框架

如图 13-3 所示的框架与图 13-2 类似,但采用多个预紧螺栓拉紧。该框架采用 BEAM189 单元模拟,螺栓采用 BEAM188 单元模拟,螺栓与框架为铰接。螺栓预紧可采用不同顺序,且可在不同荷载步分别预紧和锁定,通过更改这些参数可研究螺栓均载问题。本例仅为说明螺栓预紧的方法,不做均载分析。有兴趣的读者可通过对预紧次序、预紧力、预紧和锁定荷载步等的调整,使得最终各螺栓应力基本相同。命令流如下。

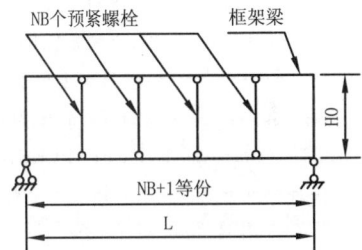

图 13-3 多螺栓拉紧的框架

!━━

!EX13.2 多螺栓拉紧的框架

!定义参数、单元类型、框架材料常数、螺栓材料常数、梁截面、螺栓截面等

FINISH$/CLEAR$/PREP7$L=2000$H0=500$A=100$BR=10$NB=4$NF=NB+1

ET,1,BEAM189$ET,2,BEAM188$MP,EX,1,7.2E4$MP,PRXY,1,0.32$MP,EX,2,2.1E5$MP,PRXY,2,0.3

SECTYPE,1,BEAM,RECT$SECDATA,A,A$SECTYPE,2,BEAM,CSOLID$SECDATA,BR

!创建框架几何模型并划分网格,创建螺栓几何和有限元模型

*DO,I,1,NF+1$K,I,(I−1)*L/NF$*ENDDO$*DO,I,1,NF$L,I,I+1$*ENDDO

LGEN,2,ALL,,,,,H0$L,1,NF+2$L,NF+1,2*NF+2$KMAX=KPINQR(0,14)+1$K,KMAX,L/2,L/2

LATT,1,,1,,,KMAX,1$ESIZE,20$LMESH,ALL$KMAX=KPINQR(0,14)+1

*DO,I,1,NB$K,KMAX+2*I−1,I*L/NF$K,KMAX+2*I,I*L/NF,H0$L,KMAX+2*I−1,KMAX+2*I

$*ENDDO

LSEL,U,TYPE,,1$LATT,2,,2,,,,1,2$LMESH,ALL

!施加约束及耦合自由度,形成铰接

DK,1,UX,,,,UY,UZ,ROTX$DK,NF+1,UY,,,,UZ$CPINTF,UX$CPINTF,UY$CPINTF,UZ

!创建预紧单元(共 NB 个预紧截面),保存模型(供不同的预紧方式使用)

*DO,JB,1,NB$NSEL,S,LOC,X,JB*L/NF$ESLN,S$ESEL,R,TYPE,,2

PSMESH,JB+2,BOLT%JB%,,ALL,,,Y,H0/2$*ENDDO$ALLSEL,ALL$SAVE

!1. 施加预紧力(均在当前荷载步预紧,下一个荷载步锁定,每个螺栓用两个荷载步)┄┄┄┄┄┄┄┄

/SOLU$*DO,JB,1,NB$SLOAD,JB+2,9,LOCK,FORC,1E4,2*JB−1,2*JB$*ENDDO

!求解各荷载步,最后施加外荷载并求解(后处理对应最后一段命令流)

*DO,I,1,2*NB$SOLVE$*ENDDO

*DO,I,1,NB$FK,I+1,FY,−10000$*ENDDO$SOLVE

!2.NB 个螺栓同时预紧并在下一荷载步锁定(实际中可多人操作)·····································

```
FINISH$RESUME$/SOLU$ * DO,JB,1,NB$SLOAD,JB+2,9,LOCK,FORC,1E4,1,2$ * ENDDO
SOLVE$SOLVE$/POST1$SET,2$ESEL,S,TYPE,,2$/ESHAPE,1$PLNSOL,S,X
ESEL,ALL$ETABLE,MYI,SMISC,2$ETABLE,MYJ,SMISC,15$PLLS,MYI,MYJ
```

!3.分别预紧,但均在最后荷载步锁定(实际中无法实现,结果与同时预紧相同)·····················

```
FINISH$RESUME$/SOLU$ * DO,JB,1,NB$SLOAD,JB+2,9,LOCK,FORC,1E4,JB,NB+1$ * ENDDO
* DO,I,1,NB+1$SOLVE$ * ENDDO$
/POST1$SET,LIST$SET,NB+1$ESEL,S,TYPE,,2$/ESHAPE,1$PLNSOL,S,X
ESEL,ALL$ETABLE,MYI,SMISC,2$ETABLE,MYJ,SMISC,15$PLLS,MYI,MYJ
```

!后处理(对应第一种预紧求解方式)···

!获得各预紧单元号并存入 PELEM 数组

```
/POST1$ * DIM,PELEM,,NB$ESEL,S,TYPE,,3$ * GET,EMIN,ELEM,,NUM,MIN
PELEM(1)=EMIN$ * DO,I,2,NB$EMIN=ELNEXT(EMIN)$PELEM(I)=EMIN$ * ENDDO$ESEL,ALL
```

!获得各预紧节点的变形值(此值在锁定后不变)及各螺栓的 FX 值(不断变化)

```
* DIM,KUX,,NB,2 * NB+1$ * DIM,BFX,,NB,2 * NB+1
* DO,I,1,2 * NB+1$SET,I$ * DO,J,1,NB$JKNODE=NELEM(PELEM(J),3)
* GET,IJFX,NODE,JKNODE,RF,FX$BFX(J,I)=IJFX$KUX(J,I)=UX(JKNODE)$ * ENDDO$ * ENDDO
```

!绘制弯矩图,可观察各锁定荷载步的弯矩图

```
SET,LIST$SET,2$ETABLE,MYI,SMISC,2$ETABLE,MYJ,SMISC,15$PLLS,MYI,MYJ
SET,4$ETABLE,REFL$PLLS,MYI,MYJ$SET,9$ETABLE,REFL$PLLS,MYI,MYJ
```

!===

(3)垫片的螺栓预紧

如图 13-4 所示的某种橡胶垫片,通过螺栓连接置于刚性板与构件之间,分析螺栓预紧后的垫片变形和螺栓应力。刚性板和螺栓均采用 BEAM189 单元模拟,垫片采用 PLANE82 单元模拟,刚性板与螺栓采用 CONTA178 单元连接。为获得大致均匀的螺栓应力和收敛,在第一荷载步施加很小的预紧力,在第二荷载步预紧螺栓1,并在第三荷载步锁定螺栓1;在第三荷载步预紧螺栓3,并在第四荷载步锁定螺栓3;在第四荷载步预紧螺栓2,并在第五荷载步锁定螺栓2;各螺栓预紧力设置不同值,具体尺寸和参数等详见命令流。

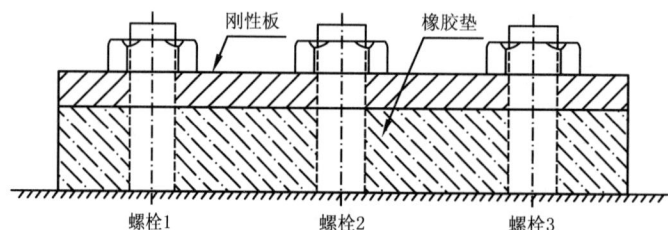

图 13-4 垫片的螺栓预紧

!===

!EX13.3 垫片的螺栓预紧

!定义单元类型、框架材料常数、螺栓材料常数、梁截面、螺栓截面等

```
FINISH$/CLEAR$/PREP7$ET,1,PLANE82$ET,2,BEAM189$ET,3,BEAM189$ET,4,CONTA178
KEYOPT,4,2,3$KEYOPT,4,5,2$MP,EX,1,1400$MP,PRXY,1,0.35$MP,EX,2,2.1E5$MP,PRXY,2,0.3
SECTYPE,100,BEAM,RECT$SECDATA,50,50$SECTYPE,101,BEAM,RECT$SECDATA,25,25
```

!创建垫片几何模型并划分网格

```
BLC4,,,50,50$BLC4,75,,100,50$BLC4,200,,100,50$BLC4,325,,50,50$AATT,1,,1$ESIZE,5$AMESH,ALL
```

!创建刚性梁并划分网格

```
K,50,62.5,50$K,51,187.5,50$K,52,312.5,50$K,53,200,200$L,3,50$L,50,8$L,7,51$L,51,12$L,11,52$L,52,16
```

```
LSEL,S,LOC,Y,50$LATT,2,,2,,,53,100$ESIZE,5$LMESH,ALL
```
!创建螺栓并划分网格
```
LSEL,NONE$K,150,62.5$K,151,187.5$K,152,312.5$K,153,62.5,50$K,154,187.5,50$K,155,312.5,50
L,150,153$L,151,154$L,152,155$LATT,2,,3,,,1,101$ESIZE,10$LMESH,ALL
```
!施加边界条件
```
LSEL,S,LOC,Y,0$DL,ALL,,UY$KSEL,S,LOC,Y,0$KSEL,R,LOC,X,50,325$DK,ALL,UX
KSEL,S,,,150,152$DK,ALL,UY,,,,UZ$KSEL,S,LOC,X,62.5$DK,ALL,UX
KSEL,S,LOC,X,187.5$DK,ALL,UX$KSEL,S,LOC,X,312.5$DK,ALL,UX
LSEL,S,LOC,Y,50$DL,ALL,,UZ$ALLSEL,ALL$TYPE,4
```
!定义接触单元
```
NSEL,S,LOC,Y,50$NSEL,R,LOC,X,62.5$*GET,N1,NODE,,NUM,MIN$N2=NDNEXT(N1)$E,N1,N2
NSEL,S,LOC,Y,50$NSEL,R,LOC,X,187.5$*GET,N1,NODE,,NUM,MIN$N2=NDNEXT(N1)$E,N1,N2
NSEL,S,LOC,Y,50$NSEL,R,LOC,X,312.5$*GET,N1,NODE,,NUM,MIN$N2=NDNEXT(N1)$E,N1,N2
ALLSEL,ALL
```
!在各个螺栓中创建 PRETS179 单元
```
NSEL,S,LOC,X,62.5$ESLN,S$ESEL,R,TYPE,,3$PSMESH,1,BOLT1,,ALL,,,Y,25
NSEL,S,LOC,X,187.5$ESLN,S$ESEL,R,TYPE,,3$PSMESH,2,BOLT2,,ALL,,,Y,25
NSEL,S,LOC,X,312.5$ESLN,S$ESEL,R,TYPE,,3$PSMESH,3,BOLT3,,ALL,,,Y,25$ALLSEL,ALL
```
!施加预紧力求解,然后观察螺栓中的应力
```
/SOLU$SLOAD,1,9,TINY,FORC,1E4,2,3$SLOAD,3,9,TINY,FORC,1.15E4,3,4
SLOAD,2,9,TINY,FORC,0.77E4,4,5$*DO,I,1,5$TIME,I$SOLVE$*ENDDO
/POST1$ESEL,S,TYPE,,3$/ESHAPE,1$PLNSOL,S,X
```
!━━━

(4)预紧螺栓连接的两个板件

为考察 3D 实体的预紧单元使用方法和效果,以如图 13-5a)所示的结构说明如下。本例用预紧螺栓连接两块带栓孔的圆板,栓孔直径大于栓杆直径,栓头和螺母均用两个圆柱体模拟。结构的有限元模拟模型如图 13-5b)所示,圆板 1 和圆板 2 之间设置接触对,栓头和圆板 2 之间设置接触对,螺母和圆板 1 之间设置接触对,栓杆中设置预紧截面并施加预紧力。因本例仅为说明预紧单元的创建过程和用法,对发生应力集中的部位不做倒角处理,如板件栓孔、栓头与栓杆、螺母与栓杆等部位。具体分析时,考虑到存在接触和预紧力可能导致收敛困难,故在第一荷载步施加很小的预紧力,在第二荷载步施加全部预紧力,在第三荷载步锁定并施加外荷载,同时不考虑材料非线性。命令流如下。

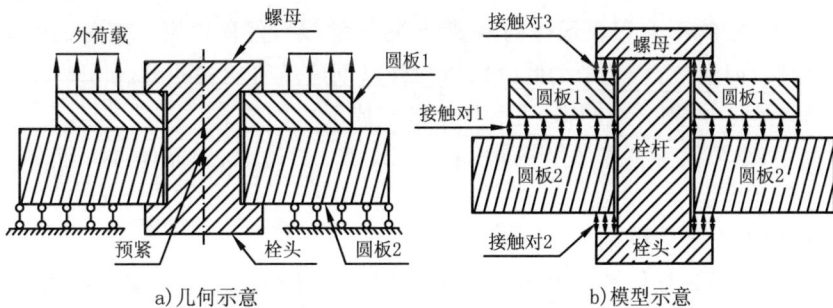

a)几何示意   b)模型示意

图 13-5 预紧螺栓连接的两个板件

!━━━

!EX13.4 预紧螺栓连接的两个板件(1/4 模型)
!定义单元类型、材料常数、接触实常数,创建几何模型
```
FINISH$/CLEAR$/PREP7$ET,1,SOLID95$ET,2,CONTA174$ET,3,TARGE170$KEYOPT,2,5,1
MP,EX,1,7.2E4$MP,PRXY,1,0.34$MP,EX,2,2.1E5$MP,PRXY,2,0.3$R,1$R,2,,,0.8$R,3,,,0.4$R,4,,,0.4
```

CYL4,,,11,−90,20,−180,20$CYL4,,,20,−90,50,−180,20$VGLUE,ALL

VSEL,NONE$WPOFF,,,20$CYL4,,,11,−90,20,−180,10$CYL4,,,20,−90,40,−180,10$VGLUE,ALL

VSEL,NONE$WPCSYS,−1$WPOFF,,,−8$CYL4,,,16,−90,,−180,8$CYL4,,,10,−90,,−180,46

WPOFF,,,38$CYL4,,,16,−90,,−180,8$VOVLAP,ALL$VSEL,ALL$WPCSYS,−1

!先划分 SOLID95 的有限元模型,即圆板和螺栓

LSEL,S,LOC,X,0$LSEL,R,LOC,Y,0$ASLL,S$VSLA,S$VSEL,A,LOC,Z,−8,0

$VSEL,A,LOC,Z,30,38$CM,VBOLT,VOLU$ALLSEL,ALL

VSEL,S,LOC,Z,0,20$CMSEL,U,VBOLT$CM,VPL1,VOLU$VATT,1,1,1$ESIZE,5$VMESH,ALL

VSEL,S,LOC,Z,20,30$CMSEL,U,VBOLT$CM,VPL2,VOLU$VATT,1,1,1$ESIZE,4$VMESH,ALL

CMSEL,S,VBOLT$ESIZE,3$VMESH,ALL$VSEL,ALL

!创建接触单元,分别创建板 1 与板 2 之间、栓头与板 1 之间、螺母与板 2 之间的接触对

CMSEL,S,VPL2$NSLV,S,1$NSEL,R,LOC,Z,20$REAL,2$TYPE,2$ESURF

CMSEL,S,VPL1$NSLV,S,1$NSEL,R,LOC,Z,20$TYPE,3$ESURF

CMSEL,S,VBOLT$NSLV,S,1$NSEL,R,LOC,Z,0$TYPE,2$REAL,3$ESURF

CMSEL,S,VPL1$VSEL,R,LOC,X,−10,0$NSLV,S,1$NSEL,R,LOC,Z,0$TYPE,3$ESURF

CMSEL,S,VBOLT$NSLV,S,1$NSEL,R,LOC,Z,30$TYPE,2$REAL,4$ESURF

CMSEL,S,VPL2$VSEL,R,LOC,X,−10,0$NSLV,S,1$NSEL,R,LOC,Z,30$TYPE,3$ESURF

!生成预紧单元并施加约束条件

CMSEL,S,VBOLT$ESLV,S$PSMESH,1,,,ALL,,0,Z,15$ALLSEL,ALL

CMSEL,S,VPL1$ASLV,S$ASEL,R,LOC,Z,0$ASEL,U,LOC,X,−15,0$DA,ALL,UZ

ASEL,S,LOC,Y,0$DA,ALL,SYMM$ASEL,S,LOC,X,0$DA,ALL,SYMM$ALLSEL,ALL

!求解:施加预紧力(第一步很小,第二步施加,第三步锁定并施加外荷载)

/SOLU$TIME,1$NSUBST,50,,10$SLOAD,1,9,TINY,FORC,6E4,2,3$SOLVE

TIME,2$NSUBST,10$SOLVE

TIME,3$NSUBST,50,,10$CMSEL,S,VPL2$ASLV,S$ASEL,R,LOC,Z,30

ASEL,U,LOC,X,−15,15$SFA,ALL,1,PRES,−20$ALLSEL,ALL$SOLVE

!进入后处理查看各种结果并扩展其他部分结果

/POST1$/DSCALE,,2$SET,2$PLNSOL,U,SUM$PLNSOL,S,EQV$SET,3$PLNSOL,S,EQV

CMSEL,S,VBOLT$ESLV,S$/EXPAND,4,POLAR,FULL,,90

!===

13.2 MESH200 单元

MESH200 称为分网单元,且仅仅用于网格划分,对求解没有任何作用。该单元可用于如下操作中:

(1)多步分网操作,如拖拉,需要采用低阶网格划分以创建高阶网格划分。

(2)在 2D 或 3D 空间中,划分线网格,可有中间节点或无中间节点。

(3)在 3D 空间中,划分面网格或体网格,可采用三角形、四边形、四面体或六面体,可有中间节点或无中间节点。

(4)用于临时存储尚未定义物理性质的单元。

MESH200 可与 ANSYS 任何其他单元类型结合使用,当不需要时可以删除或清除,也可保留在模型中,其存在并不会影响求解结果。

可用命令 EMODIF 将 MESH200 单元转换成其他单元类型。

13.2.1 输入参数与选项

图 13-6 给出了可用的单元几何和节点位置,该单元通过 2~20 个节点定义,但无节点自由度、材料常数和荷载。

MESH200 单元的输入参数与选项如表 13-2 所示。

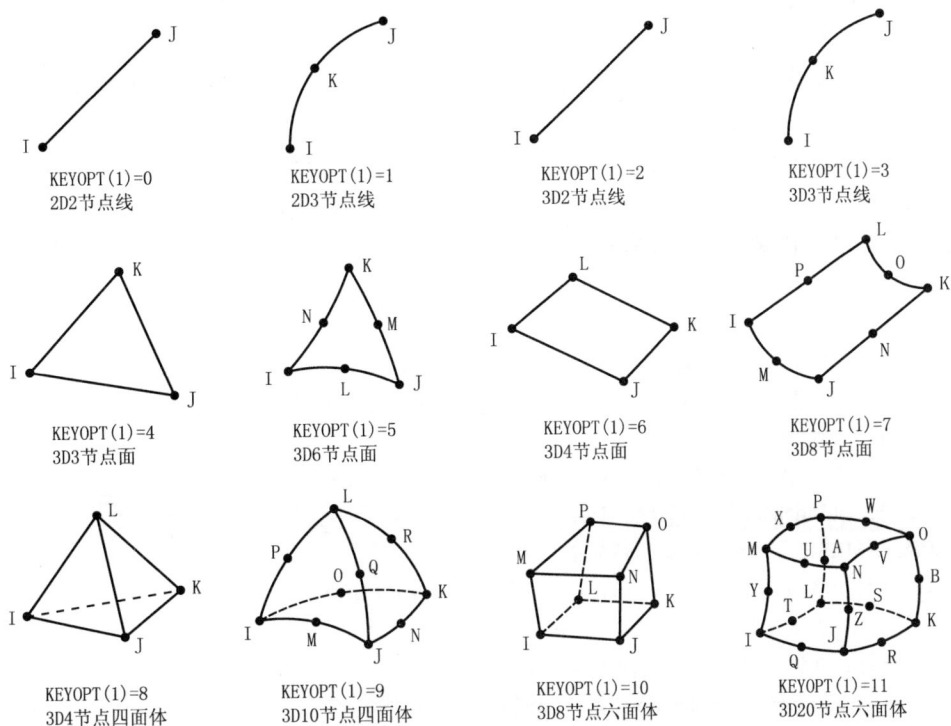

图 13-6 MESH200 单元几何

MESH200 单元输入参数与选项   表 13-2

参 数 类 别	参 数 及 说 明
节点	依 KEYOPT(1)而定,如图 13-6 所示
自由度	无
实常数	无
材料属性	无
面荷载	无
体荷载	无
特性	无
KEYOPT(1)	单元形状和节点数: 0——2D2 节点线;1——2D3 节点线;2——3D2 节点线;3——3D3 节点线;4——3D3 节点三角形面;5——3D6 节点三角形面;6——3D4 节点四边形面;7——3D8 节点四边形面;8——3D4 节点四面体;9——3D10 节点四面体;10——3D8 节点六面体;11——3D20 节点六面体
KEYOPT(2)	单元形状检验: 0——做单元形状检验(缺省);1——无单元形状检验

13.2.2 注意事项

(1)该单元无输出数据。

(2)当单元为三角形或四边形时,采用与等效"非结构壳"一样的方式检验。当为四面体或六面体时,其形状检验与单元 SOLID92、SOLID45 和 SOLID95 相同,如此可划分较好的单元网格。若 KEYOPT(2)=1,则不进行形状检验。

(3)在绘制结果云图时(/POST1 中的命令 PLNSOL 和 PLESOL),该单元是不能激活的。在绘制云图时,MESH200 单元自动排除在选择集之外。

13.2.3　应用举例

一圆形截面悬臂曲梁,在建模过程中仅定义 MESH200 单元,首先创建圆截面并划分 8 节点四边形面网格[KEYOPT(1)＝7],然后拖拉生成 20 节点六面体网格[KEYOPT(1)＝11]。再定义单元类型为 SOLID95,定义材料常数,用命令 EMODIF 将 20 节点六面体 MESH200 单元改为 SOLID95 单元,同时修改材料常数。本例仅为说明 MESH200 的使用方法,虽看似没有必要,但当结构复杂且无特定物理意义时就会彰显该单元网格划分的优势。命令流如下。

```
!=================================================================
!EX13.5 MESH200 单元的应用
!定义两种 MESH200 单元,其一是四边形面形状,其二是六面体形状
FINISH$/CLEAR$/PREP7$ET,1,MESH200$ET,2,MESH200$KEYOPT,1,1,7$KEYOPT,2,1,11
!创建圆截面并划分四边形面网格
CYL4,,,,50$WPROTA,,,90$ASBW,ALL$WPROTA,,,90$ASBW,ALL
AATT,,,,1$ESIZE,30$MSHKEY,1$AMESH,ALL
!定义拖拉路径线、MESH200 六面体单元,然后拖拉生成体和单元
K,10$K,11,500,,500$K,12,500$LARC,10,11,12,500$L1＝_RETURN
TYPE,2$ESIZE,50$VDRAG,ALL,,,,,,L1$LDELE,L1,,,1
!定义实体单元及材料常数,定义表面效应单元以施加线荷载
ET,3,SOLID95$ET,4,SURF156$MP,EX,3,2.1E5$MP,PRXY,3,0.3
!将 MESH200 六面体单元改为 SOLID95 单元,材料常数也要修改
ESEL,S,TYPE,,2$EMODIF,ALL,TYPE,3$EMODIF,ALL,MAT,3
!创建表面效应单元 SURF156 并施加荷载和约束
ESEL,NONE$K,50,500,50$LSEL,S,LOC,Y,50$LATT,,,,4,,,50$LMESH,ALL
SFE,ALL,2,PRES,,－10$ALLSEL,ALL$ASEL,S,LOC,Z,0$DA,ALL,ALL
!求解并绘制结果云图
/SOLU$ALLSEL,ALL$SOLVE$/POST1$PLNSOL,U,SUM$PLNSOL,S,Z
!=================================================================
```

13.3　FOLLW201 单元

FOLLW201 称为随动荷载单元,为 1 个节点的 3D 单元,可覆盖在有物理转动自由度的既有节点上,单元上所定义的集中力和力矩随非线性分析中结构的变形而变化。在几何非线性分析中(NLGEOM,ON),FOLLW201 单元贡献一随动荷载刚度。

13.3.1　输入参数与选项

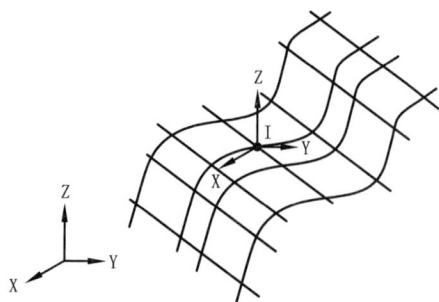

图 13-7　FOLLW201 单元几何

图 13-7 给出了单元几何、节点位置和坐标系,该单元通过 1 个节点 I 定义,该节点具有 3 个平动自由度和 3 个转动自由度。该单元只能定义在结构单元的既有节点上,且该既有节点必须具有 3 个平动自由度和 3 个转动自由度,否则会导致异常。事实上,具有 3 个平动自由度和 3 个转动自由度的结构单元只有 3D 梁单元和壳单元,即 FOLLW201 单元只能用于这两类单元。

单元实常数定义集中力和力矩的方向,命令 SFE 定义集中力和力矩的大小。除随动荷载效应之外,该单元对刚度矩阵无任何贡献。缺省时,几何非线性分析中包括随动荷载刚化效应,通常致使刚度矩阵为非对称,因此需要非对称求解器。

FOLLW201 单元的输入参数与选项如表 13-3 所示。

FOLLW201 单元输入参数与选项 表 13-3

参 数 类 别	参 数 及 说 明
节点	I
自由度	UX,UY,UZ,ROTX,ROTY,ROTZ
实常数	共 6 个:FX,FY,FZ,MX,MY,MZ。 FX——集中力和总体坐标系 X 轴夹角的方向余弦; FY——集中力和总体坐标系 Y 轴夹角的方向余弦; FZ——集中力和总体坐标系 Z 轴夹角的方向余弦; MX——力矩和总体坐标系 X 轴夹角的方向余弦; MY——力矩和总体坐标系 Y 轴夹角的方向余弦; MZ——力矩和总体坐标系 Z 轴夹角的方向余弦
材料属性	无
面荷载	face1——集中力大小;face2——力矩大小
体荷载	无
特性	大变形、单元生死
KEYOPT(1)	荷载方向: 0——更新荷载方向(缺省);1——荷载方向不变(用于 Workbench)
KEYOPT(2)	自由度控制: 0——全部自由度(缺省),即 UX,UY,UZ,ROTX,ROTY,ROTZ;1——仅使用 UX,UY,UZ 自由度(用于 Workbench)

13.3.2 输出数据

单元输出项仅为更新后的各方向集中力和力矩,再无其他结果输出。表 13-4 为命令 ETABLE 或 ESOL 中的表项和序号。

命令 ETABLE 和 ESOL 的表项和序号 表 13-4

输出量名称	项 Item	I	输出量名称	项 Item	I
FX	SMISC	1	MX	SMISC	4
FY	SMISC	2	MY	SMISC	5
FZ	SMISC	3	MZ	SMISC	6

13.3.3 注意事项

(1)该单元必须覆盖在对物理刚度有贡献的既有节点上,如 3D 梁单元和壳单元的节点上。

(2)在几何非线性分析中,总是计入随动荷载刚化效应;但在线性分析中则忽略此项,其作用与命令 F 定义的荷载相同,即荷载方向不变。在 ANSYS 的较低版本中集中荷载是定向的,但压力荷载是随动的。而该单元的产生,就是要考虑大变形时集中荷载的随动效应。

(3)随动荷载效应属非保守系统,在动力稳定性(如颤振)中经常用到。

13.3.4 应用举例

该单元仅仅施加随动集中荷载(集中力和力矩),单元创建与前文方法相同,区别只在于随动荷载方向采用实常数定义,而荷载大小采用命令 SFE 施加,故仅举一例进行说明。

端部受定向集中力的悬臂梁已有其几何非线性分析的结果(文献[1]中的 EX8.5)。这里依然采用原结构和计算参数,但采用随动集中力进行几何非线性分析,计算结果有显著不同(不再列出计算结果,可查看变形动画和荷载位移曲线等),读者可进行分析比较。命令流如下。

```
!========================================================================
!EX13.6 端部受随动集中力的悬臂梁几何非线性分析
!定义参数、单元类型、材料常数、实常数(注意 FOLLW201 的实常数),创建几何模型并划分网格
FINISH$/CLEAR$/PREP7$EE=207E3$B=10$LCD=300$AA=B*B$IZ=B**4/12$PHZ=EE*IZ/
LCD/LCD
ET,1,BEAM4$ET,2,FOLLW201$MP,EX,1,EE$MP,PRXY,1,0.3$R,1,AA,IZ,IZ,B,B$R,2,,1.0
K,1$K,2,LCD$L,1,2$LESIZE,ALL,,,20$LMESH,ALL
!获得端部节点号,定义 FOLLW201 单元并获得该单元号
N1=NODE(LCD,0,0)$TYPE,2$REAL,2$E,N1$E1=ELMIQR(0,14)
!定义约束和单元荷载(SFE 命令)
DK,1,ALL$D,ALL,UZ$SFE,E1,1,PRES,,-8*PHZ
!求解,绘制变形动画;进入/POST26 绘制时间—位移曲线
/SOLU$ANTYPE,0$NLGEOM,1$NSUBST,50,,20$OUTRES,ALL,ALL$SOLVE
/POST1$/PBC,ALL,,1$PLNSOL,U,SUM$ANTIME,50,0.2
/POST26$NSOL,2,N1,U,Y$NSOL,3,N1,U,X$PROD,4,2,,,,,,,-1$PROD,5,3,,,,,,-1
XVAR,4$PLVAR,1$XVAR,5$PLVAR,1
!========================================================================
```

13.4　COMBI214 单元

COMBI214 称为 2D 弹簧—阻尼轴承单元,具有纵向以及交叉耦合功能。该单元可承受拉压,不考虑弯曲或扭转。COMBI214 有 2 个节点和 1 个可选的方位节点,每个节点有 2 个自由度,这 2 个自由度为任意 2 个节点方向(x、y 或 z)的平动[两个方向由 KETOPT(2)的设置控制]。

COMBI214 单元无质量特性,但可通过 MASS21 单元添加质量;该单元可不计弹簧或阻尼,依据实常数而定。其他弹簧单元详见第 8 章中的介绍。

13.4.1　输入参数与选项

图 13-8 给出了单元几何、节点位置和坐标系,该单元通过 2 个节点、4 个刚度系数和 4 个阻尼系数定义,刚度系数的量纲为"力/长度",阻尼系数的量纲为"力×时间/长度"(阻尼功能在静力学及无阻尼模态分析中无效)。第 3 个节点仅用于在非线性分析中确定方位。

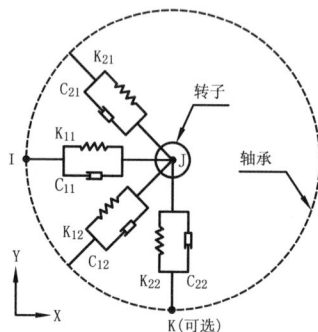

图 13-8　COMBI214 单元几何

刚度和阻尼实常数可通过数值或表数据输入。若采用表输入,需用两个"%"将表名字包起(%表名字%)。这些实常数可以随着转速矢量(通过命令 OMEGA 或 CMOMEGA 定义)幅值的变化而变化。可利用命令 *DIM 和基本变量 OMEGS 定义表及其数值。因转速矢量幅值是一个绝对值,故表数据中只考虑 OMEGS 的正值。

KEYOPT(2)=0~2 用于确定单元所在平面,即单元可位于 XY、YZ 或 XZ 平面。

KEYOPT(3)=0~1 定义单元是否对称。若为对称,则刚度和阻尼系数中的交叉耦合项相等,即 $K_{12}=K_{21}$ 且 $C_{12}=C_{21}$。

COMBI214 单元的输入参数与选项如表 13-5 所示。

COMBI214 单元输入参数与选项　　　　　　表 13-5

参 数 类 别	参 数 及 说 明
节点	I,J,K(K 为非线性分析中的方位节点,可选)
自由度	当 KEYOPT(2)=0 时为 UX,UY; 当 KEYOPT(2)=1 时为 UY,UZ; 当 KEYOPT(2)=2 时为 UX,UZ

参 数 类 别	参 数 及 说 明
实常数	共 8 个:K11,K22,K12,K21,C11,C22,C12,C21
材料属性	无
面荷载	无
体荷载	无
特性	应力刚化、大变形、单元生死
KEYOPT(2)	自由度选择: 0——单元位于与 XY 平面平行的平面,自由度为 UX 和 UY(缺省);1——单元位于与 YZ 平面平行的平面,自由度为 UY 和 UZ;2——单元位于与 XZ 平面平行的平面,自由度为 UX 和 UZ
KEYOPT(3)	单元对称性: 0——单元对称(缺省),即 K12=K21 且 C12=C21;1——单元不对称

13.4.2 输出数据

单元平面确定后,单元的两个轴分别用(1)和(2)识别,如当 KEYOPT(2)=1 时,单元位于平行于 YZ 的平面,则轴(1)为 Y 轴,而轴(2)为 Z 轴。

单元输出说明如表 13-6 所示,表 13-7 为命令 ETABLE 或 ESOL 中的表项和序号。

COMBI214 单元输出说明　　　　　　　　　　　　　　　　表 13-6

名 称	说 明	O	R
EL	单元号	Y	Y
NODES	节点号(I,J)	Y	Y
XC,YC,ZC	单元结果的输出位置	Y	1
FORC1	沿轴(1)的弹簧力	Y	Y
FORC2	沿轴(2)的弹簧力	Y	Y
STRETCH1	沿轴(1)的弹簧伸长值	Y	Y
STRETCH2	沿轴(2)的弹簧伸长值	Y	Y
VELOCITY1	沿轴(1)的速度	—	Y
VELOCITY2	沿轴(2)的速度	—	Y
DAMPING FORCE1	沿轴(1)的阻尼力,除具阻尼的瞬态分析外为零	Y	Y
DAMPING FORCE2	沿轴(2)的阻尼力,除具阻尼的瞬态分析外为零	Y	Y

注:* GET 命令采用 CENT 项时可得。

命令 ETABLE 和 ESOL 的表项和序号　　　　　　　　　　　表 13-7

输出量名称	项 Item	E	输出量名称	项 Item	I
FORC1	SMISC	1	VELOCITY1	NMISC	3
FORC2	SMISC	2	VELOCITY2	NMISC	4
STRERCH1	NMISC	1	DAMPING FORCE1	NMISC	5
STRERCH2	NMISC	2	DAMPING FORCE2	NMISC	6

13.4.3　刚度矩阵

该单元无形函数和积分点设置。当 KEYOPT(2)＝0 时,单元位于与 XY 平面平行的平面中,节点坐标系下的单元刚度矩阵、阻尼矩阵和应力刚度矩阵如下:

$$[K_e]=\begin{bmatrix} K_{11} & K_{12} & 0 & -K_{11} & -K_{12} & 0 \\ K_{21} & K_{22} & 0 & -K_{21} & -K_{22} & 0 \\ 0 & 0 & 0 & 0 & 0 & 0 \\ -K_{11} & -K_{12} & 0 & K_{11} & K_{12} & 0 \\ -K_{21} & -K_{22} & 0 & K_{21} & K_{22} & 0 \\ 0 & 0 & 0 & 0 & 0 & 0 \end{bmatrix} \tag{13-1}$$

$$[C_e]=\begin{bmatrix} C_{11} & C_{12} & 0 & -C_{11} & -C_{12} & 0 \\ C_{21} & C_{22} & 0 & -C_{21} & -C_{22} & 0 \\ 0 & 0 & 0 & 0 & 0 & 0 \\ -C_{11} & -C_{12} & 0 & C_{11} & C_{12} & 0 \\ -C_{21} & -C_{22} & 0 & C_{21} & C_{22} & 0 \\ 0 & 0 & 0 & 0 & 0 & 0 \end{bmatrix} \tag{13-2}$$

$$[S_e]=\begin{bmatrix} \dfrac{K_{11}\varepsilon_0^1}{L_1} & \dfrac{K_{12}\varepsilon_0^2}{L_2} & 0 & -\dfrac{K_{11}\varepsilon_0^1}{L_1} & -\dfrac{K_{12}\varepsilon_0^2}{L_2} & 0 \\[2mm] \dfrac{K_{21}\varepsilon_0^1}{L_1} & \dfrac{K_{22}\varepsilon_0^2}{L_2} & 0 & -\dfrac{K_{21}\varepsilon_0^1}{L_1} & -\dfrac{K_{22}\varepsilon_0^2}{L_2} & 0 \\[2mm] 0 & 0 & 0 & 0 & 0 & 0 \\[2mm] -\dfrac{K_{11}\varepsilon_0^1}{L_1} & -\dfrac{K_{12}\varepsilon_0^2}{L_2} & 0 & \dfrac{K_{11}\varepsilon_0^1}{L_1} & \dfrac{K_{12}\varepsilon_0^2}{L_2} & 0 \\[2mm] -\dfrac{K_{21}\varepsilon_0^1}{L_1} & -\dfrac{K_{22}\varepsilon_0^2}{L_2} & 0 & \dfrac{K_{21}\varepsilon_0^1}{L_1} & \dfrac{K_{22}\varepsilon_0^2}{L_2} & 0 \\[2mm] 0 & 0 & 0 & 0 & 0 & 0 \end{bmatrix} \tag{13-3}$$

式中:K_{11}、K_{12}、K_{21}、K_{22}——刚度系数,即用命令 R 输入的实常数 K11、K12、K21 和 K22;

C_{11}、C_{12}、C_{21}、C_{22}——阻尼系数,即用命令 R 输入的实常数 C11、C12、C21 和 C22;

ε_0^1、ε_0^2——上一迭代步的单元伸长值;

L_1——节点 I 和 J 之间的距离;

L_2——节点 K 和 J 之间的距离。

当 KEYOPT(2)＝1 或 2 时的矩阵可从上述各式类推。若采用表参数定义实常数,刚度和阻尼矩阵可据转动速度(用命令 OMEGA 或 CMOMEGA 输入)而改变。

输出的伸长值计算如下:

ε_0^1 的计算(输出中的 STRETCH1):

当 KEYOPT(2)＝0 时,$\varepsilon_0^1 = u_J' - u_I'$

当 KEYOPT(2)＝1 时,$\varepsilon_0^1 = v_J' - v_I'$ $\tag{13-4}$

当 KEYOPT(2)＝2 时,$\varepsilon_0^1 = u_J' - u_I'$

ε_0^2 的计算(输出中的 STRETCH2):

当 KEYOPT(2)＝0 时,$\varepsilon_0^2 = v_J' - v_I'$

当 KEYOPT(2)＝1 时,$\varepsilon_0^2 = w_J' - w_I'$ $\tag{13-5}$

当 KEYOPT(2)＝2 时,$\varepsilon_0^2 = w_J' - w_I'$

上两式中:u'、v'、w'——分别为节点坐标系中的位移,即 UX、UY 和 UZ。

输出静态内力计算如下：

$$F_S^1 = K_{11}\varepsilon_0^1 + K_{12}\varepsilon_0^2, \text{即输出中的 FORC1}$$
$$F_S^2 = K_{21}\varepsilon_0^1 + K_{22}\varepsilon_0^2, \text{即输出中的 FORC2}$$

(13-6)

当为瞬态动力非线性分析且打开积分效应时,阻尼力计算如下:

$$F_D^1 = C_{11}v_0^1 + C_{12}v^2, \text{即输出中的 DAMPING FORCE1}$$
$$F_D^2 = C_{21}v_0^1 + C_{22}v^2, \text{即输出中的 DAMPING FORCE2}$$

(13-7)

式中: v^1 和 v^2——分别为相对速度,其计算分别采用式(13-4)和式(13-5),但用 Newmark 速度替代表达式中的 u'、v' 和 w'。

13.4.4 注意事项

(1)节点必须位于由 KEYOPT(2)确定的平面上。

(2)对非线性分析,方位点 K 是必需的;其次单元长度不能为零,即节点 I、J 和 K 不能重合。

(3)节点 I 和 J 的连线必须平行于轴(1),节点 J 和 K 的连线必须平行于轴(2)。

(4)该单元具有均匀的弹簧应力,即弹簧应力沿弹簧长度相等。

(5)当 KEYOPT(3)=0 时,若 K12 不为零而 K21 为零,则 K21=K12;若 C12 不为零而 C21 为零,则 C21=C12。

(6)若所有 Kij 为零或 Cij 为零,则不计弹簧或阻尼功能。

(7)自由度在节点坐标系中定义,且 2 个节点的节点坐标系相同。若 2 个节点的节点坐标系发生相对旋转,虽然具有相同的自由度,但自由度方向可能不同,会导致不可预料的结果。

(8)该单元不考虑力矩,即节点若偏离了作用力的方向则可能导致力矩不平衡。

(9)该单元定义:节点 J 相对于节点 I 的正位移则弹簧拉伸;同样条件下,若将节点 I 和 J 互换,则弹簧压缩。

13.4.5 应用举例

COMBI214 单元主要用于转子动力分析,转子指旋转部件,转子及其轴承和支座统称为转子系统。转子系统的振动包括转轴的扭转振动和弯曲振动、圆盘的振动或盘上叶片的振动等,其中转轴的弯曲振动较为复杂,是转子动力学的主要研究对象。转子动力学的主要研究内容有转子临界转速、柔性转子的不平衡质量响应、高速转子稳定性等,目前的研究热点是非线性转子动力学。

(1)刚性支承单盘转子的频率与临界转速

单盘转子的最简单模型如图 13-9 所示,分析时认为轴具有一定弯曲刚度和无限大扭转刚度,且不计其质量,圆盘为均质,将轴两端简化成铰,并认为它的基座是刚性的。当转子旋转时,弹性轴受到圆盘离心惯性力作用,产生弯曲动挠度,圆盘的运动不仅有自传和横向运动,而且还要产生偏离原先平面的摆动,使得圆盘各部分质量在运动中产生的惯性力不再在同一平面内,从而造成临界转速的改变。通常将由高速旋转圆盘的偏摆运动产生的临界转速变化称为陀螺效应或回转效应。

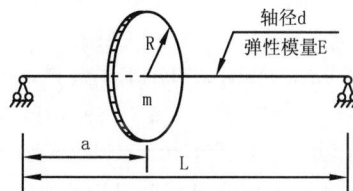

图 13-9　刚性支承偏置的单圆盘

设图 13-9 中的参数分别如下,圆盘质量 m=20kg,半径 R=120mm,转轴跨度 L=750mm,直径 d=30mm,圆盘到左支点的距离 a=L/3=250mm,转轴弹性模量 E=205.8GPa。

支持考虑陀螺效应的单元不是全部结构分析单元(命令 CORIOLIS 有介绍),本例选择 BEAM189 单元模拟转轴,采用 MASS21 单元模拟质量并以实常数输入质量和转动惯量,两端支承采用 COMBI214 单元模拟,以大刚度系数模拟刚性支承。根据刚性支承偏置单圆盘的计算假定,约束转轴的扭转自由度和轴向位移自由度,模态分析时打开 CORIOLIS 效应,并采用 DAMP 法提取各阶模态。然后通过命令 PRCAMP 和 PLCAMP 绘制坎贝尔图(Campbell Diagram),获得临界转速等结果。不同转速下正进动和反进动频率的理论解和 ANSYS 解如表 13-8 所示。

不同转速下频率比较 表 13-8

转 速		理论解(1/s)				ANSYS 解(1/s)			
rad/s	rad/min	FW1	FW2	BW1	BW2	FW1	FW2	BW1	BW2
0	0.0	38.35	229.32	−38.35	−229.32	38.25	228.53	−38.25	−228.53
200	1909.9	38.81	262.94	−37.85	−200.23	38.71	262.16	−37.75	−199.45
400	3819.7	39.23	300.96	−37.31	−175.55	39.13	300.20	−37.22	−174.79
600	5729.6	39.62	343.03	−36.73	−154.93	39.51	342.31	−36.64	−154.20
800	7639.4	39.98	388.65	−36.09	−137.88	39.87	387.97	−36.01	−137.18
1000	9549.3	40.31	437.28	−35.42	−123.86	40.20	436.64	−35.33	−123.20
1200	11459.2	40.62	488.40	−34.69	−112.36	40.50	487.81	−34.61	−111.73
1400	13369.0	40.90	541.56	−33.92	−102.91	40.79	541.01	−33.84	−102.32
1600	15278.9	41.17	596.37	−33.11	−95.13	41.05	595.85	−33.04	−94.57
1800	17188.7	41.41	652.51	−32.27	−88.70	41.29	652.03	−32.19	−88.17
2000	19098.6	41.64	709.74	−31.39	−83.37	41.51	709.29	−31.31	−82.87

理论解的临界转速分别为 37.751/s、38.901/s 和 134.491/s，ANSYS 计算的临界转速分别为 37.661/s、38.801/s 和 134.171/s。各转速下的频率和临界转速，二者误差均未超过 0.6%。命令流如下。

```
!===============================================================
!EX13.7 刚性支承单盘转子的频率与临界转速
!定义几何参数(圆盘半径、跨度、轴径、偏置距离、圆盘质量等)、单元类型、材料常数及实常数
FINISH$/CLEAR$/PREP7$DSKR=0.12$SHFL=0.75$SHFD=0.03$A=SHFL/3$DSKM=20
JP=0.5*DSKM*DSKR*DSKR$JD=JP/2$ET,1,BEAM189$ET,2,COMBI214,,1$ET,3,MASS21
MP,EX,1,2.058E11$MP,PRXY,1,0.0$SECTYPE,1,BEAM,CSOLID$SECDATA,SHFD/2
R,1$R,2,1E10,1E10,0,0$R,3,DSKM,DSKM,DSKM,JP,JD,JD
!创建几何模型,划分 BEAM189 单元网格;创建质量单元和 COMBI214 单元,施加约束
K,1$K,2,A$K,3,SHFL$K,4,SHFL/2,SHFL/2$L,1,2$L,2,3$LATT,1,,1,,,,4,1$ESIZE,SHFL/30$LMESH,ALL
N1=NODE(A,0,0)$N2=NODE(0,0,0)$N3=NODE(SHFL,0,0)$TYPE,3$REAL,3$E,N1
N,100,0,A/2$N,101,SHFL,A/2$TYPE,2$REAL,2$E,N2,100$E,N3,101
D,ALL,ROTX$D,100,ALL$D,101,ALL$D,N2,UX
!定义转速个数、拟求模态数,定义 FQ 数组存放各转速下的频率
NSV=10$NMOD=8$*DIM,FQ,,NSV,NMOD
!求解:注意打开 CORIOLIS 效应、采用 DAMP 法提取模态,然后循环求解
/SOLU$ANTYPE,MODAL                          !定义求解类型为模态分析
CORIOLIS,ON,,,ON                            !打开 CORIOLIS 效应,以考虑陀螺效应
MODOPT,DAMP,NMOD,,,ON                        !定义模态提取方法、模态数等
*DO,I,1,NSV$OMEGA,200*I                      !循环开始,施加角速度(单位:rad/s)
MXPAND,NMOD%SOLVE                            !扩展模态数目,求解
!获取当前荷载步下的几个模态频率,并存入数组中
*GET,FI1,MODE,1,FREQ,IMAG$*GET,FI2,MODE,3,FREQ,IMAG
*GET,FI3,MODE,5,FREQ,IMAG$*GET,FI4,MODE,7,FREQ,IMAG
```

```
FQ(I,1)＝FI1$FQ(I,2)＝FI2$FQ(I,3)＝FI3$FQ(I,4)＝FI4$ * ENDDO
/POST1$SET,LIST                                                    !查看所有模态结果
PRCAMP,,1.0,RPM                                       !列表显示坎贝尔数据(包括临界转速)
PLCAMP,,1.0,RPM                                                    !绘制坎贝尔图
 * GET,NBMO,CAMP,,NBMO                                !获取坎贝尔图的模态数(曲线条数)
 * GET,NBST,CAMP,,NBST                                    !获取坎贝尔图的荷载步数
!循环获取各模态的正进或反进标识,临界转速(单位在 PRCAMP 中确定)
 * DO,I,1,NBMO$ * GET,WHRL%I%,CAMP,I,WHRL$ * GET,VCRI%I%,CAMP,I,VCRI$ * ENDDO
SET,7,8$PLNSOL,U,SUM$ANHARM                           !绘制某个模态的变形并制作动画
!==============================================================================
```

(2)考虑转轴质量时的临界转速

同上例,转轴和圆盘均采用 BEAM189 单元模拟,且考虑转轴质量,过程基本与上述命令流相同,略加解释如下。

```
!==============================================================================
!EX13.8 考虑转轴质量时的刚性支承单盘转子的频率与临界转速
!定义几何参数、单元类型、材料常数及实常数
FINISH$/CLEAR$/PREP7$DSKR＝0.12$DSKT＝0.056$SHFL＝0.75$SHFD＝0.03$A＝SHFL/3
ET,1,BEAM189$ET,2,COMBI214,,1$MP,EX,1,2.058E11$MP,PRXY,1,0.0$MP,DENS,1,7890
SECTYPE,1,BEAM,CSOLID$SECDATA,SHFD/2$SECTYPE,2,BEAM,CSOLID$SECDATA,DSKR,32
R,1$R,2,1E10,1E10,0,0
!创建几何模型,划分 BEAM189 单元网格;创建 COMBI214 单元,施加约束
K,1$K,2,A-DSKT/2$K,3,A+DSKT/2$K,4,SHFL$K,5,SHFL/2,SHFL/2$L,1,2$L,2,3$L,3,4
LSEL,S,,,1,3,2$LATT,1,,1,,,5,1$ESIZE,SHFL/30$LSEL,S,,,2$LATT,1,,1,,,5,2$LESIZE,ALL,,,1
$LSEL,ALL
LMESH,ALL$/VIEW,1,1,1,1$/ESHAPE,1$EPLOT$N2＝NODE(0,0,0)$N3＝NODE(SHFL,0,0)
N,500,0,A/2$N,501,SHFL,A/2$TYPE,2$REAL,2$E,N2,500$E,N3,501
D,ALL,ROTX$D,500,ALL$D,501,ALL$D,N2,UX
NSV＝10$NMOD＝8$ * DIM,FQ,,NSV,NMOD
!求解,同时记录各阶模态频率
/SOLU$ANTYPE,MODAL$CORIOLIS,ON,,,ON$MODOPT,DAMP,NMOD,,,ON
 * DO,I,1,NSV$OMEGA,200 * I$MXPAND,NMOD,,,YES$SOLVE
 * GET,FI1,MODE,1,FREQ,IMAG$ * GET,FI2,MODE,3,FREQ,IMAG$ * GET,FI3,MODE,5,FREQ,IMAG
 * GET,FI4,MODE,7,FREQ,IMAG$FQ(I,1)＝FI1$FQ(I,2)＝FI2$FQ(I,3)＝FI3$FQ(I,4)＝FI4$ * ENDDO
!后处理
/POST1$SET,LIST$PRCAMP,,1.0,RPM$PLCAMP,,1.0,RPM
 * GET,NBMO,CAMP,,NBMO$ * GET,NBST,CAMP,,NBST
 * DO,I,1,NBMO$ * GET,WHRL%I%,CAMP,I,WHRL$ * GET,VCRI%I%,CAMP,I,VCRI$ * ENDDO
SET,7,8$PLNSOL,U,SUM$ANHARM
!==============================================================================
```

(3)多圆盘多轴承转子的临界转速计算

多圆盘多轴承转子临界转速的计算分析与单个圆盘过程类似,只是建模过程复杂些而已。转轴和圆盘均可采用 BEAM189 单元模拟,当然也可采用实体单元模拟;圆盘和转轴的质量均可一同考虑;但非刚性支承时的轴承刚度和阻尼系数需从他途获取,一旦获得这些参数,其分析计算就较简便了。

如图 13-10 所示的转子结构,假设各轴承参数如命令流中的数据,材料的弹性模量为 210GPa,质量密度为 7800kg/m³。命令流如下。

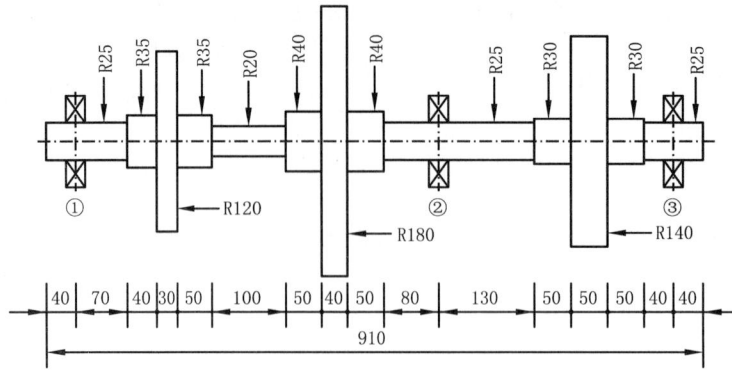

图 13-10 多圆盘多轴承转子构造(尺寸单位:mm)

```
!==============================================================================

!EX13.9 多圆盘多轴承的转子临界转速计算
!定义几何参数:转轴和圆盘半径(M),共 7 个不同的截面
FINISH$/CLEAR$/PREP7$NDIM=7$*DIM,SDR,,NDIM$SDR(1)=0.02$SDR(2)=0.025$SDR(3)=0.03
SDR(3)=0.035$SDR(4)=0.04$SDR(5)=0.12$SDR(6)=0.14$SDR(7)=0.18
!定义转速(rad/min)个数及数组参数
NSP=8$*DIM,SPIN,,NSP$SPIN(1)=5000$SPIN(2)=10000$SPIN(3)=15000$SPIN(4)=20000
SPIN(5)=25000$SPIN(6)=30000$SPIN(7)=35000$SPIN(8)=40000
!定义单元类型、材料常数、梁截面数据、实常数(轴承数据为假定值)
ET,1,BEAM189$ET,2,COMBI214,,1,1$MP,EX,1,2.1E11$MP,PRXY,1,0.3$MP,DENS,1,7800
*DO,I,1,4$SECTYPE,I,BEAM,CSOLID$SECDATA,SDR(I),12,3$*ENDDO
*DO,I,5,NDIM$SECTYPE,I,BEAM,CSOLID$SECDATA,SDR(I),24,4$*ENDDO
R,1$R,2,5.22E8,1.22E8,1.11E8,1.15E8,2.22E7,1.42E7,2.33E7,2.85E7
R,3,6.52E8,1.35E8,1.41E8,1.25E8,2.72E7,2.42E7,3.13E7,2.55E7
R,4,4.55E8,1.43E8,1.08E8,1.05E8,1.91E7,1.67E7,2.48E7,2.65E7
!创建几何模型并划分 BEAM189 单元网格
K,1$K,2,0.04$K,3,0.11$K,4,0.15$K,5,0.18$K,6,0.23$K,7,0.33$K,8,0.38$K,9,0.42$K,10,0.47
K,11,0.55$K,12,0.68$K,13,0.73$K,14,0.78$K,15,0.83$K,16,0.87$K,17,0.91$K,18,0.5,1.0
*DO,I,1,16$L,I,I+1$*ENDDO
LSEL,S,,,6$LATT,1,,1,,,18,1$LSEL,S,,,1,2$LSEL,A,,,10,11$LSEL,A,,,15,16$LATT,1,,1,,,18,2
LSEL,S,,,12,14,2$LATT,1,,1,,,18,3$LSEL,S,,,3,5,2$LATT,1,,1,,,18,3$LSEL,S,,,7,9,2
LATT,1,,1,,,18,4 LSEL,S,,,4$LATT,1,,1,,,18,5$LSEL,S,,,13$LATT,1,,1,,,18,5$LSEL,S,,,8
LATT,1,,1,,,18,6$LSEL,ALL
ESIZE,0.02$LMESH,ALL$/VIEW,1,1,1,1$/ESHAPE,1$EPLOT
!创建 COMBI214 单元,施加约束
N1=NODE(KX(2),KY(2),KZ(2))$N2=NODE(KX(11),KY(11),KZ(11))$N3=NODE(KX(16),KY(16),KZ(16))
NMAX=NDINQR(0,14)+1$N,NMAX,NX(N1),0.1$N,NMAX+1,NX(N2),0.1$N,NMAX+2,NX(N3),0.1
TYPE,2$REAL,2$E,N1,NMAX$E,N2,NMAX+1$E,N3,NMAX+2
D,ALL,ROTX$D,ALL,UX$D,NMAX,ALL$D,NMAX+1,ALL$D,NMAX+2,ALL
!求解,进入后处理查看结果并制作动画
/SOLU$ANTYPE,MODAL$CORIOLIS,ON,,,ON$MODOPT,DAMP,20,,,ON
*DO,I,1,NSP$OMEGA,2*ACOS(-1)/60*SPIN(I)$MXPAND,20,,,YES$SOLVE$*ENDDO
/POST1$SET,LIST$PRCAMP,1.0,RPM$PLCAMP,1.0,RPM
*DO,I,1,20$SET,1,I$PLNSOL,U,SUM$ANHARM$/COPY,ZZZLZ,AVI,,3P%I%,AVI$*ENDDO
!==============================================================================
```

13.5　REINF265 单元

REINF265 称为 3D 分布增强或弥散增强单元,该单元与常规 3D 实体单元或壳单元(此处称为基元)联用可为基元补强。该单元采用弥散层方法,适合模拟均匀布置的增强纤维。每个增强层包含一束纤维,该束纤维的方向、材料和横截面面积均相同,可简化为单向刚度的同质膜。一个 REINF265 单元可定义多达 250 个增强层,节点位置、自由度及其单元的连通性与基元相同。

13.5.1　输入参数与选项

图 13-11 给出了单元几何和节点位置,该单元与其基元共享节点。选择基元后,通过命令 EREINF 创建 REINF265 单元,采用命令 SECTYPE 和 SECDATA 定义材料组号、横截面面积、间距、位置和增强纤维方向。弥散增强层的等效厚度为 h＝A/S,其中 A 为单根纤维的横截面面积,S 为纤维间距。

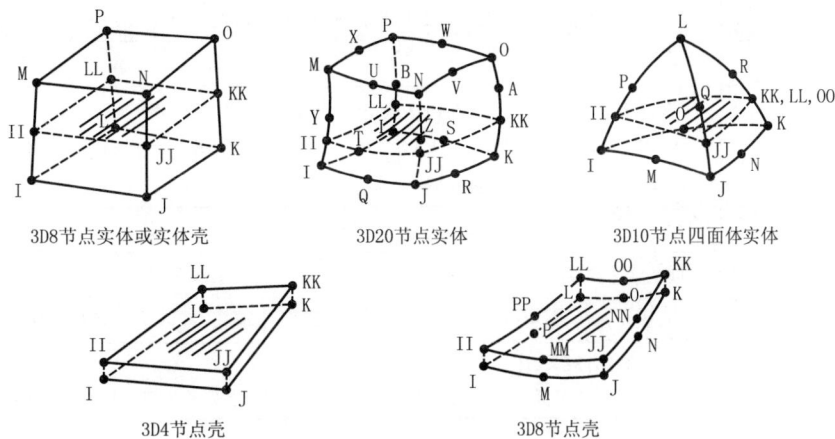

图 13-11　REINF265 单元几何

增强层的局部坐标系如图 13-12a)所示,每层均可定义自己的局部坐标系,通过与基元的交点识别各增强层,对线性基元为 II、JJ、KK 和 LL,对二次基元为 II、JJ、KK、LL、MM、NN、OO 和 PP。本层纤维总是平行于其坐标轴 x,坐标轴 x 缺省为层中心的第一参数方向 S_1,其方向定义为:

$$S_1 = \frac{\partial\{x\}}{\partial s}\Big/\left|\frac{\partial\{x\}}{\partial s}\right|,且\ \frac{\partial\{x\}}{\partial s} = \frac{-\{x\}^{II}+\{x\}^{JJ}+\{x\}^{KK}-\{x\}^{LL}}{4}$$

式中:$\{x\}^{II}$,$\{x\}^{JJ}$,$\{x\}^{KK}$,$\{x\}^{LL}$——总体坐标系中的节点坐标向量。

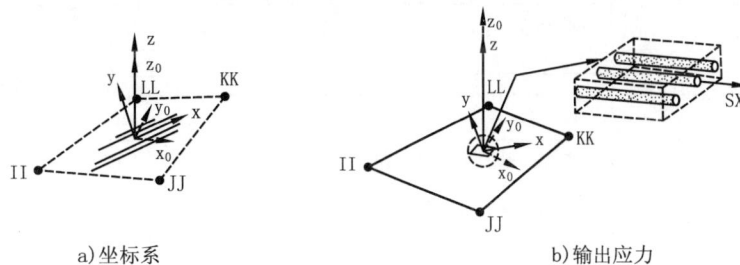

a)坐标系　　　　　　　b)输出应力

图 13-12　REINF265 坐标系与输出应力

也可在纤维平面定义局部坐标系(命令 LOCAL)来自行定义层坐标系,一个局部坐标系可用于多个层坐标系的定义,采用命令 SECDATA 为各层定义局部坐标系号。各层的层坐标系可通过角度 THETA(°)旋转,各层的 THETA 也是采用命令 SECDATA 定义,采用命令/PSYMB 可观察各层纤维方向。

REINF265 单元不能施加单元荷载,只能在其基元上施加荷载;该单元温度与基元相同。

REINF265 单元的输入参数与选项如表 13-9 所示。

REINF265 单元输入参数与选项　　　　　　　　　　. 表 13-9

参 数 类 别	参 数 及 说 明
节点	与基元相同,分别如下: 3D8 节点实体和实体壳单元:I,J,K,L,M,N,O,P; 3D20 节点实体单元:I,J,K,L,M,N,O,P,R,S,T,U,V,W,X,Y,Z,A,B; 3D10 节点四面体单元:I,J,K,L,M,N,O,P,R; 3D4 节点壳单元:I,J,K,L; 3D8 节点壳单元:I,J,K,L,M,N,O,P
自由度	与基元相同,分别如下: 3D8 节点实体和实体壳单元:UX,UY,UZ; 3D20 节点实体单元:UX,UY,UZ; 3D10 节点四面体单元:UX,UY,UZ; 3D4 节点壳单元:UX,UY,UZ,ROTX,ROTY,ROTZ; 3D8 节点壳单元:UX,UY,UZ,ROTX,ROTY,ROTZ
实常数	无
材料属性	EX,EY,EZ,PRXY,PRYZ,PRXZ(或 NUXY,NUYZ,NUXZ); ALPX,ALPY,ALPZ(或 CTEX,CTEY,CTEZ 或 THSX,THSY,THSZ); DENS,GXY,GYZ,GXZ,DAMP
面荷载	无
体荷载	同基元的温度
特性	塑性、黏弹性、黏塑性、蠕变、应力刚化、大变形、大应变、单元生死、除应力输入
KEYOPT(10)	用户初应力定义: 0——无用户子例程输入初应力(缺省);1——用户子例程 USTRESS 读入初应力

13.5.2　输出数据

与层实体或层壳单元不同,REINF265 单元总是输出各层的单元解,可通过命令 LAYER 指定输出的解项。为便于检查单元结果,可仅选择 REINF265 单元或将基元设置为透明状态观察 REINF265 单元的结果,当然用 GUI 方式可直接观察该单元结果。

单元输出说明如表 13-10 所示,表 13-11 为命令 ETABLE 或 ESOL 中的表项和序号。

COMBI214 单元输出说明　　　　　　　　　　表 13-10

名　称	说　明	O	R
EL	单元号	—	Y
NODES	节点号	—	Y
MAT	材料号	—	Y
AREA	增强纤维的平均横截面面积	—	Y
SPACING	增强纤维的平均间距	—	Y
VOLU	体积	—	Y
XC,YC,ZC	质心位置	—	3
TEMP	与层壳类似	—	Y
S:X	轴向应力	2	Y
EPEL:X	轴向弹性应变	2	Y
EPTH:X	轴向热应变	2	Y
EPPL:X	轴向塑性应变	2	1

名 称	说 明	O	R
EPCR:X	轴向蠕变应变	2	1
EPTO:X	总轴向机械应变(EPEL+EPPL+EPCR)	Y	—
NL:EPEQ	累计等效塑性应变	—	1
NL:CREQ	累计等效蠕变应变	—	1
NL:SRAT	塑性屈服(1=屈服,0=未屈服)	—	1
NL:PLWK	塑性功	—	1
N11	平均轴向力	—	Y
LOCI:X,Y,Z	积分点位置	—	4

注:1. 考虑非线性材料时才有非线性解输出。

2. 应力、总应变、塑性应变、弹性应变、蠕变应变和热应变均位于单元坐标系下。

3. *GET 命令采用 CENT 项时可得。

4. 仅"OUTRES,LOCI"时输出。

命令 ETABLE 和 ESOL 的表项和序号   表 13-11

输出量名称	项 Item	E
N11	SMISC	(i−1)*3+1
AREA	SMISC	(i−1)*3+2
SPACING	NMISC	(i−1)*3+3

注:表中 i(i=1,2,3,…,NL)表示单元增强层的层号,NL 为最大层号(1≤NL≤250)。

13.5.3 注意事项

(1)不容许单元为零体积。

(2)基元仅为 SHELL181、SHELL281、SOLID185、SOLID186、SOLID187 和 SOLSH190。

(3)每个 REINF265 单元必须有与之匹配的有效基元。

(4)增强单元固覆于基元,增强层之间及增强层与基元之间无相对变形。

(5)壳单元或层实体单元不容许在厚度方向设置增强层。

(6)在几何非线性分析中(NLGEOM,ON)总是计入应力刚度,在线性分析中(NLGEOM,OFF)不考虑应力刚度,即便是"SSTIF,ON"也不考虑,但可采用命令 PSTRES 激活预应力效应。

(7)该单元支持的最大增强层数为 250。

13.5.4 应用举例

一悬臂梁的截面如图 13-13 所示,悬臂梁与加筋均为均值材料,分析计算结构的应力和变形。

增强材料通常"浸埋"于基体材料,ANSYS 处理其作用时将其刚度和质量叠加在基体上,而未考虑增强材料所占基体材料部分的削弱,读者可用传统的等效截面法予以验证。此外,REINF265 单元不能用于 SOLID65,因此该单元不是"钢筋"单元,而是一种"加筋"单元,如复合材料中的加强筋等。命令流如下。

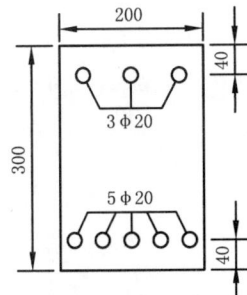

图 13-13 截面配筋构造(尺寸单位:mm)

```
!===============================================================================
!EX13.10 加筋悬臂梁分析
FINISH$/CLEAR$/PREP7$B=200$H=300$C=40$L=1600$Q=1.0                    !定义几何参数
SFA=ACOS(-1)*20*20/4$SPAC1=B/5$SPAC2=B/3                              !单根筋面积,两个间距参数
ET,1,SOLID185$ET,2,REINF265                                          !定义单元类型
MP,EX,1,3E4$MP,PRXY,1,0.0$MP,EX,2,3E5$MP,PRXY,2,0.0                   !定义两种材料常数
BLC4,,,B,H,L$VATT,1,,1$ESIZE,50$VMESH,ALL                            !创建基体模型
LOCAL,11,,,,,,,-90                                                    !定义局部坐标系
SECTYPE,1,REINF,SMEAR$SECDATA,2,SFA,SPAC1,11,0,ELEF,3,0.8             !定义 REINF265 截面 1 数据
SECTYPE,2,REINF,SMEAR$SECDATA,2,SFA,SPAC2,11,0,ELEF,3,0.2             !定义 REINF265 截面 2 数据
NSEL,S,LOC,Y,0$ESLN,S$TYPE,2$SECNUM,1$EREINF                         !定义 REINF265 单元,采用截面 1
NSEL,S,LOC,Y,H$ESLN,S$TYPE,2$SECNUM,2$EREINF                         !定义 REINF265 单元,采用截面 2
ALLSEL,ALL$/VIEW,1,1,1,1$/TRLCY,ELEM,0.8$EPLOT                       !观察 REINF265 是否正确
CSYS,0$ASEL,S,LOC,Z,0$DA,ALL,ALL                                     !施加约束
ASEL,S,LOC,Y,H$SFA,ALL,1,PRES,Q$ALLSEL,ALL                           !施加荷载
/SOLU$SOLVE$/POST1$PLDISP,1$PLNSOL,S,Z                               !求解后查看结果
ESEL,S,TYPE,,2$PLNSOL,S,X                                            !绘制增强材料的应力云图
!===============================================================================
```

第14章 MPC184 单元

14.1 概述

MPC184 称为多点约束单元(Multipoint Constraint Element),它包含了实现节点间运动约束的一类常规的多点约束单元,这些单元可简单地分为"约束类单元"或"连接类单元"。MPC184 的约束类单元可以很简单,如模拟具有相同位移的节点;也可以很复杂,如模拟刚性部件或者模拟柔体间特定的运动方式等。例如结构中可能包含刚性部件和通过转动或滑动连接的运动部件,刚性部件可采用 MPC184 单元的约束类单元模拟,而各运动部件的连接可采用 MPC184 单元的连接类单元模拟。

运动约束可采用两种算法,即直接消除法(Direct Elimination Method)和拉格朗日乘子法(Lagrange Multiplier Method)。目前,MPC184-刚性杆和刚性梁单元可采用直接消除法和拉格朗日乘子法,而其余MPC184 单元类型仅能采用拉格朗日乘子法。

直接消除法通过内部生成约束方程实现,在结构总平衡方程中直接除去从节点的自由度。其特点是不能采用命令 ETABLE 获得单元结果,如约束力和力矩等,但是可通过命令 PRRSOL获得主自由度总的约束反力;其次,此法可减小问题的求解规模和时间。

拉格朗日乘子法通过拉格朗日乘子实现,此法在结构总平衡方程中保留所有节点的自由度。其特点是可采用命令 ETABLE 获得单元的约束力和力矩,缺点是增加了问题的规模和求解时间。

(1)约束类单元

约束类单元有:刚性杆和刚性梁、滑块。

(2)连接类单元

数值仿真中经常要模拟两部件的连接,这些连接可能很简单也可能很复杂,可能含有限位、停止或锁定等控制装置,也可能具有刚度、阻尼和摩擦等。连接类单元有:销轴连接、万向节连接、点连接、平移连接、圆柱连接、平面连接、滑槽连接、定向连接、球铰连接、焊接连接、广义铰连接等。

连接类单元适合于线性分析、大转动和大应变非线性,当考虑有限转动和(或)大应变效应时,必须打开大变形效应(NLGEOM,ON),否则假定为线性行为。例如,若未打开大变形效应(NLGEOM,OFF),销轴连接单元则基于原始构形计算,最终结果未必是所期望的变形;但若打开大变形效应(NLGEOM,ON),计算将考虑销轴的转动。

连接类单元通过两个节点定义,依据所定义的连接类型,利用一定数量的运动约束定义两个节点间的相对运动,这些运动约束采用拉格朗日乘子法计算。在某些情况下,需要一个节点"接地"或与不动参照点相连,此时可能仅需一个节点定义该单元,而在单元计算中假定接地节点和所定义的节点重合。

连接类单元的每个节点具有 6 个自由度,以定义相对运动的 6 个分量,即 3 个相对位移和 3 个相对转动。根据实际连接的运动约束,某些分量可能会被约束,而某些分量可能是"自由"或"无约束"的。例如万向节连接和销轴连接单元,假定两个节点连接在一起,其相对位移为零;销轴连接单元仅某个转动分量(绕销轴的转动)是无约束的,而万向节连接单元的转动分量均无约束。

连接类单元具有控制特性,如停止(类似挡块)、锁定(类似销卡)、驱动荷载和边界条件等,以控制单元两个节点相对运动的某些分量。例如,销轴可定义绕转动轴"停止"转动,可限制绕转动轴的转动范围。

位移、力、速度、加速度等边界条件可施加在两节点相对运动的某些分量上,可作为连接的"驱动",力驱动或位移驱动这些连接单元,类似电或液压系统的驱动装置。

连接类单元相对运动的某些分量可考虑线性或非线性弹性刚度、阻尼或黏性摩擦,这些性质可随温度变化而变化。

(3)连接类单元的输入

MPC184 连接类单元有些共同的输入部分,特殊的输入详见各个单元,共同部分如下。

①连通性:连接类单元通常用两个节点定义,其中之一可为接地节点。

②截面:每个连接单元都要定义截面数据(命令 SECTYPE)。

③局部坐标系:常常需要节点局部坐标系定义单元的运动约束(命令 SECJOINT)。

④停止或限位:可实现连接单元两个节点的相对运动分量的停止或限位(命令 SECSTOP)。

⑤锁定:锁定连接单元两个节点的相对运动分量,可"冻结"所期望的构形(命令 SECLOCK)。

⑥材料行为:命令 TB 的 JOIN 项可实现两个节点相对运动分量的线性和非线性弹性刚度、阻尼或黏性摩擦。

⑦参照长度和角度:连接类单元需用命令 secDATA 定义参照长度和参照角度,如未定义时由连接类单元的初始构形确定此值,此值用于连续计算以及在有连接刚度、阻尼或黏滞摩擦时使用。

⑧边界条件:可在连接类单元的相对运动分量上施加边界条件(命令 DJ)和集中力(命令 FJ);通常不能施加常规边界条件(命令 D 或 F 等)。

(4)MPC184 输入数据

采用 KEYOPT(1)定义 MPC184 的约束或连接单元类型,其余输入数据因单元类型不同而不同,详见其余章节中的介绍。KEYOPT(1)定义的单元行为如下。

KEYOPT(1)＝0:刚性杆(缺省),简称"MPC184-刚性杆单元";

KEYOPT(1)＝1:刚性梁,简称"MPC184-刚性梁单元";

KEYOPT(1)＝3:滑块,简称"MPC184-滑块单元";

KEYOPT(1)＝6:销轴连接单元,可绕 x 轴或 z 轴的销轴,简称"MPC184-销轴连接单元";

KEYOPT(1)＝7:万向节连接单元,简称"MPC184-万向节连接单元";

KEYOPT(1)＝8:滑槽连接单元,简称"MPC184-滑槽连接单元";

KEYOPT(1)＝9:面内点连接单元,简称"MPC184-点面连接单元";

KEYOPT(1)＝10:平移连接单元,简称"MPC184-平移连接单元";

KEYOPT(1)＝11:圆柱连接单元,分为 x 轴或 z 轴两种连接,简称"MPC184-圆柱连接单元";

KEYOPT(1)＝12:平面连接单元,分为 x 轴或 z 轴两种连接,简称"MPC184-平面连接单元";

KEYOPT(1)＝13:焊接连接单元,简称"MPC184-焊接连接单元";

KEYOPT(1)＝14:定向连接单元,简称"MPC184-定向连接单元";

KEYOPT(1)＝15:球铰连接单元,简称"MPC184-球铰连接单元";

KEYOPT(1)＝15:广义连接单元,简称"MPC184-广义连接单元"。

(5)MPC184 输出数据与注意事项

约束类和连接类单元的输出有节点位移和单元结果两种,可参考各个单元的介绍。

对 MPC184 的各类单元,都不能采用弧长法求解。

本章内容基于 ANSYS 11.0 及其以上版本。

14.2　MPC184-刚性杆和刚性梁单元

MPC184-刚性杆和 MPC184-刚性梁单元用于模拟两柔性体之间的刚性约束,或传递力和力矩的刚性部件。

14.2.1　输入参数与选项

图 14-1 给出了单元几何、节点位置和坐标系,该单元通过 2 个节点定义,单元坐标系的 x 轴从节点 I 指向节点 J,假定单元具有一个单位的横截面面积。ANSYS 自动选择横截面坐标方向,与 BEAM4 单元无定位点时的方法相同,主要为刚性梁的输出弯矩确定方向。

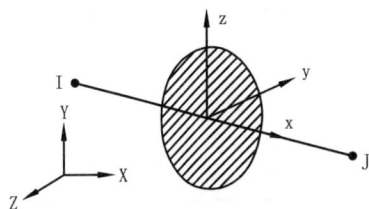

图 14-1　MPC184-刚性杆和刚性梁单元几何

KEYOPT(1)用于定义刚性杆或刚性梁单元,刚性杆每个节点有 3 个平动自由度,而刚性梁有 6 个自由度,即 3 个平动自由度和 3 个转动自由度。KEYOPT(2)用于定义运动约束的算法,如直接消除法或是拉格朗日乘子法。但考虑热膨胀时,只能采用拉格朗日乘子法。

因该单元模拟刚性结构,故无材料刚度数据。但考虑热膨胀时,需输入线胀系数。若考虑质量,则需输入材料的密度,ANSYS 以集中质量的形式进行计算。可在节点输入温度荷载,缺省时节点 I 的温度为 TUNIF,节点 J 的温度为 T(I)。

MPC184-刚性杆和刚性梁单元的输入参数与选项如表 14-1 所示。

MPC184-刚性杆和刚性梁单元输入参数与选项　　　　表 14-1

参 数 类 别	参 数 及 说 明
节点	I,J
自由度	当 KEYOPT(1)=0 时:UX,UY,UZ; 当 KEYOPT(1)=1 时:UX,UY,UZ,ROTX,ROTY,ROTZ
实常数等	实常数、面荷载、单元荷载均无
材料属性	DENS,ALPX
体荷载	温度——T(I),T(J)
特性	大变形、单元生死
KEYOPT(1)	单元行为: 0——刚性杆(缺省);1——刚性梁
KEYOPT(2)	算法: 0——直接消除法(缺省);1——拉格朗日乘子法

14.2.2　输出数据

单元输出说明如表 14-2 所示,表 14-3 为命令 ETABLE 或 ESOL 中的表项和序号。

MPC184-刚性杆和刚性梁单元输出说明　　　　表 14-2

名　　称	说　　明	O	R
刚性杆和刚性梁[KEYOPT(1)=0 或 1,KEYOPT(2)=0 或 1]			
EL	单元号	—	Y
NODES	节点号 I,J	—	Y
刚性杆和刚性梁[KEYOPT(1)=0 或 1,KEYOPT(2)=1]			
MAT	材料号	—	Y
TEMP	温度 T(I)和 T(J)	—	Y
FX	轴力	—	Y
MY,MZ	弯矩	—	Y
SF:Y,Z	截面剪力	—	Y
MX	扭矩	—	Y

命令 ETABLE 和 ESOL 的表项和序号[KEYOPT(2)=1]   表 14-3

输出量名称	项 Item	E	输出量名称	项 Item	E
FX	SMISC	1	MX	SMISC	4
MY	SMISC	2	SFZ	SMISC	5
MZ	SMISC	3	SFY	SMISC	6

14.2.3　注意事项

(1)采用直接消除法和拉格朗日乘子法时[KEYOPT(2)=0 或 1],应注意以下问题:

①在静态分析中,有限元模型不能全部由刚性单元组成。

②横截面面积假定为一个单位。

③不能采用弧长法。

④节点 I 和节点 J 不能重合,即单元长度不能为零。

(2)采用直接消除法时[KEYOPT(2)=0]应注意以下问题:

①可在静态、瞬态、模态和屈曲分析中采用直接消除法。

②可采用 SPARSE、PCG、JCG、ICCG、AMG 和 ITER 求解器,但不能采用 FRONT 和 DSPARSE。

③在刚性单元的节点上,应谨慎施加位移边界条件。在刚性连接中有众多刚性杆和刚性梁单元,若在几个位置施加位移边界条件,ANSYS 将以第一个位移边界条件和刚性运动情况对全部刚性连接部件施加约束,某些情况下可能造成冗余约束或相互矛盾的边界条件,此时 ANSYS 将发出警告或错误信息。

④直接消除法不能用于热膨胀分析,此时可采用拉格朗日乘子法。

⑤刚性杆和刚性梁单元的节点约束反力不是总能够得到的,因为 ANSYS 内部确定主从节点。建议核查连接刚体和柔体的节点,这些节点上的支反力总可以得到。

⑥采用直接消除法的刚性杆和刚性梁单元的节点不能与采用拉格朗日乘子法的单元节点相连。例如,采用直接消除法[KEYOPT(2)=0]的刚性梁不能与采用拉格朗日乘子法[KEYOPT(2)=1]的刚性梁连接;采用直接消除法[KEYOPT(2)=0]的刚性梁不能与采用拉格朗日乘子法的接触单元相连。

⑦采用直接消除法的刚性杆和刚性梁单元的节点不能耦合自由度(命令 CP)。

⑧刚性杆和刚性梁单元的节点不能是子结构中的保留节点(命令 M 定义的节点),但子结构中可包含刚性单元。

⑨刚性杆和刚性梁单元不能用于循环对称分析,且不能用于 ANSYS 分布式计算。

(3)采用拉格朗日乘子法时[KEYOPT(2)=1],应注意以下问题:

①为顺利使用此法,应尽可能减少此类单元数量。例如,对采用壳单元组成的刚性区域,在区域周界上覆盖刚性线单元就足够了,不应在区域内部的单元边界上也覆盖刚性线单元。

②模型中应避免"过约束",过约束模型可导致平凡解、零主元或非线性分析的收敛困难。

③假定温度沿单元长度方向线性变化。

④只有一个刚性单元的自由度约束方程是过约束系统,同样地,对单元的两个节点都定义位移是明显的过约束。

⑤使用刚性杆单元的限制条件与使用桁架单元(如 LINK180 或 LINK8 等)一样。

⑥大多数情况下,需采用稀疏矩阵求解器;若为谐响应分析则需波前求解器。

⑦该单元适用于线性或非线性的静态和瞬态分析,刚性梁适用于谐响应分析。该单元不支持屈曲分析和缩减法瞬态分析。

14.2.4　应用举例

(1) 刚臂的应用

在工程结构分析中常常用到"刚臂",如加腋的交叉节点,可能需要刚臂;梁与墩的连接部位,因各自的几何中心位置存在一定距离也要采用刚臂;很多大型桥梁的主梁与横梁采用所谓"鱼骨"模型,也可能需要刚臂等。通常刚臂采用梁单元,通过提高弹性模量实现刚性连接。而 MPC184-刚性杆和刚性梁单元则可替代常规处理方法,从而更加方便地实现刚性连接。

如图 14-2 所示的两端固结梁,两边为刚性梁,而中间部分为柔性梁且承受均布荷载作用,分析此结构的位移和内力。读者可仅用柔性梁建模或提高弹性模量的梁单元建模进行对比。命令流如下。

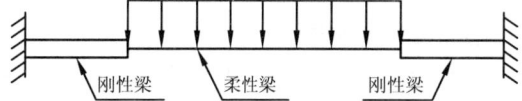

图 14-2　两端固结梁

```
!=============================================
!EX14.1 两端固结梁(刚性与柔性梁)
FINISH$/CLEAR$/PREP7$ET,1,BEAM189                            !定义 BEAM189 单元
ET,2,MPC184$KEYOPT,2,1,1$KEYOPT,2,2,1            !定义 MPC184-刚性梁,拉格朗日乘子法可输出内力
MP,EX,1,2.1E11$MP,PRXY,1,0.3                                 !柔性梁材料常数
SECTYPE,1,BEAM,CTUBE$SECDATA,0.19,0.2                        !柔性梁梁截面数据
K,1$K,2,1.0$K,3,11.0$K,4,12.0$K,5,6,3$L,1,2$L,2,3$L,3,4      !创建几何模型
LSEL,S,,,1,3,2$LATT,,,2$ESIZE,0.5$LMESH,ALL                  !划分刚性梁单元
LSEL,S,,,2$LATT,1,,1,,,5,1$LMESH,ALL                         !划分柔性梁单元
DK,1,ALL$DK,4,ALL                                           !施加约束条件
ESEL,S,TYPE,,1$SFBEAM,ALL,1,PRES,120$ALLSEL,ALL             !施加单元荷载
/SOLU$SOLVE$/POST1$PLNSOL,U,SUM                             !求解并绘制变形云图
ESEL,S,TYPE,,2$ETABLE,MZE,SMISC,3$PLLS,MZE,MZE              !绘制刚性梁内的弯矩图
ESEL,INVE$ETABLE,MYI,SMISC,2                                !定义单元 ETABLE
ETABLE,MYJ,SMISC,15$PLLS,MYI,MYJ                            !绘制柔性梁的弯矩图
!=============================================
```

(2) 约束条件的应用

两个平行的薄壁管,管外壁初始接触,将其扭绞在一起。模型一端固定,另外一端施加转动约束,为使悬臂端截面周边不变和易于施加荷载,采用 MPC184-刚性梁单元模拟端部圆周。圆筒采用 SHELL181 模拟,二者直接的接触采用 CONTA173 和 TARGE170 模拟。考虑材料非线性,计算中考虑扭转两圈。管壁厚度对结果影响较大,当厚度较大时,截面周边变形较小,计算速度很快;而当管壁较薄时,管截面直接被压扁,计算较难收敛,计算花费很高。分析的命令流如下,读者可改变壁厚进行计算。

```
!=============================================
!EX14.2 两个平行薄壁管的扭绞
!定义几何参数、单元类型、材料常数和实常数等
FINISH$/CLEAR$/PREP7$R0=10$L0=250$T0=2.0$ET,1,SHELL181$ET,2,TARGE170
ET,3,CONTA173$ET,4,MPC184,1$KEYOPT,3,10,1$MP,EX,1,2E5$MP,PRXY,1,0.3
TB,BISO,1$TBDATA,1,200,1E4$R,1,T0$R,2,,,0.1,,,-5
!创建几何模型,划分 SHELL181 单元
CYL4,,,R0,,,,L0$VGEN,2,1,,,,2*R0$VDELE,ALL
ASEL,S,LOC,Z,0$ASEL,A,LOC,Z,L0$ADELE,ALL
ASEL,ALL$WPROTA,,,90$ASBW,ALL$WPCSYS,-1
LSEL,S,LOC,Z,0$LESIZE,ALL,,,6$LSEL,ALL
ESIZE,4$MSHKEY,1$AATT,1,1,1$AMESH,ALL
```

```
!创建接触对,以实常数组 2 识别
ASEL,S,LOC,Y,-R0,R0$NSLA,S,1$TYPE,2$REAL,2$ESURF
ASEL,S,LOC,Y,R0,3 * R0$NSLA,S,1$TYPE,3$REAL,2$ESURF
!创建 MPC184-刚性梁单元,施加约束和荷载
LSEL,S,LOC,Z,L0$TYPE,4$LMESH,ALL
NSEL,S,LOC,Z,0$D,ALL,ALL$ALLSEL,ALL
KSEL,S,LOC,Y,R0$KSEL,R,LOC,X,0$KSEL,R,LOC,Z,L0$DK,ALL,ALL
DK,ALL,ROTZ,4 * ACOS(-1)$ALLSEL,ALL
!求解后制作变形动画
/SOLU$NLGEOM,ON$OUTRES,ALL,ALL$NSUBST,100,,20$CNVTOL,F,,0.02$SOLVE
/POST1$PLNSOL,U,SUM$ANTIME,30,0.2
!
```

14.3 MPC184-滑块单元

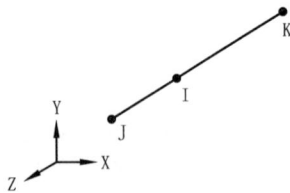

图 14-3 MPC184-滑块单元几何

MPC184-滑块单元用于模拟滑动约束,该单元有 3 个节点,每个节点具有 3 个自由平动度。滑块单元实现的运动约束是:随动节点 I 永远在节点 J 和 K 的连线上滑动,且采用拉格朗日乘子法实现。

14.3.1 输入参数与选项

图 14-3 给出了单元几何和节点位置,该单元通过 3 个节点定义,节点 I 初始应在节点 J 和 K 的连线上。该单元无需材料和刚度性质参数,且不支持单元生死。

MPC184-滑块单元的输入参数与选项如表 14-4 所示。

MPC184-滑块单元输入参数与选项   表 14-4

参 数 类 别	参 数 及 说 明
节点	I,J,K
自由度	UX,UY,UZ
实常数等	材料属性、面荷载、体荷载、单元荷载均无
特性	大变形
KEYOPT(1)	3——滑块单元

14.3.2 输出数据

单元输出说明如表 14-5,表 14-6 为命令 ETABLE 或 ESOL 中的表项和序号。

MPC184-滑块单元输出说明   表 14-5

名 称	说 明	O	R
EL	单元号	—	Y
NODES	节点号 I,J,K	—	Y
FY	约束力 FORCE1	—	Y
FZ	约束力 FORCE2	—	Y

命令 ETABLE 和 ESOL 的表项和序号   表 14-6

输出量名称	项 Item	E	输出量名称	项 Item	E
FY	SMISC	1	FZ	SMISC	2

14.3.3　注意事项

(1)节点 I 和 J 的距离必须大于零。

(2)节点 I 初始必须在节点 J 和 K 之间。

(3)滑块单元的节点上不能施加位移边界条件。该单元的节点 J 和 K 构成刚性连杆,而节点 I 在该刚性连杆上滑动,该刚性连杆必须与其他柔性结构连接。

(4)滑块单元不支持单元生死(目前的版本是这样,也许高版本会有发展)。

(5)必须采用稀疏矩阵求解器,且不能采用弧长法求解。

(6)用命令"/PSYMB,ESYS"显示的单元坐标系与该单元坐标系无关。

14.3.4　应用举例

(1)结构分析中的滑块单元

如图 14-4 所示结构,梁 AB、CD 和 EF 为柔性结构,点 B 可在 ED 连线上滑动。随着柔性梁结构变形的增大,ED 刚性线的位置也在不断变化,但 B 点始终在 ED 刚性线上运动。建模时首先创建柔性梁结构,然后利用 B、D 和 E 点的节点号直接定义 MPC184-滑块单元,采用几何非线性分析,从结果动画中可观察整个结构的运动情况。命令流如下。

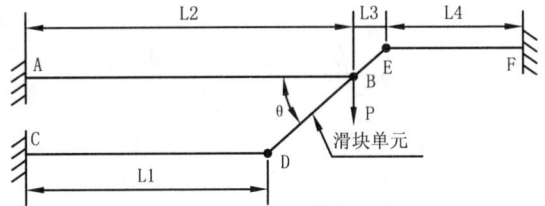

图 14-4　结构分析中的滑块单元

```
!══════════════════════════════════════════════════
!EX14.3 结构分析中的滑块单元
FINISH$/CLEAR$/PREP7
!定义几何参数、单元类型、材料常数和实常数,创建几何模型并划分梁单元
L1=1000.0$L2=400.0$L3=100.0$L4=500.0$CITA=30*ACOS(-1)/180
ET,1,BEAM3$ET,2,MPC184$KEYOPT,2,1,3$MP,EX,1,2E5$MP,PRXY,1,0.3$R,1,80.0,500.0,10.0
K,1$K,2,L1$L,1,2$K,3,0,-(L1-L2)*TAN(CITA)$K,4,L2,-(L1-L2)*TAN(CITA)$L,3,4
K,5,L1+L3,L3*TAN(CITA)$K,6,L1+L3+L4,L3*TAN(CITA)$L,5,6$LATT,1,1,1$ESIZE,20$LMESH,ALL
!获得 B、D 和 E 点的节点号,然后定义 MPC184-滑块单元,施加约束和荷载
NI=NODE(KX(2),KY(2),KZ(2))$NJ=NODE(KX(4),KY(4),KZ(4))$NK=NODE(KX(5),KY(5),KZ(5))
TYPE,2$E,NI,NJ,NK$DK,1,ALL$DK,3,ALL$DK,6,ALL$F,2,FY,-2000
!求解后查看各种结果
/SOLU$NLGEOM,ON$OUTRES,ALL,ALL$TIME,1$NSUBST,20$SOLVE
/POST1$PLNSOL,U,SUM$ANTIME,50,0.2
ETABLE,MI,SMISC,6$ETABLE,MJ,SMISC,12$PLLS,MI,MJ
!══════════════════════════════════════════════════
```

(2)固定滑动方向的滑块单元

如图 14-5a)所示的悬臂梁结构,在荷载作用下 B 点只能在竖向滑动。因滑块单元的节点上不能施加位移约束,故在滑块单元两端各增加一个 MPC184-刚性梁单元[有限元模型如图 14-5b)所示],从而构成固定方向;实际上相当于 B 点在竖向导轨内滑动。命令流如下。

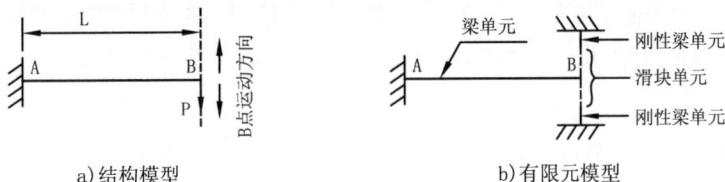

a)结构模型　　　　　　　　　　　b)有限元模型

图 14-5　固定滑动方向的滑块单元

```
!===========================================================================
!EX14.4  固定滑动方向的滑块单元
FINISH$/CLEAR$/PREP7$L1=1000.0$L2=300                    !定义几何参数,L2大于竖向位移即可
ET,1,BEAM3$ET,2,MPC184,3$ET,3,MPC184,1,1                 !定义 BEAM3 单元、滑块单元和刚性梁单元
MP,EX,1,2E5$MP,PRXY,1,0.3$R,1,80.0,500.0,10.0             !定义梁单元的材料常数和实常数
K,1$K,2,L1$L,1,2$LATT,1,1,1$ESIZE,20$LMESH,ALL            !创建几何模型并划分梁单元网格
N,100,L1,L2$N,101,L1,−L2$N,102,L1,L2+0.1$N,103,L1,−(L2+0.1)      !定义 4 个节点
TYPE,2$E,2,101,100$TYPE,3$E,100,102$E,103,101            !定义滑块单元和刚性梁单元
D,1,ALL$D,102,ALL$D,103,ALL$F,2,FY,−2000                 !施加约束和荷载
/SOLU$NLGEOM,ON$OUTRES,ALL,ALL$TIME,1$NSUBST,20$SOLVE    !求解
/POST1$PLNSOL,U,SUM$ANTIME,10,0.2                        !制作变形动画
!===========================================================================
```

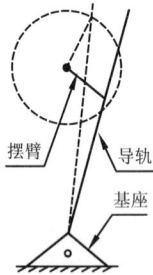

图 14-6　摆动导杆机构

（3）摆动导杆机构

如图 14-6 所示的摆动导杆机构,摆臂和基座采用 MPC184-刚性梁单元模拟,导轨采用 MPC184-滑块单元模拟。为建模方便,摆臂和导轨初始位置均设为竖向,且直接创建有限元模型。因 MPC184-刚性梁单元与 MPC184-滑块单元直接相连,而滑块采用拉格朗日乘子法,故刚性梁单元也应设为此算法,否则会造成错误信息。命令流如下。

```
!===========================================================================
!EX14.5  摆动导杆机构的运动
!定义单元类型(注意刚性梁采用拉格朗日乘子法),创建节点
FINISH$/CLEAR$/PREP7$ET,1,MPC184,1,1$ET,2,MPC184,3
N,1$N,2,−1,−1$N,3,1,−1$N,4,0,15$N,5,0,5$N,6,,8
TYPE,1$E,1,2$E,1,3                             !定义基座:MPC184-刚性梁单元
TYPE,2$E,5,1,4                                 !定义导轨:MPC184-滑块单元
TYPE,1$E,5,6                                   !定义摆臂:MPC184-刚性梁单元
!施加约束,在摆臂中心施加转动位移
D,2,ALL$D,3,ALL$D,6,UX,,,,,UY,UZ,ROTX,ROTY$D,6,ROTZ,4*ACOS(−1)
!求解并制作变形动画等
/SOLU$ANTYPE,TRANS$KBC,0$NLGEOM,ON$OUTRES,ALL,ALL$TIME,1$NSUBST,100,,20$SOLVE
/POST1$DSCLAE,,1$PLNSOL,U,SUM$ANTIME,30,0.2$PLVECT,V$PLVECT,A
!===========================================================================
```

14.4　MPC184-销轴连接单元

MPC184-销轴连接单元具有 2 个节点,但仅有 1 个基本自由度,即绕销轴(或铰链)的相对转动。该单元每个节点具有 6 个自由度(3 个平动位移和 3 个转动位移),但单元利用运动约束使 2 个节点具有相同的平动位移,且仅容许绕销轴的相对转动,而另外两个方向无相对转动。

COMBIN7 单元也是销轴连接单元,该单元具有销轴柔性、摩擦、阻尼和一些控制功能,单元的局部坐标系固定在单元上,且随销轴的运动而转动,因此也可用于大变形分析。

14.4.1　输入参数与选项

图 14-7 给出了单元几何和节点位置,该单元通过 2 个节点定义,节点 I 和 J 初始位置应重合。

KEYOPT(4)=0 时,单元销轴为 x 轴,即局部坐标系的 e_1 轴为转动轴;KEYOPT(4)=1 时,单元销轴为 z 轴,即局部坐标系的 e_3 轴为转动轴。

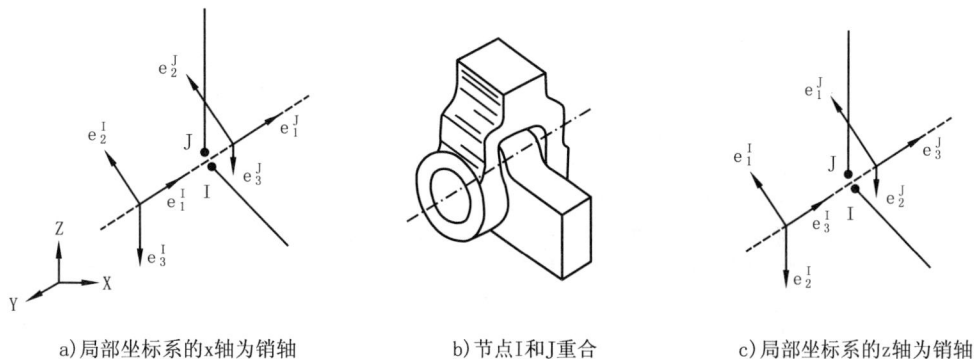

a)局部坐标系的x轴为销轴　　　　b)节点I和J重合　　　　c)局部坐标系的z轴为销轴

图 14-7　MPC184-销轴连接单元几何

　　节点 I 必须定义局部直角坐标系,而节点 J 的局部直角坐标系是可选的;若未定义节点 J 的局部直角坐标系,则缺省与节点 I 相同。局部坐标轴 e_1 或 e_3 均可作为转动轴,另外两个局部坐标轴方向不是必需的,只用于计算变形过程中节点的相对转动。局部直角坐标系方向约定如图 14-7 所示(右手系),且随着相应节点的转动而转动。用命令 LOCAL 预先定义局部坐标系,再通过命令 SECJOINT 定义单元 2 个节点的局部直角坐标系的编号。

　　以局部坐标轴 e_1 为转轴的销轴连接单元其运动约束描述如下,而以局部坐标轴 e_3 为转轴时类同。设节点 I 和节点 J 各自定义了局部直角坐标系,则在任意给定时刻销轴的运动约束为:

　　位移约束

$$u^I = u^J$$

　　转动约束

$$e_1^I e_2^J = 0, e_1^I e_3^J = 0$$

式中:u^I、u^J——分别为节点 I 和节点 J 的位移向量。

　　若开始分析时转轴 e_1^I 和 e_1^J 不在一条直线上,则二者的夹角将保持为该初始值。

　　节点 I 关于节点 J 的局部坐标系相对位置的第一卡登角为:

$$\varphi = -\tan^{-1} \frac{e_2^I e_3^J}{e_3^I e_3^J}$$

　　两局部坐标系相对角的改变为:

$$u_r = \varphi - \varphi_0 + m\pi$$

式中:φ_0——两局部坐标系的初始第一卡登角;

　　　m——考虑绕销轴转动角度的整数。

　　销轴连接的转动定义为:

$$u_r^c = \varphi + m\pi - \varphi_1^{ref}$$

式中:φ_1^{ref}——参考角,即命令 SECDATA 输入的角度 1;若未定义,则用 φ_0 替代。

　　MPC184-销轴连接单元的输入参数与选项如表 14-7 所示。

MPC184-销轴连接单元输入参数与选项　　　　　　　　　　表 14-7

参 数 类 别	参 数 及 说 明
节点	I,J(若有接地节点可仅定义一个节点,而接地节点可为空)
自由度	UX,UY,UZ,ROTX,ROTY,ROTZ
实常数	无
材料属性	用命令 TB 的 JOIN 项定义刚度、阻尼和黏滞摩擦行为
面荷载	无

续上表

参 数 类 别	参 数 及 说 明
体荷载	温度 T(I)、T(J)
单元荷载	转动:当 KEYOPT(4)=0 时为 ROTX;当 KEYOPT(4)=1 时为 ROTZ。 角速度:当 KEYOPT(4)=0 时为 OMGX;当 KEYOPT(4)=1 时为 OMGZ。 角加速度:当 KEYOPT(4)=0 时为 DMGX;当 KEYOPT(4)=1 时为 DMGZ。 力矩:当 KEYOPT(4)=0 时为 MX;当 KEYOPT(4)=1 时为 MZ。 单元荷载通过命令 DJ 和 FJ 施加,且基于局部坐标系
特性	大变形
KEYOPT(1)	6——销轴连接单元
KEYOPT(4)	单元构形: 0——用局部坐标轴 1 为转轴的 x 轴销轴连接;1——用局部坐标轴 3 为转轴的 z 轴销轴连接

14.4.2　输出数据

单元输出说明如表 14-8 所示,表 14-9 为命令 ETABLE 或 ESOL 中的表项和序号。

MPC184-销轴连接单元输出说明　　　　　　表 14-8

名　　称	说　　明	O	R
KEYOPT(4)=0 时的 x 轴销轴			
EL	单元号	—	Y
NODES	单元节点号 I 和 J	—	Y
FX、FY、FZ	X、Y 和 Z 方向的约束力	—	Y
MY,MZ	Y、Z 方向的约束力矩	—	Y
CSTOP4	DOF4 定义停止时的约束力矩	—	Y
CLOCK4	DOF4 定义锁定时的约束力矩	—	Y
CSST4	停止状态[1]	—	Y
CLST4	锁定状态[2]	—	Y
JRP4	销轴连接的相对位置	—	Y
JCD4	销轴连接的转角	—	Y
JEF4	销轴连接的弹性力矩	—	Y
JDF4	销轴连接的阻尼力矩	—	Y
JFF4	销轴连接的摩擦力矩	—	Y
JRU4	销轴连接的相对转动	—	Y
JRV4	销轴连接的相对速度	—	Y
JRA4	销轴连接的相对加速度	—	Y
JTEMP	单元平均温度[3]	—	Y
KEYOPT(4)=1 时的 z 轴销轴			
EL	单元号	—	Y
NODES	单元节点号 I 和 J	—	Y
FX、FY、FZ	X、Y 和 Z 方向的约束力	—	Y
MX,MY	X、Y 方向的约束力矩	—	Y
CSTOP6	DOF6 定义停止时的约束力矩	—	Y

名　　称	说　　明	O	R
CLOCK6	DOF6 定义锁定时的约束力矩	—	Y
CSST6	停止状态[1]	—	Y
CLST6	锁定状态[2]	—	Y
JRP6	销轴连接的相对位置	—	Y
JCD6	销轴连接的转角	—	Y
JEF6	销轴连接的弹性力矩	—	Y
JDF6	销轴连接的阻尼力矩	—	Y
JFF6	销轴连接的摩擦力矩	—	Y
JRU6	销轴连接的相对转动	—	Y
JRV6	销轴连接的相对转动速度	—	Y
JRA6	销轴连接的相对转动加速度	—	Y
JTEMP	单元平均温度[3]	—	Y
NMISC 项输出,用于 ANSYS Workbench			
E1X-I,E1Y-I,E1Z-I	I 节点变化后 e_1 轴的 X、Y、Z 分量	—	Y
E2X-I,E2Y-I,E2Z-I	I 节点变化后 e_2 轴的 X、Y、Z 分量	—	Y
E3X-I,E3Y-I,E3Z-I	I 节点变化后 e_3 轴的 X、Y、Z 分量	—	Y
E1X-J,E1Y-J,E1Z-J	J 节点变化后 e_1 轴的 X、Y、Z 分量	—	Y
E2X-J,E2Y-J,E2Z-J	J 节点变化后 e_2 轴的 X、Y、Z 分量	—	Y
E3X-J,E3Y-J,E3Z-J	J 节点变化后 e_3 轴的 X、Y、Z 分量	—	Y
JFX,JFY,JFZ	I 节点在变化后局部坐标系下的约束力	—	Y
JMX,JMY,JMZ	J 节点在变化后局部坐标系下的约束力	—	Y

注:1. 停止状态有:0＝未激活停止或已解除;1＝停止在最小限值;2＝停止在最大限值。

　　2. 锁定状态有:0＝未激活停止;1＝锁定在最小限值;2＝锁定在最大限值。

　　3. 单元平均温度指用命令 BF 在单元节点上施加温度时,或用命令 BFE 在单元上施加温度时。

命令 ETABLE 和 ESOL 的表项和序号　　　　　　　　　　　　　表 14-9

输出量名称	项 Item	E	输出量名称	项 Item	E
KEYOPT(4)＝0 时的 x 轴销轴					
FX	SMISC	1	JRP4	SMISC	34
FY	SMISC	2	JCD4	SMISC	40
FZ	SMISC	3	JEF4	SMISC	46
MY	SMISC	5	JDF4	SMISC	52
MZ	SMISC	6	JFF4	SMISC	58
CSTOP4	SMISC	10	JRU4	SMISC	64
CLOCK4	SMISC	16	JRV4	SMISC	70
CSST4	SMISC	22	JRA4	SMISC	76
CLST4	SMISC	28	JTEMP	SMISC	79
KEYOPT(4)＝1 时的 z 轴销轴					
FX	SMISC	1	JRP6	SMISC	36

输出量名称	项 Item	E	输出量名称	项 Item	E
FY	SMISC	2	JCD6	SMISC	42
FZ	SMISC	3	JEF6	SMISC	48
MX	SMISC	4	JDF6	SMISC	54
MY	SMISC	5	JFF6	SMISC	60
CSTOP6	SMISC	12	JRU6	SMISC	66
CLOCK6	SMISC	18	JRV6	SMISC	72
CSST6	SMISC	24	JRA6	SMISC	78
CLST6	SMISC	30	JTEMP	SMISC	79
KEYOPT(4)＝0 或 1 时的 NMISC 项					
E1X-I	NMISC	1	E2X-J	NMISC	13
E1Y-I	NMISC	2	E2Y-J	NMISC	14
E1Z-I	NMISC	3	E2Z-J	NMISC	15
E2X-I	NMISC	4	E3X-J	NMISC	16
E2Y-I	NMISC	5	E3Y-J	NMISC	17
E2Z-I	NMISC	6	E3Z-J	NMISC	18
E3X-I	NMISC	7	JFX	NMISC	19
E3Y-I	NMISC	8	JFY	NMISC	20
E3Z-I	NMISC	9	JFZ	NMISC	21
E1X-J	NMISC	10	JMX	NMISC	22
E1Y-J	NMISC	11	JMY	NMISC	23
E1Z-J	NMISC	12	JMZ	NMISC	24

14.4.3 注意事项

（1）节点 I 和 J 必须重合。

（2）必须在节点上定义局部坐标系，以便定义转轴；否则可能会导致无法预测的转动。

（3）销轴连接单元的节点上不能施加边界条件，如命令 D。

（4）该单元节点的转动自由度均为活动的，当与实体单元连接时应予以适当的约束，但又不能在销轴连接单元节点上施加边界条件，为避免发生刚体位移，可采用很小刚度的梁或壳单元覆盖在与销轴节点连接的实体单元上。

（5）若同时定义了停止和锁定，则锁定优先。也就是说，若节点自由度在给定值被锁定，则在后续的分析中一直保持该锁定值。

（6）在非线性分析中，销轴的相对转动为累加值，为保证正确的累加结果，必须限制荷载子步的大小，在每个荷载子步的转动量不得大于 π。

（7）该单元不支持单元生死，不能采用弧长法求解，必须采用稀疏矩阵求解器。

（8）用命令"/PSYMB,ESYS"显示的单元坐标系与该单元坐标系无关。

14.4.4 应用举例

（1）刚性梁的转动

如图 14-8 所示长度为 R 的无质量刚性梁，在平面内以等角速度 ω 旋转，根据运动学知识可得到点 A 的运动方程如下：

$$x＝R\cos\theta＝R\cos\omega t, y＝R\sin\theta＝R\sin\omega t$$

用 ANSYS 分析时,刚性梁用 MPC184-刚性梁单元模拟且采用拉格朗日乘子法,转轴用 MPC184-销轴连接单元模拟。为验证接地节点、单元荷载、转轴的局部坐标系以及转轴等,分别定义两种转轴予以考证和分析。通过结果比较可知,ANSYS 计算结果与理论解完全相等。命令流如下。

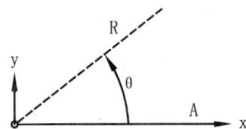

图 14-8　刚性梁的旋转

```
!═══════════════════════════════
!EX14.6 刚性梁的转动
FINISH$/CLEAR$/PREP7$R=2.0$K4=0                    !K4=0,则 X-E1 为转轴;K4=1,则 Z-E3 为转轴
ET,1,MPC184,1,1$ET,2,MPC184,6$KEYOPT,2,4,K4         !定义单元类型及转轴
N,1$N,2,R$TYPE,1$E,1,2                              !创建 MPC184-刚性梁单元
*IF,K4,EQ,0,THEN$LOCAL,12,,,,,,90                   !K4=0 时的 12 号局部坐标系(旋转 90°)
*ELSE$LOCAL,12$*ENDIF                               !K4=1 时的 12 号局部坐标系(并不旋转)
SECTYPE,1,JOINT,REVO$SECJOINT,LSYS,12               !定义销轴截面及单元的局部坐标系(12 号)
TYPE,2$SECNUM,1$E,1$CSYS,0                          !创建 MPC184-销轴连接单元(仅一个节点)
/SOLU$NLGEOM,ON$OUTRES,ALL,ALL                      !静力大变形分析
TIME,1$NSUBST,50,,20                                !定义时间=1 及步长控制
*IF,K4,EQ,0,THEN$DJ,2,ROTX,2*ACOS(-1)$*ELSE         !K4=0 时施加 ROTX
DJ,2,ROTZ,2*ACOS(-1)$*ENDIF$SOLVE$FINISH            !K4=1 时施加 ROTZ,求解
/POST1$PLNSOL,U,SUM$ANTIME,50,0.2                   !制作变形动画
!以下为销轴单元的结果云图绘制,具体详见输出表的 ETABLE 及其序号
SET,1,12$*IF,K4,EQ,0,THEN$ETABLE,JRP,SMISC,34$PRETAB,JRP$
ETABLE,JRU,SMISC,64$PRETAB,JRU$ETABLE,JRV,SMISC,70$PRETAB,JRV$*ELSE
ETABLE,JRP,SMISC,36$PRETAB,JRP$ETABLE,JRU,SMISC,66$PRETAB,JRU
ETABLE,JRV,SMISC,72$PRETAB,JRV$*ENDIF
/POST26$NSOL,2,2,U,X$NSOL,3,2,U,Y$PLVAR,2,3          !绘制 A 点的位移—时间曲线
NSOL,4,2,ROT,Z$PLVAR,4                              !绘制 A 点的转角—时间曲线
*IF,K4,EQ,0,THEN$ESOL,5,2,,SMISC,64$PLVAR,5$ESOL,6,2,,SMISC,70$PLVAR,6
*ELSE$ESOL,5,2,,SMISC,66$PLVAR,5$ESOL,6,2,,SMISC,72$PLVAR,6$*ENDIF
!═══════════════════════════════
```

(2)曲柄滑块机构

如图 14-9 所示的曲柄滑块机构,曲柄以等角速度 ω 转动,滑块的运动方程如下:

a)曲柄滑块机构　　　　　　　　　b)运动几何

图 14-9　曲柄滑块机构分析

坐标

$$x = r\cos\theta + \sqrt{l^2 - r^2\sin^2\theta}$$

速度

$$v = -\omega r\sin\theta \left(1 + \frac{r\cos\theta}{\sqrt{l^2 - r^2\sin^2\theta}}\right)$$

加速度

$$a = -\omega^2 r\left[\cos\theta + \frac{r(l^2\cos 2\theta + r^2\sin^4\theta)}{(l^2 - r^2\sin^2\theta)^{3/2}}\right]$$

机构几何运动分析属于静力问题,尽管可施加转角、角速度或力矩等;若考虑惯性力(如离心力)则属于动力学问题。因此,机构几何运动分析可采用 MPC184 连接类单元将 MPC184-刚性梁、杆或滑块单元连接起来,形成有限元模型,且分析时要打开大变形效应。

图 14-9 所示的曲柄滑块运动分析,可采用两个 MPC184-刚性梁单元、两个 MPC184-销轴单元和一个 MPC184-滑块单元实现,但因 MPC184-滑块单元无法施加约束,故再增加两个 MPC184-刚性梁单元。需要注意的是,若要获得较精确的加速度,必须有足够多的荷载子步;因采用静态大变形分析,应施加角度并设置时间长度(角度/时间为角速度);不能施加角速度,因在指定时间才能达到某个角速度,即属于匀变角速度运动,读者可以分析比较。从 ANSYS 计算结果与滑块运动方程比较可知,变形和速度几乎完全相等,而加速度受荷载子步的影响较大,当荷载子步足够多时,二者也几乎完全相等。命令流如下。

```
!======================================================
!EX14.7 曲柄滑块机构
!定义几何参数、角速度、单元类型
FINISH$/CLEAR$/PREP7$R=1.0$L=4.0$W=2*ACOS(-1)
ET,1,MPC184,1,1$ET,2,MPC184,6$ET,3,MPC184,3$KEYOPT,2,4,1
!定义节点,创建 MPC184-刚性梁单元、销轴单元、滑块单元,施加约束和荷载
N,1$N,2,R$N,3,R$N,4,R+L$N,5,L-3.1*R$N,6,L-3*R$N,7,R+1.2*L$N,8,R+1.3*L
TYPE,1$E,1,2$E,3,4$E,5,6$E,7,8
LOCAL,12$SECTYPE,1,JOINT,REVO$SECJOINT,LSYS,12$TYPE,2$SECNUM,1$E,,1
LOCAL,13$SECTYPE,2,JOINT,REVO$SECJOINT,LSYS,13$TYPE,2$SECNUM,2$E,2,3$CSYS,0
TYPE,3$E,4,6,7$D,5,ALL$D,8,ALL$DJ,5,ROTZ,W
!定义求解选项并求解,注意时间长度与角速度或转角的关系
/SOLU$NLGEOM,ON$OUTRES,ALL,ALL$TIME,1$NSUBST,200,,100
CNVTOL,F,1.0$CNVTOL,M,1.0$SOLVE$FINISH
!后处理,制作变形动画,绘制位移、速度和加速度—时间变化曲线
/POST1$PLNSOL,U,SUM$ANTIME,50,0.05
/POST26$NSOL,2,4,U,X$PLVAR,2$DERIV,3,2$PLVAR,3$DERIV,4,3$PLVAR,4
!比较计算和理论结果,生成数据文件
VGET,TIME,1$VGET,XR,2$VGET,VR,3$VGET,AR,4$*GET,KSET,VARI,,NSETS
*DO,I,1,KSET$XR(I)=XR(I)+R+L$*ENDDO
*DIM,XA,,KSET$*DIM,VA,,KSET$*DIM,AA,,KSET
*DO,I,1,KSET$TI=TIME(I)$CITA=TI*W$SIC=SIN(CITA)$COC=COS(CITA)
C0=SQRT(L**2-R**2*SIC**2)$XA(I)=R*COC+C0$VA(I)=-W*R*SIC*(1+R*COC/C0)
AA(I)=-W**2*R*(COC+R*(L**2*COS(2*CITA)+R**2*SIC**4)/C0**3)$*ENDDO
*CFOPEN,RECOM,TXT$*DO,I,1,KSET$TI=TIME(I)$XRI=XR(I)$VRI=VR(I)$ARI=AR(I)
XAI=XA(I)$VAI=VA(I)$AAI=AA(I)$CX=XRI/XAI$CV=VRI/VAI$CA=ARI/AAI
*VWRITE,TI,XRI,XAI,CX,VRI,VAI,CV,ARI,AAI,CA
(F10.6,2E15.6,F10.2,2E15.6,F10.2,2E15.6,F10.2)$*ENDDO$*CFCLOS
!======================================================
```

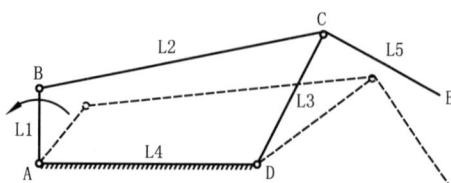

图 14-10　四连杆机构分析

(3)四连杆机构

如图 14-10 所示的四连杆机构,ABCD 形成常规四连杆机构,杆 CE 与 CD 垂直且与杆 BC 刚接。为便于创建模型,以图中实线为初始几何状态,根据几何关系可确定 C 点和 E 点坐标。对于机构运动分析,一般采用 MPC184 各类单元创建模型,而模型的始态可根据情况确定,主要以方便建模为原则。创建模型后,施加约束条件和荷载即可求解,然后根据要求获取各种计算结果,如位移或构形、速度、加速度等。命令流如下。

!==
!EX14.8 四连杆机构(搅拌机)
!定义几何参数、单元类型
FINISH$/CLEAR$/PREP7$L1=1.0$L2=4.0$L3=2.0$L4=3.0$L5=3.0$W=2*ACOS(-1)
ET,1,MPC184,1,1$ET,2,MPC184,6$KEYOPT,2,4,1
!定义节点(注意多为重合节点)
L6=SQRT(L1*L1+L4*L4)$CT1=ACOS(L4/L6)$CT2=ACOS((L6*L6+L3*L3-L2*L2)/(2*L6*L3))
CTA=ACOS(-1)-CT1-CT2$N,1$N,2$N,3,L2$N,4,L2$N,5,L4+L3*COS(CTA),L3*SIN(CTA)
N,6,L4+L3*COS(CTA),L3*SIN(CTA)$N,7,,L1$N,8,,L1
N,9,L4+L3*COS(CTA)+L5*SIN(CTA),L3*SIN(CTA)-L5*COS(CTA)$N,10,L4/2
!创建 MPC184-刚性梁单元、MPC184-销轴连接单元,施加约束和单元荷载
TYPE,1$E,2,10$E,10,3$E,4,5$E,6,7$E,6,9$E,1,8
LOCAL,12$SECTYPE,1,JOINT,REVO$SECJOINT,LSYS,12
TYPE,2$SECNUM,1$E,2,1$E,3,4$E,5,6$E,7,8
CSYS,0$D,10,ALL$DJ,7,ROTZ,W
!求解,制作动画,绘制变形—时间曲线
/SOLU$NLGEOM,ON$OUTRES,ALL,ALL$TIME,1$NSUBST,100,,50
CNVTOL,F,1.0$CNVTOL,M,1.0$SOLVE$FINISH
/POST1$PLNSOL,U,SUM$ANTIME,50,0.1
/POST26$NSOL,2,9,U,X$NSOL,3,9,U,Y$PLVAR,2,3
!==

14.5　MPC184-万向节连接单元

　　MPC184-万向节连接单元有 2 个重合的节点,且有 2 个相对转动自由度,即可在两个方向上发生相对转动,较 MPC184-销轴连接单元多一个相对转动方向,基本可实现"万向转动"连接。万向节在机械中主要传递动力,如传动机构和联轴器等。

14.5.1　输入参数与选项

　　图 14-11 给出了单元几何和节点位置,该单元通过 2 个节点定义,节点 I 和 J 必须重合。节点 I 必须定义局部直角坐标系,而节点 J 的局部直角坐标系是可选的;若未定义节点 J 的局部直角坐标系,则缺省与节点 I 相同。局部坐标轴 e_2 的方向通常与万向节主轴一致,局部直角坐标系方向约定如图 14-11 所示(右手系),且随着相应节点的转动而转动。用命令 LOCAL 预先定义局部坐标系,再通过命令 SECJOINT 定义单元 2 个节点的局部直角坐标系的编号。

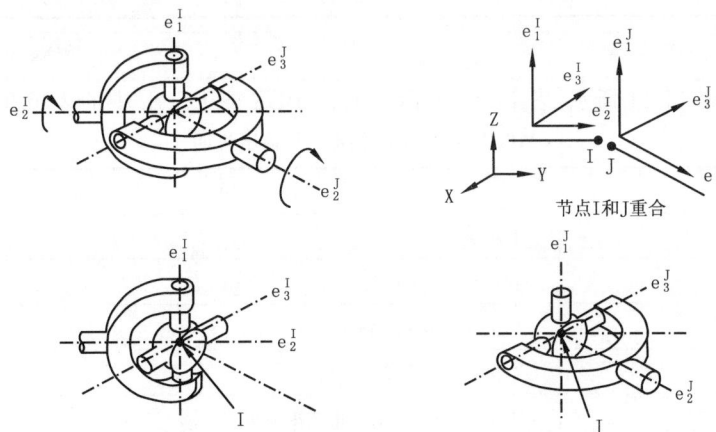

图 14-11　MPC184-万向节连接单元几何

利用该单元 2 个节点上的局部坐标系可较容易地描述运动约束,在任意给定时刻万向节连接单元的运动约束如下:

位移约束

$$u^I = u^J$$

转动约束

$$e_1^I e_3^J = 0$$

式中:u^I、u^J——分别为节点 I 和节点 J 的位移向量。

若轴 e_2^I 和 e_2^J 在开始分析时不在一条直线上,则二者的夹角将保持为该初始值。

节点 I 关于节点 J 的局部坐标系相对位置的第一和第三卡登角分别为:

$$\varphi = -\tan^{-1}\frac{e_2^I e_3^J}{e_3^I e_3^J}, \psi = -\tan^{-1}\frac{e_1^I e_2^J}{e_1^I e_1^J}$$

两局部坐标系相对角的改变为:

$$u_{r4} = \varphi - \varphi_0, u_{r6} = \psi - \psi_0$$

式中:φ_0, ψ_0——分别为两局部坐标系的初始第一卡登角和第三卡登角。

万向节连接的转动定义为:

$$u_{r4}^c = \varphi - \varphi_1^{ref}, u_{r6}^c = \psi - \varphi_3^{ref}$$

式中:$\varphi_1^{ref}, \varphi_3^{ref}$——参考角,即命令 SECDATA 输入的角度 1 和角度 3;若未定义,则分别用 φ_0 和 ψ_0 替代角度 1 和角度 2。

MPC184-万向节连接单元的输入参数与选项如表 14-10 所示。

MPC184-万向节连接单元输入参数与选项　　　　　表 14-10

参数类别	参数及说明
节点	I,J(若有接地节点可仅定义一个节点,而接地节点可为空)
自由度	UX,UY,UZ,ROTX,ROTY,ROTZ
实常数	无
材料属性	用命令 TB 的 JOIN 项定义刚度、阻尼和黏滞摩擦行为
面荷载	无
体荷载	温度 T(I)、T(J)
单元荷载	转动:ROTX,ROTZ;力矩:MX,MZ。 单元荷载通过命令 DJ 和 FJ 施加,且基于局部坐标系
特性	大变形
KEYOPT(1)	7——万向节连接单元

14.5.2　输出数据

单元输出说明如表 14-11 所示,表 14-12 为命令 ETABLE 或 ESOL 中的表项和序号。

MPC184-万向节连接单元输出说明　　　　　表 14-11

名　称	说　明	O	R
EL	单元号	—	Y
NODES	单元节点号 I 和 J	—	Y
FX,FY,FZ	X、Y 和 Z 方向的约束力	—	Y
MY	Y 方向的约束力矩	—	Y
CSTOP4,CSTOP6	DOF4、DOF6 停止时的约束力矩	—	Y
CLOCK4,CLOCK6	DOF4、DOF6 锁定时的约束力矩	—	Y

名　　称	说　　明	O	R
CSST4,CSST6	DOF4、DOF6 停止状态	—	Y
CLST4,CLST6	DOF4、DOF6 锁定状态	—	Y
JRP4,JRP6	万向节连接的 DOF4、DOF6 相对位置	—	Y
JCD4,JCD6	万向节连接的 DOF4、DOF6 转角	—	Y
JEF4,JEF6	万向节连接方向 4 的弹性力矩	—	Y
JDF4,JDF6	万向节连接方向 4、6 的阻尼力矩	—	Y
JFF4,JFF6	万向节连接方向 4、6 的摩擦力矩	—	Y
JRU4,JRU6	万向节连接的 DOF4、DOF6 相对转动	—	Y
JRV4,JRV6	万向节连接的 DOF4、DOF6 相对转动速度	—	Y
JRA4,JRA6	万向节连接的 DOF4、DOF6 相对转动加速度	—	Y
JTEMP	单元平均温度	—	Y

注:停止状态、锁定状态、单元平均温度及 NMISC 项输出与 MPC184-销轴连接单元相同,此处不再列出。

命令 ETABLE 和 ESOL 的表项和序号　　　　　　　　　　　　　　　　表 14-12

名　称	项 Item	E	名　称	项 Item	E	名　称	项 Item	E
FX	SMISC	1	CLST4	SMISC	28	JDF6	SMISC	54
FY	SMISC	2	CSST6	SMISC	24	JFF4	SMISC	58
FZ	SMISC	3	CLST6	SMISC	30	JFF6	SMISC	60
MY	SMISC	5	JRP4	SMISC	34	JRU4	SMISC	64
MZ	SMISC	6	JRP6	SMISC	36	JRU6	SMISC	66
CSTOP4	SMISC	10	JCD4	SMISC	40	JRV4	SMISC	70
CSTOP6	SMISC	12	JCD6	SMISC	42	JRV6	SMISC	72
CLOCK4	SMISC	16	JEF4	SMISC	46	JRA4	SMISC	76
CLOCK6	SMISC	18	JEF6	SMISC	48	JRA6	SMISC	78
CSST4	SMISC	22	JDF4	SMISC	52	JTEMP	SMISC	79

该单元的 NMISC 项编号和注意事项与 MPC184-销轴连接单元相同,此处不再列出。

14.5.3　应用举例

如图 14-12 所示的平面机构,两根水平杆通过两个万向节与一斜杆连为一体,在左端施加转角,为观察转动过程,在每根杆件的中部设置一竖向杆件。设各杆件长度分别为 L1、L2 和 L3,各竖杆长度均为 L0,斜杆与水平线的夹角为 α。对 MPC184-万向节连接单元,建模时应注意局部坐标系的方向,杆件自身轴线为 e_2 轴(局部坐标系的 y 轴)。命令流如下。

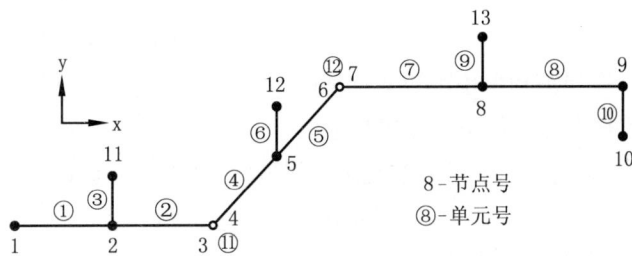

图 14-12　双万向节机构有限元模型

```
!=======================================================
!EX14.9 万向节连接机构的运动分析
!定义几何参数,定义函数计算采用 DEG 格式,定义单元类型等
FINISH$/CLEAR$/PREP7$PI=ACOS(-1)$ * AFUN,DEG$L0=0.5$L1=1.5$L2=2.0$L3=1.8$REF=45
ET,1,MPC184,1,1$ET,2,MPC184,7
!创建节点,注意多组重合节点
N,1$N,2,L1/2$N,3,L1$N,4,L1$N,5,L1+L2 * COS(REF)/2,L2 * SIN(REF)/2$N,6,L1+L2 * COS(REF),2 *
NY(5)
N,7,NX(6),NY(6)$N,8,NX(7)+L3/2,NY(6)$N,9,NX(7)+L3,NY(6)$N,10,NX(9),NY(9)-L0
N,11,NX(2),L0$N,12,NX(5),NY(5)+L0$N,13,NX(8),NY(8)+L0
!创建 MPC184-刚性梁单元
TYPE,1$E,1,2$E,2,3$E,2,11$E,4,5$E,5,6$E,5,12$E,7,8$E,8,9$E,9,10$E,8,13
!定义局部坐标系,定义两个 MPC184-万向节连接单元
LOCAL,11,,,,,-90$LOCAL,12,,,,,-(90-REF)
SECTYPE,1,JOIN,UNIV$SECJOINT,LSYS,11,12$TYPE,2$SECNUM,1$E,3,4
SECTYPE,2,JOIN,UNIV$SECJOINT,LSYS,11,12$SECNUM,2$E,7,6
!施加约束,求解,进入后处理制作动画,绘制各点位移—时间曲线等
D,1,UX,,,,,UY,UZ,ROTY,ROTZ$D,9,UX,,,,,UY,UZ,ROTY,ROTZ$D,1,ROTX,2 * PI
/SOLU$NLGEOM,ON$OUTRES,ALL,ALL$TIME,1$NSUBST,100,,50
CNVTOL,F,1.0$CNVTOL,M,1.0$SOLVE$FINISH
/POST1$PLNSOL,U,SUM$ANTIME,30,0.2
/POST26$NSOL,2,11,U,Y$NSOL,3,10,U,Y$NSOL,4,12,U,Y$PLVAR,2,3,4
NSOL,5,1,ROT,X$NSOL,6,6,ROT,X$PLVAR,5,6
!=======================================================
```

14.6 MPC184-滑槽连接单元

MPC184-滑槽连接单元有 2 个节点,且仅有 1 个相对位移自由度。节点 I 和 J 的转动自由度均各自独立,即 2 个节点的转动自由度无关,可形象地描述为球铰在槽内滑动。

14.6.1 输入参数与选项

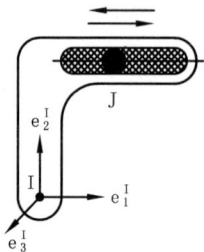

图 14-13 给出了单元几何和节点位置,该单元通过 2 个节点定义。节点 I 必须定义局部直角坐标系,而节点 J 仅能沿着节点 I 的 e_1 轴方向运动,节点 I 的局部坐标系可随节点 I 的转动而改变。用命令 LOCAL 预先定义局部坐标系,再通过命令 SECJOINT 定义单元 2 个节点的局部直角坐标系的编号。

图 14-13 MPC184-滑槽
连接单元几何

该单元的运动约束如图 14-13 所示,在任意给定时刻 3D 滑槽连接单元的运动约束如下:

$$e_2^I \cdot (x^J - x^I) - E_2^I \cdot (X^J - X^I) = 0$$
$$e_3^I \cdot (x^J - x^I) - E_3^I \cdot (X^J - X^I) = 0$$

式中: x^I、x^J——节点 I 和 J 在当前构形中的位置向量;

X^I、X^J——节点 I 和 J 在参考构形中的位置向量。

上述运动约束实质上是强迫节点 J 沿着节点 I 局部坐标系的 e_1 轴运动,e^I 位于当前构形,而 E^I 则在初始构形中定义。

节点 I 和 J 的初始相对位置(初始偏移)按下式计算:

$$u_1 = l - l_0, l = e_1^I \cdot (x^J - x^I), l_0 = E_1^I \cdot (X^J - X^I)$$

滑槽连接的位移按下式计算：

$$u_1^c = 1 - l_1^{ref}$$

式中：l_1^{ref}——参考长度，即命令 SECDATA 中的长度 1；若未定义 l_1^{ref}，则用初始偏移量 u_1 替代。

MPC184-滑槽连接单元的输入参数与选项如表 14-13 所示。

MPC184-滑槽连接单元输入参数与选项 表 14-13

参 数 类 别	参 数 及 说 明
节点	I,J(若有接地节点可仅定义一个节点，而接地节点可为空)
自由度	UX,UY,UZ,ROTX,ROTY,ROTZ
实常数	无
材料属性	用命令 TB 的 JOIN 项定义刚度、阻尼和黏滞摩擦行为
面荷载	无
体荷载	温度 T(I)、T(J)
单元荷载	位移：UX；力：FX。 单元荷载通过命令 DJ 和 FJ 施加，且基于局部坐标系
特性	大变形
KEYOPT(1)	8——滑槽连接单元

14.6.2 输出数据

单元输出说明如表 14-14 所示，表 14-15 为命令 ETABLE 或 ESOL 中的表项和序号。

MPC184-滑槽连接单元输出说明 表 14-14

名 称	说 明	O	R
EL	单元号	—	Y
NODES	单元节点号 I 和 J	—	Y
FY	Y 方向的约束力	—	Y
FZ	Z 方向的约束力	—	Y
CSTOP1	DOF1 定义停止时的约束力	—	Y
CLOCK1	DOF1 定义锁定时的约束力	—	Y
CSST1	DOF1 停止状态[1]	—	Y
CLST1	DOF1 锁定状态[1]	—	Y
JRP1	滑槽连接的相对位置	—	Y
JCD1	滑槽连接的位移	—	Y
JEF1	滑槽连接的弹性力	—	Y
JDF1	滑槽连接的阻尼力	—	Y
JFF1	滑槽连接的摩擦力	—	Y
JRU1	滑槽连接的相对位移	—	Y
JRA1	滑槽连接的相对速度	—	Y
JRV1	滑槽连接的相对加速度	—	Y
JTEMP	单元平均温度[2]	—	Y

注：1. 停止状态和锁定状态同前文。

2. 单元平均温度指用命令 BF 在单元节点上施加温度时，或用命令 BFE 在单元上施加温度时。

3. NMISC 项输出与 MPC184-销轴连接单元相同，此处不再列出。

命令 ETABLE 和 ESOL 的表项和序号 表 14-15

输出量名称	项 Item	E	输出量名称	项 Item	E
FY	SMISC	2	JEF1	SMISC	43
FZ	SMISC	3	JDF1	SMISC	49
CSTOP1	SMISC	7	JFF1	SMISC	55
CLOCK1	SMISC	13	JRU1	SMISC	61
CSST1	SMISC	19	JRV1	SMISC	67
CLST1	SMISC	25	JRA1	SMISC	73
JRP1	SMISC	31	JTEMP	SMISC	79
JCD1	SMISC	37			

该单元的 NMISC 项编号与 MPC184-销轴连接单元相同,此处不再列出。

14.6.3 注意事项

(1)滑槽连接单元的节点上不能施加边界条件,如命令 D 等。

(2)该单元节点的转动自由度均为活动的,当与实体单元连接时应予以适当的约束,但又不能在滑槽连接单元节点上施加边界条件,为避免发生刚体位移,可采用很小刚度的梁或壳单元覆盖在与销轴节点连接的实体单元上。

(3)停止(命令 SECSTOP)和锁定(命令 SECLOCK)仅能用于局部坐标系的 x 轴方向,不能用于其他转动自由度。

(4)若同时定义了停止和锁定,则锁定优先。也就是说,若节点自由度在给定值被锁定,则在后续的分析中一直保持该锁定值。

(5)在非线性分析中,滑槽的相对位移为累加值,为保证正确的累加结果,必须限制荷载子步的大小。

(6)该单元不支持单元生死,不能采用弧长法求解,必须采用稀疏矩阵求解器。

(7)用命令"/PSYMB,ESYS"显示的单元坐标系与该单元坐标系无关。

(8)MPC184-滑槽连接单元与 MPC184-滑块单元有些类似,但节点数目和节点自由度不同,且输入与输出数据相差较大;此处,适用条件有差别,滑槽为连接类单元,而滑块为约束类单元,二者应用限制不同。

14.6.4 应用举例

(1)曲柄滑块机构

在某些情况下,MPC184-滑槽连接单元可以替代 MPC184-滑块单元。同样以图 14-9 为例,创建模型时滑槽单元的 I 节点位于一刚性梁上,并约束该刚性梁,而 J 节点位于滑动端部。本例未采用接地节点,是因为采用接地节点时滑块的速度和加速度误差较大,读者可验证之。命令流如下。

```
!════════════════════════════════════════════════
!EX14.10 曲柄滑块机构(刚性梁+销轴+滑槽)
!定义几何参数、单元类型(刚性梁单元及拉格朗日乘子法、销轴连接单元、滑槽连接单元)
FINISH$/CLEAR$/PREP7$R=1.0$L=4.0$W=2*ACOS(-1)
ET,1,MPC184,1,1$ET,2,MPC184,6$ET,3,MPC184,8$KEYOPT,2,4,1
!定义节点,创建刚性梁单元、销轴单元及滑槽单元,施加荷载等
N,1$N,2,R$N,3,R$N,4,R+L$N,5,R+L+0.1,-R$N,6,R+L,-R
TYPE,1$E,1,2$E,3,4$E,5,6
LOCAL,11$SECTYPE,1,JOINT,REVO$SECJOINT,LSYS,11$TYPE,2$SECNUM,1$E,2,3
LOCAL,12$SECTYPE,2,JOINT,SLOT$SECJOINT,LSYS,12$TYPE,3$SECNUM,2$E,5,4
CSYS,0$D,1,ALL$D,1,ROTZ,2*ACOS(-1)$D,6,ALL
```

!求解并在后处理中制作动画和随时间变化的曲线

/SOLU\$NLGEOM,ON\$OUTRES,ALL,ALL\$TIME,1\$NSUBST,300,,200

CNVTOL,F,1.0\$CNVTOL,M,1.0\$SOLVE\$FINISH

/POST1\$PLNSOL,U,SUM\$ANTIME,50,0.05

/POST26\$NSOL,2,4,U,X\$PLVAR,2\$DERIV,3,2\$PLVAR,3\$DERIV,4,3\$PLVAR,4

!==

（2）在结构分析中用作间隙单元

如图 14-14a)所示的结构,图 14-14b)为隔离体,图 14-14c)为有限元模型,根据初等力学理论可得:

$$P_1 = \frac{P}{2} + \frac{EA\Delta}{2L}, P_2 = \frac{P}{2} - \frac{EA\Delta}{2L}$$

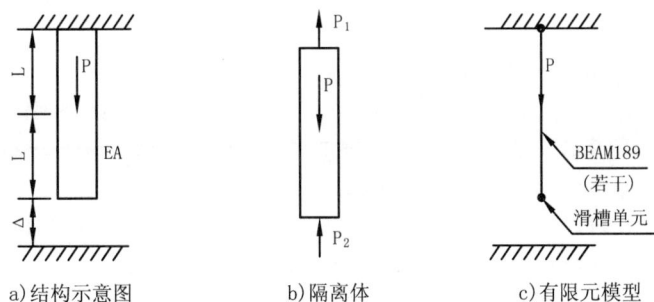

a)结构示意图　　　　b)隔离体　　　　c)有限元模型

图 14-14　MPC184-滑槽连接单元用做间隙

建模时用 BEAM189 单元模拟杆件,而在杆件下端节点创建 MPC184-滑槽连接单元,另一节点为接地节点不做定义,设置该单元的锁定 UX＝Δ。分析结果表明,ANSYS 计算结果与理论解几乎相等,误差不足 1‰。命令流如下。

!==

!EX14.11　在结构分析中用作间隙单元

!定义几何参数、单元类型、梁截面及材料常数等

FINISH\$/CLEAR\$/PREP7\$L＝10.0\$DET＝0.002\$ET,1,BEAM189\$ET,2,MPC184,8

SECTYPE,1,BEAM,CTUBE\$SECDATA,0.01,0.012\$MP,EX,1,7.8E10\$MP,PRXY,1,0.0

!创建几何模型,划分 BEAM189 单元网格,获取几个特殊位置的节点号

K,1\$K,2,,L\$K,3,,2＊L\$L,1,2\$L,2,3\$LATT,1,,1,,,,1\$ESIZE,1\$LMESH,ALL

N1＝NODE(0,0,0)\$N2＝NODE(0,L,0)\$N3＝NODE(0,2＊L,0)

!创建滑槽单元,施加约束和荷载

LOCAL,12,,,,,90\$SECTYPE,2,JOINT,SLOT\$SECJOINT,LSYS,12\$SECLOCK,UX,DET

TYPE,2\$SECNUM,2\$E,1\$D,N3,ALL\$F,N2,FY,－1E4

!求解并进入后处理查看结果

/SOLU\$NLGEOM,ON\$NSUBST,10\$TIME,1\$SOLVE

/POST1\$PLNSOL,U,Y\$PRRSOL\$ETABLE,CLOCK1,SMISC,13\$PRETAB,CLOCK1

!==

（3）正弦机构运动分析

如图 14-15a)所示的正弦机构,在曲柄的作用下,水平杆件右端做往复运动,机构的有限元模型如图 14-15b)所示,其中曲柄和丁字结构用 MPC184-刚性梁模拟;竖杆两端和水平杆右端只能做水平运动,用带接地节点的 MPC184-滑槽连接单元模拟;曲柄端部节点 2 和刚性梁节点 4 位置重合,但与节点 4 无关,用 MPC184-滑块单元模拟,该单元的节点 I 为节点 2,而节点 J 和 K 分别为节点 5 和 3,以保证节点 2 在节点 5 和 3 连线上运动。在曲柄节点 1 施加转角即可实现结构的运动。本例使用了 MPC184-滑槽连接单元和滑块单元,若全部采用 MPC184-滑块单元也可实现,但需再创建描述滑块运动轨迹的刚性梁单元;若全部采用 MPC184-滑槽连接单元则很难实现,读者不妨一试。命令流如下。

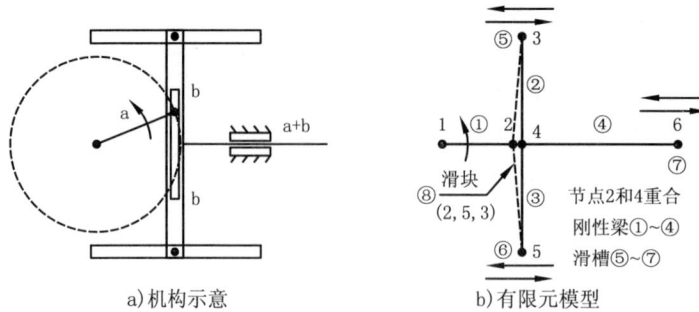

a) 机构示意   b) 有限元模型

图 14-15 正弦机构分析

```
!========================================================================
!EX14.12 正弦机构运动分析
!定义几何参数、单元类型,创建节点和 MPC184-刚性梁单元
FINISH$/CLEAR$/PREP7$A=2.0$B=3.0$ET,1,MPC184,1,1$ET,2,MPC184,8$ET,3,MPC184,3
N,1$N,2,A$N,3,A,B$N,4,A$N,5,A,-B$N,6,A+B$TYPE,1$E,1,2$E,3,4$E,4,5$E,4,6
!创建三个 MPC184-滑槽连接单元,其局部坐标系和相关数据可相同(均采用一个节点定义)
LOCAL,12$SECTYPE,1,JOINT,SLOT$SECJOINT,LSYS,12$TYPE,2$SECNUM,1$E,3$E,5$E,6
!创建 MPC184-滑块单元,注意所采用的节点号;施加约束和荷载
TYPE,3$E,2,5,3$D,1,ALL$D,1,ROTZ,2*ACOS(-1)
!求解后查看结果,制作运动动画及随时间变化的各种曲线
/SOLU$NLGEOM,ON$OUTRES,ALL,ALL$NSUBST,50,,20$SOLVE
/POST1$PLNSOL,U,SUM$ANTIME,30,0.1
/POST26$NSOL,2,6,U,X$PLVAR,2$NSOL,3,1,ROT,Z$PLVAR,3
!========================================================================
```

14.7 MPC184-点面连接单元

MPC184-点面连接单元有 2 个节点,且具有 2 个相对位移自由度,节点 I 和 J 的另外一个位移自由度相等;而转动自由度均各自独立,即不考虑也不控制相对转动自由度。

14.7.1 输入参数与选项

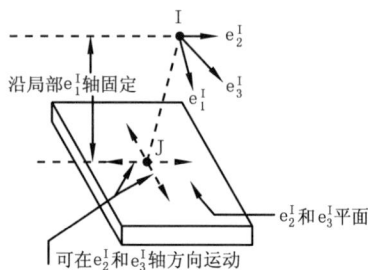

图 14-16 MPC184-点面连接单元几何

图 14-16 给出了单元几何和节点位置,该单元通过 2 个节点定义。节点 I 必须定义局部直角坐标系,节点 J 可在 $e_2^I e_3^I$ 平面上运动,但包含节点 J 的平面与节点 I 的垂直距离保持不变。节点 I 的局部坐标系可随节点 I 的转动而改变。通过命令 SEC-JOINT 定义节点局部直角坐标系的编号。

该单元的运动约束如图 14-16 所示,在任意给定时刻点面连接单元的运动约束如下:

$$e_1^I \cdot (x^J - x^I) - E_1^I \cdot (X^J - X^I) = 0$$

式中:x^I, x^J——节点 I 和 J 在当前构形中的位置向量;

X^I, X^J——节点 I 和 J 在参考构形中的位置向量。e^I 位于当前构形,而 E^I 则在初始构形中定义。

节点 I 和 J 的初始相对位置变化按下式计算:

$$u_2 = e_2^I \cdot (x^J - x^I) - E_2^I (X^J - X^I)$$
$$u_3 = e_3^I \cdot (x^J - x^I) - E_3^I (X^J - X^I)$$

点面连接的位移按下式计算:

$$u_2^c = e_2^I \cdot (x^J - x^I) - l_2^{ref}$$
$$u_3^c = e_3^I \cdot (x^J - x^I) - l_3^{ref}$$

式中：l_2^{ref} 和 l_3^{ref}——参考长度，即命令 SECDATA 中的长度 2 和长度 3；若未定义 l_2^{ref} 和 l_3^{ref}，则分别用初始偏移量 u_2 和 u_3 替代。

MPC184-点面连接单元的输入参数与选项如表 14-16 所示。

MPC184-点面连接单元输入参数与选项　　　　　　　　　　表 14-16

参　数　类　别	参　数　及　说　明
节点	I,J(若有接地节点可仅定义一个节点,而接地节点可为空)
自由度	UX,UY,UZ,ROTX,ROTY,ROTZ
实常数	无
材料属性	用命令 TB 的 JOIN 项定义刚度、阻尼和粘滞摩擦行为
面荷载	无
体荷载	温度 T(I)、T(J)
单元荷载	无
特性	大变形
KEYOPT(1)	9——滑槽连接单元

14.7.2　输出数据

单元输出说明如表 14-17 所示，表 14-18 为命令 ETABLE 或 ESOL 中的表项和序号。

MPC184-点面连接单元输出说明　　　　　　　　　　表 14-17

名　　称	说　　明	O	R
EL	单元号	—	Y
NODES	单元节点号 I 和 J	—	Y
FX	X 方向的约束力	—	Y
CSTOP2,CSTOP3	DOF2、DOF3 停止时的约束力		Y
CLOCK2,CLOCK3	DOF2、DOF3 锁定时的约束力		Y
CSST2,CSST3	DOF2、DOF3 停止状态		Y
CLST2,CLST3	DOF2、DOF3 锁定状态		Y
JRP2,JRP3	点面连接的 DOF2、DOF3 相对位置	—	Y
JCD2,JCD3	点面连接的 DOF2、DOF3 位移	—	Y
JEF2,JEF3	点面连接方向 2、3 的弹性力	—	Y
JDF2,JDF3	点面连接方向 2、3 的阻尼力	—	Y
JFF2,JFF3	点面连接方向 2、3 的摩擦力	—	Y
JRU2,JRU3	点面连接方向 2、3 的相对位移	—	Y
JRV2,JRV3	点面连接方向 2、3 的相对速度	—	Y
JRA2,JRA3	点面连接方向 2、3 的相对加速度	—	Y
JTEMP	单元平均温度	—	Y

注：停止状态、锁定状态、单元平均温度及 NMISC 项输出与 MPC184-销轴连接单元相同。

命令 ETABLE 和 ESOL 的表项和序号 表 14-18

名 称	项 Item	E	名 称	项 Item	E	名 称	项 Item	E
FX	SMISC	1	JRP2	SMISC	32	JFF3	SMISC	57
CSTOP2	SMISC	8	JRP3	SMISC	33	JRU2	SMISC	62
CSTOP3	SMISC	9	JCD2	SMISC	38	JRU3	SMISC	63
CLOCK2	SMISC	14	JCD3	SMISC	39	JRV2	SMISC	68
CLOCK3	SMISC	15	JEF2	SMISC	44	JRV3	SMISC	69
CSST2	SMISC	20	JEF3	SMISC	45	JRA2	SMISC	74
CLST2	SMISC	26	JDF2	SMISC	50	JRA3	SMISC	75
CSST3	SMISC	21	JDF3	SMISC	51	JTEMP	SMISC	79
CLST3	SMISC	27	JFF2	SMISC	56			

该单元的 NMISC 项编号与 MPC184-销轴连接单元相同,注意事项与 MPC184-滑槽连接单元基本相同,此处不再列出。但注意该单元转动自由度不做控制,当节点 I 局部坐标系旋转时可能导致无法预测的结果。

14.7.3 应用举例

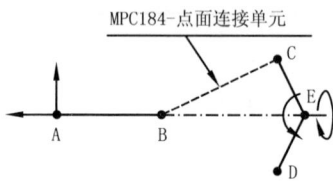

图 14-17 MPC184-点面连接单元示例

如图 14-17 所示的结构,AB、CE 和 ED 为刚性梁,A 点沿着图中箭头方向运动,CED 杆件同时绕两个方向转动,在运动过程中 B 和 C 点无相对水平位移,因此可采用 MPC184-点面连接单元模拟 B 和 C 点的几何关系,即只需保证它们无相对水平位移即可,而不必考虑 C 点在其他方向的位移如何。命令流如下。

```
!========================================
!EX14.13 MPC184-点面连接单元示例
FINISH$/CLEAR$/PREP7$A=2.0$ET,1,MPC184,1,1$ET,2,MPC184,9
N,1$N,2,A$N,3,3 * A$N,4,2.5 * A,A$N,5,2.5 * A,-A$TYPE,1$E,1,2$E,3,4$E,3,5
LOCAL,12$SECTYPE,1,JOINT,PINP$SECJOINT,LSYS,12$TYPE,2$SECNUM,1$E,2,4
D,1,ALL$D,1,UY,2 * A$D,1,UX,-3 * A$D,3,ROTZ,3 * ACOS(-1)$D,3,ROTX,4 * ACOS(-1)
/SOLU$NLGEOM,ON$OUTRES,ALL,ALL$NSUBST,100,,50$SOLVE
/POST1$PLNSOL,U,SUM$ANTIME,30,0.1
/POST26$NSOL,2,2,U,X$NSOL,3,4,U,X$PLVAR,2,3          !说明节点 I 和 J 的 E1 方向无相对位移
NSOL,4,4,U,Y$NSOL,5,4,U,Z$PLVAR,3,4,5
!========================================
```

14.8 MPC184-平移连接单元

MPC184-平移连接单元有 2 个节点,且仅有 1 个相对位移自由度,节点 I 和 J 的其余自由度相等,即无其他相对自由度,可形象地描述为 J 构件沿着矩形轨道平移。

14.8.1 输入参数与选项

图 14-18 给出了单元几何和节点位置,该单元通过 2 个节点定义。节点 I 必须定义局部直角坐标系,而节点 J 的局部坐标系定义是可选的,节点 J 只能沿着节点 I 局部坐标系的 e_1 轴运动。节点 I 的局部坐标系可随节点 I 的转动而改变。

该单元的运动约束如图 14-18 所示,在任意给定时刻平移连接单元的运动约束如下:

$$e_2^I \cdot (x^J - x^I) - E_2^I \cdot (X^J - X^I) = 0$$

$$e_3^I \cdot (x^J - x^I) - E_3^I \cdot (X^J - X^I) = 0$$

$$e_1^I \cdot e_2^J - E_1^I \cdot E_2^J = 0$$

$$e_2^I \cdot e_3^J - E_2^I \cdot E_3^J = 0$$

$$e_1^I \cdot e_3^J - E_1^I \cdot E_3^J = 0$$

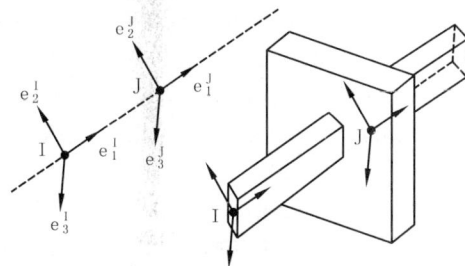

图 14-18　MPC184-平移连接单元几何

式中：x^I、x^J——节点 I 和 J 在当前构形中的位置向量；

$\quad\quad$ X^I、X^J——节点 I 和 J 在参考构形中的位置向量。e^I 位于当前构形，而 E^I 则在初始构形中定义。

节点 I 和 J 的相对位置变化按下式计算：

$$u_1 = e_1^I \cdot (x^J - x^I) - E_1^I (X^J - X^I)$$

平移连接的位移按下式计算：

$$u_1^c = e_1^I \cdot (x^J - x^I) - l_1^{ref}$$

式中：l_1^{ref}——参考长度，即命令 SECDATA 中的长度 1；若未定义 l_1^{ref}，则用初始偏移量 u_1 替代。

MPC184-平移连接单元的输入参数与选项如表 14-19 所示。

MPC184-平移连接单元输入参数与选项　　　　　　　　　　　表 14-19

参 数 类 别	参 数 及 说 明
节点	I,J(若有接地节点可仅定义一个节点，而接地节点可为空)
自由度	UX,UY,UZ,ROTX,ROTY,ROTZ
实常数	无
材料属性	用命令 TB 的 JOIN 项定义刚度、阻尼和黏滞摩擦行为
面荷载	无
体荷载	温度 T(I)、T(J)
单元荷载	无
特性	大变形
KEYOPT(1)	10——平移连接单元

14.8.2　输出数据及注意事项

该单元增加了 3 个方向的约束力矩，其余与 MPC184-滑槽连接单元相同，使用注意事项也相同。MPC184-滑槽连接单元可施加单元荷载，但 MPC184-平移连接单元则不能施加单元荷载；前者 2 个节点的转动自由度各自独立，但后者 2 个节点的转动自由度是相等的，即无相对转动自由度，也就是说，前者可转动着沿某方向滑动，而后者不可转动着沿某方向滑动。

14.8.3　应用举例

（1）MPC184-平移连接单元和滑槽单元的比较一

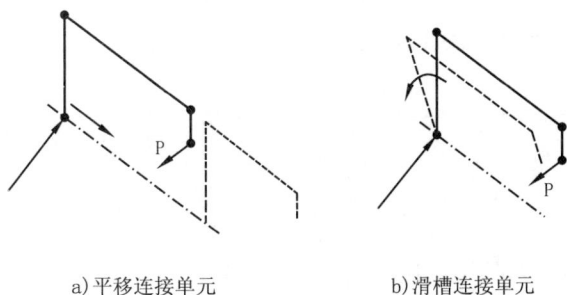

a)平移连接单元　　　　b)滑槽连接单元

图 14-19　MPC184-平移连接和滑槽单元的比较

如图 14-19 所示由刚性梁组成的平面结构，承受平面外的作用力且沿着图中所示方向移动。显然应该采用 MPC184-平移连接单元，且因该单元可承受各方向力矩，故不需额外约束（假定都采用了接地节点）；而若采用 MPC184-滑槽连接单元，因其节点可自由转动，在不施加额外约束的情况下，会发生图中所示的由自由转动导致转角过大而无法求解的情况（可变体系）。采用 MPC184-平移单连接元时的命令流如下。

!══

!EX14.14 MPC184-平移连接单元与滑移连接单元的比较一

!定义单元类型,创建节点,创建 MPC184-刚性梁单元和 MPC184-平移连接单元

FINISH$/CLEAR$/PREP7$ET,1,MPC184,1,1$ET,2,MPC184,10

N,1$N,2,,1.0$N,3,2.0,1.0$N,4,2.0,0.5

TYPE,1$E,1,2$E,2,3$E,3,4

LOCAL,11$SECTYPE,1,JOINT,PRIS$SECJOINT,LSYS,11$TYPE,2$SECNUM,1$E,1

!施加荷载和约束位移,仅施加了 UX 方向的约束位移

D,4,UX,1.5$F,4,FZ,1E3

!求解后制作变形动画,查看其他结果。注意 MY 的数值是节点 I 相对 J 的约束力矩

/SOLU$NLGEOM,ON$OUTRES,ALL,ALL$NSUBST,100,,50$SOLVE

/POST1$PLNSOL,U,SUM$ANTIME,30,0.1

ESEL,S,TYPE,,2$ETABLE,FY,SMISC,2$ETABLE,FZ,SMISC,3$ETABLE,MX,SMISC,4

ETABLE,MY,SMISC,5$ETABLE,MZ,SMISC,6$PRETAB,FY,FZ,MX,MY,MZ

!══

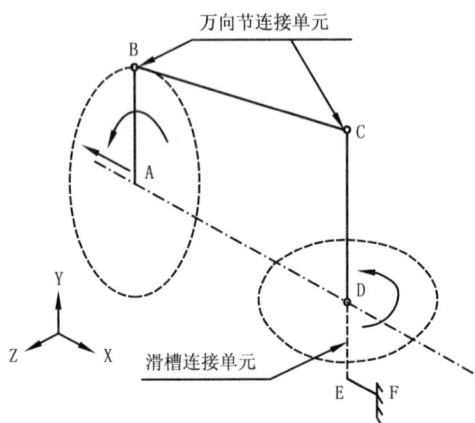

图 14-20 MPC184-平移连接和滑槽单元的比较二

(2)MPC184-平移连接单元和滑槽单元的比较二

有些情况下必须转动着沿某方向移动,这时就需采用 MPC184-滑槽连接单元。如图 14-20 所示的机构(类似清洁车扫路机构),曲柄 AB 在 YZ 平面内转动并沿 X 轴方向滑动,杆件 AB、BC 和 CD 通过两个万向节连接,D 点伸出一小悬臂,要求 D 点也沿着 X 方向滑动。由于 CD 杆件是转动的,显然不能用 MPC184-平移连接单元模拟,而需采用 MPC184-滑槽单元,杆件 EF 完全是为定义滑槽单元的节点 I 而设。命令流如下。

!══

!EX14.15 MPC184-平移连接单元和滑槽连接单元的比较二

!定义单元类型,创建节点,创建 MPC184-刚性梁单元等

FINISH$/CLEAR$/PREP7$R=2.0$A=6.0$B=2.5$C=1.5$ET,1,MPC184,1,1$ET,2,MPC184,8$ET,3,MPC184,7

N,1$N,2,,R$N,3,,,R$N,4,A,B$N,5,A,B$N,6,A$N,7,A+C$N,8,A,-0.1$N,9,A+0.1,-0.1

TYPE,1$E,1,2$E,3,4$E,5,6$E,6,7$E,8,9

!创建 MPC184-滑槽连接单元

LOCAL,12$SECTYPE,1,JOINT,SLOT$SECJOINT,LSYS,12$TYPE,2$SECNUM,1$E,8,6

!创建 MPC184-万向节连接单元和两个滑槽单元

REF=ATAN(0.5*R/A)/ACOS(-1)*180$LOCAL,13,,,,,,-(90+REF)

SECTYPE,2,JOINT,UNIV$SECJOINT,LSYS,12,13$TYPE,3$SECNUM,2$E,2,3

SECTYPE,3,JOINT,UNIV$SECJOINT,LSYS,13,12$SECNUM,3$E,4,5

!施加约束和荷载,求解并进入后处理

D,1,ALL$D,9,ALL$D,1,UX,-R$D,1,ROTX,2*ACOS(-1)

/SOLU$NLGEOM,ON$OUTRES,ALL,ALL$NSUBST,100,,50$SOLVE

/POST1$PLNSOL,U,SUM$ANTIME,30,0.1

/POST26$NSOL,2,6,U,X$NSOL,3,6,U,Y$NSOL,4,6,U,Z$PLVAR,2,3,4

NSOL,5,7,U,X$NSOL,6,7,U,Y$NSOL,7,7,U,Z$NSOL,8,7,ROT,Y$NSOL,9,2,ROT,X$PLVAR,5,6,7,8,9

!══

(3)牛头刨机构运动分析

如图 14-21 所示的牛头刨机构,刨头部分采用 MPC184-平移连接单元模拟,当然也可采用其他有滑动功能的单元模拟,如滑槽、滑块等。该机构的关键是定义两个 MPC184-滑块单元,如图 14-21b)中虚线分别连接的 3 个节点;MPC184-销轴连接单元和平移连接单元均利用了接地节点,即这些单元均用一个节点定义。创建模型时,将模型置于竖向对称位置以方便创建节点,图中偏离对称线模型仅为说明节点和单元的关系,因此在创建节点和单元时应予以注意,否则可能引起混淆。命令流如下。

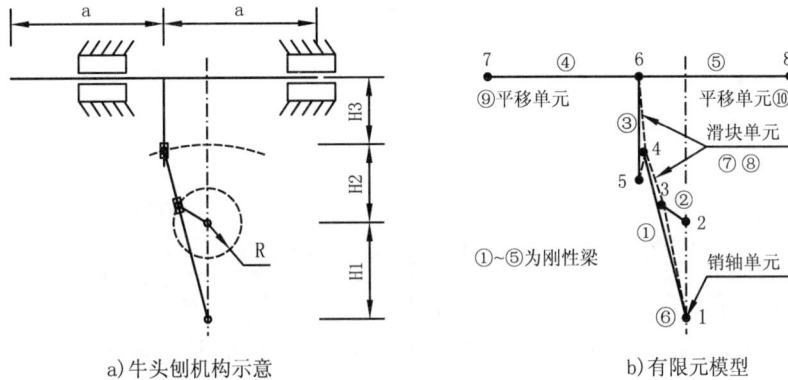

a)牛头刨机构示意　　　　　　　　　b)有限元模型

图 14-21　牛头刨机构运动分析

```
!======================================
!EX14.16 牛头刨机构运动分析
!定义几何参数,定义 MPC184 的 4 种单元类型,创建节点和 MPC184-刚性梁单元
FINISH$/CLEAR$/PREP7$R=1.0$H1=3.0$H2=3.5$H3=2.5$H=H1+H2+H3$A=2.0
ET,1,MPC184,1,1$ET,2,MPC184,3$ET,3,MPC184,6$ET,4,MPC184,10
N,1$N,2,,H1$N,3,,H1+R$N,4,,H1+H2$N,5,,H-H3-1.0$N,6,,H$N,7,-A,H$N,8,A,H
TYPE,1$E,1,4$E,2,3$E,5,6$E,6,7$E,6,8
!创建 MPC184-销轴连接单元
LOCAL,12,,,,,,,90$SECTYPE,1,JOINT,REVO$SECJOINT,LSYS,12$TYPE,3$SECNUM,1$E,1
!创建 MPC184-滑块单元
TYPE,2$E,3,1,4$E,4,5,6
!创建 MPC184-平移连接单元
LOCAL,13$SECTYPE,2,JOINT,PRIS$SECJOINT,LSYS,13$TYPE,4$SECNUM,2$E,7
!施加约束和荷载,求解,进入后处理制作变形动画和绘制时间—变形曲线
D,2,ALL$D,2,ROTZ,2*ACOS(-1)
/SOLU$NLGEOM,ON$OUTRES,ALL,ALL$NSUBST,100,,50$SOLVE
/POST1$PLNSOL,U,SUM$ANTIME,30,0.1
/POST26$NSOL,2,7,U,X$PLVAR,2$DERIV,3,2$PLVAR,3$DERIV,4,3$PLVAR,4
!======================================
```

14.9　MPC184-圆柱连接单元

MPC184-圆柱连接单元有 2 个节点,且具有 1 个相对位移自由度和 1 个相对转动自由度(绕圆柱或转轴),节点 I 和 J 的其余自由度相等,即无其他相对自由度,可形象地描述为 J 构件绕着圆柱转动并沿轴线平移。

14.9.1　输入参数与选项

图 14-22 给出了单元几何和节点位置,该单元通过 2 个节点定义。KEYOPT(1)=11 用于定义为 MPC184 的圆柱连接单元;KEYOPT(4)=0 时,为 x 轴圆柱连接单元,即 e_1 轴为圆柱轴或转轴,同时可

沿该轴平移;KEYOPT(4)=1 时,为 z 轴圆柱连接单元,即 e_3 轴为圆柱轴或转轴,也可沿该轴平移。节点 I 必须定义局部直角坐标系,而节点 J 局部坐标系的定义是可选的,节点 I 和 J 的局部坐标系均可随相应节点的转动而改变。

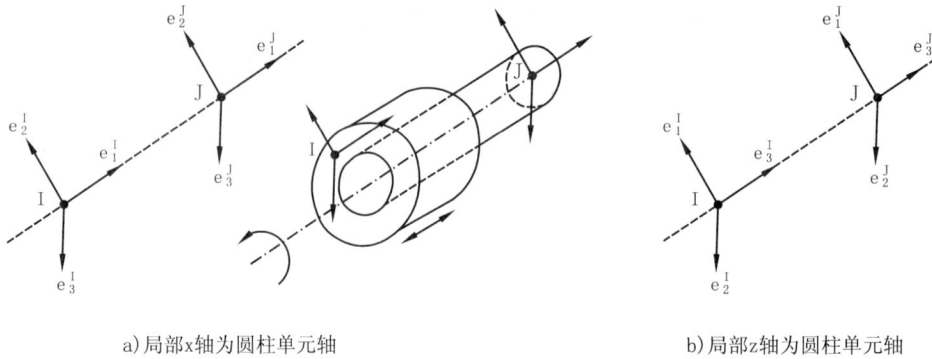

a)局部x轴为圆柱单元轴   b)局部z轴为圆柱单元轴

图 14-22   MPC184-圆柱连接单元几何

以局部坐标轴 e_1 为圆柱轴或转轴时,圆柱连接单元的运动约束描述如下,而以局部坐标轴 e_3 为转轴时类同。设节点 I 和节点 J 各自定义了局部直角坐标系,则在任意给定时刻的运动约束为:

$$e_2^I \cdot (x^J - x^I) - E_2^I \cdot (X^J - X^I) = 0$$
$$e_3^I \cdot (x^J - x^I) - E_3^I \cdot (X^J - X^I) = 0$$
$$e_1^I \cdot e_2^J - E_1^I \cdot E_2^J = 0$$
$$e_1^I \cdot e_3^J - E_1^I \cdot E_3^J = 0$$

式中:x^I、x^J——节点 I 和 J 在当前构形中的位置向量;

X^I、X^J——节点 I 和 J 在参考构形中的位置向量。e^I 位于当前构形,而 E^I 则在初始构形中定义。

节点 I 和 J 的相对位置按下式计算:

$$u_1 = l - l_0, l = e_1^I \cdot (x^J - x^I), l_0 = E_1^I \cdot (X^J - X^I)$$

节点 I 和 J 的相对转动按下式计算:

$$\varphi = -\tan^{-1} \frac{e_2^I e_3^J}{e_3^I e_3^J}$$

两局部坐标系相对角的改变为:

$$u_r = \varphi - \varphi_0 + m\pi$$

式中:φ_0——两局部坐标系的初始夹角;

    m——考虑绕圆柱轴转动角度的整数。

圆柱连接的位移按下式计算:

$$u_1^c = e_1^I \cdot (x^J - x^I) - l_1^{ref}$$

式中:l_1^{ref}——参考长度,即命令 SECDATA 中的长度 1。

圆柱连接的转动定义为:

$$u_{r4}^c = \varphi + m\pi - \varphi_1^{ref}$$

式中:φ_1^{ref}——参考角,即命令 SECDATA 输入的角度 1;若未定义,则用 φ_0 替代。

MPC184-圆柱连接单元的输入参数与选项如表 14-20 所示。

MPC184-圆柱连接单元输入参数与选项   表 14-20

参 数 类 别	参 数 及 说 明
节点	I,J(若有接地节点可仅定义一个节点,而接地节点可为空)
自由度	UX,UY,UZ,ROTX,ROTY,ROTZ
实常数	无

续上表

参数类别	参 数 及 说 明
材料属性	用命令 TB 的 JOIN 项定义刚度、阻尼和黏滞摩擦行为
面荷载	无
体荷载	温度 T(I)、T(J)
单元荷载	位移和转角：当 KEYOPT(4)＝0 时为 UX,ROTX；当 KEYOPT(4)＝1 时为 UZ,ROTZ。 速度：当 KEYOPT(4)＝0 时为 VELX,OMGX；当 KEYOPT(4)＝1 时为 VELZ,OMGZ。 加速度：当 KEYOPT(4)＝0 时为 ACCX,DMGX；当 KEYOPT(4)＝1 时为 ACCZ,DMGZ。 力和力矩：当 KEYOPT(4)＝0 时为 FX,MX；当 KEYOPT(4)＝1 时为 FZ,MZ。 单元荷载通过命令 DJ 和 FJ 施加，且基于局部坐标系
特性	大变形
KEYOPT(1)	11——圆柱连接单元
KEYOPT(4)	单元构形： 0——用局部坐标轴 1 为转轴的 x 轴圆柱连接；1——用局部坐标轴 3 为转轴的 z 轴圆柱连接

14.9.2　输出数据

单元输出说明如表 14-21 所示，表 14-22 为命令 ETABLE 或 ESOL 中的表项和序号。

MPC184-圆柱连接单元输出说明　　　　　　　　表 14-21

名　称	说　明	O	R
KEYOPT(4)＝0 时的 x 轴圆柱连接			
EL	单元号		Y
NODES	单元节点号 I 和 J	—	Y
FY,FZ	Y、Z 方向的约束力	—	Y
MY,MZ	Y、Z 方向的约束力矩	—	Y
CSTOP1,CSTOP4	DOF1、DOF4 停止时的约束力	—	Y
CLOCK1,CLOCK4	DOF1、DOF4 锁定时的约束力	—	Y
CSST1,CSST4	DOF1、DOF4 停止状态	—	Y
CLST1,CLST4	DOF1、DOF4 锁定状态	—	Y
JRP1,JRP4	圆柱连接的 DOF1、DOF4 相对位置	—	Y
JCD1,JCD4	圆柱连接的 DOF1 位移、DOF4 转角	—	Y
JEF1,JEF4	圆柱连接方向 1 弹性力、方向 4 弹性力矩	—	Y
JDF1,JDF4	圆柱连接方向 1 阻尼力、方向 4 阻尼力矩	—	Y
JFF1,JFF4	圆柱连接方向 1 摩擦力、方向 4 摩擦力矩	—	Y
JRU1,JRU4	圆柱连接 DOF1 相对位移、DOF4 相对转动	—	Y
JRV1,JRV4	连接的 DOF1 相对速度、DOF4 相对角速度	—	Y
JRA1,JRA4	连接的 DOF1 相对加速度、DOF4 相对角加速度	—	Y
JTEMP	单元平均温度	—	Y
KEYOPT(4)＝1 时的 z 轴圆柱连接			
与上述基本相同，但需将 DOF1 和 DOF4 分别更换为 DOF3 和 DOF6。其余内容与 MPC184-销轴连接单元相同			

命令 **ETABLE** 和 **ESOL** 的表项和序号   表 14-22

名　称	项 Item	E	名　称	项 Item	E	名　称	项 Item	E
x 轴圆柱连接单元[KEYOPT(4)＝0]								
FY	SMISC	2	CLST1	SMISC	25	JFF1	SMISC	55
FZ	SMISC	3	CLST4	SMISC	28	JFF4	SMISC	58
MY	SMISC	5	JRP1	SMISC	31	JRU1	SMISC	61
MZ	SMISC	6	JRP4	SMISC	34	JRU4	SMISC	64
CSTOP1	SMISC	7	JCD1	SMISC	37	JRV1	SMISC	67
CSTOP4	SMISC	10	JCD4	SMISC	40	JRV4	SMISC	70
CLOCK1	SMISC	13	JEF1	SMISC	43	JRA1	SMISC	73
CLOCK4	SMISC	16	JEF4	SMISC	46	JRA4	SMISC	76
CSST1	SMISC	19	JDF1	SMISC	49	JTEMP	SMISC	79
CSST4	SMISC	22	JDF4	SMISC	52			
z 轴圆柱连接单元[KEYOPT(4)＝1]								
FX	SMISC	1	CLST3	SMISC	27	JFF3	SMISC	57
FY	SMISC	2	CLST6	SMISC	30	JFF6	SMISC	60
MX	SMISC	4	JRP3	SMISC	33	JRU3	SMISC	63
MY	SMISC	5	JRP6	SMISC	36	JRU6	SMISC	66
CSTOP3	SMISC	9	JCD3	SMISC	39	JRV3	SMISC	69
CSTOP6	SMISC	12	JCD6	SMISC	42	JRV6	SMISC	72
CLOCK3	SMISC	15	JEF3	SMISC	45	JRA3	SMISC	75
CLOCK6	SMISC	18	JEF6	SMISC	48	JRA6	SMISC	78
CSST3	SMISC	21	JDF3	SMISC	51	JTEMP	SMISC	79
CSST6	SMISC	24	JDF6	SMISC	54			

该单元的 NMISC 项编号和注意事项与 MPC184-滑槽单元相同,此处不再列出。

14.9.3　应用举例

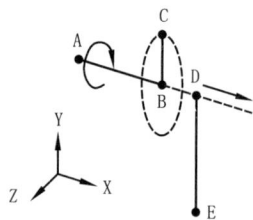

图 14-23　螺杆机构

如图 14-23 所示的螺杆机构,杆 AB 绕自身轴转动(杆 BC 显示转动效果),同时推进杆 DE 沿 AB 方向移动。用 MPC184-刚性梁单元模拟杆 AB、BC 和 DE,而杆 BD 采用 MPC814-圆柱连接单元模拟(单元的节点 I 转动而节点 J 移动),点 E 采用 MPC184-平移连接单元模拟(带接地节点)。利用该单元可施加荷载的功能,分别施加转动和移动,同时对两个节点相连的构件施加不同的约束,从而实现类似螺杆机构的运动分析。命令流如下。

```
!═══════════════════════════════════════════
!EX14.17 MPC184-螺杆机构运动分析
!定义几何参数、单元类型,创建节点和 MPC184-刚性梁单元
FINISH$/CLEAR$/PREP7$A=0.2$LJ=0.5$LW=2*ACOS(-1)
ET,1,MPC184,1,1$ET,2,MPC184,11$ET,3,MPC184,10
N,1$N,2,A$N,3,A+0.1*LJ$N,4,A+0.1*LJ,-A$N,5,A,A/2$TYPE,1$E,1,2$E,3,4$E,2,5
!创建 MPC184-圆柱连接单元和 MPC184-平移连接单元
LOCAL,12$SECTYPE,1,JOINT,CYLI$SECJOINT,LSYS,12$TYPE,2$SECNUM,1$E,2,3
```

＊GET,ECYLI,ELEM,,NUM,MAX

LOCAL,13\$SECTYPE,2,JOINT,PRIS\$SECJOINT,LSYS,13\$TYPE,3\$SECNUM,2\$E,4

!施加约束和单元荷载(转动一圈,移动一个螺距),求解

D,1,UX,,,,,,UY,UZ,ROTY,ROTZ\$DJ,ECYLI,ROTX,LW\$DJ,ECYLI,UX,LJ

/SOLU\$TIME,1\$NLGEOM,ON\$OUTRES,ALL,ALL\$NSUBST,100,,50\$SOLVE

!后处理

/POST1\$PLNSOL,U,SUM\$ANTIME,30,0.1

/POST26\$NSOL,2,3,U,X\$PLVAR,2\$NSOL,3,1,ROT,X\$PLVAR,3

!═══

14.10　MPC184-面连接单元

MPC184-面连接单元有 2 个节点,且具有 2 个相对位移自由度和 1 个相对转动自由度,节点 I 和 J 的其余自由度相等,即无其他相对自由度,可形象地描述为该连接绕着某个轴转动并可在另外两个轴形成的平面内移动,且保持沿转轴的距离不变。

14.10.1　输入参数与选项

图 14-24 给出了单元几何和节点位置,该单元通过 2 个节点定义。KEYOPT(1)=12 用于定义为 MPC184 的面连接单元;KEYOPT(4)=0 时,为 x 轴面连接单元,即 e_1 轴为转动轴且沿该轴的距离保持不变,同时可在另外两轴的平面内移动;KEYOPT(4)=1 时,为 z 轴面连接单元,即 e_3 轴为转动轴且沿该轴的距离保持不变,同时也可在另外两轴的平面内移。节点 I 必须定义局部直角坐标系,而节点 J 的局部坐标系定义是可选的,节点 I 和 J 的局部坐标系均可随相应节点的转动而改变。

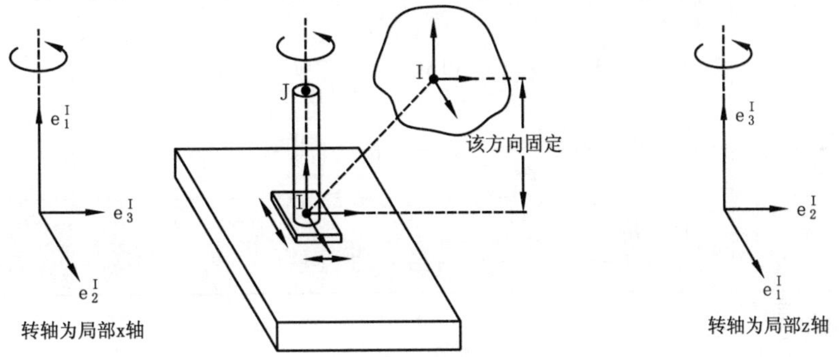

图 14-24　MPC184-面连接单元几何

以局部坐标轴 e_1 为转动轴时,面连接单元运动约束描述如下,而以局部坐标轴 e_3 为转动轴时类同。设节点 I 和节点 J 各自定义了局部直角坐标系,在任意给定时刻的运动约束为:

$$e_1^I \cdot (x^J - x^I) - E_1^I \cdot (X^J - X^I) = 0$$

$$e_1^I \cdot e_2^J - E_1^I \cdot E_2^J = 0$$

$$e_1^I \cdot e_3^J - E_1^I \cdot E_3^J = 0$$

式中:x^I、x^J——节点 I 和 J 在当前构形中的位置向量;

X^I、X^J——节点 I 和 J 在参考构形中的位置向量。e^I 位于当前构形,而 E^I 则在初始构形中定义。

节点 I 和 J 的相对位置按下式计算:

$$u_2 = e_2^I \cdot (x^J - x^I) - E_2^I (X^J - X^I)$$

$$u_3 = e_3^I \cdot (x^J - x^I) - E_3^I (X^J - X^I)$$

两局部坐标系相对角的改变为:

$$u_r = \varphi - \varphi_0 + m\pi$$

面连接的位移按下式计算：

$$u_2^c = e_2^I \cdot (x^J - x^I) - l_2^{ref}$$
$$u_3^c = e_3^I \cdot (x^J - x^I) - l_3^{ref}$$

式中：l_2^{ref}、l_3^{ref}——参考长度，即命令 SECDATA 中的长度 2 和长度 3。

面连接的转动按下式计算：

$$u_{r4}^c = \varphi + m\pi - \varphi_1^{ref}$$

式中：φ_1^{ref}——参考角，即命令 SECDATA 输入的角度 1；若未定义，则用 φ_0 替代。

MPC184-面连接单元的输入参数与选项如表 14-23 所示。

MPC184-面连接单元输入参数与选项 表 14-23

参数类别	参数及说明
节点	I,J(若有接地节点可仅定义一个节点,而接地节点可为空)
自由度	UX,UY,UZ,ROTX,ROTY,ROTZ
实常数	无
材料属性	用命令 TB 的 JOIN 项定义刚度、阻尼和黏滞摩擦行为
面荷载	无
体荷载	温度 T(I)、T(J)
单元荷载	位移和转角：当 KEYOPT(4)＝0 时为 UY,UZ,ROTX;当 KEYOPT(4)＝1 时为 UX,UY,ROTZ。 速度：当 KEYOPT(4)＝0 时为 VELY,VELZ,OMGX;当 KEYOPT(4)＝1 时为 VELX,VELY, OMGZ。 加速度：当 KEYOPT(4)＝0 时为 ACCY,ACCZ,DMGX;当 KEYOPT(4)＝1 时为 ACCX,ACCY, DMGZ。 单元荷载通过命令 DJ 和 FJ 施加,且基于局部坐标系
特性	大变形
KEYOPT(1)	12——面连接单元
KEYOPT(4)	单元构形： 0——用局部坐标轴 1 为转轴的 x 轴面连接;1——用局部坐标轴 3 为转轴的 z 轴面连接

14.10.2 输出数据

单元输出说明如表 14-24 所示,表 14-25 为命令 ETABLE 或 ESOL 中的表项和序号。

MPC184-面连接单元输出说明 表 14-24

名称	说明	O	R
KEYOPT(4)＝0 时的 x 轴面连接			
EL	单元号	—	Y
NODES	单元节点号 I 和 J	—	Y
FX	X 方向的约束力	—	Y
MY	Y 方向的约束力矩	—	Y
MZ	Z 方向的约束力矩	—	Y
CSTOP2,CSTOP3,CSTOP4	DOF2、DOF3、DOF4 停止时的约束力	—	Y
CLOCK2,CLOCK3,CLOCK4	DOF2、DOF3、DOF4 锁定时的约束力	—	Y
CSST2,CSST3,CSST4	DOF2、DOF3、DOF4 停止状态	—	Y
CLST2,CLST3,CLST4	DOF2、DOF3、DOF4 锁定状态	—	Y

续上表

名　称	说　明	O	R
JRP2,JRP3,JRP4	面连接的 DOF2、DOF3、DOF4 相对位置	—	Y
JCD2,JCD3,JCD4	面连接的 DOF2、DOF3 位移和 DOF4 转角	—	Y
JEF2,JEF3,JEF4	面连接方向 2、3 的弹性力和 4 的弹性力矩	—	Y
JDF2,JDF3,JDF4	面连接方向 2、3 的阻尼力和 4 的阻尼力矩	—	Y
JFF2,JFF3,JFF4	面连接方向 2、3 的摩擦力和 4 的摩擦力矩	—	Y
JRU2,JRU3,JRU4	面连接的 DOF2、DOF3 相对位移和 DOF4 相对转角	—	Y
JRV2,JRV3,JRV4	面连接的 DOF2、DOF3 相对速度和 DOF4 的相对角速度	—	Y
JRA2,JRA3,JRA4	面连接的 DOF2、DOF3 相对加速度和 DOF4 的相对角加速度	—	Y
JTEMP	单元平均温度	—	Y
KEYOPT(4)＝1 时的 z 轴面连接			
与上述基本相同,但需将 DOF2、DOF3 和 DOF4 分别更换为 DOF1、DOF2 和 DOF6。其余内容与 MPC184-销轴连接单元相同			

命令 ETABLE 和 ESOL 的表项和序号　　　　　　　表 14-25

名　称	项 Item	E	名　称	项 Item	E	名　称	项 Item	E
KEYOPT(4)＝0 以 x 轴为转动轴时								
FX	SMISC	1	CLST4	SMISC	28	JFF3	SMISC	57
MY	SMISC	5	JRP2	SMISC	32	JFF4	SMISC	58
MZ	SMISC	6	JRP3	SMISC	33	JRU2	SMISC	62
CSTOP2	SMISC	8	JRP4	SMISC	34	JRU3	SMISC	63
CSTOP3	SMISC	9	JCD2	SMISC	38	JRU4	SMISC	64
CSTOP4	SMISC	10	JCD3	SMISC	39	JRV2	SMISC	68
CLOCK2	SMISC	14	JCD4	SMISC	40	JRV3	SMISC	69
CLOCK3	SMISC	15	JEF2	SMISC	44	JRV4	SMISC	70
CLOCK4	SMISC	16	JEF3	SMISC	45	JRA2	SMISC	74
CSST2	SMISC	20	JEF4	SMISC	46	JRA3	SMISC	75
CSST3	SMISC	21	JDF2	SMISC	50	JRA4	SMISC	76
CSST4	SMISC	22	JDF3	SMISC	51	JTEMP	SMISC	79
CLST2	SMISC	26	JDF4	SMISC	52			
CLST3	SMISC	27	JFF2	SMISC	56			
KEYOPT(4)＝1 以 z 轴为转动轴时								
FZ	SMISC	3	CLST6	SMISC	30	JFF2	SMISC	56
MX	SMISC	4	JRP1	SMISC	31	JFF6	SMISC	60
MY	SMISC	5	JRP2	SMISC	32	JRU1	SMISC	61
CSTOP1	SMISC	7	JRP6	SMISC	36	JRU2	SMISC	62
CSTOP2	SMISC	8	JCD1	SMISC	37	JRU6	SMISC	66
CSTOP6	SMISC	12	JCD2	SMISC	38	JRV1	SMISC	67
CLOCK1	SMISC	13	JCD6	SMISC	42	JRV2	SMISC	68

名　称	项 Item	E	名　称	项 Item	E	名　称	项 Item	E
CLOCK2	SMISC	14	JEF1	SMISC	43	JRV6	SMISC	72
CLOCK6	SMISC	18	JEF2	SMISC	44	JRA1	SMISC	73
CSST1	SMISC	19	JEF6	SMISC	48	JRA2	SMISC	74
CSST2	SMISC	20	JDF1	SMISC	49	JRA6	SMISC	78
CSST6	SMISC	24	JDF2	SMISC	50	JTEMP	SMISC	79
CLST1	SMISC	25	JDF6	SMISC	54			
CLST2	SMISC	26	JFF1	SMISC	55			

该单元的 NMISC 项编号和注意事项与 MPC184-滑槽单元相同,此处不再列出。

14.10.3　应用举例

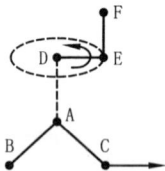
图 14-25　车载转动体

如图 14-25 所示的结构,杆 BA 和 AC 为一刚接结构,沿水平方向移动;杆 DE 和 EF 也为一刚接结构,绕点 D 转动,点 A 与 D 的距离不变且随 BAC 移动而移动。采用 MPC184-刚性梁单元模拟 AB、AC、DE 和 EF,在点 C 施加水平位移,点 B 可创建 MPC184-平移单元(也可不创建);AD 之间创建 MPC184-面连接单元,即可实现类似车载雷达机构的运动分析。命令流如下。

```
!================================================================
!EX14.18 车载转动体机构分析
FINISH$/CLEAR$/PREP7$A=0.25$B=0.5$R=0.2$LW=8*ACOS(-1)
ET,1,MPC184,1,1$ET,2,MPC184,12$ET,3,MPC184,10
N,1$N,2,A,-A$N,3,-A,-A$N,4,,B$N,5,R,B$N,6,R,B+A
TYPE,1$E,1,2$E,1,3$E,4,5$E,5,6
LOCAL,12,,,,,90$SECTYPE,1,JOINT,PLAN$SECJOINT,LSYS,12
TYPE,2$SECNUM,1$E,1,4$*GET,EPLAN,ELEM,,NUM,MAX
LOCAL,13$SECTYPE,2,JOINT,PRIS$SECJOINT,LSYS,13
TYPE,3$SECNUM,2$E,3
DJ,EPLAN,ROTX,LW$D,2,ALL$D,2,UX,B
/SOLU$TIME,1$NLGEOM,ON$OUTRES,ALL,ALL$NSUBST,100,,50$SOLVE
/POST1$PLNSOL,U,SUM$ANTIME,30,0.1$/POST26$NSOL,2,6,U,X$NSOL,3,6,ROT,Y$PLVAR,2,3
!================================================================
```

14.11　MPC184-焊接连接单元

MPC184-焊接连接单元有 2 个节点,2 个节点的所有自由度都相等,即无任何相对自由度,可形象地描述刚性连接。此单元功能也可通过 CE 模拟,而不必采用该单元。

14.11.1　输入参数与选项

图 14-26 给出了单元几何和节点位置,该单元通过 2 个节点定义。节点 I 必须定义局部直角坐标系,而节点 J 的局部坐标系定义是可选的,节点 I 和 J 的局部坐标系均可随相应节点的转动而改变。

MPC184-焊接连接单元的输入参数与选项如表 14-26 所示。

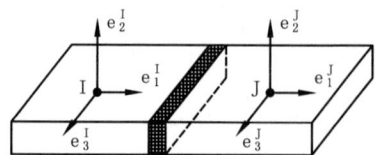
图 14-26　MPC184-焊接连接单元几何

参数类别	参 数 及 说 明
节点	I,J(若有接地节点可仅定义一个节点,而接地节点可为空)
自由度	UX,UY,UZ,ROTX,ROTY,ROTZ
实常数等	材料性质、面荷载、体荷载、单元荷载等均无
特性	大变形
KEYOPT(1)	13——焊接连接单元

MPC184-焊接连接单元输入参数与选项　　　　表 14-26

14.11.2　输出数据

单元输出说明如表 14-27 所示,表 14-28 为命令 ETABLE 或 ESOL 中的表项和序号。

MPC184-焊接连接单元输出说明　　　　表 14-27

名　称	说　明	O	R
EL	单元号	—	Y
NODES	单元节点号 I 和 J	—	Y
FX,FY,FZ	X、Y、Z 方向的约束力	—	Y
MX,MY,MZ	X、Y、Z 方向的约束力矩	—	Y

命令 ETABLE 和 ESOL 的表项和序号　　　　表 14-28

名　称	项 Item	E	名　称	项 Item	E	名　称	项 Item	E
FX	SMISC	1	FZ	SMISC	3	MY	SMISC	5
FY	SMISC	2	MX	SMISC	4	MZ	SMISC	6

该单元的 NMISC 项编号和注意事项与 MPC184-滑槽单元相同。

14.12　MPC184-定向连接单元

MPC184-定向连接单元有 2 个节点,该单元无相对转动自由度,有 3 个相对位移自由度,即具有 3 个方向的平移功能,被形象地描述为三向 MPC184-平移连接单元。

14.12.1　输入参数与选项

图 14-27 给出了单元几何和节点位置,该单元通过 2 个节点定义。节点 I 必须定义局部直角坐标系,而节点 J 的局部坐标系定义是可选的,节点 I 和 J 的局部坐标系均可随相应节点的转动而改变。

设节点 I 和节点 J 各自定义了局部直角坐标系,在任意给定时刻的运动约束为:

$$e_2^I \cdot e_3^J - E_2^I \cdot E_3^J = 0$$
$$e_1^I \cdot e_2^J - E_1^I \cdot E_2^J = 0$$
$$e_1^I \cdot e_3^J - E_1^I \cdot E_3^J = 0$$

式中符号意义同前。

MPC184-定向连接单元的输入参数与选项如表 14-29 所示。

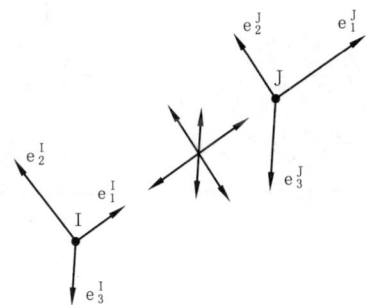

图 14-27　MPC184-定向连接单元

MPC184-定向连接单元输入参数与选项　　　　表 14-29

参数类别	参 数 及 说 明
节点	I,J(若有接地节点可仅定义一个节点,而接地节点可为空)
自由度	UX,UY,UZ,ROTX,ROTY,ROTZ

参 数 类 别	参 数 及 说 明
实常数等	材料性质、面荷载、体荷载、单元荷载等均无
特性	大变形
KEYOPT(1)	14——定向连接单元

14.12.2 输出数据

单元输出说明如表 14-30 所示,表 14-28 为命令 ETABLE 或 ESOL 中的表项和序号。

MPC184-定向连接单元输出说明 表 14-30

名　　称	说　　明	O	R
EL	单元号	—	Y
NODES	单元节点号 I 和 J	—	Y
MX,MY,MZ	X、Y、Z 方向的约束力矩		Y

该单元的 NMISC 项编号和注意事项与 MPC184-滑槽单元相同。

14.13　MPC184-球铰连接单元

MPC184-球铰连接单元有 2 个节点,2 个节点的平移自由度相等,转动自由度无约束限制且无控制,即可发生相对转动但 2 节点的转动没有任何关系。

14.13.1 输入参数与选项

图 14-28 给出了单元几何和节点位置,该单元通过 2 个节点定义,这 2 个节点初始宜重合,若不重合则其相对位置不变。节点 I 必须定义局部直角坐标系,而节点 J 的局部坐标系定义是可选的,若未定义节点 J 的局部坐标系,则假定与节点 I 的局部坐标系相同。

设节点 I 和节点 J 各自定义了局部直角坐标系,在任意给定时刻的运动约束为:

$$e_1^I \cdot (x^J - x^I) - E_1^I \cdot (X^J - X^I) = 0$$
$$e_2^I \cdot (x^J - x^I) - E_2^I \cdot (X^J - X^I) = 0$$
$$e_3^I \cdot (x^J - x^I) - E_3^I \cdot (X^J - X^I) = 0$$

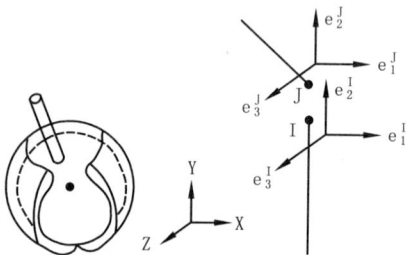

节点 I 和 J 的相对转角分别为:

$$\varphi = -\tan^{-1}\frac{e_2^I e_3^J}{e_3^I e_3^J}, \psi = -\sin^{-1}(e_1^I e_3^J), \chi = -\tan^{-1}\frac{e_1^I e_2^J}{e_1^I e_1^J}$$

因相对转角采用卡登角表示,故绕 e_2 轴的转角必须在 $-\pi/2 \sim +\pi/2$ 之间。若转角为 $\pi/2$,则不能确定另外 2 个角度,因此若累计转角超过 $\pi/2$ 时,则应将 e_1 和 e_3 定义为转轴。因相对转角无控制,故此单元无"停止"或"锁定"功能,也无材料性能定义。

图 14-28　MPC184-球铰连接单元几何

MPC184-球铰连接单元的输入参数与选项如表 14-31 所示。

MPC184-定向连接单元输入参数与选项 表 14-31

参 数 类 别	参 数 及 说 明
节点	I,J(若有接地节点可仅定义一个节点,而接地节点可为空)
自由度	UX,UY,UZ,ROTX,ROTY,ROTZ
实常数等	材料性质、面荷载、体荷载、单元荷载等均无
特性	大变形
KEYOPT(1)	15——球铰连接单元

14.13.2 输出数据

单元输出说明如表 14-32 所示,表 14-33 为命令 ETABLE 或 ESOL 中的表项和序号。

MPC184-球铰连接单元输出说明   表 14-32

名　称	说　明	O	R
EL	单元号	—	Y
NODES	单元节点号 I 和 J	—	Y
FX,FY,FZ	X、Y、Z 方向的约束力	—	Y
JRP4,JRP5,JRP6	连接的 DOF4、DOF5、DOF6 相对位置	—	Y
JRU4,JRU5,JRU6	连接的 DOF4、DOF5、DOF6 相对转角	—	Y
JRV4,JRV5,JRV6	连接的 DOF4、DOF5、DOF6 相对角速度	—	Y
JRA4,JRA5,JRA6	连接的 DOF4、DOF5、DOF6 相对角加速度	—	Y

命令 ETABLE 和 ESOL 的表项和序号   表 14-33

输出量名称	项 Item	E	输出量名称	项 Item	E
FX	SMISC	1	JRU4~6	SMISC	64~66
FY	SMISC	2	JRV4~6	SMISC	70~72
FZ	SMISC	3	JRA4~6	SMISC	76~78
JRP4~6	SMISC	34~36			

该单元的 NMISC 项编号和注意事项与 MPC184-滑槽单元相同。

14.14　MPC184-广义连接单元

MPC184-广义连接单元有 2 个节点,缺省时无约束相对自由度,故可根据需要自定义拟约束的相对自由度,以模拟不同的连接单元。

14.14.1　输入参数与选项

图 14-29 给出了单元几何和节点位置,可通过 KEYOPT(4) 的设置激活不同自由度。当 KEYOPT(4)=0(缺省)时,平动和转动自由度都激活,此时局部坐标系随相应节点的转动而转动;当 KEYOPT(4)=1 时,仅激活平动自由度,此时局部坐标系保持初始状态,且忽略转动自由度。

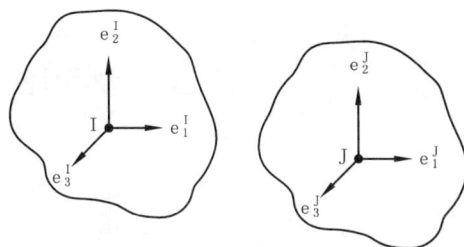

图 14-29　广义连接单元几何

该单元可自定义相对自由度约束,首先通过命令 SEC-TYPE 定义连接类型,然后通过命令 SECJOINT 定义局部坐标系和约束的相对自由度,如:

```
SECJOINT,LSYS,Local CS1,Local CS2          !为连接定义两个局部坐标系
SECJOINT,RDOF,dof1,dof2,,,,dof6            !定义拟约束的相对自由度
```

当采用 MPC184-广义连接单元时,命令 SECJOINT 要执行两次,第一次为连接定义局部坐标系,第二次定义 6 个拟约束相对自由度。因自定义拟约束相对自由度,故利用该单元可模拟不同形式的连接,如下面三条命令:

```
SECJOINT,RDOF,dof1,dof2,dof3,dof5,dof6      !模拟以 e₁ 为转动轴的销轴连接
SECJOINT,RDOF,dof2,dof3,dof5,dof6          !模拟以 e₁ 为转动轴的圆柱连接
SECJOINT,RDOF,dof1,dof2,dof3,dof4,dof5,dof6 !模拟焊接连接
```

节点 I 和 J 的相对位移如下:

$$u_1 = e_1^I \cdot (x^J - x^I) - E_1^I \cdot (X^J - X^I)$$

$$u_2 = e_2^I \cdot (x^J - x^I) - E_2^I \cdot (X^J - X^I)$$

$$u_3 = e_3^I \cdot (x^J - x^I) - E_3^I \cdot (X^J - X^I)$$

节点 I 和 J 的相对转角[仅 KEYOPT(4)=0]如下:

$$\varphi = -\tan^{-1}\frac{e_2^I e_3^J}{e_3^I e_3^J}, \psi = -\sin^{-1}(e_1^I e_3^J), \chi = -\tan^{-1}\frac{e_1^I e_2^J}{e_1^I e_1^J}$$

与 MPC184-球铰连接单元一样,绕 e_2 轴的转角必须在 $-\pi/2 \sim +\pi/2$ 之间。

节点位移和转角按下列各式计算:

$$u_1^c = e_1^I \cdot (x^J - x^I) - l_1^{ref}$$
$$u_2^c = e_2^I \cdot (x^J - x^I) - l_2^{ref}$$
$$u_3^c = e_3^I \cdot (x^J - x^I) - l_3^{ref}$$
$$u_{r4} = \varphi - \varphi_1^{ref}$$
$$u_{r5} = \psi - \varphi_2^{ref}$$
$$u_{r6} = \chi - \varphi_3^{ref}$$

式中: l_1^{ref}、l_2^{ref} 和 l_3^{ref}——分别为参考长度 1、长度 2 和长度 3,即命令 SECDATA 的长度项;

φ_1^{ref}、φ_2^{ref} 和 φ_3^{ref}——分别为参考角度 1、角度 2 和角度 3,即命令 SECDATA 的角度项。

MPC184-广义连接单元的输入参数与选项如表 14-34 所示。

MPC184-广义连接单元输入参数与选项 表 14-34

参数类别	参数及说明
节点	I,J(若有接地节点可仅定义一个节点,而接地节点可为空)
自由度	当 KEYOPT(4)=0 时:UX,UY,UZ,ROTX,ROTY,ROTZ; 当 KEYOPT(4)=1 时:UX,UY,UZ
实常数	无
材料性质	用命令 TB 的 JOIN 项定义刚度、阻尼和黏滞摩擦行为
面荷载	无
体荷载	温度 T(I)、T(J)
单元荷载	当 KEYOPT(4)=0 或 1 时:位移为 UX,UY,UZ; 当 KEYOPT(4)=0 时:转角为 ROTX,ROTY,ROTZ。 单元荷载通过命令 DJ 和 FJ 施加,且基于局部坐标系
特性	大变形
KEYOPT(1)	16——广义连接单元
KEYOPT(4)	单元行为: 0——激活平动和转动自由度;1——仅激活平动自由度

14.14.2 输出数据

单元输出说明如表 14-35 所示,表 14-36 为命令 ETABLE 或 ESOL 中的表项和序号。

MPC184-广义连接单元输出说明 表 14-35

名 称	说 明	O	R
KEYOPT(4)=0 时,依据不同约束相对自由度而输出			
EL	单元号	—	Y
NODES	单元节点号 I 和 J	—	Y
FX,FY,FZ	X、Y、Z 方向的约束力	—	Y
MX,MY,MZ	X、Y、Z 方向的约束力矩	—	Y
CSTOP1~6	DOF1~4 停止时的约束力和力矩	—	Y
CLOCK1~6	DOF1~6 锁定时的约束力和力矩	—	Y
CSST1~6	DOF1~6 停止状态	—	Y

续上表

名　称	说　明	O	R
CLST1~6	DOF1~6 锁定状态	—	Y
JRP1~6	面连接的 DOF1~6 相对位置	—	Y
JCD1~6	面连接的 DOF1~6 位移和转角	—	Y
JEF1~6	面连接方向 1~6 的弹性力和弹性力矩	—	Y
JDF1~6	面连接方向 1~6 的阻尼力和阻尼力矩	—	Y
JFF1~6	面连接方向 1~6 的摩擦力和摩擦力矩	—	Y
JRU1~6	面连接的 DOF1~6 相对位移和相对转角	—	Y
JRV1~6	面连接的 DOF1~6 相对速度和相对角速度	—	Y
JRA1~6	面连接的 DOF1~6 相对加速度和相对角加速度	—	Y
JTEMP	单元平均温度	—	Y
KEYOPT(4)＝1 时			
与上述基本相同,但去掉相关转动自由度项。其余内容与 MPC184-销轴连接单元相同			

命令 ETABLE 和 ESOL 的表项和序号　　　　　　　　表 14-36

输出量名称	项 Item	E	输出量名称	项 Item	E
KEYOPT(4)＝0					
FX	SMISC	1	JRP1~6	SMISC	31~36
FY	SMISC	2	JCD1~6	SMISC	37~42
FZ	SMISC	3	JEF1~6	SMISC	43~48
MX	SMISC	4	JDF1~6	SMISC	49~54
MY	SMISC	5	JFF1~6	SMISC	55~60
MZ	SMISC	6	JRU1~6	SMISC	61~66
CSTOP1~6	SMISC	7~12	JRV1~6	SMISC	67~72
CLOCK1~6	SMISC	13~18	JRA1~6	SMISC	73~78
CSST1~6	SMISC	19~24	JTEMP	SMISC	79
CLST1~6	SMISC	25~30			
KEYOPT(4)＝1					
FX	SMISC	1	JCD1~3	SMISC	37~39
FY	SMISC	2	JEF1~3	SMISC	43~45
FZ	SMISC	3	JDF1~3	SMISC	49~51
CSTOP1~3	SMISC	7~9	JFF1~3	SMISC	55~57
CLOCK1~3	SMISC	13~15	JRU1~3	SMISC	61~63
CSST1~3	SMISC	19~21	JRV1~3	SMISC	67~69
CLST1~3	SMISC	25~27	JRA1~3	SMISC	73~78
JRP1~3	SMISC	31~33	JTEMP	SMISC	79

该单元的 NMISC 项编号和注意事项与 MPC184-滑槽单元相同。

因 MPC184-焊接连接单元、定向连接单元及广义连接单元较简单,如焊接连接单元与常规的"刚接"相同,定向连接单元类似三向"平移连接"单元,广义连接单元可模拟很多不同的连接形式,故不再给出应用示例,读者可利用前文中的例题编制相应的命令流实现这几个单元的分析计算。

[1] 王新敏. ANSYS 工程结构数值分析[M]. 北京:人民交通出版社,2007.

[2] 洪范文. 结构力学[M]. 5 版. 北京:高等教育出版社,2005.

[3] 徐秉业,刘信声. 结构塑性极限分析[M]. 北京:中国建筑工业出版社,1985.

[4] 武际可,苏先樾. 弹性系统的稳定性[M]. 北京:科学出版社,1994.

[5] 陈至达. 杆、板、壳大变形理论[M]. 北京:科学出版社,1994.

[6] 李廉锟. 结构力学[M]. 3 版. 北京:高等教育出版社,1996.

[7] 沈世钊,陈昕. 网壳结构稳定性[M]. 北京:科学出版社,1999.

[8] 项海帆,刘光栋. 拱结构的稳定与振动[M]. 北京:人民交通出版社,1991.

[9] Bathe K. J. ,Bolourchi. Large Displacement Analysis of Three Dimensional Beam Structures[J]. International Journal for Numerical Methods in Engineering,1979,14:961-986.

[10] 黄文彬,曾国平. 弹·塑性力学难题分析[M]. 北京:高等教育出版社,1998.

[11] 郭在田. 薄壁杆件的弯曲与扭转[M]. 北京:中国建筑工业出版社,1989.

[12] 黄义,何芳社. 弹性地基上的梁、板、壳[M]. 北京:科学出版社,2005.

[13] 湖南大学《土木工程力学手册》编写组. 土木工程力学手册[M]. 北京:人民交通出版社,1991.

[14] S·铁摩辛柯,J·盖尔. 材料力学[M]. 韩耀新,译. 北京:科学出版社,1990.

[15] 薛强. 弹性力学[M]. 北京:北京大学出版社,2006.

[16] 吴连元. 板壳稳定性理论[M]. 南京:华中理工大学出版社,1996.

[17] 张景绘,张希农. 工程中的振动问题习题解答[M]. 北京:中国铁道出版社,1983.

[18] R·W·克拉夫,J·彭津. 结构动力学[M]. 王光远,译. 北京:科学出版社,1983.

[19] Ever J. Barbero. Finite Element Analysis of Composite Materials [M]. Boca Raton:CRC Press,2007.

[20] 孙训方,方孝淑,关来泰. 材料力学[M]. 4 版. 北京:高等教育出版社,2002.

[21] F. P. Beer,E. R. Johnston. Vector Mechanics for Engineers:Dynamics[M]. 北京:清华大学出版社,2003.

[22] 过镇海. 钢筋混凝土原理[M]. 北京:清华大学出版社,1999.

[23] 吕西林,金国芳,吴晓涵. 钢筋混凝土结构非线性有限元理论与应用[M]. 上海:同济大学出版社,1996.

[24] 顾家柳. 转子动力学[M]. 北京:国防工业出版社,1985.

[25] 钟一谔. 转子动力学[M]. 北京:清华大学出版社,1987.